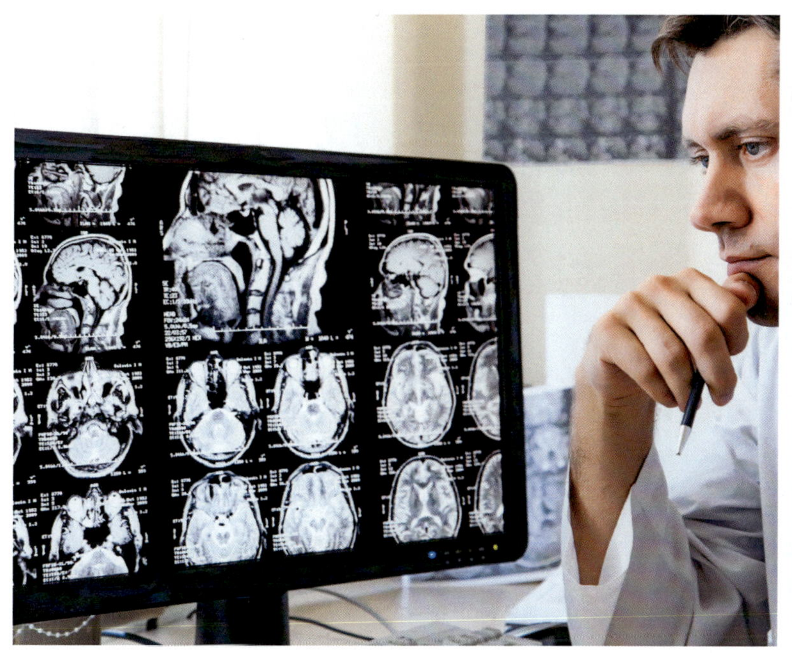

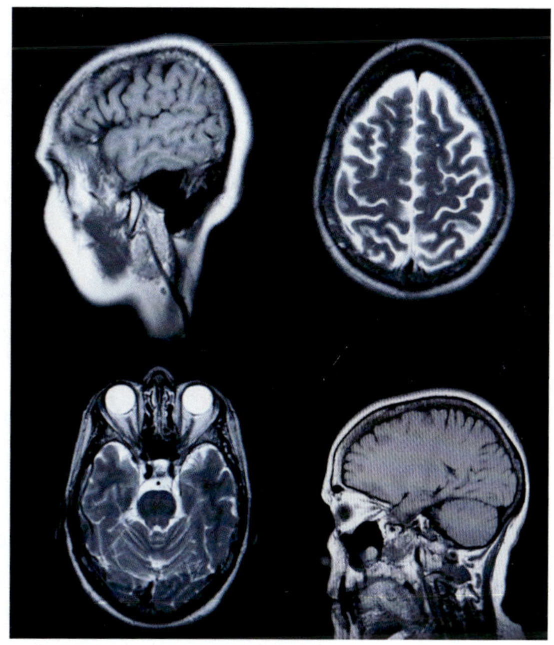

CAT 和 MRI 扫描，通过 X 射线或无线电波扫描大脑，产生揭示大脑解剖结构的图像。（见正文第 35 页。）

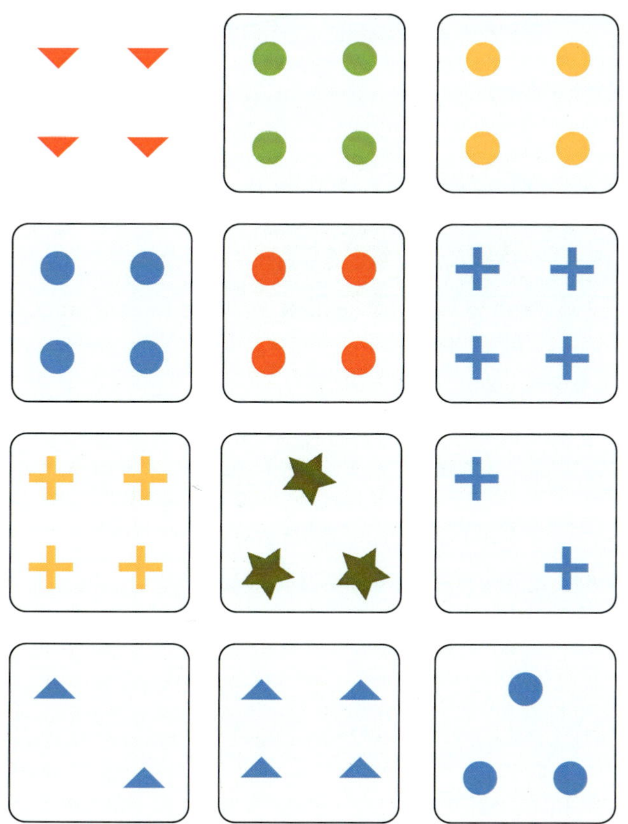

图 3-6　威斯康星卡片分类测验

这个测验测量定势转换，也就是思维灵活转换的能力。它是用来测验大脑疾病患者的。（见正文第 63 页。）

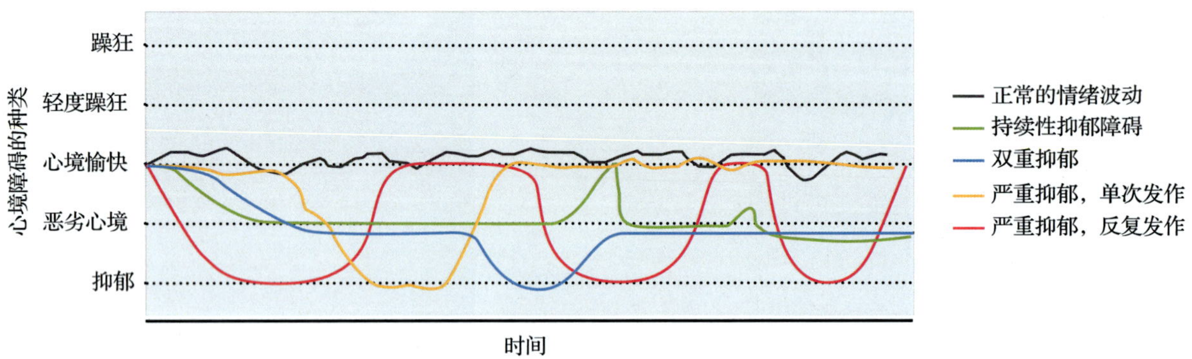

图 6-2　抑郁的各种形式

各种抑郁类型与正常情绪波动的对比。（见正文第 140 页。）

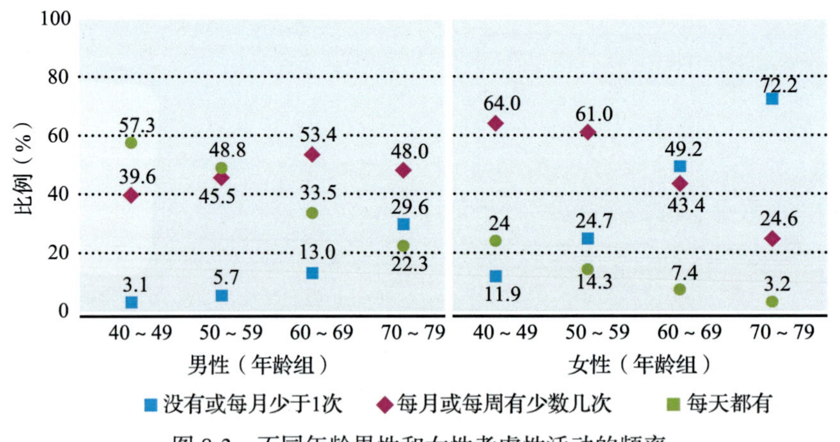

图 8-3　不同年龄男性和女性考虑性活动的频率

在说英语的人群中，人们日常考虑性活动的频率是随年龄下降的，但即使是在晚年，对性的兴趣也不会消失。（见正文第 191 页。）

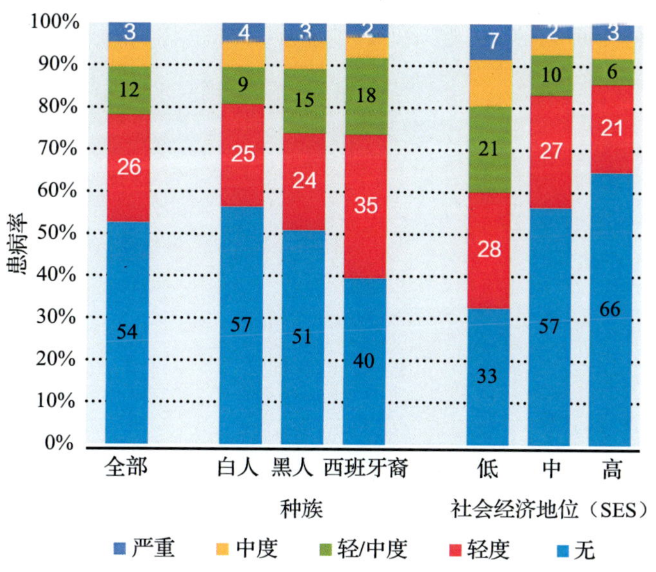

图 8-4　不同种族和社会经济地位者的勃起障碍患病率

尽管简单地通过种族 / 民族数据对比能得出勃起障碍的群体间差异，但这些差异在控制了社会经济地位这一因素后就会消失。（见正文第 205 页。）

资料来源：V.Kupilian, et al. , " Socioeconomic status, not race/ethnicity, contributes to variation in the prevalence of erectile dysfunction, " *Journal of Sexual Medicine*, 5, 1325-1333. Reprinted by permission of Blackwell Publishing.

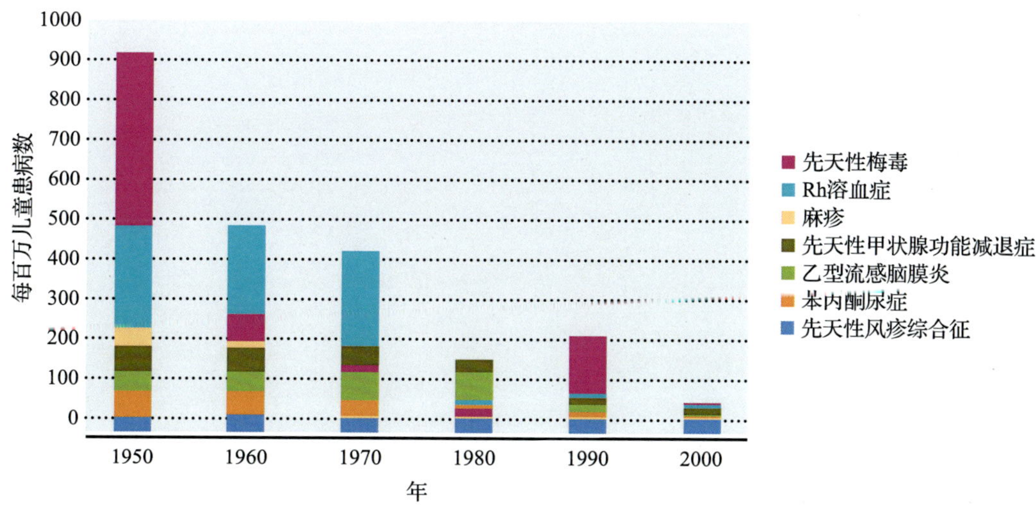

图 12-2　智力障碍特定原因患病率随时间的变化

在过去 50 年里，医学科技的进步降低了智力障碍的患病率。（见正文第 300 页。）

资料来源：Data from Brosco et al., (2006) *Archives of Pediatrics & Adolescent Medicine, 160*, 302-309.

在观看熟悉人与陌生人的面孔时，孤独症谱系障碍患者与未患该病者的大脑都会产生活动。然而，将两组数据进行对比会发现，未患该病者有更强的脑活动并且活动的脑区域更多。（见正文第 306 页。）

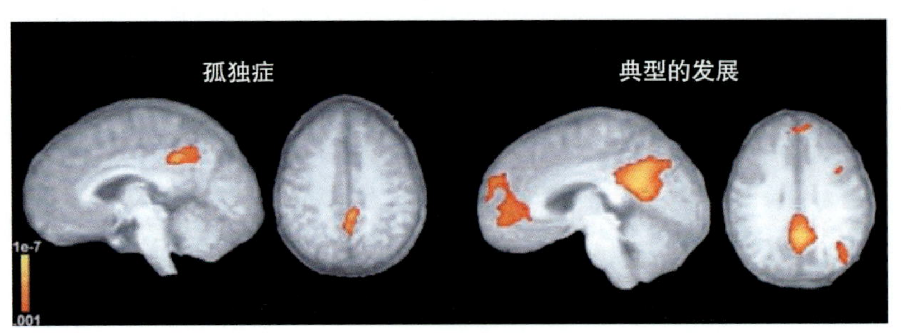

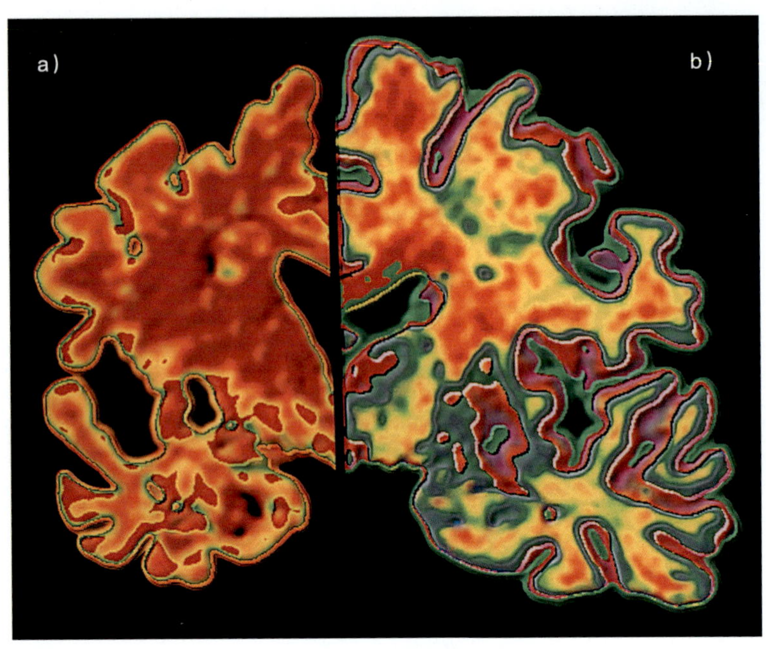

左侧是阿尔茨海默病造成的重度神经认知障碍患者的脑切片，右侧是没有这种病的人的脑切片。左侧有脑萎缩，这是神经细胞的死亡造成的。（见正文第 337 页。）

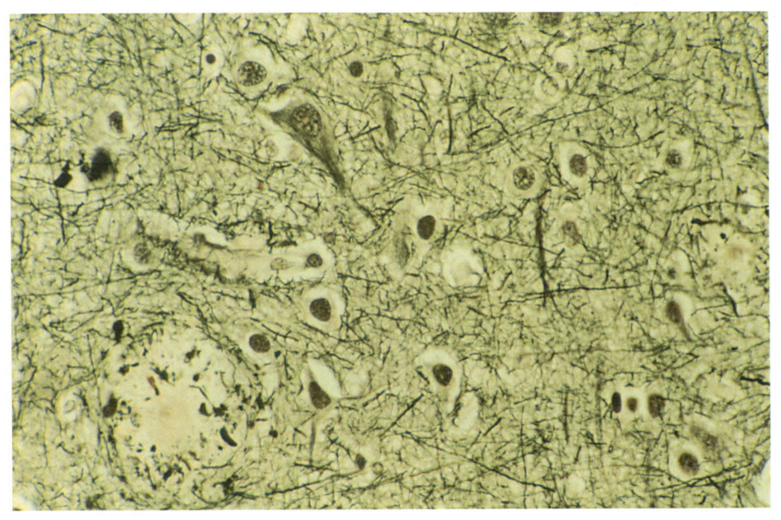

一个对阿尔茨海默病患者脑组织的显微检查揭示了与该病有关的神经原纤维缠结（左侧深色三角形状）和脑老年斑（淀粉状、右侧深色圆形状）。（见正文第 339 页。）

☆美国名校学生喜爱的心理学教材☆

变态心理学

ABNORMAL PSYCHOLOGY

原书第3版

[美] 德博拉 C. 贝德尔（Deborah C. Beidel）
辛西娅 M. 布利克（Cynthia M. Bulik）
梅琳达 A. 斯坦利（Melinda A. Stanley） 著 袁立壮 译

图书在版编目（CIP）数据

变态心理学（原书第3版）/（美）德博拉C.贝德尔（Deborah C. Beidel），（美）辛西娅M. 布利克（Cynthia M. Bulik），（美）梅琳达A. 斯坦利（Melinda A. Stanley）著；袁立壮译．—北京：机械工业出版社，2016.10（2023.2重印）
（美国名校学生喜爱的心理学教材）
书名原文：Abnormal Psychology

ISBN 978-7-111-54968-0

I. 变… II. ①德… ②辛… ③梅… ④袁… III. 变态心理学－高等学校－教材 IV. B846

中国版本图书馆CIP数据核字（2016）第228649号

北京市版权局著作权合同登记 图字：01-2016-1461号。

Deborah C. Beidel, Cynthia M. Bulik, Melinda A. Stanley. Abnormal Psychology, 3rd Edition.
ISBN 978-0-205-96654-7

本书系统地介绍了变态心理学的科学研究方法，对异常行为进行评估与诊断的知识和方法，异常行为的表现及对各种精神障碍的区分与识别的知识和方法，异常行为的病原学、流行病学及文化和发展因素对异常行为的影响等方面的知识，帮助学生了解对某种特定精神障碍的治疗方法。本书有大量的真实案例就某种心理异常的形成、发展与治疗等做了描述，大家在阅读的时候可以引以为鉴、防微杜渐，即在别人的故事里增长自己的智慧。

本书适合高等院校心理学及相关专业的师生使用，也可作为临床心理咨询师的参考用书。

出版发行：机械工业出版社（北京市西城区百万庄大街22号 邮政编码：100037）
责任编辑：赵艳君 朱婧琬　　责任校对：殷 虹
印　刷：北京捷迅佳彩印刷有限公司　　版　次：2023年2月第1版第8次印刷
开　本：214mm×275mm 1/16　　印　张：24.75　插　页：2
书　号：ISBN 978-7-111-54968-0　　定　价：89.00元

客服电话：（010）88361066 68326294

The Translator's Words | 译者序

在刚接到本书第 3 版的翻译任务时，因为有第 1 版打底，满心以为这个修订版会翻译得很轻松。但翻译起来才发现，这个工作远没有自己当初想的那样轻松。首先，全书的诊断标准都已经从第 1 版的 DSM-Ⅳ换成了最新的 DSM-5；其次，因诊断标准变化所涉及的章节内容，作者也做了相应的结构性调整；再次，本书相对于第 1 版增加了很多新的内容，包括最新的研究数据、研究结果和最新观点；最后，不得不佩服原书作者治学的严谨，因为作者对几乎每段话都有或大或小的调整，因此在翻译时必须谨慎对待，以免有所疏漏。整整 6 个月，终于译讫，其中甘苦，唯译者心知。

正常心理和异常心理的区别常常是相对的，而不是绝对的。就像在心理异常者身上可以找到正常心理成分一样，在心理正常者身上也可以找到异常心理因素，并且在一定条件下，两者还可以相互转化。人们之所以对“变态心理学”感兴趣，主要还是来自人们了解自身和他人，进而完善自身的动机。

“变态心理学”课程一直是深受心理学和相关专业学生喜爱的课程之一。对于心理学和相关专业的学生来说，通过阅读本书，可以学习变态心理学的科学研究方法，可以学习对异常行为进行评估与诊断的知识和方法，可以学习异常行为的表现及对各种精神障碍的区分与识别的知识和方法，可以学习异常行为的病原学、流行病学及文化和发展因素对异常行为的影响等方面的知识，也可以对某种特定精神障碍的治疗方法有一个概括的了解。此外，本书有大量的真实案例就某种心理异常的形成、发展与治疗等做了描述，大家在阅读的时候可以引以为鉴、防微杜渐，也在别人的故事里增长自己的智慧。

大家在阅读本书时须注意两个问题。首先是应避免出现医学院学生综合征（medical student's syndrome）。医学院学生综合征并非一个专业诊断，而是对一种现象的描述，指的是人们在学习某种障碍或疾病的时候，往往会以为自己也患上了这种障碍或疾病。事实上，本书所涉及的很多心理异常的表现在我们自己和亲友、熟人身上都可能偶尔以轻微的形式存在，但不能说这就是异常了。正如本书所提出的，心理诊断是个专业且复杂的过程。个体的主诉不仅要符合心理异常的症状诊断和鉴别标准，还要满足病程标准，并且只有当这些问题引起了个体的痛苦和 / 或功能损害的时候，才能被诊断为某种精神障碍。医学院学生综合征的存在，更多还是对所学习的障碍或疾病了解不够造成的，因此，避免的最好办法就是深入广泛地学习相关知识。

其次，在阅读本书时应考虑到文化差异问题。因为本书作者是美国心理学专业人士，并且写作目的也是供美国大学生使用的专业教材，因此，本书所引用的大量研究资料多来自美国学者的研究，所研究的对象大多也是美国人，这就造成书中的一些数据未必适用于中国人。在这方面，建议大家在阅读的时候能给予足够的重视。当然，他山之石可以攻玉，作为参考资料，本书的相关数据还是翔实可靠的。

本书始终都在强调"科学家－实践者"模式，该模式于1948年美国心理学会举办的"波尔德会议"上被首次确立。"科学家－实践者"模式的基本主张是："将心理科学基础与应用相结合，心理学家应该既是科学家、学者，又是实践者。"㊀在本书中，该模式意味着心理学家在进行治疗时，依据的是已有的科研成果，而当其进行科学研究时，要以"对心理保健有引导和促进作用"为原则来确定研究主题。心理学家所受的科学训练让他们能够在评估新理论、新疗法和新研究发现时很好地将事实从研究主张中区分出来。这个角度也允许心理学家将研究成果应用在许多不同的领域，以发展出更全面的研究异常行为的模型。严格地将科学视角应用于病理理论并检验所提及理论背后的证据，可以阻止我们采用没有确切科学依据的解释（见第1章）。

在本书的翻译中，有几个翻译的问题需要让大家知道。其一，Abnormal Psychology 根据惯例翻译成了"变态心理学"，除此之外，书中出现的其他 abnormal 及其各种词性都被翻译成了相应词性的"异常"。如 abnormal behavior 被翻译成了"异常行为"。其二，书中出现的 mental disorder、psychological disorder 及 psychiatric disorder 这三个词汇并没有实质性的差异，有时候在同一段话中，作者会交替使用这几个词，而实际所指却没什么区别。即便如此，译者在翻译中也做了区别对待，将这三个词分别翻译成"精神障碍""心理障碍"和"精神障碍"。其三，在本书中，controlled group 被翻译成了"对照组"，相应的 controlled study 被翻译成了"对照研究"，也有专业书将之分别翻译成"控制组"和"控制研究"。本书之所以这样翻译，是因为译者认为"对照"两字更能表达这种实验处理的目的。其四，将原书中的 experiment 翻译成了"实验"，trial 翻译成了"试验"。stress 除少数几处出于语感考量翻译成"压力"之外，其他地方都翻译成了"应激"。

感谢河北师范大学教育学院心理系的研究生张书皓、陆亚男、师倩茹、李晓飞，感谢我的助理闫然女士，感谢广东寓米网络科技有限公司李伟先生，是你们的帮助、支持和鼓励使我的翻译工作得以顺利展开和进行。在本书的翻译过程中，机械工业出版社的编辑让我感受到优雅的大度和宽容，特别感谢本书的编辑，你们给了我充足的耐心和时间，使我可以按照自己的节奏从容翻译。

由于译者水平所限，书中疏误之处在所难免，恳请学者同行批评指正。

袁立壮

2015年12月9日于石家庄春江花月问心斋

㊀ 引自：王宏方，刘育东．"科学家－实践者"模式与美国职业心理学家培养[J]，河北师范大学学报：教育科学版，2008，10（6）：p36-40.

Preface | 前言

第 1 版发行的时候，我们想知道师生们是否认为需要新教材，我们很高兴看到有这么多和“科学家－实践者”方法产生共鸣的人。变态心理学依然是最受本科学生欢迎的课程之一，因为那些国家性乃至世界性的事件促使我们尝试去理解人类的行为，以及背后塑造和影响这些行为的力量。是什么原因驱使一个人枪击美国国会议员呢？一个貌似拥有一切——财富、家庭、名誉的社会名流怎么会入店行窃，偷走一个仅值 50 美元的饰品呢？对这些问题的回答并不容易，正如我们知道的像“麻疹疫苗导致孤独症”这样曾被人们认可的简单答案，在今天被证明是错误的。

本书的第 3 版是学生认识科学实践的又一次机会。本书引入了《精神障碍诊断与统计手册》（第 5 版）（DSM-5），学生将由此接触到我们对人类多变行为的解读。因为人们对心理障碍研究的新发现，促使科学家和医生可以综合分析各种数据，合作制定出了这个具有科学及临床意义的大有希望的系统，使得我们可以更好地对异常行为进行理解和交流。由于 DSM-5 刚刚发行，对异常行为一些领域的研究还没有跟上新标准，有些研究也没有使用新的诊断。这点和那些涉及诊断标准大量修订的章节特别相关，新的标准制定了，但却没有适用于新障碍的流行病学资料——研究人员还没来得及使用新的诊断标准开展研究。在这样的情况下，我们使用基于 DSM-Ⅳ的研究数据，同时给出需要更多研究的适当告诫。

除了诊断标准的变化，对人类行为的理解需要我们整合大脑和行为，整合科学家的数据和医生及患者的洞察。在前两版中，“科学家－实践者”方法将生物学资料与社会和行为科学研究结合起来，以体现异常行为是复杂的，并受多因素影响的观点。此外，这些因素的作用是相互的。心理治疗是部分建立在这样的假设上的，通过改变环境可以改变行为，但是科学业已向我们表明，环境因素也可以改变大脑。分子遗传学的进展拓宽了我们对基因如何影响行为的理解。虚拟现实治疗系统为我们提供了新思路，提出了新问题并开辟了新的探索领域。正如第 3 版教材所展示的，我们仍然坚定自己的信念，对变态心理学的进一步研究需要将前沿的生物学和行为研究整合起来，这种方法被称为转化方法（translational approach），即“从基础到临床”㊀（from bench to bedside）。正如在之前的版本中所做的那样，我们已不再局限于诸如先天或后天、医生或科学家、基因或环境之类的陈词滥调，我们要求下一代心理学家和学生通过用“什么和什么”代替过去的“什么或什么”，来面对我们研究对象固有的复杂性。

㊀ 指把基础研究的最新成果快速、有效地转化为临床技术的过程。——译者注

第 3 版的新变化

完整的 DSM-5 修订：更新为 DSM-5 并彻底反映了新标准，某些章节因而做了相应结构调整。

DSM-5 诊断标准栏：所有的诊断标准栏均已修订，并体现了 DSM-5 的所有变化。

基于 DSM-5，书中障碍的覆盖面扩展到以下内容：经前期焦虑性障碍、暴食障碍、收藏障碍、抓痕症、疾病焦虑障碍、性别烦躁、孤独症谱系障碍、物质使用障碍，成瘾及相关障碍中加入了赌博障碍，等等。

新的和更新的内容贯穿始终，包括这些加入许多新话题的专栏："真实病例""证据检验"和"研究热点"，还有一个新专栏"科学与生活"。

最新研究：引用了数以百计的新研究以反映变态心理学的研究前沿。

科学家 – 实践者模式

我们采用"科学家 – 实践者"方法作为本书的副标题是因为我们知道，对变态心理学的理解依赖于来自科学研究和临床实践的知识。许多心理学家都在"科学家 – 实践者"模式下接受训练，并某种程度上在其专业工作中遵循这一模式，我们离不开这个模式。除了作为本科生、研究生和博士后的教师角色外，我们都是活跃的临床研究者和临床实践者。然而，"科学家 – 实践者"模式不仅意味着多个角色，更是指导心理学家进行各种活动的一种理念。熟悉这个模式的人都知道这句话："科学家 – 实践者在他们的实践中会体现一种研究取向，在他们的研究中会体现一种对实践的关切。"（Belar & Perry，1992）这个理念反映了我们写作的指导原则，我们写作本书以强调科学和实践结合得多么紧密。因为我们是科学家 – 实践者，除了少数引文和报纸故事被用来突出特定点外，本书所有个案均取材于我们的临床实践。我们通过提供生动的临床描述，尽力使每个个案变得鲜活。除了每章前面的临床材料以及自由贯穿每章的短篇临床描述，每章结尾都有一个取材于我们临床实践的完整个案研究，以再一次展现生物的、心理社会的和情绪因素的相互作用。当然，有关细节会改变，一些个案会以混合形式呈现，以保护将自己的生命故事分享给我们的那些人的隐私。

我们写作教材的目标是避免大量科学文献综述的堆积，同时依然保持坚定的科学视角。同样，我们希望能够避免"通俗"心理学，过度通俗的写作方式不能使学生彻底理解本书所涉及的心理障碍的本质。根据我们自己使用本书进行本科教学的经验，学生对好理解的、生动的内容反响积极，当内容明白易读时尤其如此。通过丰富的临床资料，如插图、个案史、个案自述以及"真实病例"专栏，我们希望为这些有时令人困惑和陌生的材料做番装饰。我们希望这些例证能在吸引学生更好地了解变态心理学的同时，还能帮助他们掌握到重要概念。虽然本书代表了前沿科学，我们的最终目标仍是为这些心理障碍画一张像。

发展轨迹

我们知道得越来越清楚的是，很多异常行为都始于童年，或在童年已现征兆。同样，在没有接受治疗的情况下，大多数障碍不会随着年龄的增长而消失。实际上，一些新的障碍可能随年龄增长而出现。很简单，随着成长、成熟与年龄的增加，我们的身体和认知能力影响着这些症状的表达。如果不从这种发展的视角来看问题，就很容易忽视心理障碍在人生特定发展阶段的特定表现线索。我们感到自豪的是，在 DSM-5 引入发展的概念之前，我们就已接受了它。不能了解一个障碍的各种表现，意味着病原学理论可能不正确或不完整，而且干预也可能被不恰当地使用。现在，DSM-5 已经转向了一种发展的视角，学生和教师将会发现某些疾病并不出现在同一章节，而在之前的版本中它们是在同一章的。在本书讨论心理障碍的每一章中，都有一节“发展因素”，以强调每种障碍已知的发展轨迹。

性别、种族和民族

我们在每一章中描述了目前文献中关于性别、种族和民族是如何影响某一障碍的临床表现、病因和治疗的知识。我们认真考虑了文中针对这些概念的术语。事实上，关于性别、种族和民族的术语是不断发展的，因此我们在书中所用的词汇也会有相应变化。描述一个具体研究时，我们保留了原始出版物中所使用的特定类别（如加勒比黑人、高加索人、太平洋岛民）。为了使全文具有某种一致性，当我们讨论有关种族和民族的普遍问题时，会使用标准术语（例如，白人、非裔美国人、西班牙裔）。虽然我们通过种族、民族或者诊断（如黑人、白人、精神分裂症的）的标签称呼这些群体时，固然会令人不舒服，但在种族和民族的情况下，为了清晰陈述和简约，我们还是选择使用这些分类标签，而不使用更烦琐的像“欧洲血统的美国个体”这样的标签。然而，在本书中我们没有使用任何有心理障碍的人的诊断做标签，因为人类比任何诊断标签的内容更丰富、更复杂。而且，通过诊断标签指代一个患者或者患者群体，从根本上说是不尊重的（例如贪食者、抑郁者、精神分裂症者）。人们有心理障碍，但他们不能被其心理障碍所定义。

伦理与责任

在这一版本中，我们将继续最新的专题“伦理与责任”。每个伦理与责任的讨论因章节内容而有所不同，但在每一种情况下，我们都试图选择一个主题，这个主题是及时的并阐释心理学家如何考虑他们的行为对工作对象和社会的影响。我们希望这个专栏可以形成课堂讨论，并让学生深刻意识到个人行为对他人的影响。

临床特征

与丰富临床资料会使本书更贴近生活这一信念一致，每章我们都以一个临床描述开始，以介绍和说明该章的主题。这些描述不一定是广泛的案例研究，但能为读者提供一种对所讨论障碍的整体“感觉”。此外，书中大量使用了案例小片段以说明具体的临床特点。本书另一个重要的临床元素是**“对比个案研究”**，我们用它来说明典型人类情绪（如兴奋）和异常行为（如躁狂）之间的差异。我们在每一章中加入这些描述，是想表明正常情感和我们所说的异常行为的差异不是简单的情绪或具体行为的表现，更想强调个体行为是否造成了痛苦和对日常功能的损害。

每章结尾有一个以**“科学与生活”**做标题的个案研究，同样是取材于作者本人的临床档案，是对特定心理障碍的临床表现、评估和治疗的展示。每个案研究均反映了该章所涉及的很多材料，并运用“科学家 - 实践者”方法来理解、评估并治疗该障碍。此外，该个案研究也展示了医生如何通过生物、心理、环境和文化因素理解病人的临床表现。之后，我们描述了治疗过程和结果，以强调所有这些因素是如何在治疗中被处理的。通过这个过程，个案研究能让学生得到“科学家 - 实践者”方法对待异常行为的“第一手”资料，以澄清媒体上常传播的关于心理学家如何思考、工作和行动的误解。

特别特征

我们想让读者注意到每章内容中的三个特征。首先是**证据检验**专栏，介绍了与本章所研究的障碍有关的时下争议。但我们不仅是呈现出材料，与本书“科学家－实践者”模式相一致，我们还将争议双方的证据都展现出来，以引导学生通过这些资料得出自己的结论。因此，证据检验专栏不仅提供了材料，还能培养学生关于变态心理学问题的批判性思维技巧。通过考虑问题的正反两面，学生能成为科学文献的内行阅读者。

其次是**研究热点**专栏，展现了当前出版物中热门的、前沿的研究。与本书重点关注相一致的是，研究热点专栏展示了科学是如何帮我们理解人类行为的，这对学生来说是很有吸引力的（如虚拟现实疗法对焦虑障碍的治疗）。作为将临床研究中心向学生开放的教师和研究者，我们知道很多学生认为做研究是“很乏味的”。参与过我们研究项目的人和读过本书的学生会发现，科学研究是令人兴奋的。

再次是**真实病例**专栏，讲述的是患有该章所述障碍的公众人物。正如我们在第 1 章所表明的，虽然包括本科生在内的许多人患有这些障碍，但是他们常觉得自己是孤独的或“古怪”的。我们希望打破许多大学生关于心理障碍的刻板印象。利用知名人物使这些障碍人性化，从而使学生在更具人情味和更具智慧的水平上接触这些材料。

Contents | 目录

㊀㊁㊂㊃ 参见网站 http://www.hzbook.com，注册后搜索书名即可下载。

第1章

变态心理学：历史与现代观点

学习目标

阅读本章后，你应该可以做到：

1. 解释与众不同、另类、危险及功能失调行为间的差异。
2. 在确定某行为是否异常时，需至少考虑两个因素。
3. 在历史背景下讨论关于异常行为起源的灵性/宗教的、生物学的、心理学的和社会文化的相关理论。
4. 讨论变态心理学的“科学家–实践者”模式。
5. 描述现代解释异常行为产生的生物学的、心理学的、社会文化的和生物–心理–社会观点。

在越南战争期间，史蒂夫是一名美国海军陆战队队员。有一年，他负责巡逻和警戒。一天晚上，越南军队袭击了他们的小队。他旁边的战友在交火中失去了胳膊，史蒂夫送他去急救。当时的可怕景象在他脑中一直挥之不去，他感到无助和失控。回国后，史蒂夫出现睡眠困难，对以往的爱好失去兴趣，将自己与家人和朋友孤立起来，并感到无助和悲伤。40年后，他仍然对那个场景记忆犹新，当时的他在稻田里，惊恐地看着手榴弹击中他的战友，炸掉战友的胳膊。每天晚上，他都会从一场场噩梦中醒来，心怦怦地跳，无法呼吸，就像那场噩梦再次来临一样。史蒂夫无法观看烟花表演，他会被吓出一身冷汗并感到头晕。当听到直升机的声音时，他会跌倒在地，就像再次被袭击一样。他每天只能睡4个小时。尽管已工作多年，但他与同事和老板有许多人际上的冲突，最近他被迫提前退休。除了直系亲属和越战时的战友，他没有朋友。

新奥尔良的马科姆9岁大，与家人住在一起。他家虽不算富裕，但也有吃有住。在学校，马科姆是个成绩普通而乖巧的孩子。那一天，卡特里娜飓风席卷了小镇。马科姆的家人认为他们不会有危险，因为有防洪堤保护着他们。但他们错了。他们被困在房子里，最后只能逃到阁楼。幸好他父亲找到一把斧头，将屋顶砍开一个洞，使他们可以逃到屋顶。8小时后，浑身湿透、饥肠辘辘的他们被一架直升机救到会议中心。那里的状况可不大好，人们生病了且充满绝望。在这里，马科姆还看到了一具死尸。后来他们到另一个州投靠亲戚安顿下来。这时的马科姆出现了适应困难。他常做重回屋顶或会议中心的噩梦，当听到直升机的声音时会哭喊。新闻中播报飓风消息时，他会哭着求父母换台说："换到艾奥瓦台吧，那里没有飓风。"他的成绩下降了，交友困难而且经常不愿上学。他难以独睡，坚持要与父母或哥哥睡在一起。

露莎是大学新生，正因焦虑、抑郁、胸痛和呼吸问题而寻求治疗。她6岁时随家人从墨西哥偷渡到美国。穿越边境时，露莎被帮他们偷渡的蛇头性侵。他们最终在纽约安家，以实现自己的美国梦。第二年，在世贸中心做清洁工的双亲均在"9·11"袭击中罹难。露莎去投奔姑姑，因为是该罪案的苦主，通过一个特别签证，她的姑姑可以帮助她获得美国国籍。几年后，露莎长成为一位羞涩但冰雪聪明的姑娘。尤其因为要到另一个城市上大学，她到大学的过渡是困难的。双亲故后，这是她第一次离开姑姑。她集中注意困难，还常因焦虑和抑郁而旷课。她常因会有坏事降到姑姑头上的预感而恐慌，有时她会从课堂上跑出去打电话给姑姑以确认没事。

史蒂夫、马科姆和露莎身上的生理、认知和行为症状代表了常见的心理健康问题。这些行为之所以被认为是异常的，是因为大多数人并不会跑出教室打电话以确认别人没事，大多数人每晚睡觉不少于4个小时，大多数孩子听到直升机的声音时不会哭喊。尽管不为人知，心理障碍却大量存在，它们存在于任何年龄、任何种族、任何民族、任何文化以及男女两性身上。而且，它们会造成极大的痛苦并会损害个体的学业、职业和社会功能。

对异常行为的定义很困难，因为我们必须要考虑它发生的背景。例如：

> 唐娜和马修彼此深爱，他们已经结婚25年。他们经常说，他们不仅是夫妻，更是密友。有一天马修突然亡故，唐娜感到极度悲伤。她食不下咽，时常痛哭失声并远离亲友。她平时活泼的个性也没有了。

当亲爱的人逝去，感到悲伤和难过是很正常的，也是符合世俗期望的。唐娜在丈夫去世后的反应不算异常，相反，她若不这样倒可能不正常了。贯穿本书的一个主题就是，对异常行为的判定一定要考虑其发生的背景。

正常行为与异常行为

有时识别异常行为很容易，比如某人仍然被45年前发生的事深深困扰，或因感到绝望而不能下床。但有时对异常行为的确认就没有那么清晰。简单地说，异常意味着"偏离常态"，但这只是个循环定义。按这个标准，正常指的是统计上的平均值，而对平均值的任何偏离都被看作"异常"。比如，如果美国女性的平均体重是140磅（约63.5千克），那么低于100磅（约45.4千克）或高于250磅（约113.4千克）则显著偏离平均值，这些人的体重将被视为异常的轻或重。在变态心理学中，如果仅通过对正常值的偏离来定义异常行为，那就意味着在平均值两侧的偏离都是消极的，并且均需要调整或干预。这种假设往往不正确。具体而言，我们首先要问的是，仅仅与众不同就是异常吗？

与众不同算异常吗

很多人在某种程度上都有对平均值的偏离。姚明身高7英尺5英寸（约2.29米），重295磅（约133.8千克），远远高于平均身高和平均体重。然而，超高身材并没有对他产生坏的影响，相反，他是成功和高薪的NBA球员。玛丽亚·凯莉有异常的音域，她是少数声音能跨5个八度的歌手之一，由于天赋异禀，她已售出了数百万张唱片。史蒂芬·霍金教授尽管患有肌萎缩侧索硬化（ALS，也称卢伽雷氏病）这种令人虚弱的进行性神经系统疾病，却是世界上最杰出的科学家之一。他的智力远超常人，并写下了很多关于理论物理学和宇宙方面的畅销书，还出现在流行电视剧《生活大爆炸》里。以上三人都有异于常人的能力，即他们"偏离正常"。然而他们的"异常"（非凡的才能）并不是坏事，反而对社会贡献良多。而且，他们的非凡才能不会像前述的史蒂夫、马科姆和露莎那样，会引起痛苦或损害他们的日常功能。总之，与众不同并不等同于心理异常。

行为另类算异常吗

当对异常行为的界定从简单的与众不同扩展到行为的与众不同时，我们常用到另类（deviance）这一术语，另类行为与主流社会标准不同。

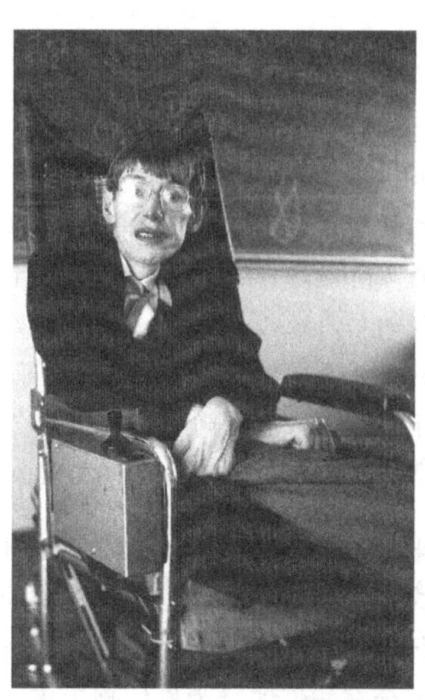

姚明、玛丽亚・凯莉和史蒂芬・霍金在他们各自的身高、音域和智力上与大多数人不同。然而，这些不同对社会贡献良多，并非异常。

> 1964 年 2 月 9 日，4 名来自英国利物浦的年轻人出现在艾德・沙利文秀，并引起了相当的轰动。他们"长"头发，穿着"古巴跟"靴子，音乐喧吵。年轻人很快就爱上了他们，而家长则感到震惊。

与当时的主流文化常模相比，披头士在打扮、行为和音乐上都很另类。1964 年，他们被视为大逆不道。而用今天的眼光来看，他们的音乐、着装和行为就很平常了。他们的行为异常吗？他们的外表和行为确实与众不同，但这些并没有给他们自己或他人带来伤害。同样的行为，在 1964 年显得离谱和反常，而在今天则很平常。这意味着重要的一点，即另类行为确实违反社会和文化常模，但这些常模却总是在改变。

> 德里克是个 7 岁男孩。还是个婴儿的时候，他就一直"忙个不停"。他很难专心，精力异常充沛。德里克的父母为了使儿子的精力得到释放，让他参加了很多体育活动（足球、老虎幼童军、空手道）。德里克的 1 年级老师很体谅他，因为他坐不住，老师就为他在教室里设了一个"工作站"，以便在他觉得需要时，可以走来走去。然而现在德里克上 2 年级了，新老师不允许设立工作站。她觉得他必须学会和别的同学一样坐着。德里克经常因为"离座行为"被叫到校长办公室。

从特定背景来理解行为被称作**适合度**（goodness of fit）（Chess & Thomas，1991）。简单来说，就是看一个行为算不算问题，要依它发生的背景而定。就像人们调整建筑以适合使用者一样，一些人会通过调整环境来适应某个行为。德里克的情况就说明了适合度的概念。在家里和在 1 年级的时候，他的父母和老师通过改变环境来满足他的高活动水平。他们不将他的行为视作有问题，在他们看来，那不过是需要被适应的行为而已。相反，他的 2 年级老师则希望他去适应原来不能适应的环境。在 1 年级时，德里克被认为是"活跃的"，而在 2 年级时，他的行为被认为是异常的。因此，当我们尝试去理解某个行为的时候，对其所发生背景的考虑是非常重要的。

1. 群体期望

家人、朋友、邻居和文化的期望对于个体行为方式的影响是一贯的、无处不在的。有时，一个群体的标准与其他群体不同。比如，青春期的孩子会为了与父母相区别（或分离），以成为同龄群体的一员而刻意在行为上与父母不同（偏离父母的期望标准或常模）。在这种情况下，对一个群体常模的偏离就涉及对另一群体常模的遵从。与家庭常模一样，文化传统和实践也通过很多方式影响着行为。比如，节日庆典通常涉及家庭和文化传统。随着年轻人的成熟以及离开原生家庭，其扩展家庭、婚姻或朋友们的新的节日庆典方式会与他们原来的习惯和传统相混合，形成一种新背景下的庆典方式。

这些文化传统方面的差异通常不引人注意，但有时会造成误解：

> 玛利亚是个12岁大的女孩，全家刚从菲律宾搬到美国。老师认为她有“分离性焦虑”，因此强烈建议她妈妈带她去看心理医生。她的老师之所以这样认为，是因为玛利亚告诉老师，她和奶奶同床睡。然而，一份心理评估则显示，玛利亚并没有任何分离恐惧。在菲律宾文化里，孩子与父母或祖父母一起睡是很正常的［心理学家称之为“合乎规范的”(normative)］。

文化（culture）是指将一群人区别于另一群人的共享行为模式和生活风格。文化影响个体的行为也同样被其成员的行为所影响（Tseng，2003）。养育我们的文化中的价值观会在我们的行为里体现出来。比如，在某些文化里，孩子们被希望“多看少说”，而在另一些文化里，则鼓励孩子们自由地表达自己。**文化相关综合征**（culture-bound syndrome）作为一个术语，最初指的是在特定地区或群体出现的异常行为（Yap，1967）。在今天，我们知道了这些行为模式中的一些是跨民族的、跨地域的。文化如何影响行为，将是贯穿本书的一个主题。玛利亚的行为就是两种不同文化对同一行为持有不同观点的例子。

2. 发展与成熟

在考察行为异常时，还有一个必须要考虑的背景因素——年龄。随着孩子在生理上、心理上和情感上的成熟，以前被视作在发展上合适的行为可能变成异常行为。

> 尼克4岁大，坚持晚上要开灯睡觉以赶跑妖怪。

4岁的孩子，还没有完全理解“妖怪不是真的”的认知或心理能力。但12岁大的孩子就应有能力理解想象和真实的区别。因此，如果尼克到了12岁还要坚持晚上开灯睡觉以赶跑妖怪，他的行为就会被看作异常并可能需要治疗。同样，因为学步期的孩子还没有控制自己膀胱的能力，所以在这个阶段尿床是很常见的行为。当孩子达到了一定水平的生理和认知成熟之后，尿床就成了异常行为并会被诊断为遗尿症（见第12章）。

行为古怪（eccentricity）。你怎么看一个百万富翁将他的全部遗产都给了他的狗这样的事？这种行为偏离了文化常模，但它往往被贴上行为古怪的标签而不是异常。古怪行为可能会偏离社会标准，但通常不是消极的，或者不会伤害到他人。但有时最初的古怪行为会越线而演变成危险的行为（见“真实病例：詹姆斯·伊甘·霍尔姆斯”）。

詹姆斯·伊甘·霍尔姆斯

2012年7月20日，詹姆斯·伊甘·霍尔姆斯（James Eagan Holmes）走进科罗拉多的一家电影院，买了《蝙蝠侠：黑暗骑士崛起》午夜场的票。在电影开始后，他通过紧急出口离开了影院，然后返回。据称他引爆了煤气罐或烟雾罐并向观众开火，造成12人死亡、58人受伤。他很快就被逮捕，他警告警察不要去他的公寓。警察到他家去，发现他去影院之前在家里设置了拙劣的陷阱。第一次听证会上，他顶着一头染成橙色的头发出庭，表现茫然，瞠目而视并向押送他的警察吐痰。他自称小丑。

霍尔姆斯毕业于加利福尼亚州大学伯克利分校，成绩名列班级前1%，平均绩点3.94，获神经科学学位。有人形容他不擅交往、不爱说话，在一份租房申请中，他将自己描述为安静、随和的人。在提交给伊利诺伊大学厄巴纳-香槟分校研究生院的申请中，包含一张他和美洲驼的合影照片。在研究生院这么重要的申请中选这样一张照片，当然可以算是古怪行为了，但这是否就意味着他有心理异常呢？

2011年，霍尔姆斯到位于奥罗拉的科罗拉多大学安舒茨医学中心入读神经学博士。2012年，他成绩下降，综合考试挂科。尽管学校没打算开除他，但他打算退学。与此同时，他购买了大量枪支和超过6 000发子弹。这是非理性的行为吗？这种行为有潜在危险吗？

他曾向人打听是否听说过烦闷性躁狂（dysphoric mania），并警告一个研究生离他远点儿，因为他是“给人添麻烦的人”。他在电话答录机上的录音被描述为“怪异、喉音、语无伦次和漫无边际”。把头发染成橙色，自称小丑，去电影院，这些行为能证明霍尔姆斯有心理障碍吗？

从各方面来看，霍尔姆斯都从一个聪明（即使有些社交笨拙）的神经科学专业的学生变成了一个凶残杀手。无论给他贴上什么标签，他的行为都囊括了从与众不同到行为危险（也许是紊乱思维的结果）间的各种行为。在本例中，他的行为对他人极端有害，因此不能被认为是单纯的行为古怪。同样需要指出的是，许多心理障碍者并不危险，不会犯罪或企图伤害他人。

行为危险算异常吗

警察带着一对戴手铐的男女来到精神病院的急诊室。乔恩 23 岁，自称是 35 岁的玛丽莎的私人司机。两人身穿紧身皮衣，剪着少见的“尖突”发型，戴着缀满银钉的“狗项圈”。两人住在城郊，这天在城里用一整天时间买衣服和做发型。在从停车场回家的时候，玛丽莎开始批评乔恩的发型，乔恩变得很生气，并多次将车（车是玛丽莎的）撞向停车场的墙。医生问警官为什么要带两人来精神病医院的急诊室，警官回答：“哦，正常人会一直开车撞向停车场的墙吗？”乔恩和玛丽莎两人以前都没有心理障碍的发病史。面谈结果显示，乔恩的行为源于恋人间的口角，尽管两人关系常常不稳定，但他们否认对对方以及他人有任何身体攻击。

当然，将车反复撞向停车场的墙的行为是危险的，偏离社会常模并有可能被贴上异常的标签。危险行为可由强烈的情绪状态导致，在乔恩的案例中，其行为是指向外界的（指向他人或他物）。而在其他案例中，像自杀想法这样的危险行为则指向自身。然而，需要特别指出的是，绝大多数心理障碍者不会做出危险行为（Linaker，2000；Monahan，2001）。尽管在他人看来很危险，但有严重思维障碍的个体很少对社会造成危害。因此，危险行为可能是心理障碍的信号，但单纯的危险行为并不是确认异常的充要条件。

行为功能失调算异常吗

现在我们已清楚仅是与众不同、行为另类或行为危险尚不足以构成异常行为。在试图界定异常行为时，最后要考虑的是，这种行为是否造成了个体或他人的痛苦（distress）或功能失调（dysfunction）。参见罗伯特和斯坦的例子（见“对比个案研究”）。

对比个案研究

行为维度：从正常到异常

正常行为个案研究　一个谨慎的人——没有障碍

罗伯特是一个非常谨慎的人，他不喜欢犯错误并且相信他为自己定的行为标准确实很高，但却是公平的。他关心安全问题，担心自己一旦犯错，就会被他人利用。离家或入睡前，他会走遍各个房间来检查每扇门窗是否锁好、烤箱和炉灶是否关闭，这通常会花掉他大约 5 分钟的时间。

异常行为个案研究　强迫症

斯坦也是个很谨慎而且爱担心的人。离家时，他会担心自己因忘记锁门而使家中被盗。他常常返回家中检查房屋是否已锁。但尽管已经检查过了，他仍然怀疑自己没有做好并且每天花费数小时的时间屡次检查。他的检查行为很详尽，包括对每把锁、屋门、车库门和防盗报警系统的检查。他会检查 7 次炉子以确保炉灶已经关闭。想到小偷在他的房子里或者他的房子被烧毁这样的事情，会使他感到巨大的痛苦，有时会因此影响到他的睡眠。因为需要回家反复检查门锁，所以他在上班或社交活动中经常迟到。

罗伯特和斯坦都存在检查行为，但罗伯特的行为可归类于“正常检查”（Rachman & Hodgson，1980）。斯坦在他上班或入睡前例行检查屋子的行为与大多数人上班前锁门的正常行为是不同的，因此他的行为偏离常模。尽管单纯的偏离还不算异常，但是斯坦的行为与罗伯特的行为还有其他不同：斯坦的检查行为更频繁。行为频率本身并不意味着行为是不适应的，但可能会导致其他两种结果：痛苦和功能失调。具体来说，斯坦的担忧太多且无处不在，致使他感到焦虑并且睡不好觉。在这种情况下，不适应的行为导致痛苦（distress），斯坦的担忧引起了负性情绪（焦虑）并导致他睡不好觉。上班和社交活动也经常因他的频繁检查而迟到，斯坦的检查行为也造成了他的职业和社交功能失调（dysfunction）。当这两种情况中的任意一种很明显时，我们就要考虑是否出现了心理障碍。

异常行为的定义

总而言之，界定异常行为时通常要考虑很多因素。仅是行为与众不同或行为另类是不够的，尽管后者可能是一个显示事情哪里不对劲儿的信号。一些异常行为是危险的，但危险并不是定义异常行为的必要条件。在本书中，我们对**异常行为**（abnormal behavior）的定义是：不符合个体发展、文化和社会的常模，引起情绪痛苦或影响其日常功能的行为。

接下来的章节将考察各种不同类型的异常行为。这些异常行为的判定将参照美国精神病学协会[㊀] [American Psychiatric Association（APA），2013] 出版的《精神障碍诊断与统计手册》（第 5 版）（*Diagnostic and Statistical Manual of Mental Disorders*，fifth Edition）（American Psychiatric Association，2000），该手册简称 DSM-5。该诊断系统所用的方法注重精神障碍的症状和科学基础，包括其临床表现（特定症状集合）、病因学（障碍何由发生）、发展阶段（儿童的障碍与成人有何不同）和功能损害（障碍的直接和长期结果如何）。DSM 系统使用分类方法（categorical approach）来界定异常行为，虽然这种方法尚有争议（参见“研究热点：异常行为的分类方法与维度方法”），但它在美国仍然是被广泛接受的诊断系统。

异常行为的分类方法与维度方法

目前的诊断系统《精神障碍诊断与统计手册》（DSM）提出了基于分类来理解心理障碍的方法。DSM 假设一个人要么有障碍要么没有，就像一个人要么是怀孕的，要么是非怀孕的一样。当前的 DSM 优于以往的诊断系统，以往的诊断系统与相关理论联系紧密，却未必有数据支持。然而，分类方法依然存在两个问题：①现实中的症状集合很少完美地仅归为某一类；②尽管有痛苦和功能损害，作为被诊断为某心理障碍的症状往往不够严重。

事实上，心理痛苦的人很少只患有一种心理障碍（Nathan & Langenbucher，1999）。一位患进食障碍的女性也常伴有抑郁。她是否患有两种不同的障碍，或者她的抑郁只是异常饮食模式的一部分？做出这些区别已经不仅是学术范围内要讨论的事情了，它关系到某人是否应接受治疗的问题。例如，它决定一位心理学家是对患者进行抗抑郁的药物治疗还是只监控她的悲伤情绪，看看这些情绪是否在进食障碍得到成功治疗后随之消失。

第二个问题（做出诊断的时候，个体是否有“足够”的症状）可通过下面的例子阐明。害羞和悲伤作为两种行为，更可能是两种不同的人格维度，而非不同的类别。当个体被诊断患有某种精神障碍时，怎么算有“足够的悲伤”或“足够的害羞”？害羞是一种人格特征还是一种精神障碍？目前，个体被认为患有精神障碍的前提是：这种痛苦要足够严重或已经产生了功能损害的结果。然而，在很多情况下这只是人为区分，这就可能拒绝了中度痛苦的人寻求帮助的机会。在科学上，**维度方法**（dimensional approach）可用来了解异常行为的严重程度随时间推移如何变化，或增加或减少，也可用来了解行为如何从一种障碍变为另外一种障碍。

研究人员还在继续研究描述异常行为的最准确方式。在尝试理解异常行为时，DSM-5 不仅强调对症状表现的考虑，也强调考虑这些症状是否影响了个体的各项功能。

㊀ American Psychological Association 有人会译作美国心理学会，association 是协会的意思，因此应译作美国心理学协会。美国原来是有美国心理学会（American Psychological Society）这个组织的，现已改名为美国心理科学协会（Association for Psychological Science）。同理，American Psychiatric Association 在本书中被译作美国精神病学协会。——译者注

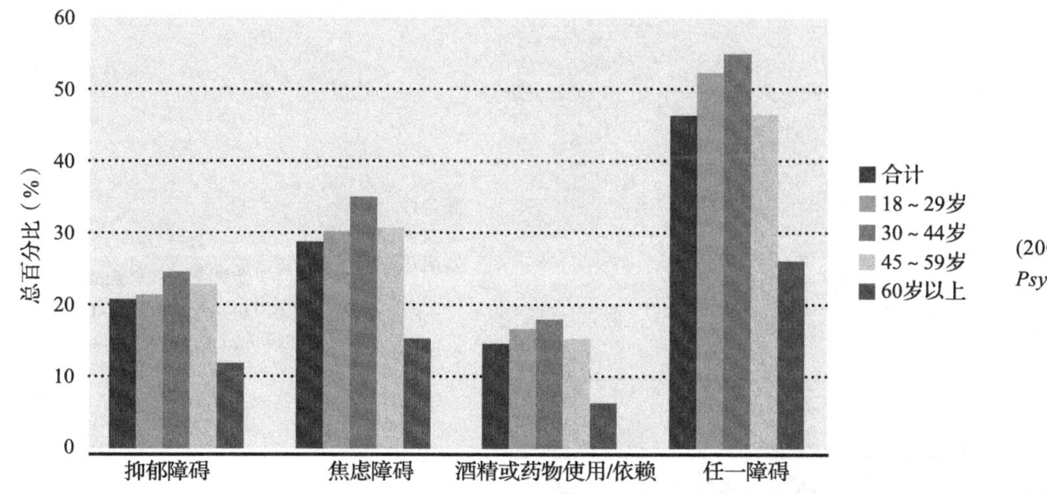

资料来源：Kessler et al. (2005). *Archives of General Psychiatry*, 62, 593-603.

图 1-1 DSM-Ⅳ中各精神疾病在成人期的不同年龄段的终生患病率

1. 一般人群中的异常行为

心理障碍在一般人群中是很常见的。大约 47% 的美国成年人都会在人生的某个阶段罹患某种心理障碍（Kessler et al.，2005a）。在美国，最常被报告的障碍是焦虑障碍和抑郁障碍（见图 1-1）。超过 20% 的成年人患有重度抑郁，超过 14% 的人在其人生的某个时点会罹患酒精依赖。焦虑障碍也很常见，超过 28% 的成人在一生中受其影响。显然，许多人患有严重的心理障碍，这就需要我们更多地了解这些疾病并且找出有效的治疗方法。

2. 影响异常行为表现的因素

在考虑异常行为是否发生以及何时发生时，行为发生的背景因素扮演了重要的作用。比如会考虑到一些包括个人特征的因素，如性别、种族或民族。例如，女性更有可能患上焦虑障碍（见第 4 章）和心境障碍（见第 6 章），男性更有可能患上酒精和药物滥用（见第 9 章，Kessler et al.，2005a）。当涉及种族、民族时，白人及非裔美国人在很多心理障碍上患病率相同。西班牙裔人比非西班牙裔白人更可能患有像抑郁这样的心境障碍。此外，正如我们将在本书中所看到的，文化可能会影响症状的表达。

社会经济地位（socioeconomic status，SES）指的是家庭收入和教育成就，是影响一般人群心理障碍患病率的另一个重要因素。除了药物和酒精滥用这些障碍更易发生在中等教育水平（高中毕业没有大学学位）的个体以外，其他心理障碍则常发生在那些低收入和低教育水平的个体身上。心理障碍是不是较低社会经济地位的结果，一直被人们所争论。更好的教育和更高的收入能否为患有心理障碍的人提供更多的支持性资源？第二种假设是，心理障碍所引起的损害（无法入睡、酒精成瘾）会导致失业或有限的教育成就，这一现象被称为向下漂移（downward drift）。第三种假设是，第三因素如遗传素质（genetic predisposition），既造成了精神病性障碍的产生，又造成了无法取得学业或职业成就。

关于社会经济地位与心理障碍关系的专门研究很少，但一项有关儿童心理障碍发展的研究确实可以帮助我们来理解这种关系。在这项研究中，被试儿童以年为间隔单位接受访谈，有些访谈间隔时间为 9 年。在研究期间，处在不同社会经济地位的孩子的心理障碍患病率相同（Wadsworth & Achenbach，2005）。然而，一旦障碍表现出来，来自低收入家庭的孩子不太容易克服该障碍或从障碍中康复。较低的收入通常意味着更少经济来源和更少的获得治疗的机会。随着时间的推移，康复的缺乏将导致更多低社会经济状况的孩子患上更多的心理障碍。

如上例所示，儿童与成人一样，也会患上心理障碍，并且我们也知道，年龄和发展阶段是影响异常行为的重要因素。大烟山研究（Great Smoky Mountains Study）对儿童心理障碍进行了研究，这些孩子每年都接受评估，一些案例的研究时间长达 7 年（Costello et al.，2003）。图 1-2 列出了心理障碍在儿童和青少年中的患病率。

令人吃惊的是，在 16 岁的时候，约 1/3（36%）的孩子和青少年已患有某种心理障碍。如图 1-3 所示，心理障碍患病率最高的年龄为 9 ～ 10 岁，到 12 岁时有所下降，到青春期时其比例再次升高。心理学家知道个体的发育成熟影响症状何时及如何发生，会产生何种

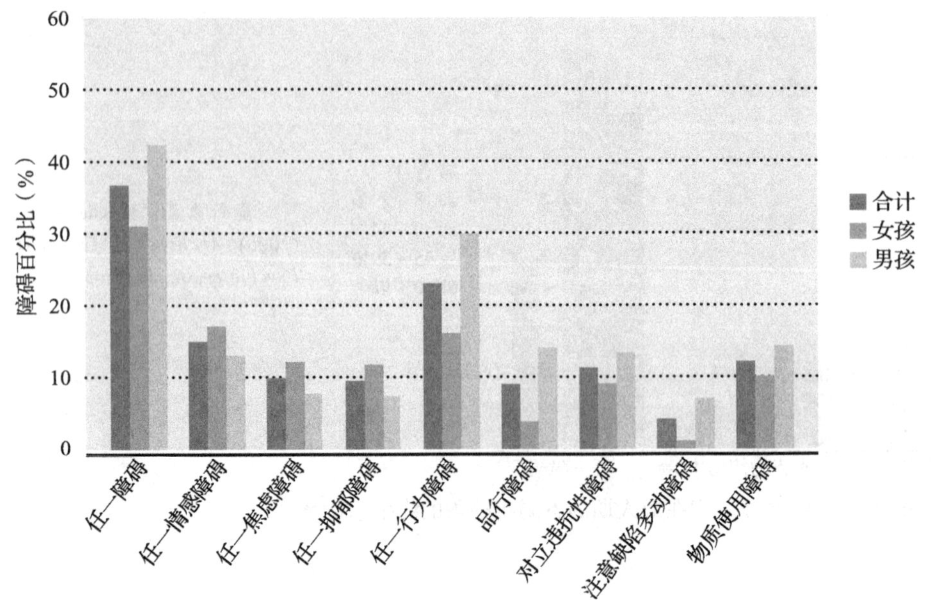

资料来源：Costello et al., (2003) *Archives of General Psychiatry*, 60, 837-844.

图 1-2　DSM-Ⅳ中各精神疾病在 16 岁时的累积患病率

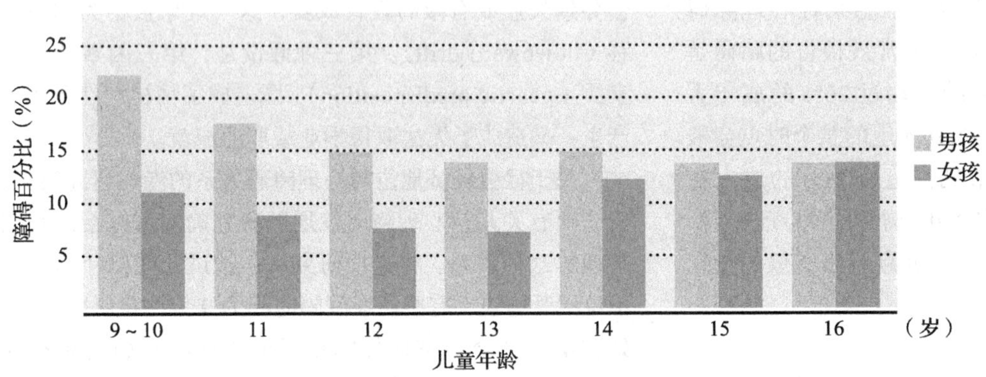

对男孩来说，心理障碍患病率的高峰期集中于 9 ～ 10 岁；对女孩来说，心理障碍患病率的高峰期则出现在 16 岁左右。

资料来源：Costello et al., (2003) *Archives of General Psychiatry*, 60, 837-844.

图 1-3　不同年龄和性别儿童的 DSM-Ⅳ心理障碍患病率

症状，甚至发展出何种障碍。心理障碍的常见症状随个体年龄而变化的观点被称作**发展轨迹**（developmental trajectory）(轨迹指的是路径或进展)。例如，与被诊断为抑郁症的儿童相比，患有抑郁症的青少年表现出来的更多症状是感到无望和无助，缺乏精力或感觉疲劳，睡眠过多并且有严重的自杀行为（Yorbik et al., 2004）。因此，抑郁症的症状可能会随着孩子的发育成长而发生变化。即使是成人患者，年龄在特定的抑郁症状发生的频率上也扮演着重要的角色。随着成熟，患者更少报告有关自己或他人的悲伤情绪或消极想法（Goldberg et al., 2003）。因此，即使像悲伤这样的普通情绪也会因不同的年龄而有不同的表现。

忽视发展差异可能造成心理障碍探查的不准确。例如，社交焦虑障碍的特点是普遍存在的社会退缩的行为模式（见第 4 章）。患有社交焦虑障碍的成年人报告说当众演讲时会产生极端的恐惧情绪。年轻的孩子很少做演讲，由于没有面对过这种情况的经验，他们会否认害怕演讲。然而，一种类似演讲的童年活动是让孩子在全班同学面前大声朗读。患有社交焦虑障碍的孩子经常报告说他们极其害怕被要求当众进行大声朗读。因此，准确地诊断社交焦虑障碍不仅取决于对这种障碍的理解，还要清楚其在不同的年龄段是如何表现的。同样，年长的成年抑郁症患者较少报告他们的悲伤情绪和消极想法，但所有成年人（不论年龄）都会报告抑郁的生理症状（如无法睡眠、进食或容易疲劳）。因此，如果临床医生评估抑郁时只关注询问悲伤情绪，则可能会忽略掉老年人所患的抑郁症。在本书中，我们会经常回到这个发展性心理病理学的问题上，同时也会讨论同一障碍在不同生命时期里如何表现的问题。

发展的观点也说明了为什么心理障碍的患病率会随年龄而变化（见图 1-3）。某些常见于儿童的疾病（如分离性焦虑障碍、注意缺陷多动障碍，见第 4 章和第 12 章）随着孩子身体、认知和情绪的发育成熟而变得不再那么常见。到了青春期，其他类型的障碍开始出现（如抑郁、酒精和药物使用、进食障碍、惊恐障碍和广泛性焦虑障碍，见第 4 章、第 6 章、第 7 章和第 9 章），一些障碍的出现存在实际的和社会的因素（例如，年长的青少年更容易获得酒精，这是发展成物质滥用的前提条件）。还有一些障碍的出现与认知成熟度相关，如广泛性焦虑障碍被部分地定义为对未来事件的担心（APA，2013），这就需要具备理解“未来”这个概念的能力，这种认知能力通常在 12 岁左右才出现（Alfano et al.，2002）。因此，对于年龄较小的孩子来说，患上广泛性焦虑症虽非不可能，但广泛性焦虑症更多的是在长大到获得相关认知能力后才得的。最后，生物学变化也会对心理障碍的发生造成影响。在进食障碍（神经性厌食症、神经性贪食症）的高风险患病人群中，青春期的激素变化会增加其患病的可能性。

历史上的异常行为及其治疗

在历史进程中，某些行为曾被认为是异常的，这往往与我们今天的认识相同。然而，对于这些异常行为的解释，经历了从体液失衡到魔鬼附体，到遗传异常，再到创伤性学习经验的演变。现在，新技术允许我们观察正在进行视、嗅、听觉加工以及正在解决问题或正经历某种情绪的大脑。随着这方面知识的积累，异常行为的一些早期解释现在看来显得稀奇古怪。在这里，我们回顾这些理论，并展示科学的进步是如何改变我们对异常行为的理解的。

古代理论

我们所了解的很多关于异常行为的古代理论都基于考古证据和古代文献。古埃及人相信神灵控制大部分的环境，包括一个人的行为。甚至在古埃及人之前，在一些文化中有一种叫作**环锯术**（trephination）的手术，即用一个环形工具来切掉部分头骨。对于环锯术的一种解释是，这是一种治疗异常行为的方法，可能是因为人们认为打开颅骨就可以释放那些控制人的恶魔（Selling，1940）。但这仅仅是一个假设。环锯术可能仅是为了治疗战争所致的头部创伤（Maher & Maher，1985）。即使到今天，我们也还不确定古人为何要施行环锯手术。

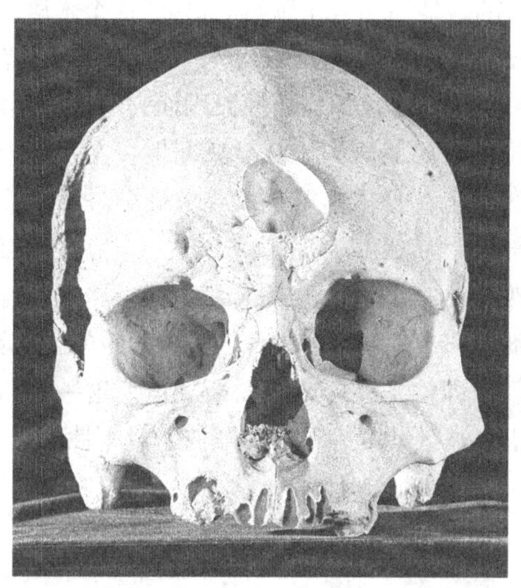

环锯术是在人的颅骨上钻洞的一种手术。这可能是古人试图从受折磨的人体内释放恶魔的一种方法。

古希腊和古罗马时期

古希腊人认为，行为异常由众神控制，对神的违抗会导致精神疾病。大约在公元前 13 世纪，皮勒斯（Pilus）的医生麦朗普斯（Melampus）使用疾病的器质模型（organic model）来解释心理症状，并用植物和其他天然物质对其进行治疗。他用根茎提取物治疗“焦虑性子宫忧郁症”，用铁粉末治疗“创伤性阳痿”（Roccatagliata，1997）。阿斯克勒庇俄斯（Asclepius）因是古希腊的医学之神而著名，现在人们相信历史上确有其人，因其高超的治疗手段而被提升到神的地位（http://www.nlm.nih.gov/hmd/greek/greek_asclepius.html，retrieved April 28，2013）。在希腊各地，人们建了很多神庙供奉他，其中之一是已知第一个为精神障碍患者建立的庇护所，在这里他为他们提供生物（风茄草根和鸦片）、物理（音乐、按摩、戏剧）和心理治疗（释梦；Roccatagliata，1997）。这一时期，精神疾病被认为是由于创伤性经历或体内液体（如血液）不平衡导致的，这些液体被称为体液（humors）。

通常被称为“医学之父”的希波克拉底（Hippocrates，公元前 460—前 377 年）是古希腊最有名的医生。他提出了一个诊断分类系统和一个解释异常行为的模型。希波克拉底识别出了常见的心理症状，如幻觉（hallucinations，听到或看到对他人来说不存在的东西）、妄想（delusions，没有现实基础的信念）、忧郁症（melancholia，严重的悲伤）和躁狂症（mania，可能导致疯狂活动的高度唤醒状态）。所有这些症状在今天仍然是被认可的。他还引入了歇斯底里症[⊖]这个术语，现在称为转换障碍（conversion disorder，见第5章）。歇斯底里症被用来描述没有任何器质性原因而失明或瘫痪的患者。希波克拉底错误地认为该状况只发生在女性身上，原因是空虚的子宫在身体内游走以寻求受孕。子宫停在身体的哪个部位，症状就表现在什么地方。他认为可以通过环境的改变治疗该病：结婚或怀孕。当然，随着人们对人体解剖学和生理学理解的深入，“子宫游走”这一理论被抛弃。但即使是在今天，歇斯底里症这一曾与女性有关的术语仍被继续用来描述激烈的、戏剧性的行为模式。

古希腊医生希波克拉底认为，异常行为是由体内四种体液不平衡造成的。

希波克拉底认为，当环境因素（季节变化）和/或身体因素（发热、癫痫、休克）引起四种体液失衡时会导致异常行为的出现。在他的模型中，四种体液分别是黄胆汁、黑胆汁、血液及黏液。血液与勇气和充满希望的人生观相联系，黏液与冷静和非情绪化的态度相联系。黄胆汁过多会引起躁狂，而黑胆汁过多会导致忧郁，可以通过吃素、安静待着、独身、运动锻炼以及放血（控制患者的血液流通）来对这些疾病进行治疗。希波克拉底主张将患者从家庭中隔离出去，这一做法为人道治疗和治疗的制度化实践做了铺垫。

另一个非常具有影响力的希腊医生是盖伦（Galen），他是罗马帝国皇帝马可·奥勒留（Marcus Aurelius）的私人医生。尽管我们现在用的术语与古时所用的术语含义有所不同，但盖伦的著作（现今仍有留存）显示，他的专业知识涵盖许多医学领域：神经生理学和神经解剖学、神经病学、药理学、精神病学和哲学（Raccatagliata，1997；http://www.nlm.nih.gov/hmd/greek/greek_galen.html）。希波克拉底和盖伦在描述歇斯底里症时有一个重要的区别，由于盖伦研究了人体解剖，他不太重视“子宫游走”理论。盖伦将歇斯底里症的病因归结为心理因素，他认为这是因为女性失去性生活的兴趣和乐趣而带来的一种不愉快的症状。

罗马帝国衰败后，“魔鬼说”再次在欧洲成为解释精神疾病的理论主导，但希波克拉底和盖伦的开明思想在伊斯兰国家中仍具影响力。在那里，被誉为“医生王子和众医之首”及“亚里士多德之后的第二位老师”的阿维森纳（Avicenna，980—1037；Namanzi，2001）写了近450部作品，包括被认为是有史以来最具影响力的

伊斯兰教哲学家和医生阿维森纳在其有影响力的医学著作中写道，情绪痛苦和躯体疾病之间有内在联系。

⊖ hysteria，源自希腊语“hystera”，意为“子宫”。Hysteria一词如出现在19世纪及以前的描述中，常被译作“子宫游走症”。通常在弗洛伊德对该病进行研究后，即19世纪末以后，该词会被译作“癔病”或“癔症”。在不特指现代疾病分类时，专业上一般会将之音译作“歇斯底里症”。——译者注

教科书《医典》(*Canon of Medicine*)。阿维森纳认为抑郁是体液混合的结果，还认为某些躯体疾病是由情绪痛苦导致的。他强调音乐在治疗情绪困扰时会产生积极的效果。他治疗精神疾病的方法为600年后才在欧洲出现的人道治疗方法埋下了伏笔。

从中世纪到文艺复兴时期

在中世纪的欧洲，魔鬼被认为是万恶之源，它们捕获、“俘虏和欺瞒人们的心灵”（Tertullian，in Sagan，1996）。中世纪存在许多生存的挑战（战争、瘟疫、社会压迫、饥荒），人们会为此寻找原因。即便有其他不那么吸引人的解释存在，教会官员也会用魔鬼或巫术来解释这些坏事。由于教会的强大影响，巫术成为解释异常行为的主导理论。在300年里（15 ~ 18世纪），欧洲至少有20万人被指控使用巫术，一半人被处死，其中有80% ~ 85%的人是女性（Clark，1997）。事实上，许多被指控的人可能是心理障碍患者（Zilboorg，1939；cited in Clark，1997）。某人一旦被指控为女巫，就会接受审判并总会被判有罪。值得庆幸的是，文艺复兴带来了针对科学和教会的新态度，并改善了女巫的状况。对巫术的指控，并不仅限于欧洲国家。“女巫”在17世纪的马萨诸塞州也是要被处决的。然而，在现在的外星人绑架的故事（见“证据检验：现代巫术、恶魔和外星人绑架”）里，人们对超自然现象的相信仍然存在。

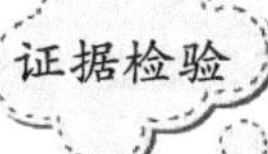

现代巫术、恶魔和外星人绑架

事实 几百年来，许多人都报告了神灵探视的案例。

证据 卡尔·萨根（Carl Sagan）在《魔鬼出没的世界：科学，照亮黑暗的蜡烛》（*The Demon Haunted World：Science as a Candle in the Dark*）这本书中提到的主要原则之一是，尽管我们的社会科技在进步，仍有许多人不理解伪科学、狂热的原教旨主义和科学证据之间的区别。否则，为什么会有那么多人相信没有确凿证据的外星人绑架呢？请对比以下两种描述：

> 女妖屈服于男性并接收他们的精液，恶魔运用技巧以之储存自己的力量，然后，经过上帝的许可，变成男淫妖并将其倒入女性存储库中［St. Bonaventura（1221—1274）；引自Sagan，1996］。
>
> 贝蒂和巴尼·希尔宣称，他们在1961年9月19日被外星人绑架。贝蒂在一系列噩梦后记起了这次绑架，她声称外星人在自己的肚脐上安装了一个针头。巴尼则相信外星人从自己身上取走了精子样本（Carroll，2003）。

检验证据 没有客观科学证据——只有那些宣称曾被访问者的报告。他们通常都说圣灵或外星人从天而降，因生殖目的而需要人类配合，那些报告此类经验的人仅是在催眠状态下才做此报告，他们中很多人的其他行为和信仰也会被认为是不寻常的。

结论 “也许有一天会有一个UFO或外星人绑架的案例是可被证实的，伴随着有力的物理证据，且只可以用‘天外来客造访’来解释。不会再有比这个更重要的发现了。然而到目前为止，仍然没有这样的案例，甚至连近似的都没有……事实更像哪一种呢：人们正经历大量但通常被人忽视的外星性虐者的入侵？还是人们正经历一些自己难以理解的陌生内心状态？”（Sagan，1996）

在中世纪，群体性癔病（mass hysteria）的发作会涉及许多人，即一群人相信他们受到恶灵影响或附体（与被外星人绑架的想法类似）。其中第一个被记录下来的案例（源于13世纪早期的意大利）被称为舞蹈症（tarantism），原因是相信被狼蛛（也被称为塔兰图拉毒蛛）叮咬后，如果不快乐疯狂地跳舞的话，会导致死亡。传说的另一个版本是，蜘蛛的叮咬会导致狂热的舞蹈、跳跃或抽搐（Sigerist，1943）。事实上，这种蜘蛛的咬伤是无害的，人们的反应因群体性癔症而被夸大了。另一种形式的群体疯狂是变狼症（lycanthropy），患病者相信他们被狼附体。这种想法非常强大，被感染的人会表现出像狼一样的行为，甚至相信他们的身体被皮毛所覆盖。

群体性癔病发作的一个科学根据就是情绪感染（emotional contagion），是指对另一个人的表情、发音、姿势和动作的自动模仿和同步（Hatfield et al.，1993）。当这些外显行为集中表现时，相应的情绪也会出现。这些模仿行为是非自控的，但会影响人的整个行为。虽然很多人可能不再相信狼或蜘蛛的咬伤能导致异常行为，但情绪感染对行为依然具有强大的影响力（见“证据检验：当代群体性癔病”）。

证据检验 当代群体性癔病

事实 虽然我们倾向于认为群体性癔病只发生在文明不开化的时代，但其在今天仍时有发生。

证据 1998年，一位来自田纳西州的老师报告说她在教室里闻到了一股类似于汽油的味道，之后就感觉头疼、恶心、呼吸短促并且头晕眼花（Jones et al., 2000）。该学校随即进行了疏散。最终有80名学生和19名工作人员也因有该症状而被送往急诊室。当学校重新开放时，有71人因抱怨说有类似症状而去了急诊室。尽管在一场彻底的搜查后，没有任何医学或环境原因被确认。

检验证据 所报告症状的基础可能是情绪感染的证据包括：

1. 症状发生于该校49个不同位置，这些位置中的大多数都拥有完全独立的空气处理系统。

2. 有些人报告症状发生于学校以外的地方，在家里或到医院探访他人时。

3. 疾病报告者有以下特点：大多是女性，有更多观察到其他患病者的机会，得知同班同学得病的人，报告在学校闻到一种不寻常气味的人。所有这些因素都与群体心因性疾病（mass psychogenic illness）发作有关。

结论 值得注意的是，个体确实体验到他们所报告的症状；否认症状的存在是不正确的。关键问题是：这些症状的原因是什么。本例同许多其他案例一样，在彻查所有可能的环境因素后，对这种大规模爆发的疾病最可能的解释是，情绪感染造成了心因性疾病的群体发作。 «««

文艺复兴时期（14 ~ 17世纪）标志着欧洲在精神疾病治疗方面的第二次启蒙。造成这种转变的大部分功劳可追溯到德国医生约翰·韦尔（Johann Weyer, 1515—1588）和瑞士医生帕拉塞尔苏斯（Paracelsus, 1493—1541）。韦尔是第一位专门从事精神疾病治疗的医生。帕拉塞尔苏斯则反驳了异常行为是因魔鬼附体的观点，他认为精神障碍可以遗传而且一些身体疾病有其心理原因（Tan & Yeow, 2003）。

这些针对精神疾病的观点在改变的同时，也使相应的治疗方法发生了变化。一场通过向精神疾病患者提供帮助来体现对他们的真正关心的运动开始了，其目标是将精神疾病患者与那些具有犯罪行为的罪犯区分开来（Sussman, 1998）。从16世纪开始，精神疾病患者被安置在收容所（asylum）里——那是被设计用来使他们与一般公众隔离的设施。尽管收容所的开设是基于良好的意图，但很快就人满为患了。因缺乏有效的治疗，收容所变成了仓库，常被称作疯人院（madhouses）。其中最著名的收容所位于伦敦的伯利恒圣玛利。治疗方式包括监禁（锁链、脚镣、隔离在黑暗的牢房里）、酷刑（冰水浴、椅上旋转、严重限制饮食）和“药物”治疗（催吐剂、泻药和放血）。在伦敦，人们花费很少的钱就能到疯人院参观那里的患者（Tan & Yeow, 2004）。他们将那地方叫作Bedlam㊀，用这个词来描述那里的混乱和失控状况。类似的情况也存在于欧洲的其他地区以及后来的北美。

19世纪及现代思想的开端

精神疾病医学治疗的一个转折点发生在18世纪晚期，法国医生菲利普·皮内尔（Philippe Pinel, 1745—1826）和英国教友派信徒威廉·图克（William Tuke, 1732—1822）从根本上改变了治疗精神疾病的方法。1793年，皮内尔担任巴黎比塞特的院长，那是个专门收容男性精神疾病患者的收容所。在他的《疯癫回忆录》（*Memoir on Madness*）中，他提出精神疾病常常是可治愈的，而且应该运用适当的治疗方法，医生应倾听和观察患者的行为，了解疾病的自然历史以及哪些事件导致

㊀ 是“Bethlehem”（伯利恒）的缩写。意为喧闹混乱，后也指代疯人院。——译者注

法国医生菲利普·皮内尔将患者从铁链中释放出来并提倡一种更人道的治疗方式。

其发生。他主张在收容所里要保持安宁和秩序（Tan & Yeow，2004）。他在比塞特和被称作萨勒贝特里埃的女性收容所里摘下了患者身上的锁链。皮内尔提倡患者白天参加活动，如工作或进行职业治疗，以确保他们晚上能有良好的睡眠，以取代之前对患者的约束。

同一时期，英吉利海峡对岸的威廉·图克（William Tuke）建立了约克静修所（York Retreat，Edginton，1997），那是一处精心设计的富有同情心和宗教氛围的乡间小院，用来供精神病患者生活、工作和放松。图克用铁框将玻璃窗的窗格分开，以此来替代原有窗上的栅栏，他甚至将这些铁框涂上颜色，使其看起来更像是木头做成的。约克静修所建在一座小山上，尽管它有隐藏的沟和墙来确保患者与外界的隔离，但从建筑内部却看不到这些屏障，这给人一种家的错觉，而不是一个体制化的区域（Scull，2004）。皮内尔和图克的工作都预示着道德治疗（moral treatment）的开始，“将其归结为两个词就是仁慈和工作”（W. A. F. Browne，1837，cited in Geller & Morrissey，2004）。道德治疗很全面。在美国，道德治疗包括将患者与其家庭以及之前的联系相隔离，充满尊重与和善的治疗包括“体力劳动、周日宗教活动、良好习惯和自控力的养成、远离病态思维”等（Brigham，1847，p.1，cited in Luchins，2001）。

在美国，提到道德治疗时人们通常将它与本杰明·拉什（Benjamin Rush，1745—1813）和多萝西娅·迪克斯（Dorothea Dix，1802—1887）这两个人联系起来。拉什是一位著名的医生，在宾夕法尼亚医院工作，他也是《独立宣言》的签署者。他致力于精神疾病的临床实践，认为精神疾病的原因在于大脑血管的问题（Farr，1994），这个理论后来被证明是错的。拉什认为，人类的心灵是最重要的研究领域，他后来被称为美国精神病学之父（Haas，1993）。

在美国，提到人文关怀（humane care）时没有谁比波士顿教师多萝西娅·迪克斯与之联系更紧密，她终身致力于解决精神疾病的困境及对其治疗的改革。通过她的努力，建立起了 32 个机构，这些机构的服务涵盖了精神病治疗、研究和教育等多个方面（Gold，2005）。迪克斯认为，通过对收容所的正确设计和操作，可以对精神疾病进行治疗甚至可以治愈。尽管迪克斯把精神疾病的困境引入了公众的视线，但依然有很多种精神疾病无法仅通过单纯的道德治疗而治愈。事实上，精神病医院变成了与永久体制化、监护、隔离和希望渺茫相联系的地方。

马萨诸塞州的多萝西娅·迪克斯是个不知疲倦的改革者，她把精神疾病的治疗困境引入公众的视线。

在欧洲 18 世纪晚期，精神障碍的治疗方式已不仅是提供休息和人文关怀。德国医生弗朗兹·安东·麦斯麦（Franz Anton Mesmer，1734—1815）几乎没有遵循传统医疗机构的做法。他的学术论文探讨了占星术的临床寓意（McNally，1999）。麦斯麦认为身体是一个磁铁，通过利用作为第二个磁铁的医生身体，即可实现对精神疾病的治疗（Crabtree，2000）。麦斯麦认为人体内存在一种叫作**动物磁力**（animal magnetism）的物质。当它自由流动时，身体就处在一个健康的状态；当它流动不畅时，身体就会产生疾病。治疗涉及医生将双手放在患者身体上以使"磁力通行"(McNally，1999）。一个包括本杰明·富兰克林（Benjamin Franklin）和著名的法国化学家安托万·拉瓦锡（Antoine Lavoisier）在内的科学家和医生委员会严厉地批评了麦斯麦术。

尽管如此，麦斯麦的实验仍是心理学的一个重要章节。尽管他的动物磁力说和花哨的治疗（包括披肩、音乐、用来接触身体各个部位的魔棒、磁化水）最终都被揭穿，但这些却揭示了安慰剂效应的力量。**安慰剂效应**（placebo effect）是指症状的消除和减轻不是因为任何特定的治疗，而是因为患者对治疗有效性的相信。安慰剂可以从农作物，如玉米淀粉中提取并制成药片的样子，也可以是治疗者或医生所表现出的关心患者的态度。然而，需要特别说明的一点是：尽管安慰剂可以改变患者的感受，但其效果通常是暂时的。安慰剂与实际的治疗还是不一样的。

一个为某些心理疾病建立生物学基础的重大事件发生在19世纪晚期。科学家发现了梅毒（一种性传播疾病，由细菌引起）能导致被称为麻痹性痴呆（general paresis）的慢性病，表现为身体麻痹和精神疾病，最终会导致死亡。在对异常行为的理解上，身体疾病可导致心理障碍的发现是一个重大进步。但我们现在知道，细菌并不是导致大多数心理障碍产生的原因，尽管在某些情况下，心理症状可能会有医学基础。

德国精神病学家埃米尔·克雷丕林（Emil Kraepelin，1856—1926）的工作也为异常行为的研究史写下了重要的一章。早在医学院时，克雷丕林就听过现代科学心理学创始人威廉·冯特（Wilhelm Wundt）在实验室上的课（Decker，2004）。他应用冯特的科学方法来测量行为偏差，希望能为精神病学提供理论基础，比起当时的普通医学和心理学，精神病学在这方面是有所欠缺的。在冯特的建议下，克雷丕林开始研究"异常"（Boyle，2000）。1899年，在观察了数以百计的患者后，他引入了两种诊断分类，其分类基础不仅是不同的症状，还有病原学（etiology，原因）和预后（prognosis，进程和结果）。克雷丕林术语里的**早发性痴呆**（dementia praecox)，现在称为**精神分裂症**（schizophrenia）（见第10章），特征表现为心理退化。躁狂抑郁症（Manic-depressive insanity）预后良好，被定义为一个独立障碍。克雷丕林最出名的工作是他对早发性痴呆的研究，他认为早发性痴呆是由自体中毒（autointoxication）导致的，身体代谢异常造成脑细胞自体中毒。新研究展示了遗传和生物学原因对精神分裂症发生的贡献，然而对克雷丕林无论是在分类系统还是在对精神分裂症描述上的贡献都不能被夸大。

另一个对大脑有研究兴趣的医生是让–马丁·沙可（Jean-Martin Charcot，1825—1893），他在巴黎的萨尔贝蒂耶建立了一所神经学学校（Haas，2001）。沙可对癔病很感兴趣，他认为这是由大脑退行性改变引起的。然而与此同时，其他研究者，如安布罗斯·奥古斯特·李厄保（Ambrose August Liébeault，1823—1904）和希波莱特·伯恩海姆（Hippolyte Bernheim，1840—1919）在法国南锡正进行实验，以确定癔病是不是一种自我催眠。沙可和南锡学派的医生展开了激烈的辩论。最终，大多数科学数据支持了南锡学派的意见。出于科学家的信誉，一旦证据确定，沙可就成了"癔病是一种自我催眠"这种观点的大力支持者。

大约在同一时间，维也纳医生约瑟夫·布洛伊尔（Josef Breuer，1842—1925）正在研究催眠术的效果。布洛伊尔运用催眠治疗癔症，患者包括一名叫安娜·欧的年轻女子。该患者曾照顾她生病的父亲直到他去世。之后不久，她发现自己视力模糊、讲话困难、无法移动右臂和双腿。布洛伊尔发现，安娜·欧能在催眠状态下谈及自己平时无法回忆起来的事件和经历。此外，在讨论了这些痛苦事件之后，她的症状消失了。布洛伊尔将他的治疗称为**谈话疗法**（talking cure），此方法为一种新的精神障碍治疗方法打下了基础。

20世纪

尽管生物学理论仍具影响，但20世纪早期主要由异常行为的两种心理学模型占据主导：精神分析理论和行为主义。在本节中，我们将从根本上考察这些理论以及它们在理解异常行为方面是如何为现代方法做准备的。

1. 精神分析

西格蒙德·弗洛伊德（Sigmund Freud，1856—1939）所受的训练为神经病学。他的精神病学职业生涯开始于法国，他与沙可一起在那里工作。定居维也纳后，他于1895年与约瑟夫·布洛伊尔合著发表了《癔症研究》。他提出了全面解释正常和异常行为的**精神分**

析（psychoanalysis）理论。弗洛伊德认为异常行为的根源可在个体前 5 年的生活经历中找到。因为它们发生得太早，他相信个体会对此保留无意识记忆，而无意识记忆会对行为产生终身影响。精神分析理论有三个重要部分：心理结构、面对威胁使心理保持稳定的策略以及对于正常或异常行为的发展都很重要的性心理发展阶段。[㊀]

西格蒙德·弗洛伊德提出了精神分析理论，该理论试图用无意识的生理和性冲动来解释异常行为。

在精神分析理论中，心理包含三个区域：伊底（id[㊁]、自我（ego）和超我（superego）。伊底是基本本能驱力和被称为力比多（libido）的心理能量的源泉。伊底总是追求快乐，而且是完全无意识的，所以它的欲望和活动是我们意识不到的。我们可以将伊底当成一个职业运动员的"我想要高薪，我想要签约奖金"的想法。当伊底与现实接触时就发展出了自我。我们可以将自我当成一个体育经纪人，在伊底的冲动（运动员的欲望）和现实的要求与限制（老板合约所能提供的）之间做调解。与伊底总是追求快乐不同，自我总要照顾现实，就像弗洛伊德所说，自我遵循现实原则。自我既有意识成分也有无意识成分，所以我们经常能意识到它的行动。心理的第三个区域是超我，类似于人的良心。超我给伊底的冲动（尤其是那些性或攻击冲动）施加道德约束。我们可以将超我当成球队老板或联盟理事长，他对破坏团队或联盟规则的人处以罚金。当违背道德规则时，超我用负罪感惩罚个体。与自我一样，超我既有意识成分又有无意识成分，一样尝试管理或抑制伊底的冲动。因为这三种内心力量不断竞争，所以总会产生各种冲突，这就形成一个动力学系统，即心理动力学（psychodynamic）系统。

弗洛伊德提出通过防御机制（defense mechanisms），心理上负性的或痛苦的想法和感受可以通过一种伪装的、更易被接受的方式进入意识。一些防御机制防止个体出现异常行为。其他的防御机制（如退行）可能会导致异常的或与年龄不匹配的行为。表 1-1 列举了一些被弗洛伊德确认的防御机制。

表 1-1 防御机制及其作用

防御机制	作　用	举　例
否认（denial）	通过好像它不存在的方式来处理引起焦虑的刺激	拒绝接受医生所下的患癌诊断
移置（displacement）	将冲动指向威胁较小的目标	以猛烈的关门来替代攻击某人
理智化（intellectualization）	通过关注事物的理智层面来回避不能接受的情感部分	将注意力放在葬礼的细节而不是悲伤上
投射（projection）	把自己不能接受的冲动归为别人	在工作中犯了错误，不是承认它而是认为同事无能
文饰（rationalization）	给行为一个貌似有理但不正确的解释，这个解释并非行为的真正原因	辩称每晚喝三杯马蒂尼是因为这样可以降低血压
反向（reaction formation）	因为真实信念会引起焦虑而持相反信念	持种族偏见的人走极端，公然信奉该种族
退行（regression）	受到威胁时，退回到早期的发展阶段	没有得到期望的结果就乱发脾气
压抑（repression）	将不想要的想法排除在意识之外	忘记创伤性事件的某些方面（如遭到性侵）
升华（sublimation）	将不被接受的冲动以社会可接受的方式表现出来	通过成为拳击手来表达攻击倾向
压制（suppression）	将不想出现的想法推进无意识	主动尝试忘掉引起焦虑的事件
抵消（undoing）	尝试撤销不能接受的行为或想法	侮辱某人后过分赞美他

资料来源：*Psychology 101, Freud's Ego Defense Mechanism.* http://allpsych.com/psychology101/defenses.html.Copyright © 1999—2003, AllPsych and Heffner Media Group, Inc.

与伊底、自我和超我几乎同样知名的是弗洛伊德的

㊀ 原书错误，将 psychosexual（弗洛伊德的）写成了 psychosocial（埃里克森的）。所幸在原书第 18 页最后一段就改过来了。——译者注

㊁ id 是德文，英文直译为 it。在很多书中被翻译为"本我"，但笔者更喜欢高觉敷先生的翻译"伊底"，因为其更尊重原意。高先生的翻译源于《诗经·小旻》。——译者注

性心理发展阶段理论。该理论认为，每个人在从婴儿到5岁这个时间段里都会度过这些发展阶段。孩子在每个发展阶段如何应对，将会对其心理发展产生重要影响。口唇期（oral phase）发生在出生到1.5岁的时候。此时吸吮和咀嚼是愉快的经历；攻击冲动出现在长牙后。肛门期（anal phase，1.5 ~ 3岁）恰逢父母对孩子进行排便训练。在这段时间里，父母会强调规则和控制，于是权力斗争开始了。孩子的攻击冲动可能会发展出消极和固执的人格特质，以及敌意的、破坏性的或施虐的行为。在性器期（phallic phase，3 ~ 5岁），性心理能量集中于生殖器区域，孩子通过触摸或摩擦生殖器获得乐趣。在这个阶段，孩子可能对异性父母发展出性幻想或依恋。还有两个性心理阶段：潜伏期（latency phase，孩子对异性不感兴趣的时候，是性心理发展阶段的形成期）和生殖器期（genital phase，是性心理发展阶段的成熟期），通常被认为在异常行为形成方面扮演着不太重要的角色。

在精神分析理论中，焦虑和抑郁是由负性经验引起的。根据负性经验发生时的年龄，个体会固着（fixation，停滞不前）于某一性心理发展阶段，这会在无意识层面留下心理痕迹。例如，父母在排便训练时过于严厉的话，会导致孩子憋大便的行为结果。这个孩子长大后会在金钱和礼物上表现出吝啬的特点。根据精神分析理论，尽管个体意识不到那些早期经验，但其日常功能仍受其影响。简而言之，当在某个性心理发展阶段发生固着时，个体行为会体现该发展阶段的心理特点。

弗洛伊德发展出的精神分析治疗的目标包括：洞察（insight），即将令人不快的经历意识化；宣泄（catharsis），即释放心理能量。有一些技术用来实现这些目标。在自由联想（free association）中，个体将意识的控制最小化，且不加选择或审查地告诉分析者进入他意识的一切，以使分析者找出与无意识冲突有关的信息。在梦的解析（dream analysis）中，分析者鼓励个体回忆和叙述他们的梦，在分析部分会将这个梦拿出来做讨论。弗洛伊德把梦称为“通往无意识的光辉大道”。他认为梦的内容包括许多能够帮助揭示无意识冲突的象征性形象。第三种技术是解释（interpretation）。在精神分析治疗中，分析者的沉默会鼓励患者的自由联想。分析者对这些联想内容提供解释以揭示患者对治疗的阻抗（resistance）、讨论患者的移情（transference feelings）或帮患者面对其矛盾。解释可能专注于当下话题，也可能将患者的过去与当下建立联系。患者的梦和想象也会成为解释的材料来源。

弗洛伊德的理论所受争议极大。他关于大部分人类行为都受控于无意识以及存在于婴儿身上的先天生理和性冲动的理论激怒了当时尚处于维多利亚女王时期的维也纳人。弗洛伊德认为人生最初5年是非常重要的，其间发生的事件会影响个体成人后的行为。作为强调环境因素对异常行为影响的首批理论家之一，弗洛伊德认为这个早期环境几乎完全与个体的父母有关。这种观点认为父母是异常行为的原因，有时会导致对父母不利的和不应有的指责。弗洛伊德认为治疗的关键要素是要做到“洞察”。克服心理障碍意味着理解它们存在的原因和意义。与布洛伊尔不同，弗洛伊德没有将催眠作为做到“洞察”的必要条件，但他确实相信谈话疗法，那涉及一种漫长的医患关系。

2. 行为主义

1904年，伊凡·巴甫洛夫（Ivan Pavlov，1849—1936）因研究狗的消化生理学而获得诺贝尔奖，这一研究使他

伊凡·巴甫洛夫用狗做的开拓性实验让他发现了经典条件反射，这一过程是许多正常和异常行为的基础。

发现了条件反射。巴甫洛夫发现了**经典条件反射**（classical conditioning），这是心理学史上具有里程碑意义的事件。无条件刺激（UCS）能够产生一个无条件反应（UCR）。例如，你碰到了热火炉（UCS），而后，你立即收回手（UCR）。条件刺激（CS）是中性的，不会自然地产生 UCR。在经典条件反射范式中，UCS 与 CS 反复结对出现会产生 UCR。经过充分的结对，单独呈现 CS 就能够引发条件反应（CR），其形式和内容与 UCR 相似。在巴甫洛夫的范式中，肉粉是 UCS，能够让狗分泌唾液（UCR）。巴甫洛夫通过肉粉与一个中性刺激响铃（CS）结对，经过足够数量的反复结对后，仅呈现铃声（CS）就能够使狗分泌唾液（CR）。这种模式看上去似乎很简单，但实际上它比最初的研究模型要更强大也更复杂，我们会在之后的章节中回到对情感障碍的条件反射理论的讨论上。

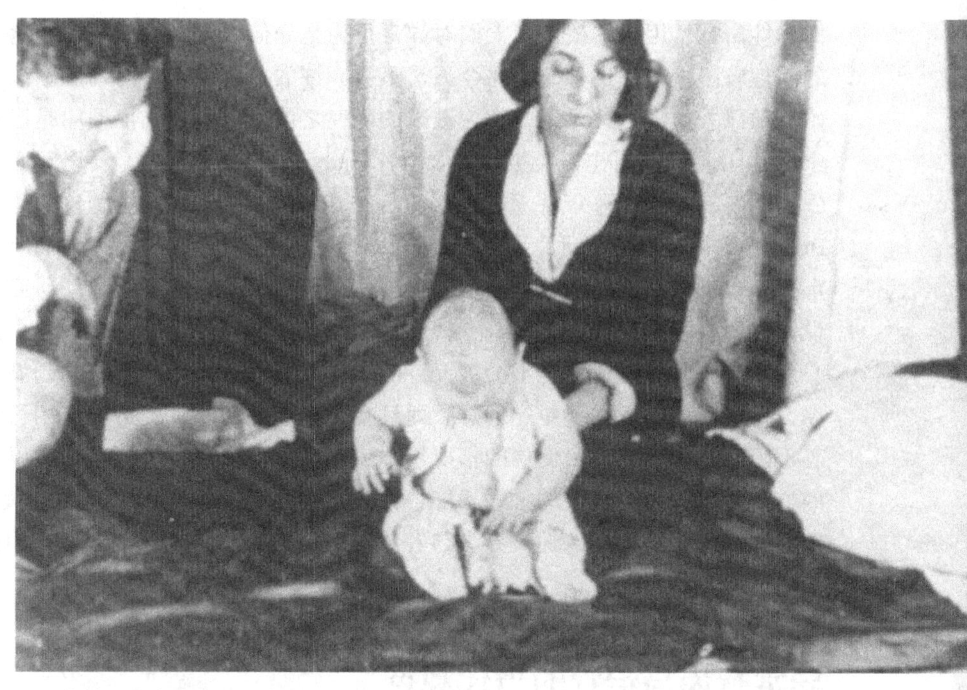

约翰·华生提出了行为主义，其最严格的表述是宣称所有行为都是习得的。他与学生罗莎莉·雷纳一起研究了幼儿的情绪反应，证明情绪可以通过经典条件反射习得。

1908 年，著名的动物心理学家约翰 B. 华生（John B.Watson，1878—1958）获得约翰·霍普金斯大学的教职。华生认为科学研究唯一合适的对象就是可观察的行为，而不是内在的思想或感受。这个被称为**行为主义**（behaviorism）的观点，其基本原理是：个体的所有行为（正常的和异常的）都是从人的经验或与环境的互动中学习得来的。华生和他的学生罗莎莉·雷纳（Rosalie Rayner）所进行的研究工作是很著名的。1920 年，他们发表了小艾伯特的研究，该研究显示情绪反应（如恐惧）可以通过经典条件反射来获得。在该案例中，小艾伯特对白鼠的恐惧是在白鼠与讨厌的强噪声相结对的基础上建立的（Watson & Rayner，1920）。另外，在该案例中，不仅一种强烈的情绪反应建立起来了，这种反应还泛化到其他像白鼠的白色和毛茸茸的物体上（如一只兔子、圣诞老人的胡子）。

不幸的是，小艾伯特和他妈妈在实验完成后不久就离开了约翰·霍普金斯大学，之后的很多年里，心理学家对他的命运并不知情。我们今天知道了小艾伯特的真名叫道格拉斯·梅里特（Douglas Merritte），6 岁时死于先天性脑积水，那是一种脑腔有过量脑脊液的疾病。尽管最初的报道认为，道格拉斯的脑积水是由于后天疾病如脑炎或脑膜炎引起，或脑部肿瘤恶化的结果（Beck et al.，2009），我们今天则相信道格拉斯的脑积水是先天的（Fridlund et al.，2012）。

尽管华生从未尝试消除艾伯特 / 道格拉斯的恐惧，但 4 年后，华生的另一名学生玛丽·科弗·琼斯（Mary Cover Jones）使用条件反射程序消除了两岁的小皮特对毛皮物体的条件性恐惧。在小皮特玩耍的时候，琼斯将一只兔子带进房间，然而，琼斯没有将中性刺激和恐惧建立联系，而是将其他不怕兔子的孩子带进房间中。当其他孩子在房间里时，小皮特对兔子的恐惧似乎也在减少。每当小皮特的恐惧减轻时，琼斯就会把兔子与孩子再靠近一点点，然后等待他的恐惧再次减少。最终，小皮特能够触摸并和兔子一起玩耍，这表明小皮特已经不再害怕兔子了。巴甫洛夫、华生、雷纳、琼斯的研究有力地证明了行为（甚至是异常行为）是可以通过条件反射原理习得或消除的。这种解释异常行为的观点不同于精神分析理论，但正如我们将要看到的，这两个理论在我们当前对异常行为的理解方面都继续发挥着重大影响。

伦理与责任

华生和雷纳（1920）的小艾伯特研究被认为是一项

标志性研究，因为它改变了人们对异常行为是如何获得的的理解。然而，这种研究在今天是不被允许的。在开始一项以人类，尤其是以儿童为被试的研究之前，科学家必须向通常被叫作人类被试委员会（Human Subjects Committee）或机构审查委员会（Institutional Review Board）的机构提交其研究计划。委员会对研究计划进行审查，以确保研究的潜在参与者不会被伤害。如果研究设计表明科学家可能在某人身上，尤其是儿童身上造成心理障碍，则这种研究是不会被允许的。今天的科学家在设计研究的时候需要更有创意，而且在很多需要检验心理障碍是如何产生和发展的情况下，需使用更少直接的方式。尽管更少直接的方式不能得到和华生及雷纳的研究一样的资料，但保护研究参与者免受伤害是最重要的考量。

异常行为与治疗的当代观点

这场异常行为理论与治疗的历史之旅可使我们得出几个结论。首先，科学进步为理解人类行为带来了新的和更精细的方法。新的研究发现使得不受支持的理论被科学家舍弃，并提出新的假设以进行测试和评估。这是异常行为科学研究方法的核心。科学家形成假设并进行对照实验，以确定他们的假设是否能够得到支持。如果实验证据支持假设，那么这些理论将继续使用。如果证据不能对假设提供支持，这个理论就将被舍弃或调整，新一轮的研究过程将再次开始。

其次，心理学领域之外的科学发现可能对异常行为的研究提供启发。例如，人类基因组计划在 2003 年正式完成整个人类基因组测序，尽管对数据的分析还需要很多年。随着我们对基因图谱理解的深入，新的基因技术（见第 2 章）允许我们去研究基因异常可能与特定的心理障碍有关，如精神分裂症和孤独症谱系障碍。同样，磁共振成像（见第 2 章）等新技术能让我们以前所未有的方式来检查大脑。尽管这些技术在最初发展出来时并不是为了研究异常行为，但它们却可以帮助我们确定大脑部位，由此我们现在知道了参与形成如悲伤和恐惧等特定情绪的大脑部位。这些例子说明，随着科学的进步，古老的理论如魔鬼学说被新的见解所替代。而且，随着科学技术的进步，我们当前的理论也可能会被新的科学发现所替换。

在过去的 50 年里，研究异常行为的心理学家接受的是**科学家 – 实践者模式**（scientist-practitioner model）的训练。该模式指的是当心理学家提供治疗时，其治疗依据的是已有科研成果。而在进行科学研究时，心理学家要以对心理保健有指导和促进作用为原则来确定研究主题。心理学家利用这个角度看问题有其独特的优势，因为他们所受的科学训练使其能够在评估新理论、新疗法和新研究发现时，能很好地将事实从研究主张中区分出来。这个角度也允许心理学家将研究成果应用在许多不同的领域，以发展出更全面的异常行为研究模型。严格地应用科学视角于病原学理论并检验所提理论背后的证据，可以防止我们采用那些没有确切科学依据的解释（如巫术或魔鬼说）——基于这些解释的“治疗”可能会带来相当消极的结果，在某些情况下，其结果甚至可能是致命的。当你阅读本书时，请时刻记住科学家 – 实践者模式。

对于大学生而言，学习变态心理学时最具挫败感的是心理学家经常无法为异常行为的发生提供一个简单的解释。是什么原因导致人们变得如此抑郁以至于去自杀呢？人们需要这些问题的答案，但答案却并不简单。与医学疾病不同，异常行为不能用人体内的细菌或病毒感染来解释。临床描述和科学研究已经发现了导致异常行为的许多不同的，有时甚至是彼此冲突的因素。人们正在尝试从各种可用的临床观察和研究结果中拼织出一致的解释，这种解释被叫作模型（model）。这些模型包括为组织各种信息提供框架的基本假设，以及可用来检测该框架各方面特征的一系列程序和工具（Kuhn，1962）。

在本章里，我们将介绍一些解释异常行为的模型。你可能会迷惑为什么存在那么多模型。答案就是：异常行为非常复杂，到目前为止还没有哪个模型能够对异常行为提供一个全面的解释。研究人员通过科学方法开发、检验和舍弃（当新事实出现时）模型。下面我们来考察一些目前被人们所接受的异常行为模型。

生物学模型

生物学模型假定异常行为产生的原因在于身体尤其是大脑的生物学过程。尽管长期以来就有人认为大脑是产生异常行为的主要部位，但直到近二三十年，随着科学的进步我们才可以对大脑运行机制进行直接观测。遗传学是科学领域的一项突破，正如前面已经提到的，通过基因绘图，我们开始理解心理障碍如精神分裂症或双相障碍是否有遗传基础，如果有，这种理解如何帮助人们对相应心理障碍进行更好的干预和预防。其他技术突破如计算机轴向断层摄影术（CAT）扫描和磁共振成像（MRI）允许我们对大脑结构和活动进行直接检测。通过这种直接的观察，我们现在对大脑在异常行为的形成中所扮演的角色有了比以往更多的理解。

我们经常提到大脑，仿佛它是一个单一实体，其实它是一个非常复杂的器官。事实上，大脑由大约 1 000 亿个**神经元**（neurons，脑细胞）构成。神经元之间的空间被称作**突触**（synapses）。神经元（见图 1-4）间的信息传递开始于**神经递质**（neurotransmitters，化学物质）被释放到突触（即神经元兴奋）并进入下一个神经元的受体部位，引起下一个神经元兴奋并发送电冲动至轴突，在这里释放神经递质到下一个突触，以此类推。神经递质的活动是脑活动（思维、情感和肌肉活动）的基础，并与许多生理和精神障碍有关。直到最近，脑内神经递质的活动还只能从其在身体其他部位（血液或脊髓液）中的出现进行间接评估。然而，人们对血液或脊髓液中的化学物质是如何反映大脑神经递质活动的这一问题尚不清楚。随着神经科学（neuroscience）的发展，我们现在很少依赖假设和间接测量来了解神经系统的结构与功能及其与行为的交互作用。我们现在可以直接观察到大脑许多方面的功能，就像我们观测外显行为时做的那样。

CAT 扫描和 MRI 这类成像测试可用来检测大脑的形态学（morphology，结构），以确定患有心理障碍和未患心理障碍的人的脑结构是否不同。例如，阿尔茨海默病患者的大脑有两个结构异常，老年斑（plaque）和神经纤维缠结（tangle）。与未患阿尔茨海默病的老年人相比，这两种情况在患有此病的人的脑中大量存在（见第 13 章）。对于其他心理障碍者，证据尚不明确。在一些障碍中，如创伤后应激障碍（PTSD，创伤事件后出现的焦虑障碍），大脑的变化似乎是障碍造成的结果而不是原因（Bellis，2004）。换句话说，多年患病造成了大脑的变化，这一过程有时被称为**生物疤痕**（biological scarring）。此外，与未患病者相比，精神分裂症患者的结构性脑异常可能在出生前就出现了（Malla et al.，2002；Sallet et al.，2003；见第 10 章）。虽然我们还不能确切知道这些异常结构是如何影响行为的，但这些都表明，新技术为我们对大脑和异常行为的理解带来了变化。

尽管一些异常行为可能与脑结构异常有关，但目前来看对脑功能的研究似乎更有前途。先进的神经成像技术，如正电子发射断层扫描（PET）和功能性磁共振成像（fMRI，见第 2 章）允许科学家对不同脑区域绘图以识别与各种障碍有关的大脑区域。已有研究结果显示，成人精神分裂症及抑郁（A. J. Holmes et al.，2005；Milak et al.，2005）、成人和儿童焦虑障碍（Baxter et al.，1992；Bellis，2004）、进食障碍（van Kuyck et al.，2009）以及许多其他精神疾病患者的脑功能异常。这样的研究很多并将会在本书中被一一回顾。

尽管神经科学的数据为进一步研究提供了令人兴奋的新途径，但由此断定大脑异常引起心理障碍还为时过早。首先，并不是所有的研究在比较患有和未患心理障碍的人的大脑结构和功能时都发现了差异。而且，即使检测到差异，这种异常也并不总是能得到复制研究的验证，这意味着这种异常并非一贯。其次，到目前为止，即便存在某种差异，这种差异也往往在彼此非常不同的障碍中都有出现。这意味着即便有差异存在，差异也并非能导致某一特定障碍。就像发热可能与许多不同的躯体疾病有关，大脑功能的异常可能说明哪里出错了，但并不特指是什么错了。最后，在大多数情况下，很少有数据表明这些结构或功能的异常在障碍发生前就存在（精神分裂症和孤独症可能是例外）。研究发现，倒有可能是一些障碍导致了大脑功能的变化——纵使未必有

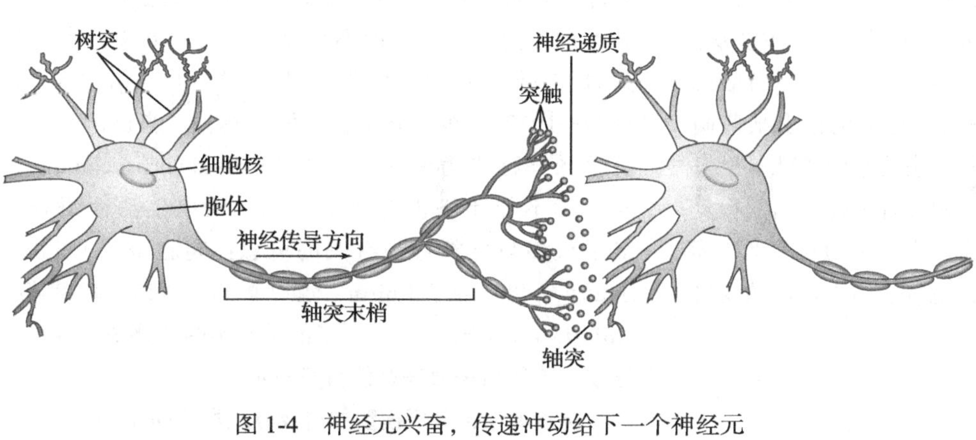

图 1-4　神经元兴奋，传递冲动给下一个神经元

每个单个神经元传导的信息对我们机能的各方面来说都是至关重要的。

脑结构的改变，比如创伤后应激障碍。在接下来的十几年里，这些领域里的后续研究加上越来越先进的评估设备和策略将帮助澄清这些问题。

身体特征如头发颜色、眼睛颜色、身高，甚至对一些疾病的易感素质（例如，乳腺癌、Ⅰ型糖尿病）已被证明是可遗传的。不为人知的是，一些无论是健康的还是偏离正常的行为特质也是可遗传的。弗朗西斯·高尔顿（Francis Galton，1822—1911）爵士的研究工作以及他在 1869 年出版的《遗传的天才》（*Hereditary Genius*）宣告了**行为遗传学**（behavioral genetics）的出现。从那时起，行为遗传学已经开始探讨行为特质传递的基因作用和环境作用。遗传研究模型会在第 2 章讲到，针对不同心理障碍的具体遗传学发现将在其他章节提到。

对有关严重行为障碍，如儿童孤独症和成人精神分裂症的研究持续表明，简单的生物学或环境病原学的解释是不正确的。基于对动物模型的研究发现，早期病毒感染与后来的行为异常之间存在联系，一些研究人员因此提出了**病毒感染理论**（viral infection theory）。具体来说，在胎儿期或出生后不久，病毒感染可能会导致大脑异常并导致以后的行为异常（见第 10 章和第 12 章）。然而，我们依然还不能说这是导致疾病的一个确定原因，因为一项研究的结果有时与另一项直接相抵触。这种矛盾的结果在心理学或任何其他科学研究中并不少见。随着研究的深入，不同的结果要么被折中、要么其背后理论需被修正或抛弃。

即使未来研究证实了病毒感染和心理障碍的发病之间存在关系，这种关系的产生仍有几种不同的路径。第一，病毒可能直接感染中枢神经系统。同样，身体其他部位的感染也可能会触发中枢神经系统疾病。第二，病毒可能通过改变母亲或胎儿的免疫系统，使两者或其一更易受其他生物学或环境因素的影响而间接导致发病。第三，直接和间接这两种机制都可能参与了疾病形成（Libbey et al.，2005）。尽管一些动物模型指出某些病毒与大脑变化之间可能有关系，但表明某病毒就是触发某种障碍的证据尚未找到。大多数心理障碍的病因很复杂，目前尚未发现单一的遗传学因素、生物学因素或环境因素会单独影响发病。还有其他目前尚未发现的变量可能触发或改变疾病进程。

心理学模型

生物学模型在大脑或身体运作中寻找异常行为的原因。相比之下，心理学方法则强调家庭和文化等环境因素对异常行为的发生和持续所可能造成的影响。事实上，父母的影响可能是生物学和心理学两方面的。父母把自己的基因传递给子女，但他们给子女的影响比这更广泛。父母至少可以通过 4 种途径来影响子女的行为：通过直接互动，通过他们对孩子行为的反应，通过行为的示范或仅仅是通过给予子女指令。当然，孩子所处的环境远非父母及直系亲属这么简单。其他环境因素如社会经济地位的影响在本章前面已经介绍。举另一个例子，环境事件如与亲生父母分离会增加青春期罹患抑郁症的可能性（Cuffe et al.，2005）。此外，在某些情况下，环境和文化的影响可能产生在一种文化里被认为是异常的，而在另一种文化里是正常的行为，像之前玛利亚的例子就是这种情况，在菲律宾文化中，两代人共享一张床是一种被普遍接受的现象。这种文化造成的影响会在后面加以说明（见“社会文化模型”）。

1. 现代精神分析模型

现代精神分析学家已不再讨论伊底和性器期的固着。然而，他们依然相信很多精神生活是无意识的以及人格模式肇始于童年期。他们认为关于自己和他人的心理表征（看法）指导着我们的人际交往，并可能导致心理症状。最后，他们认为人格发展不仅包括学会调节性和攻击的感受，而且还要学会与他人的成熟交往（Westen，1998）。

弗洛伊德的思想影响了大量的理论家。最初，弗洛伊德将卡尔·古斯塔夫·荣格（Carl Gustav Jung，1875—1961）作为他的继任者。然而，他们在理论的几个关键部分发生了分歧，荣格离开了他并创立了分析疗法（analytic therapy）。与弗洛伊德不同的是，荣格认为行为的动机是心理的和心灵的，而不是性的，行为动机更是指向未来的，而不仅是由过去决定的。弗洛伊德的另一位前同事阿尔弗雷德·阿德勒（Alfred Adler，1870—1937），也离开了他，而后建立了自己的精神分析学派并称之为个体心理学（individual psychology）。阿德勒不像弗洛伊德那么全面，他以生活性语言提出了很多与异常行为有关的概念：同胞争宠（sibling rivalry）、出生顺序（birth order）的重要性以及自卑情结（inferiority complex）——指的是真实的或感知到的自卑导致个体付出努力来补偿自身不足。

更近的精神分析模型如**自我心理学**（ego psychology），与弗洛伊德不同，它更关注有意识的动机以及人类功能的健康形式。例如，客体关系理论（object relations theory）强调人们与重要客体（与个体有关的人和事）的情感关系。该理论强调，社会交往是人们的基本动力，这个基本动力比简单地满足性或攻击本能要强大得多。治疗运用患者和治疗师的关系来检验和建立患者生活中的其他关系。

2. 行为模型

与心理动力学认为内部心理要素对行为施加影响的观点不同，学习理论强调外部事件对异常行为产生的重要影响。根据学习理论，行为是个体学习史的产物。因此，异常行为是由适应不良的学习经验造成的。行为理论未忽视生物学因素，相反，它承认生物学因素与环境因素交互作用影响行为。严格的行为主义者专注于可观察和可测量的行为，而不检查内在心理原因。他们相信环境事件塑造个体的未来行为，异常行为也因此形成，如造成小艾伯特恐惧的条件反射事件。与精神分析理论不同，行为理论认为重要经验不仅发生在个体生命的前 5 年，而是可以发生在生命中的任何时候。

尽管巴甫洛夫、华生、雷纳、琼斯都进行了开创性的工作，行为疗法直到 20 世纪 50 年代仍处于其初级阶段。南非精神病学家约瑟夫・沃尔普（Joseph Wolpe，1915—1997），因对精神分析不满意，开始在动物身上研究实验性神经症（焦虑）。运用经典条件反射范式，狗学会了在出现圆而不是椭圆时会有食物。然后，沃尔普逐渐改变圆和椭圆的形状以使分辨它们（它是圆的，还是椭圆的）变得越来越难（食物信号也因此难辨）。狗挣扎着，变得激动，开始狂吠并猛烈攻击实验设备，表现出意味着负性情绪的行为。沃尔普展示了经典条件反射原理是如何解释焦虑产生的，他又运用相同的原理来消除恐惧。在他的划时代著作《交互抑制心理治疗》（*Psychotherapy by Reciprocal Inhibition*，Wolpe，1958）中，沃尔普提出，如果刺激和一个与焦虑不相容的行为（比如放松）同时发生，则不会引起焦虑。换句话说，人不可能同时体验焦虑和放松（或焦虑和高兴），因为它们是不相容的情绪。玛丽・科弗・琼斯通过选择一种能够促使个体感到轻松的情境（房间里其他玩耍的孩子）来对小皮特进行治疗。相比之下，沃尔普则专门教他的患者如何放松。然后他刻意将产生恐惧的事件与放松（不相容的反应）进行结对。多次重复结对后，个体将消除焦虑。

正如琼斯在治疗小皮特的开始阶段把兔子放在房间的角落里，然后逐渐移动它以接近皮特，沃尔普使用等级（hierarchy），他将引起焦虑的对象用渐进的方式展现出来。对于飞行恐惧者来说，等级可能包括去机场、在候机室坐着、登机、起飞等。在等级中的每一步都要配合放松。这种疗法被称为系统脱敏疗法（systematic desensitization therapy），能有效解决一系列的焦虑问题。与三四十年前相比，尽管系统脱敏疗法在今天使用较少，但它仍是当前许多行为疗法建立的基础。

“我越告诉他坐下，他越是要站起来。”这句话是德里克的 2 年级老师说的，说明了关注对个体产生的强大影响。有时对孩子的不良行为大吼大叫反而会增加这些行为的发生。想知道原因，就有必要先了解斯金纳（B. F. Skinner，1904—1990）所进行的研究工作。斯金纳观察到，许多行为在没有无条件刺激的情况下也会发生。通过动物模型，他证明了行为之后发生的事件会使个体习得一种行为或改变原有行为，这种被称为**操作性条件反射**（operant conditioning）的原则与个体、群体和整个社会的行为有关。

操作理论的基本原理是**强化**（reinforcement），它被定义为能够加强它前面行为的一个偶然事件。在其最简单的形式里，一个强化物可能被认为是一种奖励，如一个孩子做家务后得到一周的零花钱。如果零花钱仅在完成家务后给（只发生在做家务之后），孩子很可能再次做

斯金纳通过一个被叫作操作性条件反射的过程解释行为是如何通过强化来习得和改变的。

家务。零花钱就是一种强化物，因为它的功能是增加行为的发生。斯金纳确定了一些强化原则。首先，强化物总是个人化的，适用于这个人的强化物不一定适合另一个人（巧克力就不是对每个人都适用的强化物）。其次，有初级强化物和次级强化物。初级强化物如食物、水甚至是对个体的关注。它们有各自的内在价值，也就是说，它们满足基本生存需要或者使人感觉良好。次级强化物因为与初级强化物相关联而获得价值。金钱是次级强化物，因为它象征着能够获得其他强化物（寒冷天气里的温暖、口渴时的冷饮）的能力。斯金纳的大部分工作是致力于安排强化程式，确立"何时"以及"如何"强化行为并为更可能获得的行为或不太可能消退的行为进一步设置条件。斯金纳的研究被应用到育儿、教育、心理学和行为的许多其他方面。斯金纳的工作怎样应用到德里克身上呢？对孩子们来说，成人的关注是一个强有力的强化物。如果每次德里克站起来，老师就喊出他的名字（给他注意）请他坐下来（或更糟，把他叫到一边，花时间问他为什么总是站起来），这种积极关注就是增加他再次站起来的可能性的强化，当德里克希望被关注时，他就会再次站起来。

强化能够增加行为发生的频率，对行为的**惩罚**（punishment）则会产生相反的效果：它减少或消除某种行为。惩罚可以通过施加痛苦（打屁股）或去除一些愉快的东西（不让看电视）的做法来实现。有时为了迅速消除一个非常危险的行为而使用惩罚是很有必要的，如当一个严重精神发育迟滞的孩子做出自残行为时。去掉一些愉快的东西，比如在孩子情绪激动时让其在角落里坐几分钟的做法通常是有效的。斯金纳鼓励使用强化而非惩罚。惩罚只是压制了行为，如果没有学会替代行为的话，被惩罚的行为会再度出现。因此，用惩罚来压制某种行为时，要同时强化一种替代的积极行为。

水族馆里的海豚是如何学会跃入空中、旋转三次，然后沿着斜坡滑下以获得观众掌声的？训练师使用了被称为塑造（shaping）的训练程序，该训练通过细密的步骤或者逐次逼近的方法，达到目标就奖励。海豚训练师开始时对海豚类似旋转的任何尝试或轻微的动作都进行强化（用食物）。慢慢地，训练师需要一个较大的旋转才给予强化，直到最后，海豚必须完成旋转才被强化。在儿童和成人中，行为塑造是获取新行为的一种有效程式，这在本书的其他章节中还会进行讨论。

20世纪60年代早期，阿尔伯特·班杜拉（Albert Bandura，1925—）和他在斯坦福大学的同事提出了第三种类型的学习。**替代性条件反射**（vicarious conditioning）的特点是没有尝试学习，个体不需要为学习某行为而实际做出该行为。当个体对一个展示某行为的榜样进行观察时，学习就发生了。通过观察他人，个体可以对当前行为产生一个去抑制或抑制的效果，或者可以教会其新的行为。这种社会学习（social learning）可以用来解释异常行为（如攻击行为）的获得。

对行为治疗师来说，治疗在于消除异常行为并获得新的行为和技能。患者当前的症状是治疗的目标。尽管过去的经历被认为对于理解患者的现状及其面临的心理痛苦而言是重要的，行为疗法却并不特别地关注患者的早期生活。此外，实现洞察被认为不足以造成行为改变。相反，行为治疗师的关注重点是直接帮助患者改变他们的行为，以减轻其心理问题。

3. 认知模型

认知模型提出异常行为是由扭曲的认知（心理）过程造成的，而不是由内在力量或外部事件引起的。根据认知理论，情境和事件并没有影响我们的情绪和行为；相反，是我们对这些事件的感知方式或思考方式影响了自身的情绪和行为。想象你在变态心理学的第一次测试中考得很差，如果你跟自己说："这个测试很难，但是我知道了老师的想法并且下次会努力做好的。"你可能

孩子常通过观察榜样的行为来习得新行为，这一过程被称为替代性条件反射。

会感觉良好并且会为了下次考试而努力学习。但是，如果你想的是："我真是笨蛋。我怎么会有自己可能成为心理学家的想法呢？"你可能会感到沮丧并且失去对课程学习的热情，甚至可能决定应该放弃这样的学习。在这两种情况下，你面对的情境都是相同的。是你对情境和自己的看法影响了你的情绪和未来行为。这是认知理论的核心。根据认知疗法创始人阿朗·贝克（Aaron Beck，1921—）的观点，抑郁的人有三种负性想法：对自己、世界和未来抱有消极的想法。贝克称之为"负性认知三联单"（negative cognitive triad）。这些负性假设通常被称为认知曲解（cognitive distortions）。人们通常有许多各种类型的、影响他们情绪和行为的认知曲解（见表 1-2）。

表 1-2　常见的认知曲解

类　型	举　例
"非黑即白"的绝对性思考（all or nothing thinking）	如果我不能上常春藤大学，就会成为一个流浪汉
过度泛化（overgeneralizing）	我做的所有事情都是错的
心理过滤或选择性消极注视（mental filtering）	老师说我的论文很好，但他批评了我在第 6 页所举的例子，他真的讨厌我的论文
否定正面思考（disqualifying the positive）	虽然我得了 A，但那纯粹是因为运气好，我没那么聪明
妄下结论（jumping to conclusions）	那位银行职员几乎不看我，她真的恨我
过度夸大或过分缩小（magnifying or minimizing）	我在演讲中说错了一个词，真是糟透了 我跳舞跳得很好，但这并不重要——聪明才是重要的，而我不够聪明
灾难化（catastrophizing）	这次考砸了，我就无法从大学毕业了
情绪性推理（reasoning emotionally）	我感到无望，所以这种状况也一定是无望的
"应该"倾向（making"should"statements）	尽管真的很难，我也应该得 A
乱贴标签（mislabeling）	这次考砸了，我是个十足的笨蛋
个人化（personalizing）	我们没有争取到那位大客户，这全都是我的错

资料来源：Burns，D.D.（1989）.*The Feeling Good Handbook*. New York：William Morrow and Company.

认知疗法通过直接调整扭曲的认知过程来改变异常行为。治疗师安排行为实验，令患者在其中从事某种活动，然后检查伴随行为的想法。通过治疗师的帮助，患者学会克服负性想法，对情境的评估更现实，并产生出替代的更积极的想法。认知疗法和行为疗法有很多相似之处，但也有一些差异。首先，认知疗法基于这样的假设：内部的认知过程必须作为治疗的目标，行为疗法则假设改变行为就会导致认知的变化。其次，认知疗法与传统的行为疗法相比，更依赖于使用传统"谈话"的心理治疗方式和洞察。尽管存在一些理论差异，但行为治疗和认知疗法对很多心理障碍都同样有效。很多时候，治疗中产生了这种或那种模型，现在两者合并使用了，于是就有了认知 – 行为治疗。

4. 人本主义模型

该模型基于**现象学**（phenomenology），现象学认为个体持有的对世界的主观认识比实际世界更重要。人本主义者相信，人的本质是好的并且具备自我实现（发挥自己的潜能）的动机。自我实现的失败会导致异常行为的发生，这通常是由人们未能认识到自己的弱点和未能建立实现令自己积极成长的潜能的过程和策略造成的。

与人本主义心理学联系密切的心理学家是卡尔·罗杰斯（Carl Rogers，1902—1987）。他认为异常行为的心理病理学与心理内在不一致或理想自我和现实自我的差异过大有关。这种差异越大，个体体验到的情感和现实的问题就更多。不一致源于有条件积极关注的体验，即一个人只有符合了他人制定的标准时才会得到尊重和关怀（即有条件的）。个体逐渐相信他只有在符合了这些标准时才是有价值的。因为这些标准是错误的，并且过于苛刻，因此会引起个体的情感或行为问题。

罗杰斯被称为来访者中心疗法的心理治疗的目标，是通过与治疗师互动来释放来访者的现有能力，以达到自我实现（发挥潜能）。治疗基于三种因素：①真诚是指治疗师以开放、诚实而不是藏在职业面具之后的方式与来访者建立关系。②共情理解意味着治疗师用来访者的眼光理解来访者的世界。③治疗师要表达无条件积极关注，即在完全理解、相信来访者拥有自我理解和积极转变能力的基础上真正接纳来访者。精神分析疗法专注于了解患者的早期经验，来访者中心疗法则注重来访者的当前经验，相信来访者有重建意识的能力，并相信这些经验会给来访者带来积极的改变。

社会文化模型

到目前为止所讨论的异常行为模型都假设这些异常是基于个体的，而**社会文化模型**（sociocultural model）提出必须在社会和文化力量的背景下来理解异常行为，如性别角色、社会阶级和人际资源。从这个角度来看，异常行为并不仅仅源于生物或心理因素，它还反映了一个人所处的社会和文化环境。有许多社会和文化力量都可能会影响行为，我们在这里将只讨论其中的一小部分。

一个已被充分研究的社会因素是性别角色（gender role），指的是男性和女性或男孩和女孩所表现出的被文化期望所接受的行为。这些不同的角色期望常常会对异常行为的表达产生重大的影响作用。考虑一下这个事实：女孩（或女人）更可能比男孩（或男人）承认自己有恐惧症。相对于生物学解释，可以用性别角色期望来解释这种差异吗？在西方文化中，女孩被允许公开表达情感，而社会并不鼓励男孩这样做——如人们常说“男儿有泪不轻弹”或“像个爷们儿”。潜台词就是：表达情感对于男性而言是一种不恰当的行为，并因此不被西方社会所接受。所以男孩学会了隐藏或否认他们的情感，如恐惧。其他可能受性别角色影响的障碍还有进食障碍，该障碍在女孩中更常见一些，这可能由普遍存在的女性以瘦为美的社会文化压力所触发（见第 7 章）。

除了性别角色以外，其他社会因素如饥饿、工作和家庭暴力可能会让女性更容易受到心理痛苦的折磨（Lopez & Guarnaccia，2000）。发展中国家有超过 60% 的女性得不到足够的食物。在发达国家和发展中国家，即便从事危险、重体力的工作，女性也得不到和男性平等的薪酬；相比男性，她们更容易成为家庭暴力的受害者。这些因素与其他因素一起在心理障碍的发展中起着重要作用。由此我们可以看到，或许不是生物学因素将妇女置于心理障碍的高风险境地，而是她们所处的社会环境造成的。

社会经济地位是另一个可能影响心理障碍发展的社会因素。安德鲁飓风后，创伤后应激障碍（PTSD）在非裔和西班牙裔美国人的孩子中的发病率普遍高于白人孩子（LaGreca et al.，1996）。乍一看，这种差异可能是由种族或民族导致的，但另一个重要的影响因素可能是社会经济地位。为什么社会经济地位是一个重要的影响因素呢？低收入阶层的住房更容易被强风损坏，因此更有可能在暴风雨后变得无家可归。回想 2005 年的卡特里娜飓风，尽管所有新奥尔良地区都受到了风暴的影响，但距离洪泛区最近的地方住的是这座城市里最贫穷的家庭。加上风暴来临之前就很有限的经济基础，这些居民面临着持续的经济困境和缓慢的经济复苏（Meyers，2008）。较少的社会或经济资源，使这些居民罹患情绪痛苦和心理障碍的可能性增大。

人际支持是另一个能够帮助人们度过情绪痛苦的社会因素。尽管许多受卡特里娜飓风强烈影响的人们钱很少，但他们当时有深厚的邻里基础。但现在，甚至数年之后，许多人仍然流离失所，并与他们从前的社会支持系统失去联系，这导致了心理障碍的出现，如抑郁、焦虑、创伤后应激障碍。从这个简要回顾能显而易见地看出，许多不同社会因素都会影响心理痛苦的产生。在本书里，当我们试图理解异常行为时我们还会回到这些话题上来。

除了以上这些社会因素，社会文化模型还包括文化影响，如种族和民族。从历史上看，这些因素被用来不公平地描述关于某个群体的刻板印象。例如，19 世纪早期，非洲人、土著美国人和亚洲人的头脑被认为是简单粗鲁的，这使他们有较低的精神错乱发病率（Raimundo Oda et al.，2005）。精神错乱在当时被认为是由于不得不应对西方文明生活的压力而造成的，以及需要复杂的认知能力才会发病。今天，这种解释已经被抛弃，但环境和文化仍然被认为是影响所有行为，包括异常行为的重要因素。

人们对性别角色的期望影响行为。在西方文化中，女性比男性公开表达情感更能让人接受。

文化因素可能影响症状

尽管飓风“桑迪”影响了许多纽约和新泽西的居民，然而人们齐心协力互相帮助，创建了一个可以防止或减少飓风所带来影响的社交网络。

的表达和诊断。关于症状的表达，有几个因素很重要。在一种文化中被视为异常的行为在另一种文化里可能被认为是正常。在波多黎各，解离（dissociation，一种脱离身体的感觉，有时也被称为“灵魂出窍”体验）被认为是一种正常的精神和宗教体验，但它在其他西方文化里被视为是异常的（Lewis-Fernandez，1998；Tsai et al.，2001）。类似地，对他人表现出极端怀疑和不信任行为的患者会毫无非议地被贴上偏执狂的标签。然而在其他一些文化和群体里，这些行为可能只是那些被边缘化的人的一种适应结果，被边缘化的原因可能是社会人口因素或因为他们是刻板印象和种族歧视的受害者（Whaley，1998）。

在西班牙裔家庭，“家庭至上”的观念在人们面对应激环境和事件时起到缓冲作用。这是一个家庭举办的传统文化仪式——成人礼，是在女孩 15 岁生日时举行的成年仪式和庆典，该仪式可追溯到中美洲、南美洲和墨西哥的古代土著文明。

持社会文化视角的研究人员会检验不同文化中的人如何以不同的方式表达其心理障碍。有些情况只与特定文化有关，被称为文化相关综合征（culture-bound syndromes）（Lopez & Guarnaccia，2004；Miranda & Fraser，2002）。如 koro（缩阳症）常见于东南亚人群，指人们对其阴茎（或女性的外阴及乳头）会消失或因此致死而感到极度焦虑（APA，2013）。

随着研究人员对社会和文化因素在心理疾病的发病、表达和治疗方面发挥的重要作用的更深理解，他们开始研究对各种心理障碍的文化敏感治疗。这些治疗方法加入了文化价值观和表达，这会使那些寻求治疗并从这种干预中受益的人们增多，从而能够促进治疗进程。现在考查一下围绕自杀行为的文化背景。在美国出生的拉丁裔青少年企图自杀的比例是国外出生的拉丁裔年轻人的两倍（CDC，2006）。虽然尝试自杀的决定涉及许多因素，但“家庭至上”可能是一个重要因素。家庭至上（familismo 或 familism）是拉丁文化中的一个普遍概念，指相对于自己和同伴而言，更强调家庭的中心地位和对家庭的义务（Lugo Steidel et al.，2003）。这种倾向不同于美国青少年的主流文化，后者强调同伴关系、个人主义以及远离家庭（Goldston et al.，2008）。可能是当不断暴露在美国个人主义的主流文化中时，在美国出生的拉丁裔青少年体验到了家庭至上观念的削弱。缺乏对家族责任的重视可能是导致在美国出生的拉丁裔青少年高自杀率的一个因素。家庭至上也是在为西班牙裔家庭提供治疗时需考虑的一个重要因素。因此，我们可能需要调整治疗以加入这一重要的文化元素。目前，一些为患有抑郁的青少年所做的干预包括更多地让父母直接参与到治疗中来。尽管需要更多的研究，但文化敏感的干预措施可能会提高心理障碍者对心理干预的接受程度，也因此，心理干预的有效性增加了。

生物 – 心理 – 社会模型

在本章，我们检验了生物、心理、社会和文化因素对异常行为的发生与表现的影响。有这么多不同模型的一个原因是，没有任何一个视角能够解释所有行为，当然也解释不了所有情况下的异常行为。

即使具体的物理作用尚未确定，目前的身体医疗假设所有的疾病都基于生物学过程并可以归因到一个生物学原因。例如，我们知道癌症产生于异常细胞发展并攻击人体系统时，虽然到目前为止，我们还不知道是什么物理作用导致了这些细胞的发展。相比之下，对于精神障碍而言，没有异常行为的单一模型，尽管自希波克拉底以来，科学家一直在找寻这样单一的解释（Lake，2007）。相反，关于心理障碍的解释有很多种模型，并且具备专业训练背景的心理健康专家会各自强调其不同的观点。现代科学家如今意识到：①异常行为是复杂的；②异常行为不能使用单一的理论解释；③只有在我们采用和整合各种概念模型后，对异常行为的理解才会提高（Kendler，2005）。理解异常行为所面临的一个重大挑战是理解意识和大脑如何交互作用，以及如何联合这些不同视角来创建一个有关心理障碍的连贯理论。事实上，现代科学家已经不再尝试为所有行为去找一个单一的解释。显然，缘由可始于大脑也可始于心理，由此引发一系列事件最终也会对另一部分造成影响，并导致异常行为的产生（Kendler，2005）。其他研究者（Lake，2007）认为对生物医学、人类意识和神经科学的观点的整合将会为心理障碍的理解和治疗带来重大进展。

目前，大多数心理健康医生用**生物 – 心理 – 社会观点**（biopsychosocial perspective）来看待心理障碍，该观点承认有许多因素可能造成异常行为的产生，而且不同的因素对于不同个体的重要性也不同。该观点运用了**异常行为的素质 – 应激模型**（diathesis-stress model of abnormal behavior），该模型始于假设心理障碍有一个生物学基础（见图 1-5）。存在某种疾病或障碍的生物学或心理学患病倾向叫作素质（diathesis）。然而，仅仅具备一种障碍的患病倾向并不意味着个体实际上就一定会发展出这种心理障碍。直到应激性的环境因素对个体造成明显的痛苦之前，这个倾向会被认为是潜伏着的（似乎它是不存在的）。人们对应激事件的反应不同。生物学和心理学上的倾向和面临的环境应激共同引起人的心理障碍。素质 – 应激模型整合了生物、心理和社会文化系统，为人类行为提供了解释，这与我们所知的人类行为的复杂性是相符的。我们在本书中将多次回到对生物 – 心理 – 社会模型和素质 – 应激模型的讨论上来。

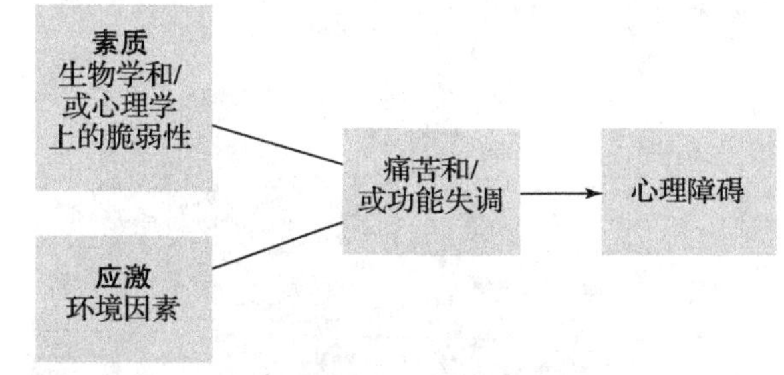

图 1-5　素质 – 应激模型

这个模型认为，素质或脆弱性与个体应激源交互作用产生心理障碍。生物 – 心理 – 社会模型用素质 – 应激的概念来说明许多因素（生物的、心理的、社会的）导致心理障碍的产生。

玛茜——不同时代对心理障碍的理解和治疗

从有记载的人类历史开始就有关于抑郁的记录了，抑郁症是一种常见的心理障碍，影响到 17% 的普通人群。

患者

玛茜刚上大学。她在一个小镇长大，在离家很远的一所重点州立大学就读。她家财力有限，大学奖学金是她上大学的唯一机会。她很不情愿离开家，但因为这是个难得的机会，家人和老师都鼓励她去。当玛茜还是个孩子的时候，一年夏天她参加了露营，整整一周的时间她都非常想家。现在当她试图在新城市适应大学生活的时候，又出现了那种感受。她非常难过，会无缘无故地哭，并且开始不去上课。因为不能适应大学生活，她觉得自己是失败者，而且不敢把这些告诉父母。她几乎不和那位对她的行为变化很关心的室友交谈。玛茜已经很久不洗澡了，时常赖在床上不起来，还会好几天不吃东西。她曾说："还不如死了好。"

我们可以从各种角度定义抑郁症，每种视角都会为治疗提供一种独特的方法。如果我们召开一个专家组会议来讨论针对玛茜的各种治疗方法，将会听到以下观点。

治疗

希波克拉底（公元前 380 年）："很明显，这个患者黑胆汁分泌过多，导致忧郁。为了恢复体液的平衡状态，她需要吃素食并从事体力活动。她还需要安静生活，包括一段时间的禁欲。"

罗马天主教神父（1596 年）："她的症状是魔鬼附体的直接结果，她与魔鬼发生了不正当关系。她未能遵守当局的规定（上课），她希望自己死去，这是种罪恶的行为，这一切都清晰地表明她与魔鬼的勾结。她甚至可能是一个女巫。"

医学博士菲利普·皮内尔（1800 年）："如果我们肯花时间去理解它的话会发现，精神疾病是可以治愈的。玛茜必须离开造成她问题的环境并且接受住院治疗，在那里她将被安排到花园工作。这样的身体活动会让她在晚上得到很好的休息，她的精神会因此恢复正常。"

医学博士西格蒙德·弗洛伊德（1920 年）："虽然在意识水平上，玛茜认为上大学学习是一件愉快的事情，但在更深的潜意识水平上，她可能会为父母没有财力让自己在离家近的地方上一所更有名望的大学而感到愤怒和怨恨。当她的母亲患有乳腺癌时，这种愤怒会尤其严重。她一直在负责检查这些不被接受的情感的超我，会将她对父母的愤怒转回到自己身上，在母亲患病的时候尤其如此，从而导致抑郁，这种情绪更易被社会所接受。"

斯金纳博士（1965 年）："玛茜的抑郁行为是通过一系列的强化经验习得的。每次给家里打电话告诉家人她想家时，她可能都受到了明显的关注。她可能觉得伤心，改变她情绪的方法是，改变行为和控制该行为的偶然事件。我建议所有与她接触的人对她的'非抑郁'行为（例如参与社交活动、完成任务）提供积极强化，并对其抑郁行为（例如不去上课、待在寝室）进行消退或忽视。"

认知心理学家、博士（2005 年）："玛茜的抑郁是由她对自己和世界的负性想法引起的。许多大学生都面临适应新环境的问题。然而，玛茜的认知图式错误地将这种适应困难解释为一个人软弱和失败的标志。在治疗中，我们将检查这些功能失调的信念并帮助玛茜发展出更积极、更有用的想法。"

生物学取向的精神病学家、医学博士（2006 年）："这个患者符合单相重度抑郁障碍的诊断标准。她没有躁狂史。其家族史在抑郁症的表现上呈阳性（母亲、姨妈，可能还有祖母），她的祖父是自杀的。因为她母亲对选择性 5- 羟色胺再摄取抑制剂呈阳性反应，我建议她使用一个疗程的氟西汀（百忧解），初始剂量为 20 毫克 / 天。"

持生物 - 心理 - 社会观点的心理学家（2013 年）："玛茜的抑郁明显说明了共同造成她痛苦的因素是多么多。她的家庭史表明遗传倾向的存在，她有发展出抑郁的生物学脆弱性。然而，直到上大学前她没有表现出任何问题。应激来自：①第一次远离家乡；②为获得奖学金需要维持好成绩，这是实际触发她负性心境的最可能的环境和社会因素。药物在短期内可能是有效的，但玛茜需要学习如何应对应激，以此来消解她的生物学倾向并防止未来的发作，因为在一生中，她会面临各种应激源。"

本章小结

1. 解释与众不同、另类、危险及功能失调行为间的差异。

   异常行为有时是很难定义的。这不仅是因为行为存在差异，而且有时某些差异对个人和社会而言是积极的。行为另类可能是与众不同的，但另类的行为不一定就是异常的。新潮流常常开始于另类，然后逐渐被主流社会所接受。危险行为可能是异常的，但许多患有心理障碍的个体没有危险行为。对于定义异常行为，行为危险既不是必要条件也不是充分条件。决定一种行为是否异常主要考虑两点：是否造成了功能失调（干扰日常活动）和 / 或情绪痛苦。

2. 在确定某行为是否异常时，需至少考虑两个因素。

   异常行为被定义为不符合个体发展、文化和社会的常模，引起明显情绪痛苦或干扰了日常功能的行为。必须始终将行为放在其发生的背景中去考虑。行为背景包括文化（对个体有影响的个人及社会环境）及文化传统。它还包括发育年龄、生理和情感成熟度以及社会经济地位。

3. 在历史背景下讨论关于异常行为起源的灵性/宗教的、生物学的、心理学的和社会文化的相关理论。

 历史上，最早被提出的关于异常行为产生的原因是灵魂附体。然而，早在古希腊和古罗马时期，从生物和环境两方面对一些严重的精神疾病（抑郁症、精神分裂症）进行解释就已存在。尽管这些理论继续在中东蓬勃发展，但此后不久，这些理论就在西欧失宠。直到文艺复兴时期，基于生物学和环境因素的理论才在欧洲重新出现。

4. 讨论变态心理学的科学家－实践者模式。

 采用科学家－实践者的方法来理解异常行为具有明显的优势。批判性地运用科学视角研究病因学并检验理论背后的依据，能够防止没有坚实科学依据的解释（如巫术或伪科学）。没有科学基础的“治疗”会产生相当消极的结果，在某些情况下，甚至可能是致命的。

5. 描述现代解释异常行为产生的生物学的、心理学的、社会文化的和生物－心理－社会观点。

 今天，生物学的、心理学的、社会文化的和生物－心理－社会的解释占据了异常行为解释的主导地位。每个病因学理论都有它的优势和不足，每个理论本身都不足以完全解释异常行为。确定异常行为是复杂的，是各种因素联合造成了某个特定的心理障碍。有很多相互矛盾的理论，随着科学的发展，会发展出新的理论，有些理论则会被抛弃。

第2章

变态心理学的研究方法

学习目标

阅读本章后，你应该可以做到：

1. 理解从细胞水平到总体水平的心理学研究范围。
2. 认识变态心理学研究的细胞或神经解剖水平的新技术。
3. 理解家族、双生子、寄养研究（不直接研究基因）和分子遗传学研究（直接研究基因）之间的差异及二者的优势和不足。
4. 描述个案研究和单一个案设计的优势和局限。
5. 理解相关研究的原则和应用。
6. 描述影响随机对照试验结果的因素。
7. 认识并理解与变态行为有关的流行病学研究的原则和应用。

我正在学习心理学导论，有机会参与心理学研究来获得额外学分。我通过系公告栏了解到有许多可供我们选择并参与的研究，我对其中一个很感兴趣，便报名参加。

我要做的第一件事就是阅读信息表并填写知情同意书。第一天，研究者询问了与我的饮酒家族史有关的各种问题和我的饮酒量。我还要填写几份问卷——大多和酒精及药物使用有关。

然后她与我约好第二天再来，并告知我到达之前一个半小时之内不要吃东西、不要吸烟和刷牙！

研究者让我品尝十种不同的甜味溶液，并告诉我要小口喝，使之接触到整个口腔，然后吐出去。之后让我做出评价。用蒸馏水漱口后再品尝下一种溶液。我被要求对每一种溶液的甜度和愉悦度做出评价。

参与过程大致如此。之后，研究者告诉我，她在研究饮酒家族史和甜味偏好之间的关系。

几年之后，我在互联网上搜索这个研究的结果。输入研究者的名字之后，我惊奇地发现，她的研究已发表，她的结论是有饮酒家族史的人群实际上更喜欢甜的味道。我为自己曾是得到发表的研究中的一个被试而感到非常棒！

资料来源：Kampov-Polevoy, A., Garbutt, J., & Khalitov, E. " Family history of alcoholism and response to sweets." *Alcoholism, Clinical and Experimental Research, 11*, 1743-1749.Copyright © 2003.

在心理学导论中，心理学被定义为研究行为和心理过程的一门科学。为理解人类行为，心理学家需要招募前述那样的志愿者来参加研究。我们所获得的大量关于变态行为的知识都建立在对大学生被试的研究基础上。没有这样的研究，我们对异常行为的理解就会大受限制。在许多心理学研究中，研究者都着眼于单个个体的可观察行为。而对于变态心理学而言，科学研究方法则要着眼于人类行为的所有水平（包括生物学行为如心率、内部事件如想法和感受、可观察行为如与他人的互动）。美国国立卫生研究院（National Institutes of Health，NIH）强调，通过进行所有水平的研究——从单个细胞到社会水平来理解健康和疾病是至关重要的。**转化研究**（translational research）是一种专注于在基础研究和应用临床研究之间沟通的科学方法。NIH 强调：

> 为提高人类的健康水平，科学发现必须转化为实际应用。这样的发现一般起源于基础研究（the bench）——科学家从分子或细胞水平研究疾病，然后过渡到临床水平或到患者的床边（bedside）。这种转化实际上有双向影响。基础研究的科学家提供新的工具以便应用于患者，临床研究者对疾病的性质和演化进行新的观察，这些观察又常常促进基础研究。转化研究已被证明是激励临床研究的强劲力量。

前面介绍的实例说明了基础研究的一种类型，即说明味觉机制与饮酒有何关系。这个例子还说明了另外重要一点，大多数研究的目的是去发表结果，从而使其他研究者能使用这些数据去产生新的假设，并进一步理解变态行为。公众尽管不做研究，也需要明白这些科学研究对他们生活所具有的含义。

与转化方法一致的是，本章始于关注细胞和神经解剖水平及其影响整个机体行为的研究策略；然后介绍个体和群体水平的研究，大多数有关异常行为的科学探索即发生于此；最后致力于在总体水平上对行为的研究。我们会看到，每种方法都会提供一个独特的视角去研究精神疾病。将它们综合起来，我们能更广泛地从生物学、心理学和社会学多方面去理解精神疾病。

伦理与责任

我们研究的参与者在决定参与之前会阅读信息表并签署一份知情同意书。异常行为的科学研究中的一个核心原则是：研究中的伦理行为要符合《贝尔蒙报告》（Belmont Report，详见第 15 章。）的原则。该报告包含三个基本伦理原则。第一个原则是尊重个人（respect for persons），指的是参与研究的个体必须有能力为自己做决定。缺少该能力的人有权得到保护：父母或监护人必须同意其参与。第二个原则是**善行**（beneficence），指的是研究者不但必须要尊重参与者的决定，保护他们免受伤害，而且要保证他们的健康。这就强制研究者不去伤害参与者，并尽可能做到对其利益最大化伤害最小化。第三个原则是公正，强调平等分配或应不应该的问题。个体有权在没有好理由的情况下或当过度施加责任时拒绝参加研究，就是公正。不公正的情况如合格的有意愿参加研究者被研究排除在外。

设计研究和知情同意书的研究者需确认所有参与者能轻松理解知情同意书的文件内容，并清楚对研究项目的参与是自愿的。研究者还需要花时间考虑所有可预见的风险及参与研究的好处。这些风险可能包括医疗的副作用或同意参与此研究后会可能丧失参与更好的彼研究的机会。最后，研究者须确保被试的选择是通过一个公平的程序做出的。以人为被试的研究必须经过机构审查委员会（IRB）也叫独立伦理委员会（Independent Ethics Committee，IEC）或伦理审查委员会（Ethical Review Board，ERB）的审查和许可方可实施。在美国，卫生和公共服务部（Department of Health and Human Services）下属的人类研究保护办公室（Office for Human Research Protections，OHRP）管理这些机构和委员会。有独立的委员会监督实验室动物研究中的伦理问题。实验动物使用与管理委员会（Institutional Animal Care and Use Committee，IACUC）就是机构设立的一个使用实验动物用于研究或教学目的的独立委员会。这些委员会监督和评估实验动物使用与管理过程的所有方面。以上这些委员会许可并监督所有研究，以确保其研究者遵守所有规定的伦理原则。

变态心理学细胞水平的研究

细胞水平的研究是变态心理学研究中最新、最令人振奋的领域之一。尽管大脑是变态行为的器官这一观点可以追溯到古代，但直到最近人们才拥有精确研究大脑和神经系统的工具。在讨论这些新研究发现之前，我们需要回顾神经系统和身体其他部位对行为的影响作用。

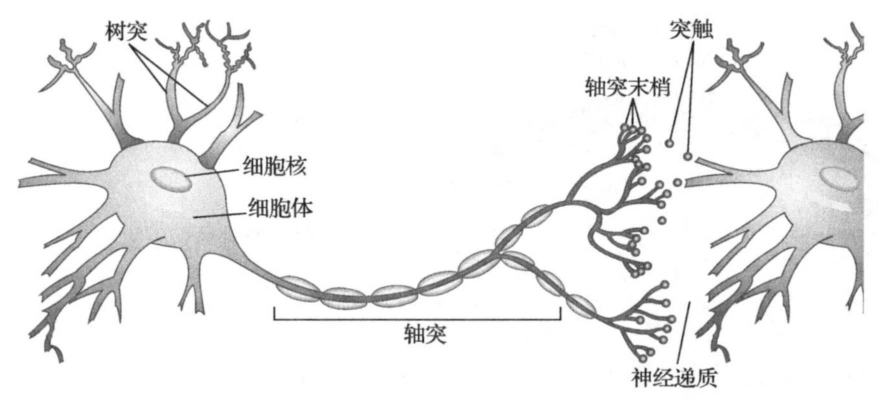

细胞体包括细胞核和称为树突的突起，树突向外伸出并接受其他神经元的信息。神经冲动通过神经元传送。轴突末梢和下一个神经元树突之间的间隙称为突触。被称为神经递质的化学物质使得神经冲动可以通过突触间隙到达下一个神经元的受体。

图 2-1　神经元

神经解剖学

人类的神经系统有两个主要部分：**中枢神经系统**（central nervous system, CNS）和**外周神经系统**（peripheral nervous system，PNS）。

中枢神经系统由脑和脊髓组成。如第 1 章谈到的，脑由大约 1 000 亿个神经细胞（或神经元）组成。每个神经元沿着清晰独特的通路延伸，构成一个复杂而有序的神经网络。典型的神经元包括细胞体，内含细胞核。树突是从细胞体伸出的像手指一样的投射，树突向外伸出并从其他神经元接受信息。轴突是从一个细胞向另一个细胞传递信息的神经纤维。轴突末梢是树枝样的结构，在轴突终端形成突触，是与其他神经元的树突和胞体进行信息交流的位置（见图 2-1）。

对脑结构有一个总体认识是非常必要的，因为当我们讨论各种心理疾病时，会先了解脑的不同部分在不同疾病中所起的作用。进化论的视角有助于帮助我们理解哪部分脑结构是最早进化的并控制着身体机能最基本的方面。

脑最古老的部分是**脑干**（brain stem），它控制着多数与生命相关的基本生物功能，比如呼吸。脑干有几个功能独立的部分（见图 2-2）。在脑干的基部是延脑，包括延髓、脑桥和小脑。这些结构调节着呼吸、心跳和运动控制。这些功能是生命所必需的自主活动——你无须考虑如何使呼吸和心跳发生。损害（lesion）这个术语指的是损坏或异常的脑区。我们可以通过观察特定脑结构损害后个体的表现去发现特定脑结构的功能。例如，小脑对于运动协调很关键。若损害小脑，则精细运动、平衡和运动学习会出现障碍。

脑干的**中脑**（medbrain）部分有两个重要功能。第一，这里是感觉信息和运动信息进行整合的中枢。第二，中脑中的网状激活系统可以调节人类的睡眠和觉醒功能。

丘脑和下丘脑位于脑干上侧，从进化和结构上看更高级（见图 2-3）。丘脑是脑的中继站，将携带感觉信息的神经信号上传到皮层。下丘脑的基本功能是维持体内平衡，调节血压、体温、体重、体液和电解质平衡等身体功能。

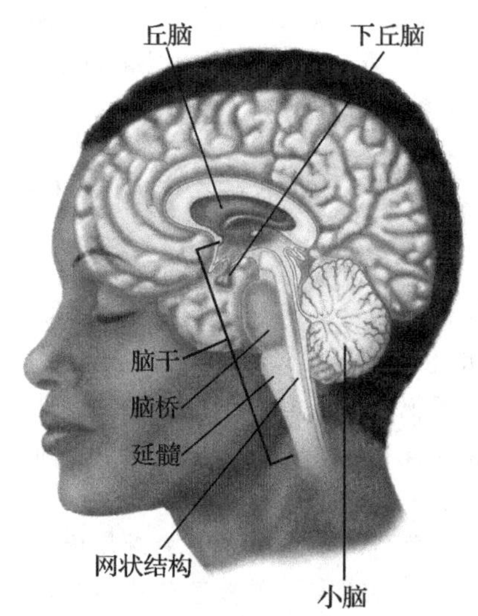

图 2-2　脑干

脑干是脑最古老的部分，在大脑的基部，控制许多像呼吸这样的基本生物功能。

我们在中脑和**前脑**（forebrain）之间可发现进化更高的边缘系统，这是一个涵盖多个脑结构的宽泛术语，这个结构对于研究变态心理学非常重要。边缘系统（limbic system）包括杏仁核、扣带回和下丘脑（hippocampus）。边缘系统主要加工情绪和冲动，其功能包括参与情绪体验，调节情绪表达和基本的生物驱力，如侵犯、性欲和和食欲等。下丘脑参与记忆的形成并与老年痴呆特有的记忆缺陷有关［见“真实病例：亨利 · 古斯塔 · 莫莱恩（H. M.）”］。

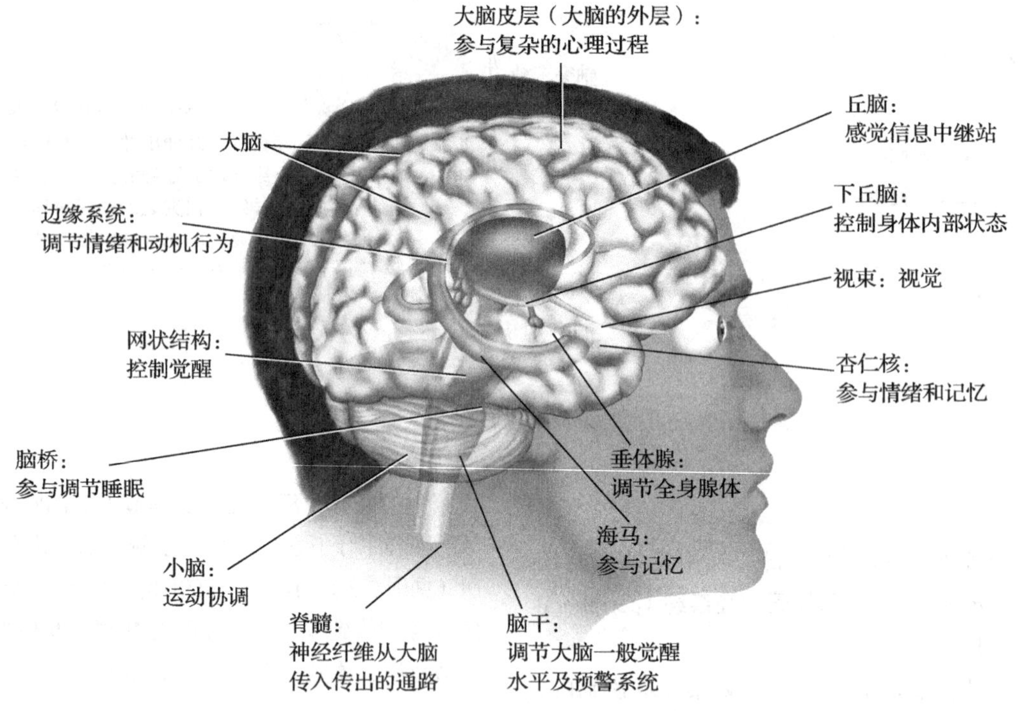

图 2-3 丘脑、下丘脑和边缘系统

丘脑是脑的中继站，将感觉信息传入皮层；下丘脑调节躯体功能；边缘系统是人类情绪的重要中枢。

真实病例 亨利·古斯塔·莫莱恩（H. M.）

亨利·古斯塔·莫莱恩来自美国路易斯安那州的蒂博市，他的大脑在历史上被研究的次数最多。为了保密，心理学界一直把他叫作 H. M.，直到他去世。他出生于 1926 年，在康涅狄格州长大，只是一个普通的爱好骑自行车和滑冰的男孩。他 9 岁骑自行车时被旁边一个自行车手撞倒，头部受到严重撞击。16 岁时患癫痫，出现过多次癫痫大发作。1953 年，他做了脑外科手术，两侧半球的部分内侧颞叶被切除。因为他的医生威廉·斯科维尔（William Scoville）认为这个部位是癫痫病灶而将之切除。

H. M. 的海马的 2/3 被切除了，主治的神经学家认为这个部位没有什么作用。然而手术后，H. M. 患上了一种失忆症，他不能将新近的经验保存为长时记忆。令医生欣慰的是，他能完成需要短时记忆回忆的任务（Corkin，1968）。他也能回忆起手术前发生的长时记忆事件，但不能回忆手术后发生的事情。

亨利于 2008 年 12 月 2 日在康涅狄格州的私人疗养院中因呼吸衰竭去世。尽管他不能确定自己到底多大，每天都要被重新介绍给自己的医生，每次听到母亲死亡的消息都会伤心，但他生活中也有积极的一面。他常说自己的身体状况会帮助其他人，还能让研究人员学到更多关于记忆的知识。

H. M. 的经历使科学研究获益颇多。其中有两个重要发现：短时记忆并不依赖于海马的功能，但长时记忆必须通过海马才能进行永久储存（Kolb & Whishaw，1996）。这些发现永久改变了科学家看待短时记忆和长时记忆的形成、保持和回忆的方式。 «««

基底神经节位于前脑的基部，包括尾状核、壳核、伏隔核、苍白球、黑质和丘脑底核。一般来说，这些结构有抑制运动的作用。损害基底核的疾病表现为运动异常，如帕金森综合征（僵直和颤动）、动作迟缓（运动慢）和亨廷顿病性痴呆（脸部和肢体表现出无法控制的舞蹈样运动）。

前脑中最大的部分是**大脑皮层**（cerebral cortex），它的进化程度最高，包含执行人类独有的高级功能的结构，这些功能包括推理、抽象思维、时间知觉和创造性等。大脑皮质被分为两个半球，左脑和右脑。大众心理学常称人们是“左利脑”或“右利脑”，但大脑的工作方式远比这种简单区分复杂得多。尽管两个半球从结构上看起来很相似，但它们负责不同的心理过程，实际上一些人更偏好某种类型的加工。

左侧半球主要负责语言和认知功能，偏重于以线性和逻辑的方式加工信息。左侧半球对信息进行部分或序列加工，使用语言和符号（包括数字）。而右侧半球以更为整体的方式在立体背景（即客体与周围客体间关系）中加工客观世界，更多地与创造力、表象和直觉相关。两侧半球间存在相当多的交流，半球间也会互相补偿，如果一侧半球受到损害，另一侧半球就会替代受损区域的某些功能。

每侧半球都包括四个叶：颞叶、顶叶、枕叶和额叶（见图 2-4）。**颞叶**（temporal lobe）与加工和理解听觉及视觉信息密切相关，它在命名和标记物体及言语记忆中起重要作用。**顶叶**（parietal lobe）整合各种感觉信息，参与视觉空间信息加工，比如想象在空间中旋转三维的物体。**枕叶**（occipital lobe）位于颅骨的背侧，是视觉加工的中枢。**额叶**（frontal lobe）是推理的中枢，在冲动控制、判断、语言、记忆、运动功能、问题解决、性行为和社会行为中发挥着关键作用。额叶对规划、协调、抑制和执行行为起作用。**胼胝体**（corpus callosum）联系两侧大脑半球，实现二者的沟通。割裂了的胼胝体并不会彻底丧失功能；但割裂之后会导致某些脑功能不能整合。例如，一把钥匙的图像速示在右侧视野，胼胝体割裂的患者可能会识别图像但不能正确命名。如果速示在对侧视野，患者会正确地命名，但不能说出它的功能。

除了脑和脊髓构成的中枢神经系统以外，人类神经系统的另一个重要部分是外周神经系统（PNS）。外周神经系统分为躯体神经系统和自主神经系统。躯体神经系统（sensory-somatic nervous system）包括脑神经，负责控制感觉和肌肉运动。自主神经系统（autonomic nervous system）包括交感神经系统和副交感神经系统。交感神经系统（sympathetic nervous system，SNS）主要控制不随意运动，激活身体产生准备状态。交感神经系统兴奋可使心率加快，血压升高，扩大瞳孔，将血液从皮肤和内部器官转运到骨骼肌、脑和心脏，抑制胃肠道的消化和蠕动，产生显示应激和焦虑存在的躯体唤醒状态（见第 4 章）。副交感神经系统（parasympathetic nervous system）则可使交感神经系统激活的机体功能恢复到静息水平。

最后，机体的**内分泌系统**（endocrine system）通过激素而不是神经冲动来调控机体功能（见图 2-5）。内分泌腺产生**激素**（hormones）。激素是直接被释放入血液，对靶器官发挥作用的化学信息物质。脑垂体腺位于脑底，被称为主腺体（master gland）。它受下丘脑控制，又控制着多种内分泌功能，包括对女性月经周期、怀孕、分娩和哺乳的控制。肾上腺（位于肾脏顶部）对恐惧、发怒、咖啡因和低血糖等内外应激源产生反应，释放肾上腺素。甲状腺激素调节体温和体重等新陈代谢功能。胰腺中包括胰岛，通过分泌胰岛素和胰高血糖素来调节血糖水平。许多研究显示，在抑郁、焦虑和其他心理疾病中，特定激素水平（如皮质醇和催乳素）有所升高。

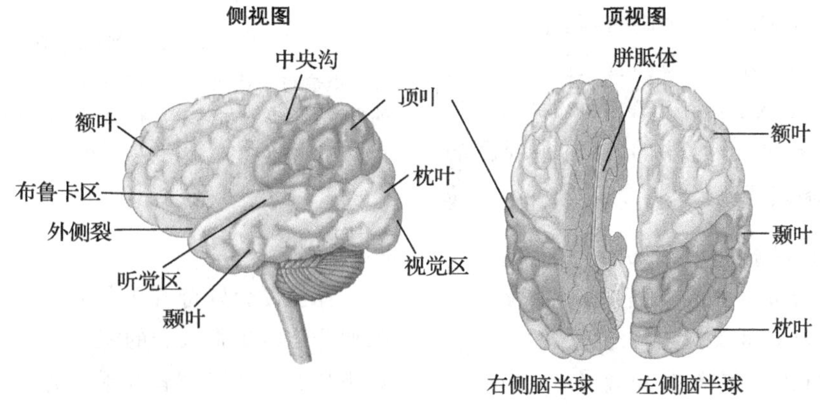

图 2-4 大脑

大脑分为四个叶（颞叶、顶叶、枕叶和额叶），控制感觉、运动、言语和推理功能。大脑的外层（即灰质）被称为大脑皮层。

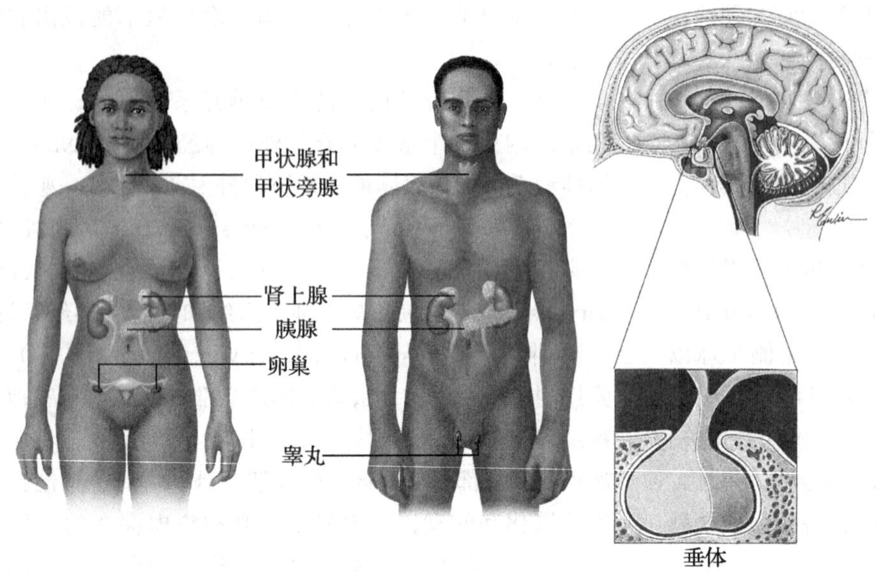

图 2-5　内分泌系统

神经激素和神经递质

显然，整个神经系统内有许多微系统。为了了解人类情绪，知道这些系统是如何运转和合作的非常重要。神经系统内的沟通有电与化学两种方式。神经元并不直接接触，由**神经递质**（neurotransmitters）将电信号从一个神经元传递到另一个神经元（见图 2-6）。当电信号到达轴突末梢，神经递质就被释放。这些神经递质通过突触间隙到达毗邻神经元表面，在此触发下一个神经元“放电”，释放电冲动。对神经递质的研究使得精神病学发生革命性变化，因为药物治疗会影响一种或多种核心神经递质，这种影响是通过影响脑内神经递质的效能和/或活动来实现的。这个高度活跃的研究领域不断发现着发挥递质作用的新物质。特定的神经递质系统已经得到广泛研究，并将在特定心理疾病的章节继续讨论。

了解了神经系统的基本知识，我们就准备好从细胞水平到社会水平的研究之旅了。在本章下面的内容中，将介绍研究人类行为的各种不同水平的方法。从下面的小案例中，我们先来了解这些方法的背景知识。

> 莫妮卡 26 岁，感到悲伤、无助和绝望，经常毫无理由地哭泣并有轻生的念头，晚上难以入睡，即便睡着也会多次醒来。因为不想吃饭，两个月里她的体重下降了 20 磅（约 9 千克）。她的主治医师把她送到心理学家那里，结果她被诊断为抑郁症。

与抑郁症相关的知识会在第 6 章里讨论，我们在这里使用这个案例来解释用于研究这种心理障碍的各种方法。

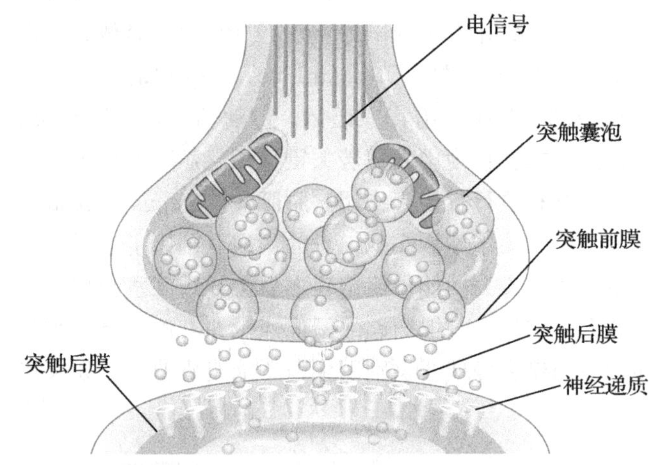

图 2-6　神经递质如何工作

电信号到达第一个神经元的末端后，使之放电并从突触前膜的囊泡里释放神经递质。神经递质通过突触，与突触后膜的受体结合，从而触发下一个神经元，实现信息传递。

神经成像

你也许会好奇科学家是怎样了解脑功能的，以及脑的哪些结构负责人类的能力和活动。在早期，这样的信息来自意外的受害者和手术的幸存者（如 H. M.），这些人让我们了解到特定的脑部位受损或切除之后会出现哪些功能的缺失。最近，**神经成像**（neuroimaging）技术加速了人们对脑的结构和功能的理解。例如 CT 或 CAT 扫描（计算机轴断层扫描）和 MRI（磁共振成像）提供像快照一样的静态成像。医生可通过这些成像探测受伤或损坏的脑区域。CAT 扫描，是给患者注射一种放射性染色剂，然后用专门的 X 射线装置从不同角度为脑照相，这些计算机成像可创建脑的横断面图像。MRI 使用射频波和强磁场来提供脑的高分辨率图片，它优于 CT 技术，因为它不需要使用放射性物质。其原理是射频波直接指向强磁场中的质子，质子被激发后被释放，发出无线电信号，这些信号被计算机加工形成图像。

CAT 和 MRI 技术用于**神经解剖学**（neuroanatomy，大脑结构）研究，还有其他技术探测脑功能。正电子发射断层扫描（Positron Emission Tomography scan，PET scan）通过探测正电子发射的放射线实现成像。在准备 PET 扫描时，患者先要服用一种放射性生物化学物质。当这种物质的放射性同位素衰变的时候，它释放出可测量到的正电子。PET 脑成像可以帮科学家实现对脑内神经递质通路的追踪，从而确定参与特定人类行为的脑结构和通路。功能性磁共振成像（functional MRI，fMRI）可探测血流量的增加，血流量的增加与脑内各个部位的神经活动增加密切相关。这个技术不仅可以实现结构成像，也能实现功能成像。fMRI 可以分离出单个事件或刺激的特定脑活动（比如，给害怕蜘蛛的人呈现蜘蛛的照片时，或在某些人体验到幻听时，进行磁共振成像）。

神经成像是一种优良、精密且昂贵的研究工具。在典型的临床实践中，神经成像对于诊断抑郁并不是必需的。

> 但莫妮卡和其他患者则非常受益于神经成像的研究，这种研究使得心理健康专业人员能更好地理解抑郁患者的脑结构和功能会受到什么样的影响，进而，了解那些改变的脑功能也有助于针对特定脑区和功能的干预技术的发展。

遗传学

有关脑结构和脑功能的研究增进了人们关于脑及其和心理障碍之间关系的理解。然而，只是知道脑活动发生了变化仍不足以解释变态行为为何产生。科学家仍然要解释脑部异常是怎样以及为何发生。将遗传学用于行为研究给变态心理学的研究带来了革新。现在遗传因素的研究从细胞水平发展到总体水平。行为遗传学（behavioral genetics）的方法包括家族研究、双生子研究和寄养研究，从而在揭示特定行为特质或心理疾病的家族性以及这种家族性在多大程度上归因于遗传或环境等方面发挥着关键作用。遗传学中的现代分子技术和检测遗传关系的新方法，使科学家能够揭示与多种复杂特质相关的基因位点（在特定染色体上的特定位置）。现在人

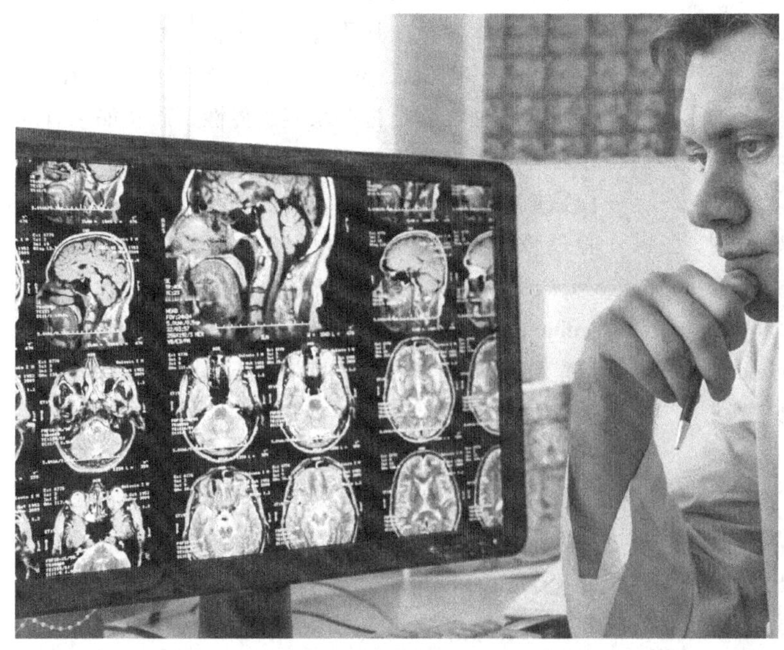
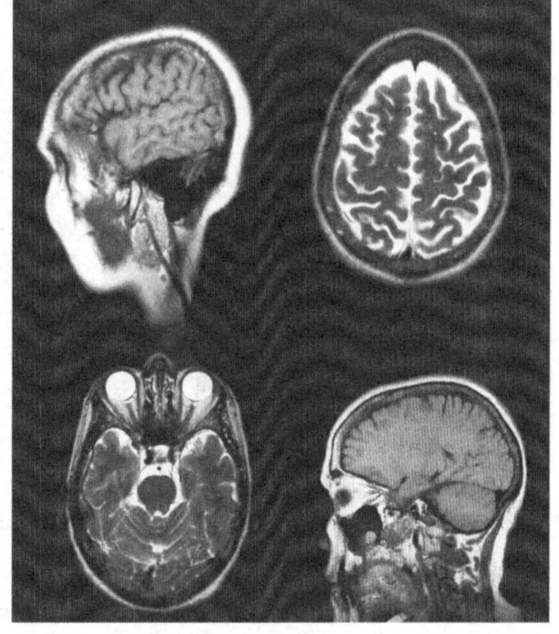

CAT 和 MRI 扫描，通过 X 射线或无线电波扫描大脑，产生揭示大脑解剖结构的图像。

们知道，行为特质和心理疾病几乎不可能由单一基因引起。相反，多数行为特质（被称为复杂性状，complex traits）和心理障碍会受到许多基因和环境因素的中小程度的影响。

遗传学基础

高中生物课上的“搭建生命的积木”指的就是脱氧核糖核酸（deoxyribonucleic acid，DNA）。人体中DNA的集合被称为人类基因组。感谢人类基因组计划，我们现在知道，每个人有20 000 ~ 25 000个基因。每个基因都是DNA的一个片段，它们的集合使有机体变得独特。人体包含23对染色体，其中22对常染色体，1对性染色体（女性是XX，男性是XY，见图2-7）。母亲一直提供这对性染色体中的X，如果父亲提供的也是X，那么后代就是女孩；如果父亲提供的是Y，那么后代就是男孩。基因能以多种形式存在，被称为等位基因。正是这些特定的等位基因产生了物种的差异（比如身高、毛发颜色、眼睛颜色、人格和患病风险）。

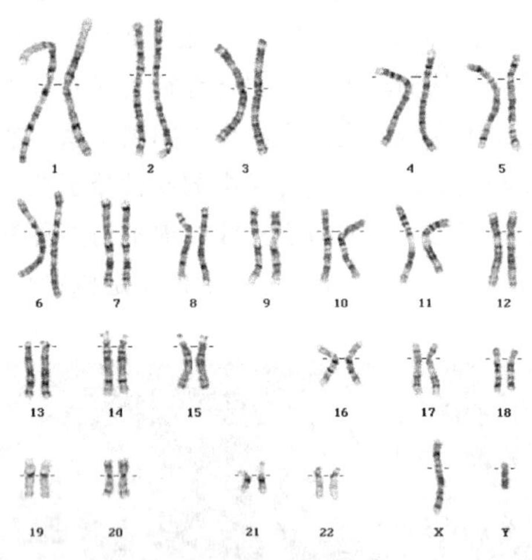

图2-7 人类的染色体

正常人有46条染色体：一半来自父亲，一半来自母亲。性别由X和Y染色体决定；男性是XY，女性是XX。本图中的DNA是男性的还是女性的呢？

遗传符合几个定律。格雷戈尔·孟德尔（Gregor Mendel，1822—1884），捷克的一个修道士，通过种植常见的豌豆，发现了两个遗传定律。分离定律（law of segregation）认为个体从双亲中各自接受两个性状的其中之一。其中一个性状可能是显性的（在后代中表现出来的性状），或是隐性的（在遗传中存在，但在后代中没有表现出来）。如果后代从父母那里各遗传一个隐性性状，即如果后代具有两个隐性性状，那么隐性性状就会表现出来。比如眼睛颜色，棕色是显性的而蓝色是隐性的，因此，只有拥有两个隐性性状才会有蓝色的眼睛。

孟德尔第二定律是自由组合定律（law of independent assortment），即一个基因的等位基因（变种）与另一些基因的等位基因自由组合。例如，身高和眼睛颜色的等位基因通常不一起作用，不是每个矮个子的人都是蓝色的眼睛，矮个子的人也会是棕色或浅棕色眼睛。同样，蓝眼睛的人可能是矮个子，也可能是中等个头或高个子。总之，身高和眼睛颜色的基因进行的是自由组合。

尽管孟德尔建立了我们理解遗传学的基础，他的工作还是受到了后来科学家的批评（Fisher，1936）。费希尔（R. A. Fisher）认为孟德尔的数据过于完美，有造假的嫌疑。其他科学家支持费希尔的观察。但是，在理解遗传的基本原则时，先理解孟德尔的遗传定律仍是重要的第一步。

尽管基因对身高、眼睛颜色和多种疾病的影响已经早为人知，但最近行为遗传学研究的是遗传对人格、态度以及诸如抑郁、外向和精神分裂症等异常行为方面的影响。

人类基因组里有这么多基因，我们从哪里开始，才能找到能增加某种心理障碍患病风险的基因呢？这就是行为遗传学的研究领域了。

家族、双生子和寄养研究

行为遗传学指的是通过研究基因和环境的关系，以确定行为的个体差异。其研究方法包括：家族研究、双生子研究和寄养研究。基本上，这些研究的焦点在于：行为特质和心理疾病是否有家族遗传性，以及如果有的话，原因是什么。

1. 家族研究

心理障碍有家族遗传性吗？**家族聚集性**（familial aggregation）研究检验一个患某种特定疾病的人［先证者（proband）］的家庭成员是否比未患该病的家庭成员更有可能得这种病。若该疾病在先证者家族中更普遍，则认为其具有家族性或“家族聚集性”。家族研究有两种形式。家族史（family history）方法利用一个或几个家庭成员提供其他家庭成员的信息。如果你曾在医院填写过家族遗传病史清单，可能会对这种方法很熟悉。家族研究（family study）方法则包括对每个同意接受采访的家族成员进行直接访谈。因为有直接访谈，这种方法被认为更可靠。

> 在莫妮卡案例中，临床医生可能会用家族史方法进行诊断访谈，询问她的家庭中有没有其他成员存在抑郁症状。如果莫妮卡参加抑郁症病因的家族研究，研究者可能会邀请她的亲属参加个人访谈，以判断这些人中是否有人曾患抑郁症。

从科学角度看，确定症状是否有家族遗传性是理解一种疾病是否受基因影响的首要一步。然而，家庭成员享有共同的环境经验，而且文化背景（包括家庭）也对人的行为有重要影响（见第 1 章）。因此，任何可观察到的家族聚集性既可以归因于遗传因素，也可以归因于环境因素，或者更可能是这些因素共同作用的结果。大型的家族研究可被用来探测对于某种障碍或特质而言，遗传和环境的贡献大小，然而二者的相对贡献可通过采用寄养研究和双生子研究设计更好确定。

2. 寄养研究

寄养创造了一个独特的情境：将遗传相关的个体分开抚养，因此各自有不同的家庭环境。在寄养情境中，亲生父母与被寄养后代的相似度代表了遗传因素对给定特质或行为的影响。而被寄养者和养父母间的相似度能够度量影响亲子相似性的环境因素。这种相似度只有当领养孩子的安置地不具有“挑选性”（例如，当亲生父母要求寄养家庭有与自己相似的文化和宗教传统）时才有效。

寄养研究提出了一个中间立场来检验行为遗传学模型：它比家族研究更有效地将遗传因素从环境因素中分离出来，但也有其不足和偏见。其中一个缺点是：领养场所并不总是随机的。通常婴儿会被安置在与其亲生父母的种族、宗教和社会经济地位相似的家庭。随着国际性寄养的流行，其他问题也相继出现，比如被寄养者在被领养前面临着什么样的环境。再如放置在孤儿院或缺乏早期依恋经验的环境中，可能会造成严重的发展后果而混淆对寄养研究的解释。

3. 双生子研究

双生子科学研究是理解遗传和环境对变态行为影响的另一重要途径（Cederlöf et al.，1982；Martin et al.，1997）。这些研究彻底改变了我们对一些严重精神疾病的理解并帮我们改进了治疗方法。例如，30 年前，人们普遍相信自闭症和精神分裂症完全由环境创伤和父母缺陷导致。然而，基于大量科学研究证据（Folstein & Rosen-Sheidley，2001；Sullivan，2008），我们现在知道这些疾病的遗传成分至关重要。

双生子研究通过检验同卵双生子（monozygotic，MZ）和异卵双生子（dizygotic，DZ）间的异同，确定遗传和环境对心理障碍的影响。同卵双生子来自单一胚胎（受精卵），在受精后头两周的某个阶段，受精卵分裂并产生出两个胚胎，两者基因相同。因此，拥有完全相同基因的同卵双生子在行为上的差异为环境因素的作用提供了强有力的证据（Plomin et al.，1994）。而异卵双生子来自两个卵细胞和相应精子组成的受精卵。异卵双生子并不比兄弟姐妹间有更多的遗传相似性，平均而言，他们有一半的基因相同。因此，异卵双生子间的行为差异是遗传和 / 或环境两方面作用的结果。

最严格的双生子研究设计使用的是出生后就分开抚养（即在不同的环境中）的同卵双生子。这种情况明显地将遗传因素和家庭环境因素分开。由明尼苏达（Bouchard et al.，1990）和瑞典（Pedersen et al.，1985）开展的两个大型同卵双生子研究被看作决定智商的遗传因素作用的关键研究。另外，研究者在重聚同卵双生子中发现了在过去并不认为受遗传控制的相似性维度。例如，涉及

出生后分开抚养的同卵（MZ）双生子在成年后有极高的相似性。

重聚同卵双生子的当事人叙述中，研究者发现当事人在很多令人惊讶的维度上存在相似性，包括身体上的痣、开始谢顶的年龄、职业、选择的汽车和摩托，甚至喜欢喝的啤酒。

4. 分子遗传学

尽管行为遗传工具能得出基因是否影响一个特定的特质或疾病，但无法确认20 000 ~ 25 000个基因中的哪个基因与该疾病有关。因此，若想真正确定风险基因，需进行分子水平的研究。**分子遗传学**（molecular genetics）主要有三种研究方法：全基因组连锁分析、候选基因关联研究和全基因组关联研究（Slagboom & Meulenbelt，2002；Wang et al.，2005）。**全基因组连锁分析**（genomewide linkage analysis）能使研究人员缩小基因研究的范围，即从整个基因组缩小到特定染色体的特定区域。进行一次连锁分析需要一个有多人患研究者所感兴趣障碍的大家族，或者是“患病亲属对”（亲属对中二人都患有该病）的大样本。研究者检查患病亲属共享的基因组区域，这样就可以缩小该共享区域基因的搜索范围。

在**候选基因关联研究**（candidate gene association study）中，研究者将一个拥有某特定特质或障碍的大群体身上的特定基因与一个与之很好匹配但却没有该特质或障碍的群体的该特定基因进行比较。这种方法需预先根据已有关于某特质或基因功能的生物学知识选择一个或几个基因。例如，我们已知抑郁症可能和血清素有关，因此设计的候选基因研究要将患抑郁症的大样本中的一个或几个血清素系统基因（实验组）与没有患病但在其他方面与实验组相似的样本的该基因（对照组）进行对比。如果发现患病组中基因存在的变异更普遍，就可以用该证据表明该基因可能与这一疾病有关。总的来说，候选基因研究法刚出现时是非常令人兴奋的，但其他研究小组常常无法重复验证其结果。出于这一原因，单个基因的候选基因研究法不再是一种更好、更有效的研究方法。

全基因组关联研究（genomewide association study，GWAS）也需要使用大样本实验组和与之良好匹配的对照组。与一次只研究一个或几个基因的候选基因研究法不同，全基因组关联研究在同一研究中对散布在基因组中的成千上万可能的基因变异对进行关联性检测。这是全基因组关联研究的关键优势。候选基因研究需根据已知的生物学知识选择基因或基因组，但全基因组关联研究不需要，且进行基因组相对无偏搜索还能发现意想不到的新的基因关联。基因组关联研究已经开启了研究许多疾病的前所未有的全新生物学途径。

对莫妮卡的基因进行研究不会成为日常为确诊其抑郁症而做的临床评估的一部分。然而，某些研究者（通常在医学院工作）可能会从事遗传学和抑郁症关系的研究，像莫妮卡这样的患者可能被邀请参加他们的研究，向他们提供血液样本或口腔内侧刮片，而这些样本中都含有DNA。

表观遗传学（epigenetics）研究基因表达中的可遗传变化，这种变化不是由于实际的DNA序列变化造成的，而是由于环境暴露（Petronis，2010）。与实际的基因序列不同，表观基因组（epigenome）能对快速变化的环境进行反应和适应。这意味着环境有能力影响基因的激活与沉默。有趣的是，这些变化可能会传递给后代。

变态心理学在个体水平的研究

脑结构和功能以及遗传学的研究是高级的研究工具，但它们耗费时间，有时还不经济。大多数变态心理学的研究基于对不同特征、不同测验方式和不同治疗方法的人群间的比较，最后通过群组的平均反应得出结论。个体水平的研究还有助于我们确定异常行为及其治疗的一般原则。事实上，临床心理学的实践通常是指向个人的。对个体、家庭以及能被看作一个单元的小群体的精细研究能为我们提供有价值的信息。作为基于大群体研究的补充，个体水平的研究可以进行丰富的细节检测，而且相关假设和理论的进展可在今后的群体设计研究中得到检验。个体水平的研究有两种主要方法：个案研究和单一个案设计。

个案研究

前面章节中关于H. M.的简要描述就来自**个案研究**（case study），这是使用来自医生的实践经验的临床资料对一个个体（或一群个体）进行的全面描述。个案研究提供了对异常行为和/或其治疗的详细描述。有时，个案研究会含有定量测量（例如测量问题行为出现的频率），但我们不能就此对行为的原因得出结论。个案研究中，任何条件都不受观察者控制，它仅仅是讲述个人的故事。然而，个案研究仍有助于对异常行为的研究。

个案研究是关于一个人的详细描述，它可以帮助我们了解某种少见的行为。例如，一个关于连环杀手西奥多·邦迪的个案研究可以解释一个人进行多重谋杀的原因。

1. 个案研究的优点

个案研究可专注于对异常行为或其治疗的评价和描述。个案研究是通过有意义的背景材料和详细的临床信息来说明案例的复杂性。注重群组数据的群体研究则无法得到这种详细的临床资料。

H.M. 的案例说明了个案研究能够检测稀少现象，因为没有足够的案例，这在群体研究则几乎不可能（Kazdin，2003）。在回忆录《我穿越疯狂的旅程》（*The Center Cannot Hold*）中，作者艾琳·萨克斯（Elyn Saks）提供了个案研究方法的又一例证。萨克斯的精神分裂症发展年表和她对症状的生动描述使得千百万读者有了心理陷入精神分裂症的第一手经验。她的故事是一个胜利——尽管患有这种病，萨克斯却是南加利福尼亚大学的法学教授。

个案研究也可为群体研究提供假设。本着科学家－实践者模式的精神，临床观察可通过群组设计促进可测性理论或治疗方法的开发。例如，约翰 B. 华生对小艾伯特的详细研究以及玛丽·科弗·琼斯关于小皮特的报告（见第 1 章），被视为焦虑障碍治疗方法的基础，已经得到科学验证并沿用至今。

另外，密集的案例研究可使实践者参与到研究中。全职临床医生通常没有时间或资源利用大样本进行研究设计。对他们来说，详细的案例记录能提供一个可启发他人的学术报告，并说明科学家－实践者模式怎样在实践中以及异常行为研究中运作。

最后，个案研究描述了群体研究中不常见的重要临床问题。例如，最近一个关于 5 位同时患有焦虑、抑郁以及慢性阻塞性肺疾病的案例报告，他们参加了一个大型治疗试验（Stanley et al.，2005）。对于特定临床症状和对治疗的特定反应而言，与完整的临床报告相比，这个个案报告提供了更多的细节（Kunik et al.，2008）。这些细节有助于临床医生寻求有实证支持的治疗方法。

2. 个案研究的种类和局限

个案研究中数据的数量和类型是各种各样的。有的研究只是案例描述，其他的则使用对行为或症状的标准化测量来说明临床观点，使其能够与其他大型的研究进行比较。

> 与那些大型抑郁症治疗研究中的患者相比，莫妮卡的抑郁症状更为严重。

科学严谨的案例报告还须使评估和治疗程序标准化（保持一致）。这样做方便其他研究人员或临床医生在其他患者身上得到同样的结果，还可使那些小群体患者的研究被整合成一项大报告成为可能。此外，标准化程序更易于将症状或症状随时间发生的变化与大群体患者研究中的相应观察进行比较。

> 在对莫妮卡的访谈过程中，她的治疗师发现，莫妮卡的 8 个兄弟姐妹都患有重度抑郁。这是很不寻常的，因此经莫妮卡同意，治疗师决定写一个关于莫妮卡的个案研究及其抑郁症家族的丰富病史。

虽然有上述优点，但个案研究在帮助我们理解变态行为时也有局限。最重要的是，尽管个案研究能为我们在引起某种症状的原因和哪种治疗可能有效方面建立假设，我们却不能在症状原因及治疗后的变化等方面得出任何确切结论。例如，患者症状减轻可能是特定治疗作用的结果，但也可能由其他与实际治疗无关的因素引起。这些因素可能包括简单的时间流逝、治疗师的关注或者患者或临床医生的主观偏见。

为了得出症状或病变的原因，实验对照条件是必需的。在对照科学实验中，至少要在两组之间进行比较，组间的差别只有所测变量［常被叫作**实验变量**（experimental variable）］。实验组呈现所测变量，对照组不呈现。例如，检测一种抑郁症治疗效果时，一半患者接受治疗［实验组（experimental group）］，另一半患者不接受治疗［**对照组**（control group）］，但在其他方面都与实验组相同。若结果显示实验组症状改善，而对照组没有，那么我们就可以推断是治疗方法引起了症状改善。然而，个案研究没有对照组，因此不能得出关于因果关系的结论。

单一个案设计

单一个案设计（single-case designs）是在个体水平上（即对一个人）进行的实验研究。这种方法使用定量处理，并加入对照条件，以求在单一个体身上得出更清晰的因果关系。

传统研究对接受不同治疗方法的同类患者组进行前后比较。然而，基于群组的研究难以观察个人行为模式。同时，群组研究费用高而且耗费时间（Morgan & Morgan，2001）。单一个案设计实际上是对一个人进行的严格实验。与病历记录不同，单一个案设计对备择假设（即除治疗方法之外引起变化的因素）进行控制，因此能得出因果推论。单一个案设计占用资源少，并能够更充分地关注个人模式的变化。在单一个案设计中，每个人就等同于一个完整的实验，在不同时间段里接受治疗或接受对照（或控制）的条件。实验目的是检验行为是否有系统性的变化，变化是在治疗阶段还是对照阶段发生。

单一个案设计研究在实施任何实验或对照条件前，都要实施针对靶行为变化的基线评估（如一个孩子发脾气的频率，惊恐发作的频率等）。这类研究中一个有意思的现象是：有时仅仅要求个体监控自己的某种行为，都可能改变其行为发生的频率和持续时间。例如，要求一个吸烟者计算每天的吸烟数量时，往往会导致吸烟量的减少。这是为什么？因为吸烟者有时会惊讶于自己记录的吸烟数量，从而开始减少吸烟量。然而不幸的是，由自我监控引起的行为改变只是暂时的。因此，基线监控（即开始治疗前进行的评估）要一直持续到行为模式稳定为止。接着，随着治疗的实施与取消，不断地评估靶行为。如果靶行为在进行治疗时减少，而在取消治疗时又回到基线水平，那么研究者就可以得出这样的结论：治疗可能有效（其他可能解释可被排除）。如果其他研究人员做了类似的研究并得出了相同的结果，则证明该结论具有可重复性，其信度增大。在患者、医生、治疗设置和干预性质方面提供足够的细节信息有助于结论的重复性验证，也能使研究结论得到巩固。然而，不论重复验证多少次，结论的重点仍然是描述个人行为模式，而不是多个患者的综合数据。

1. 设计策略

最常见的单一个案设计方法是ABAB设计或者逆向设计，即A代表基线期，B代表治疗期。该方法通过两个阶段交替进行来检测它们对行为的影响。初次基线评估要等到行为稳定后进行（A阶段），然后进行治疗（B阶段），依然进行评估直到行为稳定为止。接下来，撤销治疗（A阶段）。如果所测行为在第二个A阶段又返回到基线水平，就可以证明是治疗引起了行为变化。再次实施干预（另一个B阶段）并且产生了另一个行为变化时，就更加证明了治疗的作用。把每一个A-B序列看作一次重复实验，若每次在B阶段都能得到相同的效果，则进一步证明治疗确实引起了行为变化（Kazdin，2003）。ABAB设计适用于各年龄段的患者，但通常专门用来检测对儿童行为治疗的效果。

> 凯特琳3岁了。她在15个月大时开始拉自己的头发。儿科医生诊断她为拔毛症（trichotillomania），该病的特点是患者反复地拉头发而造成明显的脱发（见第4章）。医生给她开了一些药，但没有一个有效。一位心理学家认为凯特琳拉头发是由强化造成的，她父母在阻止她拉头发时会求她和取悦她，而这其实是对她这一行为的关注。然而，他提出的停止关注凯特琳拉头发行为的建议也不起作用。因此，他使用单一个案设计制订行为治疗计划，以期矫正这一行为。
>
> 由于凯特琳的拉头发行为大部分发生在晚上，心理学家指示她母亲每天早晨收集枕头上的头发并放在塑料袋里，标明日期。每晚拉下来的头发数量将用来检验治疗的效果。治疗计划如下。
>
> 凯特琳有一双粉红色的连指手套，她很喜欢戴，且她最喜欢吃的食物是樱桃冰激凌。如果凯特琳整晚都戴着她的手套（这将阻止她拉头发），且早晨起来依然戴着，她早餐就能吃到

樱桃冰激凌。

使用 ABAB 设计，对治疗的有效性进行评估（见图 2-8）。“A”阶段为基线期（没有粉红色手套或者樱桃冰激凌），“B”阶段为治疗期（如果凯特琳早晨戴着手套，早餐时就给她吃樱桃冰激凌早餐）。她的母亲继续在每天早晨收集她的头发，记录每晚拉下来头发的平均数量。图 2-8 显示了治疗过程中每天早晨凯特琳枕头上的头发数量（一周平均值）。每个阶段持续 3 周。随着凯特琳头发数量开始恢复，逐渐撤除治疗。6 个月后，她有了一头浓密的头发。

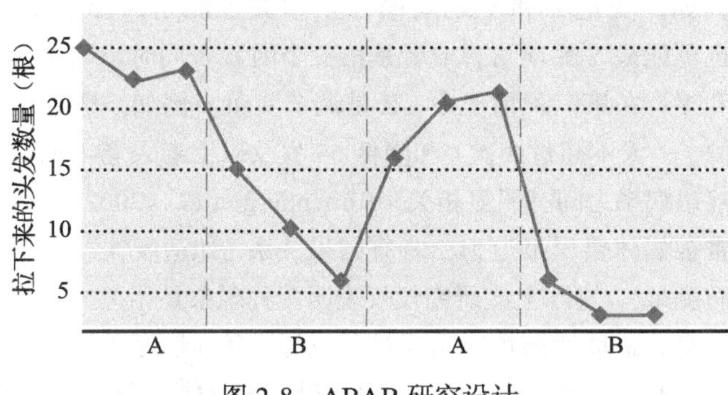

图 2-8 ABAB 研究设计

凯特琳在拔毛症行为治疗的基线水平（A）和干预阶段（B）拉下来的头发数量。

一些干预还会因产生学习效果而不易进行逆向设计。例如，放松训练可能造成生理状态变化（降低血压），以至于不能迅速恢复到基线水平。当某个行为无法逆转时，可采用多基线设计（Morgan & Morgan, 2001）。这种设计只用一个 A-B 序列，但会通过不同个体、设置或行为重复进行。当通过不同个体进行多基线设计时，给每个人开始治疗的时间不同，这一般通过变化每个人基线评估的时间长度来实现，这样，任何行为改善都不能归因于标准基线期间。如在 ABAB 设计中，在不同被试间重复 A–B 序列能增加实验结论的信度。

多基线设计也可在单个个体身上进行，即通过对所测行为（如先测吸烟，后测暴饮暴食）或设置（如先在家里、学校测，后在操场上测）独立实施干预。如果在 B 阶段持续产生相同的行为变化（或相同行为重复出现），则证明干预有效。

2. 单一个案设计的局限

个案设计使全职临床医生可以通过实验策略来确定某种治疗方法是否对特定患者有效。当需要检测某治疗方法和个体行为之间的因果关系而完全停止治疗又是不道德的时候，也可以使用单一个案设计。但是，单一个案设计的研究结果不能推广到异质群体。此外，单一个案设计也没有考虑个体差异的影响（如年龄、性别、种族），而这些因素可能在决定治疗反应中起重要作用。下一部分将讨论的群体研究最适用于解决这类问题。

伦理与责任

在某些情况下，进行逆向治疗是不合伦理或不切实际的。例如，撤除一个能减少自我伤害（如患有发育障碍的儿童敲打自己的头）行为的治疗就是不道德的。

在莫妮卡案例中，撤除一种能消除她的抑郁症状（包括她的自杀想法）的药物，也是不道德的。

变态心理学群体水平的研究

基于群体的研究是变态心理学中最常用的研究类型，研究者根据所有被试的平均水平得出结论。例如，研究人员为研究新的抑郁症治疗方法而招募大量患者，分别在治疗前后测量患者的抑郁症状。若实验后抑郁减少了 50%，表明参与研究的患者的病情平均被改善了 50%。然而，这一结果并不表示每个患者都改善了 50%。而是一些患者在治疗中收益较少，另一些较多。因为研究结果是群体的平均分数，所以我们并不能据此预测任何个体行为。然而，这类研究能使我们对重要疗效得出结论，比如不同治疗方法对不同患者的影响以及不同群体中各种疾病的患病率。

相关方法

群体研究本质上可以是相关研究或对照研究。许多变态心理学的重要问题通过不同变量或条件之间的**相关**（correlations）关系来研究行为的各个侧面。假定研究者想知道抑郁症状的严重性会不会随着年龄增长。为了检测这一相关关系，可用图表示被试年龄和被试在抑郁症状量表上的得分间的关系，年龄在其中一轴（比如 X 轴），抑郁分数在另一轴（Y 轴）。然后进行数学计算，对各散点拟合的线决定了两种因素的关联度（见图 2-9）。统计学概念**相关系数**（correlations coefficient）表示相关关系的方向和强度。相关关系分为正相关和负

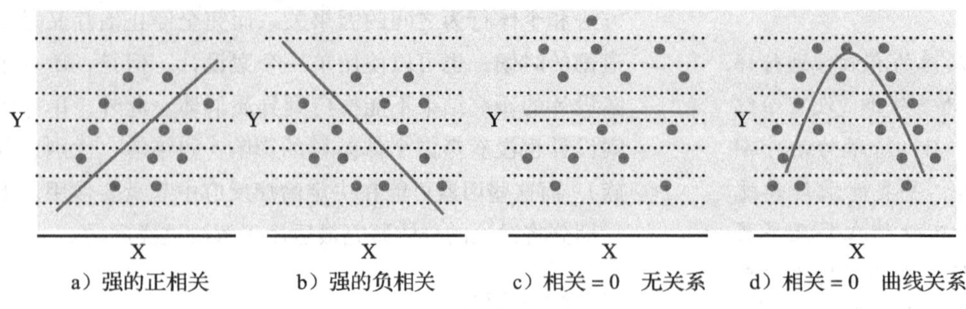

当用散点图分析数据时，图形分布形状揭示了变量间的相关（或不相关）关系。

图 2-9　相关关系举例

相关。在正相关中，一个变量会随另一个变量的增大而增大（例如，患心脏病的概率随吸烟率增加而增加；Neaton & Wentworth，1992）。相反，在负相关中，一个变量会随另一个变量增大而减小（例如，越多参与像阅读、玩牌、填字游戏这样的认知活动，患阿尔茨海默病的风险就越低；Morris，2005）。相关关系的强弱由相关系数决定，其取值范围为 –1.0 ~ 1.0。取值接近 –1.0 或 1.0 表示强相关，0 表示没有线性相关（见图 2-9）。注意，强相关可能是正相关，也可能是负相关。

对相关意义的解释取决于不同因素。第一个因素包括研究样本的规模和异质性。如果所研究样本人群不符合科研变量多样性的要求，所得数据可能会得到不正确的结论。例如，对于年龄和记忆两个变量，18 ~ 85 岁的样本与 60 ~ 70 岁的样本得出的相关关系相差很大。后一样本中从有限的年龄范围得出的相关关系，不能代表总体中两个变量间的关系。

另一个影响解释相关数据的重要因素是被试选取方法。如果所选被试是基于他们都患某种精神疾病，或因为他们都来自某一特定民族，那么结果只能在相应团体内推广。研究结果可能与其他患病群体或其他种族无关。

两个变量间的相关关系有时并不能表现为一条直线，即其相关关系本质上不是线性的。例如，一个流行理论提出压力和绩效的关系呈倒 U 形。在测验情境或运动竞技中，中等水平压力下的成绩最好，过高或过低压力水平下的成绩都较差（Muse et al.，2003），这称为曲线相关关系。研究者在绘制倒 U 形数据的直线时，会得出接近于 0 的线性相关系数（见图 2-9d），从而会得出两个变量不相关的错误结论。

相关不代表因果关系

通常，用相关关系解释因果关系是不正确的。相关只表明了一个变量变化与另一个变量变化的关联程度，而并不代表一个变量的变化是另一个变量变化的原因。例如，变量 X 和 Y 之间的强正相关可能是 X 影响 Y，也可能是 Y 影响 X，或者是第三个因素 Z 同时影响了 X 和 Y。在第三种情况中，Z 是调节变量。例如，适量饮酒（一天不超过 3 次）和降低 55 岁及以上老人老年痴呆症患病率之间有明显相关（Ruitenberg et al.，2002），通常被媒体错误报道为二者有因果关系（如适度饮酒可预防痴呆），实际上该研究仅仅表明两种现象是相关的。事实是，适度饮酒可能是通过释放海马体（学习和记忆中心）中的一种神经递质（乙酰胆碱，ACTH）而对认知功能产生直接影响。饮酒也可能通过对心血管病风险因素的影响间接影响认知状态，即降低患高血压或中风的可能性，这些因素会反过来影响认知功能。其他解释还可能涉及同时影响饮酒和痴呆进程的其他变量（如锻炼水平、受教育程度、遗传倾向、痴呆症类型，等等）。所有这些变量都可能是影响饮酒量和痴呆症之间关系的调节变量（Z）。

当两个变量在不同时点都测得显著相关时（如 SAT 分数与大学成绩），更容易令人得出因果关系的假设。这种情况下，像风险因素（risk factor）或者预测因子（predictor）等术语会被用来描述这种关联的时序性。例如，众所周知，吸烟和缺乏运动是胆固醇升高和患心脏病的风险因素。然而，其他干预因素也会影响二者的关系（如营养）。由于设计让人们每天吸一定数量的烟的实验是违背道德的，所以我们只能通过相关数据来理解变量间关系。

同样地，一种疾病在治疗前的严重性常用来预测治疗效果。多数情况下，较严重的症状与较差的疗效相关联，但症状越重导致疗效越差这一结论是否正确还不清楚。理解这一点很重要，因为尽管在日常语言中“预测”

或许意味着有因果关系，但在心理学中，这一术语仅仅表示：时点 1 评估的变量 X 的某些水平与时点 2 评估的变量 Y 的某些水平显著相关。这种意义上的“预测”并不意味着二者有“因果关系”。

在以治疗为重点的研究中，相关分析非常有用。对患者特征（如人口学资料、病情严重程度和社会支持资源等）和治疗效果间的关系进行相关分析具有理论和实践意义。例如，识别对某种疗法无效的患者组可以促进替代疗法的开发。尽管相关设计可以提供重要信息，但这些研究也只能检测预测因子和结果间的共变关系。而想要得出因果关系的结论，必须设置对照组。

对照组设计

多数心理学研究使用**对照组设计**（controlled group designs），被试组接受由研究人员安排和控制的不同实验条件。在这类设计中，至少有一个实验组的被试与至少一个对照组的被试进行比较。在实验设计上，各组之间在尽可能多的变量上高度相似（如年龄、性别、教育程度等），只在实验者控制的**自变量**（independent variable，IV）上不同。例如，一组抑郁症患者接受治疗（实验组），另一组不接受治疗（对照组），两组在其他方面均相同。然后评估自变量对**因变量**（dependent variable，DV）或疗效判定指标的影响，经统计分析探讨因变量的组间差异是否大于偶然因素。若大于且组间差异只来自自变量的不同，则认为可能是自变量导致了这一差异。最有说服力的因果关系来自随机对照设计。

1. 随机对照设计

这一设计的最重要的特点是**随机分配**（random assignment）被试组。在严格的随机分配中，每个被试被分到某一组的机会均等。除了随机分配，随机对照设计的其他特点也会影响研究结论，包括被试选择程序、内部和外部效度以及评估策略等。研究者在决定如何选择被试时，需慎重考虑是否需要招募类似样本或临床样本。类似样本（analogue samples）（好比一个类似物），是那些有所要研究的各种特点和相似的求医需求、但不需真正临床治疗的群体。例如，研究者对社交焦虑感兴趣，就可以通过在报纸上刊登广告，招募一些有公开演讲焦虑的类似样本。类似样本通常来自大学校园和社区团体。相比之下，临床样本（clinical samples）则是那些为特定问题而求医的群体。焦虑障碍诊所的研究人员可以邀请诊

相关不代表因果关系。看到这两幅图你可能会得出结论：之所以有大火，是因为有很多救火车的出现。这个假设为什么不正确呢？

所患者参与他们的治疗研究。

招募类似样本还是临床样本的决策，是同时基于理论和实践考量的（例如，处理什么样的问题并有哪些资源可以利用），而这一决策对研究结论有重要意义。例如，有研究者想检测某治疗对年轻人抑郁症的治疗效果，选择来自一般大学人群（可能有各种情绪低落体验的群体）的样本和来自抑郁症相对常见的学生心理咨询中心（学生主动寻求治疗）的样本将会得出迥然不同的结论。因此，由一个样本得出的结论不能简单地推广到另一个样本或建立两者的相关。

研究结果的可推广性还受所选样本的多样性和代表性影响。例如，许多研究不能够找到足够多的代表少数民族的被试，因此结论不适用于有大量人口的地区。事实上，美国国立卫生研究院一直强调临床研究中被试群体多样性的重要性，以保证在年龄、性别和民族等方面能充分代表总体人口。

在评估任何一项研究时，另一个至关重要的问题是效度。内部效度（internal validity）是指研究设计能在多大程度上得出自变量（实验处理）引起了因变量（实验结果）变化的结论。为了增加内部效度，研究者会试图控制除所测自变量外的所有变量（使其保持不变）。例如，由于不考虑潜在的性别反应差异，那么一项研究只使用女性样本能增加其内部效度和得出因果结论的程度。为了提高治疗研究的内部效度，研究人员需要确保在研究过程中两个被试群体（接受治疗和不接受治疗）除了在是否接受治疗上有不同外，其他经验均相同。例如，在一个抑郁症治疗的研究中，确保在研究期间两组被试均没有接受能减轻抑郁的额外服务和经验（如教堂的支持群体、初级保健医生开的药）对增加内部效度非常重要。

然而，当内部效度增加时，外部效度（external validity，指能将实验结果推广到实验条件以外的情境和群体的程度）往往会降低。这是因为严格控制的实验条件往往不能代表“现实世界”。例如，通过女性被试群体得出的实验结论可能只与女性相关，而非男性；那些限制患者在实验性治疗以外活动的抑郁症治疗研究可能无法代表真实生活情境。

在内部效度和外部效度间取得充分平衡，对研究者来说是一大挑战。研究人员既想得出可靠的因果关系结论，也希望研究结果接近真实生活情境。在疗效研究中，内部效度和外部效度在功效（efficacy）与有效性（effectiveness）研究上强调的重点不同（Roy-Byrne et al.，2003）。功效研究试图使内部效度最大化，使研究人员对因果关系结论更有信心。精心挑选同质被试组（即只患所研究的疾病而没有其他疾病），由专业人员提供高度结构化的干预，并精心挑选对照组以控制影响治疗的关键因素。这些严格控制的研究能使研究者得出关于特定治疗方法治疗效果的可靠结论，但有时研究程序并不反映现实世界中的患者情况和临床情况。有效性研究则更注重外部效度，被试组异质性更高且与接受常规护理的患者相似性更高。有效性研究常常由常规治疗工作环境中的临床医生按照典型的保健程序（如初级保健）提供治疗；对照条件通常也由诊所常规保健类型组成，并且更注重治疗的成本效益比。这些研究有时在研究设计方面控制得不是很好，但研究结果更能代表治疗应用的“现实”情况。因此，最好把疗效和有效性研究设计看作治疗研究中相辅相成的研究方法。

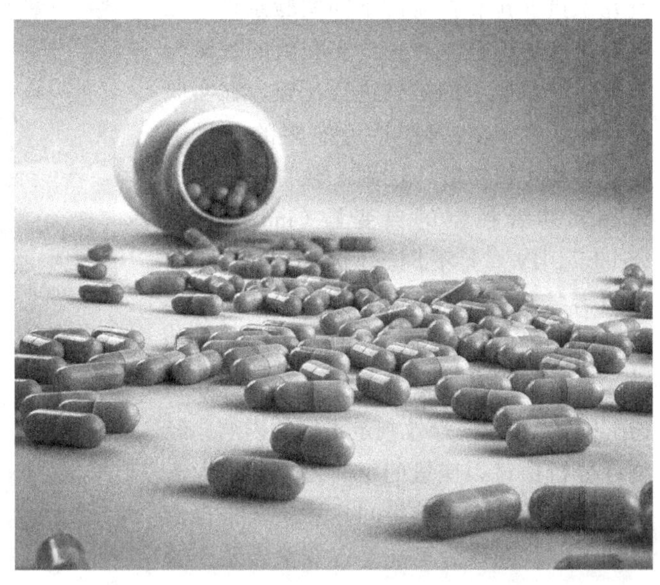

某项研究旨在检测施加治疗是否比不施加治疗对抑郁症更好。如果非治疗组的某些被试服用了抗抑郁药物，为什么会影响研究的内部效度？

随机对照组实验设计的结论还与研究人员所使用的评估策略有关。首先，评估工具需要信度（不同时间、不同患者的某变量测量上的一致性）和效度（对变量的准确测量）（关于信度和效度的详细信息，见第3章）。其次，使用多种评估方法也很重要。例如，一些抑郁症的评估强调身体症状，如睡眠；而另一些则强调思维困难，如注意和记忆问题。抑郁症的评估方法有自我报告法（往往通过标准化调查问卷或调查）、专家综合评价、直接行为观察和心理生理学测量等。选择代表不同评估方法的测量同样能提高研究结果的信度和可推广性。

对照研究设计在下结论时还会涉及两个很重要的问题：**安慰剂对照**（placebo control）条件的使用和双盲评估。即使在对照研究中，实验者和被试的期望或偏见也会影响研究结论（认为自己正在接受一种好的治疗的被试可能表现得更好，仅仅因为他们是这样预期的）。安慰剂对照组是指给被试提供一种“不起作用的”治疗，这种治疗的其他方面与实验组相同，但不具有治疗的“有效成分”。例如在药物研究中，安慰剂对照组摄入的药片与真正治疗的药片看起来很像，但事实上没有真的药物成分（即更像一粒“糖丸”）。因为有很大一部分患者在接受安慰剂治疗后病情都有好转（被称作“安慰剂效应”），所以这种对照条件能使研究者判断那一部分的症状改善实际上是受期望效应影响的结果。只有实验性治疗程序产生了比安慰剂更大的反应时，我们才能说治疗的有效成分起了重要作用。在安慰剂对照研究中，患者和任何评估病情改善情况的人保持对实验条件的双盲（无察觉）是很重要的。

例如，如果莫妮卡同意参加抑郁症治疗研究，但她和研究者都知道她被分在了“安慰剂组”，那会怎么样？如果莫妮卡知道自己并没有接受实际治疗，她会如何评估病情改善的状况呢？

为了减少可能影响研究结论的偏差，保持主试和被试对研究目标和假设以及安排给他们的治疗条件（实际治疗、安慰剂或者不治疗对照）的双盲或不告知非常重要。完全双盲评估并非总是可行的，但由于降低了对疗效的偏见，这种评估策略对于提高研究效度还是有用的。

2. 临床显著性与统计显著性

临床显著性和统计显著性是评估临床研究的另一个重要考量。

假设治疗后，实验组报告仅需 2 小时就能入睡，而对照组则需 2.2 小时。

统计显著性指的是治疗后实验组产生的变化不是偶然发生的，而确实是由治疗引起的数学概率。研究结果在统计上显著，表明治疗改变了靶行为。但另一个同样重要的问题是，统计上显著的研究结果是否具有实践或临床显著性。统计上的显著有时表示出现了重要的临床行为变化，但并不总是这样。在一些研究中，特别是在大样本研究中，统计上的显著差异在实际中是相当小的（就如上例中的睡眠案例），且对患者治疗毫无实际意义。

相比之下，临床显著性检验的是显著性结论是否具有实践和临床价值。例如，使病症减轻的治疗是否会对患者的生活产生有意义的影响。

像莫妮卡这样的患者，治疗前曾一度抑郁到卧床不起，经过治疗后，能否使她不仅感到抑郁减轻并觉得自己的状态好到能回去工作了？

临床显著性强调患者症状的改善是否由治疗所引起，以及患者是否不会再有某种疾病的症状。当统计学上发生了显著变化而对患者病情却没有显著作用时，治

研究所使用的总体样本无论是相同群体还是多样性群体，都会对研究结论有重要影响。

疗的临床价值将会受到质疑。从统计角度来看，各种测量方法得到的治疗效果大小被称为效应量（effect sizes）。效应量越大，治疗越有效。

群体研究的多样性改进

如前面所提到的，变态心理学中基于群体的研究的一个主要局限是，样本没有囊括足够多的关于种族、民族和文化背景方面的信息。多年来，样本挑选也局限于性别和年龄。例如，直到20世纪80年代，许多医学和临床研究都进展得很好，但都排除了女性样本。出现这种现象是有一定原因的。第一个原因是控制性别间的生物学差异存在固有困难，这提高了研究设计的复杂性和成本。第二个原因，特别是在药物治疗试验中，许多新药对正在形成的胎儿影响未知，并且在确保临床试验中女性被试在试验过程中不怀孕也存在困难。第三个原因是月经周期会影响对干预的反应，也是另一个须纳入研究设计或需控制的变量。尽管这种排除从法律和伦理角度看是很实用且足以解释的，但不能使我们了解某些药物是否对女性有效。由于复杂的医学、心理学和社会学现象会随年龄而变化，老年人也常常被排除在研究样本之外。这种排除标准使研究无法得出关于相应人群的结论。同样地，过多的变态心理学研究使用了白人样本（通常是在校大学生），这不利于我们理解其他种族、民族和文化群体中的变态行为。

已经有越来越多的研究开始记录不同种族群体在精神疾病的表达、发病率和治疗反应方面的不同，但招募足够多的被试仍然是一种挑战。由于在20世纪上半叶发生了一系列不合伦理的实验研究（见第15章），来自不同种族背景的被试由于缺乏信任和害怕受到羞辱的顾虑而不愿参加研究（Shavers et al.，2002）。另外，被试招募策略也常常不足以鼓励少数民族被试参与实验（Sheikh，2006）。为了鼓励研究样本在性别、年龄、人种和民族方面的多样性，美国国立卫生研究院现在要求所有研究经费的申请必须针对传统的代表性不足的问题，提出具体的被试招募计划。提高研究样本的多样性，有助于研究结果的推广。另外，使用多样性样本能

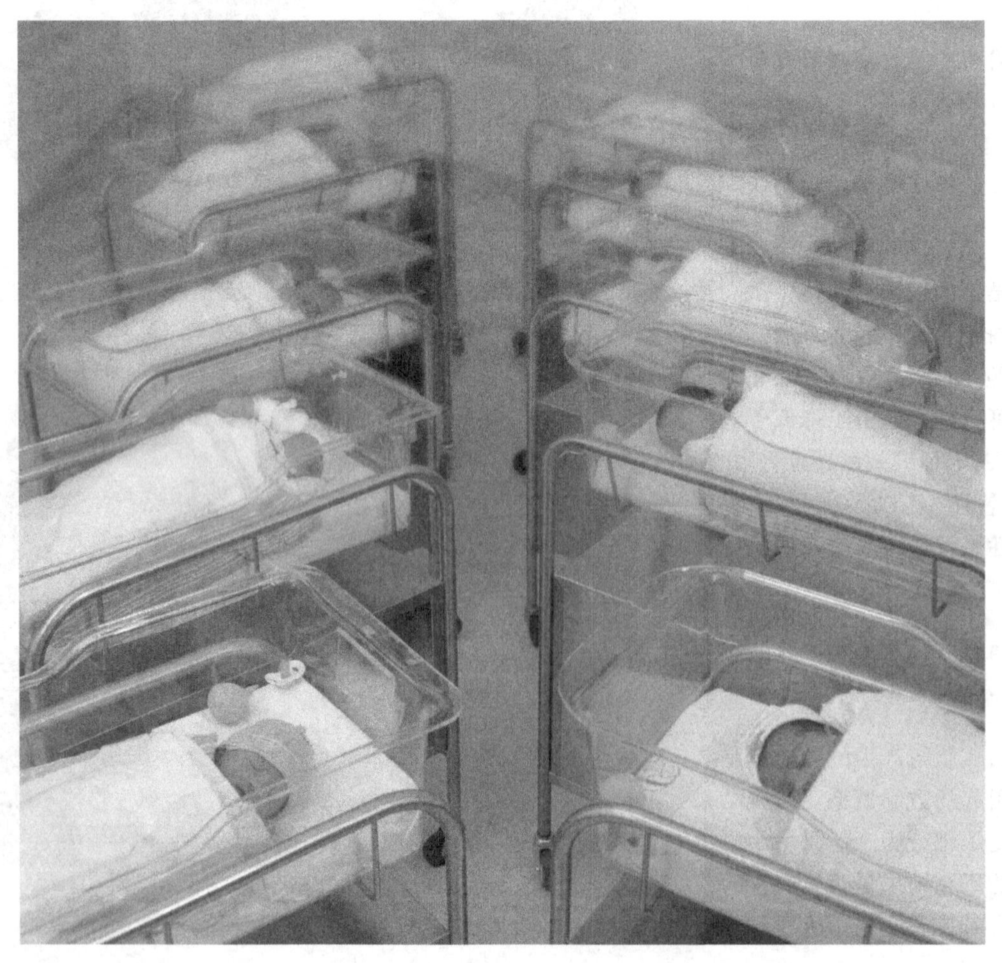

同时出生的婴儿代表了一个出生队列。如果该队列被多年追踪研究，即是一个纵向研究。

提供评估文化差异的背景，而这些背景知识可能会影响诊断和治疗。研究要包含具有多样性的被试，就需要扩大被试招募资源，还须具备文化敏感性以解释研究目的和保证评估工具适用于不同语言和教育背景的人群。

横向设计和纵向队列研究

一个长期以来吸引着群体研究的人员的问题是：心理疾病在总体中究竟是怎样随着时间推移发生变化的？一些疾病在今天似乎比以前更为普遍，但我们又如何确定这一点？一个与之相关的问题是：疾病只在生命的某一阶段发生（比如儿童期），还是一旦出现了就持续存在？**队列研究**（cohort studies）是群体研究的一种特定形式，能被用来回答这类问题。

1. 什么是队列

队列（cohort）是指有着共同特点并能随时间变化而依然能形成一个整体的一群人。例如，出生队列（某一年出生在一个特定地区的所有个体）、起始队列（基于工作场所或者学校考勤等共同因素，在某时点报名参加研究的所有个体）和暴露队列（有共同暴露经验的个体，如目击了“9・11”事件或者童年接触过含铅油漆）。队列研究用于研究发病率（新病例发病）、病因和预后（疗效）。因为按时间序列度量事件，队列研究能使我们更清楚地区分原因和结果。例如，与我们不知道创伤和症状哪一个先发生相比，如果我们观察到创伤事件发生后产生了创伤后应激障碍，就能更加确信创伤事件是疾病形成的原因。队列设计包括随时间测量结果的纵向研究。纵向设计在多个场合测量同一队列中的个体（见“纵向设计”）。

2. 横向设计

横向设计（cross-sectional design）提供的是在某个时间点上的情况。其最基本的形式是：将所调查的特定变量一次性分配给被试。这种设计方法效率高且能收集到大样本，但难以确定因果关系。将横向设计扩展，使之包括一些在同一时间点评估的不同年龄队列（如所有就读于某校区的孩子），能为所研究的变量提供一个更全面的描述。美国青少年危险行为调查追踪了美国青少年的吸烟情况。表 2-1 给出了横向高中队列中吸烟人数的百分比。本研究提供了高中学生一年里的横向状况，但它没有在整个高中阶段继续追踪这一批学生。该研究也没有研究 9 年级学生在之后的高中学习过程中可能发生的变化。

表 2-1　高中生吸烟率①的性别、种族 / 民族和年级差异——青年危险行为调查，美国 1991 ~ 2009 年

特征	1991	1995	2001	2005	2009
	%	%	%	%	%
性别					
女性	27.3	34.3	27.7	23.0	19.1
男性	27.6	35.4	29.2	22.9	19.8
种族 / 民族②					
白种人，非西班牙裔	30.9	38.3	31.9	25.9	22.5
女性	31.7	39.8	31.2	27.0	22.8
男性	30.2	37.0	32.7	24.9	22.3
黑种人，非西班牙裔	12.6	19.1	14.7	12.9	9.5
女性	11.3	12.2	13.3	11.9	8.4
男性	14.1	27.8	16.3	14.0	10.7
西班牙裔	25.3	34.0	26.6	22.0	18.0
女性	22.9	32.9	26.0	19.2	16.7
男性	27.8	34.9	27.2	24.8	19.4
年级					
9 年级	23.2	31.2	23.9	19.7	13.5
10 年级	25.2	33.1	26.9	21.4	18.3
11 年级	31.6	35.9	29.8	24.3	22.3
12 年级	30.1	38.2	26.2	27.6	25.2

①调查前 30 天内至少一天吸烟。

②其他种族 / 民族群体数量太少，没有分析意义。

资料来源：*Morbidity and Mortality Weekly Report*, July 9, 2011. Centers for Disease Control and Prevention, retrieved from http://www.cdc.gov/mmwr/preview/mmwrhtml/mm5926a1.htm

3. 纵向设计

纵向设计（longitudinal design）随着时间推移而进行。该设计包括针对相同被试在不同时间里进行的至少两个（通常是多个）测量阶段。许多纵向研究提供了关于心理疾病在被试一生中发展的珍贵数据。通过与测量期间年龄相匹配的测量工具，纵向队列可被逐年测量。纵向出生队列会对某一地区某一月份出生的所有婴儿取样，然后从出生追踪到成年。其早期评估主要基于父母对孩子的观察，后期用与年龄相匹配的测量工具，由孩子们自己完成，当然还有家长和老师的报告。纵向研究结果可能包括对疾病的发病率、所研究变量自然变化进程的描述和风险因素的观测。例如，在上述提到的出生队列中，我们可以观测孤独症谱系障碍的发病率（或者是观测期间新确诊病例的数量）、自然过程（在 20 年跟踪观察期间，病症是如何发展的）以及发病前测量的与个体患孤独症谱系障碍相关的因素（如大龄父母）。尽管纵向研究耗时长、费用高，但其揭示了同样的人在过去很长一段时间内的变化情况，因此研究结果很有价值。

纵向研究中，研究者对 8 ~ 13 岁被诊断为抑郁症的儿童，在其 19 ~ 21 岁时进行重新评估（Kovacs et al., 2003）。在这个跟踪评估中，被试被询问有无额外的抑郁症发病以及有无其他心理障碍出现。青少年时期的男孩和女孩依然有抑郁症症状，但研究发现，随着他们长大成熟，童年时患抑郁症的女孩更容易患上进食障碍，而男孩更容易产生品行或物质滥用问题。男女间另一个差异是，抑郁症状和进食障碍同时发生在女孩身上；而对于男孩，品行和物质滥用问题在其抑郁症状减轻时产生。当男孩的抑郁症状加重时，他们的品行和物质滥用问题就下降。这种发展性研究设计能使研究者理解像抑郁症这样的疾病的症状怎样随着一个人的成熟而发生变化。另外，这种纵向设计描述了性别与其他心理问题有怎样的关系：这些心理问题可能在一个十几岁女孩抑郁时出现，却在一个有抑郁症史的十几岁男孩病症减轻时出现。

变态心理学总体水平的研究

当研究者的目标是在一个最为广泛的水平上理解变态心理学时，感兴趣的“群体”就变成了总体人群。为了获得这种宏观认识，我们会使用流行病学的相关研究工具，这些工具可以在整个人群总体的全局水平上检测异常行为。

流行病学

流行病学（epidemiology）关注的是人群中的疾病模式以及影响这些模式的因素（Lilienfeld & Lilienfeld, 1980）。当流行病学应用于变态心理学研究时，它关注的是心理障碍发生的时间、地点和人群。下面介绍几个理解流行病学研究的关键术语。第一个是**患病率**（prevalence），指在某特定时间范围内，某特定人群中患某病病例的总数。时点患病率是指在某一特定时间点患某病的个体总数。终生患病率是指人群中那些已知在其一生某个时间曾患某一特定疾病的个体总数。例如，重度抑郁的终生患病率就是指美国人中，那些在他们一生的任一时间点曾患有过重度抑郁症的总人数。

相比之下，**发病率**（incidence）是指在某一段特定时间内，某特定人群中出现的新病例总数。例如，美国一年中报告的神经性厌食症的新病例总数。发病率和患病率都有助于我们理解不同时间、不同人群中心理疾病的发生模式，因此这些概念会始终贯穿本书。

流行病学研究设计

用于研究流行病学问题（例如，某些疾病在人群中多常发生？人或所处地域的某些特点更可能与某种疾病有关吗？我们能做些什么来改变患病率和发病率的模式呢？）的研究设计有观察性方法（研究者仅仅观察正在发生的事情）和实验性方法（研究者试着改变一些东西并检测其影响）两种。

1. 观察性流行病学

流行病学研究的最基本形式是观察性流行病学，是指记录人口中出现的生理或心理障碍。对于心理障碍，最常见的记录方法是进行诊断性访谈，采用结构化的访谈格式让所有受访者回答完全相同的问题。利用总体随机分层抽样法，这种设计使研究者能够确定不同心理障碍的时点或终生患病率。它十分简单地回答了这个问题：有多少人患有某一种障碍（如抑郁症）以及总体的某些子集（如女性）是否比该总体的其他子集更容易患上这种病？我们曾在第 1 章中给出的流行病学研究数据里讨论了美国心理障碍率问题。

由美国国立卫生研究院资助的一项非常翔实的研究——全国共病调查（National Comorbidity Survey, 1990 ~ 1992）是第一个使用标准问卷评估心理障碍的患病率及其相关特征的全国代表性心理健康调查。对队列的第一次访问是在 1990 ~ 1992 年，然后在 2001 ~ 2002 年再次访问（NCS-2），来研究心理障碍进程的模式和预测指标。这项研究还评估了某些初级心理障碍是否能预测次级障碍的发病和过程（例如，抑郁患者是否会酗酒）。其中一项后续研究叫作全国共病调查复测（NCS-R），对一个由 10 000 名[⊖]被访者组成的新样本进行诊断性访谈，关注了原始研究中没有包括的领域（见“研究热点：全国共病调查复测”）。另一项研究是 NCS-A（青少年），访问了 10 000 名青少年来确定年轻人中精神障碍的患病率及相关因素。NCS 系列研究为临床医生和政策制定者提供了宝贵的信息，这些信息可以帮助他们确定精神障碍的公共健康责任，并为提供相应服务的计划起草文件。

⊖ 与专栏中 9 282 人有冲突，原文如此。——译者注

全国共病调查复测（NCS-R）

心理疾病在美国有多么普遍呢？什么程度的患病者才会寻求治疗呢？2005 年，发表于《普通精神病学档案》（*Archives of General Psychiatry*）的 4 篇文章报道了一项取得突破性进展的美国全国精神疾病调查。这项研究是 1990 年全国共病调查的延伸，首次在一个大型的、全国性样本上评估了精神障碍的患病率，是一项具有里程碑意义的研究。

大规模样本是全国共病调查复测（NCS-R）研究的优势之一：研究者调查并收集了 9 282 名美国居民的数据。研究规定，被试必须年满 18 岁、是美国人且母语为英语。研究人员使用世界卫生组织复合性国际诊断访谈表来确定哪些调查对象符合心理诊断的标准。共进行 4 类障碍的评估：焦虑障碍、心境障碍、冲动控制障碍和物质使用障碍。研究人员还收集了所用治疗、治疗的障碍及治疗满意度等信息。

结果表明：精神疾病在美国很常见——过去一年中符合某一精神障碍诊断标准的受访者达 26%。共病是指至少有两种精神障碍并存于一个人身上。NCS-R 发现，患有一种精神障碍的人中有 45% 会符合另一种或多种障碍标准。不幸的是，研究显示人们从患上精神障碍到首次试图寻求治疗之间的时间间隔往往会很长。更令人吃惊的是：研究发现，被诊断出精神疾病症状特点的人中只有 41.1% 接受了治疗。未经治疗的精神障碍和今后生活中的学业问题、青少年怀孕、婚姻不稳定以及失业相关联。

这一研究结果使我们明白，尽管精神病普遍存在于美国家庭中，但及时且持续的治疗却并不普遍。NCS-R 通过一个大型代表性样本进行研究，并发现多种精神疾病是高度共病的。它还揭示了大多数精神障碍患者的症状在他们生命早期就开始出现了。由于精神疾病的慢性和高发性特点，为美国所有有需要的人扩大治疗范围及提高治疗效果已成为当务之急。 ‹‹‹‹‹

2. 实验性流行病学

在**实验性流行病学**（experimental epidemiology）中，科学家安排被试接受病因或预防性因素处理。比如，科学家可能想要评估不同的环境操作是否对降低体重有效（见“证据检验：儿童肥胖可以预防吗”），这项研究关注的是一个社区整体而不是任何单个人的减肥情况。这个基于社区的体重控制项目被随机分配给地理上彼此分离的 10 个社区，这个项目包括增加走路上学、降低快餐食品消费、减少视频游戏和看电视时间等方面。实施积极干预的社区充满了广告牌、报纸广告、当地电视广告和直接寄的邮件等，讲的全是控制体重、促进健康的方法。对照社区则不接受干预。总体水平的疗效将包括人们受到干预影响的程度以及促使行为和体重发生变化的有效性程度。

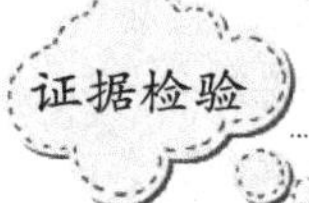

儿童肥胖可以预防吗

事实 女孩健康改善多点研究（Girls health Enrichment Multi-site Studies，GEMS）旨在预防非裔美国女孩肥胖的发病（Ebbeling & Ludwig，2010；Klesges et al.，2010；Robinson et al.，2010）

证据 在孟菲斯研究点，8 ~ 10 岁的女孩被随机分配到两组，一组是通过行为咨询促进健康饮食和增加体育活动（肥胖预防项目），一组是自尊和社会效能组（对照组）。在斯坦福研究点，8 ~ 10 岁的女孩及其家人被随机分配到两组，一组是放学后参加街舞班、非洲舞班或踢踏舞班以及减少屏幕媒体使用的项目（肥胖预防项目），一组是信息化的健康教育组（对照组）。这些女孩参与这个项目长达两年。这个项目尽管有细致的对照调查、具文化适应性的干预、包含了家庭参与和许多社区及政府资源，但研究结果显示，预防组和对照组的体质指数［body mass index，BMI。以千克为单位的体重除以以米为单位的身高的平方（kg/m^2）］没有差异。这意味着治疗没有效果。是哪里搞错了呢？

检验证据 首先，这是一个预防肥胖的试验，但有相当数量的女孩在参与项目时就已经是肥胖的了（孟菲斯有 40.6%，斯坦福有 33.0%）。若样本中不包括这些肥胖女孩，结果可能是不一样的。其次，尽管研究关注健康饮食和体育锻炼，但许多女孩住在低收入社区，在那里难以获得生鲜食品，学校午餐并非总是有营养，快餐倒很常见。而且如果让孩子们到户外活动的话，邻里间也不是很安全。这些消极的环境因素可能比干预的积极效果影响更大。最后，对于 8 ~ 10 岁的女孩的理解来说，这个饮食和锻炼计划可能太复杂。

结论 我们从这个研究中可以很容易下结论说肥胖是不可以预防的，但这样下结论可能是错的。尽管该研究没有得到所期望的结论，但却为研究人员开发潜在的更有效的预防试验提供了很多重要线索。

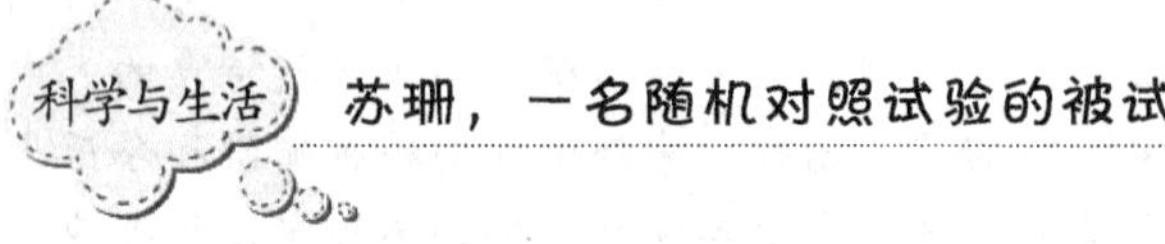

苏珊，一名随机对照试验的被试

苏珊曾患有抑郁症，并最终向她的初级保健医生寻求指导。她的医生有附近一所大学的抑郁症治疗试验手册，所以建议她去那里寻求更多信息。以下描述了苏珊作为临床心理治疗试验被试的经历。

电话筛选

今天我打电话向研究协调员咨询信息。她告诉我说，这项研究针对的是 20 ~ 40 岁的女性，用来比较两种不同的抑郁症心理治疗法。她进一步描述了这两种治疗方法：一种是基于认知 – 行为治疗，另一种基于人际心理疗法。她解释说，我不能选择具体参加哪一种治疗，这将由一个像抛硬币一样的程序（随机试验）决定。她在电话上问了我一大堆问题，包括我的情绪、这种感觉有多久了、我的睡眠状况、饮食、体能状况、是否有过自杀心理和是否在服用任何药物等。然后，根据我对这些问题的回答，她说我们可以约个时间见面，做一个初步评估。

初步评估

我到了这家诊所，受到了研究协调员的接待。她花了很多时间来向我解释这项研究，并给了我一张信息表。我读了一下，她问我有没有问题。然后就是填写各种表格。首先填写了表示我同意研究条款和理解自己的被试权利的知情同意书（consent form），里面保证我可以随时退出研究。然后我签了 HIPAA 表，是关于我的个人信息保护和使用限制的。这让我有点儿担心，因为我不想让男朋友知道这件事，所以跟研究协调员反映了这个情况。她解释说 HIPAA 即健康保险便利及责任法案（Health Insurance Portability and Accountability Act），而我可以完全放心，我的男朋友无权查阅我的信息记录。正当我以为自己已经完成表格填写时，她又给了我一叠调查问卷，问了各种各样的问题：不仅包括我的情绪，还有焦虑、饮食、家庭情况和各种各样的关于我的人格类型的问题。其中一些很难回答，但我不得不选择是或否。做那些问卷大约花了我一个半小时。

然后我休息了一会儿，协调员解释说下一步将由精神科医生进行综合评估。她说这个医生不是我的治疗医生，但会在整个研究中对我进行访谈，以观察我的病情改善情况。这个医生也不知道我会接受哪种治疗。医生问了我很多与前面问卷调查中相同的问题。这使我有点儿不高兴，但我想医生问的问题可能会比调查问卷问的更深入。她甚至问到我年轻时第一次觉得很沮丧时的情况。她还问起我是否听到某个声音或看到某些别人没看见的东西，问我毒品和酒精的使用情况（我很诚实地回答了几乎所有问题——尽管我就是不能说服自己去告诉她关于那次服用迷幻药的经历——我几乎不认识这个女人，这让我有点儿尴尬）。她还问了各种关于我的健康和服药的问题。

我再次来见研究协调员，她带我进了书房，然后拿起一个装有我的被试号的信封，打开，接着告诉我说，我被随机分到认知 – 行为治疗组了。

基线测试周

在一天的评估要结束时，研究协调员指导我如何在基线测试周“自我监控”情绪。她给了我一个特制的个人数字助理器（personal digital assistant，PDA），我要在它每次提醒时输入自己的抑郁程度。我感觉那个东西还挺酷的，但又担心它晚上会不会把我吵醒。她解释说，PDA 程序设定的时间是上午 8 点到晚上 10 点，我不会在此外任何时间受提示影响。于是我就带着 PDA 回家了，准备在治疗前进行为期一周的记录。我还拿了我的治疗师麦克托史医生的名片，她将是我下周四要看的医生。一个星期里，每次它提醒我时，我都一字不漏地记录。这件事还挺有趣，我发现似乎每天下午我的情绪评价都很差。

治疗过程

我来到诊所，麦克托史医生接待了我。第一次会面很顺利，我喜欢她。她工作态度积极，且似乎真的相信这个治疗会有效。她花时间把一切都解释清楚了。她还告诉我，整个研究期间我都要继续按 PDA 的指示反应。

前两周我们每周见两次面。她给了我一个工作簿，我们按上面的步骤一步步跟着做。每次会面，她都会先开始回顾上次会面后病情的进展情况，以及我是否完成了所有的自我监控和家庭作业。这感觉有点儿像上学，但她看上去是真的关心我的感受。她使我逐渐意识到，我的思维是多么的消极，她还鼓励我做一些最近已经失去兴趣的娱乐活动。我从来没有意识到自己是那么过分地看重一些小事，或者像麦克托史医生说的：真是小题大做了。我也没有意识到，当我做一些快乐清单上的事情时（即使我一开始不得不逼着自己做），我的情绪改善了很多。在第八次会面后，那位精神科医生又给我做了一次评估。她检查了许多与研究开始时相同的问题，我也不得不完成更多的问卷。八次会面后，我感觉自己的心情好像越来越好了。虽然仍有心情不好的时候，但不像以前那样沉重了。我又做了八次会面，开始时每周一次，后来两周一次。万一我感觉自己的情绪又开始下滑时该怎么办？麦克托史医生和我花了很多时间来为此制定应对策略，例如识别早期预警信号和及时采取治疗等。在结束的时候，我确实能感受到思维模式对自己的抑郁影响有多么大。

后续工作

在治疗结束时，我又去医生那儿做了一次访谈，也填了更多的问卷。研究协调员也问了我很多问题，如我是否喜欢这次治疗、是否愿意再做一次或推荐给其他人。6 个月后、1 年后我又回来，即再次与那位精神科医生见面并填更多的问卷。研究协调员每一次都会检查我的近况并更新我的通信信息。第二次，我遇见了麦克托史医生，我很高兴能见到她，并告诉她我现在感觉依然很好。当我回首整个研究过程时，老实说我曾有点儿担心自己会被当作一只“豚鼠”，但事实上我真的感到很受照顾。有这么多人关心我的健康并积极参与我的治疗。这真是一次神奇的体验！

本章小结

1. 理解从细胞水平到总体水平的心理学研究范围。

   心理障碍的研究可在许多水平上进行，从细胞水平、神经解剖水平到个体或群体水平，再到总体水平。运用所有这些方法研究一种障碍，使我们能全面理解其性质和患病过程。

2. 认识变态心理学研究的细胞或神经解剖水平的新技术。

   在细胞水平，我们可以从进化的角度通过研究大脑来理解精神障碍，包括从脑干（控制基础生物功能）到前脑（产生高级认知功能）。细胞水平研究的新技术包括神经成像（扫描大脑图像）、研究神经递质（细胞间传递电信号的化学物质）的功能及其相互关系和分子遗传学（识别影响心理障碍患病风险的基因）。

3. 理解家族、双生子、寄养研究（不直接研究基因）和分子遗传学研究（直接研究基因）之间的差异及两者的优势和不足。

   研究人员在过去 10 年从心理障碍的遗传学中学到了很多。科学家通过家族研究、双生子研究和寄养研究来间接研究基因在心理障碍发展中所起的作用。候选基因关联研究、基因组连锁分析和全基因组关联研究等是更直接的技术，使我们能真正鉴定与某一特质或障碍关联的基因区域或起作用的基因。

4. 描述个案研究和单一个案设计的优势和局限。

   个案研究提供了异常行为或其治疗方法的详细细节，能使我们研究比较少见的心理现象，为更大型的研究提出假设。但个案研究无法使我们得出因果结论。单一个案设计（如 ABAB 设计、多基线设计）则通过研究单个的人得出因果结论。然而，这些研究无法将研究结论推广到异质群体，也不强调个体差异的影响。

5. 理解相关研究的原则和应用。

   相关研究描述了不同变量之间的关系。然而，由于高度相关的变量彼此之间并不一定有因果关系（即其中一个变量不一定是引起另一个变量的原因），因此相关研究不能用来描述因果关系。

6. 描述影响随机对照试验结果的因素。

   随机临床试验的结果受以下因素影响：如何选择被试、研究设计的内部和外部效度和所用测量方法等。不同类型的临床试验被设计用来解决不同类型的问题。例如，功效研究注重内部效度的最大化和得出因果关系的能力，而有效性研究则注重外部效度，并增加其在真实患者及临床上的适用性。

7. 认识与理解变态行为有关的流行病学研究的原则和应用。

   流行病学（或被称作总体研究）提供了心理障碍研究的病因、进程和结果的鸟瞰式视角。这类研究能使我们了解障碍的患病率（该障碍在群体中出现的次数）和发病率（在一个特定时间段出现新病例的数量），以及总体中的某些小团体是否更可能患某种障碍。

第3章

评估与诊断

学习目标

阅读本章后，你应该可以做到：

1. 理解临床评估的目标和用途。
2. 说出心理评估工具的三个重要特征。
3. 列出并解释不同评估工具的功能。
4. 解释为什么异常行为的分类系统是有价值的。
5. 认识到发展和文化因素对异常行为经验和分类影响的重要性。
6. 讨论用维度模型替代传统分类系统对理解异常行为的利弊。

波林82岁了，对其年龄来说，她身体功能良好。她每两周见一次心理学家麦奎尔博士，以帮她控制焦虑和抑郁。波林在生活中的很多时候都经历着焦虑和抑郁，不过在治疗中学到的应对技能对她很有帮助。她活跃于教堂和志愿者组织，经常旅行，还有很多朋友。然而，麦奎尔博士最近开始和她谈论她日益加重的记忆问题。他已经注意到，在近期的会面中，她开始重复自己的话，并且经常忘记他们谈话的重要主题。波林的女儿也提醒她有出现记忆问题的可能，但波林并不认为她的记忆有那么糟。当然，她将东西放错地方，还有人说她重复自己的话，可是在她这个年纪，谁不这样呢？只要她能积极生活，一些可能有的记忆小问题并不会影响她。

在预约会面的前一天，波林给麦奎尔博士打电话说她在医院。她说前天自己在逛商场时摔了一跤，医生已经给她做了一系列检查。麦奎尔博士得到了波林的许可，与她的医生交谈，并了解到她可能得了轻度中风。他们将在出院前对她进行更多检查。

波林在女儿的陪伴下出院回家了，她的内科医生也随行。她没有中风，但医生们仍在监视她的症状，因为她血压偏高。她走路更为不稳并用上了拐杖，以后也不能再开车了。波林和麦奎尔博士的下一次治疗会面，女儿陪她来了。这次会面中，波林相当迷糊，她不能回忆起住院期间的很多细节，而且多次重复自己说过的话。她报告说，她遵医嘱服用止痛药，并说第二天会去见她的内科医生。

在接下来的数周，波林恢复了一些之前的能力，但记忆问题却加重了，她变得更加焦虑和抑郁。她比平时更嗜睡，更担心未来可能发生在她身上的事情。麦奎尔博士日益关注波林独立生活的能力，并对波林及其女儿说，波林需要一个更加正式的临床评估。有必要就波林的总体功能下降问题区分其医疗、认知和心理原因。

波林和麦奎尔博士这时产生了很多疑问。她的跌倒是由于未被发现的医疗问题吗？她的止痛药造成了更多的记忆问题和抑郁吗？是她的跌倒及其诸如失去独立等后果使她产生了更多的忧虑和抑郁吗？波林的功能低下是进行性的、恶化的认知疾病，如神经认知障碍（见第 13 章）的结果吗？由波林、她的治疗师和她的家人共同提出的这些问题，都表明了有必要进行一次临床评估来判断这些日益严重的问题的本质和原因，也有助于指导日后的治疗。这些问题也表明影响心理功能的生物、心理和社会因素的复杂性。

临床评估

对心理问题的临床评估（clinical assessment）包括一系列的步骤，这些步骤的设计被用来收集个体及其环境的各种信息或资料，以确定其心理问题的性质、状态与治疗。典型的临床评估开始于一套应对帮助寻求的转介问询（referral questions）。通常，这种寻求来自于患者或与患者有亲密关系的人，如家人、老师或其他心理健康机构专业人员。最初的转介问询可帮助评估人员确定评估目标以及对合适的心理测验或测量的选择。如在波林的案例中，转介问询显示她在心理评估之外还需要做一次彻底的医学评定。

评估的目标

心理学家会在评估过程决定使用何种评估程序和工具，比如对生物功能、认知、情感、行为和人格类型的评估使用哪种工具。评估工具的选择在很大程度上由所描述症状的类型和患者的年龄及医疗状况决定，但治疗师的理论视角也会对此起重要作用（见第 1 章）。例如，评估一位明显抑郁和焦虑的患者时，行为主义心理学家会集中评价导致情绪低落的环境线索以及与此有关的想法、行为和结果。而精神分析心理学家则更多地评估患者的早期童年经验和人际功能的典型模式。

一旦评估完成，所有数据都收集上来，心理学家将结合所有信息对初始问题形成初步答案。这些信息通常会拿给患者和评估中所涉及的亲属看，征得患者授权和同意后，也可拿给参与转诊和评估过程的人员看。虽然与患者讨论这些信息还只是评估过程的一部分，但也具有治疗效果（Maruish，1999）。随着患者开始对其情绪、行为及两者间关系有了了解，他们的症状会倾向于有所改善，至少很多人是如此。当你开始仔细监控自己每天消耗的卡路里的数量，会发现实际数值比当初估计的数值要高得多。在某些情况下，这些评估可以作为反馈，而反馈的结果就是你减少了卡路里的摄入量。

甚至在转诊前，评估程序在筛查过程中就能派上用场。筛查有助于识别那些存在问题但尚未意识到或不愿提及的人们，以及那些需要进一步评估的人们。而且，在治疗结束时，临床评估可以测量治疗进展或干预效果（见“疗效评估”）。

1. 筛查

筛查（screening）评估识别潜在的心理问题，或预测那些未被送去接受进一步评估和治疗的人将来可能出现心理问题的风险。在一个筛查评估中，群体中的所有成员（如一个社区群体、医疗中的患者）会做一个简短施测，如超过测量中的临界值，则表明有出现严重问题的可能性。比如，流行病调查中心编制的抑

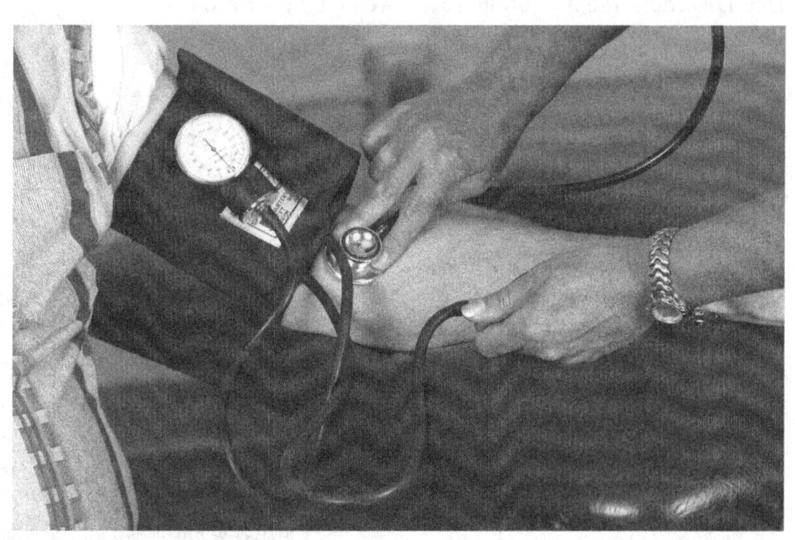

快速血压筛查可能是识别严重医疗问题的第一步。同样，心理健康筛查对于识别心理障碍也很关键。

郁量表[Center for Epidemiologic Studies—Depression Scale，CES-D；(Radloff，1977)]是一个有20项问题的量表，被用于很多社区研究来筛查抑郁并估计其患病率。在CES-D中得分为16或更高则表明被测者有严重抑郁的可能，并建议其有必要做进一步评估(Derogatis & Lynn，1999)。其他筛查工具涉及更为广泛，涵盖了很多心理症状，如抑郁、焦虑及社交问题等[例如，一般健康问卷(General Health Questionnaire，GHQ)；(Goldberg & Hillier，1979)]。在多数情况下，患者分数在筛查工具中高于临界值时，则需要一个更加全面的评估来确定其问题的性质和范围。

由于多数存在心理问题的患者更有可能去看内科医生而非心理健康医生，医疗中用于筛查患者的简短方法已经被开发出来。实际上，仅有两个项目的精简筛查工具已被用于识别那些可能会从心理或精神治疗中受益的抑郁(Unutzer et al.，2002)或焦虑患者(Roy-Byrne et al.，2005)。如为了筛查抑郁患者(Spitzer et al.，1994)，患者将会被问及以下问题：

- 在过去的一个月中，你常因感到沮丧、抑郁或无望而受到困扰吗?
- 在过去的一个月中，你常因对平时喜欢的事情提不起兴趣或感受不到乐趣而受到困扰吗?

询问这样的问题在繁忙的医疗工作中只需几分钟便可完成。同样，一个含有10个项目的筛查可快速识别物质滥用问题[例如，酒精使用障碍筛查量表(Alcohol Use Disorders Identification Test，AUDIT)；(Barbor et al.，2001)]。其会问到的问题如下：

- 你常饮用含酒精饮料吗?
- 每次饮用超过6杯或以上的次数有多少?
- 在过去一年里，酒后第二天记不得喝酒时情况的次数有多少?

为了评价特定筛查手段的实用性，心理学家在寻找有极强灵敏度和特异度的工具。灵敏度(sensitivity)指的是筛查手段(或筛查工具)识别实际存在问题的能力(例如，筛查出了抑郁而此人的确患有抑郁症)。特异度(specificity)则是筛查实际识别出的没有问题的百分比(例如，低于临界值表明没有抑郁，而被测者也真的没有抑郁)。筛查工具识别出有问题而实际上没有问题存在时，即出现假阳性(false positives，例如被测者分数超过临界值，但后来的评估确认其未患抑郁症)。假阴性(false negatives)则是当筛查工具显示没有抑郁而患者实际上却患有抑郁症。好的筛查工具应具有高的灵敏度及特异度和低的假阳性及假阴性(见图3-1)。

2. 诊断和治疗计划

评估的一个重要功能就是确定对个案的诊断。**诊断**(diagnosis)指的是对疾病的鉴别。在一些医学分支中，诊断可以在实验室检测的基础上做出。心理学中的诊断则更为复杂，因其基于一群症状的表现。通常情况下，诊断在与患者临床访谈后即可做出。**鉴别诊断**(differential diagnosis)指医生确定哪个诊断更能清晰描述患者的症状。患者经常具有一系列症状，这些症状需要不止一个诊断。医生使用不同评估工具收集患者数据和其他资源(伴侣、父母和老师)来做出诊断或做出最适合患者的一系列诊断。诊断还可以促进医生和研究人员之间的沟通。诊断评估比筛查涉及面更为广泛，能提供对个体心理状态更为彻底的了解。

对合适的治疗计划来说，准确诊断是至关重要的

实际问题(该人是否患有抑郁症)		筛查结果(在抑郁测量工具中所得的分数是否显示了抑郁症的存在)	
		阳性(分数显示有抑郁症)	阴性(分数显示无抑郁症)
	有抑郁症	灵敏度(测试准确识别出患者有抑郁症)	假阴性(测试显示无抑郁症，但患者实有抑郁症)
	无抑郁症	假阳性(测试显示有抑郁症，但患者实无抑郁症)	特异度(测试准确识别出患者无抑郁症)

一个好的筛查工具具有灵敏度和特异度：它识别出实际存在的问题并在没有问题时不报告问题。本图中的实际数字可决定筛查工具的质量。

图3-1 对抑郁症筛查工具的评估

（见“真实病例：误诊案例”）。最后，人们常需心理医生或其他保健人员开出诊断以便让保险公司报销。

一项通向诊断的临床评估通常包括对症状与障碍的严重程度、随时间变化的症状模式（如数量、频率、发作持续时间）以及对患者优劣势的评价（Maruish，1999）。评估还可能包含人格测验、神经心理学测试和/或行为评估的结果。行为心理学家还可能使用对症状的功能分析（functional analysis），该分析可通过识别情境与行为间的关系（如在出现某种问题行为、情绪或想法之前、之间和之后发生了什么）来帮助治疗师制定治疗策略。

误诊案例

在某些情况下，评估不充分和诊断不正确将导致不足的或不当的治疗和灾难性后果。以下的真实案例正说明了谨慎评估和诊断的重要性。

- **耳聋，而不是智力障碍**　凯西·巴克利，一位喜剧演员和鼓舞人心的演讲者（见右图），因为其喜剧感染力和对残疾人权利的提倡，已收到不计其数的奖励和赞誉。然而，她 2 年级时由于极差的学习表现被诊断为智力障碍，并因此被安置在为有精神和身体障碍的儿童开设的学校中。专业人士经过一年的努力才判定她的学习障碍是由于听力的丧失而非精神问题（http://kathybuckley.com/）。
- **癫痫，而不是精神分裂症**　一位 46 岁的女士在一所大学附属医院住院，抑郁症状和幻觉折磨得她想要自杀（Swartz，2001）。实验室测试（脑电图）显示，她有复杂的局限性癫痫发作的特点，该病也会有诸如抑郁和幻觉症状。查阅患者的临床病历，医生发现她曾被诊断为精神分裂症和分裂情感样障碍（见第 10 章），并在没有症状减轻的情况下被治疗了 10 年之久。之后她做了抗癫痫治疗，症状消失。
- **药物反应，而不是抑郁症**　一位 77 岁的女士在开始使用药物（地高辛）治疗充血性心力衰竭一个月后出现抑郁症状（疲劳、体重下降、反应迟缓、社交退缩）。在服用抗抑郁药物 7 个月后，她的症状并无减轻。当她去医院进行进一步评估时，药物检查发现她的地高辛水平非常高。当停用此药后，她的抑郁症状迅速缓解（Song et al.，2001）。

- **脑部肿瘤，而非神经性厌食**　一位 19 岁女孩具有神经性厌食症的症状（节食引起的体重迅速下降约 7.5 千克，对自己身材不满，偶尔暴饮暴食）而来到医院。她开始通过鼻饲管来增加卡路里的摄入量，以及使用抗抑郁药物来帮助控制焦虑。当发现患者没有意识地倒在浴室地板上并伴有癫痫发作时，医生对她进行了脑部扫描，结果显示她长了脑瘤。肿瘤被手术摘除后，患者对体重增加和身体变形的恐惧消失了。两年后，她不再出现任何残留的进食障碍的迹象（Houy et al.，2007）。

3. 疗效评估

在治疗过程中，临床评估可在定期检查中重复进行以用于评估治疗进展。疗效评估是科学家-实践者观点在临床心理学实践中的一部分。疗效评估帮助我们了解患者是否好转，治疗该何时“结束”，或者我们该何时修改无效的方法。疗效评估包括评价患者的满意度和提供数据以支持治疗项目的推广。

为落实疗效评估，治疗师在整个治疗过程中必须使用相同的评估手段。评估中的具体手段须反映一系列疗效（如症状严重度、治疗满意度、功能、生活质量），并且在可能的情况下，包括关于疗效的更广泛反映——不仅是患者的观点，还有治疗师的视角以及患者家属或其他相关人员的看法（Lambert & Lambert，1999）。为了落实，评估手段还必须可靠和有效。要评价治疗是否产生了预期效果，评估患者在治疗后的量的变化和患者的实际功能水平也是十分重要的。比如，设想你非常虚弱且发烧到 104 ℉（40℃）。你服用了些药，体温降到 101 ℉（38.3℃），这时你感到舒服一些。体温从 104 ℉到 101 ℉的减少，这是药物带来的量的变化。但你仍烧到 101 ℉，你还是在病着——这是你实际的功能水平。在评价心理障碍的治疗效果时，目标应是减少症状和/或消除障碍。

量的变化（患者的症状减少了多少）一般指的是临床显著性。**临床显著性**（clinical significance）意味着观察到的变化确实是显著的改善（例如，社交焦虑在大学生可改善到的程度就是能够选择需要口头陈述的课程）。可靠变化指数（Reliable Change Index，RCI；Jacobson & Truax，1991）现在常被用来判断从治疗开始到结束的变化程度是否有意义。例如，治疗前后的变化是否超出了我们所预期的随时间进行的正常变化（见“信度”）。有时，我们会将患者治疗后用多种手段所得的分数与没有此病的常人用同样评估手段做出的分数做比较，来评估患者的症状和功能是否已达到正常范围。

评估工具的特征

一个评估工具的潜在价值部分由其心理测量学特征决定，这些特征影响我们对测验结果的自信程度。我们需要了解评估工具在测量想测量的特征或概念上做得有多好。举例说，一个测量抑郁的量表实际测量抑郁症状有多好？一个工具的心理测量学特征包括标准化、信度和效度。

1. 标准化

为了理解临床评估的结果，得分必须要放在一定的背景下。回想一下刚才提到的发烧。104 ℉的温度使人担心，是因为它远远高于人体正常的 98.6 ℉（37℃）的体温。同样，理解心理评估的结果需要将其放到背景里。一个特定的得分是否意味着问题存在严重性或随时间而改善？标准的评估得分应包括与常模或与自己参照的比较（或两者都有）。**常模**（normative）比较指将一个人的得分与能代表总体人群（包括年龄、性别、种族、教育和地理区域等特点）的样本得分比较，或者是和与被评估患者一样的亚群体得分相比较。如果我们测量 100 个成年人的体温，平均的温度（平均数）会是 98.6 ℉。这是人体温度常模。如果一个人的得分与群体常模差太多，我们就能假定有问题存在。为了判断一个得分是否与群体常模差太多，我们会用到一个叫作标准差（standard deviation，SD）的统计学概念（见图 3-2）。标准差能显示某一得分与平均值差多远。根据统计学原理，如果一个得分距离平均值超过两个标准差，意味着只有 5% 的人群会这样，该得分被认为与正常值有着显著差异。我们在将得分与常模群体比较时，不但要考虑患者的特性，还要考虑群体的特性。

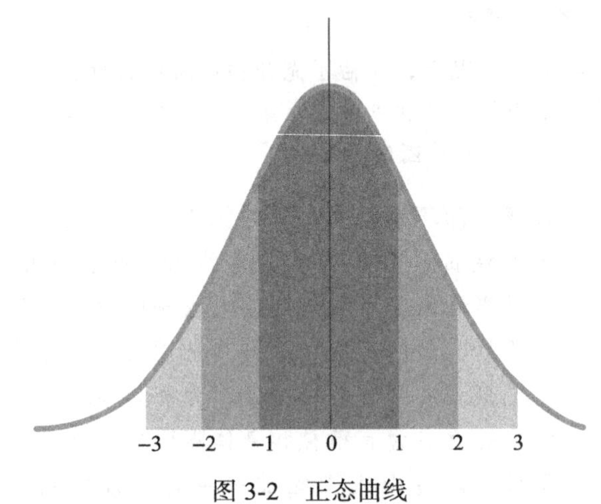

图 3-2 正态曲线

数字显示了标准差（SD）。一个分数如果偏离平均数（中心点，0）超出两个标准差，便可以被认为是与常模有显著差异的。

如果波林在记忆测试中的得分低于中老年人的平均水平，但是跟她同龄和受到同等教育的人的得分是一样的，我们就不必担心她存在认知损害。然而，如果她的得分远远低于跟她同龄和受到同等教育的人的得分，我们就能得出结论：她存在严重的认知困难。

自我参照比较（self-referent comparison）是指对个体自身治疗前后在不同测量工具上反应的比较，这种方法最常被用于检验症状的进程。如前面发烧的例子，不是每个人都有标准的 98.6 ℉的体温。一些人的正常体温可能是 99.2 ℉（37.3℃）。在自我参照比较中，我们将该个体 104 ℉的体温与其正常体温 99.2 ℉进行比较。

如果波林在认知损害测试上的得分远远低于她 6 个月之前的水平，我们就该担心这些症状有潜在的恶化可能。

自我参照比较也用于疗效评估。在治疗上，我们当然希望看到通过自我参照比较发现症状的改善和生活质量的提高。

2. 信度

评估工具的**信度**（reliability）就是它的一致性，或每次用评估工具施测时所得结果有多一样（Compas & Gotlib，2002）。测试你体温的温度计一般都是十分可靠的：它的读数在你这次测完体温后过 10 分钟再测时还是一样的。心理测试也应是可靠的。如果一个测试不能每次产生一致性结果，则是毫无作用的。信度有很多种评估方法。**重测信度**（test-retest reliability）强调测验分数在不同时间的测试中的一致性。要评估重测信度，我们需要在一个时间段内对同一组被试做两次测试，比如间隔两周或者一个月。然后计算两组数据的相关系数（见第 2 章）以评估其一致性。相关系数达到 0.8 或以上，说明该评估手段有很高的信度。

另一种信度的重要评测方法是依靠医生判断的**评定者间一致性**（interrater agreement）。当医生与患者会面时，他们必须确定这些人的症状是否足够严重到需要下诊断或给予治疗，但并不是每个医生都会用相同的方式来判断这些行为。在给出诊断或治疗建议之前，我们需要知道患者的症状反映的是他的真实临床状态，而不是某个医生的偏见（即评定应更多地反映被会见的患者的状况，而不是会见患者的医生的观点）。要评估评定者间一致性，需要两位医生来对同一患者进行同样的会见。

3. 效度

一个好的测验不仅要有信度，还要有效度。**效度**（validity）指一个测验实际能测出其欲测内容的程度。我们在心理学上要测定的内容大多是假设的或无形的概念（如自尊、情绪、智力）。工具的效度可以告诉我们在多大程度上评估了这些复杂的内容。结构效度反映了测试在多大程度上准确地评估了某一特定概念，而不是其他相关概念。比如一个有效测量羞怯的测试应该反映着怯概念的各种成分（担心别人是否喜欢自己，与人交往时会出汗和脸红，避开需要交际活动的情境），但不应该反映其他概念，如恐惧（比如对蛇的恐惧）或抑郁的症状，即使这些症状常伴随羞怯出现。

效标效度是效度的另一种形式。它反映的是一个测验与评估同样内容的测验的相关程度。同时效度也是效标效度的一种类型，反映的是同时给出的两种测试之间的关系，比如学术能力测验（Scholastic Aptitude Test，SAT）和美国大学入学考试（American College Testing Program，ACT）。预测效度（predictive validity）反映的是一个测试能够预测学生将来行为表现的能力，比如 SAT 预测学生大学成绩和研究生入学考试成绩的能力。再如，一个好的抑郁症状测验应该与医生在同一时间对患者抑郁的诊断呈现高相关（同时效度）。一个好的智力测验也应该与被测者之后的学术表现呈现高相关（预测效度）。

另一个与效度有关的问题是心理学家的预测或评估后所得结论的准确性。毕竟评估数据是收集来的，医生常会被要求做出判断。比如这个人是否患有惊恐障碍？一个性犯罪者会再次犯罪吗？此时对于此人的最好治疗方法是什么？这个学生能否很好地适应这种课程体系？医生可基于统计数据或临床观察进行预测来回答这些问题。临床预测基于医生的判断。很多人相信心理学家有能力预测心理障碍患者行为的危险性。这样的临床预测例如，心理学家会与患者会谈，在会谈的基础上预测该患者是否会在近期有暴力犯罪（参见第 15 章关于对危险临床预测的准确性的讨论）。

在统计预测中，医生对特定个体所做的判断是建立在从庞大人群所获数据的基础上的。例如，保险公司在决定如何标价它们的保险项目时会参考大型的研究，这些研究提供死亡可能性或基于如年龄、吸烟及酒精等已确认的死亡风险因素造成的意外死亡可能性（Compas & Gotlib，2002）。存在更多风险因素的人将会为他们的保险支付更多的钱。一般来说，分别使用临床预测和统计预测时，对同一患者的资料进行的预测结果可能会有非常大的不同（Grove，2005）。但超过 136 项研究支持统计预测远比临床预测准确得多的结论（Grove et al.，2000）。当所得资料可被用于预测谁将受益于什么样的治疗时，统计预测可被用于以证据为基础的医疗实践中。但当相关统计数据不存在以及需要发展新假设时，人们就使用临床预测。在使用临床访谈部分所讨论的结构式访谈时，医生判断也会起作用。

发展和文化考量

影响医生选择评估工具与方法的因素有许多，但其中最重要的因素应该是患者的年龄和发展状态。医生所选测验的性质、患者得分所参照的常模、参与测试过程的人以及测试环境可以非常不同，这取决于要评估的是儿童、青少年、成人或者老人。例如，对那些因为太小而不能阅读的孩子进行认知水平的评估，就需要我们用不同于那些受过教育的成人所用的测试（Anastasi & Urbina，1997），有显著认知损害的老年人的能力测试也必须通过能测量更多特定症状，如痴呆的特殊工具进行［例如，痴呆评定量表（Dementia Rating Scale，DRS）；Mattis，2001］。心理症状的测量也随年龄而变化。有特别为儿童设计的心理痛苦的测验，如儿童社交恐惧和焦虑问卷（Social Phobia and Anxiety Inventory for Children，SPAI-C）(Beidel et al.，1995）以及儿童抑郁问卷（Children's Depression Inventory，CDI)(Kovacs，1992）。因为孩子有限（仍在发展）的认知能力，这些量表与成人量表相比，通常有不同的问题、较少的反应选项和简单的文字。对于老年人，同样也有专门的心理症状测量，如老年抑郁量表（Geriatric Depression Scale，GDS）（Sheikh & Yesavage，1986），这类量表会配合老年人的经验及认知能力来设计内容和选项。

评估过程本身也会因患者年龄而变化。例如，当患者是儿童、老年人或老年痴呆患者时，评估过程会涉及很多人。评估儿童的时候，来自老师以及家长的记录是重要的。而对于有认知损害的老年人来说，来自经常与之在一起的成人的记录也是很有帮助的。不能阅读的儿童以及视力不好的老年人也需要一些帮助以完成自测量表。难以保持集中注意力的幼儿及有认知和/或器质性局限的老年人可能需要多次休息以完成测试。

评估过程还应该将文化因素考虑在内。许多心理评估的常规手段是在美国主流文化的基础上发展出来的。由于教育背景、语言、文化信仰以及价值观不同，对不同文化背景的人实施测试可能会出现有偏差的测试结果（Anastasi & Urbina，1997）。为避免这种情况，研究者开始开发将影响结果的变量都考虑在内的“文化公平”评估。许多心理测量已被翻译成其他语言，各种少数群体的资料已被收集起来（Novy et al.，2001）。然而，简单翻译成其他语言还不足以反映其他文化的影响。因此，一些更多依赖非言语技能的心理测量已被开发出来。例如，莱特国际操作量表修订版（Leiter International Performance Scale-Revised，Roid & Miller，1997）就是一种非言语智力测试，在这个测试中，主试和被试都不需要进行言语或者书面的表达。其中一些任务需要被试进行物体分类或者几何设计，将反应卡片与画架图片配对，记住和重复物体的正确排序。此类测试有助于提高心理评估的跨文化应用。

伦理与责任

进行心理评估的心理学家必须遵守美国心理学协会伦理规范（American Psychological Association Code of Ethics，见第15章）。该规范的第9节规定：只有那些接受过培训的心理学家才能使用测验。心理学家必须只使用有良好信度和效度并且符合测验目的的测验工具。例如，心理学家在如下情况施测时是不符合伦理的：①他没被培训过使用该测验；②该测验的信效度很差；③该测验用于成人而心理学家却将之用于少年。此外，心理学家不应使用过期的测验工具，以及在施测时须获得受测者（若是给儿童施测则是其父母）的知情同意。知情同意（informed consent）指的是受测人理解测验目的、相关费用以及谁能查看测试结果。在一些情况中，测验结果可能共享给雇主或其他卫生保健专业人员，因此受测者需要在评估之前知道这种保密例外的情况。测验结果应该被保密并被保存在安全的地方，即便是通过互联网施测也是如此。

评估工具

心理学家在计划一次评估时，可选的评估工具范围很大。拥有众多可选择的测验其实可以使心理学家从不同角度全面地评估患者的问题。未能开展全面评估可能会带来灾难性的后果（参见前文“真实病例：误诊案例”）。评估工具是不是最好的，取决于评估目标、工具特征和患者问题的性质。一些工具要求患者评估自己的症状（self-report measures，自陈量表），一些要求医生为症状进行评定（clinician-rated measures，临床评定量表）。一些工具评估主观反应（患者感知），一些评估客观反应（可观察的）。一些测试是结构式的（每个患者接受相同的问题），而其他一些测试是非结构式的（不同患者会接受不同的问题）。如果被试需要做不止一个测试，这些测试就被叫作成套测试。我们现在讨论主要的评估工具，包括临床访谈、心理测验、行为评估和心理生理评估。

临床访谈

临床访谈（clinical interviews）是由访谈者与患者的交谈组成的，访谈的目的是收集与评估目标有关的信息并做出判断。评估的主要目标均可由访谈完成，包括筛查、诊断、治疗计划或疗效评估。临床访谈有非结构式和结构式两种。

1. 非结构访谈

在**非结构式访谈**（unstructured interviews）中，由医生决定要问什么问题，以及如何去问这些问题。通常，初始访谈（initial interview）是非结构的，可使医生了解患者并确定还有哪些评估手段可对患者应用。初始访谈的另一个目的是让医患彼此了解并建立起工作关系。

在初始访谈开始时，医生一般会对患者进行一些有关评估过程的知识培训，之后会问一系列关于患者困难的问题。这些问题可以是开放的（open ended），允许患者灵活决定提供什么样的信息（如今天你是怎么过来的）；也可以是封闭的（close ended），允许医生询问一些有关主题的特定信息（如你有过不明原因的哭泣吗）。问题的内容与形式取决于所问问题（出于评估目的）和医生的理论观点。例如，心理动力学的治疗师会在初始访谈时，在询问患者的早期历史上花时间，而行为治疗师则可能会问更多的关于围绕当前症状的一系列事件的问题。在初始访谈的最后，医生通常会总结一下已有收获和对下一步做什么进行指导。

非结构式访谈的首要优势就是它有很大的灵活性，它允许医生向着他认为最合适的方向进行访谈，并跟进患者的评论。而最大的劣势是它的潜在不可靠性。比如，如果两次访谈中不包含同样的主题或者没有提出相同的问题的话，那么两个不同的访谈者非常可能会对同一个患者产生不同的结论。例如，如果访谈者没有询问有关饮酒的问题，并且这个患者也不愿意提起这个话题，那么访谈者就很容易错误地得出其他困难（如抑郁）是导致患者现在问题的主要原因的结论，而其实原因可能是患者酗酒、失去工作，之所以感到抑郁是因为他要丢掉工作了。而结构式访谈可使这种问题的发生率降到最低。

2. 结构式访谈

在**结构式访谈**（structured interview）中，医生问每位患者同样标准的一系列问题，通常这些问题都是以建立诊断为目的展开的。半结构式访谈是在标准化问题之后，医生会用较少结构式的补充问题来收集所需要的附加信息。结构式或半结构式访谈常被应用于以科学为基础的临床实践与研究中（Summerfeldt & Antony，2002），它们增加了访谈过程的信度。尽管患者的分数仍然需要依靠医生的判断，但访谈内容和问题顺序的一致性增加了访谈者间一致性的可能。

许多结构式与半结构式的访谈都可以帮助医生做出诊断。而对诊断的选择取决于评估的目标、医生对于访谈的知识和训练，以及访谈自身的特征（长度、内容指向、信度等）。一些结构式访谈是被设计应用于成年人的，另一些则适合儿童使用。一些结构式访谈可以为许多诊断分类提供广泛的概述，另一些则更侧重于特定诊断（例如焦虑、抑郁）。通常医生在一次表明需做出某一特定诊断的非结构式筛查访谈后，会使用结构式访谈。结构式访谈在研究中是非常有用的，因为研究中需要确定课题里所有患者都有同样的诊断。其对于临床实践也是很重要的，访谈者有足够的关于诊断的细节来用于设计恰当的治疗方案。结构式访谈的缺点是问题的灵活性不强。

心理测验

心理测验测量的维度数以百计，所涉范围从人格、智力到各种具体症状。在接下来的部分，我们将提供一个关于不同种类心理测验的概述，这些测验可测量的维度有人格特征、心理功能的一般水平、智力以及行为。

1. 人格测验

对**人格测验**（personality test）的选择取决于测验的目的以及它评估的是健康人还是临床样本，当然也有许多人格测验对两者都进行测量。最著名的人格测验应是明尼苏达多项人格问卷（Minnesota Multiphasic Personality Inventory，MMPI），1943 年由明尼苏达大学心理学家斯塔克·哈撒韦（Starke Hathaway）和精神病学家查恩雷·麦金利（J. Charnley McKinley）编制（Graham，2000）。为了编制这个纸笔测验，他们使用当时的创新技术克服了早期评分方法的主观性。他们使用实证效标（empirical keying）的方法，提出了用来识别不同群组（如抑郁患者和非抑郁患者）的项目和分数类型的统计分析方法，只有能区分群组的项目可被保留。MMPI 还包括用效度量表来评估应测行为。例如，谎言量表能识别那些不想准确描述自己的人。诈病量表可以确定被测者是不是“伪装好”（把自己描述得比实际要心理健康）或者“伪装坏”（把自己描述得比实际有更多心理痛苦），此外还有临床量表能评估特定的心理特征。

MMPI 的修订版本 MMPI-2 有 567 道题，包括 9 个效度量表和 10 个临床分量表：疑病量表、抑郁量表、癔病量表、精神病态量表、男子气 - 女子气量表、妄想量表、精神衰弱（焦虑）量表、精神分裂症量表、轻躁狂量表和社会内向量表。9个重组临床分量表也被设计用来提高效度并且反映了更新的人格理论：失志量表、躯体抱怨量表、低积极情绪量表、愤世嫉俗量表、反社会行为量表、迫害观念量表、功能失调性消极情绪量表、异常体验量表、轻躁狂激起量表。MMPI-2通过电脑程序计分并产生出一份测验心理学家可以解释的人格剖面图（见图3-3）。然而，MMPI-2在少数民族群体的使用引起了人们的关注，因为该测验最初是由白人样本标准化的（Butcher et al.，1989）。

百万临床多轴问卷（Million Clinical Multiaxial Inventory，MCMI）是一个含有175项对错判断题的问卷，对应8个基本的人格风格（分裂样、回避型、依赖型、表演型、自恋型、反社会型、强迫型、被动攻击型，见第11章）、3种病理性人格综合征（分裂型、边缘型、偏执型）和9个症状障碍量表（焦虑症、躯体形式障碍、

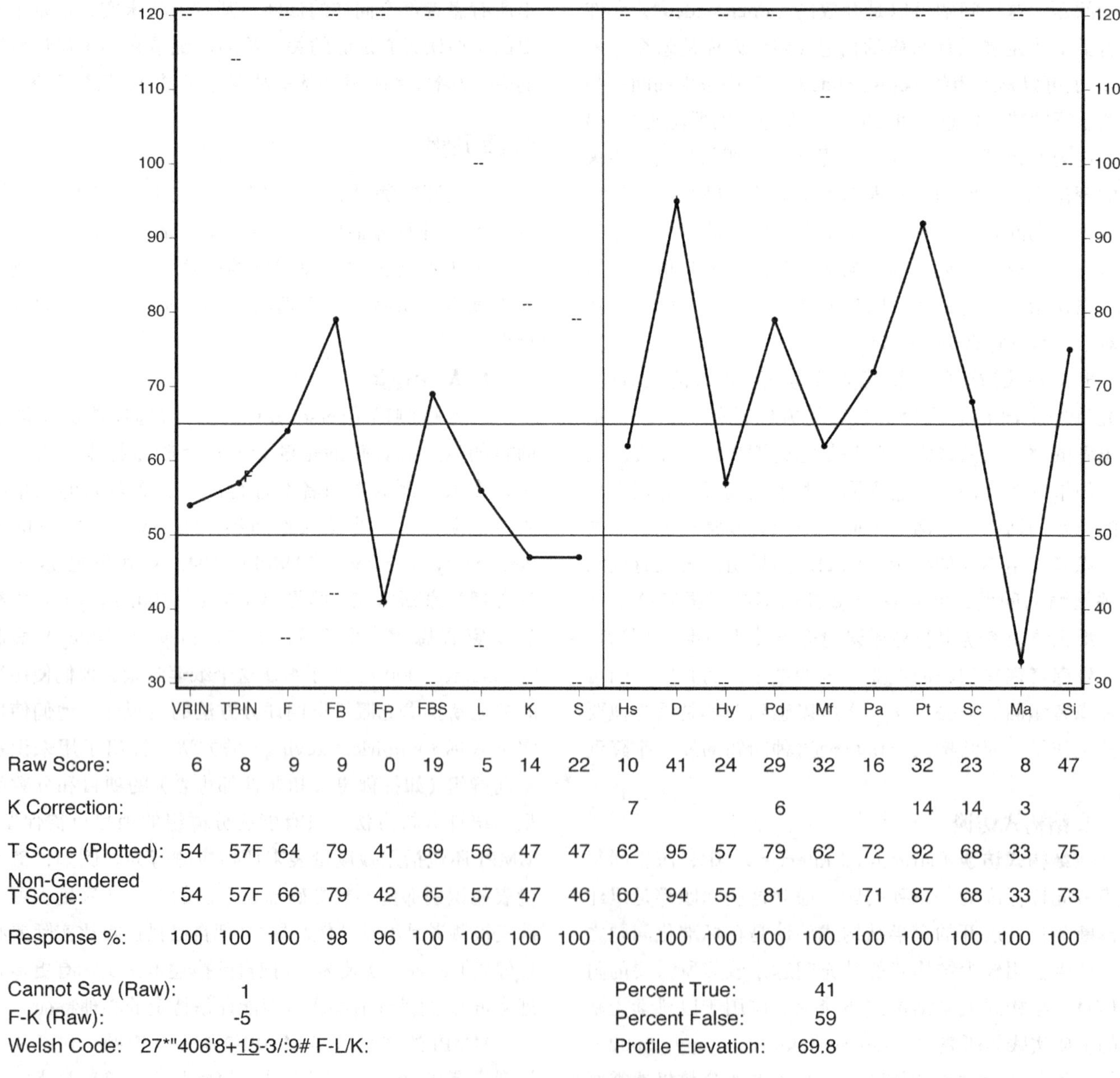

图3-3 MMPI剖面图样本

MMPI由电脑计分并生成临床分量表分数及一个人格剖面图。

轻度躁狂、心境恶劣障碍、酗酒、药物滥用、精神病性思维、精神病性抑郁、精神病性妄想）。MCMI 有足够的信效度，医生一般也更喜欢使用它而不是 MMPI，因为完成这个测试所需的时间要短很多。但是，MCMI 同样也存在一些问题，它不能很好地与 DSM 分类系统所描述的障碍类型相匹配，并且 MCMI 也同样存在文化偏差。

不像 MMPI 和 MCMI 这两个客观人格测验，**投射测验**（projective test）是基于精神分析理论的测验。被广泛应用的两个投射测验是罗夏墨迹测验和主题统觉测验。罗夏墨迹测验由瑞士精神病学家赫尔曼·罗夏（Hermann Rorschach）研发并于 1921 年首次发表。在这个测验中，呈现给患者的是越来越复杂和模糊的墨迹（见图 3-4）。第一张墨迹是很简单的黑白图像，之后的墨迹愈加复杂和色彩鲜艳。测验的基本原理是在被给予如此模糊的刺激时，患者"投射"出对它们的独特理解，反映出他们潜在的无意识过程和冲突。你能马上看出，罗夏墨迹测验的信度和效度是需要我们考虑的工作。虽然罗夏在研制出一个可靠的评分系统之前就去世了，但临床心理学家约翰·艾科纳（John Exner）为测验的标准化和评分编制了一套严密系统，即综合系统（Comprehensive System，CS）。CS 是一项把墨迹测验分解成复杂的变量矩阵的工作。对这些变量的解释和评分建立一个结构化总结，医生可以用此总结来理解被试的人格特质和心理功能（Exner，2005）。尽管罗夏墨迹测验的结构化尝试很勇敢，但仍有很多批评，致使它的有效性被高度质疑（见"证据检验：罗夏墨迹测验"）。

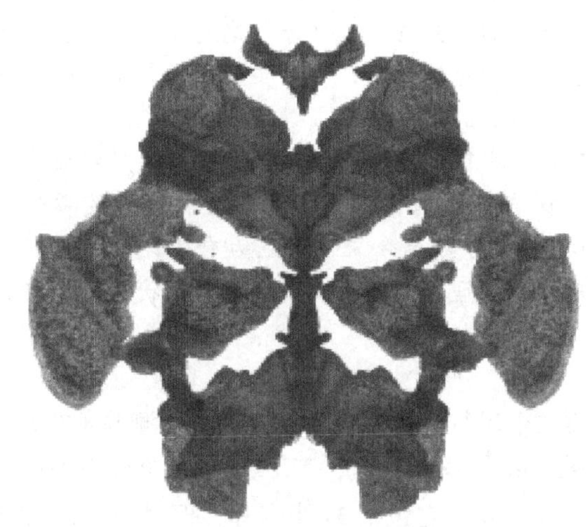

图 3-4　一个和罗夏墨迹测验相似的墨渍
对你来说它像什么？

证据检验　罗夏墨迹测验

事实　尽管最近几年罗夏墨迹测验的流行程度稍有下降，但它仍然是一个被广泛应用的心理测验，临床心理学学生经常被训练如何使用它（Lilienfeld et al., 2000）。艾科纳的综合系统（CS）是最被普遍讲授的操作和计分程序。180 多个 CS 结果分归为 CS 得分。但该测验的效用是心理学领域热议的话题，有许多科研论文支持或反对它。它的拥护者认为它从患者那里引出了一种其他心理测量无法得出的信息，这些信息对于临床判断的得出非常重要。它的批评者指出了它的三个主要局限：测验的信度、常模资料的充分程度以及分数的效度。罗夏墨迹测验有用吗？让我们检验一下证据。

证据

1. 关于信度的证据，拥护者指出：75% 的 CS 得分有足够的评定者间一致性（Wood et al., 2006），总体 CS 得分（基于各项目分数的总和）的信度要高于个体项目的信度（Hibbard，2003）。

2. 关于常模资料的充分程度，拥护者指出，在将近 600 个人（包括非患者的成年人、儿童以及不同患者组）中收集的数据在对心理评估的解释上是充足的。和常模样本相比，其他组心理健康问题的过度诊断（该测验的明显问题）可以这样解释：即常模样本更健康，自原始常模数据收集后评分程序的改变，社会上日渐增多的心理病理学问题，以及（或）后续研究中计分不充分（Hibbard，2003）。

3. 关于效度，拥护者指出研究中的效度系数可能会低估测验的效用，因为将患者反应整合进个性化评估中时，罗夏墨迹测验是非常有用的（Meyer et al., 2001）。换句话说，当医生的临床判断将罗夏墨迹测验结果和其他评估手段的分数结合时，效度就会增加。也许罗夏墨迹测验的过程太复杂，以致难以证实其效度（Meyer et al., 2001）。

检验证据

1. 25% 的 CS 分数不满足传统的评定者间一致性信度意味着什么（Wood et al.，2006）？在这种类型的测验中，是否 75% 的评定者间一致性信度就已足够可靠？此外，大多数得分的重测信度都未得到足够检测（Lilienfeld et al.，2000）。

2. 由艾科纳和他的同事发表的常模数据已经过期了。它们是在 20 世纪七八十年代收集起来的，没有根据新近确定的计分程序来计分。这就导致了一些个体心理健康问题的过度诊断，可事实上他们并没有心理健康问题（Garb et al.，2005）。

3. 180 多个 CS 分数中只有 20 个存在足够效度，包括那些探查精神病性障碍、从属物和疗效的项目。另外 160 个 CS 分数至今未被论证为有效，但是它们继续被用来帮助心理医生做出关于人们心理状态的重要判断（Wood et al.，2006）。

结论 罗夏墨迹测验的批评者和提倡者都赞成实证数据支持了一些用作特定目的的 CS 分数的效用。他们也同意很多 CS 分数至今未被充分地研究以评价它们的有效性。在这些方面意见的分歧很大程度反映了在评估过程中心理学家是依靠经验资料还是医生判断的分歧（Wood et al.，2006）。以科学为基础的心理学家反对使用那些没有被证实有效的评估工具，因此他们不支持在做心理学判断时使用未被证实有效的 CS 分数。在这个阵营的人也指出：缺乏证据支持临床判断促进预测的观点（见本章关于临床预测与统计预测的讨论）。但是很多罗夏墨迹测验的拥护者界定自己为科学家 – 实践者，在实证数据不支持时依然认为患者的反应是有临床效用的。而反对者则选择将这些墨迹挂在墙上作为纪念心理学过去的艺术品。 «««

第二个流行的投射测验是主题统觉测验（Thematic Apperception Test，TAT），于 1935 年由哈佛心理诊所的研究人员开发。它包括 31 张卡片，但对被试而言会依其年龄和性别，在测验中只使用 20 张。测验者要求被试根据黑白图片上的图像编故事。主测在没有规范计分系统的情况下解释每个故事，并根据自己的理论倾向自由评价被试的回答。和罗夏墨迹测验一样，很多医生相信被试所提供的描述可以洞察其心理和无意识过程。考虑到测验材料的定性特点以及测验缺少严密的计分及解释方法，TAT 仍然是一个主观测验。

尽管有很多弱点，投射测验仍然在一些圈子内很流行。甚至即便不将测验作为实际诊断的一部分，很多医

91 ~ 100	广泛范围的活动功能都极好，生活问题都在掌控中，因拥有许多良好特质而使他人乐于亲近，没有症状。
81 ~ 90	没有症状或极微（如考前轻微焦虑），各方面功能良好，有兴趣并参加广泛范围的活动，有效社交，对生活大致满意，不超过日常问题与关注（如与家人偶尔的争吵）。
71 ~ 80	如有症状，也是对心理社会应激源的短暂和可预期的反应（如家庭争吵后难以集中注意力），社交、职业或学业功能（如学业短暂落后）不超过轻微损害。
61 ~ 70	存在轻微症状（如抑郁心境和轻微失眠）或社交、职业或学业功能有些困难（如偶尔旷课或在家里偷东西），但是一般功能良好，有某些有意义的人际关系。
51 ~ 60	中度症状（如情感贫乏，赘述，偶有惊恐发作）或社交、职业或学业功能中度困难（如朋友少，与同伴或同事冲突）。
41 ~ 50	严重症状（如自杀意念，严重强迫仪式，频繁入店行窃）或社交、职业或学业功能严重损害（如没有朋友，不能保持工作）。
31 ~ 40	现实测验或沟通有某些损害（如有时说话不合逻辑，含糊或不切题），或在很多方面有严重损害，如工作、学习、家庭关系、判断、思维或心境（如抑郁的人回避朋友，忽视家人，不能工作；儿童频繁殴打比自己更小的孩子，在家叛逆，学业成绩不及格）。
21 ~ 30	行为明显受妄想或幻觉的影响，或沟通或判断有严重损害（如有时言语散乱，严重行为不当，专注自杀），或几乎所有方面的功能丧失（如终日卧床，没有工作、家庭或朋友）。
11 ~ 20	有伤害自己或他人的危险（如没有明确死亡期待的自杀尝试，频繁暴力，精神运动性兴奋），或有时不能维持起码的个人卫生（如涂抹粪便），或沟通总体受损（如大量的言语散乱或缄默）。
1 ~ 10	持续存在严重的伤害自己或他人的危险（如频繁暴力），或长期不能维持起码的个人卫生，或有明显死亡预期的严重自杀行为。
0	信息不足。

资料来源：Reprinted with permission from the *Diagnostic and Statistical Manual of Mental Disorders* (4th ed., text rev.). Copyright © 2000, American Psychiatric Association.

图 3-5 DSM- Ⅳ功能整体评估量表

生也会在治疗的初始阶段将之用来“让患者张嘴说话”。对于那些谈论感情有困难的患者，这类测验可以帮助他们接触自己的感受。

2. 心理功能的一般测验

这类评估可以收集参与健康对照研究的人们的心理功能的一般信息，也可用于比较群体或总体的行为，或者比较人们在某特殊事件或干预之前之后的心理功能变化。它们并不集中于某一特定症状，如抑郁或者焦虑，而是给出一个人的心理功能运作有多么好的广泛概述。

功能整体评估量表（Global Assessment of Functioning Scale，GAF；见图 3-5）是一个由医生安排的评估，用来描述患者的整体功能。医生会用 0 ~ 100 中的一个数字来评定被试的症状严重程度以及在社会关系、工作或学校表现中的损害水平。由于概念不够清晰，GAF 已经从 DSM-5 中剔除了。

另一个常用的简短问卷是有 12 个项目的一般健康问卷（General Health Questionnaire，GHQ）（Goldberg & Hillier，1979）。GHQ 给出一个最近几周心理健康状态的初步印象，并且可以提供有意义的转换分数。每一项都用四分量表来表示偏离个体寻常经验的程度。比如有一些问题是：你最近……在做什么事情的时候，能集中精神吗？有由于过分担心而失眠的情况吗？能享受日常活动吗？以及总的来看，感到适度的愉快吗？

3. 神经心理学测验

神经心理学测验通过简单或复杂的任务检测认知功能损害，这些认知功能包括语言、记忆、注意与专注、运动技能、知觉、抽象思维与学习能力。被测者在任务中的表现可以让人们深入了解大脑的功能。

一个被广泛使用的、评估脑损害的测验是霍尔斯泰德 – 瑞坦神经心理成套测验（Halstead-Reitan Neuropsychological Battery，Reitan & Davidson，1974），这个成套测验可以区分健康个体和皮层损害患者。该测验含有 10 项对记忆、抽象思维、语言、感觉 – 运动统合、知觉和运动灵活性的测量。

另一个常用的神经心理学评估是威斯康星卡片分类测验（Wisconsin Card Sorting Test，WCST），这个测验测量定势转换（set shifting），即思维随任务目标变化而灵活转换的能力（见图 3-6，见文前彩图）。让被试看四张刺激卡片，分别呈现一个红色的三角、两个绿色的五角星、三个黄色的十字和四个蓝色的圆。之后主试给出反应卡片并要求被试将每一张都与四张刺激卡片进行匹配。主试并不向被试解释匹配卡片的规则，但是会基于主试制定的特殊规则告诉被试其匹配正确与否。当被试匹配对了之后，规则会变化。测验会做 128 次匹配或者当所有的规则都改变完，抑或到“完成正确分类”为止（Psychological Assessment Resources，2003）。WCST 的完成需要注意、工作记忆和视觉加工的参与。WCST 可以作为额叶测试，因为额叶病变者的 WCST 成绩很差。因为 WCST 可以区分是否有前额叶损害，因此也常被用来检测通常同样在该区域有病变的精神分裂症、脑外伤患者，以及神经退化疾病如痴呆或帕金森综合征（Resources，2003）。

图 3-6　威斯康星卡片分类测验

这个测验测量定势转换，也就是思维灵活转换的能力。它是用来测验大脑疾病患者的。

其他常用的神经心理学评估包括本德尔视觉运动完形测验（Bender Visual Motor Gestalt Test，见图 3-7），这是一种通常用于检测儿童视觉运动发育以及一般脑损害和神经学损害的简单筛查工具（Piotrowski，1995）。还有鲁利亚 – 内布拉斯加神经心理成套测验（Luria-Nebraska Neuropsychological Battery；Golden et al.，1980）。鲁利亚 – 内布拉斯加测验与霍尔斯泰德 – 瑞坦

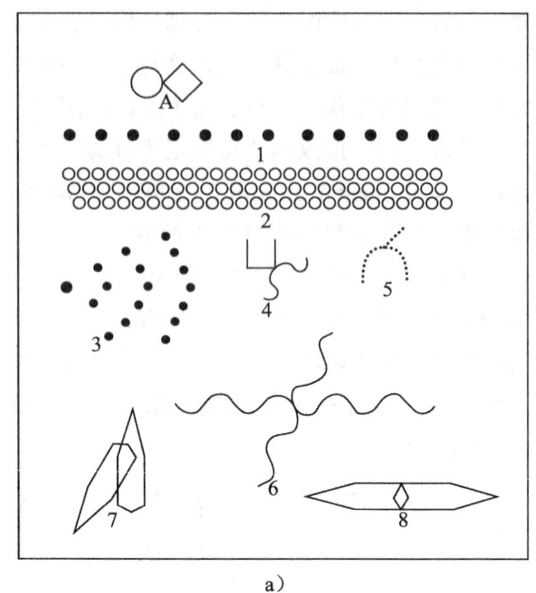

a）

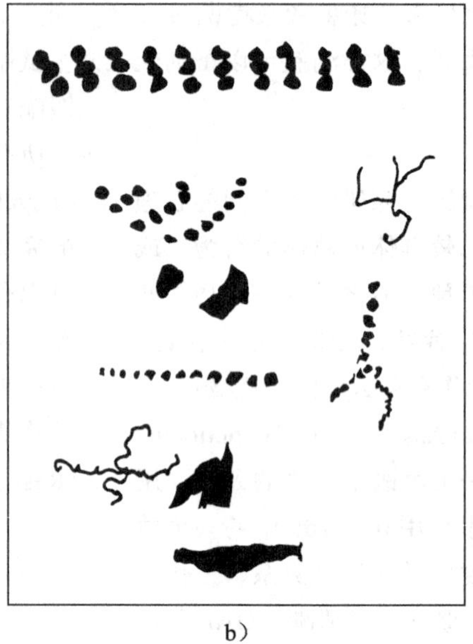

b）

该神经心理学测验常被用来检验脑损害或神经学损害。图 3-7b 是患者对图 3-7a 中图形的复制，来看其是否有损害存在。

图 3-7　本德尔视觉运动完形测验

测验类似，但在测量器质性脑损害上表现更精确。与许多其他成套测验不同，鲁利亚－内布拉斯加测验使用非结构的定性方法，生成 14 个分数，包括运动、节奏、触觉、言语表达、书写、阅读、计算、记忆、智力加工以及左右脑功能。执行神经心理学成套测验的医生需进行专门的培训，以确保标准化施测。这样能使不同被试的得分可以相互比较。

4. 智力测验

虽然结果往往被曲解，**智力测验**（intelligence test）仍是心理学家最常用的测验。智力测验最初被编制用来预测学校成就，测验会得出**智商**（intelligence quotient，IQ）分数。针对不同年龄的儿童被测以一系列反映认知能力的问题，测验成绩产生一个分数，被称作儿童的心理年龄（mental age）。用该分数除以他的实际年龄，结果就是该儿童的智商（IQ）。目前智商分数的意义有所变化，侧重于个体与同龄人对比的表现。IQ 分数的标准化为：平均分为 100，标准差为 15。这就意味着一个 IQ 为 130 的人超过平均数两个标准差，也说明其智力相对于其他人要好许多。IQ 分数通常在传统学习环境中预测学业成绩，但个体差异总是存在的。IQ 分数并不代表广义的智力概念，后者被很多理论家认为包括创造力、艺术和运动能力以及其他行为能力。

历史上智力测验开始于 20 世纪之初的法国心理学家阿尔弗雷德·比奈（Alfred Binet）和他的同事西奥多·西蒙（Theodore Simon），他们在法国政府的授权下编制了一个测验来预测学业成就。1916 年，刘易斯·推孟（Lewis Terman）斯坦福大学用英语翻译修订了比奈量表，随后被命名为斯坦福－比奈智力量表（Stanford-Binet Intelligence Scale）。

自此以后，斯坦福－比奈智力量表经过数次修订，目前是其第 5 版。斯坦福－比奈智力量表中有评估言语与非言语技能的分测验。最新版本是在 4 800 人的得分基础上进行标准化，测验项目考虑到被测者的人口学特征可能出现的各种偏见（如基于性别、民族、年龄等对某些项目的反应是否会出现偏见）。测验的效度由其他效度良好的智力测验评估，包括先前版本的斯坦福－比奈智力量表和韦克斯勒成人智力量表，后者是被广泛使用的智力测验。大量研究表明，斯坦福－比奈智力量表对从智力低下到天才智商这一连续体上的人的智商的测量都很适合。

韦克斯勒成人智力量表（Wechsler Adult Intelligence Scale，WAIS-IV）(Wechsler，2008）首次由大卫·韦克斯勒（David Wechsler）(以下简称韦氏）发表于 1955 年，现在是其第 4 版。韦氏成人智力量表是目前最常用的智力测验之一，用于评估患者、学生、职员、罪犯以及其他人群的智力。测验最初用于军队。该测验基于韦氏对智力的定义：“智力是个人行动有目的、思维合理、有效应付环境的整合的或全面的才能”(Wechsler，1939，p.229）。

WAIS-IV 有 4 个指数分：言语理解力指数（Verbal Comprehension Index，VCI）、工作记忆指数（Working Memory Index，WMI）、知觉推理指数（Perceptual Reasoning Index，PRI）和加工速度指数（Processing Speed Index，PSI）。这 4 项指数分联合产生综合的全量表智商（Full Scale IQ，FSIQ）分数。每个指数分都反映了一组测量相同智力技能分测验的个体成绩。VCI 分测验测量言语推理（如叙述两个物体如何相似的能力）、知识一般储备、给字词下定义的能力和社交表达理解力（例如，"一石二鸟"）。WMI 分测验通过要求人们回忆之前之后的数字顺序、做心算题以及记忆字母和数字顺序，以评定人们的注意、专注和记忆力。PRI 和 PSI 两个分测验均要求被试尽可能快地完成特定任务。PRI 分测验测量对细节的注意（例如，某一图片缺了什么）、非言语推理（拼图）以及空间知觉（安排积木以匹配已印好的图案）等技能。PSI 分测验通过要求被试确定目标符号是否在一排符号中，并且抄写与格子中的符号一致的数字来测量视觉运动协调和视知觉。对于这些任务，速度和精确性都须考虑。

WAIS-IV（Wechsler，2008）通过 60 多分钟的测试来评定 16 ~ 90 岁人的认知功能。这些被试与美国 2005 年人口普查资料相匹配，并考虑到了不同的性别、社会经济地位、种族、学历和地理位置。16 岁以下的个体适用韦氏儿童智力量表（Wechsler Intelligence Scale for Children，WISC-IV，6 ~ 16 岁）和韦氏学龄前儿童智力量表（Wechsler Preschool and Primary Scale of Intelligence，WPPS- Ⅲ，2 ~ 7 岁）。

智力测量向来备受争议。这是一个先后天之争异常激烈的领域。除了智力如何受影响的问题外，智力的概念也在不断变化。与韦克斯勒早期测量认知功能的方法相比，现在的智力测验识别和评估智力的各种细微差别和成分。更有趣的是，神经科学上的进步使我们可以研究大脑和与各种反映智力不同方面任务相联系的脑活动的性质。

另一个争论涉及智力测量在性别、社会经济地位、种族以及文化背景方面的偏见问题（Shuttleworth-Edwards et al.，2004）。很多人认为因为智力测验以白人男性标准化，因此不适用于女性、少数民族、非英语人口和残疾人（Suzuki et al.，2001）。为开发出以这些因素为基础的公平测验的研究还在进行中。

智力测验还有一些缺陷，其中最重要的是：它们没有也不能反映出智力的所有类型。智力是一个多面的复杂概念，许多人认为它的测量不应局限于注意、知觉、记忆、推理和言语理解力（Gottfredson，1997）。目前使用的智力测验无法涵盖如迈克尔・乔丹在篮球场或克劳德・莫奈在绘画上的天赋等智力的其他方面。但是，如果智商分数不被用作广义智力概念上的测量，那它就有用处了，最显著的体现在对学业成就的预测，以及对成绩不足和不平等、认知损害和精神发育迟滞的评估。

5. 特定症状的测验

除了对一般心理功能的测量，我们也需要能够对特定类型的症状，如抑郁和焦虑提供可靠有效测量的评估工具。当评估一个治疗时，我们想知道某一疗法对于减轻某一特定障碍的症状有多大疗效（例如，两种疗法中哪种能更好地减轻抑郁症状）。当一位治疗师治疗某个人的特定问题，如考试焦虑时，他会在治疗进程中用能够测量出考试焦虑严重程度的问卷做评估，以查看干预的效果。为了这个目的，研究者已经开发出很多量表，一些是医生评估，另一些是自我陈述。

简明精神病评定量表（Brief Psychiatric Rating Scale，BPRS）（Overall & Gorham，1988）是一种医生评价量表，用于评估多种心理症状，包括身体关注、焦虑、情绪性退缩、罪恶感、紧张、装相和作态、抑郁心境、敌对性、猜疑、幻觉、动作迟缓、不合作、不寻常思维内

评估必须考虑个体的发育年龄。儿童测验使用更简单的词语和更少的反应备择。

容、情感平淡、兴奋和定向力障碍。其他测验评估范围则局限于评估某特定障碍的症状。实际上，每种精神病性障碍都有这种障碍指向的量表。例如，人们常用贝克抑郁量表（Beck Depression Inventory-II，BDI-II）（Beck et al.，1996）评估抑郁症，它是一个含 21 个项目的自陈问卷。贝克焦虑量表（Beck Anxiety Inventory，BAI）（Beck & Steer,1993）也是一个含 21 个项目的自陈问卷，用以测量焦虑症状的程度。研究者对这种特定量表的使用有着可以在不同研究和患者群体间进行疗效比较的优势。使用这些量表的医生也更能够用量表来评估他们的患者在治疗中的进步。

行为评估

卡拉在第一次拜访行为治疗师，谈论自己的惊恐发作时，她不知道还有“家庭作业”要完成。事实上，治疗师在首次会谈结束时就已为她安排了一些任务！会谈接近尾声时，治疗师递给了卡拉一些他称为练习记录的表格。他要求卡拉用这些表格记录自己下一周中的每一次惊恐发作，以及因她认为可能会导致惊恐发作而回避的事情（例如，去杂货店或电影院，在高速公路开车）。治疗师也告诉卡拉，他打算陪她一起去一些可能会令她产生惊恐发作的地方，以便使他能更加了解其症状。这有些可怕，但是她很高兴终于有人打算帮助她弄明白到底发生了什么。

迄今为止，我们讨论过的很多评估工具都是测量内部的持久状态，例如智力和人格，它们可能是心理问题的基础。但是行为评估不同。这种方法依靠应用学习原理理解行为，其最终目标是功能分析（Haynes et al.，2006）。进行**功能分析**（functional analysis）时（也称为行为分析或功能评估），医生试图确定问题行为和背景变量（例如，对问题行为有影响的内部和环境变量）之间的因果（或功能）联系。回想一下之前学过的经典和操作性条件反射的原理（见第 1 章），我们知道发生于特定症状或行为之前、之后的事件能够对这些症状的形成与保持产生重大影响。因此为了确定因果联系，了解行为的起因与后果是很重要的。

为了识别行为的起因与后果，行为评估经常始于行为访谈。访谈中，访谈者会围绕患者的主要问题问很具体的问题，以获得事件和行为的完整顺序。在卡拉的事例中，治疗师可能会要求她详细描述最近的一次惊恐发作，例如她在哪儿、和谁在一起，以及她意识到要发作时在做什么或想什么。发作后她的想法、感受和行为。她的想法、感受和行为使她的恐惧有什么变化。其他人做了什么以及什么时候做的。所有这些细节可能显示：卡拉独自在杂货店时担心会发生惊恐发作，她监测到自己惊恐发作的迹象之一是心跳加快。那时她可能会将购物车推到一旁，接着跑到出口。快速离开商店之后，她感到很尴尬，但也因为惊恐症状减弱而非常放松。她回家将这些告诉丈夫时，他对她感到难过，并给了她一个大大的拥抱。

了解事件的具体过程能够帮助医生确定重要的功能关系。在卡拉的事例中，关于惊恐的想法和预期可能致使她监测自己的身体迹象，也许她知道这些身体症状很正常，但却因为其已变成惊恐的征兆而吓坏了。注意到潜在的惊恐症状，使她从当时的情境中逃离（离开商店），这样就减轻了惊恐症状，并且为了控制症状而强化了她逃脱的需要。她丈夫安慰性的拥抱进一步强化了她对惊恐的害怕。一个好的行为访谈能够揭示出很多潜在的关系。行为治疗师所采用的其他评估工具包括自我监测和行为观察。

1. 自我监测

卡拉的家庭作业安排她记录惊恐发作的任务是自我监测的一个例子。**自我监测**（self-monitoring）是症状发生时，患者观察并记录自己行为的一个过程（Compas & Gotlib，2002）。心理问卷是回顾性的，也就是说，它们问的是患者过去几周或过去几个月的症状。相比而言，自我监测要求患者在症状出现时就记录下来，记录的是频率、持续时间和症状性质的实时信息。如果患者记录背景变量（行为发生的环境方面）以及事件和行为的发生顺序，那么自我监测会对功能分析很有用（见图 3-8）。自我监测现在也被用于让人们在使用手机和使用基于网络的应用程序时对自己的情绪和行为进行记录的研究（Agarwal & Lau，2010；Mouton-Odum et al.，2006；Sinadinovic et al.，2010）。

自我监测也能得出患者在治疗开始前问题行为发生的频率以及症状随时间如何变化的记录。例如，在治疗开始前，一个监测自己体重的女士会记录她每天所摄取的每一次食物或饮料，并且会吃惊地发现她居然每天吃 6 次零食。随着治疗的进行，她每天吃零食的次数会减至 4 次，然后 2 次，最后 1 次。自我监测是一项很重要今天哪种情境使你产生了压力？
____

你感觉怎么样？		你有什么身体迹象？	
( ) 焦虑的	( ) 害怕的	( ) 肌肉紧张	( ) 发抖
( ) 担心的、紧张的	( ) 生气的	( ) 脉搏加速	( ) 出汗
( ) 尴尬的	( ) 悲伤的	( ) 呼吸急促	( ) 其他 ________
( ) 其他 ________		( ) 胃里七上八下	

你有什么想法或担忧？ ______________________________

为了减轻焦虑，你采取了什么措施？ ______________________________

图 3-8 意识练习表

患者用这些表格监测并记录自己的行为。

的治疗要素，因为自己记录症状的行为可能会增强患者对问题行为的意识而且降低了它的频率。

2. 行为观察

行为观察（behavioral observation）也涉及在行为出现时对其进行的测量，但这种方法由是别人而不是患者来监测行为频率、持续时间以及性质。首先，定义行为使其能够被清晰观察和可靠监测。例如，对于有注意问题的孩子来说，其特定问题必须被界定，如离开自己的座位、多话和坐立不安（Compas & Gotlib，2002）。仅仅要求评定员测量粗略的概念（如"不专心"）会导致在不同时间和评定者间的信度很低。

其次，确定如何观察感兴趣的行为很重要。事件记录指监测每次观察行为的发生，例如，记录孩子在学校里离开自己的座位、多话或者坐立不安的次数（Compas & Gotlib，2002；Tyron，1998）。运用间隔记录法，行为评定员能测量出观察行为在某个特定的间隔时间内出现的次数（例如，上课时数孩子每 15 分钟内离开座位的次数）。有时候，行为可以在自然环境中观测到。评估者可以去孩子的教室观察其行为，或者治疗师陪同患者去问题行为的现场。在其他情况下，行为可以用模拟的方式来观察。在模拟观察中，评估者会创建一个与问题行为发生情境类似的场景，以便可以直接观察行为。例如，有演讲焦虑的患者可能被要求站在桌子或者讲台后做演讲。治疗师可以数出患者口吃的次数、在演讲中沉默的持续时间、患者所做眼神交流的次数，等等。

活动记录仪用一种非侵入方式测量活动水平。这种记录仪看上去像一块腕表，通常被戴在非利手的手腕上（如右利手的人戴在左腕上）。该仪器记录活动引起的振动，可令研究者检测很多活动，如坐、跑和睡眠。活动记录仪常被用来评估睡眠模式、昼夜节律、白天嗜睡、失眠以及睡眠干预的效果（Troxel et al.，2010；Westermeyer et al.，2010），还会被用来记录注意缺陷多动障碍儿童的活动（Uebel et al.，2010）。

行为逃避测验（behavioral avoidance tests）经常通过要求患者尽可能接近令其恐惧的情境来评估其恐惧和逃避行为（Compas & Gotlib，2002）。例如，有恐高症的患者可能被要求尽可能高地爬一个露天楼梯。观测者测量这个人对所恐惧的情境能有多接近。和自我监测一样，行为观察策略也能用来评估患者在基线水平时症状的严重程度（在治疗开始前），同时也可以评估治疗后变化的程度。

心理生理评估

心理生理评估（psychophysiological assessment）测量的是脑结构、脑功能和神经系统活动。这种类型的评估测量神经系统中反映情绪或心理事件的生理变化。不同的测量方法可以评估大脑的生物化学变化或者身体其他部分的生理变化。

最传统、最普遍、最少侵入性的心理生理测量方法是脑电描记法（electroencephalography，EEG）。研究者于 1912 年首次测量并记录了狗的脑电波，在 20 世纪 50 年代前，这种方法已在整个美国被常规使用（Niedermeyer，1999）。电极被置于被测者的头皮上或特殊情况时放在脑皮质中，大脑不同部位的电压差就可得到测量（Eisen，1999）。电极的位置与命名是标准化的，以确保实验室间和临床机构间的一致性。

EEG 是一项有用的研究工具，因为它是非侵入的，并且对参与者要求很低。参与者进行与简单的诱发刺激相关的认知加工时，脑活动会被记录下来，这被称作事件相关电位（event-related potential，ERP）。脑活动的变化和刺激的时间标记在一起，被记录下来。所呈现的刺激包括听觉（声音）、视觉（光或视觉图像的闪烁）、嗅觉（气味）以及可以引起如记忆、模式识别或情绪反应的认知刺激等多种形式。

脑电图的模式包括节律活动和非节律活动，而且人在放松、睡眠和昏迷时有不同的波频。不规律的波动可能反映的是癫痫发作。EEG是监测和诊断特定临床状况（如昏迷和脑死亡）以及监测麻醉时脑功能的有用工具（Fein & Calloway，1993）。

大多数人都听说过快速眼动（rapid eye movement，REM）睡眠，其实还有一个眼睛在休息时的睡眠阶段，即非快速眼动（non-REM）睡眠。睡眠与觉醒状态由以下阶段组成：W阶段（清醒），N1阶段（NREM1睡眠），N2阶段（NREM2睡眠），N3阶段（NREM3睡眠）和R阶段（REM睡眠）（Silber et al.，2007）。在W阶段，我们的大脑活动主要是β波。当我们放松或开始入睡时，大脑由α波主宰。然后进入N1阶段，它的标志是更慢的θ波和犯困。之后进入N2阶段，此时肌肉活动降低并对外部环境不再有意识。之后是N3阶段，由更慢的δ波主导，这是我们最深的睡眠阶段。当从N3阶段被唤醒时，我们都有可能感到迷失方向和无力。梦游症（或somnambulism）和说梦话（或somniloquy），以及夜惊和夜遗尿也在N3阶段发生。

EEG作为一种探索大脑活动的工具，有几个优点。它可以评估非常快速的反应——测量的是毫秒水平而不是其他技术的秒和分水平。此外，EEG是唯一直接评估电活动的手段。然而，EEG不能测量特定脑区的功能（Ebersole，2002）。因此，近期的研究将EEG与功能性脑成像技术联合起来（Koessler et al.，2007）。

EEG是最传统的心理生理评估手段之一，因其非侵入性特点常被用于研究。它记录人脑活动的变化。

脑电图对于检测特定神经活动或确定特定神经递质的信号传递可能不够灵敏。另外，相比于其他功能性脑成像技术，脑电图不能确定特定脑区的功能。虽然有些人将脑电图作为一种大脑功能的测试，但它更准确地被看作一个对脑活动的广泛测量（Ebersole，2002）。因此，最近的研究已将脑电图与功能性脑成像技术结合起来（Koessler et al.，2007）。

另一种心理生理测量手段是皮肤电活动（electrodermal activity，EDA），曾被称为皮肤电反应（galvanic skin response，GSR）。这个测量利用的原理是手掌汗腺受外周神经控制并因此对情绪状态有反应。如果经历过手心出汗，你就知道这种感觉。EDA测量由汗腺活动的增加或减少产生的电导变化。EDA是一扇测量应激或焦虑的窗口。

一个常见的涉及EEG或EDA策略的心理生理评估是生物反馈（见第14章）。术语生物反馈（biofeedback）最早出现于20世纪60年代末，指的是通过应用电子仪器帮助人们学会控制通常在意识之外的身体功能，如心率或呼吸频率。生物反馈可被用于促进放松和缓解疼痛。这个评估的目标是通过将生理信号带入意识以训练患者认识和调整生理信号。你可能在日常生活中使用某种形式的生物反馈。如果感到自己越来越焦虑而且心率增加，你可能会做一些深呼吸来让自己冷静下来。你认识到心跳在加速，于是会做些事情来试图使自己的唤醒水平降低。

临床生物反馈使用同样的运作原理，但使用更精密的仪器来更敏感地探查和记录生理反应。例如，患者的生理信号，如心率、血压、肌肉紧张可以被记录并转换为可探查到的信号，比如每探测到心率超过90次时就有灯光闪烁。患者通过试图让紧张的肌肉放松或降低心率来参与和对视觉信号做出反应。然后灯光闪烁的频率更低，作为患者成功的信号。临床生物反馈被用于治疗各种心理问题，包括焦虑、恐惧和注意缺陷多动障碍。这项技术还有助于其他医学状态，如偏头痛（Nestoriuc & Martin，2007）、雷诺综合征（一种循环障碍）（Karavidas et al.，2006）、颞下颌关节功能失调（Crider et al.，2005）、纤维肌痛（Kayiran et al.，2010）、癫痫、小便失禁、消化系统疾病、高/低血压、心律失常和麻痹（Association for Applied Psychophysiology and

Biofeedback）。生物反馈生动地展示了感受和情绪如何影响身体的功能，以及改变情绪状态如何能直接影响生理功能。

一个令人兴奋的新的研究领域是：生物合成（如药物催产素）可能会提高人的感知能力，如能够更好地理解他人情感（见“研究热点：催产素和‘读心术’”）。

催产素和“读心术”

评估可以采取多种形式。我们对潜在的生物学和可观察的社会行为之间关系的理解有了可喜的进步。脑部激素的释放可能影响我们形成亲密关系、信任他人甚至读心的能力吗？研究人员通过研究一种我们体内的天然物质催产素，发现了这种可能的存在。多年来，催产素只被认为是一种促进宫缩和分泌乳汁的激素。现在看来，催产素可以作为大脑的神经递质，与许多复杂的社会行为有关。动物研究表明，催产素可以增加母性行为和雌雄结合（Carter，1998；Young & Wang，2004）。初步的人类研究发现，使用催产素后，人们在钱上更有可能信任他人（Kosfeld et al.，2005）。这项初始研究使研究人员怀疑，在减少社会压力、增进理解以及增加依恋行为上的“读心”能力是不是催产素机制的一部分。

纯粹通过如注意面部表情这样的外部观察探测他人的思想感情的能力，是人类社交互动不可或缺的。至于“读心术”，即对他人情感状态的分析，其基于的外部线索不但包括交谈，还包括对他人信任的建立和维持。

研究人员（Domes et al.，2007）研究了催产素对人们“读心术”能力的影响。当被试被要求根据一张只含有眼睛的图片描述该人的想法或情绪时，事先给了催产素的被试表现得比那些没有被给予任何激素的被试要好。这种感受他人情绪状态的能力可能会促进社会依恋和信任行为。尽管结果是初步的，但这些研究为我们理解生物学因素如何影响社会功能打开了一扇有趣的窗。

这些信息对于未来研究和治疗患有严重社交缺陷的患者，尤其是孤独症是非常有用的（见第 12 章）。研究显示，孤独症谱系障碍患者的“读心能力”有明显损害，并且他们血液中的催产素水平也很低。 «««

诊断和分类

用一种通用的语言来描述临床现象，对于临床实验和研究都是至关重要的。下面是一位医生为将他的患者转介给另一位在遥远城市的医生所写的患者出院总结，这份总结展示了这种通用语言的使用。

> 2007 ~ 2010 年，我与苏珊的保健医生一起治疗了她的复发性严重抑郁，她的保健医生负责给药。在此期间，苏珊经历了持续时间在 4 周到 4 个月不等的三次严重抑郁期。每次她的症状都表现为情绪低落、快感缺乏、易激惹、早醒以及注意问题。她报告有频繁的被动自杀观念，但没有自杀行为或计划。在此期间，她一直每天服用 40 毫克的氟西汀。经过最初的认知 - 行为治疗后，我们约定每当她感到情绪低落时，就联系我做进一步治疗。

这些有关症状和分类的通用术语可使新的医生形成关于患者的相当准确的印象。使用诊断标签来描述症状，可以帮助医生和研究人员交流患者的情况。确定哪个诊断最适合患者的症状模式还有助于医生开发出适当的治疗计划。历史上心理障碍的分类已经变化过多次，如同今天我们对这些障碍的理解也在不断进步。

异常行为分类的历史

1952 年，美国精神病学协会（American Psychiatric Association，APA）采用了一种分类系统——**《精神障碍诊断与统计手册》**（*Diagnostic and Statistic Manual of Mental Disorder*，DSM-Ⅰ）（APA，1952）。该系统源于 1918 年开发出的为美国人口普查中精神病院部分提供规范统计的一个早期系统。1952 年的 DSM 手册中包含了 106 类精神障碍（Grob，1994）。从那时起，DSM 历经发展。在 1968 年出版的 DSM-Ⅱ（APA，1968）中，在 134 页中列出了 182 类障碍，并反映了当时占主流的心理动力学观点。该手册将症状描述为对广泛的深层次矛盾或对生活问题的不适应的反映，而不是可观察行为的形式（Wilson，1993）。1974 年，项目组的工作致力于建立更具体的诊断标准，目的是促进精神卫生研究并建立反映当时最新科学知识的分类。

DSM-Ⅲ（APA，1980）的分类是基于描述而不是关于障碍起因的假设，心理动力学角度被更多生物医学的方式所代替（Wilson，1993）。DSM-Ⅲ于1980年出版，页数是之前版本的三倍多，诊断分类则是之前的两倍（265）。在许多新诊断分类上是有争议的。例如，第2版中的焦虑性神经症在第3版被分为几个不同类别，包括广泛性焦虑障碍、惊恐障碍和社交恐惧症。尽管有争议，所有后续修订都与DSM-Ⅲ保持了相同的结构并都试图改善或完善这个版本而不是彻底推翻它。之后是DSM-Ⅲ-R（APA，1987），不仅包括修订还有对一些障碍的重新命名、重组和替换，含292种诊断（Mayes & Horwitz，2005）。1994年，DSM-Ⅳ列出了297种障碍。这次的修订工作由指导委员会完成，工作组的专家的工作有：①对他们的诊断进行了一次广泛的文献回顾；②从科研人员那里获得数据，以确定哪些标准需要改变；③进行了多中心临床试验（Schaffer，1996）。DSM-Ⅳ-TR（APA，2000）是一个“文本”修订版，出版于2000年，保持着大多数诊断标准不变。刚出版的DSM-5包括237项诊断，并对异常行为使用了发展的方法。DSM-5强调了文化和性别在精神病性障碍表达中的作用。与之前的版本相比，DSM-5使用了更多的维度评定以区分症状的严重度。

尽管人们对DSM系统有着许多有力的批评，但DSM还是非常有用的，它为临床医师和研究人员提供了一个框架和通用语言。DSM系统可以帮助医生检查症状和相关特征，并确定适当的评估和治疗。此外，心理障碍的准确分类对于严谨的研究而言，是一个关键部分。理想情况下，随着神经科学和遗传学的研究进展，我们将会看到一个更多反映基于生物学的心理障碍分类系统的出现。

本书后面章节所涉及的内容将覆盖主要的临床综合征（clinical syndrome），或被日常语言称为精神障碍（mental disorder）。所用材料都围绕根据DSM-5定义的障碍组织。除了列出诊断，DSM的作者还想提供一个信息多样的系统，而不仅只是提供一个简单的临床诊断（如抑郁症）。首先确定一个人是否患有精神障碍，如果是，是哪一个。之后医生还会为患者做出一些评定，以向患者或其他卫生保健工作人员解释该障碍的一些特征在该患者身上可能有特殊表现。例如，医生可能会提示，某些心理社会或环境因素的存在可能对障碍的产生与保持起作用。此外，医生可能还要评定障碍是如何影响患者的学业、社会或职业功能的。

DSM之外的一种分类系统是由世界卫生组织（WHO，1992）发布的《疾病和有关健康问题的国际统计分类》（*International Classification of Diseases and Related Health Problems*，ICD）。ICD对身体疾病和内容广泛的心理症状与综合征使用了基于编码的分类系统。第二次世界大战结束后不久，ICD的精神障碍诊断系统在欧洲的开发与在美国开发的DSM差不多处于同一时间。ICD第一次收录精神障碍是在1948年。虽然有些差异仍然存在，但APA和WHO合作开发了DSM和ICD的相关部分。像DSM系统一样，ICD也被定期修订，它目前是第10版，并正在着手修订第11版。

ICD已成为流行病学和许多以健康管理为目的的项目的国际标准诊断分类系统。除了在疾病分类和其他健康问题上的应用之外，ICD也用于为WHO、第三方支付人和保险公司提供发病率和死亡率的统计（WHO，2007）。

共病

共病（comorbidity）是指至少有两种精神障碍并存于一个人身上（见第2章）。患者的症状往往不能用单一分类完整地描述或诊断，例如，一位抑郁症患者也可能会有焦虑（惊恐）发作和进食障碍。当超过一个障碍被确诊时，就可以说这些障碍是共病的。几乎一半患精神障碍的人具有符合至少一个其他障碍诊断标准的症状（Kessler et al.，2005）。

共病这个词可能是一种误导，因为我们目前还不清楚这种并发诊断真实反映了不同临床障碍的存在还是单一临床疾病的不同表现形式（Maj，2005）。但是，频繁做出的多种心理障碍并发的诊断不能被忽视。共病率很高，有很多理论在解释当前的诊断系统如何导致了如此多的共病。例如，它可能是“DSM-Ⅲ规定同一症状不能出现在一个以上障碍中”的结果（Maj，2005；Robins，1994）。鉴于这种规则，尽管DSM承认严重抑郁患者经常焦虑，但焦虑是不能出现在抑郁的标准中的。因此，评估者被迫转向另一个诊断以描述和记录这个突出症状。共病增加的另一个原因是每个新版本的DSM都增加了新的诊断分类。DSM已经比其最初发布时增加了很多，包括了越来越多的类别（见图3-9）。如果障碍之间的分别被制定得越来越精细（这也许实际上并不反映本质），共病诊断的增加就非常符合逻辑了（Maj，2005）。

DSM版本	出版时间	障碍数量
DSM-Ⅰ	1952	106
DSM-Ⅱ	1968	182
DSM-Ⅲ	1980	265
DSM-Ⅳ	1994	297
DSM-5	2013	237

图 3-9 各版本 DSM 中精神障碍诊断数量的比较

发展和文化因素是如何影响诊断的

在诊断时，理解发展和文化因素是很重要的。DSM-5 的一个重要突破就是在理解心理障碍时使用了发展的观点。正如我们在第 1 章中所说，儿童与成人在身体、认知和情绪发展的基本方面均有不同，很多具体障碍的症状表达方式也会因年龄不同而不同。因此，评估存在的特定障碍（如抑郁）时，理解特定症状如何随年龄变化是很有必要的。比如，小孩子不能真正理解“未来”的概念，因此我们不能指望一位患有抑郁的小孩子能理解“对未来感到无助”这句话。DSM-5 承认，很多诊断都有与发展阶段相对应的症状存在。

医生也发现，男女两性有着不同的心理障碍患病率。例如，女性更常被诊断为抑郁和焦虑，而男性更常被诊断为物质滥用。很有可能男性和女性确实会以不同的患病率患不同的病，也许与各自携带某些特定综合征的遗传学风险因素有关。也有可能是，同样的问题（如面对应激）在男性和女性身上有不同的表达。

症状和障碍还可能受种族和民族的影响。文化相关综合征（culture-bound syndrome）是指一些只在特定民族或种族群体中才有的综合征。如 ataque de nervios 是一种只在拉丁裔群体中存在的焦虑综合征。一般来说，分类系统应该考虑到影响异常行为体验和描述的发展、人口学和文化变量。一些症状是普遍存在的，一些则不是。

诊断系统何时是有害的

尽管诊断系统对精神障碍的诊断和治疗都是有好处的，然而目前的诊断方法也有很大的局限性。首先，因为许多诊断分类需要一个人从长长的列表中具有指定数目的症状（例如，在 6 项里有至少 4 项才形成一个诊断），并不是每个有同样诊断的人都会经历相同的症状。其次，大多数诊断分类不需要症状与一个特定的病因（原因）相联系，因此，同一障碍的不同患者，造成其障碍的原因也不同。最后，两个有相同诊断的人不一定会被给予同样的治疗。

诊断分类也可能鼓励对于特定疾病的刻板印象。例如，设想一位年轻女士有一个祖父，他被诊断出患有双相情感障碍（见第 6 章）。他因公然过度消费、生活不检点、夸大（一种夸大自己重要性的感觉）而有过几次住院和治疗。虽然他的孙女开始体验不那么极端的体征和症状，但她也许不愿相信自己有相同的障碍。在她心里，她的症状不符合双相情感障碍的刻板印象或她看到的祖父的行为。刻板印象的诊断还会造成医生对患者的过早和不准确的假设，并妨碍彻底的评估及综合治疗计划的制订。例如，医生对一位被诊断为抑郁症的患者开出抗抑郁药物而没有足够的评估其对使用非药物治疗来处理生活问题的需要。同样，为患者贴上某种诊断的标

基于成年人建立的诊断标准可能不会很好地描述老年人的经验。他们可能会有不同的症状或与年轻人相比，对症状有不同的描述。

签，可能导致自我实现的预言（self-fulfilling prophecy）（例如，我有贪食症因此我将再不会正常进食了），并会产生影响个体在工作或社会关系中功能良好的能力的污名（stigma）（例如，谁会和一个有进食障碍的女人约会）。

对DSM诊断系统的另一个批评是其分类可能反映了一个时代的信仰或知识局限。一个很好的例子是同性恋在1974年以前的诊断中被归为精神疾病。被归类为一种精神障碍后，同性恋在本质上被定义为会导致痛苦和损害，应接受治疗。这种分类极大地使得同性恋污名化，使同性恋者相信他们在精神上有什么地方不对劲，并使一些考虑不周的人试图改变同性恋者的性取向。之后，有关同性恋的研究变得开放，实证证据并不支持同性恋是一种精神疾病或天生就与心理病理学有关。经投票多数同意，美国精神病学协会（APA）在DSM-Ⅲ（1980）中以自我矛盾的同性恋（Ego-Dystonic Homosexuality）取代了同性恋（homosexuality）诊断，指性取向不符合个人的基本信仰和人格。然而，心理健康专家批评这种新的诊断分类是一种妥协，旨在安抚那些仍然认为同性恋是病的精神病医生（APA，2006）。1986年，同性恋诊断从DSM中被彻底删除了。在DSM-5（APA，2013）中，唯一提到同性恋的地方是在分类“未在他处提及的性障碍”中。这一类包括同性恋，其最明显的特征是关于个人性取向的持续和明显的痛苦，这个类别仍然可能反映持续的污名。1992年，APA发表了如下声明：

> 同性恋本身并不影响一个人的判断力、情绪稳定、可依赖性以及总体的社会和工作能力。美国精神病学协会呼吁全球的卫生组织以及各国的精神病专家敦促所在国取消有关惩罚彼此同意的私下成人同性恋行为的法律。除此之外，协会呼吁各组织和个人在任何可能的情形和场合下采取各种措施减弱同性恋者所面临的污名。
>
> 资料来源：American Psychiatric Association, “Position Statement on Homosexuality and Civil Rights”, in: American Journal of Psychiatry, Vol. 131 (1974), No. 4, p. 497 (Official Actions).

对DSM最后一个批评是，它包括了太多的障碍，人类行为的正常变化由于被贴上了诊断标签而被过度医疗化（见“研究热点：有那么多的障碍吗”）。总的来说，尽管依靠对障碍的症状进行分类的诊断系统为患者、临床医师和研究人员带来实质的好处，但这些系统的局限仍需要考虑。已有人提出了讨论心理问题的替代系统，基于维度模型而不是绝对分类模型。

有那么多的障碍吗

最近一项由雷·莫伊尼汉（Ray Moynihan）2006年4月1日发表在《英国医学杂志》（*British Medical Journal*）的研究（Moynihan，2006）表示：“极端懒惰可能有医学基础。”作者把这种新状况称为动机缺乏障碍（motivational deficiency disorder，MoDeD），并描述其对日常生活的影响可能是致命的。其最严重的表现是它可能减少呼吸的动机。文章还讨论了可能的药物治疗手段以及关于“普通懒惰”可能会被误诊为MoDeD的批评。此后不久，网络博客开始讨论MoDeD。人们猜测自己是否“符合诊断”的症状并询问到哪里可以接受治疗。新闻媒体迅速关注这项研究，并将其结果放在“每日健康”专栏的醒目位置。

尽管这篇设计巧妙的文章只是一个愚人节玩笑，但MoDeD最初被公众认可突显出一个更大的问题，即关于人类状况的普遍社会概念。有那么多的障碍吗？有时，我们是不是将人类功能的正常变化转成了医学或精神疾病？

从1952年到现在，DSM诊断分类的数量明显扩大。我们是否在过去60年里真的发现了那么多新的心理障碍呢？在许多情况下，实证数据被用来修改、添加或删除分类。在其他情况下，分类的修改在很大程度上基于参加DSM工作组的医生们的共识。社会、政治和经济变量可能也起了作用（例如，研制新药治新病是有潜在经济效益的）。尽管如此，为了确定各种“潜在的”诊断分类有效性的研究还是需要的（例如，经前期焦虑性障碍、抑郁型人格障碍）。使心理痛苦成为心理障碍的必要条件是什么呢？

所有卫生保健专业人员都同意，在一个诊断分类被正式确立之前，对其信度和效度的研究是非常重要的。更大的争议是一些批评者（Chodoff，2002）认为，我们需要明确的生物学标记，以区分心理障碍和人类反应的正常变化。尽管一些研究正在进行，DSM-Ⅳ列出的大量障碍仍会基于“患者历史的主观清单”。研究的一个重要目标是，通过进行仔细的对照研究，以便更有意义地描述真正的心理疾病，如严重抑郁症的症状集群或类别，而不是将正常的人类情感，如亲人亡故后的悲伤当成病态。直到客观标记（生物学的或其他）确定之前，我们必须小心防范各种 MoDeD。«««

作为 DSM 分类替代的维度系统

DSM 和 ICD 都是基于将症状按障碍分类的绝对系统。一个替代这种绝对诊断系统的是异常行为的维度分类系统，该系统认为患障碍个体与无障碍个体并没有本质差别。维度模型对异常行为的理解认为，我们现在所说的障碍的症状只不过是正常经验的极端变化而已。这种模型的支持者认为，精神疾病最好在功能的连续维度上去定义，而不是离散的临床状况（Widiger & Samuel, 2005）。精神疾病的两个特征支持维度的方法，是高的共病率（两个或两个以上的障碍同时发生）和类内变异性（例如，有同一诊断的多人可以有非常不同的症状和经验）。DSM-5 诊断的重要特征是允许共病的诊断，因为有 45% 的心理障碍患者满足两个或更多的障碍标准（Kessler et al., 2005）。维度模型的支持者指出，这种替代方法将允许对患者的困难在多个功能失调区域进行丰富描述。比如在维度模型中，医生可以对患者的功能在一系列维度或特质上进行评定（例如，内向、神经质、开放性、责任感，等等），而不是简单地基于一组症状是否出现。患者的症状不能很好地符合现有分类时，维度系统也可以对其进行很好的分类和理解。在许多情况下，患者会报告某种障碍的许多症状，但都不能真正满足诊断标准。在一个绝对分类系统中，这些人通常被认为有阈下综合征（subthreshold syndrome）。维度的方法则允许我们描述所有的症状，不管它们是否真的满足指定的临界值或标准。

维度方法还允许医生对障碍的异质性（heterogeneity）即诊断分类中的多种症状区别对待。尽管 DSM 的目标是创造相对同质的诊断分类以形成分类的“通用语言”，但诊断出患有同样障碍的人实际上可能很少有共同的特征。例如，两个被诊断为抑郁症的人可能有非常不同的临床表现。一个可能有抑郁心境、哭泣、睡眠困难、疲劳、注意困难，另一个可能对以往能带来快乐的事情丧失兴趣、食欲下降、体重降低、运动迟滞、无价值感以及频繁想死。两人的症状组合都会满足 DSM 严重抑郁的标准，但其主诉和治疗目标将会相当不同。总的来说，诊断分类中的这种异质性会对临床实践和研究产生负面影响（Krueger et al., 2005）。维度方法拥护者相信这种方法可以得到大量的相关临床信息，这对临床和科研都有好处（Watson, 2005）。对维度模型的反对通常集中在临床效用上。绝对系统提供了一种简单的方法，有一个明确的诊断标签，提出了一种共享信息的有效途径。维度模型天生是更复杂的。例如，相比与患者讨论她的症状在每个人都经历的特质维度上处于哪个点而言，向患者解释说她有抑郁症是非常简单的。临床决策的性质（例如，是否住院、用什么药、保险是否覆盖）也会因简单、容易交流的分类系统而容易理解。多维度造成的共享信息的复杂性会使医生与患者的交流变得极端困难；研究者和医生试图对常见的临床症状进行的信息共享也将变得更为困难。此外，由于目前还没有一个单一的、被大家接受的心理病理学维度理论存在，获得涵盖所有精神疾病并取得大家共识的维度模型将相当困难（Blashfield & Livesley, 1999）。绝对方法的支持者也承认，大部分诊断之间的界线还不明确，他们也承认精神病学的分类尚需进一步精确（Blashfield & Livesley, 1999）。

利比——一项临床研究中的评估

在这个个案研究里，我们介绍利比的经历。利比是一名患神经性贪食症的年轻女子。神经性贪食症是一种包括狂吃和清除（通常是呕吐）的进食障碍（见第 7 章）。利比参与了一项比较药物（氟西汀）治疗和认知－行为治疗的研究。本案例以第一人称叙述，中间有研究者以介绍评估过程为目的的评论。

我在本地公交车上看到了一个免费治疗神经性贪食症的广告。我得这个病很多年了，但是没钱治疗。我以前所能做的就是在上大学时接受过6次心理咨询。于是我拨打了这项研究协调员的电话。她是个很好的人，为我介绍了这项研究。她首先做的就是在电话里问了我一些问题，我的年龄、当前体重、过去最重和最轻时的体重以及我狂吃和清除的频率。

研究者：这就是电话筛查。这些问题用来确定来电者参加研究的初步资格。我们所寻找的被试是目前患有神经性贪食症，在过去3个月里每周狂吃和清除至少两次。

协调员为我安排了第二周的会面，并说她会发给我一封邮件，里面有一袋资料、一份同意书和一些问卷。3天后我收到了所有这些材料。资料几乎又重复了一遍她先前跟我说的关于这项研究的内容：会有一个随机程序（抛硬币）来决定我被分到药物组还是心理治疗组。我其实并不太在乎自己被分到哪个组，我只是想把自己的病治好。我通读了同意书然后签字便参加了这项研究。我打开问卷，必须回答上百个问题，这用了我两个多小时。内容从进食行为到我对自己体形的感受、我的抑郁和焦虑程度，以及是否喝酒、吸烟和嗑药。还有一堆问题问我是个什么样的人，另一些问卷问了我去年的生活中都发生了什么。

研究者：这套问卷是包括测量当前进食症状的进食障碍检测问卷，测量经常伴随神经性厌食症的负性心境的贝克抑郁和焦虑问卷，评估吸烟和尼古丁依赖的Fagerstrom尼古丁依赖测试，以及对酒精和药物使用的测量。生活事件量表测量被试过去一年中明显的环境事件。作为多轴诊断系统的一部分，了解是否有可能影响被试思想和情感的明显应激源（如经济困难）或重大事件（如亲人亡故）是非常重要的。这是我们的基线测量，这里的许多测量在整个研究中还会被重复。

当我去如约会面时，研究者检查了我的同意书并且通读以确认我回答了每个问题。然后就是一场内容相当广泛的会谈。精神病学家真正深入了解了我的进食、抑郁和焦虑问题的历史。他还问了我很多关于酗酒和吸毒的问题，但最终他似乎相信我没有这方面的问题。

研究者：我们为利比做了DSM-Ⅳ的结构式临床基线访谈以建立她的基线诊断，做了进食障碍检测性访谈以获得她进食障碍本质的深度信息。根据我们的评分，她符合神经性贪食症、严重抑郁和恐惧症的诊断。她适合做被试，因此我们邀请她参加。

研究者欢迎我参与研究。他们教我做自我监测，看我狂吃和清除的频率，这是在我开始治疗之前的整个一周必须要做的。我被随机分配到了认知－行为治疗组。

研究者：在未来的12周里，利比参与了治疗神经性贪食的认知－行为团体治疗。治疗期间，她继续做自我监测。我们从她的自我监测记录里可以看到，她的狂吃和清除行为在第4周改善了。

我坚持去团体并发现他们给我的家庭作业对于控制我的狂吃太有帮助了。将我的经验分享给团体里的其他人也让我很开心。我没想到，在控制我在贪食症中所遇到的困难方面，居然大家和我一样。12周的治疗后，我感觉就像看到了隧道尽头的光。

研究者：12周结束时，我们请利比填写和基线评估时一样的表格以检验变化。我们又为她进行了一次进食障碍检测性访谈，以获得关于她进食障碍治疗进展的具体信息。为她进行访谈的精神病学家并不知道她被安排到哪个组。访谈结果显示，她在过去4周里节制了狂吃而且只清除了一次。这与她的自我监测数据非常吻合。

在最后一次访谈后，我安排了追踪会面。我希望治疗后的3个月和6个月时能再回来。我学到了对于贪食症来说，复发是很常见的，检测治疗是否有效最好的办法就是确保将我的变化坚持到底。我很高兴再回来做评估——尤其是他们会支付停车费，并且每次会面后他们会给我50美元，这让我更乐意去做。

研究者：对我们来说，积极变化能坚持下去是很重要的。做到这些的唯一办法是安排追踪评估。因为很多人不再回来做追踪，我们发现一种很好的激励他们回来的办法就是报销他们的停车费并为占用他们的时间提供一定数量的金钱补偿。如果他们做得还不够好，追踪评估也是我们建议他们做补充治疗的极好机会。

当我回去做追踪评估时，精神病学家（依然不知道我接受的是哪种治疗）问了我很多和研究开始时他问的一样的问题。回想第一次会面时，我甚至能说出我前后的回答有什么不同。在这点上，除了一次例外，我在过去6个月里一次也没有狂吃和清除。我和男友分手后倒了霉运，我清除了好几次，但我用在治疗中学到的技能很快使自己的行为得到了控制。总之，我觉得参与一项临床实验是种有趣的经历。我不但得到了很好的治疗，后期的追踪也帮我保持对自己症状的控制。

«««

本章小结

1. 理解临床评估的目标和用途。

临床评估可以被用来收集与个体症状有关的各种信息或资料，以确定其心理问题的性质、状态与治疗。评估可以用来筛查、诊断、治疗进展或者疗效评估。

2. 说出心理评估工具的三个重要特征。

为了确定来自临床评估的分数的意义，将分数和其他组的分数对比（称为常模比较）或者同患者之前的分数对比（自我参照比较）是很重要的。评估手段的信度是指随时间和评估者的不同，能产生分数一致性的能力。测验的效度是指分数准确测量出欲测概念的能力。

3. 列出并解释不同评估工具的功能。

临床访谈通常在评估过程早期进行，这样医生可以开始收集信息并且设定评估目标。访谈可以是结构式访谈或非结构式访谈。心理测验测量人格、一般功能和认知功能、智力以及具体临床症状。包括自我监测和行为观察的行为评估测量的是引起和维持行为的行为和环境变量。心理生理评估测量与心理或情感事件有关的神经系统变化。心理生理评估最常见的形式是脑电描记法（EEG），它测量的是大脑中的电信号。

4. 解释为什么异常行为的分类系统是有价值的。

心理障碍的诊断与分类对于为医生和研究者创设一种通用语言很重要，这种语言有利于他们对患者、心理症状及综合征等问题的交流。诊断也帮助医生制订出适当的治疗计划。虽然存在可供选择的其他模型，但 DSM 分类系统在美国是最为常用的。

5. 认识到发展和文化因素对异常行为经验和分类的影响的重要性。

评估材料和程序需要将年龄和被试的发展水平以及文化因素考虑进去。

6. 讨论用维度模型替代传统分类系统对理解异常行为的利弊。

有人建议用异常行为分类的维度模型替代传统的绝对分类系统。这种模型指出，最好在功能的连续维度而不是分类上去定义异常行为。支持者指出，维度模型更能使研究者注意到被诊断为同一障碍的不同患者的症状的个体差异。然而，其他人则主张绝对分类系统在分享信息方面更简单和有效。

第 4 章

焦虑障碍、强迫症、创伤与应激源相关障碍

学习目标

阅读本章后，你应该可以做到：

1. 识别焦虑的三个成分。
2. 能够区分正常的恐惧反应和这些以焦虑为基本症状的障碍。
3. 理解发展因素和社会文化因素如何影响焦虑的表达。
4. 描述组成不同障碍的关键要素。
5. 识别与这些障碍的发展有关的生物学和心理学因素。
6. 识别用于治疗这些障碍的药物和心理干预。

22 岁的德洛莉丝与父母住在一起，拥有医学检验学士学位。在密闭的空间或不得不面对听众时她会极度恐惧。她对密闭空间的恐惧始于 10 岁时他哥哥将她锁在壁橱里并不让她出来。4 年前她上大学并住进狭小的宿舍时，她的恐惧加重了。在很多不同的地方，德洛莉丝都感到受困和受制，如开车进洗车房、做牙科检查、坐过山车或在特定电梯里以及被采血时。在她的头部和颈部被完全或部分包裹时她也会害怕，如戴摩托头盔时、看牙科使用塑料护面罩时，甚至穿救生衣时。在这些时候，她心跳加快、呼吸短促和眩晕，她担心她会死去。德洛莉丝还害怕公共场合，如公开演讲、在会议中讲话或求职面试时。她担心别人会看到她焦虑、自己可能会犯错或别人认为她是失败者。

她的恐惧影响了她生活的很多方面。她不能从事医学检验工作因为那需要在实验室戴护面罩，当她戴上面罩时会恐慌不能呼吸。她曾被一些医院录用，但每个工作都需要她在与高传染性血液样本打交道时戴上护面罩。因此，现在她的求职史是一系列短期工作，给人的印象是她难以保持一份工作。她没法从事本专业工作，她能找到的唯一工作是打扫房间。

德洛莉丝用贷款付的大学学费，现在她的收入太低使她难以支付贷款账单。对经济状况的担心令她难以入睡：她得躺两个小时才能入睡。她的男朋友因为她不玩过山车或坐在摩托后面而生她的气。有一次她和父母一

起度假时，到达酒店后他们又很快返程回家了。因为那酒店虽然很好但那里的所有电梯都是玻璃墙，德洛莉丝难以乘梯到达她的房间。酒店不退他们的押金因此也没有足够的钱再找一家有一楼房间的酒店住。

她的社交恐惧也困扰着她的生活。她从很多学校退学直到找到一所不需要毕业口头演讲的大学。德洛莉丝的声音很美并且爱在教堂里唱歌，但却因太焦虑而不能参加唱诗班。虽然她男朋友不理解她的恐惧，但她的妈妈和奶奶理解。她们也有明显的恐惧：她的妈妈不能将自己的头放入水中，她的奶奶结婚时宁愿逃跑也不愿意在众目睽睽之下走上红毯。

也许你也遇到过德洛莉丝这样的困境，你也许会有相似的体验：当你第一次约会的时候，当你不得不在公众面前讲话的时候，或者当你参加求职面试的时候，你担心自己能不能做好。你心跳加快，感到紧张，也许你的手心还会出汗，也许你在遇到这些事的前一晚也会失眠。所有这些都是典型的**焦虑**（anxiety）表现，这种常见情绪的特征是躯体症状（心跳加速、感到紧张）和对有坏事要发生的想法和担心。

什么是焦虑

焦虑是一种未来导向的反应（“如果我把这次演讲搞砸了怎么办？如果她不喜欢我怎么办”），常常发生在人们遇到新情境时或面对生活变动时（如升学、结婚）。在大多数情形下，这些焦虑持续的时间有限，当该事件结束时也就消失了。然而，在一些情况下个体的焦虑程度与实际情形不相符，这时焦虑就会导致焦虑障碍、强迫症、创伤及与应激源相关的障碍。在考察这些障碍之前，我们有必要先理解一下焦虑的性质以及一种与它密切相关的情绪：恐惧。

战斗或逃跑反应

试想当你正漫步在公园里享受着独处的乐趣时，你遇到两只恶狗正在打架。你打算慢慢退回去，但此时这两只狗停下来，并走向你。你知道你需要赶快逃离那里。幸运的是，进化已为你此时的反应做好准备。你的下丘脑（你大脑中负责意识到威胁情境并协调你的反应的区域）给肾上腺发出释放肾上腺素的信号。你突然发现自己比想象中跑得更快、跳得更高了。你甚至不知道自己能爬树，但此时你却正在这样做！幸运的是，这两只狗没有耐心再等你下来，无聊地走了。你身体的反应就叫作**战斗或逃跑**（fight or flight），是你的**交感神经系统**（sympathetic nervous system，SNS）的惯常反应（Cannon，1929）。战斗或逃跑反应从史前期开始就是人类行为的一部分（见图 4-1）。

身体的神经系统由两部分组成：中枢神经系统，包括大脑和脊髓；外周神经系统，包括身体所有其他的神经。外周神经系统进一步分化为两类：躯体感觉系统，负责感觉和随意运动功能；自主神经系统，负责不随意运动功能。自主神经系统也包括两类，交感神经系统和副交感神经系统。当被应激或恐惧激活时，交感神经系统会变得活跃。这时心跳会加速，为肌肉提供更多的血液以增大其力量；呼吸频率会增加，为大脑和血液提供更多的氧。无论是史前人类努力逃脱长毛猛犸象，还是现代时尚女性开车行驶在结冰的桥面上以避免滑下桥去，这种战斗或逃跑反应让你的身体功能在面对威胁时能够保持最佳水平。

当然，这种超常发挥的能力是有时限性的。当交感神经系统被激活后，**副交感神经系统**（parasympathetic nervous system，PNS）通过降低心率、降低血压、调整呼吸频率让你的身体恢复到正常的休息状态。战斗或逃跑反应通常与恐惧情绪有关，是一种对现存威胁性事件的反应。战斗或逃跑的动力是允许你利用所有可利用的资源迅速逃离危险情境。一些研究者把这种战斗或逃跑反应描述为对当前危险的“报警”(Barlow，2002)。

正如我们前面提到的焦虑是一种未来导向的反应，它的躯体反应水平通常较战斗或逃跑反应要低。焦虑还有一个特征是总是设想最坏可能的思维模式。即便没有真实危险时，焦虑也常出现。在下一节，我们主要考察焦虑的构成。

焦虑的构成

在马修和伊丹去盼望已久的海滨度假的路上，途经切萨皮克湾大桥时，马修的心跳开始加快，呼吸紧促。他开始出汗并感觉头晕。他把车停在桥中间，觉得自己心脏病就要发作了。伊丹要求替他开车，但是马修坚持让她打电话寻求医疗救护。尽管后来医护人员并没有发现马修症状的任何医学病理原因，但马修坚持认为他们应该回家而不是继续度假。

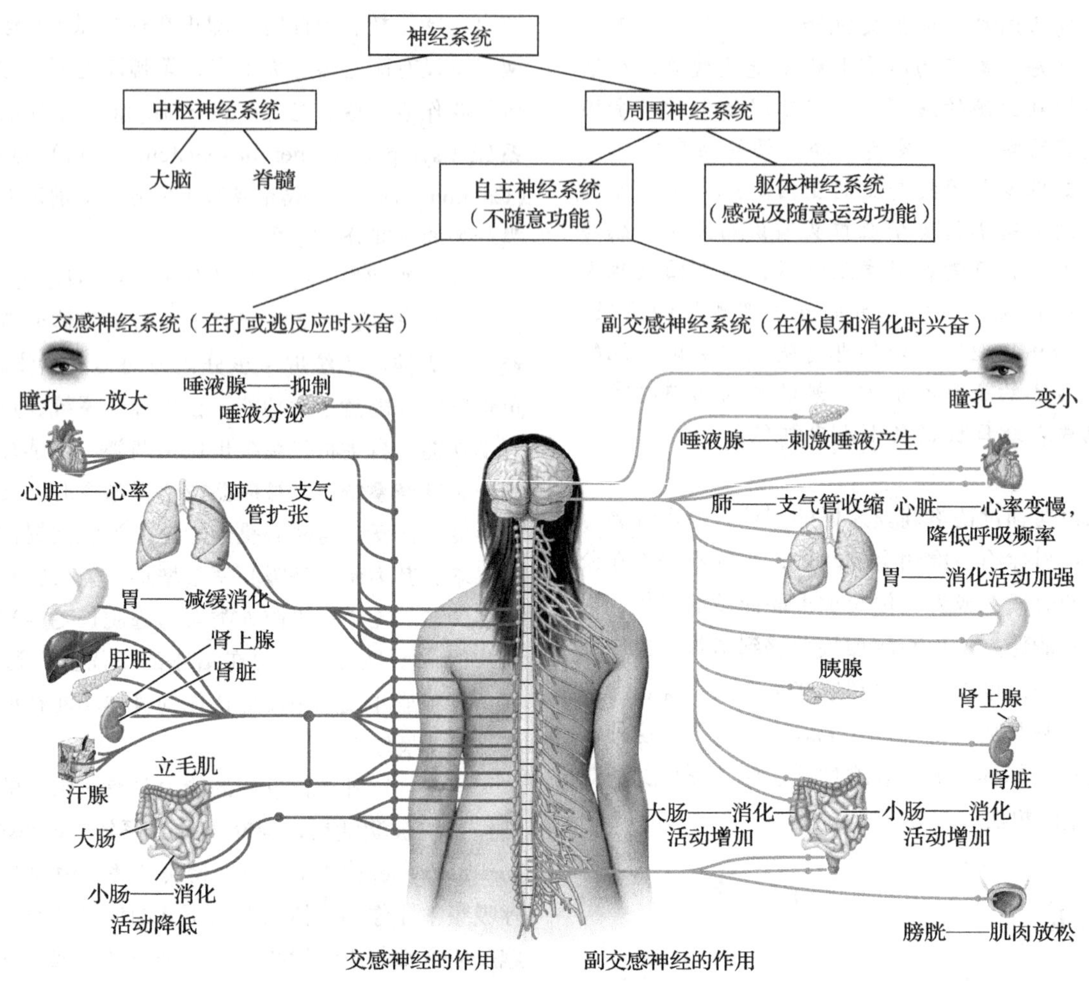

图 4-1　交感神经和副交感神经系统

交感神经系统做出战斗或逃跑反应，之后副交感神经系统让身体恢复到正常的休息状态。

资料来源：Lilienfeld, et al., *Psychology: From Inquiry to Undestanding* (p.121). Person/Allyn and Bacon. Copyright © 2009. Reprinted by permission of Person Education.

虽然并没有遇到任何像恶狗这样的明显威胁，马修还是体验到了躯体症状，而且是不可预期的或意料之外的。这种体验影响了他的身体、心理和行为。他的躯体发出一个信号告诉他应该离开（逃离）这种情境。他的心理担心他病了，所以他打电话求助。即使医护人员说他没事，但他还是不相信他们。他感到非常不舒服，所以他逃离了那种情境并返回家中（行为），那是他感到安全的地方。马修所体验到的生理的（身体）、认知的（心理）和行为的症状就是焦虑情绪的构成要素。在马修的案例中，这种与焦虑相关的躯体症状的强烈“爆发”被称为**惊恐发作**（panic attack）。惊恐发作被定义为突然涌来的极度恐惧或几分钟内即达顶峰的极度不适并伴有四个或更多躯体症状（APA，2013）。我们在本章其他部分还会提及。

焦虑和恐惧有三个基本成分（见图 4-2）：躯体症状、负性认知 / 主观痛苦，以及回避或逃离行为。像马修这样的惊恐发作，是焦虑的一种明显躯体表现，但不是唯一的一种。其他还包括脸红、耳鸣、肌肉紧张、易怒、疲劳、肠胃不适（消化不良、恶心、便秘、腹泻），或者尿急和尿频。在儿童经常主诉为头痛和胃痛（或者胃里七上八下），大一些的孩子更多地会报告自己的躯体不适。

除了躯体症状以外，焦虑还包括主观痛苦（也称为认知症状）。一种认知症状包括特定的想法、观点、印象或冲动。在某些情况下，当一个人遇到恐惧的事物或事件时就会产生这种想法，比如当害怕蜘蛛的人看见蜘蛛时（“如果那个毛茸茸的大蜘蛛咬我怎么办”）；还有的情况是这种想法是不由自主产生的（“如果我昨天开车时撞到了一个小孩怎么办”）。另一种认知症状是**担心**（worry），是指指向未来并与现实情况不相符的忧虑（消极的）期待。担心在成人、青少年和部分儿童中普遍存在。然而，青春期前的儿童在报告自己的想法和担心时并不像焦虑的成人那样普遍（Alfano et al.，2006），这可能反映了他们在认知发展上的整体不成熟。从发展的角度看，小孩也许还没有“思考自己的思考”的能力（Flavell et al.，2001），即所谓的元认知（metacognition）。由于这些差异，担心的认知症状在年幼儿童中很少出现。这种症状只有当儿童成熟到能够识别并报告自己想法的时候才会出现。

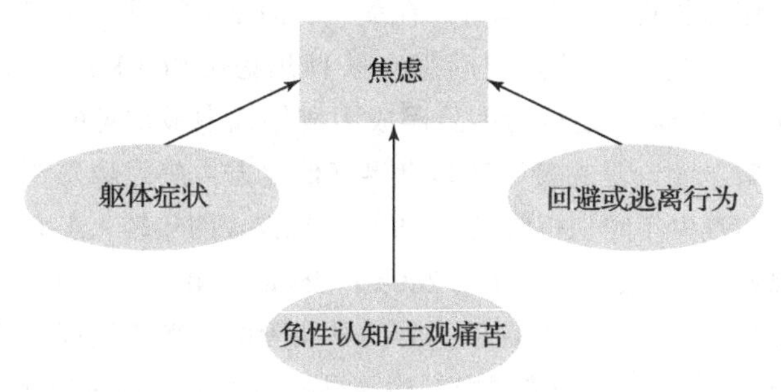

图 4-2　焦虑的三种成分

焦虑有三种成分：躯体症状、负性认知 / 主观痛苦以及回避或逃离行为。

焦虑最常见的行为症状是对恐惧的客体、事件或情境的回避或逃离。害怕乘电梯的人会坚持走楼梯。在大桥事件后，马修避免开车出行。逃避也表现为把某种行为做得很夸张。比如，怕脏的人表现得很过分，就会不停地洗手或清洁，以消除脏的感觉。在孩子身上，不寻常的行为可能是其恐惧的最初表现。当该去上学的时候，儿童可能会装病、大哭、黏着父母或发脾气。有些儿童可能会不顺从，拒绝听从与所恐惧事物接触的指导，甚至拒绝去学校。

回避或逃离行为可以暂时缓解痛苦，但它们也通过负强化的过程强化了行为上的回避。想象一下你很害怕蜘蛛，当有一次你在浴室里面见到一只蜘蛛，于是你跑出来了。你感到很释然因为你不再和那只蜘蛛待在同一个房间里。通过跑出来，你消除了那种消极的恐惧感受并且感觉不错。这种伴随在移除某种消极感受之后的释然感觉就是一种强化，也就是说，这种释然增加了你下次再见到蜘蛛时跑掉的可能性。因此，通过对相关情境的回避或逃离来消除痛苦实际上会让焦虑情绪更严重（见图 4-3）。对焦虑的心理治疗的基本目标是扭转这种负强化，以消除对恐惧情境的回避。

正常焦虑与异常焦虑的区别

正如前面所提到的，时不时地感到焦虑是很正常的。那什么时候正常焦虑会变成心理障碍呢？首先要考虑的因素就是看是否有功能损害。还记得在第 1 章中提到的罗伯特和斯坦吗？在出门之前，他们都会把家里再检查一遍，以确保所有的门窗都已关闭，以及煤气灶已关掉。罗伯特只用 5 分钟检查就足够了，而斯坦则要用几个小时来完成，有时会因此导致上班迟到。因为斯坦的检查行为损害了他按时上班的能力，所以他的行为符合焦虑障碍的诊断标准。

正常焦虑与异常焦虑区别的第二个因素是发育年龄。恐惧在孩子身上是很常见的，这遵循他们的发育轨迹（Antony & Barlow，2002）。发育模型的两个很重要的方面包括恐惧的数量和种类。随着年龄的增加，恐惧的总数会减少。对于婴幼儿来说，整个世界是那么新鲜以及最初的胆小使得他们有更多的恐惧。正如表 4-1 所示，不同年龄的儿童有不同的典型恐惧。当儿童在身体和认知上成熟到一定阶段后，他们就不再恐惧大的声响（如吸尘器的声音）。他们逐渐认识到大的声响不一定会给他们带来伤害。这种恐惧的发育等级并不仅仅是一个年龄阶段的问题，同时也是一个认知发展的问题。当儿童认知发展不协调时（比如，7 ~ 9 岁的儿童只有相当于 4 ~ 6 岁的智力水平），他们的恐惧通常反映的是他们的认知发展阶段，而不是生理（实际）年龄（Vandenberg，1993）。

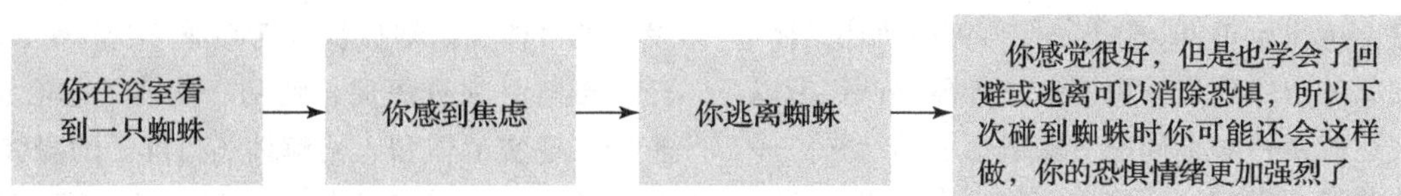

图 4-3　负强化增加了逃避行为和焦虑

感觉更好让你的焦虑情绪更恶化。

表 4-1 不同发育年龄的典型恐惧

年龄段	典型恐惧
婴儿期	失去生理支持 突然的、强烈的和意外的响声 高度
1 ~ 2 岁	陌生人 如厕活动 受伤
3 ~ 5 岁	动物（主要是狗） 怪物、鬼等 黑暗 独处
6 ~ 9 岁	动物 闪电和打雷 个人安全 上学
9 ~ 12 岁	考试 个体健康
13 岁及以上	受伤 社会交往、同伴交往 世界大事

资料来源：Ollendick et al.，1985.

当区分正常恐惧和异常恐惧的时候，社会人口学因素（性别、种族 / 民族、社会经济地位）是第三个需要考虑的因素。在总人口中，有焦虑障碍的女性比男性更为常见，对于特定的焦虑障碍，这个比率可以达到 3 : 1。女性比男性有更多恐惧的原因目前尚不清楚，但它可能反映了文化和性别角色期待的影响。社会接受度可能使女童和妇女更多地报告恐惧，而实际上她们并不一定有更多的恐惧。例如，女孩比男孩报告有更多的考试焦虑，但在一次真正考试中测量身体症状（血压和心率）时，男孩和女孩的考试焦虑水平的增加是同样的（Beidel & Turner，1998）。虽然在总人口中，报告恐惧的女性比男性要多，但对于那些寻求治疗的人而言性别比例是相等的。因此，当恐惧比较严重时，男性和女性的人数大致相等。

什么是焦虑障碍

焦虑障碍（anxiety disorders）是同有如前所述身体、认知和行为症状的一组障碍。对于每一种障碍，焦虑以不同的方式表达或是针对不同的对象或情境的结果。一些人害怕在公共场合发言，一些人害怕搭乘飞机，还有人害怕与他人的分离。当然，有些人不只害怕一种情境，并在某些情况下，他们可能有一种以上的焦虑障碍。两种或两种以上障碍在同一个人身上发生（无论是在同一时间或在生命中的某些时点）被称为共病。约有 57% 的人被诊断患有焦虑障碍的同时还患有另一种焦虑障碍或抑郁症（Brown et al.，2001）。因此尽管下面我们讨论时将这些障碍作为不同的状态，但是要记得患有一种障碍的人可能同时还存在着另一种障碍。

在 DSM-5 之前，本章中的另两组障碍（强迫症和创伤障碍）也被认为是焦虑障碍。因此当我们在后面讨论有多少人患这种障碍的时候，我们所谈的障碍是本章所涉及的所有障碍。在本段里，我们所谈的“焦虑障碍”既包括 DSM-5 中的焦虑障碍，也包括 DSM- Ⅳ中的强迫症和创伤后应激障碍。在美国，31.2% 的成年人在他们的一生中的某段时间患有某种焦虑障碍（Kessler et al.，2005a），使得这些障碍成为成年人中最常见的一种疾病。无论是在美国还是世界其他地方，焦虑障碍在儿童和青少年间也很常见。8.6% ~ 15.7% 的年轻人患有焦虑障碍（Costello et al.，2003；Essau et al.，2000）。大多数的焦虑障碍发病于生命的早期阶段，平均发病年龄为 11 岁，是精神障碍中发病最早的一种（Kessler et al.，2005a）。美国的三大种族（西班牙裔、非西班牙裔黑人和非西班牙裔白人）焦虑障碍的发病率相同（Breslau et al.，2005）。除了个人痛苦，焦虑障碍还会影响生活质量和社会功能（Mendlowicz & Stein，2000）、影响受教育情况（Kessler et al.，1995）以及对专业帮助和医疗帮助需求的增加（Acarturk et al.，2009；Wittchen et al.，1994）。除了对于个人的严重和普遍影响，焦虑障碍还是美国社会的一大支出（Acarturk et al.，2009）。它们造成了很大的经济负担，需要社会每年支付大约 423 亿美元（Greenberg et al.，1999）。下面我们介绍各种焦虑障碍的临床情况。

惊恐发作

还记得马修开车过桥的时候吗？他出现了惊恐发作——一段时间的强烈恐惧和身体唤醒。惊恐发作突然出现，在数分钟内症状达到顶峰（APA，2013）。惊恐发作的身体和认知症状包括心悸（心慌和心率增加）、出汗、颤抖、呼吸短促、哽咽、胸痛、恶心或腹部不适、眩晕、现实解体和人格解体（和自己的身体或周围环境分离的感觉）、害怕失控或发疯、濒死感、感觉异常（手脚刺痛感）、发冷或发热感。心悸和眩晕是最常被报告的症状，感觉异常和哽咽是最少被报告的症状（Craske et al.，2010）。多达 28.3% 的成人在他们一生中曾经历过惊恐发作（Kessler et al.，2006），但是仅出现惊恐发作并不意味着就是惊恐障碍或其他焦虑障碍。尽管 28.3% 的成人经历了惊恐发作，但是只有 4.7% 的人有惊恐障碍。要记住焦虑障碍中的焦虑症状必须引起痛苦或某种形式的功能损害才符合诊断。很多经历过惊恐发作的人只经历过一次或少数几次，因其发生很少所以没有痛苦或功能损害。

如果惊恐发作不是单独出现，它可能是任一焦虑障碍的症状。尽管被冠以“惊恐”名字的焦虑障碍只有一个（惊恐障碍），当个体面临对他的身体健康并不会有实际威胁的可怕情境时，惊恐发作可能成为其他焦虑障碍的症状。例如，一个人害怕蛇，当他见到动物园里装在玻璃箱里的蛇时也可能会出现惊恐发作。在其他情况下，这种焦虑反应会与引发对象或情境不成比例。如乘坐飞机时遇到了轻微气流扰动，但你变得非常焦虑并认为可能会死去。

惊恐发作有两种类型。预期型惊恐发作（expected panic attack），即对情境线索或扳机（trigger）的反应引发发作，如你的一个有恐高症的朋友不得不乘坐透明玻璃电梯时。对惧怕情境的期待也会引发预期性发作，如某人要在公开场合发言，一周前就出现了惊恐发作。有时惊恐发作突然出现（如马修的例子），没有特殊原因。这是第二种类型的惊恐发作，叫作无预期惊恐发作（unexpected panic attack）。这种发作是一种假警报（false alarm，Barlow，2002），因为没有对象、事件或情境预示着这种发作的出现。很多时候，人们误认为惊恐发作是心脏病发作并去医院看医生，这说明了这些症状有多么令人恐惧。事实上，惊恐发作很常见，会在各种焦虑障碍患者身上出现，甚至会在没有焦虑障碍的人身上出现。

惊恐障碍

丽娜 24 岁，她最近刚从萨尔瓦多搬来美国。她有心脏病家族史，有几位亲戚 40 岁前就去世了。丽娜很担心自己会患上高血压，她认为这是患心脏病的前兆。因为她每天至少要测 20 次血压，所以她的保健医生将她转介给焦虑障碍诊所。在诊断会谈阶段，丽娜报告说她在萨尔瓦多的医生告诉她，她有“高血压危象”，表现为没有原因的心跳加快、眩晕、感到非常热、手有刺痛感。她每个月都要出现几次这样的“高血压危象”。当医生向丽娜解释她所经历的这些是惊恐发作的时候，丽娜释然而泣——她压根没得心脏病。

惊恐发作是惊恐障碍的典型特征（见“DSM-5：惊恐障碍”）。**惊恐障碍**（panic disorder）患者至少有一次惊恐发作并担心再次发作。患者可能会担心惊恐发作的方式（“我的心脏是不是有问题”“我失神了吗”）。惊恐发作的反应也不一样，如每次发作后去看医生。并不是每一位被诊断为惊恐障碍的患者都会因为担心惊恐发作而改变行为或回避某种情境（开车、购物、乘公共汽车），但有一些患者会。

惊恐障碍 DSM-5

A. 反复无预期的惊恐发作。惊恐发作是一种极度恐惧突然涌入或极度不适在数分钟内达到顶峰的心理障碍，它包含以下至少 4 种症状：

注意：突然涌入可发生于平静状态或焦虑状态。

1. 心悸，心如重击或心跳加速。
2. 出汗。
3. 发抖或打战。
4. 呼吸短促或窒息感。
5. 哽咽感。
6. 胸痛或不适。
7. 恶心或腹部不适。
8. 眩晕感，脚步不稳，头重脚轻或昏厥。
9. 发冷或发热感。
10. 感觉异常（麻木或刺痛感）。
11. 现实解体（非真实感）或人格解体（脱离自己）。
12. 害怕失控或“发疯”。
13. 濒死感。

注：可见文化特异性症状（如耳鸣、颈部酸痛、头疼、无法控制的尖叫或哭喊），这些症状不可算作所需的四个症状之一。

B. 至少在 1 次发作之后，出现下列症状中的 1 ~ 2 项，且持续 1 个月（或更长）时间：

1. 持续关注或担心再次惊恐发作或其结果（如失控、患心脏病、“发疯”）。
2. 与惊恐发作有关的显著适应不良的行为变化（例如设计某些行为以回避惊恐发作，如回避锻炼或回避不熟悉的情境）。

C. 本障碍不能归因于某种物质（例如，滥用毒品、药物）的生理效应或其他躯体疾病（例如，甲状腺功能亢进症、心肺疾病）。

D. 本障碍不能用其他精神障碍来更好地解释（如在社交焦虑障碍中，惊恐发作不仅仅出现于对所害怕的社交情境的反应；在特定恐惧症中，惊恐发作不仅仅出现于对有限的恐惧对象或情境的反应；在强迫症中，惊恐发作不仅仅出现于对强迫思维的反应；在创伤后应激障碍中，惊恐发作不仅仅出现于对创伤性事件的提示物的反应；或分离性焦虑障碍中，惊恐发作不仅仅出现于对与依恋对象分离的反应）。

资料来源：Reprinted with permission from the *Diagnostic and Statistical Manual of Mental Disorders*, Fifth Edition, (Copyright 2013). American Psychiatric Association.

广场恐惧症

广场恐惧症（agoraphobia，字面意思是“对商场的恐惧”）是一种当暴露于广泛的情境时或对这些情景有所期待时发作的显著或强烈的恐惧或焦虑（见“DSM-5：广场恐惧症”）。这种恐惧或焦虑必须发作于以下 5 种中的至少两种情境：乘坐公共交通工具，开放空间，密闭空间，排队或在拥挤人群中，或独自离家。只有当他们和他们信赖的人在一起或携带如惊恐发作的话可用的某些物品（如一瓶水）时，广场恐惧症患者才有可能会进入这些情境。除了惊恐发作症状，广场恐惧症患者可能还害怕出现极端尴尬的身体状况，如头晕或坠落感、大小便失禁；而对于儿童患者则可能害怕出现定向力障碍或走失（APA，2013）。很多人在患惊恐障碍后患本病。他们担心发生惊恐发作，以及在一个得不到帮助的情境或地方常常会导致他们出现一种行为回避的模式。尽管如此，并非所有的广场恐惧症患者都有惊恐发作。

广场恐惧症　DSM-5

A. 在以下 5 种情境中的两种或两种以上情境中感到显著恐惧或焦虑：
   1. 乘坐公共交通工具（例如，汽车、公交车、火车、船舶、飞机）。
   2. 处于开放空间（例如，停车场、商场、桥梁）。
   3. 处于封闭的空间（例如，商店、剧院、电影院）。
   4. 排队或处于人群之中。
   5. 独自离家。

B. 个体恐惧或回避这些情况是因为想到一旦出现惊恐样症状或其他失去功能或尴尬症状（例如，老年人害怕摔倒，害怕大小便失禁）时难以逃离或可能得不到帮助。

C. 广场恐惧的情境几乎总是会引发恐惧或焦虑。

D. 个体总是会主动回避广场恐惧的情境，需要人陪伴或带着强烈的恐惧或焦虑去忍受。

E. 恐惧或焦虑与广场恐惧的情境和社会文化环境所造成的实际危险不相称。

F. 这种恐惧、焦虑或回避通常持续至少 6 个月。

G. 恐惧、焦虑或回避引起有临床意义的痛苦，或导致社交、职业或其他重要功能方面的损害。

H. 即使有其他躯体疾病（例如，炎症性肠病、帕金森综合征）存在，恐惧、焦虑或回避也是明显过度的。

I. 这种恐惧、焦虑或回避不能用其他精神障碍的症状更好地解释。例如，这些症状不仅限于特定恐惧症的情境型症状；不仅只涉及如社交焦虑障碍中的社交情境；不仅与如强迫症中的强迫思维、身体变形障碍感受到的躯体外貌缺陷或瑕疵、创伤后应激障碍中创伤性事件的提示物或分离性焦虑障碍的害怕分离等症状相关。

注：广场恐惧症的诊断不必考虑惊恐障碍是否存在。如果个体的表现对惊恐障碍和广场恐惧症两者的诊断标准都符合，则可以同时给予两个诊断。

资料来源：Reprinted with permission from the *Diagnostic and Statistical Manual of Mental Disorders*, Fifth Edition, (Copyright 2013). American Psychiatric Association.

本段内容基于 DSM-Ⅳ-TR 所定义的惊恐障碍和广场恐惧症。惊恐障碍在儿童身上较少出现，在青少年身上稍微多一点。这种疾病通常起病于成年早期（McNally，2001）。在总人口中，惊恐障碍（3.7%）是本节 3 种障碍中最常见的一种，大约有 1% 的人患有惊恐障碍和广场恐惧症，有 1.4% 的人患有无惊恐障碍病史的广场恐惧症（Kessler et al.，2005a）。在 55 岁及以上人群中，1.2% 的人在某特定时间患过惊恐障碍（Chou，2009）。其他与年龄相关的差异包括年轻成人在描述伴随其身体症状的情绪时使用“害怕”（fear）这个词，而年长的成人患者则使用“不适”（discomfort）（Craske et al.，2010）。在与年长成人患者会谈时医生记住这个差异是很必要的。当医生询问患者是否感到害怕时，他们可能因为年长成人的否定回答而不将其诊断为惊恐障碍，并因此影响该患者受到合适的治疗。超过 94% 的伴有及不伴有广场恐惧症的惊恐障碍患者会寻求治疗（Kessler et al.，2006）。如不经治疗无症状期会很少（Batelaan et al.，2010）。在没有症状的时期，很多人在一年内复发。尽管可以用药物进行治疗，但只能使惊恐发作减少但不会消失。在接受药物治疗 5 年后，85% 的人不再有惊恐障碍，但 62% 的人偶尔还会有惊恐发作（Andersch et al.，1997）。

女性比男性更容易经历惊恐发作和惊恐障碍。在跨文化群体中，症状的表现也有变化。最初于加勒比海地区拉丁裔人身上发现的 ataque de nervios，就是一个带有鲜明文化色彩的惊恐障碍例证。ataque 的一些症状如心悸和发抖与典型惊恐障碍的症状类似，而其他一些症状如失控性尖叫、更具身体攻击性等则为 ataque 所独有。与惊恐发作通常突然发生不同，ataque de nervios 常于社会瓦解如家庭地位变化后发生（Guarnaccia et al.，1989）。在柬埔寨人中，文化综合征 Khyâl（又称 wind attacks）除了有典型惊恐发作症状如眩晕外，还有文化独有症状如耳鸣和颈痛（Craske et al.，2010）。在越南，wind attacks 被叫作 trung gio。因此，尽管特定症状模式会因特定文化背景而不同，惊恐发作在各种不同人群中都有存在。

除了焦虑，惊恐障碍患者或广场恐惧症患者还常常感到悲伤和抑郁，这部分是由于他们的焦虑限制了他们的日常功能（Stein et al.，2005），包括其工作和社交能力。约 50% 的惊恐障碍患者要通过失业、残疾、福利或社会保障金来获得经济援助（Goisman et al.，1994）。患有惊恐障碍及第二种障碍，如抑郁症、进食障碍或人格障碍的患者可能有自杀念头或自杀尝试（Khan et al.，2002；Warshaw et al.，2000）。多数研究者认为，第二种障碍的存在增加了自杀行为的可能性。

广泛性焦虑障碍

医学院的学业相当繁重而且竞争压力很大，为了竞争上实习医生，格雷格很担心自己做得不够好。现在他即将进入医院诊室去为病人看病，格雷格的睡眠问题更严重了。很多个晚上，他很难入睡，有时半夜醒来又持续几个小时睡不着，想着明天应该做些什么。他发现有些新担心频繁出现：他为刚换工作的父亲担心；为刚考上大学却整天忙于交际的妹妹而担心；他更加关注同学们怎么看他。他变得难以集中注意力，可能因为晚上的睡眠问题，在课堂上他无法集中精神，他发现自己需要一遍遍阅读课本上的章节以确保自己理解了上面的内容。在长时间的看书和为自己的成绩担心之后，他注意到自己的脖子和肩膀变得发紧，有时还伴随疼痛。

广泛性焦虑障碍（generalized anxiety disorder，GAD）的关键特征是多数日子里的过分焦虑与担心，持续时间至少为 6 个月。广泛性焦虑障碍患者的担心包括未来的事情、以前的过错、经济状况、自己的和所爱的人的身体健康状况（APA，2013）。儿童可能担心他们的能力或成绩。这种担心除了与实际状况不相符，而且还不可控，并伴有身体症状如肌肉紧张、坐立不安、紧张感、易疲劳、注意力集中困难、睡眠困扰和易激惹（见“DSM-5：广泛性焦虑障碍”）。认知症状包括不能忍受不确定

与生活在更舒适环境中的人相比，面临更多现实问题的人倾向于有更多基于现实的焦虑。

（Ladouceur et al.，2000），认为担心可以使人避开或阻止消极结果（Borkovec et al.，2004）。广泛性焦虑障碍患者常说，“我总要找点什么事来担心”，他们往往还患有至少一种其他心理障碍（Andrews et al.，2010；Bruce et al.，2001），通常是另一种焦虑障碍或重度抑郁。然而，与其他焦虑障碍患者相比，广泛性焦虑障碍患者的担心更严重，他们更频繁地报告说他们肌肉紧张、坐立不安和紧张感（Andrews et al.，2010），并有低水平的交感神经系统唤醒（Mennin et al.，2004）。这些因素可以帮助医生判断某人是患有广泛性焦虑障碍，还是其他焦虑障碍。

广泛性焦虑障碍 DSM-5

A. 在至少 6 个月的多数日子里，对于诸多事件或活动（例如工作或学校表现），表现出过分的焦虑和担心（焦虑性期待）。

B. 个体感到难以控制这种担心。

C. 这种焦虑和担心与下列 6 种症状中至少 3 种有关（在过去 6 个月中，至少一些症状在多数日子里存在）。
注：儿童诊断只需下列一项。
1. 坐立不安或紧张感。
2. 易疲劳。
3. 注意力集中困难或头脑一片空白。
4. 易激惹。
5. 肌肉紧张。
6. 睡眠困扰（难以入睡或保持睡眠状态，或休息不充分、质量不满意的睡眠）。

D. 这种焦虑、担心或躯体症状引起有临床意义的痛苦，或导致社交、职业或其他重要功能方面的损害。

E. 本障碍不能归因于某种物质（例如，滥用的毒品、药物）的生理效应，或其他躯体疾病（例如，甲状腺功能亢进症）。

F. 本障碍不能用其他精神障碍来更好地解释［例如，惊恐障碍中对发生惊恐发作的焦虑或担心；社交焦虑障碍（社交恐惧症）中的负性评价；强迫症中的被污染或其他强迫思维；分离性焦虑障碍中的与依恋对象的分离；创伤后应激障碍中的创伤性事件的提示物；神经性厌食中的体重增加；躯体症状障碍中的躯体不适；身体变形障碍中的感到外貌存在瑕疵；疾病焦虑障碍中的感到患有严重疾病；或精神分裂症或妄想性障碍中的妄想信念的内容］。

资料来源：Reprinted with permission from the *Diagnostic and Statistical Manual of Mental Disorders*, Fifth Edition, (Copyright 2013). American Psychiatric Association.

患有广泛性焦虑障碍的成人比儿童要多（Wittchen & Hoyer, 2001），通常起病于 10 多岁到 20 多岁（Kessler et al.，2004）。广泛性焦虑障碍的起病和病程迁延。即使经过药物或心理社会治疗，许多人仍然会有症状（Borkovec，2002）。发病 5 年后，72% 的广泛性焦虑障碍患者仍然有症状（Woodman et al.，1999）。很多广泛性焦虑症患者寻求初级保健医生的治疗。事实上，有近 12% 找初级保健医生治病的人会因为其 GAD 症状而这么做（Wittchen & Hoyer，2001）。

有很多人患广泛性焦虑障碍，社区和诊所样本估计患病率为 5% ~ 10%（Maier et al.，2000；Wittchen & Hoyer，2001）。

> 玛丽莎的母亲因为玛丽莎总是担心自己会死去而带她来诊所看病。尽管她才 9 岁大而且很健康，但玛丽莎担心自己会因病而死或因“痰阻窒息”而死。她对访谈的人说她担心的不是现在，而是当自己年老之后可能会患心脏病并因此死去。她还担心她的父母或哥哥可能死去而留下她自己孤独终老。她还害怕父母有一天会离开家、走失并且“再也找不到回家的路因此只留下我一个人”。她还担心自己会呕吐，或有盗贼会入室而她将会因此“一无所有”。玛丽莎还有睡眠问题，因为她担心如果自己睡着的话会死去。

儿童的患病率达总人口的 15%（Costello et al.，2005）。患有 GAD 的儿童常见感受是紧张和忧虑、消极的自我形象和对安慰的需要（Masi et al.，2004）。GAD 儿童也有身体症状，如坐立不安、易激惹、注意力集中困难、睡眠困扰、易疲劳、头痛、肌肉紧张和胃痛（Tracey et al.，1997）。青少年比儿童更多地报告身体症状，头痛在青少年患者中比在儿童患者中更为常见（Tracey et al.，1997）。广泛性焦虑障碍患病没有性别差异（Masi et al.，1999；Vesga-Lopez et al.，2008）。

不论是对于男性还是对于女性，预料不到的、消极的或非常重要的生活事件都和广泛性焦虑障碍的发作有关（Kendler et al.，2003）。考虑到社会文化因素，广泛性焦虑障碍在少数族裔和社会经济地位低的人群中更为常见（Kessler et al.，2004）。须知社会经济地位低的人理应会遇到更多令人担心的事情（不安全的生活条件、低收入、卫生保健缺乏因此需要更多的医疗条件），因此，他们的担心可能有更多的现实基础。对生活必需品获得的不确定性使得广泛性焦虑障碍更容易产生。

第三种在美国最常见的精神疾病是社交焦虑障碍（Keller，2003）。**社交焦虑障碍**（social anxiety disorder）（也叫社交恐惧症，social phobia），是对可能被他人审视的社交情境的显著恐惧（APA，2013）。引起痛苦的社交情境包括在他人面前说话、吃、喝、写作，参加社交场合比如聚会或会议，或仅是发起或维持对话（见“DSM-5：社交焦虑障碍”）。在这些情况下，有社交焦虑障碍的人害怕别人觉察到他们的焦虑，并会被人评价为消极、被人拒绝或可能会冒犯他人。许多社交焦虑障碍患者在许多社交场合（包括在公众面前讲话、聚会以及一对一的对话）都感到恐惧。诊断上本病还有一个特例叫作单一表演型（performance only），指那些其恐惧仅限于少数情境（常常是在公众面前讲话或表演场合）的社交焦虑障碍患者。根据 DSM-Ⅳ-TR 的描述，那些现在被叫作单一表演型的患者通常有着较不严重的焦虑和抑郁症状（Beidel et al.，2010；Turner et al.，1992；Wittchen et al.，1999），轻微或没有社交技能缺陷（Beidel et al.），发病年龄较晚（Wittchen et al.，1999），以及较少出现的儿时害羞史（Stemberger et al.，1995）。

社交焦虑障碍　DSM-5

A. 个体由于面对可能被他人审视的一种或多种社交情境时而产生显著的恐惧或焦虑。例如，社交互动（如对话、会见陌生人），被注视（如吃或喝的时候），以及在他人面前表演（如演讲时）。

注：儿童的这种焦虑必须出现在与同伴交往时，而不仅是在与成人互动时。

B. 个体害怕自己的言行或所呈现的焦虑症状会导致负性的评价（如被羞辱或尴尬，或导致被拒绝或冒犯他人）。

C. 社交情境几乎总是能够引发恐惧或焦虑。

注：儿童的恐惧或焦虑也可能表现为哭闹、发脾气、惊呆、依恋他人、畏缩或不敢在社交情境中讲话。

D. 主动回避社交情境，或是带着强烈的恐惧或焦虑去忍受。

E. 这种恐惧或焦虑与社交情境和社会文化环境所造成的实际威胁不相称。

F. 这种恐惧、焦虑或回避是持久的，通常至少持续 6 个月。

G. 这种恐惧、焦虑或回避引起有临床意义的痛苦，或导致社交、职业或其他重要功能方面的损害。

H. 这种恐惧、焦虑或回避不能归因于某种物质（例如，滥用的毒品、药物）的生理效应，或其他躯体疾病。

I. 这种恐惧、焦虑或回避不能用其他精神障碍的症状来更好地解释，例如惊恐障碍、身体变形障碍或孤独症谱系障碍。

J. 如果其他躯体疾病（例如，帕金森综合征、肥胖症、烧伤或外伤造成的畸形）存在，则这种恐惧、焦虑或回避是明确与其不相关的或是过度的。

资料来源：Reprinted with permission from the *Diagnostic and Statistical Manual of Mental Disorders*, Fifth Edition, (Copyright 2013). American Psychiatric Association.

在介绍这一部分时，我们说到很多人患不止一种焦虑障碍。超过 50% 的患有社交焦虑障碍的人还患有其他焦虑障碍，如广泛性焦虑障碍、广场恐惧症、惊恐障碍、特定恐惧症或创伤后应激障碍（Magee et al.，1996）以及抑郁症。社交焦虑障碍可能大大损害一个人完成教育计划、开展事业、富有成效的工作及与他人社会交往的能力（Zhang et al.，2004）。患有社交焦虑障碍的人经常通过喝酒减轻他们的社交压力，例如在聚会之前喝点酒，但目前很少有证据表明酒精能降低焦虑（Carrigan & Randall，2003）。尽管如此，同时患有社交焦虑障碍和酒精依赖的人报告说他们是为了试图减轻在社交场合中的压力才导致了物质滥用和依赖（Kushner，1990）。

社交焦虑障碍的平均发病年龄为 11 ~ 13 岁，社交焦虑障碍也是最早起病的心理障碍之一（Kessler，2003）。社交焦虑障碍在 8 岁的时候就能被察觉，有 8% 的成年人报告他们的社交焦虑障碍起病于童年（Otto et al.，2001）。当疾病开始于童年时，没有治疗很难痊愈。事实上，如果社交焦虑障碍起病于 11 岁之前，自发恢复的可能性很小（Davidson，1993）。虽然社交焦虑障碍不经过治疗很难痊愈，但是由于生活环境的不同，症状可能会变得更好或更坏（Beard et al.，2010）。社交焦虑障碍可以持续 18 年之久，而惊恐发作持续 6 年之久，重度抑郁持续 1 年之久（Keller，2003）。然而，超过 85% 的社交焦虑障碍可以通过心理治疗得到恢复，而且在 10 年之后仍没复发（Fava et al.，2001）。

3% ~ 5% 的儿童和青少年患有社交焦虑障碍（Beidel & Turner，2005；Essau et al.，1999；Gren-Landell et al.，2009；Ranta et al.，2009），12% ~ 13% 的成年人患有社交焦虑障碍（Kessler et al.，2005；Lecrubier et al.，2000）。即使经常接触公众场所的人也会患有这种疾病（见“真实病例：一例社交焦虑障碍的故事”）。

一例社交焦虑障碍的故事

很多人都知道里基·威廉姆斯作为跑锋[一]赢得了海斯曼纪念奖，他拥有名誉、金钱、天赋。从大学选秀中脱颖而出，里基成为媒体宠儿并且一夜成名。他的职业生涯开展顺利，谁能想到这位在10万人面前有着极佳表现的足球名人会害怕去商店，会害怕在街上遇到他的粉丝！

"我23岁了，是一个百万富翁，拥有所有的东西，但是我一直都不快乐。"里基说，"我感到我和我的家人及朋友之间很隔绝，因为我没法向他们解释我的感受。我不知道自己是怎么了。"

当里基在新奥尔良开始他的职业橄榄球生涯时，他的恐惧不断升级。里基受到众人瞩目，他对自己的期待也很高。他经常被媒体形容成是一个孤高和奇怪的人——众所周知，他头戴头盔接受采访，并因为害羞而躲离粉丝。他和自己的小女儿接触都困难，很少出门办事。大家都不知道的是，连简单地和记者、粉丝、邻居甚至自己的家庭成员交谈对于里基而言都是个大问题。里基后来知道了，他是美国500万名社交焦虑障碍患者之一。

不同年龄患有社交焦虑障碍的人所害怕的情境都很相似。因为社交焦虑障碍是一种慢性疾病，随年龄增长，它的影响会变得越来越普遍，对功能的损害也会越来越严重（见表4-2）。这种消极的发展轨迹（negative developmental trajectory）从童年早期开始。如果儿童避免与他人的社会交往，他们很难学会适当的社交行为，如邀请他人一起玩、交朋友和恰当的社交礼仪。因为他们的焦虑和缺乏社交技能，他们开始回避其他人，这使得他们被同学忽略或无视（Beidel & Turner，2005；Ranta et al.，2009；Sumter et al.，2009）。回避导致了一个恶性循环，有限的社交能力增加了消极社会交往的可能性，从而使回避增加，这使得他们极少有机会获得自己的重大发展（例如，约会、上大学）。

表4-2 引起痛苦的社交情境的发展差异（%）

社交情境	儿童的发生率	青少年的发生率	成年人的发生率
口头展示	83	88	97
参加聚会/社交	58	61	80
团体工作	45	62	79
发起/维持谈话	82	91	77
约会	8	47	54
使用公共浴室	17	30	18
有他人在场的进餐	16	34	25
有他人在场的书写	50	67	12

资料来源：Based on Rao, P. A., Beidel, D. C., Turner, S. M., Ammerman, R. T., Crosby, L. E., & Sallee, F. R. (2007). Social anxiety disorder in childhood and adolescence: Descriptive psychopathology. *Behaviour Research and Therapy*, 45, 1181-1191.

社交焦虑障碍的患病率在两性之间没有差异（Kessler et al.，2005a），并且在美国，不同的种族/民族群体都有患此病的（Bassiony，2005；Gökalp et al.，2001）。在亚洲文化里有一种称为taijin kyofusho[二]的状况有时被认为是一种社交焦虑障碍，常常发生在年轻人身上。那些taijin kyofusho患者害怕社会交往，但是这种害怕的性质和社交焦虑障碍不同（Kirmayer，2001；Kirmayer et al.，1995）。患社交焦虑障碍的人害怕做一些会使自己感到很尴尬的事情，而taijin kyofusho患者则害怕因为自己不恰当的社交行为或感知到的身体缺陷/畸形会冒犯他人或使他人感到不舒服。对冒犯他人与否的在意可能是基于日本文化，该文化强调展现自己积极一面，强调集体主义而不是个人主义（Hofmann et al.，2010）。虽然这些症状在日本最常见，但在韩国也有，可能在其他亚洲国家中也存在（Chapman et al.，1995）。

选择性缄默症

选择性缄默症（selective mutism）是一种最常在儿童身上出现的障碍，指尽管有说话能力以及尽管在其他场合可以说话但在特定的社交情境中持久不能说话（见"DSM-5：选择性缄默症"）。选择性缄默症患儿通常可以在家与直系亲属说话，但在家以外的地方或有其他人出现时则不说话，有时与祖父母也不说话。尽管本病在DSM-5中是单列出来的，但对本病的行为描述明显与社交焦虑障碍重叠，包括恐惧的原因、恐惧发生的情境以

[一] 美式橄榄球重要位置。——译者注

[二] 日语，恐人症。——译者注

及对二者都有效的治疗。

选择性缄默症　　DSM-5

A. 尽管在其他场合可以说话，但在有说话期待的特定社交情境（如在学校）持久不能说话。
B. 本障碍影响学业或职业成就或社会交往。
C. 本障碍持续时间至少一个月（不仅限于刚入学的第一个月）。
D. 不能说话不能归因于缺乏社交情境所需语言的知识，或不能归因于不适于社交情境所需的语言。
E. 本障碍不能用交流障碍（如童年起病的言语流畅障碍[㊀]）更好解释，以及不只出现在孤独症谱系障碍、精神分裂症或其他精神病性障碍患病期间。

资料来源：Reprinted with permission from the *Diagnostic and Statistical Manual of Mental Disorders*, Fifth Edition, (Copyright 2013). American Psychiatric Association.

特定恐惧症

金妮是一位护士，她从明尼苏达搬到了美国的东南部。她到诊所来，因为她打算辞掉工作回到北方去。金妮租了一套公寓，非常隐蔽，因为能看到沿海航道，她感到特别兴奋。她以前从来没见过美洲蟑螂（即美洲大蠊），尽管每月杀虫一次，她现在还天天能见到。因为对蟑螂可能会爬到床上的害怕令她晚上难以入睡。她不敢乘公寓的电梯，因为里边有蟑螂。所以尽管拎着购物袋，她还是选择爬楼梯上五楼。而且，不单在公寓，她到处都能看到这种虫子。虽然她在明尼苏达的工作没有前途，但金妮仍然认为这个选择总比“与肮脏的虫子住一起”要好。

正像金妮的例子所描述的，**特定恐惧症**（specific phobia）（见“DSM-5：特定恐惧症”）是对那些明显损害日常功能的特定对象或情境的显著恐惧或焦虑。人群中有相当一部分人会承认他们确实害怕某些事物。你或你身边的人可能恐高、害怕蛇、害怕飞行或者害怕乘电梯。但是什么时候的恐惧会成为恐惧症的恐惧呢？两条标准决定了这种恐惧属于特定恐惧症的恐惧。第一条标准是症状引起明显的情绪痛苦（即使能够完成该行为）。

特定恐惧症　　DSM-5

A. 对特定对象或情境（例如，飞行、高处、动物、打针、看见血）的显著恐惧或焦虑。
注：儿童的恐惧或焦虑可能表现为哭闹、发脾气、发呆或黏人。
B. 所恐惧的对象或情境几乎总能引起即刻的恐惧或焦虑。
C. 主动回避所恐惧的对象或情境或带着强烈的恐惧或焦虑去忍受。
D. 这种恐惧或焦虑与特定对象或情境以及社会文化场合所造成的实际威胁不相称。
E. 这种恐惧、焦虑或回避是持久的，通常持续至少 6 个月。
F. 这种恐惧、焦虑或回避引起有临床意义的痛苦，或导致社交、职业或其他重要功能方面的损害。
G. 本障碍不能被其他精神障碍的症状更好地解释，如广场恐惧症中与恐惧样症状或其他令人失去功能的症状有关的对情境的恐惧、焦虑和回避；如强迫症中与对象或情境有关的强迫思维；如创伤后应激障碍中创伤性事件的提示物；如分离性焦虑障碍中的与家或依恋对象的分离；或社交焦虑障碍中的社交情境。

资料来源：Reprinted with permission from the *Diagnostic and Statistical Manual of Mental Disorders*, Fifth Edition, (Copyright 2013). American Psychiatric Association.

约翰不得不去一个较远的城市参加会议并发言，但是他害怕乘坐飞机。自从知道了要去发言，他变得睡不着觉，担心飞机会出事。在要开始旅行的那一天，他变得吃不下饭。当他到达飞机场时，全身都是汗而且口干。当他到达登机口的时候，他感觉自己已经筋疲力尽了。

第二条标准是功能损害。

约翰最终没能登机，他的老板非常失望，再也不让他代表公司出去了。不久之后，约翰发现他没有得到晋升，老板把这个机会给了个年轻的、经验也不太丰富的人。

因此，当恐惧引起了明显的痛苦或者损害了某方面的生活功能，这时的恐惧就变成了恐惧症的恐惧。

㊀ 即口吃。——译者注

特定恐惧症的诊断标准包括以下5种中的一种：动物恐惧症（animal phobias，害怕动物或昆虫）、自然环境恐惧症（natural environment phobias，害怕的对象或事件包括如暴风雨、高处或水）、鲜血/注射/外伤恐惧症（blood/injection/injury phobias，怕见血、受伤或打针）或情境性恐惧症（situational phobias，害怕的情境包括如乘坐公共交通工具、在隧道或桥梁开车、乘电梯、飞行、驾驶或在封闭的地方）。图4-4列出了一些美国成年人常见的特定恐惧症（Stinson et al.，2007）。

人们往往不只有一种特定恐惧症，他们常常还有其他焦虑障碍（Ollendick et al.，2010）。虽然这些障碍很严重并削弱人们的能力，但是除非情况变得特别严重，很少有人主动寻求治疗，如前面金妮或约翰的例子。

罗尼7岁了，他特别害怕狗。当他看到狗的时候会立刻跑开。每当他出门的时候都会问妈妈他们会不会遇到狗。他不能看到宠物店里的狗，当电视上出现狗或是播放狗粮广告的时候，他会立刻关掉电视。罗尼的情况很严重，以至于他都不敢去他祖母家，因为他祖母的邻居家有一条狗。

动物恐惧症包括对动物或昆虫的恐惧。金妮的例子是害怕蟑螂，很多儿童像罗尼一样都有对动物的恐惧。

毛拉10岁了，刚刚搬到海湾。她从来没有经历过飓风，但她极度害怕会出现一场，那样会把她家的房子刮跑。毛拉房间的电视一直播放气象频道，这样她就可以一直监测可能到来的暴风雨。她每天都读报纸上关于天气的报道。她的父母报告说在多云的天气她不会出门，害怕会有飓风的到来。一天晚上，在听到一则预测飓风的报道之后，她赶紧数家里的电池看是否够，当得出电池不够的结论后，她变得歇斯底里并求父亲当晚就去商店买电池。但是父亲拒绝了她。随后，父母带她来做心理治疗。

自然环境恐惧症是指害怕自然环境中的情境或事件。常见的害怕情境如高处或深水；常见的害怕事件如雷电、飓风或龙卷风。

玛莎患退行性眼病，如果不做手术的话可能会失明。然而，她对针和注射的恐惧过于强烈，以至于拒绝接受治疗。她甚至不接受牙医的麻醉操作。当她见到针的时候会眩晕、出汗。在仅有的两次献血的时候，她晕倒了。当她来到治疗焦虑障碍的诊所时，她的左眼已经失明了。她想治疗她的恐惧症以保住她的右眼。

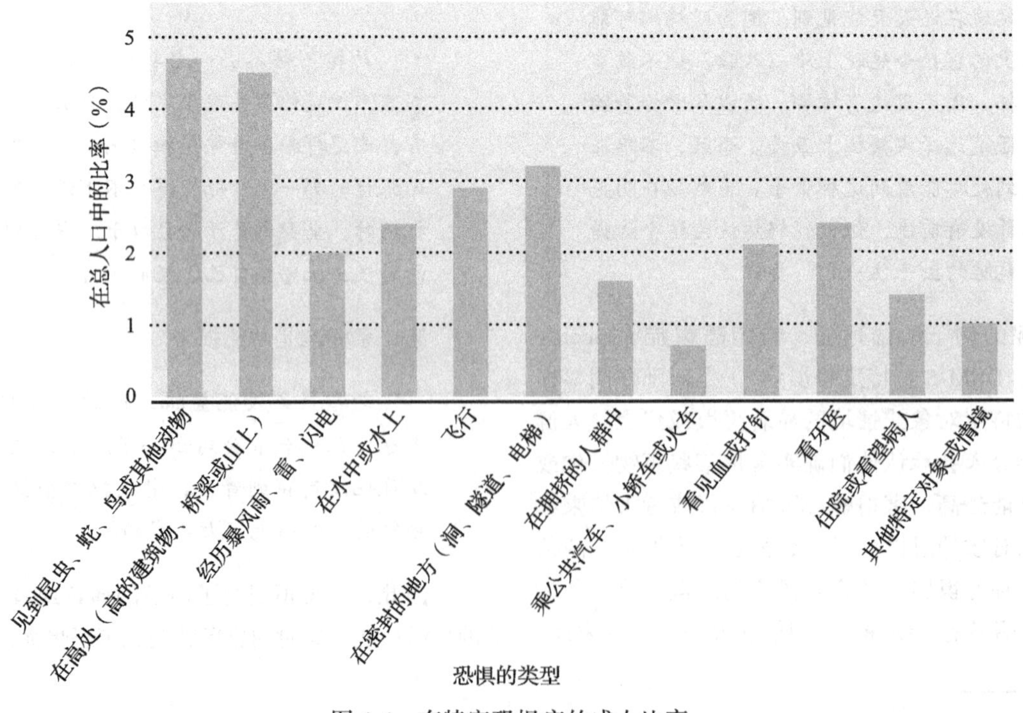

图4-4 有特定恐惧症的成人比率

自然环境恐惧症患者惧怕暴风雨、飓风和龙卷风。

鲜血 / 注射 / 外伤（B-I-I）恐惧症是一种常见的恐惧症，但明显不同于其他恐惧症。不像其他恐惧症有交感神经系统活动增强的生理反应，B-I-I 恐惧症则是副交感神经系统活动增强，他们会表现出**血管迷走神经性晕厥**（vasovagal syncope），指可导致昏厥的心动过缓和低血压（Ost，1996）（见图 4-5）。这种不寻常身体反应的原因目前还不清楚。它可能是由生物因素决定的，也许是遇到严重身体伤害时的一种进化反应的残留。当受伤时人的心率和血压降低会使血流量减少，从而增加存活的机会。害怕血液或打针的人不恰当地触发了这一正常生理反应。这种恐惧症如果造成患者远离医疗，后果会很严重。

第四种类型的特定恐惧症是情境性恐惧症。害怕飞行或封闭的地方（有时称为幽闭恐惧症，claustrophobia）是常见的情境性恐惧症。害怕乘飞机的约翰就属于这种恐惧症。因为患有广场恐惧症的人也报告在某种情境中的恐惧和回避，因此有必要区分广场恐惧症和特定恐惧症。有特定恐惧症的人害怕情境本身如开车的时候害怕出现车祸，而广场恐惧症患者则害怕驾驶的时候会惊恐发作。因此，虽然二者的生理和认知症状可能是相同的，引发症状的对象或情境则不尽相同。

特定恐惧症是一种常见的焦虑障碍，美国有 12.5% 的成年人（Kessler et al.,2005）和 3.5% 的儿童（Ollendick et al.，2004）患有本障碍。在世界范围里它也是最常见的障碍之一，墨西哥有 4% 的人受其影响（Medina-Moira et al.，2005），日本有 2.7% 的人受其影响（Kawakami，et al.，2005），6 个欧洲国家中有 7.7% 的人受其影响（比利时、法国、德国、意大利、荷兰、西班牙，ESMed/MHEDEA 2000 Investigators，2004）。在被诊断为特定恐惧症的人群中，50% 的人患动物恐惧症或恐高症二者之一（LeBeau et al.，2010）。

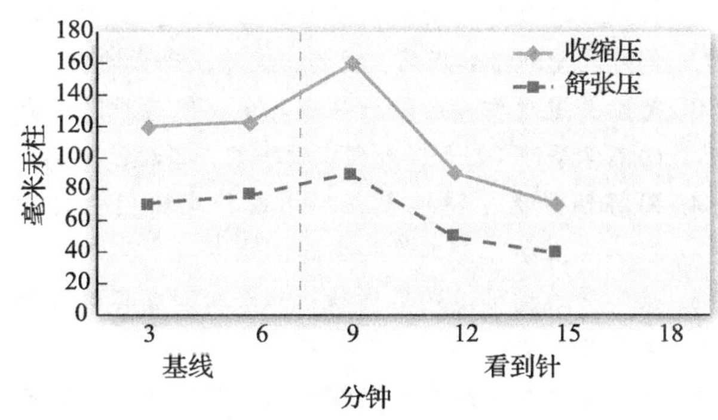

图 4-5 鲜血 / 注射 / 外伤恐惧症的血管迷走神经性反应

当面对流血、受伤或可能要打针的时候，鲜血 / 注射 / 外伤恐惧症患者常会出现一种叫作血管迷走神经性晕厥的反应。血压的突然降低会让患者“感觉要晕倒”或真的晕倒了。

大多数特定恐惧症起病于童年，平均起病年龄为 7 岁（Antony & Ballow，2002；Kassler et al.，2005a）。特定恐惧症在非裔美国人、西班牙裔白人和非西班牙裔白人的成年人中也同样常见（Breslau，2006），并且在成年妇女中的发病率是成年男子发病率的两倍（Stinson et al.，2007）。特定恐惧症在女孩中比男孩中更为常见，在儿童中比青少年中更为常见（Muris et al.，1999）。成年女性比成年男性更容易患情境性、动物、自然环境三类恐惧症。然而，在恐高症和B-I-I恐惧症上两性间没有差别（LeBeau et al.，2010）。

分离性焦虑障碍

通常在青春期前的儿童身上出现的**分离性焦虑障碍**（separation anxiety disorder）指的是儿童与其情感依恋对象分离时，出现与其发育阶段不相称的和过度的焦虑。儿童担心自己会因此受伤害或照料者会被伤害。儿童可能会担心他们自己会被绑架，或某重要依恋对象会有车祸或空难。本障碍严重时，儿童可能拒绝去上学或即便在家里也不愿意在身体上离开父母。儿童可能坚持与照料者一起睡或不在其身边就整夜睡不着。患病儿童会做有分离主题的噩梦。其担心往往伴有生理症状，最常见的是头痛或胃痛（见“DSM-5：分离性焦虑障碍”）。

分离性焦虑障碍 DSM-5

A. 个体与其依恋对象分离时，会产生与其发育阶段不相称的、过度的恐惧或焦虑，至少符合以下三项：
1. 当预期或经历与家庭或主要依恋对象分离时，反复产生过度痛苦。
2. 持续并过度担心会失去主要依恋对象，或担心他们可能受到诸如疾病、受伤、灾难或死亡的伤害。
3. 持续并过度担心会经历导致与主要依恋对象分离的不幸事件（例如，走失、被绑架、事故、生病）。
4. 因害怕分离，持续表现不愿或拒绝出门、离开家、去上学、去工作或去其他地方。
5. 持续并过度恐惧或不愿独处，或在家或其他场合里不与主要依恋对象在一起。
6. 持续不愿或拒绝在家以外的地方睡觉或当主要依恋对象不在身边时不愿睡觉。
7. 反复做有分离主题的噩梦。
8. 当与主要依恋对象分离或预期分离时，反复抱怨生理症状（例如，头痛、胃痛、恶心、呕吐）。

B. 这种恐惧、焦虑或回避是持久的，儿童和青少年至少持续4周，成人则至少持续6个月。

C. 本障碍引起有临床意义的痛苦，或导致社交、学业、职业或其他重要功能方面的损害。

D. 本障碍不能用其他精神障碍来更好地解释。例如，孤独症谱系障碍中的因不愿过度改变而导致拒绝离家；精神病性障碍中与分离有关的妄想或幻觉；广场恐惧症中的因没有信任同伴的陪伴而拒绝出门；广泛性焦虑障碍中的担心疾病或其他伤害可能会降临到重要他人身上；或疾病焦虑障碍中的担心会患病。

资料来源：Reprinted with permission from the *Diagnostic and Statistical Manual of Mental Disorders*, Fifth Edition, (Copyright 2013). American Psychiatric Association.

有3%～5%的儿童会患分离性焦虑障碍（Silverman & Dick-Niederhauser，2004），但很多孩子会在很短的时间里康复（Foley et al.，2004）。女孩比男孩更多地报告有分离恐惧（March et al.，1997），本病在儿童比在青少年身上更常见（Breton et al.，1999）。白人、非裔美国人和西班牙裔儿童本病患病率相同。除了不去上学，患儿可能也会拒绝社交活动，如生日晚会或拒绝参加体育活动，除非有父母作陪并始终相伴。研究人员的一个新兴趣是研究存在于成人身上的分离性焦虑障碍。在一项关于患有焦虑障碍或心境障碍的门诊病人的大样本调查中发现，其中21%的人符合分离性焦虑障碍的诊断标准，而该病在其童年期却没出现（Pini et al.，2010）。如果该结果也被其他样本所重复，那么将改变分离性焦虑障碍主要在儿童身上发生的概念。

在过去的30年间，人们一直在思索儿童的分离性焦虑障碍和成人的惊恐障碍是不是同一障碍在不同发育阶段的不同表现形式。一些患有惊恐障碍的成人报告说，他们在儿时经历了严重的分离性焦虑障碍。对于一些人来说，他们的惊恐发作始于导致分离的严重个人损失之后（Klein，1995）。然而，尽管人们一直在做着从不同角度去理解二者关系的尝试，但分离性焦虑障碍和惊恐障碍间的关系尚不明朗。比如，虽然有一个长达四年的纵向研究没有显示出分离性焦虑障碍和青春期惊恐障碍的发展之间的关系（Hayward et al.，2000），但另一项长达四年半的纵向研究则发现儿童期发病的分离性焦虑障碍可预测之后发病的特定恐惧症、广场恐惧症、惊恐障碍和重度抑郁（Biederman et al.，2007）。当我们用发展轨迹的角度来理解这两项研究结果时，分离性焦虑障碍可能领先于很多种类的焦虑障碍和抑郁的发病，而不仅是惊恐障碍。

什么是强迫和相关障碍

强迫症

强迫症（obsessive-compulsive disorder[⊖]，OCD）包括强迫思维（反复而持久的闯入性想法），往往伴随内容广泛的、耗费时间的和痛苦的强迫行为（重复行为）（见“DSM-5：强迫症”）。强迫思维（obsession）通常是特定想法（例如，“如果我碰了艾滋病患者坐过的椅子，我将会感染艾滋病”），但也可能是冲动（例如，想从很高的地方跳下去）或表象（例如，伤了所爱的人的心）。强迫思维具有反复而持久的、闯入性的、不恰当的、常令人厌恶的、会引起明显焦虑或痛苦的特点（见本章章末的“科学与生活：史蒂夫——强迫症的心理病理学与治疗”）。强迫症患者认识到，他们的强迫是自己给自己的，而不像精神分裂症患者那样是别人强加给自己的（见第10章）。常见的强迫思维包括与下列内容有关的想法：脏和细菌（例如，害怕得癌症或其他疾病）、攻击（母亲想用毯子捂初生的孩子）、忘记锁门或上螺栓或其他安全装置（从而使个人遭受伤害风险）、性（不恰当的性关系，如猥亵儿童）及宗教（亵渎的想法）。

强迫症　DSM-5

A. 存在强迫思维或 / 和强迫行为：

强迫思维定义为（1）和（2）。

（1）反复而持久的想法、冲动或表象，在该障碍的有些时候这些体验是闯入性的、非自愿的，对大多数患者会造成显著的焦虑或痛苦。

（2）患者努力忽视或压制这些想法、冲动或表象，或用其他一些想法或行为（也就是通过强迫行为）抵消之。

强迫行为定义为（1）和（2）。

（1）患者被强迫思维所驱使或因必须严格遵守的规则而被迫做出重复行为（如洗手、排序、检查）或心理活动（如祈祷、计数、重复默念词语）。

（2）这些行为或心理活动的目的在于防止或减少焦虑或痛苦，或为了预防某种可怕事件或情境。然而，这些行为或心理活动与要抵消或预防的事件之间没有现实联系，或明显过度。

注：儿童可能无法清晰表达其行为或心理活动的目的。

B. 强迫思维或强迫行为是耗时的（如每天至少需要1个小时）或引起有临床意义的痛苦，或导致社交、学业、职业或其他重要功能方面的损害。

C. 强迫症状不能归因于某种物质（例如，滥用毒品、药物）的生理效应，或其他躯体疾病。

D. 本障碍不能被其他精神障碍的症状更好地解释（如广泛性焦虑障碍中的过度担心；身体变形障碍中关于外貌的先占观念；收藏障碍中难以丢弃或放弃自己物品；拔毛症［trichotillomania，即拔毛障碍（hair-pulling disorder）］中的拔毛发行为；抓痕症［excoriation，即皮肤搔抓障碍（skin-picking disorder）］中的皮肤搔抓；刻板运动障碍中的刻板行为；进食障碍中的仪式化进食行为；物质相关和成瘾障碍中的关于物质或赌博存在的先占观念；疾病焦虑障碍中的关于罹患疾病存在的先占观念；性心理障碍中的性冲动或性幻想；破坏、冲动控制和品行障碍中的冲动；重度抑郁障碍中的自罪想法；精神分裂症谱系和其他精神病性障碍中的思维插入或妄想性先占观念；或孤独症谱系障碍中行为的重复模式）。

汤尼15岁，在过去3年里他一直害怕脏和污染。他害怕衣服会沾上猫、狗的粪便并使他传染上严重疾病，而他会因此死去。他试着远离那些养宠物的人，但在学校里他则一直担心因为他搞不准都会有什么样的人去他学校。若是在英语课上在他之前坐他座位的那个人养了狗会如何？这样可能座位上会有细菌，这些细菌可能会沾到他的衣服上。还有午餐时的女厨师，她要养猫怎么办？她的鞋带可能沾上猫粪，她的手可能会碰到鞋带，而这些脏东西可能会进入午餐里。大约6周前，汤尼退学了。想和避免这些污染让他太累了。

强迫行为（compulsion）是OCD的第二个成分，是OCD患者认为自己被强迫思维或苛刻规则驱使所做的重复行为（APA，2013）。强迫行为可以是可观察到的行为，

⊖ obsessive-compulsive disorder 在专业领域多被译作“强迫症”并为大家所公认，但也有专业人士将之译作“强迫障碍”。本书通译为“强迫症”。——译者注

如反复洗手，也可以是没有表现出来的心理活动，如强迫计数。通过完成这些仪式，OCD 患者认为这可以阻止他们的强迫思维成为现实：“如果我洗手一小时，我就不会得癌症。”强迫行为被负强化所维持。如果你害怕被“癌症病菌”污染，消毒双手可暂时减少对污染的恐惧。当然，这个信念（去除不适）可暂时使你感觉良好，但也增加了下一次你担心被感染时消毒双手的可能性。常见的强迫行为除了强迫洗手，还包括过度洗澡、清洁、检查、计数和订购物品。有时，强迫症患者不愿意与别人讨论他们的强迫思维和强迫行为，即便是和他们的家人。他们的仪式很秘密，经常在深夜进行。当障碍严重时，他们的强迫行为可以支配其所有活动。

> 汤尼从学校回家后得立刻冲澡，他得花一个小时冲澡才感觉自己干净了。如果某人或某事打断了他的例行程序，他的冲澡时间会变得很长——他得重新开始。汤尼不断地用洗衣机洗衣服。在过去的一年里因为他的频繁使用，父母不得不更换了两次洗衣机。

超过一半的强迫症患者还有其他共病，如抑郁症、社交焦虑障碍、特定恐惧症、广泛性焦虑症和惊恐障碍（Stein et al., 2010）。药物滥用也可能与强迫症并存。即便有某共病障碍存在时，强迫症的症状通常也是最突出和最难处理的。强迫症也常伴随某人格障碍（见第 11 章），在这种情况下，获得积极的治疗效果比较困难（Steketee & Barlow, 2002）。

强迫症是一种慢性和严重的疾病，不经治疗很难自行康复。它通常起病于青春期后期和成年早期（Stein et al., 2010）。强迫症的起病有时会伴随重要生活事件，包括早年患难和创伤（Didie et al., 2006；Lochner et al., 2002）、怀孕和分娩（Wisner et al., 1999）。即使强迫症起病于成年早期，人们常常也可以在较早的年龄找到发病的原因。如果症状在童年就已经出现，强迫症会表现得更为严重，并造成更大的日常功能的损害（Rosario-Campos et al., 2001；Sobin et al., 2000）。

在美国的成年人中，强迫症的终生患病率是 1.6%（Kessler et al., 2005a），这个估值和其他国家非常一致（Weissman et al., 1994）。在儿童中，患病率为 1.9% ~ 4%（Geller et al., 1998；Valleni-Basile et al., 1994），也和世界其他国家一致。需要强调的是，重复行为还会在除强迫症之外的其他心理障碍患者身上出现。例如，孤独症儿童（见第 12 章）往往出现重复性行为，如反复在一个圆圈上绕线或者拍打他们的手。患有身体变形障碍（见第 5 章）的人有围绕对他们身体某部分不满的闯入性想法，比如相信他们的鼻子非常大而且丑。因为重复行为和闯入性想法存在于一定数量的障碍中，在 DSM-5 中把 OCD 从焦虑障碍中独立出来，并放到一个新诊断分类中，即强迫和相关障碍（Obsessive-Compulsive and Related Disorders）（见“证据检验：拔毛症是强迫症的变型吗”）。

拔毛症是强迫症的变型吗

事实 拔毛症（trichotillomania，TTM）有时被当作强迫症的一种变型（Stein et al., 2010；Wetterneck et al., 2010），但拔毛症和强迫症是一回事吗？

检验证据 拔毛症和强迫症有一些共同特征：

1. 都伴随不能控制的重复行为。
2. 拔毛行为和强迫症的强迫行为都能减少焦虑。
3. 一些拔毛症患者有拔毛的强迫思维，想让他们的头发变得对称或者不乱（因为它们太枯燥了、太短了、太乱了）。
4. 都高比率地伴有焦虑和抑郁障碍。
5. 拔毛症患者亲属中患强迫症的比率很高。
6. 一种抗抑郁剂（氯丙咪嗪）和行为治疗对拔毛症和强迫症都有效。

拔毛症和强迫症的不同有：

1. 强迫症患者常集中注意于试图减少他们的强迫思维带来的恐惧。
2. 强迫行为主要是对焦虑的反应；拔毛发则是对广泛的负性心境（如生气、厌恶、悲伤）的反应。
3. 拔毛通常会产生愉快的感觉；强迫行为则不会。
4. 感官刺激（如触摸、感觉毛发）对拔毛行为影响很大；对强迫行为则不然。[㊀]

㊀ 原书第三、四条语焉不详，按第 1 版补。——译者注

5. 强迫症患者亲属更易患强迫症，这比拔毛症患者亲属患拔毛症的比率要高。

6. 拔毛症患者出现较少的强迫症症状，焦虑和抑郁的程度也比强迫症患者低。

7. 对强迫症有效的血清素药物治疗对拔毛症疗效不好。

8. 针对拔毛症和强迫症的行为治疗非常不同。

结论 拔毛症和强迫症有一些重要的共同特征，可能受共同的遗传学影响。可能有一个拔毛症的亚型与强迫症很相似，即拔毛行为是对有关毛发的强迫思维的反应。然而，大量研究表明，这两种病在临床症状、相关特征、治疗步骤、患者对治疗的反应上都有着很多重要差异。你认为判断拔毛症是或不是强迫症的最重要根据是什么？ «««

一小部分强迫症患者只有强迫思维或强迫行为，但大多数成年患者两者都有。在儿童中，单独的仪式性行为比较常见。成年人可以很清楚地知道自己的仪式性行为是对他们强迫思维的反应，儿童则并不知道他们为什么会表现出仪式性行为，有时也并不认为这种行为是无意义的（APA，2013）。

> 当访谈者询问汤尼他是否认为自己使用洗衣机的行为是过度的，他说："不，我不觉得这有什么问题。用坏了的话我爸妈会买新的。"

对于儿童来说，从发展角度看待他们的行为是很重要的。仪式性行为本身并不能说明儿童患有强迫症。与恐惧一样，重复行为的发展也遵循一种发展轨迹。幼儿有许多仪式性行为（例如，按某种常规做睡前准备，按照特定的方式进食和安排毛绒玩具，收集或存储物件；Zohar & Felz，2001）。随着时间的推移，大多数孩子会停止这些行为，因为他们对这些活动失去了兴趣。只在某些情况下仪式性和重复行为会保留。如第 1 章所讲，痛苦和功能损害是确定强迫行为的重要解释概念并可以将之与正常的仪式性行为进行区分。和儿童典型的仪式性行为相比较，强迫行为出现的年龄要晚，常常会持续到成年，伴随着能力丧失、痛苦并干扰正常发育（Garcia et al.，2009；Storch et al.，2008）。

强迫症的两性发病率没有差异，然而儿童中男孩比女孩患强迫症的比率更大（Masi et al.，2006）。此外，男孩强迫症起病要早，往往他们家庭里还有其他成员患有这种疾病（March et al.，2004；Tukel et al.，2005）。尽管事实上某些强迫思维有文化特异性（例如，对麻风病的恐惧只出现在那些生活在非洲的人群中；Steketee & Barlow，2002），在不同文化中的强迫症症状是很相似的。在美国，一些数据显示非裔美国人强迫症的发病率比白人要低（Karno，1988）。然而，这也许是因为非裔美国人更可能寻求传统医学的治疗而不是心理健康诊所。反复清洗可能导致皮肤粗糙和红肿，被称为接触性皮炎（contact dermatitis）。出现这种情况的人往往去皮肤科看病，而不是心理健康诊所（Friedman et al.，1995）。然而，由于他们不说为什么他们的皮肤是红肿和干裂的，皮肤病的治疗常常无效。这种寻求恰当治疗的拖延也许能够解释为什么非裔美国人寻求心理健康治疗的时候他们的症状更严重（Chambless & Williams，1995）。

身体变形障碍

身体变形障碍（body dysmorphic disorder，BDD）以前被叫作畸形恐怖（dysmorphophobia），是指感知到身体外貌缺陷或瑕疵的先占观念，个体相信这些缺陷或瑕疵可使他们看上去不具吸引力、丑陋或畸形（见"DSM-5：身体变形障碍"）。通常，即便这种担忧有轻微的现实基础，那也是对非常微小瑕疵的极端夸大（如一个非常小的痤疮疤痕会被描述成"我脸上巨大的火山口"）。

身体变形障碍 DSM-5

A. 具有一个或多个感知到的有关身体外貌的缺陷或瑕疵的先占观念，这些缺陷或瑕疵在他人看来是微小或观察不到的。

B. 在本障碍患病期间，作为对外貌关注的反应，个体表现出重复行为（例如，照镜子、过度修饰、皮肤搔抓、寻求安心）或心理活动（例如，对比自己和他人的外貌）。

C. 这种先占观念引起具有临床意义的痛苦，或导致社交、职业或其他重要功能方面的损害。

D. 外貌先占观念不能用符合进食障碍诊断标准的个体对身体肥胖或体重的关注的症状来更好地解释。

资料来源：Reprinted with permission from the *Diagnostic and Statistical Manual of Mental Disorders*, Fifth Edition, (Copyright 2013). American Psychiatric Association.

艾米26岁，亚裔美国女性。她认为自己的下巴可怕地突出于脸部的其他地方。事实上，她是一位很有魅力的年轻女子。但照镜子时，艾米只会盯着自己的下巴看。她陷入了认为自己看起来很糟糕的感觉，还认为别人在背后议论她。她为自己的外貌感到痛苦，以至于除了买东西和看医生，她从不出门。如果出门，她会用手或纸巾遮住下巴。这样实际上令她更加引人注意。在家时，她总是照镜子。每次都希望能看到自己有所不同的样子，但每次都只看到那个使她成为全世界最丑陋的人的巨大下巴。

BDD 患者确信自己身体的某部分是丑陋的或畸形的。对“丑陋”身体部分的担心可能强烈到妄想的程度。

BDD 患者可能会对身体的各个部位担忧，但担忧最多的还是皮肤、头发、鼻子和脸（如脸的大小或对称性，脸上是否有皱纹）。女性患者更可能关注臀部和体重，更可能因对皮肤的挑剔而化妆掩饰。男性患者更可能担心头发稀疏，关注生殖器。即便他人认为他们有正常的体重或强壮的肌肉，他们也会认为自己肌肉畸形即觉得自己的肌肉不够发达（Phillips et al.，2010）。一些 BDD 患者对自己的障碍极其缺乏洞察。有时他们的担心甚至固执和强烈到了妄想（指不可说服或辩解的固执而错误的信念，见第10章）的程度。一个抽样显示，BDD 患者中 36% 的成人和 63% 的青少年有妄想观念（Phillips et al.，2006c）。

BDD 患者自杀风险很大，尤其是那些有妄想观念的患者。一项研究显示，78% 的患者在患病期间曾有过自杀念头，27.5% 的患者曾有过自杀尝试（Phillips et al.，2005）。该比例较普通人群至少高出 6 倍，也高于精神分裂症患者和重度抑郁患者。一年的随访发现，2.6% 的 BDD 患者尝试自杀，0.3% 的患者自杀身亡（Phillips & Menard，2006）。自杀意念的强烈程度与 BDD 症状的严重程度和功能损害之间有很强的相关性。症状最严重、功能损害最大的患者最易有自杀尝试。

BDD 患者是初级医疗保健科、皮肤科和整形外科诊所的常客。多达 12% 的皮肤科患者和 16% 的整容手术患者符合 BDD 的诊断标准（Bellino et al.，2006；Thompson & Durrani，2007）。即使经过皮肤及手术治疗，他们还是很少会对自己满意（Phillips & Dufresne，2002）。一些情况下，他们术后又会对另一个“丑陋的”身体部位耿耿于怀，并因此开始新一轮的求治。

对外貌的关心会导致重复行为或心理活动。像艾米一样，BDD 患者经常检查自己的外貌以监测各种变化。他们经常过度修饰或试图隐藏不好的特征。他们可能会每天花数小时来折腾自己的皮肤，用他们的手指、针、大头针、起钉器、刀片或小刀去除某个瑕疵或伤疤（Phillips & Taub，1995）。患肌肉畸形的男性可能执行严格的进食和锻炼表，而这样做可能对其身体产生物理伤害（Phillips et al.，2010）。个体认为自己丑陋或身体畸形的信念会导致职业、社交和学业功能的损害。

BDD 对青少年尤其有害。他们有明显的痛苦并更可能有自杀念头（80.6%）和自杀尝试（44.5%），该病会损害他们的学业、社交和职业功能（Phillips et al.，2006a）。与成人一样，青少年 BDD 患者也多见于女性。两性最常关注的区域都是皮肤（痤疮、伤疤）、头发（体毛过重或秃顶）、胃、体重和牙齿。相比成人，大量的青少年对他们外貌的关注达到了妄想的程度。

在一项对 BDD 患者的调查中，只有 41% 的患者向其处方医生透露了其症状，因此很多患者被按其次要障碍如焦虑或抑郁治疗。因为许多 BDD 患者认为他们的问题只是身体问题，因此他们常常去皮肤科或外科寻求治疗。他们常常因对手术结果不满意而生气并因此攻击医生（Honigman et al.，2004）。

收藏障碍

在 DSM 的以前版本中，收藏被认为是一种强迫行为并被认为是强迫症的症状。然而，越来越清晰的证据显示收藏有其独有的特征并需要与强迫症不同的治疗。估计收藏障碍在人群中的患病率为 2% ~ 6%（APA，2013）。因此 DSM-5 将收藏障碍列为一个新分类。**收藏障碍**（hoarding disorder）的特征是持续地难以丢弃或放弃物品，不管它们的实际价值如何（见“DSM-5：收藏障碍”）。这种行为并非仅是收藏硬币、邮票或类似的业余兴趣。收藏行为会伤害到患者及其家庭。当个体试图穿过收藏的物品时，大量的杂物可能令其受到物理伤害，并可能引发火灾。因为本病是 DSM-5 的新分类，因此到目前为止还没有基于新标准的研究资料可提供。

收藏障碍　DSM-5

A. 持续地难以丢弃或放弃物品，不管它们的实际价值如何。

B. 这种困难是由于感到收藏这些物品的需要以及与丢弃它们相联系的痛苦。

C. 丢弃物品的困难导致了物品的堆积，导致现有生活区域拥挤和杂乱，且显著地影响了生活区域的预期用途。如果生活区域并不杂乱，则只是因为第三方的干预所致（例如，家庭成员、清洁工、当局）。

D. 这种收藏引起具有临床意义的痛苦，或导致社交、职业或其他重要功能方面的损害（包括为自己和他人保持一个安全的环境）。

E. 这种收藏不能归因于其他躯体疾病（例如，脑损伤、脑血管疾病、Prader-Willi 综合征）。

F. 这种收藏症状不能用其他精神障碍来更好地解释。例如强迫症中的强迫思维；重度抑郁障碍中的精力减少；精神分裂症或其他精神病性障碍中的妄想；严重神经认知障碍中的认知缺陷；孤独症谱系障碍中的的兴趣受限。

资料来源：Reprinted with permission from the *Diagnostic and Statistical Manual of Mental Disorders*, Fifth Edition, (Copyright 2013). American Psychiatric Association.

拔毛症（拔毛障碍）

拔毛症（trichotillomania，TTM）被定义为反复拔毛发并导致可见的毛发脱落（见“DSM-5：拔毛症”）。患者反复拔掉头皮、睫毛、眉毛甚至阴部的毛发。有时患者会通过戴假发、围巾或粘假睫毛以掩盖损伤部位。他们想停止拔毛但却有心无力。拔毛行为可发生于没有集中意识时（即拔毛时并没注意自己在拔毛）。拔毛行为常会产生愉快感。感觉刺激（如触摸、感受到头发）在拔毛行为中有重要作用。

拔毛症　DSM-5

A. 反复拔毛发，导致毛发脱落。

B. 反复尝试减少或停止拔毛。

C. 拔毛行为引起有临床意义的痛苦，或导致社交、职业或其他重要功能方面的损害。

D. 拔毛行为或毛发脱落不能归因于其他躯体疾病（如某种皮肤疾病）。

E. 拔毛行为不能用其他精神障碍来更好地解释（例如身体变形障碍中的尝试改善所感知到的外貌缺陷或瑕疵）。

资料来源：Reprinted with permission from the *Diagnostic and Statistical Manual of Mental Disorders*, Fifth Edition, (Copyright 2013). American Psychiatric Association.

抓痕症（皮肤搔抓障碍）

抓痕症［excoriation，即**皮肤搔抓障碍**（skin-picking disorder）］被定义为反复搔抓皮肤而导致皮肤损害（APA，2013）。因为研究结果显示其发病率及治疗结果与强迫症的不同，DSM-5 将其列为一个新障碍，而此前本病被认为是强迫行为的一种类型（见“DSM-5：抓痕症（皮肤搔抓障碍）”）。估计本障碍在人群中的患病率约为 1.4%。当个体尝试停止皮肤搔抓而不能并必须有某些形式的社交或职业损害的存在时才可诊断为本病。皮肤搔抓所导致的问题包括生理毁容、伤疤、感染和皮肤损害（APA，2013）。因为诊断标准太新，因此目前没有符合本病 DSM-5 诊断标准的可用研究资料提供。

抓痕症（皮肤搔抓障碍）　DSM-5

A. 反复搔抓皮肤而导致皮肤损害。

B. 反复尝试减少或停止搔抓皮肤。

C. 搔抓皮肤引起具有临床意义的痛苦，或导致社交、职业或其他重要功能方面的损害。

D. 搔抓皮肤不能归因于某种物质（例如，可卡因）的生理效应或其他躯体疾病（例如，疥疮）。

E. 搔抓皮肤不能用其他精神障碍的症状来更好地解释（例如，精神病性障碍中的妄想或幻触；身体变形障碍中的尝试改善所感知到的外貌缺陷或瑕疵；刻板运动障碍中的刻板行为，或非自杀性自我伤害中的自我伤害意图）。

资料来源：Reprinted with permission from the *Diagnostic and Statistical Manual of Mental Disorders*, Fifth Edition, (Copyright 2013). American Psychiatric Association.

什么是创伤与应激源相关障碍

本群障碍包括与那些创伤性或应激性事件有关的障碍。对这类事件的反应范围因事件、当事人及环境的不同而可以从轻微到严重不等。本组分类有以下障碍：急性应激障碍、适应障碍、创伤后应激障碍、反应性依附障碍、失约束社交障碍。因为大多数科学文献集中于创伤后应激障碍，我们将对该障碍进行深入评论。

对比个案研究

行为维度：从正常到异常

正常行为个案研究　一件可怕的事——没有障碍

上个月，杰米尔在暴风雪中驾车。马路上都结冰了，杰米尔很后悔决定在暴风雪天气开车。但是他想快点回家见到自己的妻子和儿子。当他在高速公路上开车的时候，他的车开到了一块冰上，车被滑到路边上，然后打了个圈。这几秒钟实在是太惊险了，他儿子和妻子的面孔在他的眼前闪过。车停在了一个沟里。杰米尔被撞了一下，幸好没伤到。那天晚上，到家后他没有睡着，一直看着他睡在小床上的儿子。第二天早晨，他开车的时候心跳加快，几个星期过去了，他每次驾车经过那个沟的时候都会感到紧张。

异常行为个案研究　创伤后应激障碍

1968 年，杰瑞被征去当兵。在越南，一天激烈的战斗之后，杰瑞受伤了。他伤得很严重，尽管他不记得子弹打到他的大腿骨之后发生了什么，但是他记得给他输血的时候感觉特别冷。回到家之后，他去一家杂货店，在经过冷冻食品区的时候，冷冻区的寒冷突然令他闪回原来的经历，杰瑞以为他又回到了越南。现在，杰瑞无论如何都不会去杂货店。每次听到直升机的声音，他都趴在地上。从越南回来之后，杰瑞就无法正常工作了。

创伤后应激障碍

创伤后应激障碍（post traumatic stress disorder，PTSD）开始于创伤性事件，如战争、袭击、强奸或看到他人受到严重伤害或暴力死亡。之后，当所面临的事件或情境与创伤性事件的某部分类似或具有象征意义时，如经过一个与曾经遇袭的小巷类似的黑暗小巷时，个体就会有强烈的心理和生理反应。

尽管对于诊断标准并非必要，创伤后应激障碍患者以下情绪方面的报告很常见：恐惧、无助、恐怖以及犯罪感和羞耻感。创伤后应激障碍的一个典型症状是闯入[intrusion，或叫重新体验（re-experiencing）]，通过反复的和闯入性回忆，尽管企图尽力压制它们，但与创伤相关的想法或梦一再出现（见“DSM-5：创伤后应激障碍”）。患者会突然像该事件重新又发生了那样行动或感受。一个有趣的现象是，尽管记忆可以闯入（就像强迫思维的闯入那样），但患者常常不能回忆创伤性事件的具体的或重要的细节。

创伤后应激障碍　DSM-5

注：下述诊断标准适用于成人、青少年和 6 岁以上儿童。对于 6 岁及以下儿童，参见后面的相应诊断标准。

A. 以下列至少一种方式暴露于实际的死亡、严重伤害、性暴力或其威胁：

1. 直接经历创伤性事件。
2. 亲眼看见在他人身上发生的创伤性事件。
3. 获悉亲密家庭成员或亲密朋友身上发生了创伤性事件，这些实际的或有死亡威胁的创伤性事件必须是暴力的或意外的。
4. 反复经历或极端暴露于创伤性事件的令人反感的细节中（例如，现场急救人员收集人体遗骸；警察反复暴露于虐待儿童的细节）。

   注：诊断标准 A4 不适用于通过电子媒体、电视、电影或图片的暴露，除非该暴露与工作相关。

B. 在创伤性事件发生后，存在以下至少一项与创伤性事件有关的闯入症状：

1. 对创伤性事件反复的、非自愿的和闯入性的痛苦回忆。

   注：6 岁以上儿童，可能通过反复玩与创伤性事件有关的主题或某方面内容来表达。

2. 反复做内容和/或情感与创伤性事件相关的痛苦的梦。

   注：儿童可能做可怕但不认识内容的梦。

3. 分离性反应（例如闪回），个体的感受或行为好像创伤性事件再次发生（这种反应的程度是一个连续体，最极端的表现是对目前的环境完全丧失意识）。

   注：儿童可能在游戏中重演特定的创伤。

4. 在暴露于象征或类似于创伤性事件某方面的内在或外在线索时，产生强烈或持久的心理痛苦。
5. 对象征或类似于创伤性事件某方面的内在或外在线索产生显著的生理反应。

C. 创伤性事件发生后持续回避与创伤性事件有关的刺激，具有以下一项或两项情况：

1. 回避或尽量回避关于创伤性事件或与其紧密相关的痛苦记忆、想法或感受。
2. 回避或尽量回避能够唤起关于创伤性事件或与其紧密相关的痛苦记忆、想法或感受的外部提示（人、地点、对话、活动、对象、情境）。

D. 与创伤性事件有关的认知与心境的负性改变，在创伤性事件发生后出现或加重，具有以下至少两项情况：

1. 无法记住创伤性事件的某个重要方面（通常是由于分离性遗忘，而不是由诸如脑损伤、酒精或毒品等因素导致）。
2. 对自己、他人或世界持续夸大的负性信念或预期（例如，“我很坏”“没有人可以信任”“整个世界是危险的”“我的整个神经系统被永久地毁坏了”）。
3. 由于对创伤性事件的原因或结果持续的认知歪曲，导致个体责备自己或他人。
4. 持续的负性情绪状态（例如，恐惧、恐怖、愤怒、内疚或羞愧）。
5. 显著地减少对重要活动的兴趣或参与。
6. 对他人有疏离感。
7. 持续无法体验到正性情绪（例如，无法体验幸福、满足或爱的感觉）。

E. 与创伤性事件有关的警觉与反应有显著改变，在创伤性事件发生后出现或加重，具有以下至少两项情况：

1. 易激惹的行为和愤怒的爆发（在没有或轻度被挑衅的情况下），典型表现为对人或物体的言语或身体攻击。
2. 不计后果或自我毁灭的行为。
3. 过度警觉。
4. 过分的惊跳反应。
5. 注意力集中困难。
6. 睡眠困扰（例如，难以入睡或难以保持睡眠，或睡眠不稳）。

F. 本障碍的持续时间（标准 B、C、D 和 E）超过 1 个月。

G. 本障碍引起临床上的明显痛苦，或导致社交、职业或其他重要功能方面的损害。

H. 本障碍不能归因于某种物质（例如，药物或酒精）的生理效应或其他躯体疾病。

6 岁及以下儿童的创伤后应激障碍

A. 6 岁及以下儿童，以下列至少一种方式暴露于实际的死亡、严重伤害、性暴力或其威胁：

1. 直接经历创伤性事件。
2. 亲眼看见在他人身上发生的创伤性事件，特别是主要的照料者。

   注：这种看见不包括对那些电子媒体、电视、电影或图片上事件的接触。

3. 获悉创伤性事件发生在父母或照料者的身上。

B. 在创伤性事件发生后，存在以下至少一项与创伤性事件有关的闯入症状：

1. 对创伤性事件反复的、非自愿的和闯入性的痛苦回忆。

   注：自发的和闯入性的回忆不一定表现为痛苦，也可能通过在游戏中重演来表达。

2. 反复做内容和/或情感与创伤性事件相关的痛苦的梦。

   注：很可能无法确定可怕的内容与创伤性事件相关。

3. 分离性反应（例如闪回），儿童的感受或行为好像创伤性事件再次发生（这种反应的程度是一个连续体，最极端的表现是对目前的环境完全丧失意识），此类特定的创伤可能在游戏中重演。
4. 在暴露于象征或类似于创伤性事件某方面的内在或外在线索时，产生强烈或持久的心理痛苦。
5. 对创伤性事件的提示物产生显著的生理反应。

C. 存在以下至少一项症状，以表现对与创伤性事件有关的刺激的持续回避或与创伤性事件有关的认知与心境的负性改变，且是在创伤性事件发生后出现或加重。

持续地回避刺激

1. 回避或尽量回避能够唤起创伤性事件回忆的活动、地点或物理提示物。

2. 回避或尽量回避能够唤起创伤性事件回忆的人、对话或人际情境。

认知上的负性改变

3. 负性情绪状态(例如,恐惧、内疚、悲痛、羞愧、惊慌)的大量增加。
4. 显著地减少对重要活动的兴趣或参与,包括玩耍减少。
5. 社交退缩行为。
6. 持续地减少正性情绪的表达。

D. 与创伤性事件有关的警觉与反应有改变,在创伤性事件发生后出现或加重,具有以下至少两项情况:
1. 易激惹的行为和愤怒的爆发(在没有或轻度被挑衅的情况下),典型表现为对人或物体的言语或身体攻击(包括大发脾气)。
2. 过度警觉。
3. 过分的惊跳反应。
4. 注意力集中困难。
5. 睡眠困扰(例如,难以入睡或难以保持睡眠,或睡眠不稳)。

E. 本障碍的持续时间超过1个月。
F. 本障碍引起临床上明显的痛苦,或导致与父母、同胞、同伴或其他照料者的关系上或在幼儿园行为上的损害。
G. 本障碍不能归因于某种物质(例如,药物或酒精)的生理效应或其他躯体疾病。

资料来源: Reprinted with permission from the *Diagnostic and Statistical Manual of Mental Disorders*, Fifth Edition, (Copyright 2013). American Psychiatric Association.

经历了一件有生命威胁的或创伤性事件后,一些人会患上创伤后应激障碍。

创伤后应激障碍的另一个独特症状是认知与心境的负性改变(negative alterations in cognitions and mood),指无法感受高兴、惊讶甚至是悲伤。人们对以前感兴趣的活动失去兴趣,与他人和环境有疏离感。另一个常见症状是交感神经系统活动的过度活跃,这造成弥散而持久的唤醒状态,被叫作高唤起(hyperarousal)。这种过度唤醒导致睡眠困难和注意力难以集中,并产生情绪反应如易激惹或愤怒。此外,创伤后应激障碍患者还报告了以下症状:过度警觉(hypervigilance,一种被"监视"的感觉)、过分的惊跳反应(exaggerated startle response,容易被吓一跳)。本障碍的第四组症状是对与创伤有关的情境或对象的持续回避,即对可能提示他们忆及创伤性事件的活动、情境或事件的回避。

高达92%的创伤后应激障碍患者还患有共病的其他心理障碍,常见的有抑郁症、其他焦虑障碍,或药物滥用(Brunello et al.,2001;Perkonigg et al.,2000)。因为创伤后应激障碍是一个复杂的障碍,伴随着许多不同的症状,有时很难判断悲伤的情绪或广泛性焦虑是这种障碍的一部分,还是属于另一种独立的诊断。在任何情况下,创伤后应激障碍都是焦虑障碍中最难治疗的一种。

因为发病与创伤性事件有关,创伤后应激障碍可在任何年龄发病(McNally,2001)。在成年人中,根据应激事件的不同,它通常分为平民创伤后应激障碍和战争相关创伤后应激障碍。战争相关创伤后应激障碍通常更严重,也更难以治愈。创伤后应激障碍导致工作能力受损,每年造成超过30亿美元的生产损失(Brunello et al.,2001)。它也可能导致受教育成绩降低、增加青少年怀孕的可能性、造成更不稳定的婚姻(Brunello et al.,2001)。大约6.8%的美国成年人患有平民创伤后应激障碍(Kessler,2005a)。战争相关创伤后应激障碍更为常见,多达18.5%的退伍军人被诊断患有创伤后应激障碍(Hoge et al.,2007;Magruder et al.,2005;Seal et al.,2007;Tanielian & Jaycox,2008)。

从历史上看,导致创伤后应激障碍出现的生活事件是"超出正常人类经验的"(战斗、集中营监禁、自然灾害、袭击或强奸)。最近的诊断标准增加了可能造成创伤的事件,包括更多的人类经历,有一些很常见(亲人的意外死亡,患严重疾病如癌症)。个体可能直接经历了这些创伤性事件（如参加战斗），目睹事件在他人身上发生（如犯罪行为旁观者）或只是听说或观看了该事件的电视或互联网内容。这种对创伤性事件接触定义的扩展被称作概念性等级递进（conceptual bracket creep，McNally，2009），在调查被认为经历了创伤性事件的人群时，这一扩展为患病率的增加至少部分地起了作用。使用这些扩展的标准，一个流行病学调查报告说，89.6% 的成年人（92.2% 的男性和 87.1% 的女性）经历过一个潜在的创伤性事件（Breslau & Kessler，2001）。然而，尽管大多数人普遍接触过创伤性事件，样本中只有 11.1% 的人会出现创伤后应激障碍。这些不同的比例说明了非常重要的一点：仅仅是暴露于创伤性情境本身并不会自动导致创伤后应激障碍。车祸、亲人的逝去只会导致暂时的应激反应（Keppel-Benson et al.，2002；Yehuda，2002），针对创伤性事件的典型反应是有韧性的而不是创伤后应激障碍的（见“研究热点：“9 · 11”——创伤、悲伤、创伤后应激障碍与心理韧性”）。

经历创伤性事件后，儿童可能会玩创伤性的游戏，例如建造个高塔，然后推倒它。然而，出现这种类型的活动，并不意味着儿童是创伤性事件的受害者。

研究热点　“9 · 11”——创伤、悲伤、创伤后应激障碍与心理韧性

2006 年 10 月 2 日，查尔斯 · 卡尔 · 罗伯茨（Charles Carl Roberts）进入了宾夕法尼亚州镍矿村阿米什人社区的一个单房校室。他将 10 个小女孩排成排，并对她们依次平射开枪。之后他开枪自杀。有 5 个女孩死亡、5 个重伤。当晚，阿米什社区的女人前去他的家中，给他的遗孀带去食物和安慰。那个周末，参加罗伯茨先生葬礼的人中有一半人来自他所伤害的阿米什社区。当被问及他们是如何原谅他的时候，这些阿米什人回答道：“靠着上帝的帮助。”

根据当前的定义，很多应激源符合成为创伤性事件的条件并可导致创伤后应激障碍的诊断。刺伤、枪击和谋杀在城市青少年中很常见（Jenkins & Bell，1994）。自然灾害如飓风、洪水和龙卷风也经常会发生并会增加应激。然而，仅仅是经历应激性事件并不意味着就一定会出现创伤后应激障碍。

最新关于丧失和创伤的研究表明，高达 90% 的美国人报告说他们一生中会暴露于一个创伤性事件，但是只有 5% ~ 11% 的人会患上创伤后应激障碍（Breslau & Kessler，2001；Ozer et al.，2003）。尽管目击创伤性事件可能导致短暂的创伤后应激障碍或明显应激（想象一下你对 2001 年“9 · 11”的反应），对于大多数人来说，这些反应在几个月后就会消失。只有一少部分人暴露于创伤性事件后会出现创伤后应激障碍。面对创伤性事件，如“9 · 11”恐怖分子的袭击、俄克拉荷马州的爆炸或波士顿马拉松爆炸，相比创伤后应激障碍恢复（经过几个月的常规或亚常规心理治疗即可恢复到创伤发生前的状态）或心理韧性（resilience，使自己在创伤性事件面前保持一个平稳的心态）才是主导反应（Bonanno，2004）。研究者目前在检验一些因素来预测以下问题：①哪些人不能恢复；②什么样的治疗可促进恢复；③这些治疗应在什么时候用。

你认为哪些因素对患上创伤后应激障碍最重要？ «««

美国儿童创伤后应激障碍的患病率是未知的，因为没有可对照的社区调查。在德国的青少年和年轻人中，1% 的男性和 2.2% 的女性患有创伤后应激障碍（Essau et al.，2000）。实际暴露于单一创伤性事件的儿童（学校

里的枪击事件、地震、船难）估计有 5.2% ~ 100% 可能出现创伤后应激障碍（Beidel & Turner，2005）。所估计的患病率不同可能是因为不同的研究者诊断时所使用的程序不同（例如，有的是对儿童的直接访谈，有的是家长的报告）。此外，创伤后应激障碍的出现和离事件的远近有关。离事件越近，就越有可能出现创伤后应激障碍。例如，在亚美尼亚地震之后，生活在震中的儿童比生活在 50 英里[⊖]以外的儿童更多地出现创伤后应激障碍。一个充满希望的事实是，对于平民创伤性事件，创伤后应激障碍的出现在随时间而逐渐减少（Yule et al.，2000）。

像其他焦虑障碍一样，儿童的创伤后应激障碍的症状与成年人不同（见“DSM-5：创伤后应激障碍”）。对于儿童，“闯入”症状可能采取的表现形式是创伤性游戏（traumatic play），儿童会在其中再现创伤性事件的有关方面。然而，重要的问题是我们要避免错误地把任何行为都解释为创伤后应激障碍的表现。用下面的例子给予说明：在俄克拉荷马州的爆炸事件中（1995），一些该州儿童用积木搭建建筑物后将其破坏（Gurwitch et al.，2002）。是否所有的儿童都患有创伤后应激障碍？很多孩子从来没有经历过轰炸，也会用积木搭建建筑物或用沙子建造他们的城堡，并且乐于把它们推倒。如果没有关于典型儿童游戏的知识，这种正常发育中的行为可能被错误地解释为是创伤后应激障碍症状。

除了重新体验的发展上的差异，创伤后应激障碍的其他方面也会由于年龄的不同而不同。6 岁以下的孩子，尿床、吮吸手指、害怕黑暗、不愿离开父母，都可能是创伤后应激障碍的症状。但是，在没有暴露于创伤性事件的儿童中也会出现这些行为（Fremont，2004）。注意问题、学校成绩骤降、逃学、身体不适、非理性恐惧、睡眠问题、噩梦、易激惹和发怒是常见的儿童创伤后应激障碍的表现，但它们也发生在患有其他障碍的儿童身上，或者有时在没有患病的儿童身上也出现。青少年报告的症状在成年人身上更常见：闯入性的想法、高度警觉、情绪麻木（这是 DSM- Ⅳ的一个标准现在被改作认知与心境的负性改变）、噩梦、睡眠困扰和回避。当可能下创伤后应激障碍诊断的时候，必须要考虑发展性因素。

直到最近，女性退伍军人报告她们的创伤后应激障碍主要是由于性侵犯或性骚扰（Butterfield et al.，2000）。然而，女性在军事角色上的变化，可能改变性侵犯或性骚扰作为女性战争相关创伤后应激障碍原因的分布。在平民人口中，有一些研究发现女性比男性更多地患有创伤后应激障碍（Brunello et al.，2001），而其他研究没有得出相同的结论。妇女中，大约 50% 的创伤后应激障碍与性侵犯有关（Brunello et al.，2001；Perkonigg et al.，2000）。

当研究不同种族 / 民族群体创伤后应激障碍的患病率时，社会文化因素也是需要考虑的一个重要因素。正如我们在第 1 章中提到的，1992 年安德鲁飓风袭击佛罗里达州部分地区的时候，非裔美国儿童和西班牙裔儿童比白人儿童更多地报告创伤性痛苦（La Greca et al.，1996）。然而，在众多的社会文化差异中，社会经济地位是最重要的社会文化因素。在 1989 年的雨果飓风后，更多的非裔美国儿童比非非裔美国儿童报告恐惧，但他们的住处离飓风登陆的海岸也更近。当控制了地理文化因素和相关因素后，创伤后应激障碍的患病率就没有差异了（6.3% 和 5.1%；Shannon et al.，1994）。这意味着当调查不同种族 / 民族心理反应的潜在差异时考虑社会经济因素的重要性。在很多情况下，是因为创伤性事件后恢复的能力不足导致了痛苦并促发了创伤后应激障碍而非创伤性事件本身。在一场飓风之后，收入较少的人没有能力去修复他们的房屋，重新开始生活的个人资源也较少。他们很可能从事收入较低的工作，这使得他们很难在短时间内重建家园。因此，这种貌似是种族 / 民族的群体差异实际上反映的是他们在社会经济地位上的差异。

焦虑障碍、强迫症、创伤与应激源相关障碍的病原学

需要特别说明的是，因为 DSM-5 的诊断标准太新了，对符合新标准个体的病原学和疗效的研究还未进行。因此，在本小节中我们所讨论的内容是基于 DSM- Ⅳ -TR 的。

焦虑障碍是如何发展的？在第 1 章中我们已经了解到，通过一系列将小白鼠和大的声响结对的条件反射之后，小艾伯特习得了恐惧。这个心理学模型有助于帮助我们理解创伤后应激障碍，该障碍往往是条件反射的结果。然而，并不是每一个焦虑障碍都可以追溯到创伤性事件，也不是每个经历了创伤性事件的人都能发展为焦虑障碍。就像人们可能担心各种不同的对象或情境，焦

⊖ 1 英里＝1 609.344 米。——译者注

虑障碍也可能以不同的途径发展。在某些情况下则可能原因不明。即便知道了生理和心理的原因，相同的障碍在不同的人身上也可能以不同的方式发展。本节最后会证明，生物－心理－社会模式可能是解释焦虑障碍病因的最全面的模型。

生物学观点

正像我们在第 1 章中了解到的，解释异常行为的生物学观点，包括对遗传、家族史、神经解剖学和神经生物学的调查与研究。即使生物学因素不能完全解释焦虑障碍的发展过程，但它可能存在某种脆弱性，为造成障碍的其他生物学或心理学影响“提供平台”。

1. 家族史及遗传学研究

焦虑障碍可以遗传吗？这些障碍确实似乎有家族性。和亲属（父母、兄弟姐妹、表亲和堂亲）中都没有患焦虑障碍的人相比，有患焦虑障碍亲属的人也更可能患焦虑障碍（e.g.，Hanna，2000；Pauls et al.，1995）。同样的关系也发生在父母和孩子之间。当父母患有某焦虑障碍时，孩子更可能也患有该病（Beidel & Turner，1997；Lieb et al.，2000）。然而，并不是家庭中的每一个孩子都会发展为焦虑障碍，这说明遗传可能发挥了作用但并不是答案的全部。

双生子研究也说明遗传在焦虑障碍的发展中所起的作用。同卵双生子焦虑障碍的同病率（concordance rate，见第 2 章）是异卵双生子的两倍（34% 对 17%；Andrews et al.，1990；Torgersen，1983），但是，没有特定的基因或基因组合被确认。另一种研究遗传的方式是通过**遗传力**（heritability）的概念，指遗传因素可以解释变异的比例。遗传力的估计已经用来解释广泛性焦虑障碍（32%；Hettema，2001）、惊恐障碍（43%；Hettema，2001）、社交焦虑障碍（20% ~ 28%；Kendler et al.，2001；Nelson et al.，2000）、特定恐惧症（25% ~ 35%；Kendler et al.，2001）和强迫症（27% ~ 47%；van Grootheest，2005）。一项对 5 000 对双生子的研究（Hettema et al.，2005）表明，一个常见遗传因子影响广泛性焦虑症、惊恐障碍和场所恐惧症。另一个遗传因子影响动物恐惧症和情境性恐惧症。社交焦虑障碍似乎受这两种遗传因子的共同影响。然而，所有遗传学的研究数据表明，基因并不能解释一切。考虑到没有哪项遗传力的估计是 100%，环境因素对于焦虑障碍的发展也很重要。

寻找特定的产生焦虑障碍的缺陷基因，需要将研究从双生子的研究转移到分子遗传学的研究上。在小鼠身上，已经发现了有 15 对染色体影响恐惧和焦虑（e.g.，Einat et al.，2005；Flint，2002）。在对人类的研究中，已发现了特定染色体片段，但是具体的基因尚未被确认（Kim et al.，2005；Martinez-Barrondo et al.，2005；Olessson et al.，2005；Politi et al.，2006）。一项关于强迫症的全基因组关联分析（GWAS）并未发现任何全基因组的有意义结果（Stewart et al.，2013）。然而，我们依然需要进行关于强迫症、焦虑障碍以及创伤与应激源相关障碍的大样本研究，以确定遗传和环境因素对这些障碍是如何交互作用的。

根据目前掌握的数据，这些障碍被遗传的可能是一般脆弱性因素（general vulnerability factor），被称为**特质焦虑**（trait anxiety）或焦虑倾向（anxiety proneness）（Hettema et al.，2001）。因为这种人格特质存在于一个维度上，因此人们会有不同程度的焦虑倾向。处在维度高端的人可能对应激事件反应强烈，因此在适当环境下会更有可能发展为焦虑障碍。

> 卡洛琳和她的 5 个朋友在放春假之后要乘飞机回家去。在飞行的过程中遇到雷雨天气。风切变使飞机急速下降，有 10 多秒钟的时间，飞机几乎倾斜 90°，直到驾驶员再度控制。飞机最终安全着陆。几个月以后，她的朋友们想乘飞机去加勒比，但是卡洛琳拒绝了。她很害怕乘坐飞机。尽管她们试图说服她，卡洛琳还是拒绝了。由于那次经历，卡洛琳发展出对飞行的特定恐惧症。

卡洛琳的案例说明了焦虑倾向怎样发展成为恐惧。尽管有 6 位女性经历相同的环境事件，但只有卡洛琳得了恐惧症。也许卡洛琳有发展为焦虑障碍更强的遗传脆弱性。

2. 神经解剖学

焦虑倾向是一个对于理解焦虑障碍的发展非常有效的理论建构。但建构（construct）并非是一种实在，它只是提供一个参考框架，如对“自由意志”的建构。说某人有焦虑倾向并不能解释异常是什么以及在哪里。新近的 CT、MRI、fMRI 和 PET 成像数据表明，中脑的一些区域与焦虑情绪有关。当某人处于应激状态下时，其大脑的特定区域会变得更加活跃，包括杏仁核、海马（Uhde & Singareddy，2002）以及边缘系统和旁边缘系统（Stein & Hugo，2004）。因为这些神经解剖学结构对加工情绪很重要，它们可能也和恐惧、焦虑的发生有关。不同脑区域与不同的障碍有关。例如，杏仁核和脑岛是与焦虑有关的脑区域，当成人社交焦虑患者观看有负性情绪的面部图像时，这些区域会变得活跃，而无社交焦虑障碍的被试则无此现象（Shah et al.，2009）。对于强迫症，眶前额叶皮质和尾状核很重要（Baxter，1992）。以强迫症为例，我们将说明这些大脑区域对于焦虑障碍的发病起到什么样的作用。

一些强迫症症状包括脱口而出的言语、不能控制的想法和行为。神经解剖学研究表明，有两个区域——前额叶皮质和尾状核，组成一个大脑环路，把感觉转换成想法和行动（Stein，2002；Trivedi，1996）。事实上，暴力或性想法或冲动（强迫症患者经常报告）似乎源于眶前额叶皮质。有一个假说认为神经信号从那里开始传到了尾状核，而通常情况下信号会在这里被滤出。如果信号没有被过滤掉，这些想法和冲动的信号就会到达丘脑，致使个体被驱使去注意这些想法并可能付诸行动。

从科学家 - 实践者的角度看，这是一个非常有趣的理论。但是，在接受它之前，我们需要证明有强迫症的人和没有强迫症的人的脑活动是不同的。一个证明办法是利用心理任务研究（psychological challenge studies）。在这个程序中，当人们面对一些挑战性的对象或情境时，用 PET 技术扫描活动增强的大脑可疑区域。在一项研究中，当强迫症患者和对照的健康组的人面临相同的任务（如他们被要求接触“被感染”的物体）时，只有强迫症患者眶额叶皮质、前扣带回、纹状体和丘脑区域的大脑活动增强（Trivedi，1996）。换句话说，当接触这些物体的时候强迫症患者的反应和正常人的反应不同。然而，因为被试已经患有强迫症，我们不知道他们的障碍是不是由于大脑活动的增强造成的。也许大脑活动增强是因为障碍已经存在了。为了充分回答这个问题需要进行纵向研究。在一个这样的研究中，我们可以将这组人定义为一种有强迫症风险的人（也许只是在接触受感染的物体时出现这样的大脑反应，而没有其他强迫症的症状）。几年中我们定期评估这组人，以确定他们后来是否会发展成强迫症。另一项研究可以试图确定是否只有患强迫症的人这些区域的脑活动才会增强。患有其他焦虑障碍或患有其他类型心理障碍的人的这些脑区的活动增强也许很常见。如果同样的脑活动见于不同障碍的人，则我们不能下结论说该脑活动是强迫症的特殊病因。也许这是个很多障碍都有的一般脆弱性因素。

总的来说，患有某种焦虑障碍的人和那些没有焦虑障碍的人的大脑功能确实显示有差异。然而大脑结构的对比如杏仁核的大小研究发现，在焦虑障碍和健康对照组之间并没有差异。因此，解剖学差异不是影响焦虑障碍发展的因素。在一些情况下，焦虑障碍可能造成大脑功能的改变，进而影响大脑的解剖结构。在患有 PTSD 的退役老兵中和经历过性虐待的儿童中发现，他们的海马体积较小（Bremner et al.，1995，1997；Gurvits et al.，1996；Stein et al.，1997）。尽管目前对这一重要差异的认识还不清楚，这个发现说明长久的环境压力可能导致神经化学（大脑功能）的改变，进而逐渐随时间造成神经解剖（大脑结构）的改变。

在第 2 章，我们知道大脑中的神经元通过神经递质（神经系统中存在的化学物质）携带信息从一个神经元到下一个神经元。不同的神经递质主要负责不同的大脑功能，例如运动、学习、记忆、情感。研究最多的神经递质是 5- 羟色胺：它调节情绪、思维、行为，被认为在焦虑障碍中起有重要作用。大脑皮质中低的 5- 羟色胺水平会阻止神经信号从一个神经元到另一个神经元的传递，抑制大脑有效调节情绪、思维和行为的能力。

有哪些数据支持 5- 羟色胺在焦虑障碍的发展中很重要的假设呢？首先，和没有心理障碍的人相比，患有广泛性焦虑障碍、惊恐障碍、创伤后应激障碍和强迫症的人的脑脊液中 5- 羟色胺和它的副产品的水平降低。尽管脊髓和大脑中的神经递质水平并不绝对相关，但脑脊液中的低水平暗示这种问题在大脑突触中也存在（Stein & Hugo，2004）。其次，通过生物化学任务（biochemical challenge）研究，研究者给被试一种改变他们 5- 羟色胺水平的物质，然后分析化学物质的改变怎样增加或减少焦虑。这种研究可以帮助我们理解 5- 羟色胺水平的降低可能增加焦虑，但是研究结论并不一致（Uhde & Singareddy，2002）。最后，选择性 5- 羟色胺再摄取抑制剂（selective serotonin reuptake inhibitors，SSRIs）增加神经突触中 5- 羟色胺的含量；吃这些药物的人报告说他们的焦虑感觉降低了。倒推一下你也许能得出结论 5- 羟色胺减少和焦虑增加有关。总之，这些研究说明某些神经突触中 5- 羟色胺的减少和焦虑感有关。然而，这个研究中的很多参与者已患有焦虑障碍，这就限制了我们所能得出的结论。为了说明低水平的 5- 羟色胺是焦虑障碍的原因而不是结果，参与研究的被试应该是没有患焦虑障碍的人，而且研究需要能够控制他们体内的 5- 羟色胺水平。当然，这样的研究会人为制造焦虑障碍，是不道德的。

另一种神经递质是 γ- 氨基丁酸（GABA），它能够抑制突触后神经元的活动，即当信息从一个神经元传递到另一个神经元时“接收神经元”的反应。降低突触后神经元的活动可以减少焦虑。因此，允许 GABA 更有效抑制突触后神经元活动的药物对治疗焦虑障碍很有用（见“焦虑障碍的治疗”一节）。

一种被称作促肾上腺皮质释放素（corticotrophin-releasing factor，CRF）的物质对于焦虑障碍的发展也很重要。CRF 神经元存在于调节紧张和情绪加工的大脑区域（Heim & Nemeroff，1999）。当大脑的这些区域释放 CRF 时，它刺激化学物质促肾上腺皮质激素（ACTH）和 β- 内啡肽的产生。我们知道当这些化学物质注射到老鼠的脑中时，这些动物会出现焦虑和抑郁的反应。相似地，当动物被置于应激环境下，例如分离、丧失、虐待、忽视和社会剥夺的环境时，它们的下丘脑和杏仁核出现持续的 CRF 活动增强（Heim & Nemeroff，1999；Sanchez et al.，2001）。这些数据说明早期的生活经历例如丧失、分离或者是虐待（环境事件）可能会改变大脑的活动，产生一些与基因造成的脆弱性类似的生物学脆弱性。反过来，当这些化学物质持续存在时，过度的反应（生物学的贡献）持续进行，个体在随后的其他生物或环境因素共同作用下，会更可能发展出情感障碍，如焦虑或者抑郁（见图 4-6）。

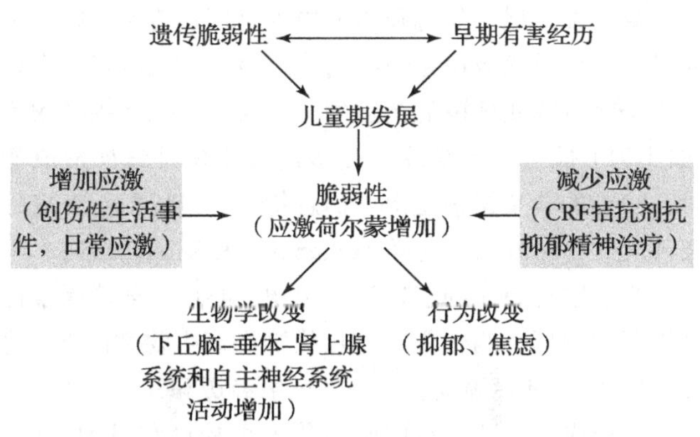

图 4-6 应激可能影响功能

早期有害经历能改变脑功能，从而能增加发展出焦虑障碍的可能性。

资料来源：Adapted from *Biological Psychiatry*, 46, Heim, C. ,& Nemeroff, C. “ The impace of early adverse experienecs on brain systems involved in the pathophysiology of anxiety and affective disorders. ” pp. 1509-1522, Copyright © 1999 Society of Biological Psychiatry with permission from Elsevier Science Inc.

神经科学提供了令人兴奋的理解焦虑障碍的新方法。然而，还存在很多挑战。不同的技术（CT、fMRI、SPECT 和 PET）对同一脑区的成像不同（Insel & Winslow，1992；Trivedi，1996）。另外，很多研究只是把患有焦虑障碍的人和没有焦虑障碍的人进行比较。我们只可以据此得出健康对照组与焦虑障碍患者不同的结论，却不能得出特定大脑异常只在焦虑障碍患者身上出现的结论。为了得出这个结论，我们必须检查患有其他障碍（如抑郁症或进食障碍）的人的大脑活动，判断有其他障碍的人是否也有同样的异常。

3. 气质和行为抑制

气质（temperament）是在非常早的年龄甚至是在出生的时候就表现出来的个人行为的差异。**行为抑制**（behavioral inhibition）是由杰罗姆·凯根（Jerome Kagan）首次提出的概念（1982），是一种在近 20% 的儿童身上存在的气质特点。伴有行为抑制的儿童对于新的人、对象或情境表现退缩（或怯于接近）。他们不主动和陌生人打招呼，他们会哭或者抱着他们的妈妈而不是去和其他儿童玩。有行为抑制的儿童更有可能出现焦虑反应并发展成儿童期焦虑障碍，尤其是社交焦虑障碍（Gladstone et al.，2005；Hayward et al.，1998）。行为抑制，可在 4 个月大的时候辨别出，可能是之后发展为社交焦虑障碍的独特风险因素（Hirshfeld et al.，1992）。然而，这种关系并不绝对，并不是每一个有行为抑制的婴儿都发展为社交焦虑障碍。而且，并不是每一个在婴儿时期出现行为抑制的人都会患上社交焦虑障碍。那么，尽管行为抑制增加了发展为社交焦虑障碍的可能性，但它并不能解释每一例社交焦虑障碍。

心理学观点

对焦虑的病原学进行解释的心理学理论最为人所熟知，也是被研究最多的。大多数人通过以前被相应的事物吓到过，来对恐惧和恐惧症进行解释。创伤性事件仅仅是对焦虑障碍的众多病原学解释中的一种。其他观点包括个人经历以及家庭环境和社会环境的广泛影响。在以下的部分，我们将根据已有心理学理论（精神分析理论、行为主义理论和认知心理学）来解释恐惧发展的原因。

1. 恐惧获得的心理动力学理论

弗洛伊德认为漂浮（广泛性）焦虑是由于伊底和自我的冲突造成的（见第 1 章），这些冲突是由于性和攻击的冲动压制了个体可用的防御机制造成的。弗洛伊德认为，防御机制中的压抑和移置导致了恐惧症的发展。用精神分析方法解释焦虑障碍发展的一个经典例子是小汉斯的案例。

> 小汉斯是一个出生在19世纪欧洲维多利亚时代的5岁小男孩。在看到一辆马车翻倒和一个骑马的朋友摔下来之后，小汉斯出现了对马的恐惧，认为骑马会被摔下来，或者马会咬他。这种恐惧逐渐发展为害怕所有的马车，他会不计一切代价地避开它们。当外边有马车的时候，小汉斯不敢出门。小汉斯还特别关注自己的生殖器，怕它不够大。他的妈妈告诉他不能摸他的"小摇铃"（widdler），否则就会叫医生来把它割掉。小汉斯的爸爸向弗洛伊德求助。通过小汉斯和他爸爸谈话的详细资料（主要由小汉斯爸爸提供），弗洛伊德指出小汉斯的恐惧和对自己生殖器的固着表示他的性快感指向他妈妈，弗洛伊德将此称为俄狄浦斯情结。弗洛伊德还注意到小汉斯尤其害怕嘴边有黑圈的马，并解释说这是他爸爸胡子的象征。这匹马像他爸爸一样，是他所敬佩和畏惧的，并且明显是他对妈妈感情的竞争对手。因为他不能直接地处理这种感觉，他把这些感觉转移到马身上，导致出现恐惧和回避。

尽管有很多其他理论解释小汉斯的恐惧（例如，经典条件反射、社会学习理论——见第1章），这个案例对20世纪早期精神分析理论的发展影响很大。今天，它的影响力已明显下降。

2. 恐惧获得的行为理论

尽管没有哪个单一的行为理论足以解释所有焦虑障碍的病因，条件反射理论依然是解释恐惧获得的主导理论。现在的行为理论比小艾伯特的故事复杂得多，小艾伯特对恐惧的获得来自与小白鼠结对出现的厌恶刺激（见第1章）。通过经典条件反射获得恐惧仍然是一个焦虑障碍发病的主要解释。然而，经典条件反射理论不能解释所有的焦虑障碍，因此，就有了其他行为理论的解释。

除了直接的条件反射理论，人们有时还可以通过其他方式的学习如替代学习理论（vicarious learning theory，见第1章）和信息传递（information transmission）（Rachman，1977）来获得恐惧。如下面的例子。

> 琳赛和丽莎是一对双胞胎。琳赛被选中在年度寒假选美比赛上独唱"Jingle Bell Rock"。她对此又紧张又因有机会在公众面前表演而兴奋。当她登台后，她张开嘴却因紧张唱不出一个字。观众以为这是表演的一部分而大笑。琳赛非常尴尬并跑到后台大哭。当时坐在观众席上的丽莎看到了每个人都在笑姐姐。现在丽莎拒绝在观众面前表演，本周她因为在英语课上不能起立做演讲而成绩不及格。

尽管过去丽莎在班里公开讲话时会有些小紧张，但目睹了琳赛的创伤性事件后，丽莎获得了在公众面前表演的恐惧，并患上社交焦虑障碍。这个过程叫作观察学习（observational learning）或替代性条件反射（vicarious conditioning）。令人庆幸的是，并不是每一个经历创伤性事件的人都会通过直接的条件反射发展为焦虑障碍。还记得卡洛琳吗？她害怕飞行，但她的朋友没有，尽管她们有相同的乘飞机的经验。怎样用条件反射理论来解释这种差异呢？一种解释是，在面对相同的情境时先前的积极经验可以保护个体免受后来创伤性事件的影响。先前的积极经验提供了儿童对焦虑或创伤性障碍的免疫，就像疫苗的注射使儿童对麻疹免疫一样。例如，恒河猴先通过观察其他猴子不害怕玩具蛇，获得了对玩具蛇恐惧的"免疫"（Mineka & Cook，1986）。然后，当它们看到有的猴子有害怕玩具蛇的表现时，这些有"免疫"的猴子也不会获得恐惧。

第三种发展为焦虑障碍的原因是信息传递，即一个人对某人指导说应该害怕某情境或对象。父母肯定会教导孩子穿过熙熙攘攘的街道的危险或者避免将尖锐物品（如小刀）插进电源插座。当被问及恐惧是怎样形成的时，39%的儿童据信是由于信息传递，37%由于直接的条件反射，56%来自榜样（Ollendick & King，1991）。

当前解释焦虑的理论认为生物、心理－环境因素都是重要的原因。当代学习理论模型同意生物学因素（遗传和气质）、环境脆弱性（条件反射经历和社会/文化学习史）和应激因素（对应激事件的可控性和可预测性，条件反射经历）影响条件反射的性质和强度，因此，焦虑和恐惧的发展是过去条件反射经验的结果（Mineka & Zinbarg，2006；见图4-7）。

3. 恐惧获得的认知理论

和行为理论一样，也没有哪个单一的认知理论能解释所有的焦虑。然而，所有的认知方法都假定焦虑障碍

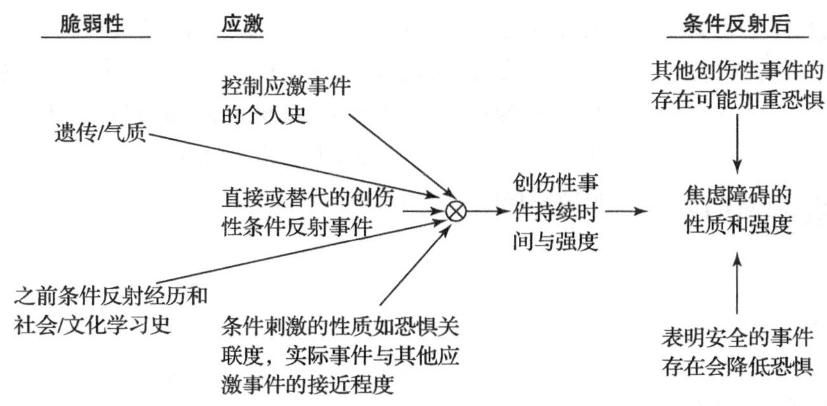

尽管早期的学习理论不能充分解释恐惧的获得，但修订的理论在解释时会同时考虑到生理和心理脆弱性及环境应激源——在创伤性（条件反射）事件发生之前、过程中或之后的影响。

资料来源：Adapted from Mineka, S., & Zinbarg, R., " A contemporary learning theory perspective on the etiology of anxiety disorders: it's not what you thought it was." *The American Psychologist*, 61, pp. 10-26. Copyright © 2006, American Psychological Association.

图 4-7　恐惧获得的当代理论

是由于对内部事件（"我的心跳加速，我一定得了心脏病"）或外部事件（"我做演讲的时候我的老板打哈欠，我的演讲一定很无聊"）的错误解释。第一个认知理论认为，患有焦虑障碍的人加工信息的方式与众不同，这导致了焦虑的发展（McNally，1995）。著名的认知理论家贝克（Aaron Beck）指出，焦虑是由于在模糊的情境下（例如，我快不能呼吸了）以负性的方式自动出现适应不良想法的解释（例如，我肯定是心脏病发作；Beck & Emery，1985）。从认知的观点来解释，焦虑障碍出现的原因是人们将模糊情境错误地解释为是危险的，导致生理和认知上的痛苦。因为他们不去尝试确定他们的想法是否正确，这些负性想法维持了焦虑障碍的存在。

第二个认知理论是关于惊恐障碍的，叫作"对害怕的害怕"（fear of fear）模型（Goldstein & Chambless，1978）。这一理论假设第一次出现惊恐发作之后，人对任何身体症状都变得敏感，并把任何生理状态的改变（例如，突然心颤）都解释为即将出现惊恐发作的信号（见图 4-8）。这导致了一个担心的恶性循环，这种解释增加了惊恐发作的可能性进而使担心加重。第三个认知模型是焦虑敏感性（anxiety sensitivity），个体认为焦虑的症状会导致消极的后果，如生病、尴尬或更多的焦虑（Tylor，1995）。焦虑敏感性是由以下因素导致的，之前的惊恐发作、惊恐的生物学脆弱性和人格需要（避免尴尬或疾病，或维持控制）。在这个模型中，我们再一次看到了生物学和学习是如何交互作用以产生导致对未来事件错误解释的想法。

认知理论自被提出后经过了 20 多年的发展，现在大多数研究人员认为负性和 / 或扭曲的认知对于维持焦虑障碍是很重要的。很少有证据表明，认知是焦虑障碍最初发展的主要机制。例如，惊恐障碍的模型（对害怕的害怕和焦虑敏感性）认为当一个人错误解释惊恐发作时的身体症状时，就会发展为焦虑障碍。然而，这些理论不足以解释这些认知偏差是如何出现的。如果不对还没发展出焦虑障碍的人进行长时间的纵向研究，我们很难确定认知因素在焦虑障碍病原学中的作用。对可能发展出焦虑障碍的高风险人群（例如，父母患有焦虑障碍的儿童）进行研究是必要的，以更好地理解在焦虑障碍的发病中认知因素所起的作用。

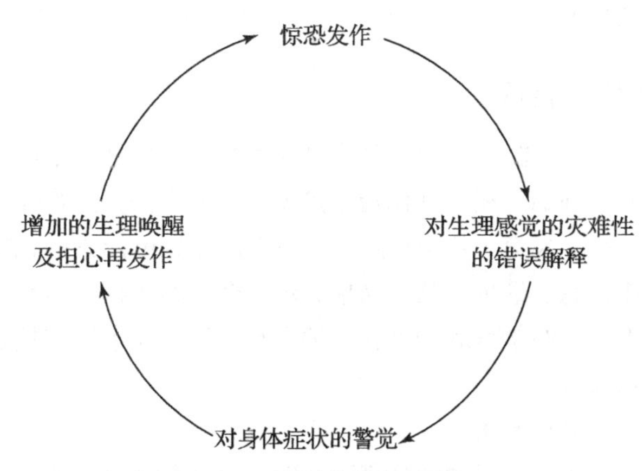

图 4-8　对害怕的害怕模型

在经历一次惊恐发作之后，患者会担心再发作。这种担心会造成生理和情绪的唤醒，这种唤醒会导致个体过度关注正常的身体症状。当这些症状发生的时候，他们会将之过度解释为又一次惊恐发作的信号。

总之，生理和心理 / 环境因素都对焦虑障碍、强迫症、创伤与应激源相关障碍的发展有重要作用。生物学因素包括遗传以及可能的神经递质和激素异常。在心理学因素和环境因素方面，过去的条件反射经验可以解释一些但不是全部焦虑障碍。家庭因素可能强化焦虑反应或作为其榜样，环境应激源不仅会影响情绪功能，还会影响神经解剖结构。尽管还有大量研究要做，但是很清楚的事实是焦虑障碍的病因并不简单。

焦虑障碍、强迫症、创伤与应激源相关障碍的治疗

需要特别说明的是，因为DSM-5的诊断标准太新了，对符合新标准个体的病原学和疗效的研究还未进行。因此，在本小节中我们所讨论的内容是基于DSM-Ⅳ-TR的。

治疗焦虑障碍有各种方法，包括生物学治疗、行为治疗、认知－行为治疗和心理动力学治疗。心理动力学理论被广泛应用于临床治疗，但已不再是大多数实证研究主题。相比之下，生物学治疗、行为治疗和认知－行为治疗则有大量实证支持。这些方法都是有效的，得到治疗的患者的缓解率约为70%。在某些情况下，研究参与者的症状模式都不太复杂，不像常见的门诊患者同时还有其他共病。因为研究人员现在才开始研究如何将这些受实证支持的治疗应用于传统门诊患者，所以我们还不知道这些方法能否成功地治疗伴有共病如物质滥用的焦虑障碍。

生物学治疗

生物学治疗的通常形式是药物治疗，但是，正如我们所看到的，还有其他治疗焦虑障碍的方法，如神经外科治疗。在第1章中讲过，历史上的躯体治疗方法包括卧床休息、锻炼、从事简单劳动。今天的生物学治疗是根据神经解剖学和神经化学的现代知识，使干预直接以大脑为目标。

1. 药物治疗

正像我们在焦虑障碍的病原学一节中讨论的，一些焦虑障碍（惊恐障碍、广泛性焦虑障碍、创伤后应激障碍和强迫症）是因为神经突触内的血清素（即5-羟色胺）减少，从而使神经元不能正常运作。突触前神经元末梢释放血清素到突触中，其他末梢再将多余的血清素摄取回突触前神经元，这个过程被称为再摄取（reuptake，见图4-9）。如果突触后神经元接收到足够多的血清素它就会兴奋，那么这个过程将继续。如果突触中没有足够多的血清素，信号就到不了它应该到的下一个神经元。增加大脑中血清素含量的一种方法是促使神经元释放更多的这种神经递质。另一种方法是阻止再摄取过程，延长血清素在突触内的时间。**选择性5-羟色胺再摄取抑制剂**（selective serotonin reuptake inhibitors SSRIs）可以治疗血清素的不平衡，通过这种方式可以延长血清素存留在突触内的时间。

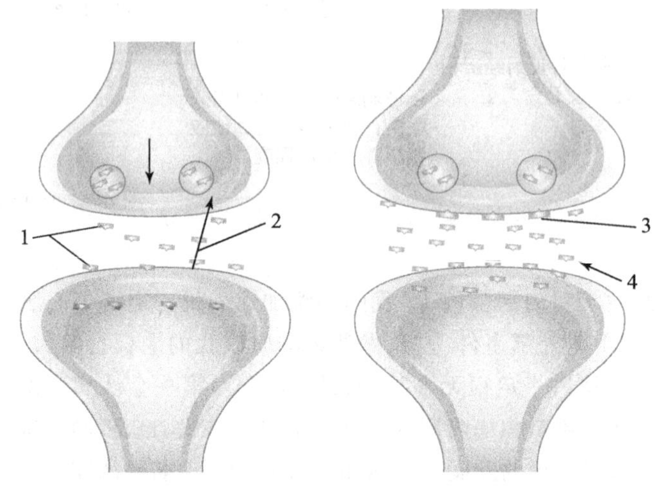

图4-9 SSRIs如何工作

SSRIs阻断了神经元的正常再摄取机制，允许血清素停留在突触内以增加其被下一个神经元受体摄取的机会。

1—血清素被释放进突触；

2—正在正常发生的将多余血清素再摄取回突触前神经元；

3—SSRIs阻断血清素再摄取点；

4—血清素可以更长时间地在突触内保持活跃。

SSRIs（如氟西汀、兰释和左洛复）是现在生物学治疗焦虑障碍的选择，至少有40项与安慰剂对照的研究支持了其疗效。SSRIs对以下障碍有积极疗效，如伴有或不伴有广场恐惧的惊恐障碍（e.g., Pollack & Margol, 2000）、社交焦虑障碍（e.g., Stein et al., 2003）、强迫症（e.g., Marazzati et al., 2001）、广泛性焦虑障碍（Rickels et al., 2000）和创伤后应激障碍（Steckler & Risbrough, 2012）。唯一的例外是对特定恐惧症目前还没有对照研究（Antony & Barlow, 2002）。虽然药物治疗优于安慰剂，但也不是对每个人都有效。许多人都需要在相当长的一段时期内服用药物，或者一直服用，因为停止服药后，复发是常见的。儿童和青少年服用这些药物必须格外谨慎。美国食品和药物管理局最近发出警告，指出患有抑郁症的儿童、青少年和年轻人，服用SSRIs可能会增加他们的自杀念头。虽然没有报告指出焦虑障碍患者中这种风险的增加，但应密切监视服药儿童和青少年的任何自杀想法或计划。

γ-氨基丁酸（GABA）是另一种与焦虑障碍有关的

神经递质（Stein & Hugo，2004），尽管相关度没有血清素那么大。药物如苯二氮䓬类药物（镇静剂如安定和阿普唑仑）使得 GABA 能更有效地传导神经信号，从而减轻焦虑。苯二氮䓬类药物对于治疗伴有或不伴有场所恐惧的惊恐障碍（例如，Cross-National Collaborative Panic Study Second Phase Inves-tigation，1992）、广泛性焦虑症（Rickels et al.，1993）和社交焦虑障碍（Davidson et al.，1993）疗效很好。20 世纪七八十年代，苯二氮䓬类药物是治疗焦虑障碍的药物，开处方很随便。然而，如果长期服用这些药物，可能会导致生理和心理依赖。停药必须在医生的监督下，因为如果停药不当，可能导致癫痫发作。因此，虽然有效，但这些药物治疗并非焦虑障碍治疗的首选。

2. 精神外科

在 SSRIs 和行为治疗之前，强迫症被认为是不能治疗的。作为最后的手段，人们用外科手术作为一种治疗方法。在过去，外科手术是不精确的，副作用包括反应能力下降、注意力减弱、受限制的或者不适当的情绪和 / 或失控（无法控制的情绪或行为）（Mashour et al.，2005）。今天，随着 MRIs 的使用和损毁组织的放射性治疗（而不需要依靠手术），副作用减少了许多（虽然所有外科手术都是有风险的）。

扣带回切开术和囊切开术是目前用于治疗强迫症的神经外科手术的两种类型。扣带回切开术（cingulotomy）较常用到，通过从颅骨顶部插入细探针到被称作扣带束的大脑区域，并用探针烧毁相应的脑组织（Clinical Research News，2004）。在囊切开术（capsulotomy）中，伽马刀手术（一种放射治疗）无须打开颅骨就能精确损害病变脑组织。这些手术利用神经影像学技术辅助，如 MRIs 使得手术精确度提高。在扣带回切开术治疗的强迫症患者中，45% 对药物和行为干预没有反应的患者在神经外科治疗之后至少有部分治疗效果（Dougherty et al.，2002）。然而，只有在对强迫症患者进行药物和行为干预没有效的时候，才会考虑神经外科手术。对于要用这种技术进行治疗的人必须进行仔细筛查，因为这种手术有风险，可能导致如记忆问题和人格改变。这些消极的结果较之过去发生得较少，因为我们现在有更先进的神经影像学和神经外科手段（Dougherty et al.，2002）。

3. 其他躯体疗法

除了精神外科手术，新的和潜在的令人兴奋的干预已用于治疗那些用传统药物和心理治疗无效的焦虑障碍患者。这些实验性手段包括经颅磁刺激（见第 10 章）和脑深部电刺激（见第 6 章）。虽然这些治疗手段大有希望（Mashour et al.，2005），但在确定它们的疗效之前还需要更多的实验研究验证。

心理学治疗

心理干预是治疗焦虑障碍、强迫症和创伤与应激源相关障碍的首选方法。干预方法是在成年人身上发展出来的，然后又将其应用于儿童。然而，在焦虑障碍的治疗中，最早的一些案例研究是关于成功治疗儿童恐惧症的描述。尽管如此，现在治疗成人焦虑障碍的科学证据比对儿童治疗的要多。下面我们将介绍对不同年龄的人进行的心理动力学治疗、行为治疗和认知 – 行为治疗。

1. 心理动力学治疗

心理动力学治疗运用自由联想和释梦的方法作为患者外部世界在内心体验上的反映（见第 1 章）。如小汉斯的例子，其担心和恐惧被认为只是内在冲突的表现。治疗包括发现和“修通”（working through）这些冲突。有些治疗师仍然使用精神分析和心理动力学取向的方法治疗焦虑障碍。然而，长期的心理动力学治疗并不适合做随机对照组实验设计的研究。无论是让对照组使用安慰剂（即没有积极治疗）还是将其放入等待组，持续数年的这种做法既不科学也不道德。因此，我们对用心理动力疗法治疗焦虑障碍的效果所知甚少。在已有回顾心理动力学治疗的对照研究中，有两个针对焦虑障碍的随机对照实验，只有其中一个报告该疗法有积极效果（Leichsenring，2005）。现在改良的心理动力学取向的治疗疗效很好，而且因为缩短了治疗实践，所以更适合做临床试验。一种心理动力学取向的治疗是人际关系疗法（Interpersonal Psychotherapy，IPT；Klerman et al.，1984），其目标是解决人际纠纷和冲突、人际角色转换和复杂的悲伤反应（见第 6 章对该疗法的详细描述）。研究显示人际关系疗法对社交焦虑障碍（Lipsitz et al.，1999）和创伤后应激障碍（Bleiberg & Markowitz，2005）疗效很好。在将人际关系治疗当作治疗焦虑障碍的主要方法之前还需要对其进行大量的对照临床试验。

2. 行为治疗和认知 – 行为治疗

经过 30 年的研究，有力的实证数据说明，行为治疗和认知 – 行为治疗对于成年人、青少年、儿童的焦虑障碍、强迫症和创伤与应激源相关障碍来说，是有效的心理社会治疗。行为治疗和认知 – 行为治疗的形式有很多种，但一个共同的步骤是**暴露**（exposure，即面对你所害怕的事物并战胜它）。例如，一个怕狗的人必须接近狗。治疗师运用不同的方法提供暴露的机会。对于一些恐惧，如狗或高处，可以使其暴露于真实的环境（称为现实暴露，in vivo exposure）。其他的恐惧，如飞机坠毁、感染病菌而得重病，治疗师指导人们想象可怕的事件（称为想象暴露，imaginal exposure）。当治疗惊恐障碍时，暴露疗法会使用各种锻炼（例如，跑上跑下楼梯）使身体出现惊恐症状，如呼吸短促和心率加快。用这种方法使人暴露于他所害怕的——与惊恐有关的身体症状。这种疗法看似很简单，其疗效取决于患者应暴露在什么样的情境、暴露时间的长短、暴露的频率以及患者自身的特点。在这些因素都正确的情况下，70%的焦虑障碍（80%的特定恐惧症）有所改善（Barlow，2002；Compton et al.，2004）。唯一的例外是对战争相关创伤后应激障碍的治疗，其有效率较低（Turner et al.，2005）。其他的创伤后应激障碍，两年后的缓解率为93%，10年后的缓解率是62%（Fava et al.，2001）。对于治疗师来说，较难的是创设恰当的暴露情境。新技术如虚拟现实技术使治疗师能够做到人们不离开他们的办公室就能够暴露于其所害怕的情境中（见“研究热点：虚拟现实疗法”）。

虚拟现实治疗

对于特定恐惧症最有效的治疗方法是行为治疗，其中最关键的步骤是将其暴露于所害怕的对象、情境或事件中。一个恐高的人可以被带到高处，通过操作性条件反射策略，使他不再害怕（见第1章）。然而，当特定事件是害怕飞机坠毁，这一事件不能复演。这时，治疗师就需要改变暴露的方式。虚拟现实是用于治疗某种特定恐惧症（恐高、害怕飞行）的一个常见工具。患者配备头戴式显示器，有双眼立体视频和立体耳机和追踪他的头、手、脚运动的装置。当用来治疗飞行恐惧时（Rothbaum et al.，2002），所设脚本包括起飞前坐在机舱里、在平静和有暴风雨的天气飞行、着陆。可以加入噪声和振动以及乘务员的声音、发动机的噪声和天气效果。虚拟现实疗法与治疗恐高和害怕飞行的标准暴露治疗一样有效（Rothbaum et al.，2002），其治疗社交焦虑障碍和创伤后应激障碍有效的证据正在显现。对于创伤后应激障碍治疗，虚拟现实疗法目前正被用于治疗参加伊拉克战争和阿富汗战争的退伍军人。 «««

有时把暴露和其他治疗方法结合起来用会取得更好的效果。因为社交焦虑障碍的人回避社交情境，他们常常不具有社交最基本的技能（什么时候适合与人进行交谈，怎样表现自信而没有攻击性）。在这种情况下，应把社交技能训练（social skill training，SST）和暴露结合起来。SST教授社交技能，通常是小组进行，先观察治疗师示范社交技能，然后和小组成员进行练习。小组为技能的排练提供了一个安全、支持性的环境。

其他治疗方法，如放松训练、认知-行为治疗（CBT），可与暴露相结合以提高治疗效果。放松训练如第1章所述，可降低一般身体唤醒水平，有时是治疗广泛性焦虑障碍的第一步。然而，这种方法很少单独使用。放松训练可以和相关的干预一起使用，如生物反馈，可以通过仪器监测一系列的身体反应，如血压、脉搏或肌肉紧张度。目标是通过放松训练降低这些生理唤醒的水平。从仪器得到的反馈，以信号的形式显示生理唤醒水平下降了，说明这个人的放松训练取得了效果。已有研究证明，这种生物反馈机制有助于一个人在较短的时间内学会降低自己的生理痛苦。

CBT结合有认知重建的暴露以尝试改变负性认知。在认知重建的过程中，治疗师让患者面对一个引发焦虑的事件（如正式发言），并说出当时出现的任何负性想法。例如，这个想法可能是：“我会读错词，会当众出丑，大家都会认为我是白痴。”然后治疗师要求患者进入那个情境，看看那“最糟糕的事情”是否真的发生了。当然，它不会真的发生。治疗师要求患者用积极的或恰当的认知去替换消极的负性认知。例如：“观众知道每个人都有可能犯错误，因此即使我出现一点错误，他们也不会认为我就是笨蛋。”在一次次暴露之后，患者的焦虑降低了，负性想法出现的次数也越来越少。

对于所有类型的本类障碍，不论是个体治疗还是团体治疗，认知–行为治疗的有效率平均约为 70%（e.g.，Barlow，2003）。尽管通常我们认为越多越好，但将行为和认知治疗策略相结合并没有提高有效率（Davidson et al.，2004；Hegel et al.，1994），有效率仍然为 70% ~ 80%。对这些研究的回顾（Fairbrother，2002；Rodebaugh et al.，2004；Zaider & Heimberg，2003），比较了不同治疗成分的作用（Hope et al.，1995；Salaberria & Echeburua，1998），并统计比较了不同治疗的疗效（Gould et al.，1997；Taylor，1996；Wentzel et al.，1998），可以很清楚地看到暴露是其中最关键的成分。其他的干预方法也可以用，但是不一定能够增加其有效率。

在大多数情况下，把行为治疗或者认知–行为治疗和药物治疗相结合，并没有增加治疗效果。然而，把认知–行为治疗和药物治疗相结合对于在初级保健机构治疗的惊恐障碍患者有效（Craske et al.，2005）。行为治疗和认知–行为治疗已经成功地用于帮助停止服用苯二氮䓬类药物的惊恐障碍患者（Otto et al.，1993）。

伦理与责任

严重事故应激汇报（Critical Incident Stress Debriefing，CISD）指通过创伤性事件发生后很快进行晤谈来防止 PTSD 的发生。CISD 在创伤性事件发生后 24 ~ 48 小时进行，持续时间 3 ~ 4 个小时，通常是以小组形式进行的一次性治疗（Lohr et al.，2007）。在治疗期间小组成员会被①鼓励对事件的讨论和加工；②谈论可能体验到的 PTSD 症状；③一旦治疗开始则劝阻其离开（Lilienfeld，2007）。抛开这种快速干预技术的目标不谈，实证数据显示 CISD 弊大于利。随机对照试验显示 CISD 不但无效（Litz et al.，2002）而且在很多时候与对照组相比在治疗后还会给其患者带来实际伤害如更多的 PTSD 症状或其他焦虑症状（Bisson et al.，1997；Mayou et al.，2000；Sijbrandij et al.，2006）。有趣的是，参加 CISD 的人会报告说他们主观上感觉变好而客观测量的结果则正好相反。这一矛盾可由心理韧性的概念来解释（Lilienfeld，2007）。（见“研究热点：“9·11”——创伤、悲伤、创伤后应激障碍与心理韧性”）暴露于创伤的许多人不会患 PTSD，因此被安排参加 CISD 的很多人即便不被做任何干预也不会患上 PTSD。而且，他们比对照组更糟糕的事实则意味着 CISD 可能影响了自然的心理韧性过程。另一项在过去治疗儿童 PTSD 的干预是“重生”治疗（见第 15 章）。没有实证数据支持该治疗的有效性，而且对该治疗的使用导致了严重伤害或致死，因此重生治疗并不被儿童心理健康专业人员所支持（American Academy of Child and Adolescent Psychiatry，2010）。当治疗师提出或提供干预时，重要的是治疗对其患者有效或至少无害（或无潜在伤害）。如果要选择提供一个有害的治疗还是什么都不做，心理学家应遵循希波克拉底誓言以及“首先要无害”。

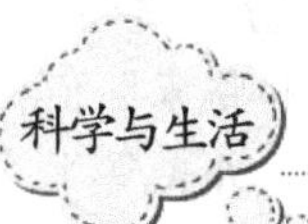

史蒂夫——强迫症的心理病理学与治疗

患者：史蒂夫，20 岁，住在他父母带车库的公寓里。他失业了，临时在他父亲的公司帮忙。

问题：史蒂夫一天至少洗 30 次手，洗澡、穿衣、刮胡子、刷牙的时候有严格的行为仪式。如果中间受到了干扰，他就要重新开始再做一遍。他每天早晨的仪式要花超过 3 个小时的时间。史蒂夫认为如果他没有按正确的方式做好个人卫生，其他人会认为他不好。为了减少焦虑，史蒂夫常常在镜子面前检查自己的外表，扫视自己的手、衣服和鞋，确保它们都干净和整齐。他每天要总共花至少 5 个小时的时间用在清洁和相关检查的仪式上。

这些症状花费史蒂夫这么长的时间，以至于他都不能正常工作。而且，他在社交上很笨拙。他难以坚持一场对话，当和某人谈话的时候他会烦躁，在与人交往时不敢直视对方。当他来到治疗焦虑障碍的诊所的时候，大部分时间都独自待着。

史蒂夫回想起他的父母也有焦虑的问题。当还是一个孩子的时候，史蒂夫很害羞，担心很多事情，有一些刻板行为如使他所有的动物玩具都按特定次序排列。离开家去上大学后，他的强迫症状变成了严重的问题。他到大学心理咨询中心寻找帮助，但是几个星期的“谈话治疗”并没有帮到他。3 个学期里，他的成绩不断下降，于是他就搬回家了。

治疗：史蒂夫的治疗包括三个主要部分：①一个药

物治疗实验；②针对强迫症状的行为治疗；③社交技能训练，为提高他的人际交往能力。对他的治疗以持续3个月的SSRIs治疗试验开始，这改善了他的心情。他能将仪式时间减少到每天3个小时。然后，他开始暴露和反应预防。他的治疗师制造了一个让他感到自己被“暴露于”消极评价的场景，同时让他预防他常用的强迫行为。在他暴露的过程中，史蒂夫穿他认为会遭到其他人消极评价的衣服（例如，选择和他的裤子不搭的衬衫；把头发弄乱；将掖起来的衬衫露出一点）但是不会使他真的看起来不寻常。然后要求史蒂夫到一个公共场所去（例如书店、快餐店）这样别人可以看到他但不会“盯”着他的外表看。在每次暴露开始的时候，史蒂夫的焦虑都显著增加。但是，在每次结束的时候，他的焦虑下降了，尽管他的外貌依然“不完美”。史蒂夫还被要求减少每天在家修饰的时间。他和治疗师制定了一个有时间限制的时间表。当时间结束的时候，史蒂夫必须停止，不管他对结果是否满意。开始的时候这是非常困难的。但是，逐渐地他减少了强迫思维和强迫行为所用的时间。又经过3个月的治疗，史蒂夫能够去书店兼职了。

治疗的第三个阶段旨在提高史蒂夫的社交技能。通过社交技能训练，史蒂夫练习进行更好的目光接触，和陌生人的谈话更轻松，在他人面前采用更放松的身体姿势以使他人也更放松。

疗效：治疗的第三阶段旨在改善史蒂夫的社交技能。通过社交技能训练，史蒂夫练习眼神接触，与陌生人谈话以及做出能令他人轻松的舒展肢体姿势。

当史蒂夫的社交技能提高后，他的心情也变好了。他在工作的过程中结识了很多朋友，他甚至喜欢上和同事一起吃快餐和午休。逐渐地史蒂夫的工作时间增加了，他最终获得了作为书店经理的全职工作。 «««

本章小结

1. 识别焦虑的三个成分。

   焦虑由三部分组成。生理部分包括交感神经系统活动增强（例如，心血管和呼吸系统的活动增强，胃肠道难受）。认知或主观部分包括负性的想法、冲动或印象和焦虑痛苦的主观感受。行为部分包括逃离或回避引起焦虑痛苦的对象、情境或事件。

2. 能够区分正常的恐惧反应和这些以焦虑为基本症状的障碍。

   焦虑是一种常见体验，在不同的年龄某种恐惧会很常见。然而，只有当恐惧或焦虑带来严重的痛苦和/或损害了日常功能，才会被认为是一种焦虑障碍。

3. 理解发展因素和社会文化因素如何影响焦虑的表达。

   焦虑情境是有发展等级的，儿童的认知成熟度会影响这个等级。人口学因素如性别、种族/民族、年龄和社会经济地位都会影响焦虑的表达。妇女和女童比男人和男童更多地报告焦虑，这也可能和社会文化因素有关。

4. 描述组成不同障碍的关键要素。

   有不同类型的焦虑障碍。如伴有或不伴广场恐惧的惊恐障碍患者，会害怕当惊恐发作时无法逃离的情境或地方。广场恐惧症患者会害怕乘坐公共交通工具，害怕到开放空间、密闭空间，害怕排队或在拥挤人群中或独自离家。对于社交焦虑障碍和特定恐惧症，焦虑只在特定的情境下发生。广泛性焦虑障碍的特点是对许多不同的情境普遍担心。强迫症患者遭受闯入性想法和仪式性行为的痛苦，并且难以控制。在遭遇某些重大事件，如飓风、强奸或其他创伤性事件后，一些人会患上创伤后应激障碍，包括有关该事件的闯入性想法和生理上的痛苦。最后，分离性焦虑障碍在儿童中非常常见，包括与照料者分离有关的焦虑。

5. 识别与这些障碍的发展有关的生物学和心理学因素。

   本类障碍以很多不同的方式发展。分子遗传学、神经化学和神经解剖学的研究使研究者和临床医生在理解基础神经科学上取得了更大的进步，并提供了脑功能研究的独特视角。业已清楚发现，焦虑和应激能够改变大脑的生化甚至是一些脑结构。反过来，这些神经解剖学和神经化学的改变导致了焦虑障碍的表达。在心理学病因方面，有时条件反射经历的发生可以清晰地解释障碍的病因。然而，在大多数情况下证据尚不明确。一个结合了生物、心理和环境因素的模型可能是对焦虑障碍最恰当的解释。

6. 识别用于治疗这些障碍的药物和心理干预。

   本章所讨论的障碍是可治疗的。药物治疗、行为治疗和认知-行为治疗对本类障碍都是有效的，但目前这些方法一起使用并不会出现更好的效果。我们不清楚其他干预方法是否更有效，因为它们还没有被验证。

第5章

躯体症状障碍、解离障碍与做作性障碍

学习目标

阅读本章后，你应该可以做到：

1. 理解正常的身体感觉如何能引发对躯体功能的异常关注。
2. 区别躯体症状障碍、解离障碍与做作性障碍和装病行为的不同。
3. 识别造成躯体症状及相关障碍的生物学、心理学和环境因素。
4. 理解解离经验的组成和社会文化因素对解离障碍的影响。
5. 区分解离性身份障碍的创伤后模型和医源性模型。
6. 理解有关被压抑记忆和被恢复记忆的争议。

露西40岁，已婚，她感觉糟透了。医生们对此也爱莫能助。大约12年前，在打扫房间时露西伤到了自己的背部。此后，她的所有事都在走“下坡路”。尽管已做了脊柱矫正手术，她仍然时常感到腰背部疼痛，颈部也会周期性地疼痛。她的左臂也痛，但医生查不出原因。露西开了许多止痛药，其中包括强效止痛药奥施康定。她抱怨说小便带血和性交疼痛。

尽管医生认为没必要，露西还是做了子宫切除手术以减少月经期间的大出血。即使子宫切除了，露西最近给她的妇科医生打电话说担心自己患了子宫癌。现在，她又相信自己有严重哮喘和过敏症，于是被救护车送往急诊室进行呼吸治疗，之后常规使用两个吸入器以及三种哮喘药。但过敏测试却显示，她只有中度花粉和尘螨过敏反应。几年前，露西有过剧烈的胃肠痛。她抱怨说恶心，尤其是饭后，还会腹泻。她为此看过好几个医生，但都没发现她哪里有病。听说一个朋友症状与她相似，已经切除了胆囊，露西便说服医生她也要切掉。

在做心理评估时，露西双腿麻木，平衡感也受影响，步态不稳。去年，她的一个侄女被诊断为肌萎缩性侧索硬化症。尽管有三个医生都对露西说她未患此病，她还是坚持又做了一次MRI检查。在心理医生的询问下，露西坦言，她与家里所有人关系都不好，同丈夫或孩子们发生冲突时，她的症状就会更糟糕。

露西的例子是极端情况，但我们每个人都会偶尔出现疼痛感。85% ~ 95% 的人每 2 ~ 4 周就会出现至少一次生理症状，有些人每 5 ~ 7 天就会出现原因不明的各种症状（Katon & Walker, 1998）。常见的生理主诉有胸痛、腹痛、头晕、头痛、背痛和疲劳，其中仅 10% ~ 15% 的人能被确认有器质性病因。显然，许多人都存在医学原因不明的生理症状。一般来说，如果医生向他们保证说"一切都很好"，就可让他们恢复正常的生活。

也有少部分人会像露西这样抗拒医生的一再保证。露西的案例对医务人员来说是个挑战。如何判断是心理痛苦而非器质性病变引发了这些生理症状呢？答案非常复杂，有三个有内在联系的因素需要考虑（Kirmayer & Looper，2007）。首先，什么情况下生理症状才是医学无法解释的？其次，对生理症状的担心或痛苦达到什么程度才是过度的？最后，什么时候生理症状被认为主要是由心理因素引起的？

对于第一个问题，当身体检查和诊断测试无法确定有生物学或生理原因时，这些生理症状被认为是医学无法解释的。比如露西，即使经过极复杂的医学测试，三个医生都未诊断出她的平衡问题，这时，她的症状便被认为是医学上无法解释的。对于第二个问题，对身体健康的担忧导致了功能损害或不必要的医疗程序（就像露西的胆囊手术）时，这种担忧便被认为是过度的。对第三个问题的回答则要复杂得多。到底何时生理症状是由心理因素而不是生理疾病引起的？这是本章重点讨论的问题。事实上，生理症状、环境应激和情绪痛苦会相互作用，导致躯体症状及相关障碍和解离障碍等各种不同的心理损害。我们先来了解躯体症状及相关障碍。

躯体症状及相关障碍

躯体症状及相关障碍（somatic symptom and related disorders）的特征是与躯体症状有关的过度的想法、感受和行为。本类障碍患者体验到真实的生理症状，但其生理痛苦无法用已有的医学状况完全解释。本类障碍属于令人困惑的诊断分类，因为患者没有相同的基本情绪或共同的病原学。本类障碍患者对与其生理症状有关的想法、感受和行为的表达似乎与这些症状本身的严重程度不相称。躯体症状及相关障碍包括躯体症状障碍、疾病焦虑障碍、转换障碍和做作性障碍。下面将对这些障碍分别进行讨论。

躯体症状障碍

1859 年，法国医生皮埃尔·布里库特（Pierre Briquet，1796—1881）在一篇颇具影响力的文章中，描述了精神疾病患者有多种身体主诉但似乎缺少生理原因的情况。这些患者也可能很抑郁，他注意到应激性生活事件可能是其痛苦产生并持续的一个特别重要的因素。这些症状群集曾被称作歇斯底里（hysteria）或布里库特综合征（Briquets syndrorne），因其蕴含贬义目前已被弃用。现在该病被叫作**躯体症状障碍**（somatic symptom disorder），指出现一项或更多的躯体症状以及与这些症状有关的异常 / 过度的想法、感受和行为。需要特别指出的是，这些想法、感受和行为必须是过度的或是与症状不相称的。如露西案例所示，这些生理主诉导致了过度的健康关切和对个体健康的持久高度焦虑（见"DSM-5：躯体症状障碍"）。尽管任一症状不必持续存在，但有症状的状态的存在是必需的。

法国医生皮埃尔·布里库特首次识别出患者有多种生理主诉但却没有明显的医学原因。该问题过去被叫作布里库特综合征，现在被叫作躯体症状障碍。

躯体症状障碍 DSM-5

A. 一个或多个躯体症状造成个体痛苦或日常生活的明显破坏。

B. 与躯体症状有关的过度的想法、感受或行为，或有关健康的关切，以下列至少一项表现：
   1. 与个体症状严重性有关的不相称的和持久的想法。
   2. 与健康或症状有关的持久高水平焦虑。
   3. 投入过多时间和精力到这些症状或对健康的关切上。

C. 尽管任一躯体症状可能不会持续存在，但有症状的状态持续存在（通常超过 6 个月）。

资料来源：Reprinted with permission from the *Diagnostic and Statistical Manual of Mental Disorders*, Fifth Edition,(Copyright 2013). American Psychiatric Association.

对于躯体症状障碍的诊断不需要有特定的生理症状，但有一些生理主诉是常见的，如疼痛和胃肠道不适。常见疼痛主诉包括背痛、胸痛和头痛。很少见但颇具戏剧化的是假性神经症状（pseudoneurological symptoms）如**假性发作**（pseudoseizures），即很像癫痫发作的行为突然改变但没有器质基础（见“科学与生活：南希——一个转换障碍的病例”）。

转换障碍（功能性神经症状障碍）

躯体症状障碍指存在包括假性神经症状主诉在内的各种不同生理症状。**转换障碍**（conversion disorder）则只存在假性神经症状主诉如运动或感觉功能障碍（见“DSM-5：转换障碍”）。转换障碍的症状可能很生动，如突然瘫痪和失明。这些症状并非有意制造，并且无法被已有任何医学状况解释（见“科学与生活：南希——一个转换障碍的病例”）。在做出本诊断前，仔细的医学评估是必需的，因为有 10% ~ 15% 最初被诊断为转换障碍的患者最终被发现确实患有医学疾病（Binzer & Kullgren，1998；Hurwitz & Pritchard，2006）。但也无法确定哪些症状是真正的神经病学障碍。因此，治疗师须找到一种平衡，既排除掉可能的医学疾病，又不致因过度诊断而强化这类行为。

转换障碍的症状多变，最常见的是运动症状或障碍，如协调或平衡功能受损、瘫痪或虚弱、震颤、步态不稳、异常肢体动作（APA，2013）。本组症状中，肌无力尤其是表现在腿上的肌无力是最常见的（Krem，2004）。一个不寻常的症状是癔症球（globus），指出现失声、有阻塞感、吞咽困难、气息急促或窒息感（Finkenbine & Miele，2004）。

汉娜 28 岁，是汽车经销店的职员。她一直都紧张兮兮的，像小女孩一样非常害羞。有时，顾客生气地抱怨他们的服务不好时，她开始觉得喉咙里有一个肿块。她会把手放到喉咙上，仿佛是要窒息。人们问她怎么了，她会喘着气说无法呼吸。她变得越来越不安，担心自己会窒息。有时，这种感觉会自行消失。有时，汉娜会感到惊恐并打电话给她的医生。

多数情况下，癔病球只持续很短的时间。但如果不治疗，会导致异常的进食模式或厌食。

吉娜 6 岁，有恐惧史和抑制性行为。她由儿科医生转来，因为她害怕被食物噎住。几周前，在人群中的吉娜告诉妈妈自己喘不过气来。虽然她并没有喘不过气来，但妈妈为了让吉娜平静下来，还是把她带离了人群。从那以后，吉娜一直抱怨喉咙疼痛，不能吃固体食物。吉娜的儿科医生排除了任何医学上的原因。过去这一周里，吉娜只喝牛奶、奶昔，吃土豆泥和酸奶酪。

感觉障碍是较不常见的一组症状，包括丧失触觉或痛觉、复视或失明、失聪以及幻觉（APA，2013）。电影中有时会出现人们“癔症性失明”的情景，但这种情况在现实生活中很少见。第三组包括诸如心因性或癫痫样发作和抽搐这类症状也很罕见。

对比个案研究

行为维度：从正常到异常

正常行为个案研究　严重疾病反应：没有障碍

莎乐妮被诊断出乳腺癌。她做了手术、放疗和化疗。大约治疗 6 个月后，她感到上背部有挥之不去的疼痛。这不是锐痛而是持续的钝痛。莎乐妮想起因乳腺癌去世的母亲就有这样的背痛，那是因为母亲的癌变已转移到了骨头。莎乐妮很担心，医生为她做了骨检。结果显示她没患骨癌。医生认为她的这种疼痛是由于肌肉劳损或损害。听到这个结果莎乐妮感觉好多了。尽管还是痛并有的时候影响到她的睡眠，但她不再为此担心了。几个月后，她的疼痛消失了。

异常行为个案研究　疼痛障碍

玛格丽特高中毕业后就结婚了，她没有任何特定的职业技能。她最近离婚了，不得不接下医院自助餐厅的工作。有一阵子她在传菜台工作，很忙而且老站着让她脚疼。有时，她推餐车为患者送饭，活儿很累而且患者好像还不领情。有一天在工作中她滑倒了。尽管医生确认她能回去工作，但玛格丽特报告说自己的下背部有严重的慢性疼痛，有时还腹痛。更广泛的系列诊断检查并未发现她疼痛的医学原因，但这个疼痛太顽固所以玛格丽特做了残疾申请。她的财务状况很糟糕，她不得不和孩子们一起住。

转换障碍的症状不符合已知人体神经学模式，这经常是区分是心理疾病还是生理疾病的一个重要因素。例如，患者可能会抱怨手和手腕处没感觉，这种情况有时被称为手套式感觉缺失（glove anesthesia）（见图 5-1）。然而，手上的神经（正中神经、尺神经和桡神经）并不会在手腕处突然中断——这些神经会一直不中断地通过手臂。因此，当这些神经的一根或全部损坏时，感觉缺失不会止于腕部，而是整条胳膊。也就是说，生理解剖不能解释手套式感觉缺失的症状模式。该现象缺乏医学证据表明这些症状可能存在心理基础。

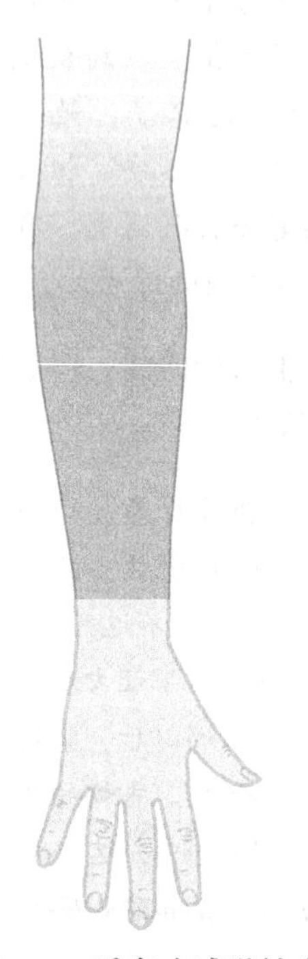

图 5-1 手套式感觉缺失

转换障碍的患者可能描述说自己的整只手或手腕麻痹了，如本图所示。然而传递痛觉信号的神经并非止于腕部而是贯及整支手臂。止于腕部的麻痹在解剖学上是不可能的。

对转换障碍症状的经典描述是美丽的冷漠（法语为“la belle indifference”，英语为“beautiful indifference”），指的是对所存在的这些戏剧性生理症状漠不关心。虽然走不了路或胳膊动不了，但一些人却表现为不受其瘫痪影响。他们否认其不寻常的症状带来的情绪痛苦，表现得像没什么事一样。但也有一些转换障碍患者会为其症状痛苦（Kirmayer & Looper，2007）。因此，“美丽的冷漠”虽然经常出现，却不是转换障碍的必然症状。

“转换障碍”这一标签是心理障碍中一个不寻常的术语。如果回想“安娜·欧”（见第 1 章）的案例，你会发现她有许多转换障碍的症状。弗洛伊德和布洛伊尔等心理动力学家按其理论推论说，安娜没有直接表达她的心理痛苦（由于照顾生病的父亲和之后父亲去世带来的压力），而是通过生理主诉间接表达。简言之，他们认为安娜的心理痛苦“转化”成了生理症状。虽然并无有力的实证支撑这一理论，但转换障碍一词仍被用来描述这些症状（见“DSM-5：转换障碍”）。

转换障碍 DSM-5

A. 一个或多个自主运动或感觉功能改变的症状。

B. 临床检查结果提供了其症状和公认的神经疾病或躯体疾病间不一致的证据。

C. 其症状或缺陷不能用其他躯体疾病或精神障碍来更好地解释。

D. 个体的症状或缺陷引起有临床意义的痛苦，或导致社交、职业或其他重要功能方面的损害，或需要医学评估。

资料来源：Reprinted with permission from the *Diagnostic and Statistical Manual of Mental Disorders*, Fifth Edition, (Copyright © 2013). American Psychiatric Association.

疾病焦虑障碍

你有过这样的体验吗，当读到关于某种疾病的描述后便怀疑自己患上了该病？或许你对他人提起过这种担忧，但别人会肯定地说你没有，你也就不再担心了。如果尽管有一再的医学保证，仍坚持对患有某种疾病的害怕或关切，那你可能就患上了**疾病焦虑障碍**（illness anxiety disorder）（APA，2013）。本障碍患者对健康高度担忧并容易对患病可能性感到惊慌（见“DSM-5：疾病焦虑障碍”）。他们专注于患上或会患上某种生理疾病的可能性，并经常对医生有消极反应，因为他们不能被保证没病，而且他们的行为类似强迫症中的仪式行为（见第 4 章）。一些疾病焦虑障碍患者会不断要求医生确认，并持续监测自己的身体状态（如测血压）。另一些患者还会躲开令他们害怕的情境（Taylor & Asmundson，2004），例如因怕感染而拒绝去医院。在过去，本类患者被叫作“疑病症”（hypochondriasis）并有时被称作“疑病症患者”。然而由于存在这些恐惧症样的行为，本障碍被更名为疾病焦虑障碍（e.g.，Abramowitz & Moore，2007）。

疾病焦虑障碍 DSM-5

A. 患上或会患上某严重疾病的先占观念。

B. 躯体症状不存在，或即便存在其强度也是轻微的。如存在其他躯体疾病或有患上某躯体疾病的高度风险（例如，存在明确的家族史），其先占观念也是明显过度的或与现实不相称的。

C. 对健康有高度焦虑，个体对其健康状态容易感到惊慌。

D. 个体有过度的与健康相关的行为（例如，反复检查其躯体疾病的体征）或表现出适应不良的回避（例如，回避看医生和去医院）。

E. 疾病先占观念已存在至少 6 个月，但所害怕的特定疾病在此期间可有变化。

F. 这种与疾病有关的先占观念不能用其他精神障碍来更好地解释，如躯体症状障碍、惊恐障碍、广泛性焦虑障碍、躯体变形障碍、强迫症或妄想障碍躯体型。

资料来源：Reprinted with permission from the *Diagnostic and Statistical Manual of Mental Disorders*, Fifth Edition, (Copyright 2013). American Psychiatric Association.

并非所有对疾病的焦虑都是疾病焦虑障碍。一些人患有一过性疑病症（transient hypochondriasis），可能是由于确实感染了某种急性疾病或致命疾病，还可能是由于照顾患者引起的（Barsky et al.，1990b，Robbins & Kirmayer，1996）。心脏病康复患者尽管得到医生的许可，可能还是不愿进行体力活动。而传统的疑病症（疾病焦虑障碍之前的术语）患者总害怕感染上某种病，所以极可能出现附加的心理诊断如抑郁或焦虑障碍。患者与抑郁和焦虑障碍共病的概率如此之高（或许高达 78%），一些临床医生和研究人员质疑疑病症（或疾病焦虑障碍）是否能作为一种独立疾病存在（Robbins & Kirmayer，1996）。如果确实独立存在，那些疑病症患者只有约 23% 属于独立疑病症。

做作性障碍

做作性障碍（factitious disorders）[⊖]不同于其他躯体症状障碍的重要一点是：身体或心理体征或疾病的症状是有意制造的，患者看上去似乎渴望将自己设想为患病的角色。做作性障碍不同于**装病**（malingering）。装病是个体为了逃避军役、刑事诉讼、工作或者想获得经济补偿或药物而有意制造出生理症状。做作性障碍患者制造症状与任何外在奖励无关。他们很清楚自己在产生症状并让自己生病，但似乎未意识到自己“为什么”要这么做。做作性障碍（见“DSM-5：做作性障碍”）患者可能主要制造生理症状或心理症状，也可能两者都制造。

做作性障碍　DSM-5

对自身的做作性障碍

A. 假装生理上或躯体上的体征或症状，或自行引发损伤或疾病，与确定的欺骗有关。

B. 个体在他人面前表现出自己是有病的、受损害的或受伤的。

C. 即便在没有明显外部奖励的时候欺骗行为也是显而易见的。

D. 该行为不能用其他精神障碍更好地解释，如妄想障碍或其他精神病性障碍。

对他人的做作性障碍（之前的通过代理的做作性障碍）

A. 使他人假装生理上或躯体上的体征或症状，或引发损伤或疾病，与确定的欺骗有关。

B. 个体使另一个人（受害者）在他人面前表现出是有病的、受损害的或受伤的。

C. 即便在没有明显外部奖励的时候欺骗行为也是显而易见的。

D. 该行为不能用其他精神障碍更好地解释，如妄想障碍或其他精神病性障碍。

注：是施害者而非受害者接受该诊断。

资料来源：Reprinted with permission from the *Diagnostic and Statistical Manual of Mental Disorders*, Fifth Edition, (Copyright 2013). American Psychiatric Association.

做作性障碍在 1951 年被首次描述，最初被称作孟乔森综合征（Munchausen syndrome），是以孟乔森（Baron Karl Friedrich Hieronymus von Munchausen）的名字命名的。孟乔森是出生于 18 世纪的一个德国贵族，以讲荒诞不经的（大多是虚构的）故事而闻名。做作性障碍有两种类型。第一种叫**对自身的做作性障碍**（factitious disorder imposed on self）。该型做作性障碍会为制造疾病体征做出欺骗行为。这些行为包括伪装提高体温、将血放进尿液来模拟肾脏 / 尿路感染或服用血液稀释药物制造血友病症状。他们还会故意且令人信服地假装胸痛或腹痛。他们愿意去接受大量的侵入性的、危险的诊断和治疗程序。为了使医生确信他们的确有身体疾病，患者还会操纵实验室结果以证实自己的声称。许多这样的操作都非常复杂，表 5-1 仅是列举了一些他们证明自己确实有病的简单做法。尽管患者往往会寻求并渴望得到医疗干预，但他们从来不会披露他们制造自己身体疾病的事实。

⊖ 本书中译本第 1 版根据 DSM-Ⅳ中译版将此障碍译作“人为障碍”，现根据当前主流专业翻译将之改译作“做作性障碍”。——译者注

表 5-1 做作性障碍患者的实验室结果

存在的主诉	实验室证据
血尿	尿样中有红糖
伤口不愈合	伤口里有漱口水
腹泻	大量摄入蓖麻油或泻药
肾结石痛	尿里有玻璃碴
贫血	自行抽血至大量失血
呕吐	滥用吐根

资料来源：From Krahn, L.E., Li, H., & O'Connor, M.K.(2003). Patients who strive to be ill: Factitious disorder with physical symptoms. *American Journal of Psychiatry*, 160, 1163-1168; and Wallach, J. (1994). Laboratory diagnosis of factitious disorders. *Archives of Internal Medicine*, 154,1690-1696.

对自身的做作性障碍（见“DSM-5：做作性障碍”）患者经常选择夜间和周末去急诊室，因为这时由初级医务人员对他们进行评估的可能性更大（Ford，2004）。此外，他们有时还会杜撰虚假的个人人口学信息，包括别名和假的个人史（他们可能声称自己是荣誉奖章获得者或前足球运动员）。如果遭到怀疑，他们有时会生气，威胁要起诉这家医院，然后离开。

尽管大部分本型做作性障碍患者会假装生理症状，但也有一些患者可能假装心理症状（见本章末“真实病例：钢琴人——解离障碍、做作性障碍还是装病”）。假装的常见心理症状包括因近期如配偶或孩子等亲人去世而产生的哀伤和抑郁。事后发现，“逝者”健在或早已去世（Ford，2005）。患者还可能假装其他心理障碍，如多重人格障碍（见第 15 章“真实病例：肯尼斯·比安奇、帕蒂·赫斯特和马丁·奥恩博士”）、物质依赖、解离和转换障碍、记忆缺失和创伤后应激障碍。

对 6 岁大的珍妮所患的病，医生们感到困惑不已、理不出头绪。一年来，珍妮的妈妈每月至少带她来一次急诊室。珍妮主诉的恶心症状似乎查不出医学原因。她做了许多肠胃检查：上胃肠道检查、下胃肠道检查、CT 扫描以及内窥镜检查。妈妈带她到这个州的 7 家医院都检查过。在每家医院，妈妈都坚持让给珍妮做同样的检查。珍妮看过很多专家，妈妈许多时候都坚持要珍妮住院。住院后珍妮的恶心就消失了，这引起了医务人员的怀疑。他们的第一个想法就是珍妮和妈妈有冲突，珍妮有重度焦虑。童年时期，胃痛是焦虑的常见症状。珍妮的妈妈对医务人员的意见很生气。她不愿相信珍妮患的是心理疾病。最近一次来急诊室，她带来了珍妮的血便样本。但据实验室检验人员说，大便确实带血，但其血型与珍妮的不符。

当某人在他人身上制造疾病症状时，这种障碍被叫作**对他人的做作性障碍**（factitious disorder imposed on another）。在大多数情况下是母亲在孩子身上制造症状，如珍妮的案例。制造了症状后，母亲会带孩子去医院，允许或者有时坚持让孩子接受侵入性的、危险的诊断程序。很少有数据描述这种疾病的儿童受害者情况，但已有的研究显示从婴儿期到青春期的孩子都可能是受害者，他们可能有许多不同的症状，包括呼吸暂停（孩子停止呼吸），神经性厌食 / 喂养问题、腹泻、癫痫发作、紫绀（因缺氧而皮肤发紫）、行为问题、哮喘、过敏、发热和疼痛（Sheridan，2003）。儿童受害者平均患 3.25 种病，最多的达 19 种。对他人的做作性障碍一旦被证实，就会被认为是儿童虐待的一种，家长会因此被起诉。有时候，这种病也发生在疗养院，卫生保健人员在成人居住者身上制造这些生理症状。

关于躯体症状障碍组与 DSM-5 的说明

因为 DSM-5 太新了，这使得研究者还没机会收集到以新诊断条件为基础的研究数据。因此我们目前还无法回答关于本组障碍的以下问题如其流行病学、功能损害、发展性话题、病原学或治疗，而对这些问题的回答一直是本书内容的一个重要方面。在本章的剩余部分，我们将采用基于之前的诊断系统（DSM- Ⅳ -TR）的研究数据。因为 DSM-5 的障碍名称与 DSM- Ⅳ不同，而且我们也不想令读者感到迷惑，因此我们将不讨论特定诊断分类的研究。当然在这样做时我们还需采用旧的概念躯体形式障碍（somatoform disorders）来指代整个的本组诊断，并使用基于这个旧诊断标签的研究数据。随着 DSM-5 新诊断标准的开始使用，这些重要问题将会得到基于新标准的回答。

功能损害

本组障碍会导致明显的功能损害。10% ~ 15% 的美国成人报告由于慢性背疼而丧失了劳动能力（Von Korff et al.，1990）。只有 33% 的转换障碍患者有全职工作（Crimlisk et al.，1998）。同样，躯体形式障碍患者比无此障碍的人每月的工作日更少（平均 7.8 天）（Guerje et al.，1997）。这些障碍的患者更可能出现身体残疾、职

人们经常在医生的办公室见到无法解释躯体主诉的患者。如果被告知他们的主诉没有医学原因时，他们甚至可能会“挑选医生”。

业功能损害和过度使用医疗服务（Aigner et al.，2003；Gureje et al.，1997）。图 5-2 显示了与这些障碍有关的一些经济成本。

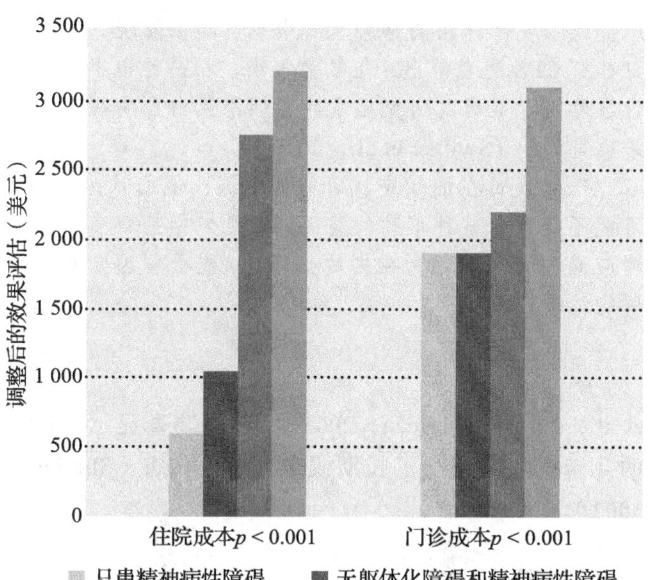

图 5-2　躯体化障碍增加医疗使用

如本图所示，躯体化障碍（DSM-IV）患者比未患病或只患精神病性障碍（本研究指抑郁）的人占用了更多的医疗资源，产生了更高的医疗成本。当同时患心境障碍和躯体化障碍时，其医疗成本也要稍高于单独患躯体化障碍的情况。

资料来源：Based on Barsky et al.(2005), Archives of General Psychiatry, 62(8), pp. 903-910.

除了会引起功能损害，这些障碍还有复杂而长期的病程（Creed & Barsky，2004；olde Hartman et al.，2009）。本组障碍的缓解率也颇受争议。早期研究显示，只有不到 10% 的患者康复（Swartz et al.，1991）。但最近的调查研究显示，一年后有 30% ~ 50% 的患者康复（Arnold et al.，2006；Creed & Barsky；olde Hartman）。转换障碍可能是一种较急性的病，33% ~ 90% 的患者 2 ~ 5 年后症状会减轻或明显好转（Binzer & Kullgren，1998；Crimlisk et al.，1998；Kent et al.，1995）。当然，病程越慢则功能损害越严重（Krem，2004）。

尽管许多躯体主诉缺乏器质性基础，却对我们的医疗体系产生了巨大的影响。预约初级保健医生的患者中，有 15% ~ 30% 的人存在医学无法解释的躯体症状（Kirmayer et al.，2004）。有时，同一患者的主诉需要好几个医生会诊。通常，这些患者会“挑选”那些能给他们一个医学解释的医生。很多时候，患者会收到各个医学专家不同的诊断结果（Kirmayer & Looper，2007）。一些患者坚持不愿接受给自己一个心理诊断，这让医生感到挫败。而患者也很泄气并继续寻找生理解释。

挑选医生（doctor-shopping）只是本组障碍患者增加医疗使用和成本的一个例子。在一年内，躯体形式障碍患者明显比一般人群更多地进行初级保健、专科护理，更多地去急诊室。他们住院的频率更高，其住院和门诊医疗成本与普通人群相比也更高（Barsky et al.，2005；Robbins & Kirmayer，1996）。为确定这些症状的生理基础，成本是很高的（见“研究热点：慢性疲劳综合征的挑战”）。一个抽样显示，为排除生理原因花在头痛上的平均费用为7 778美元，背痛为7 263美元（Kroenke & Mangelsdorff，1989）。在美国，治疗躯体形式障碍的总费用占医疗保健费用的比例约为20%（Verma & Gallagher，2000）。有趣的是，躯体形式障碍患者唯一没有明显增加的保健是心理卫生保健，这与患者认为其生理病痛源于医学原因是吻合的。

慢性疲劳综合征的挑战

慢性疲劳综合征（Chronic Fatigue Syndrome，CFS）是一种严重的令人失去能力的障碍，多年来一直困扰着医学界。1988年，最早的医疗诊断因未与其他原因不明的疲劳类型相区分而缺乏有效性，致使医学专家们认为这是躯体形式障碍的一种。修改后的诊断标准更可靠也更有效，本诊断需符合以下两点。①未患已知躯体疾病的严重慢性疲劳，持续6个月以上。②有以下至少4个症状：短期记忆或注意力实质性损害；喉咙痛；出现小淋巴结、肌肉疼痛、无红肿的多关节疼痛；类型、方式、程度不同于以往的头痛；无法恢复活力的睡眠；锻炼后疲劳感持续超过24小时。

CFS对美国经济造成了重大影响。据疾病控制与预防中心估计，有0.5% ~ 2%的美国人可能受到CFS的影响，共造成每年91亿美元的经济损失，其中因失去家庭生产力损失达23亿美元，因失去劳动力损失达68亿美元（Reynolds et al.，2004）。

有时CFS源自对应激源或挑战如严重车祸的反应。海湾战争退伍军人的CFS患病率增加，在安德鲁飓风后也有CFS复发的报道（www.cdc.gov/CFS/news，retrieved April 12，2013）。尽管对CFS的了解增加了，一些患者还是无法说服其他人相信他们患的是实实在在的躯体疾病，许多人仍然认为这是一种心身疾病。尽管进行了深入研究，CFS的病因仍未可知。许多潜在致病因素如病毒、免疫功能紊乱、皮质醇失调、自主神经系统功能障碍和营养不良等都在逐一调查之后被排除。

研究人员在持续关注CFS的病毒病原学，因为血液检查的特异指标显示患者存在病毒感染。一个调查小组最近报告，约10%感染罗斯河病毒（Ross River virus）的人可能患上CFS。当然，这也意味着另外的90%不会。其他研究人员在爱波斯坦巴尔病毒、庚型肝炎病毒、人类逆转录酶病毒、人类疱疹病毒6、肠道病毒、风疹或白色念珠菌的感染患者中也有类似发现。每种病毒都有CFS患者检出，但数量很小，相关性也小且无统计学意义。最近的研究显示异嗜性小鼠白血病病毒的结果也是如此（Switzer et al.，2010）。

研究人员在继续查找可能的病因，他们认为，CFS可能不是源于某种单独的病因，而是包括病毒感染、心理应激和毒素等因素在内的生理和/或心理因素共同作用的结果。 «««

做作性障碍患者常有多次住院经历，并且由于他们的自我伤害可能真正得病。例如，多次外科手术或自我注射后可能形成疤痕组织。有时还会出现“游历”（peregrination）现象，即患者到不同的医院求治，有时会用假名从一个州到另一个州甚至从一个国家到另一个国家去求医。做作性障碍被认为是慢性的，虽然没有对照实验数据可用，但研究显示该病会影响社交与职业功能。

对他人的做作性障碍的受害儿童中，有6% ~ 22%死于在他们身上所造成的躯体疾病，其兄弟姐妹有25%也是如此。最常见的死因是窒息或呼吸暂停（Ayoub et al.，2002；Sheridan，2003）。一次调查显示，7.3%的儿童受害者遭受了长期或永久性的伤害（Sheridan，2003）。

伦理与责任

由于对他人的做作性障碍可能导致严重伤害或死亡，心理学家有责任以保护儿童最大利益的方式行事。在这种情况下，向国家儿童保护机构报告是第一步。之后的调查需要儿童保护官员、医疗人员和心理学专业人员间的合作（Day & Moseley，2010）。儿童必须经由医疗专家评估以确保其症状没有医学原因。这样做通常很困难因为父母会为了逃避侦查而去看不同的医生或医院。有时儿童需住院以观察其症状模式，因为当父母不能再自由接触孩子后这些症状常常会消失。有时也会在医院对其亲子互动进行视频观察，这可能揭露父母制造孩子症状的行为。医疗人员和儿童保护人员的主要工作是确定儿童是患有合法躯体疾病还是对他人的做作性障碍的受害者，而心理健康人员的主要工作则是作为专业人士去治疗那些讨厌的父母。

流行病学

一般人群中，14% ~ 20% 的人有令人苦恼的生理症状但并无器质性基础（Faravelli et al.，1997；Grabe et al.，2003）。尽管许多人有这些症状，但符合本组障碍严格诊断标准的却很少。目前尚无总人口中做作性障碍患病率的流行病学资料。在 20 年内被转介到精神病学联络会诊的病人中，有 0.8% 的人患做作性障碍（Sutherland & Rodin，1990）。儿童医院中的年发病率为 0.002%（McClure et al.，1996，in Ford，2005）。

性别、种族和民族

由于这些障碍不常见，研究其发病与性别、种族和民族关系的数据也就很有限。但报告躯体症状障碍的女性病例远多于男性这一点很清楚（Creed & Barsky，2004；Kroenke & Spitzer，1998）。研究显示这些障碍没有种族和民族差异（Swartz et al.，1991）。

尽管可用资料较少，但做作性障碍更可能发生于女性。某样本研究显示，相较于男性患者，女性患者年龄更小，更可能受过卫生保健训练或拥有卫生保健工作（Krahn et al.，2003）。相比之下，男性患者更可能有本障碍的最严重形式，包括游历和使用假名。尽管偶有孩子的父亲或继母作为施害者，但在对他人的做作性障碍患者中，有 77% ~ 98% 的是女性，通常是孩子的生身母亲（Ayoub，2006）。本障碍尚没有种族和民族方面的可用流行病学资料。

如前所述，本组障碍患者往往拒绝接受对其症状的心理学解释，觉得专家们是在无视他们实实在在的痛苦。美国之外的医疗系统更倾向于从社会文化而非心理学的角度来解释此病，医生从家庭问题和社区问题出发探讨患者的身体不适。当从社会文化方面解释时，人们更愿意承认应激、社会条件和情绪对其生理状态产生的影响（Kirmayer et al.，2004）。

发展因素

本组障碍针对儿童、青少年及成人的诊断标准均相同，但也有数据显示躯体形式障碍在成年之前发病的情况很少见（Finkenbine & Miele，2004；Kozlowska et al.，2007）。在成人中，随意运动功能障碍最常见，其次是感觉功能障碍和假性发作（Kozlowska et al.，2007）。对自身的做作性障碍多见于成人，但也存在于儿童和青少年。某样本研究显示，患该病的儿童年龄是 8 ~ 18 岁，70% 为女性（Libow，2000）。儿童所制造的症状最常见的有发热（加热体温计以伪造发烧）、糖尿病的胰岛素不足（故意操作其胰岛素水平）、瘀伤和感染。

病原学

本组障碍如何发展目前所知甚少。生物学因素似乎在起作用，尤其当扭曲的感知过程存在时更能说明这一点。然而，生物学病因的对照试验研究却很少。现在我们将此病的病原学依据放在心理学领域，接下来这部分将谈到这一点。同样，由于 DSM-5 诊断分类太新了，以下内容基于 DSM- Ⅳ诊断标准中的躯体形式障碍组。

1. 心理社会因素

心理动力学观点认为，这些障碍是由内心冲突、人格和防御机制引起的。从心理动力学视角看，安娜·欧（见第 1 章）极可能患有转换障碍。因为要照顾生病的父亲以及要面对随后父亲的去世，她的情绪可能有压力，可能有怨气。而安娜·欧的超我不能接受这些心理痛苦，因此，她的负面情绪就被压抑并转换成了生理症状。也因此，用“转换障碍”这个术语来描述这种状况。当代研究者不再引用心理动力学的构想，但实验数据确实支持有生理痛苦主诉的儿童和成人有更多的负性情绪这一假设。更重要的是，这些儿童和成人似乎对这些情绪有更少的自我觉察并且更少能调节（改变）他们的情绪状态（Gilleland et al.，2009）。也许这些儿童和成人对自己的内心较少意识以及不懂得情绪压力及其生理功能影响效果间的关系（关于这种关系详见第 14 章）。由于认识不到这种压力的影响，因此他们担心他们的躯体症状有医学原因。

榜样和强化的行为原则也会为疾病行为的发展做贡献。不同于那些健康的母亲，患有躯体症状障碍的母亲在孩子玩医药箱时表现出比孩子玩茶具或吃零食时更多的关注（Craig et al.，2004）。这种关注的增加可能导致孩子增加对医疗、医疗测试或医疗过程的关注。同理，青春期女孩抱怨月经痛时越被强化，成年后出现经期症状和行动不便的日子就越多。童年期对感冒行为的强化可以明显预测成年后的感冒症状和行动不便的天数（Whitehead et al.，1994）。总之，强化躯体化行为可能增加未来躯体主诉的可能性，这一点已被充分证明。

其他环境因素也与生理症状、痛苦和躯体形式障碍有关。在本组障碍成人患者中，72% 患病与应激有关，其中 28% 有过性虐待史（Singh & Lee，1997）。对儿童来说（Kozlowska et al.，2007），34% 躯体形式障碍的形成是由家庭分离 / 破裂引起的，与家庭冲突 / 暴力有关的占 20%，仅 4% 与性侵犯有关。躯体形式障碍和童年性虐待是否相关尚有争议（Alper et al.，1993；Coryell & Norten，1981；Morrison et al.，1989；见“证据检验：童年性虐待与 DSM- Ⅳ诊断中的躯体形式障碍有关吗”）。

童年性虐待与 DSM- Ⅳ诊断中的躯体形式障碍有关吗

证据 躯体形式障碍（DSM- Ⅳ）与早年的身体虐待和性虐待有关（e.g.，Bowman & Markand，1996；Brown et al.，2005）。有些理论家已经通过这些观察提出了受虐和躯体形式障碍之间的因果关系。这种关系的效度如何呢？

检验证据

这些调查采用了哪类研究设计？

发现身体和性创伤可能是躯体症状及相关障碍发作的影响因素是基于对该病患者的研究。在此研究中，由未患病或患其他障碍的人组成的对照组人数很少。另一个要考虑的因素是这些研究采用的都是相关设计，由此得来的数据不支持因果关系。事实上，两个大型的前瞻性（纵向）研究对这些障碍和性 / 身体虐待之间的关系产生了质疑（Linton，2002；Raphael et al.，2001）。首先，在无背痛史的成人中，自述有身体虐待史的（没有性虐待）预示着一年后会出现背痛。而如果在基线期就有背痛的话，遭受身体虐待和性虐待与新出现的疼痛并无关系（Linton，2002）。在第二个研究中，将童年遭受虐待或被忽视的儿童（*n*=676）与无虐待史的对照组儿童（*n*=520）进行比较（Raphael et al.，2001），跟踪到成人早期出现医学上能或不能解释的疼痛主诉时，发现童年遭受身体虐待、性虐待以及被忽视的人出现疼痛症状的可能性并未增加。这些前瞻性研究表明，遭受性虐待或身体虐待与躯体形式障碍之间有关系这一结论，是基于回顾性的有偏差的自我报告而做出的简单结论。

还有哪些因素可以解释这种相关关系？

许多时候，虐待行为都发生在有高度冲突、敌意、攻击、亲子互动冷漠以及拒绝和 / 或忽视儿童的家庭中（Repetti et al.，2002）。我们知道这些慢性应激源与下丘脑 – 垂体 – 肾上腺（HPA）轴的神经内分泌异常反应有关（Mayer et al.，2001；见第 4 章），这种调节异常可能会产生多种躯体主诉（Heim et al.，2000）。

这种关系的证据是什么？

一个精心设计的研究不仅要考察这些障碍患者遭受的身体虐待和性虐待，还要考察他们敌意和拒绝的家庭环境。这项研究并没有找到虐待和躯体症状之间的关系，但却证明了童年时期被父亲敌视和拒绝与躯体形式障碍之间的联系（Lackner et al.，2004）。

结论

具有较高的冲突、敌意和拒绝特征的家庭环境，可能导致调节身体应激反应的神经内分泌系统的失调。长期的消极环境（在这种环境中虐待行为更可能发生）是如何成为躯体症状和躯体形式障碍的潜在发展基础的呢？

尽管对做作性障碍的病原学有很多猜测，但实证数据很少。有一些孤立案例报告了非特异性神经解剖学异常的存在，但这些结果一来缺乏实验对照，二来其结果也不一致（Eisendrath & Young，2005）。在心理学理论中，心理动力学模型将做作性障碍解释为：①获得之前缺失的掌握或控制的尝试；②一种受虐（masochism，因自己或他人施加的身体或心理痛苦而快乐）的形式；③童年被剥夺（童年没得到关注或照料）的结果；④作为身体或心理虐待的结果而试图掌控所经历创伤的尝试，而医生则不知不觉地扮演了假想的施虐者的角色（Eisendrath & Young，2005）。

在行为观点看来，做作性行为的保持是因为他人给予了个体患病行为或表现的正强化。对这些疾病的关注是很强的强化物。在认知观点看来，做作性障碍患者通过有偏差的认知过程错误地将正常的生理过程解释为躯体疾病的指标。这种认知观点与前面解释躯体形式障碍病原学的假设很相似。

认知扭曲也可能对这些障碍的产生起作用，可能是源自一种被叫作躯体化放大（somatic amplification）的认知过程的结果（Barsky & Klerman，1983），这是一种将身体感觉感知为强烈的、有害的和烦恼的认知倾向。这种放大如何产生还不清楚。该观点认为，有些人加强了其感觉、知觉和/或认知 – 评估过程从而使得他们对所存在的身体症状更敏感。这是一个有趣的理论，但很少有研究评估到底感知过程是如何引发躯体形式障碍的。

还有认知理论提出，躯体形式障碍的形成源于对疾病的患病率和传染性、躯体症状的意义和病程及对疾病的治疗的不正确信念（Salkovskis，1989）。例如，乳腺癌疑病症患者可能持有的错误信念有：

- 这么多妇女患乳腺癌，一定是某种未确认的病毒引起的。
- 胸部疼痛可能是患乳腺癌的信号。
- 我胸部痛有一段时间了。
- 癌细胞已遍布全身，我已经无药可医了。

当听说或者阅读到有关乳腺癌的信息或有模糊的身体感觉后，这些信念便被激活。患者由此变得过于敏感，并担心自己会患病或因此病死亡（Rode et al.，2001）。认知理论认为，并非症状本身而是对症状的解读导致了躯体形式障碍的出现。这些信念是怎样形成的目前还不清楚，可能来自之前讨论过的榜样和强化理论。

2. 整合模型

要弄清楚心理和躯体因素之间的关系可能非常复杂。如本章开头所述，每天，我们都可能出现如头疼、阵痛或胃部不适这类一过性疼痛和身体不适。疼痛的原因没必要搞清楚——或许是对你不知道的某种食物过敏。不论什么原因，症状确实出现了，而是否引起注意取决于症状的强度以及你的学习史，包括所学到的将生理症状解释为出现重病的信号。身体状态的微弱感觉或变化可能令你更加关注自己的身体，寻找确认哪里出问题的证据。也许像耳鸣这样的感觉会令你担心。如果耳鸣持续了一段时间还不消失，你可能开始越来越担心自己是不是生什么病了（“如果得了脑瘤怎么办”）。这是正常的疾病反应行为，你可能会决定去看医生。

关键的一点是，你是相信医生说没事（“你没有脑部肿瘤”）还是会继续担心，甚至认为医疗检查和医生都不能找到你痛苦的原因。如果继续担心，病痛将会变得非常严重以致改变你的生活方式。这取决于你的认知图式和学习历史。朋友和家人可能会支持你的“患者角色”行为，或者他们可能认为你有疑病症。医疗专业人员也可能影响你是否担忧或有多大程度的担忧。如果医生过度作为和/或做侵入性检测，则可能会强化你患重病的想法。治疗躯体形式障碍的患者时，医疗专业人员必须谨慎表达对这种身体痛苦的理解，帮助患者理解心理应激对产生生理症状的影响，成功做到这一点是治疗的第一步。

3. 治疗

治疗面临的第一个挑战是躯体症状障碍患者不愿对专业人士暴露他们的忧虑。正如前面提过的，成功治疗的一个重大挑战是，患者并不认为自己有心理障碍。他们会强调其生理症状，而且通常会拒绝心理干预（Arnold et al.，2006）。

在一些案例中，关于身体和情感因素相互作用的基础教育，会减少这些障碍的症状和痛苦。专注于症状的认知 – 行为治疗（cognitive-behavior therapy，CBT）也可能会有所帮助。如前所述，由于患者否认心理因素对其症状的产生和持续所起的重要作用，因此，治疗通过致力于强调目前的心理和社会因素如何影响其症状，教会患者应对他们的症状，而非强迫其接受障碍产生的心理学基础。

CBT 包括放松训练、转移对生理症状的注意和纠正自动想法。同样，因为这些障碍被认为源于或至少部分源于环境和个人应激源，所以教给患者一些减少压力的策略，可减少其痛苦并降低相应的医疗保健成本。迄今为止，还没有对照条件下针对转换障碍的 CBT 实验，但有一个三管齐下的治疗方法可以推荐：取消针对异常行为的医疗关注和社会关注；通过身体和职业治疗重新训练其正常节奏和运动；帮助患者应对应激的心理疗法（Krem，2004）。类似的行为方法已用于治疗癔病球（Donohue et al.，1997）。

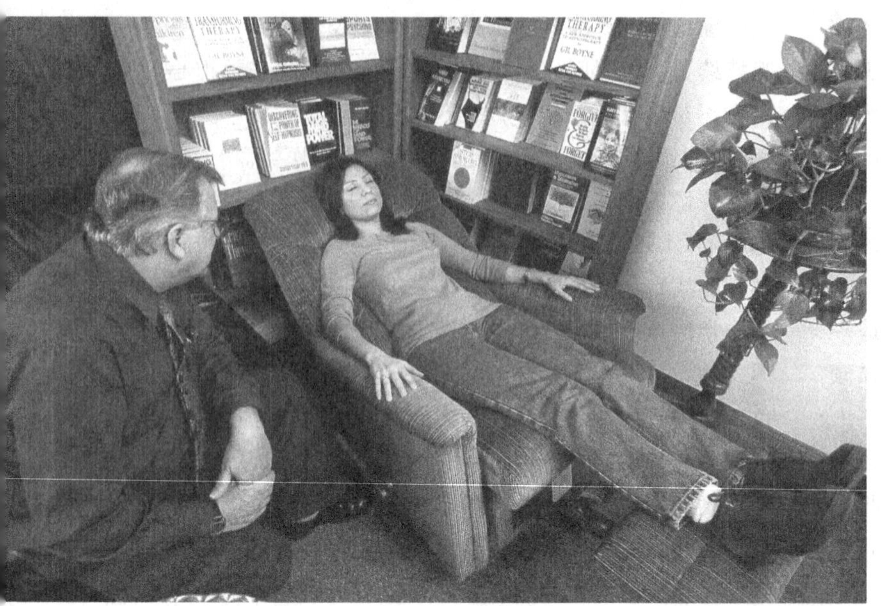

作为认知－行为治疗的一部分，患者正在接受放松训练。放松帮助患者应对有关身体和生理症状的困扰想法。

解离障碍

解离障碍可能是最受争议的一组诊断，心理健康专家对其效度甚至于其是否存在都无法达成共识。一个抽样调查显示，在老兵管理医院工作的心理学家中，相信存在解离障碍的占97%（Dunn et al.，1994），但持同样信念的澳大利亚心理学家只占55%（Leonard et al.，2005）。而只有25%的美国精神病学家和14%的加拿大心理学家认为该诊断是有强有力科学证据支持的（Lalonde et al.，2001；Pope et al.，1999）。这种差异或许反映了心理健康专家们工作地点或被提问的方式不同。如你将看到的，这个话题在不断深入并引发了许多有趣而热烈的争论。

总之，**解离障碍**（dissociative disorder）涉及"通常是完整的意识、记忆、身份、情绪、知觉、身体表征、运动控制和行为功能的破坏"（APA，2013，p. 291）。这是什么意思呢？当你全神贯注读书的时候，突然抬头看见朋友站在眼前，你不禁吓了一跳。由于过度专注于书本，一度对周围的环境毫无觉察，这种情形与解离经验很类似。

解离经验有以下五种（Gleaves et al.，2001；Steinberg et al.，1993）。人格解体（depersonalization）是与自己身体分离的感觉，体验到对自我的陌生或非真实感。有人将这种感受描述为好像漂浮在自己的身体上空看着自己的举动。现实解体（derealization）是对自身身体或人际环境的陌生或非真实感。人们描述这种感受像是活在梦境里。失忆症（amnesia）是指不能想起个人信息或有意义的生命阶段，而不仅仅是忘记名字、钥匙在哪里或上周二晚餐吃了什么这么简单。身份混乱（identity confusion）是指对个人身份认识不清或产生认识冲突。最后一种身份转变（identity alteration）是指外显行为表现的是个体假定的另一种身份（Steinberg et al.，1993）。

单独的解离发作不一定表明存在解离障碍（e.g.，Holmes et al.，2005）。你专注于你的工作被称作全神贯注（absorption），指集中全部感知资源于一件事而忽略环境中的其他因素。像全神贯注这样的经验很普遍，46% ~ 74%无心理障碍的人偶尔会有现实解体和人格解体的体验（Hunter et al.，2005）。此外，解离症状也可能发生在惊恐障碍、强迫症、广场恐惧症、创伤后应激障碍、抑郁症、双相障碍和进食障碍的人群中（Holmes et al.，2005）。如果解离经验是短暂的，如短时的全神贯注，那么它造成的痛苦即便有也是轻微的。但如果发展成慢性状态的话，就叫作解离障碍（见"DSM-5：解离障碍"）。

解离障碍 DSM-5

解离性失忆症

A. 不能回忆重要的个人信息，通常具有创伤或应激性质，这与普通的遗忘不一致。

注：解离性失忆症通常具有对特定事件的局部或选择性失忆，或对身份和生活史的普遍性失忆。

B. 这些症状引起有临床意义的痛苦，或导致社交、职业或其他重要功能方面的损害。

C. 本障碍不能归因于某种物质（例如，酒精或其他滥用的毒品、药物）的生理效应，或神经病性或其他躯体疾病（例如，复杂部分性癫痫，短暂性全面失忆症，闭合性脑损伤/创伤性脑损伤后遗症，其他神经疾病）。

D. 本障碍不能用解离性身份障碍、创伤后应激障碍、急性应激障碍、躯体症状障碍或重度或轻度的神经认知障碍来更好地解释。

解离性身份障碍

A. 以 2 个或更多截然不同的人格状态为特征的身份的瓦解，这可能在某些文化中被描述为附体的经历。身份的瓦解涉及明显的自我感和自我控制感的中断，伴随与情感、行为、意识、记忆、知觉、认知和 / 或感觉运动功能有关的改变。这些体征和症状可以被他人观察到或由个体报告。

B. 在回忆日常事件、重要个人信息和 / 或创伤性事件时反复出现空当，这与普通的遗忘不一致。

C. 这些症状引起有临床意义的痛苦，或导致社交、职业或其他重要功能方面的损害。

D. 本障碍并非一个广义的可接受的文化或宗教实践的正常一部分。

注：对于儿童，这些症状不能用假想玩伴或其他幻想的游戏来更好地解释。

E. 本障碍不能归因于某种物质（例如，在酒精中毒过程中的黑晕或混乱行为）的生理效应，或其他躯体疾病（例如，复杂部分性癫痫）。

人格解体 / 现实解体障碍

A. 存在持续或反复的人格解体或现实解体体验或两者都有：

1. 人格解体：对个体的思维、情感、感觉、身体或行动的非真实感、分离或作为旁观者的体验（例如，知觉改变、时间感扭曲、自我的不真实或缺失、情感和 / 或躯体的麻木）。
2. 现实解体：对周围环境的非真实感或分离的体验（例如，感觉个体或物体是不真实的、梦样的、朦胧的、无生命的或视觉上扭曲的）。

B. 在人格解体或现实解体体验中，其现实检验力是完整的。

C. 这些症状引起有临床意义的痛苦，或导致社交、职业或其他重要功能方面的损害。

D. 本障碍不能归因于某种物质（例如，滥用的毒品、药物）的生理效应，或其他躯体疾病（例如，癫痫）。

E. 本障碍不能用其他精神障碍来更好地解释，例如精神分裂症、惊恐障碍、重度抑郁障碍、急性应激障碍、创伤后应激障碍或其他解离障碍。

资料来源：Reprinted with permission from the *Diagnostic and Statistical Manual of Mental Disorders*, Fifth Edition, (Copyright 2013). American Psychiatric Association.

解离性失忆症

早晨醒来，你会不会一时无法辨认出周围的环境？或开车时突然忘记刚经过的熟悉的路标？这种短暂遗忘或分心的经历有助于你理解**失忆症**（amnesia）的概念。这种情况的原因很多，包括头部受伤、癫痫发作、酒后意识缺失或低血糖。中风、癫痫发作或接受抑郁治疗的电休克疗法（ECT）之后也可能出现暂时性失忆，还可能是药物中毒或整体痴呆的结果。因此，下诊断的第一步通常是进行医学评估以排除医学原因。

解离性失忆症（dissociative amnesia）是指对重要信息通常是个人重要信息不能回忆（见“DSM-5：解离障碍”）。如果是发生在应激性或创伤性事件之后，其原因被认为是心理学而非生物学上的。有几种解离性失忆症：局部性失忆症（localized amnesia）指忘记某一特定时间段内的事情；普遍性失忆症（generalized amnesia）是指不能回忆起生活的方方面面；选择性失忆症（selective amnesia）是指个人忘记创伤性经历的某些部分。解离性失忆症被认为是可逆的，许多情况下之前无法说清的事，都能在后来全部或部分回忆起来。

在一些情况下，解离性失忆症会伴随**解离性神游症**（dissociative fugue），后者是与身份失忆有关的表面有目的的旅游或无目的的漫游（APA，2013），通常患者会被发现在远离其日常居住的地方漫游。“神游”（fugue）意味着“漫游”（flight）。神游状态可能与身体或心理创伤、抑郁或法律问题有关（Kihlstrom，2001）。处于神游状态的患者，如果他们意识到自己个人身份和记忆的丧失，或引起了警方的注意后，他们可能会寻求治疗。

解离性身份障碍

1957 年，根据纪实小说拍摄的同名电影《三面夏娃》（*The Three Faces of Eve*）在好莱坞发行。书和电影中的白面夏娃是已为人母的家庭主妇，接受催眠（作为心理治疗的一部分）时，精神科医生发现了她的另一种人格黑面夏娃。与白面夏娃完全相反，黑面夏娃外向、爱社交。后来，又出现了第三种人格简。书和电影的许多地方都与事实不符。现实中的夏娃，克里斯汀·科斯特纳·西摩尔（Christine Costner Sizemore）能协调好她的各种人格。《三面夏娃》引发了多重人格障碍（multiple personality disorder）一说，现被称作**解离性身份障碍**（dissociative identity disorder，DID）。另一个 DID 的例子是《西碧尔》（*Sybil*），该书于 1976 年出版，也被拍成了同名电影，讲述了一位年轻妇女因“黑晕”和“神经崩溃”而求治的故事。治疗中，精神科医生发现西碧尔有16种不同的人格（也称作交替人格，alternative personalities or alters）。医师推测，这是遭受精神分裂症母亲极度身体虐待和性虐待的结果，而绝大部分人认为这些虐待是一种折磨。克里斯汀·科斯特纳·西摩尔和西碧尔是两个非常相似的DID例子。

克里斯汀·科斯特纳·西摩尔，著名影片《三面夏娃》中“夏娃”的原型。

一位临床心理学研究生开展了一项关于神经性贪食的临床研究（一种进食障碍；见第7章）。006号参与者是一位32岁的女性，有10年神经性贪食历史。她有着充满性虐待、身体虐待和被忽视的家庭史。她每天多次暴饮暴食，清除达10次之多。她还滥用泻药，同时酗酒和药物滥用。她认为自己的病源于家庭虐待。她感到愤怒和痛苦，对未来非常悲观。

后来，另一位参与者026号联系了这位研究生。这位志愿者的电话号码与另一位参与者的相同，研究生猜测她俩是室友。026号进来的时候，研究者惊奇地看到，是006号走进了办公室。奇怪的是，她没有认出周围的环境。她在来办公室的路上迷路了，并表现得对研究者不认识。尽管研究者确信这就是006号，但这位女士的个人史和家族史完全不同。患者称她患贪食症已有4年了，而且自小就体重超标。她回忆说自己的童年在父母的养育下还是相当幸福的。他们唯一的过错就是总爱拿食物作为奖励。她第一次贪食是在失恋后。她没有厌食症史、药物滥用史、酗酒或药物滥用史，也没有来自父母的身体虐待或性虐待史。

出于对这两个陈述的好奇，研究者询问026号是否曾参与过神经性贪食的研究。令人吃惊的是，她说她不仅没有参与过，而且这也是她第一次告诉别人自己有贪食症。为了不遗漏她的所有背景材料，研究者询问她是否有兄弟姐妹或是不是双生子。026号说自己是独生子女。进一步调查其医疗记录和病史后，发现她是社区有名的解离性身份障碍患者，并且有好几种交替人格。不用说，研究者并没有把她包括进自己最终的研究样本中。

大多数变态心理学学生都觉得DID这个话题令人着迷。在20世纪80年代和90年代早期，一些心理健康治疗师开始和患者及媒体探讨DID。于是一个有趣的现象出现了，随着媒体关注的增加，报告说自己患DID的人也增加了。尽管治疗师好像发现了一个接一个的案例，人们对该病的特有存在却提出了质疑。这是为什么呢？围绕DID的主要批评是：尽管许多人发表了对该病的描述性文章，但定量研究却很少，实证研究就更少了（Kihlstrom，2001）。换句话说，DID作为诊断范畴的这一科学地位并未被很好确立。例如DID是不是一种可靠的诊断目前尚不清楚。支持方认为，这种病的征兆是间断的，大多数人直至接受治疗才认识到自己交替人格的存在（Piper & Mersky，2004b）。因此，与其他因伤心或焦虑而求治的患者不同，这类患者的交替人格只有在治疗过程中才被发现。

DID面临的另一个挑战是，这些用来描绘症状的术语很难以可供研究的方式来定义。对交替人格（alter）或不同人格状态（distinct personality state）并无清晰定义。而且，自从有关夏娃和西碧尔的研究发表后，交替人格的数量似乎也在倍增。一项描述性研究显示（Putnam et al.，1986），在100个DID成人患者中平均有13.3种交替人格，范围是1～60种不等。有些治疗师说，患者的交替人格数不胜数。最常见的交替人格是 12 岁或更小的小孩。约一半交替人格的性别是寻求治疗者的异性，大多数报告说交替人格首次出现在 12 岁前，尽管患者本人并未意识到其存在。

同样，对于如何定义"控制个体行为"也同样未达成一致意见。结果就是治疗师各自使用各自的异质性定义。交替人格是如何实现对个体的控制的？交替人格只是不得不与治疗师交谈就能出现吗？或者这种行为还要再复杂一些交替人格才出现？DID 的支持者说，在不同的交替人格支配下，患者会从事"做作业、销售非法药品、在脱衣舞俱乐部跳舞、清洁浴缸"等各种不同的工作（Piper & Mersky, 2004a, p.679）。显然，这些问题没有明确的答案。下面几节，我们将进一步研究 DID 的效度。然而，从心理科学的角度来说，当症状并不持续存在或不能被独立确认时，该病的信度和效度应遭质疑。

人格解体 / 现实解体障碍患者感觉与自己的身体或意识分离，好像在从外部世界观察自己的行为，或者感觉外部环境不真实。

人格解体 / 现实解体障碍

处于高度情绪化或应激状态（如惊恐障碍、创伤后应激障碍、抑郁或濒死体验）时，或药物滥用或脑外伤这类生理状态改变后，许多人会感觉与自己的身体分离或对周围世界的非真实感（Baker et al.，2003；Kihlstrom，2001）。一组报告有这种体验的人的数据显示，62% 的人有患病记录，50% 的人曾患过精神科疾病，大部分人有抑郁和 / 或疼痛障碍（Baker et al.，2003）。有些人频繁经历类似感受而不必然有情绪性应激或身体疾病。

> 露西达描述自己有多次感觉世界突然不真实的经历。一次和朋友们在一起时，她感觉朋友们好像在电影里，而自己在观众席上看他们在银幕里表演。还有一次，散步时，她突然感觉自己似乎漂浮在人行道的上方。

解离状态频繁出现而且严重时，个体可能患了**人格解体 / 现实解体障碍**（depersonalization/derealization disorder）。这种障碍被描述为感觉与自己的身体或意识相分离，或对周围环境的分离或非真实感，感觉自己好像是自身行为的旁观者。这些改变突然发生，而且感觉不真实并与个体先前经验不一致。个体可能体验人格解体症状（与自己的身体分离）或现实解体症状（对自己身体或人际环境的陌生感或非真实感）。大部分本障碍患者两种解离症状都有（Baker et al.，2003）。

功能损害

有关解离障碍对社交和职业功能损害的研究数据很少（Johnson et al.，2005）。许多情况下，共病的其他障碍令人无法判断功能损害是解离障碍造成的还是其他障碍如抑郁造成的。

流行病学

已报道的解离障碍患病率存在很大差异，这是由于样本特征（社区样本或诊所样本）或受访者对诊断的认可程度的不同所致。一个流行病学的抽样调查显示：0.8% 的患者有人格解体障碍，1.8% 有解离性失忆症，1.5% 有解离性身份障碍（Johnson et al.，2006c）。住院样本中，解离障碍患者占所有住院精神科患者的 4% ~ 21%（Foote et al.，2006），在专门治疗这些障碍的机构中该比例还更高。门诊患者的相关数据很少。一个内城区门诊患者抽样显示：29% 有解离障碍。然而，他们同时也患有许多其他障碍如抑郁、创伤后应激障碍、焦虑障碍，而人格解体的经验可能是这些障碍中的某个所造成的。关于解离症状是原发性障碍还是其他障碍的继发性障碍的问题似乎是一个简单的智力练习，但对于确定心理卫生政策，支付还款服务以及确定治疗方法都意义重大。

性别、种族和民族

男性和女性均可能患解离障碍（e.g.，Simeon et al.，2003）。全球的流行病调查估计，在荷兰的一般人群中解离障碍的妇女患病率是 18.5%（Sar et al.，2007），而住院患者抽样中，妇女的患病率是 8%（Friedl & Draijer，2000）。这两个数字均高于美国，这意味着这些障碍中的一些可能是文化相关综合征。解离症状如恍惚状态是全世界宗教体验的常见部分。例如，在乌干达解离性失忆症与人格解体障碍和在美国一样被定义为心理障碍（Van Duijl et al.，2005），但解离性神游症和 DID 则被认为是源于神灵附体。

> 玛丽生于马来西亚，30 岁时移居美国。到美国后不久她收到来信说，还在马来西亚的母亲突然过世了。玛丽极其悲痛。得到这个消息约 4 周后，在一次等地铁时有人突然把她撞倒在月台上。玛丽解离了，指着她所说的一条“蛇”，一会儿语无伦次，一会儿说脏话。约 5 分钟后（此时警察已赶到了），她安静下来并沉思着说自己对这件事失忆了。

玛丽的丈夫后来来了，他告诉警察，玛丽患拉塔病（latah）很久了。拉塔病患者被声音或触碰惊吓后，会突然进入一种意识转换状态，就像玛丽表现的那样。这种障碍主要出现在马来西亚妇女中，患者会有多次发作，几乎都是由意外事件引发的（Tseng，2003）。如本案例所示，社会文化因素可能在解离障碍的经验中起着重要的作用。

发展因素

尽管有 8 岁就被诊断为 DID 的（Hornstein & Putnam，1992），但人格解体障碍（按 DSM- Ⅳ -TR 的定义）平均发病年龄为 15.9 ~ 22.8 岁（Baker et al.，2003；Simeon et al.，2003）。被诊断为 DID 的儿童患者还存在许多其他心理障碍以及不寻常信念（即妄想）、不寻常感知经验（幻觉如没人时听见说话声）以及自杀观念和自杀企图史。这说明，如果真有 DID 这种病，那么儿童也和成人一样极少单独患病（Putnam，1993；Vincent & Pickering，1988）。

病原学

解离障碍非常少见，所以研究其发病的实证数据也很少。很多患病记录都是来自临床经验和印象而非实证数据。在有些情况下，这些理论化的资料会对个体产生负面影响，特别是患者的父母，他们被错误地指控虐待儿童。阅读本节案例时，是否会有一些行为让你回想起第 1 章谈过的情绪感染。

1. 生物学因素

颞叶癫痫、脑外伤、肿瘤、脑血管意外（中风）、偏头痛以及痴呆这些神经疾病可能会引起黑晕、神游症、人格解体、失忆症、焦虑和惊恐症状以及幻听、幻视和幻嗅（Lambert et al.，2002）。一些实证研究显示：10% ~ 21% 的 DID 患者存在大脑活动异常（Sivec & Lynn，1995）。因此，尽管异常的神经功能不能解释所有解离障碍的发作，但有一些解离症状可能是由神经学状况引起的。

关于解离障碍的神经解剖和神经化学方面的研究很少（Sar et al.，2001；Simeon et al.，2001；Vermetten et al.，2006）。已有研究也存在许多问题：如样本量太小、缺乏足够对照组或未排除其他障碍如创伤后应激障碍。事实上，比较 DID 患者与 PTSD 患者会发现，二者的大脑结构和功能差异很少（Loewenstein，2005）。两种病的共同因素可能是慢性应激。如第 4 章谈到的，与创伤后应激障碍有关的慢性应激会使参与记忆功能的脑区海马和杏仁核发生神经解剖学变化，还可能有神经化学变化。应激状态下，这些部位的神经肽和神经递质（被统称为神经调质，neuromodulator）的可用性被改变，这会影响对特定事件记忆痕迹的建立（Bremner et al.，1996）。这些神经调质既能强化也能减弱记忆，取决于应激水平和神经调质的种类。

2. 心理社会因素

DID 支持者认为，DID 是由于“人格整合”的正常发展过程的失败引起的。这种失败被假定是由于在关键发展期的创伤性经历和有问题的照料者 – 孩子关系造成的。这导致了不同人格状态的发展和细化（International Society for the Study of Dissociation，2005）。最普遍的创伤是童年期遭受的身体虐待和 / 或性虐待。

如果虐待和躯体形式障碍的联系是真的的话，那么针对患者样本的研究显示 DID 与童年创伤也是相关的。这一关系的支持者断言，许多患者或实际上所有患者在童年期都遭受过严重虐待，但并没有对照研究支持这一论断。已有关于儿童期性虐待史对成人影响的纵向研究并未将 DID 作为消极后果之一纳入研究范围（e.g.，Bulik et al.，2001；Piper & Merskey，2004a）。当然，大型流行病学的研究有时是通过电话采访进行的，而且由研究者决定怎样最好地利用访问时间。所以，像 DID 这类罕见障碍因其发生频率太少而并未包括在流行病学调查范围内。这意味着这些病可能确实存在但未被发现。一些人遭受性虐待后即使患了 DID，也并不意味着所有受虐者都会患 DID，或者说 DID 是性虐待的唯一后果。一个大型双生子研究发现，童年期有过性虐待史的人，更可能出现压抑、自杀企图、品行障碍、物质滥用、社会焦虑、成年强奸和离婚等各种不良后果（Nelson et al.，2002）。因此，童年性虐史似乎会总体上增加成年后心理疾病的患病风险，但似乎并不预示会出现何种特定障碍（Bulik et al.，2001）。

尽管缺乏有力的实证数据，专门研究 DID 的临床医生们依然相信，患者的解离状态是用来应对创伤性经历、阻断痛苦事件进入意识的，以使得个体像并无任何创伤发生那样维持其正常活动（Sivec & Lynn，1995）。对痛苦事件的阻断可能帮助人们短期应对，但反复实施会导致功能损害。在这里你看到了有些理论家在没有佐证的情况下，观点从行为解释跳到了病原学理论。他们下结论说经历解离症状的人“必定遭受过虐待”。童年记忆中明显的空当被认为是重复创伤的证据（Bass & Davis，1988）。患者往往被鼓励去“回忆”那些创伤以作为克服其症状的方法。但这一推理有一处谬误，即这一理论忽略了一般人群 6 岁前普遍存在记忆空当的现象（Holmes et al.，2005b）。但是，当治疗师解释说患者的症状源于被遗忘的童年受虐经历之后，患者只是“记起”了这些虐待会怎样？这些经历是被恢复出来的记忆或者仅是患者虚构的？

对心理学家和心理健康专家来说，被压抑的记忆（repressed memories）和被恢复的记忆（recovered memories）的问题是一个情绪性和争议性的问题。请思考以下例子：

> 1990 年，51 岁的乔治·富兰克林被控谋杀了 8 岁的苏珊。此案的特别之处在于，谋杀发生于 20 年前，主要证据是富兰克林的女儿艾莉被恢复的记忆，事发时艾莉也是 8 岁。她关于这场谋杀的回忆开始只是一些细节和片段。当记忆全部恢复时，艾莉描述说她目睹了父亲在一个厢式货车后面对苏珊进行性侵犯而后用石头击碎她的脑袋把她杀死的过程。虽然报纸上有对此事的细节报道，很多人还是选择相信艾莉的解释。更令人不安的是实际上艾莉提供的很多细节随着时间的推移在变化。比如，她最初说事发时间是早上，当后来面对苏珊当时在学校的事实时，艾莉又修改证词说是发生在放学后（Loftus，1993）。因艾莉证词的前后矛盾，对富兰克林的指控后来被推翻了。

艾琳的回忆是真实的还是虚构的无法判断。在整个 20 世纪八九十年代，许多人都报告了“被恢复”的回忆，大多和儿童受虐事件有关。许多治疗师相信这些记忆绝对真实但却没考虑到记忆是不可靠的，换句话说，记忆可能是不准确的，某些情况下甚至完全可能是编造出来的。

为了理解对恢复记忆的争议，必须知道记忆是一个主动的过程。首先，要想记住什么你必须得先关注它。

> 汤姆受到攻击时正沿着街道走。在向警察描述事情的经过时，他回忆不起来攻击者长什么样儿了。

一些理论家提出，这种选择性失忆表明，个体的心理主动屏蔽了创伤性事件中的这部分内容。实验数据表明，在高度唤醒的状态下，人们会关注事件的中心特征而会忽略次要的细节（McNally, 2005）。在上述案例中，汤姆记不起攻击者的面貌，因为他的注意力集中在攻击者的枪上面。

另外，很多人不明白“记忆并不会像录像机那样运作”（McNally，2005，p.818）。记忆是不断主动重构的过程。即使非常强烈的记忆也会随时间而改变。挑战者号航天飞机爆炸的次日早上，本科学生被要求写下听到消息时他们在哪里、做什么的信息（Neisser & Harsch，1992）。3 年后，他们再次受访。这些学生对自己记忆的真实性相当自信。但研究者发现他们的回忆有许多不准确的地方，包括他们当时在哪里、做什么这类最基本的信息也不准确。简而言之，记忆会随着时间流逝而发生改变。

研究记忆的科研人员已证明，通过提问误导性问题，目击者会编造出没有发生的事情。某可怕的飞机失事事件在全国被报道 10 个月后，人们被问及：“你在电视上看见了飞机撞上公寓楼的那个瞬间吗？”超过 60% 的人回答说看到过，而且会描述虚构的细节。事实上，这样的画面并未播出过（Cronbag et al.，1996）。其他研究也表明，记忆可能编造完全虚构的事情。作为“童年记忆”研究的一部分，研究者给成年受试者提供了他们童年的 3 个真实故事和一个虚构故事（例如，5 岁时在购物中心走丢。Loftus & Pickrell，1995）。在接下来的访谈中，要求描述他们所能记住的 4 个故事的所有细节时，25% 的成人精心编造了这个从未发生事件的各种细节。

抛开压抑 / 恢复记忆的问题，对照临床试验也只能提供非常有限的证据来证明虐待和 DID 之间的关系。有两点可以解释这种有争议的关系：第一，有关虐待的描述并非总是客观记录的；第二，关于虐待的界定也很多样。有的研究仅局限于身体或性虐待行为。另一些研究对虐待的界定范围则更广，包括情绪虐待、情感上或身体上的忽视这些更难以客观界定和量化的情况。还有的研究抽样只包括已诊断的解离障碍患者，没有足够的对照组，尽管这些研究结果被描述为“确定性的”结论（Lewis et al.，1997）。

意识到这些局限，对照实验的数据表明创伤暴露的作用是有限的。在一个抽样调查中，创伤暴露只能说明 4.4% 的解离症状（Briere et al.，2005）。情绪虐待的影响即使没有超过性虐待，两者的作用也相当（Simeon et al.，2001）。很多一般环境因素对这些障碍的发病影响可能更大，如糟糕的亲子关系（即使没有具体的虐待行为）（e.g.，Nelson et al.，2002）。

坚持 DID 的创伤后模型（posttraumatic model）的治疗师认为，人们以交替人格的形式“分割”对创伤的反应。即使患者本人并未意识到，但其不同行为表明存在交替人格的可能（Piper & Mersky，2004b）。有些治疗师报告这些交替人格只有在被治疗师反复要求后才会出现。治疗师的这些行为真会导致 DID 吗？如果治疗师或疗法本身导致了障碍的出现，那这种病因就属于医源性的。**医源性**（iatrogenic）疾病是由于医生、内科或外科治疗或诊断过程无意造成的。社会文化模型假定，DID 这种医源性疾病是由于利用了来自媒体、治疗师、个人经历和对其他多重身份患者的观察为线索发展而来的。这些经历和线索在治疗情境下通过社会强化而被获得并保持下来（Spanos，1994；见“证据检验：治疗会否导致解离性身份障碍”）。

治疗会否导致解离性身份障碍

事实

全球的 DID 患者数量从 1970 年的 79 个上升到 1986 年的约 6 000 个（Elzinga et al.，1998）。这段时间正值《西碧尔》小说和电影的发行。据估计，2000 年的 DID 患者达到了数万（Acocella，1998）。社会文化模式提出，治疗师（和媒体）可能影响人们，使其发展出交替人格。这些影响能否解释 DID 患病率的显著增加呢？

证据

80% ~ 100% 的 DID 患者在治疗前不知道自己的交替人格（Dell & Eisenhower，1990；Lewis et al.，1997；Putnam，1989）。随着治疗的进行，患者报告的交替人格数量不断增加（e.g.，North et al.，1993）。创伤后模型的理论家解释了这一现象：治疗前，DID 患者倾向于隐藏自己的症状。情况也许如此，但还有另外的假设吗？

检验证据

一些证据表明，治疗师可能塑造了个体使其产生交替人格（Lilienfeld et al.，1999）。

第一，给没有心理障碍的人适当的暗示，他们可以成功地产生 DID 症状，这包括身体的、性的和撒旦虐待仪式的报告（Stafford & Lynn，2002）。

第二，随着 DID 患者数量和治疗过程中交替人格数量的增加，能发现诊断特征的治疗师也同样在增加。换言之，治疗师越相信该诊断，患者就越可能被下此诊断。

第三，一位 DID 治疗专家给新手治疗师的建议是，当某种交替人格非自发出现时，“要求直接与一个交替人格见面越来越成为可行的干预措施”（Kluft，1993，P. 29）。其他建议包括给患者“每个人（指患者的交替人格）都在听”的催眠暗示。这样的暗示会使患者相信（即，塑造患者相信）其他人格必然存在吗？

在 20 世纪 80 年代的加利福尼亚麦克马丁学前儿童猥亵案的儿童证词中，就出现了这种塑造。在该臭名昭著的案例中，一些日间照料的工人被诬告猥亵其监护的儿童并被定罪，后来的证词推翻了原有指控。那些最初否认遭受照料者猥亵的儿童被频繁采访，直到一名儿童后来报告说，“每次我给出他们不喜欢的答案，他们就会再问一遍，并怂恿我给出预期答案”（Zirpolo，2005）。儿童被怂恿做出回答与治疗师先入为主的想法在效果上是一致的。

结论

创伤后模型断定，大部分治疗师不下 DID 的诊断是因为他们对其特征没有充分地探索（Ross，1997）。然而，基础实验和行为观察数据都表明，大学生和患者都易受治疗师期望的影响，并可能因为治疗师的暗示（或探索）而制造出交替人格。这一证据表明，医源性疾病和社会文化模型对 DID 的解释不能不被重视。«««

伦理与责任

关于恢复 / 虚假记忆的研究我们可以下什么结论？即使某人提供了详细的回忆并坚信其真实性，也不一定意味着记忆中的事件就确实发生过（Laney & Loftus，2005）。恢复 / 虚假记忆的问题并非简单的求知欲，而是围绕儿童受虐及相关的 DID 争议的重要内容。重点要记住的是：①一些儿童确实遭受过虐待；②尽管有些受虐儿童可能像成人一样患上心理障碍，但在受虐和 DID 之间并没有清晰的联系。此外，尽管对于恢复记忆有着不同的看法，心理健康专家却一致同意：总是出现的儿时受虐记忆几乎总是可信的，就像在治疗情境之外自发回忆出来的一样可信（Holmes et al.，2005）。

治疗

如前所述，解离性失忆症常常不治而愈。关于现实解体障碍或 DID 的对照药理实验的研究目前还没有，但临床报告表明，抗抑郁药治疗可能有效。然而这些治疗对核心解离症状或相关的焦虑和抑郁是否有效尚不清楚。CBT 也是如此，CBT 假定解离障碍患者将正常的疲劳、应激甚至物质中毒症状错误地解读成了异常症状。CBT 治疗师通过教他们对自己的症状产生替代解释（一个被叫作认知重构的过程）来消除其误解。在一些情况下，人们会逃避引发其症状的情境，此时暴露疗法（见第 4 章）可以帮助他们进入这些令其惧怕的场景。尽管还没有进行对照实验，但 CBT 已被报道对人格解体障碍的治疗有效（Holmes et al.，2005b；Hunter et al.，2005）。

钢琴人——解离障碍、做作性障碍还是装病

一时间，他成了全世界最神秘的年轻人——神出鬼没、憔悴的他被称作“钢琴人”。2005 年 4 月 7 日，警察在英格兰肯特郡发现了他。他浑身湿透，穿着剪掉标签的外套。没有护照、信用卡，也没钱，他一言不发。警察便把他交给精神科医生照管。医生给他拿来纸和笔，要他写自己的名字，他却画了一架豪华钢琴的详细结构图。医生给了他一架钢琴，据说他一口气弹了好几个小时。在欧洲他的情况立刻引发了媒体的狂热关注，大家都想知道他的身份和详细情况。

许多心理健康专家认为他可能有孤独症（见第 12 章）。他会弹钢琴被解读为孤独症患者常见的特有天赋。国家孤独症学会的一名发言人谈到，他撕掉衣服上的标签，很少与人有目光接触，这些进一步暗示他有孤独症。临床心理学家则认为，这种行为也可能意味着有精神分裂症、抑郁或创伤后应激障碍。医疗管理人员否认了他在假装自己的症状，说他非常紧张和焦虑。

过了 5 个月，有一天护士到他的病房问他：“你今天想和我们说话吗？”他答道：“是的，我认为我想。”他告诉护士说自己是德国人，在巴黎工作但失业了。在失恋后他乘火车来英国旅行。在沙滩上被警察发现时，他正试图自杀。他曾与精神病患者一起工作过并用从他们身上学到的一些特殊习惯成功地骗过了工作人员，甚至还有两个资深医生。他说画钢琴是因为这是出现在他脑海中的第一件事。与此前报道相反，他并没有弹钢琴，而只是在不停地敲同一个键。真相大白后，他被送回德国。

读完本章，你判断一下：钢琴人患有解离障碍吗？他有做作性障碍吗？他有抑郁吗？或者，他是装病吗？

资料来源：http://www.mirror.co.uk/news/uk-news/piano-man-sham-554649Retrieved April 14, 2013 «««

装病

正如我们在本章“真实案例”中看到的，对钢琴人不寻常行为的一个可能解释是他可能通过制造自己的心理症状而获益（在本例中是有个地方住，在一定时期有人照顾）。你可能在某个时候也会有装病行为，比如你会为不去学校、不参加考试或不参加某个活动而假装得病。对于我们大多数人而言，这些都是单独事件。然而有些人可能通过假装心理障碍以逃避司法起诉（见第15章）。心理学家探查是否装病的能力是极其重要的。即便如此，因为做心理诊断常常依赖于个体的自我报告（是的，我感到悲伤或我不感到悲伤；我没听到声音），那么心理学家如何判断一个人是否在假装患了心理障碍呢？

在大学校园里正在引起更多关注的是，那些没有注意缺陷多动障碍（attention deficit/hyperactivity disorder，ADHD）患病史的大学生为了提高其学业成绩而愿意服用兴奋药物或增加测试时间。心理学家所面临的挑战是识别出哪些学生是真的患了ADHD（可能在儿时没被诊断出来）以及哪些学生需要精神科治疗。一些时候，症状效度测试（symptom validity tests，SVTs）作为认知测试手段，可以测量个体认知能力而不做症状学报告，是这种诊断评估的有用成分。例如，在寻求ADHD评估的大学生中，有31%的人通不过其中的词汇记忆测试。事实上，尽管这些学生的认知水平足以令他们上大学，他们却通不过大多严重外伤性脑损伤患者都能通过的测试（Suhr et al.，2008），这表明他们在假装自己有记忆问题。在另外的调查中，大学生从互联网得到关于ADHD的信息然后被要求“假装患了ADHD”。当由诊断医生单盲评估学生们是真的患了ADHD还是假装的时，两组被试在ADHD症状剖面图上的得分是一样的，这说明这些学生已学会了足够的关于该疾病的各种症状的知识（Sollman et al.，2010）。然而，在测试记忆和注意力的时候，假装患有ADHD的学生则比真实患该病学生的得分低得多，这说明这些认知测试较不受装病的影响。装病的话题是心理学的一个重要且待研究的领域。许多寻求心理学帮助的人确实患有真实的心理障碍。探查装病行为之所以重要不仅因为司法评估或应用于大学校园，而且还因为在任何诊断性会谈中都需要它。对心理障碍的治疗包括大量的经济和专业资源，正当使用这些有限的资源是尤为重要的。

南希——一个转换障碍的病例

患者

南希，55岁，由丈夫乔治陪同前来精神急诊科。

问题

她的主诉为：“我的这些发作谁也找不出原因。”南希描述说在她摔倒或不自禁颤抖时会突发癫痫，但并不会丧失意识，发作也不会造成任何伤害。事实上，当她“摔倒”时，通常是慢慢倒在椅子上或沙发上，意味着从某种程度上她可以控制身体的动作。她看的最后一个医生给了她丈夫一些配有“抗癫痫”药物的注射器，一旦发病，她丈夫就给她注射。

诊断评估

询问完详细的生理症状后，心理医生开始访谈南希的个人史。南希回忆，小时候母亲经常带她看儿科医生。“我妈妈特别关注健康。我们生病时，她总会担心。我们发烧或头疼的话，就让我们待在床上。但她会在房间陪着，因怕我们闲着就和我们做游戏。有一次，我在医院做扁桃体切除手术，那时还不允许父母留在医院陪孩子，但母亲大声吵闹，护士只好让她留下。即使有健康专业人员照料，母亲也会拒绝离开我以示她有多爱我。”

南希和乔治已结婚35年。她认为她的婚姻很平庸——与乔治结婚是因为怀了他的孩子。她的父母都是酒鬼，小时候，她受到许多情感虐待。结婚是她逃避的方式。乔治和南希有6个孩子。南希没有上班，整天围着孩子们转。事实上，除了共同拥有孩子外，他俩毫无共性。不久前，最小的孩子也搬出去了。家里只剩南希和乔治，维持着没有交流或激情的婚姻。

当被问及乔治对南希的癫痫发作做何反应时，南希一脸的灿烂。“那是最有趣的事，”她说，“自从我癫痫发作后，乔治就变得细心周到了。从我怀孕后，他就从来没这么好过。我真的很幸运——每次发作时，乔治总会及时拿药来。注射后我的颤抖就会消失。”乔治带了一支注射器到诊室，他递给心理学家时，心理学家清楚地看到针管侧面写着“盐水注射”几个字。实际上，南希的抗癫痫药是盐水。

治疗

治疗师判定南希患的是转换障碍，而且许多环境和社会因素都会维持她的这种状态。但南希深信自己的病是生理原因造成的，心理医生并没有劝说她相信事实不是这样。首先，她让南希把每次“癫痫发作时”发生的事都记录下来。逐渐明朗的是南希每次都是在与丈夫、孩子或姐姐冲突后发病。很多时候这种冲突主要是因为南希不能坚持自己的意见。因此治疗集中于自我肯定训练和一般社交技能训练以提高南希向家人表达自己需要和欲望的能力。其次，治疗师指导乔治当南希发作时将药递给她但对她的发作不关注、不谈论。这样使家人对这种发作行为的关注降低。治疗师还给乔治和南希安排了家庭作业，即每周做一项愉快的事：与朋友一起吃饭、看电影、上法国烹饪课。

治疗结果

6 个月后，南希的发作次数已从第一个月时的每周 3 次降到了在过去的 8 周里只出现过 1 次。她报告说婚姻满意度增加了，和已成年的孩子们相处得很好。只有姐姐还是痛苦的来源，但南希许愿说要继续改善她们的关系。

本章小结

1. 理解正常的身体感觉如何能引发对躯体功能的异常关注。

   一般人群经常会出现无明显器质性病因的模糊的身体感觉，这些不适是去看初级保健医生的最普遍原因。躯体症状及相关障碍患者身上的这些症状则能造成他们明显的痛苦并且经不起推敲。重点要理解的是，即使这些生理症状的原因是非器质性的，但其疼痛和痛苦却是真实存在的。

2. 区别躯体症状障碍、解离障碍与做作性障碍和装病行为的不同。

   装病是指制造生理症状和疾病旨在获取金钱或药物，或企图逃避工作、刑事诉讼、兵役这类的负性事件。做作性障碍是指故意制造生理症状或疾病，但无明显可观察目的。而解离障碍或躯体形式障碍患者不会故意制造自己的生理症状，患者自己也不明白症状因何发生。

3. 识别造成躯体症状及相关障碍的生物学、心理学和环境因素。

   躯体症状及相关障碍是指存在的生理症状或对疾病的关切无法用已有的医学疾病或心理障碍解释。生物、心理和环境因素都会对躯体形式障碍的发生起作用。如慢性应激这样的环境事件可能会使神经化学反应系统改变，该系统在人应激时会自动做出反应。这些改变的反应可能会引发生理症状进而引起心理关切。此外，父母或重要他人对身体不适表达的强化会致使求医或挑选医生，还会造成社交和职业功能损害。

4. 理解解离经验的组成和社会文化因素对解离障碍的影响。

   如人格解体、现实解体、失忆症、身份混乱或身份转变这样的解离障碍涉及完整的意识、记忆、身份或知觉功能的瓦解。解离障碍是一组有争议的心理功能障碍分类。解离症状和解离障碍可能反映了文化相关综合征。一些研究者指出，DID 是仅出现在西方文化里的文化相关障碍。

5. 区分解离性身份障碍的创伤后模型和医源性模型。

   尽管对本组障碍患者有回顾性解释，但很少有实证数据支持创伤后假设，即童年受虐是造成解离障碍的重要原因。相比之下，已有实证数据支持了解离性身份障碍的医源性模型。医源性或社会文化模型是对障碍如何获得的的一种解释，并不表示障碍不存在，记住这一点非常重要。

6. 理解有关被压抑记忆和被恢复记忆的争议。

   压抑 / 恢复记忆的概念与目前关于正常记忆过程的科学知识不相符。尽管有创伤后模型存在，但对 6 岁前事情的失忆很普遍，还有对记忆的编造，即使是对像性虐待这样恐怖的事件的回忆也可能如此。这并非意味着童年遭受的性虐待不存在或不严重。相反大部分人无须提示也会记得童年受虐经历。

第6章
双相及抑郁障碍

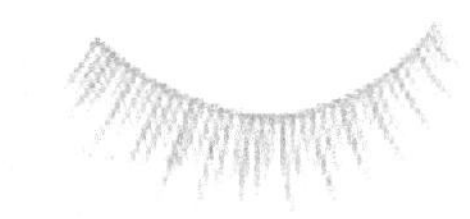

学习目标

阅读本章后，你应该可以做到以下几点：

1. 分辨正常悲伤情绪和抑郁以及欣快和躁狂间的不同。
2. 了解双相Ⅰ型和双相Ⅱ型障碍及重度抑郁障碍和持续性抑郁障碍间的区别。
3. 讨论易患重度抑郁障碍的性别差异。
4. 讨论与自杀有关的因素以及抑郁与自杀观念和行为之间的关系。
5. 了解导致双相及抑郁障碍成因的心理动力学、行为、认知以及生物学理论。
6. 识别对重度抑郁障碍和双相障碍的有效治疗。

伊莱恩是一名高中毕业班的学生，申请了10所高校，其中包括4所常青藤联盟大学、4所顶尖公立学校以及1所备选学校，但她不打算上这所备选学校。她颇有自信将来可以去她理想的一流学校。她的平均得分是优秀的，进阶先修考试大多数都能拿到4分和5分，她参加过辩论赛和网球队。在寄出了申请书之后，她参观了她的首选学校——两所常青藤联盟学校和两所公立学校，她完全喜欢上了这两所常青藤联盟大学中的一个。她能够看到自己走在校园里，她喜欢这次校园参观中所遇到的每个人，她开始梦想着如果能够在这里上学的未来。目前为止，这里是首选。

通知一周内到达。她的首选学校第一个通知了她。在那一天的下午5点，她等在电脑前。最初，她的电脑不能登录，她的心跳越来越快。当她最终登录上去并读到这些可怕的文字“很遗憾地通知你……”，她的心沉了下来。她觉得仿佛自己的梦想破灭了——哪所学校都没有她的首选好。她的父母试图去抚慰她，但是她伤心欲绝。第二天，她被其他常青藤联盟学校拒绝。她整晚都在卧室里哭泣，并且担心哪所学校都不会要她。她远离Facebook，因为好像那上面都是朋友们在炫耀所去的学校，而她最终可能只有去上自己的备选学校。她不接电话，在房间里生闷气，几乎不怎么吃东西，睡不好觉，整天哭。她在等能不能上她申请的公立大学名单中的一所。最终她等来了那所备选学校的通知，但这并不能安慰到她。她的妈妈一直说至少有地方录取了她，但她觉得她的世界好像破碎了。最终她选择了这所公立学校并接受了他们的邀请。等待通知的日子是折磨人的，伊莱恩对结果也很失望，但她决定要充分利用这次学习的机会并得到她能得到的最好的教育。也许在毕业的时候她能够通过考研上到她的首选学校呢！

琳达是一个高中生。她的成绩很好（得的都是 A 和 B），经常参加课外活动，还作为大学生代表队参加体育比赛。即使她是一个脾气急躁容易心烦的人，但是她有很多朋友，功课也很紧张。

上高三时，她对参加各项活动失去了兴趣。她发现学生报的工作很难再吸引她，所以她辞掉了这份工作。她只想待在屋子里，拒绝见她的朋友，也不接听任何电话。

起初她准时上床睡觉，但是早晨 5 点就会醒来，然后渐渐地越来越早。很快变成早晨 3 点醒来，之后就不能入睡了。她变得没有胃口。所有的食物尝起来都像是硬纸板，她瘦了 3 千克。她感觉很疲惫。她开始动不动跟弟弟和父母发脾气，在这之前从来没有这样过。她盯着家庭作业发呆长达几个小时，同一页书读了又读。她的成绩一落千丈，体育变得不达标。

她的一位老师建议她去找学校心理咨询师，但她却不愿这样做。她的想法变得越来越阴暗，经常感到没有活下去的理由。她想要自杀并开始思考如何实施自杀行为。

琳达在这之前从未有过这种感觉。她告诉咨询师她的外婆还在精神病院里，并且她曾发现她母亲的药箱里有氟西汀。咨询师见了琳达的母亲，并立即帮她约诊了一位精神病医生。之后知道，她的母亲也有过抑郁发作（经常出现在秋季），多年来一直服用药物。琳达开始服用抗抑郁的药物，并且看心理医生，通过认知 – 行为治疗帮助她培养抵抗负性思维模式的技巧。

伊莱恩和琳达都精力不足、没有食欲、睡眠不好，还伴有悲伤情绪，但是她们的故事表明她们内心的痛苦有非常不同的来源。伊莱恩处理的是申请大学遭拒带来的失望，而琳达的抑郁心境则原因不明。

琳达的症状是心境障碍的清晰例证，心境障碍的最明显特点是普遍的不可动摇的情绪低落。琳达的问题使她痛苦，也使她周围的人感到困扰。一个曾经在社交和体育上功能良好的活跃女孩，变成了一位社交隐士。琳达所经历的这些症状群包括社交退缩、精力和兴趣的缺乏、没有食欲、失眠、易激惹以及坐立不安，以上所构成的障碍被称作重度抑郁障碍（major depressive disorder）。

重度抑郁障碍只是心境障碍的一种。事实上，双相及抑郁障碍是由不同程度的抑郁（情绪低落）或躁狂（情绪高涨）情绪所构成的。患有心境障碍的人们的身体、情绪和认知症状干扰了他们的工作、学习、睡眠、进食、与人交往、两性关系和享受生活的能力。尽管我们所有人随时都有情绪上的波动，而重度抑郁障碍与短时间的情绪低落或悲伤是不一样的，躁狂也与短时的兴奋是不一样的。本章将探讨双相及抑郁障碍如何以及为什么不仅仅是坏的或好的情绪。

什么是双相及抑郁障碍

双相及抑郁障碍（bipolar and depressive disorders）是以情绪困扰为主要特征的综合征。该困扰以情绪异常低落——**抑郁**（depression）或异常高涨——**躁狂**（mania）为其表现形式。其有两个分类：双相及相关障碍，抑郁障碍。双相及相关障碍主要包括以低落和高涨情绪并存为特征的双相Ⅰ型障碍、双相Ⅱ型障碍和环性心境障碍。抑郁障碍主要包括破坏性心境失调障碍、重度抑郁障碍、持续性抑郁障碍（恶劣心境）和经前期焦虑性障碍。这些类型往往以低落情绪为标志。这些障碍可以通过所存在的抑郁和愉快情绪（或二者皆有）、持续时间或情绪异常持续的特定时间而被区分。

双相及相关障碍

双相障碍

情绪困扰包括情绪过低或过高，后者称作躁狂。躁狂不同于愉快情绪，愉快情绪是与高兴和快乐体验自然匹配的兴奋和良好感受。躁狂则是一种明显过分的情绪高涨，并且通常伴有不恰当的或潜在的危险行为、易激惹、紧迫感或快速地说个不停，以及一种自我感觉良好的错觉（见“DSM-5：双相Ⅰ型障碍”）。对比个案研究展示了正常愉快和躁狂的差别。由于没有抑郁发作的躁狂反复发作是极为罕见的，DSM 不将其视为一种单独的障碍。躁狂发作几乎总是伴随抑郁发作，只有一次躁狂发作的患者也很容易会有抑郁。通常，当既有抑郁发作又有躁狂发作时，该患者被认为患有**双相障碍**（bipolar disorder；以前叫作躁狂 – 抑郁障碍）。

双相Ⅰ型障碍诊断标准 DSM-5

诊断为双相Ⅰ型障碍，必须符合下列躁狂发作的诊断标准。躁狂发作之前或之后可以有轻度躁狂或重度抑郁发作。

躁狂发作

A. 异常的、持续的高涨、自大或易激惹心境，以及异常的、持续的目标指向活动增多或精力旺盛，持续至少 1 周并存在于几乎每天的大部分时间里（如需住院治疗，则可短于 1 周）。

B. 在心境障碍、精力旺盛或活动增多时期内，存在以下至少三项症状（如果心境仅为易激惹，则为四项）并达到了显著程度，并且与日常行为相比有很明显的改变：

1. 膨胀的自尊或自大。
2. 睡眠需求减少（例如，只睡三个小时就感觉休息够了）。
3. 比平时话多或有持续说话的压力感。
4. 思维奔逸或思维飞奔的主观体验。
5. 自我报告或观察到的随境转移（即注意力很容易被不重要的或无关的外界刺激所吸引）。
6. 目标指向（社交、工作、学业或性）活动增加或精神运动性激越（即无目的和无目标指向的活动）。
7. 对极可能导致痛苦结果的活动的过度参与（例如，无节制的购物、轻率的性行为或愚蠢的商业投资）。

C. 这种心境障碍严重到足以导致显著的社交或职业功能损害，或必须住院治疗以防止伤害自己或他人，或存在精神病性特征。

D. 这种发作不能归因于某种物质（例如，滥用的毒品、药物、其他治疗）的生理效应，或其他躯体疾病。

注：由抗抑郁治疗（例如，药物治疗、电休克治疗）引发的一次完整的躁狂发作，如果持续存在的全部症状超过了使用的治疗的生理效应，这对于躁狂发作而言是足够的证据，因此可以诊断为双相Ⅰ型障碍。

轻度躁狂发作

A. 异常的、持续的高涨、自大或易激惹心境，以及异常的、持续的目标指向活动增多或精力旺盛，持续至少连续 4 天并存在于几乎每天的大部分时间里。

B. 在心境障碍、精力旺盛或活动增多时期内，持续存在以下至少三项症状（如果心境仅为易激惹，则为四项）并达到了显著程度，并且与日常行为相比有很明显的改变：

1. 膨胀的自尊或自大。
2. 睡眠需求减少（例如，只睡三个小时就感觉休息够了）。
3. 比平时话多或有持续说话的压力感。
4. 思维奔逸或思维飞奔的主观体验。
5. 自我报告或观察到的随境转移（即注意力很容易被不重要的或无关的外界刺激所吸引）。
6. 目标指向（社交、工作、学业或性）活动增加或精神运动性激越。
7. 对极可能导致痛苦结果的活动的过度参与（例如，无节制的购物、轻率的性行为或愚蠢的商业投资）。

C. 这种发作与明确的功能改变有关，个体无症状时没有这种情况。

D. 这种心境障碍和功能的改变可以明显地被他人观察到。

E. 这种发作没有严重到足以导致显著的社交及职业功能受损或需要住院治疗。如果存在精神病性特征，根据定义，则为躁狂发作。

F. 这种发作不能归因于某种物质（例如，滥用的毒品、药物、其他治疗）的生理效应。

注：由抗抑郁治疗（例如，药物治疗、电休克治疗）引发的完整的轻度躁狂发作，持续存在的全部症状超过了使用的治疗的生理效应，这对于轻度躁狂发作而言是足够的证据。然而，需要谨慎的是一项或两项症状（尤其是使用抗抑郁药物后出现的易激惹的增加、急躁或激动）不足以做出轻度躁狂发作的诊断，也不足以说明个体有双相的素质。

注意：从标准 A ~ F 构成了轻度躁狂发作。轻度躁狂发作虽然常见于双相Ⅰ型障碍，但是并不需要被诊断为双相Ⅰ型障碍。

重度抑郁发作

A. 在同一个两周周期内，出现以下至少五项症状，并较之前功能有变化；其中至少一项是（1）抑郁心境或（2）兴趣或愉快感丧失：

注：不包括那些可明显归因于其他躯体疾病的症状。

1. 通过自我报告（例如，感到伤心、空虚、没有希望）或他人观察（例如，哭泣）表明，在很多天里几乎整天都有抑郁心境。（注：儿童或青少年也可能表现为易激惹心境。）
2. 在很多天里几乎整天对所有或几乎所有活动明显缺乏兴趣或愉快感（无论是主观陈述还是客观观察）。
3. 未节食情况下的体重显著减轻或体重增加（一月内体重变化超过原体重的 5%），几乎每天都有食欲减退或增加。（注：儿童则表现为未达应增体重。）
4. 几乎每天失眠或嗜睡。
5. 几乎每天精神运动性激越或迟缓（能够被他人观察到；不仅是主观感受到坐立不安或行动迟缓）。
6. 几乎每天疲劳或缺乏精力。
7. 几乎每天产生无价值感或过度或不适当的内疚（有可能是妄想）（不仅是对患病的自责或内疚）。
8. 几乎每天思考或集中注意的能力下降，或犹豫不定（无论是主观陈述还是客观观察）。
9. 反复想到死亡（不仅是害怕死亡），反复没有具体计划的自杀观念，或有自杀企图或自杀的具体计划。

B. 这些症状引起有临床意义的痛苦，或导致社交、职业或其他重要功能方面的损害。

C. 这种发作不能归因于某种物质的生理效应，或其他躯体疾病。

注 1：标准 A ~ C 构成重度抑郁发作。重度抑郁发作虽常见于双相Ⅰ型障碍，但是并不需要被诊断为双相Ⅰ型障碍。

注 2：对重大丧失（例如，丧亲、破产、自然灾害带来的损失，严重的疾病或残疾）的反应可能包括标准 A 中的症状，如强烈的悲伤，沉浸于丧失、失眠、食欲不振和体重降低，这些症状可以类似于抑郁发作。尽管这些症状对于丧失来说是可以理解或反应恰当的，但除了对于重大丧失的正常反应之外，也应该仔细考虑重度抑郁发作的可能。这个判断必然需要基于丧失背景下痛苦表达的个人史和文化常模所进行的诊断练习。

双相Ⅰ型障碍

A. 至少一次符合了躁狂发作的诊断标准（上述躁狂发作 A ~ D 的诊断标准）。

B. 这种躁狂和重度抑郁发作的出现不能用分裂情感性障碍、精神分裂症、精神分裂症样障碍、妄想障碍或其他特定的或未特定的精神分裂症谱系及其他精神病性障碍来更好地解释。

资料来源：Reprinted with permission from the *Diagnostic and Statistical Manual of Mental Disorders*, Fifth Edition, (Copyright 2013). American Psychiatric Association.

双相障碍患者的情绪、精力和行使功能的能力会急剧转变。它是一种长期的发作性疾病，情绪会在躁狂和抑郁这两极转变。在抑郁期，患者不爱动，感觉不能下床。相反，在躁狂期，同一个患者可能精力充沛，在同一天尝试去创建一个新的公司、买一处房子并计划周游世界。在这两种极端情绪中，患者都不能应对日常生活中的各种需求。在这两极情绪的间歇期，他们的情绪和精力都是正常的。

双相障碍通常被分为双相Ⅰ型障碍和双相Ⅱ型障碍（见“DSM-5：双相Ⅰ型障碍”）。两者主要的区别是躁狂的程度。在**双相Ⅰ型**（bipolar Ⅰ）障碍中，完全的躁狂与重度抑郁发作交替进行，也包括含有或不含有抑郁期的单次躁狂发作。在**双相Ⅱ型**（bipolar Ⅱ）障碍中，轻度躁狂与重度抑郁发作交替进行。**轻度躁狂**（hypomania）是一种明显异常的情绪高涨但还没有高涨到躁狂的程度。从行为上看，处于轻度躁狂状态的患者可能十分健谈、兴奋或易激惹，但在躁狂期间并未出现冲动行为和判断的总体失效（例如，打电话到华盛顿告诉总统该如何治理这个国家）。轻度躁狂是一种“温和的躁狂”，至少持续 4 天（APA，2013）。比双相Ⅰ型障碍更常见的双相Ⅱ型障碍被定义为至少有一次重度抑郁发作和至少有一次轻度躁狂表现。双相Ⅱ型障碍不容易被诊断出来，因为处于轻度躁狂中的人可能将自己的发作与高的生产力或创造力联系起来，因此很少将他们的症状报告为痛苦或问题。

杰克感觉自己站在世界之巅。他从未感受过他的思维如此快速而顺畅。整个一周他只需要每晚睡上两个小时，每次起床后都感觉神清气爽并随时准备开始工作。他感觉自己是万人迷。他有趣、敬业、精力充沛。他会整晚上给别人发信息，他不能理解为什么别人在他状态最佳的时候离开。他希望这种感觉可以永远持续下去。

凯瑟琳·泽塔·琼斯最近透露她在与双相Ⅱ型障碍做斗争，特征是抑郁与轻度躁狂交替发作。

不同的人或同一个人在不同的时间里，其情绪高涨的频率相当不同。一些人每年发作一次甚至更少。情绪从忧郁中转变出来也并非必须是对环境事件的反应。相反，快速循环双相障碍（rapid cycling bipolar disorder）患者一年中会出现4次或更多次严重的心境障碍（APA, 2013）。更为罕见的是极度快速循环模式，患者可在一天中在躁狂和抑郁情绪之间多次转变。最后，同时经历躁狂和抑郁症状的人患的是**混合状态**（mixed state），症状包括易激惹、失眠、食欲改变、精神病性症状和自杀观念。混合状态患者可以同时感到非常悲伤和非常有活力。图6-1显示的是双相Ⅰ型障碍、双相Ⅱ型障碍和快速循环双相障碍发作的性质。

双相障碍需要终身治疗以及临床调理（Mahli et al., 2010）。即使很多双相障碍患者在发作间期没有症状，但也有很多人会存在一些延续性症状。即使在进行药物控制时，也有许多病人报告在发作期间有轻度到中度的残留症状——通常是抑郁而不是躁狂（Judd et al., 2002；Keller et al., 1993；Post et al., 2003）。还有一些人就算有治疗也会有慢性不间断症状。双相障碍在文学作品中通常被描述为一种介于创造和疯狂边缘的精神疾病，这是不正确的（见“证据检验：艺术和疯狂之间有联系吗”）。

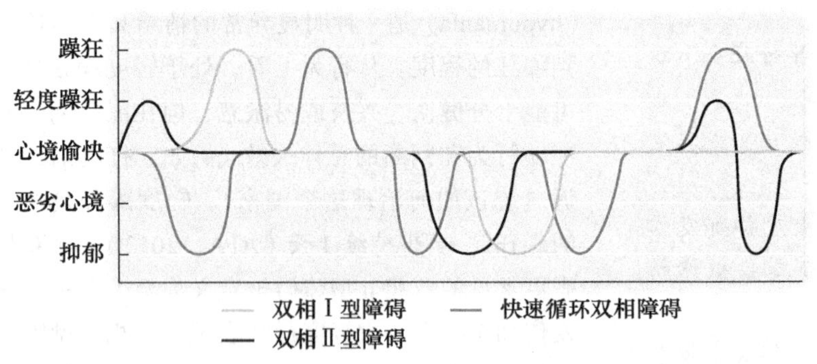

每一种双相障碍（双相Ⅰ型障碍、双相Ⅱ型障碍和快速循环双相障碍）都有不同的病程。

图6-1 双相障碍的不同类型

艺术和疯狂之间有联系吗

事实 纵观历史有许多具有非凡才华的艺术家，他们一直挣扎在与情绪困扰有关的巅峰和低谷之间。在许多情况下，他们的个体体验变成其艺术灵感的来源：正如拜伦所观察到的那样，“我们的作品都是疯狂的，一些快乐，一些悲伤，但它们对人多少都有触动”。艺术和疯狂之间真有联系吗？

证据 在《触火》(*Touched with Fire*) 这本书里，约翰·霍普金斯大学的教授贾米森（Kay Redfield Jamison）考察了作家、诗人、艺术家和音乐家的生活、工作和家族血统，并对他们做了一般性描述：在面对无情的孤独和忧郁时的丰富想象力、充沛精力和聪慧的波动周期。艾米莉·狄金森、艾略特、海明威、雨果、米开朗基罗、查尔斯·明格斯、乔治亚·欧姬芙、希薇亚·普拉斯、柴可夫斯基、凡·高和弗吉尼亚·伍尔芙，这些人只是贾米森列出的一些可能存在环性心境（在恶劣心境和轻度躁狂之间循环）、重度抑郁或躁郁症的人名单中的一部分。但是依旧没有过硬的心理学和生物学数据来证实这些诊断，这些历史性的观察结果不能很好地证明这些人确实患了精神疾病。疑问依然存在：支持这一联系的实证证据是什么？

检验证据　肯塔基州大学的阿诺德·路德维格（Arnold Ludwig）教授在研究中发现：作家与对照组相比有更高的抑郁和躁狂率。在他的 *The Price of Greatness* 这本书中写道：艺术家在其一生中比其他人更容易患上心理疾病。同样，在约翰·霍普金斯大学心理学家约翰·加特纳（John Gartner）的书《轻度躁狂的边缘》（*The Hypomanic Edge*）中说道：西部文化强调更大、更好、更快，轻度躁狂（和潜在积极性）可能是在西部长大的人的一个共同特质。然而不是所有患有心境障碍的人都具有创造力，也不是所有艺术家都患有心境障碍。所以我们不禁要问是否还有其他因素在影响着这种关系？

对这种关系还有哪些其他的解释　贾米森认为心境障碍可能培育了想象思维，她注意到对躁狂的诊断标准包括“尖锐的和不同寻常的创造性思维”。与一些心境障碍既深且广的情感相联合，这些心智灵感可能就贡献给了艺术创造。Ludwig 推测：“患有心境障碍的人可能更容易被艺术方面的东西吸引，他们有该领域潜在的标准艺术气质。”

结论　到目前为止，我们仍不能清晰理解创造力和心境障碍之间的关系，但是对艺术家、医学和社会都给了一些潜在暗示。当创造力是个体工作的必要方面时，通过药物压制这种气质意味着什么？如果个体为了不使自己的创造力遭到潜在损害而拒绝服药会怎样？未经治疗的抑郁意味着什么？如果你是个艺术家，你最好的工作状态就是发生在被临床医生称之为轻度躁狂的发作期间而常常紧随其后的是抑郁，你有何种感受？你会为了从严重情绪波动中解放出来而放弃你的创造力或你的生计吗？

«««««

另一种障碍，**环性心境障碍**（cyclothymic disorder）以轻度躁狂症状和抑郁症状交替波动为特征。环性心境障碍的发作不像躁狂或重度抑郁障碍那么严重，但症状持续至少两年，它是循环发作和不可预期情绪变化的结果并造成了功能损害（Akiskal，2001）。

流行病学

不像重度抑郁那么常见，在一生中大约有 1% 的北美洲人会受双相障碍的影响（Merikangas et al.，2007）。首次躁狂或抑郁发作的平均年龄是 18.2 周岁（Merikangas）。双相障碍与性别、种族、家庭收入和与此共存的物质使用障碍、焦虑障碍、冲动控制障碍没有相关（Merikangas）。

性别、种族和民族

多数研究表明双相 I 型障碍的发病率男女一样，尽管有些研究表明双相 II 型多见于妇女（Diflorio & Jones，2010）。在美国，大约有 0.9% 的男性和 1.3% 的女性患有双相障碍。（Merikangas et al.，2007）。

大量跨越了几十年的研究报告指出，白人比非裔美国人更可能接受双相障碍的诊断，（Kessler et al.，1994；Strakowski et al.，1996），尽管这是真实的数据，但更严密的调查显示，这种差异可能是因额外的因素导致的。然而白人更倾向于被诊断为双相障碍，非裔美国人更有可能被诊断为精神分裂症谱系（第 10 章将对这个问题进行深入的探讨）。然而这种诊断差异是准确的还是只是反映了种族差异影响了临床表现和症状的表达、获得保健、求助行为和临床医师的判断仍然未知（Haeri et al.，2011）。

双相障碍的发展性因素

患有双相障碍的儿童，其症状可能与成年人不同。躁狂的症状也有一定程度的差异。儿童躁狂可能是慢性的而不是发作性的，可能是快速循环的，或可能表现为一个混合状态（Geller & Luby，1997）。在躁狂发作期，他们可能更容易表现为易激惹和脾气暴躁，而并非愉快的“高涨”。这些异于成人的症状会使心理健康专家很难将其与注意缺陷多动障碍、品行障碍、对立违抗障碍甚至精神分裂症区别开（National Institute of Mental Health，2000；Weller et al.，1995）（见第 10 章和第 12 章）。精确的诊断很困难，因为童年期或青春早期双相障碍的发作与成年期相比可能表现不同甚至是更严重的状况（Carlson & Kashani，1988；Geller & Luby）。

对比个案研究

行为维度：从正常到异常

正常行为个案研究　源于学术成就的兴奋

乔治是家族中第一个上大学的人。他的父母从古巴移民到美国并给了他一切可能的便利条件。他是他那个年级高中毕业演讲者，他为获得这一荣誉而刻苦学习。他从不参加任何聚会或者浪费时间的活动——对于他来说，在学校就是学习和体育活动。他很擅长打棒球，并带领自己的校队获得过州冠军。

在常青藤盟校，他获得了全额棒球奖学金。他为他的体育技术自豪，在球队中他是全美首发投手，但他的最爱是政治科学。

乔治的老师认为他对国际关系感觉敏锐，他们认为他有潜力做得更好。由于他的学业成绩和体育成就，他们鼓励他申请一个罗德奖学金（Rhodes scholarship）。乔治认为一个移民家庭的儿子不可能得此殊荣。在他递交申请之后仍然深信这一点，所以他根本没有在意这个申请，甚至忘记了颁布日期。

当回执信发到他的邮箱之后，他才想起这个申请，他的心都快跳到嗓子眼了。他告诉自己要淡定，告诫自己因为自己的条件以及家庭背景这是不可能的。他打开邮件之后发现他被选上了。他兴奋得上跳下跳，敲开每一个宿舍的房门，喊着："你绝对不会相信这事儿！"他打开淋浴喷头，尽管穿着衣服，大喊："噢，天啊！噢，天啊！"当他给父母打电话报告好消息的时候，他语速很快，而且英语和西班牙语混用，结果他父母压根没听明白。他欣喜若狂！但兴奋过后他冷静下来，为自己的未来暗自兴奋和自豪。

异常行为个案研究　首次躁狂发作

埃里克斯身着红色短裙，戴着时尚手套和珠宝走在街上。她一脸浓妆，涂着浓艳的口红。她正准备接近陌生男性，以期发生一段轻浮的性行为。一位老人注意到她的健康问题并报了警。

在精神科急诊室里，她奉承警察，向他们晃动她的大腿。她在房间里走来走去并主动跟其他患者交谈——话题不恰当而且轻浮。她精力旺盛，一旦别人注意到她，她就会一个劲儿地询问："这到底是怎么了？你们不能给予我任何服务。"

鉴于她的异常行为，主治精神科医生以及住院医生立即对她进行了评估。在访谈过程中，她挑逗医生说他是一个强壮的男人，并询问医生晚上下班后要做些什么。她的谈话是快速而急促的，以至于医生无法询问她，她给出的任何答案都与医生提出的问题无关。主治精神科医生给她用了一些药物使她镇静下来以便等她的父母到来。后来知道，她最大限度地透支了她的信用卡，并用这些钱买了她现在穿着的衣服以及化妆品和珠宝。她的父母说在前一天晚上登了寻人启事，并提供了更多其他信息。

她的毒品检查呈阴性，对于她的异常行为没有其他医学解释。她的家族史中双相障碍呈阳性，这是她首次躁狂发作。埃里克斯住进了医院并开始接受锂药物治疗。她也获得了一些关于双相障碍和锂药物治疗方面的心理教育知识，并开始接受帮助她适应所诊断疾病的心理治疗。

双相障碍患者在躁狂状态可能行为冲动，比如大笔花钱。

在发展谱系的另一端，60 岁以上的老年人患上双相障碍的人数只占 1%（Kessler et al., 2005a）（见第 13 章）。在 60 岁以后，躁狂与抑郁症状通常与生理疾病有关，尤其是中风（Cummings, 1986；Van Gerpen et al., 1999）。年老的病人在年轻时具有躁狂特点到了生命后期可能会经历躁狂症状（Keck et al., 2001）。在老年人中，躁狂和抑郁之间的间隔时间是短暂的，但发作时间较年轻患者更长（Keck et al.）。

共病

双相障碍有相当大的躯体和心理共病风险，而且这种影响常常是双向的。共病状态可能增加双相障碍的发病风险，双相障碍（或对其进行的药物治疗）则可能增加一些疾病的共病条件。双相障碍患者会增加甲状腺疾病、偏头疼、心脏病、糖尿病和肥胖症的患病风险（Krishnan，2005；Kupfer，2005）。另一种常见的共病是物质滥用（Bizzarri et al.，2007）。另外双相障碍患者会试图用药物和酒精来进行自我治疗，但药物和酒精可能导致或加剧躁狂或抑郁的发作，也可能是第三种潜在的特性（例如，易冲动）导致了这两种情况。其他常见的心理共病有焦虑障碍、进食障碍和注意缺陷多动障碍（Krishnan）。

抑郁障碍

重度抑郁障碍

重度抑郁障碍（major depressive disorder）的核心症状是持续的悲伤或情绪低落，严重到足以损害个体参与日常娱乐活动的兴趣或能力。成人的重度抑郁障碍的核心症状是抑郁情绪，而对于儿童来说，持续的情绪困扰可能通过易激惹或敌意的形式表现出来。重度抑郁障碍可以使人变得极度虚弱，部分原因是经常会伴随持续抑郁情绪而出现的其他心理的、情感的、社会的和身体的问题。患有此障碍的人有完全无价值感或极度内疚，并有伤害自己的危险。重度抑郁障碍能够通过扰乱睡眠、食欲和性欲而影响人的身体（见“DSM-5：重度抑郁障碍”）。通常这就意味着很难入睡或维持睡眠，所有时间都会感到疲倦和食欲下降。然而，约 40% 被诊断为重度抑郁障碍的患者睡眠和食欲超过了平时（这种情况被称作非典型抑郁）。不管怎样，睡眠和食欲的变化能够导致严重的注意和专注问题，增加不可阻挡的不胜任感以及对周围世界的退缩倾向。

重度抑郁障碍 DSM-5

A. 在同一个两周周期内，出现以下至少五项症状，并较之前功能有变化；其中至少一项是①抑郁心境或②兴趣或愉快感丧失：

注：不包括那些可明显归因于其他躯体疾病的症状。

1. 通过自我报告（例如，感到伤心、空虚、没有希望）或他人观察（例如，哭泣）表明，在很多天里几乎整天都有抑郁心境。（儿童或青少年也可能表现为易激惹心境。）
2. 在很多天里几乎整天对所有或几乎所有活动明显缺乏兴趣或愉快感（无论是主观陈述还是客观观察）。
3. 未节食情况下的体重显著减轻或体重增加（一月内体重变化超过原体重的 5%），几乎每天都有食欲减退或增加。（儿童则表现为未达应增体重。）
4. 几乎每天失眠或嗜睡。
5. 几乎每天精神运动性激越或迟缓（能够被他人观察到；不仅是主观感受到坐立不安或行动迟缓）。
6. 几乎每天疲劳或缺乏精力。
7. 几乎每天产生无价值感或过度或不适当的内疚（有可能是妄想）（不仅是对患病的自责或内疚）。
8. 几乎每天思考或集中注意的能力下降，或犹豫不定（无论是主观陈述还是客观观察）。
9. 反复想到死亡（不仅是害怕死亡），反复没有具体计划的自杀观念，或有自杀企图或自杀的具体计划。

B. 这些症状引起有临床意义的痛苦，或导致社交、职业或其他重要功能方面的损害。

C. 这种发作不能归因于某种物质的生理效应，或其他躯体疾病。

注 1：标准 A ~ C 构成重度抑郁发作。

注 2：对重大丧失（例如，丧亲、破产、自然灾害带来的损失，严重的疾病或残疾）的反应可能包括标准 A 中的症状，如强烈的悲伤，沉浸于丧失、失眠、食欲不振和体重丧失，这些症状可以类似于抑郁发作。尽管这些症状对于丧失来说是可以理解或反应恰当的，但除了对于重大丧失的正常反应之外，也应该仔细考虑重度抑郁发作的可能。这个判断必然需要基于丧失背景下痛苦表达的个人史和文化常模所进行的诊断练习。

D. 这种重度抑郁发作的出现不能用分裂情感性障碍、精神分裂症、精神分裂样障碍、妄想障碍或其他特定和非特定精神分裂症谱系和其他精神病性障碍来更好地解释。

E. 从无躁狂发作或轻躁狂发作

注：如果所有躁狂样或轻躁狂样发作都是由物质滥用所致或是其他躯体疾病的生理效应，则此排除标准不适用。

资料来源：Reprinted with permission from the *Diagnostic and Statistical Manual of Mental Disorders*, Fifth Edition, (Copyright 2013). American Psychiatric Association.

无法进入或维持睡眠是抑郁症状之一。

重度抑郁障碍是一种发作性疾病。在一生中，一些人可能只发作一次（单次发作），但有些人则忍受着从正常情绪时期分开的多次发作的痛苦（反复发作）。重度抑郁障碍是一种普遍的心理障碍：7% ~ 18% 的美国公民在 40 岁以前会体验至少一次重度抑郁发作。DSM-5 表明，一次单独发作至少持续两周，但是通常这种发作会持续几个月。图 6-2 显示了不同形式抑郁的病程（见文前彩图）。

除了症状需持续两周之外，另一个悲伤情绪和重度抑郁障碍的区分因素是，症状必须影响个体正常的社交和工作能力。有时身体疾病也可导致抑郁症状，例如库欣氏综合征（皮质醇增多症，或过多的皮质醇激素）以及甲减（缺乏足够的甲状腺激素）。这时，即抑郁症状是由一般医学状况造成时，是不能将其诊断为抑郁的。如果抑郁是由于重要生活事件所导致，例如爱人的去世，也不能将其诊断为抑郁（APA，2013）。最后，抑郁还会发生在无关悲伤的事件之后，例如在生完小孩之后。

持续性抑郁障碍（恶劣心境）

持续性抑郁障碍（persistent depressive disorder）或叫恶劣心境（dysthymia）可以被恰当地定义为抑郁的慢性状态（见“DSM-5：持续性抑郁障碍”）。其症状与重度抑郁障碍的症状相同，只是没有那样严重。重度抑郁障碍在发作间期常常是情绪正常的，恶劣心境则是持久的抑郁心境。根据定义，持续性抑郁障碍持续至少两年或者更长的时间，并且个体没有症状的时间不超过两个月（APA，2013）。虽然从日常生活角度看，其症状与重度抑郁障碍相比相当轻，但是由于是持续的，所以可能导致严重的后果（例如，社交孤立、高的自杀危险）。它不仅危害本人，也会影响其家人和朋友。由于症状普遍比重度抑郁障碍的症状要轻，所以这些人在寻求治疗之前可能会忍受很多年。与此同时，朋友和家人可能避开他们，会给他们贴上情绪化和难相处的错误标签。

路易斯一直心情灰暗。她感觉自从她女儿结婚并且有了两个外孙之后，她的生活就好像行尸走肉一般。她感到生活很乏味，毫无乐趣可言，她宁愿待在家里哭泣也不愿意陪着两个外孙玩耍。当其他女人在教堂里谈论自己家庭的幸福之后，她为不能成为自己孩子生活的一部分而深深内疚。

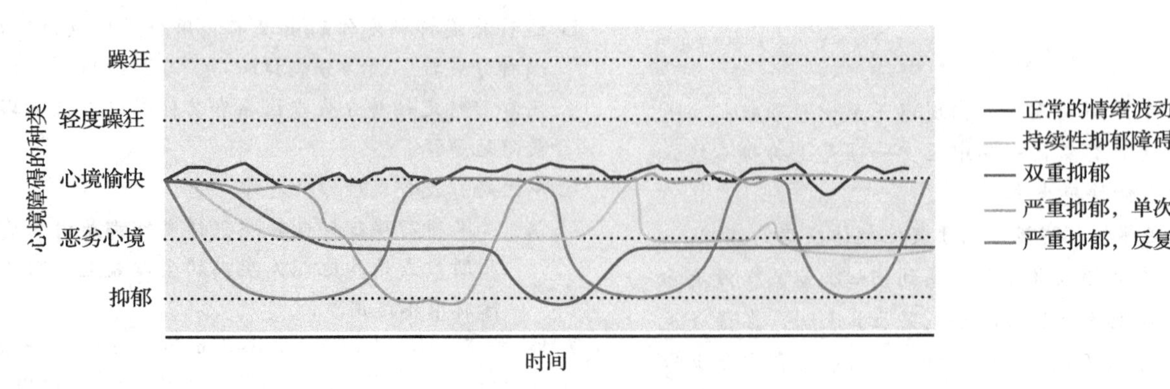

图 6-2 抑郁的各种形式

各种抑郁类型与正常情绪波动的对比。

持续性抑郁障碍（恶劣心境）　DSM-5

该障碍由 DSM- Ⅳ所定义的慢性重度抑郁障碍和心境恶劣障碍合并而来。

A. 至少在两年内的多数日子里，在一天的多数时间里有抑郁心境，既可以是主观体验，也可以是他人的观察。

注：对于儿童和青少年，这种情绪可能是易激惹，且持续至少一年。

B. 在抑郁期间，存在至少以下两种症状：

1. 食欲下降或饮食过量。
2. 失眠或嗜睡。
3. 精力下降或疲倦。
4. 低自尊。
5. 注意力差或难以做决定。
6. 感到无望。

C. 在两年（儿童和青少年为一年）的病程中，个体从来没有一次不存在标准 A 和标准 B 的症状超过 2 个月的情况。

D. 重度抑郁障碍的诊断可以连续存在两年。

E. 从未有过躁狂或轻度躁狂发作，且从不符合环性心境障碍的诊断标准。

F. 本障碍不能用持续性的分裂情感性障碍、精神分裂症、妄想障碍或其他特定或非特定的精神分裂症谱系及其他精神病性障碍来更好地解释。

G. 这些症状不能归因于某种物质（例如，滥用的毒品、药物）的生理效应或其他躯体疾病（例如，甲状腺功能减退）。

H. 这些症状引起有临床意义的痛苦，或导致社交、职业或其他重要功能方面的损害。

注：因为在持续抑郁障碍（恶劣心境）的症状列表中，没有重度抑郁发作诊断标准所含的四项症状，因此只有极少数个体持续存在抑郁症状超过两年却不符合持续性抑郁障碍的诊断标准。如果在当前发作病程中的某一时刻，符合了重度抑郁发作的全部诊断标准，则应给予重度抑郁障碍的诊断。否则，有理由诊断为其他特定的抑郁障碍或未特定的抑郁障碍。

资料来源：Reprinted with permission from the *Diagnostic and Statistical Manual of Mental Disorders*, Fifth Edition, (Copyright 2013). American Psychiatric Association.

持续性抑郁障碍患者也可能有重度抑郁发作，这被称作**双重抑郁**（double depression）。与单独一种障碍相比，重度抑郁发作与慢性低落情绪叠加后通常会有更差的长期后果和更高的复发率（Keller et al.，1997）。在许多情况下，除非有过重度抑郁发作，通常持续性抑郁障碍不被诊断。当人们因为越加严重的抑郁症状就诊时，其长期的恶劣心境历史才被确认。图 6-2 呈现了恶劣心境和双重抑郁的病程。

破坏性心境失调障碍

破坏性心境失调障碍（Disruptive Mood Dysregulation Disorder，DMDD）作为一种新的障碍首次出现在 DSM-5 中并受到争议。这个分类是为 6 ~ 18 岁儿童保留的，这些儿童严重的、反复的脾气爆发，无论是在强度上还是持续时间上都与所处情境完全不成比例（见“DSM-5：破坏性心境障碍”）。关于该障碍的争议是，支持该诊断是为了降低对有破坏倾向儿童进行双相障碍的过度诊断率，而反对该诊断是因为许多接受该诊断的儿童已符合其他儿童障碍的诊断标准（例如，对立违抗障碍和品行障碍），并且该诊断在医生间缺乏信度（Dobbs，2012）。最尖厉的批评是担心该诊断只是将脾气爆发简单地归为精神疾病（Frances，2012）。只有时间和经验能证明该诊断是否能很好地区分儿童真正的情绪综合征与其他非情绪障碍综合征，以及该诊断的存在是否能减少儿童双相障碍的诊断。

破坏性心境失调障碍　DSM-5

A. 严重的、反复的脾气爆发，表现为言语（例如，言语暴力）和 / 或行为（例如，以肢体攻击他人或财物），其强度或持续时间与所处情境或所受的挑衅完全不成比例。

B. 脾气爆发与其发育水平不一致。

C. 平均每周脾气爆发次数至少 3 次。

D. 几乎每天和每天的大部分时间，脾气爆发之间的心境是持续性的易激惹或发怒，且可被他人观察到（例如，父母、老师、同伴）。

E. 标准 A ~ D 的症状持续存在 12 个月或更长时间，在此期间，个体从未有过连续 3 个月或更长时间没有标准 A ~ D 全部症状的情况。

F. 标准 A ~ D 至少在下列三种（即在家、在学校、与同伴在一起）场景中的两种中存在，且至少在其中一种场景中是严重的。

G. 首次诊断不能在 6 岁前或 18 岁后。

H. 根据病史或观察，诊断标准 A ～ E 的症状出现的年龄在 10 岁前。

I. 从未有持续超过一天的特别时期，只在此特别时期内符合了躁狂或轻度躁狂发作的全部诊断标准。

注：与发育阶段相符的情绪高涨，例如在一个非常积极的事件背景下或符合预期，则不能被视为躁狂或轻度躁狂的症状。

J. 这些行为不仅仅出现在重度抑郁障碍的发作期，且不能用其他精神障碍来更好地解释［例如，孤独症谱系障碍、创伤后应激障碍、分离性焦虑障碍、持续性抑郁障碍（心境恶劣）］。

注：此诊断不能与对立违抗障碍、间歇性暴怒障碍或双相障碍并存，但可与其他精神障碍并存，包括重度抑郁障碍、注意缺陷多动障碍、品行障碍和物质使用障碍。若个体的症状同时符合破坏性心境失调障碍和对立违抗障碍的诊断标准，则只能给予破坏性心境失调障碍的诊断。如果个体曾有过躁狂或轻度躁狂发作，则不能再诊断为破坏性心境失调障碍。

K. 这些症状不能归因于某种物质的生理效应，或其他躯体疾病或神经系统疾病。

经前期焦虑性障碍

很多女性会证实在月经来潮前有情绪变化。然而，**经前期焦虑性障碍**（premenstrual dysphoric disorder，PMDD）是这种经前变化的更严重形式，有 3% ～ 8% 的育龄妇女受其影响（Halbreich et al.，2003）。PMDD 遵循循环模式，通常开始于月经周期的黄体后期（见“DSM-5：经前期焦虑性障碍”）。情绪症状可能有变化，包括深度悲伤或失望、焦虑和紧张、愤怒或易激惹，或惊恐。睡眠、食欲和性欲的改变也会出现。PMDD 不仅影响患者本人，还会显著地影响人际关系，这种人际关系将受到与该障碍有关的极端情感的伤害。

经前期焦虑性障碍 DSM-5

A. 在绝大多数月经周期中，月经来潮前 1 周至少存在以下五项症状，月经来潮后几天内症状开始改善，在月经结束后 1 周内症状变得轻微或不存在。

B. 必须存在下列至少一项症状：

1. 显著的情感不稳定（如情绪波动、突然感到悲伤或流泪，或对拒绝的敏感性增强）。
2. 显著的易激惹或愤怒或人际冲突增加。
3. 显著的抑郁心境、无望感或自我贬低的想法。
4. 显著的焦虑、紧张和 / 或忐忑感。

C. 必须另外存在下列至少一项症状，结合上述标准 B 中的症状累计符合五项症状。

1. 对日常活动（如工作、上学、交友、爱好）的兴趣减退。
2. 主观感觉注意力集中困难。
3. 疲倦、易疲劳或明显精力缺乏。
4. 明显的食欲变化，过度进食或偏食。
5. 嗜睡或失眠。
6. 不堪重负或失控感。
7. 躯体症状，例如乳房触痛或肿胀、关节或肌肉疼痛、“膨胀”（bloating）感或体重增加。

注：在过去 1 年里的绝大多数月经周期期间存在符合标准 A ～ C 的症状。

D. 这些症状伴有临床上明显的痛苦或影响工作、学业、日常社交活动或与他人的关系（例如，回避社交活动，在工作、学校或家庭的活力和效率下降）。

E. 本障碍不仅仅是其他障碍症状的加重，例如重度抑郁障碍、惊恐障碍、持续性抑郁障碍（恶劣心境）或某种人格障碍（尽管它可以与这些障碍中的任一种共同出现）。

F. 标准 A 应该在未来至少 2 个症状周期的前瞻性每日评估中得以确认 。（注：在确诊前可临时做本诊断。）

G. 这些症状不能归因于某种物质（例如，滥用的毒品、药物，或其他治疗）的生理效应，或其他躯体疾病（如甲状腺功能亢进症）。

围产期重度抑郁障碍

所有的书都会描绘这样一幅美好的画面：幸福的母亲在母乳哺育、和其他的母亲聊天、与她们新生的宝宝建立特殊纽带。我这是怎么了？为什么我只想让孩子停止哭闹，离我远点儿？我不能忍受我的丈夫碰我。我这算是什么样的妈妈啊？孩子做的只是哭叫。救救我！乐趣何在？为什么我不能感受到和她们一样的幸福？

——苏珊，一位新妈妈

“产后忧郁症”在新妈妈中很常见，但围产期重度抑郁障碍是一种严重的心理障碍。

约有 80% 的新妈妈会在分娩后的几天内发展成“产后忧郁症”（baby blues）。这些轻度情绪症状（哭泣、悲伤、情绪波动、易激惹、疲劳）普遍会在产后（宝宝出生后）两周内减轻（Henshaw，2003）。虽然对于很多女性来说这种抑郁情绪是短暂的，但是她们具有发展成为产后抑郁风险的因素（Reck et al.，2009）。不同的研究表明，在产后前 6 个月抑郁的患病率有 6.5% ~ 12.9%，峰值出现在产后的 2 ~ 6 个月（Gavin et al.，2005）。

该障碍不仅会对母亲的功能产生不良影响，也会对婴儿的气质、社交、情感、认知以及行为造成不良影响（Pearlstein et al.，2009）。在更为罕见的案例中，女性可能会患上具精神病性特征的产后心境发作（见第 10 章）。

流行病学

重度抑郁障碍在美国是最常见的精神障碍（Kessler et al.，2005a）。根据国家共病调查复测（National Comorbidity Study-Replication）显示，约 16.2% 年龄在 18 岁以上的人在一生中的某些时刻患有重度抑郁障碍，这相当于 3 260 万 ~ 3 510 万的美国成年人患有该病（Kessler et al.）。重度抑郁障碍发病年龄的中位数是 30 岁（Kessler et al.）。恶劣心境较少见，约占人口的 2.5%（Kessler et al.）。抑郁在全球疾病负担中排第四（WHO，2011）。疾病负担的指标是伤残调整生命年（disability adjusted life years，DALY），用来测量健康生活的全部损失，不管是什么原因造成的，如夭折或残疾。患有抑郁的人报告这期间离开工作的可能性是没有患抑郁人的 5 倍（Kessler & Frank，1997）。很明显，重度抑郁障碍无疑对于个人和社会都是一种负担。

性别、种族和民族

无论多么常见，对于不同的性别、种族和民族来说，抑郁障碍的患病率是不一样的。尽管具体原因不明，人们总是能观察到一些差异（尤其是不成比例的女性罹患抑郁），这将继续成为科学争论的主题。

1. 女性的抑郁

在各种文化里，重度抑郁障碍的患者中女性人数差不多是男性的两倍（Weissman et al.，1993），但是精确的比例会随着年龄而变化（Angold et al.，1991）。那些几乎没有经济来源、没有太多文化和没有上班的女性出现抑郁症状的比例更高（McGrath et al.，1990）。在女性中，抑郁的比例也会随年龄而变化。生殖性事件例如青春期、月经前期、孕期、产后期以及更年期都是心境障碍高发期（Angold & Costello，2006；Bennett et al.，2004；Driscoll，2006；Harsh et al.，2009），这表明雌激素的起伏可能会起到一些作用。然而，激素波动影响心境障碍的精确机制尚不明了。

2. 不同种族、少数民族及不同文化中的抑郁

在美国，非西班牙裔黑人和西班牙裔比白人更不容易患上重度抑郁障碍。国家共病调查复测报告显示白人（17.9%）比非西班牙裔黑人（10.8%）或西班牙裔美国人（13.5%）患重度抑郁障碍的比率要高（Breslau et al.，2005）。

了解种族、民族和文化差异要求对文化和社会背景有一定的鉴别力。Breslau et al.（2005）强调探索种族和民族因素的重要性也许能够防护抑郁。事实上，种族认同（Herd & Grube，1996；Mossakowski，2003）和宗教参与（Lee & Newberg，2005；Varon & Riley，1999；Wallace & Forman，1998）这两个因素似乎可以作为保护因子降低患抑郁的风险。

一个更为基本的疑问是：抑郁这一概念是否主要基于欧洲（西方）对心理疾病的理解。许多语言和文化中没有描述抑郁的词，因此仅是对西方访谈问卷的翻译就会使诊断过程变得复杂，造成不准确的诊断和不准确的流行病学数据。总的来说，来自不同文化的个体报告了抑郁的心理和身体症状（Simon et al.，1999）。尽管如此，文化适当的术语可以明确识别不同文化、民族和种族人群的抑郁，并促进治疗的进行和保持（Patel，2001）。

发展性因素

存在抑郁风险的初始年龄为 18 ~ 43 岁，发病年龄中值在 30 岁左右（Kessler et al.，2005a）。然而，各年龄段都有可能患上抑郁症。以往数据显示：儿童、青少年、患有慢性疾病的人以及老年人（尤其是患有疾病的老年人）抑郁的患病率在增加（National Institute of Mental Health，2003）。

在美国，估计有 2.5% 的儿童和 8.3% 的青少年报告患有抑郁（National Institute of Mental Health，2000）。即便诊断标准一样，抑郁的可观察表现也会有所差异，而且年轻人可能缺乏用于描述抑郁情绪必需的词汇和洞察力。警告信号包括非特异性躯体主诉，例如头疼、肌肉酸痛、胃疼或疲劳、逃学或学习成绩差、不可解释的易激惹、哭喊、厌烦、社会性退缩、厌倦、酒精或物质滥用、愤怒或敌意、人际关系困难和鲁莽（National Institute of Mental Health，2000）。如果不加治疗，青少年抑郁患者可能会出现学业失败、酒精或其他药物滥用甚至自杀问题（U.S. Department of Health and Human Services，2003）。

发展性因素也影响着抑郁的性别比例。在整个童年期，男孩和女孩抑郁的比例基本持平。然而，从大约 13 岁开始，女孩患抑郁的比率开始上升，而男孩仍然保持不变或甚至下降（Cyranowski et al.，2000；Nolen-Hoeksema，2001；Parker & Brotchie，2004）。到青春期后期，男孩和女孩患抑郁的人数比例约为 1 ∶ 2，此后该比例基本保持稳定不变。这种发展性性别差异至今并未得到清楚的解释，可能生物、心理以及环境因素都有参与。这些因素可能包括：激素、在青春期有关身体变化的自我意识、胜任感差、社会经济劣势、受害、慢性生活应激源、低自尊和应激反应过大。对于女性来说，这些因素的所有或一部分可能会使其增加发病风险或维持其心境障碍（Nolen-Hoeksema；Parker & Brotchie；Angold & Costello，2006）。

儿童与青少年和成人一样会患抑郁，但其症状和表现可能会不同。

除了女性之外，高神经质（neuroticism）（例如，有抑郁、焦虑和情绪性反应的倾向）人群也易患上抑郁。高神经质的儿童更容易患重度抑郁障碍（和焦虑障碍）（Parker & Brotchie，2004）。根据生物 – 心理 – 社会模型（见第 1 章），影响女性大脑的激素（生物学因素）可能更容易作用于高神经质人群（心理学因素），因此增加他们对社会应激（社会因素）的脆弱性并更容易在青春期及之后体验到抑郁。对于儿童和青少年，抑郁通常不被识别和治疗（Wang et al.，2005）。这很糟糕，因为早发的抑郁通常会持久、复发并一直持续到成年（Weissman et al.，1999）。

在发展谱系的另一端，超过 60 岁的老人约有 10.6% 会患上抑郁（Baldwin et al.，2002）（见第 13 章），约 1.3% 的老年人会患上持续性抑郁障碍 / 恶劣心境（Kessler et al.，2005a）。老年人更有可能遭受身体疾病。无论是疾病还是治病的药物都会使对他们抑郁的诊断和检测变得复杂（Árean & Reynolds，2005）。我们业已了解了生命早期抑郁的发作；随着美国老龄化程度的增加，研究者将更多地研究生命晚期抑郁的发作（见第 13 章）。

共病

抑郁可能与许多躯体疾病共病，包括心血管疾病、中枢神经系统疾病、癌症和偏头痛（Fleischhacker et al.，2008）。冠心病通常与抑郁共存，抑郁能够影响冠心病的疗效（van Melle et al.，2004）。重度抑郁障碍通常也会与其他精神病性状态共存。接近 3/4（72.1%）终身重度抑郁障碍患者会有至少一种其他疾病，包括焦虑障碍（59.2%）、物质使用障碍（24%）以及冲动控制障碍（30%）(Kessler et al.，2005）。抑郁通常也是进食障碍最常见的共病（Fernandez-Aranda et al.，2007），并且在进食障碍恢复之后依然持续（Sullivan et al.，1998）。在大部分情况下，抑郁发生在其他疾病之前。

很多研究用来了解焦虑与抑郁之间的关系。双生子研究可以考察相同的基因和环境因素是如何作用于这两种障碍的。事实上，重度抑郁障碍与广泛性焦虑障碍之间的遗传学关系是 100%（Kendler，1996；Kendler et al.，2007a；Kendler et al.，1992），这意味着相同的遗传学因素在影响这两种障碍的患病风险。有遗传脆弱性的个体根据他们经历的外界环境可能会发展成重度抑郁障碍、广泛性焦虑障碍或两者都有。换句话说，基因提供了负性情绪状态的脆弱性，环境决定会出现哪种负性情绪状态。抑郁和焦虑背后具有相同的基因（组）但却来自不同的环境——这一结论是对这两种障碍总是同时发生的可信服解释。然而，我们还不能解释这一命题的第二部分，即什么样的环境经历会引发抑郁或焦虑，或者这两者？

自杀

即使不是所有的自杀都与抑郁有关，但关于自杀或死亡的观念，作为抑郁的一个成分，无论是对体验者本人还是对其家人亲友都是恐怖的。自杀是最复杂的人类行为之一，也是抑郁最具毁灭性的结果。它的影响远不止这个死去的人，它还会深刻而持久地影响其家庭、朋友、社会、国家甚至有时是整个世界。家人和朋友可能永远都不能理解是什么驱使这个人走向自杀。

目前在美国，自杀位列第十大死亡原因。世界卫生组织（WHO）估计每年全球约有 100 万人死于自杀，即自杀的全球死亡率为每 100 000 人中就有 16 人。世界范围内，在过去 45 年中自杀率上升了 60%。在死亡原因中，自杀在一些国家的 15 ~ 44 岁人群的死亡率中被列为第三，在 10 ~ 24 岁的年龄阶段位列第二（WHO，2011）。人们普遍认为自杀率是被低估的，因为有很多死亡原因分类可能是错误的，比如单人驾乘的车祸。

自杀率在世界各地是不同的。根据最近披露的 WHO 官方数字，白俄罗斯、立陶宛、俄罗斯的男性自杀率最高，所有的报告都多于每 100 000 人中就有 50 人自杀的比例。与之相对比，在美国，男性的自杀比例为每 100 000 人中 17.7 人而女性为每 100 000 人中 4.5 人自杀（WHO，2011）。

自杀观念、自杀企图和自杀已遂

自杀观念和行为的范围从仅是自杀或死亡的念头到计划实施自杀到完成自杀行为。尽管强度不同，人们都应该重视每个水平的自杀观念和行为，并增加对人们心理健康的关注。

家中有枪支增加了自杀风险

死亡的想法，也被称作**自杀观念**（suicidal ideation），会有不同的形式。被动自杀观念（passive suicidal ideation）只是意愿上希望死，但是不会主动计划实施自杀。主动自杀观念（active suicidal ideation）包括如何实施自杀行为的想法，包括一些细节例如何时、何地以及如何实施。尽管有一些自杀行为是冲动的，但详细的自杀计划仍是需要引起临床关注的，因为它们表明完成自杀的预谋和决心。

人们基于致死性和意图来评估自杀行为。一些行为被称作准自杀（parasuicides），例如浅的割腕或过量地服用不致命性药物。这些行为不会导致死亡。然而，意图并非必然从致死性中推导出。例如，一个女性想吃一些药物来结束她的生命但是她并没有意识到这个剂量不会致命，她可能非常想死。相反，暴力企图例如上吊、开枪自杀、跳楼等行为的自杀意图通常很重。之前的自杀企图将使自杀的危险因素增加 30 ~ 40 倍（Harris & Barraclough，1997）。蓄意自伤的历史是对未来自杀行为最强有力的预测因子（Zahl & Hawton，2004）。所有的自杀企图都应该被严肃地对待并需要立即治疗。

谁会自杀

在美国，有 3.3% 的人报告自杀观念，1.0% 的人报告有自杀计划，0.2% 的人报告有过自杀动作，0.6% 的人报告有自杀企图。虽然女性更多地报告自杀观念，男性比女性更有可能实施自杀行为（Borges et al.，2006）（见图 6-3）。这种差异存在于不同的年龄阶段，也反映了男性更多使用致命性自杀方法，例如上吊或开枪。在青春期的男性中，最大的危险因子是重度抑郁障碍、双相障碍、先前的自杀企图、物质滥用、品行障碍以及家中有枪支。在女性中，抑郁障碍、双相障碍、先前的自杀企图和家中有枪支会增加自杀风险（Brent et al.，1999；Shaffer et al.，1996）。社会上处在劣势背景（低学历和低社会经济地位）下的年轻人严重自杀企图更高（Beautrais et al.，1997，1998）。其他影响因素还有父母患精神疾病、父母有自杀企图、被称为“漂移”(drifting) 的现象（与学校、工作和家庭脱离）、社会弱势群体、不良的家庭环境（Beautrais et al.；Gould，1990）。在年轻人报告里，一些突发事件可能引起即刻的自杀企图，最常见的包括：人际关系破裂、人际问题、资金困难。所有企图自杀的人中有 1/3 的人找不到任何特定的诱发因素（Beautrais et al.）。在老年人中，慢性疾病和减少的社会支持会增加自杀风险（Conwell et al.，2002）。（关于老年人自杀行为的讨论见第 13 章。）

不同种族和民族在其自杀可能性上也有所不同。在美国，2002 ~ 2006 年的自杀率最高的男性群体是美国印第安人 / 阿拉斯加原住民，每 10 万人中就有 26.18 人自杀，非西班牙裔白人为每 10 万人中有 24.69 人自杀。自杀率最高的女性群体是美国印第安人 / 阿拉斯加原住民和非西班牙裔白人，每 10 万人中分别就有 6.70 人和 6.15 人自杀。自杀率最低的男性群体被发现是亚洲 / 太平洋岛民，非西班牙裔黑人的女性自杀率最低（CDC，2009）。

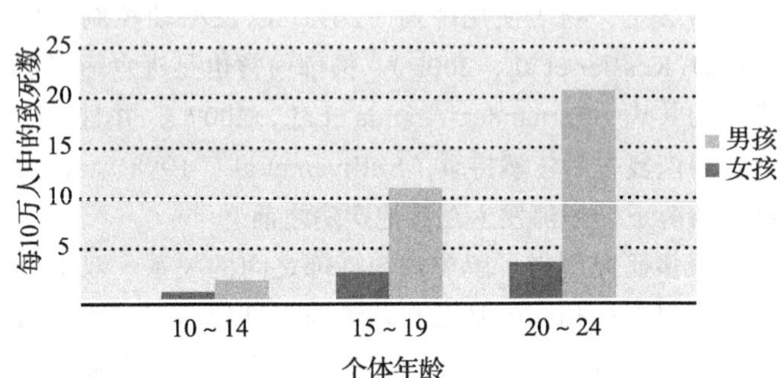

图 6-3　年龄在 10 ~ 24 岁的男孩和女孩的自杀

通过三个年龄段的对比，男孩比女孩更可能实施自杀。

伦理与责任

不可思议的是，自杀在青春期前的儿童身上不仅存在，而且还在增加。2006 年，有 56 个 12 岁以下的美国儿童自杀，其中 45 个男孩和 11 个女孩（Price，2010）。大多数儿童为上吊自杀，少部分涉及枪支、窒息和服毒（Vajani et al.，2007）。在 2010 年美国心理学协会大会上，专家小组成员表示，超过 90% 的自杀儿童患有精神障碍，最常见的是重度抑郁障碍。性或身体虐待史和反社会的行为方式（例如入店行窃、打架或纵火）也很常见。一些证据表明年轻男孩如果认为自己可能是同性恋也会面临自杀风险。专家小组提请家长和老师注意那些他们经常会忽视的自杀警报信号，例如以自杀相威胁或者频繁谈论死亡，因为他们不相信这些年轻孩子会真的做出这样的行为。从发展的角度可以帮助理解儿童的自杀。首先，因为他们的大脑还在发育，他们可能意识不到自杀的结局。此外，他们比成年人更加冲动，不能理解他们面对的麻烦并非长久的。正如专家小组所强调的那样，教师和当局同样须阻止对自杀企图的模仿。他们应避免美化自杀并避免呈现自杀受害者的过度正面形象以避免其成为孩子们想要模仿的对象。因为自杀会在儿童中出现，心理学家必须帮助家长和老师正视这些威胁，并且建立起针对高危儿童的有效干预措施。

自杀的风险因素

许多因素可能影响产生自杀观念或冲动的风险，但其中最强烈的预测因子是先前的自杀企图经历（Borges et al.，2006）。

1. 家族史

自杀行为有家族性。这不仅见于自杀的家族研究，也见于跨代多家庭成员自杀的案例（见“真实病例：自杀的遗传力——海明威和凡·高家族”）。然而家族研究不能清楚地解决家族因素究竟是通过遗传还是通过环境在起作用。即便当归因于心理病理学的效应时，关于自杀观念和自杀企图的双生子研究也清晰地显示了基因的影响（Pedersen & Fiske，2010）。

自杀的遗传力——海明威和凡·高家族

19 世纪中叶，诗人丁尼生（Alfred Lord Tennyson）描述他的多位忧郁亲戚为“血统的污染”（Jamison，1993）。也许一个更加惊人的事实是自杀可能也是有遗传可能的，正如海明威和凡·高家族一样。

海明威的家族树上充满了自杀的悲剧。两代人间有四个家庭成员自杀（海明威、他的父亲、弟弟和妹妹）以及在 1996 年，海明威长子的女儿玛尔戈，一个模特，死于巴比妥类药物过量。海明威被诊断为双相障碍，其家族存在明显的抑郁、情绪激动以及躁狂特点（Jamison，1993；Lynn，1987）。1961 年，在这位作家自杀之前，他由于患有精神病性抑郁而住院并接受电休克治疗。他父亲的自杀经历在他的作品中有所反映：他的许多作品中的人物都是直面死亡，并因勇敢面对死亡且没有情绪表达而被赞美（Magill，1983）。

在凡·高的家族中自杀也很普遍。凡·高和他的弟弟科尼利厄斯都是自杀的。尽管在近一个世纪中凡·高的状况都是引人争议的，但是来自信件和医疗记录的众多证据表明他曾患过抑郁，并且很可能是躁狂－抑郁症（Jamison，1993）。他的兄弟西奥也有精神病性和躁狂－抑郁症状。他的妹妹威廉敏娜患有慢性精神疾病，她一生的大部分时间都在心理收容机构度过。在 1890 年，凡·高向自己开枪之前给他的弟弟西奥写的一封信中提到了他的疾病：“这是一个致命的遗传，因为在文明里这种弱点在一代一代地增加。”

研究证实这种家族式自杀的存在。丹麦的研究者将 4 262 个自杀的人与对照组做比较，分析了他们的自杀家族史和精神病史（Qin et al.，2002）。有自杀家族史的人的自杀比没有这种家族史的人多 2.5 倍。还有一些研究发现自杀的家族性可能会有遗传传递。

自杀的遗传力使得本就很难面对家庭成员自杀的问题变得更加恶化——这使幸存者情绪复杂，并感觉置身于自杀行为周围是耻辱的。鉴于自杀的严重性，一些组织例如美国自杀预防基金会（AFSP）为幸存者提供支持和治疗资源。海明威的孙女玛丽尔参与这种努力，成为自杀预防坦率的拥护者。

2. 精神病性疾病

虽然自杀并不总是发生在有精神疾病的人身上，但是大约有 90% 企图或完成自杀的人是患有心理障碍的（Kessler et al.，2005b）。临床医生非常关注重度抑郁障碍与自杀的关系。国家共病调查复测报告中显示，企图自杀的个体中有 89% 的人在过去 12 个月内患有重度抑郁障碍（Kessler et al.）。双相障碍患者的自杀企图比国际人口率高出约 60 倍，他们的自杀企图常发生在其严重抑郁或混乱状态期间并且通常是致命的（Baldessarini et al.，2006）。大约有 50% 的双相障碍患者在一生中企图自杀，有 15% ~ 20% 的人会因为自杀而死亡（Harris & Barraclough，1997；Jamison & Baldessarini，1999）。

与自杀企图有关的其他障碍包括物质使用障碍、焦虑障碍、反社会障碍、神经性厌食以及精神分裂症。精神分裂症患者可能因为幻听（“听到声音”）命令他们杀死自己。

3. 生物学因素

科学的进步使我们对自杀的神经生理学有了更深的了解。除了遗传研究外，神经成像和大脑解剖研究显示自杀已遂的人大脑中血清素水平非常低（Mann et al., 2001）。自杀的生物学和遗传学至少是部分地独立于抑郁和其他精神疾病的生物学（Brent & Mann，2005）。换句话说，尽管抑郁会增加自杀风险，但单独的抑郁不会导致自杀。例如，冲动性和病理性的攻击都与低水平的血清素有关，二者也可能增加自杀行为的风险。

了解自杀

完全重建引发自杀的想法、情境和触发物是不可能的。虽然使用各种方法，依然无法清晰地知道到底发生了什么使人们决定结束自己的生命。

心理解剖

拼合导致自杀的一系列事件是很复杂的。自杀的人中有1/5 ~ 1/3的人会留下遗言，但这些遗言通常不会详细阐述导致自杀的原因（Kuwabara et al.，2006）。将所有信息放在一起进行分析的过程被称为**心理解剖**（psychological autopsy）。临床医生访谈自杀者的家人、朋友、同事以及健康护理人员以尝试确定自杀的心理学原因，这与验尸官寻求死亡的生理原因的方式一样。有时通过使用一个结构性的访谈来重建死者的动机和情境。访谈强调潜在的突发事件和应激源、动机、致死性以及意图。例如，访谈者会试着判断这个人是否分配了其个人物品、写下遗嘱或其他信件来传达自杀的意图。

即使这种方法可以帮助幸存者了解导致自杀的因素，但是它丝毫不能减轻他们的痛苦。常见的是，幸存者搜寻线索然后责备自己没能及时注意到这些自杀线索。基于这个原因，自杀的谈论和被动自杀的愿望应该被严肃对待。将谈论自杀仅当成传递情绪或将哭泣仅看作寻求注意而进行嘲笑是大错特错的。如果一个人遇到的困难足以使他提及自杀，一定是哪里出问题了，这时专业帮助是必要的。

预防自杀

因为自杀是最终行为，所以干预必须集中在预防上。事实上，自杀预防已经成为一个在其他心理疾病领域也广泛使用的预防模型，预防研究已经考察了各种变量，从个人水平到社区水平。

1. 危机干预

美国各地都设有自杀热线，其员工都是受过危机干预培训的。有自杀想法的人可以即时打通这些热线并获得支持，以期其自杀企图能够得到干预。如果心理咨询师判断这位来电者正处于危险中，就会试图将来电者的地址定位并即时提供帮助。因为热线是匿名的，所以事实上它不可能在人口学水平上评估他们具体的效果。然而，即使热线只是对来电者提供了转诊精神科的建议，它也是对自杀预防有意义的一部分。

2. 关注高危人群

自杀预防的一个途径是把一些高危人群作为关注目标（Brent & Mann，2005）。父母如果患有心境障碍并试图自杀，其孩子就属于高危人群。对于那些孩子来说，早期对心境障碍、物质滥用和其他共病症状的诊断和治疗使得他们可以在早期与心理健康专家建立良好的联系并能够在病情还未变得严重之前提供给这些父母和儿童一些方法用以处理所出现的症状。

3. 社会水平的预防

通过利用老师和同伴的支持，社会方法试图将那些从社会和情感支持中漂移的年轻人“重新联系”起来，以改善他们的学校和家庭功能（Eggert et al.，1995；Thompson & Eggert，1999；Thompson et al.，2000）。其他干预措施试图消除可供自杀的条件，例如消除室内煤气以及减少接触枪的机会（Brent & Mann，2005）。降低自杀风险的有效策略是做持枪者的工作以使其变得安全，这比当有把枪在家里的时候拿走枪并提供相应的心理教育要有效得多。已有证据显示决定自杀的人会轻易找到替代的方法（Marzuk et al.，1992）。我们不可能消除每一种危险（例如，桥梁和高楼），但是限制致命武器的使用至少可以使自杀延迟以增加接受自杀干预的可能。

4. 预防自杀传染

名人自杀的媒体描述会导致模仿自杀出现（Gould，1990）。对自杀企图细节无心的描述和将那些自杀者描述为一种悲伤的或残缺的英雄或殉道者的形象，会引发人们认为自杀是解决生活问题的方法的病理学强迫观念，尤其针对年轻人。此外，自杀群体、自杀约定以及网络上教人如何自杀或支持群体鼓励自杀都是十分恐怖的，还有那些思想脱离实际的年轻人的黑暗写照。

当一个年轻人自杀了，学校通常会立即采取行动，通过重大事件汇报（critical incident debriefing，CID）来进行干预，该手段是让目击创伤事件的人坐在一起谈论有关该事件的内容和他们对此的反应。CID 是一种具有争议性的干预措施，使用不当可能危害性大于好处（Bootzin & Bailey，2005）。然而，当受过培训的专业人员加入学校机构中去参与管理 CID，它能提供一个出口让这些受影响的人通过谈论这个事件表达他们的害怕和悲伤。他们还能寻求帮助，并且学到行之有效的方法与自杀受害者说“再见”。CID 也能帮助辨别那些有自杀倾向的受创伤学生，允许学生去处理同伴的死，给自杀的痛苦和无意义提供一个准确而平衡的（而非美化的）理由（Macy et al.，2004；Meilman & Hall，2006）。

自杀企图后的治疗

严重自杀企图需要立即的医疗护理，然而，超越自杀企图的长期心理护理有时是很有必要的。

> 杰基极度抑郁并感到生活无望。她从五楼的窗户跳下企图自杀。虽然摔碎了身上每一块骨头但是她没有死。现在，她面对的生活是毁容、说话能力受损和终身离不开轮椅。她满脑子都在想“怎么把这事儿办了”。杰基比任何时候都需要帮助，帮助她从抑郁情绪和身体折磨中摆脱出来。但是她一心想要自杀，她的情绪持续抑郁，对于她来说寻求并获得她应得的帮助是件非常困难的事。

故意自我伤害是自杀的一个高危因素。各种心理的和心理社会的干预用来减少自我伤害行为并改善那些曾有自杀企图的人的情绪。然而，仍需要更多的研究来明确这些干预在减少随后的自杀企图和自杀行为的作用究竟有多大（Hepp et al.，2004）。所有企图自杀的人最好都接受后续的精神科护理，但是数据显示许多有自杀企图的人后来都没有得到合适的心理治疗性关注（Beautrais et al.，1997）。

双相及抑郁障碍的病原学

偶尔感到情绪低落是普遍的人类体验，一般情况下我们都可以辨别出引起情绪低落的原因。例如，在假期错过了回家或者一次重要考试没考好，它都会让人心情低落上一两天。还有一些事件，例如丢了一份工作或重要关系的中断，会产生更大的压力，甚至导致重度抑郁障碍的发作。然而，抑郁及双相障碍有时似乎很神秘，其症状可能毫无明显原因就全面发作起来。虽然没有一个观点足以解释其发作，但还是有研究为解释抑郁及双相障碍提供了一些可贵的线索。

生物学观点

随着新技术和新方法的采用，关于抑郁的基本原因和风险因素的遗传和生物学研究上有很多令人振奋的发现。双生子和寄养研究提供了遗传力的证据。神经成像研究绘出了心境障碍患者大脑回路和功能的图谱。这些研究反过来也帮助我们进一步了解环境因素和社会文化因素如何影响抑郁及双相障碍的病程。所有这些信息被综合起来为治疗和管理双相及抑郁障碍开发出新的干预手段。

1. 遗传和家族研究

根据来自家族、双生子和遗传研究的综合证据，可以得出这样一个结论：遗传影响患重度抑郁障碍的风险（Sullivan et al.，2000）。但这并不是说遗传单独导致了抑郁。根据定义，抑郁具有由遗传、环境因素及两者的交互作用影响的复杂特征。家族研究阐明了心境障碍是如何在代系中传递的。双生子研究告诉我们遗传和环境分别在多大程度上影响了心境障碍。分子遗传学研究帮助我们识别影响心境障碍风险的蛋白质编码所处的具体基因。

（1）双相障碍。正如复杂的临床表现描述的那样，双相障碍的病因也包含多种因素（APA，2005；Berk & Dodd，2005；Keck et al，2001；National Institute of Mental Health，2001；Perlis et al，2006）。家族、双生子和寄养研究都为双相障碍的家族和遗传作用提供了支持（Barnett & Smoller，2009）。双相障碍的遗传力据估计为 59% ~ 87%（McGuffin et al.，2003）。

连锁研究已经识别出一些可能携带双相障碍敏感性的基因所在的基因组区域（Hayden & Nurnberger，2006）。作为精神病学基因协会（Psychiatric Genomics Consortium）所做研究的一部分，全基因组关联研究（GWAS）对 7 481 位双相障碍患者和 9 250 位对照组被试进行了研究，之后的重复性研究则是 4 496 位双相障碍患者和 42 422 位对照组被试。这项重要研究确认了与 CACNA1C 基因有关的基因组的显著证据，明确了一个新的基因靶 ODZ4，并表明钙通道参与了双相障碍和精神分裂症的病原学，虽然我们尚不清楚这些通道是如何发挥其影响的（Psychiatric GWAS Consortium Bipolar Disorder Working Group，2011）。超大样本量的 GWAS 是人们理解精神疾病生物学的新途径。

（2）重度抑郁障碍。重度抑郁障碍有家族性。在抑郁的患病率上，先证者的一级亲属是未患抑郁症者一级亲属的两到三倍（Sullivan et al.，2000），尤其对于那些复发性抑郁以及早年发病的患者来说，遗传素质的影响更为显著（Sullivan et al.）。除了家族研究之外，双生子研究估计重度抑郁障碍的遗传力约为 37%（Sullivan et al.）。这意味着重度抑郁障碍有 37% 的成分是由遗传因素造成的，其余是由环境因素影响的。

家族和双生子研究表明了抑郁的遗传成分。抑郁成因研究的下一个关键步骤是识别所涉及的特定基因并确定其功能。一种叫作连锁研究（linkage study）的方法，它可以缩小对最可能携带高危基因的一条或多条染色体特定区域的搜寻范围。连锁研究非常有价值，因为人类基因图谱中有 20 000 个基因，这种方法缩小了搜寻范围。基于连锁研究，我们可以看到抑郁风险基因可能位于第 1，3，4，6，8，11，12，15 和 18 号染色体上（Levinson，2005）。

第二种遗传学方法称为关联研究（association study），它是先假设一个基因与某一障碍有关，然后探查心理障碍（例如抑郁）患者与非患病的对照组被试相比是否有更多的基因变化。对于抑郁症，关联研究会关注调节 5- 羟色胺系统的基因。5- 羟色胺系统包括一个神经元网络和大脑中的神经递质，它的一个功能是调节情绪（Levinson，2005）。即使我们发现了一些显著的相关，这些可用数据仍然不能解决遗传的疑惑。

就像我们在第 2 章提到的，GWAS 没有只盯着单一基因，而是关注整个基因组从而识别基因变异。一项大型 GWAS 元分析联合了几个研究的数据，将 9 240 位重度抑郁障碍患者的单核苷酸多态性（SNPs）与 9 519 个对照组被试的数据进行比较，分析并没有显示出任何 SNPs 能满足严格基因组显著性意义标准。虽然这个样本看起来数量巨大，但研究者估计需要更大的样本数量才有可能了解基因在抑郁发病中的作用。

最终，对抑郁的了解涉及对遗传和环境两个因素的理解。对这种相互作用的探索可以帮助我们解释为什么一些人在环境应激源作用下更脆弱（见“研究热点：基因和环境的相互作用”）。新的技术和方法为识别特定基因提供了便利条件。进一步的研究可以探查影响药物和心理治疗效果的遗传学变量（Malhotra et al.，2004），它可以促进心理健康专家有针对性地对个体进行治疗，提高成功治愈的可能性。

基因和环境的交互作用

我们知道基因和环境都对抑郁的发作起着作用。Drs. Avshalom Caspi、Terrie Moffitt 及其同事（Caspi et al.，2003）做了一项有争议的研究，研究得出一个关于基因和环境交互作用的有趣结果。

Caspi 的研究“生活压力引起的抑郁因基因而加倍”上了全世界的报纸头条。研究表明在承受多重应激事件超过 5 年的人中，43% 携带一种版本基因（“短”版本）的人得了抑郁，而携带另一种版本基因（“长”版本）的人只有 17% 得了抑郁。不管应激性事件的数量如何，具有长版本或叫作保护性版本基因的人患抑郁症的可能性并不比无生活压力的人多。该调查所研究的基因负责对特定蛋白质的行为编程。这种蛋白质负责在神经递质 5- 羟色胺进入神经突触后对其进行回收。我们广泛使用的处方药抗抑郁剂，就是阻断这种传输蛋白质，从而使 5- 羟色胺更久地停留在突触中被神经通路利用以达到调节情绪的目的。因此，该基因是心境障碍和焦虑障碍的主要嫌疑对象。

作者认为对其研究结果理解的关键是需要同时研究基因和环境。Moffit 博士说：“我们发现这种联系仅是因为我们检查了研究对象的压力史。”该研究招募了 847 个新西兰白人做被试，他们出生于 20 世纪 70 年代初，从婴儿到成年；17% 的人携带两份对应激敏感的短版本基因，31% 的人携带两份对应激具有保护性的长版本基因，51% 的人携带每个版本的基因各一份。根据动物研究结果，研究者假设基因和环境的交互作用会很显著。因此，在研究中他们统计了被试的生活应激。尽管携带短版本基因并至少有 4 次应激性生活事件的人只占研究样本的 10%，但他们却占到了抑郁案例的 25%。有过 4

次或更多应激性生活事件的人，携带两份短版本基因的人中有 43% 会发展为抑郁，而那些携带两份长版本基因的人只有 17% 的人会发展为抑郁。该研究发表后，一些人试图复制这些结果。2009 年，我们对超过 14 项研究进行了元分析，这些研究检查血清素传递基因、生活事件与患抑郁风险之间的关系，结果显示患抑郁症的两个风险因素基因型与应激性生活事件之间没有交互作用。该结果清楚地表明重复研究在科学中的重要性，以及在解释不能复制的研究发现时要谨慎。

«««

2. 神经成像研究

神经成像研究开始说明涉及双相及抑郁障碍的大脑区域和通路。对于抑郁症，功能性神经成像研究集中在四个主要的脑区：杏仁核，与记忆和对刺激的情绪反应有关；眶额皮层，负责认知加工和决策；背外侧前额皮层，参与情绪调节、计划和决策；前扣带回，参与错误探查、动机和情绪反应的调节（Koenigs & Grafman，2009）。

关于双相障碍，有许多相关大脑区域参与了情感反应与调节，并且和重度抑郁障碍的研究发现相似。双相障碍患者的杏仁核、前额叶皮层、前扣带回和海马与对照组不同（Davidson et al.，2002；Mayberg et al.，2004）。

对双相障碍患者的 fMRI 研究发现，这些患者在进行情绪与认知任务时其额叶、皮下和边缘系统脑活动异常（Yurgelun-Todd & Ross，2006）。情绪任务的一个例子是观看高兴和生气的脸。研究所识别出的异常脑区太多使得确定哪个脑区与双相障碍有关变得困难。事实上，双相障碍的症状可能与交错联系的大脑网络的功能失调有关（Adler et al.，2006）。

虽然这些研究很有趣，但它们以双相障碍患者为被试使得我们不能用这些数据来得出因果关系的结论。另一种假说认为也许这些大脑功能的差异是由于障碍导致的（即生物疤痕）而非障碍的原因。要最终确定神经生物学的作用，我们需要对那些有患双相障碍风险但尚未表现出任何症状的被试（例如，双相障碍患者的孩子）进行神经成像研究，并进行后续的追踪研究。这个研究设计能帮助我们确定是否有发病前的异常存在，以及这些存在的异常是否与双相及抑郁障碍的发展有关。

3. 环境因素和生活事件

遗传学研究表明生物学因素在双相及抑郁障碍病原学中起了重要的作用，但是环境也起着重要的作用。导致重度抑郁障碍发作的环境因素包括应激、丧亲、悲伤、人际关系受到威胁、职业问题、健康危机和抚养负担（Brown et al.，1996；Kendler et al.，1998；Monroe et al.，2001）。生命早期发生过的应激源例如虐待、母爱剥夺、忽视、丧亲可能会持续作用于负责应激和情绪的大脑区域（见第 4 章）。这些永久的大脑变化例如终身对应激过度反应，可能会增加患抑郁症的风险（Kaufman & Charney，2001）。

将一个应激性生活事件与双相及抑郁障碍的发作分离开来对于临床医生来说是一个挑战。应激性生活事件是独立于障碍（例如，父 / 母亲突然死于心脏病）还是人们的抑郁导致了应激性生活事件的出现（一段恋爱关系的结束）(从属生活事件)？

约翰毕业于法学院，在他的家乡就职于一个著名的律师事务所。日子很艰苦。起初他精力充沛地迎接挑战，但是经过几个月的时间，

丧亲和居丧经历会导致抑郁发作。

每晚只睡4个小时，他开始怀疑自己的能力。他会忘记重要的事，还与他的同事发生争执。他上班迟到，当他到达时，他看上去衣冠不整还犯迷糊。他被炒鱿鱼了，他将此归咎于自己的抑郁。实际上，是工作压力累积造成了他的抑郁，而他的失业只是一个从属生活事件。

尽管重度抑郁障碍首次发作时人们通常都会报告有应激性生活事件，但是随着时间的推移，反复发作本身似乎会成为更独立的生活事件（Kendler et al.，2000）。

一个重要的问题是：为什么应激性生活事件会导致一些人变得抑郁而另一些人不会。例如，对于重度抑郁障碍有高遗传风险的女性不仅报告了更多的应激性生活事件（Kendler & Karkowski-Shuman，1997；Kendler & Prescott，1999），而且她们还对这些事件的影响更敏感（Kendler et al.，1995）。这种现象被称作对环境敏感的遗传控制（genetic control of sensitivity to the environment，Kendler & Karkowski-Shuman），主要指的是两个人遇到相同的应激性生活事件，但由于他们的基因构成不同，其中一个人会体验到更多的应激（见“研究热点：基因和环境的交互作用”）。

心理学观点

在认识到生物学的作用之前，医生和研究者就在寻求对抑郁障碍的心理学解释。旧的心理学理论在随时间而发展，一些因素如丧失（loss）则被一致地确认是抑郁的影响因素。新进行的研究质疑了某些早期理论而支持了另一些。尽管如此，这些理论反映了我们对抑郁的观点变化，并为提出新的研究课题和设计新的干预手段提供了基础。

1. 心理动力学理论

弗洛伊德将抑郁定义为“转向内部的愤怒”（Freud，1917）。他认为当真实或想象的某个对象丧失后，愤怒就会产生。在弗洛伊德的术语中，“对象”（object）可以是引起一个人情绪体验的任何东西（例如，某个人、自我的某方面、动物）。这种丧失可能是真实的，例如朋友去世，或完全是无意识的即在患者意识水平之下。无意识的丧失可能是幼年时某方面的丧失而个体却意识不到。在《悲伤和忧郁》（*Mourning and Melancholia*）中，弗洛伊德区分了这两个术语。弗洛伊德认为忧郁（该情况与重度抑郁相似）是一种“深刻痛苦的沮丧、对外部世界的兴趣中断、失去了爱的能力、对所有活动的压制、自我关注感降低到表达自责甚至自我辱骂的程度，对惩罚的极度妄想性期待”。为了说明“愤怒转向内部”，弗洛伊德认为忧郁通常表现为高度的自我指责——通常这些都不是真实的或正当的。这些指责会错误地指向自我；弗洛伊德认为这些指责实际上是指向某位患者爱着的人的。弗洛伊德关注我们在外界世界的关系的内部表征。他强调个体在现实世界中的丧失导致内部的丧失，并将此体验为精神创伤或对自尊的伤害。

心理动力学理论者认为抑郁和躁狂有着复杂的内部联系。他们将轻度躁狂和躁狂视为对无法忍受的抑郁的防御，夸张的自尊和自大保护个体避免面对潜在的与低自尊或自我厌恶有关的痛苦想法。

临床经验和科学研究都支持了丧失（和其他应激性生活事件）会导致抑郁这一假设。改良后的心理动力学理论更加关注现实世界人际关系和丧失对抑郁的作用，而更少关注无法证实的无意识过程（Horner，1974）。此外，以心理动力学为基础，人们开发出了对抑郁的成功干预手段即人际心理治疗（Klerman et al.，1984）。

2. 依恋理论

根据动物研究的结果，约翰·鲍比（John Bowlby）检验了母婴依恋关系的破坏是如何导致抑郁和焦虑的。根据鲍比的观点，依恋对于生存是有进化意义的，可使母亲对幼仔进行保护以避开捕食者。鲍比推测幼儿与母亲的分离表现有三个阶段：①抗议；②失望、痛苦和丧失；③分离或拒绝对母亲的情感。有人扩展了鲍比的观点，突出强调了早期依恋如何对之后的生活功能产生影响，以及依恋的破坏如何导致人们在抑郁、焦虑和成年期依恋问题上的脆弱（Ainsworth，1982）。

3. 行为理论

查理斯是个鳏夫。他的妻子去世后，他决定去离他家两个街区的一个医院做志愿者以打发时间。他的志愿者工作十分忙碌，他对工作的奉献和对患者的服务得到过医院多次奖励。由于资金压力迫使这家医院关门了。查理斯不再感受到开车的乐趣，在他家附近也没有公共交通。现在查理斯没有其他途径去打发时间，没有机会去体验被需要的感觉，也没有人赞美他的工作。很快，查理斯也不再穿衣打扮了，他告诉在其他城市住的孩子们，再也没有任何理由可以让他离开自己的房子了。

行为理论（e.g., Skinner，1953）认为抑郁起因于对健康行为的强化撤销（社会环境方面）。强化的变化可能是由于不同数量和类型的强化物减少和 / 或因社交技巧的缺乏而没有能力获得强化（Lewinsohn，1974）。例如：

> 詹妮一直很害羞但她有一群好朋友，但是为了她心目中的一项好工作她不得不离开她们横跨全国到一个新城市。突然这里没有谁可以让她感觉足够亲近到可以一起去吃晚餐或分享她的想法（可利用的社会强化物减少），她严重的害羞阻止她结识新朋友（由于缺乏社交技能而不能获得强化）。虽然她可以跟老朋友们打电话，但是她们不能陪她一起喝酒或逛商场购物。在新环境中生活得越久，她变得越发悲伤。她的新同事看她是不爱笑的安静的人，他们不愿意接近她。

如丧失社会支持或社会强化这样的环境因素，在抑郁的发病和维持上是重要的因素。

4. 学习与模仿

许多研究者对学习理论在抑郁发作中怎样发挥作用感兴趣。其中马丁·塞利格曼（Martin Seligman）发展了他的**习得性无助**（learned helplessness）理论用来探索研究无法避免的电击对逃避学习的影响（Seligman，1975）。他的实验性回避学习范式是把狗关在笼子里，将电击（无条件刺激，UCS）与一个条件刺激（CS，本例中使用的是灯光）结对。条件反射形成之后，狗被放入一个箱子里，在这里它们可以很容易地通过跳过一个很低的隔栏而逃避电击（见图 6-4）。惊奇的是，大部分狗不能学会逃避电击的方法。当灯光变亮的时候，它们仍旧坐在那里接受它们很容易就能避免的电击。塞利格曼推测之前无法避免的电击经历影响了狗在有可能逃避电击的新环境下学习逃避的能力。他将此称为“习得性无助”。然而，也有大约 1/3 的狗学会了逃避，这表明发展出习得性无助的可能性是有基本潜在差异的。虽然我们尚不知道这种潜在差异的本质，这种差异可能基于生物学或环境两方面的因素。

习得性无助指出外部无法控制的环境（例如，反复虐待、学业或工作失败、人际关系不良）和可推测的内部无法控制的环境（例如，普遍的情绪低落、死亡观念）都是无法逃避的刺激，这种刺激能够导致烦躁（悲

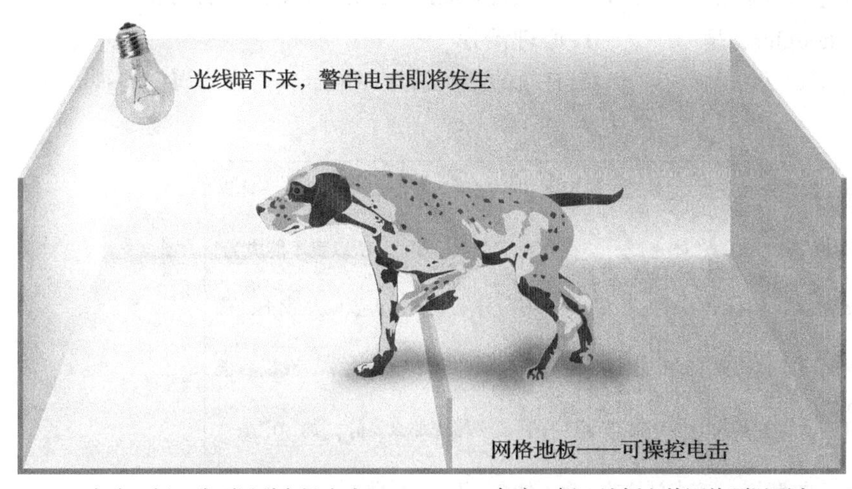

将一只曾经待在一个无法逃离的情境的狗放进一个有逃离痛苦电击可能的情境中时，由于先前的学习，大多数狗不会尝试跳过一个非常小的隔栏以逃避电击。

资料来源：Lilienfeld et al.，(2009) *Psychology: From Inquiry to Understanding*, Allyn & Bacon. Copyright © 2009. Reprinted by permission of Pearson Education.

图 6-4 习得性无助

伤或情绪低落）和重度抑郁障碍。人们发展或不发展出习得性无助可能是基于个体是否将情境看作不可逃避的（Abramson et al.,2002）。如果将这种状况归咎于个体的、普遍的和永久性的内部原因（例如，我失业了，因为我很愚蠢并且我总是这么愚蠢），那么其结果就是无法避免的无助、无望以及抑郁。相反，当用外部的和暂时的解释来看待负性事件时（例如，我失业了，因为我的老板很愚蠢，下一个工作我一定要找一个更聪明的老板），无助和抑郁是可以避免的。

学习理论有三个方面的因素与对抑郁产生的理解有关：首先是个体对自己、对自己的生活及他人的评价有关（Alloy et al., 2000；Beck，1979）；其次是问题解决，即个体使用的是积极主动解决问题的方式还是回避问题的方式（D'Zurilla & Nezu，1999）；最后是个体之前对待应激的成功尝试（Folkman & Lazarus，1985）。这三个因素中的每一个都与个体罹患抑郁的脆弱性及其迁延有关。

5. 认知理论

认知疗法之父阿朗·贝克（Aaron Beck）认为想法引起情绪和行为，负性想法能引起抑郁情绪和行为。该理论认为生命早期就可以发展出负性认知图式（negative cognitive schemas，即负性思维模式），并会变成个体自我概念的一部分（Beck，1961；Beck，1967；Sher，2005）。负性思维的特点是持续的悲观的和批判性想法。有负性思维的个体也更倾向于低自尊（Verplanken et al.，2007）。这种思维风格将导致在抑郁中常见的无法从之前的愉快经历中发现愉快的能力以及社交孤立（Cacioppo et al.，2010）。负性图式可以通过所存在的"自动想法"来确认。自动想法（automatic thoughts）是功能失调的想法，它代表有关自我的信念并会成为一种习惯化的思维模式："我是失败的""我没有意志力"和"我的爱情没有好运气"。自动思维倾向于极端和适得其反，并能产生负性情绪。这些想法不经检验、固定不变并导致自我实现的预言（self-fulfilling prophecies)(例如，你若认为你会失败，那么你就一定会失败）。贝克假设抑郁个体会体验一个负性认知三联单（negative cognitive triad），即有关自我、世界和未来的负性想法。他描述了一系列的错误思维，这些思维维持了三联单中的负性想法（见图 6-5）。

双相及抑郁障碍的治疗

对于双相及抑郁障碍患者，我们有很多可行的治疗方法，从"谈话"疗法到抗抑郁剂治疗以及其他基于生物学的治疗手段。正如心境障碍可能包含心理和身体的症状一样，在一些情况下，治疗也包括心理治疗和药物治疗。

双相障碍

药物是针对双相障碍进行的主要治疗方式，仅对其进行心理治疗是不够的（APA，2005）。然而，心理疗法可对患者和家庭成员提供情感支持，帮助患者制定行为策略以应对症状并稳定他的心情。心理治疗可以减少住院并改善日常功能（Depression and Bipolar Support Alliance，2006；National Institute of Mental Health，2001）。双相障碍患者可采取不同的心理治疗方法，包括认知－行为治疗、心理教育、家庭治疗、人际和社会节奏治疗（National Institute of Mental Health）。

1. 心理治疗

与有效的药物治疗相配合，作为附属的多种心理治

非黑即白观点（"全或无"观点）以"全或无"的方式进行思考。"如果我不能很完美地做一件事，那我就干脆放弃。"
以偏概全：仅凭一个单独事件来评价一个人的总体来说。"我心理学考试得了C，所以我不能成为心理学家"
选择性思维：只记得自己的弱点而忘记了自己的强项。"我唱歌好听并不重要，重要的是我不会跳舞或表演。"
糟糕透顶：总是注意事情的阴暗面，或高估灾难的概率。"我没能上成那所常春藤大学，我以后根本不可能有一个好工作。"
个性化：总是将完全或几乎跟自己没有关系的事情想得与自己有关。"詹妮那么安静，她一定是生我的气了。"
个体失效：认为自己无法改变自己的状况。"杰克总是批评我，我希望他别这样做了。"

图 6-5　常见的思维错误

疗可使双相障碍患者获益（Miklowitz & Scott，2009）。

（1）认知－行为治疗。针对双相障碍患者使用的**认知－行为治疗**（cognitive-behavioral therapy，CBT）开发出一些技能以改变患者不恰当的或负性的思维模式与行为。CBT 可减少抑郁症状、改善治疗结果，并可增加患者对治疗建议的遵守（Miklowitz & Scott，2009）。心理教育教会患者有关双相障碍的知识、它的治疗方法和如何识别警示标志或情绪变化的前兆。早期识别能促使患者及时寻求治疗、减少复发风险、提高其社会和职业功能（Miklowitz & Scott）。心理教育也可以为其家人和朋友提供信息。以家庭为基础的治疗，有时会在个体住院治疗期间进行，致力于开发出以下策略：减轻个人和家庭的压力，帮助家人对症状的早期识别，并对即将发生的心境转变进行治疗（Glick et al.，1993；Miklowitz & Scott）。

（2）人际和社会节奏治疗。**人际和社会节奏治疗**（interpersonal and social rhythm therapy，IPSRT）（Frank et al.，1997）促使患者遵守有规律的日常作息（包括有规律的睡眠模式）。这种治疗方法基于人际心理治疗（Klerman et al.，1984）和社会授时假设（social zeitgeber hypothesis）（Grandin et al.，2006）。（zeitgeber 这个词是德语，意为“时间给予者”。指个体、社会需求或任务所设定的生物钟。）根据社会授时假设，社会授时的丧失可能导致不稳定的生物节律，会在脆弱的个体身上导致躁狂或抑郁的发作（Ehlers et al.，1988；Frank et al.，2005）。睡眠不足或睡眠过多，一天当中没有足够的身体活动，这些都会使个体产生负性情绪。因此，根据这一治疗方法建议患者在每天的同一时间起床和睡觉、定时进餐、在长工作日内尽量注意休息、鼓励他们保持合理一致的社会活动时间表。IPSRT 增加了双相障碍患者有规律的社会节奏，从而使新的情感发作的可能性下降（Frank et al.）。

一项大型的多点试验，双相障碍的系统治疗优化项目（Systematic Treatment Enhancement Program for Bipolar Disorder，STEP-BD）将针对双相障碍的三种专门心理社会干预方式——家庭治疗、IPSRT 和 CBT 的效果与结合药物治疗的协同护理条件（预防复发的六阶段）的效果进行了对比。结果显示这三种专门治疗之间没有显著性差异，但接受专门干预的患者要明显好于协同护理条件下的患者，这意味着心理治疗在控制双相障碍中起了作用（Miklowitz et al.，2007）。

2. 生物治疗

双相障碍需要精神科护理和药物治疗。为了安全起见，躁狂或抑郁发作的患者可能需要住院并接受所需的治疗。最常用的药物是锂（APA，2005；Berk & Dodd，2005；Keck et al.，2001），这种药物能减轻从躁狂发作到抑郁发作的情绪波动。

锂（lithium）是一种天然金属元素。在 20 世纪 40 年代被澳大利亚医生约翰·凯德（John Cade）意外发现，直到 20 世纪 70 年代它才得到广泛使用。多年来，锂用于治疗双相障碍，但对它是如何起作用的这一问题却仍不清楚。随后，1998 年，威斯康星大学的研究人员发现，一种叫作谷氨酸（glutamate）的神经递质是它疗效的关键。突触里的谷氨酸过多会引起躁狂，而太少的话则造成抑郁。锂调节大脑中的谷氨酸水平，因此它可以对双相障碍的患者有治疗效用。

有望将锂作为长期治疗方式，但患者必须坚持服用。一般来说，当患者愉快（处于抑郁和躁狂发作之间的一段正常情绪中）或者躁狂时，他们会因为相信自己已经好了或者因为他们愿意体验躁狂的某些方面（例如，精力增加、睡眠需求减少）而停止用药。如果患者中断药物治疗，随后通常会出现临床复发。患者需要小心的监督，因为如果剂量不对，患者血管中锂的毒素水平可能会积累。

抗痉挛药物治疗（通常用于治疗癫痫）也被用于双相障碍的治疗，有时会结合锂疗法（APA，2005；Berk & Dodd，2005；Keck et al.，2001）。在抑郁发作期间可能会增加其他药物治疗（例如，非典型抗精神病药）（APA；Berk & Dodd；Keck et al.），但尚不清楚它们是否对儿童、青少年或老年人也有效（Keck et al.，2001）。虽然躁狂和抑郁的发作可以被控制，但双相障碍是一种目前还没有办法治愈的慢性疾病。即使病好了，为了将这种病控制住以及降低复发和恶化，对患者来说坚持服药是很重要的。

电休克治疗（electroconvulsive therapy，ECT）也可以用于治疗双相障碍，尤其是严重抑郁发作、极度或持续性躁狂或者紧张症（NICE，2003）。当药物治疗和心理疗法不起作用时、当患者有自杀的高风险时或者当药物治疗有禁忌时（如怀孕期间），主要使用电休克疗法（National Institute of Mental Health，2001）。

抑郁障碍

因为许多生理疾病可能伪装成抑郁的症状出现，治疗的首要步骤是做全面的身体检查（APA，2013）。除了排除生理因素外（例如，癌症、营养不良、轻度中风、某种新陈代谢障碍），全面地回顾一下患者近期所接受的治疗是很重要的，因为某些药物可能会产生类似抑郁的副作用（例如，疲倦或影响睡眠的过度兴奋）。一旦这些可能性都排除之后，下一步是选择一个合适的治疗策略。令人惊奇的是，只有一半的重度抑郁障碍患者得到了专业的治疗，而这一半中也只有22%的人获得了足够的临床护理（Kessler et al.，2003）。

这种不适当的治疗部分是由于不能识别症状、羞于寻求照顾或护理者缺乏基于证据的治疗知识造成的。美国国立心理卫生研究院发起了一些像“真实的抑郁故事”这样的活动（http://www.nimh.nih.gov/health/topics/depression/men-and-depression/real-stories-of-depression/index.shtml），旨在通过帮助人们认识抑郁的症状和指导人们如何寻求护理来提高人们的心理健康素质。

有许多对重度抑郁障碍有效的治疗方法。心理治疗帮助人们表达痛苦情绪并学会更多有效的方法去处理可能导致抑郁或由抑郁引发的问题。药物和其他物理疗法（例如，电休克疗法和深度脑刺激）能帮助那些太过抑郁而不能单纯只靠心理治疗的患者。现存有很多种选择，在找到对特定患者有效的治疗之前，往往会需要不止一种方法（Ebmeier et al.，2006；Moore & McLaughlin，2003）。

1. 心理治疗

心理治疗关注对想法、知觉和行为与抑郁情绪如何彼此影响的理解。它们一般由受过训练的医生（在大多数情况下是临床心理学家或有执业资格的临床社会工作者）在一对一或团体方式下进行，是抑郁全面治疗计划的重要组成部分。

（1）认知–行为治疗。认知–行为治疗（Beck，1979）基于的前提是：个体可以学会与之前不同的思考和行为，从而使情绪得到改善。一个关键成分是让患者记录他们的想法、感受和行为（见图6-6）。通过这种监测，患者识别情绪低落的情境或触发物以及与改善情绪相关的情境。一旦确定了触发物，患者就学习识别和调整自动扭曲的想法，并做出行为改变以改善情绪和功能。

在贝弗利坚持记录自己的心情和想法之后，她发现每当临近周末的时候自己的情绪总是很低落。每周的前几天她会专心于与工作有关的任务，但是她发现在周三左右她开始出现“其他人在计划周末，而我还会像平时一样自己一个人”的想法。在周五的早晨她总是很消极，想法会变得更坏：“我是一个彻头彻尾的失败者。”“没有人会愿意和我在一起。”通过她和临床治疗专家的努力，她开始用更平衡的想法来战胜这些消极的想法，“全或无”的想法也少了。例如，她不再认为“没有人会愿意和我在一起”，而是认为“我没有给别人机会了解我是谁，我必须采取主动”。一旦她意识到这种每周模式，她就会将这些消极的想法作为行动的号召而不是作为一种不可避免地陷入周末的痛苦和孤独的信号。

情境：我确实非常努力了，还是在考试中得了个C。
自动想法：我太蠢了，不可能拿到学位了。
情绪：悲伤和气馁。
新想法：这是第一次考试，下次考试我会做更充分的准备。
结果：关心考试但有动力继续进取。

图 6-6　思维重建记录

在发现了抑郁患者的负性自动想法之后，认知-行为治疗专家会鼓励他们用更积极的想法来替代这些想法。对情境进行积极重构可以帮助个体对自己、世界和未来的消极认知减少。

（2）人际心理治疗（IPT）。人际心理治疗（interpersonal psychotherapy，IPT）是由Klerman和Weissman（Klerman et al.，1984）发展出来的侧重时限的治疗方法。这种治疗方法起源于哈里·斯塔克·苏利文（Harry Stack Sullivan）的相关工作，苏利文强调现有人际关系对心理健康的重要性。其核心原则是人际问题可以触发抑郁，抑郁本身影响人际功能。

山姆在他的新老板接手工作之后感觉越来越受挫。他们总是不认可他的努力，他的老板不断地插手他的工作。另外，他的所有同事在休息室都回避他，这主要因为山姆总是在抱怨老板的压迫。山姆发现自己在早晨很难起床去工作，而迟到会导致更多的批评。山姆远离同事，最后也远离妻子，因为她不能理解自己的闷闷不乐和生气。最后一根稻草是他丢了工作。他不再执教自己儿子的棒球队，因为他太羞愧而不能面对其他孩子的父亲。为了避免回家后与妻子肯定会进行的关于那成堆账单的艰难对话，他开始晚上在外面待到很晚。

IPT用12～16次着重于人际交往方面的问题（悲伤、角色转变、纠纷、人际交往缺陷）来指导治疗。治疗技术包括情绪表达、情绪澄清、沟通分析和行为改变。IPT 对轻度至中度的抑郁有效，也可用于治疗恶劣心境、青少年和晚年抑郁、焦虑和进食障碍（Fairburn，1993；Frank et al.，1991；Lipsitz et al.，2006；Mufson et al.，1994；Stuart，1995）。

（3）行为激活。基于抑郁是由于缺乏正强化造成的这一理论基础，早期行为干预侧重于增强愉悦感，因此通过愉悦活动的日程安排、社交技能训练和时间管理策略来进行强化（e. g.，Lewinsohn & Graf，1973）。抑郁的行为激活治疗（behavioral activation treatment for depression，BATD；Lejuez et al.，2001）对此方法做了一些改进，强调要通过增加对健康行为的正强化以增加积极情绪。例如，对于一些陷入没前途工作的患者，治疗会包括安排他们每周去图书馆阅读有关职业发展方面的书籍。在 BATD 中，治疗师和患者会为重要生活领域的目标列一个全面的表。每个星期，治疗师和患者共同制定更具体的目标和活动并由患者完成（Hopko et al.，2003）。当患者完成这些目标后，增加的正强化可以帮助抑郁症状的减少（e.g.，Lcjucz et al.）。

2. 生物学治疗

最常见的生物学治疗是药物治疗，这些药物会改变脑内和体内调节情绪的化学物质。这些治疗方法通常由精神科医生提供，但也可以由家庭医生来实施（这在某种程度上是由于寻求精神病治疗的羞耻感造成的）。这些治疗在减轻中度到重度抑郁症状方面是有效的，尤其是当它们与心理治疗相结合时效果更佳（NICE，2004）。

（1）第一代抗抑郁药。最初进入市场用于治疗抑郁的药物，是单胺氧化酶抑制剂（monoamine oxidase inhibitors，MAOIs）和**三环类抗抑郁药**（tricyclic antidepressants，TCA），有时也被称为传统或第一代抗抑郁药。单胺氧化酶抑制剂治疗抑郁时会抑制（阻止）单胺氧化酶的作用。通常情况下，这种酶在大脑中分解神经递质去甲肾上腺素、5- 羟色胺和多巴胺。通过阻止这种酶的运作，这些神经递质在神经突触里的可用性得到了提高，这被认为具有抗抑郁的效果。

MAOIs 是有效的，尤其是针对那些具有如嗜睡和体重增加等抑郁症状的患者（Thase & Kupfer，1996）。服用 MAOIs 的人要避免吃含有酪胺的食物，因为这些食物和药物的相互作用会导致非常高的血压并可能引起死亡。含有酪胺的食物包括熏 / 腌 / 熟的肉或鱼、德国泡菜、老奶酪、酵母提取物、蚕豆、牛肉或鸡肝、熟透的香肠、野味、红 / 白葡萄酒、啤酒、烈性酒、鳄梨、肉汁、含咖啡因的饮料、巧克力、酱、白干酪、奶油奶酪、酸奶和酸奶酪。由于这些潜在危险的副作用，MAOIs 通常只适用于那些对其他药物无反应的患者。

三环类抗抑郁药的工作原理是阻止大脑中的神经递质如去甲肾上腺素和 5- 羟色胺的再摄取。通过阻止它们在神经元内的再摄取，延长它们在突触里的可用性。这些药物的名字来源基于一个事实，即它们都有一个三环的分子结构。无数的随机临床试验记录了这些药物与安慰剂的疗效对比情况。通常情况下，患者需要服用 6 ~ 8 周的药物。如果反应是积极的，用药可能需要持续多月以防止复发（Ebmeier et al.，2006）。这些药物不能突然停止服用。第一代抗抑郁药往往伴随着多种副作用，包括口干、便秘、膀胱问题、性问题、视力模糊、头晕、白天瞌睡和心率增加。因此，它们已不再是治疗抑郁症的首选药物了（Gartlehneret al.，2005）。

（2）第二代抗抑郁药。第二代抗抑郁药，包括**选择性 5- 羟色胺再摄取抑制剂**（selective serotonin reuptake inhibitors，SSRIs）以及 5- 羟色胺和去甲肾上腺素再摄取抑制剂（serotonin and norepinephrine reuptake inhibitors，SNRIs）（Hansen et al.，2005）。氟西汀（Prozac）也许是最知名的抗抑郁药，它于 1987 年被美国食品和药品管理局（FDA）批准使用。对第二代抗抑郁药如何起作用这一问题目前还没有完全被理解，总之，它们的疗效是通过选择性地抑制突触前膜对 5- 羟色胺的再摄取来恢复正常的化学平衡（见图 4-8）。SNRIs 抑制 5- 羟色胺和去甲肾上腺素的再摄取以及较轻程度上抑制多巴胺的再摄取。

SSRIs 和其他第二代抗抑郁药看上去和 TCAs 和 MAOIs 的疗效是一样有效的（Gartlehner et al.，2005）。它们的优势是有比 TCAs 少而温和的副作用（副作用可能包括性问题、头痛、恶心、神经质、难以入睡或经常在夜间醒来和神经过敏），而这些副作用通常对患者来说是能很好忍受的（Anderson，2001；Hansen et al.，2005；Taylor et al.，2006）。

21 世纪初，对 SSRIs 的一种潜在致命的不良影响的关注增加了。几个广为宣传的案例导致美国 FDA 发出了一个“黑盒子”警告标签，说明抗抑郁药增加了患有重度抑郁障碍的儿童和青少年自杀想法的风险。这是 FDA 能发出的关于处方药物的最严重警告了。对年轻人使用SSRIs药物的治疗需要进行密切监测，尤其是在抑郁症发作的前4周，需要监测其抑郁症状的增强、自杀想法或行为的出现，或者是行为的变化如失眠、易激惹或社会退缩。尽管存在潜在危险的副作用，这些药物并未被禁止，因为它们为中度和重度抑郁的青少年患者包括那些有自杀观念的患者提供了实实在在的好处（National Institute of Mental Health，2005）。

增加自杀观念和行为的药物机制目前尚不清楚。一些人怀疑SSRIs在情绪升高前首先改善了身体症状。因此，在治疗的早期阶段，青少年可能会感到更多的精力，这种精力增加和没多少变化的抑郁情绪增加了对自杀想法付诸行动的可能性（Hall，2006）。对多项研究的回顾性研究最终得出的结论是SSRI治疗的好处远远大于其存在的风险，但是谨慎和小心的监测是必要的。（Bridge et al.，2007）。

（3）电休克治疗。药物治疗并不是唯一的针对重度抑郁障碍的生物学治疗方法。**电休克疗法**（electroconvulsive therapy，ECT）是针对重度抑郁最有效的治疗方法之一，特别是对那些极度抑郁的人、对药物或心理治疗没有反应的人、无法服用抗抑郁药的人、有严重自杀风险的人或有精神病性症状的人疗效显著（NICE，2003；UK ECT Review Group，2003）。ECT对治疗躁狂也是很有效的（Gitlin，2006）。

ECT在它第一次用于精神病的治疗时被关注的问题在之后的数十年依然受到关注（Cerletti & Bini，1938）。最初，使用ECT时患者未使用肌肉松弛剂，往往会因强烈痉挛而产生损害。此外，安置双侧电极往往会导致重大和永久性的记忆丧失。

今天，在ECT之前肌肉松弛剂是伴随着短暂的全身麻醉进行的。电极被放置在头皮的精确位置上，并传送电脉冲引起大脑短暂痉挛。所诱发的痉挛发作不具体指向某一特定脑区，但影响一些神经递质的分泌（Post et al.，2000）。ECT的作用机制目前仍是一个谜，但是它通常比药物治疗和心理治疗更能快速缓解重度抑郁障碍患者的状况（Husain et al.，2004）。

现代单侧（单边）方法是同样有效的并引起更少的记忆丧失。目前使用的ECT最常见的副作用是治疗后的混乱和暂时失忆（Ebmeier et al.，2006；UK ECT Review Group，2003）。对ECT的应用通常是一周几次，持续数周。

（4）重度抑郁障碍（伴季节性模式）的光疗法。**季节性情绪障碍**（seasonal affective disorder，SAD）是由美国国立心理卫生研究院精神病学家罗森塔尔（Norman Rosenthal）在1984年首次描述的。在DSM-5中关于该障碍的说明是："作为重度抑郁障碍的一个亚型，SAD折磨着全球数百万人，其特点是其抑郁发作随季节而变化。尽管有一些患者在夏季抑郁，但大多数患者于十二月、一月和二月受本障碍影响。冬季SAD症状包括食欲增加、睡眠增加、体重增加、人际交往困难及肢体沉重（灌铅）感。"

本亚型患者有时会被施予光疗法（light therapy），包括将患者暴露在通常由灯箱、光遮阳板或黎明模拟器等人造光源形成的明亮光线下。这些设备产生的光亮比普通家用灯泡光的亮度约高出10倍。在每天的同一时间（通常是在早上）对患者进行光疗法，通常光照持续30～90分钟。患者坐在光源下，睁着眼睛，这样可使光线到达视网膜。治疗通常开始于症状出现的每年冬天并持续至春天。

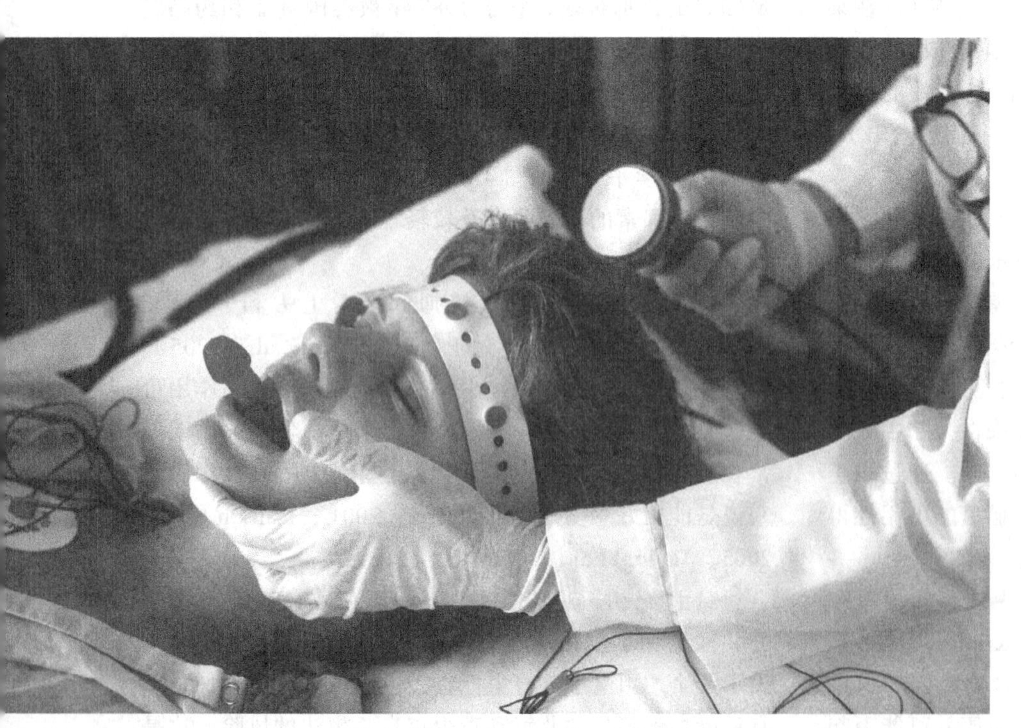

医生准备对患者进行电休克治疗。手术前，他们会采取许多预防措施以保证患者在手术过程中不会感到疼痛也不会受到伤害。

由于采取光疗法时没有必要采用全谱光，紫外线会被过滤掉以避免伤害眼睛和皮肤。然而，光疗法偶尔也会产生副作用，包括畏光（眼睛对光线敏感）、头痛、疲劳、易激惹、轻度躁狂和失眠。此外，灯箱价格昂贵且往往不在保险范围内。尽管存在这些潜在缺点，大量案例显示光疗法对治疗季节性模式的抑郁是有效的（Lam & Levitt，1999；Rohan et al.，2004）。

灯箱治疗有时被用来治疗季节性情绪障碍。

（5）经颅磁刺激。经颅磁刺激（transcranial magnetic stimulation，TMS）采用放在患者头部的电磁线圈传递一种无痛、局部的电磁脉冲到达脑区某部。该治疗如何起作用目前尚不清楚。然而，几个临床试验将其与安慰剂程序进行比较得出结论，经颅磁刺激可以作为一种能够有效替代 ECT 或药物治疗的方法来使用（Ebmeier et al.，2006；Grunhaus et al.，2003；Janicak et al.，2002）。（对 TMS 的详细描述见第 10 章。）

（6）深部脑刺激。深部脑刺激（deep brain stimulation，DBS）是一种治疗抑郁的方法，它以膝下扣带回区作为靶目标，该区对调整负性情绪的变化很重要。通过手术植入电极到特定的、功能不正常的大脑区域。这些电极通过连接线连接植入到胸壁的脉冲发生器（或叫"大脑起搏器"）。电极会不断释放微小的电脉冲使周围的脑细胞立即失活（不是杀死）。这样，DBS 通过抑制特定大脑靶区域的异常活动来达到治疗以过度兴奋为特征的疾病。DBS 已被 FDA 批准用于治疗帕金森综合征和一些身体震颤型疾病。DBS 也被用来治疗精神病性障碍。DBS 于 2001 年被用来治疗强迫症（OCD），结果显示 DBS 能显著改善焦虑、强迫和共病的抑郁（Greenberg et al.，2006）。

一项用 DBS 治疗抑郁的研究，做法是对 20 名患者的胼胝体下扣带回（布鲁德曼第 25 分区）进行 DBS 6 个月（Lozano et al.，2008）。所有参与研究的患者必须是至少有其他 4 种疗法（包括抗抑郁药物、心理治疗和 ECT）治疗无效的。在最初的 6 个月，60% 的患者对 DBS 有反应，症状缓解率为 30%。在随后 3.5 年的追踪研究中，平均反应率为 64%、缓解率为 35%（Kennedy et al.，2011）。患者报告心理社会功能和身体健康都有所提高。虽然需要更多的研究，DBS 证明了对于难治的抑郁是有希望的干预方法。

琼遭受了 20 多年复发性抑郁的折磨。她被要求服用了看上去是这个星球上所有的抗抑郁药和两个疗程的电休克疗法。偶尔她会感到一些放松，但是她似乎无法走出抑郁的深渊。当有机会做 DBS 时，尽管一开始很害怕，但她意识到她也没什么可失去的。她体验到了很大的变化。琼报告说她体验到肩膀上的重量被物理移除了，她说她这 20 年里第一次"看到光明"。她对这重量在物理上实实在在地被移除的描述，反映了这 20 多年来她的抑郁在多大程度上给了她身心的重压。

治疗的选择

有这么多可用的选择，临床医生和患者经常认为对最佳疗法的选择具有挑战性。最初的干预治疗取决于一些因素，包括症状的性质和严重程度、单相还是双相特征、精神病性特征、自杀倾向、患者的年龄、喜好、对副作用的耐受程度以及患者所在社区有哪些可用的治疗。

数十年安慰剂对照的随机临床实验证明，重度抑郁障碍对心理疗法和药物治疗都有反应。人际心理治疗以及 CBT 具有最强的实证支持（National Institute of

Mental Health，2001），人际心理治疗对人际功能改善有特殊功效（Weissman，1994）。但心理动力学方法未被证明非常有效（APA，2005）。相比药物治疗，CBT对于重度抑郁障碍的患者疗效较差（Thase & Friedman，1999）。药物治疗和心理疗法的结合比任意一种单独治疗都有中等程度的附加功效（Hollon et al.，1992）。虽然接近60%的患者对心理治疗的干预有反应，复发仍是一个问题，尤其是在没有坚持治疗以及在治疗后期症状没有完全去除时（Prien & Kupfer，1986）。对药物治疗和心理治疗来说，首次急救性治疗阶段结束后的延续性和坚持治疗会降低复发的可能性。电休克疗法是重度抑郁障碍、自杀倾向或者不能耐受抗抑郁药物患者的一个可行选择。

对双相障碍患者来说，可选择锂治疗或者抗痉挛药治疗。虽然药物治疗有效，但是许多患者继续经受着治疗中发作或挥之不去的症状（Gitlin，2006）。单独使用心理疗法对双相障碍无效。家庭治疗、人际和社会节奏治疗以及认知－行为治疗与药物治疗的结合使用可以帮助患者适应慢性病、遵守治疗方案以及避免复发（Craighead & Miklowitz，2000；Frank et al.，1999）。

拉提莎——产后抑郁的治疗

患者

拉提莎，22岁，美国东北部的大四学生。

她出现在学生健康中心，情绪悲伤，泪流满面，她学习成绩下降并有自己的未来会很糟糕的感觉。她早上醒得很早，没胃口并且对以前喜欢的事情也失去了兴趣。有时，拉提莎甚至会想若自己死了就好了。因为她的信仰，她声称自己绝不会自杀，但她希望神能带走她的生命。拉提莎报告说自己没有出现躁狂症状和精神病性症状。

问题

拉提莎处在一个稳定的恋人关系里已经3年了。她和泰德没有分开过，他们两人都认为他们毕业后会结婚并幸福地生活在一起。当泰德在一个月前宣布他想分手时，拉提莎感觉自己像是被扇了一记耳光。不久，她就看到他与另外一个女性手挽着手。拉提莎崩溃了。更重要的是，在看到朋友们纷纷找到工作，寻求毕业后的出路，而自己却换了三个专业，拉提莎感到失落和迷茫。

拉提莎来自一个健康快乐的家庭。跟她很亲近的外祖母在一年前去世了。拉提莎不是一个很独立的人，她喜欢随大流。值得注意的是，拉提莎的妈妈、两个姨妈和她的哥哥都服用过抗抑郁药物。拉提莎从未服用过该类药物，偶尔会喝酒，仅喝醉过几次。她的身体很健康，她唯一使用过的药物就是维生素和避孕药。

治疗

医生诊断拉提莎患有重度抑郁障碍并对其进行人际心理治疗（IPT）。治疗师和拉提莎都认为拉提莎的主要问题是角色转变，由泰德引起的悲伤情绪则是次要的。治疗的侧重点是帮助拉提莎做出独立生活的转变。拉提莎意识到自己依赖他人这一问题并认为做出自己的选择是最重要的。在治疗师的支持下，三周后她开始鼓励自己走出抑郁的阴影并去寻求职业咨询。8周后，她的情绪发生转变，睡眠转好，花更多的时间与朋友相处，学业成绩也有了提高。

拉提莎毕业后找到一份不错的工作，任职于一家与医学院有帮扶关系的医院，成了一名媒体关系经理。她的丈夫很支持她，一切看上去都很好。在她第一个孩子出生两个月后，27岁的拉提莎感觉自己无法摆脱无处不在的抑郁。她天天哭，没有力气洗澡，不能照顾婴儿。当孩子在晚上哭闹时，拉提莎就会将头埋在枕头里并哀叹自己是个多么糟糕的妈妈。

经过彻底评估，一位精神病专家诊断拉提莎患有产后抑郁。在用SSRI治疗两周后，拉提莎可以跟自己的女儿玩耍了，她的幽默感也回来了，并且她的丈夫对让拉提莎和孩子待在一起感觉很放心。5周后，拉提莎感觉更好了——尽管她仍没有回到正常状态。她到一个擅长产后抑郁的心理学家那里做咨询并开始做CBT。数周后，拉提莎能够识别出自己情绪持续低落的自动循环思维。当她知觉到自己未完成一项妈妈应该完成的任务时，她会产生“我是个很糟糕的妈妈”这种想法。她努力用较少自嘲的念头将这种想法替代。她最终回到了正常功能水平并投入做个好妈妈的各个方面。12周后，她回去找了一份兼职工作。白天离开孩子会让她感到一些后悔和难受，但她很高兴能回到工作中，并享受与女儿相处的快乐。

治疗结果

在停药前拉提莎又服了一年的SSRI。因为她现在有过两次发作，她的治疗师帮她识别抑郁的警告信号。对拉提莎来说，睡眠和胃口的改变提醒她需要马上寻求治疗。治疗为她的生活提供了新工具，当她能识别出自己功能失调的认知时，她也能在生活的其他方面使用这些工具。

«««

本章小结

1. 分辨正常悲伤情绪和抑郁以及欣快和躁狂间的不同。

    必须对短暂的情绪变化（高或低）和更为持久普遍的心境障碍做出区分。情绪变化的持续时间和所造成损害的程度是做出这种区分的关键。

2. 了解双相Ⅰ型和双相Ⅱ型障碍及重度抑郁障碍和持续性抑郁障碍间的区别。

    虽然在各种文化中，抑郁有不同的表现方式，但它是全球最常见的精神科疾病。无论是否有过抑郁发作，双相Ⅰ型障碍的个体至少有一次躁狂发作。双相Ⅱ型障碍的症状包括抑郁和轻度躁狂。重度抑郁障碍的特征是单次发作或反复发作。症状是持久的，持续两周或以上。持续性抑郁障碍是指一个更长期的、不太严重的情绪低落，症状持续两年或以上。

3. 讨论易患重度抑郁障碍的性别差异。

    青春期后，患有抑郁的女性比男性更常见。此外，情绪困扰在经期前会增大，心境障碍在孕期、产后和更年期较为常见。

4. 讨论与自杀有关的因素以及抑郁与自杀观念和行为之间的关系。

    抑郁和双相障碍患者的自杀风险都会升高，含有自杀意图的行为应该始终被严肃对待。

5. 了解导致双相及抑郁障碍成因的心理动力学、行为、认知以及生物学理论。

    生物学（遗传因素）和环境（例如，应激性生活事件）对心境障碍的产生都有影响。

6. 识别对重度抑郁障碍和双相障碍的有效治疗。

    对于重度抑郁障碍，心理治疗和药物治疗可以单独使用也可结合使用。虽然生物学和遗传学的影响是明显的，但 CBT 和 IPT 都是高度有效的治疗重度抑郁障碍的方法。双相障碍通常需要药物治疗，然而，随着时间推移心理治疗可以帮助患者应对自己的症状。

第7章

喂食及进食障碍

学习目标

阅读本章后，你应该可以做到：

1. 理解神经性厌食、神经性贪食、暴食障碍及其他喂食及进食障碍的特征。
2. 讨论喂食及进食障碍患病风险的性别差异以及为何存在这些差异。
3. 讨论不同生命发展阶段喂食及进食障碍患病风险的变化。
4. 探讨解释喂食及进食障碍的心理动力学、行为、认知和生物学理论。
5. 讨论通常与喂食及进食障碍有关的人格特征和共病条件。
6. 对比对喂食及进食障碍进行的各种治疗。

在初中就很出色的劳伦被一所在数学和科学方面非常有名的寄宿高中录取。开学前，她进行了体检。在那次初夏的会面中，她的医生（自儿时起就是她的医生）为她称了体重然后说："亲爱的，你发育得很好。"带着对这个评价的尴尬，劳伦回到家在镜子前仔细看了自己的身体。她看着自己初见丰满的胸部和正在变大的臀部，却一点也不喜欢。她侧过身去，看着自己原来平坦的小腹现在却变得凸出，她下定决心要除掉那部分。她用她的坚持和决心制定了一个严格的跑步计划（早上跑2千米，晚上跑5千米）和一个在营养方面符合食物金字塔但每天只含400卡路里的"健康均衡膳食"。她合理化地认为只要各种主食都吃一点就可以了。但即使这样，她仍然对脂肪和油脂感到紧张。她对父母说，整个夏天她得为去这所难上的高中做准备，需要努力学习以期优秀。她开始穿很多层的衣服，每天定点4次称自己的体重，摸自己的胯骨看它是否恰当地凸出，并开始不去参加例行的家庭聚餐。

一开始，她的父母还为她如此珍视自己的教育机会感到骄傲，但后来就为她开始发脾气感到担心了。如果他们没做她常吃的某种食物，她就会朝母亲大发脾气说为什么上次购物没有多买点，而且还不接受任何替代。

她对自己的要求越来越严格，在锻炼计划中又增加了300个睡前仰卧起坐以保持小腹健美。有一天，妈妈无意间在劳伦洗澡时走进了浴室，她被眼前那瘦弱的身体惊呆了。肋骨、椎骨和凸出的锁骨。她的女儿看起来就像集中营里的犯人。

这一发现发生于开学前两周。劳伦的父母把她带到医生那，发现她已经瘦了30磅（约13.6千克），五尺五（约1.65米）的个头儿却减到了85磅（约38.6千克）。他们的女儿已经严重体重不足了。劳伦没有在秋天入学，而是在一个进食障碍病房住院治疗了两个月。在那里，她在营养专家和内科医生的仔细监控下增加体重，在大家的支持下重新获得健康体重。而说到那所长于数学和科学的学校，她为自己是否有能力在那种高压环境下取得成功而感到焦虑。在医院里，她也从心理学家那里获得了处理自己这种潜在焦虑的支持。

进食是人类的本性之一，所以像劳伦那样的正常进食行为出现错乱会让人难以理解。对大多数人来说，食物和进食是丰富人生的一部分。每个民族都有传统菜肴，每个家庭都有世代相传的特色菜，和家人及朋友的节日庆祝离不开食物，几乎没有社交场合是没有食物的。但对于那些易受进食障碍困扰的人来说，这些看起来无害的事情却是极其可怕的。是什么导致像劳伦那样的年轻健康的女性如此严重的节食以致体重远远低于连时尚界都认为的瘦呢？在本章，我们将讨论基本进食功能受到困扰时的心理障碍。

劳伦所患的障碍是神经性厌食（anorexia nervosa)，在19世纪晚期的法国（Lasèque，1873）和英国（Gull，1874）的医学文献中就已有记载。Gull意识到了在这种障碍中心理或“神经质”（nervous）的成分，强调其“意志的堕落”并关注挨饿的作用。同样，Lasèque也强调了与这种障碍有关的社会和心理因素。

尽管进食障碍直到最近才被广泛认识，但神经性厌食和其他相关障碍在历史记录中早就出现了。Bell（1985）曾生动地描述过那些圣徒为了追求纯洁或献身上帝而饿着自己的例子。有趣的是，这是一个社会环境如何能改变障碍的临床表现的典型例子。自我禁食与我们今天所见的神经性厌食的症状一样，而文化环境将这种障碍归因于宗教。今天，正如劳伦的案例所示，我们看到的这些症状都出现在与当初很不一样的社会文化环境下——包括年轻女性对极度瘦身理想的内化。

神经性厌食同样发生在男孩和男人身上，虽然更少见。神经性厌食发生在大约0.9%的女性身上和0.3%的男性身上（Hudson et al.，2007），虽然在青少年身上最常见，但该障碍会在两性一生中的任何年龄段发生。

锡耶纳的圣女凯瑟琳生于1347年，是家中25个孩子中的第24个。她的禁食、克己、痛苦的忍受与现代的神经性厌食十分相似。

同样，神经性贪食也早就在历史上出现了，它包括极端暴食以及随后的呕吐和其他清除行为。就像神经性厌食一样，神经性贪食的性别比例也是失衡的，有1.5%的女性和0.5%的男性报告患有该病（Hudson et al.，2007）。甚至历史的记录也显示进食障碍并不仅限于女性。历史上也有过很多个案报告，记载了令人费解的神经性贪食相关行为（如暴食或自我导吐）。例如，一些罗马皇帝就出现过这样的行为（Keel et al.，2005）。尽管神经性贪食有很长的历史，但是直到1979年才被认可是心理障碍（Russell，1979）。

最近一个新加入的精神病学术语是**暴食障碍**（binge eating disorder，BED）。BED与神经性贪食的症状相同，但是少了清除行为。由于该障碍在DSM-5中才得到官方讨论，因此相对于其他进食障碍我们对BED的病程及疗效知道得很少。用DSM-Ⅳ的诊断标准来看，BED的患病率大约为3.5%的女性和2%的男性。

如今，几乎每个人都知道一些患有进食障碍的人——有演员、政客、熟人和家人。神经性厌食（见“DSM-5：神经性厌食”）是所有心理障碍中死亡率最高的，然而经过数十年的研究，我们对这种复杂疾病的原因的了解才刚刚开始。

神经性厌食 DSM-5

A. 限制所需能量的摄入，导致显著低于年龄、性别、发育阶段和身体健康背景下的正常体重。对显著过低体重的定义是体重低于最低正常水平，或对于儿童和青少年而言低于最低预期水平。

B. 尽管已经是显著的体重过低，仍极度害怕体重增加和变胖，或有持续干扰获得体重的行为。

C. 对自己的体重或体形在体验上有障碍，体重或体形对自我评价的不当影响，或持续缺乏对当前体重过低严重性的认识。

（F50.01）限制型：最近3个月内，个体不再有反复的暴食或清除行为（即自我导吐或滥用泻药、利尿剂、灌肠剂）。此亚型所表现的体重减轻主要是通过节食、禁食和/或过度锻炼来实现。

（F50.02）暴食/清除型：最近3个月内，个体有反复的暴食或清除行为（即自我导吐或滥用泻药、利尿剂、灌肠剂）。

资料来源：Reprinted with permission from the *Diagnostic and Statistical Manual of Mental Disorders*, Fifth Edition, (Copyright 2013). American Psychiatric Association.

神经性厌食

神经性厌食（anorexia nervosa）是一种严重情况，特征是通过限制所需能量的摄入，导致显著低于年龄、性别、发育阶段和身体健康背景下的正常体重。年轻患者的体重（通常还有身高）很难按照正常发育的预期增长。心理学家以计算**体质指数**（body mass index，BMI）来测量那些患者的胖瘦程度。BMI是以千克为单位的体重除以以米为单位的身高的平方（kg/m^2）。表7-1显示了体重过轻、正常体重、超重和肥胖的界限。表7-2就男性典型身高（5′11″，约1.80米）和女性典型身高（5′6″，约1.68米）给出了一些BMI的例子，与之相比可得知那些测量结果的意义。在测儿童的BMI时，性别和年龄都应考虑进去，并且恰当的度量标准是BMI的百分位。

表7-1 BMI的类别

BMI	体重状况
低于18.5	体重偏轻
18.5 ~ 24.9	正常
25.0 ~ 29.9	超重
30.0及以上	肥胖

表7-2 男女典型身高对应的BMI（磅）[⊖]

BMI	女，身高5′6″，20岁体重	男，身高5′11″，20岁体重
13	80	93
18.5	114	132
21	130	150
25	155	179
30	186	215
40	248	287

在许多神经性厌食患者眼中，自己的身体比实际的要大。产生这种扭曲认知的机制目前尚不明确。

神经性厌食是一种可见的进食障碍——患者明显消瘦，尽管她们会穿层层衣服或隐藏自己身体来掩饰她们的消瘦（严重体重过低）。神经性厌食有两个亚型，即限制型和暴食/清除型。在传统的限制型中，患者靠减少卡路里摄入量和增加运动量来维持较低体重。而在暴食/

⊖ 1磅≈0.45千克。——译者注

清除型中，患者不是在**暴食**（binge eating；短时间内吃进异于平常的大量食物并感到无法控制）就是在**清除**[purging；使用自我导吐、泻药或利尿剂（水丸）]，有时是两者都有。Russell（1979）在患有神经性厌食的女性中发现了暴食障碍，在早期报道中，有过半的患有神经性厌食的患者在她们发病的某些时刻出现过这些行为（Casper et al.，1980）。

神经性厌食的第二个临床特点令其朋友和家人都感到极其不解。哪怕已是一个严重体重不足的人，个体对其体重增加仍感到强烈的恐惧。即使是在极端消瘦的阶段，神经性厌食的患者仍害怕体重增加。她们不仅是怕变胖，甚至最小量的体重增加也让她们感到恐惧。这通常以“感觉胖”来表示，尽管对不同个体来说这句话的意义不同，但“胖”绝不是真实的感觉。

第三种特征包括三个可能存在的问题。患者可能有其中一个或两个，也或者三个都有。第一个问题是经验上的或也可能是知觉上的扭曲，即患者在自己很消瘦时仍感觉自己很胖。虽然还不知道这种知觉扭曲的机制，但它可能与那些已减肥的超重者仍感觉自己超重的原理一致。贝特西回忆道：

> 我记得在营养师安妮对我的治疗期间，她要求我早餐加一块松饼。我把松饼放在盘子里却只是看着它。它就像一只狼蛛或巨蟒。我咬了一口后似乎看到了自己的大腿在长胖。松饼的营养直接长到了我的大腿上。只吃了 4 口，我就感到很恐惧，然后把松饼扔了。为了摆脱吃进去的东西我不得不去跑步。

第二个问题是把体重和体型作为自我评价的指标并将其看得过分重要。患有神经性厌食的个体完全专注于体重。事实上，她们的自我价值与自尊几乎完全取决于体重。体重的轻微增加都会造成情绪和自我价值的恶性循环。

第三个问题是缺乏对低体重严重性的认识。尽管已经出现了严重的医学并发症，神经性厌食患者仍坚持认为一切正常。这在她们接触和接受治疗时会造成相当大的问题，有时也导致患者对入院治疗极不情愿（见第 15 章），因为她们就是自己的威胁。

> 即使只有 70 磅（BMI=12kg/m^2），贝特西仍然坚持她严格的锻炼计划，每天跑 5 千米，做 400 个仰卧起坐，以及一小时的自行车运动。

在上一个诊断版本中，对女性神经性厌食的正式诊断还有一项标准，那就是连续三个月闭经或月经消失。**闭经**（amenorrhea）是对饥饿和体重下降的通常反应，因为身体在应对饥饿时关闭了生殖功能。但在神经性厌食患者里有月经和没有月经的患者并没有明显差异（Gendall et al.，2006；Watson et al.，2003），因此这条诊断标准在 DSM-5 中被去掉。尽管如此，作为严重程度的重要指标，进食障碍患者的月经功能依然应被予以评估。

除了诊断特性，神经性厌食还有一系列与之相关的心理和医学特征。从心理上讲，抑郁和焦虑是常见的。从医学角度来说，患者常常出现心率低、血压低和体温低（这也许能解释为什么她们在温暖的条件下仍要穿很多层衣服）的症状。表 7-3 列出了与神经性厌食相关的其他临床特征。

表 7-3　与神经性厌食相关的特征

身体特征	心理 / 行为特征
脱水 电解质失衡（钠、钾水平）	认知损害 身体检查（以触和捏检查肥胖）
骨质疏松症	抑郁
胎毛（身体上细柔的毛发）	焦虑
干燥易断的头发	低自尊
体温低	自我关注
低血压（血压低）	仪式性行为
心动过缓（心率低）	极端完美主义
生长停滞	自我意识
腹胀	
便秘	
烦躁	
牙齿珐琅质和牙本质丧失	

神经性厌食的流行病学与病程

神经性厌食有多普遍？神经性厌食的终身患病率为 0.9% 的女性和 0.3% 的男性（Hudson et al.，2007）。有更多的女孩或妇女（1% ~ 3%）患有较轻形式的神经性厌食（McKnight Investigators，2003；Wittchen et al.，1998）。有这些阈下状况（subthreshold conditions）的人可能会经历明显的社会和职业功能损害。之前的患病率估计是基于上一版本的诊断标准，当时包括闭经的诊断标准。在 DSM-5 中去除了这一标准，因此本病患病率可能会增加（Dellava et al.，2011）。

神经性厌食在男性中较少见。这种疾病一般始于青春期（通常是发育期后），但最近，据报道称，也有小孩和老年人患有典型神经性厌食（Lask et al., 2000；Mangweth-Matzek et al., 2006）。

虽然该病的发病率（新案例的数量）在过去的几十年中保持稳定，但作为高危群体的15 ~ 19岁女孩的发病率增加了（Smink et al., 2012）。因为很多神经性厌食患者意识不到她们体重过低的严重性，对其发病率的精确估计是困难的，并且许多人（尤其是那些有阈下神经性厌食的人）从不寻求治疗。

我们知道神经性厌食往往集中于某些特定人群，如娱乐业和体育界，他们都把体型和体重看作完美的一部分而过分强调。演员、舞蹈演员、模特和运动员都是患这种障碍的高危人群。“真实病例：卡伦·卡朋特”记录的就是歌手卡伦·卡朋特死于神经性厌食的著名故事。

卡伦·卡朋特——吐根糖浆的危险

卡伦·卡朋特（Karen Carpenter）和她的哥哥理查德是20世纪70年代著名的音乐二人组。这对兄妹在他们的音乐生涯中共获得过三次格莱美奖，而且还在白宫演出。享誉世界的他们也在好莱坞星光大道赢得了一席之地。1983年，卡伦·卡朋特死于清除型神经性厌食的并发症。虽然她的“粉丝”已经意识到了她体型的消瘦，但她的死亡还是使人震惊。大家认为她死于吐根糖浆滥用引起的心脏衰竭，那是一种她常用的催吐剂。吐根糖浆本是用于为服毒或吞服过量药物的人催吐的救命药物，但吐根糖浆也是有毒且能致命的。卡伦·卡朋特死后，吐根的危险引起了大众的重视。吐根的主要危险之一就是容易获取。在家庭急救用品中和药店里都能找到。如果使用得当，这是一种极有价值的医疗药品，但如果重复使用或持续增加剂量，将会对心脏产生剧毒。滥用吐根糖浆会导致心律不齐、癫痫发作、脱水、嗜睡、呼吸系统并发症、出血、休克、电解质异常、高血压、心脏骤停和死亡。

卡伦·卡朋特的悲剧揭示了吐根滥用的危险，同时也提高了对神经性厌食的严重后果的公众意识。

谁会患神经性厌食，患病期间和康复后的生活又是什么样子的呢？即使是康复后，曾患过神经性厌食的人仍倾向于保持低的BMI（Sullivan et al., 1998）。此外，也可能会患上**骨质疏松症**（osteoporosis；骨骼密度减小）（Rigotti et al., 1991；Szmukler et al., 1985）、严重抑郁（Sullivan et al.），还会有生育和分娩方面的困难（Hoffman et al., 2012）。神经性厌食的病程是持久的且通常包括周期性的复发和缓解，以及与神经性贪食的交叠。在刚患神经性厌食的人中，有8% ~ 62%的人在患病的某些时间里出现了贪食症的症状——通常发生在患病的最初5年里（Bulik et al., 1997；Eckert et al., 1995; Tozzi et al., 2005）。

人们惊奇地发现神经性厌食是所有精神疾病里死亡率最高的，追踪研究估计是每10年5%（Sullivan, 1995）。神经性厌食患者的死亡率是她同龄同性别人的10.5倍（Birmingham et al., 2005）。引起死亡的主要原因包括饥饿直接导致或是自杀（Birmingham et al.）。出于这种原因，朋友和家人需要以认真的态度对待神经性厌食患者。认为那只是一个阶段或者那些人会“重新振作起来”的人将要冒着永远失去那个人的风险。

人格与神经性厌食

回顾劳伦的案例，我们不得不思考，在她的人格中是否存在某种使她患上如此致命疾病的因素。某些人格特点似乎在患上进食障碍之前就存在了，而且患病期间更为严重，通常在康复后仍然存在。最严重的一种是完美主义（perfectionism）。神经性厌食患者常被描述成为自己设置了极高标准的模范儿童和模范学生。她们还用完美主义的观点去追求苗条，而且把自己控制在别人难以达到的节食水平。其他常见的人格因素还有强迫性（obsessionality，在头脑里一次又一次地反复想事情）、神经质（neuroticism，常常感到担心并且难于放下一些事）（Bardone-Cone et al.，2007；Bulik et al.，2006；Wonderlich et al.，2005）。这些人格特质可能有助于解释为什么青少年和成年早期是患上进食障碍的典型高危时段。这一时期的许多发展任务涉及巨大的变化和陌生的刺激（如离家求学、约会）。这些转变即使是对健康的年轻人也是具有挑战性的。而对于那些爱担心的、有固执完美主义倾向及转变起来有困难的人，这一阶段的生活体验可能成为她们患上进食障碍的潜在触发因素。解决这些潜在的根本人格特质往往是治疗的重要方面。

共病与神经性厌食

神经性厌食患者也常受到焦虑、抑郁和其他问题的困扰。神经性厌食中有高达 80% 的人在生活中的某段时间会患上严重抑郁（Fernandez-Aranda et al.，2007），75% 的人会患上焦虑障碍（Bulik et al.，1997；Godart et al.；Kaye et al.，2004），尤其是强迫症（Kaye et al.）。有趣的是，焦虑障碍通常会出现在患进食障碍之前（Kaye et al.，2004；Raney et al.，2008）。从某种程度上说，这表明焦虑可能增加一个人患神经性厌食的风险。如果事实是这样的，那么对焦虑障碍的尽早发现和治疗就是防止患上进食障碍的有效途径——至少对某些人来说是这样的。即使是在神经性厌食康复之后，抑郁和焦虑的问题常常仍会存在（Sullivan et al.，1998）。对神经性厌食的有效治疗必须包括对这些并发障碍的治疗以确保患者完全恢复健康功能。

神经性贪食

埃莉莎 21 岁，身高 5 英尺 10 英寸（约 1.78 米），第一次来进食障碍治疗中心时体重 144 磅（BMI=20.7kg/m^2）。她说自己暴食和自我导吐已有 4 年，从未治疗过。她暴食的高发时段是在晚上，她关上厨房的百叶窗，用她自己的话说就是“进入了疯狂状态”。一次典型暴食包括吃掉 1 加仑[⊖]的冰激凌、直接从袋子里倒出的干麦片，有时还有一整包饼干。然后她就从甜食转向咸食，吃薯条及一切她能找到的东西。去年，因为想要控制体重，她开始服用泻药。一开始，她只是从健康食品店买一些草药，但很快就换服强效泻药了。起初她按推荐剂量服用，后来为了达到渴望的效果就服用得更多。埃莉莎在寻求治疗的数月前丢掉了工作，基本待在父母家里足不出户。她每天暴食然后自我导泻达 20 余次，每晚服用泻药达 70 多片。由于她用物体抵进喉咙导吐，现在她的喉咙里有大面积的溃疡和刮伤。她已经因脱水进过急救室两次了。其中一次的血检显示她有危险的低钾。身体稍稍稳定一些后，她获准参加进食障碍的部分住院治疗项目。埃莉莎不仅很难执行医院里禁止吸烟的规定，还常常在白天就从治疗机构消失。她的面前有两个选择，要么遵守治疗，要么就得出院，她选择了离开。而两天后，埃莉莎又因脱水、心律不齐和血钾低再次来急诊。这一次她在医院楼里被监控起来，然后被转介到进食障碍住院治疗项目。

与神经性厌食不同，神经性贪食（bulimia nervosa；见“DSM-5：神经性贪食”）是一种无形的进食障碍，因为这种病的患者往往是正常体重或超重。它的特点是反复发作的暴食合并反复发作的不恰当的补偿行为，那些补偿行为旨在防止体重增加。暴食就是在短时间内快速吃掉异常大量的东西，其数量绝对超过了大多数人能够吃掉的量。它不像简单的饮食过量那样，暴食的标志性特点是感觉自己对进食失去了控制。一旦开始就抑制不住暴食的冲动，或者即使早就饱了患者仍无法结束自己的进食行为。一些患者谈到了一种恍惚状态或者叫“暴食模式”，指在进食期间好像其他所有的事都不是事了。患者通常因为食物吃光、被其他人阻止或有极度要清除吃进的东西的感觉才会结束暴食过程。

神经性贪食 DSM-5

A. 反复发作的暴食。暴食发作以下列两项为特征：
1. 在一段固定时间内进食（如任意 2 个小时内），进食量绝对大于大多数人在相似时间和相似场合下的进食量。
2. 发作时感到无法控制进食（例如，感到无法停止进食或对吃什么及吃多少感到无法控制）。

⊖ 1 加仑＝3.785 41 升。——译者注

B. 反复发作的不恰当补偿行为以防止体重增加，例如自我导吐，滥用泻药、利尿剂、灌肠剂或其他药物，禁食，或过度锻炼。

C. 暴食和不恰当补偿行为同时出现，在3个月内平均每周至少出现一次。

D. 自我评价过度受体型和体重影响。

E. 本障碍并非仅仅出现在神经性厌食发作期间。

资料来源：Reprinted with permission from the *Diagnostic and Statistical Manual of Mental Disorders*, Fifth Edition, (Copyright 2013). American Psychiatric Association.

我们很难测量暴食的卡路里水平。多数人认为暴食的最小量食物也含有1 000卡路里的能量——但在一些案例里，患者可能会吃进去含有2 000卡路里食物。神经性贪食的判断可以看其是否比同样情境下正常人的食量多。最重要的是在过量进食的同时是否有失控的感觉。实际上，一些人（尤其是神经性厌食患者）在极少量进食时也会有失控感。比如，一些神经性厌食患者会在只吃了两块饼干时就说她们暴食了。主观暴食（subjective binge）指的是只吃了常规或更小量的食物（如，一块饼干）就感到自己的进食失控了。而客观暴食（objective binge）则不同，客观暴食是吃了异常多的食物并感觉到进食失控。

暴食的方式也各不相同。频率可以是偶尔、每周几次甚至每天20 ~ 30次。连续三个月每周一次的频率是神经性贪食诊断标准的临界值。有些人陷入了暴食－清除循环模式的生活。对埃莉莎来说，很明显晚上是她暴食的高发时段，然后她就陷入了暴食又清除的恶性循环中出不来。

不恰当的补偿行为（inappropriate compensatory behaviors）是能用来抵消暴食影响或防止体重增加的任何方法。防止体重增加的补偿行为有自我导吐、滥用泻药、利尿剂、灌肠剂或其他替代方法，或其他如禁食、过度锻炼等。值得注意的是，有些人在没有暴食时也会出现清除行为（见“其他特定的喂食及进食障碍”一节）。神经性贪食患者通常为正常体重或超重。暴食中的大量卡路里被身体吸收，并导致体重增加。实际上，泻药是无效的补偿行为。因为它作用于结肠（在所有营养经胃和小肠吸收之后），只能消除卡路里摄入量的5%。所失去的大部分是水和电解质（比如钾），这也就是泻药滥用如此危险的原因。

神经性贪食除了这些核心症状外，还存在很多其他生理及心理特征。有一些与神经性厌食患者的特征相似，但有一些则区别明显。表7-4列出了神经性贪食的附加临床特征。

表7-4 神经性贪食的特征

生理特征	心理 / 行为特征
脱水	抑郁
电解质失衡（钠钾水平）	低自尊
胃酸倒流	自我关注
食道破裂	仪式性行为
腮腺肿胀	极端完美主义
胃肠道并发症	自我意识
月经不调	焦虑
便秘	酒精及药物滥用
腹胀	易怒
	冲动消费
	入店行窃

神经性贪食的流行病学与病程

由于觉得耻辱和羞愧，许多神经性贪食患者都隐瞒自己的行为。基于之前DSM-Ⅳ-TR的研究估计表明，在西方国家，女性的患病率为1% ~ 3%，男性的患病率为0.1% ~ 0.5%（Hoek & van Hoeken，2003；Hudson et al.，2007）。如果也包括神经性贪食的阈下形式的话，那么患病率的估计数是5% ~ 6%。这个比例可能更接近实际情况，因为在DSM里对神经性贪食的频率和持续时间的判断过于武断。换句话说，即使一个人不能满足所有的诊断标准，但任何的暴食和清除行为都是不健康的，且存在潜在危险。根据DSM-5的诊断标准，对患病率的估计可能会增加，因为前一标准对频率和时间的规定太严格，为三个月内每周两次（Trace，2012）。

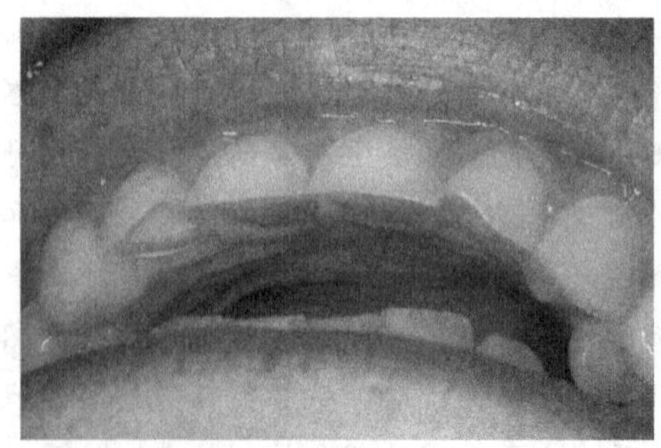

频繁呕吐的结果——牙釉质腐蚀。

神经性贪食的发病率在上升吗？几乎没有数据来解释这个问题，但生于1960年之后的人都有患此病的极高风险（Kendler et al.，1991），这说明神经性贪食是比神经性厌食更具“现代特征”的现象。很明显的是，进食障碍行为例如暴食、清除和限食，在 1995 ~ 2005 年的 10 年里确实增加了。一些人认为神经性贪食是一种比神经性厌食更易受文化影响的综合征（Keel et al.，2003），反映了从 20 世纪 60 年代以来以瘦为美的文化趋势。神经性贪食在城市中比农村地区更为常见（Hoek et al.，1995）。这表明环境暴露、社会学习或信息传递对于患上此病都起着重要的作用。许多患者报告说她们的第一次清除想法来自她们读到的某些东西或甚至是来自她们摔跤队的男友！然而，事实上所有的年轻女孩都会在某些时刻接触到这种信息，但为什么仅有 5% 左右的人患上此种障碍？本节将从遗传角度来探讨这个问题。

谁会得神经性贪食呢？他们发病期间和康复后的生活又是怎样的呢？和神经性厌食一样，神经性贪食的患者中女性比男性更常见。这种障碍的典型发病时间比神经性厌食稍晚——在青春期的中期到后期或是成年早期，甚至更晚一些也不罕见。

神经性贪食还伴随着一些严重的躯体主诉，比如疲劳、嗜睡、腹胀及肠胃问题等。这种障碍是对身体的折磨。频繁的呕吐会导致牙釉质腐蚀、腮腺（唾液腺）肿大以及手背上长老茧（Mitchell et al.，1991）。频繁的滥用泻药会导致水肿（身体肿胀）、体液流失，以及因此引发的脱水、电解质异常、严重的代谢问题和正常肠道功能的永久性损害（Mitchell et al.）。

神经性贪食患者死亡率在 3.9% 左右（Crow et al.，2009）。一项为期 10 年的疗效研究发现，10 年后有 11% 的个体依然满足神经性贪食的所有诊断标准，18.5% 的个体符合 DSM- Ⅳ -TR **非特定进食障碍**（eating disorder not otherwise specified，EDNOS）诊断标准——该诊断指个体的进食模式异常，但不符合 DSM 里明确规定的某种进食障碍的诊断标准。约有一半到 2/3 的患者最后会得到全部或部分缓解（Berkman et al.，2007）。

人格与神经性贪食

神经性贪食患者与神经性厌食患者有一些相同的人格特点，主要是完美主义和低自尊，但两者也有差异。与典型的限制型神经性厌食不同，神经性贪食患者更易冲动（做事不加考虑）且有更多猎奇（刺激或感觉寻求）行为（Bulik et al.，1995；Fassino et al.，2004；Steiger et al.，2004）。这些不同的人格因素很有趣，而且反映了这种障碍的症状概况。限制型神经性厌食患者更严格和带有强迫性质的人格特点与他们严格的进食模式一致。相比之下，神经性贪食患者表现的是更为不稳定和易冲动的特点，这与他们节食、暴食和补偿行为交替出现的冲动性和波动性特点一致。

共病与神经性贪食

约有 80% 的神经性贪食患者在他们生活中的某些时段出现过其他心理障碍（Fichter et al.，1997），这是一个非常高的比率。有些患者会同时患有数个其他障碍，甚至有些人在神经性贪食康复后还困扰于其他障碍。最常见的精神类共病包括焦虑障碍、重度抑郁、物质滥用和人格障碍（Braun et al.，1994；Brewerton et al.，1995；Bushnell et al.，1994）。“真实病例”专栏呈现了艾尔顿·约翰的故事，他困扰于神经性贪食和毒品与酒精滥用，而戴安娜王妃患的则是抑郁和神经性贪食。

艾尔顿·约翰：神经性贪食、吸毒与酗酒

评论家已经宣布艾尔顿·约翰（Elton John）是 20 世纪 70 年代在流行音乐方面引起轰动最大的歌手，并且至今仍能在广播中听到他的音乐。这位传奇表演家的大部分生活都在聚光灯下度过。他全世界的粉丝都知道他那混乱的生活，包括可卡因和酒精成瘾以及他的爱情生活，但少为人知的是，他挣扎于神经性贪食之中。

艾尔顿·约翰生于 1947 年，最初叫 Reginald Kenneth Dwight。11 岁时，他就被授予皇家音乐学院奖学金。在他的事业发展到如此高度时，他承认自己是双性恋，吸毒而且酗酒，并患有神经性贪食。他的话震惊了全世界，尤其是他患有神经性贪食，因为

在那时男性患有此种障碍并不常见，更何况是一个名人。

毋庸置疑，艾尔顿·约翰的康复之路异常艰辛。他下定决心寻求治疗时就面临了重重阻碍，因为那时的洛杉矶还没有诊所可以接受需要治疗吸毒和神经性贪食的患者。1990年，他住进了芝加哥医院，在那里他参加集体治疗小组，并与新病友建立了友谊，同时致力于克服自己的困难。他在20世纪90年代后期宣布自己的神经性贪食康复，结束了与疾病长达14年的战斗。 «««

戴安娜王妃：神经性贪食与抑郁

做一名王妃是每一个年轻女孩的幻想，但对戴安娜王妃来说，那意味着拥有财富、权力和名望，但同时也有个人耻辱。1981年，她与查尔斯王子结婚后，就以自己的魅力、对慈善的热衷和对艾滋病的打击而广为人知。她总是散发着高贵、美丽和自信的光芒。她在内心世界与抑郁和神经性贪食的斗争只是公众的闲聊话题，但没有人意识到她个人的耻辱。

1992年，安德鲁·莫顿（Andrew Morton）的书《戴安娜：她的真实故事》（*Diana: Her True Story*）在全球上架。读者惊奇地发现戴安娜王妃患有神经性贪食，而且常常被消极的自我意象所淹没。出于对公众批评的恐惧，她默默地与这种疾病抗争了数年。而在接下来的几年里，她反复向记者承认并讨论了她的神经性贪食，这震惊了王室。公众也惊呆了，像戴安娜王妃这样处于那种环境下的女性竟也会患有那么乏味的疾病。这因此成为值得纪念的一年，因为戴安娜王妃消除了与神经性贪食有关的污名，大家开始有了进食障碍方面的知识。戴安娜王妃通过承认自己的个人斗争而帮助了成千上万个其他患者。 «««

暴食障碍

奥莱西亚，42岁，急诊室护士。她从儿童时就超重，目前体重是195磅，身高5英尺5英寸（约1.65米，BMI=32.4kg/m²）。奥莱西亚的一天通常开始得较晚，她早晨会避开秤和早餐，她要送孩子们去上学并为他们准备早餐。她说自己的胃在上午11点才会醒来，但它会带着复仇醒来。她上午11点休息时，自动售货机就“开始叫她的名字”。她开始想要机器里那包好的带着蛋黄酱和调味品的三明治。对咸味食物获得满足后，她就会停在糖果机旁。最能满足她内心深处渴望的是巧克力和坚果两样都有的食物——同时满足对甜与咸的渴望。下午她要回去上班，但她仍有吃的欲望。她只能想着在孩子们都睡了之后，独自在厨房满足自己的需求。她成天都会花一半的心思在食物上。孩子们吃晚餐时，她只吃一点沙拉。而一旦确认他们都睡了，她就会开始“与储藏室的约会”。奥莱西亚说食物是她最好的朋友。只要她需要，它们就会在那儿。只有它们才会聆听她的悲伤、孤独和痛苦。在那几个小时里，她被纸杯巧克力蛋糕、薯条、巧克力和冰激凌包围着，感觉非常舒服。若是有孩子醒来打断了她的进食，她就会发怒。大多数的夜晚，她都会带着眼泪回到卧室。她的“朋友关系”也还应付得过去。她躺在床上，满脑子都是失败的想法，想着自己永远都不能让进食和生活处于掌握之中。而第二天早上，她会带着自己所谓的“食物残留”醒来，继续开始重复这个过程。

暴食最初于1959年由Stunkard从肥胖个体中分离出来。在2013年，随着DSM-5的出版，美国精神病学协会将BED认定为一个官方诊断分类（见“DSM-5：暴食障碍”）。暴食障碍（binge eating disorder，BED）的特点是有规律地暴食，但没有神经性贪食中反复发作的不恰当补偿行为。真实病例将讲述网坛名将莫妮卡·塞莱斯与BED做斗争的真实故事。

暴食障碍 **DSM-5**

A. 反复发作的暴食。暴食发作以下列两项为特征：
  1. 在一段固定时间内进食（如任意 2 个小时内），进食量绝对大于大多数人在相似时间和相似场合下的进食量。
  2. 发作时感到无法控制进食（例如，感到无法停止进食或对吃什么及吃多少感到无法控制）。

B. 暴食发作与以下至少三项症状有关：
  1. 比正常进食快得多。
  2. 一直进食直到不舒服的饱腹感。
  3. 在未感觉身体饥饿时进食大量食物。
  4. 为自己的食量感到尴尬所以独自进食。
  5. 进食之后感到厌恶自己、抑郁或非常内疚。

C. 对暴食感到显著的痛苦。

D. 在 3 个月内平均每周至少暴食一次。

E. 暴食与神经性贪食中反复出现的不恰当的补偿行为无关，也并非仅仅出现在神经性厌食或神经性贪食病程中。

资料来源：Reprinted with permission from the *Diagnostic and Statistical Manual of Mental Disorders*, Fifth Edition, (Copyright 2013American Psychiatric Association.

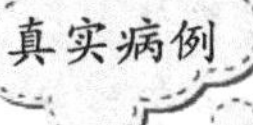

莫妮卡·塞莱斯：网球和暴食障碍不能混合

莫妮卡·塞莱斯在 178 周中排名第一，九届大满贯冠军得主、53 个职业奖和一枚 2000 年悉尼奥运会的铜牌。1993 年之前，她无人能挡。在德国汉堡进行的四分之一决赛中，19 岁的塞莱斯以 6-4、4-3 领先，竞争对手网球明星施特菲·格拉芙的粉丝 Günter Parche 用长 9 英寸的刀刺伤了塞莱斯的肩胛骨。Günter Parche 只被判了两年的缓刑和心理治疗。在她写的《握拍》(*Getting a Grip*) 这本书中，塞莱斯将这个事件描述为那一时刻她的“现实被撕开”。她表示情感的伤疤比身体的伤疤需要更长时间愈合，由此食物变成了她的“安慰和毒药”。9 年来，尽管媒体不断评论她的身材和体型，她却在严格节食、极度痛苦的训练和抑郁、极度暴食间摇摆不定（Seles，2009）。她的心情、自尊和运动自信都开始依赖秤上的数字。她通过放弃节食、重建对食物的喜爱以及记日志来竭力走出困境。她形容自己恢复的第一步是放弃在自己之外寻找答案，而是代之以“倾听内心安静的声音”。

BED 的流行病学与病程

根据 DSM-Ⅳ 的定义，普通人群中约有 3.5% 的女性和 2.0% 的男性符合 BED 的标准（Hudson et al.，2007）。我们估计这个数量将会增加，因为对 BED 的频率和持续时间的诊断标准由 DSM-Ⅳ-TR 中的 6 个月内每周两次改成 DSM-5 中的三个月内每周一次（Trace et al.，2012）。肥胖者中有 5% ~ 8% 的人患有 BED（Bruce et al.，1996）。因此，随着 BED 成为 DSM-5 中的一种官方诊断，它将会成为最常见的进食障碍。我们所不知道的是日益增长的肥胖流行会对 BED 的发病率造成何种影响。

因为 BED 最近才被加入 DSM 手册，人们对它的发病率和死亡率还所知甚少。一项研究在治疗后跟踪了一个临床样本 6 年，发现 57.4% 的女性治疗效果良好，35.7% 的人治疗效果一般，5.9% 的人治疗效果很差（Fichter et al.，1998），其中只有一位患者死亡。6 年后，6% 的人仍有 BED，7.4% 的人发展成神经性贪食，7.4% 的人仍存在 EDNOS 的某些症状。BED 可能是一种慢性状态（一个人的平均患病时间为 14.4 年）表示 BED 并非是一过性的（Pope et al.，2006）。“对比个案研究”显示了暴食障碍和肥胖之间的关键区别。

人格与 BED

相对于神经性厌食和神经性贪食来说，人们对影响 BED 的人格基础了解很少。虽然很多研究探索暴食障碍的人格变量和症状，但是几乎没有发现 BED 的特殊性。有一点我们知道的是他们在逃避伤害的得分上高于健康的对照组（Peterson et al.，2010）。另一项研究，将患有 BED 的肥胖者与未患 BED 的肥胖者及正常体重对照组在人格变量上进行了比较，发现患有和未患有 BED 的肥胖者间没有明显差异。然而这两组在对奖惩的敏感度、逃避伤害、冲动性和成瘾性人格特点上的得分均高于正常体重对照组（Davis et al.，2008）。

对比个案研究

行为维度：从正常到异常

正常行为个案研究　饮食过量

乔希喜欢吃东西。他的妈妈喜欢他从学校回家，因为那样她就可以做所有他爱吃的菜肴。她知道乔希回来后，那些在冰箱里的食物就再也不会被糟蹋掉了。回家过春假时，迎接他的是刚烤的饼干、他喜欢的大餐、红天鹅绒纸杯蛋糕和大量牛奶！他的妈妈为确保冰箱和储藏室里堆满他最爱的食物而全力以赴。晚餐的时候，她总催儿子多吃。即使乔希已经很饱了，为了不伤妈妈的心，所以又吃下了第二份。他感觉确实吃得太多了，因此决定第二天去跑步并减少一些饭量。然而第二天叫醒他的是妈妈拿手的苹果咖啡蛋糕他又怎能拒绝！这天下午，他去了健身房因为他感觉太撑了。而且，他知道妈妈已邀请爷爷奶奶今晚来吃一顿特别的晚餐。乔希吃了正合适的一份又吃了第二份，但他实在没肚子装甜食了。晚饭后，他一屁股坐到沙发上和爸爸一起看足球。他几乎等不及要回学校吃自助餐了。乔希是饮食过量，但他没有失去控制。他也没有患进食障碍。

异常行为个案研究　暴食障碍

文斯的食欲曾经一直很健康。他的奶奶总称他为“她最棒的食者”。即使当同学们因为他的超重而嘲笑他的时候，他亲爱的意大利奶奶依然会给他提供他喜欢的海量食物。没人能拒绝美味，更不想伤奶奶的心，他心怀感激。高中时，他通过加入游泳队来控制体重。但是即使参加了所有那些训练，与同龄人相比他看起来还是多了一层脂肪。上了大学，他停止了游泳但却没有停止吃东西。他的体重开始慢慢升高，因为要编辑报纸超负荷工作到凌晨，根本没有时间锻炼。文斯开始质疑自己的所为，在报社值夜班时他变得越来越抑郁。最初他只需要一份比萨就能顶一个晚上的编辑，但紧接着他发现一整份比萨已不能让他感到满足。于是他加上了蒜蓉面包，接着是去掉上面那层糖的甜甜圈，而且有时他还需要回宿舍再加餐。他为此感到愧疚却无法克制。这种情况每周发生两到三次。有天晚上，一位章节编辑在很晚时回到办公室，见到文斯被比萨盒子、甜甜圈盒子、巧克力圈和几加仑的软饮料包围着。这位编辑就问是要开晚会吗，文斯骗他说同事们刚离开。文斯的进食失控了，他患有暴食障碍。

共病与 BED

与神经性厌食和神经性贪食一样，BED 患者经历着许多共病。在一个寻求治疗的样本中，大约 74% 的患者报告患有另外至少一种心理障碍，最常见的是心境障碍、焦虑障碍和物质使用障碍（Grilo et al.，2009）。BED 同样有发展成为代谢综合征的风险，例如高血压、血脂异常和Ⅱ型糖尿病。这些增加的风险明显独立于肥胖的影响。

其他特定的喂食及进食障碍

就像我们之前提到的，神经性厌食、神经性贪食和 BED 的 DSM 诊断标准都是非常特定的。实际上，很多患有进食障碍的人并不满足这些诊断标准。因此，对他们的诊断名称代之以其他特定的喂食及进食障碍（other specified feeding and eating disorder，OSFED）。DSM-5 中列举了五个 OSFED 的分类。第一个是非典型神经性厌食，这类患者具有神经性厌食的所有特征，除了其体重仍处于或高于正常范围。第二个是神经性贪食（低频率和 / 或有限的病程），这类患者符合神经性贪食的所有特征，除了暴食与清除少于每周一次和 / 或少于三个月。第三种是暴食障碍（低频率和 / 或有限的病程），这类患者符合暴食障碍的所有诊断标准，除了暴食少于每周一次和 / 或少于三个月。第四种是清除障碍，这类患者用清除行为控制体重和体型，但他们并不暴食。第五种是夜间进食综合征，这类患者在夜间醒来后进食，或者在晚饭后大量进食（他们能够回忆起这次进食）。这些行为导致痛苦或者损害正常功能。

进食障碍的诊断和分类系统较之前版本做出了许多改变，在上一版本里剩余类别被称为非特定进食障碍（eating disorder not otherwise specified，EDNOS）（APA，2004）。分类系统之所以这样改变是因为大多数寻求进食障碍治疗的患者被诊断为 EDNOS（Fairburn & Walsh，2002；Turner & Bryant-Waugh，2003）。DSM-Ⅳ分类系统不能充分地反映存在于现实世界的与进食相关联的病理学。只有时间、临床观察和科学研究才能证明 DSM-5 的分类是否能更准确地反映进食障碍的真实样子。

儿童喂食及进食障碍

在 DSM-5 之前，儿童与进食有关的情况被归为儿童和青少年的其他障碍中。随着 DSM-5 的出版，这些障碍被融入进食障碍的分类，从而承认了失调的进食模式具有发育上的连续性。新的安排可鼓励人们研究儿童的喂食障碍与通常在青春期和成年出现的进食障碍间的关系。

许多儿童，尤其是婴幼儿，都是“挑剔的食者”。

> 萨拉 5 岁了。虽然她没有医学问题，但她的体重和身材在她那个年龄段处于第二个百分位上。除了花生酱三明治和糖果，萨拉拒绝吃任何东西。如果给她提供了其他食物，她将大哭并且屏住呼吸，直到妈妈将花生酱三明治给了她。

萨拉不需要吃其他食物——只要屏住呼吸她就能达到目的。治疗包括给萨拉提供其他食物并教她的妈妈忽视她的发脾气。在萨拉的例子中，异常的进食是环境因素的结果，而且没有真正的危险。但另外的异常进食行为异食癖和反刍，从概念上看更加复杂而且更难治疗。

异食癖（pica）是指持续进食非营养物质或非食用性物质。这个术语来自拉丁语“喜鹊”，是一种对食物和非食用性物质狼吞虎咽进食的鸟（Stiegler，2005）。据一位家长说，“数年来我们从儿子的喉咙里掏出的东西有：一串钥匙、大钢夹、树枝、石块、纸团、敞开的安全别针和电线（来自显示屏等）。除此之外，在我们来得及取出之前他已经吞下去的东西还有：冰箱贴、芭比娃娃某部分、纸、钱和回形针等。”（Menard，cited in Stiegler，2005）。虽然有发育障碍的孩子组成了异食癖人群的绝大多数，这种障碍也会发生在智力低下的个体、精神分裂症患者以及有时发生在未患心理障碍的个体身上。

异食癖可见于各社会经济群体、两性和各年龄段（Stiegler，2005），但在女性、儿童和低社会经济地位个体身上更常见（Rose et al.，2000）。异食癖可导致严重的健康后果，包括铅中毒、寄生虫感染、影响不良、牙齿创伤、口腔撕裂、牙龈疾病和牙釉质侵蚀（Stiegler）。吃安全别针、玻璃或者指甲可造成食道、胃或者肠道梗塞或穿孔。还有，摄入特别的食物可能令照料者或同伴厌恶，导致社交孤立和 / 或拒绝（Stiegler）。

文化性异食癖（cultural pica）可见于很多国家。一些印度女性为了能怀孕会吃土及其副产品（泥巴、黏土、灰、石灰、木炭和砖）(Nay，1994）。一些东非的女性会为生殖目的而吃土（Abrahams & Parsons，1996）。在南美洲的某些文化中人们吃黏土因为其传说中的药物价值（Rose et al.，2000）。在美国，皮埃蒙特地区（Grigsby et al.，1999）和部分密西西比州（Ali，2001）的一些人会吃瓷土（也被称为高岭土、粉笔或白黏土）。

异食癖有很多原因。缺铁和锌可能会导致摄入某些食物或非食用性物质的冲动，但是很多没有这些状况的人也会成为异食癖。环境因素（压力和贫穷的生存环境）或发育障碍是重要的病因（Stiegler，2001）。未患心理障碍者的异食癖有时会产生于应激性事件之后，例如手术或失去亲人（Soykan et al.，1997）。

> 妮娜 14 岁，并患有中度智力障碍。当没有严密监控时，她会吃掉她能在地板上发现的任何异物。心理学家对她运用了过矫项目（overcorrection program），包括让妮娜吐出吃进去的东西并将之扔掉，接着会领她去浴室用抗菌牙刷刷 10 分钟的牙。一周的过矫项目之后，妮娜的异食癖减少了 60%。

像过矫项目这样的行为干预对异食癖都是有效的。如果这样的程序不断重复和坚持，异食癖的行为就可以被消除或大量减少（Foxx & Martin，1975）。

少见的进食障碍**反刍障碍**（rumination disorder），是将刚吃的食物毫不费力地反刍回嘴里，然后咀嚼、吞咽或者吐掉。反刍障碍在两性身上都可发生，并可开始于婴儿、童年和青春期（Chial et al.，2003；O’Brien et al.，1995）。本障碍每天可能发作数次并且可能会持续超过一小时（Chial et al.；Soykan et al.，1997）。因为反刍很像呕吐，一些人最初会被诊断为神经性贪食或胃食管返流疾病。他们在得到正确诊断之前有时已做了胃肠手术并且已咨询了数位医生（O’Brien et al.，1995）。

药物治疗喂食障碍是无效的。行为干预如习惯消除、放松训练和认知行为疗法对反刍障碍是有效的（Chial et al.，2003；Soykan et al.，1997）。习惯消除（habit reversal）是一种通过坚持使用竞争（即替代）行为来消除问题行为的行为治疗。在治疗反刍障碍时，会教患者学习横膈膜（深）呼吸，这是一种可消除大多数患者反刍的竞争反应（Chial et al.）。

儿童某些类型的表现在DSM-Ⅳ剩余类别中曾被诊断为EDNOS，在DSM-5中则归为**回避性/限制性摄食障碍**（avoidant-restrictive food intake disorder，ARFID）。ARFID反映的是孩子身上那些限制进食或进食不足的行为。尽管该障碍在儿童和青少年身上最为常见，但可持续到成年。

ARFID的表现还包括个体食物范围非常狭窄，个体通过限制摄食调节情绪——一次情绪危机或不愉快经历。虽然常被误认为是“挑食”，这些表现均可与有显著临床意义的发育上或功能上的损害以及潜在严重的医学并发症有关（见DSM-5：回避性/限制性摄食障碍）。

回避性/限制性摄食障碍 DSM-5

A. 进食或喂食障碍（例如，明显地对进食或食物缺乏兴趣；基于食物的感官特征来回避食物；担心进食后的厌恶后果）表现为持续地未能满足适当营养和/或所需能量，与以下至少一项有关：
   1. 体重明显减轻（或在儿童则表现为未能达到预期的体重增加或成长缓慢）。
   2. 显著的营养缺乏。
   3. 依赖胃肠道喂食或口服营养补充剂。
   4. 心理社会功能受到显著影响。

B. 本障碍不能用缺乏可获得的食物或有关与文化背景认可的实践来更好地解释。

C. 这种进食障碍不能仅出现于神经性厌食或神经性贪食的病程中，也没有证据表明个体存在对自己的体重或体型的体验障碍。

D. 这种进食障碍不能归因于并发的躯体疾病或用其他精神障碍来更好地解释。如果这种进食障碍出现在其他疾病或障碍的背景下，则本障碍的严重程度超过了这些疾病或障碍的常规表现，并需要引起额外的临床关注。

资料来源：Reprinted with permission from the *Diagnostic and Statistical Manual of Mental Disorders*, Fifth Edition, (Copyright 2013). American Psychiatric Association.

性别、种族、民族和发展因素

与有些心理障碍不同，进食障碍对每个人的影响是不一样的，在生命不同阶段的发病率也是不一样的。对进食障碍的理解需要对何人以及何时会患有此种障碍有详细的了解。

性别与进食障碍

我们在之前已经提到，神经性厌食在妇女和女孩中比男人和男孩中更为常见。虽然我们还不知道造成这种不平衡的确切原因，但也提出了许多理论，包括女孩和妇女为获得理想瘦身日益增长的压力、女性身体的客观化，还有女性荷尔蒙对食欲和体重调节的影响（Klump et al.，2006；Striegel-Moore et al.，2007）。

虽然神经性贪食的性别比率是失衡的，但它的诊断标准是有性别偏向的。因为在暴食后男性更倾向于非清除型补偿行为，如过度锻炼（Anderson et al.，2003；Lewinsohn et al.，2002）。改变神经性贪食的定义可能会改变这种障碍的性别比（Anderson & Bulik；Woodside et al.，2001）。男性运动员也处于因想保持体型而压力过大的人群中，他们也可能会过度关注自己的体重和体型。有趣的是，进食障碍的有关行为如暴食、锻炼、清除和对体重减轻的渴望之间的关系也是有性别差异的（De Young et al.，2010）。

与神经性厌食和神经性贪食不同，BED的性别分布则几乎相等（Hay，1998；Hudson et al.，2007）。另外，暴食行为的性别分布也几乎相等。

种族、民族与进食障碍

人们曾一度认为进食障碍仅见于中上阶层的白人女孩。然而，情况显然没有那么简单。这些早期的刻板印象更有可能仅是反映了谁更有能力负担得起治疗，而非谁真正会患上此种障碍（Smolak et al.，2001）。不幸的是，对于进食障碍和相关行为，我们没有足够的流行病学数据来给出一个清晰的美国种族和民族分布图。一项对进食障碍的研究（Striegel-Moore et al.，2003）评估了2 054名年轻的黑人和白人成年女性（平均年龄21岁），发现白人女性比黑人女性的神经性厌食和神经性贪食患病率更高。尤其有趣的是，黑人女性中没有人被诊断为神经性厌食，而白人女性中则有1.5%（Striegel-Moore et al.）。但是，由于样本也存在社会阶级差异，所以，对于患病率的不同，尚不明确是种族差异还是因为社会经济地位差异，或者两者兼有造成的。用来自美国人口的全国代表性数据所做的后续研究发现，神经性厌食的终身患病率没有种族 / 民族差异（Marques et al.，2011）。

一组研究人员（Striegel-Moore et al.，2005）发现进食障碍症状的模式因种族 / 民族而不同。非清除型的暴食行为在黑人女性中更为常见，而清除却不暴食的情况在白人女性中更为常见。其他研究人员（Marques et al.，2011）发现，“任一种暴食”（any binge eating）（被定义为三个月内每周至少两次失控的暴食但不伴有明显痛苦）在西班牙裔、非裔美国人和亚洲人中的终身发病率显著高于非西班牙裔白人。另外，神经性贪食在西班牙裔和非裔美国人中的终身患病率也显著高于非西班牙裔白人（Marques et al.）。然而，很多研究并没有在反复发作的暴食的患病率上发现种族或民族差异（Reagan et al.，2005；Smith et al.，1998；Striegel-Moore et al.，2001）。暴食在美国本土白人男女身上也有相似的患病率。在多样化的美国人口中，这种障碍数据资料的不足是我们知识上的重大空白。

关于 BED，患病率几乎不存在种族或民族差异（Smink et al.，2012），终身患病率在不同种族 / 民族中差异不显著（Marques et al.，2011）。初步数据显示，社会经济地位较低的阶层可能有更多患 BED 的风险（Langer et al.，1992；Warheit et al.，1993）。

进食障碍的发展因素

除了发病的常见年龄和高度不平衡的性别比例，发展心理学的原则尚没有充分应用于检查进食障碍的起因。很少有研究调查儿童期的喂食障碍、体重问题与青春期患上进食障碍之间的关系。考虑到儿童期喂食障碍对进食障碍的影响，本节主要关注我们所知的关于神经性厌食、神经性贪食和 BED 的发展因素方面的知识。

尽管儿童期神经性厌食的发病率可能在增长，但儿童期神经性厌食并不常见（Lask & Bryant-Waugh，2000）。青春期之前的神经性贪食报告很少见（Stein et al.，1998）。临床报告表明，有问题的进食行为和态度显然在一些青春期前的女孩身上已经出现（Killen et al.，1994；Leon et al.，1993）。在一项研究中，儿童期对进食障碍的预测因素包括母亲对自己身体的不满、瘦身理想的内化（或者是承受要变瘦的社会压力的大小）、贪食症状、父亲和母亲的 BMI（Stice et al.，1999）。而这种家庭关系反映环境和遗传因素的程度尚不明确。

如果神经性厌食发病于青春期早期，那它所产生的医学和心理后果就会明显干扰个体的社会化和情感发展（Bulik，2002）。这种障碍本身及与之相关的症状如抑郁、焦虑、社会退缩、社交场合进食困难、自我意识、疲劳和医学并发症，都会导致其与同龄人和家人之间的隔离。通常，想要康复就需要面对本该在多年前就应面对的挑战，比如从家庭中独立出来，在友谊中相互信任，约会并建立浪漫的关系等。虽然我们常强调进食障碍造成的身体伤害，但它对社会和心理的影响也同样具有破坏性。此外，神经性厌食对家庭的情感和经济也都有显著影响。家庭聚餐可能变成这样的战场：有人拒绝吃东西，有人强迫她去吃，然后是挫败和眼泪。父母努力地理解他们的孩子为什么变得离自己越来越远，甚至不能理性地认识进食功能，而这对他们来说是生活中一个多么简单的事啊。由于进食障碍，患者对兄弟姐妹及其他家人的需要都变得次要。这些，再加上治疗所需的巨额费用，都会对许多家庭功能造成严重损害。

在调查谁会患神经性贪食的问题时，对年龄大的孩子的人群研究表明，月经初潮（开始来月经）时间早会增加患神经性贪食的风险（Fairburn et al.，1997）。与同龄人相比，身体脂肪的百分比增长迅速和发育比同龄人早的女孩都可能会对自己的身体产生更大不满。这就可能导致出现一些旨在控制进食和体重的早期实验性行为（Attie & Brooks-Gunn，1989），从而增加进食障碍的患病风险。举例来说，在中学女生中，身体脂肪多（身体成熟的标志）的人有可能在两年后出现进食问题（Attie & Brooks-Gunn）。与之相似，在一项针对 971 名中学女生的调查中（Killen et al.，1992），与同龄人相比发育较成熟的女生更有可能符合神经性贪食的诊断标准。进食障碍患者的家庭背景也可能存在重要差异。与神经性厌食患者一样，神经性贪食患者也有着高成就取向的家庭背景，然而这些家庭同时也比神经性厌食患者的家庭有更多的吸毒和酗酒问题，性虐待的频率也更高。值得注意的是，在有进食障碍患者的家庭中出现性虐待的现象并不比其他心理疾病患者的家庭更普遍。

我们对 BED 的相关发展因素了解得更少。追溯患有 BED 的肥胖女性以前的生活，发现她们在 18 岁以前就有与她们更早出现的肥胖、节食和异常心理有关的暴食行为（Marcus et al.，1995）。大多数研究都表明 BED 一般会在青春期晚期和成年早期发病（Hudson et al.，2006）。一些人表示她们在第一次节食之前，即在早期生活（11 ~ 13岁）中就开始了暴食（Grilo et al.，2000）。在6 ~ 12岁的孩子中，有暴食行为的儿童与没有暴食行为的儿童相比，会多长出15%的脂肪（Tanofsky-Kraff et al.，2006）。研究者也关注了那些报告进食失控但不伴有吃进明显大量食物的儿童，对这些超重年轻人的研究显示这种失控进食与增长的有关进食的痛苦、焦虑、抑郁症状以及低自尊有关，并可能与儿童期肥胖的增加有关（Tanofsky -Kraff et al.，2007）。

进食障碍的病原学

虽然研究者已经对进食障碍研究了数十年，但对它的患病原因仍不清楚。现在从纯粹社会文化因素方面到纯粹生物学因素方面都已提出了很多理论。但要对进食障碍的原因有一个全面理解，毫无疑问就要对生物因素和环境因素的作用有一个合理的综合。

生物学观点

生物学研究已经改变了我们对很多心理疾病的认识。典型的例子就是孤独症谱系障碍（一度被认为是由于母亲的冷漠和疏远造成的）和精神分裂症（曾被认为是因母亲有精神分裂症而造成的）。而现在我们知道孤独症谱系障碍和精神分裂症是神经发育障碍。现在神经生物学方法也用于帮助对进食障碍的生物学基础的理解。通过动物模型，我们对进食障碍的理解有了很大程度的提高。通过对实验室动物的观察可以了解进食障碍核心症状的潜在生物学基础。这种研究主要关注在动物身上也存在类似情况的那些疾病方面。虽然我们不能对一些诸如体像扭曲和对身体不满这样的进食障碍的心理成分开发动物模型，但我们可以开发一些如节食和暴食这样的行为成分的模型（见“研究热点：动物暴食吗”）。

动物暴食吗

什么情况会导致啮齿类动物做出看起来确实像是暴食的行为？回答这个问题能帮助我们理解一些暴食者背后的生物学基础。

三个主要因素会导致啮齿类动物出现暴食：应激暴露、一段时期的食物剥夺以及“反复的时断时续地暴露在美味的食物和液体前”（Boggiano & Chandler，2006；Boggiano et al.，2005，2007）。这三个因素听起来非常像是人类的应激、节食以及穿过购物中心的食品街。

动物文学中杜撰了一个十分有趣的词叫“暴食引爆”（binge priming），是指将动物放在一个先是食物剥夺又紧接着暴露于对它们而言很美味的食物面前的循环中。这种实验范式导致它们暴食——不仅是在食物剥夺刚结束后而且甚至是在它们的体重恢复之后。所以这种“暴食引爆”对它们的饮食行为有着长远的影响。这种动物模型模拟了我们所看到的那种先是严格节食，然后用美食（用像芹菜这样低卡路里的食物来打破节食计划是少见的）打破节食计划的人类行为。事实上，这种食物剥夺紧接天上掉馅饼的反复模式可能引爆了大脑的暴食机制。

有趣的是那些经历过食物剥夺和美食暴露循环的动物也更可能会滥用酒精和可卡因。显然，这种暴食引爆范式导致了大脑中的奖励回路的改变并且影响到大脑中很多与快乐和奖励有关的神经递质，例如，多巴胺、乙酰胆碱、内生性鸦片以及大麻素。

专家尤其担心那些经历反复节食和暴食循环的青少年，因为他们的大脑正在发育并且对奖励更为敏感（除其实际用处外，这也是为什么青春期是开始尝试烟、酒、药物和性的黄金时段）。专家担心这个时期的暴食引爆不但可能会造成一生暴食的脆弱性，而且还可能会引起物质滥用的后果。

应激和反复的食物剥夺致使奥利奥饼干消耗增加。

1. 下丘脑的作用

从动物研究中我们得知，下丘脑（大脑中一个调节某些代谢过程和自主活动的区域）影响食欲和体重控制。当研究人员对小鼠的下丘脑腹内侧进行了手术损害后，小鼠就会变得贪食和肥胖。相反，如果损害的是小鼠的外侧下丘脑时，小鼠就会减少进食量且体重下降。因此，研究显示小鼠下丘脑是其食欲和体重调节的中枢，但它的功能只是进食障碍病因的一个方面。而且，在人类进食障碍患者中并未发现下丘脑异常的证据。

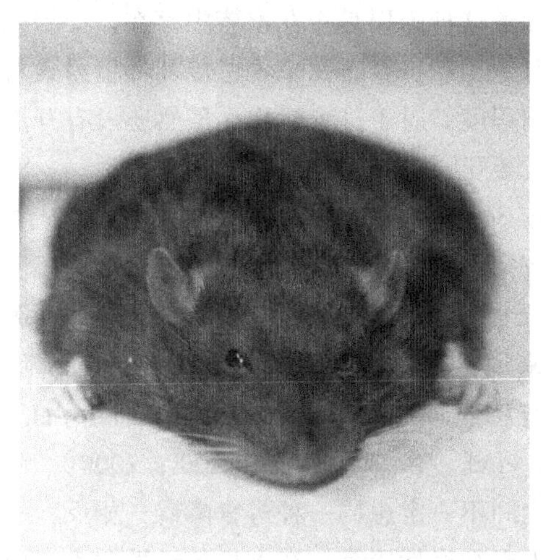

下丘脑是控制体重和调节食欲的中枢，小鼠的下丘脑腹内侧损伤时，体重会急剧增加。而如果损伤的是下丘脑外侧，那么该小鼠就会变得极端瘦弱。

2. 基于活动的神经性厌食

另一项针对神经性厌食的动物模型主要研究的是厌食症患者的过度活动，它们在体重过轻的情况下仍坚持过度运动。在这个啮齿动物实验中，转动的轮子可以随意使用，再加上定时喂食，结果导致在轮子上的活动增加和进食减少。在这种条件下，啮齿动物会减少20% 多的体重甚至瘦弱致死（Hillebrand et al.，2005；Routtenberg et al.，1967）。这个模型十分有趣，因为它抓住了神经性厌食复杂症状中的一个（活动过度），可以据此进一步了解神经性厌食的生物学基础和药理作用（Kas et al.，2003）。把复杂的心理障碍分解为几个组成部分并为这些部分的行为开发动物模型，这对于病原学来说是十分有价值的科研方法。

3. 暴食的成瘾模型

具暴食特征的进食障碍与成瘾障碍相似吗？参与酒精和药物滥用的同一脑系统在多大程度上也参与了暴食呢？一些与成瘾相关过程有关的神经心理系统，包括那些与冲动和执行（决策制定）有关的系统，可能在 BED 的形成上起了作用（Tanofsky-Kraff et al.，in press）。这些系统可能参与了对个体食物价值的强化以及他们是否体验到对进食的失控。通过 PET 扫描发现，在暴露于食物刺激后患有 BED 的肥胖个体在脑的尾状核和壳核区域较未患 BED 的肥胖个体分泌了更多的多巴胺（Wang et al.，2011）。这是一项重要的发现，因为多巴胺调节我们的进食动机，这意味着患有 BED 的个体当被暴露于食物刺激时获得了更强烈的进食信号。另外，基于功能性 MRI 数据，在观看食物图片时患有 BED 的超重个体与未患 BED 的超重或正常体重个体相比，其眶额回更活跃（Schienle et al.，2009）。眶额回参与决策制定，且其内部结构也与味觉奖励和嗅觉有关。

与药物和酒精成瘾的机制很像，应激反应也增加了食物对患有 BED 个体的强化价值。在应激状况下，未患 BED 的个体倾向于发现食物的较小强化力量（Goldfield et al.，2008）。即便如此进一步研究还是需要的，以使人们对与 BED 有关的冲动与执行系统的全貌能更好地理解，以及了解与其他成瘾障碍相比这种大脑回路的异常有何不同。

4. 神经内分泌和神经激素因素

理解进食障碍生物学原因的其他方法包括神经内分泌和神经激素系统（见第 2 章）是如何影响摄食行为和冲动控制的。我们已经发现第 2 章里描述的一些神经递质系统与调节喂食行为有关系。尽管其他神经递质也可能影响喂食启动（开始吃东西）、饱腹感（吃饱）、进食冲动和食欲（Badman & Flier，2005；Gerald et al.，1996；O'Connor & Roth，2005；Scammell & Saper，2005），在这里我们将主要关注 5- 羟色胺和多巴胺的作用。5- 羟色胺和多巴胺与进食障碍的心理和行为特征的变化有联系，如冲动性和强迫性（Roth & Shapiro，2001；Simansky，2005；Swerdlow，2001）。事实上，5- 羟色胺直接关系到进食障碍的发病（Brewerton & Jimerson，1996；Jimerson et al.，1997；Kaye，1997）。在神经性厌食或神经性贪食患者康复一年之后，他们的 5- 羟色胺水平仍然很高（Kaye et al.，1991，1998）。然而，我们尚不清楚，脑内 5- 羟色胺活动的增加究竟是进食障碍的结果还是原因，或者如果个体这种活动增加了是否就意味着他会患上进食障碍。此外，5- 羟色胺的异常也可能导致一些进食障碍的人格特征，比如完美主义、刻板，还有神经性厌食中的强迫性（Hinney et al.，1997；

Kaye，1997；Kaye et al.，2000）。而且，神经性厌食患者一直保持克制的状态，并且除了对体重降低之外觉得生活毫无乐趣。这使一些研究人员假设多巴胺参与了这个过程，因为它是产生喜悦情绪的主要递质。PET 研究数据表明，神经性厌食患者可能受一个与多巴胺有关的奖励机制的干扰从而导致了其自我克制的行为风格（Frank et al.，2005）。

5. 大脑结构和功能的研究

神经性厌食患者存在大脑结构异常。一些测量表明，在患病期间，患者的大脑质量减少，包括灰质减少（Muhlau et al.，2007）和脑室增大（Dolan et al.，1988）（见第 2 章）。在神经性贪食患者身上也出现了大脑结构变化，但这些变化不如在神经性厌食患者身上那么显著（Hoffman et al.，1989；Krieg et al.，1989）。一项长期跟踪研究表明，神经性厌食和神经性贪食患者的许多大脑结构性差异会随着时间和康复而恢复正常（Wagner et al.，2006）。

在患上神经性厌食或神经性贪食之前，没有研究检查过患者的大脑结构，所以我们并不清楚这些变化到底是患上障碍之前就存在还是患这些障碍之后的结果。从科学家 - 实践者的角度看，虽然得到了体重恢复后大脑结构变化依然存在的证据，但这也不能提供这些变化与所患障碍之间存在因果关系的证据。实际上，饥饿（或交替性的挨饿和暴食）会带来持久性的生物学“疤痕”，这表明大脑结构变化是障碍的结果，而非患上障碍的原因。

在脑功能差异方面（见第 2 章对功能性 MRI 的介绍），可以发现神经性厌食和神经性贪食患者在休息时出现了大脑葡萄糖代谢的全面减少（Delvenne et al.，1999），而在脑内的某些区域 5- 羟色胺的活动却增加了（Bailer & Kaye，2011；Kaye et al.，2005）。这些异常正与我们在神经性厌食和神经性贪食的部分形式中所见到的严格、固执和过度控制的行为相符合。

6. 家族和遗传学研究

在第 2 章中，我们讨论了该如何理解遗传的作用，首先要知道这种障碍是否在家族中存在，如果是，则应该设计双生子和寄养研究来看遗传和环境因素对家族模式的影响程度。对于进食障碍，虽然还没有开展寄养研究，但已经开展了一些家族和双生子研究。

家族研究表明，神经性厌食、神经性贪食和 BED 很明显有家族性（见“证据检验：基因还是环境导致了神经性厌食”）。对神经性厌食患者或神经性贪食患者的亲属来说，他们在生活中患进食障碍的风险近乎是那些没有患病亲属的人的 10 倍（Hudson et al.，1987；Lilenfeld et al.，1998；Strober et al.，2000）。然而，家庭成员之间不一定患同一种进食障碍；相反，一家人中可能有人患神经性厌食，有人患神经性贪食，或者患上 EDNOS 的某种类型（DSM-Ⅳ-TR 剩余分类）（Lilenfeld et al.，1998；Strober et al.，2000）。BED 也在家族中流行，但与肥胖无关（Hudson et al.，2006）。而且 BED 患者的亲属会得严重肥胖的可能与没有 BED 患者的亲属相比，前者是后者的 2.5 倍。

基因还是环境导致了神经性厌食

这个例子只是“肥胖恐惧症”的环境将两个女孩吓成了神经性厌食呢，还是潜在遗传素质的表现呢？

检验证据

- **环境的作用** 环境是导致进食障碍的重要因素。像对体重不宽容、嘲弄、肥胖恐惧症和要变瘦的社交压力这些事都会促使年轻女孩患上进食障碍。米凯拉两姐妹所经历的嘲笑是她们受到的强有力的环境影响：她们相约再也不要被嘲笑了。双生子间经常还有特殊的关联。在本例中，她们关于节食的约定强烈到足以最终致两人死命。预防进食障碍的理性方法将包括：降低校园欺凌和嘲讽，向媒体和模特产业施压以停止其对不现实瘦身理想的吹捧。
- **事实** 双生子姐妹米凯拉和萨曼莎都在 14 岁时觉得自己超重了并决定节食减肥。她们觉得自己超重的念头并不是她们自己的主意，而是因为受到了同学的奚落和嘲笑（她们的妈妈估计她们在节食前有将近 200 磅）。节食开始得很天真，结果却是毁灭性的。这对姐妹不知道如何控制她们的进食障碍。萨曼莎因滥用泻药最终无法控制她的肠胃，她甚至每晚都把床单弄脏。她们在22岁都怀孕了，但却都因为害怕变胖而堕胎了。这对姐妹在20世纪90年代吸引了全球媒体的关注，她们在《毛里·波维奇秀》（*Maury Povich show*）中与大家分享她们与进食障碍做斗争的心碎经历。俩人最终都死于神经性厌食的并发症。米凯拉是躺在她的孪生姐妹的旁边去世的。1994年米凯拉去世之后，萨曼莎拼命努力让自己的身体好起来。不幸的是，对她身体的伤害已经形成了，虽然有过一段很短的康复时期，她还是在1997年10月去世了。

- **遗传的作用**　这对姐妹14岁时就有将近200磅的事实表明她们的确有进食和体重失调的生物学倾向。尽管她们在学校中受到了奚落，但许多其他也在学校里受到奚落的超重孩子并没有患上进食障碍。这对姐妹决定一起开始她们的节食，而且再也没有停过。尽管开始节食只是她们的一个选择，但是一旦她们处于一种负性能量平衡中（耗费的卡路里比摄入的还要多），神经性厌食还是会出现，因为她们有遗传学倾向。她们之所以不同是因为她们的身体对饥饿的反应不同。实际上，许多超重并节食的青少年都会经历一段减肥的痛苦历程，但最终还是长成为一个肥胖的成年人。在这对姐妹的情况中，她们的体重直线下降，她们保持这种可怕的低体重直到她们去世。在这个案例中，是她们的基因将她们投入了神经性厌食的牢笼中。理性预防进食障碍，需要我们识别出易患厌食的基因，并研制出一些药物来抵消这种抑制进食和维持低体重的生物学因素。
- **结论**　不是天性或养成，而是天性和养成，并不是遗传或者环境哪一种因素单独导致了这对孪生姐妹的神经性厌食。有无数的青少年因为他们的体重被奚落，然而却只有一小部分会患上神经性厌食。是什么使这些人更易患病呢？是什么使他们对节食的身体反应与大多数同龄人不同呢？极有可能是他们的基因倾向使他们比其他人对负性能量平衡更敏感。他们能维持如此小的进食量和低体重就证明了他们与其同龄人的生物基础不同。预防进食障碍的理性方法应该包括通过识别基因型来鉴别高风险个体。然后应提供这些个体适应环境的策略和手段，以帮他们远离触发进食障碍的负性能量平衡的情境。

资料来源：http://www.somethingfishy.org/memorial/memorial.php; and Bateman, M. (1997, November 16). These are not just desserts. The London Independent.

««««

这种家族模式从多大程度上归因于基因，又从多大程度上归因于环境或对不健康行为榜样的学习？双生子研究一致表明进食障碍和相关特质是中度遗传的（Bulik et al.，2000；Wade et al.，1999）。据估计，神经性厌食的遗传力约为60%（Bulik et al.，2006；Wade et al.，2000），神经性贪食的遗传力为28% ~ 83%（reviewed in Bulik et al.，2000）。剩余变异（两种障碍都算）可归因于个体的具体环境因素（见第2章）。目前对BED遗传力的最好估计是约41%（Reichborn-Kjennerud et al.，2004）。不同样本和不同国家重复研究的一致结果是，进食障碍确实受遗传因素的影响。

进食障碍的基因研究随着双生子研究的结果而向前迈进了一步，它开始审查可能会影响神经性厌食或神经性贪食患病风险的基因组区域。迄今为止，尽管相关研究正在进行，但我们对与BED相关的分子遗传学仍所知甚少。关于神经性厌食，大家感兴趣的一个区域位于1号染色体（Devlin et al.，2002；Grice et al.，2002）。在这　区域中已经有两个基因被分离出来，一个与5-羟色胺的功能有关，另一个与多巴胺功能有关。它们在神经性厌食的患病过程中所起到的潜在作用正在研究当中（Bergen et al.，2003）。通过关联研究法（见第2章），许多研究发现了那些影响食欲、体重调节和情绪的基因，也研究了影响5-羟色胺和多巴胺功能的基因和在进食障碍病原学中有主要功能的其他基因。

对于神经性贪食，10号染色体上的一个特定区域已被确认为是该病的"热点"（Bulik et al.，2003）。有趣的是，该区域也已被确认为是肥胖遗传学研究的热点（Froguel，1998）。使用关联方法的遗传学研究在研究神经性厌食中已关注了许多相同基因组。一个与5-羟色胺系统有关的遗传变异被发现与患包括暴食和清除在内的进食障碍女性的一些症状有关，这些症状如冲动、情绪不稳和不安全的依恋（Steiger et al.，2005）。

使用了全基因组关联方法的三项研究将神经性厌食患者和未患心理障碍者进行了比较，但没有得到符合全基因组意义上严格标准的差异结果（Boraska et al., submitted；Nakabayshi et al., 2009；Wang et al., 2011）。为了从基于其他精神障碍的遗传学研究结果中得到有意义的发现需要更大的样本量。

在过去的几十年里，对进食障碍的遗传研究取得了惊人的进展，但基因并不能解释进食障碍的全部。最合适的因果解释应该包括基因与环境的相互作用。只存在有患病风险的基因并不意味着这个人就会患上进食障碍。实际上，携带很多患病基因的人如果没有暴露于能触发基因倾向的环境刺激下，个体可能永远都不会患上这种障碍。尽管基因决定了我们患病的基本风险，但经历的环境会给我们以保护（缓冲）和/或触发（增强）。对许多心理障碍来说，基因与环境之间复杂的相互影响将是理解这些障碍发病的关键。

心理学观点

有一些心理学理论试图解释进食障碍。这些理论中有几个在今天仍然有助于我们对进食障碍某些方面的理解，但我们最好将其与生物学风险因素放在一起来考虑。

1. 心理动力学的观点

回顾第1章，心理动力学关注的是早期经验的影响。早期精神分析理论认为神经性厌食是在试图防御与新出现的成人性欲有关的焦虑（Waller et al., 1940）。神经性厌食被认为是一种通过挨饿来倒转或拒绝成年女性性欲以回到青春期前状态的无意识尝试（Dare et al., 1994）。随着精神分析理论不再只是狭窄地关注性，它的解释开始转向引发这些障碍的人际关系和人际环境（Kaufman & Heiman, 1964）。在该领域的临床医生和作家中，希尔德·布鲁克（Hilde Bruch, 1973, 1978）是一位关键人物，她在其《金色牢笼》（*The Golden Cage*）一书中对神经性厌食患者做了丰富的临床描述。是什么使她的患者在进食时对自己保持如此严格的控制呢？通过敏锐的洞察她识别出一些特点如体像扭曲和普遍存在的失去效能感是神经性厌食病理学的核心方面。

2. 进食障碍的家庭模型

进食障碍尤其是神经性厌食的早期家庭模型，关注的是寻求帮助的患者的家庭功能失调。可能是这方面最著名的工作来自阿根廷精神病学家萨尔瓦多·米纽庆（Salvador Minuchin）（Minuchin et al., 1978）的研究，他识别出了四种功能失调模型。他把卷入、僵化、过度保护和缺乏冲突解决作为他所提出的心身症家庭（psychosomatic families）的特征。**卷入**（enmeshment）描述的是任何一个成员的事务里都有其他家庭成员的过度参与。僵化（rigidity）指的是家庭成员难以应付他们的孩子发展需要的变化，比如，孩子们要求有更多的自主权。僵化家庭很难与孩子一起成熟。过度保护（overprotectiveness）则意味着父母阻止儿童发展适龄经验。最后，缺乏冲突解决（poor conflict resolution）反映了这些家庭难以解决有问题的和消极的情况。

萨尔瓦多·米纽庆，阿根廷精神病学家，任职于宾夕法尼亚大学。他倡导“心身症家庭”的概念，并在餐桌旁做家庭治疗工作。

根据米纽庆的理论，家庭病理学表现为某个孩子的心身疾病（在这里即神经性厌食）。他用家庭进餐时间来评估家庭功能并作为治疗手段。他关于家庭进餐的生动例子提出了家庭如何在高危时间（即围绕食物）运作的见解。尽管他的工作把对神经性厌食的研究放到了科学研究的领域，但他的研究样本取自那些能在学术中心负担得起治疗的家庭。后来的研究认为他的描述过于简单，而且神经性厌食患者的家庭也不都是那么同质的。他观察到的许多模式是神经性厌食者家庭生活的结果，而不是原因。

3. 认知－行为理论

认知－行为模型专注于对体型、体重、进食和个人控制的认知扭曲，是这些扭曲的认知导致并维持了不健康的进食行为和与体重相关的行为。下面来看一个认知扭曲的典型例子：在吃完一个甜甜圈后，神经性贪食患者可能会想，"反正已经搞砸了，或许我该继续把整打吃完！"认知–行为模型的支持者强调想法对感觉和行为的影响力量。神经性贪食患者对食物、体型和体重的扭曲认知导致他们出现维持暴食和清除循环的特殊感觉和行为。关于神经性贪食人们业已建立起了一些认知–行为模型（Fairburn，1981；Mitchell，1990）。

4. 社会文化模型

社会文化模型强调的是西方文化中以瘦为美的成见。社会文化模型认为神经性厌食的轨迹是，先是处于以瘦为美的理想中，然后将理想内化，看到现实体型与理想不符，之后是对自己身体不满，因此控制饮食，最后限制进食（Striegel-Moore et al.，1986）。由于女孩和妇女通常把外表看得很重要（Moradi et al.，2005），所以她们更容易把瘦的理想内化。获得瘦身理想的微妙和外显信息能明显影响女性的自尊和体型自信。通常，观看以瘦为美的媒体形象会给女大学生带来不良的后果（Irving，1990；Stice & Shaw，2002；Tiggemann & Pickering，1996）。即便是短暂观看整容手术现场秀也会造成自尊降低——尤其是对那些已明显将以瘦为美的理想内化的个体而言（Mazzeo et al.，2007）。

虽然以瘦为美主要是女孩和妇女们的目标，这种社会文化的力量也影响到了男孩和男人们。对瘦和肌肉发达的强调增多使得男性开始出现不健康的体重控制行为，包括通过使用合成代谢类固醇以获得令人称赞的"六块肌"或"肌肉男"的理想身材（Kanayama et al.，2006）。与女性一样，即便是短暂观看以瘦为美的媒体形象也能使男性对自己身体的观感产生消极后果（Leit et al.，2002）。支持社会文化因素对进食障碍的影响的重要研究由贝克尔（Becker）和她斐济的同事们完成。1995 年，这时电视在该岛还不能使用，贝克尔和她的团队对 63 名斐济初中女孩进行了调查，这些女孩平均年龄 17 岁。三年后，电视在岛上已很普遍，研究者调查了同学校的 65 位女孩，这些女孩在年龄、体重及其他特征都与首次调查的女孩相匹配。结果令人印象深刻，首次调查中只有 3% 的女孩报告说为了控制体重而有自我导吐行为，而三年后报告该种行为的则足有 15%（Becker et al.，2002）。此外，新调查数据显示，即便某女孩家里没电视或她自己没看电视，仅是她朋友看电视的数量就能影响她对自己的身体印象（Becker et al.，2011）。因此，社交网络对个体罹患进食障碍的风险有强烈影响。

时尚产业对瘦的强调常被认为是引起进食障碍患病率上升的社会文化因素。

有四方面的证据为社会文化模式提供了部分支持（Striegel-Moore & Bulik，2007）。这些证据包括：神经性厌食和神经性贪食的男女比例失衡；在女性中，神经性厌食和神经性贪食的发病率增高与理想体型变瘦同步；在发病率或患病率的跨文化差异研究中发现在倡导女性极端纤瘦的文化中有更高的患病比例；以及在瘦的理想内化和进食障碍之间有显著的预期关系。

但单独的社会文化模型不足以解释所有进食障碍的病因。事实上所有的女孩都处于相同的以瘦为美的社会文化中，而且许多人已将此内化，但却只有很少的人会发展出进食障碍的所有症状（Striegel-Moore et al.，1986）。最可信的解释是环境对个体的影响程度不同，方式也不同。之所以如此还在于个体的基因，正如我们在第 2 章里讨论的那样，基因与环境的交互作用造成了进食障碍。遗传素质可能使个体更倾向于出现节食行为，而这些则被以瘦为美的社会文化压力所触发。尽管对遗传脆弱性较低的人来说，第一次节食除了饥饿产生的不愉快体验之外并没什么，但是对于遗传脆弱性高的人来说，第一次节食可能会触发她们陷入全面的神经性厌食之中。另一个需要进一步研究的因素是平均体重增加（在儿童和年轻成人中平均体重正在增加）和更为频繁的节食（出现得越来越早且影响的人越来越多）所起的作用。

进食障碍的治疗

对于神经性厌食、神经性贪食和暴食障碍的患者来说，尽管对他们的治疗目标有共性，但还是有差异的。进食行为和体重的正常化和稳定化是对所有这些障碍的核心治疗目标，然而对特定障碍的治疗则因其具体性质不同而不同。在神经性厌食中，最初的目标就是增加其卡路里摄入量和体重，这样才能使后期对其心理方面的治疗更为有效。而对于神经性贪食来说，如果其体重通常处于健康范围内，治疗就应集中于使其正常进食、消除暴食行为和清除行为的发作并促进其心理方面的提高。在对暴食障碍的治疗中，存在的争议是对于超重或肥胖的患者来说，体重减轻应否被当作疗效之一？很多人认为对体重减轻的反复尝试是暴食障碍的原因。在治疗这些障碍时达到目标的最佳途径是不一样的。

神经性厌食的住院治疗

对神经性厌食的治疗是困难的，最好是由多学科治疗团队来进行。第一步也是最关键的一步是体重的恢复。患者急性发病时心理治疗是很难开展的，因为她们的思维能力受到了饥饿的损害。心理治疗方法包括个体治疗（认知–行为治疗、人际治疗、行为治疗、支持治疗、心理动力学治疗）、家庭治疗（尤其是针对年轻患者）和团体治疗。对体重低于标准 75% 的个体建议住院治疗（APA Work Group on Eating Disorders，2000）。

在决定患者住院治疗时除了体重，我们还要考虑到其他重要因素，如医学并发症，自杀企图或计划，门诊治疗不见好转，共病的精神障碍，对学习、工作或家庭的影响，缺乏社会支持，怀孕及其他治疗选择的无效性（APA Work Group on Eating Disorders，2000）。住院治疗涉及高度专业化的多学科治疗团队，其中包括心理学家、精神病学家、内科医生或儿科医生、营养师、社会工作者和专业护士。在体重严重偏低时，可能会规定患者卧床休息或限制活动以保证她们的安全并为她们的身体提供增加体重的机会。通常，随着患者的进食和体重增加，她们会在治疗中得到更多的主动权。一般情况下营养师会首先给患者特制一份营养菜单。当患者情况好转到可以自己做健康的选择时，她们就会自己做膳食搭配来继续增加体重。住院治疗对于神经性厌食的患者及其家属来说都将是困难的。治疗中会出现一种奇怪的情况，即患者会非常害怕她们症状（饥饿和低体重）的消失，而医生提供的药正是患者所回避的东西（食物）。建立医患间的合作关系是减少患者对体重增加的焦虑的关键，也是住院治疗成功的关键。

伦理与责任

通过司法委托途径进行神经性厌食的非自愿治疗会发生在少数进食障碍患者身上，这样做有时会引起争议。人们对患者涉及自杀、有明显伤害自己的意向时的司法委托争议较少。但神经性厌食的部分诊断标准无法识别出其体重减轻的严重性，而患者本人也不会表现出伤害自己的意图，而她们的行为却可能造成严重伤害或死亡。在法律上，自我挨饿通常被认为是一种危及生命和构成重大伤残的行为，因此授权对那些拒绝治疗的严重神经性厌食患者进行民事委托治疗（Applebaum & Rumpf，1998）。

不管是自愿还是因为司法委托非自愿住院治疗，有相当比例的神经性厌食患者在住院期间重获体重。而且，当事后询问时，那些委托治疗的非自愿患者普遍报告说对她们的非自愿治疗是公正的，并视其治疗团队是善意的（Watson et al.，2000）。原则上，非自愿委托治疗应被视为当患者身体安全处于危险中并可能从住院治疗中获益却拒绝住院时的最后手段（Applebaum & Rumpf，1998）。

对进食障碍的生物学治疗

虽然药物治疗常用于对神经性厌食的治疗，但迄今为止这些方法的有效性还没有被确认（Watson & Bulik，2013）。一份 2007 年的报告中强调，迫切需要开发旨在治疗神经性厌食核心症状的药物（Bulik et al.，2007）。对于神经性贪食，抗抑郁药氟西汀（百忧解）似乎可减少暴食和清除的核心症状以及有关的心理特征如抑郁和焦虑，至少在短时间内是有效的（Shapiro et al.，2007）。

1994 年，FDA 批准了使用氟西汀治疗神经性贪食，这是对所有进食障碍来说唯一获得批准的药物。尽管氟西汀减少了核心症状，但尚不清楚它的效果是否持久，或能否使症状得到永久性的缓解。治疗的最佳持续时间和维持治疗收益的最佳策略也不明确。关于 BED，旨在治疗其核心症状暴食或降低体重或者两者兼有的一些药物正在试用，但都还没有得到 FDA 的批准（Brownley et al.，2007）。

营养咨询

对所有进食障碍患者来说营养复原都是必需的，但对于干预而言还是不够的。尽管神经性厌食患者会花大量的时间来思考营养的摄入类型和卡路里摄入量，但她们不会把这些信息应用到自己的饮食中。受过进食障碍治疗培训的营养师能评估神经性厌食患者的营养不良状况，为她们设立一个合适的目标体重，制定使进食正常化的策略，并计算她们体重增加所需的卡路里的量。而对于神经性贪食和 BED 患者来说，营养师会帮她们重新学习合适的每餐进食量，以正常的方式进食，并制定能减少进食冲动的策略。此外，为帮 BED 患者维持体重或减肥，营养师能帮她们确定一个合适的卡路里摄入量。尽管这是一种重要的附属方法，但营养疗法在单独干预时是无效的，而且患者中途退出治疗的比率之高也反映了这种方法在作为单独干预方法运用时不会被患者接受（Hsu et al.，2001）。

认知 – 行为治疗

就像前几章里所讲的，认知 – 行为治疗（CBT）帮助患者改变造成她们问题的思维模式。在对进食障碍的治疗中认知 – 行为治疗的应用主要关注的是对体型、体重、进食和自控的错误认知，这些错误认知能导致和维持进食和体重的功能失调。治疗师会关注患者的两种想法：一种是很容易进入的想法，叫作自动想法，在本质上通常是可评估的；还有一种是更深的核心信念，它是个体的指导原则和自我真理。CBT 包括识别并改变患者对食物、进食、体型和体重的扭曲认知，将其变为能促进健康的认知思维。通过把 CBT 的认知和行为成分去掉的研究表明，认知成分是影响行为改变的最关键部分。

在一项 5 年或更长时间的追踪研究中显示：CBT 的康复率是 35% ~ 75%（Fairburn et al.，2000；Fichter & Quadflieg，1997；Herzog et al.，1999）。不同的康复率可能是因为对康复的定义不同。然而，有将近 33% 的神经性贪食患者会复发，而且在治疗后的一年内复发的风险最高（Shapiro et al.，2007）。

对于神经性厌食而言，初步证据表明 CBT 可能会减小成年患者体重恢复后的复发率（Pike et al.，1996）。CBT 在患者体重严重不足的情况下的效果较差。鉴于这种疗法需要积极的认知努力，认知加工受到自我挨饿损害的急性发作期患者可能无法受益于 CBT（Mclntosh et al.，2005）。我们对于 CBT 在神经性厌食中的功效认识仅限于成人，目前还没有足够针对青少年的认知 – 行为治疗的评估研究。

用 CBT 治疗神经性贪食的基础是自我监控。患者要坚持记录她们吃了什么，是暴食发作还是清除发作，她们所处的情境，还有哪些人在场以及她们的想法和感受（见图 7-1）。通过分析数据，患者和她们的医生可以识别出不健康的行为模式，包括出现暴食和清除行为的高危时间和情境，这是建立健康行为模式的第一步。最

图 7-1　通过短信自我监控

通过短信进行自我监控的患者报告自己的情况并会收到治疗师的回复信息。

近，已经将现代信息技术用于自我监控，包括使用智能手机 Apps 和手机短信。

接下来需要掌握 CBT 的语言和概念，如能识别出与不健康进食行为有关的想法、感受和行为；能识别进食障碍的线索及其结果；学会控制自动想法；并且学会重建那些会使不健康进食行为持续的扭曲认知。最终目标是防止疾病的复发，医生提供给患者维持健康行为的工具（见图 7-2）。

CBT 对 BED 的治疗也是有效的（Brownley et al.，2007）。在英国，建议对这种障碍进行治疗的第一步是将自助与 CBT 原则相结合（National Institute of Clinical and Health Excellence，2004）。BED 患者首先会得到一本自助手册或一个认知－行为治疗的在线程序，并根据她们自己的节奏来使用。对一些人来说，这种方法足以使她们自己走上康复之路。在接下来的检查中，如果她们做得好，就会被鼓励继续保持。如果她们没有任何进步或者情况恶化，护理的第二步是将她们转介给专业治疗。

由此扩展的辩证行为疗法（dialectical behavioral therapy，DBT）关注情感失调，并把情感失调看成进食障碍的核心问题，症状被看作控制不愉快情感状态的尝试。一项对神经性贪食的小型 DBT 研究表明，与对照组相比，接受 DBT 的患者在暴食和清除症状上明显大幅减少，节食行为大幅增加（Safer et al.，2001）。DBT 也用于对神经性厌食（McCabe & Marcus，2002）和 BED（Chen et al.，2008）的干预 。

人际心理治疗

人际心理治疗（interpersonal psychotherapy，IPT）是一种简短的、有时限的心理疗法，最初是为了治疗抑郁而开发出来的（Klerman et al.，1984）。IPT 基于这样的理论：不管是哪种原因，当前的抑郁症状都与患者的人际关系"纠缠在一起"。IPT 治疗抑郁症的目标是减少抑郁症状并通过加强在重要关系中的沟通技巧来提高人际功能。当用 IPT 治疗神经性贪食（Fairburn，1993）、神经性厌食（McIntosh et al.，2000）和 BED（Wilfley et al.，1993）时适用于同样的原则，即旨在减少进食障碍的相关症状。IPT 通过解决以下四个问题领域中的一个来达到对进食障碍的症状和社会功能水平的干预，即人际纠纷、角色转变、异常悲伤和人际关系缺乏。

对神经性厌食来说，已发现 IPT 的治疗效果不如支持性心理治疗、可靠临床管理或 CBT 的效果好（McIntosh et al.，2005）。而对神经性贪食来说，IPT 与 CBT 一样有效，但 CBT 会使贪食症状减轻得更为迅速（Fairburn et al.，1991，1993）。不管是个体治疗还是团体治疗，IPT 都在对 BED 的治疗中显示出了初步疗效（Wilfley et al.，1993）。有趣的是这种治疗并不直接针对进食障碍的核心症状（尤其是神经性贪食和 BED），而是单纯地关注患者目前的人际关系问题，结果却和专门关注进食紊乱和体型的 CBT 有相同的疗效。目前 IPT

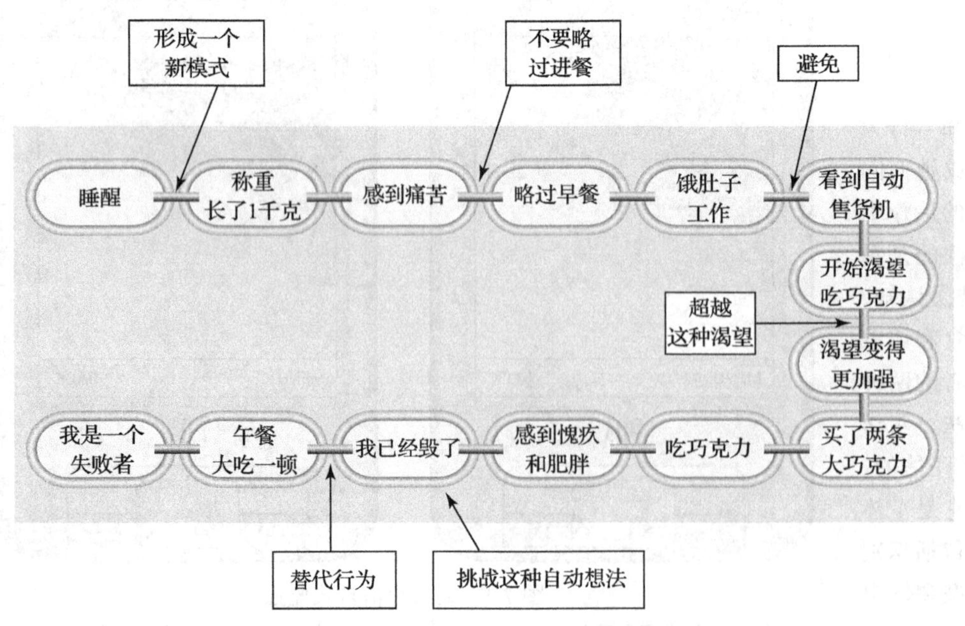

行为链能让患者画出他们的想法、感受和行为是如何与不健康的结果联系起来的。这种技术旨在帮助患者学会在任一连接处打破链条的策略。

图 7-2 行为链

对神经性贪食和 BED 的作用机制还是未知的。很显然，进食障碍对患者的人际关系有着深刻的影响，而 IPT 强调进食障碍扰乱患者社会功能的许多方面。

家庭干预

基于神经性厌食的早期家庭理论，米纽庆和帕拉佐利（Palazzoli）主张治疗应旨在改变不良的家庭系统（Minuchin et al.，1978；Palazzoli，1978），改善不良的处理家庭事务的模式，重组家庭以使沟通变得更健康和更开放（Minuchin et al.，1978）。毫无疑问，家庭的参与是治疗神经性厌食的关键，尤其是在并非长期患病的年轻患者身上（Russell et al.，1987）。然而，米纽庆和其他人对“典型”的神经性厌食家庭的早期观察并没有得到证实。实际上，没有神经性厌食家庭的原型。神经性厌食的现代家庭疗法包括联合家庭疗法（conjoint family therapy），即对所有家庭成员一起进行治疗；隔离家庭疗法（separated family therapy），即将父母与他们患病的孩子分开进行治疗；父母训练（parent training），即为父母提供心理教育及工具来控制他们孩子的进食障碍（Zucker et al.，2005）；还有一种流行的方法，即莫兹利疗法（Maudsley method），主要强调营养恢复初期的家长控制（Lock et al.，2002，2010）。

莫兹利疗法取决于七条原则：

（1）与知道如何帮助你的专家合作。

（2）家人一起努力。

（3）不要因为你们存在的问题责怪孩子或自己。要怪就怪那种病。

（4）专注于面前的问题。

（5）不要与孩子在进食方面或体重相关问题上发生争执。

（6）知道何时让步。

（7）照顾好自己。你是孩子最好的希望。

莫兹利疗法为父母在争取成功治疗的过程中发挥积极的作用提供支持。这种疗法也包括由治疗师协助的家庭聚餐。

尽管家庭疗法对青少年来说是有效的，按照目前的概念，它对神经性厌食的成年患者的治疗还不太适用（Bulik et al.，2007），以配偶为基础的干预即使伴侣参与到神经性厌食的治疗中来正在被评估（Bulik et al.，2011）。一个临床实验已经给我们展示了针对神经性贪食的家庭治疗的初步希望（le Grange et al.，2007）。但还没有针对 BED 的家庭疗法的临床实验。

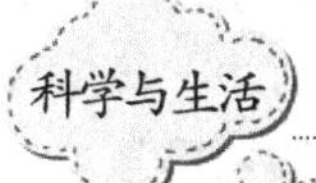

丽莎——对一个学生运动员的神经性厌食的探查与治疗

患者

丽莎热爱跑步，在小学就超过了男孩。中学时她加入了越野队并做了队长，还获得了赛区冠军。跑步是她的生活，而且她擅长跑步。整个高中时代她都跑越野和 3 000 米，击败了这两个项目的州冠军。但这就是丽莎，她总是要用尽全力去做到最好，不管是做学生还是做运动员。即使是第一名，她也经常向妈妈哭诉她担心自己没有尽自己最大的努力，其实她已经是最好的了。所以当她收到两所重点大学的全额运动员奖学金时非常激动。她选择了那所远在两个州之外的长于女性田径的大学。

问题

在她入学那年正好是越野赛季开始，但她在室内田径赛季时出现了肌腱炎问题。教练不让她参与这个赛季以保证她能为室外赛季做好准备。不能去参与竞争给她带来了极大的痛苦。她在家庭聚会中看着她的队友，在任何聚会中都能听到她们获胜的故事，那时她多么渴望和她们一样在外面参赛。她发现自己难以集中精力来做学校的功课。以前一个总是得 A 的学生，却开始在化学和微积分中得 C。不仅如此，她的体重也开始增加。尽管她游泳并练习越野以努力保持她的体型，但还是跟她在队里时不一样了。多出来的 10 磅让她感觉自己无所归属。她感到肥胖和恶心。在距室外赛季只有一个月的时候，她对恢复体型感到绝望。她限制自己每天只能摄入 300 卡路里，且每天要运动 6 个小时，游泳、练椭圆机、跑步、在寝室的地板上做上百个仰卧起坐，她一直也停不下来。她的肌腱炎有了一些改善，所以她又能随队训练了，但她并没有停止她的额外练习。她迅速地恢复了训练时的体重，但教练发现她的跑步速度并没有迅速恢复到她以前那个出色的水平。他只是把这种情况看成她太久没有训练的缘故，然后就跟她一起训练来提高她的速度并改善她的总体情况。不负众望，她的跑步成绩有了提高，在接力赛中取得了第二名，为团队的成功贡献了自己的力量。但她看起来真的很瘦了。她的队友在更衣室看到她时着实震惊了，因为她的每一根肋骨和脊椎都能数得清。她们把她们的担忧告诉了教练。教练听说之后也陷入了两难。NCAA 决赛就要开始了，而且她们赢的可能性极大，但是不能少了丽莎。他能等到决赛结束了再去学生健康中心反映情况吗？他决定考虑两天再做决定。

治疗

两天后，他接到了一个急救中心打来的电话。他的一个运动员在 15 千米的跑步训练中晕倒了，被送到了急救室。他赶忙跑去急诊室，看到疲惫而又脱水的丽莎正在输液。她哭着说决心要参加决赛，是她拉了全队的后腿。

教练把他和她的队友之间的谈话告诉了丽莎。为了不谈及决赛，教练跟她说他会做任何他能做的事来帮她恢复健康，而且这是他们目前唯一的目标。教练为当时没有及时为她联系治疗而倍感痛苦。这两天的等待可能就意味着她的生命。

首先，丽莎的治疗主要针对她的营养补给。她身高 5 英尺 5 英寸（约 1.65 米），体重却降到了 78 磅（BMI=13kg/m^2）。治疗师发现她的想法比较消极。但不清楚她是有抑郁症还是由于饥饿而产生的低落情绪和消极想法。她仍然觉得是她拖累了团队、学校、家庭和她自己。她还认为只有当她是队里最瘦的女孩时，她才能跑得更好。最初，丽莎担心治疗师的目标只是使她胖起来并且不让她再跑步。然而，丽莎后来发现她的治疗师是在和她一起努力来让她回到她的跑步事业中，但是这必须要在她完全康复之后。她想清楚了之后，治疗师让她进行自我监控——不仅是她的进食，还有她急于训练和她的想法。她们一起努力以确保她能合理进食并远离那些阻碍她的体重增加的不健康运动。她开始能意识到自己对参与训练的急迫和那些会让她出现进食障碍行为的自动想法。她意识到每当看到身穿运动服的女运动员时她就会产生恢复自己轻飘的体重的想法。她就会产生一种压倒性的冲动强迫自己去跑步或在体育馆中惩罚自己。她的治疗师帮她解开那些会激发冲动的扭曲思维（“只有我回到先前的极低体重时，才能成为一个成功的运动员”）并帮她整合现实，即她的低体重实际上妨碍了她的跑步而非促进。渐渐地，丽莎对能阻止自己去训练的冲动越来越有信心，尽管当她看到更瘦的女孩时会感到一阵阵的嫉妒。随着她体重的增加，她的情绪也变好了，所以她的医生觉得她暂时没有进行药物治疗的需要。然而，她也必须时刻注意丽莎的情绪来确定她的抑郁症状不会出现，否则可能需要药物治疗。

治疗结果

在下一年的越野赛季开始前，经过丽莎的同意，她的父母、教练、助理教练、治疗师和她本人一起开了一次会。大家一起为丽莎的参赛做了一份计划，包括合理的训练日程表和如果警告信号出现时他们的行动程序。丽莎也公开谈论她和队友们的一起努力，她的队友们对她的康复给予了很大的支持。

在许多方面丽莎都称得上是成功的年轻女性——不管是学习方面还是运动方面。从高中到大学的转变，尽管令人兴奋，但对她来说却构成了巨大的挑战。身在离家的两个州之外，她在这个充满竞争的一流学校一切都得靠自己。正是那些特质（竞争意识和决断力）使她成功的，在她受伤后却要隐藏它们。丽莎没能让她自己用一种健康的方法来应付这些挫折；反而用一种投身于运动的方式来使自己获得对这种情况的控制感。一旦她从医师那里获得一种支持性关系，她就能改变自己的行为，尽管的确有很多环境因素导致她有运动的冲动。在家人、治疗师、助理教练、教练和队友的支持下，丽莎成功地完成了她充满竞争的大学职业生涯。

本章小结

1. 理解神经性厌食、神经性贪食、暴食障碍及其他喂食及进食障碍的特征。

   神经性厌食的特征是：体重极低，对体重增加感到恐惧，作为自我评价的一部分过度强调体型和体重。神经性贪食患者体重正常或超重，特征是暴食和不恰当的补偿行为如自我导吐或滥用泻药。BED 也有暴食行为但没有反复发作的不恰当补偿行为。

2. 讨论喂食及进食障碍患病风险的性别差异以及为何存在这些差异。

   神经性厌食和神经性贪食患者都是女性比男性更常见。BED 的性别分布则更均匀。

3. 讨论不同生命发展阶段喂食及进食障碍患病风险的变化。

   神经性厌食的典型发病期为青春期早期，神经性贪食会稍晚一些，也可见于儿童期或成年晚期发病的个体。BED 的发展性病程尚不明确。

4. 探讨解释喂食及进食障碍的心理动力学、行为、认知和生物学理论。

   有很多有关进食障碍发病原因的理论，包括心理动力学的、生物学/遗传学的、认知-行为的和社会文化的。对引发并维持进食障碍各因素的全面理解可能需要将遗传和环境因素结合理解。

5. 讨论通常与喂食及进食障碍有关的人格特征和共病条件。

   抑郁和焦虑是神经性厌食和神经性贪食的常见共病。这两种障碍的人格特点都包括完美主义，神经性贪食还倾向于与更加冲动的特征有关。

6. 对比对喂食及进食障碍进行的各种治疗。

   治疗神经性厌食最初也是最关键的一步是让其在一个支持性环境中恢复营养并增加体重。对于年轻的患者来说家庭参与是十分关键的。CBT 在体重恢复后可能会带来帮助。对神经性贪食来说，CBT 和氟西汀（百忧解）对减少暴食和清除行为都是有效的，尽管药物治疗的长期效果尚不明确。对于 BED 来说，CBT 是一个可行选择。

第 8 章

性别烦躁、性功能障碍和性欲倒错障碍

学习目标

阅读本章后，你应该可以做到：

1. 理解“正常性行为”是很难被定义的，这依赖于生物学及文化因素。
2. 识别性别烦躁的特征，理解它是如何与易性症和异装症相关联的。
3. 认识男性和女性会表现出不同的性行为模式，识别性别在性功能障碍的定义和发展中的作用。
4. 理解在性功能障碍的病因和治疗中生物学和心理学因素的复杂性。
5. 识别性欲倒错障碍的类型并能对每种类型进行举例说明。
6. 认识针对性欲倒错障碍的最有希望的生物治疗和心理社会治疗以及认识影响临床研究执行的伦理问题。

30 岁的时候，玛格丽特由她的妇科医生转介来门诊。她所有的朋友都结婚了，她觉得她也应该结婚。但与朋友们不同，她没有进行性行为的欲望，而且从来没有过性欲望、性幻想以及对于男性或女性的性冲动。这种性欲望的缺乏包含所有的性亲近形式。玛格丽特对任何身体接触都会感到非常不舒服，包括拥抱她的家人和她最好的朋友。虽然她在高中和大学都有过约会的经历，但是他们的关系常终止于男孩试图亲吻她或接触她的胸部时。玛格丽特从来没有受到过性虐待或性侵犯，但在中学时她的脊柱有严重问题因此她会跛行走路。别的孩子都喊她“瘸子”。经过数次手术和一年的身体矫正后，她回到了学校。她的身材发育得很好，男孩子们都认为她很迷人，但她还是对自己的身体感到难为情。有人开始造谣说她和一个最近被开除的科学课老师发生过性关系。这个谣言并不是真的，实际上这个老师是因为电脑里有儿童色情作品而被开除，可没有人知道这个事实，而谣言却不胫而走。她在高中校园乐队中有几个女性朋友，而且她和她的教会团契也有积极的互动。尽管很害羞，但是她很享受与人们的社交互动，并且一直很渴望如她所见的那种朋友之间的亲密关系。

现在是玛格丽特高中以来第一次交男朋友。朋友安排了她和埃默里的见面，这个男人甚至比玛格丽特还要害羞。埃默里恭敬有礼，是位真正的绅士，而且在他们约会的这几个月里玛格丽特很喜欢他的陪伴。他们一起看电影、听音乐会、与朋友共进晚餐，期间除了玛格丽特可以接受的在脸颊上快速闪过的晚安吻之外，埃默里从来没有要求过其他的。三个月后，埃默里渴望有更多的亲近行为。因为埃默里那么优秀，玛格丽特希望改变自己对于性的感觉。但现在他们似乎经常吵架，因为她对所有身体接触的极度不适依然存在。当埃默里想要拥抱她的时候，她说她感到恐惧和厌恶。事实上，她因为拒绝所有的浪漫进展，甚至包括牵手而感到焦虑。她曾主动寻求帮助，但是埃默里很生气和受挫，并最终结束了他们的关系。玛格丽特伤心欲绝——她确信自己再也找不到像埃默里这么优秀的男人了。

玛格丽特患有性功能障碍，她的情况汇集了许多我们将要在本章谈到的问题。首先，甚至那些长期处于忠诚且恩爱的关系中的人们也可能存在性亲密方面的困难。其次，性表现方面的困难从不会孤立出现，生物、心理、人际和环境因素通常都会影响到性功能障碍的发展和持续。玛格丽特有一点不同，她没有像许多其他人那样，而是决定为她的性亲近问题主动寻求治疗。性功能障碍是在本章要谈论的三种障碍类型之一，被定义为在人们的性反应能力和性快感体验上所出现的有临床意义的困扰（APA，2013）。另一种类型叫性别烦躁，指的是个体感到自身性别与所体验或表达的性别显著不一致（APA，2013）。这不是对性行为或性态度的不满意，而是因为对自己整体的男性或女性身份感到不满意和痛苦。第三种类型是性欲倒错障碍，它指并非指向表型正常、身体成熟及公认的人类伴侣的强烈和持久的性兴趣（APA，2013）。这些障碍的存在恰恰说明了性行为的复杂和多面。这也是经常被人们误解和错用的主题。为了理解这些行为及其影响，我们首先要回顾对性功能和性功能障碍的传统理解。

人类的性

也许因为这个话题高度个人化且往往被视为禁忌，人们发现很难真正去讨论性态度和性行为，这就导致了对许多正常性功能的误解。了解性行为的最初正式尝试之一发生在 1938 年，当阿尔弗雷德·金赛（Alfred Kinsey）在美国印第安纳大学当生物学教授时，对美国人的性行为实践进行了访谈。金赛将他的访谈结果分别于 1948 年写成《人类男性性行为》（*Sexual Behavior in the Human Male*）一书，于 1953 年写成《人类女性性行为》（*Sexual Behavior in the Human Female*）一书。这些书籍引起了公众和学术界的争论。对其最严重的科学批判是金赛的样本不能代表美国的总人口。然而，在其职业生涯中，金赛和他的同事对约 18 000 名美国人的性行为实践进行了访谈，他开创性的工作在性学研究中占有举足轻重的地位。

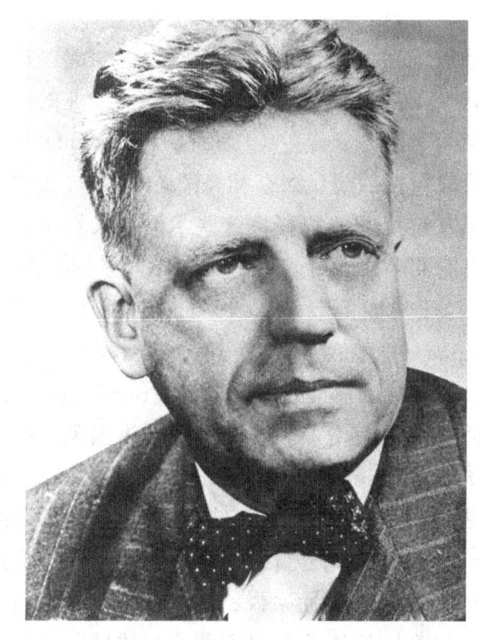

阿尔弗雷德·金赛是美国最早调查男女性行为的科学家之一。

在金赛的书出版后不久，妇科医生威廉·马斯特斯（William Masters）和他的心理学家妻子弗吉尼亚·约翰逊（Virginia Johnson）开始了他们自己的关于人类性行为的研究计划。除了访谈，马斯特斯和约翰逊实际记录了 700 多名成年人在从事性活动时的生理反应。他们将自己的研究结果写成了两本书，《人类的性反应》（*Human Sexual Response*，1966）和《人类性的不足之处》（*Human Sexual Inadequacy*，1970）。在这些书籍中，他们描述了性反应的生理和心理基础，测量了人体的性反应，检测了偏离正常状态的性功能并开发了解决性功能障碍问题的治疗手段。我们所知道的有关性高潮生理反应的知识大多都源于马斯特斯和约翰逊的相关研究工作。

性的运作

性运作的基础是人类的性反应周期。最初，马斯特

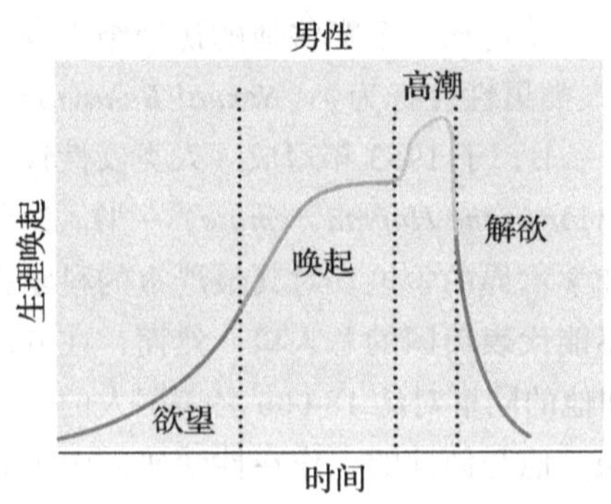

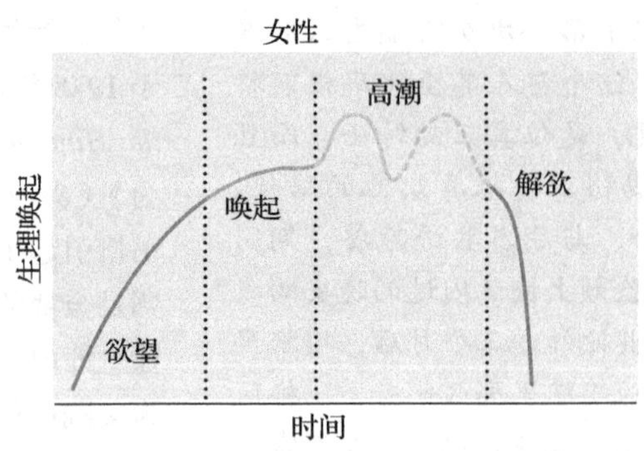

典型的性反应周期包括四个阶段。相比男性而言，在解欲期前女性可能会有不止一次的性高潮。

图 8-1 人类的性反应周期

斯和约翰逊描述性运作的四个阶段为：唤起、持续、高潮、解欲（Masters & Johnson，1966）。专业的性心理治疗师海伦·辛格·卡普兰（Helen Singer Kaplan）描述性反应的阶段包括欲望、兴奋和高潮（Kaplan，1979）。现代许多关于性反应的解释将这些术语纳入其中，概念化了性反应的四个阶段（见图 8-1）。首先是欲望期（desire phase），源于对内部或外部线索的反应。然后是唤起期（arousal phase），特点是性唤起的生理和心理表现。在男性中，最明显的反应是阴茎勃起（penile tumescence），即流入阴茎的血液增加。女性的反应为出现生殖器区域的血管充血（vasocongestion，血管肿胀）和阴道润滑。心理上表现为一种积极的情绪反应。接下来是高潮期（orgasm phase），对于男性来说，是有射精的感觉和实际射精行为。对于女性来说，有收缩阴道外部 1/3 的反应。男性和女性都体验到强烈的主观快感，这种感觉相对于生殖器而言更多的是基于大脑。解欲期（resolution phase）则男性较女性常见，表现为生理唤醒的降低，继之以不应（休息）期表现为阴茎不能勃起。女性在经历解欲阶段前可能会出现两个或更多个性高潮。正如你将在本章后面看到的，生理和心理健康专业人员使用这个性反应模型来了解性功能障碍。然而，如大家下面看到的那样，这种性反应模型在理解男性和女性性行为时可能并不同等“适合”。

威廉·马斯特斯和弗吉尼亚·约翰逊观察男女性互动，记录其在性活动不同阶段的生理反应。

性反应的性别差异

所有性行为的调查显示男性比女性会更频繁地从事性活动。这是否意味着男性有更强烈的生物学**性驱力**（sex drive，被定义为对性活动和性快感的渴望）呢？许多人认为答案是“是”，但这不一定是对的。男性确实会更频繁地想到性、更频繁有性唤起、有更频繁和不同的性幻想、更经常地渴望性、希望拥有更多的性伴侣、更频繁地自慰、不能或不愿没有性、更频繁地发起性活动、较少拒绝性行为、使用更多的资源以获取性、为了性愿意做更多的牺牲、用更积极且享受的态度去对待性、享受更广泛的性行为和性实践并认为自己比女性有更强的性驱力。然而，女性的性能力相对男性要更高一些，有从事更长时间性行为的生物学能力，能比男性获得更多的性高潮而且没有不应期（Baumeister et al.，2001）。

两性对性驱力的定义也存在差异。对于许多男性来说，性欲主要是指生理快感和性交。然而，对于女性来说性欲的定义更广泛，还包括情绪性亲昵的需求（Basson，2002；Peplau，2003）。女性性反应可能更复杂，而不仅是生物学影响的驱力，特点为性想法、性幻想和有意识地渴望从事性活动

（Tiefer，2001）。因此，尽管两性定义不同，但性欲在两性身上则同等存在。了解这些定义的差异是非常重要的，因为我们将会看到，目前的诊断系统源自男性的性功能模型，这在识别女性性功能障碍时可能是不恰当的。

生物性因素也随年龄的变化而影响着性行为。在男性中的表现是，年龄明显影响着生殖器反应（无法达到勃起状态），而在女性中的表现则为，年龄发展明显使性兴趣降低（Bancroft et al.，2003）。两性间还存在着心理上的差异：与男性不同，许多女性并不认为与年龄相关的正常的性或性实践的变化是有问题的。

理解性行为

自金赛、马斯特斯和约翰逊之后，出现了更多旨在了解人类性行为的研究。在过去的 20 年里，已经出现了一些对照做得很好的大型调查，第一个目标人群是 20 ～ 39 岁的男性（Billy et al.，1993），第二个目标人群是处于大学年龄阶段的女性（Debuono et al.，1990），第三个目标人群是 40 ～ 80 岁的成年人（Nicolosi et al.，2006）。对性实践的经典调查研究为我们理解本章中的性障碍提供了重要信息。

12 个月内，95% 的 18 ～ 30 岁的男性和 87% 的 18 ～ 22 岁的女性有阴道性交的性行为（见图 8-2）（Billy et al.，1993；Debuono et al.，1990）。此外，74% 的男性和 86% 的女性用口交的方式来刺激了性伴侣的生殖器，79% 的男性和 65% 的女性接受了性伴侣的口交性行为。相比之下，只有少数人（男性占 20%，女性占 9%）在 12 个月内有过肛交方式的性行为。

事实上，所有年龄段的成年人的性都很活跃。其中一项涉及 27 900 人的大规模调查评估了来自 29 个国家年龄在 40 ～ 80 岁的被试。该研究发现，在这个大样本里，82% 的男性和 76% 的妇女认为“满意的性生活对于维持彼此关系是重要的”（Nicolosi et al.，2006）。如图 8-3 所示（见文前彩图），尽管有随年龄下降的趋势，但在 70 ～ 79 岁的年龄段里，48% 的男性和 25% 的女性每月至少会有几次性活动的想法（Nicolosi et al.）。实际上，70 ～ 79 岁的被试人群中有 22% 的男性每天都会想到性。此外，40 ～ 80 岁只有 17% 的男性和 23% 的女性会认为老年人不再需要性。显然，令人满意的性功能对许多中年人和老年人来说是重要的。与对该重要性的认识一致，93% 的 40 ～ 49 岁男性是性活跃的，53% 的 70 ～ 80 岁男性是性活跃的（Nicolosi et al.，2004）。对于女性来说，88% 的 40 ～ 49 岁女性是性活跃的，21% 的 70 ～ 80 岁女性是性活跃的。年轻人以及中年和老年男性比女性更多思考和从事性活动。

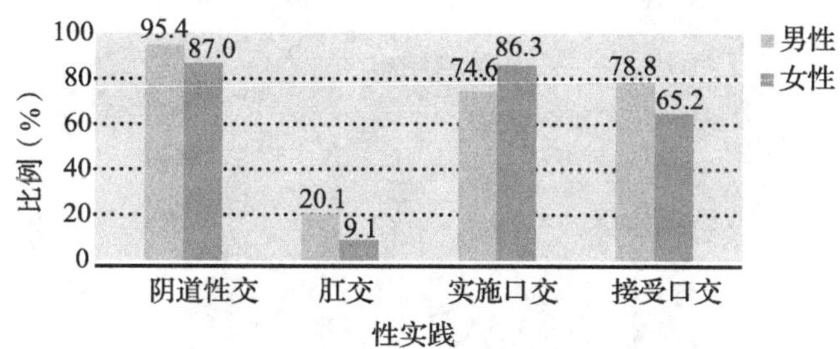

图 8-2　18 ～ 30 岁男性和 18 ～ 22 岁女性的性活动

如图所示，尽管两性比例以及性行为的种类不同，年轻的男性和女性均涉及种类不同的性行为。

在美国，性和性行为的研究往往忽略对文化方面的考量，尤其是针对西班牙裔和亚裔人口的研究（Meston & Ahrold，2007）。而在美国本科学生中西班牙裔所报告的性经验似乎与非西班牙裔白人相当（Cain et al.，

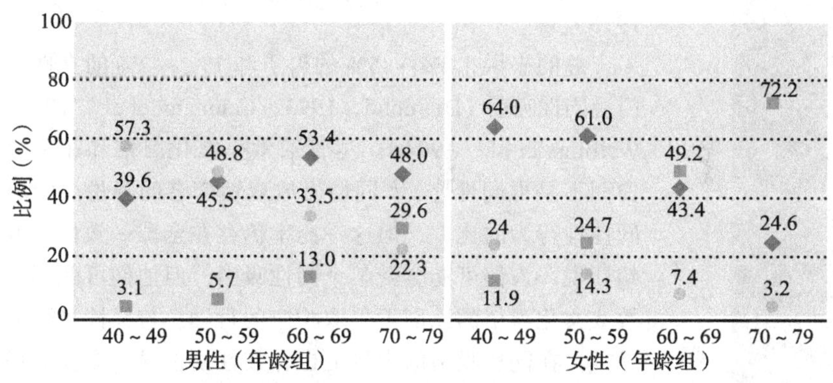

在说英语的人群中，人们日常考虑性活动的频率是随年龄下降的，但即使是在晚年，对性的兴趣也不会消失。

引自“在五个说英语国家中，成年人性活动、性障碍和相关寻求帮助行为的性态度与行为全球调查（GSSAB）” A. Nicolosi, et al., *Journal of Sex & Marital Therapy*, 32, 331-342. Copyright © 2006 Taylor & Francis Group, reprinted by pemission of the pubisher (Taylor & Francis Group, http://www.informaworld.com).

图 8-3　不同年龄男性和女性考虑性活动的频率

2003），亚裔学生报告较少参与性交、自慰、口交和爱抚（Meston et al.，1996），亚裔女性报告的这些行为出现率比非亚裔女性或亚裔男性要低。同样，西班牙裔男性比西班牙裔女性的性开放水平更高（Cain et al.）。此外，非裔美国女性比白人女性更可能赞同“性是重要的”这一观点，而日本和中国的女性相对于白人女性来说更少同意“性是重要的”这一观点（Cain et al.）。

女性的适当着装受文化决定。上图，美国青少年的典型着装。下图，伊朗伊斯法罕女性的典型着装。

不同文化中性和性行为的构成差异很大（Nieto，2004）。一些研究者认为，性吸引力不是简单的生物学或社会文化反应，而是二者的综合反应（Tolman & Diamond，2001）。我们已经注意到一个生物学因素即年龄可能会影响性的运作。在某社会文化背景下，存在于社会中的性关系反过来又存在于一个更大的文化和历史背景下（回忆一下第 1 章里弗洛伊德阐述儿童存在性感觉和性欲这一理论是如何使维多利亚时代的人们感到“震惊”的）。然而在尼泊尔的 Khumbo 这个地方，普遍认为儿童在 5 岁时即发育成性个体，他们不再被看作孩子而必须像成人一样通过衣物来遮盖各自的生殖器（Nieto）。因此，没有关于何谓“正常”的性或性行为的通用标准。事实上，由于上网人数增多，一种被称为网络性爱的新的性行为变得越来越普遍（见“研究热点：互联网和网络性爱”）。

人们可能与异性发生性行为（异性恋），与同性发生性行为（同性恋），或在某些情况下，与两种性别的人都发生性行为（双性恋）。大约在 25 年前，很多人认为同性性取向是一种心理障碍，但很长一段时间内人们还不清楚与同性发生性行为的人数有多少。原因之一是，由于人们很难主动去讨论性行为，同性的性行为问题很少被写进成人性行为的调查中。在首次调查中（Billy et al.，1993），2.3% 的 20 ~ 39 岁的年轻男子报告说他们有过同性之间的性活动。这个比率与在美国进行的一项调查结果一致，该调查选取的被试年龄在 18 ~ 70 岁，其中 2% 的人报告说他们的性行为对象仅针对同性或两性都有（Leigh et al.，1993）。这些比率也与其他西方国家的研究结果保持一致。针对英国和法国成年人的人口调查结果显示，3.6% 的英国男性曾至少一次与同性发生过性行为，法国男性该现象的比例为 4.1%（Bajos et al.，1995）。

总的来说，2% ~ 5% 的男子和 1% ~ 2% 的女性专门受同性吸引（Diamond，1993；Laumann et al.，1994；Wellings et al.，1994）。尽管通常是文化习俗和相关处罚而不是男同性恋 / 女同性恋或双性恋者的身份决定着同性性行为的比率，但这一比率仍存在全球一致性。换句话说，人们可能会受某个同性吸引，但他们可能因宗教或文化习俗的原因不采取相应的行动。与异性吸引力一样，在同性吸引的力量上也存在性别差异，男性更易专门被同性吸引，女性则形容说两性对自己都有吸引力（Bailey et al.，2000）。这种性别差异反映出在女性中存在着更大的情欲可塑性（Rahman & Wilson，2003），她们的性欲，更易受文化和社会因素的影响。从发展上看，在青少年和年轻成人身上同性吸引或双性吸引常被看作“实验性的”。一项对 19 ~ 29 岁女性的 10 年追踪研究结果表明，在此期间，有 67% 的女性改变了其性取向自我标签，有 33% 的人改变了两次或更多。然而，与“实验性”或“过渡性”假设相比，在这个关键时期，更多的女性采用了双性恋标签而不是放弃它（Diamond，2008）。因此在女性性取向方面出现了易变性，但目前尚不清楚这些标签或行为的变化是否会随着女性的成熟而继续变化。科学家们逐渐了解到，来自不同社会行为系统的性欲和浪漫爱情有着不同的目标（Diamond，2003）。性欲由性交配系统（sexual mating system）控制，它的目标是物种的繁殖（Fisher et al.，2002）。浪漫爱的吸引力则由依恋或对偶结合系统（pair-bonding system）控制，其目标是与另一个人保持持久的关系。即使这些系统经常一起运作，但对于某个体而言，不管其性取向如何，在浪漫爱吸引力方面，他都有可能受任一性别的人吸引（Diamond）。

互联网和网络性爱

互联网色情网站是万维网第三大产业（Carnes et al.，2001）。谷歌搜索“网络性爱”（cybersex）词条的超过500 万次点击。与之相反，使用科学搜索引擎（PubMed）搜索该词条仅有 143 次点击，其中仅有 22 项是对照研究。显然，公众对网络性爱的兴趣远远超过了对科学知识的兴趣。但网络性爱能导致个体在性功能方面的痛苦和负面影响。研究人员已开始对这种日益普遍的行为进行相关的研究。

- 如何定义网络性爱。目前，还没有被广泛接受的定义。一些研究人员将所有网上性活动都称作网络性爱。还有一些人对网上性活动做了区分，认为可能包括有关性功能障碍或性治疗的信息搜索和网络性爱，并将网络性爱定义为出于性快感的目的与搭档交流（Southern，2008）。还有一些定义将网络性爱的参与者分为三类：消遣者、性强迫者和高危者（Cooper et al.，2004）。
- 有多少人从事网络性爱。瑞典的一项研究表明，30% 的男性和 34% 的女性至少有过一次网络性爱的经验（Daneback et al.，2005），其中有 38% 的人在 18 ~ 24 岁，有 13% 的人年龄超过 50 岁。一项网上调查显示，当询问受访者是否有能力控制自己的在线性活动时，其中 19% 的人承认他们无法停止该行为（Cooper et al.，2004）。还有一项研究表明，可能多达 1 180 万人在控制自己的网络性行为上存在着问题（Goldberg et al.，2008）。
- 有什么负面影响。使用网络性爱会导致人格或睡眠模式的变化、忽视责任、对现实性伴侣丧失性兴趣、现实生活中的不忠、性剥削和离婚（Goldberg et al.，2008；Schneider，2003；Southern，2008）。如果网站收费，用户可能会招致巨额债务。员工生产力会受影响，70% 的网络性行为发生在工作日的上午 9 时至下午 5 时之间（Southern，2008）。从网站下载性资源可能导致儿童色情作品的非法交易（Cooper et al.，2004）。
- 谁是过度网络性爱的高危人群。最紧迫的研究课题之一是确定谁是这些行为的高危者。然而，目前还没有该问题的实证数据。

总之，很明显网络性爱已成为一个问题，但至今我们的知识只是来自临床报告和调查研究的基础上。然而，其流行率的增加和潜在的有害影响推动着心理卫生专业人员展开各项研究以便更好地了解该行为，如果网络性行为上升至成瘾水平，这些研究就能够为对其治疗提供帮助。 «««««

性取向的发展似乎主要是基于个体的生物学。事实上，超过半个世纪的研究都没有提供任何支持基于心理学理论的病原学结论（Rahman & Wilson，2003）。目前看来，同性恋或同性取向至少部分是由遗传决定的（Kendler et al.，2000b；Kirk et al.，2000）。在一项研究中，所估计的同性恋遗传力，女性为 50% ~ 60%，男性为 30%（Kirk et al.，2000）。然而，人们需要进一步研究才能更好地理解决定性取向的遗传学基础。

理解性取向的生物学研究的其他尝试则将关注点放在雄性激素（androgens）的作用上。胚胎发育过程中雄性激素的非典型水平（高或低）或时间（早或晚）并不总是在第二性征、性器官解剖结构或性腺功能上造成差别，但却有可能影响性取向。一些人员研究了同性恋与①非右利手，②食指与无名指的比率差异，③指纹脊线模式的对称这三种因素之间的关系。在后两项中，男同性恋者的指纹模式更像女异性恋而不像男异性恋。尽管这三个差异可能与产前发育的雄性激素水平异常有关（Rahman & Wilson，2003），但该研究因样本数量小其结果并非是结论性的。而且，该研究对二者关系的测量方法是间接的，特别是，该研究使用成人的物理特性假设其在胎儿时即在子宫时的激素情况——这些都是该研究可被质疑之处。更直接或更确凿的结论，应从对子宫内激素的直接测量得出。

更确切的数据来自关于兄弟出生顺序的研究。在众多不同样本的研究中（Gooren，2006），对比男异性恋，男同性恋的哥哥人数更多。对这种现象的一个解释是，母亲的免疫系统与男性胎儿的雄性激素不相容。母亲的身体对雄性激素会产生免疫反应，这种免疫反应以抗体（对抗雄激素）形式存在。这些抗体会透过胎盘屏障影响胎儿的激素水平。随着孕育男性后代数量的增加，这种免疫反应会增强可能会影响胎儿大脑的男性化，虽然目前还不清楚这种影响是针对整个大脑还是只针对某些特定脑区（Blanchard & Bogart，2004；Blanchard et al.，2006；Kauth，2005）。风险估计表明，每多一个哥哥会增加弟弟 33% ~ 48% 患同性恋的风险，但总体而言，这些对同性恋的流行率影响很小。此外，并非所有的男同性恋者都有哥哥，而且，当然，这个理论也不能用来解释女同性恋或女双性恋的现象（Gooren）。因此，尽管这种激素理论能解释一些男同性恋者性取向的原因，它也只可能是许多潜在的病因之一。

性别烦躁

威廉 23 岁，有一次在看了一位心理学家在电视上谈论抑郁之后来心理诊所求助。他觉得心理学家是善解人意的，因此前来寻求治疗。威廉感觉悲伤，但他来诊所的真正原因却是，他“不想再做男人了”。在他还很小的时候，威廉就感觉自己像个女孩。他最开心的时候是偷偷溜进姐姐的房间，换上她粉色的舞裙。实际上，他对姐姐的任何一件衣服都很着迷。威廉的父亲吓坏了，强迫他去玩枪和踢足球以及去做任何能帮威廉“成为男人”的事。威廉尝试了，可他却一直都觉得自己是在装。他觉得自己是一个被困在男性躯壳里的女性。

一个孩子是如何知道自己是男孩还是女孩的？该问题的答案看似显而易见，实则不然。传统上认为性是由基因、激素和生殖器官决定的，而性别又可以根据文化角色期望归为男性或女性。一些研究人员认为，这些定义过于简单化了（Lyons & Lyons，2006），对这一复杂话题的定义已经超出了变态心理学的范畴。但是，如果你有男性生殖器却又觉得自己像一个女孩会如何呢？为了了解威廉的行为和感受，引入性别身份（gender identity[⊖]）的概念是很有必要的，该概念指的是个体对自己作为男性或女性身份的个人理解。性别身份通常是在三四岁时发展出来（Bradley & Zucker，1997）。通常情况下，生物性别和性别身份是匹配的：遗传为男性的男孩形容自己是男孩，遗传为女性的女孩则将自己描述为女孩。然而就像威廉的情况，在**性别烦躁**（gender dysphoria）的状况下，生物性别和性别身份不匹配，这将导致痛苦和功能损害。

性别烦躁（见“DSM-5：性别烦躁”）并不是仅因文化或社会优势而产生的短暂的想成为异性的愿望（例如，“男人拥有一切权力”），它是个体的生物性别（通常是生而具有的）与其所体验或表现的性别显著不一致（APA，2013）。在儿童中，性别烦躁的表现是反复说自己想成为异性或认为自己就是异性；穿着典型属于异性的服装（像威廉那样）；持久幻想成为异性或持续偏好在扮演游戏中扮演异性角色；强烈喜爱参与游戏并在其中像异性那样活动；强烈偏好异性玩伴。

⊖ gender identity 也被译作性别认同，在本章中这两种译法将视情况分别使用。——译者注

性别烦躁　DSM-5

儿童性别烦躁

A. 个体所体验 / 表现的性别与其生物性别之间存在显著的不一致。至少持续 6 个月，表现为以下至少 6 项（其中 1 个必须是诊断标准 A1）的症状：

1. 强烈地成为另一种性别的欲望，或坚持自己就是另一种性别（或与生物性别不同的另一性别）。
2. 男孩（生物性别）强烈偏好异性着装或模仿女性装扮；女孩（生物性别）强烈偏好典型男性着装，以及强烈抵抗典型女性着装。
3. 在装扮游戏或幻想游戏中强烈偏好跨性别角色。
4. 强烈偏好典型为另一性别使用或从事的玩具、游戏或活动。
5. 强烈偏好另一性别的玩伴。
6. 男孩（生物性别）强烈排斥典型的男性化玩具、游戏、活动和对“打闹混战”类游戏的强烈回避；女孩（生物性别）强烈排斥典型的女性化玩具、游戏、活动。
7. 强烈厌恶自己的性生理特征。
8. 强烈希望第一和 / 或第二性征与所体验的性别相匹配的欲望。

B. 这种状况与有临床意义的痛苦或与社交、学校或其他重要功能方面的损害有关。

青少年和成年人的性别烦躁

A. 个体所体验 / 表现的性别与其生物性别之间存在显著的不一致。至少持续 6 个月，表现为以下至少 6 项（其中 1 个必须是诊断标准 A1）的症状：

1. 在所体验 / 表现的性别与第一和 / 或第二性征（或在青少年早期所预期的第二性征）之间存在显著的不一致。
2. 因与所体验 / 表现的性别存在显著的不一致，个体产生去除其第一和 / 或第二性征的强烈欲望（或在青少年早期防止预期的第二性征发育的欲望）。
3. 强烈渴望拥有另一性别的第一和 / 或第二性征。
4. 强烈渴望成为另一性别（或与生物性别不同的另一性别）。
5. 强烈渴望被视为另一性别（或与生物性别不同的另一性别）。
6. 坚信自己有异性（或与生物性别不同的另一性别）的典型感受和反应。

B. 这种状况与有临床意义的痛苦或与社交、学校或其他重要功能方面的损害有关。

资料来源：Reprinted with permission from the *Diagnostic and Statistical Manual of Mental Disorders*, Text Revision, Fifth Edition, (Copyright 2013).American Psychiatric Association.

除了对异性的性别认同外，患有性别烦躁的人对自己的性别也有持续不适感。男孩会表达对自己的阴茎或睾丸的厌恶感，希望自己的阴茎会消失或最好不要有阴茎。他们回避“打闹混战”类游戏或典型的男性活动。女孩通过拒绝坐在马桶上小便来表达其持续不适感，声称她们有阴茎或会长出一个阴茎，声称她们不希望长出乳房或来月经，并且表现出对女性服装的厌恶，拒绝穿裙子。在青少年和成人中，这些行为被称作**易性行为**（transgender behavior）。有本症的个体可能试图通过穿着异性服装、厌恶自己的生殖器或改变其他性征来把自己当作异性。

区分**易性症**（transsexualism）和异装症（transvestic fetishism）的不同非常重要。后者是指在男异性恋人群中，渴望或甚至是需要穿着女性服装（Bradley & Zucker，1997），但并不希望成为异性（Lawrence & Zucker，2012；Sharma，2007）。（我们将在本章性欲倒错障碍部分讨论异装症。）

因为罕见，性别烦躁不作为包含在流行病学调查中的一种障碍，因此难以确定其患病率。最常被报告的患病率估计为 7 400 ~ 12 800 名男性中会遇到 1 例，30 000 ~ 52 100 名女性中会出现 1 例（Lawrence & Zucker，2012）。就像威廉的病例，患者感觉被困在自己的身体里，并因此感到抑郁。事实上，患有性别烦躁的人往往并发其他精神障碍，最常见的是焦虑、抑郁和人格障碍（Cohen-Kettenis et al.，2003；Hepp et al.，2005；Meyer，2004；Taher，2007；Zucker，2004）。然而，这些疾病在性别烦躁患者身上并不比患有其他精神障碍的人更多（Cohen-Kettenis et al）。这些疾病也并非是性别烦躁的原因（Meyer）。相反，性别烦躁个体的焦虑和抑郁症状是对其状况的反应，以及因其行为而经常面对的嘲笑所带来的。异性性别认同有时会变得如此强烈以至于该个体会有做**性别重置手术**（sex reassignment surgery）的需求，这种手术通过一系列程序将他们的性生理特征与性别认同相匹配（见“真实病例：查兹·波诺：聚光灯下的转变”）。

真实病例 查兹·波诺——聚光灯下的转变

20世纪70年代，索尼和雪儿·波诺这一歌唱组合终止了他们广受欢迎的所有电视真人秀的节目，因为他们可爱的金发女儿查兹提前出生了。观众很乐于看到这个小女孩穿着一套与她的出名妈妈相似的服装，雪儿总是身着令人印象深刻的时髦晚礼服以充分展现她的女性魅力。然而很少有观众知道，在查兹还是小孩子的时候，就更愿意穿得像她的爸爸并说"作为一个孩子，我想我是一个小男孩。"尽管有母亲施加的要做"小姑娘"的压力，查兹仍偏爱男性衣服。1987年在他18岁的时候，他以女同性恋的身份向父母出柜了，并于1995年公开此事。尽管不是总能理解，但雪儿还是一直支持查兹的决定。然而6年后，当与酒瘾和毒瘾斗争的时候，查兹开始怀疑自己的性别身份。在战胜这些成瘾恢复健康后，查兹决定做出让他的生活与他的男性性别身份相一致的转变。

2009年6月，刚过完40岁生日，查兹就宣布他通过心理咨询、如同男人那样生活、接受激素治疗和外科手术这一系列步骤，正在经历向男人转变的过程。出于个人隐私的考虑，他没有透露所做手术的程度。在公众眼中接受这种转变是很难的，但因为有支持他的家人，以及那些来自受他的变性激励也做了同样事的人的祝福，查兹现在以男性身份生活。除了忙于作为LGBT[⊖]权利倡导者、作家和演讲家，查兹还为变性儿童和他们的家庭工作。在总结自己这段生命历程时他说，"我很难说清楚这是一种什么样的感觉——你整个人活在一个身体里，却要让每一个与你有关的人知道你并不这样觉得。当最终恢复正常的时候真的是很神奇！我终于活在了我一直想要的那种生活方式里。"

资料来源：Bartolomeo, J. (2009). Becoming Chaz. Retrieved April 20, 2013, from http://www.chazbono.net/press/printarticles/peoplejune262009 .html; and Zuckerman, B. (2009). Chaz Bono: I'm a Happy Guy. Retrieved April 20, 2013, from http://www.chazbono.net/press/ printarticle/ peopledec212009.html.

功能损害

在小孩子身上跨性别行为很常见，这些行为本身似乎并没有给个体造成明显的痛苦。然而，这些行为可能会招致同伴的排斥或社交孤立，这反过来会导致负性情绪状态（Bartlett et al.，2000）。有时这种与性别烦躁相关的痛苦并没有出现在孩子身上，而是表现在其父母身上。就像一位母亲报告的那样：

> 他很渴望（穿上我的罩衫）在房间里跳舞。我不喜欢他这样做，我会让他脱掉并将衣服收拾起来。而他则坚持索要，并想重新穿在身上（Green，1987，p.2）。

性别烦躁患儿的痛苦并非来自跨性别的行为，而是来自对他们从事所渴望行为的阻止。在性别烦躁成人中，共病障碍的终身患病率的变化范围是从14%的当前障碍到71%的终身障碍（Hepp et al.，2005；Hoshiai et al.，2010）。然而，即使第二种共病障碍的存在较低，自杀意念（74%）和自残（33%）的终身患病率还是值得注意的（Hoshiai et al.，2010），这表明了伴随本障碍的痛苦的严重性。

性别、种族和民族

偶尔的跨性别行为在小学生中很常见（Sandberg et al.，1993），但这并不表明存在性别烦躁。如果出现的话，性别烦躁通常最先发现于2～4岁。最早的特征表现为持续的跨性别穿戴和游戏。六七岁前通常不会通过口头表达希望成为异性的愿望（Bartlett et al.，2000）。青春期之前，接受性别烦躁评估和治疗的男女比例是每5～7名男孩对1个女孩（Bradley & Zucker，1997；Zucker，2004）。相比之下，青春期男孩与女孩的性别烦躁患病比例几乎相等（Bradley & Zucker；Zucker）。主要基于欧洲国家的研究得出，成人男性通常比女性更

⊖ LGBT为女同性恋者（lesbian）、男同性恋者（gay）、双性恋者（bisexual）与跨性别者（transgender）的英文首字母缩写。——译者注

容易患有性别烦躁（Lawrence & Zucker）。

在一些阿拉伯国家，即使存在宗教、道德和社会价值观的反对，性别烦躁也依然存在（Taher，2007）。有时易性个体不能形成自我认同，除非他们知道会有有同理心的专业人员和治疗。

虽然西方文化认为性别有两种分类，其他文化有更多的分类。例如，在印度，希吉拉（hijra）被称为第三性别（Nanda，1985）。虽然大多数希吉拉的生物性别是男性，但他（她）们不被认为是男性或女性，而是同时拥有男女两种性别元素。他（她）们通常打扮成女性同时也喜欢将自己当作女性。

相似地，在萨摩亚独立国对男人有性吸引力的男性被称为 fa'afafine，字面意思是“以女人的方式”（Vasey & Bartlett，2007）。成年 fa'afafine 回忆道，在儿童时期他们就有着显著多的女性典型行为和显著少的男性典型行为（Bartlett & Vasey，2006）。尽管一些个体报告说父母曾试图强迫他们以文化规定的方式行动，但另一些人报告说对自己的非典型性别选择非常接纳。总体而言，这些结果表明性别认同问题存在跨文化性，并且在一些情况下人们对那些有非典型性别举止的个体存在大量的社会宽容（Vasey & Bartlett）。

病原学

有一些关于性别烦躁的病因理论，但大多数都几乎没有实证数据的支持。在生物学方面，一些激素的数据对这种障碍的形成提供了耐人寻味但非特异性的生物学证据。心理学理论则研究家庭的影响，尤其是亲子关系。

希吉拉被看作第三性别，在不同文化中都有，既不阳刚也不阴柔。

生物学理论

到目前为止，很少有证据表明遗传会导致性别烦躁。神经解剖学的研究已确定了男女大脑的差异（Michel et al.，2001）。一项研究发现，男性易性症者的大脑尺寸和形状与女性异性恋的大脑类似而不同于男性异性恋（Zhou et al.，1995），但这些结果还没有被重复研究证实，而且来自神经解剖学和神经生物学的研究数据是矛盾的和不确定的。

可能造成性别烦躁的一种激素条件是先天性肾上腺皮质增生症（congenital adrenal hyperplasia，CAH）。患有 CAH 的男孩和女孩都缺少制造激素皮质醇和醛固酮所必要的酶，因此，身体产生过多的雄性激素，造成两性过早和不恰当的男性性发育。患有 CAH 的女孩在出生时外阴性别不明，这种情况多出现于男性身上。随着她们的成长，这些女孩逐渐发育出男性第二性征如声音低沉、出现面部毛发。男患儿则早在两三岁时即进入青春期。

除了身体上的差异，患有 CAH 的女孩比未患 CAH 的女孩更多地表现出跨性别角色的行为（Berenbaum et al.，2000；Cohen Bendahan et al.，2005；Zucker，2004）。她们确实随着年龄增长变得更加女子气，但一些患有 CAH 的成年女性（特别是症状严重的）比未出现激素失调的女性对异性更少产生兴趣而且女子气更少（Hines et al.，2004；Long et al.，2004）。我们仍然不知道，CAH 或任何其他激素不平衡是否会导致性别烦躁的出现。我们只知道这种情况会影响产前激素水平、身体性征的发育和性别行为。理解 CAH 可以帮助我们理解女孩而不是男孩的性别烦躁发展。

伦理与责任

在过去 20 年里，为了预防女性外阴性别不明，人们为治疗产前 CAH 做了很多努力（Nimkarm &

New，2010）。由于该障碍是一种遗传疾病，所以可以向有患 CAH 风险胎儿的孕妇提供地塞米松（dexamethasone）进行治疗。在妊娠 9 周前供药并持续几周后，这种类固醇会降低胎儿雄性激素数量并可预防女婴的外阴性别不明。短期随访数据表明，出生前接触地塞米松的儿童有着正常的生长和发育（Hughes，2006），但是这方面的数据很少，没有长期随访的数据，而且美国食品和药品管理局也不允许对 CAH 使用地塞米松。然而，孕期接触雄性激素的数量似乎也对性取向有着影响：与更高水平的男性化行为有关（Meyer-Bahlburg et al.，2008）。产前使用地塞米松的实践已经引发许多生物伦理学家（研究新医学发现的伦理和道德意蕴的研究者）的质疑，即这种可能被父母使用或被医生采用的药物是否可预防女孩的同性恋或双性恋倾向（Dreger et al.，2010）。该争议所暗示的是，那些没有异性恋取向的人内在就是有问题的（Dreger et al.）。这些伦理问题可能会占用研究者很长的时间来得出结论，但现在几乎所有相关方都一致认为，使用地塞米松治疗 CAH 只能在受密切监控的临床实验且有实质性长期随访的条件下才能进行。

心理学理论

精神分析学家假定，父母的拒绝可能对性别烦躁的发病起到一定的作用。例如，如果父母想要一个女孩，但他们却生了个男孩（Sharma，2007），他们可能会拒绝这个儿子。这种拒绝可能会导致男孩使自己的行为方式像个女孩来取悦父母。尽管父母强化孩子的男子气或女子气行为会使这些行为出现的频率增加，但似乎单纯强化并不影响性别认同。一个众所周知的案例（Green & Money，1969）表明，生物因素比环境因素的影响力更强。

> 约翰和他的弟弟是同卵双生子，在他们的割礼仪式上，医生不小心割掉了约翰的阴茎。通过和医生的多次协商，约翰的父母同意将他作为女孩抚养，并给他重新起了个名字叫简。他的父母将简当成女孩看待并给她女性穿戴。在青春期，简被实施了女性激素重置治疗以使其发展出女性第二性征（乳房的发育）。尽管做了所有努力，简从不视自己为一个女孩并对成人的这些努力经常表现出反叛行为。最终，在 14 岁时父母告诉了她真相。有意思的是，约翰回忆起他在 2 年级的时候就怀疑自己其实是个男孩。在成年期，约翰做了性别重置手术，以男性身份生活、结婚并领养了三个孩子（Diamond & Sigmundson，1997）。然而这个故事并没有一个幸福的结果，约翰患上了抑郁症，2004 年，他在 39 岁的时候自杀了。

约翰自杀原因不明，但可能包括他不同寻常的童年经历和具有抑郁症的明显家族史，约翰的母亲和孪生弟弟都患有抑郁症（Colapinto，2004）。他的孪生弟弟死于服用过量的抗抑郁药，约翰在他 20 多岁的时候曾两次企图自杀。虽然约翰的故事以悲剧结尾，它却给我们提供了一个重要的见解：单靠环境因素并不能克服生物学因素而建立或改变对性别的认同。

治疗

只有很少一些针对患有性别烦躁儿童的纵向研究，但可用资料表明，在最初接到此诊断后只有少数儿童在他们进入成年期后仍对自己的性别感到痛苦（Zucker，2008）。在最初诊断后的 10 ~ 15 年里进行了两个随访研究，12% ~ 27% 的人仍可归类为性别烦躁（Drummond et al.，2008；Wallien & Cohen-Kettenis，2008）。在这些研究中，性别烦躁症状最严重的儿童仍可能在长大后患有性别烦躁，而且最可能有同性恋或双性恋倾向。在不再患有性别烦躁的成人中，一半的男孩和所有女孩都有了异性恋取向（Wallien & Cohen-Kettenis，2008）。

也许因为该病非常罕见，目前没有治疗性别烦躁的对照实验。在临床上有一些治疗方法，其中一些只在专科诊所可用。针对成人的最常见治疗手段是通过手术重置其性别。

1. 性别重置手术

从历史上看，对成年人性别烦躁的治疗是试图改变个体的社交与性行为以匹配他或她的生物性别。目前，治疗侧重于帮助成年人以自己所选的性别身份生活，最大限度地提高他们的心理和社会适应能力。这种干预分三个阶段：按所期望的性别生活、激素治疗和性别重置手术（Meyer et al.，2001b）。不是每个开始治疗的人都要最终完成性别重置手术阶段。

在第一阶段，个体按新的性别角色至少生活两年（Meyer et al.，2001b）。个人的穿戴和社会交际都与所期望的性别角色相一致，以使此人观察这一变化是如何影响自己生活的方方面面的。这一步被认为是在治疗方案中绝对必要的。第二阶段是激素治疗。给生物女性提供睾酮激素，给生物男性提供雌激素，以减少不想要的第二性征并令其出现所选性别的第二性征。第三阶段同时也是最后阶段即实施手术。对由男性变为女性的人要做的包括手术切除阴茎和创建阴蒂、阴唇和人工阴道。对由女性变为男性的人要做的包括切除乳房、阴道和子宫，塑造阴囊、睾丸假体并制造一个新阳具（人造阴茎）。手术的目的是尽量保留性功能以达到最佳的生活质量（Lawrence，2003）。

与其他心理障碍的治疗相比，性别重置手术是一个广泛和激进的过程（Smith et al.，2005）。虽然早期研究表明，那些做了手术的人中有一定比例的人对手术结果并不满意，近期和长期随访数据表明手术结果变得更积极了（Landén et al.，1999）。性别重置手术能消除性别烦躁（Lawrence，2003；Smith et al.，2005）、促进身体满意度和人际关系以及减少焦虑和抑郁（Smith et al.，2001，2005；Weyers et al.，2008）。在一个长期的随访研究中（Weyers et al.，2008），参与者提出存在有关性唤起、润滑和疼痛方面的一些困难。在不同的研究中，超过 95% 的患者报告说对性别重置手术很满意（Lawrence，2003；Smith et al.，2005）。少数患者对结果不满意，最常见的是这些人缺乏家庭支持和 / 或有另外的影响整体功能的心理障碍（Eldh et al.，1997；Landén et al.，1998）。

患有性别烦躁的一些青少年会寻求性别重置手术的治疗，但有个问题不得不考虑，即青少年是否可以做出这样一个不可逆转的决定。早期做性别重置手术可以预防青春期出现性别烦躁（Delemarre-van de Waal & Cohen-Kettenis，2006），在未发育出第二性征的时候这种身体结果是令人满意的。然而，对这种手术需要有绝对的确认，因为这种干预是不可逆的。只有少数青少年接受了性别重置治疗。关于该手术仍存在许多问题，包括应在什么年龄实施该手术，以及接受手术的个体是否在成年后仍然对手术结果有积极感受。

2. 心理治疗

目前还没有心理干预的随机对照实验。在过去，行为、精神分析和折中的方法尝试转变儿童对其性别的认识并使之与其生物性别相一致，这些方法包括关注和强化同性间的活动和友谊，花时间与同性家长多交流，并与同性伙伴玩耍等方面（Bradley & Zucker，1997）。在一个患有性别烦躁男孩的系列研究案例里（Rekers & Lovaas，1974；Rekers et al.，1974；Rekers & Mead，1979），对同性别行为给予奖励（提供奖励）和对跨性别行为实施惩罚（撤销奖励）。所报告的这些干预对一部分儿童来说是奏效的，但最近这些方法因对幼童进行强制性别定型（即男性行为刻板化）而遭到质疑（Bryant，2006），而且这些方法也不再被使用了。

性功能障碍

正如我们在本章开头部分说的那样，许多因素会影响性表现，包括年龄、性别和文化。因此，所有**性功能障碍**（sexual dysfunctions）的诊断标准均包括某方面性反应的丧失或损害，这种丧失或损害在考虑到年龄、性别和文化因素时会引起明显的痛苦和 / 或功能损害。在某些情况下，当考虑到年龄、性别和文化因素时障碍的患病率会改变。此外，一个人的生活环境在判断其性功能障碍存在与否时必须被考虑进去，如身体疾病或与性伴侣的身体分离。考虑到这些问题，我们将注意力转向性功能障碍，该类障碍包括性欲障碍、性唤起障碍、性高潮障碍和性交疼痛障碍。

性兴趣 / 性欲障碍

性欲是对性活动或性对象的兴趣，或从事性活动的愿望。性欲 / 性唤起障碍（sexual desire/arousal disorders）表现为对性活动兴趣的减弱或丧失，它包括男性性欲减退障碍、女性性兴趣 / 性唤起障碍和勃起功能障碍（见“DSM-5：性兴趣 / 性欲障碍”）。

性兴趣 / 性欲障碍　DSM-5

男性性欲减退障碍

A. 对性 / 情色的想法或幻想以及性活动的欲望持续地或反复地缺乏（或丧失）。对此缺乏的判断由医生做出，须考虑到影响性功能的因素，如年龄、个体生活的综合的和社会文化背景。

B. 诊断标准 A 中的症状持续至少约 6 个月。

C. 诊断标准 A 中的症状导致个体有临床意义的痛苦。

D. 本性功能障碍不能用其他非性功能的精神障碍来更好地解释，或作为严重的关系困扰或其他明显应激源的结果，也不能归因于某种物质 / 药物的效应或其他躯体疾病。

女性性兴趣/性唤起障碍

A. 性兴趣/性唤起的缺乏或显著降低，至少表现为以下3个症状：
   1. 对性活动的兴趣的缺乏/降低。
   2. 对性/情色的想法或幻想的缺乏/降低。
   3. 没有/减少对性活动的启动，通常不接受伴侣对性活动启动的尝试。
   4. 在几乎所有或所有（75%～100%）的性接触（在可确认的情境中，或广义而言在所有情境）中，性活动时性兴奋/性快感的缺乏/降低。
   5. 对任何内部或外部的性/情色线索（例如，书面的、口头的、视觉的）的性兴趣/性唤起的反应的缺乏/降低。
   6. 在几乎所有或所有（75%～100%）的性接触（在可确认的情境中，或广义而言在所有情境）中，性活动时缺乏/降低生殖器或非生殖器的感觉。

B. 诊断标准A中的症状持续至少约6个月。

C. 诊断标准A中的症状导致个体有临床意义的痛苦。

D. 本性功能障碍不能用其他非性功能的精神障碍来更好地解释，或作为严重的关系困扰（例如，伴侣暴力）或其他明显应激源的结果，也不能归因于某种物质/药物的效应或其他躯体疾病。

勃起障碍

A. 在几乎所有或所有（75%～100%）的性活动（在可确认的情境中，或广义而言在所有情境）中，至少有以下3个症状中的1个：
   1. 性活动中获得勃起显著困难。
   2. 维持勃起直到完成性活动显著困难。
   3. 勃起的硬度显著降低。

B. 诊断标准A中的症状持续至少约6个月。

C. 诊断标准A中的症状导致个体有临床意义的痛苦。

D. 本性功能障碍不能用其他非性功能的精神障碍来更好地解释，或作为严重的关系困扰或其他明显应激源的结果，也不能归因于某种物质/药物的效应或其他躯体疾病。

资料来源：Reprinted with permission from the *Diagnostic and Statistical Manual of Mental Disorders*, Fifth Edition, (Copyright 2013). American Psychiatric Association.

1. 男性性欲减退障碍

男性性欲减退障碍（male hypoactive sexual desire disorder）被定义为对性/情色的想法或幻想以及性活动的欲望持续地或反复地缺乏或丧失（APA，2013）（见“DSM-5：性兴趣/性欲障碍”）。性欲降低的有关因素包括性生活满意度低、存在另一种性功能障碍（如性交疼痛）、对性的消极想法以及其他形式的心理痛苦如抑郁、焦虑和夫妻关系紧张（Trudel et al.，2001）。

爱丽丝只是对性不感兴趣了。她爱她的丈夫，他们结婚25年并育有三个孩子，分别已经20岁、18岁和15岁。爱丽丝否认感觉到抑郁，也没有性虐待史。她的月经很规律，所以也不像是激素改变。爱丽丝爱她的丈夫史蒂夫，但她不再想要和他有亲密关系。史蒂文对此很沮丧，有时也会生气。

2. 女性性兴趣/性唤起障碍

女性性兴趣/性唤起障碍（female sexual interest/arousal disorder）被定义为性兴趣/性唤起的显著降低或缺乏，表现为在性活动中兴趣降低或缺乏性兴奋/性快感/性反应。症状可能主要是心理上的，也可能主要是生理上的（Basson et al.，2003）。当主要是心理症状时，这种情况有时被称为主观性唤起障碍（subjective sexual arousal disorder）。这时，面对性刺激会有生理反应（例如，阴道润滑）但主观上不会出现性兴奋或性快感的感觉。相反，如果主要是生理症状时则也被叫作生殖器性唤起障碍（genital sexual arousal disorder），主观上有性欲望但却没有生理反应。第三个亚型是联合性唤起障碍（combined sexual arousal disorder），则表现为心理反应和生理反应都缺失。女性性兴趣/性唤起障碍是个有争议的诊断，而DSM-5所定义的本障碍的患病率尚未知。一些数据显示，性兴趣低下在妇科最常被报告——在一项抽查中有高达75%的女性为此寻求常规护理（Nusbaum et al.，2000）。

在美国，年龄在19～59岁的人群中约15%的男性和30%的女性声称对他们的性欲体验不满意（Laumann et al.，1999）。在中东（男女比例分别为21%和43%）和东南亚（男女比例分别为28%和43%）的人群中也发现了类似的比例（Laumann et al.，2005）。在跨文化研究中，女性比男性更多地患有本障碍。然而，因为男女的性目标可能不同，且对性欲困难的定义也可能不同，我们必须谨慎以避免过度解读这些数据。例如，男性的性模式并非是用来比较女性性行为的最佳标准。而且，经常被媒体报道的名人的不当行为是性成瘾或性欲高涨的结果（见“研究热点：性成瘾和性欲高涨障碍”）。

性成瘾和性欲高涨障碍

最近众多明星中承认并宣布自己进入性成瘾治疗的只有杰西·詹姆斯和大卫·杜楚尼两个人。性成瘾（sexual addiction）现在被广泛用于解释与进行性敢于冒险、失控以及如发现配偶不忠的严重心理后果有关的性行为。尽管受到媒体的广泛批评，仍然有将性当作成瘾或依赖综合征存在的实证支持（Kafka，2010）。自我认定为性成瘾的人这样描述戒断症状：控制或减少这种行为均以失败告终，进行该活动的时间远远超出他们的预期（Wines，1997）。然而，这个话题仍然令人困惑，因为目前尚不清楚这种行为①是否符合成瘾标准；②是否是潜在问题的症状；③是不是仅代表经常导致婚姻伴侣明显痛苦的糟糕决定（Levine，2010；Steffens & Rennie，2006）。

性欲高涨障碍（hypersexual disorder）被建议作为性功能障碍之一，其特点是以性为动机的幻想、唤起、冲动在频率和强度上的增加，以及行为伴有冲动性质（Kafka，2010）。与性欲高涨障碍密切相关的行为包括手淫、色情作品、与许可的成人发生性行为以及网络性爱，所有这些行为都会产生重大的负面后果。负面后果包括意外怀孕、关系破裂、婚姻破裂及离婚，以及患上包括艾滋病在内的性传播疾病的风险。试图为性欲高涨行为下经验性定义对研究人员来说仍然是一个挑战，需要通过更多的研究来了解其临床表现、病因、病程和预后。当研究人员解决这些问题时，这种被建议的障碍的科学效度将会被证实或证伪，进而促进对性行为其他方面的更好理解。 «««

3. 勃起障碍

勃起障碍（erectile disorder）是一种常见的男性性功能障碍，被媒体称为勃起功能障碍（erectile dysfunction）（以前叫阳痿，impotence）。它是指在与配偶的性活动期间，反复难以获得或维持勃起（APA，2013）。该定义的重要成分是“反复”一词。许多男性偶尔会经历勃起功能障碍，通常是由疲劳、应激或焦虑引起的。除非是一贯无法达到或维持勃起，或在勃起硬度上明显降低，否则不能将其诊断为勃起障碍。该障碍还必须存在显著痛苦和 / 或人际交往困难（见对比个案研究）。

对比个案研究

行为维度：从正常到异常

正常行为个案研究　压力和酒精引发的性能力下降

巴里在学校度过了非常紧张的一周。他在为自己的研究生论文开题做准备，这是一个非常重要的口头考试。他发现对这次开题的准备比他预期的要久。他忙了一个通宵以确保准备充分，开题后他确信一切都是顺利进行的。这时他只想美美睡一觉，但这是星期五的晚上而且是妻子的生日。他已许诺她要在一家浪漫餐馆共进晚餐，他可不想令她失望。萨拉看上去是那么美，他为自己能与这么漂亮的女人相爱而感到幸运。他们喝了一瓶香槟庆祝，晚餐后他们走着回了家。萨拉向他释放的所有信号都显示她想要一个浪漫而难忘的夜晚，巴里也这样想。但他的身体却不听话。不管他多么想大振雄风，下面却无法勃起。萨拉知道他这阵子压力大，当晚还喝了很多酒。当她意识到这些之后，就将巴里拥进怀里说他们好好睡一觉就好了。尽管巴里担心自己哪里不对劲，但下次他们又有机会在一起时，他精力充沛而且清醒，达到勃起没有一点困难。

异常行为个案研究　勃起功能障碍

在女生身边时，杰克总会很焦虑。在高中他有过几次约会，但约会时总是很紧张、说话结巴、笨手笨脚老犯错。他一度希望随着年龄增长这种焦虑会消失，但事实并非如此。相反，却似乎变得更糟，代价也更大。在高中时没有性没那么大压力，但在大学里性却似乎无处不在。女生们穿着入时，男生则总是在谈论他们最近的战利品，杰克感到的却是彻头彻尾的孤独。他几乎无法跟女人交谈，更不用说进行性行为了。他的第一次性交尝试失败了，他太紧张了以致无法实现完全勃起。那个女孩装作这不重要，但却再也不接他的电话了。后来他决定找一位风尘女子试试，他想也许如果那女人不认识他他就不会那么紧张了。但他错了——他很紧张而且那女人很不耐烦。她一直跟他说“快点”以及“你只付了一个小时的钱，你难道不想利用它？”他焦虑至极，只好逃离。他又找了一位风尘女子，结果旧事重演了——尽管他主观上很想，他还是无法勃起。于是他去喝酒——酒精好像能帮他在社交场合放松一些，因此在性上也许酒精能帮上忙。但依然不行，酒精让情况变得更糟。现在，每当他见到迷人的女孩就会避免与她有任何交往。相比于无法办事的耻辱，他宁愿感受抑郁和孤独。

性高潮障碍

另一组性功能障碍是性高潮障碍（orgasmic disorders），包括女性性高潮障碍、延迟射精和早泄（见“DSM-5：性高潮障碍”）。**延迟射精**（delayed ejaculation），有时被称为射精迟缓（retarded ejaculation），是指尽管有足够的性刺激，但射精明显延迟或无法射精。这种障碍不像早泄那么常见。有些男性可能会认为延迟射精是有好处的，因为它可以增加伴侣的性快感。在这种情况下就不能下此诊断，因为它不会造成任何痛苦或功能损害。然而，有些延迟射精的男性报告说他们感觉受挫、痛苦，有时感到疼痛（Brotto & Klein，2007）。

性高潮障碍 DSM-5

延迟射精

A. 以下 2 个症状必须在几乎所有或所有（75% ~ 100%）与伴侣的性活动（在可确认的情境中，或广义而言在所有情境）中出现，并且不存在个体想延迟射精的欲望：
   1. 射精显著延迟。
   2. 射精显著稀少或没有。

B. 诊断标准 A 中的症状持续至少约 6 个月。

C. 诊断标准 A 中的症状导致个体有临床意义的痛苦。

D. 本性功能障碍不能用其他非性功能的精神障碍来更好地解释，或作为严重的关系困扰或其他明显应激源的结果，也不能归因于某种物质 / 药物的效应或其他躯体疾病。

女性性高潮障碍

A. 以下 2 个症状必须在几乎所有或所有（75% ~ 100%）的性活动（在可确认的情境中，或广义而言在所有情境）中出现。
   1. 性高潮显著延迟，显著稀少或没有。
   2. 性高潮感觉的强度显著降低。

B. 诊断标准 A 中的症状持续至少约 6 个月。

C. 诊断标准 A 中的症状导致个体有临床意义的痛苦。

D. 本性功能障碍不能用其他非性功能的精神障碍来更好地解释，或作为严重的关系困扰（例如，伴侣暴力）或其他明显应激源的结果，也不能归因于某种物质 / 药物的效应或其他躯体疾病。

资料来源：Reprinted with permission from the Diagnostic and Statistical Manual of Mental Disorders, Fifth Edition, (Copyright 2013).American Psychiatric Association.

女性性高潮障碍（female orgasmic disorder）被定义为很难体验到性高潮和 / 或性高潮感觉的强度显著降低。有时也被称为性冷淡（anorgasmia），这些症状必须发生于所有或几乎所有的性活动体验中。在做出诊断前，有必要考虑年龄、性刺激是否足够以及性经验等因素。有趣的是，与其他大多数性功能障碍不同，女性性高潮障碍常见于年轻女性（Laumann et al.，1999）。

> 艾丽丝的丈夫史蒂芬是一个高级经纪公司的股票经纪人，每天工作 16 个小时。很多时候他感到紧张和焦虑。史蒂芬很爱艾丽丝，但因为他们的性生活有时很差而感觉沮丧。大约 6 个月之前，史蒂芬心脏病发作，从那以后他的性能力出现了问题。尽管他仍有足够的性欲望，可是一旦他开始性行为就会担心自己的心脏受损。除此之外，艾丽丝在他们性交时没有任何反应，因此他对“把这事儿做完”感到很有压力。现在他已经出现了早泄的症状。

早泄有时被称作快射（rapid ejaculation）（参见章末“科学与生活：迈克尔——性功能障碍的治疗”）的**早泄**［premature（early）ejaculation］是常见的男性性功能障碍。根据这个定义，它可能会影响约 30% 的男性（Laumann et al.，1999）。射精过程分为四个阶段。勃起（erection）或阴茎充血（penile tumescence）是第一阶段，由副交感神经系统控制。第二阶段是泌精（emission），此阶段收集并运送精液为第三阶段的射精做准备。第三阶段射精（ejaculation）是精液从阴茎中释放出来的过程。这时从尿道发出的神经信号到达脊髓，引起反射反应。神经系统的交感神经与躯体神经分支（见第 2 章）负责第二和第三阶段。最后阶段是性高潮（orgasm），是与射精相联系的主观快感，被认为是皮质（大脑）体验（Metz et al.，1997）。

早泄被定义为在与伴侣的性活动中，持续的或反复的于阴道插入后约 1 分钟内射精的模式，并且时长早于个体愿望（APA，2013）。在自我认定的早泄中，阴道插入后 1 分钟内射精的占 90%，30 秒内射精的占 80%（Waldinger，2002）。相比之下在另一个称自己早泄的男性报告中，虽然大多数（79%）人报告的早泄时长范围是从阴道插入前即射精到插入后两分钟射精，但也有人报告其在插入后的 10 分钟射精（Symonds et al.，2003）。

关于早泄的不同定义有，在一半的次数里无法用足够长的时间来抑制射精以让性伴侣达到高潮（Masters & Johnson，1970）。这个定义的优点是，它不局限于具体的分钟数，但缺点是取决于伴侣的性反应（Metz et al.，1997）。该定义承认性功能障碍可能是伴侣双方的功能障碍，而不仅是一个人的事，如我们在前面看到的史蒂芬和艾丽丝的情况。

也有其他研究人员（e.g.，Kaplan，1974）对早泄的定义仅是缺乏对射精的控制。为达成一些共识，国际性医学会召集该领域的专家举办了一次会议。他们一致将异性恋男性的早泄定义如下："总是或几乎总是在阴道插入前或阴道插入后 1 分钟内射精，在所有或几乎所有的阴道插入时无法延迟射精，以及负性个人结果如痛苦、困扰、受挫感和 / 或对性亲昵行为的回避"（McMahon et al.，2008，p.347）。如你所见，在该领域的大部分研究是在异性恋伴侣中进行的。需要做更多的工作以确定同性恋或双性恋在哪些功能障碍上与异性恋有相似之处。

当一个人在他首次发生性关系时就早泄则其早泄被认为是原发性的（见"DSM-5：早泄"）。上述定义仅限于原发性（或终身）早泄。继发性早泄是指个体最初能毫不费力地控制射精而现在却过早射精的情况（像史蒂芬那样）。在继发性早泄的男性中，75% 的人患有可以解释此情况的身体疾病，而其他 25% 的人虽没有身体疾病但报告自己有人际关系问题（Metz et al.，1997）。

早泄　DSM-5

A. 在与伴侣的性活动中，持续地或反复地于阴道插入后约 1 分钟内射精的模式，并且时长早于个体愿望。

注：尽管早泄的诊断可适用于非阴道性活动的个体，但对这些活动尚未建立具体的时长标准。

B. 诊断标准 A 中的症状持续至少 6 个月，且必须在几乎所有或所有（75% ~ 100%）的性活动（在可确认的情境中，或广义而言在所有情境）中出现。

C. 诊断标准 A 中的症状导致个体有临床意义的痛苦。

D. 本性功能障碍不能用其他非性功能的精神障碍来更好地解释，或作为严重的关系困扰或其他明显应激源的结果，也不能归因于某种物质 / 药物的效应或其他躯体疾病。

资料来源：Reprinted with permission from the *Diagnostic and Statistical Manual of Mental Disorders*, Fifth Edition, (Copyright 2013). American Psychiatric Association.

生殖器 – 盆腔痛 / 插入障碍

该障碍包括以下持续的或反复的困难：①性交时阴道插入，②性交时外阴阴道或盆腔疼痛，③阴道插入时对疼痛感到害怕或焦虑和 / 或④盆底肌紧张 / 紧缩（见"DSM-5：生殖器 – 盆腔痛 / 插入障碍"）。

寻求常规妇科保健的女性中，有 72% 的人报告在性活动中有疼痛发生（Nusbaum et al.，2000）。即使是尝试小幅度性交也会发生性交疼痛，导致严重痛苦并回避性行为。尽管**生殖器 – 盆腔痛 / 插入障碍**（genito-pelvic pain/penetration disorder）的诊断标准是指阴道或盆腔区域的疼痛，有些男性也会报告性交时的疼痛。在西方国家中，3% ~ 5% 的男性报告存在性交疼痛（Laumann et al.，2005）。在男同性恋中，14% 的人在接受肛交时遭受频繁和剧烈的疼痛，这种情况有时被称作肛交疼痛（anodyspareunia）（Damon & Rosser，2005）。

玛丽安与马特奥相爱了。在约会数月后，他们想发生性关系。两人试了几次，但每次玛丽安都能感到阴道肌肉收缩并疼到哭。不仅是马特奥的生理插入会造成这种疼痛，她自己也从未能够将卫生棉条插入阴道中。医生为排除感染的存在而对她进行的阴道镜检查也会引起玛丽安的疼痛感。医生尝试放入窥镜，但玛丽安哭着要求停止检查。

生殖器 – 盆腔痛 / 插入障碍　DSM-5

A. 在以下至少一项情况中出现持续的或反复的困难：

1. 性交时阴道插入。
2. 在阴道性交或企图插入时，显著的外阴阴道或盆腔疼痛。
3. 在阴道插入之前、期间或之后，对外阴阴道或盆腔的疼痛有显著的害怕或焦虑。
4. 在企图插入阴道时，显著的紧张或盆底肌肉紧缩。

B. 诊断标准 A 中的症状持续至少约 6 个月。

C. 诊断标准 A 中的症状导致个体有临床意义的痛苦。

D. 本性功能障碍不能用其他非性功能的精神障碍来更好地解释，或作为严重的关系困扰（例如，伴侣暴力）或其他明显应激源的结果，也不能归因于某种物质 / 药物的效应或其他躯体疾病。

资料来源：Reprinted with permission from the *Diagnostic and Statistical Manual of Mental Disorders*, Fifth Edition, (Copyright 2013). American Psychiatric Association.

玛丽安的疼痛有时被称作阴道痉挛（vaginismus），是非自愿的阴道肌肉不自主痉挛，这妨碍了性交或阴道插入。与其他类别的性交疼痛障碍相比，对这种诊断的效度的实证研究很少。主观体验到的阴道痉挛并不总是能在妇科检查中被实际测量到（Reissing et al.，2004），这意味着心理因素对该诊断的重要性。此外，大多数报告阴道痉挛的女性也报告存在性交疼痛（de Kruiff et al.，2000）。

亚型

性功能障碍可按以下维度分类：终身的（总是存在）相对于后天的（在有一段时间的功能正常之后发生）；弥散的（性困难并不局限于特定的刺激类型、情境或伴侣）相对于情境的（只在特定的刺激类型、情境或伴侣中存在），以及归因于心理因素相对于归因于综合因素（心理的和医学的）。

功能损害

任何性功能障碍都可导致不适。针对主诉的不同，有65% ~ 87%的性功能障碍患者报告了不适（Fugl-Meyer & Sjögren Fugl-Meyer，1999）。此外，伴侣间的性问题是常见的。在患勃起障碍的男性中，性欲降低使60%的人的性伴侣受到了影响，因性唤起缺乏影响到性伴侣的人占44%（Sjögren Fugl-Meyer & Fugl-Meyer，2002）。此外，当发生性功能障碍时，无论是自己还是性伴侣的性幸福都会因此而受到影响。然而，性障碍有时会只影响性功能而不影响整体功能。报告有早泄的男性表示，满足性伴侣的需要是自己性满意度的重要部分（Rowland et al.，2004）。尽管其障碍可能会影响个体的自尊和进行中的性关系，但并不总是影响他们的全部关系（Byers & Grenier，2003）。在一项研究中，只有6%的男性早泄患者报告说因为他们的问题而使他们减少了性交机会，而即便是这样的情况也不多见（Grenier & Byers，2001）。

少于19%的患有性功能障碍的成年人曾为此寻求专业帮助（Moreira et al.，2005），这反映了人们不愿谈论性的社会事实。即使问题出现很频繁，36%的人也没有去寻求任何专业意见。在那些寻求了专业帮助的人当中，55%的人寻求家人或朋友的支持，19%的人将目光转向媒体提供的相关资源，32%的人寻求医疗建议（Nicolosi et al.，2006）。当问他们为什么不进行专业咨询时，72.1%的人表示他们不认为这种行为会是个问题，53.9%的人不认为这是个医学问题，22.7%的人不好意思去谈论它，12.2%的人表示没有加入医疗保险。这些数据再次说明了两个要点：其一，一个人认为是问题的在别人眼里未必也是问题；其二，即使是那些经常遭受性功能障碍困扰的人，他们也可能没有意识到这个问题是可以治疗的，或者不愿意与专业人士讨论这个话题。

流行病学

美国对性功能障碍最全面的研究之一是美国国家卫生和社会生活调查（National Health and Social Life Survey），找了3 159名年龄在18 ~ 59岁的美国被试（Laumann et al.，1999）。这项研究包括面对面访谈和问卷调查，研究数据发现，43%的女性和31%的男性存在性功能障碍。表8-1和表8-2说明了在两性中常见性问题的患病率情况。

表 8-1 18 ~ 59 岁男性性问题的患病率（%）

性问题	年龄			
	18 ~ 29	30 ~ 39	40 ~ 49	50 ~ 59
缺乏性兴趣	14	13	15	17
不能达到高潮	7	7	9	9
高潮过早	30	32	28	31
无性快感	10	8	9	6
对性表现焦虑	19	17	19	14
勃起障碍	7	9	11	18

资料来源：Brotto, L.A., & Klein, C.(2007). Sexual and gender identity disorders. In M. Hersen, S. M. Turner, & D.C. Beidfel (Eds.). *Adult psychopathology and diagnosis* (6th ed.) (pp.504-570). New York: John Wiley and Sons; Laumann, E.O., Paik, A., & rosen, R.C. (1999).Sexual dysfunction in the United States. *The Journal of the American Medical Association*, 281,537-544.

表 8-2 18 ~ 59 岁女性性问题的患病率（%）

性问题	年龄			
	18 ~ 29	30 ~ 39	40 ~ 49	50 ~ 59
缺乏性兴趣	32	32	30	27
不能达到高潮	26	28	22	23
性交疼痛	21	15	13	8
无性快感	27	24	17	17
对性表现焦虑	16	11	11	6
阴道润滑问题	19	18	21	27

资料来源：Brotto, L.A.,&Klein, C.(2007). Sexual and gender identity disorders. In M. Hersen, S.M. Turner,&D.C. Beidel (Eds.). *Adult psychopathology and diagnosis* (6th ed.) (pp. 504-570). New York: John Wiley and Sons; Laumann, E.O., Paik, A.,& Rosen, R.C.(1999). Sexual dysfunction in the United States. *The Journal of* the *American Medical Association*, 281,537-544.

正如表 8-1 和表 8-2 描述的那样，一些性功能障碍会随着年龄增加而上升。随着年龄的增加男性勃起障碍和女性阴道润滑问题变得越来越普遍（Fugl-Meyer & Sjögren Fugl-Meyer，1999；Laumann et al.，1999）。

性别、种族和民族

性功能障碍的发生是跨种族和跨民族的。对非裔和白人美国女性的比较表明，一般非裔美国女性报告的性欲和性快感比白人女性要低，而白人女性的性交疼痛现象比黑人女性严重。相对于西班牙裔女性来说，白人和非裔女性都报告了更多的性问题（Laumann et al.，1999）。在男性中，波士顿地区社区卫生调查（Boston Area Community Health Survey，BACHS）的结果表明，24.9% 的非裔美国男性和 25.3% 的西班牙裔男性存在勃起障碍，相对而言，白人男性患此病的比例为 18.1%（Kupelian et al.，2008）（见图 8-4，见文前彩图）。虽然这似乎表明前两组的勃起障碍发病率较高，这些种族 / 民族的差异应是社会经济差异的结果。这表明，不仅要注意导致这种差异的每个组内因素，研究人员也需要注意社会和环境因素，如就业状况、收入情况和生活住宿等都可能导致个体健康状况欠佳的情况。

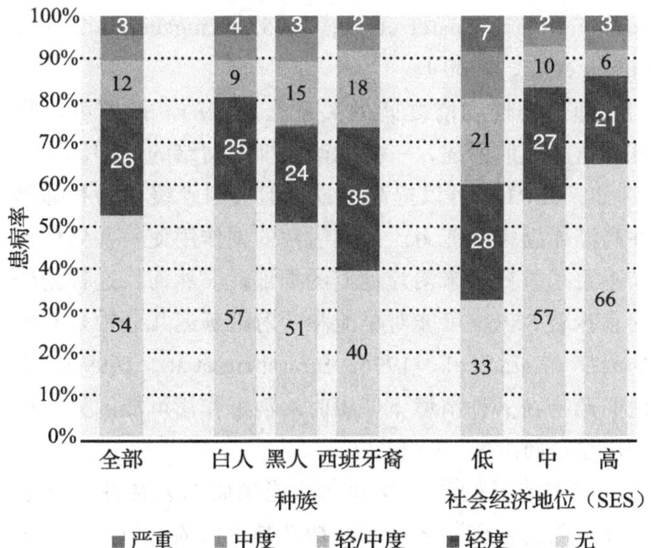

图 8-4 不同种族和社会经济地位者的勃起障碍患病率

尽管简单地通过种族 / 民族数据对比能得出勃起障碍的群体间差异，但这些差异在控制了社会经济地位这一因素后就会消失。

资料来源：V.Kupilian, et al.，"Socioeconomic status, not race/ethnicity, contributes to variation in the prevalence of erectile dysfunction，" *Journal of Sexual Medicine*, 5, 1325-1333. Reprinted by permission of Blackwell Publishing.

全球性态度和性行为研究（Global Study of Sexual Attitudes and Behaviors）评估了 29 个国家 27 500 个年龄介于 40 ~ 80 岁的成年人，28% 的男性和 39% 的女性报告说曾患有一种性功能障碍（Nicolosi et al.，2004）。在男性中，28% 的人曾患有至少一种性功能障碍，其中最常见的是早泄（14%），其次是勃起障碍（10%）（Nicolosi et al.）。在女性中，39% 的人存在至少一种性问题；最常见的是缺乏性兴趣（21%），16% 的人报告无法达到性高潮，16% 的人存在阴道润滑困难。跨文化研究中，东亚和东南亚国家的人勃起障碍的患病率（27.1% 和 28.1%）要高于西方国家，东南亚男性还有更高的延迟射精的患病率（Laumann et al.，2005）。同样，东南亚女性患病率最高的是女性性高潮障碍（41.2%；Laumann et al.）。

发展因素

年轻成人的性功能障碍患病率的流行病学资料很少，目前对他们的大多数研究都集中在各种性实践和可能导致 HIV 感染的高危性行为上。仅有的可用数据表明，早泄是青少年和年轻男性最常见的问题。这个问题通常是有限性经验或伴随性活动而产生的恐惧、内疚或焦虑的结果（Seftel Althof，2000）。在另一项研究中，30 岁的男性和女性中性欲低下的患病率分别占 7% 和 16%（Ernst et al.，1993）。

病原学

有些性功能障碍与身体疾病有关，因此必须进行生理检查以排除生理原因。此外，对生理疾病如高血压和对心理障碍如抑郁症的药物治疗可能会导致性功能障碍，使用违禁药物也会产生此后果。

1. 生物学因素

生物学状况可能会影响性欲。激素失衡，如可发生于任何年龄的甲状腺功能减退和性腺功能减退（Maurice，2005）通过降低体内性激素的分泌量来直接减少性兴趣。这些情况也可能引起负性情绪状态，进而反过来降低性欲。其他激素失衡与年龄有关。妇女更年期的变化使雌激素的分泌减少，这会影响阴道润滑和阴道组织的弹性，反过来又可能导致性交不适和性交疼痛。在男性中，睾酮的水平随年龄增长而降低（在三四十岁开始）。睾酮水平的下降，可使性欲降低并引起勃起障碍，这种降低是如何降低性欲和性能力的，目前尚不清楚（Isidori et al.，2005）。

生理疾病如心血管疾病、高血压、糖尿病、肾衰竭和癌症会造成性欲及性能力的降低。在接受糖尿病治疗的男性中，28% 的人患有勃起障碍（Feldman et al.，1994）。男性经历前列腺癌手术后可能患上勃起障碍（Stanford et al.，2000）。另外，生理疾病因会引起心理痛苦而间接损害性唤起，进而使性欲降低。

与男性一样，雄性激素有助于激起女性的性欲，尽管它们对女性性功能的具体作用尚不清楚（Brotto & Klein，2007）。那些切除卵巢的女性雄性激素水平较低，这会使其性欲降低。此外，盆腔手术、化疗、放射治疗与阴道干涩、性交疼痛和性欲低下有关（Amsterdam et al.，2006）。

酒精和药物能引起暂时的性功能障碍，包括男性的早泄、延迟射精和两性都存在的性高潮障碍。阻断多巴胺受体或 5- 羟色胺再摄取的药物可使射精延迟（Metz et al.，1997；Waldinger 2002）。抗抑郁药物，如选择性 5- 羟色胺再摄取抑制剂（SSRIs）虽能改善情绪但却在性方面有显著的副作用（Ferguson，2001）。虽然这些药物可以提高心理性欲或性唤起，但会降低身体反应、抑制获得性高潮的能力并使男性延缓射精（见后面的“生物学治疗”一节）。

2. 心理社会因素

负性情绪状态如抑郁与性功能障碍有关。存在抑郁情绪的大学女性比没有抑郁情绪的女性更可能报告存在性唤起困难、无法达到性高潮和性交疼痛的问题（e.g.，Cyranowski et al.，2004；Frolich & Meston，2002）。此外，她们报告对性关系有较低的满意度，在性活动中较少体验到性快感。在 40 ~ 70 岁男性中，抑郁与勃起障碍呈现高相关，这一关系独立于衰老、健康状况、用药和激素等因素的影响（Araujo et al.，1998）。对于性欲低下是抑郁的结果还是原因以及两者关系对不同的人可能也意味不同。

行为理论家以及性治疗师（Masters & Johnson，1970）认为焦虑和应激在性功能障碍中发挥了作用，如焦虑和早泄都与交感神经系统有关。对性表现的焦虑似乎可以是勃起障碍以及其他性功能障碍的一个重要原因。如果一个人因酒精、应激和焦虑而引起暂时性的性功能障碍，这种暂时性的问题可能引起个体关注，勃起障碍可能就会成为一个自我实现的预言。性理论家还认为早泄是由条件反射的经验造成的，如在匆忙的车震性接触中对快速射精的需要（见“科学与生活：迈克尔——性功能障碍的治疗”）、与妓女的性行为或与不太亲密的性伙伴的性接触（Metz et al.，1997）。虽然这种模式有时出现在男性早泄史中，但实证数据支持不多（Grenier & Byers，2001）。

夫妇关系紧张或负性生活事件等因素会导致男女双方性功能的暂时性改变（Bancroft et al.，2003）。环境事件如性侵害可能会导致出现生殖器 – 盆腔痛 / 插入障碍（Weijmar Schultz & Van de Wiel，2005）。这种功能障碍不会像衰老那样引起生物功能的永久性变化。

治疗

不幸的是，有些因性功能而感到焦虑的人因不懂或觉得尴尬而从未寻求过专业治疗。许多能改善性功能的有效治疗都有关于疗效的证明。

1. 生物学治疗

因为某些激素尤其是睾酮的水平低可能会影响性功能，医生可能会给出睾酮替代疗法的处方。可用的方法有注射、贴片或凝胶，替代疗法对睾酮水平低和性欲低的男性有显著疗效（Isidori et al.，2005）。睾酮贴片也能提高做过子宫切除术（hysterectomy）或卵巢切除术（oophorectomy）的女性的性欲和性满意度（Braunstein et al.，2005；Buster et al.，2005；Kingsberg，2007；Shiren et al.，2000）。

抑郁和性功能之间的关系是复杂的。抑郁可以降低性欲。如前所述，一些能改善抑郁情绪的抗抑郁药物（例如，SSRIs）可以提高性欲，但会因延缓射精和抑制性高潮而损害性能力。延迟射精的副作用使一些男性可能不愿采取药物来治疗他们的抑郁症。然而，这种副作用意味着 SSRIs 可能对早泄和使射精延迟几分钟是有效的治疗（Kara et al.，1996；Strassberg et al.，1999）。这说明药物在一种情境下使用时的消极作用可能因另一种使用途径而出现积极效果。

在本节开始我们提到性功能障碍的人往往不寻求治疗，因为他们不知道有些帮助是可用的。但是，有关勃起障碍的药物治疗就不同了。事实上，在看电视或读报纸时经常看到伟哥、乐威壮和西力士这类壮阳药的广告。重磅药品伟哥（通用名：西地那非）是在 1998 年年初被批准用于治疗勃起障碍的。他达拉非（西力士）和伐地那非（乐威壮）紧接着也参与治疗过程。这些药物是磷酸二酯酶（phosphodiesterase type-5，PDE5）抑制剂，PDE5 是发现于阴茎海绵体的分子，是阴茎和阴蒂的海绵勃起组织。PDE5 参与消肿（减少勃起），PDE5 抑制剂使阴茎产生勃起。由于引进了这些药物，数以千计的研究已经证明了 PDE5 抑制剂对勃起障碍的治疗效果。所有这三种药物比安慰剂更有效，其对勃起障碍的有效率为 43% ~ 80%（Lewis et al.，2005；Osterloh & Riley，2002；Porst et al.，2001）。PDE5 抑制剂对男性勃起障碍的成功效用使研究人员也对伟哥对女性性唤起障碍的疗效研究产生了兴趣（见“证据检验：伟哥对女性性唤起障碍的作用”）。

伟哥对女性性唤起障碍的作用

伟哥在治疗勃起障碍方面的成功，必然使人们提出这种药物是否能帮助解决其他性功能障碍的问题。例如，对女性性功能障碍如女性性欲低下或女性性唤起障碍的高患病率，伟哥是否能有治疗功效？

证据 PDE5 抑制剂阻止在阴茎海绵体（海绵组织）造成阴茎消肿的分子。这种海绵体组织在女性的阴蒂里也存在。有 6 项安慰剂对照实验来研究伟哥对女性性功能的疗效。其中的两项研究（Berman et al.，2003；Caruso et al.，2001）都验证了伟哥对女性性功能的积极影响（增强性高潮，提高性生活满意度）。然而，其他四项研究（Basson & Brotto，2003；Basson et al.，2002；Berman et al.，2003；Kaplan et al.，1999）没有发现任何积极作用，这四项研究里还包括了一个非常庞大的有 788 名女性参与的多中心临床实验（Basson et al.，2002）。

检验证据 以上发现伟哥有积极疗效和未发现伟哥作用的两类研究之间是有差异的。

首先，当样本包括女性性唤起障碍时会出现伟哥的积极效果。而那些包含性功能障碍多样性的样本（如性欲低下障碍或性欲低下障碍与女性性唤起障碍同时存在）则没有发现伟哥的显著疗效。

其次，在两个有积极效果实验的其中一项里（Caruso et al.，2001），女性接受活性药物和安慰剂（在不同的时间），每种条件都与基线条件（没服用药物时）做比较。当某人先用活性药物之后使用安慰剂时（或反之亦然），药物的副作用对患者而言就不再是“盲”的了。通常伴随活性药物的副作用能让被试猜中她们使用了哪种物质。当因变量是主观报告时，如“感到更强烈的性唤起”，知道自己正在服用活性药物会影响药物作用如何的判断。

最后，在其中一项有积极效果的研究里，在对性满意度的自我报告测量中的两个具体问题上发现了积极效果，但总分没有发现这一结果。一个完整的自我报告问卷可能是具备信度和效度的，但其心理测量学特性不能应用于其中某个单一问题。因此，我们必须谨慎对待该研究仅是基于整个问卷中某个单一项目的积极反应做出的结论。

结论 与那么多关于伟哥对勃起障碍治疗功效的研究结论相比，不多的伟哥对女性疗效的研究结果仍不明朗。虽然男女双方都存在相同的生物学组织，但目前来看，伟哥似乎只对少数女性有效。你会为这种差异的原因提出哪些假设？ «««

在引入 PDE5 抑制剂之前，治疗勃起障碍的药物是前列腺素 E1（prostaglandin E1），这种药物的使用方法是注入阴茎或插入尿道。其积极效果是 70% ~ 87% 不等（Linet & Ogrinc，1996；Padma-Nathan et al.，1997）。然而，与药物管理有关的不便之处使得许多男性不愿意使用它。前列腺素 E1 的乳剂能够外用，以此来治疗女性性唤起障碍，这种治疗方式并不比安慰剂的效果好（Padma-Nathan et al.，2003）。

最后，还可以用物理方法治疗勃起障碍。阴茎移植是将含有一个泵的假肢放进阴茎或阴囊，然后向假肢的充气缸内泵入液体以造成勃起。同样，还可以将一个含有塑料缸和收缩环的真空装置环绕在阴茎上。用泵制造真空然后造成勃起，之后将塑料缸拿走。当勃起障碍是由生理原因如糖尿病或前列腺手术造成时，物理治疗是很常用的。尽管这种治疗方法有效且无副作用，但患者使用起来会感觉尴尬而且并不总是产生令人满意的结果。

2. 心理治疗

最初发展于 20 世纪七八十年代的对性功能障碍的心理治疗是有效的（Hawton，1995；Heiman，2002），但许多相关研究都是 20 年前做的随机对照实验（Brotto & Klein，2007）。虽然进一步和更精细的研究是必要的，下面让我们先回顾可用并有实证支持的治疗。

性治疗（Masters & Johnson，1970）由教给配偶有关性功能的知识、提高沟通技巧并通过具体练习来消除性表现的焦虑等构成。性感集中和无要求取悦（sensate focus and nondemand pleasuring）治疗的侧重点是降低性表现的焦虑和增加沟通。性感集中有三个步骤。伴侣双方必须在亲密关系的每一个等级上都表现出舒适感，然后进行下一步。第一步的重点只是感受愉悦而没有性接触。然后，伴侣双方轮流触摸对方的身体，但禁止触摸生殖器和乳房。第二步，伴侣双方触摸对方身体的任何部分，包括生殖器和乳房。重点仍然是触摸的感觉。性交是不被允许的。第三步包括相互接触，最终进行性交。性治疗对生殖器－盆腔痛 / 插入障碍和心理性勃起障碍（Hawton，1995）以及女性性兴趣 / 性唤起障碍（过去被称作女性性欲低下障碍）（Trudel et al.，2001）是最有效的治疗方法。治疗的长期结果可能会发生变化。在某些情况下，当数年后对患者进行随访时，发现其不能保持最初的治疗效果（Brotto & Klein，2007）。

马斯特斯与约翰逊（Masters and Johnson，1970）和卡普兰（Kaplan，1979）所采用的停止－挤压（stop-squeeze technique）技术（Semans，1956）对治疗早泄有很好的疗效。此治疗手段是性伴侣刺激阴茎直至出现射精的冲动。这时停止性刺激，性伴侣挤压阴茎龟头（尖端）直到性冲动消失。重复这一系列动作直到从最初的性刺激到射精冲动之间的间隔时间延长。然后配偶练习将阴茎短暂性地慢慢插入阴道，这种做法一直持续到男子能够控制射精时间及夫妻报告存在性快感。这种治疗方法也可以男性单独使用（见“科学与生活：迈克尔——性功能障碍的治疗”）。虽然积极的长期后果只发生于少数个案身上（Metz et al.），但停止－挤压技术有约 60% 的成功率（Althof，2006；Metz et al.，1997）。

对于女性性高潮障碍，定向自慰（directed masturbation）(Heiman & LoPiccolo，1987；Masters & Johnson，1970）是治疗师常用的治疗方法。女性专注于性情色线索，并对生殖器区域尤其是阴蒂使用逐步升级的刺激。专注于性刺激可使女性无须担心性伴侣的行为并使她能够更有效地将她的愿望与性伴侣沟通。用定向自慰治疗的女性约有 90% 在治疗后获得了性高潮（Heiman & LoPiccolo，1987）。

生殖器－盆腔痛 / 插入障碍的治疗基于标准的系统脱敏法（见第 4 章）并使用不同型号的阴道扩张器。在女性练习放松的时候，让自己或性伴侣按等级将相应型号的扩张器插入阴道。随着时间的推移，女性对从事性活动感到舒适。这一疗法有时需要合并认知－行为治疗以改变其不合理的信念，如“性交永远是痛苦的”，这种结合治疗是非常成功的（Kabakçi & Batur，2003；Leiblum，2000；ter Kuile et al.，2007）。

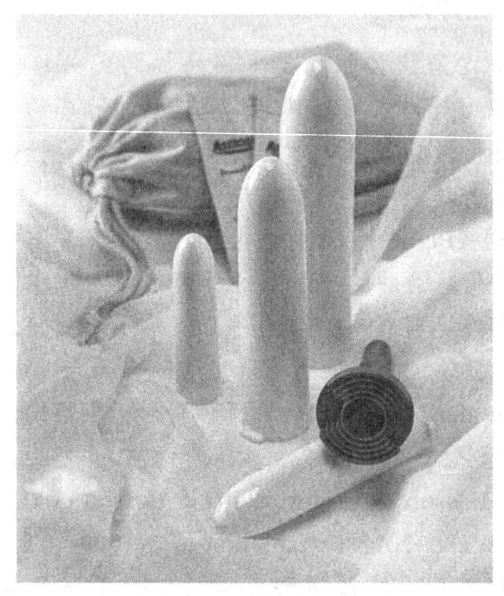

阴道扩张器有逐渐增大的型号，被用来治疗生殖器－盆腔痛 / 插入障碍。

性欲倒错障碍

性欲倒错（paraphilia）被定义为是一种强烈而持久的性兴趣，但这种性兴趣并非指向生殖器刺激，也并非是对表型正常的、身体发育成熟的、允可的人类伴侣所进行的爱抚（APA，2013，p.685）。能被诊断为性欲倒错障碍（paraphilic disorders）的性欲倒错的特点是，可导致本人的痛苦或功能损害，或满足了自己的性欲倒错后会给他人带来危害或潜在危害。性欲倒错的界定有的关注的是个体的情色活动，而另一些则关注个体的情色目标。公众有时会将性欲倒错障碍与犯罪活动联系起来，但两者的关系却没那么简单。如异装障碍，虽然不寻常但不涉及犯罪。但是其他性欲倒错障碍如露阴障碍或恋童障碍则可能导致犯罪指控。此外，性犯罪者如强奸犯，其行为并非因为性欲倒错（McElroy et al.，1999）。因此，不是每种性欲倒错活动都是犯罪，但有一些性欲倒错可能会导致个体从事犯罪行为。

性欲倒错障碍有时会被分为两类：异常（指偏离预期）目标偏好与异常活动偏好。定义性欲倒错障碍的边界很难，因为一些行为（如，性活动过程中的物理约束）未必导致一些成年人的痛苦和功能损害（Krueger & Kaplan，2001）。因此，在任何行为被贴上性欲倒错的标签之前，须认真考虑其造成的痛苦和功能损害。

基于异常目标偏好的性欲倒错障碍

在一些情况下，性冲动、性幻想或性行为朝向的对象与正常的、预期的目标不相符（见“DSM-5：基于异常目标偏好的性欲倒错障碍”）。有很多物品与性唤起有关，尽管一些类别如女性内衣会更多地产生性唤起。然而，大家需要知道的是并非被认为是“性感”的所有事物都暗示着异常性唤起的存在。一位年轻人当看到女朋友穿蕾丝内衣时会增强他对她的性欲，但性欲倒错者会发现女性内衣本身能引起自己的性唤起。

基于异常目标偏好的性欲倒错障碍 DSM-5

恋物障碍

A. 至少 6 个月内，通过使用无生命的物体或高度专注于身体的非生殖器部位而产生的反复而强烈的性唤起，表现为性幻想、性冲动或性行为。

B. 这种性幻想、性冲动或性行为引起有临床意义的痛苦，或导致社交、职业或其他重要功能方面的损害。

C. 恋物的对象不限于用于变装（如，在异装障碍中）的衣物或为达到生殖器触觉刺激而专门设计的器具（例如，振动器）。

异装障碍

A. 至少 6 个月内，通过穿着异性衣物而产生的反复而强烈的性唤起，表现为性幻想、性冲动或性行为。

B. 这种性幻想、性冲动或性行为引起有临床意义的痛苦，或导致社交、职业或其他重要功能方面的损害。

恋童障碍

A. 至少 6 个月内，通过与青春期前的单个或多个儿童（通常年龄为 13 岁或更小）的性活动产生反复而强烈的性唤起，表现为性幻想、性冲动或性行为。

B. 个体实施了这些性冲动，或这些性冲动或性幻想引起显著痛苦或人际交往困难。

C. 个体至少 16 岁，且比诊断标准 A 中提及的儿童至少年长 5 岁。

注：不包括青春期晚期的个体与 12 岁、13 岁的人有持续的性关系的情况。

资料来源：Reprinted with permission from the *Diagnostic and Statistical Manual of Mental Disorders*, Fifth Edition, (Copyright 2013). American Psychiatric Association.

1. 恋物障碍

米奇因商店盗窃被捕后被转诊到诊所。米奇在读高三，在学校他是个不合群的人。他肥胖、笨拙，有着很重的痤疮。他成绩一般而且一直都是“最后一名完成任务的人”。他从未交过女朋友。他喜欢烹饪，常常在厨房里做一些烘焙，他的目标是成为一名糕点师。这是米奇第二次因商店盗窃被抓。第一次，他因在女性内衣商店偷一件红色衬裤而被抓到。他告诉保安自己想给女友买件生日礼物，因钱不够才这样做。保安为此而同情他并放走了他。第二次他就没有这么幸运了，他被摄像头拍到的时候正在男士换衣间对着自己偷来的一袋女士短裤自慰。当商场保安叫来了米奇的母亲后，她被吓着了。她回家检查了米奇的房间，发现他将很多女士内衣藏在橱柜和床底下。在法庭指定的评估中，米奇对谈论他的性很不情愿。他似乎对自己的恋物症漠不关心，而仅仅希望这次被捕不要影响自己上厨艺学校。

恋物障碍（fetishistic disorder）是指涉及无生命的物体的或高度专注于身体的非生殖器部位的反复而强烈的性唤起（性幻想、性冲动或性行为）。列出迷恋物体的完整清单是不可能做到的，但最常见的是女性内衣、丝袜、鞋袜或其他服饰（APA，2013）。若被诊断为本障碍，这种性唤起或性行为必须伴随着有临床意义的个人痛苦或功能损害，这一点很重要。观看或爱抚、摩擦、舔、闻、看到别人穿着以及切割或燃烧这些物体之后会使个体产生性唤起（Chalkley & Powell，1983）。目前几乎没有针对该障碍的实证数据，已知的是患有恋物症[⊖]（fetishism）的人主要是男性，一旦患上，这种障碍是慢性的（Brotto & Klein，2007）。

⊖ 恋物障碍的旧有称呼。——译者注

2. 异装障碍

> 伯克是个很成功的医师，他有个很大的秘密。发生这种行为时他正处于青春期。他姐姐在洗澡时将胸罩挂在了浴室的晾衣架上，他看到后感到很好奇——女孩儿是怎样穿胸罩的？它们穿在身上是什么感觉？他发现想象蕾丝胸罩接触皮肤时自己感到很兴奋。一天，他从洗衣店取回胸罩和搭配的衬裤，他姐姐从未注意到他的这种行为。伯克穿上这些女性衣服时就会有性唤起。伯克对周围的女性总是表现得害羞和笨拙。他将自己的这种行为合理化，说如果自己想努力学习以成为一名医生的话就没有足够的时间跟女孩接触。整个高中、大学、医学院和实习期间，他通过在衬衫和裤子下面穿着女性内衣来满足自己的性冲动。如今他已经是一名内科医生了，他对结婚产生了兴趣并想让自己安定下来。伯克因非常痛苦而来寻求治疗，他想与一位看上去对自己感兴趣的迷人护士约会。但他并不觉得想她时的性兴奋和穿蕾丝内衣时想到的性兴奋是一样的。

异装障碍（transvestic disorder）也被称作异性装扮症（cross-dressing），是通过穿着异性衣物而产生的反复而强烈的性唤起，并伴有明显痛苦或功能损害。并不是每个穿着女性服装的男性都患有异装症。例如，女性模仿者穿女性的衣服模仿女歌手或女演员在舞台上表演，这些表演者不一定在这样穿着或表演时有性唤起。异装障碍几乎只发生在男性身上。在一项研究的样本中，60% 的异装症者已婚，其中 83% 的人的妻子知道丈夫的这种行为（Docter & Prince，1997）。在这些人的妻子当中，28% 的人完全接受丈夫的行为，而 19% 是处在完全反对的立场上的，其余的人则报告说对丈夫的此行为没有明显感觉。

3. 恋童障碍

恋童障碍（pedophilic disorder）是一种指向青春期前儿童的反复而强烈的性冲动、性幻想或性行为（见“DSM-5：基于异常目标偏好的性欲倒错障碍”）。这种性唤起可能朝向女孩、男孩或者对女孩和男孩都有。如果某人有由这种性冲动或性幻想引起的行为却否认有痛苦或功能损害，则适用本障碍（APA，2013）。虽然恋童症（pedophile）[㊀]和猥亵儿童（child molester）这两个术语有时被互换使用，但它们并不是同义词。一些恋童症者会有涉及与儿童进行性活动的性冲动和性幻想，但从未因此采取实际行动。这样的人不被视为猥亵儿童者。我们对恋童症的了解多来自被定罪的儿童猥亵者的样本，而不是所有恋童症患者。

基于异常活动偏好的性欲倒错障碍　DSM-5

露阴障碍

A. 至少 6 个月内，通过暴露自己的生殖器给毫不知情的人从而产生反复而强烈的性唤起，表现为性幻想、性冲动或性行为。

B. 个体将其性冲动实施于未允可的人身上，或其性冲动或性幻想引起有临床意义的痛苦，或导致社交、职业或其他重要功能方面的损害。

摩擦障碍

A. 至少 6 个月内，通过碰触或摩擦未允可的人从而产生反复而强烈的性唤起，表现为性幻想、性冲动或性行为。

B. 个体将其性冲动实施于未允可的人身上，或其性冲动或性幻想引起有临床意义的痛苦，或导致社交、职业或其他重要功能方面的损害。

窥阴障碍

A. 至少 6 个月内，通过窥视一个毫不知情的人的裸体、脱衣过程或所进行的性活动从而产生反复而强烈的性唤起，表现为性幻想、性冲动或性行为。

B. 个体将其性冲动实施于未允可的人身上，或其性冲动或性幻想引起有临床意义的痛苦，或导致社交、职业或其他重要功能方面的损害。

C. 个体体验这种性唤起和 / 或实施性冲动时至少已 18 岁。

性受虐障碍

A. 至少 6 个月内，通过被羞辱、被殴打、被捆绑或其他受苦的方式从而产生反复而强烈的性唤起，表现为性幻想、性冲动或性行为。

B. 这种性幻想、性冲动或性行为引起有临床意义的痛苦，或导致社交、职业或其他重要功能方面的损害。

㊀ 恋童障碍的旧有称呼。——译者注

性施虐障碍

A. 至少 6 个月内，通过使另一个人遭受心理或躯体上的痛苦从而产生反复而强烈的性唤起，表现为性幻想、性冲动或性行为。

B. 个体将这些性冲动实施于未允可的人身上，或其性冲动或性幻想引起有临床意义的痛苦，或导致社交、职业或其他重要功能方面的损害。

资料来源：Reprinted with permission from the Diagnostic and Statistical Manual of Mental Disorders, Fifth Edition, (Copyright 2013). American Psychiatric Association.

最常见的恋童行为是爱抚和生殖器暴露，性交（口腔、阴道或肛门）不常见，强奸或诱拐是最少见的（Fagan et al.，2002）。作案者可能是家人或者非家人。在一个罪犯样本调查里，29% 的罪犯是受害者的亲生父母，29% 的是其他家长，40% 的罪犯是受害者的其他照料者（Sedlak & Broadhurst，1996）。恋童障碍罪犯和受害孩子之间有血缘关系的被称为乱伦（incest）。虽然乱伦作案者与那些虐待与自己无血缘关系儿童的罪犯有许多相似之处，但乱伦的受害者通常是处于青春期的个体。年幼儿童通常会成为无血缘关系患恋童障碍男性的受害者（Rice & Harris，2002）。

女孩比男孩更易成为恋童障碍的受害者，尽管喜欢男孩的作案者往往会有高得多的受害者数量（Abel & Oxborn，1992）。表 8-3 说明了异性恋童障碍和同性恋童障碍之间的差异。这些差异包括受害者人数、罪行发生的地点、受害者的性别和年龄以及作案者是否也被成年人吸引。恋童障碍最初被认为是男性所患有的疾病，现在有证据表明，有些妇女也同样患有恋童障碍（Brotto & Klein，2007；Fagan et al.，2002）。显然，那些符合恋童障碍诊断标准的人群不是一个同质的群体。

表 8-3 男性恋童症者对男孩和女孩受害者的行为差异

男性作案者 / 女性受害者	男性作案者 / 男性受害者
少数受害者	很多受害者（多达上百人）
对同一个受害者进行多次侵犯	对受害者只实施一次性侵犯
侵犯发生在受害者家中	性侵犯发生时远离受害者的住所
受害者平均年龄为 8 岁	受害者平均年龄为 10 岁
作案者也被年长女性吸引	作案者不被两性成年人吸引
作案者通常已婚	作案者单身
行为开始于成年期	行为开始于青春期
低收入、失业、酗酒、低智商、精神病	稳定职业、正常智商、“不成熟”，更愿意与儿童而非成人为伴

资料来源：McConaghy, N. (1993). *Sexual behavior: Problems and Management*. New Yourk: Plenum.

存在与儿童发生性行为的性幻想或性冲动不被视为犯罪，除非此人针对该冲动实际实施了性行为。在这种情况下，其行为构成犯罪并会引起犯罪司法系统的关注。犯罪行为不仅限于对孩子实施的性行为。持有儿童色情图片（儿童色情物品，即使是在互联网上获得的）也会构成刑事犯罪。因为流行病学研究里不包括恋童性幻想和性行为问题，所以恋童障碍在一般人群中的患病率目前尚不清楚（Fagan et al.，2002）。此外，患有恋童障碍的虐童者比例也是个未知数。

基于异常活动偏好的性欲倒错障碍

这组性欲倒错障碍的共同要素就是它们都是以被认为是异常（与公认的正常或预期相背离）的性活动为基础（见“DSM-5：基于异常活动偏好的性欲倒错障碍”）。认定这种障碍时，性冲动或性幻想必须造成明显的临床痛苦或功能损害。此种分类中的一些行为，如露阴，可能会引起受害者的暂时性惊恐反应或反感。此外，本组分类还有一些行为则不仅仅是异常的性行为，还涉及了违法犯罪。而根据不同的特定行为，其违法程度也是不同的。

1. 露阴障碍

马克斯也不知道自己为什么要这么做，但伙计，这真的感觉很爽。他能体验到一种极大的冲动，这种冲动是做其他任何事情都无法满足的——也没什么感觉和这一样。当他感到有这种冲动时，他会仅穿一件深色雨衣并带上滑雪面具，在夜幕降临前，驱车到镇上一个他不熟悉的地方，躲在灌木丛中直到有女性经过，这个时候他会突然跳出来打开自己的雨衣暴露出生殖器。通常这时女性都会惊声尖叫，对马克斯来说，裸体被捉的可能和受害者的惊吓是他得到性满足的重要条件。

露阴障碍（exhibitionistic disorder）是指通过暴露自己的生殖器给毫不知情的人从而产生反复而强烈的性唤起，也可能包括在陌生人面前自慰的行为，受害者的惊吓有时是性唤起的构成要件。大多数情况下作案者是男性（Federoff et al.，1999），多数受害者是女性。露阴障碍是一项“多受害者”的犯罪。有露阴障碍史的 142 人中，受害者总数达 72 074 人（Tempelman & Stinnett，1991）。有这种行为的人与普通人群在学术成就、智力水平、社会经济地位或情绪调节等方面并无显著差异（Brotto & Klein，2007）。他们与其他类型的性欲倒错障碍患者相比更可能涉嫌违法。他们与其他类型的性欲倒错障碍患者相比也更少地看到自己的行为对受害者所造成的危害（Cox & Maletzky，1980）。

对某些男性来说，穿着女性服装会为其带来性愉悦，而男性娱乐演员有时会打扮成女性以娱乐大众。

2. 摩擦障碍

坤是个20岁的大学生，自中学以来他都很内向，他的男性朋友不多，也很少与女孩约会。13岁左右，坤意识到通过幻想他在商场、运动场或电影院看到的女性时自己会产生性唤起。他对与她们见面不感兴趣，但常常因用身体摩擦她们的念头而产生性唤起。17岁那年，他开始了满足自己性冲动的行动。在一次清晨拥挤的地铁里，坤将身体靠向女性，嘴里说着“不好意思，借过”，像是试图从她们身边经过一样，但他磨蹭了几秒钟并将自己的生殖器在女性的臀部上摩擦。很快他就不满足于只实施一次这样的行为。18岁的时候，他每天花上数小时待在拥挤的地铁站里。他开始幻想与他的女性受害者有专一和关心的关系。他的大学位于郊区，他开始担心自己不能满足自己的性冲动。坤试图停止此行为并开始与一位女士约会。然而，他的性强迫的力量是如此强烈以致与约会对象的现实情人关系并不能满足他。坤为此非常痛苦。后来，在一次变态心理学课上，他听到了摩擦症（frotteurism）[㊀]这个词。坤很震惊，同时也感到羞愧难当，但他也感到了某种程度的解脱——原来有这种秘密行为的人不只有他一个。

通过碰触或摩擦未经允可的人从而产生反复而强烈的性唤起（表现为性冲动、性幻想或性行为）被称为**摩擦障碍**（frotteuristic disorder）。这个词来自法语单词frotter，意思是“擦”。如坤的案例所示，这种行为常发生在拥挤的公共汽车或地铁等公共场所里。接触部位主要是大腿、臀部、阴部或乳房。通常患者会幻想与受害人有积极的情感关系（APA，2013）。现存的少量数据表明，这种疾病几乎只发生在青春期或年轻的成年男性身上，有许多受害者，他们很少被捕而且即便被捕判决也很轻（Krueger & Kaplan，1997）。

3. 窥阴障碍

窥阴障碍（voyeuristic disorder）通过窥视一个毫不知情的人的裸体、脱衣过程或所进行的性活动从而产生反复而强烈的性唤起，表现为性幻想、性冲动或性行为（APA，2013）。作本诊断个体必须有明显的痛苦体验或实际的偷窥行为。尽管相关实证数据很少，患有窥阴症（voyeurism）[㊁]的人常被看作社交技巧和性知识有限、存在性功能障碍和亲密关系问题的一类人群（Marshall & Eccles，1991）。

4. 性受虐障碍和性施虐障碍

受虐狂（masochist）和施虐狂（sadist）这两个词常被用于日常生活中，但并不总是指性行为。然而，性受虐障碍和性施虐障碍的诊断标准则指涉及痛苦和羞辱的性活动（见“DSM-5：基于异常活动偏好的性欲倒错障碍”）。需要重点理解的是，定义这些障碍并非由于哪个特定行为，而是由于痛苦、羞辱或受苦综合引起了个体

㊀ 摩擦障碍的旧有称呼。——译者注

㊁ 窥阴障碍的旧有称呼。——译者注

性唤起的事实。

> 杰克有一个秘密，在进行性活动时缺氧的状态能让他产生强烈的性唤起和性高潮。他找不到能在性交过程中愿意使自己窒息的性伴侣，杰克决定自己来——自慰的同时用椅子和绳子将自己短时间吊起来。他一直非常小心并为自己设计脱险路线。一天，杰克缺席会议，而且并不像是有意要缺席，关心他的同事到他的办公室去找他。同事们发现杰克一丝不挂地悬在天花板的横杠上吊死了，不远处是翻倒的梯子。

性受虐障碍（sexual masochism disorder）是一种通过被羞辱、被殴打、被捆绑或其他受苦的方式从而产生反复而强烈的性唤起。这些事件是实际发生的而非假装的。疼痛可能来自被打耳光、打屁股或鞭打。羞辱可能来自穿尿布、舔鞋或展示自己的裸体，其他行为可能包括将大小便弄到身体上、自残或者像杰克那样营造缺氧状态（Brotto & Klein，2007）。性受虐的男性和女性在实施相关行为时是经过双方事先同意的并在他们想停止时使用安全信号。然而，在某些情况下，这些活动会导致受伤或死亡，就像发生在杰克身上的那样。

性施虐障碍（sexual sadism disorder）也涉及施加痛苦或侮辱，但却是在他人身上施加这种生理或心理上的痛苦。该障碍主要见于男性。在某些情况下，施虐行为可能是未经同意的，这就会导致性侵害犯罪。

许多性施虐者曾经是性受虐者（Baumeister，1989）。对于某些个体而言，性幻想和性行为在施虐和受虐间交替进行（Abel et al.，1988；Arndt et al.，1985）。

功能损害

有性欲倒错障碍的个体往往不止仅患一种障碍。在一组患性欲倒错障碍的性犯罪者当中，29% 的人患两种性欲倒错障碍，14% 的人有三种性欲倒错障碍。具体而言，81% 的人符合恋童障碍的诊断条件，43% 为摩擦障碍，19% 为性施虐障碍，14% 为窥阴障碍，14% 的人患有非特定性欲倒错障碍（McElroy et al.，1999）。

尽管有不寻常的性实践，性欲倒错障碍的人群通常与其他无该障碍人群很难区分。在其他类型的活动中他们并不寻求疼痛或羞辱。他们被描述为适应良好的、成功的、心理健康评估在常模以上的（Brotto & Klein，2007）。异装障碍的男性对自己的生物性别和性别身份都感到满意，他们的行为、职业、爱好与其他异性恋男性的典型特点没什么不同（Buhrich & McConaghy，1985；Chung & Harmon，1994）。然而，像杰克那样，有时会因缺氧造成意外死亡。在美国、英国、澳大利亚、加拿大，每年百万人中就有一两人死于这种原因（APA，2000a）。

性别、种族和民族

如前所述，大多数心理障碍的流行病学调查不询问性欲倒错障碍的问题。大多数人觉得很难讨论这些行为，他们不会向一个陌生人承认他们有过这种异常行为。此外，在某些情况下，这些行为可能会导致刑事指控，使得人们更不愿意去承认自己有这样的异常行为。因此，我们知道的关于性欲倒错障碍的大部分内容来自那些寻求或正在接受治疗或已因他们的这种性行为而被捕的人群。这就导致了对这种障碍患病率的估计也是存在疑惑和冲突的。目前最准确的说法是，性欲倒错障碍现象很罕见，但它们的实际患病率尚不清楚。

几乎所有患有性欲倒错障碍的人是男性，但女性恋童障碍者已有报道（Krueger & Kaplan，2001）。性受虐狂也在女性中发现，男性和女性患此病的比例是 20∶1（APA，2000a）。另一个性别差异是，在受虐的性活动中，女性所喜欢的痛苦程度比男性的要小（Baumeister，1989）。

在考虑性欲倒错障碍时，文化因素显得尤为重要。例如，当文化规范要求穿着的服装需遮挡生殖器时，露阴障碍即被认为是一种性欲倒错障碍。当暴露生殖器被认为是正常时，如一些热带地区的人没有穿衣传统，在这种情况下将其诊断为露阴障碍可能就不恰当了（Tseng，2003）。

发展因素

虽然可能开始于任何年龄，但所有性欲倒错障碍的最常见发病年龄是青春期到青年期（Abel et al.，1985；APA，2013）。尤其在恋童障碍中，我们通常将儿童视为受害者。然而，目前已知有年幼的男童（有的甚至才 4 岁）通过猥亵更小的孩子来实施其恋童行为。在一项研究的样本里面，虐待年幼孩子的男孩首次冒犯行为的平均年龄为 8 岁，受害者的平均年龄是 6 岁（Cavanagh-Johnson，1988）。行为人使用胁迫手段来实施这些行为并且他们认识这些受害儿童。

在一个性犯罪样本中，性欲倒错障碍的平均发病年龄为16岁，但可见于7 ~ 38岁（McElroy et al., 1999）。与没有性欲倒错障碍的性罪犯相比，这些性欲倒错障碍罪犯首次实施性侵犯时的年龄都较小，在被捕前其侵犯时间也更长，有更多的受害者，明显更容易患有焦虑、抑郁、物质滥用和冲动 – 控制障碍（Krueger & Kaplan，2001）。

病原学

虽然已经提出了各种理论，但性欲倒错障碍的病因目前尚不清楚（Krueger & Kaplan，2001）。在生物学方面，有几项研究检查了内分泌异常对产生性欲倒错障碍的作用，但没有记录各种性欲倒错障碍间差异的数据（Krueger & Kaplan）。同样，神经解剖学和神经化学的研究并没有发现特定的大脑异常（Hucker et al.，1988；O'Carroll，1989；Tarter et al.，1983）。同样，支持遗传学在性欲倒错障碍发病中的作用的数据也很少（Krueger & Kaplan）。

在心理社会理论方面，普遍持有的观点是，那些虐待儿童的人自己也曾受虐。然而，现有数据不支持这一论点。如果对虐待的估计是正确的，那么10个儿童中就有1个在18岁前遭受过性虐待，但这些孩子绝大多数不会发展为恋童障碍（Murphy & Peters，1992）。研究告诉我们，有儿童受虐史并不是发展为恋童障碍的充分必要条件。在一个样本中，28%的性罪犯称其在儿童时有过被性虐待的历史，与非犯罪的社区样本相比较，后者只占到10%（Hanson & Slater，1988）。虽然有被虐史的性罪犯所占的比例较高，但它仍然意味着几乎3/4的性罪犯没有儿童期被虐史。

有人提出行为条件反射理论解释性欲倒错障碍的发展，但实证数据很少。例如，如果一个人从事性欲倒错障碍行为并获得性释放，那么从事该行为可以被强化并倾向于被重复。类似地，有人假设消极的家庭环境和被破坏的家庭结构有致病作用，但这些假设主要基于少数几个支持数据很少的孤立病例的报告（Brotto & Klein，2007）。

治疗

再次需强调的是，对该障碍的诊断需要有明显痛苦或功能损害。患有性欲倒错障碍的人往往没有动力去改变，因为其性行为是屡被强化的。它创建了一个愉快状态，因此很可能被重复。个体寻求治疗通常是被司法系统托管的，一旦这种司法监督停止，患病个体就会停止治疗。一些研究者认为恋童障碍是一种慢性疾病，治疗应着眼于使其停止虐童和帮助行为人学会控制自己的越轨行为（Fagan et al.，2002）。有时一些治疗方法会结合使用以达到最佳效果。这些治疗已报告有积极效果，但可用数据很少，样本容量也小，离下结论还远。

确定干预措施的有效性需要在治疗前和治疗后对其有一个准确的评估。这在性欲倒错障碍中尤其难以做到，因为大多数人都不愿意讨论这些行为。此外，承认某些性行为可能会招致法律后果。因此，许多研究人员和一些临床医生依靠对性唤起的客观测量措施如**体积描记法**（plethysmography）来进行判断：对男性使用阴茎体积描记法，对女性进行阴道光学体积描记法（vaginal photoplethysmography）。大多数的研究直接使用阴茎体积描记法，认为这是评估性唤起（包括异常性唤起）的可靠和有效形式。阴茎体积描记法显示性唤起或无唤起刺激的男子的阴茎勃起变化。刺激通常包括所有年龄段的男性和女性的照片以及做对比的一个普通背景。该名男子被指导看幻灯片，记录他的勃起反应。

通过确定性唤起的模式，阴茎体积描记法可以区分性罪犯与非性罪犯（虽然它在检测那些没有性犯罪的人的准确率要比那些性犯罪的人的准确率要高），可以区分强奸犯或儿童猥亵者和非犯罪者（Barbaree & Marshall，1989；Barsetti et al.，1998）。它还能预测性罪犯中的暴力累犯情况，还能向临床医师和研究人员提供治疗效果的信息（Lalumière & Quinsey，1994；Seto，2001）。下面在心理治疗部分内容中，我们会说明阴茎体积描记法如何评估治疗效果。

尽管体积描记法使人们对性异常的理解有了进步，对其使用还会涉及一定的伦理、社会和医疗关切（Abel et al.，1998）。第一，由于评估时使用的是裸体照片，一个值得关注的问题是对孩子潜在的利用。即使照片只是用于评估和治疗目的，但跨州运输时可能因非法交易儿童色情制品而遭逮捕。第二，研究人员必须关注在使用体积描记法时的艾滋病毒 / 艾滋病的传播。第三，设备是侵入式的因为它必须放在阴茎上，有时需要技术人员的协助。当在青少年身上使用时，可能存在被描记者事后指控技术人员虐待的问题。第四，虽然很难做，但仍有人会“挑战机器”并控制自己的实际生理反应以出现比实际较小幅度的性唤起。

针对这些问题，一个新的评估策略出现了，人们开发出视觉反应时间任务（visual reaction time task）。该程序测量被试关注穿着泳衣的男性和女性（所有年龄）幻灯片的时间长度。这种测量的理论基础是，被试在有性唤起时会更长时间注视照片（如，异性恋女性在看成年男性幻灯片时的注视时间会比注视男女儿童和成年女性的照片时间长），视觉反应时间任务似乎比阴茎体积描记法更具信效度（Abel et al.；1988，2004），在青少年身上应用也更容易被接受（Abel et al.，2004）。

1. 生物学治疗

手术阉割虽然对某些人有效，但由于明显的法律和道德约束不再用于治疗性欲倒错障碍（Rösler & Witztum，2000）。药物干预包括 SSRIs 和抗雄性激素。因为性欲倒错障碍的某些形式被认为是强迫性质的，SSRIs 因其治疗强迫症（见第 4 章）很有效最初被认为是很有希望的治疗药物，但目前来看它们对性欲倒错障碍的疗效尚不确定（Gijs & Gooren，1996；Rösler & Witztum）。

抗雄性激素药物治疗（antiandrogen medications）的首要目标是减少性欲。醋酸甲羟孕酮（Depo-Provera）和醋酸亮丙瑞林（Depo-Lupron）是目前在美国使用的用来降低睾酮的药物。醋酸环丙孕酮是在加拿大和欧洲使用的药物。这些药物抑制黄体生成素的分泌，进而降低睾酮水平（Rösler & Witztum）。如果药物剂量合适的话，针对勃起功能仍会分泌足够高的睾酮以允许其完成与适当性伴侣的性交活动（Fagan et a1.，2002）。只要患者继续吃药，药物就会对如恋童障碍、露阴障碍和窥阴障碍这样的异常行为起到控制作用，但该治疗因有显著的副作用和高的再犯率（平均为 27%）而限制了其使用（Rösler & Witztum）。

2. 心理社会治疗

对性欲倒错障碍的行为治疗和认知 - 行为治疗是最常见的心理干预，并在当前被认为是最有效的方法（Krueger & Kaplan，2002；Marshall et al.，2006）。已有实证数据存在两个局限。第一，大多数研究的被试都是被关押的性侵犯者。第二，由于对性侵犯者实施非治疗的对照条件是不合伦理的，所以不可能实现随机对照试验。除此以外，相对于其他治疗方法，或相对于那些因缺乏经济和治疗资源而没有接受治疗的侵犯者而言，行为治疗和认知 - 行为治疗会降低累犯率。基于学习理论的治疗方法已于 20 世纪 70 年代应用于性欲倒错障碍的治疗，并通常包括两部分：降低对不恰当性刺激的性唤起和加强恰当的性行为。

（1）消除或减少不恰当的性唤起。基于经典和操作条件反射（见第 1 章）的治疗已被成功用来治疗各种性欲倒错障碍。**满灌疗法**（satiation）是将个体暴露于性唤起刺激并长期持续这种暴露，直到其不再产生积极的性欲感的治疗方法。例如，一位幻想将生殖器暴露在青春期女性面前的男性被要求想象他幻想的内容并长时间（也许是 2 小时）自慰，直到他报告缺乏性唤起或产生厌恶的想法时才令其停止。这一程序即便在任何初始性唤起消失之后仍要进行多次。**内隐致敏法**（covert sensitization）的程序与此类似，个体被要求想象做越轨行为，然后将由此产生的消极后果视觉化。每次让患者进入这样的场景一段时间，并重复多次，直到患者报告说从事越轨行为的想法已经完全消失。

例如，一名有暴露自己冲动的患者可能被呈现下面的场景：

> 你听到隔壁那个处于青春期的保姆在外面和孩子们一起玩耍，你会产生一种冲动站在面对那所房子的窗前并暴露自己。如果你站在椅子上，你能将生殖器露出来并且没有人能够看到你的脸。你知道这样做是不对的，但那种冲动变得越来越强。你爬上窗户并脱下裤子，你听到那个保姆的喘气声和用颤抖的声音告诉孩子们赶快进入房间内。你感觉很好。但在你穿上裤子之前，门开了，接着是母亲的尖叫声：“本，你在干什么，你怎么能这么做？”她哭了起来，此时你在挣扎着要提上裤子。很快，门外传来重重的敲门声，当你的母亲打开门，边哭边问：“有什么事情吗？”此时那保姆和警察站在门外。当那个女孩盯着你时，你羞辱尴尬地穿着内衣站在那里，你因露阴障碍而被捕。当你被带走的时候，所有邻居都看到你身穿内衣戴着手铐上了警车。你感到羞辱，你的母亲感到羞辱，而第二天每个人都会知道你是怎样的一个性变态。

嗅觉厌恶法（olfactory aversion）是将可憎但无害的

气味（如氨）与性幻想或性行为进行结对。这是对经典条件反射的应用。通常，个体被呈现异常性刺激然后让其吸入氨气雾，这会引起眼睛灼烧感和流泪，同时流鼻涕、咳嗽。重复这种结对，通常几个星期内这种异常行为就会受到压制（Laws et al.，2001）。

恋童障碍的治疗通常选择认知 – 行为团体治疗。干预包括心理教育团体、愤怒管理、自信训练、人类性知识、沟通训练、控制异常性唤起和复发预防，参与者会学到对高风险复发情况的识别（Studer & Aylwin，2006）。认知 – 行为治疗首先是认知重构（cognitive restructuring)，即识别扭曲或错误的认知（“我永远不会正常”）并用适应性更强的积极想法来替代（“我可以改变”）。其次是共感训练（empathy training)，在这种训练里，罪犯被教会认识到自己行为的有害方面，并将自己放在受害者的位置上建立对受害者的共感。如前所述，行为治疗和认知 – 行为治疗是有效的，但它们能否使性欲倒错障碍者产生永久行为改变目前尚不清楚（Laws et al.，2001）。可能需要强化训练。此外，这些干预措施只是整体治疗计划中的一个方面（Krueger & Kaplan，2002）。

（2）加强恰当的性兴趣和性唤起。性是一种生物驱力，消除异常性冲动、性幻想或性行为在个体找到一个更恰当的性宣泄口之前是无效的。为此，医生会使用如社交技能训练（social skills training）的干预手段，给个体教授基本的社会对话能力，包括发起和维持交谈、自信行为和约会技巧，以与合适的成年人建立关系。当一个性欲倒错障碍的人进入确立的成人人际关系时，患者的异常性行为可能会导致这种人际关系严重紧张，特别是可能伴随法律后果时。因此，夫妻治疗是必要的。最后，性欲倒错障碍的人往往缺乏对性行为特别是恰当的成年性行为的基本了解，因此对患者的治疗可能需要包括性教育（Krueger & Kaplan，2001）。

迈克尔——性功能障碍的治疗

患者

迈克尔现年21岁。他第一个真正意义上的女朋友刚刚和他分手，而且他确定这是由于他性能力不足。迈克尔在女孩面前很害羞，他承认他甚至不知道该怎么和她们交谈。而且，他几乎没有性经验。他是在一辆汽车的后座上失贞的，他说：“我还没来得及知道它是怎么回事就结束了。”

问题

直到现在，他的性经验都是通过在当地找妓女。在那里，他一直因为女人催促和可能会有警察突袭来抓他这两件事而行事仓促。与他的第一个真正的女朋友在一起时，他总是在插入之前就射精了。他女友一直说这没有关系，但他知道这有关系。他的朋友告诉他在性交时想想棒球，说这样有助于延缓射精，但这对迈克尔不管用。迈克尔渴望得到帮助。

治疗

心理咨询师知道停止 – 挤压技术可以治疗早泄，但是迈克尔没有性伙伴。治疗师治疗的开始先给迈克尔讲原理，教他正常的男性性反应周期以及射精的四步处理。这很重要，因为迈克尔需要学会认识高潮阶段以做到正确处理。一旦迈克尔理解了这些生物学过程，治疗师就会教他通过自慰来利用这些步骤。治疗中治疗师探讨了这些步骤以及使用图画来告诉迈克尔什么时候、在哪里该挤压。治疗师为迈克尔制作了一份自我监控表，这样迈克尔就可以追踪自己的进步。迈克尔被指导每天练习这些步骤，努力使首次勃起到射精之间的时间延长。

在每次治疗时，迈克尔都报告他的进展。在治疗中治疗师强调社交技能训练，尤其是异性社交技巧和约会技巧。随着迈克尔的自信增加，他能够邀请一个女孩看电影了。他并未立刻试图开始性关系而是在等他感到非常合适的时机。他继续练习停止 – 挤压技术并且为了不妨碍他的进步而不再召妓。

治疗效果

经过三个月的约会，迈克尔和他的女友已经成为有性关系的亲密伴侣。迈克尔报告第一次时间“并不很长”——插入后大概只有三分钟。他的女友把这归结为那晚他们喝了很多酒并告诉他不要担心。因为他并没感到被拒绝，因此迈克尔可以再次尝试。在治疗的最后，迈克尔在射精前可以阴道性交大约5分钟。不只是在性方面，他也在异性社会交往能力方面增加了自信心。

«««

本章小结

1. 理解“正常性行为”是很难被定义的，这依赖于生物学及文化因素。

　　正常性行为是很难界定的。人类性反应周期由四阶段组成：欲望、唤起、高潮和解欲。阴道性交是最常见的性活动。生物学（年龄、性别）因素和文化因素对性活动的频率以及使用哪种类型的性行为起作用。

2. 识别性别烦躁的特征，理解它是如何与易性症和异装症相关联的。

　　性别烦躁，在成人也叫易性症（transsexualism），是强烈且持久的对异性的性别认同，且对自己的性别有持久的不适。易性症与异装障碍不同，后者会在穿上女性衣物时产生性唤起。

3. 认识男性和女性会表现出不同的性行为模式，识别性别在性功能障碍的定义和发展中的作用。

　　性功能障碍在两性中都有，但性质因性别而不同。性能力不足问题多出现于男性，性欲缺乏则在女性中常见。而在意识到自己的性行为是有问题的认识程度上，两性间也存在差异。

4. 理解在性功能障碍的病因和治疗中生物学和心理学因素的复杂性。

　　性功能障碍可能有生物学基础，包括激素失衡、身体疾病以及术后并发症。心理因素也可能导致性功能障碍，而反之，性功能障碍可能导致心理痛苦。治疗也是复杂的，可进行生物学干预或者心理学干预，这二者都已被证明有效。然而，对一种性别有效的治疗对另一种性别并非总是有效。

5. 识别性欲倒错障碍的类型并能对每种类型进行举例说明。

　　性欲倒错障碍可导致本人的痛苦或功能损害，或满足了自己的性欲倒错后会给他人带来危害或潜在危害。一个性欲倒错障碍者不一定是一个性犯罪者。性犯罪者指那些被捕的且因为性侵犯定罪的人。在一些情况下，性欲倒错障碍者例如恋童障碍者可能会被定为犯罪。然而，那些有性冲动或者性幻想的露阴障碍者或者窥阴障碍者，如果并没有依这些冲动而行动，他们并不算犯有性侵犯罪。

6. 认识针对性欲倒错障碍的最有希望的生物治疗和心理社会治疗以及认识影响临床研究执行的伦理问题。

　　心理学干预是对性欲倒错障碍最有效的治疗，但是很多经受着这些困扰的人不是不想寻求治疗就是没有看到治疗的必要性。经常，只有在法院指令要求下他们才参与治疗并当不再被强制时停止治疗。而且，因为性欲倒错障碍是不寻常的且经常被误解，那些经受这些困扰的人很少寻求治疗。这使得很难执行必要的临床实验来全面确定这些疗法的疗效。

第9章

物质相关及成瘾障碍

学习目标

阅读本章后，你应该可以做到以下几点：

1. 根据 DSM-5 诊断标准定义“物质使用障碍”。
2. 理解耐药性和戒断的原理及其在不同种类药物间的差异。
3. 鉴别不同药物对身体的作用及其所产生的特征性效果。
4. 描述不同种类物质使用障碍所产生的心理和健康方面的短期和长期消极后果。
5. 理解生物学、遗传学、行为、认知和社会文化理论对物质使用障碍病因的解释。
6. 对比对不同种类物质使用障碍的治疗。

卡伦并不确定这是不是她想要的生活。生孩子前，卡伦和丈夫斯科特非常平等，丈夫帮她做饭，她帮丈夫开车。但现在，卡伦无可奈何地发现，他们回到了传统的家庭模式。她答应在家照顾两岁的丹尼和6岁的吉米，直到孩子上学。斯科特则在一家法律公司为当上合伙人而打拼。卡伦确实是个好妈妈，但第三个孩子乔伊出生后，她简直要崩溃了。更糟的是，吉米开始嫉妒弟弟夺走了妈妈的爱，变得爱捣蛋了。

卡伦和丈夫谈过这件事，但丈夫不理解。他回家时，吉米总是累得只会安静地坐在爸爸身边，不会和爸爸顶嘴。卡伦要丈夫帮忙料理家务，丈夫虽然答应了，但每天还是工作到很晚才回家。

卡伦于是试着和妈妈及周围的母亲们聊聊这事，但她们唠唠叨叨，让卡伦感觉在被人品头论足。一天和妈妈聊过后，卡伦非常恼火。那天下午，安顿好孩子们午睡后，她想喝杯酒放松一下自己。本只想无伤大雅地喝一点点，但是到斯科特回家时，她已不知不觉喝掉了整整一瓶。一开始，她小心地把酒藏好，但很快便发现丈夫根本没在意，她也就不再担心丈夫对此怎么看了。酒很快成了她的支持系统。

卡伦喝酒很节制，也会注意安全。一般上午做完家务，临近中午才喝。但自从她的背受伤后，情形就变得糟糕了。医生给她开了维柯丁（一种有麻醉作用的止痛药），还建议她做理疗，她没去做。服用维柯丁让她感觉好像什么都不重要了——背也不疼了。所以，她照样喝酒，也会在需要的时候吃一两片药。有时她还会喝得酩酊大醉地倒在床上。一天下午，她正在沙发上打盹，吉米朝弟弟扔了什么东西把弟弟的额头划破了。卡伦吓坏了，带上孩子们开着车直奔急救室。那天下着雨，卡伦的车失控了。醒来时，她发现自己躺在医院里了，胳膊打着夹板，幸好孩子们平安无事。卡伦的身体并无大碍，但其血液中被测出酒精含量为0.12，于是她因酒后驾车被起诉。斯科特要她立即戒酒，令他惊讶的是，卡伦说戒不了。他意识到这个问题需要他们共同面对以让卡伦获得专业帮助。

物质相关障碍

在卡伦的案例中，卡伦开始只是喝“一点点”，但很快就演变成了一个严重的问题，甚至危及了孩子们的安全。卡伦发现自己酒量越来越大，喝一杯已经达不到放松的目的了。这就是耐药性，药物的这种特性会促使人从一开始的药物使用发展到滥用，直至最后的药物依赖。其发展过程是怎样的呢？为什么有人可以浅尝辄止，而有人却缺乏自制力，深陷其中而无法自拔呢？我们在本章讨论的就是生理、心理以及文化因素如何相互作用以对物质使用障碍的形成产生影响。

大多数人都可能在一生中的某个时刻尝试过咖啡因、尼古丁、酒精或海洛因等物质。**物质使用**（substance use）指的是不会产生社交、教育以及职业功能问题的对物质的少量到中度使用（APA，2000）。日常喝一些含咖啡因的苏打水、周末聚会喝一两瓶啤酒、吃饭时喝点酒或偶尔吸食大麻都算是物质使用——尽管有些是合法药物，有些是非法药物。物质使用的含义不包括使用行为的合法性。

物质使用的后果从轻（早上喝完咖啡后精神焕发）到重，重的就是**物质中毒**（substance intoxication），它被目前的DSM归类进物质诱发障碍（substance-induced disorder）（APA，2013）。中毒的定义包括如下概念：首先，中毒具有可逆性（能从中毒状态恢复）；其次，是物质特异性（摄入的物质不同，中毒的症状也不同）；此外，中毒会引起与中枢神经系统有关的行为不适或心理改变；最后，中毒的效果可能出现在服药期间或刚服药后。那些看比赛时大量饮酒的体育迷以及清醒测验时不能走直线的人都处于中毒状态。中毒可能只发作一次，也可能像物质使用障碍那样反复发作。

对酒精使用和酒精使用障碍的界定需要频次、时长和行为严重性的知识。

物质使用和物质滥用的区分比较复杂。实际上，由于各地文化常模的不同，在一种文化里属于物质使用时，在另一种文化里则可能被界定为物质滥用。而即便是相关法律规定也有所不同。如表 9-1 所示，不同国家的法律对血液中酒精含量的上限规定是不同的，这表明各种文化对酒后驾车的容忍度是不同的。

表 9-1 不同国家的血液酒精含量（BAC）合法上限

国　家	BAC 上限（%）
巴基斯坦、沙特阿拉伯	0.00
挪威、瑞典	0.02
中国、印度、日本	0.03
阿根廷、澳大利亚、芬兰、法国、德国、南非、瑞士	0.05
巴西、加拿大、智力、斐济、爱尔兰、新西兰、新加坡、英国、美国	0.08

资料来源：www.driveandstayalive.com/article%20and%20topics/drunk%20driving/artcl-drunkdriving-0005-global-BAC-limits.htm. *Retrieved May 14, 2011.-EPS*

DSM-Ⅳ（APA，2000）把物质使用障碍分类为物质滥用及物质依赖。根据此版本的DSM，当物质摄取影响到个体的社交、学习或职业功能时，便发生了物质滥用（substance abuse）。物质依赖（substance dependence）则关注耐药性（因反复使用物质致使对其反应减少）和戒断（当尝试放弃使用时会感到强烈的身体不适）的行为模式和药理作用。

在DSM-5中，之前的物质滥用和物质依赖障碍被合并为一项单独的诊断：物质使用障碍（substance use disorder）（见“DSM-5：酒精使用障碍”，可以作为物质使用障碍诊断标准的一个例子）。DSM-Ⅳ中那两个独立障碍的诊断标准在DSM-5中被合并和加强。例如，在DSM-Ⅳ中，对物质滥用的诊断只需要一个症状。而在DSM-5中，需要有两个或两个以上的症状必须同时出现，以满足物质使用障碍的诊断标准。以症状数量为标准的严重性特征表现为：2～3个症状为轻度，4～5个症状为中度，6或更多的症状为重度。

酒精使用障碍 **DSM-5**

A. 一种有问题的酒精使用模式导致有临床意义的功能损害或痛苦，在12个月内表现为以下至少两项症状：

1. 酒精摄入量或摄入时间常常比预期的要大或长。
2. 对减少或控制酒精使用有持续的欲望或不成功的努力。
3. 大量的时间用在获得酒精、使用酒精或从酒精作用中恢复的必要活动上。
4. 对使用酒精有渴望或有强烈的欲望或冲动。
5. 反复的酒精使用导致作为主要角色不能履行在工作、学校或家庭中的义务。
6. 尽管因为酒精的作用引起或加剧了持续的或反复的社交和人际问题，但仍然继续使用酒精。
7. 由于酒精使用而放弃或减少重要的社交、职业或娱乐活动。
8. 在对身体有害的情况下反复使用酒精。
9. 尽管认识到酒精可能会引起或加剧持续的或反复的生理或心理问题，但仍然继续使用酒精。
10. 耐药性，通过下列两项之一来定义：
    a. 需要显著增加酒精的量以达到喝醉或预期的效果；
    b. 继续使用同量的酒精会显著降低效果。
11. 戒断，表现为下列两项之一：
    a. 特征性酒精戒断综合征（参见DSM-5第499～500页酒精戒断诊断标准的A和B）；
    b. 酒精（或密切相关的物质，如苯二氮草类）用于缓解或避免戒断症状。

资料来源：Reprinted with permission from the *Diagnostic and Statistical Manual of Mental Disorders*, Fifth Edition, (Copyright 2013). American Psychiatric Association.

广泛地说，物质使用障碍可以被看作一组生理的、行为的和认知的症状集合，这些症状表明尽管个体会因为物质使用产生重大问题，却仍然会继续去使用该物质。物质相关障碍（substance-related disorder）被分为物质使用障碍和物质诱发障碍。物质诱发障碍（substance-induced disorder）包括中毒、戒断以及其他物质/药物诱发的心理障碍（如精神病性障碍、抑郁障碍等）。DSM-5将**耐药性**（tolerance）定义为需要增加物质剂量来实现预期的效果，或是当消耗常规剂量时效果会明显地降低；将**戒断**（withdrawl）定义为一种综合征，当个体长期保持和大剂量使用的物质浓度下降时会出现该症状。戒断的躯体症状因所使用的物质不同而不同，但生理戒断性症状最明显的是酒精、阿片类药物、尼古丁、小范围的镇静药、安眠药、抗焦虑药和咖啡因。

除了耐药性和戒断，物质使用障碍还具有以下行为特征：摄入量超出预期；渴望或试图减小用量；花费大量时间尝试获取该物质；因使用该物质而放弃社交、工作或娱乐活动；尽管知道使用该物质会导致生理或心理问题或使生理或心理问题恶化，但仍会继续使用。

引发物质使用障碍的因素可能包括药物的潜在致瘾药性以及服用者的个性。如海洛因、酒精这类药物会导致严重的戒断症状。一些人因其基因组成、持续的生活压力或陷入涉及药物使用的亚文化圈而更容易出现物质相关问题（Daughters.et.al 2007）。所以基因和环境双因素的联合决定了物质使用障碍的形成与否。

常用的“合法”药物

我们首先关注的是社会上被广泛使用的三种合法的精神活性药物：咖啡因、尼古丁和酒精。咖啡因没有被明令限售，人们也都知道喝咖啡不是孩子们提神的好方法，但他们很小的时候就由于喝碳酸饮料而摄入了咖啡因。相比之下，尼古丁和酒精的购买和使用有明确的年龄限制，还有可用的惩罚措施制约买卖双方。我们首先讨论普罗大众用以开启他们每天生活的药物：咖啡因。

咖啡因

“一杯双份意大利特浓，一大杯拿铁。”“要两杯，一杯浓缩玛奇朵。”……无数的咖啡厅都会在早晨传出这样的点单声。**咖啡因**（caffeine）是一种中枢神经系统兴奋剂，有激发能量、改善情绪、提升唤醒水平和注意力、清醒头脑的积极效果，适度饮用非常安全且可获得上述效果。咖啡因不合人意的副作用包括：头痛、疲劳、情绪低落、不活跃、注意力难以集中、易怒和“迷蒙”感（Juliano & Griffiths，2004）。咖啡因的重要来源——咖啡已经成了我们文化的重要组成部分并经常成为社交场合的一部分。

尽管相比其他物质来说对人的伤害要小，但咖啡因与其他兴奋剂一样也会影响身体的多个器官，而且养成喝咖啡的习惯后如果不喝了，会有令人“崩溃”的短期效果。然而，尽管 DSM-5 中有咖啡因中毒和咖啡因戒断的诊断（见后面的功能损害部分），却没有咖啡因使用障碍的诊断。一天喝一杯无糖汽水的话，到考试时须增加到一天十杯才能保持同样充沛的精力。而考试结束后为了庆祝，在“回归自然”的露营旅行中，因不能饮用咖啡你可能会感觉到强烈的咖啡因戒断性头疼。尽管咖啡因的确切作用机制目前还不清楚，但神经递质腺苷和 5- 羟色胺与其对大脑的作用有关（Carrillo & Benitez，2000）。咖啡因的半衰期很长（可以在血液中保存很长时间）。有些人在服用后 6 个小时甚至更长的时间里仍感觉到其效力。

1. 功能损害

因为几乎每个人都在以某种方式消费着咖啡因——咖啡或碳酸饮料，所以它们都被认为是正常现象，然而咖啡因对健康的潜在影响往往被忽视。久而久之，咖啡因可能会导致心血管疾病、生育问题、骨质疏松、癌症及精神问题（Barone & Grice，1994；Carrillo & Benitez，2000；Garattini，1993；Massey，1998）。对某些人来说，一天平均 5 ~ 8 杯咖啡可能会导致焦虑、呼吸、排尿、消化或心血管问题（Carrillo & Benitez）。即使摄入极少量的咖啡因也会对健康个体产生一些生理影响，研究表明咖啡因能够引发携带有焦虑障碍基因的个体获得显著增高的焦虑得分（例如，惊恐障碍）（Alsene et al.，2003）。大量摄入咖啡因会引起急性咖啡因中毒，身体症状包括坐立不安、神经质、兴奋、失眠、脸红、尿频（排尿增加）、胃肠道问题、肌肉痉挛、语言和思维散漫、心跳加速或心跳不规律、周期性不知疲倦和精神运动性易激惹。在极罕见的情况下，摄入极大量咖啡因时（每天喝 50 ~ 100 杯，每杯 8 盎司[㊀]）可能会导致死亡。遗憾的是，喝大量饮料的趋势使这种后果发生的可能性增加，这些饮料中所含的咖啡因已远远超过一杯普通的咖啡所含的量。已有几个因意外摄入过量咖啡因致死的案例被报道（Holmgren et al，2004；Kerrigan & Lindsey，2005 Mrvos et al.，1989）。

咖啡因是在世界范围内被广泛使用的药物，其饮用方式通常受文化背景影响。

2. 流行病学

咖啡因是世界上最被广泛使用的药物，全球有超过 80% 的人每天在喝咖啡（James，1997）。一次大型流行病学调查表明（*N*=15 716），有 87% 的美国成人在消费含咖啡因的食品和饮料，其中咖啡（71%）、软饮

㊀ 常衡盎司的 1 盎司为 28.350 克。——译者注

料（16%）、茶（12%）是咖啡因的主要来源（Frary et al.，2005）。每盎司碳酸饮料含 2 ~ 5 毫克咖啡因，其中可乐含量最低，私酿威士忌含量最高（每 12 盎司中含 25 ~ 60 毫克咖啡因）；每盎司茶中大约含 5 毫克（每 12 盎司中含 60 毫克）；每盎司速溶咖啡含 7 毫克；每盎司拿铁咖啡，尤其是煮得较浓时，咖啡因含量超过 20 毫克（每 12 盎司含 80 ~ 200 毫克以上）；每盎司意大利特浓咖啡约含咖啡因 50 毫克（两份 1.5 盎司的咖啡约含咖啡因 150 毫克；http://www.energyfiend.com/the-caffeine-data-base）。

饮用高咖啡因含量饮料开始盛行，尤其是在男孩及青年男子当中。每盎司能量饮料最少含 10 毫克咖啡因，最多可能超过 100 毫克（这些饮料经常被冠以“能量波”的称号，虽被建议稀释饮用但常被整袋冲饮）。这些饮料中加入了被视为合法成分的咖啡因。许多人买来适当饮用以提神，但这样也可能产生潜在的副作用。它会使人产生清醒的错觉而造成睡眠不足，对正在发育的青少年的健康尤其不利。

尼古丁

在戒烟团体治疗里，约翰环视大家。这时治疗师对他说：“祝贺你！如果你要戒烟，你需要对容易触发你吸烟欲望的事情有所了解。现在大家都想想什么情况下自己特别想吸烟。”约翰听完差点笑出来，他觉得戒烟应该很容易。但如果也在戒烟的妻子桑德拉没有坚持让他一起来的话，约翰也许不会坐在这儿。希拉说她很想在高兴的时候通过喝酒、吸烟来发泄、排解压力。奥斯卡说只有当打算喝早咖啡的时候不吸烟。米基说他工作间歇时抽根烟是唯一能使他冷静下来又不与上司发生争执的办法。切莉是个大律师，她说每次打赢大官司后都会坐在室外的椅子上吸烟以示庆祝。轮到桑德拉说时，约翰直冒冷汗并且很难专心听下去。这些关于吸烟的谈话让他觉得马上就需要吸根烟，当团队主持人叫他名字时，他脱口而出道：“现在，我的触发点就是现在。”

尤其是对那些遗传易感者，**尼古丁**（nicotine）是高成瘾药物（Benowitz，1988；United States Surgeon General’s Report，1988）。烟草（nicotiana tabacum）作为尼古丁的主要来源，几百年前就已开始被人们咀嚼或点燃吸了。卷烟是最普遍的烟草制品，其他如雪茄、烟斗和无烟烟草也很常见。

尼古丁通过肺部（吸烟）、口鼻黏膜（咀嚼烟叶、鼻烟）甚至皮肤（用透皮尼古丁贴片）进入血液。它既是兴奋剂也是镇静剂，快速作用（8 ~ 10 秒钟）并迅速起效的特点部分可以解释为什么尼古丁那么具有奖励性和强化性。许多吸烟者报告说尼古丁可以暂时缓解紧张、提神并使人注意力集中。另外，尼古丁也有强大的社交决定作用。事实上，在以雪茄和无烟烟草为中心的亚文化中很普遍，从酒吧中互相借火的吸烟者到站在寒冷的室外边吸烟边聊天的陌生人，他们都通过吸烟很快建立了友好关系。

尼古丁也会导致普遍的生理反应（见图 9-1）。尼古丁会刺激肾上腺分泌肾上腺素，使人感觉很“爽”、很“过瘾”。这种兴奋剂也会促使葡萄糖释放，使血压升高、呼吸和心跳加快。尼古丁作用于胰腺时会抑制胰岛素分泌，导致吸烟者轻微高血糖（血糖升高）。尼古丁之所以容易成瘾，主要是因其促使多巴胺释放直接作用于大脑的愉快和动机中心所致。烟民所描述的快感被认为是由多巴胺的释放引起的（National Institute on Drug Abuse，2001）。

烟草植物烘干并被加工成卷烟、雪茄、烟斗烟丝和无烟烟草供人们消费。

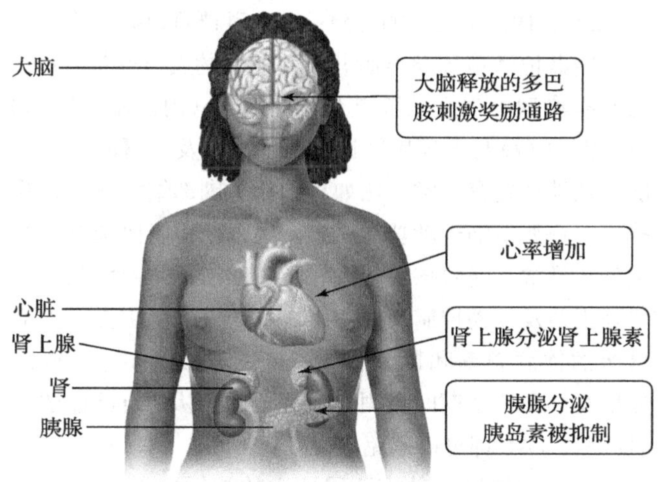

图 9-1　尼古丁对身体的作用

尼古丁影响到身体的许多系统，包括大脑、肾上腺、胰腺、中枢神经系统、呼吸系统、心血管系统和消化系统。

1. 功能损害

频繁使用尼古丁不仅会成瘾，而且会产生急性耐药性。对尼古丁重度依赖的烟民表示，每天第一支烟是最难放弃的。一晚上的戒断，使早上醒来对吸烟的"渴望"非常强烈。而且，戒烟产生的戒断症状会持续一个月甚至更久，这使戒烟变得非常困难。这些戒断症状包括情绪低落、失眠、易怒、挫折感或者愤怒、焦虑、注意力难以集中、心跳变缓、坐立不安、食欲增强以及体重增加。

烟草使用是世界上最大可预防的死因（Centers for Disease Control and Prevention，2002；Fiore，2000）。1964 年，美国吸烟与健康外科医生咨询委员会（U.S. Surgeon General's Advisory Committee on Smoking and Health）首次提出，吸烟是夭折和可预防疾病的首要贡献者。委员会的后续报道强调了吸烟造成的严重影响，包括增加了各种癌症、心血管疾病和呼吸性疾病的患病风险。怀孕期间吸烟可导致妊娠并发症、早产、新生儿体重过轻、死产和婴儿猝死综合征（SIDS）（Office of the U. S. Surgeon General，2004）。推动戒烟的多方努力取得了一定的成效：过去的 40 年，美国的吸烟率大幅下降（CDC，1994，2004a）。大多数吸烟者都意识到吸烟有害健康，据估计有 70% 的吸烟者实际上想戒烟（CDC，1994）。近期大约有 52% 的烟民试图戒烟（CDC，2011），但据估计，每年只有 2.3% 的吸烟者戒烟（CDC，1994），也只有 2.3% 的吸烟者获得了长久节制（CDC，1994）。

2. 流行病学

在过去的几十年里，尽管不同人群统计的比例有所不同，烟民数量还是急剧下降的。2010 年，美国有 19.3% 的成人（21.5% 的男性和 17.3% 的女性）抽烟。同样，高中生烟民数量也从 1997 年的 36% 下降到 2003 年的 22%。尽管有这些可喜的趋势，但仍有 4 450 万名成人和 300 万名青少年在吸烟。尽管研究表明非裔美国青少年开始吸烟的年龄比其他种族小（Kelder et al.，2003），但吸烟者涵盖所有民族和种族群体以及所有社会经济阶层。一些证据表明，对于妇女和少数种族 / 民族的人来说戒烟后更易复发（Doolan & Froelicher，2006），但最新研究表明，应用综合行为疗法治疗时则没有这种性别或民族的可靠差异（Velicer et al.，2007）。

酒精

本章开始时的案例中谈到，卡伦最初只想喝点酒放松一下自己，但最终她的喝酒行为危及了自己和孩子们的健康。虽然许多人感觉喝一杯很兴奋，但酒精其实是一种镇静剂。酒精饮料中的活性成分是乙醇，通过胃肠可以迅速吸收进入血液，然后扩散至全身并快速抑制中枢神经系统。尽管酒精影响许多神经递质系统，但其对大脑 γ-氨基丁酸（GABA）系统受体的作用尤其值得一提。GABA 是大脑主要的抑制性神经递质。因此，通过提高 GABA 水平，酒精可以抑制其他脑部活动，这就是为什么酒精被称为镇静剂。连续饮酒导致中枢神经系统反应迟钝（受到抑制）、损害运动协调能力、反应时间增加[㊀]，并导致悲伤情绪、记忆受损、判断力下降、视觉和听觉失调。损害程度从感觉微醉到极端的酒精中毒，或醉酒。

1. 功能损害

尽管很多人喝酒后很少或没有出现什么损害，但经常喝的人可能会产生耐药性。起初，喝一杯就能让卡伦放松。不久，她便要喝很多才能放松。直到最后，她还需加入另一种镇静剂（止痛药）来达到同样的放松效果。长期酗酒的戒断症状范围可从轻到重，包括震颤、焦虑、易激惹、激动、对酒精的渴望、失眠、鲜明的梦、多疑、呕吐、头痛和发汗。最严重的酒精戒断症状包括出现幻觉（错误的感官知觉）和癫痫。停止饮酒或减小

㊀ 原文 P323 有误，此时反应时不会减少，故改为"增加"。——译者注

饮酒量后一两天内可出现幻觉，这些幻觉可能是听觉、视觉或触觉方面的。可能会出现虫爬感，感觉有蚂蚁或虫子在全身爬。戒酒一两天后也可能出现癫痫发作。另一个戒断症状是**震颤性谵妄**（delirium tremens，DTs），可在戒酒后持续长达三四天。DTs 的特征是定向障碍、严重焦躁、高血压和发烧。这种情况很严重，5% 的患者会死于这些代谢并发症（Trevisan et al.，1998）。

根据其严重程度不同，戒酒的手段包括严密监视（适用于轻度症状）或服用苯二氮䓬类药物（见第 4 章）。苯二氮䓬类药物可以帮助缓解神经亢奋，减轻戒断症状以及降低发生癫痫和震颤性谵妄的风险。酒精和苯二氮䓬类药物的作用机制相同，所以个体会出现跨耐药性，即对一种药物的耐药性可以转变为对另一种药物的耐药性。

虽然戒酒会引发一些并发症，但过量饮酒会对健康造成长期的严重损害。10% ~ 15% 的**酗酒者**（alcohol cirrhosis）出现酒精性肝硬化，肝硬化是肝慢性损害造成的慢性恶化和功能不良，对酗酒者的这种损害是饮酒造成的。长期饮酒会损害肝脏对血液的解毒能力，形成坏死组织，而坏死组织又反过来阻碍血液流动并损害肝功能。

长期酒精滥用还会损害大脑功能。韦尼克 – 科尔萨科夫综合征（Wernicke-Korsakoff syndrome）就是由于继发于酒精依赖的硫胺素不足造成的。其症状包括思维混乱、遗忘（见第 13 章）、虚构（为适应记忆缺失，个体虚构信息以“填补空白”）。韦尼克氏脑病（Wernicke's encephalopathy）症状包括：短期记忆丧失、目光呆滞、步态不稳。因为韦尼克 – 科尔萨科夫综合征患者丧失了从经验中学习的能力，因此他们总是需要被监护，80% 的患者不能恢复全部的认知功能。

胎儿酒精综合征（fetal alcohol syndrome，FAS）（Jones & Smith，1973）是饮酒导致的另一种严重疾病。饮酒孕妇经胎盘把酒精传导给胎儿，使胎儿的发育受损。FAS 患儿有典型可识别的面部异常：睑裂（内外眼睑距离）短、人中（鼻与上嘴唇间区域）平滑以及上唇薄。还可能出现神经发育异常，比如头围小、脑部结构异常以及神经问题如精细运动功能受损、失聪、手眼协调能力差和步态异常。随着孩子长大，还可能出现学习困难、在校表现差及冲动控制问题。FAS 的严重程度主要取决于母亲的饮酒频率和饮酒量（Abel & Hannigan，1995）。如果女性在怀孕期间戒酒，或甚至她们认为自己怀孕了时戒酒，FAS 都可以避免。

2. 不同性别、种族和民族中的流行病学

酒精是继咖啡因之后最常用的精神活性物质（APA，2013）。在 2001 ~ 2002 年的一项全国范围的调查中，对 43 093 名受试者进行了面对面的访谈，根据 DSM-Ⅳ 的诊断标准发现酒精滥用的患病率为 4.65%，酒精依赖为 3.81%。一个有趣的问题是这些诊断是否会随时间发生变化。一项纵向跟踪调查（Hasin et al.，1990）发现在初始诊断 4 年后，15% 的调查对象依然符合酒精滥用的诊断标准，39% 的人不再符合任何酒精相关障碍的诊断标准，但不知道这些人是否能保持更长久的戒断。根据醉酒和酗酒（一天喝 5 次以上）的频率，可以预测出酒精相关障碍的持续时间（Dawson，2000）。

不同性别和种族人群的酒精滥用和依赖存在显著差异。酒精滥用和依赖在男性（6.93%）中比在女性（2.55%）中更常见，男性是女性的 2.72 倍（Grant et al.，2004）。尽管男性更容易患酒精使用障碍，但女性可能对于醉酒引发的消极健康后果更脆弱（Dawson & Grant，1993）。从种族和民族的角度来看，白人酒精滥用者比非裔美国人、亚裔和拉丁裔多。而酒精依赖者中，白人、本土美国人和拉丁裔比亚裔多（Grant et al.，2004）。

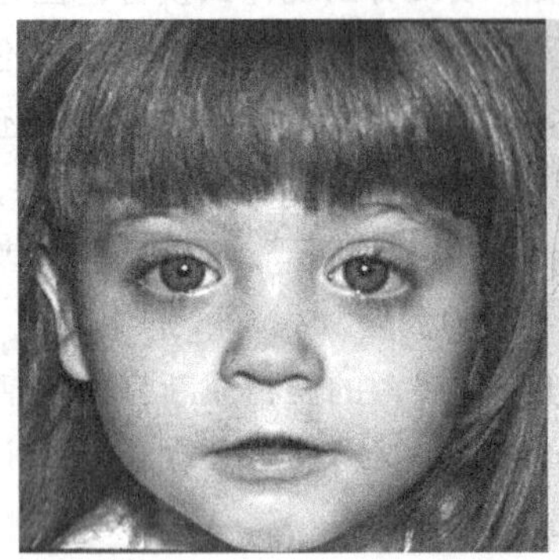
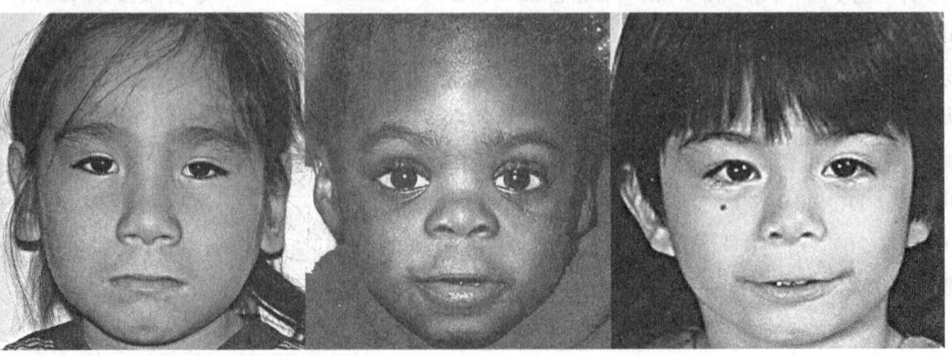

胎儿酒精综合征的特征包括：睑裂（内外眼睑距离）短、人中（鼻与上嘴唇间区域）平滑以及上唇薄。

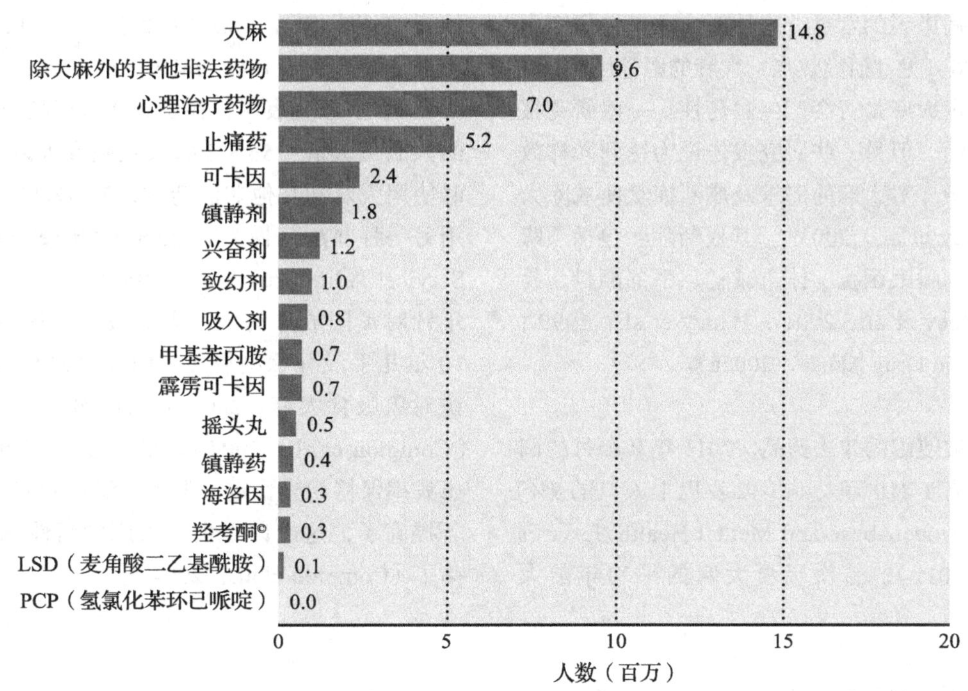

图 9-2 非法药物的使用

2006 年，12 岁及以上的人服用了类型广泛的各种非法药物。

非法药物

每年都有新的且通常是危险的药品流入人群，途径有：从药品地下交易到医生开出的处方等各种渠道，而市场上对这些精神改变物质的需求仍然强劲。非法药物的使用带来了沉重的情感、社会、法律以及经济负担。但仍有许多人为了追求生理快感或为了逃避现实世界而使用这些药品，这使得长期戒断变得困难。在本节中，我们首先讨论大麻。尽管吸食大麻在美国是非法的，但在荷兰等其他国家却是合法的，还有一些国家尤其出于医学使用目的在审查其合法性。我们接下来会讨论兴奋剂、镇静剂和致幻剂这些主要作用于中枢神经系统的药物（见图 9-2）。最后将介绍一下吸入剂和处方药。

大麻

大麻（marijuana）来自大麻植物，这种植物会长出纤维即我们熟知的麻。大麻的叶子干燥后可添加到食物和饮料里，最常用的是吸食。在美国，大麻是最普遍使用的非法药品（Substance Abuse and Mental Health Services Administration，2012）。大麻的活性成分是**四氢大麻酚**（tetrahydrocannabinol，或称 THC）。吸食大麻时，THC 立刻进入大脑并持续作用 1 ~ 3 个小时（National Institute on Drug Abuse，2005b）。吸食者会体验到愉快的放松状态、色彩和声音增强、时间知觉变慢。轻度反应包括口干、饥饿感增加（“贪吃”）、口渴、颤抖、疲劳、抑郁以及偶尔焦虑或惊恐。大麻的药效随服用的剂量以及吸食者的性格和敏感程度而变化。同时，THC 的含量因准备和交货方式的不同而变化。少量 THC 通常让人放松，大量 THC 则会出现视听活跃和销魂感、心跳加快、血压升高、眼睛充血，有时还会出现焦虑、惊恐和妄想。

大麻为什么会产生这些作用呢？原因是其活性成分 THC 被脑内大麻素受体吸收，这种受体影响愉悦感、学习和记忆、高级认知功能、感知觉及运动协调能力（National Institute on Drug Abuse，2005a）。像大多数被滥用的药物一样，THC 通过刺激多巴胺的释放来激活大脑的奖励系统，使人产生很“嗨”的愉悦感。

1. 功能损害

大量摄入大麻会导致持久记忆丧失，注意力、学习能力及运动能力受损，成瘾，慢性呼吸疾病，患头部、颈部、肺部癌症的风险也会加大。但 THC 也有医学用途，它对于改善癌症化疗和青光眼中出现的恶心有效，还可用于刺激艾滋病患者的食欲，这种新疗法正在研究中(Felder et al，2006)(见“研究热点：大麻的医学用途”)。

目前尚不确定大麻是否会产生耐药性。一些研究报告说会产生耐药性，但另一些研究报告说为达到同样效果不需要增加剂量。对大麻的渴求及戒断症状使戒除大麻很困难（Budney et al.，2003）。其戒断症状包括烦躁不安、食欲减退、睡眠困扰、体重减轻、手部颤抖、易怒和焦虑（Budney et al.，2001；Haney et al.，1999；National Institute on Drug Abuse，2005a）。

2. 流行病学

大麻是最常被使用的非法药品。2011 年某个月的调查显示，在美国有 1 810 万人（占 12 岁以上人口的 7%）吸食大麻（Substance Abuse and Mental Health Services Administration，2011）。首次吸食大麻的平均年龄大约为 18 岁，男性（8.3%）多于女性（4.3%）（Substance Abuse and Mental Health Services Administration，2005）。有研究表明，在所有非法药品使用者中：76.4% 的人服用大麻，56.8% 的人只吸食大麻，19.7% 的人同时使用大麻和其他非法药物，23.6% 的人在一个月前使用另一种非法药物（Substance Abuse and Mental Health Services Administration，2005）。比较 1991 年和 2001 年针对美国成人的大型调查发现，这些数据在过去的 10 年几乎没什么变化（1991 ~ 1992 年，有 4.0% 的受访对象吸食大麻。2001 ~ 2002 年，这个数字为 4.1%）（Compton et al.，2004）。尽管过去 10 年里大麻使用的患病率保持相当稳定，但大麻滥用和依赖的患病率却显著提高了，这或许是由于大麻的活性成分 THC 含量提高了（Compton et al.，2004）。

大麻的医学用途

大多数人同意使用非法物质对个人和社会都是有害的，但在过去的 10 年中，人们也一直在努力争取出于临床目的地使用大麻。1937 年，大麻就被认为是非法药物，但到 1970 年通过立法才确定了其非法地位。那一年的《美国管制物质法》(*Controlled Substances Act*) 将所有药品分为五类。大麻被归为一类药，这类药物极易被滥用，因缺少医学监管不能保证使用的安全性，在美国现阶段被禁止用于临床。根据联邦法律，医生禁止给患者开大麻及其他一类药物，否则将被判刑并吊销行医执照。

医用大麻合法化是一个美国全国热门的政治性话题。每个州都有责任决定使用大麻是不是合法的，以及在什么情况下可以使用。迄今为止，已经有 18 个州和哥伦比亚特区颁布法律使医用大麻合法化。这些州包括：阿拉斯加州、亚利桑那州、加利福尼亚州、科罗拉多州、康涅狄格州、特拉华州、夏威夷州、缅因州、马萨诸塞州、密歇根州、蒙大拿州、内华达州、新泽西州、新墨西哥州、俄勒冈州、罗得岛州、佛蒙特州和华盛顿州。

研究人员发现大麻有多种治疗功效，比如缓解恶心、刺激食欲、缓解眼压、缓解肌肉痉挛以及可以缓解某些慢性疼痛。研究显示大麻还对以下疾病的症状有缓解作用，如艾滋病、癌症、青光眼、癫痫、多发性硬化以及一些如偏头痛、痛经、关节炎等慢性疼痛。1997 年，美国国立卫生研究院成立了一个由 8 名临床专家组成的研究小组。该研究小组认为，很多医学大麻应用的已有证据只是传闻，启动对照临床试验很有必要。他们注意到有足够科学研究显示在某些领域大麻可能会有积极的医学作用。

当以非常规手段使用，在不作为处方药使用时最常见的方法就是吸大麻烟（吸食大麻），这些都会使大麻的医疗用途的价值和安全性大打折扣。尤其是吸食大麻并非特别安全，可能因种种原因达不到医疗目的。因为第一，只有剂量合适时才能发挥最好的疗效。即便在活性成分的比例很明确的理想条件下，吸食大麻也不能保证摄入精确的、可控制的剂量。第二，从非常规渠道获得的大麻，纯度没有保证。一个更大的隐患是将吸食大麻作为一种给药手段。有种误解是，只有卷烟才会损害健康，其实吸食大麻同样会危害健康。当前的研究要同时关注大麻临床应用的利弊。且不说社会上关于非医学使用大麻的潜在危害的争论，应允许科学研究来评估大麻对特定疾病的潜在疗效。

资料来源：http://www.nih.gov/news/medmarijuana/MedicalMarijuana.htm; http://www/norml.org/index.cfm?Group_ID=3376; Retrieved February 16, 2011. Marijuana Policy Project (2006, February). Medical Marijuana Briefing Paper. Retrieved on March 13, 2006, from http://www.mpp .org/medicine.html. http://www.medmjscience.org/Pages/reports /nihpt1.html.

«««

中枢神经系统兴奋剂

黛米是个年轻人，她妈妈是个酒鬼，常带不同的男人回家。当她 13 岁时，一个男人趁她妈妈躺在沙发上睡觉时，对她进行了性骚扰。这个经历对黛米造成了负面影响。她交友困难，也不能谈恋爱。17 岁时，她在一家服装店工作。在那里她遇见了风趣随和的玛格丽特，这些特点都是黛米不具备的。一天晚上下班后，玛格丽特开车送她回家，路上劝黛米别那么羡慕自己。玛格丽特买了一些药片，并给了黛米一片。服药 30 分钟后，黛米感到一种神奇的感觉向她袭来，这种体验令人难以置信。她觉得很放松，并想去亲近周围的人。第二天，她在工作的时候睡着了。因为妈妈的原因，她已经有过好几次旷工了，所以她被解雇了。她原打算回去求老板别解雇她，但却代之以打电话给玛格丽特问那种药还有没有。

前面介绍了两种被广泛使用的合法兴奋剂（尼古丁和咖啡因），现在我们来谈谈非法兴奋剂——可卡因和苯丙胺。这两种药物可以使人精神愉快、提高精力、提神醒脑及语速加快，有些人还会感到充满力量和勇气，可以处理任何棘手的问题，还会使人产生亲密感，激起性欲。但是也会带来严重的短期和长期副作用，如危险的血压升高和心跳加快、心血管异常，还可能导致心脏病、窒息和癫痫发作。这两种药物通过增加多巴胺影响大脑回路的正常沟通，导致情绪振奋、提高警觉度。在高剂量时，更多的多巴胺和去甲肾上腺素会导致人产生幻觉、错觉以及妄想（见第 10 章）。

苯丙胺类药物（amphetamines）有许多用途，合法的用途包括治疗哮喘、鼻塞、注意缺陷多动障碍（见第 12 章）和发作性嗜睡（一种睡眠障碍）。这类药物可延长人的觉醒（所以经常用于需要保持清醒的人群，如长途驾驶的飞行员、司机以及备考的学生），还可以抑制食欲（有时用于节食）。苯丙胺类药物也叫作 uppers、bennies 和 speed，在实验室合成，在黑市售卖时常掺入有毒物质氰化物或马钱子碱（士的宁）。苯丙胺类药物成分包括三种：安非他明（苯丙胺）、右旋安非他命、甲基苯丙胺（梅太德林）。这些药物可口服或注射，可增加脑内多巴胺、去甲肾上腺素以及 5- 羟色胺的分泌。

其他合成苯丙胺类药物，有时指的是策划药，在不同性别、种族以及社会经济群体中迅速蔓延。比如亚甲二氧甲基苯丙胺（methylenedioxymethamphetamine，MDMA），会影响 5- 羟色胺的再摄取。这种最初用于抑制食欲的药物的片剂形式**摇头丸**（ecstasy）现在成了常见的“酒吧药”，人们常因使用摇头丸而被急诊送医。同样，**甲基苯丙胺晶体**（crystal methamphetamine；即冰毒或叫脱氧麻黄碱）能比粉末形式产生更持久、更强烈的生理反应，可用玻璃管吸食或者注射，会迅速产生强烈的兴奋感，效果能持续 12 个小时或更久。

1. 功能损害

除了增加心率和提高血压之外，苯丙胺类药物还会破坏脑血管，引起中风。使用者会产生妄想性焦虑、思维迷乱以及失眠，即使停药后这些精神病性症状也会在数月或数年中持续或复发。使用者会随时间而变得暴力、有攻击性，还会由于缺乏食欲而出现消瘦、营养不良的情况。耐药性发展迅速，常导致使用剂量逐渐加大。长期高剂量使用后的戒断可能有“崩溃性”后果，症状有抑郁、易激惹和睡眠时间延长。

2. 流行病学

2006 年，估计有约 120 万名 12 岁及以上的美国人使用苯丙胺和甲基苯丙胺类药物（Substance Abuse and Mental Health Services Administration，2006）。兴奋剂的患病率男女比例大致相当（一个月内男女使用比例均为 0.5%）（Substance Abuse and Mental Health Services Administration，2006）。2001 年，在接受物质滥用治疗的人群中，有大约 6%（98 000 人）主要服用苯丙胺。大多数（71%）患苯丙胺滥用的患者不使用其他物质。如果他们报告是多药滥用，其他物质往往是大麻（47%）、酒精（36%）或可卡因（10%）。尽管资料有限，已有资料显示白人比其他种族的使用者明显更多（Hopfer et al.，2006）。

可卡因

纳米亚是一位很有前途的模特，16 岁时就已经到处演出。当她不走秀或准备走秀时，她会练习或请老师帮她补习文化课程。但是，最困扰她的就是要一直保持难以置信的苗条身材的压力，为此她一直都在饿肚子。在时装周前，一名资深模特发现她在不停地吸烟以控制食欲，她便给纳米亚推荐了可卡因。她边在更衣室里吸食可卡因，边对路易莎说："这是唯一能挺过时装周的办法……而且你压根儿不会感到饥饿。"没错，在接下来的两天里，路易莎感到精力充沛，她觉得能够胜任包括学业在内的所有工作。但是没多久她就崩溃了，一切都在迅速失控。在一场大型演出的前天晚上，她累得都动不了了。

可卡因（cocaine）是从南美可可树叶中提取而来的。几百年前，人们就开始通过咀嚼可可叶来缓解疲劳和饥饿。

不管你信不信，19 世纪末可卡因流入美国时，是作为一种合法添加剂加入雪茄、卷烟、可口可乐当中的。因其具有麻醉效果也曾被用作止痛药，但自从人们认识到它容易成瘾后就很少使用了。

可卡因粉末可通过嗅吸或用水缓释后注射使用。霹雳可卡因（crack cocaine）是固体可卡因的气态形式，具有高致瘾性，经肺被迅速大量吸收并即刻产生快感。"crack"一词源于药物加热时产生的爆炸声（National Institute on Drug Abuse，2004b）。

1. 功能损害

吸食可卡因极易成瘾。可卡因对人产生强烈兴奋效果是由于其抑制了神经元细胞对多巴胺的再吸收造成的。突触中可用的多巴胺越多，大脑奖励通路受到的刺激越大，人就会体验到越多积极的感受。一旦产生耐药性，为了获得最初的愉快感就需要加大剂量。当使用者吸食大剂量可卡因时，他们暴露于药物的机会就增加并对其危险效果如感觉缺失和惊厥更敏感。这种现象可能解释了为什么服用相对小的剂量会导致死亡的报道（www.nida.nih.gov/researchreports/cocaine/cocaine.html）。

2. 流行病学

2011 年，估计约有 140 万 12 岁及以上的人使用可卡因（在过去一个月内使用），80 万人符合 DSM-Ⅳ定义的可卡因依赖标准（SAMHSA，2012）。90% 以上的可卡因使用者报告说服用可卡因前吸食过大麻。服用可卡因和霹雳可卡因的人群中，男性（可卡因 18.9%，霹雳可卡因 4.8%）均多于女性（可卡因 11.2%，霹雳可卡因 2.5%）（Substance Abuse and Mental Health Services Administration，2003）。在美国，美国印第安人和阿拉斯加本地人吸食比例最高（2.0%），其次是非裔美国人（1.6%），非西班牙裔白人及西班牙裔（0.8%），夏威夷本地人及其他太平洋半岛的人（0.6%），以及亚洲人（0.2%）（Substance Abuse and Mental Health Services Administration）。

镇静剂

里拉是一名充满活力的护士，深爱她的工作。一天晚上，一个同事提议玩牌，里拉从来没有赌博过，那晚却赢了不少。之后又玩了一回，里拉发现她喜欢上了赌博。作为护士她每天很晚回家，作息也不规律，因此总想找一种途径发泄压力。不像和朋友玩扑克有时间限制，因为随时可以玩，她开始玩网上赌博。起初，因为赢了就欣喜若狂输了总想再捞回来，以至于睡不好觉。之后，为了赌博她就顾不上别的事、别的人了。随着输得越来越多，她申请新信用卡以透支更多的钱打算把输的钱赢回来。她觉得只要有一次好运气就能把失去的所有赢回来。当她再也不能申请新信用卡后，就按网上赌博认识的另一名护士的教唆从医院偷止痛药和阿普唑仑来换钱。一开始，她只拿一点点。一次惨输之后，她沮丧到要自杀。为了让自己冷静下来，她吃了一片阿普唑仑。这确实帮她暂时离开电脑，放松了一下。之后她为了倒卖和自己服用而去偷越来越多的药，直到事情败露被医院开除。

镇静剂（sedative drugs）包括两种，**巴比妥类药物**（barbiturates）和**苯二氮䓬类药物**（benzodiazepines），都是 CNS 抑制剂。这意味着其作用原理与前面提到的 CNS 兴奋剂相反。巴比妥类药物最初用于治疗焦虑和失眠，因其出现滥用、依赖和过量服用的风险很高，临床上目前更多地使用苯二氮䓬类药物。

巴比妥类药物（barbiturates）俗称"downers"，作用于 GABA（GABA-ergic）能系统的原理类似于酒精。常见巴比妥类药物包括异戊巴比妥（Amatol）、戊巴比妥（Nembutal）和丙烯戊巴比妥钠（Seconal）。本类药物可吞服或注射，常用于抵消苯丙胺或俗称"uppers"的作用。最初小剂量服用可以令人解除抑制和愉快、缓解焦虑。短期使用会导致吐字不清、呼吸减弱、疲劳、定向障碍、协调能力变差、瞳孔散大。大剂量使用会使人记忆和协调能力受损、易怒、妄想以及产生自杀观念。

苯二氮䓬类药物最初被广泛用于治疗焦虑，它们对焦虑和失眠的短期治疗可靠而有效。大剂量使用则会产生头晕和肌肉控制问题。但长期服用或不遵医嘱服用很危险。地西泮[⊖]，通常被称为“妈妈的小帮手”，在 20 世纪 60 年代，医生可能会给卡伦开这种药来缓解她带孩子的苦恼。其他苯二氮䓬类药物包括阿普唑仑和三唑仑。苯二氮䓬类药物作为处方药使用时，通常被认为比巴比妥类药物更安全，也不易成瘾或产生依赖，但也并非绝对安全。一种名为氟硝西泮（俗称“roofies”或“迷奸药”）的强效苯二氮䓬类药物在除美国外的很多国家都是处方药。其药效比地西泮强 7 ~ 10 倍，会造成部分记忆缺失，即人们服用后产生中毒的话会遗忘某些事情，因为这种特点加上其药效强劲，氟硝西泮也被人们俗称“迷奸药”。

1. 功能损害

过量服用巴比妥类药物和苯二氮䓬类药物都会导致镇静过度，影响思维和人际交往。尽管作为处方药使用是合法的，但如果不遵医嘱或不对症使用，服用者为了获取药物会去偷或做其他危险的事。巴比妥类药物会很快出现耐药性，容易使用过量，过量的话会抑制大脑的呼吸中枢而导致死亡。巴比妥类药物的戒断症状包括震颤、血压心率升高、出汗和癫痫发作。苯二氮䓬类药物也会出现耐药性和戒断症状。其戒断症状和酒精类似，也有焦虑、失眠、震颤和谵妄。尽管过量使用也会出现问题，但苯二氮䓬类药物因更不易产生依赖或副作用更小从而在很大程度上取代了巴比妥类药物。

2. 流行病学

使用非处方苯二氮䓬类药物的平均初始年龄为 25 岁左右（Substance Abuse and Mental Health Services Administration，2005）。因为这些药是处方药，所以关于滥用的大部分研究数据都来自医院记录。根据医院记录服用苯二氮䓬类药物的人群中超过半数（59%）是女性。本类药物的滥用往往继发于其他药物（通常是酒精），在白人和高水平受教育层次人群中很普遍。滥用苯二氮䓬类药物相比滥用其他药物的人更可能还有另外的心理障碍（http://www.oas.samhsa.gov/2k3/benzodiazepine/benzo.htm）。美国流行病学数据显示，4.2% 的男性和 7.9% 的女性因为非医疗目的服用包括苯二氮䓬类药物在内的抗焦虑药物（Simoni-Wastila，2000；Simoni-Wastila et al.，2004）。女性更多有滥用本药物的倾向部分可能是因为医生更可能给女性开这种药（Simoni-Wastila et al.，2004）。

在过去的几十年中，美国的巴比妥类药物使用的情况发生了很大变化。1975 年，美国使用人数达到了峰值，即 10.7%，而 1992 年只有 2.8% 的高中高年级学生报告在过去的一年中服用过苯二氮䓬类药物。遗憾的是，巴比妥类药物在年轻人中有重新“流行”的趋势，2005 年 12 年级的学生中服用人数比例约为 7.0%。

阿片类药物

> 丹尼斯以前并不知道什么叫惊恐发作，只知道有时他会心慌到觉得自己要失去意识了。一天在一次家庭烧烤聚会上，他向开玩笑说自己是街头药剂师的表弟提起了这一症状。表弟建议他该用点药。丹尼斯还没疯到在胳膊上瞎注射，但他信任自己的表弟所以这样做了。这种药物确实使丹尼斯平静下来，对那种高唤醒的感觉也变得麻木。

鸦片，主要用于缓解生理疼痛，在历史上的各种文化背景下以各种形式被使用和肯定。海洛因、吗啡、可待因都是从罂粟中提取出来的，它们都被归为**阿片类药物**（opioids）。也有合成阿片类药物，如美沙酮。因此，这一类药物的范围涵盖了从合法的医学处方药（尽管被严格控制）如可待因、吗啡，到非法和极其危险的毒品，如海洛因。阿片类药物可以缓解疼痛、镇静、减少焦虑并使人感到安宁。人体遇到疼痛时会释放内啡肽或脑啡肽，阿片类药物与这些人体天然阿片类物质效果类似，能使人产生兴奋的感觉。因不同的药物种类、剂量以及服用方式，阿片类药物产生的效果范围广泛。除了镇痛和镇静以外，还会导致瞳孔缩小、便秘、皮肤潮红、瘙痒、血压降低、心跳变慢和体温降低。阿片类药物的服用方式包括吸食、嗅吸、皮下注射以及静脉注射。

1. 功能损害

阿片类药物的耐药性会在使用两三天后迅速出现。服用者通常会增大剂量，在不清楚药效的情况下（街头毒品）服用，很可能在不知情的情况下服用了致命的剂量。还有，在一段时间停服后再服用先前能耐受的剂量，也会因服用过量而导致死亡（见“真实病例：艾

⊖ 俗称安定。——译者注

米·怀恩豪斯——物质滥用者的悲惨结局”)。海洛因的危险不仅在其药理作用，也在于其地下非法贩卖的过程。包括添加其他污染成分（以增加重量和利润），医学危险包括共用针头以及暴力，这些因素都是致命的。早期的戒断症状在停药4 ~ 6个小时后便会出现，包括呼吸急促、打哈欠、流泪、多汗、流鼻涕。长期服用后戒断症状更严重，包括多动、高觉醒状态、情绪激动、心跳加快、发烧、瞳孔放大、震颤、忽冷忽热、肌肉酸痛、食欲缺乏、腹部绞痛和腹泻（Merck & Co.1995 ~ 2006）。症状会持续1 ~ 3天，这使得戒除难度增大。

共用针头或使用未消毒的针头注射阿片类药物，医学并发症可能包括病毒性肝炎和肝损害、注射部位感染、艾滋病毒传播（可引起艾滋病）等疾病，还可能出现肺部和免疫系统问题以及由于大脑供血不足引发的神经系统问题，还可能引起昏迷。怀孕期间使用阿片类药物尤其危险，母亲和婴儿的发病率和死亡率将大大增加（Kaltenbach et al.，1998）。

艾米·怀恩豪斯——物质滥用者的悲惨结局

艾米·怀恩豪斯（Amy Winehouse，1983—2011）是21世纪初最成功的新兴艺术家之一。她的音乐混合了R&B、pop和爵士，在她的祖国英国以及欧洲、美国都非常流行。她的专辑 *Back to Black* 为她赢得了2008年第五届格莱美最佳新人和年度最佳唱片大奖。悲剧的是，与她难以置信的音乐天赋相比，艾米也因其与物质滥用做斗争而为人所熟知。

艾米在英国取得的第一项巨大成功是她在2003年发行的首张专辑 *Frank*。正是这个时候，她的物质使用开始逐渐失去控制。艾米经常在酒精和非法药物的影响下进行演出和接受采访，这使得这些活动无法进行。她的管理团队试图说服她通过进入戒毒所来获得治疗。艾米拒绝了，取而代之的是写了一首讽刺的歌曲 *Rehab*，在这首歌里她反复强调自己不会去戒毒所。作为《回到黑色》中的一首主打歌，*Rehab* 为艾米赢得了格莱美年度音乐大奖。

艾米与布莱克·菲尔德的关系加重了她的物质使用问题。艾米和布莱克在2005年开始约会，布莱克承认是他向艾米推荐了硬毒品，包括海洛因。他们时常的暴力、断断续续的关系，都受其毒瘾的影响。他们在2007年私奔，也是同一年，艾米在过度摄入药物后进入昏迷状态，后来她解释说自己过量混合服用了海洛因、可卡因、摇头丸、氯胺酮、威士忌和伏特加。艾米在2008年曾短暂进入戒毒所，但是她的物质滥用问题却持续存在。

2007年和2008年，由于物质滥用，艾米被迫取消演出和全部的巡演。艾米和布莱克在2008年年底分手，最终于2009年离婚。2010年到2011年年初，艾米似乎获得了对她生活的更多控制，但很明显她的物质滥用问题依然存在。2011年7月23日，她死于意外的酒精中毒，时年27岁。

资料来源：Amy Winehouse. (2013). The Biography Channel website. Retrieved 03:26, Mar 21, 2013, from http://www.biography.com /people/amy-winehouse-244469.

2. 流行病学

阿片类药物的使用方式因年龄、社会经济地位、受教育程度和使用药物的种类而不同。许多全国范围内使用海洛因的调查都可能会低估其患病率，这是由于对当下使用者的生活环境、保密失败、继发于共用针头而导致的健康恶化（如，HIV、AIDS、肝炎）及住院治疗等因素的调查困难造成的。自2002年以后，只有约0.1%的人是当下使用者（在过去的一个月中至少服用过一次海洛因），这个数字一直相对稳定（Substance Abuse and Mental Health Services Administration，2005）。

除了海洛因之外的阿片类药物如可待因、吗啡一般作为镇痛处方药使用，尤其是对那些术后恢复的患者。然而如果不遵医嘱，这些处方药也可能被滥用。2003年的180万个住院治疗物质滥用的案例中，有18%主要非法滥用的是阿片类药物。在这32.4万名阿片类物质滥用者中，84.3%滥用的是海洛因，其余为非海洛因阿片类药物。

LSD 和天然致幻剂

致幻剂（hallucinogens）可改变人的感知觉、产生强烈的情绪、使人感觉与自身和环境脱离，有人还会感觉到具有神秘或宗教意义的省悟。这些效果是通过影响神经递质 5- 羟色胺传输使神经细胞受到干扰而导致经验世界和现实世界不同（National Institute on Drug Abuse，2005b）。

吸食大麻的人的知觉改变常会加强其体验如对细节入迷。物体被知觉扭曲，好像在移动且变形。所有五种感觉都会被影响。因不同的情境和个体，这种“旅行”可被经验为愉快、神魂颠倒或深深困扰和害怕。

有许多天然致幻剂和合成致幻剂。天然致幻剂包括裸头草碱（魔幻蘑菇）和麦司卡林（乌羽玉仙人掌提取物）。最广为人知的合成致幻剂**麦角酸二乙基酰胺**（lysergic acid diethylamide，LSD）在 20 世纪 60 年代的反主流文化运动中获得恶名，当时人们相信这种药可以“扩展意识”。这种药是 1938 年瑞士化学家艾伯特 · 霍夫曼（Albert Hoffman）在实验室首次合成，他还亲自检验了其药效并记录其观察如下：

> 1943 年 4 月 16 日上周五，下午的时候，我感到轻微头晕并有些坐立不安，不得不停下实验室的工作回到家中。一到家，我躺了下来，感觉就像喝醉了一样，但并不难受，同时觉得想象力异常活跃。昏沉地躺在床上，当我闭上眼睛时（因为觉得天光变得异常明亮），有非凡可塑、生动的魔幻意象源源不断地向我涌来，同时伴随着鲜明的、万花筒似的颜色。两个小时后这种感觉才逐渐消失。（http://www.psychedelic-library.org/hofmann.htm. Retrieved April 10，2013）.

1. 功能损害

情绪波动、惊恐、妄想这类心理症状会导致做出古怪危险的行为。致幻剂的耐药性形成很快，但几天后便会消失。致幻剂没有典型的戒断症状，也不易生理成瘾。但有人在停药很长时间后仍会体验到知觉扭曲（如幻觉），这种情况被叫作致幻剂持续性知觉障碍（hallucinogen persisting perception disorder），这可能是压力或疲劳的结果。这种幻觉和知觉扭曲可能一直存在，也可能定期短时爆发（即“闪回”）。

2. 流行病学

遗憾的是，相对于其他非法药品来说有关致幻剂的流行病学资料要少得多。一份全国范围内的调查数据显示：在过去的一年里，大约有 110 万人开始使用致幻剂（Substance Abuse and Mental Health Services Administration，2012）。在使用致幻剂的人群中，男性（17.7%）明显高于女性（11.7%）（Substance Abuse and Mental Health Services Administration，2006）。

吸入剂

最常服用吸入剂的是青少年。作为**吸入剂**（inhalants）的物质包括清洗液、汽油、油漆以及胶水中产生的挥发性气体（Substance Abuse and Mental Health Services Administration，2003）。吸入剂因起效快且效果能持续几分钟至几小时不等而吸引人。吸入剂能使人迅速镇定、心情愉悦、去抑制感，以及它造成的发热和兴奋能增强性快感。紧接着出现的副作用有头晕、困倦、思维混乱、说话含糊不清、运动能力受损。其他迅速出现的致命毒副作用还有心律不齐和呼吸衰竭（Maxwell，2001）。吸入剂通过快速进入血液然后散布全身，然后影响中枢神经系统和周围神经系统。因为很多化学物质可被吸入，因此归纳其效果很困难。然而这些挥发性气体会改变大脑的生化，可能对大脑和中枢神经系统造成永久损害。可被吸入的化学物质还有甲苯（油漆的稀释剂、橡胶黏合剂）、丁烷和丙烷（打火机燃料、燃油）、碳氟化合物（哮喘喷雾剂）、氯化烃类（干洗剂、除斑剂）和丙酮（指甲油清洗剂、油性记号笔）。

1. 功能损害

长期使用任何一种吸入剂都会对大脑和骨髓等重要器官造成严重危害，导致红细胞减少，引发贫血。吸入剂也会对神经系统造成极大的影响因为吸入剂损害了保护神经纤维的脂肪组织（髓鞘），而髓鞘对神经纤维的快速传导起着关键作用。这种损害会导致肌肉痉挛、震颤，会长期影响行走、弯腰、说话等基本功能。磁共振成像（MRI）研究显示，吸入剂滥用者的脑部结构发生了可观察改变，包括大脑皮层、小脑和脑干萎缩，致使运动和认知功能的持久损害（Sherman，2005）。停用后会出现戒断症状，包括体重下降、肌肉虚弱、定向障碍、注意力不集中、易怒和抑郁（National Institute on Drug Abuse，2004a）。

2. 流行病学

吸入剂很容易得到：很多人家里就有，不贵而且可以合法买到。这些都可以解释为什么吸入剂经常是年轻人首选的非法药物。吸入剂与烟草、酒精、大麻一起构成美国年轻人使用最多的四种药物（Centers for Disease Control and Prevention，2004b）。有关吸入剂的流行病学方面的数据并不多。2003 年的一项美国全国调查数据显示，12 ~ 17 岁的年轻人中，有 10.7% 的人至少用过一次吸入剂（Substance Abuse and Mental Health Services Administration，2003）。同样，一项 2011 年的调查显示，过去一年大约有 67.1% 的新增年轻人首次吸入的年龄均低于 18 岁。2011 年的数据是首次使用吸入剂的平均年龄为 16.4 岁（SAMHSA，2012）。

美国中西部地区的一次综合调查显示，服用吸入剂的人群有明显的性别差异。男性更多（21.7%），且更倾向于每月使用（9.4%）。女性使用者占 13.5%，每月使用者占 5.8%（Ding et al.，2007）。这一数据与国家调查的数据一致（Substance Abuse and Mental Health Services Administration，2006）。不同种族也存在差异，白人和西班牙裔年轻人更多地使用吸入剂，而非裔美国人最少（CDC，2004b；Ding et al.，2007）。

非物质相关障碍

迄今为止我们回顾过的所有物质都是通过某种方法摄入人体的。最近，一些行为被建议定义为行为成瘾（behavioral addictions），因为尽管它们也会产生消极后果但它们会引起短期积极效果即增加行为的发生频率（Grant et al.，2010）。因为与成瘾的相似性，这一概念获得了基于可观察行为、自我报告和神经生物学研究方面的支持。而关于如病态赌博、盗窃癖、强迫性购物和过度性活动等行为是不是行为成瘾，依然存在相当大的争议。这一类别中其他行为包括过度反复的鞭笞、网络使用和电脑/视频游戏（Holden，2010）。在 DSM-5 中，赌博障碍（gambling disorder）是被包含在"物质相关及成瘾障碍"中的一个亚型"非物质相关障碍"（non-substance-related disorders）里。关于网络成瘾是否该包括进 DSM-5 中有很多讨论，工作组认为在下结论之前有很多的研究工作需要做。

对行为成瘾概念的支持基于它们与物质成瘾有许多相似点。首先，这些行为个体常常报告有强烈的从事该行为的冲动或欲望（Grant et al.，2010）。其次，这些行为通常与物质使用障碍伴发（Cunningham et al.，1998）。再次，与这些行为有关的许多神经递质系统和脑区与物质使用障碍是一样的（Potenza，2008）。最后，一些治疗方法对二者的治疗同样有效（Grant et al.，2010）。虽然争论还远未解决，但进行中的神经生物学研究可能会有助于确定这些病态的重复和强烈的行为是不是真正的成瘾。

性别、民族、受教育水平与非法药物使用

有关物质使用障碍的研究目前还不足以清楚说明不同的性别和民族间所存在的差异。尤其是在对物质使用障碍进行预防和治疗时须考虑不同人群的需求时更是如此。我们现在知道男女药物成瘾的途径不同。虽然女性不易成为物质滥用者，而且即便成为也是在年龄更大的时候，但她们会更快产生药物依赖，且短期使用药物会出现更严重的后果（e.g.，Hser et al.，2004）。女性物质使用者经常与其人际关系有关，女性物质使用障碍者往往有一个使用非法药物的伴侣（Wester-meyer & Boedicker，2000）。在处理关系破裂问题时，相比男性她们也更可能使用酒精和大麻（Amaro，1995）。相对于男性而言，更多女性物质使用者有心理共病，比男性几乎要高出 20%(Kessler et al.，1997）。这些共病包括焦虑、抑郁、边缘型人格障碍（见第 11 章）和创伤后应激障碍（Brooner et al.，1997；Cottler et al.，2001；Trull et al.，2000）。

分析民族差异时存在两个问题：一是关于民族和物质使用明确研究主题的相关研究非常少；二是在大多数研究中，民族的作用总与低的社会经济地位混在一起。因此在考虑这些数据时要注意较低的社会经济地位、贫困以及民族诸因素间的相互影响。研究表明，许多少数民族药物滥用者面临特有的风险和需要。居住在内城区的少数民族个体因为贫困、暴力、能买到街边毒品而更容易药物使用（e.g.，Avants et al.，2003）。研究显示非法药物的使用在不同种族和民族间存在差异。2006 年的一项研究表明，特别是在 12 岁及以上的人群中，亚裔比例最低（3.6%），美国印第安人或阿拉斯加本地人占 13.7%，黑人占 9.8%，有两个或更多种族血统的人占 8.9%，白人占 8.5%，夏威夷本地人或其他太平洋岛的人占 7.5%，西班牙裔占 6.9%（Substance Abuse and Mental Health Services Administration，2006）。

非法药物使用也与受教育水平有关，大学生比例最少（5.9%），高中没毕业者占 9.2%，高中毕业生占 8.6%，某些大学毕业生占 9.1%（Substance Abuse and Mental Health Services Administration，2006）。

物质相关障碍的病原学

朋友和家人经常不理解，为什么明知危害巨大个体还是会持续使用药物呢？婚姻出现危机时，明知道继续酗酒则离婚将不可避免，而丈夫仍会去喝；因尿检呈阳性在单位已受到警告的人，明知道再检出阳性将会失业，周末晚上仍会吸食大麻；孕妇明明看见了烟盒上的警示标签，仍会继续吸烟。他们为什么要做出这些自我毁灭的选择呢？过去，人们指责他们道德软弱、堕落。现在，人们对这个问题的认识更加深入了，也意识到生物学因素、行为因素以及社会文化因素对他们产生的影响。

生物学因素

为理解物质使用的生物学因素，我们不仅要了解每一种物质对生理的影响，也要知道不同个体的生物属性对其潜在酒精滥用或药物滥用的影响。

1. 家庭和遗传学研究

大量家庭、双生子、领养和分子遗传学研究表明，遗传和环境都会对物质滥用造成影响。在分析了 14 项研究中的 1.75 万名同卵和异卵双生子的数据后，研究结论为遗传和环境都是个体是否开始吸烟、是否会一直吸以及是否会形成尼古丁依赖的影响因素（Sullivan & Kendler，1999）。环境因素对个体是否开始吸烟似乎有特别重要的影响（特别是对青少年），而遗传则对吸烟者是否产生对尼古丁的依赖具有更重要的影响。现在，科学家正在研究确认对尼古丁依赖具有重要意义的基因组区域和特定的可疑基因（Gelernter et al.，2004；Straub et al.，1999）。大多数遗传相关研究都研究了多巴胺能系统。识别了多巴胺受体基因、传导基因以及多巴胺能系统中的其他基因，但并非所有的研究结果都具有可重复性。

对酒精依赖，不论男女都有 50% ~ 60% 的原因是来自遗传的影响（Prescott，2001）。对可能产生影响的基因研究集中在很多系统上，包括多巴胺、5- 羟色胺和 GABA 通道。基因是如何影响酒精依赖的相关研究仍在继续。目前已发现有些基因同时影响尼古丁和酒精依赖，这也许并非巧合。实际上，这两种依赖常常同时出现，而至少有某些基因会同时影响发展出每种依赖的风险（Grucza & Beirut，2007）。

家庭、双生子及寄养研究对非法药物使用者的调查很难实施，因为他们不愿意报告自己的行为，也不愿参与研究。不过我们确实知道遗传因素起着非常重要的作用。挪威一项大型双生子研究中，Kendler 等人（1997）报告，一系列非法药物（包括大麻、兴奋剂、阿片类药物、可卡因和致幻剂）的遗传力估计为 58% ~ 81%。其他影响因素是个体特定的环境因素。

现在仍不清楚确切的遗传信息，我们还不能确认特定基因来解释为什么有人会成瘾而其他人则不会。虽然事情的全貌还不清楚，但神经生物学、认知、人格以及行为都可能是成瘾的影响因素。

2. 神经生物学

从神经生物学的观点看，酒精和药物作用于大脑加工愉悦感的区域（奖励系统）。奖励回路包括腹侧被盖区和基底前脑（见图 9-3）。利用生物成像技术，我们可以观察到这些回路在药物刺激下如何被激活。重要的是，虽然多巴胺被普遍认定为“愉悦”神经递质，但其他递质如阿片、5- 羟色胺能和 GABA 系统其实也在成瘾行为的发展和持续过程中发挥着作用。

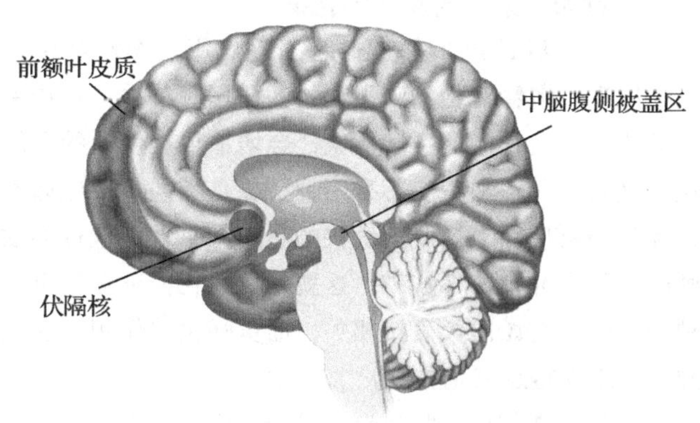

图 9-3 大脑的奖励系统

多巴胺能系统是大脑的主要奖励系统，该系统的主要结构被标出，包括中脑腹侧被盖区（VTA）、伏隔核和前额叶皮质。信息从 VTA 传到伏隔核再上传至前额叶皮质。

内源性阿片系统明显参与了阿片类药物以及酒精和尼古丁的强化作用。这个系统直接影响了人们用药后的愉快程度。如我们在治疗部分可看到的，阿片受体拮抗剂（opiate receptor antagonist）可阻断这类药物的积极作用，对降低人们的酒精使用很有效（Garbutt et al.，

1999）。5-羟色胺与酒精使用有关（LeMarquand et al.，1994），而且也可能与可卡因的强化特征（积极作用）有关（White & Wolf，1991）。镇静剂主要通过GABA系统起作用。

有一些神经递质与药物和酒精使用的强化或奖励体验有关。另外，遗传和环境因素可能联合决定哪些人最容易受这种奖励的诱惑。一种假说认为那些酒精和药物依赖高危人群的大脑奖励通路有缺陷。一个例子是有低多巴胺能特征的个体，意味着该个体的大脑需要更多多巴胺来确保感觉良好（Blum et al.，2000）。这种缺陷会促使个体寻求药物来获得快感。增加多巴胺的尝试可产生诸如成瘾、冲动和强迫等不良行为。尽管这种模型还有待论证，但将物质使用定义为大脑系统长期奖励低下的结果有助于家人和朋友理解酒精和药物使用者的戒断困难。这也有助于通过寻找其他产生快感的替代方法来开发治疗物质依赖的新方法。

心理学因素

尽管生物学因素起着核心作用，心理学因素也影响着物质使用的关键方面，比如个体尝试药物的决定（启动），是否继续使用药物的决定，使用药物的频率以及停止药物使用的决定。

1. 行为因素：药物是强化物

药物可以通过多种方式起强化作用，操作性条件反射原理可解释药物作为强化物的作用。首先，药物引起的快感产生积极的生理体验，会增加再次使用的可能性，这是一种正强化。还有一种情况是负强化，比如通过反复药物使用来摆脱不愉快的状态。感觉疲惫昏昏欲睡时，你会冲上一杯咖啡，这就是负强化。正强化更多地与成瘾的初始阶段直接相关，而负强化的作用则在成瘾过程中变得越来越重要。

通过正强化或负强化形成的条件反射不仅参与了药物使用这一单一行为，诸如吸毒地点、吸毒伙伴、吸毒工具等环境因素本身也变成了开始吸毒的信号（Caprioli et al.，2007）。这就解释了为什么那些戒烟的人说："我本来做得很好，但只要一进酒吧喝酒，就很想抽上一根。"这正是物质使用的经典条件反射模式（Domjan 2005）。在这些模型中，外在刺激和药物使用结对，产生了之前由单纯药物带来的生理体验（即条件反应和非条件反应类似）。这样一来，以前预示着"药物来了"的那些信号（如见到某个人或路过某个角落）就会激发一连串的感觉和反应，触发人们去吸毒。在药物补偿条件反应中，条件刺激（如吸毒工具、吸毒伙伴）的出现引起的身体调节变化抵消了药物或酒精的预期效果（Siegel et al.2000）。如果产生这种身体补偿性反应而不服用药物的话，那么人就会感到非常痛苦和不适（即戒断症状）。结果就是个体通过物质使用来逃避戒断症状（Domjan，2005）。

实验室范式可以从操作条件反射和经典条件反射的角度证明不同药物的强化作用。比如，可以让实验室里的动物自由获取酒精或者其他药物，或训练它们通过劳动（如摁一下操纵杆）后获得药物。通过改变强化模式（自由获取或者劳动）可以帮助研究人员判断药物对动物的强化作用有多大，也可以比较两种药物的强化价值，比如酒精和尼古丁。还有一种方法叫条件性位置偏爱（conditioned place preference），一开始把动物放在两个不同但中性的环境中（A笼或者B笼），然后反复将一个环境（如A笼）与药物结对。一段时间以后，测量动物待在"给药"环境的时间可以帮助确定该药物的积极效果。

2. 认知因素

认知理论认为个体对情境的解释影响其是否使用药物的决定（Beck et al.，1993）。某种社交场合可能会激发个体产生这样的想法，"喝杯啤酒后，我会轻松不少"或"吸点儿可卡因会使我的社交更老练"，这些想法使人使用药物的可能性增大。认知因素也影响到一个人对于焦虑、渴望等生理症状的反应（Beck et al.，1993）。"没有烟我可活不了"这类想法会使人对烟瘾更加敏感，也强化了犯烟瘾时的反应。

基于社会学习理论（Bandura，1977a，1977b），班杜拉的社会认知方法（Bandura，1999）发现了维持物质滥用的偏见信念系统。简言之，物质使用障碍的发生与维持是由于积极药效预期（如这种药物让我感觉很好）、小的消极预期（如我从来没有因吸毒被抓过）和个体没药物就没法过的差的自我效能信念（如没有大麻我不认为我能在学校活过明天）。尽管实证研究显示了积极药效预期和物质使用之间有相关，但其研究方法基于认知的自我报告，易受偏见影响。

行为和认知理论关注的是预期药效如何与实际药效（如放松、愉快）有关。这种联系直接来自药物的效果以及伴随这些积极感受的环境因素。反复接触药物及其相关的线索会歪曲对药物使用的记忆信息（如会记住飘飘然的陶醉而记不住宿醉的后遗症）（McCusker，2001）。

当吸毒的信号战胜戒毒的积极效果（比如维持恋爱关系）时，复吸也就开始了。

社会文化、家庭和环境因素

与物质滥用有关的各个因素中，社会文化的影响是关键的。社会、家庭和环境变量与遗传倾向共同影响物质相关障碍。许多研究者都研究了家庭、同伴以及社会经济因素对物质相关障碍的影响。不管是未成年人还是成人，家庭、朋友的影响（Wang et al.，2007）、创伤（Wills et al.，2001）及经济因素（Black & Krishnakumar，1998；Boles & Miotto，2003）都有可能导致物质使用和滥用的增加。尽管这些关系都强调了环境变量的重要性，但这些因素与遗传倾向的确切交互关系现在还不清楚。

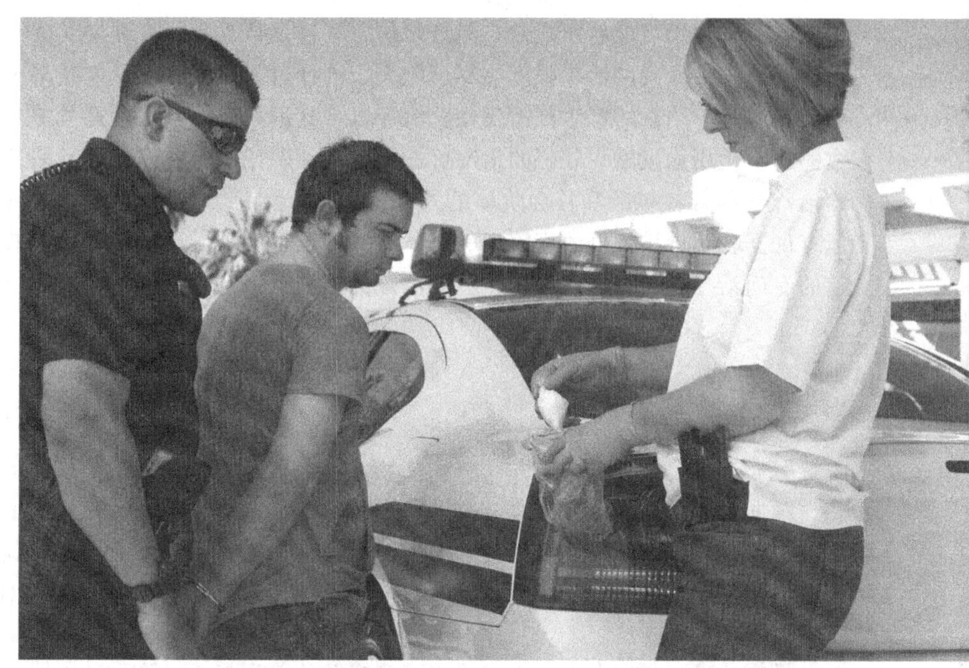

差的社会经济状况和替代强化物的缺乏增加了物质滥用的风险。

文化、家庭以及社会因素同时也会阻止物质滥用。研究发现，宗教信仰也会对酒精和尼古丁的使用产生强烈和可逆的影响（Kendler et al.，1997）。例如，人们越强烈地认为自己是宗教人士，就越不太可能去吸烟或酒精滥用。虽然这些既有风险性也有保护性的关系显示了环境变量的重要作用，但对于遗传和环境作用的理解需要综合的观点。在某些文化中，物质使用可能有着重要的作用，认识到这一点也很重要。

发展因素

许多年轻人都尝试过物质使用，但大多数人并未发展为物质滥用或依赖（Newcomb & Richardson，1995）。过早开始物质使用和青春期大量物质使用是两个危险因素（Kandel & Davies，1992）。另外，青春期药物相关问题（即，有一些症状但不符合物质相关障碍诊断的全部标准）可预测 24 岁时患物质相关障碍的可能，增加出现抑郁、反社会和边缘型人格障碍（见第 11 章）症状的严重水平（Rohde et al.，2001）。

吸毒是一个典型的渐进过程，开始使用的是对成人来说合法的药物（如酒精、尼古丁），接着便是吸食大麻，继而是其他非法药物（Anthony & Petronis，1995）。由此一些人认为未成年人吸食大麻是吸毒的入门，但这种说法经常被误读。大麻是在使用其他毒害更大的药物前最初使用的非法药物（Daughters et al.，2007）。“入门”经常被解释为，吸食了大麻后，在某种程度上就预示着以后会吸食其他药物。然而，促使吸食其他药物的环境因素有很多，比如获取其他药物的渠道增多，或是药理因素，吸食大麻会使人更容易对其他药物产生依赖。还需要注意的是许多人并没有停止吸食大麻，还有人只是短暂尝试了其他药物但并没有经常使用（Tarter et al.，2006）。

不管大麻是不是“入门级药物”，吸食大麻确实会直接影响发育。长期吸食任何药物都会带来生物学上的损害，比如累及大脑的发育。也会带来社会问题比如“发展受阻”，即过量吸食大麻会导致错失正常的发展经历和成长机会。许多吸食大麻的未成年人成年后就自动不再吸食了。而对那些已产生物质依赖的人来说，即使经过治疗，要戒除也是非常困难的。因此，尤其是对未成年人采取的预防措施是很有必要的。最有效的方法是采取基于技能的培训项目而不是简单地使用提供信息或采取恐吓的手段（Nation et al.，2003）。

物质使用障碍的治疗

治疗方式的选择取决于很多因素，如药物的种类、个人的个性特点及所拥有的资源等。治疗应该是多层次的、为个体量身定做的。采用医学手段戒毒或减少对药物的渴望和使用可能有所成效，但最好的方法还是行为疗法。对这些障碍的治疗强度应尽可能大，治疗时间尽可能长。对于严重的患者则需要住院治疗以帮其远离潜在的物质使用触发物。较轻的情况可选择日间住院或门诊治疗。尽管各年龄和社会阶层的人都可以接受治疗，但有证据表明，少数低收入阶层的个体有时很难得到足够的专门治疗。我们要扩大物质滥用治疗的范围，强调有证据支持的治疗方法。

判断某干预是否有效很困难。对于海洛因和苯丙胺这些药物来说，治疗目标可能是完全戒掉、不再复吸。但对于酒精这类物质，有些学者表示只要达到适量并且可控这样的目标就可以了（见“证据检验：可控饮酒”）。所以评估有效性很困难，尤其是当有心理共病或牵涉法律、经济等问题时，都会影响疗效。

可控饮酒

事实 许多概念模型（疾病模型）和治疗方法（如AA、治疗性团体）都认为只有完全戒酒才算治好了酒精依赖。在过去的50年里，研究人员开始质疑这种“全或无”的疗法。

证据 Mark和Linda Sobell开展了现在被称为可控饮酒（controlled drinking）的著名研究（Sobell & Sobell，1973）。研究显示，那些接受了非问题性饮酒技能学习和行为治疗联合干预的酗酒者，在两年的随访里感觉良好的天数明显多于那些只接受以戒酒为目的的治疗方案的酗酒者（Sobell & Sobell，1973；Sobell & Sobell，1978）。酒精使用障碍者能学会控制饮酒吗？

检验证据 尽管这项研究被高度认可，但也有来自《纽约时报》和电视新闻《60分钟》这些地方的质疑和强烈批评（Pendery et al.，1982），他们认为这项研究有缺陷，还有可能是骗人的。然而一项关于Sobell研究的独立调查显示，这项研究考虑得很全面。Alan Marlatt是研究酒精使用的领军人物，他认为媒体过于关注对研究的批评，但很少注意证明其完整性和有效性的证据（Marlatt et al.，1993）。关于可控饮酒的争议仍在继续，但是在科学领域，针对该问题进行的研究却比预计的少（Coldwell & Heather，2006）。

针对这项争议的其他解释 尽管有些学者质疑该疗法不适合严重酒精依赖者的共识（Heather 1995），但该研究最明确的发现可能是，可控饮酒疗法尤其适合较不严重的酗酒者（Sobell & Sobell，1995）。现在，可控饮酒的理念没变，但这个词几乎被忘了。现在使用得最多的提法是降低危害（harm reduction）（Marlatt et al.，1993）。尽管降低危害与可控饮酒的很多目标是相同的，但是前者遭到的质疑更少而且其初步证据令人鼓舞（Witkiewitz & Marlatt，2006）。此外，如动机访谈疗法（Miller，1983）将患者的偏好和目标作为中心，并允许患者选择可控饮酒来作为治疗策略。值得注意的是，即便动机访谈疗法也倾向于以完全戒酒为目标（Coldwell & Heather，2006）。

结论 尽管没有人质疑戒酒不好，但可控饮酒的传统研究者希望提供其他选择，即不用完全戒酒也能维持正常、健康的生活。 ««««

决定使用某一具体疗法之前，必须先清楚有效治疗的13条原则。图9-4展示了这些原则，这些原则为可能采用的疗法提供了一个框架，我们也可由此窥见对这些棘手患者治疗的难度。记住这些原则，我们现在开始讨论各种不同的干预措施。

基于认知和行为原理的治疗

基于认知和行为原理的干预对于治疗物质使用是有效的（Dutra et al.，2008）。每种治疗策略均致力于改变物质使用者的心理功能，其干预手段也都专注于维持物质使用的认知、行为和/或环境因素。

1. 远离刺激

有些物质滥用治疗指导患者远离与当初吸毒有关的刺激（如一起吸毒的人、吸毒用具）(Read et al.，2001)。这种说法的依据来自针对越南退伍老兵的研究，这些人在越南时吸食海洛因成瘾，在回家之前被治愈（Robins & Slobodyan，2003）。这些老兵的复吸率远低于另外一组在国内吸食海洛因的戒毒者。一个原因可能是，那些老兵离开了当初吸毒的环境。虽然对药物相关刺激的远离可预防对药物的渴望及复吸，但许多人仍质疑这种方法的有效性。长期远离所有的药物线索对大多数人来说显然是不可能的。同时单靠远离刺激也不能帮助人们学

引自美国国家药物滥用研究所（2000）
1. 没有哪一疗法适合所有的人。
2. 治疗切实可用。
3. 有效治疗须关注个体的多方面需求，而不只是对药物使用治疗的需要。
4. 针对个体的治疗和服务计划要随时评估和调整以确保该计划能符合个体的需求变化。
5. 维持足够的治疗间期对于治疗的有效性是关键的。
6. 心理咨询（个体和/或团体）和其他行为治疗是成瘾治疗有效性的关键组成部分。
7. 药物治疗对于许多患者来说是治疗的重要成分，结合心理咨询和其他行为疗法时更是如此。
8. 成瘾或药物滥用者如果同时存在其他心理障碍，需要给予涵盖所有问题的综合治疗。
9. 药物戒毒只是成瘾治疗的第一步，单纯药物治疗很难解决长期药物使用问题。
10. 治疗并不要求患者一定是自愿才有效。
11. 治疗期间必须对可能的药物使用持续监控。
12. 治疗计划应提供对HIV/AIDS、B型和C型肝炎、结核病以及其他传染性疾病的评估，并提供咨询以帮助患者调整或改变其行为，以免使其本人或他人置于被传染的风险。
13. 戒毒是一个长期的过程，常需要多个疗程。

参考文献：http://www.nida.nih.gov/PODAT/PODAT index. html, Retrieved June 7, 2013.

图 9-4 物质使用障碍有效治疗的原则

因为人们滥用的物质种类非常多，并且物质滥用者的性格也是千差万别，所以物质滥用治疗方法必须从多个角度进行考虑。

资料来源：Adapted from the National Institute on Drug Abuse (2000).

会与使用药物不相容的更具适应性的行为（Rohsenow et al.，1990）。

2. 复发预防

复发预防（relapse prevention，RP）是一种被广泛采用的认知 – 行为干预（Marlatt & Goodon，1985）。复发预防采用功能分析方法（见第 3 章）识别出药物使用的前因后果，然后开发出替代的认知和行为技能以减少将来药物使用的可能。通过治疗师与患者的共同努力，总结出导致物质使用的高危情境以及①吸毒情境的触发物、②在吸毒情境下的想法、③对触发物和想法所反应的情绪体验、④吸毒行为和⑤吸毒产生的积极和消极后果。分析完这些行为链后，治疗师和患者一起制定出具体方案，以改变患者的想法、感受和行为，帮助患者避开或控制威胁其戒毒决心的情境（Wheeler et al.，2006）。

在这个模型中，反弹（lapse）指单次物质使用，复发（relapse）则是完全回到治疗前的行为。复发预防的核心特征是**破堤效应**（abstinence violation effect），关注个体再次出现被禁止行为时的认知和情绪反应。个体对反弹如何反应而不是反弹本身，决定着反弹是否会变为复发（Collins & Lapp，1991；Curry et al.，1987；Larimer，et al.，1999；Shiffman et al.，1997）。比如，喝完一杯酒后，有的戒酒者会说："我真失败，我戒不掉了，还是放弃算了。"也有人会说："我喝了一杯，但不意味着我必须再喝一杯，我可以马上停下，把剩下的酒倒掉。我仍然可以成功戒酒。"前者比后者复发的可能性更大。破堤效应表明个体对于反弹能够有独立于认知的积极情绪反应（如挫折会慢慢变好）（Hudson et al.1992；Ward & Hudson 1996）。关注这些认知对成功的复发预防很重要。换句话说，我们不能忽略这个事实，物质使用确实让人感觉愉悦。对这些正面效果的认识可用于功能分析或问题解决疗法，它们致力于寻找其他使人愉悦的活动及策略来应对负面事件，而不只是寻求快感。

3. 改变的阶段与动机强化治疗

尽管物质滥用会严重损害社交和职业功能，但药物的强化作用如此强烈以致人们无视其不良后果继续渴望使用它。与此有关的两个关键问题是：怎样动员物质使用者接受治疗，以及如何使治疗符合个体的动机水平。**跨理论模型**（transtheoretical model，TTM）推出了行为改变的五步法（Prochaska & Diclemente，1983）。在前考虑改变阶段（precontemplation stage），个体对问题的严重性认识有限，对自己的物质滥用行为没多少反感，拒绝改变。在考虑阶段（contemplation stage），个体意识到问题的严重性，开始权衡其物质滥用的积极和消极后果。准备阶段（preparation stage）的标志是决心做出正确行为（在下个月之内）。在行动阶段（action stage），个体采取实际尝试以改变环境、行为或体验。一旦进入保持阶段（maintenance stage），个体需要并实施一系列设计好的行为预防复发。实践证明，这种方法对治疗物质使用障碍非常有效（Migneanlt et al.2005）。

动机访谈开始于识别个体在 TTM 中处于哪个阶段以作为动员其改变的突破口。这与传统方法很不相同，传统方法对抗性强，要求患者做好戒毒准备后才继续下一步。动机访谈（Miller，1983；Miller & Rollnick，1991）应用动机心理学原理，致力于使患者迅速地、发自内心地想做出改变，并激励患者开发自己的资源去改变。这包括关注患者的力量而不是弱点、与患者合作共同设定目标以及设定实现目标的方法。动机强化治疗（motivational enhancement therapy，MET）的目标就是帮助个体迅速有效地完成改变的各阶段，达到永久戒毒的目的。MET 可单独作为一种疗法，也可作为其他疗法的铺垫。MET 可用于治疗成人的各种毒瘾（Tait & Hulse，2003），但可能更适合治疗未成年人，因为青少年吸毒者更多存在对戒毒的矛盾心理（Grenard et al.2006；Tevyaw & Monti，2004）。

4. 技能训练

技能训练（skills training）是认知–行为治疗的重要组成部分。技能训练基于的理念是：物质使用者可能缺乏某些应对日常生活所必需的基本技能。所以，这种方法有时也叫应对技能干预（coping skills interventions）。旨在培养应对和社交技能的训练最被广泛采用（O'Leary & Monti 2002）。从技能训练疗法的角度看，患者的人际关系、环境以及个人技能的缺陷对他们的戒断都是一种挑战，所以技能训练疗法的目标在于培养基本技能，使其可以应对日常生活中的诸多问题。社区强化疗法（Hunt & Azrin，1973；Meyers et al.，2003）也是基于相同的原则，包含一系列包括职业咨询在内的技能训练，但其目的主要在于识别和建立物质使用者的社交网络及其他支持系统。实践表明，这种疗法可以单独使用，也可以作为药物治疗和其他疗法的辅助手段使用（Read et al.，2001）。

尽管彻底戒毒是大多数疗法的目标，但对于酒精依赖者的治疗，如行为自我控制训练则旨在帮助个体控制饮酒的策略，这包括设定目标、自我监控、限制饮用的努力、达到目标后的奖励、饮酒情境的功能分析、学习其他应对手段和复发预防。许多证据证明了这种方法的有效性（Walters，2000）。

5. 基于经典条件反射和操作条件反射的行为疗法

尽管很多疗法都有行为和认知成分，但有些疗法尤其植根于行为理论。一些行为干预基于经典条件反射，专注于物质使用的生理方面。一个典型例子就是**厌恶疗法**（aversion therapy，也叫厌恶条件反射）。我们前面提到，大多数情况下物质滥用都与积极感觉相联系。在厌恶疗法中，药物或酒精的使用反复伴随着令人厌恶的刺激（如，电击）或意象（如，每次患者想吸毒时都让其想象使其不安的意象），这种疗法的有效性尽管仍遭质疑，尤其是单独使用时，但其可能是综合治疗方案的重要组成部分（Howard et al.，1991；Rimmele et al.，1995；Upadhyaya & Deas，2008）。类似地，放松训练和生物反馈技术这些行为疗法可以帮助个体最小化甚至克服使用物质的生理冲动，缓解原来靠吸毒来排解的紧张和压力。

一些行为疗法则更多地基于操作性条件反射。例如住院治疗方案（还有一些门诊方案）采用**行为列联管理方法**（contingency management approaches）（Prendergast et al.2006），当患者服从治疗时（如，药物尿检呈阴性）则予以奖励（包括，有形强化物如钱，或无形强化物如程序特权）。相对于12周的常规治疗，对甲基苯丙胺使用者使用行为列联管理可使其减少药物的使用且戒毒效果更持久（Roll et al.2006）。这些发现表明，行为列联管理可以作为治疗甲基苯丙胺使用的有效一部分。

6. 12 步疗法

如果你看过一则谨慎的广告是关于“Bill W 的朋友”聚会的，那实际上你看到的就是匿名酗酒者（Alcoholics Anonymous，AA）聚会公告。这个聚会始于1935年，由“Bill W”即 Wilson 和 Robert Hilbrook Smith 发起。AA 的12步疗法（见图 9-5）是基于戒酒的需要。这种疗法始于人们意识到个体对于戒酒无能为力，它提供了保持清醒的结构方法。参加者定期聚会，当有人无法保持清醒或需要支持时，可以打电话给发起人。每年保持清醒者要做致谢，社会支持很重要。鉴于 AA 的广受好评，匿名麻醉剂使用者（Narcotics Anonymous，NA）和匿名饮食超量者（Overeaters Anonymous，OA）这两种12步疗法也发展起来了。

1. 我们承认我们对酒精无能为力——我们的生活已变得不可控制。
2. 开始相信有一种比我们自身更强大的力量可以拯救我们。
3. 决定将我们的意志和生活交给如我们所理解的上帝来照料。
4. 开始探索自己并对自己道德上的问题不再恐惧。
5. 勇于向上帝、向自己和向其他任何人承认我们错误的确切本质。
6. 全身心准备请上帝除掉自己性格上的所有缺点。
7. 卑微地恳请上帝除掉我们的缺点。
8. 将我们曾伤害过的人列成一张表，并愿意向他们每个人赎罪。
9. 尽可能向每个人直接赎罪，除非这样做会伤害他们或其他人。
10. 继续为我们的问题列出清单，一旦发现错误立刻承认。
11. 通过祈祷和冥想来加强我们与所理解的上帝的意识联系，祈祷自己能够知晓上帝对我们的意志和执行意志的力量。
12. 通过上面11步的努力，我们的精神觉醒了，我们要将这些信息告诉其他嗜酒者，并在我们所有事务中继续实践这个原则。

图 9-5 匿名嗜酒者的 12 步

行为疗法和认知–行为治疗强调发展技能以控制成瘾，而12步疗法则强调生活不可控制，成瘾不可控制，参与者认为只有神的力量才能治疗他们的成瘾。尽管证据还不充分，但有些研究表明 AA 疗法是有效果的。有人证实其有效性（Ouimette et al.，1997），在前面介绍过的更多实证为基础的治疗的其他常见方面如结构、社会支持和非物质奖励的认同也被证实有效（Moos，2008）。

人们对于 12 步疗法仍有分歧。一些人认为这种疗法信奉上帝与自己的信仰不符，于是提出了一些更加非宗教的步骤设置（如，理性恢复）。虽然没有充分的证据支持 12 步疗法，但哪怕只对一些成瘾者有效，12 步疗法也应在有效治疗中占一席之地。

团体聚会帮助物质使用障碍者找到支持和责任。

伦理与责任

尽管心理学家们治疗物质使用障碍，但他们中的一些人也在经受这些障碍的困扰，这会影响到他们专业实践的能力。美国心理学协会的“心理学家伦理原则与行为规范”明确提出：当心理学家意识到自己的个人问题足以影响到他们与工作相关的职责时，他们需要采取恰当的措施，如接受专业咨询或协助，并决定是否需要限制、推迟或终止自己的工作相关职责（American Psychological Association，2002）。

当心理学家并未意识到或没有准备承认自身存在物质使用问题时，他身边的同事有出面干预的伦理义务。然而抛开他们所受的专业训练不谈，心理学家们在直面有问题的同事时会有所犹豫。他们害怕自己被疏远、自己的怀疑不准确、被认定为告密者或感觉这是一种越界行为（Pincus，2003）。专业协会可提供相关服务，但自愿寻求专业帮助的业内人员数要少于所估计的需帮助的专业人员数（Floyd et al.，1998）。因为心理学是一个授权行业，国家执照委员会有一系列关于患物质使用障碍专业人员的指导规范来界定其问题大小及其是否对病人产生了伤害，处理方法包括在一段时间内监督该心理学家的工作，强制治疗，甚至吊销其从业执照。同事援助计划（colleague assistance programs）在教育心理学家通过自我护理减轻压力以及为那些自愿求助或被他人推荐来求助的专业人员提供服务方面发挥着重要的作用（APA，2006；Pincus，2003；Pincus & Delfin，2003）。这些项目也为关心其同事的心理学家提供训练、咨询和支持。最终，当心理学家的执业能力因其心理问题受限制时，通过康复、专业监督或其他规范活动将行为的伦理原则目标和执照委员会的监督目标联合起来，以降低有心理问题的心理学家的心理学实践活动所带来的伤害（APA）。

生物学治疗

生物学干预在治疗物质使用障碍中起着重要的作用。它们可以单独使用，也可作为心理或社区干预的辅助疗法。

戒断症状可能很严重，有时甚至是致命的。**戒毒**（detoxification）也就是在医学指导下的药物戒断，是治疗物质使用障碍的必要方法，但这还只是第一步。药物治疗可以减轻戒断症状，以及减少副作用。例如，服用苯二氮䓬类药物可以减少嗜酒者患上震颤性谵妄（DTs）的可能。

激动剂替代疗法（agonist substitution）是指用某种化学成分类似的安全药物替代被滥用的药物。化学成分安全意味着，首先，这种替代物结合于与目标药物相同的受体，因此可阻止目标药物的任何药理效果（“兴奋”）。尽管替代物与相应药物具有一些相似性，但它们也有一些关键的区别。替代物一般起效更缓慢，有更少急性药理效果，没有强烈的兴奋以及之后崩溃的感受。虽然也可能产生物质依赖，但相对于目标药物来说，远没有那么强烈。服用替代激动剂依然需要长期服用药物，但相对于目标药物对社交、工作以及身体的损害更小。最常用的激动剂替代药物是**美沙酮**（methadone），常被用于对海洛因的替代。在“美沙酮诊所”有控制地发放美沙酮，可以大大降低获得和注射海洛因的风险。

一些人一直在使用美沙酮治疗，但大量证据表明，无论是在美国（Gruber et al.，2008）还是在海外（（Hser et al.，2011），美沙酮与心理咨询、个体心理治疗以及行为列联管理配合使用都可以提高治疗效果。

1. 尼古丁替代疗法

美沙酮替代疗法是用一种药品替代另一种，但还有一些替代疗法只是改变药物在体内的传输方式。**尼古丁替代疗法**（nicotine replacement therapy，NRT）安全、有效，可以作为综合戒烟方案的一部分。尼古丁替代物可以是口香糖、戒烟贴片，也可以采用喷剂、吸入物或者舌下含片这些处方药。NRT 代替了香烟中的尼古丁，减少了戒断症状，帮助患者克服吸烟的冲动。不论有没有心理咨询的辅助，这种疗法都可以将戒烟成功率提高 1.5 ~ 2 倍（Silagy et al.，2004）。

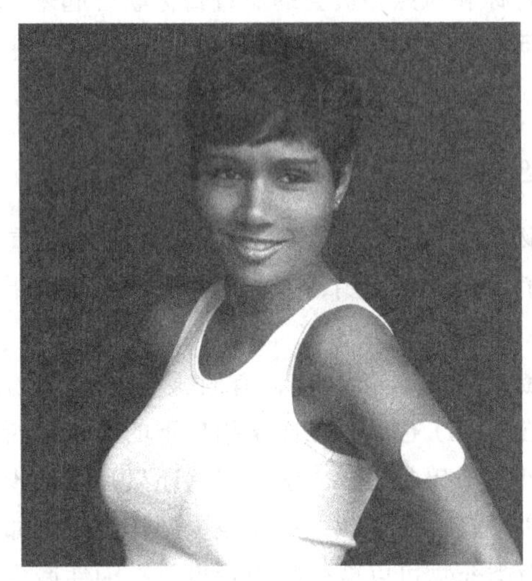

尼古丁贴片可以控制尼古丁摄入量并帮助戒烟。

2. 拮抗剂治疗

药物的正强化作用似乎是使用药物的一个主要原因，那么，如果这些积极感觉被一种拮抗（antagonized，作用相反）的药物阻断，是否就能戒毒呢？一些研究检查了阿片类药物拮抗剂环丙甲羟二羟吗啡酮和盐酸纳美芬治疗酒精滥用的有效性。与安慰剂相比，环丙甲羟二羟吗啡酮可以降低酗酒复发风险和饮酒频率，但无助于加强戒酒（Garbutt et al.，1999）。最新研究发现，半年的长效环丙甲羟二羟吗啡酮针剂可以减少酒精依赖者的酗酒行为（Garbutt et al.，2005）。虽然拮抗剂不能出众地戒毒，但却是一种值得进一步研究的有价值药物工具。

3. 厌恶治疗

与厌恶疗法类似，厌恶药理干预与产生恶心生理反应的药物注射结对。最广为人知的药物就是戒酒硫（disulfiram）。这种药阻止酒精中的乙醛分解，体内戒酒硫增多会导致**恶心**（antabuse）。饮酒时若注射戒酒硫会让人恶心、呕吐、心跳和呼吸加快。关于戒酒硫的对照研究结果并不一致。饮酒的频率虽然降低了，但表明戒酒的成功率上升的证据很少（Garbutt et al.，1999）。人们不用戒酒硫是因为人们希望喝酒时没有恶心等症状。

4. 疫苗

以疫苗对抗药物使用的免疫药物疗法（immuno-pharmacotherapy）是一种全新的治疗。通过注射疫苗使个体产生抗体，这种抗体在药物作用于大脑之前与目标药物结合，从而阻断其积极强化效果。使药物与血液中的蛋白质结合引发免疫反应，身体会产生抗体以抵御药物。早在 1974 年，人们就发现，对海洛因成瘾的恒河猴注射疫苗后，其按压杠杆获取海洛因的次数会明显减少，这表明疫苗阻断了海洛因造成的兴奋（Bonese et al.，1974）。此后，又逐渐发展了对可卡因、尼古丁、致幻剂以及甲基苯丙胺的免疫疗法的动物模型，这意味着这种治疗手段也可能对人类有效。目前，针对可卡因和尼古丁的疫苗研究已进入了人体临床试验阶段（Meijler et al.，2004）。如果有效，这种疗法将引发有趣的社会分歧。如同让孩子注射小儿麻痹症、麻疹、腮腺炎疫苗那样，父母们也会让孩子注射尼古丁、酒精、大麻以及其他药物的疫苗吗？烟草公司会因为这些疫苗扰乱了自由市场而进行抵制吗？犯药物相关罪的罪犯会被强行注射疫苗吗？如果免疫药物疗法有效，将会引发许多重要的伦理和社会问题。

治疗中的性别和种族 / 民族差异

研究发现，女性比男性接受物质使用障碍治疗的可能性更小，因为女性接受治疗会面临一些特有的问题。比如孩子抚养权的剥夺以及社会对滥用药物母亲的惩罚性态度，这些问题使她们不敢承认自己有问题，不敢寻求帮助（Allen，1995）。尽管研究数据不太一致，但研究发现女性对治疗的反应与男性不同。一些研究发现，女性比男性更容易放弃物质滥用治疗，尽管这些发现离下结论还很远（Bride，2001；Joe et al.，1999；McCaul et al.，2001；Simpson et al.，1997）。

除了性别差异以外，研究还发现少数民族和种族的人更少寻求和 / 或完成治疗，更少接受治疗服务以及更少康复（Jerrell & Wilson，1997；Rebach，1992）。但是，一些研究发现少数民族与非少数民族的人在治疗反应上无差异，这一发现很重要（Pickens & Fletcher，1991）。显然，还需要进一步的研究来证明有哪些因素影响着少数民族患者治疗效果的好坏。Lundgren 及其同事（2001）发现，不同的种族 / 民族会选择不同的戒毒疗法。比如接受住院治疗的拉美吸毒者比白人吸毒者少 1/3，而接受美沙酮维持治疗的非裔美国吸毒者也只有白人吸毒者的一半。另外一个关键因素是少数民族吸毒者可能接受的是人均治疗成本更低、有效性更低的劣质治疗（Schulman et al.，1999）。

只有对不同的性别、种族、社会经济地位人群的不同需求及他们所面对的不同挑战进行深入的研究，我们才能真正明白如何最好地预防和治疗物质使用障碍。我们要清楚地知道，不能指望某种方法适合所有人群。

葛罗瑞亚——多物质滥用的治疗

患者

葛罗瑞亚，36 岁，被法院要求在社区医疗中心接受 30 天的住院治疗。

问题

被捕前她与男友、他们两岁的儿子以及与前夫生的一个孩子共同生活了 3 年。葛罗瑞亚高中辍学，获得高中同等学力。她做过的工作薪水都很低。最近她刚因为在饭店做收银员时偷钱而被开除。她经济上仰仗收入来源未知的男友。在她刚到中心时，刚开始的 24 小时内，她否认物质使用，并出现了生理和心理上的不适等戒断症状。她变得愤怒、言语不清、思维混乱。她不承认出现幻觉或错觉。

摄入性谈话显示她目前符合重度霹雳可卡因依赖和轻度酒精滥用的标准。过去她曾吸食过大麻、甲基苯丙胺和海洛因。之前做的艾滋病测试结果呈阴性。她的家族史为海洛因和可卡因依赖阳性（父亲），母亲酗酒，哥哥因为吸食海洛因过量而死。他男友吃摇头丸，并拒绝接受治疗，还曾阻止她之前试图戒毒。她现在担心她的大女儿在吸毒并有危险的性活动。这个问题十分困扰她。她希望她的大女儿能够跳出她家高危行为的怪圈。

通过全面的行为分析，我们可知她吸食可卡因和使用酒精的主要触发者正是她贩毒的男友。经济上依赖男友大大增加了她复发的风险。

在住院治疗期间，葛罗瑞亚学会了控制吸毒念头的技巧。她经历了反弹和复发的过程，并打算彻底戒毒。她与妹妹和妹夫见了几次面激发了家庭支持。治疗团队鼓励她坚持信仰，并安排她去教堂，和教友们见面。教友们了解了她的情况，并表示在治疗结束后还会给她提供帮助。葛罗瑞亚在治疗过程中也定期参加 AA 集会，并打算释放后继续参加。治疗过程中，她还接受了养育孩子的训练。她的大女儿确实已开始吸毒，也被送来治疗。她的社工帮助她找了份工作并租了间便宜的房子。

治疗

自从在餐厅偷窃被逮捕，葛罗瑞亚被迫接受了治疗，这是她第一次被逮捕。之前她与警察打过三次交道，都是邻居听见大声喊叫还有往墙上摔东西的声音，担心她孩子的安全于是报了警。每次警察都只是警告一下他们夫妻俩而已。她不承认滥用药物，也不认为对她和她的孩子来说有什么危险存在。

唯一使葛罗瑞亚对戒毒治疗感兴趣的原因，就是对大女儿的担心和担心她的小儿子被领养。尽管她知道男友不会支持她戒毒，但是她提到一个妹妹，葛罗瑞亚认为她能支持她，此外，还有教堂的教友们也会支持她。

除了滥用药物，葛罗瑞亚还说在过去的两个月里，她的情绪一直十分低落，食欲降低，睡眠也不好。

看了对她的初始评估后，治疗团队制定了一个大体的治疗方案。并制订了四个目标：治疗她的可卡因依赖，治疗她的酒精滥用，进一步评估她的抑郁情况，为了持久戒毒发动社会支持。治疗团队认为尽管葛罗瑞亚的治疗是法庭委托的，但是可以利用她对孩子们的担心这一因素来强化她改变自己的决心。

治疗结果

30 天的治疗结束时，葛罗瑞亚很害怕被释放。因为她觉得才刚开始戒毒，她不知道没有了治疗团队的每日帮助，她该怎么办。当她刚被捕的时候，她觉得 30 天简直比一辈子还漫长。但是现在她意识到 30 天要想真正戒毒还远远不够。她意识到了自己保持戒毒的机会。她也知道因为经济压力可能会迫使她回到男友身边。好在只要她一想起孩子们，就会打消这个念头。她每周都与社工见面，以接受后续的帮助，并尽早发现反弹或复发的苗头。葛罗瑞亚继续参加教堂的AA聚会。当葛罗瑞亚工作时，她妹妹帮她带孩子。葛罗瑞亚则帮她妹妹做家务作为回报。

在葛罗瑞亚被释放一年以后，她并没有复发。她还在参加AA聚会，并成为教堂活动的常客。她女儿也在她的干预下成功戒毒了。对于孩子来说，她这个妈妈做得更加称职。她的情绪仍然会有起伏，当想吸毒的时候她会真诚面对并将精力放在对戒毒的坚持上。好在她的孩子们是她坚持下去的动力，她的家庭和社会支持系统帮助她走过了那些危险的日子。 «««

本章小结

1. 根据DSM-5诊断标准定义“物质使用障碍”。

   物质使用障碍可被看作一组生理的、行为的和认知的症状集合，这些症状表明尽管个体会因为物质使用产生重大问题，却仍然会继续去使用该物质。症状包括耐药性，戒断，尝试减少使用量失败，比预期使用量更大，花费大量时间获取、使用，或受这种物质影响，不顾为此产生的心理或生理问题继续使用，并且为此忽视其他生活活动。

2. 理解耐药性和戒断的原理及其在不同种类药物间的差异。

   耐药性是指需要明显增加物质的量才能达到同样的效果，戒断症状发生在依赖者试图减少药物使用或戒除时。

3. 鉴别不同药物对身体的作用及其所产生的特征性效果。

   药物在产生其效果时有特殊的机制。比如，尼古丁通过多巴胺系统达到奖励的作用；酒精能调节受体GABA系统；阿片类药物模拟人体的天然阿片类系统的功能；致幻剂破坏5-羟色胺能的功能并且导致服用者产生异常感觉。

4. 描述不同种类物质使用障碍所产生的心理和健康方面的短期和长期消极后果。

   咖啡因可快速提神；尼古丁极易成瘾，并且起效迅速；酒精使人感觉放松、变得外向和社会化；大麻使人的视听觉体验增强，时间感变慢；可卡因和甲基苯丙胺是中枢神经系统兴奋剂，会危害心血管功能；阿片类药物可以镇痛；致幻剂可以使人出现异常感觉；吸入剂会让人迅速兴奋但会对器官和大脑造成永久损害。

5. 理解生物学、遗传学、行为、认知和社会文化理论对物质使用障碍病因的解释。

   药物和酒精使用障碍是由遗传和环境共同造成的。环境因素既可以增加也可以降低个体罹患物质使用障碍的风险。

6. 对比对不同种类物质使用障碍的治疗。

   对于治疗物质使用障碍没有单一的治疗方法——药物治疗和行为治疗都可以结合成综合治疗方案，并包括对动机和复发预防的关注。

第10章

精神分裂症谱系障碍及其他精神病性障碍

学习目标

阅读本章后，你应该可以做到：

1. 区别精神病性体验与精神病性障碍。
2. 理解精神分裂症既无“人格分裂”也通常不涉及对他人的暴力行为。
3. 辨别精神分裂症的阳性症状、阴性症状和认知症状。
4. 了解文化如何影响精神分裂症的表达和治疗。
5. 探讨精神分裂症的神经发育模型。
6. 理解遗传、生物、心理及环境因素在精神分裂症的病原学中的交互作用。
7. 识别对精神分裂症有效的药物治疗和心理治疗方法。

当时的那种迷茫和恐惧，至今我记忆犹新。我的世界几乎在毫无征兆的情况下就被改变了。那几个月里，我开始相信校园里那些涂鸦都是留给我的信息。我还觉得自己的电话被监听了。朋友们总说我弄错了，但谁也不知道究竟是怎么回事。直到有一天，一切都有所不同了。那天下午，我突然醒悟了，这如同做几何证明题突然有了灵感一样，我知道了，原来收音机里的人正在和我说话。这种清晰感比现实还更让我信以为真。我花了好几个星期理清了事情的头绪。原来，我对自己人生的理解全是错的。我的朋友都不是什么真心朋友，从好里说，他们不过是普通朋友而已；从坏里说，他们都是中央情报局的间谍。去研究生院对我是一种奢望，我已不被允许进入了。我被牵连到这世界的一件神秘历史中，包括美国安全局、中央情报局，还有隐形轰炸机，虽然看不到但他们却监视着我的一举一动。有个邪恶的独裁者蓄谋要实施民族大屠杀，只有美国人在抵抗，而我成了这抵抗中的一分子。我慢慢能熟练破译密码了。很多天里我都在读报并向报社反馈信息，这样抵抗部队就能集中兵力和财力来收复失地。我学会了通过破译谈话密码、阅读报纸文章、听收音机播放歌曲的方式来进行交流。每个人都能读我的心，因此，除非为了交谈，大部分时间我只在脑子里说话。但是，我却不知道别人在想什么，所以我要依靠各种媒体来获取信息。

在这6个月里，虽然我能熟练整合各方面的信息了，但仍像活在一场噩梦里。只要合上眼，我就能看见那些五颜六色的卡通人物。它们忽大忽小、光芒刺眼。晚上，我会一直睁着眼睛，直到筋疲力尽地睡着。那个邪恶的独裁者及其同伙也让我害怕。我根本不知道他们在哪里，也不知道怎样躲开他们。我恳求上司杀了我。当我清楚这不可能实现时，我便自己动手。在一个星期里我就尝试过4次自杀。

资料来源：Weiner, S. K. (2003). First person account: Living with the delusions and effects of schizophrenia. *Schizophrenia Bulletin, 29*, 877-879. Copyright © 2007, Oxford University Press and the Maryland Psychiatric Research Center (MPRC).

精神病性障碍

精神病性障碍（psychotic disorders）的特点是思维异常、知觉扭曲、行为古怪。精神病性障碍患者脱离现实，思考问题没有逻辑和条理。有时，他们行为古怪、自言自语，或对某个别人看不见的人打手势。有些精神病性障碍是严重的和慢性的，而另一些只是处在短期的困惑状态。在详细讨论这些障碍之前，我们有必要先了解一下定义这些状态的异常认知、知觉及行为特点。

什么是精神病

精神病（psychosis）是一种脱离现实的严重精神状态，通常表现为**妄想**（delusion，错误的信念）或**幻觉**（hallucination，错误的感知觉），或两者同时出现。这两种现象在前面案例里都有所显示，包括一些严重错误的信念（被监视，成为抵抗运动的一分子）和错误的感知觉（看见根本不存在的卡通人物）。这种明显脱离现实的状况十分可怕，影响着心理机能的方方面面，甚至会导致受害者做出极端行为如尝试自杀。

妄想和幻觉是精神分裂症的典型特征。出现这些症状时，患者通常严重脱离现实且行为看上去古怪。

尽管精神病性症状非常令人困扰，但如单纯出现幻觉或妄想，并不意味着就会出现诸如精神分裂症之类的精神病性障碍。因为患有其他心理障碍的成人，如双相障碍、重度抑郁障碍、创伤后应激障碍及物质相关障碍患者，也可能有这些症状。而患双相障碍、强迫症、孤独症谱系障碍、品行障碍（见第12章）的儿童同样可能有这些精神病性症状（Biederman et al.，2004）。

> 纳迪亚10岁大，是个忧郁且非常易怒的女孩。她整天哭并拒绝去上学。因为纳迪亚拒绝上学的行为，父母将她送来诊所。但是在访谈过程中，她告诉医生自己在过去的几个月里总能听到一些声音。一个声音来自白雪公主，另一个听起来像是外星人。他们窃窃私语地跟她说“不好的事”，但她不会告诉医生这些声音都跟她说了些什么。一个月之后当纳迪亚的情绪好转时，她说这些声音都已经消失了。

当患生理疾病时，患者也可能出现妄想和幻觉这类精神病性体验，如脑部肿瘤，如阿尔茨海默病、帕金森综合征等所造成的重度或轻度神经认知障碍，以及颅脑损害后如脑外伤或大脑中毒感染等。如果精神病性体验突然出现，首先要考虑患者是否存在某种严重的脑部疾病。

最后一种情况是，在没有心理障碍时，有时也会出现精神病性体验。短暂的或有限的精神病性体验很常见，2% ~ 12%的成年人有过（Hannsen et al.，2005；Sidgewick et a1.，1894，cited in Johns & van Os，2001），这种体验可能包括被害的念头、感觉思维被偷或被控制，或听见了他人听不见的声音等。一个重要区别在于，无精神病性障碍的人认为这些声音通常都是积极的，并不会因此烦躁不安，且对这种体验有控制感（Honig et al.，1998）。相反地，精神病性障碍患者则认为这些声音是消极的，且不能控制这种体验。

尽管在各种生理状况及心理障碍中，甚至在没有明显生理或心理障碍时，都可能出现精神病性症状。但精神病性症状通常被认为是精神分裂症的典型症状。

什么是精神分裂症

精神分裂症（schizophrenia）是一种严重的心理障碍，特征表现为思维、知觉及行为上的紊乱。精神分裂症患者思维缺乏逻辑，不能准确感知世界，不能正常生活和工作。他们可能怀疑政府派人在监视自己，认为广播内容是针对他们的——电台的人正在给他们发布行动指令，或播报只有他们才懂的消息。这类妄想和/或幻觉导致了他们怪异的行为。在旁人看来他们行为古怪，他们自言自语，或将自己隔离在公寓中以防被看不见的敌人绑架。精神分裂症是一种严重的心理障碍，即使经过良好的治疗，仍会对患者造成严重且通常是慢性的损害。

对比个案研究

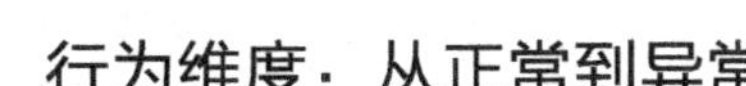

正常行为个案研究　令人欣慰的想法——没有障碍

达芙妮与母亲关系非常亲密。母亲得乳腺癌的时候，达芙妮向单位请假并搬来与母亲住在一起，以确保母亲得到很好的照顾。母亲离世后，达芙妮崩溃了。她留下来处理母亲的身后事并卖掉母亲的房子。卖掉房子时达芙妮百感交集。她在那里长大，知道自己再也回不去了是件很痛苦的事。收拾完最后的包裹后，站在曾经和母亲度过很多美好时光的厨房里，她泪如雨下。她说："妈妈，我想我该走了。"达芙妮告诉所有人她的母亲是那么清晰地回应她："嗯，宝贝儿，去享受你的生活吧。"达芙妮时常重温那一刻，母亲的最后箴言让她感觉很安慰。

异常行为个案研究　可怕的想法——精神病性障碍

阿马雷一直以来与继父都相处融洽，但是上周他们有些言语冲突。其实也没什么大事，阿马雷打算下周再见到继父时跟他道歉。可是继父却在再见之前突发心脏病去世了。阿马雷变得非常抑郁，他为他没有机会跟继父道歉而后悔。丧礼之后，他开始不断地听到有指责他是个坏继子且因为他的冲撞言语导致继父去世的声音，甚至暗示他不应该活着。这些声音让他无法入眠，它们很大声也很残忍地一直称呼他为"杀手"。大约一周后，妻子发现阿马雷在卧室里同这些声音争吵，还坚称妻子也应该能听到这些声音。妻子被他的这些行为吓坏了，她报了警，并让阿马雷入院就医。

正如第 1 章我们谈到过的，100 多年前德国精神病学家埃米尔·克雷丕林及瑞士精神病学家尤金·布鲁勒（Eugen Bleuler）首次定义了精神分裂症。克雷丕林称这种障碍为**早发性痴呆**（dementia praecox），强调其普遍存在的知觉及认知功能的混乱（痴呆，dementia）及早期发作（早发性，praecox）特点，以此区别于老年痴呆症。布鲁勒则侧重于该病的四个核心症状：矛盾情绪、情感失调、联想失调及不现实幻想的倾向（Tsuang et al., 2000）。他将希腊文中的分裂（schizo）与精神（phrene）组合在一起，将这种病更名为精神分裂症，以强调患者思维、情感和行为的分裂状况。

因为每个人几乎都曾有伤心难过的经历，所以，人们大都容易理解抑郁这种"极度"难过的情绪。然而，人们却很难理解精神分裂症的不寻常症状，就连心理健康专家也是如此。不管怎样，在过去的 100 多年里，对精神分裂症的临床表现、病原学及治疗方面的了解都有了实质性的进展。在我们分析其症状前，有必要消除几种对精神分裂症的常见误解。

或许因为精神分裂症的体验太难被理解，人们对这种疾病有许多误解。由于缺乏了解，媒体或文学作品中塑造的许多精神分裂症患者的形象都不准确。罗伯特·路易斯·史蒂文森（Robert Louis Stevenson）的作品《化身博士》（*The Strange Case of Dr.Jekyll and Mr.Hyde*）非常经典地描述了同一个人同时存在两种矛盾人格的情形。Jekyll 博士温和且善解人意，Hyde 先生却是个残暴的杀手。至今，人们还拿 Jekyll 和 Hyde 来描述一个人身上的两种截然相反的行为表现。然而，精神分裂症患者并没有人格分裂。希腊语"schizo"是指个体思想和感情的分裂，而非人格的分裂。但这种误解很普遍。美国残联的一次哈里斯民意调查显示，约 2/3 的受访者相信人格分裂是精神分裂症的一部分（http://www.abc.net .au/science/k2/moments/s1200266.htm，retrieved 3/24/13）。

另一类似误解也很常见，即认为精神分裂症患者存在多重人格。在第 5 章我们谈到过，确实有一种病被称为解离性身份障碍（DID），即患者有两种或两种以上不同的人格，每种都各有其自身的思想、情感及行为。正如《三面夏娃》和《西碧尔》这类小说所描述的那样，一种人格对另一种人格支配下的行为毫无知觉，而每种人格都能正确认知和应对环境，并与之互动。这种有效与环境沟通的能力正是多重人格不同于精神分裂症的地方。精神分裂症患者不能很好地觉察外界事物，或不能做出恰当反应。简而言之，精神分裂症患者并无人格分裂或多重人格。

精神分裂症的深入分析

精神分裂症的症状包括：妄想、幻觉、言语紊乱、行为紊乱或紧张症性行为以及阴性症状（见“DSM-5：精神分裂症”）。妄想和幻觉有时被称为**阳性症状**（positive symptoms），“阳性”一词在此并非指这些症状是令人乐观的、愉快的症状，而是特指个体身上“存在”某种异常行为。精神分裂症最常见的阳性症状包括异常的想法、情感及行为。这些症状在不同患者身上表现程度不同，在多数情况下对治疗是有反应的（Tirupati et al.，2006）。

精神分裂症　DSM-5

A. 存在以下两项（或更多）症状，每一项症状均在1个月中明显的时间段里存在（如经成功治疗，则时间可以更短），其中至少一项必须是（1）、（2）或（3）：
（1）妄想；
（2）幻觉；
（3）言语紊乱（例如，频繁地离题或不连贯）；
（4）极其紊乱的行为或紧张症性行为；
（5）阴性症状（即情绪表达减少或意志减退）。

B. 自障碍发生以来的明显时间段内，1个或更多重要方面的功能水平，如工作、人际关系或自我照顾，明显低于障碍发生前具有的水平（当障碍发生于儿童或青少年时，则人际关系、学业或职业功能未能达到预期的发展水平）。

C. 这种障碍的体征至少持续6个月。此6个月应包括至少1个月（如经成功治疗，则时间可以更短）符合诊断标准A的症状（即活动期症状），并可以包括前驱期或残留期症状。在前驱期或残留期中，该障碍的体征可表现为仅有阴性症状或减弱的诊断标准A所列的两项或更多的症状（例如，奇特的信念、不寻常的知觉体验）。

D. 已排除分裂情感性障碍和抑郁或双相障碍伴精神病性特征，因为：（1）没有与活动期症状同时出现的重度抑郁或躁狂发作；（2）如果心境发作出现在症状活动期，则它们只是存在于此病的活动期和残留期整个病程中的小部分时间内。

E. 本障碍不能归因于某种物质（例如，滥用的毒品、药物）的生理效应或其他躯体疾病。

F. 如果有孤独症谱系障碍或儿童期发生的交流障碍的病史，除了精神分裂症的其他症状外，还需有突出的妄想或幻觉，且存在至少1个月（如经成功治疗，则时间可以更短），才能做出精神分裂症的附加诊断。

资料来源：Reprinted with permission from the *Diagnostic and Statistical Manual of Mental Disorders*, Fifth Edition, (Copyright 2013). American Psychiatric Association.

精神分裂症的阳性症状之一是妄想（delusion），即所坚信的信念不会因为对立证据的存在而改变（见表10-1）。最常见的妄想是**迫害妄想**（persecutory delusions），患者坚信有人害自己或企图害自己。其他妄想还包括认为自己是特工或某个特殊人物（见前文案例）（Appelbaum et al.，1999）。大多数妄想确实令人苦恼，但有时妄想内容是自大的，当他人没有依妄想内容反馈时，负面后果便会出现。

表10-1　精神分裂症患者常见妄想及幻觉类型

症状	举　例
妄想	
影响妄想	认为行为或思维被控制，包括思维被夺、思维播散、思维插入或思维被读取
自我意义妄想	夸大或关联想法（偶然的事件、物体或他人行为对自己有着特殊的、不同寻常的意义——如前文案例里涂鸦的信息）、宗教念头（认为自己是超人）、内疚或负罪感
迫害妄想或偏执妄想	认为有人要害自己
躯体妄想	认为自己的身体在腐烂
幻觉	
幻听	噪声或语音，认为是对自己说话或谈论自己
幻视	看见宗教人物或故去的人
幻嗅	嗅幻觉
幻味	味幻觉
躯体幻觉	感觉身体某些部位疼痛或衰退，或有东西在身上或体内爬行

资料来源：Kimhy,D., Goetz, R., Yale, S., Corcoran, C., & Malaspina, D. (2005). Delusions in individuals with schizophrenia: Factor structure, clinical correlates, and putative neurobiology. *Psychopathology*, 38,338-344; and Mueseer, K.T., Bellack, A. S., & Brady, E. U. (1990). Hallucinations in schizophrenia. *Acta Psychiatrica Scandiavica, 82,26-29.*

吉姆是一名韩裔大学生。有人发现他在大街上闲逛，如果路人经过他时不对他鞠躬，他便会对他们大喊大叫，于是他被送进了医院。医生问他为什么这样时，他回答说他是韩国君主，而街上那些人却没给他皇家地位以应有的荣耀和尊重。

另一种常见的妄想是**影响妄想**（delusions of influence），即相信思想或行为被他人控制。患者通常相信他们的思维通过思维被夺（thought withdrawal）、思维播散（thought broadcasting）或思维插入（thought insertion）操纵着。患者认为政府派人在自己大脑中植入了某些思想，或者有某种像外星入侵者那样的邪恶力量来窃取其思想。思维播散是指患者认为其个人思想被别人知道了，通常通过广播或电视的途径。

第二类阳性症状是幻觉（hallucination，一种无外界刺激作用下产生的类似于知觉的经验，比如在无人说话时听见人的声音，看见别人看不见的图像）。其中幻听最为常见（一项调查显示 71% 的人体验过；Mueser et al.，1990）。患者听见的可能是单纯的噪声，也可能是一个或多个人的声音，男女声均有。大多数时候，这些声音在性质和内容上是负面的，偶尔也有令人舒服或亲切的（Copolov et al.，2004）。精神分裂症患者所特有的幻听是，听到有声音时刻在评价自己的一举一动，或是听到好几个人在一起谈话。幻视较少见（调查显示占 14%），但确实存在，常出现在本病最严重的状况中（Mueser et al.，1990）。最常见的幻视如看见魔鬼、已故亲人或朋友。幻触（tactile）约占 15%。幻嗅（olfactory）和幻味（gustatory）最少见（11%）。

约翰被诊断为精神分裂症，尽管用了药，还是会出现幻听。他能听见有人和他说话，或指挥他做事。约翰会回应他们，会对他们谈及的某事高声大笑。约翰每天都会去当地的一个心理健康诊所，去喝那里专门供给候诊患者的免费咖啡。他通常没有预约，但工作人员很同情他，允许他坐在候诊室并享用咖啡。他从不攻击别人，但他的行为常令那些不熟悉精神分裂症的患者感到不安。很多时候由于约翰太令其他患者不安了，工作人员只好让他离开。尽管处在那些幻觉中，一旦工作人员走近说：“约翰，你该回家了。”他都会马上抬起头，喊着那人的名字打招呼并答应道：“好的，明天见。”然后会安静地离开诊所。

约翰的行为说明了很重要的一点，精神分裂症患者即使接受了充足的药物治疗，仍可能出现幻觉。但许多患者都能在幻觉出现时具备一定水平的功能，并能与现实保持一些接触。

另一类阳性症状是思维紊乱，常常通过言语异常来进行评估。未经治疗的精神分裂症患者的说话方式往往很奇怪，这表明他们认知功能的退化。这种退化的表现包括：**联想松散**（loose associations），表现为前后想法很少或完全没有逻辑联系（如，“我曾在某军事基地工作。坚持很重要。中东——我喜欢旅行的地方，我最喜欢的地方是亚利桑那”）；**思维中断**（thought blocking），表现为交谈时出现不同寻常的长时间停顿；以及**音联**（clang associations），表现为患者说一些读音相似但合并理解并无意义的话（如，“I have bills，summer hills，bummer，drum solo”），致使交流毫无意义。

还有一类阳性症状是患者运动行为非常紊乱或异常。**紧张症**（catatonia）的表现为：患者处于清醒状态，对外界刺激却毫无反应。

警察发现德里克全身赤裸地站在市中心一个小巷子里，就把他送到精神病急诊室。他沉默不语，不做任何眼神交流，看起来像是忘记

精神分裂症患者有时认为他们的思想正在被篡改，即思想被从头脑中移走或是在电视上被传播。这是一种妄想，是一种错误的信念。

了室外温度是华氏35度[⊖]这一事实。由于他无法独自说话或者活动，德里克被安排到住院部住院。第二天上午，护士又发现他一动不动地赤裸着站在病人休息厅。他们给他穿上睡衣，让他在凳子上坐好——12个小时过去了，他始终坐在同样的位置没有动过。

在紧张症的状态，患者一动不动或不与人进行眼神交流。他或她可能表现为一言不发的缄默（mute）或肌肉刻板（像雕像一样）。出现**蜡样屈曲**（waxy flexibility）时，患者身体的某些部位（通常是手臂）会按别人摆放的姿势像被冰冻了一样一动不动。

精神分裂症的紧张症性特征有时会表现为蜡样屈曲，患者的四肢能被他人随意摆姿势。在被再次移动前患者会一直保持这种姿势。

阳性症状可能是生动的，但精神分裂症不仅有阳性症状。精神分裂症的第二类症状是**阴性症状**（negative symptoms）。"阴性"一词在此并非指不好的或恐怖的东西，而是指患者某种正常行为的"缺失"。精神分裂症的阴性症状是指未患精神分裂症的人具备而精神分裂症患者缺失（或极大地减少）的行为、情感或思维过程（认知）。常见阴性症状包括情感迟钝、快感缺乏、意志减退、情感淡漠、言语贫乏和精神运动迟滞。

情感迟钝（diminished emotional expression）是指面部表情减少或保持不变，语调平缓单调，即使谈话内容充满感情也不例外。这种面部表情及语调与说话内容不协调的状况，被布鲁勒用来作为使用"分裂"一词描述该病的例子，比如，即使是描述某种可怕的想法，患者的面部表情及语调也可能几乎毫无感情。**快感缺乏**（anhedonia）是指缺乏感受快乐的能力——患者感觉不到快乐或幸福。**意志减退**（avolition）或情感淡漠（apathy）是指不能启动或执行计划。家属通常都以为这种冷淡是懒惰，或存心不想改善自己的生活。这种误解会导致家庭气氛的紧张与不和谐（Mueser & McGurk，2004）。**言语贫乏**（alogia）是指话语质和/或量的减少。**精神运动迟滞**（psychomotor retardation）是指心理或身体活动缓慢。比如，当精神运动迟滞影响到认知功能时，患者的说话速度会慢到难以与之继续交谈的程度。不像阳性症状那样可以很大程度地被药物治疗所控制，这些阴性症状治疗无效，倾向于持续存在并限制着患者的许多能力，如保持工作、上学，甚至是洗澡、穿衣这类自理能力（Fenton & McGlashan，1991）。对于精神分裂症的诊断有必要参考"DSM-5：精神分裂症"中对这些症状的描述。

第三类精神分裂症的主要症状是**认知功能损害**（cognitive impairments），这种认知能力的缺陷包括视觉及言语学习和记忆功能的损害、无法集中注意、信息加工速度（理解信息的速度）下降、抽象推理能力及执行力（解决问题及做决定的能力；Green et al.，2004）受损。为了理解认知功能损害，请看下面这个抽象推理能力受损的例子。对于"自身有短，勿批他人"（People who live in glass houses should not throw stones）这句谚语，没有精神分裂症的人会理解为，如果自己也有缺点或缺陷，就不该苛求别人。而精神分裂症患者对此的理解却是，那就该建一座砖头房子，这样就不会被石头砸坏了。认知功能损害是精神分裂症患者最早出现的症状之一（Kurtz et al.，2005）。像阴性症状一样，这些认知缺陷会长期存在并与功能损害密切相关。然而，对有些精神分裂症患者来说，许多认知功能仍能保持与正常人相当甚至超出正常人的水平（见"真实病例：艾琳·萨克斯——《我穿越疯狂的旅程》）。

⊖ 约为1.67摄氏度。——译者注

真实病例 艾琳·萨克斯——《我穿越疯狂的旅程》(*The Center Cannot Hold*)

艾琳·萨克斯（Elyn Saks）教授患有精神分裂症，在她还是牛津大学本科生的时候，就有过幻听和寻求心理治疗的经历。之后在耶鲁法学院学习期间，她被要求住院治疗并服用抗精神病药物。医生表示几乎从没见过比这更严重的情况，给她的诊断结果是"很严重"。"我再也不能独立生活、保住工作、找到爱侣以及结婚。我的家将会成为一个寄宿的护理站，我每天都把时间花在同其他精神疾病患者一起在休息室看电视上。我将只能做一些卑微的工作。"她继续接受治疗和服用药物，但不让这些症状阻挡她实现自己的人生目标。

如今的萨克斯是南加利福尼亚大学古尔德法学院的首席法律教授、心理学教授、精神病学教授和行为科学教授。她是心理健康法律的专家，也是高竞争性的麦克阿瑟基金"天才奖"的获得者。萨克斯的研究指出许多精神分裂症患者学会去应对自己的障碍不仅是通过药物和治疗，还需采取积极的控制。有些患者已经识别出突发症状的触发点，有些则可以在认知上怀疑他们幻觉的真实性。最常用的症状管理策略之一是工作。正如萨克斯教授所说："通过从事工作，这些疯狂的东西就会靠边站了。"

资料来源：http://www.nytimes.com/2013/01/27/opinion/sunday/schizophrenic-not-stupid.html?pagewanted=2&_r=0 Retrieved May 3, 2013.

除了一般的认知功能损害，精神分裂症患者还会出现社会认知的缺陷。**社会认知**（social cognition）是指感知、解释及理解社交信息的能力，包括对他人信念、态度及情绪的认知。精神分裂症患者通常缺乏进行积极社会交往所需的基本技能，包括觉察社会细微差别以及进行基本交流的能力（Bellack et al.，1990；Penn et al.，2001）。他们表现出在识别他人情绪状态的能力和理解讽刺和谎言的能力方面的损害（Sparks et al.，2010）。精神分裂症患者也表现出对积极和消极事件情绪反应的降低（Mathews & Barch，2010）。这些能力统称为社会认知，为有效的学术、社交和职业功能所必需的（Green & Horan，2010；Mathews & Barch）（见"精神分裂症及其他精神病性障碍的治疗"）。

尽管诊断精神分裂症需要这三类症状同时存在，但每个患者的症状组合却不相同。精神分裂症的常见特征包括偏执（paranoia），即具有被害和害怕性质的妄想和幻觉；以及紧张症，即肌肉活动减少即木僵（刻板动作，蜡样屈曲）；和/或对指令或暗示没反应的缄默症；或肌肉活动过度和/或本质上无目的的模仿言语（重复他人说的话）。

精神分裂症患者通常还同时患有其他的心理障碍。45%的精神分裂症患者有抑郁（Leff et al.，1988），5%有过自杀行为（Inskip et al.，1998；Palmer et al.，2005）。但发病初期（Malla & Payne，2005）及每次住院前后（Qin & Nordentoft，2005）的自杀率要高得多。相对于其他心理障碍者，精神分裂症患者的自残率并不高。自残可能性增加的原因有：患病早期抑郁情绪或早期自杀尝试、药物滥用、易激惹或烦躁、害怕精神衰退、或出现怂恿其自杀的妄想或幻觉（Symonds et al.，2006；Tarrier et al.，2006）。

约47%的精神分裂症患者也有焦虑障碍（Kessler et al.，2005）。由于发病，患者生活状况不佳或无家可归，使他们极易受到欺骗和暴力的伤害。创伤后应激障碍相当普遍，有至少43%的患者样本有此共病（Mueser et al.，2002）。物质相关障碍在精神分裂症患者中约占50%（Regier et al.，1990）。在一组合并精神分裂症及物质滥用的患者中发现，酒精是最常见的滥用药物（89%），其次是吸食大麻（27%）及苯二氮草类药物（13%；Erkiran et al.，2006）。比起单纯患精神分裂症，合并物质滥用会导致日常功能损害更严重：患者更易复发，需重新住院治疗，变得无家可归，且不配合治疗（Drake & Brunette，1998）。

酒精或药物使用是否有助于精神分裂症患者战胜或摆脱不能体验快乐这类阴性症状呢（Khantzian，1987）？这种现象被叫作自我药物治疗的假设（self-medication hypothesis），已成了倍受争议的话题。最近一项元分析（即一种用来分析、比较许多不同研究结果的统计方法）表明，同时合并精神分裂症和物质使用障碍的患者确实比没有物质滥用的患者阴性症状更少（Potvin et al.，2006）。然而，在做出物质滥用会减少阴性症状（一种因果关系）这一结论前，我们必须清楚，所有这些研究本质上都是横向研究和相关研究（见第2章）。事实上，可从两方面来解释物质滥用和精神分裂症的关系。一方面，物质滥用可能会减轻像快感缺乏或情感淡漠这类阴性症状，从而支持这个自我药物治疗的假设；另一方面，阴性症状较少的人可能恰好更不喜欢滥用物质。因此要弄清这种情况，有必要进行实验研究和纵向研究，而非相关性研究。

功能损害

多瑞一直以来都很害羞，不善于交朋友。但她却很聪明，以优异的成绩毕业于南部的一所当地大学。她被选入东北部一个知名的商业管理硕士项目，入学后不久，她开始非常担心自己的安全问题，怕有人害她。于是，她独处的时间越来越多，还买了枪防身。一天，多瑞在校园里晃悠，并威胁要干掉"中央情报局卧底特工"。学校叫来她父母将其领回家。她被该项目开除了。服药后，她的症状部分被控制了。现在，她在一个小学自助餐厅做钟点工，她可能永远也不能独立生活或实现她以前的学业潜能了。

精神分裂症的症状越严重，对个体功能的损害越大。而延误治疗会进一步加重这种损害。发病后延误一年治疗，长期预后会差很多（Harris et al.，2005）。即使不到一年，患者重新独立生活的能力及行为能力也会严重受损。所以，发病后须尽早治疗以限制本病向慢性发展。

不论是对个人还是家庭来说，精神分裂症的花费都是一个巨大的负担。按伤残调整生命年（disability adjusted life years；Muster & McGurk，2004）来计算，精神分裂症产生的社会和经济负担使之成了全球十大内科或心理疾病之一。精神分裂症也是最严重的心理障碍之一。100多年前，该病就被认为发病后会不断恶化，而且几乎没有或完全没有康复的可能（Bleuler，1911；Kraepelin，1919）。自20世纪60年代发现了有效治疗方法后，像妄想和幻觉这类阳性症状会得到减轻，但随着年龄的增长其严重程度会加重，导致患者出现周期性的缓解与复发。自那时起，尽管情况已有所好转，但这种病的长期预后仍相当差。精神病院的住院患者中，有25%是精神分裂症（Geller，1992）。2002年，该病的治疗花费估计达到了627亿美元（Wu et al.，2005）。一项对成年精神分裂症患者的纵向研究显示，在发病后2～12年的重新评估中，仅20%的患者预后良好（Breier et al.，1991）。在此期间，78%复发住院，38%有过自杀行为，24%有抑郁发作或双相障碍。有些精神分裂症患者确实存在康复期（Harrow et al.，2005）。在一项15年的追踪研究期间，41%的精神分裂症患者有康复期。该研究对康复期（period of recovery）的定义是在1年中出现以下所有情况：没有精神病性症状，没有阴性症状，表现出足够的心理社会功能（至少能做兼职工作，适中的社交活动，没有住院治疗）。这种对康复的定义有时被用来描述从严重精神障碍中的"康复"（recovery from）。有些研究者（e.g.，Davidson & Roe，2007）描述了第二种类型的康复，这很像对物质依赖者康复的概念，即，这些康复者被认为是处在"康复中"（in recovery）。这样，根据这个定义，从严重精神疾病如精神分裂症中康复的患者仍然还可能存在该病的症状，但是能够处理他们生活中的部分事宜，比如工作、教育、友谊以及对生活所面临的各种挑战做出自我决定。如果使用这种康复的定义，那么会有50%的精神分裂症患者可被看作处在"康复中"。

如同合并物质相关障碍一样，合并抑郁症会使精神分裂症全面预后更差。同时患有精神分裂症和抑郁的患者更可能需要频繁住院，患者可能会丢掉工作（Sands & Harrow，1999）。精神分裂症患者整体健康状况不佳及内科发病率过高的情况也很普遍（Brown et al.，2000；Osby et al.，2000）。患者易出现感染性疾病（Rosenberg et al.，2001）、暴力所致的生理性损害（Walsh et al.，2003），与吸烟相关的疾病及其他疾病（DeLeon et al.，1995）。

文化因素也会影响精神分裂症。较之发达国家，该病在发展中国家预后更好。这似乎不符合人们的预期。这也许是因为在工业化程度越高的国家，精神分裂症患者获得的社会支持越少。人们为了在遥远的城市寻求更好的赚钱机会，常常会远离家乡和亲人，所以，一旦生病，他们很少能得到家人的照顾。在发展中国家，文化因素起更大的作用并导致患者预后更好：由于社会结构的不同，发展中国家更倾向以家庭为中心来照顾精神分裂症患者；由于病原学观念上的不同（Tseng，2003），比如，发展中国家的人更易接受社区成员出现异常情况，更可能将患者留在家里照顾而非送进医院；发展中国家的人其生活方式也简单得多，这就使有认知功能损害的患者能更好地与外界沟通。所有这些因素都可能带来更好、更积极的预后（Sartorius et al.，1978）。近期越来越多的研究结果进一步肯定了家庭和社会在患者预后中所发挥的作用（Tseng）。

伦理与责任

精神分裂症常被误认为与暴力相关。的确，精神分裂症患者（及其他严重精神错乱的患者）发生暴力行为的比率比正常人多（Hodgins et al.，1996），但不会超过（甚至是低于）患其他精神病性障碍如抑郁症或双相障碍的患者（Monahan et al.，2001a）。精神病院的住院精神分裂症患者中，入院后前 20 周内，8% 有暴力行为，入院一年后，15% 有暴力行为（Monahan et al.，2001）。暴力行为的定义涵盖各种行为，一些很轻微（没有造成伤害，或没有武器的简单攻击），另一些则相当严重（用致命武器攻击，造成了伤害，用致命武器威胁或性骚扰；Swanson et al.，2006）。按暴力定义来看，半年内，有 19.1% 的精神分裂症患者发生暴力行为，但严重暴力行为仅占 3.6%。另外，合并精神分裂症与物质滥用的患者，任何一种暴力行为的比例都要高于单纯的精神分裂症患者（Erkiran et al.，2006）。

精神分裂症患者通常也是暴力的受害者。在一些案例中，由于认知及情感功能的受损，他们很容易成为暴力的目标。由于疾病限制了患者选择职业并影响其收入，这也使他们遭受暴力的风险增高。低下的社会经济地位迫使他们常常居住在暴力高发区附近，有些甚至无家可归、露宿街头，这进一步增加了他们成为暴力受害者的风险。总体而言，精神分裂症患者遭受暴力（如，攻击、强奸、抢劫这类犯罪）的比例范围，从一年间的 16%（Walsh et al.，2003）到三年间的 34%（Brekke et al.，2001）。就暴力犯罪而言，许多精神分裂症患者是非暴力受害者而不是暴力犯罪者（Fitzgerald et al.，2005；Hiday et al.，2002）。

精神分裂症患者的自理能力、独立生存能力、人际交往、工作和学习能力、为人父母及娱乐等各方面的生

精神分裂症患者易受他人伤害。他们常住在不安全的地方，认知功能的损害使他们更容易成为被攻击的目标。

活能力都遭受了明显损害（Mueser & McGurk，2004）。这并非指每个患者在以上每个方面都必然出现损害。许多时候，功能损害并非由于药物可控的阳性症状造成的。实际上，是患者的认知缺陷限制了其有效的行为能力。就连穿衣服这种极其简单的行为也同样需要很多种认知能力的参与（Bellack，1992）：执行功能（做决定的能力）负责启动穿衣服这个过程；记忆功能负责回忆衣服放在哪里（抽屉、衣橱）；注意功能负责完成穿衣服的过程（不能分心以至于不能完成整个过程；Velligan et al.，2000）。

妄想及幻觉会使精神分裂患者分心，使他们只剩有限的精力来与周围的环境互动。例如，他们不能觉察或发现别人的社交暗示，所以社交能力非常糟糕。最后一点，记忆和专注能力的缺失也可能影响他们保持一份工作的能力（Velligan et al.，2000）：忘记工作任务或不能按指令行事会影响工作成绩（比如“玛丽，每小时拖一次地，每半小时检查一下发型师那里是否有干净的毛巾”）。

流行病学

精神分裂症现已被全世界所认识，而且在所有文化中其患病率都很接近。美国一般人群终身患病率为 0.3% ~ 1.6%，平均 1%（Kessler et al.，2005a）。在不同人群、不同文化及不同工业化程度的情况下，该比率一致（WHO，1973）。每年，10 万人中就有 16 ~ 40 人患此病（Jablensky，2000）。高发病率常常与人们居住在城市里（也许是一种更为复杂的生活风格）、搬去新的

环境 / 国家（可能导致社交孤立和歧视）以及性别为男性联系在一起。无论是发病率还是其致残结果，都使精神分裂症成为一个显著的公共健康问题。精神分裂症发病或急或缓。在许多案例中，出现实际精神病性症状前，病前特征可能已存在许多年了。

如果起病缓慢，阳性症状出现前，患者通常存在功能的某些退化。在前驱期（prodromal phase），患者可能出现社会性退缩或不讲个人卫生的情况，比如不洗澡或不换衣服。还会出现工作或学习困难。随着病情发展，进入急性期（acute phase）时，患者会出现阳性症状，产生幻觉、妄想及思维障碍。也可能出现阴性症状，但通常被精神病性行为所掩盖。过了急性期，一部分患者进入残留期（residual phase）。此时，精神病性症状消失，而阴性症状通常还在。阴性症状的持续存在常使患者不能成功就业或建立满意的社会关系。

性别、种族及民族

就该病的发病年龄、病程及预后来说，男女存在明显差异。女性起病可能比男性晚。可能由于这种差异，女性发病后症状更温和，所需住院期更短，而且有更好的社会功能（Mueser & McGurk，2004）。起病晚一些的话，完成青春期和成年早期的发育机会就更大，并能发展出更好的社会功能（比如从中学或大学毕业，结婚）。当然，这些差异本身并不能解释其产生的原因。起病年龄的性别差异可能与激素以及 / 或者社会文化因素有关。比如，女性的雌性激素有强大的保护大脑发育的功能，并有假设认为，这种激素会使精神分裂症患者常见的大脑发育异常状况减少（Goodman et al.，1996；同时见“精神分裂症的病原学”）。

就社会文化因素方面来说，女性很早就开始了社会化过程，且社交能力比男性高，她们的社交网络更广（Combs & Mueser，2007）。正如在其他问题上一样，存在性别差异的原因可能不仅仅是女性社交能力更高或社交网络更广这么简单。尽管这两种因素好像都对减轻精神分裂症对女性患者的损害起着重要作用。

在美国的韩裔、非裔、欧洲裔美国人及拉美人，虽属不同种族和民族，发病后其精神病症状都相同（Bae & Brekke，2002）。来自世界卫生组织的数据同样显示，世界各地精神分裂症的临床症状都相同（WHO，1973）。在各种文化里，偏执型精神分裂都最常见（39.8%），而紧张型最少见（6.7%）。

尽管精神分裂症的症状在不同种族和民族的患者间相同，但其诊断率却不一样，至少在美国是这样。非裔美国人远比白种美国人（e.g.，Barnes，2004；Bell & Mehta，1980；Lawson et al.，1994）和拉美人（Minsky et al.，2003）更多地被诊断为此病，特别是在基于非结构化临床访谈所做出的诊断里。在其他民族的人中，即使表达的症状非常相似，也很可能被诊断为精神病性抑郁。在种族和民族偏见因素方面，由于缺乏对患者文化特征的了解而造成的对患者陈述的误解，以及精神病性症状表现的种族差异，都可能使临床医生对患者症状的解读存在偏向（Barnes）。比如，对某些非裔美国人来说，“女巫正骑在我身上”这种表达意味着出现了睡眠麻痹综合征（isolated sleep paralysis），是恐惧症的变体。然而，白人医生并不熟悉这种说法，有时会将其误解为妄想。这种文化上的不敏感造成了对症状的误解和不准确的诊断（Minsky et al.）。

伦理与责任

在诊断精神分裂症时，尽管医生并非有意这么做，但种族偏见确实存在。由于大部分诊断是基于医生和患者的面对面谈话做出的，所以评估者清楚患者的种族。仅基于患者的症状而不要受种族偏见影响的诊断方式可消除潜在的种族偏见。如果依据诊断谈话记录而非面对面谈话下诊断，则非裔美国人被诊断为精神分裂症的可能性并不会高于欧洲裔美国人（Arnold et al.，2004）。这些资料表明，患者的某些特征（在这里指的是种族）而非症状也会对诊断起重要作用。因为“精神分裂症”这个标签仍带有负面含义，且意味着预后不良，所以，诊断是一个非常重要的问题。误诊的结果将是不恰当的大剂量药物治疗。

误诊的原因还可能有：患者行为的文化差异被忽略，临床医生文化能力缺乏，医患间存在语言交流障碍，双语治疗师稀缺，繁忙的门诊中临床访谈不够（Minsky et al.，2003）。消除种族及民族偏见是一个重大挑战。医生诊断同族患者可以减少文化上的误解。但是美国的少数民族心理健康专家实在太少了，所以，找同种族医生看病并不能成为解决问题的唯一出路。不断增加文化敏感并提高对该问题的重视也很重要。

发展因素

成人精神分裂症患者在小时候就可能出现情境性焦

虑、神经紧张、抑郁，还可能有知觉紊乱、奇幻思维和牵连观念这样的精神病样体验（Owens et al.，2005）。奇幻思维（magical thinking）是指，相信想着某件事就能使其发生。比如，想过希望父母死亡，之后，他们果真遭遇了严重车祸，由此当事人便会得出结论，是其想法导致了车祸的发生。牵连观念（ideas of reference）是指将偶然事件与自己直接关联起来。比如，从两人身边经过时，如果他们开始大笑，便会怀疑他们是否在嘲笑自己。如果你有关系妄想（delusions of reference），你将肯定他们在嘲笑自己。这种情绪和知觉的异常在童年时期的持续出现，表明在出现更明显的精神分裂症阳性症状前，某些通常未被发觉的症状早已存在。

患者的童年经历通常采用回顾性的办法收集。就是说，一旦被诊断为精神分裂症，医生便会要求患者（也可能是其父母）回忆症状出现前的状况，与未患心理障碍的人进行对比。从科学的角度讲，这种回顾性设计固然要好于什么也不做，但确实存在严重的局限性。因为精神分裂症患者普遍存在的认知缺陷会限制他们准确回忆病前功能的能力。另外，父母对孩子早期行为的回忆，也可能受到孩子最近行为的影响。所以，受现在病情的影响，任何采集到的前期信息都可能出现偏差。因此，在病前采用前瞻性研究设计，来客观评估发病前的行为会更加合适。

有一个精心设计的前瞻性研究是这样的（Schiffman et al.，2004）：研究者在标准化（完全相同的）条件下，对 11 ~ 13 岁的丹麦孩子在学校吃午餐的情形进行了录像。然后对孩子的社会性（微笑、大笑、发起或回应对话）、不自主运动（左手或右手、面部活动及其他异常活动）及一般神经运动信号（抬肘、眼睛活动、其他异常活动）进行了评级。19 年后，在受试者 31 ~ 33 岁时，由不知晓他们早年行为评定的人对他们进行了会谈。结果发现其中 26 人患有精神分裂症。再将这部分人 11 ~ 13 岁时的行为表现与患其他心理障碍的人以及无心理障碍的人进行比较。与两个对照组同时比较时，发现成人精神分裂症患者从小就更不善于社交。当与患其他精神病性障碍的人（比如抑郁症）相比较时，发现他们从小就有更多不易察觉的一般神经运动异常。该研究属前瞻性设计（而非回顾性的），研究对象涵盖了特定时间段内在出生注册表上注册的所有丹麦孩子（由此排除了可能影响结果的选择偏向），采用客观测量方法（而非主观报告），且包括心理对照组。因此，其研究结果能有力证明，糟糕的社交能力及异常的运动功能可能是与精神分裂症形成有关的独特因素。

精神分裂症多在青少年晚期或者成年早期发病，约 23% 的人 40 岁以后才发病（Harris &Jeste，1988；同时见第 13 章）。成人患病率约 1%（Mueser & McGurk，2004），而 18 岁以下的人患病率仅为 0.01%。在 18 岁以下的患者中，青少年多于儿童。在儿童期或青春期（通常指不满 18 岁）开始发病的被称作早发性精神分裂症（early-onset schizophrenia，EOS），对患者的生物学影响及行为影响是严重的。

从生物学上讲，一项为期 5 年的研究发现，EOS 儿童会比没有心理障碍的儿童丧失更多的大脑灰质（Kranzler et al.，2006）。这种丧失同时出现在大脑两侧，并由前向后发展，这表明大脑功能出现了严重的生物学退化（Vidal et al.，2006）。从行为学上看，仅 8% ~ 20% 的 EOS 患者所有症状都能获得缓解，大部分患者的症状会伴随终身（Eggers & Bunk，1997；Röpcke & Eggers，2005）。甚至与成年发病的精神分裂症患者或有其他精神病性障碍的儿童相比，EOS 患者的损害也更严重。他们患病期更长，需要更长期的精神病护理，社会功能及独立生活能力损害更大（Hollis，2000；Kranzler et al.，2006）。唯一让人乐观的是，EOS 的智商稳定，甚至在发病 13 年后仍然如此（Gochman et al.，2005）。

青春期发病，长期预后要稍好一些。一次抽样显示，发病 10 多年后，有 83% 的人至少复发一次，需住院治疗，有 74% 的人仍在接受精神病治疗（Lay et al.，2001）。患者生活能力受损普遍：57% 的人未完成发病前的教育及职业目标，66% 的人社交能力不良（被社会隔离，避免参加社会活动，不能承担主要家务，无性生活），75% 的人经济上依靠父母或社会救助。EOS 患者结婚，或维持婚姻的可能性更小（Eaton，1975；Munk-Jørgensen，1987），男性患者更是如此，而且上大学的可能性更小（Kessler et al.，1995）。

杰曼今年 10 岁了。在很小的时候他跟幼儿园和高级阅读课上的小朋友玩耍。如今他的阅读能力落后了，还常常与同伴打架。杰曼常将善意的戏耍当真并会为此生气。当有人来家做客时他会躲藏起来。在他更小一点的时候，曾被诊断患有注意缺陷多动障碍、抑郁、焦虑甚至孤独症谱系障碍，但似乎都不相符。在所有学校照片里，他总是一脸茫然。沮丧的父母把他带到一位新的心理学家那里进行评估。在听到杰曼缺乏情感的声音、突然分心或不恰当的微笑时，心理学家问他是否听到过一些声音。基本放松下来之后，杰曼开始谈论那些“好声音”和“坏声音”。他说，“好声音”试图来帮助他，而“坏声音”则通过让他做“坏事”使他入地狱。所有这些声音都在评论他的行为，说他是“好的”或“坏的”。

EOS 儿童和青少年在出现妄想或幻觉症状前，就存在社会性退缩、与同伴交流困难、难以适应学校环境的问题（McClellan et al.，2003；Muratori et al.，2005）。因为发病早，他们发展正常社交的机会就更少。所以，比起成年后发病的患者，EOS 患者长期预后更差就不足为奇了。如果在 14 岁以前发病，预后会极差（Remschmidt & Theisen，2005）。

其他精神病性障碍

精神分裂症是最常见的并且也是被研究得最全面的精神病性障碍。然而，有精神病性经历并非就患了精神分裂症，还有几种其他的精神病性障碍。

短暂精神病性障碍（brief psychotic disorder）是指出现突发的精神病性症状，如妄想、幻觉、言语紊乱、明显的紊乱或紧张症性行为。顾名思义，这种情况可能一天就消失，最长不超过一个月，症状缓解（自愈）后又恢复到正常的功能水平。其发作往往与明显的心理社会应激源有关。如挚爱的人死亡或孩子出生（见“真实病例：安德瑞亚·耶茨及含精神病性特征的产后心境障碍”）。

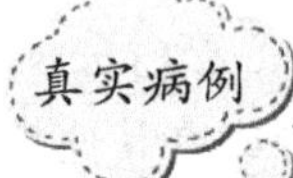

安德瑞亚·耶茨及含精神病性特征的产后心境障碍

2001 年 6 月 20 日，安德瑞亚·耶茨（Andrea Yates）有计划地在自家浴缸淹死了她的 5 个孩子（6 个月到 7 岁不等）。她被 DSM-Ⅳ-TR 诊断为患有产后精神病，在 DSM-5 中，她的症状满足含精神病性特征的复发性产后心境障碍的诊断标准。淹死最大的孩子后，她报了警，随后被逮捕。她对自己的罪行供认不讳。她的辩解进一步证实了该病是导致惨案的原因。耶茨告诉监狱的心理医生：“这是第七宗致命原罪。这些孩子的存在是非正义的。因为我是邪恶的，所以他们有罪。如果这样养大他们，他们将永远得不到救赎，注定会在地狱之火中死去。”尽管所有人都认为耶茨有精神病，她仍获罪并被监禁。判决在二审中被推翻。陪审团认为，因为犯罪时她有精神病，所以是无罪的。她被送往心理治疗机构治疗，直至康复。

孩子的降生通常是开心且令人期待的。但是，每 1 000 名产妇中就有一两名会出现产后精神病（Robertson et al.，2005）。研究表明，生活压力和 / 或前期存在的心理障碍（分裂情感性心理障碍、抑郁、双相障碍）都与该病的发生有关（Robertson et al.，2005）。研究表明，应激性生活事件和 / 或一个先前存在的心理障碍（分裂情感性障碍、重度抑郁、双相障碍）可能与它的发作有关（Kumar et al.，1993；Robertson et al.）。在一些情况下，通常在孩子出生几天后产妇的激素变化也可能导致该病出现，特别是那些孕前就有心理障碍的产妇（Kumar et al.）。同其他心理障碍一样，生理和心理社会因素都对该病的发作有影响。

精神分裂症样障碍（schizophreniform disorder）与精神分裂症相比，有两点不同。第一，前者病程更短，为期至少 1 个月至多 6 个月。少数案例中症状似乎会突然消失。有研究显示该病能成功治愈再无复发，但成功治愈的原因则不得而知。

第二，对精神分裂症样障碍患者而言，社会功能或职业功能受损较轻，一部分患者仍能进行日常活动。见下例：

杰克怀疑邻居在他打电话时偷听，或在他进出公寓时记录他的行踪。但他不会这样怀疑同事。因此，尽管不能接电话（因为邻居可能在偷听），而且离开公寓时也非常不情愿（因为邻居们可能在记录他的活动时间），他还是会因为要上班每天出去一次。

人们认为**分裂情感性障碍**（schizoaffective disorder）患者可能同时有精神分裂症和情感障碍。也就是说，除精神分裂症的症状外，患者还会罹患重度抑郁、躁狂或病程中某一时刻的混合性发作。

布莱恩因为抑郁把自己送进了医院。作为一名才华横溢的画家，他与自己的情绪不稳斗争了很多年，而他的作品则反映了这些情绪。最近，他的朋友们开始担心，因为他的画在颜色和内容上越来越暗淡。住院几天后，他笑嘻嘻地从自己的房间出来并到处开玩笑。他走到一位护士跟前说："我要让你做我海外业务的主管。"在经过一位研究助理时他说："你是我的新人力资源主管。"之后他又告诉精神病医生说他被降级到轮班工作的位置。当护士长终于赶上了他并问他的感觉如何时，他回答说："好极了，亲爱的。我是梅隆先生，美国钢铁公司的总裁。如果你对我好，我会让你做我的私人助理。"他确信他是一家跨国公司的老板，当护士长试图提醒他是画家布莱恩时，他变得生气和好斗。

分裂情感性障碍是一个有争议的诊断，它曾被认为是一种精神分裂症，一种心境障碍，或介于两者之间。将分裂情感性障碍、精神分裂症及心境障碍进行比较时，发现精神分裂症的阳性症状通常比分裂情感性障碍严重得多，但两者相比心境障碍都有同样严重的认知功能损害（Evans et al.，1999）。有时，做何诊断要看哪一类症状（精神病性的还是情绪的）更严重或损害更大。

妄想障碍（delusional disorder）是指存在并不怪异的妄想（事件可能真正发生过，见表 10-2）。

表 10-2　妄想障碍患者常见的妄想主题

类型	内　容
钟情妄想	相信某更高地位的人爱上了自己（有时出现在那些骚扰名人的人中）
夸大妄想	感觉拥有夸张的财富、权力、知识、身份或与某个神祇或某个特殊人物有特殊关系
嫉妒妄想	相信性伴侣对自己不忠
迫害妄想	本人（或与其关系亲密的人）被严重虐待
躯体妄想	认为自身有某种躯体疾病或身体缺陷，但没有医学证据

詹尼斯不认为她需要看心理健康专家。尽管所有的医学证据都不支持她的观点，但她仍坚信她得癌症了。她的根据是，她能确确实实感觉到癌细胞在侵蚀她的身体。尽管有至少咨询过 20 个内科医生的事实，在心理医生办公室她表现平静，说这些人无一例外都弄错了。她来这里是因为她的家庭医生告诉她，如果她不去咨询心理健康专家的话，他就不再给她看病了。

有妄想障碍的人，除了有直接与妄想内容相关的幻觉外（比如，詹尼斯报告说癌细胞在侵蚀她的身体），无其他精神病性症状。而且，与精神分裂症相比，除了行为突然受妄想内容支配外，妄想障碍患者的整体功能几乎无变化（詹尼斯到处看医生看谁能治疗她的癌症）。因为妄想障碍患者不认为自己需要治疗，所以不能确定有多少人患此病。

如果两个或两个以上有亲密关系的人共享同样内容的妄想，这种情况被称为**共享性精神病性障碍**（shared psychotic disorder，也被称为 folie à deux）。

多里是一个成功的商人。快退休时，其认知功能出现了衰退。他很难处理好日常事务。他的妻子艾丽卡也开始出现认知问题（在一次行凶抢劫意外中，头部受伤所致）。家人考虑到他们的安全问题，将他们搬到了有人照管的地方，那里有一位内科医生看护他们的活动。多里开始抱怨事事不顺心：财产被员工偷走，食物被下毒，家人也想谋杀他。起初，艾丽卡努力劝说他，说这些都不是真的。但几个星期后，她也赞同丈夫的观点，且深信不疑。后来艾丽卡要到一个医疗中心做外科手术，之后又在康复中心接受物理治疗。与多里分开后，她的妄想症状也很快就消失了。

共享性精神病性障碍始于一个人（有时称"诱发者"或"原发患者"）得了有妄想内容的精神病性障碍。诱发者在与第二个人（通常有血缘或姻缘关系，且物理上住得很近）的关系中占主导地位，久而久之，诱发者会把这个妄想系统强加到第二人身上，后者会接受这套系统并做出相应的行为。如果这种关系被打断（比如多里和艾丽卡），第二个人的妄想就会很快消失。共享性精神病性障碍在男性和女性中同样常见，而且年轻或年老的人均可能患病。抽样显示，90% 患该病的都是已婚夫妇、同胞或亲子（他们中许多人都有社交孤立的状况）。

痴呆、抑郁和精神迟滞也是该病的常见特征（Silveiva & Seeman，1995）。

精神分裂症的病原学

精神分裂症是一种复杂的障碍，症状充满戏剧性且不易被大众理解。以前出现过许多有关其病因的理论，有些已被人们抛弃了。总之，在长达一个世纪的研究里，在排除其病因方面的成就要大于确定其病因的成就。比如，今天已经弄清楚，这种疾病并非由于父母养育的"缺乏"或"不好"造成的，对受此困惑的家庭来说，这无疑是一种解脱。很显然，精神分裂症的发生与许多因素有关。本节我们将探讨可能影响精神分裂症发病的生物学、心理学及社会与环境因素。

生物学因素

基于过去50年的研究，大家在逐步形成一种共识，即认为精神分裂症是一种神经发育性障碍。研究表明，这种疾病的形成有遗传学层面的原因，而且既存在大脑结构的异常，也存在大脑功能的异常。这并不是说我们现在已彻底弄懂了这种复杂疾病，事实上，许多地方还有待研究。然而现在我们知道，并非靠某些过于简单的解释和单纯的生物学因素就能说明问题。下面将介绍我们目前所了解的情况。

1. 神经递质

精神分裂症的三类症状可能表明有好几个神经递质系统存在异常。至今，人们关注最多的是与阳性症状相关的神经递质。50多年来，精神分裂症都被认为与过量的神经递质多巴胺（dopamine）有关。**多巴胺假说**（dopamine hypothesis）的提出源于临床观察。苯丙胺和左旋多巴（levadopa，也就是L-dopa，是一种用于治疗帕金森综合征的药物）这类化合物会增加神经突触上可用的多巴胺总量，这就会导致精神病症状的出现及进一步恶化。相反，能减少多巴胺的药物似乎与精神病症状的减轻有关。

前面我们之所以用"有关"一词是因为多巴胺与精神分裂症的因果关系目前还不是很明确，我们还须考虑三种可能性。第一，过量的多巴胺会导致精神分裂症的发生。第二，像精神分裂症这类严重的心理障碍会引起慢性压力，可能导致大脑许多不同部位的异常，包括分泌过量的多巴胺。第三，过量的多巴胺和精神分裂症都有可能是由于第三方目前尚未知的变量造成的。尽管其中的因果关系还不明确，但有一点是确定的，即精神分裂症患者的神经突触中存在异常水平的多巴胺。然而，二者的关系还远不止这么简单，研究显示大脑边缘区"过量的"多巴胺会导致阳性症状的产生（比如，过度活跃的行为和知觉），而大脑皮层"过少的"多巴胺则会导致阴性症状的产生（比如，认知功能和动机水平受损；Davis et al.，1991；Moore et al.，1999）。因此，大脑中多巴胺的异常不仅仅是过量或过少那么简单，同一个体内部可能同时存在过量和过少的情况。这个发现也许能解释，为什么阻断多巴胺水平的药物可以减轻阳性症状却不能改变阴性症状（见"精神分裂症及其他精神病性障碍的治疗"部分）。

如你所知，精神分裂症患者的第二类症状是阴性症状，是指非精神分裂症者具备而精神分裂症患者却缺失的行为。精神分裂症患者的阴性症状（比如，言语缓慢、情感淡漠）在很多方面都与抑郁症中的精神运动迟滞症状相似。在第6章我们谈到过，这些抑郁症状可能与特定神经突触中5-羟色胺（另一种神经递质）的分泌受限有关。研究显示在相同的大脑区域，精神分裂症患者也会出现5-羟色胺的缺失（Horacek et al.，2006）。另外，还有第三类神经递质——γ-氨基丁酸（GABA）和谷氨酸（glutamate）在学习和记忆新东西方面都发挥着重要的作用。因此，这两类神经递质的缺失可能与精神分裂症患者的认知功能损害（第三类症状）有关（Addington et al.，2005）。

2. 遗传学及家庭研究

精神分裂症患者的大脑边缘系统存在过量的多巴胺，这一点也许能解释该病的某些症状，却不能解释这些神经递质是怎样出现异常及为什么会出现异常的情况。在这方面，遗传学或许能提供一种解释。与其他心理障碍一样，精神分裂症似乎也有"家族性"特点。但是，父母患病并不意味着孩子必然患病。从遗传学上说，父母一方患病的话，孩子患病的风险是15%；父母双方患病的话，孩子患病的风险则为50%（McGuffin et al.，1995）。同卵双生子的同病率比异卵双生子的同病率更高，达60% ~ 84%（Cardno et al.，1999）。现代基因研究方法在绘制（识别）可能与精神分裂症相关的特定基因图谱方面取得了很大的进步。有9条染色体和7个候选基因已被确定可能对精神分裂症的发作有潜在影响（Harrison & Owen，2003）。它们至少通过两条可能途径产生影响：直接将这种病从一个家庭成员传到另一个成员，或通过影响像多巴胺这类神经递质的功能而进行间接传递

（Norton et al.，2006）。

我们对精神分裂症的遗传学理解正在迅速发展。世界各地的研究人员共同建立巨大的精神分裂症患者的DNA样本库成为第二次科学突破。2011 年精神分裂症的精神疾病基因组关联研究（GWAS）协会公布了一份包括 21 856 名精神分裂症患者和 33 859 名对照组个体 DNA 的 GWAS。大样本的数据可以帮助研究人员识别 7 个与精神分裂症相关的基因位点——其中 5 个是最新发现的，另外 2 个则验证了先前的研究。研究中一个最有趣的基因位点是与 MIR137 有关的一个变异，它已知与神经系统发育有关。这些发现找到了作为精神分裂症生物学机制基础的新提示。从那时起，样本量开始增加到甚至惊人的数量，精神疾病基因组协会的科学家也报告了与精神分裂症的产生有关的其他基因。人们预期，精神分裂症的产生涉及数百个基因的活动（多基因影响），后天的和环境应激源因素可能也起着重要作用（参见“证据检验：精神分裂症产生的遗传学和环境因素”）。

由于他们有相同的基因构成，同卵双生子都患上精神分裂症的风险高于异卵双生子或其他非双胞胎兄弟姐妹。

精神分裂症产生的遗传学和环境因素

由于同卵双生子并非有 100% 的同病率，所以对精神分裂症进行严格的遗传病原学研究是不太可能的。实际上，这些有精神病性症状的患者中，80% 其父母并未患病，60% 没有家族史（Gottesman，2001）。因此，肯定有其他因素影响该病的形成。现在越来越受关注的一个因素就是家庭环境。

证据

在芬兰全国范围内，收集了出生即被寄养的孩子的数据，这些孩子的母亲有一些患精神分裂症，另一些则没有（Tienari et al.，2004）。寄养家庭的环境被分为障碍型（存在更多批评、冲突、情绪束缚和越轨问题）和健康型（存在更少批评、冲突、情绪束缚和越轨问题）两类。这些孩子在 23 岁和 44 岁时分别接受了两次访谈。在障碍型家庭中长大的，生母患精神分裂症的孩子中，成年后 36.8% 的人有“精神分裂症谱系障碍”（schizophrenic spectrum disorder），而在健康型家庭中长大的且生母患精神分裂症的孩子成年后则只有 5.8% 发病。相反，对于生母不是精神分裂症的孩子来说，寄养的家庭环境并不会对其是否患病产生很大的影响，在障碍型家庭中，精神分裂症谱系障碍的发病率是 5.3%，而健康型家庭中是 4.8%。

证据检验

这些结果表明，存在更多冲突和批评以及低情绪表达的家庭环境可能是精神分裂症产生的一个重要因素，但也仅仅在父母患精神分裂症时是这样。大体上，如果父母一方有精神分裂症，约 15% 的孩子会患精神分裂症。如果这样的孩子在障碍型的家庭中长大，即使不由患病家长抚养，发病率也会翻番。

这些数据所显示的遗传学作用是什么？

1. 即使有精神分裂症发病的“遗传倾向”（母亲患病），成长的环境也不“健康”，仍有 63.2% 的人不会出现精神分裂症谱系障碍。

2. 尽管有 36.8% 的人出现精神分裂症谱系障碍，其中只有 5.1% 是精神分裂症，他们许多患的是精神病性障碍或精神病性抑郁。这似乎表明后代遗传的只是患精神病的一般风险因素，而不必然是精神分裂症。

这些数据所显示的环境作用是什么？

1. 冲突或无秩序的环境似乎增加了患精神病性障碍的风险，但也仅适用于那些亲属有精神分裂症的人。

2. 即使没有遗传风险，且在“健康型家庭”中长大，仍有 4.8% 的人患精神分裂症谱系障碍。

结论

因为生物学及环境因素似乎都在起作用，所以我们不能简单地下结论。如果你是心理学家，你会如何向打算生育的女性精神分裂症患者解释该研究结果？ «««

3. 神经解剖学

精神分裂症患者出现的戏剧性知觉、思维和行为异常自然让人想到大脑结构或功能上的异常。关于精神分裂症患者在神经解剖学异常上的一致发现就是脑室扩大（Wright et al., 2000）。脑室是一个腔体，里面是脑脊液，可在头部受击打时像软垫一样起缓冲作用，使大脑免受伤害（见图 10-1）。除了脑室扩大，患者皮质（灰质）区也比没有患此病的人更少（Andreasen et al.，1994）。磁共振成像的数据清楚显示，这些结构性的大脑异常在刚发病时就存在（Vita et al.，2006）。成年精神分裂症患者未发病的父母（Ohara et al.，2006）、孩子（Diwadkar et al.，2006）及其他未发病的亲属也同样存在这种异常（McDonald et al.，2002）。这种结构异常的一致存在以及在无症状人群（但有亲属患精神分裂症）身上的存在表明，这些异常情况并不是疾病的结果，而是在阳性症状出现前就已存在。

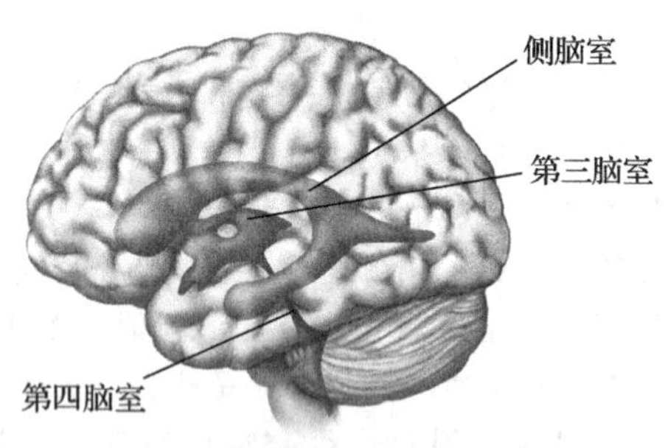

图 10-1 脑室

脑室里有脑脊液，大脑受伤时能起到缓冲作用。与没有精神障碍的人相比，精神分裂症患者的脑室更大。尽管这种不同的确切意义还不清楚，但也构成了该病的形成有神经发育基础的一个证据。

脑部结构异常不仅包括宏观水平上的脑室扩大及皮层缩小，大脑的基础细胞水平也存在明显差异。精神分裂症患者特有的脑部异常（与无精神病性障碍或其他心理障碍的人相比）包括在个体脑细胞水平上的轻微结构紊乱（来自尸体解剖的证据）及多个脑区域间神经元连接的改变（Opler & Susser，2005）。这类细胞紊乱不会是脑部退化或衰老的结果，只可能出现在脑发育早期（出生前）。大脑发育研究表明，皮质发育的时间是在妊娠中期[⊖]。很显然，这种异常在可见的精神分裂症状出现前早就出现了。

4. 病毒理论及其他产前压力源

包括上述提到的神经解剖学证据在内，目前有充分的证据表明，精神分裂症患者存在大脑结构和功能的异常。遗传可能会导致这种异常的出现，但不能单独解释精神分裂症的发作。另一可能影响胎儿脑部发育的因素是产前环境。产前因素被认为与后期精神分裂症发作有潜在联系，包括以下因素：怀孕期间母体生殖器感染或生殖系统感染（Babulas et al.，2006）；妊娠早期和中期的流感病毒感染（Brown et al.，2004）；妊娠早期的营养不良（Susser et al.，1996）；妊娠中期的铅暴露（Opler & Susser，2005）；孕期出血（Cannon et al.，2002）和严重的产前母体应激（King et al.，2005）。

在所有这些产前危险因素中，研究得最全面的是孕期母体感染流感病毒的情况。一份初步报告显示，那些妊娠中期（怀孕后第二个月、第三个月）感染过流感病毒的母亲所生孩子成年后罹患精神分裂症的风险更大（Mednick et al.，1988）。自这项研究发表以来，流感病毒与精神分裂症的关系就成了倍受争论的话题。约 50% 的后期研究文献确认了这份报告的结果，另外 50% 则并未表明母体感染流感病毒会增加患精神分裂症的风险。出现这种矛盾结果的原因是，在许多情况下，确定是否感染过流感病毒依靠的都是产妇的回忆而非客观医学证据。在极少的有客观证据的研究中，有一项研究其证据来自孕妇血液中检测到的流感病毒。该研究表明，如果感染发生在妊娠早期而不是妊娠中期，孩子长大后患精神分裂症的风险要增加 7 倍（Brown et al.，2004）。

感染流感病毒怎么会与精神分裂症的形成有关呢？流感病毒本身不能穿过胎盘，不会导致任何不正常的脑部发育。但是，和所有人一样，孕妇感染流感病毒时，身体的免疫系统会产生抗体（本情况下是 IgG 抗体）来

⊖ 医学上将妊娠全过程分为三个阶段，妊娠早期为前 3 个月，妊娠中期为之后的 3 个月，妊娠晚期为 6 个月之后。——译者注

对抗感染。这些抗体会穿过胎盘屏障与胎儿的大脑抗原（刺激产生抗体的一种物质）产生免疫反应，从而扰乱胎儿大脑的正常发育。接着，大脑结构发育的异常便会触发功能的异常，进而导致精神分裂症的发作（Wright et al.,1999）。想想汽车发动机，如果组装得（结构）不对，怎么能正常运转（功能）呢？

虽然没有直接针对人体的研究来支持这种假设，但如果让怀孕的老鼠感染流感病毒，其后代的大脑皮质及海马区细胞数量都会减少。这是一个重大的发现，因为这些部位与精神分裂症患者出现异常的神经解剖部位相同（Fatemi et al.，1999）。鉴于精神分裂症的复杂性，我们远不能就此简单认为，精神分裂症的产生是单纯由流感病毒感染引起的，其病原学要复杂得多。而且，还有非常重要的一点就是，每年有许多孕妇感染流感病毒，但只有 1% 的成人患精神分裂症。由此可见，必然还有其他因素在起作用。

许多产科并发症也与精神分裂症的发生有着微弱的正相关，但这并不是主要因素（Cannon et al.，2002）。总体上说，产科并发症的定义很广泛，就大众群体来说，25% ~ 30% 的孕妇都有某种并发症。因此，我们同样不能认为，所有有过并发症的产妇所生孩子都会得精神分裂症（Rapoport et al.，2005）。更有可能的是，这些并发症提示还有另一些起着更直接作用的因素存在，或给机体造成某种弱点从而使各种心理疾病产生的可能性增大。在精神分裂症中，这些因素有可能与患病的遗传素质结合构成最初的诱因，导致前面讨论过的脑部结构发育异常。

5. 精神分裂症的神经发育模型

从生物学的角度看，精神分裂症最恰当的定义就是神经发育性障碍。遗传的、产前的或围产期（出生前后）的危险因素会为疾病的发展提供一个平台，随着时间的推移，可能出现生物的、认知的以及社会功能的改变，最终导致精神分裂症出现（见图 10-2）。重复的 fMRI 神经成像纵向研究表明，青春期精神分裂症患者在**突触修剪**（synaptic pruning，脑内较弱的突触联系消失，而较强的突触联系则进一步增强）这个正常生物发育过程中会丧失非常重要的灰质，其突触修剪比无精神分裂症者速度更快。精神分裂症患者的突触修剪开始于儿童时期，在青春期则加速进行，而这个加速期正好与微妙的行为、动机、认知异常出现的时间一致（Jones et al.，1994；Walker et al.，1994）。与此同时，伙伴关系受损、进一步的社交孤立及社交焦虑、青春前期男孩的捣乱行为和女孩的社会退缩行为也会出现。所有这些行为都与成年后出现精神分裂症有关，但不特定针对精神分裂症（Done et al.，1994）。然而，精神分裂症的发生不单纯是一个生物学过程，因为患者的一些大脑异常情况也出现在他们从未发病的亲人身上。这意味着另外的如心理学和环境因素，也同样产生作用。

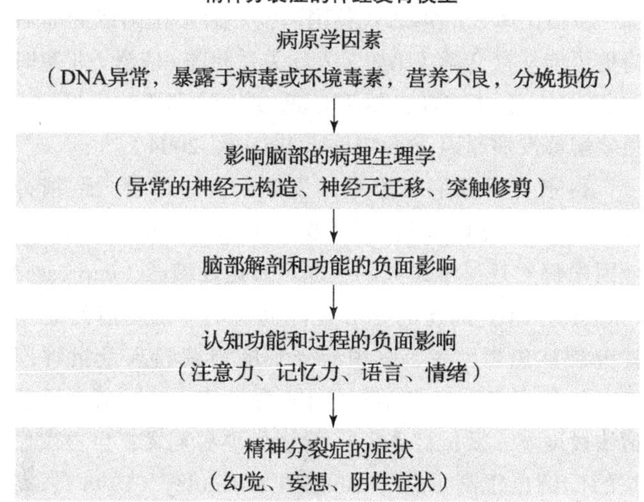

图 10-2 精神分裂症的神经发育模型

该一般神经发育模型表明许多不同的生物学和环境因素可能导致精神分裂症的产生。

家庭影响

传统观念认为，“致精神分裂症母亲”（schizophrenogenic mother）是孩子甚至成年孩子出现精神分裂症的一个环境因素，是发病的原因和 / 或结果（Parker，1982）。这个概念最初是心理健康专家在和精神分裂症患者家庭打交道时，通过临床观察提出来的。他们通常将患者的母亲描述为在家里占主导地位、过分保护且总爱拒绝。然而，有对照的科学研究（包括纵向设计）并不确定这种行为模式的存在（Hartwell，1996）。我们要怎样才能调和临床观察与实验数据间的差异呢？一种解释是，“致精神分裂症母亲”的概念是部分地基于已经患有精神分裂症的患者对家庭互动的观察和描述而提出的。不管怎样，心理障碍出现时，特别是认知和行为损害严重到如精神分裂症那样的程度时，也会影响到家庭互动。许多时候，父母必须承担起照顾孩子的诸多责任，即使孩子已成年也是如此。这就可能导致父母行为方式的专制或出现过度保护的情况，甚至超出孩子病情的需要。

但这并不能说明发病“前”这些父母也是这般行事。

排除不好的养育方式或“糟糕”的家庭环境对精神分裂症病因学的影响凸显了重要一点：科学确定（或排除）的心理障碍产生的原因，与人们所自认为的原因并不必然相同。前面提到过，不同文化会如何影响对精神分裂症症状的表达和解释。同样，文化也会影响其病原学解释。出生在英国的白人患者会从生物学角度解释他们的疾病（比如，说这是生理疾病或物质使用所致），非洲 - 加勒比海人的第二代英国后裔、孟加拉国或西非后裔更可能从社会学（比如，人际关系问题 / 应激 / 儿童时期负面的经历）或超自然（比如，魔咒 / 邪恶的力量）的角度解释发病原因（McCabe & Priebe，2004）。

再来看看我们对家庭因素的研究。尽管“致精神分裂症母亲”这一概念不再被认可，但家庭互动这类环境因素仍然是科学研究的主题。**表达性情感**（expressed emotion，EE）描述的是心理障碍患者（在此指的是精神分裂症患者）在家庭中所受到的情绪卷入及批评态度。如果患者家庭有很高的 EE 变量值（包括高水平的情绪过度卷入及批评态度），患者则更易复发，且再次住院的比例也很高（e.g.，Butzlaff & Hooley，1998）。高 EE 是增加精神分裂症患者复发可能性的一种环境应激源。然而，在患者家里实施的旨在加强交流和提高问题解决能力的治疗设计并不比对照组每月一次家访更起作用（Schooler et al.，1997）。这说明，虽然高 EE 可能预示着复发，但这种家庭模式一旦形成就不可能改变了。

与“证据检验：精神分裂症产生的遗传学和环境因素”中所说的研究（这是一项前瞻性设计研究）不同，高 EE 与复发的关系主要是基于相关数据得出的，我们便不能由此得出 EE 是致病因素这种因果结论。有可能高 EE 即家人的高水平情感卷入和批评态度是在精神分裂症患病“后”产生的。对家人来说，照顾精神分裂症患者的压力非常大，还有经济上和精神上的负担及健康受损的问题（Dyck et al.，1999）。事实上，具有 EE 特征的家庭互动模式同样适用于其他如吸毒和酗酒等心理障碍。高 EE 反映了与患任何严重心理障碍的家人共处时所产生的情感负担。

EE 与复发和再次住院治疗的关系可能只符合白人的情况。然而，来自亲人更少的指责及更少的侵犯行为与白人患者更好的预后是有关系的。而对非裔美国人来说，情况却相反，更多的指责及侵犯行为会导致更好的预后（Rosenfarb et al.，2006），这再一次说明，在研究异常行为时，有必要考虑文化、种族和民族因素。由于这些差异，EE 对精神分裂症的影响还需进一步研究，并要考虑其他种族和民族群体的情况。

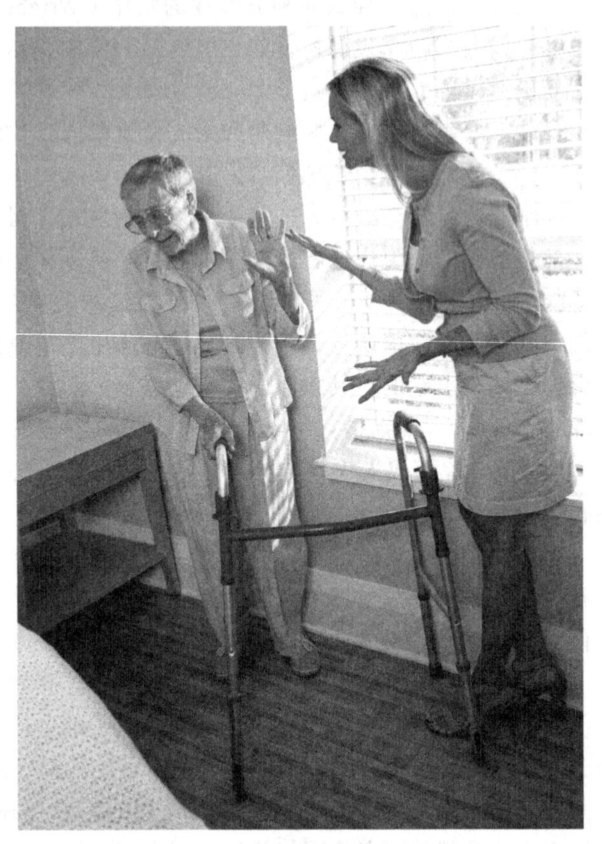

精神分裂症患者的高复发率与家庭成员负性和批评的态度有关。

我们提到过，精神分裂症是“家族性”的。有时，患者的亲属也有精神分裂症；有时，患者亲属可能有与此病有关的行为，比如极不信任陌生人，但还没有到造成伤害的程度。这些人有精神分裂症的“特质”，比如社会认知缺陷。尽管对社会认知的定义有所不同，一种实用的定义是：这是一种基于社会交往的心理操作，包括觉察他人意图和性情的能力（Brothers，1990，p.28）。社会认知（social cognition），有时候也叫社会知觉（social perception），包括觉察某人是否想与你交谈，或理解与陌生人的眼神交流或微笑这类能力。

西格丽德 20 岁。她因为认为当地联邦调查局收集了她的日常生活资料，要求查看其监控录像而被送往医院治疗，被诊断为偏执型精神分裂症。当她母亲琳达向社会工作者咨询的时候，工作人员注意到，琳达与人没有眼神交流，而且至少问了 12 次谁有权使用她女儿的住院记录。

尽管琳达未被当成精神分裂症患者，但她的行为显示出了社会认知的缺陷。**基因 – 环境关联**（gene-environment correlation）的概念意味着，同一个人既遗传了基因给患者，同时也提供了其生活的环境。这样，有高基因风险的人也被暴露在有高患病风险的环境中。到底是母亲的遗传基因还是养育过程中不恰当的社会认知环境导致了女儿的障碍？这种情况下，很难分清遗传与环境对心理障碍的影响，这两者密切交织。

精神分裂症及其他精神病性障碍的治疗

第 1 章讨论过许多传统的心理疾病治疗方法，实际上描述的都是对精神分裂症这类精神病性障碍的治疗。由 Pinel、Tuke、Rush 和 Dix（见第 1 章）倡导的制度化及人道治疗，直至最近 50 年才成为精神治疗为数不多的有用手段之一，或至少将心理障碍者与其他人区别开来。当初的外科治疗额叶切除术曾被用来减少患者的躁狂、攻击或暴力行为。额叶切除术（lobotomies）的操作是：首先对患者施行麻醉；然后通过在患者颅骨上钻孔或在眼球上方将一个像碎冰锥一样的装置插入患者脑内。其理论依据是情绪植根于大脑，因此移除脑内的一些物质就可以减轻痛苦（类似于第 1 章提到的环锯手术）。额叶切除术的效果通常不好，会产生认知和情感缺陷甚至还会导致死亡。

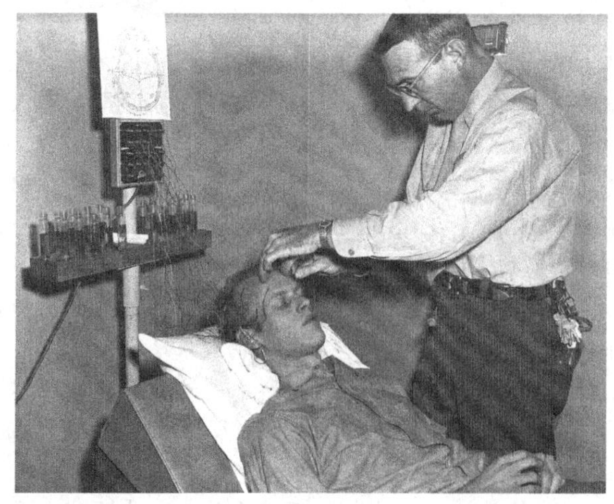

在 20 世纪四五十年代，许多被认为无法控制其行为的人会被施予一种叫作额叶切除术的外科手术。尽管步骤各不相同，但目的都是切断脑内的一些神经元联系。

到 20 世纪中叶为止，还没有能真正减少精神病性障碍症状的治疗方法。水疗（hydrotherapy，水疗法）被用来安抚情绪激动的病人。医院员工让患者长时间洗澡（8 ~ 24 个小时）或用湿床单（热或冷）把他们包起来，以减少激动行为（Harmon，2009）。与此同时，镇静药物也是另一种减少激动行为的治疗方式。

20 世纪 50 年代，氯丙嗪（chlorpromazine）的发现改变了以往精神分裂症的治疗方式。该药用来治疗精神分裂症的特定症状，它允许病人离院治疗（Drake et al.，2003）。病人离开医院的能力引发了强调治疗、恢复并重新融入社区的社区精神卫生运动（community mental health movement）(Drake et al.，2009；见第 15 章关于该运动的更多信息）。在如今的 21 世纪，形势再次发生了戏剧性变化，出现了许多对精神分裂症患者有效的治疗方法。这些疗法虽然还远未取得通用或一致的疗效，但相比 100 年前还是有了巨大的进步。

药物治疗

药物治疗是精神分裂症的首选方案。最常见的药物是**抗精神病药**（antipsychotics），可在 D1、D2、D3、D4 四个受体位置阻断多巴胺受体（Horacek et al.，2006）。受体阻断并不是简单的全或无的过程。根据所用的药，阻断效果可能是临时的也可能是永久的，可能是部分的也可能是全部的。阻断的类型也反映了药效。然而抗精神病药疗效很有限，不能改善精神分裂症患者的阴性症状或认知缺陷，但能有效减少其阳性症状。抗精神病药有典型抗精神病药和非典型抗精神病药两种。

1. 典型抗精神病药

20 世纪 90 年代前的抗精神病药，现在称为**传统的或典型的抗精神病药**（conventional or typical antipsychotics），能有效减少精神分裂症患者的阳性症状，但会带来肌肉僵硬、震颤和迟发性运动障碍等严重副作用。**迟发性运动障碍**（tardive dyskinesia）是一种神经疾病，特点是面部、口部、四肢或躯体异常和不自主的运动（Gray et al.，2005）。迟发性运动障碍最常见的症状就是舌头（舔嘴唇、吸、咂嘴、抓苍蝇动作）、下巴（嚼、磨）、脸（扮鬼脸、面部抽搐）、眼睛（眨眼睛、扬眉毛）的活动。令人遗憾的是，这种副作用非常普遍。使用典型抗精神病药物治疗 15 年后，有约 52% 的患者出现这种情况（Kane et al.，personal communication，cited in Tarsy &

Baldessarini，2006）。迟发性运动障碍可能在药物治疗几个月或几年后出现（Margolese & Ferreri，2007）。这种副作用的原因还不清楚，一种可能是典型抗精神病药导致了多巴胺受体的过度敏感，使之过度活跃，从而产生这些异常行为（e.g.，Dean，2006）。不幸的是停止用药并不会减轻迟发性运动障碍的症状，原因可能是，一旦受体的敏感性被破坏就很难逆转。

2. 非典型抗精神病药物

20 世纪 90 年代以来，**非典型抗精神病药物**（atypical antipsychotics）开始用于成人和青少年的精神分裂症治疗（Kranzler et al.，2005；Mueser & McGurk，2004）。这种治疗和典型抗精神病药物一样能有效改善阳性症状，但产生迟发性运动障碍的可能性要小得多。这类药物对阴性症状和认知功能损害的改善也有一些效果（Mallinger et al.，2006）。这些药物并非对每个人都有效。一项研究发现，在 18 个月里，超过 60% 的使用过某种非典型抗精神病药物的患者会因药物副作用或无效而停止用药（Lieberman et al.，2005）。然而，因其能帮助减少阴性症状且副作用更小，这种非典型的抗精神病药物治疗仍代表着在前人基础上的一个进步（Fleichhacker & Widschwendter，2006）。尽管产生迟发性运动障碍的可能性更少，但却会产生一些其他的严重副作用，包括糖尿病、高甘油三酯（血液中的一种脂肪）。最危险的副作用是粒性白细胞缺乏症，这是一种白细胞减少症，如果不及时治疗的话可能会有生命危险。另一副作用是同时存在于儿童和成人中的体重增加（有时非常严重）（Kranzler et al.，2006）。因此，尽管非典型抗精神病药物是目前精神分裂症治疗上最常用的处方药，但它们是否代表着抗精神病药物研制的明显进步仍然存在争议（Lieberman et al.，2005）。经颅磁刺激这类最新的生物学治疗方法试图通过一些程序而非药物来改变大脑功能（见“研究热点：经颅磁刺激”）。

经颅磁刺激

经颅磁刺激（Transcranial Magnetic Stimulation，TMS）是一种新的无侵入性的生物治疗方法，用来治疗包括抑郁症、强迫症及精神分裂症在内的很多心理障碍。经颅磁刺激的目标是通过刺激大脑皮层的靶区域来改变大脑活动。将一个小小的线圈放在头皮上，然后让短暂但强大的磁流穿过头皮和颅骨，这会产生引起线圈下及功能相关区域的神经元去极化（神经放电）的电流（Hoffman et al.，2003）。通过对磁场频率的控制，刺激可对特定区域的神经元产生兴奋或抑制效果（Saba et al.，2006）。一次治疗包括第一天刺激 8 分钟，第二天刺激 12 分钟，接下来的 7 天里每天刺激 16 分钟。实际的治疗方案可能会有一些变化（Hoffman et al.，2003）。该方法副作用很小，主要副作用有：可用非处方药治疗的短暂头疼，以及治疗后持续不超过 10 分钟的注意和记忆困难（Hoffman et al.，2003）。

采用 TMS 治疗精神分裂症是基于脑成像研究，这些研究发现幻听时脑部特定区域活跃。比如，幻觉产生时与言语知觉有关的重要脑区域变得活跃（Hoffman et al.，2003）。这些发现引发了好多有关幻听的基于神经解剖学的假设：①幻听到的声音实际上是患者自己的内部言语，被误以为来自外界；②幻听实际上是言语知觉系统功能不良的结果，导致在无任何外界输入的情况下系统也会自己产生语言（Lee et al.，2005）。TMS 改变了这些神经元的活动，因此减少（至少是暂时减少）了幻觉出现的频率。

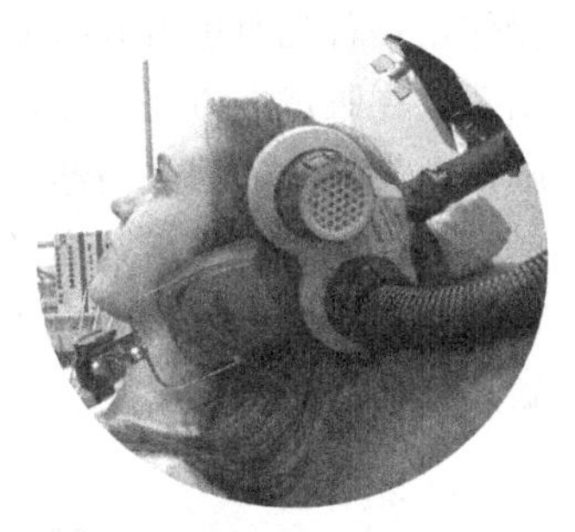

尽管这项技术还未被广泛研究，但已有数据表明，TMS 比伪 TMS（用线圈但是不通电）能更有效地减轻幻听这种药物治疗无效的症状。与伪 TMS 相比，接受真实 TMS 的患者反馈说幻听到声音的次数少了，听到声音时分心的状况也改善了（Fitzgerald & Daskalakis，2008；Hoffman et al.，2003），对包括幻觉在内的阳性症状的自我报告得分也下降了（Lee et al.，2005）。但 TMS 似乎不能减轻妄想症状（Saba et al.，2006）。很初步的证据显示 TMS 可能会减少阴性症状并加强认知功能（Fitzgerald & Daskalakis）。其治疗效果也有时效性。延长疗程是否能产生更持久的效果还不太清楚。

如第 2 章谈到过的，以上所用的这些实验在样本大小、干预强度（在此指的是磁场强度）、结果变量（在此指的是幻觉与妄想）上各不相同，使得很难确定 TMS 是否真的对精神分裂症有效，因此有待进一步研究。不管怎样，精神分裂症残留症状的损害特点决定了这种大有前途的治疗方法肯定会成为进一步研究的目标。 «««

如同在症状和病原学部分所谈到的一样，文化因素对精神分裂症的治疗也有影响。白人患者更常选择药物和咨询治疗方式（McCabe & Priebe，2004）。孟加拉国裔人则更喜欢通过宗教活动来治疗或压根不治疗，这与他们认为该病的原因是社会性及精神性的信念是一致的。尽管文化背景不同，所有患者（白人、孟加拉人、非洲－加勒比裔和西非人）都愿意遵守给他们的处方治疗。因此，不同的文化背景并不会左右他们接受给定治疗的意愿。

除了治疗方法上的偏好不同外，不同种族选择非典型抗精神病药物治疗的频率也不同。白人接受这种药物治疗的可能性是非裔美国人的 6 倍，后者更可能选择典型抗精神病药物治疗（Mallinger et al.，2006）。这种差异的原因尚不清楚，这两组人的精神分裂症的症状并无不同。一种可能性是两个人群中副作用的出现率不同——非裔美国患者更可能遭受药源性糖尿病和粒性白细胞缺乏症的风险，而这种副作用在非典型抗精神病药物治疗中更普遍（Moeller et al.，1995）。这样的话，精神科医生就可能更少给他们开这种药。但单凭这一点似乎不足以解释两个人群间如此大的差异。

对精神分裂症患者的有效药物治疗面临的最大挑战是服药依从性问题（medication compliance）。约 50% 的患者从不服药或不按处方服药（Fenton et al.，1997）。不配合用药与高复发率及疗效不理想是相关的（Ilott，2005；Yamada et al.，2006）。不配合的情况通常发生在慢性患者或第一次发病后康复了的患者身上（Kamali et al.，2006）。原因各种各样，包括担心有副作用；觉得服药尴尬或耻辱（Perkins et al.，2006；Yamada et al.，2006）；出现了更严重的阳性症状；对症状缺少认识；酗酒与吸毒（Kamali et al.，2006）；认为不需要治疗或不相信药物的作用（Perkins et al.，2006）等。旨在提高患者对服药依从性的认识的心理教育项目只收到中等成效（Ilott，2005）。我们不应该只是提供一般的信息，而要根据每个患者的具体关切来进行教育干预。

心理社会治疗

使用抗精神病药物是治疗精神分裂症的首选方法。然而，药物不能完全消除症状。心理社会策略被用来当作辅助的干预手段，帮助进一步减轻主要症状，减少患者及 / 或家庭的日常压力，增加患者的社交技能，并在条件允许时，帮患者找到工作并保持就业。

1. 心理教育

无论对患者自己还是对其家庭来说，精神分裂症都不易对付。出现阳性症状通常需要住院治疗，出现阴性症状则会使家庭关系紧张并引起严重冲突。比如，患者不愿参与家庭活动、不讲究个人卫生可能会招致家庭成员的敌意批评。既然高 EE 的家庭环境与患者的高复发率和高返院率有关系（e.g.，Butzlaff & Hooley，1998），那么一个重要的治疗部分就是，对家庭成员和其他相关人员的心理教育。**心理教育**（psychoeducation）是患者和家庭成员都接受关于该病的教育，让他们同样获得在本章谈到的知识。心理教育的目标是减少家庭成员的苦恼，使他们能更有效地同患者和照顾者合作。这些项目的实施减少了复发率，缩短了住院时间（Motlova et al.，2006；Pitschel-Walz et al.，2001）。尽管家庭心理教育不直接影响患者的症状，但能帮助家庭成员理解患者，以及更好地对待患者和这种病。

2. 认知－行为治疗

20% ~ 50% 的精神分裂症患者在抗精神病药物治疗后仍会出现幻觉（Newton et al.，2005）。这些幻觉使患者持续痛苦，并对其社会和就业适应也产生负面的影响。尽管还未普遍使用，心理学家采用行为疗法以及认知－行为治疗（CBT）来减轻或消除这些精神病症状。有关行为疗法有效性的论文要追溯到 35 年前（Glaister，1985；Nydegger，1972）。CBT 似乎能减轻合理用药后依然存在的精神病性症状（Butler et al.，2006；Cather et al.，2005；Gaudiano，2006）。CBT 的内容包括：关于精神病和幻觉的心理教育；探究个人对幻觉和妄想的看法；传授应对症状的策略以及提高他们的自尊心（Wykes et al.，2005）。在患者服药的同时实施 CBT。在一项调查中，与对照组相比 CBT 组幻觉的严重程度显著地减轻了，但这种治疗必须由非常有经验的治疗团队来实施才有效（Wykes et al.，2005）。发病早期就实施这种针对精神病症状的团体 CBT 效果似乎更好（比如发病后的头 3 年；Newton et al.，2005）。目前进行的深入研究是在探索这两种因素（非常有经验的治疗师和在症状出现后的头 3 年里开始治疗）为何如此重要的原因。

3. 社交技能训练

精神分裂症患者的一个核心症状就是社会功能的损害。在精神病性症状出现前，通常就会出现社交孤立和社会性退缩这类行为。不能以社会认可的方式与他人交往干扰了其社交和就业能力。面试找工作，保持一份工作，建立社会支持网络或上大学都需要有效的社交技能。社交技能训练提供一些社交的基本知识，包括眼神交流、音调、音量之类的非言语技能；发起和保持对话、表达情感、表现自信之类的言语技能。尽管并不是对精神分裂症的综合治疗，社交技能训练在促进这类患者的社会功能方面却有着一个成功而悠久的历史（Bellack，2004），甚至对中老年患者（Granholm et al.，2005）及那些患病多年的患者，都很有效。

4. 支持性就业

保持全职且有竞争力的职业能力关系到更大程度地减轻症状、提升休闲和经济满意度以及提升自尊心（Bond et al.，2001a）。然而，极少数精神分裂症患者能完成全职工作（在 10% ~ 20%；Mueser & McGurk，2004）。因为许多患者发病时正处于从青春期向成年期过渡的时期，还没有参加成人工作的经历。支持性就业是一项向精神分裂症患者提供就业技能的心理社会干预项目。这个项目包括：快速寻找工作的方法；与个体的兴趣、能力和工作经验（如果有的话）相匹配的工作安置；追踪支持（继续与治疗师和就业顾问联系）以及与治疗团队的整合（Bond et al.，2001）。这些项目帮助精神分裂症患者实现且维持有竞争力的职业，但目前还没有足够多的项目来帮助所有应从中获益的人。

凯瑞——治疗精神分裂症

患者

凯瑞，19 岁，是个一向腼腆文静的小伙子。中学时，学习用功，讨人喜欢。他朋友很少，也从没约过会。高中毕业后，他考入了离家 100 英里（约 160 千米）外的州立大学。

问题

大学第一学期，他便开始担心同宿舍的人要害他。之后他的担忧又扩展到一个穿红衬衫的辅导员身上，他认为这是罪恶的迹象。大天使米迦勒开始同凯瑞说话，评论他的行为，并给他一些行动指示。他的室友非常惊讶，因为凯瑞不仅指责他在其大脑中植入了想法，而且还拒绝吃东西（他认为食物里下了毒），拒绝洗澡（担心水被污染了）。

凯瑞不去上课了，也不愿离开房间，他不断地检查电灯线路和电线接口，看是否有联邦调查局的人安装的窃听装置。三更半夜，他打电话给父母，哭着求他们屏蔽掉那些声音。第二天，他又会打电话指责爸妈与恶魔和/或联邦调查局是同谋。由于古怪的行为，他被送入医院治疗，并被诊断为偏执型精神分裂症。

治疗

凯瑞在接受了非典型抗精神病药物治疗后，幻听有所减轻，但并未完全消失。由于严重的副作用，他不能忍受为达到最佳疗效所必需的药物剂量，他一直抱怨幻听给他带来的不适。凯瑞接受了认知－行为治疗（CBT）。他感觉自己能更好地对付按天计算的幻觉了，但这些幻觉仍使他不能重回学校或找工作。由于他只取得了部分疗效，他不得不暂时离开学校一段时间，回家和父母一起生活。离家很近的一个医学院正在进行一项经颅磁刺激（TMS）的研究，凯瑞申请成了受试者。TMS 减少了症状发生的频率，这样他就能利用从 CBT 中学来的技巧对付仍有的幻觉了。凯瑞的阴性症状也有了某种程度的改善，尽管还不能回学校进行全日制学习，但已经能在一家餐馆里做洗碟子的钟点工了。

治疗结果

一年后，凯瑞因为不能恢复到以前的功能状态而变得抑郁。他停止服药并尝试用让自己窒息的方法自杀。他在窒息前昏倒了，被送进医院。重新接受治疗并重新开始服药之后，他参加了部分住院治疗项目，在那里他接受了一系列像社交技能训练和疾病管理技能训练这样的治疗项目。出院后，他被那家餐馆再次雇用，还在一所社区大学里修了一门大学课程。6 个月后，他搬出了父母的房子，住进了一个援助生活机构，这样他就有了更多的独立性。他继续与自己的幻觉作战，但已经能使用所学的应对技巧来控制其严重程度了。

本章小结

1. 区别精神病性体验与精神病性障碍。

   精神病性体验是一个单独事件，包括与现实脱节的情况，通常还包括幻觉和妄想。精神病性体验可能发生在没有任何精神病性障碍的人身上，也可能发生在有躯体疾病的人以及本书谈及的各种心理障碍的人身上。当精神病性体验频繁地出现或持续存在，而且产生了痛苦和/或功能损害时，就被叫作精神病性障碍。

2. 理解精神分裂症既无“人格分裂”也通常不涉及对他人的暴力行为。

   多重人格或人格分裂这类词不是精神分裂症的同义词。精神分裂症描述的是个体思想、情感及行为间的不关联状态，并非指同一个人身上有一个或多个完整人格。暴力行为也不是精神分裂症的同义词。

3. 辨别精神分裂症的阳性症状、阴性症状和认知症状。

   精神分裂症的阳性症状包括幻觉、妄想以及像紧张症或蜡样屈曲这类的行为紊乱。阴性症状包括情感淡漠、快感缺乏、言语贫乏、意志减退。认知症状包括视觉或言语学习与记忆、注意力、信息加工速度、抽象推理能力和执行力方面的缺陷。

4. 了解文化如何影响精神分裂症的表达和治疗。

   种族、文化和民族都会对精神分裂症的诊断、病原学及治疗产生影响。在美国，不同种族和民族的精神分裂症患者的症状模式没有区别。然而，非裔美国男性被诊断为精神分裂症的比例似乎要高于非裔美国女性或白人（不分性别）。与发达国家的精神分裂症患者相比，发展中国家的患者通常有更好的治疗效果，这可能是因为在对患者的照顾中，家庭给予了更多支持，起到了更多支持的作用。

5. 探讨精神分裂症的神经发育模型。

   精神分裂症的神经发育模型的基础是，研究显示与精神分裂症相联系的大脑异常通常出现在发育早期，有时是在产前。遗传变异、产前环境因素或者产科并发症，都可能引发贯穿一生的生物的、认知的和社交的改变。大脑突触修剪的加速过程也可能是本病病原学的重要因素。

6. 理解遗传、生物、心理及环境因素在精神分裂症的病原学中的交互作用。

   生物学因素可能与障碍型家庭这样的环境影响结合，最终导致精神分裂症的产生。产前因素包括像感染流感病毒这样的生物学因素以及母体营养不良这样的环境应激源。出生后的环境影响因素包括家庭。比如，有精神分裂症母亲的孩子更可能患该病，即便被障碍型家庭收养也是如此。像家庭支持这一类心理学因素可能有助于防止复发及再次住院。

7. 识别对精神分裂症有效的药物治疗和心理治疗方法。

   精神分裂症是一种慢性障碍，将所有症状都缓解的情况很少见。治疗分药物治疗和心理治疗。首选的药物治疗是非典型抗精神病药物治疗，这种药物能有效地减轻或消除阳性症状，对阴性症状也有一些效果。如社交技能训练、认知-行为治疗以及支持性就业这些心理干预方法都是有效的辅助或附加治疗手段，可以减少阴性症状、减少抗药物的幻觉和妄想症状及提高就业技能。

第11章

人格障碍

学习目标

阅读本章后，你应该可以做到：

1. 讨论人格障碍与本书中谈及的其他障碍有何不同。
2. 描述人格障碍的三类集群以及每类集群中各人格障碍的特点。
3. 鉴别人格障碍的复杂性质。
4. 理解生物学因素在人格障碍病理学上可能起的作用。
5. 讨论人格障碍的心理动力学和认知 - 行为理论。
6. 讨论人格障碍的治疗方法。

杰奎是大众传媒专业的研究生。她坦言正处于被踢出科研项目的危险之中。她的解释是，教授“无耻地只想要”她的创意。研一的时候，杰奎与班上的一个同性恋男生成为非常亲密的朋友，他们常常一起参加聚会。起初一切都很好，但后来她开始逼他尝试更多的毒品并跟她一起把自己“废了”。在一次周末作业中她的成绩不及格，她就去了他家并趴在他肩上哭。他非常理解，帮她冷静下来，并向她出主意如何跟导师一起解决当前处境。她跟他说他是她在这世界上最好的朋友，她都不知道没有他的支持她该怎么办。后来他们出门去喝酒和跳舞。她喝得非常多，指责这个男生性侵犯她。她后来散布谣言称他并不是真的同性恋，那只是一种掩饰，那样他就能更好地接近女人然后强奸她们。她的谣言反而引来同学们对她的攻击，他们都在为那个男生辩护。她一个星期没有去上课，只是待在她的公寓里抽烟。她厌恶所有人，她感到自己如此孤单。她不能理解为什么没有人理解她。唯一让她感觉好一些的是刀割。起初她割的是那些别人看不到的地方，比如她的大腿和腹部，但后来她想“穿上它们”。所以她开始割她的胳膊，穿着半截袖的衣服，手腕上绑着皮绳。她由此发现人们在注视她，而她以这些伤口为荣。一天晚上，她独自在公寓喝酒，因为割得太深，血开始从她的手臂往下流，她被吓坏了。她打电话给她的朋友，那个在她对那个男生做了那些事之后仍表现得极度友善的人。朋友把她送去急诊。医生注意到她的伤口很深，跟她讨论全身处于不同愈合阶段的伤口。医生打电话给候诊的精神科医生来为她做了现场评估，并在征得她的同意下与校医院和她的导师取得了联系，以确保她能接受周到的后续治疗。

我们通常使用形容词来描述某人的典型行为或人格特质：詹是死板的和控制的；琪拉雅是外向的、乐观的；丽莎是轻浮不专一的；泰是傲慢自大的；罗尔夫是自私的、不可信赖的。那么，行为从特质到障碍的边界在哪里呢？一些人认识、解释世界的特有方式以及特有的行为方式随着时间发展表现出僵化和不适应的特点。如果某人在必要时其个性方式无法适应所处的世界，并且这种方式导致了他或其他人明显的心理痛苦，那么这种特质可能已经演变成为人格障碍。在这一章，我们将讨论人格、人格特质和人格障碍。

人格特质与人格障碍

人格特质和人格障碍有什么不同呢？所有人都可以被描述成某种特定的人格模式，但不是所有人都有人格障碍。对特质和障碍的区分对于诊断和治疗非常重要。认识到人格特征在多大程度上变得僵化和不适应以及我们通常用来判断一个人是否有人格障碍的标准是非常重要的，尽管做到这些并不是很容易。

另一个要考虑的关联维度就是对临床状态与人格特质的区分。状态指的是与特定情境、临床状况或某时间阶段相联系的人格表现。例如：

> 胡安，平时是一个性情随和、好打交道的人。每当他处在应激状态时，他会变得情绪不稳，他会责骂别人，并在有时对人很好有时又会对他人喊叫间摇摆不定。

胡安的行为是对他当前生活事件的反应，可被认为是依状态而发生的改变，而不是他与世界互动的个性方式。他的行为会被视为自我不协调的（ego-dystonic），或被视为与其自我形象明显不同。

相反，特质是指个体与世界互动中特有的个性方式。它不大可能会随着情境、时间和事件而发生改变。例如，假如胡安的行为在大部分时间里是无法预测的、不稳定的，并且其他人将他描述为“戏剧性的”或“双重人格”，这种行为将被认为是一种人格特质。他的行为会被认为是自我协调的（ego-syntonic），或与他的自我形象一致的。

如果我们在任何时间观察胡安，发现他的情绪都表现出与他的同事相比更多的波动性，这会有几种可能的解释。第一种可能是：他的情绪波动可能不会给他或周围人带来任何明显的心理痛苦，而只是反映了他独特人格的多彩一面。第二种可能是：我们的观察可能没有考虑到重要的背景因素，也就是说，胡安最近非常苦恼是因为他在工作中遇到了麻烦。在经过综合临床评估后，他可能被诊断为重度抑郁。第三种可能是：胡安的情绪

人格特质在很小的时候就可被观察。我们对他人的许多知觉都是基于他们的人格留给我们的印象。从这幅图中，你认为哪一位最有可能在商业上获得成功？哪一位最有可能上大学？哪一位最有可能去领导抗议游行？

波动反映了他与世界之间一种根深蒂固的互动方式，这种互动方式令他孤立、失去工作以及与家人的联系。在这种情形下，我们会说他有人格障碍。

这三种不同的解释强调了人格障碍诊断的几个重要方面。第一，区分人格特质和人格障碍很关键。第二，人格障碍不能仅通过单一简短的行为观察就做诊断，因为人格障碍是个体与世界互动的持久方式。第三，医生对人格障碍的诊断不应该丢掉行为的背景信息。因此，在确定某人是不是人格障碍之前，临床医生必须根据更大的诊断背景评估个体的问题：是所罹患的人格障碍还是所罹患的其他障碍在影响着他们的个性呢？例如，当处于其他障碍（如神经性贪食）的急性发作痛苦中时，许多人看起来就像患有人格障碍（他们非常情绪化或滥用物质）。等到另一障碍减轻后判断问题行为是否依然存在是非常必要的。由此我们看到人格障碍的诊断是多么困难：假如胡安寻求治疗，评估医生肯定认为他的目前状态并非是其典型行为的必然反映。所以，由于我们每个人都有鲜明的人格特质，我们如何知道一种人格状态是否已构成适应不良的人格障碍呢？因为并没有强有力的证据能够明确区分人格特质和人格障碍，人格障碍最好理解为其潜在特质的病理学放大。

决定一个行为是否被标志为“障碍”还必须考虑到有无功能损害和痛苦。这对于人格障碍分类来说颇具挑战性，因为它的症状是难以量化的。而且，人格障碍的生物学或可观察的征兆很少。比如，人格障碍不能通过验血来诊断。它们还必须与其他心理障碍区分开来。你可以认为其他心理障碍与急性医学疾病相同，患者除患该病外，在生活其他方面功能良好。相比之下，人格障碍没有那么鲜明，也并非是急性疾病，它的僵化和适应不良的功能模式是长期的、慢性的、无处不在的。人格障碍甚至都不是以疾病的方式存在的。它们通常在青春后期或成年早期出现，并可能持续一生。

在下诊断时区分人格障碍和其他的长期障碍如持续性抑郁障碍（见第6章）尤其困难。就功能损害而言，其他章节提到的障碍引起的痛苦与人格障碍引起的痛苦，这两者如何区分？当我们描述人格障碍的不同集群时，我们将阐明这些障碍是如何损害个体的社会和职业功能的。人格障碍的一个有趣特点就是它们对别人造成的痛苦要大于对患者本人造成的痛苦。一些人格障碍患者可能只感受到很小的痛苦，甚至根本没有痛苦。

将人格障碍与本书其他障碍区分的方法之一是“三个性”（the three P’s）：组成人格障碍的行为模式在时间上具有持久性（persistent），不分对象和情境即普遍性（pervasive），并且是明显异常的即病态性（pathological）。因此，**人格障碍**（personality disorder）是“明显偏离个体所处文化期望的持久内心体验和行为模式，这种模式普遍存在且难以改变，发病可追溯到青春期或成年早期，随时间稳定不变，并会导致痛苦和功能损害”（APA，2013）。人格障碍的定义通常强调其症状的稳定性——它们并非是短暂的情绪或暂时的行为怪异，而是持久的行为特征。

DSM将人格障碍分为三类集群：**A群**（cluster A）人格障碍，“古怪的或反常的（odd or eccentric）人格障碍”；**B群**（cluster B）人格障碍，“戏剧性的、情绪性的或不稳定的（dramatic，emotional，or erratic）人格障碍”；**C群**（cluster C）人格障碍，“焦虑的或恐惧的（anxious or fearful）人格障碍”。这些分类与集群内部单个人格障碍的名称没有直接关系，但却描述了该集群各障碍的总体特征。然而，一些研究人员和临床工作者对这些集群分类的有效性提出了质疑。为什么？因为，我们已经看到了，人格特质每个人都具备——我们每个人都可能在一定程度上有古怪、情绪化或害怕等特质，这些特质到多大程度上才能被确定为病理性呢？

按照DSM的诊断分类，一个人要么患有人格障碍，要么不患有人格障碍。这被称作人格分类的绝对方法。许多研究者认为维度方法更好，因其关照到特质的全部范围。

维度方法将人格特质看成在一个连续体上，例如，极善社交的人在维度的一端，非常害羞的人在另一端（见第3章关于绝对与维度分类的更多讨论）。事实上，相比于绝对方法，许多主流人格理论更注重维度方法。人格障碍工作组对DSM-5的可能版本进行了认真审议，考虑将人格障碍过渡到应用更多程度的维度模型。最终，DSM-5的人格障碍部分并没有做出重大修改，但是未来版本的DSM可能会包含更多的维度方法。

对比个案研究

行为维度：从正常到异常

正常行为个案研究　人格特质而非障碍

拉希德的妻子称他是一个爱整洁的人。他喜欢自己的小房间井然有序，他抽屉里所有的东西总是被整齐地叠好折好，而且他还善于理财。但妻子快把他逼疯了，因为她更像是一个“邋遢”的人——她的衣服成堆、工作文件成堆，所有东西最后都是成堆的。尽管这些令他困扰，而且他还偷偷希望妻子更像他一些，然而在刚结婚时有次试图整理她的东西后他明白了一点，她那堆东西绝不能碰！拉希德坚信那句老话“想把事做好就得事必躬亲”，但是他渐渐发现，亲自做任何事并不会真的帮别人学会该怎么来帮助你，最终只会给自己带来越来越多的压力。因此虽然当工作上或家里有些事情他知道该做而没有做时会令他有些许困扰，但他这时会做个深呼吸，然后也就听之任之了。有时妻子会看出他的沮丧，偶尔也会取笑他，说他毛病太多。但至少他会自我解嘲……如果他想要把哪儿弄整洁的话，总可以对着自己的小房间招呼！

异常行为个案研究　人格障碍

假如他的生活没出现变故的话，杰夫将会是一个幸福、快乐的人。杰夫 52 岁，已婚，是位统计学家。他有三个孩子，分别是 18 岁、16 岁、12 岁。在过去的 15 年里，他每天早晨 5：30 准时起床，首先进行 30 分钟的锻炼同时阅读报纸，之后喝两杯咖啡、一碗麦片，吃一片水果，然后赶同一班火车去上班。每当列车晚点，他都会焦虑不安地看着手表，为耽误了工作的时间而烦躁。他坚决要求他们全家人都要按照他的安排来生活。假如他要求孩子们叠衣服，他们就要必须做好。假如他们没有做好，他会给他们一次机会去改正。假如他们依然做得不好，他就会去自己做。他信奉的格言是“想把事做好就得事必躬亲”。他会非常挑剔地检查孩子们的家庭作业，假如他们的成绩下滑的话，他会严加盘问。晚餐会在 6：30 进行。他在周二和周四晚上打网球。他用不同的颜色标记各种便签，上面记着要做的事的列表，但他就像这些清单的囚徒。有时候，他坐在办公桌前，面对着三种不同颜色标记的列表以及大量的电子邮件，他简直不知道从哪里开始做起。当他的工作列表变得更长，他的电子邮件更多的时候，他会焦虑到不能工作。一天晚上在网球场打球时，他感到胸部非常疼痛，他的同伴开车送他到急诊。检查结果显示并不是心脏病，但是他的血压非常高。他的家庭医生曾经无数次提醒他要注意他的生活方式、血压以及他的焦虑，但是他从来就没有听过。医生说这次出现的状况对他来说就是预警，给他开了降血压的药物，并向他推荐了一位能帮他对付他的急促和强迫型人格风格的心理学家。

人格障碍群

大多数心理健康专家按照 DSM 的绝对方法来对人格障碍进行描述、交流和治疗。在下面的章节里，我们会对每一种人格障碍进行临床描述并举出临床案例。我们要注意功能损害是人格障碍的标志，在许多案例里损害由受人格障碍者影响的其他人的观点确定。同时，还要记住“三个性”即持久性、普遍性、病态性。在“DSM-5：一般人格障碍”中，我们让大家看到的是人格障碍的一般诊断标准，这是构建人格障碍各亚型的框架基础，不论这些人格障碍的具体特性如何，它们都符合这里列出的基本标准。要记住，在 DSM-5 中一般人格障碍并不是一种特定的人格障碍。

一般人格障碍　DSM-5

A. 明显偏离了个体所处文化预期的持久的内心体验和行为模式，这种模式表现在下列两个（或更多）领域：
   1. 认知（即对自我、他人和事件的感知和解释方式）。
   2. 情感（即情绪反应的范围、强度、不稳定性和恰当性）。

3. 人际关系功能。
4. 冲动控制。

B. 这种持久模式是稳定的和普遍的，广泛涉及个人和社交场合的各个方面。

C. 这种持久模式引起有临床意义的痛苦，或导致社交、职业或其他重要功能方面的损害。

D. 这种模式是稳定的和长期的，其发生至少可追溯到青少年期或成年早期。

E. 这种持久模式不能用其他心理障碍的表现或后果来更好地解释。

F. 这种持久模式不能归因于某种物质（例如，滥用的毒品、药物）的生理效应或其他躯体疾病（例如，头部外伤）。

资料来源：Reprinted with permission from the *Diagnostic and Statistical Manual of Mental Disorders*, Fifth Edition, (Copyright 2013). American Psychiatric Association.

A 群人格障碍：古怪的或反常的人格障碍

A 群人格障碍（见“DSM-5：A 群人格障碍”）的一般特征是那些被他人视为古怪的、离奇的、怪癖的特有行为（APA，2013）。A 群人格障碍包含了那些类似精神病和精神分裂症的特征（见第 10 章）。实际上，精神病和 A 群人格障碍的分界线人们尚不清楚。例如，患有精神分裂症的家庭成员有 A 群人格障碍的高发生率，表明在精神病性障碍和 A 群人格障碍间存在连续性（Kendler et al.，1993）。

A 群人格障碍 DSM-5

偏执型人格障碍

A. 对他人普遍的不信任和猜疑，比如把他人的动机解释为恶意，开始于成年早期并存在于各种背景中，表现为下列四项（或更多）症状：
1. 没有足够依据地猜疑他人在利用、伤害或欺骗他。
2. 有不公正地怀疑朋友或同事的忠诚或信用的先占观念。
3. 不愿意信任他人，因为毫无根据地害怕一些信息会被恶意地用来对付自己。
4. 对良性的评论或事件读出隐藏的贬低或威胁性的含义。
5. 持久地记恨（例如，不能原谅他人的侮辱、伤害或者怠慢）。
6. 感到自己的品格或名誉受到打击，但在他人看来并不明显，并且迅速地做出愤怒的反应或反击。
7. 没有根据地反复对配偶或性伴侣的忠贞表示猜疑。

B. 并非仅仅出现于精神分裂症、伴精神病性特征的双相或抑郁障碍或者其他精神病性障碍的病程中，也不能归因于其他躯体疾病的生理效应。

注：如在精神分裂症发生之前已经符合此诊断标准，可加上“病前”，即“偏执型人格障碍（病前）”。

分裂样人格障碍

A. 一种脱离社交关系以及在人际交往场合情感表达受限的普遍模式，开始于成年早期并存在于各种背景中，表现为下列四项（或更多）症状：
1. 既不想要也不享受密切的人际关系，包括成为家庭的一部分。
2. 几乎总是选择独自活动。
3. 对与他人发生性行为很少或不感兴趣。
4. 很少或几乎没有活动能令其感到乐趣。
5. 除了一级亲属外，缺少亲密或知心的朋友。
6. 对他人的赞扬或批评都显得不关心。
7. 表现为情感冷淡、疏离或平淡。

B. 并非仅仅出现于精神分裂症、伴精神病性特征的双相或抑郁障碍或者其他精神病性障碍或孤独症谱系障碍的病程中，也不能归因于其他躯体疾病的生理效应。

注：如在精神分裂症发生之前已经符合此诊断标准，可加上“病前”，即“分裂样人格障碍（病前）”。

分裂型人格障碍

A. 一种社交和人际关系缺陷的普遍模式，表现为对亲密关系感到强烈的不舒服和建立亲密关系能力的下降，并且有认知或知觉的扭曲和反常行为，开始于成年早期并存在于各种背景中，表现为下列五项（或更多）症状：
1. 牵连观念（不包括关系妄想）。
2. 影响行为的古怪信念或魔幻思维，并与亚文化常模不一致（例如，迷信、相信透视、心灵感应或“第六感”；在儿童或青少年可表现为怪异的幻想或先占观念）。
3. 不寻常的知觉体验，包括躯体错觉。
4. 古怪的思维和言论（例如，含糊的、赘述的、隐喻的、烦琐的或刻板的）。

5. 猜疑或偏执观念。
6. 不恰当或受限制的情感。
7. 古怪的、反常的或特别的行为或外表。
8. 除了一级亲属外，缺少亲密或知心的朋友。
9. 并不随着熟悉程度而减弱的过度的社交焦虑，常常与偏执性的害怕有关而不是因为对自己的负性判断。

B. 并非仅仅出现于精神分裂症、伴精神病性特征的双相或抑郁障碍或者其他精神病性障碍或孤独症谱系障碍的病程中。

注：如在精神分裂症发生之前已经符合此诊断标准，可加上“病前”，即“分裂型人格障碍（病前）”。

资料来源：Reprinted with permission from the *Diagnostic and Statistical Manual of Mental Disorders*, Fifth Edition, (Copyright 2013). American Psychiatric Association.

1. 偏执型人格障碍

偏执型人格障碍（paranoid personality disorder）是一种对他人普遍存在的不信任和猜疑，以致将人们的动机解释为恶意的（APA，2013）。虽然有点偏执在某些情况下是适应环境的需要（如，保护自己免受不诚实的人的欺骗），而偏执型人格障碍的特点是无正当理由和普遍的不信任。患这种障碍的人，没有任何证据就相信别人在利用、伤害或欺骗他；他们记恨，对他人的冒犯不能原谅；并且他们对那些来自朋友、家庭和熟人间的不忠诚或不信任高度警惕（APA，2013）。偏执型人格障碍的典型信念包括：“我不能相信别人”“其他人有隐藏的动机”“假如其他人发现了关于我的事情，他们将利用这些来反对我”“人们说的话其实另有含义”“我所亲近的人是不忠诚的、不可靠的”。不幸的是，这种不信任常会扩展到朋友和家庭成员身上而对其人际关系有潜在损害。在偏执型人格障碍中，这种猜疑心理还达不到妄想的程度。假如出现妄想，问题可能更严重，将被怀疑有妄想障碍或者偏执型精神分裂症。

在本科读生物学专业时，阿伦已经做得相当好了，他现在在读遗传学研究生。他经常担心他的同学偷窃他的观点或剽窃他的论文，但是他从来没有提出过正式的抱怨。上大学时学校离家很近，他与父母住在一起。大学毕业是他第一次真正离开家。阿伦主要研究一种极少见的导致耳聋的基因。他开始怀疑他的导师，认为他看上了他的研究并想据为己有。一天，阿伦给了导师一份合同，合同上注明这名导师不能窃取阿伦的知识产权。当导师不肯签字时，阿伦更确信了他的怀疑。阿伦想去找院长，但是他知道这个院长和他的导师是朋友，是穿一条裤子的。阿伦于是将他的文字工作锁起来并且为笔记本电脑购买了加密软件。他甚至编了一套错误的备份数据，这样假如他的导师偷了他的数据并且发表了，其偷窃行为会很明显被知道。

当他的导师问候他最近怎么样的时候，阿伦将此解释为导师想介入他工作的另一次尝试。他开始给校长写信，还写给州长以及各位州立法委员，向他们说明情况。当校长将这封信转给院长后，院长又叫来了阿伦的导师，事情变得越来越清晰：阿伦出问题了。他被送到了学校卫生保健机构，在那里他被评估诊断为偏执型人格障碍。

偏执包括对家人和朋友的不信任和猜疑（电影《黑天鹅》海报）。

阿伦的案例说明了偏执型人格障碍的几个特点。首先，阿伦的普遍猜疑使他认为阴谋存在于他的周围。他质疑同学甚至院系领导的诚信。阿伦并没有证据证明别人偷了他的数据，但他还是坚持他的怀疑。周围人一直认为他是粗暴的、爱指责的和猜疑的人。开始的时候，他的院校领导还愿意倾听和调查他的担心，认为可能他在哪里的糟糕经验促使他保护自己的成果。然而，他们很快意识到阿伦也在怀疑他们自己。他们发现阿伦的实际情况与他们原来想的并不一致。

偏执型人格障碍的典型人际困难是怀疑配偶对自己不忠。刚开始，这些看起来很像正常的嫉妒，但之后越来越清晰的是，这种猜疑已经远远超出任何理性思维，而且无论配偶做什么都没用。偏执型人格障碍的另一种常见特征，是将不相干事件做出与己相关或具有个体意义的解释。例如，在杂货店排长队或在机场被挑出做安检会被他们视为人身攻击。

2. 分裂样人格障碍

分裂样人格障碍（schizoid personality disorder）是一种脱离社交关系以及在人际交往场合情感表达受限的普遍模式（APA，2013）。分裂样人格障碍的人可能是内向的、孤独的、不表达情绪的、孤僻的。他们很少在家庭或者社交群体中感受到乐趣或者表现出兴趣，经常陷入自己的想法或情绪，他们害怕那种需要亲近的关系。他们对别人的观点无动于衷，更喜欢从事没有人际互动的工作（比如实验室或者用电脑来完成的任务）。他们很少有像生气或者高兴这样的两极情绪，而是冷漠地徘徊在两极中间。这种障碍还伴随着感官的、身体的和人际交往体验的快乐丧失（APA，2013）。具有这种障碍的患者对社交关系的脱离体验有时会导致其社会功能和职业功能受到损害。由于常常无视正常的社会规则，因为大部分社会活动需要保持良好的社交关系，他们不能从事正常的社交活动并最终获得事业的成功。这种社交技巧的缺乏可能被别人误解为高傲。然而，尽管他们也可能有短暂的精神病性体验，尤其在压力状态下，具有分裂样人格障碍的人在通常情况下没有幻觉、妄想，也没有完全与现实断开，这与未经治疗的（或难治疗的）精神分裂症患者不同。

扎克是一位24岁的马仔，当他单独与马相处或者清理马厩的时候是最安逸的。他工作早来晚归，很少与别人说话。新来的人总是试图与他交谈，但他就是不感兴趣。人们会将他的缺乏情趣解释为傲慢，并想知道他为什么这么特殊。但更多的时候，人们更想知道一个什么样的人能够这么长时间不与其他人交谈。一位新来的年轻女骑手将她的马牵到马厩，并对扎克表达好感。尽管扎克看上去很疏远，她却认为他很迷人。她约他出来，但他看上去对她一点也没有兴趣——和对其他人也一样。扎克每个月看望一次父母。他的妈妈是一位裁缝，他的爸爸是一位邮递员。当他回家的时候，他有时会帮妈妈拆正在缝补的衣物，但是他们基本上都是安静地坐在那里，或边看电视边工作。

从世俗来看，扎克会被称为孤独者或隐士。他不关心自己缺不缺乏社会关系，当年轻的女骑手对他表现出兴趣的时候，他几乎没有任何情绪反应。他的工作反映了他更喜欢独处，马儿对他没有社交需求。但也没有证据显示他的工作给他带来什么快乐。事实上，他的工作常规而机械。假如他因为工作被表扬，会获得小费，他看上去也没有因此而自豪或感谢别人的赞赏之词。扎克与父母坐在电视机前看电视，很少交流，这种情形暗示了分裂样风格有可能在家庭内存在，也反映了这些人身上普遍存在缺乏情感和对所从事事物的投入。

3. 分裂型人格障碍

分裂型人格障碍（schizotypal personality disorder）是一种社交和人际关系缺陷的普遍模式，表现为对亲密关系感到强烈的不舒服和建立亲密关系能力的下降，并且有认知或知觉的扭曲和反常行为（APA，2013）。分裂型人格障碍的症状实际是一组特异性状的集合。具有分裂型人格障碍的人是叛逆的、奇特的，或者具有偏执信念或想法。此外，他们很难形成人际关系，并有严重的社交焦虑。在人际交往中，他们可能行为失当、没有情感，或者不合时宜地自言自语。另外一个特点就是“魔幻思维”（magical thinking），患者会错误地相信某人可以预知未来或通过特定想象影响事件的进行。分裂型人格障碍者可能有牵连观念（ideas of reference）。他们会将周围的事件错误地解释为具有特殊和不寻常的个人意义。这些解释还不到关系妄想（delusions of reference，见第10章）那样严重，后者则符合妄想的特点。具有分裂型人格障碍的人还会有不寻常的知觉体验或者具有怪异的思维和讲话方式。具有这种障碍的一些人会有猜疑或偏执，他们的情绪表达会失当反应、过分反应或严重受限。

在分裂型人格障碍者身上发现的这些怪异特征不仅仅局限于他们的思维和行为。具体到个人他们可能是古怪的、另类的，或者具有奇特的身体外貌，比如他们的衣服、个人卫生等方面。此外，他们过度的社会焦虑和偏执也可能导致他们的社会人际关系受限。

> 在校园里，大家都知道他是“鸽男”。当学生初次见他的时候，他们会刻意避开他。他会自言自语（没戴耳机）。他在地方收容所睡觉，那里的工人并不视他为威胁。实际上，他们认为比起他们自己对“鸽男”的害怕来，“鸽男”更害怕他们。他很少洗澡，鞋子上有破洞，晚上睡觉的时候他会把他所有的东西都装进麻袋紧贴在身边。白天的时候，他会坐在公园的长椅上用捡来的饼渣喂鸽子，它们围绕着他，而他会和它们聊天。有时他会大笑，有时又会非常生气地瞅着这些鸟。当他做完这些事情，他就会回到他的小世界，在路上走来走去，直到该返回收容所去吃饭。他的主管负责人确信他没有幻觉和妄想并且从不符合精神分裂症的诊断标准。但是他的古怪行为方式在中学的时候就有，他的年鉴标题称他为“鸟男孩”。

“鸽男”与鸟有关的怪异行为始于他的儿童时期，从此他的症状就一直存在。将他的所有财产都装在麻袋里放在紧贴自己身体的地方，反映了他对自己拥有物的猜疑和偏执。尽管他对别人没有威胁，但可能由于他的外表或古怪行为而令别人不舒服。很显然“鸽男”对现实的体验很难分享给周围的人——尽管他没有精神病性问题，但他用不同的方式看世界。话虽如此，他长期的怪异行为已足够导致别人对他的回避了。

B 群人格障碍：戏剧性的、情绪性的或不稳定的人格障碍

B 群人格障碍的一般特征是：其行为在他人看来是夸张、夸大、戏剧性、情绪化或飘忽不定的（APA, 2013）(见“DSM-5：B 群人格障碍”)。B 群人格障碍的四种亚型的特征是极端的和经常很丰富的行为模式。其他一般特征还包括症状的波动性，即总在两极间摇摆。这些行为模式最容易破坏人际关系，就像后面的案例中所说明的那样。

B 群人格障碍 DSM-5

反社会人格障碍

A. 一种对他人权利的漠视与冒犯的普遍模式，开始于 15 岁，表现为以下三项（或更多）症状：
1. 不能遵守与合法行为有关的社会规范，表现为反复做出可遭拘捕的行为。
2. 欺诈，表现为为了个人利益或乐趣而反复说谎、使用假名或诈骗他人。
3. 冲动或做事缺乏计划性。
4. 易激惹及攻击性，表现为反复斗殴或攻击。
5. 鲁莽地不顾他人或自身的安全。
6. 一贯不负责任，表现为反复不能坚持工作或履行经济义务。
7. 缺乏懊悔之心，表现为对做出伤害、虐待或偷窃他人的行为不在乎或合理化。

B. 年龄至少 18 岁。

C. 15 岁之前有品行障碍的证据。

D. 反社会行为并非仅仅出现于精神分裂症或双相障碍的病程中。

自恋型人格障碍

一种自大（幻想或行为上）的、需要他人赞美的且缺乏共情的普遍模式。开始于成年早期并存在于各种背景中，表现为下列五项（或更多）症状：
1. 具有自我重要性的夸大感（例如，夸大成就和才能，在没有相应成就时却盼望被认为是优胜者）。
2. 幻想拥有无限成功、权力、才华、美貌或理想爱情的先占观念。
3. 认为自己是“特殊”的和独特的，只能被其他特殊的或地位高的人（或机构）所理解或与之交往。
4. 要求过度的赞美。
5. 有一种权利感（即不合理地期望特殊的优待或他人自动顺从他的期望）。
6. 在人际关系上利用他人（即为了达到自己的目的而利用别人）。
7. 缺乏共情：不愿意识别或认同他人的感受和需求。
8. 常常妒忌他人，或认为他人妒忌自己。
9. 表现出傲慢、高傲的行为或态度。

边缘型人格障碍

一种在人际关系、自我印象及情绪方面具有不稳定特征的普遍模式，且具有明显的冲动性。开始于成年早期并存在于各种背景中，表现为以下五项（或更多）症状：

1. 极力避免真实的或想象出来的被遗弃（注：不包括本标准第五项中的自杀或自残行为）。
2. 一种不稳定的且紧张的人际关系模式，以在极端理想化和极端贬低之间交替变化为特征。
3. 身份紊乱：显著而持续的不稳定的自我印象或自我感觉。
4. 至少在两个方面有潜在自我损伤的冲动性（例如，消费、性、物质滥用、危险驾驶、暴食）。（注：不包括本标准第五项中的自杀或自残行为。）
5. 反复发生自杀行为、自杀姿态，或自杀威胁，或自残行为。
6. 因明显心境反应而情绪不稳（例如，强烈的发作性烦躁，易激惹或焦虑，通常持续几个小时，很少超过几天）。
7. 长期的空虚感。
8. 不恰当的强烈愤怒或难以控制发怒（例如，经常发脾气，持续发怒，复发性斗殴）。
9. 短暂的、与应激相关的偏执观念或严重的解离症状。

表演型人格障碍

一种以过分情绪化及寻求关注为特点的普遍模式。开始于成年早期并存在于各种背景中，表现为以下五项（或更多）症状：

1. 如果不是大家关注的中心会感到不舒服。
2. 在与他人交往时往往带有不恰当的性诱惑或挑逗行为的特点。
3. 情绪快速变化及肤浅的情绪表达。
4. 总是利用身体外表吸引他人关注。
5. 言语风格是给人留下极度深刻印象以及缺乏细节。
6. 表现为自我戏剧化、舞台化以及夸张的情绪表达。
7. 易受暗示（即，容易被他人或环境所影响）。
8. 认为与他人的关系比实际上更为亲密。

资料来源：Reprinted with permission from the *Diagnostic and Statistical Manual of Mental Disorders*, Fifth Edition, (Copyright 2013). American Psychiatric Association.

1. 反社会人格障碍

反社会人格障碍（antisocial personality disorder，ASPD）是一种对他人权利的漠视与冒犯的普遍模式（APA，2013），男性多于女性。这种人格障碍在历史、文学及司法系统中长期存在并有各种名字，包括精神病态（psychopathy）、社会病态（sociopathy）和逆社会人格障碍（dyssocial personality disorder）。对反社会人格障碍的诊断至少要到18岁，并在15岁之前就有品行障碍的症状（见第12章），这说明其反社会的行为模式始于童年，并随着时间而定型和加重。在青春期常见的行为包括虐待动物和人、破坏财产、欺骗和盗窃或者严重违反社会规则（APA，2013）。

反社会人格障碍通常根源在儿童期，这时他们就有像偷盗和破坏公物等反社会行为。

因其恶行，对ASPD的诊断要比其他人格障碍的诊断容易些。基本上，具有ASPD的人不遵守社会规则，这经常导致司法问题如拘捕。他们经常撒谎，使用化名，为了利益或单纯找乐而欺骗他人，破坏财产，骚扰别人，做违反他人基本权利、愿望、安全及情感的事情（APA，2013）（见“真实病例：杰夫瑞·达莫：反社会人格障碍”）。有关特征还包括极易冲动，凭一时冲动从事问题行为，这会导致斗殴、大发脾气、身体虐待行为、经常变换住所、危险驾驶以及其他高危的冲动行为，这将伤害他们自己的安全和幸福（比如，高危性行为，在醉酒、吸毒状态下驾驶造成的车祸，吸毒）。另外一种常见特征就是不负责任，表现为失业、不充分就业、工作表现不稳定、经济上不负责任如恶性贷款、无法养家和孩子。此外，具有ASPD的个体对自己的行为不负责任，他们通常会责备那些受害者，认为是他们刺激了自己的行为。比如：受害者被强奸是因为她穿着性感；或者打架时归咎他人（比如，“对方想找茬”）。也许人们会认为他们会尝试将行为结果降到最低以及尝试事后感到不悔恨。实际上，他们对他们的行为结果完全漠视。

杰夫瑞·达莫——反社会人格障碍

杰夫瑞·莱昂内尔·达莫（Jeffrey Lionel Dahmer，1960—1994）是美国历史上最恶名昭著的连环杀手，1978 ~ 1991 年，他至少谋杀了 17 名男子和男孩。达莫的行为特别可恶，涉及暴力鸡奸、奸尸（与尸体性交）、肢解和吃人肉。

是什么原因导致他犯下这种令人发指违反人道的暴力行为呢？是疯狂、精神病、魔鬼，还是以上都有？在达莫案例里，几位法医专家在那次著名的庭审中探讨了这个问题。虽然从来没有被专家证人正式诊断过，但达莫还是表现出了反社会型人格障碍的典型特征。他从来不为自己对别人犯下的罪行感到悔恨，行为冲动、无情、爱操控、好斗的行为方式反映了他对社会规则的不接纳。此外，在他童年的时候就有很多行为亮红灯了。

在达莫还是个孩子的时候就已经开始解剖死了的动物。在 14 岁的时候，他就开始喝酒，在 18 岁时，他的父母离婚后不久，达莫第一次杀人。他邀请受害人到他家，并杀害了他，因为他“不想让他离开”。在 1991 年的夏天，达莫几乎每周杀一个人，用一种典型的反社会手段，用他的个人魅力去吸引他的受害者，这些受害者是一些同性恋的男人和男孩儿。

安妮·施瓦茨，在《密尔沃基新闻卫报》(*Milwaukee Journal*) 报道了达莫的故事，她谈到达莫的个人魅力，“达莫被宣判的日子，我听到了他冷静而雄辩地向法庭宣读他的陈述，我都迷惑我怎么那么容易就被他瞒过去了。”她继续说，“当他笑的时候，他是一个有魅力的男人……我能想象到为什么有那么多的人被他欺骗。”

在无可辩驳的证据面前，达莫选择不认罪，他辩称自己是由于精神错乱，他的恋尸癖那么严重以至于他无法控制自己。法庭宣判达莫有 15 项谋杀罪，判处他 15 个终身监禁，一共 937 年的徒刑。达莫服刑直到 1994 年年底，那一年他被同室犯人殴打致死，只是因为在监狱健身房工作时的一点小事。

杰夫瑞·达莫是反社会人格障碍与犯罪有关的极端案例。然而那些反社会行为的个体并不全是罪犯，40% 的重罪犯确实与反社会人格障碍的标准相一致。在这种情形下，心理疾病与犯罪行为的界限并不清晰。疾病和罪恶的区分无疑将会在未来的医院、监狱和法庭中产生极大的争论。

资料来源：http://www.criminalprofiling.com/Psychiatric-Testimony-of-Jeffrey- Dahmer_s115.html, retrieved May 2, 2013

http://www.crimelibrary.com/serial_killers/notorious/dahmer/19.html, retrieved May 2, 2013

http://www.tornadohills.com/dahmer/life.htm, retrieved May 2, 2013

布兰登出生在一个这样的家庭：爸爸、妈妈、妹妹，但是他与他们都没有亲密关系。没有父母的监管和参与，布兰登甚至在很小的时候就由于不当的举止而使他经常在学校出现问题。尽管非常聪明，他的成绩却很差，因为“他压根儿就不在乎”。13 岁的时候，因为吸食大麻他闯进邻居的房子里并因此被送到青少年拘留中心，很快他就被释放了。后来，他开始劫车。

在 19 岁的时候他因重罪被送到州立监狱，服刑 18 个月。在监狱中，由于布兰登可以使用武力令其他囚犯屈服，他获得了“老大”的名声，他脸上的刺青是一滴眼泪。他被释放后，因在邻州的飞车枪击案中作为谋杀从犯又被送回监狱，然后转移到联邦监狱。

在监狱中，布兰登经常自夸他勾引女人的能力，他总是用假名字，一旦取得她们的信任就拿走她们的钱。布兰登对自己的行为没有任何悔意。他只把这些暴力事件看成他皮带上的一个勒痕。没有暴力他就不能和别人交流。开始的时候，布兰登靠他浑不懔的态度征服了他的狱友，但是只有少数人看上去被他骗了，大多数人主要还是害怕他的暴力行为。

反社会人格障碍的发展特点可从其童年和青春期的早期不端行为中看到。随着布兰登长大，其不端行为的严重程度在不断加重。他对受害者缺乏同情心，对自己的行为没有任何悔意。尽管并不是所有反社会人格障碍的个体都会在监狱中结束一生，在布兰登的案例中，他早期的品行问题是导致他一生犯罪行为的第一步。

2. 自恋型人格障碍

自恋型人格障碍（narcissistic personality disorder）是一种自大（幻想或行为上）的、需要他人赞美的且缺乏共情的普遍模式（APA，2013）。具有自恋型人格障碍的人有夸大的自我重要感，经常沉浸在无止境的成功幻想中。他们对自己优越感的沉浸还表现在不断寻求关注，靠炫耀和吹嘘自以为是的特殊能力去赢得别人的赞扬。这种行为掩盖了他们脆弱的自尊。来自外界不断的表扬或赞美使他们的自大继续得到支持。

具有自恋型人格障碍的人经常表达一种权利感，或认为他们应该得到最好的东西，只能与同样高素质的人共事。例如，具有自恋型人格障碍的人即便是小病也不会随便看医生。她总是要找到最好的或最出名的，无论是医生、律师还是发型师。他们绝不流俗。

对自己成就感过高估计的一个必然结果就是会走向逆命题，即低估他人所做的或完成的任务。由于不断地炫耀他们想象中的优越，自恋型人格障碍的人给他人的感觉是傲慢和自大。他们对待他人的态度经常是屈尊俯就的和倨傲的。他们太自我陶醉而对他人的同情则彻底缺乏。他们太沉浸于自己被表扬和赞赏的需要，从而不能理解他人的渴望、需要或感受。周围的人经常因此感受到被忽略、被低估和被利用。

史蒂文在小镇上高中的时候，从外表看总是很自信。他认为他已超越了自己的中西部郊区的同学，因为他在小时候就去欧洲旅游过。他的前卫、电子音乐和他的爱好水球在他所在的公立中学是不流行的，他曾经在《纽约时报》周末版上了解到这些活动在上流社会的私立中学是流行的。与其他同学相比他感到自己是与众不同的。他总是看不起他所在学校的那些他认为的“一般”品位，他几乎没有什么朋友并保持自己的自负。然而，在他去东部一个有声望的文科大学读书的第一年，史蒂文认为自己独一无二的想法变得更加强烈。他交朋友的标准是：对方是不是出现在杂志的社交新闻栏或对方父母是不是大学有名捐赠者。他对教授和同班同学是冷漠和粗鲁的，他上课只是因为“受迫”于学校的规定，他抱怨“去上那些对成为世界500强公司的CEO一点作用都没有的课程是耽误时间的”。然而，在商务课程上，他非常有能力，口才很好、非常聪明，他经常撒谎说他的经济学知识是来自他的父亲，他说他的父亲是一名杰出的商人并经常为《华尔街日报》写稿（实际上，他的父亲是一个便利店店主）。在学业上他显得特别成功，但当面对团队工作的时候，他的同伴经常感到与史蒂芬一起工作简直就是一个噩梦，他会因为自己的一点小错而责备大家，或者“挖坑”让同学们互相攻击，然后他站在旁边看热闹。史蒂芬很少写文章，说“如果我能很容易地说服那些幼稚的、刚做完高中毕业致辞的新生为我做这些，为什么还要浪费我的时间去做这些呢?”当史蒂芬拼命追求并相信周围的人对他是欣赏的、关注的、羡慕的，甚至是害怕的时候，他却常被他的同学看成傲慢的、令人讨厌的。

这个案例说明史蒂芬在他的内心为自己建立了一个传奇式角色。他认为自己比别人优越得多，他过分地高估了自己的能力和未来。在他的信念（周围的人都很欣赏和尊重他）与现实（周围的人发现他非常难以令人忍受而且傲慢自大）之间有一个很深的断层。

尽管表面很自信，自恋型人格障碍的人会经历极端的心境和自尊。当他们对欣赏的需求得不到满足时，至少短时间内他们会感到受伤或挫败，从而导致心情低落和社会退缩。

3. 边缘型人格障碍

边缘型人格障碍（borderline personality disorder）是一种在人际关系、自我印象、情绪及冲动性方面具有不稳定特征的普遍模式（APA，2013）。其症状可能会剧烈快速波动。突然发火、抑郁、焦虑，可能会持续几个小时或一整天的时间。正如本章开头所示的杰奎的案例，其他相关行为包括冲动性敌意、自我伤害、吸毒或者酗酒。认知扭曲和不稳定的、冲突的自我及自我价值将导致长期目标、职业计划、工作、友谊、性别认同和价值观的频繁变化。边缘型人格障碍的人可能会感到被误解、受虐待、无聊、空虚，并且自我认同不稳定。极端的时候，其认同紊乱会严重到他们感觉自己好像根本不存在。

边缘型人格障碍的核心是对被遗弃的深深恐惧。一次小的分离或者结束都会被他们错误地解释为被遗弃了、被留下一个人了甚至被拒绝的信号，并导致他们拼命尝试与别人保持联系和接触。例如治疗师要去度假或同伴要去外地出差。为防止这种分离，边缘型人格障碍者可能会做出冲动和绝望的行为，如用自残或自杀来企图将这些人留在他身边。

这些破坏性的行为和个性风格，可以导致极不稳定的人际关系。理想化（强烈的积极感觉）会快速地被贬低（强烈的气愤和厌恶）所取代。具有边缘型人格障碍的人可能会很快地将自己与另外一个人建立联结，并将他理想化。然后一个小的冲突事件就会使他们迅速转向另一个极端，并产生强烈的负性情绪。另一个特征症状是冲动，可能表现为暴饮暴食、在商店偷窃、赌博、不计后果地消费、不安全的性行为、药物滥用或危险驾驶。

由于倾向于感到被遗弃或感到空虚、无意义，边缘型人格障碍的人也存在自杀和自残的高风险（Paris，2002）。自残包括割自己，烧自己，戳刺自己或各种导致身体伤害的行为。这些行为会发生于解离期（dissociative episodes，此时表现为与现实的暂时脱离）。一些个体报告，自残可释放潜在累积的压力。也有个体报告，这可以帮助他们知道自己仍能体验到情感。另一些人则报告说这样做可以抵消他们所自认为的某些罪恶或污点。

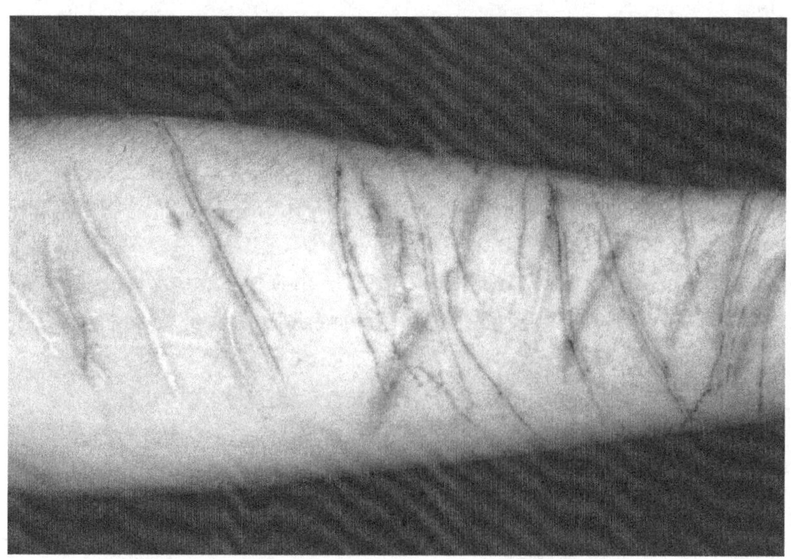

边缘型人格障碍伴随多种冲动行为，包括自我伤害。

当人们学习边缘型人格障碍的时候，他们的第一个问题常常是“是什么的边缘”。从历史上看，这个词指的是神经症与精神病的边界，因为有些（不是所有）边缘型人格障碍患者会经历短暂的精神病性发作。与边缘型人格障碍患者相处是有挑战性的。朋友和伙伴会感觉他们的情感像坐过山车，自己在对方眼中的价值则像震荡的股票市场。杰奎的母亲常对她的丈夫说，她永远无法预测杰奎从学校回家或在打电话时将要发生什么，是那个可爱和令人崇拜的杰奎还是那个愤怒和令人讨厌的杰奎？患者经常体验到的自我不一致也经常被周围的人所体验到。他们经常感觉疲劳和“难以伺候”。从他们的内部体验和社会关系两方面培养一种稳定感对于平衡边缘型人格障碍患者的复杂情绪而言是个关键。

考虑到边缘型人格障碍的行为在两极间波动和双相障碍的情绪高涨与低落（见第 6 章），怎样才能更好地区分这些疾病呢？双相障碍的患者在发作间隙是有情绪稳定期的，而边缘型人格障碍者不仅情绪确实有波动，其他行为和情感比如对他人的感受、自我感受以及他们的社会进取和社会退缩之间也是有波动的。再一次，我们回到三个“性”：边缘型人格障碍是持久性、普遍性、病态性的，而不像双相障碍那样是片断性的。

4. 表演型人格障碍

表演型人格障碍（histrionic personality disorder）是一种以过分情绪化及寻求关注为特点的普遍模式。名字中的“表演型”指的是“戏剧化”或“舞台化”，有这种障碍的人通过不断地“表演”以吸引别人的注意到他们身上来（APA，2013）。起初，他们是迷人而有魅力的，他们靠他们的活泼、丰富的行为和卖弄风情来吸引别人。一旦他们不再是人们关注的焦点，他们就会做出让聚光灯重新回到他们身上的行为。他们经常用外貌或者煽动性、诱惑性的行为将大家吸引过来，这样做可能会破坏当时的社交或职业场合的气氛。

他们的情感表达惹人注意，但缺乏深

度以及多变。这些多变的、肤浅的情绪会给人留下不真诚和假装的印象。他们表演性的发言也会有戏剧性和肤浅的痕迹。有时可能会滥用华丽的词汇、表达强烈的看法、做出戏剧性的动作，但她的行为似乎渲染太过且不真诚。

表演型人格障碍的人认为其人际关系比实际上要更亲近和更亲密。再加上他们富有戏剧性的语言，他们可能会指着一个偶然认识的人说对方是“我全世界上最亲密的朋友之一”，或将在现实中很疏远的关系描述成很亲密（例如，在餐厅看到一个名人，并随后声称他们经常在他们最喜欢的小酒馆一起用餐）。

> 当和伙伴苏珊参加聚会的时候，丹妮是一个精力充沛的、爱交际的人，是受人关注的中心。她生活在自己的内心世界里。开始的时候她非常迷人：她很容易就开始对完全陌生的人讲起笑话，好像她都认识了他们一辈子似的。但在丹妮 4 个小时的戏剧性社交和轻佻行为后，苏珊厌倦了并感觉自己就像一个陪衬人。这是这个星期的第四场聚会，当丹妮与别人调情时，苏珊感觉到不被尊重。丹妮最大的关心就是别人怎么看她，当她感到不安全时会发脾气，而这通常会指向苏珊。苏珊越来越厌倦被丹妮当作指责对象。因为丹妮总想操控别人和做决定，随着境遇的变化，她的情绪会从愤怒到满意来回波动，苏珊想离开她都好多次了。两个星期前，苏珊建议她们不要出去参加聚会了，因为她还有一整天繁重的工作需要去做，丹妮抓起玻璃花瓶就摔在地上，还愤怒地尖叫起来。吵架后，丹妮不跟苏珊联系了，有好几天不说话。等她气消了，她又对苏珊变得非常温柔和关心。丹妮不可改变的戏剧化和成为他人关注中心的需要最终导致了两人关系的结束。

与表演型人格障碍的人一起生活是非常辛苦的。虽然最初是迷人的，但要成为他人关注中心的恒久需要以及与别人的调情，这些都不能使丹妮与苏珊建立起健康互信的情感关系。这个案例说明，过分戏剧化和苛刻的行为是会破坏人际关系的。

伦理与责任

边缘型人格障碍这个标签一直与心理健康领域的重大非难联系在一起。像“执拗”“对抗治疗”“操纵”“苛刻”及“寻求关注”这样的词常与边缘型人格障碍有关（Gallop & Wynn，1987；Nehls，1998）。这些负性认知会导致负性预期、负性结果和自我实现的预言（self-fulfilling prophecies）。事实上，医生的负性预期和认知是与边缘型人格障碍患者的核心恐惧是一致的，他们对拒绝很敏感，害怕被遗弃。这些病人可能会以退出治疗的方式对医生的负性认知做出反应，这对他们是有害的（Aviram et al.，2006）。尽管对边缘型人格障碍的治疗已有很多进展（见“人格障碍的治疗”一节），这种非难却依然存在。医生轻率地和不恰当地使用“边缘”这个标签来定义疑难病例也会将负性认知和负性预期传递给其他医生（Aviram et al.，2006）。基于此，医生应当只有在患者的症状与诊断标准一致的时候才能做出边缘型人格障碍的诊断。如果他们在处理这类症状的患者时有误解或困难的时候，应该去寻求监督或参加专门的培训。

C 群人格障碍：焦虑的或恐惧的人格障碍

C 群人格障碍的一般特征是相当大的焦虑或退缩（APA，2013）。C 群人格障碍中三个亚型的共同特征表现为某种形式的焦虑——社会焦虑、强迫性或害怕独立。正如我们将看到的，人格障碍必须要与有部分相同临床特征的其他障碍作区分。将“存在方式”与疾病做出区分可以指导我们做出诊断决定（见 DSM-5：C 群人格障碍）。

C 群人格障碍 DSM-5

回避型人格障碍

一种社交抑制、能力不足感和对负性评价极其敏感的普遍模式。开始于成年早期并存在于各种背景中，表现为以下四项（或更多）症状：

1. 因害怕被批评、否定或拒绝而避免参与涉及人际接触较多的职业活动。
2. 除非确信被喜欢，否则不愿与他人交往。
3. 因为害怕被羞辱或怕被嘲弄而在亲密关系中表现得拘束。
4. 具有在社交场合被批评或被拒绝的先占观念。
5. 因为感到能力不足而在新的人际关系情境中受抑制。
6. 认为自己在社交上笨拙、缺乏个人吸引力或低人一等。
7. 因为可能出现尴尬，极其不愿冒个人风险或参加任何新活动。

依赖型人格障碍

一种因过分需要他人照顾以致造成顺从和依附行为并害怕分离的普遍模式。开始于成年早期并存在于各种背景中，表现为以下五项（或更多）症状：

1. 如果没有他人大量的建议和保证，就难以做日常决定。
2. 生活中的许多重要方面都需要他人承担责任。
3. 因为害怕失去支持或赞同而难以对他人表达反对意见（不包括对报复的现实担心）。
4. 难以自己启动一些项目或自行做事（由于对自己的判断或能力缺乏自信，而不是缺乏动机或精力）。
5. 为获得他人的培养或支持而过度努力，达到甘愿做一些令人不快的事情的程度。
6. 因为过于害怕不能照顾自己而在独处时感到不适或无助。
7. 当一个亲密关系结束时，迫切寻求另一段新关系作为照顾和支持的来源。
8. 害怕只剩下自己照顾自己的不现实的先占观念。

强迫型人格障碍

一种专注于秩序、完美主义以及对精神和人际关系的掌控而牺牲灵活、开放和效率的普遍模式。开始于成年早期并存在于各种背景中，表现为以下五项（或更多）症状：

1. 专注于细节、规则、列表、秩序、组织或时间表，达到忽视活动重点的程度。
2. 表现为影响任务完成的完美主义（例如，因为不符合自己过分严格的标准而不能完成一个项目）。
3. 过度投入工作或追求绩效，以致无法顾及娱乐活动和朋友关系（不能归因于明显的经济困境）。
4. 对道德、伦理或价值观念过度认真、谨慎和缺乏弹性（不能归因于文化或宗教认同）。
5. 不能丢弃破旧的或无价值的物品，哪怕这些物品毫无情感价值。
6. 不情愿将任务委托给他人或与他人共同工作，除非他人能精确地按照自己的方式行事。
7. 对自己和他人都采取吝啬的消费方式，将金钱视作可以囤积起来应对未来灾难的东西。
8. 表现为刻板和顽固。

资料来源：Reprinted with permission from the *Diagnostic and Statistical Manual of Mental Disorders*, Fifth Edition, (Copyright 2013). American Psychiatric Association.

1. 回避型人格障碍

回避型人格障碍（avoidant personality disorder）（见“DSM-5：C 群人格障碍”）是一种社交抑制、能力不足感和对负性评价极其敏感的普遍模式（APA，2013）。他们因为害怕被拒绝、被批评和被反对而回避参加社会或职业交往。常见特点包括社交场合的过分害羞和不适感，他们担心他们说的话会被别人认为很傻。他们还害怕脸红或在别人面前哭，真实或感知到的他人的反对意见会让他们很受伤害。

除非彻底确认不会被拒绝，否则回避型人格障碍的人可能会完全避免结交新朋友。一个常见担心就是除非证明并非如此否则他人总是批评的和反对的。因为担心不被接纳他们可能会完全回避亲密关系。回避型人格障碍的个体对拒绝或批评的信号是高度警惕的，可能会过度解读或误解别人对他们的看法。

卢是一位 35 岁的机修工，他很少从汽车底下出来。从他记事起，他与别人交谈时基本上都是恐惧的。尽管他的成绩在中学时是可以接受的，他还是担心别人说他“太天真”，因为他从来都不知道该说些什么。他回避所有的学校社交事务和团体活动，没有参加毕业典礼。他整天待在汽车修理店里修理汽车。他辞去了一个汽车修理店的工作，因为他不得不在前台接待员去休息或者去吃午饭的时候替会儿差。他处理不了那些电话和顾客，在汽车底下的时候，卢会担心电话会响，以及他会听到前台电话的铃声。他工作做得很出色，领导要提升他，但这就需要他管理几个人，他拒绝了，因为他不知道该如何应付这个团队。直到今天，卢还从来没有约会过。每天晚上，他独自在房间里坐在电视机前吃饭，回避所有的社会接触。当卢的妈妈发现他拒绝晋升的时候，她认为她受够了卢的“荒诞的害羞”并带他去做心理治疗。卢已经在一位心理治疗师那里进行了一年的治疗，旨在通过发展他的技能使他克服在社交活动中存在的普遍焦虑。

回避型人格障碍的核心是羞怯和无能感，这些会导致在社交和职业生活上的明显功能损害。他们可能完全避免谈论自己，由于其潜在的对批评或反对的恐惧，他们非常退缩和克制。别人会用安静、害羞或“壁上花”来形容他们。回避型人格障碍的人认为自己社会性不足、自卑、社会交往很笨拙。他们的社会自尊和自我效能感往往是很低的（见“证据检验：社交焦虑障碍与回避型人格障碍”）。

证据检验 社交焦虑障碍与回避型人格障碍

自1987年以来，社交焦虑障碍与回避型人格障碍的诊断定义均为，不仅包括对公共演讲的恐惧，还有害怕批评和避免有很多社交对象参与的活动（见第4章）。回避型人格障碍与社交焦虑障碍都抵制和回避社交场合。既然在诊断标准上有这样的重叠，社交焦虑障碍与回避型人格障碍真的是两种不同的状况吗？

事实

只有一个回避型人格障碍的标准“愿冒个人风险或参加任何新活动”与社交焦虑障碍不同。1992年，在一些精心控制的研究基础上，研究者得出的结论是回避型人格障碍和社交焦虑障碍在结构上是重叠的（Widiger，1992）。然而，这两种分类继续存在，这表明有些人认为二者有本质的不同。为什么？

检验证据

早期研究检验了大量变量（Herbert et al.，1992；Holt et al.，1992；Turner et al.，1992），包括障碍的核心特征、相关症状（如抑郁）及病原学。对比所有这些不同手段得到的研究数据表明，回避型人格障碍的人有更严重的问题，但这种差异是量上的而不是质上的。换句话说，二者的差异似乎只是简单的严重程度不同，而不是人们一直想找的区分二者的质的差别。最近有更多的研究继续寻找二者质上的差异（Chambless et al.，2008；Huppert et al.，2008；Rettew，2000）。这些研究不但检验早期研究的变量，还检验与疗效有关的变量。尽管统计分析可将患者要么归于社交焦虑障碍要么归于回避型人格障碍，但当社交恐惧症的症状严重程度被统计控制时，二者的差别就消失了。换句话说，分类仍然是仅基于症状的严重程度。在每一个病例中，回避型人格障碍患者具有更严重的症状和更严重的功能损害。在许多研究中，太多的人同时满足这两种障碍的诊断，致使对二者的分类显得毫无意义（Rettew，2000）。

结论

即便一些对照研究试图找到社交焦虑障碍与回避型人格障碍之间质的差别，但结果是二者几乎没有明显差别。二者的主要区别仍然是临床严重程度的量的区别，这说明了早发性焦虑障碍何以变得如此普遍，以致可影响到日常功能的各个方面。 ««««

2. 依赖型人格障碍

依赖型人格障碍（dependent personality disorder）是一种因过分需要他人照顾以致造成顺从和依附行为并害怕分离的普遍模式（APA，2013）。依赖型人格障碍的人在做最简单的日常决定上都有很大的困难，更不用说大的人生选择了。这会导致依靠别人做决定的模式，假如别人的建议或帮助没用的话，依赖型人格障碍者会变得无力（例如，因为没有穿哪件外套合适的建议，他们就不能出门）。他们是这个世界的被动参与者，常常让别人担负规划他们生活各方面的责任。这种依赖在程度上与相应年龄标准是不相称的，也不包括为了生存对他人必须依赖的情境（例如，与医疗有关的依赖）。

依赖型人格障碍的人在启动需要自己做主的项目的时候也可能有麻烦。他们对自己的能力信心很低，长期需要别人的指导和保证，他们宁愿跟随也不愿意领导。由于他们对自己的不胜任、不能干或独立生存的害怕，他们在独处时会出现无助感。

依赖型人格障碍的人在一个重要关系破裂后，会迫切建立并进入另一个关系。他们发现自己难以容忍独处，因此拼命寻找可以依赖的关系，为的是降低独处时所伴随的强烈焦虑和恐惧。他们因对被抛弃的害怕而会采取极端手段以维持确保被照顾的环境。

> 唐娜是两姐妹中的妹妹，是妈妈的宠儿，因为她长得更漂亮。小时候唐娜的确非常可爱，但是她非常害羞而且总是抓着妈妈的围裙带子。她到13岁时还在尿床，她只去最亲密的朋友家过夜，因为朋友知道她的问题，所以知道她为什么要带一个塑料床单。唐娜的妈妈非常固执、刚愎自用。她喝酒后嗓门特别大，这时总是唐娜会安静地走过去，然后温柔地求妈妈小声些。在高中时，唐娜的朋友们开始约会，唐娜的妈妈看不上那几个赴约的男孩，她认为没有哪个男孩配得上她的唐娜。唐娜约会过几个男孩，但是没有一个得到妈妈的赞同。

当开始考虑上大学的时候，尽管唐娜的成绩很好，她的妈妈告诉她上大学是浪费时间，建议她去考房产经纪人资格——那样她就能留在家里，存钱并过上好日子。唐娜同意了，按照妈妈的建议那样做了。实际上她也因此松了一口气，因为她害怕自己生活或者住大学的宿舍。她仍然帮妈妈买东西，经常为父母做一些差事。37 岁的时候，她依然在家生活。她的姐姐已经结婚有了孩子，常劝她振作起来做点有益的事。唐娜喜欢与她的外甥女在一起玩，因为莉莉无条件地喜欢她。唐娜与几个男人的短暂关系都要接近虐待了。她从不认为自己有为自己做主的权利，而且她对任何事也都没有自己的想法。当她需要的时候，至少那几个男人会过来照顾她。不管什么时候她带男人回家见父母，她妈妈总是不断地找茬并干涉他们的关系。唐娜做不了妈妈的主，不能离家独立。她整晚上地在她房间里掉泪，担心她的未来，担心假如她的妈妈死后怎么办，那时就没有人照顾她了。

尽管生活有不舒服的方面，但唐娜仍然与妈妈住在一起，这样使她觉得有人在照顾她并帮她做关键的决定。她专注于担心自己的未来，害怕哪天妈妈不中用了自己照顾不了自己。唐娜的依赖程度与身体状况或对他人依赖的实际需要没有关系，并显然与她的年龄不符。

3. 强迫型人格障碍

强迫型人格障碍（obsessive-compulsive personality disorder）是一种专注于秩序、完美主义以及对精神和人际关系的掌控而牺牲灵活、开放和效率的普遍模式（APA，2013）。患这种人格障碍的人都是典型的“只见树木不见森林”。过度专注于规则、琐碎的细节、列表或程序，从而忽视了活动的主要方面。一个常见行为是对某工作的检查和再检查以确保完全准确。一种强烈的自我怀疑感可能会导致错过重要工作或学校的最后期限。他们渴求完美，却时常事与愿违。例如，个体可能因为过于专注去完善任务的某个细节而从没有将这些细节“连成一个整体”，致使最终不能完成整个任务。学生可能会反复誊写作业以寻求最完美的报告，但因此无法按时完成，错过了任务的最后期限。

对完美的追求，往往可导致一个人完全陷身于工作中，很少或根本没有时间休闲、娱乐或发展友谊和交际。就像本章对比案例研究里杰夫将他的整个生活都投入工作日程表上那样。如果没有一个目标或活动的构想，焦虑会增加。强迫型人格障碍者甚至可能转向为自己或子女限制闲暇时间。“放松”或“休息”不在他们

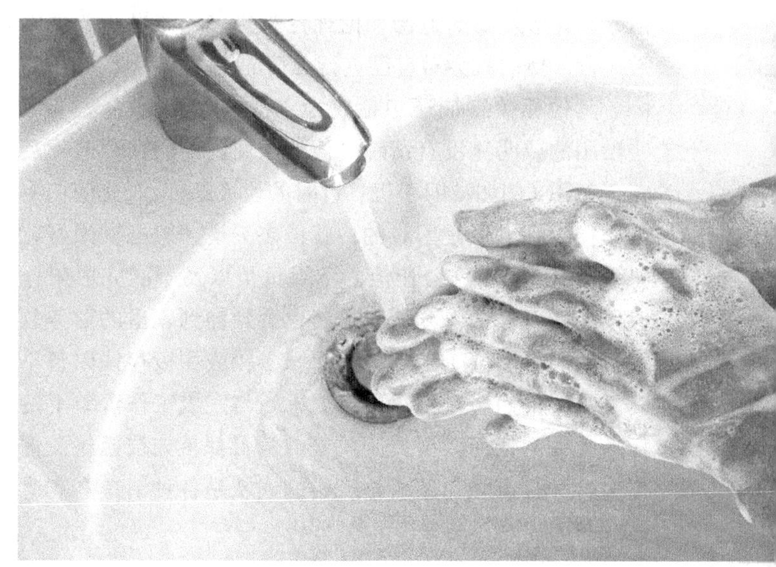

强迫症的特征是强迫观念和强迫行为（比如过度洗手），而强迫型人格障碍则具有专注于秩序、追求完美和刻板的特征。

的字典里，这确实让人非常不舒服，甚至会引起焦虑。别人认为他们是刻板的或顽固的。

强迫型人格障碍另一种常见的特征是过分认真的、严格的道德和伦理价值标准，且已超越了其文化背景或宗教信仰的适当标准和一般常模。这会导致对自己（和他人）有格外高的道德和伦理行为要求，如果一条规则被违背，他们就会对自己进行无情的惩罚。

其他相关特征还包括成为“收集鼠”，不会丢弃那些没用的或明显没有情感价值的东西。他们囤积的物品完全无用（例如，旧手机、过时的垃圾邮件）。让他们将工作托给别人做是困难的，就像杰夫说“想把事做好就得事必躬亲”。这会让他们不堪重负以及不能完成工作表里的所有任务。刻板和控制也会延伸到家里的财务领域，他们可能会感到不得不锱铢必较或积极存钱以备不时之需，他们会盘剥自己或家人。与完成工作清单上的任务无关的任何为了休闲放松的消费都首先被拒绝。像杰夫这样具有强迫型人格障碍的人就是各种清单和“应该”的囚徒。

其他人格障碍模型

虽然以上三群人格障碍范围很广，但它们还远不全面。有时，一些人很显然有人格困扰（具有普遍的、持久的和病理性的特征，但更像他们的“存在方式”而不是疾病）。然而，他们与前述障碍中的任何一个诊断标准都不能完全吻合，这时会给他们一个诊断人格障碍－其他非特定（personality disorder - not otherwise specified），这说明他们的症状可能是几种障碍的混合。所有人格障碍在临床实践中，最常被使用的诊断就是这种（Verheulet al.，2007；Verheul & Widiger，2004）。有些人符合不止一种人格障碍的诊断标准（例如，依赖型和表演型、强迫型和偏执型）。

将精神障碍认作分类清晰的，是容易的而且方便诊断，但做到却没那么容易。相关研究在不断建构，在人格障碍该如何被理解上依然存有争论。相对于绝对分类模型，一些理论家提出了人格的维度模型（见第 3 章）。一个著名的维度模型就是五因素模型（five-factor model，FFM）。在这个模型里，行为按五个不同的维度分类——神经质、外倾性、开放性、随和性、尽责性，然后对个体在每个维度上的适应度高低进行评定（见图 11-1）。将这些维度因素与目前的 DSM-5 诊断相结合，就可能使这些诊断更具有说明性。例如，一个具有分裂样人格障碍的人在外倾性上可能是低分，具有边缘型人格障碍的人在神经质（焦虑）上得分是高的。维度模型的支持者（Widiger & Lowe，2008）认为它可以提供对人格的更全面了解，以及可以消除为了更加准确地描述患者而给出多种人格障碍诊断的需要。由于这个模型强调人格优势，因此也减少了将某人贴上人格障碍标签的耻辱。

除了对绝对分类与维度分类系统的争论外，DSM-5 中对人格障碍的描述可能只是患者和临床医生所感兴趣的人格障碍问题的一小部分而已（McCrae et al.，2001）。在一项研究中（Westen & Arkowitz-Westen，1998），60% 的患者因人格相关问题和痛苦接受治疗，但他们的症状不符合 DSM-5 中人格障碍的诊断标准。然而，诸如追求完美和羞怯这类人格问题，是这些患者寻求治疗的原因。如上所述，寻求治疗的人完全符合人格障碍的分类标准是少见的。而更多的，患者有各种症状的集合，不单是跨群内的各亚型，而且有时是跨群的。心理学家的工作是评估和治疗患者身上复杂的人格障碍，而不是将他或她的观点仅限于已公布的任何诊断标准。

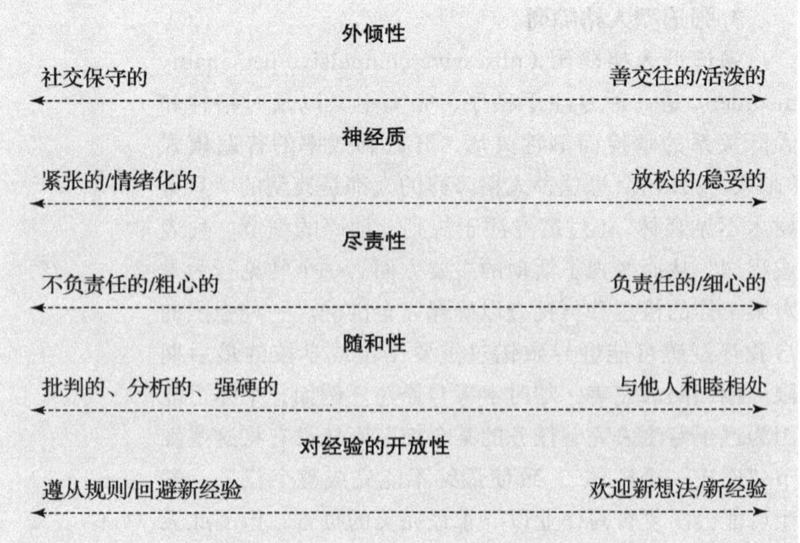

图 11-1 人格的五因素模型

这个模型设想人格有五个基本维度：外倾性、神经质、尽责性、随和性和对经验的开放性。

发展因素与人格障碍

DSM 有助于医生将患者目前的状态与一生的行为模式进行对比，但区别并不总是十分清楚。例如，人格困扰出现多长时间就能够被诊断为人格障碍？对于 18 岁以下的人，其人格特征在理论上还处于形成阶段，当显著的人格病理学存在并符合人格障碍的诊断标准时，可诊断为人格障碍吗？如果症状出现至少一年，则人格障碍的诊断可能是合适的，但当考虑到大脑成熟对人格成熟过程的影响时，给 18 岁以下的人下人格障碍的诊断是有争议的（Ceballos et al.，2006）。

从发展的观点来看，人格障碍的很多表现代表了童年和青少年时期的典型（虽然短暂）行为。依赖、焦虑、过度敏感、同一性形成问题、品行问题、表演性和考验极限在他们的童年和青春期很常见。总之，纵向追踪研究表明：尽管童年和青少年期人格障碍类型的症状发生率越高长大后患心理障碍的风险越大，但这些行为却随时间在减少。早期表现的症状越恶劣（如伤害动物或危险性行为），对之后人格困扰形成的警示越明显。随着我们对人格构成的理解，越来越多的证据表明，人格障碍可能源于非常早期的生活，至少部分与基因水平上的编程有关。长大后的人格元素，甚至可能在婴幼儿期就已经被简单地表现出来（De Clercq & De Fruyt，2007）。当我们观察儿童期人格萌芽的时候，健康发展的个体人格特点与早期的病理学人格特点之间的区别尚不清楚。

在社区和临床样本中，青少年人格障碍伴随着情绪痛苦和心理损害。在从儿童期到成人期 4 个时间点进行的、对一个社区 593 个家庭的儿童进行的前瞻性纵向研究中（Johnson et al.，2006），结果显示：缺少家长关心、照顾的孩子长大后会出现高的反社会型、回避型、边缘型、偏执型、分裂样及分裂型人格障碍发生风险。令人厌恶的父母行为（如恶性处罚）将导致后代出现边缘型、偏执型和分裂型人格障碍的高风险。这项研究以后代的行为、情绪问题及父母的心理障碍为控制条件，结果表明，父母教养方式可能会影响儿童人格障碍的发展。从青春期到成年的进展研究最清楚的例子是品行障碍和反社会人格障碍（Johnson et al.，2006）。

青少年人格障碍也与其他心理障碍的存在有关联。一位在整个青春期持续具有依赖特征的女子，成年期在经历失去时会有出现严重抑郁的高风险。应用维度方法来了解儿童的个性发展，可能会产生更丰富的信息。一项被称为“积木工程”的纵向队列研究，从 3 岁开始一直到成人期追踪了 100 名儿童。结果发现，儿童的个性特征和行为模式预测了后期的问题发展，如恶劣心境。一个在 18 岁患有恶劣心境障碍的男孩，在 7 岁时就可以观察到好斗、自夸和不受约束的特点。后期患有抑郁症倾向的女孩在儿童期是自我批评和过度约束的（Block et al.，1991）。因此，存在于儿童早期的人格差异与之后的障碍有关，如抑郁症。不同的行为特点对男孩和女孩的影响也不同。然而，我们必须小心，不能轻易下结论说：童年和青少年期的每一个不寻常行为都能预测以后心理障碍出现的高风险。我们还没有充分认识到儿童和青少年时期人格特质的临床意义。

共病和功能损害

正如本章中的每一个案例表明，人格障碍造成大量的功能损害，最明显的是人际关系。患边缘型人格障碍的人，由于迅速波动的爱慕和仇恨情绪而疏远她的朋友和恋人；患强迫型人格障碍的父亲由于应对世界的刻板方式而疏远他的家庭；患分裂样人格障碍的儿子抛弃他的兄弟并与世界联系很少。患人格障碍的人为身边的人造成了很大的痛苦，他们往往因其不寻常和极端而成为人们谈论的主题，这些也许并不奇怪。

人格障碍者的职业功能也常常深受影响。如回避型

像“积木工程”这样的纵向研究从儿童期的人格特质追踪到成年期，以确定成人期心理异常的早期线索。图中，研究者站在经年累月收集的数据中间。

人格障碍患者会拒绝晋升的机会以避免人际交往，反社会人格障碍患者不负责任地来回换工作，表演型人格障碍患者为了获得同事的关注而不合时宜地调情。由此可见，人格障碍可以导致职业问题和失败。不用说，管理者即使没有心理学背景也能了解这些行为模式其实是人格障碍的表现。这些行为会造成低下的或不恰当的工作表现并可能因此而丢掉工作。

除了社会和职业功能的问题，一般而言，人格障碍者比其他人有更高的患许多其他精神疾病的风险。偏执型人格障碍和分裂样人格障碍极可能伴有恶劣心境和躁狂症（Grant et al.，2004b）。回避型人格障碍与依赖型人格障碍极可能伴有严重抑郁、恶劣心境和躁狂症（Grant et al.）。回避型人格障碍还可能伴有社交恐惧症（Mattik & Newman，1991）。边缘型人格障碍常与严重抑郁症（Sullivan et al.，1994）、暴食症（Rosenvinge et al.，2000）和物质滥用障碍共病（Dulit et al.，1993；Skodol et al.，1999）。反社会人格障碍常常同时患物质滥用和其他冲动控制障碍（APA，2013，1993；Dulit et al.，1993；Goldstein et al.，2007）。共病的高发提示人格障碍的临床表现和功能损害可以与其他障碍同时存在。此外，这些联合导致个人的显著痛苦，并对治疗提出了挑战。本章后面会提到，干预不仅施予普遍存在的人格异常，也需考虑与共病障碍相关的急性症状。

流行病学

人格障碍的流行病学资料很少。原因之一是，人格障碍无法通过一次接待而做出可靠诊断。大多数有关流行病学的研究是依靠单一的诊断性面谈（这是最好的）和一系列的自我报告问卷。在流行病学横向研究中捕捉人格的复杂性是一项艰巨而且可能是不可靠的任务。在考察已有数据时我们必须记住这一点。

在一般的美国成人人口中，A 群人格障碍患病率估计为 0.5% ~ 4%（Grant et al.,2004b）。2001 ~ 2002 年，全美国关于酒精及共病流行病学调查显示，多达 14% 的成年美国人满足至少一个人格障碍的标准（Grant et al.）。这项研究报告的具体患病率分别为：强迫型人格障碍占 7.8%，偏执型人格障碍占 4.4%，反社会人格障碍占 3.6%，分裂样人格障碍占 3.1%，回避型人格障碍占 2.3%，表演型人格障碍占 1.8%，依赖型人格障碍占 0.5%。

性别、种族、民族

我们对人格障碍的性别差异的认识来自流行病学研究和临床人口研究。然而，临床研究报告的性别差异可能是片面的，可能只是反映了不同的性别寻求治疗（被带来治疗）的不同，而不是真正的性别差异。当我们进行跨流行病学研究的结果比较时，出现了两个固定的模式。首先，反社会人格障碍一直更常见于男性（Grant et al.，2004b）。其次，依赖和回避型人格障碍往往在女性中多见（Grant et al.，2004；Torgersen et al.，2001）。虽然在临床研究中被诊断为表演型人格障碍的女性多于男性，患自恋型人格障碍的男性多于女性（Torgersen et al.），但并不是所有的流行病学研究都有这样的结果(Grant et al.)。除了以上这些差异外，人格障碍的性别差异方面很少有一致的模式出现。

基于人群的人格障碍的种族和民族差异的数据很少。在一项白人、非裔美国人和西班牙裔美国人参加的纵向研究中结果显示，在边缘型人格障碍方面，西班牙裔美国人比白人和美国黑人的患病率更高；在分裂型人格障碍方面，美国黑人比白人患病率高。流行病学责任区（Epidemiological Catchment Area，ECA）研究（Robins et al.，1984）表明：表演型人格障碍在美国黑人与白人中有着相似的发病率（Nestadt et al.，1990）；边缘型人格障碍较常见于非白人的个体，他们属于较低社会经济群体（Swartz et al.，1990）；反社会型人格障碍在墨西哥裔美国人、波多黎各人和非西班牙裔白人中有着相似的发病率（Canino et al.，1987；Karno et al.，1987）。

对待人格障碍的种族和民族因素方面的数据必须相当谨慎。我们根本没有足够大样本的文化精确研究，以确定人格障碍的流行差异或临床表现差异。

人格障碍的病原学

是什么原因导致了个体总是以一种不适应的方式来应对世界？在生命的早期是否存在预测人格病理学的指标？我们能用与其他障碍相同的工具去了解人格障碍的成因吗？这些都是人格障碍领域专家所从事研究的关键和普遍问题。就像其他障碍患者那样，人格病理学的发展并非来自如遗传基础、化学失衡、心理特征、问题社会环境等任何单一因素。了解人格病理学的关键是要聚合两点：一是生物－心理－社会观点；二是对人格障碍发生背景的全面了解。在本章余下的部分，我们将简要说明人格障碍的生物的、心理的、社会的因素，以及它们是如何互动并导致了人格功能上的障碍的。

生物学观点

如果你问一个有好几个孩子的母亲，她会告诉你她的孩子都不一样，从出生甚至在出生前就会出现明显不同的个性（见“研究热点：从儿童期到成年期的气质追踪”）。

从儿童期到成年期的气质追踪

气质是指在婴儿期和儿童早期就能观察到的稳定的情绪和行为概况。两个有关儿童气质的最广泛研究方向是：在不熟悉的刺激面前行为倾向是接近还是退缩。有些儿童遇到一个陌生人就躲在母亲背后（行为拘谨儿童），有些儿童则热切地参与和接近陌生人（非拘谨儿童）。杰罗姆·凯根和他的同事追踪了一个孩子队列，他们在生命的最初两年被分为行为拘谨组和行为非拘谨组。当他们面对陌生人时，除了观察到的接近/退缩差异外，还发现了基于生物反应的重大差异。在认知任务期间，拘谨儿童表现出较快的心率和较大的心率变异性，瞳孔更大；在中度应激水平下讲话时，声带紧张，唾液皮质醇水平升高。有趣的是，这些差异在整个童年和青少年时期仍然存在。这些孩子长大时发生了什么？他们能“改掉”他们的生物学特征以及他们接近或回避的趋势吗？

施瓦茨、怀特和他们同事的研究对22名成人（平均年龄为21.8岁）进行追踪，这些人在生命的第二年即被归类为拘谨组（n=13）和非拘谨组（n=9）。他们使用磁共振成像（fMRI）测量杏仁核（大脑中控制觉醒的中心机制）对陌生与熟悉面孔的反应。研究人员发现，这些成年人拘谨或非拘谨的生物学痕迹依然存在。儿童期具有拘谨特点的成人在面对陌生面孔的时候，杏仁核反应比非拘谨特点的人更活跃。这些结果表明，一些与气质相关的基本脑部特征从婴儿期一直被保存到成年早期。«««

气质是人格的一部分，据信是以生物学为基础的，在生命早期已很明显。

对比她的孩子们，拉珊达说：“罗尼从出生到现在都是一个讨厌的家伙。他总是大声地哭喊，没有什么东西能安慰他。事实上，这种行为出现得还要早一些。我怀孕的时候，每当我想要睡觉的时候，他就想玩。那9个月，我一刻不得闲。之后，我没长记性又怀上了杰克。怀杰克的时候，我睡觉他也睡觉。杰克出生后，我原预料他会像罗尼那样突然在半夜发脾气让人哄不下来。事实是，他可能会哭喊一两声，这时我就走进他的房间，摩挲他的背，他就会轻轻深呼吸，微笑着翻身去睡觉了。这两个孩子的‘布线’极不一样！”

气质（temperament）是受遗传影响的并会导致人格特质的一些变异性。它是指人格最初的生物或遗传组成部分，可在出生时（或之前）观察到，而且随时间及各种情境的变化都相对稳定（Buss，1999）。例如，有的孩子是天生挑剔和易怒的，有的则是柔和和沉静的。甚至双生子的母亲也会指出共享一个子宫的两个婴儿的气质也存在根本差异。当这些先天的生物学部分与外部世界互动时（即经验），人格就出现了（Cloninger et al.，1993）。因此，人格特质是气质与经验的结合。人格障碍是这 结合功能失调的结果，即当这些特质以夸张的和不适应的方式应对世界时。

不同的人格维度和作为其基础的生物或遗传标志之间的联系目前仍停留在理论层面上。Cloninger在1993年提出，气质的不同维度和特定的神经递质系统有关联（Cloninger et al.，1993）。随着我们对气质的理解和神经生物学的进展，目前很明确的是任何特质和神经递质一一对应的理论都将会被更加复杂的生物学基础模型所替代。

1. 家庭和遗传学研究

家庭和双生子的研究清楚地表明，人格障碍

（Kendler et al.，2007，2008）和人格特质（Jang et al.，1996；Rettew et al.，2008）都受家庭和遗传因素影响。对于这些复杂的特质，单个基因不能导致单一的气质特点，特质可能由多个基因的组合加上环境的影响综合形成。

气质在生命早期即出现，并且在穿越童年期和青春期时相当稳定。

探索遗传与环境因素在人格障碍形成中作用的研究仍在继续。大量的双生子研究显示，那些偏执型、分裂样、分裂型人格障碍都有中等程度的遗传性（Kendler et al.，2007，2008）。一个大型的多元双生子研究结果显示，人格障碍的遗传力估计最低为：分裂型 20.5%，偏执型 23.4%；最高为边缘型 37.1%，回避型 37.3%，反社会型 40.9%。

亲子间依恋贫乏可能对人格障碍起到病原学作用，良好依恋可以起到保护性缓冲作用。

2. 创伤性事件的作用

尽管有人可能会将创伤性事件视为短暂的环境因素（它们确实是），我们现在知道，尤其是在发展的关键期，他们可能会在脑生物学上产生深刻和长远的影响（Goodman et al.，2004）。人格障碍患者童年情感虐待、身体虐待和被忽视的报告率增加（Battle et al.，2004；Bierer et al.，2003）。童年的身体和 / 或性虐待史与人格障碍有联系（Herman et al.，1989；Ogata et al.，1990；Zanarini et al.，1989）。这些联结为人格障碍发展的生物学机制提供了重要线索。早期的虐待与基本依恋问题有关。依恋是为我们提供长大后与他人交往基础的过程之一。依恋贫乏被认为会影响某个脑结构，该结构是发展出认识别人心理状态的能力的基础。这种能力被称作"心理化"（mentalization）（Fonagy et al.，1991）。早期的创伤事件和随后依恋的破坏，可能导致人际功能的神经发展缺陷，并产生未来发展出严重人格障碍的通路。

包括童年创伤经历的创伤性事件发生后，可能会改变人对威胁性刺激的神经生物学反应。已观察到有创伤性事件经历的人会出现觉醒、恐惧调节和情绪调节的改变（Arnsten，1998，Bremner，2007；Bremner et al.，1999；Mayes，2000；Shin et al.，2005）。这些大脑功能的改变是为了适应真正的危险环境，这需要个体为了生存做出快速的自动反应。然而，早期的创伤性事件可能会损害生物学的觉醒调节和恐惧调节，导致在没有危险来临的时候做出不恰当的反应。这样，创伤性事件可能会导致对威胁的过分警觉和过度反应。早期的儿童创伤可能对大脑发育造成持久影响，从而为适应不良的人格特质的出现提供平台。因为许多人格障碍表现为不适应，如在许多案例中对看似无害的人际事件过分反应，以上这些基本的神经生物紊乱可以作为在人格障碍者身上常见的对外界波动和失调的反应的基础。

3. 大脑结构和功能研究

利用先进的评估工具，如 fMRI 和 PET 扫描，我们现在能够对一些人格障碍进行神经生物学研究。从行为上看，分裂型人格障碍者显示出与精神分裂症患者相同的精神病样的认知和知觉症状以及认知混乱。然而，从生物学来看，二者既有相似之处也有不同的地方。在结构上，分裂型人格障碍和精神分裂症患者都出现了颞叶容积异常（Siever et al.，2002）。然而，精神分裂症患者的额叶容量减少在分裂型人格障碍的个体身上没有发现。二者在功能上也有一些微妙的生物学差异。二者都显示了额叶皮质脑活动减少，但只有分裂型人格障碍患者显示了通过激活大脑其他区域以弥补损失的能力(Siever et al.)。

在 B 群人格障碍中，人们对边缘型人格障碍和反社会人格障碍所做的研究专注于控制发怒、恐惧、冲动性自动反应（是这些障碍的主要症状）的脑区域上。结果显示，边缘型人格障碍患者的海马区域和杏仁核区域要比没有人格障碍的人小 16%。边缘型人格障碍患者常见的创伤性经历，可能加重这些神经解剖学变化（Driessen et al.，2000）。反社会型人格障碍的神经生物学理论集中于觉醒或觉察的个体差异上。一种理论认为，反社会人格障碍者长期处于低觉醒状态，他们的行为是在不明智地试图寻求刺激（Quay，1965）。另一种理论则侧重于反社会人格障碍者明显的无畏并推测他们比其他人有更高的恐惧觉察阈限（Lykken，1982）。这种恐惧觉察的差异，使他们能够平静地进入别人会认为非常害怕的情境。

心理学和社会文化观点

心理学的一个分支（人格心理学）专门研究健康和适应不良人格特质的心理过程。几十年来，各种心理学理论指引着我们了解其病因。在这里我们回顾两个最突出的理论，心理动力学和认知 – 行为的观点。

1. 心理动力学的解释

大多数心理动力学理论聚焦在早期的亲子互动上，它们认为这是形成人格障碍的行为特质的原因。例如，边缘型人格障碍患者被认为是因缺乏父母接纳而伤害了其自尊，并导致害怕被拒绝（Gunderson，1984）。实际上，这种理论与边缘型人格障碍患者所报告的高频率的虐待和忽视相一致（Herman et al.，1989；Ogata et al.，1990）。根据这些理论，人们往往内化父母的消极态度，使他们很容易恐惧被遗弃和自我厌恶。另外，他们往往像父母对待他们那样去对待自己。这些态度阻止他们发展出对自己和他人的成熟的、一致的、积极的看法，并导致难以调节面对失望时的情绪，并难以采纳他人的观点。

从持久严重的精神病到严重的人格障碍，从神经症性功能到健康功能，由精神病学家欧托·康伯格（Otto Kernberg）（1975）提出的一个有影响力的理论为其背后的心理病理学提供了一个完整解释。康伯格的工作最初是针对边缘型人格障碍，但也包含其他人格障碍。例如，自恋型人格障碍的人在很大程度上夸大了对自己的看法以维持他们的自尊。从表面来看，这些人爱夸张，但他们的内心往往对即使是很轻微的对自我的攻击都非常敏感。他们制造这种夸大的自我感知为的是配合他们内心中的理想的夸大认知。如果所遇事件不能满足他们的这种理想，他们会体验到羞耻、悲伤和失败感。因此，夸大感保护了这些负性情绪。

2. 认知 – 行为理论

认知 – 行为理论提出，人格的基础是学习并在很大程度上被个体独特的环境所塑造。从认知的角度来看，人格的发展来自个体的环境及其信息加工方式间的互动。例如，假设有两个少年，一个相当外向并喜欢寻求新的体验，另一个却很害羞、焦虑、害怕体验新事物。这两人作为无人陪伴的少年都在乘坐飞机，他们的飞机遇到气流，下降了 10 000 英尺（约 3 048 米）。第一个少年会把该经历看作像一个过山车，基本上会说，“哇，狂野之旅。”第二个少年则会发抖和哭泣，觉得他快要死了，发誓永远不会再上飞机。两个气质不同的男孩处理相同的环境事件非常不同。我们的气质和环境在经历这一位置上相互交叉，促进我们人格的发展。认知 – 行为的理论和治疗丰富了我们对人格障碍的理解，并贡献了如下概念：目标、技能、自我调节、图式及核心信念（如我是个不可爱的人）(Bandura，1986；Mischel，1973；Mischel & Shoda，1995）。对人们如何学习调节自己的情绪（Linehan et al.，1993）以及发展关于自己和世界的核心信念（Beck et al.，2003）的注重已经将理论转化为对人格障碍的认知 – 行为治疗（见“人格障碍的治疗”一节）。

3. 社会文化理论

人格的社会文化理论超越了对个体的研究，包括更广泛的人格发展背景观，认为文化是塑造人格的关键因素（Miller，1997）。基本的文化差异可影响人格的概念，例如“自我”概念在日本和西方文化中的差异。在日本文化中，“自我”既包括个人的自我还包括周围的文化团体；在西方主流文化里，“自我”被认为是独立的而与他人无关（Markus & Kitayama，1991）。显然，这个核心概念上的差异将影响人们对异常行为由何构成的看法。

影响对人格跨文化研究的另外一个因素就是语言。西方关于人格的经典用语可能无法捕捉到其他文化里对人格的表达和用语的细微差别，如日本的“amae”这个词（指对依赖的需要）（Doi，1973），还有印地语的“anasakti”这个词（指非依恋，即与极大内心平和及心理健康有关的对依赖的摆脱）（Pande & Naidu，1992）。我们观察到的跨文化人格障碍的“相似之处”可能只是反映了西方语言对非西方文化的强加。因此，虽然在人格的维度方面出现跨文化的一致，但依然存在着的文化差异将丰富我们对人格障碍的理解（Poortinga & Van Hermert，2001）。

在跨文化研究中，对基本的人类概念如“自我”的不同理解可能导致对人格障碍非常不同的概念化和治疗方式。日本人的“自我”相对于美国人的“自我”来说，是个更广泛的概念。

人格障碍的治疗

治疗长期存在的行为模式完全不同于治疗急性障碍。没有魔法药片去改变一个人的人格风格。患者和治疗师都不得不对健康和适应不良的行为模式做出精细区别。患者必须理解那些受其障碍伤害的人的观点。此外，既然这些行为模式是长期的，就不能期望有快速的改善——尤其是涉及他们的早期经历和大脑功能改变时。还有一个重大挑战是把人格障碍的患者送去治疗，经常是周围的人比他们本人对送他们去治疗更感兴趣。最后，当一个人具有一种以上人格障碍，并患有急性心理障碍如重度抑郁障碍、双相障碍、神经性厌食或物质滥用时，治疗会变得异常复杂。这种共病的治疗即便对最有奉献精神的医生来说都是一项挑战。耐心、一贯和坚持是治疗师最可贵的个性品质，可以促进对人格障碍的治疗。

直到最近我们才见证了一次对人格障碍治疗的随机对照实验研究的高潮。最近的研究探索了心理动力学治疗、认知－行为治疗及其变种的疗效，虽然研究的总量仍然很小。这些研究的质量参差不齐，因为一些研究对象是特定的人格障碍，一些研究对象是人格障碍的集群，还有一些是对人格障碍的一般研究。这造成了在研究结果解释上的困难。

大多数特定的人格障碍研究集中于边缘型人格障碍或者反社会人格障碍的研究，回避型人格障碍和C群人格障碍也吸引了一些研究的注意，但在对A群人格障碍治疗上的数据还是缺乏的。考虑到这一点，我们有必要描述一下人格障碍的各种治疗、它们的实践基础和可用研究的局限。鉴于这一领域的广泛性和多样性，我们会在普遍意义上讲人格障碍的治疗方法和数据，特定人格障碍只关注边缘型的。

尽管有关治疗的研究数量有限，最近的数据显示了心理疗法在人格障碍治疗方面的重要性。虽然药物可以帮助控制相关的症状如焦虑或抑郁，但心理社会治疗和它们传递关爱的良好沟通是最佳人格障碍治疗所需要的。

早期的人格障碍治疗是基于动力学心理治疗的，并发展出精神分析技术作为长期治疗方法。现在的治疗方法在某种程度上会因障碍的不同而有所不同，并会考虑到并发的心理障碍共病。

对于 A 群人格障碍来说治疗是具有挑战性的。当他们的核心问题是不信任的时候，对于偏执型人格障碍的人来说让他们相信治疗师的动机是尤其困难的。分裂样人格障碍的人对社交没有什么兴趣，所以说服他们相信社交是必需的并能带来积极强化也是很困难的（Beck，2003）。分裂型人格障碍患者经常受益于认知－行为治疗，那可以帮助他们发展正确的思维并消除或改正古怪离奇的认知（Beck et al.，2003）。

有一种专门针对边缘型人格障碍患者急剧波动的症状开发的认知－行为治疗，称为辩证行为疗法（dialectical behavior therapy，DBT），已获得大量的实证证据支持（Binks et al.，2006；Linehan et al.，2006）。DBT 是以关注生物学和环境因素交互作用的模型为基础。DBT 假设，基本的生物学问题是情绪调节系统，它可能由基因、子宫内因素、创伤性早期经历或者是这些因素的某种结合产生。环境部分是指与惩罚、创伤或对这种情感脆弱性的忽视有关的情况。边缘型人格障碍产生于个体与环境间的互动，个体变得越来越不能调节情绪，环境则逐渐变得失效（Linehan et al.）。边缘型人格障碍患者的情感失调是由情感脆弱性和情绪调节技能的缺陷所致。有趣的是，68 岁的 Linehan 博士透露，在她青年的时候曾经因为自杀、自残和情绪失调住过院。当时她对心理健康系统感到很困惑，还被误诊为精神分裂症。在《纽约时报》的一次采访中，她承认自己开发的 DBT 疗法是从她自身经历得出的，DBT 给她提供了这么多年她从未获得过的帮助。

DBT 强调治疗师与患者之间的讨论和协商，以求得理性与感性的平衡、接受与改变的平衡。治疗目标的建立是按层次的，以消除自我伤害行为作为优先层次。DBT 有很多原则，但所有的患者都要接受五个领域的技能训练：止观（mindfulness，以提高对注意和心灵的控制）、人际交往技能（interpersonal skills）、冲突管理（conflict management）、情绪调节（emotional regulation）、痛苦耐受（distress tolerance）以及自我管理（self-management）。这些方法帮助患者将混乱的内心状态安静下来，注意那些情绪化的行为，发展出使情绪和冲动更加有效控制的技能。药物也可同时被用来协助调节生物系统。

与往常的治疗方法（我们称之为“谈话治疗”）相比，DBT 加上部分住院治疗（一日治疗项目）会产生更好的治疗效果（Brazier et al.，2006）。此外，DBT 对于边缘型人格障碍患者的治疗成本可能比传统的疗法更划算。其他对于边缘型人格障碍来说有效的治疗策略包括住院治疗（Dolan et al.，1997）和逐步治疗。这些治疗的特点是短期住院治疗，之后是长期门诊治疗和社区治疗（Chiesa et al.，2004，2006）。

经常给边缘型人格障碍患者开的处方药物包括抗抑郁药、情绪稳定剂（平稳情绪障碍者或高或低的情绪的药物）和抗精神病药物。这些药物的针对目标是突然情绪波动、冲动和攻击。虽然目前研究不多，初步研究表明，这些药物对患者是有所帮助的（Bellino et al.，2008）。非典型抗精神病药物（见第 10 章）可能有助于那些有精神病样、冲动或自杀症状的边缘型人格障碍的患者（Grootens & Verkcs，2005）。边缘型人格障碍经治疗确实会缓解，知道这一点是很重要的。在一项 6 年的前瞻性疗效研究中（Zanarini et al.，2003），34.5% 符合诊断标准的患者会在两年后缓解，49.4% 的患者在 4 年后缓解，68.6% 的患者在 6 年后缓解，73.5% 的患者缓解超过了追踪期。此外，只有 5.9% 的患者出现了缓解后的复发症状。

辩证行为治疗将禅修与认知－行为治疗相结合，会教授如“止观”的概念，指对自己的体验和情绪状态的觉察。在这里，Linehan 博士（DBT 提出者）和她的学生 Trevor Schraufnagel 及 Andrada Neacsiu 在 DBT 团会开始时向大家展示治疗师的止观练习。

科学与生活 罗宾——生命转折和边缘型人格障碍

患者：罗宾开始担心她的父母和朋友是在读高三时。在上高三前的夏天，她家搬到了一个新的州。在原先的学校，她相当受欢迎，经常参加活动和学生组织，尽管她敏感、情绪化但仍能按妈妈的要求去做一个行为端庄的女孩。她极不想搬走。她有一个朋友圈，担心新学校充满小帮派令她交友困难。

问题：他们搬家后不久，罗宾有了非常大的改变。她把头发染黑，开始上黑色的眼妆，穿黑色的衣服，在家很少说话。她从学校回到家，把书扔下，然后就躲进自己的房间里。她回避与家人一起吃饭，经常像在沉思。无论谁关心她的健康问题，她都会发脾气并把对方推走。转诊来的那天晚上，她跑到妈妈的卧室哭喊着说她害怕她就要死了。血从她的右胳膊上涌出。她的妈妈给她用绷带止血，直接带她去了急诊室。在那里，罗宾被发现这已经不是第一次了，她以前也扎伤过自己。在她的黑色长袖和裙子下面，她的胳膊和大腿被刀伤覆盖。今天晚上她是扎得太深而把自己吓坏了。

治疗：罗宾被安排到住院部进行诊断评估。精神病专家诊断她是重度抑郁症和边缘型人格特质，并向她推荐了药物和心理治疗。她还提醒罗宾药物治疗期间按时用药不要饮酒，告诉她饮酒可能会对药物治疗有坏作用。她把罗宾推荐给了一位专门从事辩证行为治疗（DBT）的治疗师。

罗宾极不想接受治疗，在治疗的第一天她就采取了治疗师称为“我谅你也不敢管我”的立场，并显然打算挑战所有的底线。治疗师对这种人格风格并不陌生，也因此认识到罗宾眼里的世界是多么混乱和多变。她知道治疗的关键是一致的态度和坚定的同情。

随着治疗的进行，罗宾有数不清的起起落落，两次因为割腕被送急诊室重新将治疗重点聚焦到自我伤害的行为上。最终，当感到割自己是唯一选择的时候，罗宾能够使用她在团体里面学到的情绪调节技能。她开始能够关注那些妨碍她发展出合理高质量生活的想法和行为，并学会了相应的行为技能，并最终完成自我确认和自我尊重。

开始，所有的“规则”都令罗宾感到挫败，但是，后来她习惯了这种治疗方式，她理解这种规则的存在是因为假如她受伤了或者死了，或者做了妨碍治疗的事情，剩下的事情就都没有什么意义了。而且，她真的想去做其他事情，这些事情给她提供了“先做重要的事”的动力。经过一年半的治疗，这期间有过许多进步也有过许多退步，罗宾开始接受自己，同时她也学会用DBT技术去改变不健康的生活应对方式。

她们签订了一份治疗合同，中心意思是要诚实。DBT方法运用了一系列广泛的认知和行为策略，从她的自我伤害行为开始，帮助罗宾学习接受现在的自己，在此背景下教给她如何改变。治疗师坚定地以问题解决为立场。由于DBT方法的典型性，治疗师意识到要靠每周一次的会面让她学会所有的技能实在是太多了。于是她又让罗宾签订了一个附加的每周一次的团体治疗。这个团体重点训练情绪调节、痛苦耐受、人际交往的有效性、自我管理以及作为核心的止观（一种学习如何更好地观察、描述、参与世界的方法）。当她在团体里学习了这些技术，她的个体治疗重点是怎样将这些技术很好地整合到每天的生活中。尽管她开始不愿意参加都是“一群有病的人”的团体治疗，但最终还是与治疗师签订了这个合同，说要去参加团体治疗。只有罗宾参加未来一年的每周团体治疗以及遵从治疗有关的规则，她的治疗师才同意继续为她做个体治疗。经过激烈的情绪波动，罗宾最后签订了个体治疗合同。治疗师告诉她治疗是非常结构性的，期间谈些什么都是慎重考虑的并且规定非常详细。假如罗宾感到想要自杀或做任何有生命危险的事情或自我伤害行为，例如割腕，治疗师将不允许她做任何事情。

治疗的另一个重要工作是关注妨碍治疗的任何事情。例如，治疗进行到大约第6个月的时候，罗宾为她的治疗师带了一个礼物。这是一个纽扣，上面写着：“你的关心开始令我冒火。”有时候，对于罗宾来讲，接受治疗师的同情立场真的很难。在内心深处她觉得自己不值得被关心。了解到这些信息后，治疗师将治疗重点直接转向罗宾对治疗师的感受以及她接受关爱的能力上。

结果：罗宾从中学毕业被当地的一所大学录取。不再靠父母的医疗保险治病，她转到学校的健康服务中心，在那里她继续接受个体和团体治疗。治疗师偶尔会想知道她转诊以及离开当初的治疗团体后过得怎么样。几年以后，治疗师收到一封罗宾写给她的电子邮件，上面说她已经大学毕业了，她打算做一名高中心理咨询师。

本章小结

1. 讨论人格障碍与本书中谈及的其他障碍有何不同。

   对人格特质和人格障碍的区分很关键。人格障碍是一种内在经验和行为的持久模式，它们是偏离常模的，具有普遍性、持久性和病态性，发病于青春期或者成年早期，具有跨时间的稳定性，并且会导致痛苦和功能损害。

2. 描述人格障碍的三类集群以及每类集群中各人格障碍的特点。

   人格障碍按照核心特征被分为三类集群：A群人格障碍，特点是“古怪的或反常的”，包括偏执型、分裂样、分裂型人格障碍；B群人格障碍，特点是“戏剧性的、情绪性的或不稳定性的”，包括反社会型、自恋型、边缘型、表演型人格障碍；C群人格障碍，特点是“焦虑的或恐惧的”，包括回避型、依赖型、强迫型人格障碍。尽管这是一个主要模型，许多人更倾向于用维度的方法来捕捉人格的本质。

3. 鉴别人格障碍的复杂性质。

   人格障碍是起源于儿童期和青春期的一种复杂现象。人格障碍的特点是个体经验对经验标准的偏离，其行为也被其他人认为是偏离的。由于人格障碍的本质，它们总是导致人际功能的困难。

4. 理解生物学因素在人格障碍病理学上可能起的作用。

   人格特质和人格障碍是可遗传的。一些人格障碍可能与早期创伤有关，可能导致与人格特质比如过度警觉和冲动性相关的大脑结构的变化。

5. 讨论人格障碍的心理动力学和认知－行为理论。

   人格障碍的心理学理论包括心理动力学，重视早期与父母的关系对长大后人格组织的影响；还有认知－行为理论，认为人格的形成受学习及环境的影响，以及受个体对自己与世界相关信息的加工和解释的方式的影响。

6. 讨论人格障碍的治疗方法。

   人格障碍的治疗极具挑战性，因为它必须搞清楚行为的长期存在模式、健康与不适应行为模式间的精细区别，还有那些深受人格障碍者伤害的其他人的观点。一般而言，建议使用心理治疗方法，对共病的障碍或症状则建议药物治疗。

第 12 章

神经发育障碍、破坏性障碍、品行障碍和排泄障碍

学习目标

阅读本章后，你应该可以做到：

1. 描述在童年和青春期时的基本身体、认知和情绪的发展如何影响心理障碍的表现。
2. 识别在童年和青春期首先发病的心理障碍。
3. 理解导致童年和青春期心理障碍发展的病原学因素。
4. 识别药物治疗的利弊。
5. 识别童年和青春期心理障碍的心理社会治疗。
6. 描述父母在儿童和青春期心理障碍治疗中的特有作用。

12 岁的杰米正在上 7 年级，他学习很优秀，但是却有很严重的社交困难。他意识不到社交规则并且和其他人没有眼神接触。他说话声音很大，经常问一些不合时宜的问题，说一些古怪离谱的话或者发出噪声。在聚会中，杰米经常发表一些自己感兴趣但别人不感兴趣的长篇大论，话题例如恐龙、水管道、汽车。他没有什么朋友并且经常遭到同辈人的嘲笑和拒绝。他有时有自残行为，例如抓头发、挠皮肤、击打头部。

他在 18 个月大的时候首次表现出反常行为。他舔路面、嚼石子、把奇怪的东西放进嘴里。他不喜欢与父母有类似拥抱这样的身体接触，如果父母有此尝试他会将他们推开。两岁时他依旧不爱说话，只会简单咕哝或牵着妈妈的手和他人交流。此后不久，他开始进行语言障碍矫正，直到 3 岁才能说一句完整的话。稍大些，他会把玩具车排成一列。他经常不停地旋转车轮，从来不玩完整的车身。他独自站着观望却不和别的小孩玩耍。如今他 12 岁了，杰米会因秩序的任何变动而变得烦躁，一直坚持按特定顺序穿衣服（比如，先穿袜子，再穿裤子最后穿衬衫）。他对声音很敏感，能听到数英里之外的汽笛声，在嘈杂的地方（比如大型商场）他总是紧紧地捂住耳朵。

透过这本书，我们通常用发展的眼光去了解异常行为，并且这个观点可以让我们从两个方面去了解心理障碍。首先，理解儿童期和青春期是重要的生命阶段，对身体、认知和情感的关键发展提供了一个平台是很重要的。谈到身体发展，婴儿首先获得抬头的能力，然后是翻身、端坐、爬行，最后是走路。身体的成熟也包括大脑的发育。成人的大脑重量是前两岁孩童大脑的 3 倍，5 岁的时候，大脑的重量达到了成年时期的 90%。伴随着大脑的完善，孩子的认知能力得到了提升。孩子们学会思考和解决问题，记忆力提高。青春期他们发展了认知能力去理解和应用抽象概念（例如，正义、漂亮）、假设性思维和想象（例如，会发生的最糟的事情是什么）和元认知（例如，思考类似这样的问题：什么是解决这个问题的最佳办法）。

随着身体和认知的成熟，孩子的情绪也会发展。刚踏入幼儿园时，孩子们就懂得了基本的情绪（高兴、伤心、发怒、惊慌），但是他们经常将面部表情归于外部事件（例如，她微笑是因为她抱着一个狗狗）而非内部事件（例如，她微笑是因为她开心）。随着日渐成熟，青少年会认识到情绪的更多微妙变化，例如厌恶、担心和惊讶，并且会将面部表情与内部的情绪状态联系起来。

了解人类发展过程对我们了解青少年心理障碍有什么帮助呢？很简单，在孩子完成身体、认知以及情绪的基本发展之前，儿童期的心理障碍可能与成年时期表现得截然不同。我们已经在焦虑障碍、抑郁、精神分裂症等知识里看到了这些。例如，在小孩子具备思考未来事件之前他们不会担心未来。正是因为这些发展差异，心理健康专家承认，尽管许多心理障碍有可能起源于儿童期，它们在青春后期甚至成年期之前是很难充分体现出来的。

从这种发展的观点看，我们发现有些心理障碍在儿童期要比在成年期更普遍。这些心理障碍会在出生时或者在童年期出现，并给患者带来了巨大的挑战。有些障碍可能到成年期还继续存在，比如智能障碍或孤独症。在其他情况下，身体、认知和 / 或情绪的成熟也可能会改变其症状，减轻它们的影响，甚至使之消失，这种状况常见于排泄障碍。有许多不同的障碍始于儿童和青少年期。有些障碍会影响功能的特定方面，比如学习障碍影响学习成绩。本章我们从智力障碍开始讲，这是一种常见的影响到许多方面功能的障碍。

智力障碍（智力发育障碍）

人们拥有不同的能力——不论是解决数学题，弹奏乐器还是看地图的能力。受诸多环境因素的影响，每个人有特定的优势和局限。例如，一个孩子获得的睡眠量可能影响他或她的学业成就，一个可以支付辅导或私人课程的家庭可能会提高孩子的某项技能。甚至文化对某项技能的重视程度也会影响孩子的表现。大多数人理解的智力障碍是指智力低于平均智力（见“DSM-5：智力障碍”）。人们对如何测量平均智力还有很大的争议。心理学家测定智力时，他们会使用一个标准化和个体化的测验。每个人的测验得分都可以计算并转化为一个标准量表，该量表的平均数为 100，标准差为 15。在过去，一个人的测验得分被称为智商（IQ）。虽然确定智商分数的计算方法今天已经不再使用，但智商分数这个术语依然被保留，并且我们在本章内容里还会使用它。当心理学家谈论平均智力时，他们指的是平均分数 100 加减一个标准差的分数范围。因此智商分数在 85 ~ 115 分的人被认为具有平均智力（通过特定测验测出）。在 DSM-5 中，一个人的智商并不是诊断标准的一部分，因此智商不能被用来确定一个人是否满足智力障碍的标准。实际上，智商分数或从智力功能的标准化测验得出的分数可被用来提供评估符合智力障碍诊断者损害程度的信息（关于智力测验的更多知识参见第 3 章）。

智力障碍（智力发育障碍）　DSM-5

智力障碍（智力发育障碍）是一种在发育期起病的障碍，包括在概念性、社会的和实践的领域中的智力缺陷和适应功能缺陷。必须满足以下三项标准：

A. 智力功能缺陷，如在推理、问题解决、筹划、抽象思维、判断、学业学习和经验学习等方面，经临床评估和个性化、标准化的智力测验所确认。

B. 适应功能的缺陷导致无法满足个人独立和社会责任的发展及相应社会文化标准。若没有持续的支持，这种适应缺陷会限制一个或多个日常活动的功能，例如交流、社会参与及独立生活。这种限制涉及各种环境，如在家、在学校、工作中和社区中。

C. 智力缺陷和适应缺陷起病于发育期。

注：本诊断术语“智力障碍”等同于 ICD-11 中的诊断术语“智力发育障碍”。尽管本手册始终使用智力障碍这一术语，但将这两个术语列为标题以澄清其与其他分类系统的关系。此外，美国的联邦法律（公共法 111-256，Rosa 法）以智力障碍替代了术语精神发育迟滞，研究期刊上也使用智力障碍这一术语。因此，智力障碍是被医疗、教育和其他行业，以及普通大众和利益团体所共同使用的术语。

资料来源：Reprinted with permission from the *Diagnostic and Statistical Manual of Mental Disorders*, Fifth Edition, (Copyright 2013). American Psychiatric Association.

智力障碍（intellectual disability）的新诊断标准反映了不能将单一认知功能测验作为确诊的方法。相反，智力障碍被描述为在三个不同领域的智力缺陷和适应功能缺陷（APA,2013）。医生评估三个不同领域的潜在缺陷，这些缺陷反映的是个体适应日常任务的程度。这三个领域是概念性的（语言、阅读、写作、数学、推理、知识和记忆），社会的（共情、社会判断、人际沟通、交友技能）和实践的（自我照料、工作职责、资金管理、娱乐和组织技能）。用来标明智力缺陷和适应功能缺陷的程度的标签分为轻度、中度、重度和极重度。在DSM-5中包含了对不同水平损害程度的说明以帮助医生做出最合适的诊断。智力障碍往往发病于18岁以前。

凯蒂24岁，是一位具有恰当日常社会交往技能的乐观女子。虽然她能够独立洗淋浴，但需要有人先替她试水温，否则她会烫伤自己。虽然她知道汉堡（她最喜欢的食物）在食用之前需要做熟，但她仅有一次的独自尝试使厨房着了火。作为一个年轻的女人，她对男性感兴趣，但她却不懂两性繁殖的基本概念。

很显然，凯蒂在自我照料、居家生活、健康与安全等方面的功能是无法独立的，在这些方面她还像个孩子。

除了核心诊断特征外，患有智力障碍的个体患本书所讲其他心理障碍的可能性要比其他人多5倍（Bregman，1991；Rutter et al.，1976），但可能精神分裂症和物质滥用是例外（Kerker et al.，2004）。躯体障碍在重度或极重度智力障碍患者身上也很普遍，15% ~ 30%的人患有癫痫，20% ~ 30%的人有运动障碍如脑瘫，10% ~ 20%有视觉和听觉损害（McLaren & Bryson，1987）。

功能损害

如前所述，适应功能的损害对智力障碍的诊断是必要的，但是损害的程度和类型因人而异。社区里患有轻度到中度智力障碍的成年人会获得相应的支持。他们可能会是一群人住在一起，由一位心理咨询师监护。有些成人患者也能在社区里做一些传统工作，如在杂货店工作。有时支持性就业（supported employment）作为干预方式为他们提供就业培训和工作教练以帮他们能从事有意义的工作（Hill et al.，1987；McCaughrin et al.，1993；Revell et al.，1994，见第10章）。患有更严重认知损害的人会在庇护工厂（sheltered workshop）工作，在这个自立的工作场所员工们从事各种工作，例如发送大批邮件，为要装载的货物打包装，组装某种产品。人们在这样的庇护工厂工作是有工资的，也能学到一些工作技能，例如准时上班，完成分配的任务，从监管者那里接受任务。

在学校，正在考虑对智力障碍的孩子进行“主流化”支持性教育。主流化（mainstreaming）指尽可能让残疾儿童参与常规课程，允许他们参与到儿童的特有体验中来。但是智力障碍的孩子可能需要单独的数学课程设计，他们可以和平常孩子一样上体育课。这样可以促进人们对智力障碍孩子的接纳并增强他们的自尊心。

美国总人口中有1% ~ 3%的人患有智力障碍（APA，2013）。大部分智力障碍的人（约85%）属于轻度类型（Szymanski & King，1999）。在美国，低IQ分数与种族或少数民族地位的关系一直存在争论。很多智力测试不考虑想法的口头表达、语言和行为的文化差异。此外，即使在美国境内，不同的种族和民族群体对定义为智力的行为也有不同的认

主流化将患有唐氏综合征的儿童纳入常规课堂，有助于促进接纳以及对个体差异的理解。

识，而许多这样的行为（创意、"街头智慧"、社交技能）都没有被包括进主流标准化智力测验中。虽然在不同种族和民族群体间存在 IQ 分数差异，但这种差异意味着什么目前尚不明确。重要的是要知道，关于这种族群差异的遗传学解释没有可信的科学支持（Neisser et al.，1996）。

男孩比女孩更多地被诊断为智力障碍，但是这些性别差异主要是出现在那些轻度智力障碍中，这可能源自孩子语言表达能力的不同，在年少时，女孩有着更好的言语技能（Harasty et al.，1999；Joseph，2000），这可能影响她们的测验成绩。在患有更严重智力障碍的人群中没有发现性别差异（Richardson et al.，1986）。

病原学

在这本书里，我们经常在讨论病原学的时候告诫大家说原因不明。然而，智力障碍的原因有很多已被了解。许多是因为生物学因素，其他是环境因素。约 35% 的智力障碍的已知病因是在表 12-1 中被列出的障碍之一。许多遗传疾病可能会导致智力障碍（Walker &Johnson，2006）。当原因是遗传因素时，这种障碍会在出生时或者出生后不久就会显现出来。在其他情况下，智力障碍可能是环境因素造成的，是可以预防的。下面，我们来从了解最多的生物学因素开始讨论智力障碍的病因。由于 DSM-5 的标准太新，以下讨论内容是基于 DSM- Ⅳ -TR 的标准。

表 12-1　造成智力障碍的障碍类型及所占比率

障碍类型	所占比率
产前遗传性疾病包括唐氏综合征、结节性硬化症、苯丙酮尿症、脆性 X 染色体综合征、家族性精神发育迟滞、威廉姆斯综合征和 Prader-Willi 综合征	32%
不明原因的畸形包括神经管缺陷和 DeLange 综合征	8%
产前外部原因包括人类免疫缺陷病毒（HIV）感染、胎儿酒精综合征和早产	12%
围产期（分娩）原因包括脑炎、新生儿窒息和高胆红素血症	11%
产后原因包括脑炎、铅中毒、剥夺、创伤和肿瘤	8%
原因不明	25%

资料来源：Practice parameters for the assessment and treatment of children, adolescents, and adults with mental retardation and comorbid mental disorders (1999, December). *Journal of the American Academy of Child and Adolescent Psychiatry, 38*(12)(Suppl.), 5S-31S. Copyright © 1999 by the American Academy of Child and Adolescent Psychiatry. Reprinted by permission.

1. 遗传学因素

以英国遗传学家唐（John Langdon Haydon Down）命名的**唐氏综合征**（Down syndrome）（21 三体）描述了染色体的异常状况：一组染色体中有三条染色体（即三体），而不是通常的两条（Czarnetzski et al.，2003）。这种错误发生在精细胞或卵细胞的分裂期间，一对染色体没有像通常那样分开，而是"黏在了一起"。这样，当卵细胞受精后，在第 21 对染色体中并不是每个精细胞和卵细胞贡献 1 个染色体，而是有了 3 个染色体。患有唐氏综合征的人的细胞里第 21 对染色体里有 3 条染色体，总共是 47 条染色体而不是通常的 46 条。也存在其他三体（如 13 三体、18 三体）的情况，也可能会导致智力障碍，但唐氏综合征是迄今为止最常见的情况。

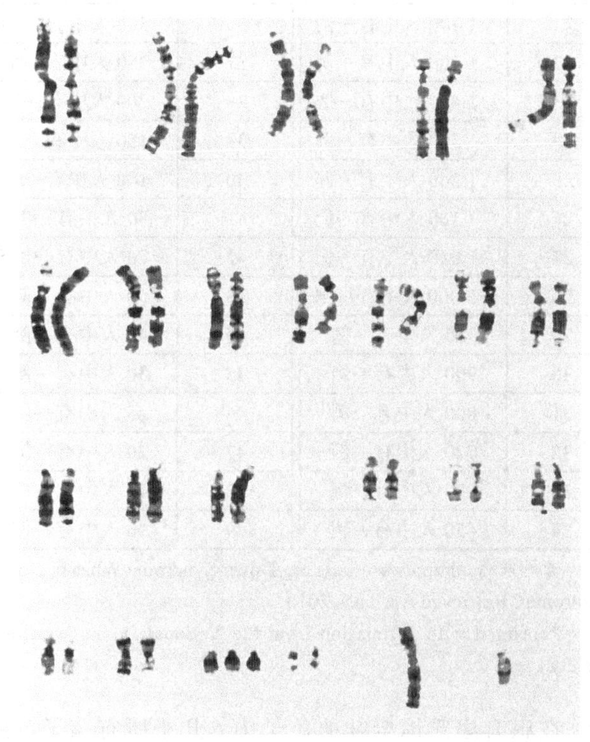

唐氏综合征是一种染色体异常，导致第 21 对染色体出现 3 条染色体——最后一行，从左边数第三组。因为第 23 对（右下）是一个 XY，所以这是一个男孩。

唐氏综合征孩子的典型面部特征包括：眼睛歪斜（斜视眼）、内眦赘皮（眼角的皮肤皱褶），鼻梁扁平、突出的舌头、个子矮小、短脖子和小耳朵。实际上，每个患有唐氏综合征的孩子都患有智力障碍，绝大多数是轻度到中度。这意味着他们能上学，能学习基本的生活技能，能在结构化的环境中工作。患有唐氏综合征的孩子也可能会有很多身体疾病，如心脏衰竭、肠道异常、视觉和听觉损害以及呼吸不畅（Roubertoux & Kerdel hué，2006）。尽管唐氏综合征的患病率会随着产妇的年龄而有变化，大约 1 000 个孩子中就有 1 个患有唐氏综合征，高龄产妇的孩子患病率要高得多（见表 12-2）。生物因素，比如合用的卵细胞较少或雌性激素的减少，都可能是高龄产妇的孩子更可能患唐氏综合征的原因，但这些因素运作的具体机制尚不清楚（Waburton，2005）。许多环境因素也被提出作为可能的致病原因，包括孕妇吸烟、饮酒、辐射和生育药物，但目前这些致病因素均没有被证实（Sherman et al.，2007）。

表 12-2　孕龄与唐氏综合征发病率的关系

孕龄（岁）	唐氏综合征发病率	孕龄（岁）	唐氏综合征发病率
20	2 000 人中有一例	35	350 人中有一例
21	1 700 人中有一例	36	300 人中有一例
22	1 500 人中有一例	37	250 人中有一例
23	1 400 人中有一例	38	200 人中有一例
24	1 300 人中有一例	39	150 人中有一例
25	1 200 人中有一例	40	100 人中有一例
26	1 100 人中有一例	41	80 人中有一例
27	1 050 人中有一例	42	70 人中有一例
28	1 000 人中有一例	43	50 人中有一例
29	950 人中有一例	44	40 人中有一例
30	900 人中有一例	45	30 人中有一例
31	800 人中有一例	46	25 人中有一例
32	720 人中有一例	47	20 人中有一例
33	600 人中有一例	48	15 人中有一例
34	450 人中有一例	49	10 人中有一例

资料来源：http://www.ndss.org/Down-Syndrome/What-Is-Down-Syndrome/. Retrieved April 13, 2013.

在患有唐氏综合征的孩子中，几乎所有孩子的脑结构都比正常的孩子要小（Roubertoux & Kerdelhue，2006；Teipel et al.，2004）。另一个特点是斑块的存在和神经原纤维缠结，常见于具有中度或轻度神经认知障碍的阿尔茨海默病的成人患者中（见第 13 章）。患有唐氏综合征孩子的病情是从 8 岁开始并进行性恶化，35 ~ 45 岁时这种恶化会加速（Lott & Head，2005），这导致几乎所有唐氏综合征患者在 40 岁左右都有阿尔茨海默病的某些迹象。

苯丙酮尿症（phenylketonuria，PKU）是一种遗传性疾病，因为缺少一个重要的酶致使体内无法分解氨基酸苯丙氨酸。如果没有这种酶，苯丙氨酸会在体内积累，造成心理和生理异常（dos Santos et al.，2006）。苯丙酮尿症的患病率在 0.01%，因种族和民族的不同有很大的差异。白人和印第安人患病率最高，非裔美国人、拉丁裔和亚裔患病率要低得多（Hellekson，2001）。在美国，每个婴儿出生时都要做苯丙酮尿症的筛查，所以几乎没有未经治疗的病例。治疗需要吃每日膳食补充剂和严格限制的低蛋白饮食。牛奶和乳制品、肉类、蛋类、小麦、豆类、玉米、花生、扁豆和其他谷物都被禁食（dos Santos et al.，2006），遵守这些限制相当不容易。这种饮食必须继续下去直到至少 8 岁，以防止智力障碍；在 12 岁后停止这种饮食限制似乎不会导致更低的智力（Hellekson，2006）。

脆性 X 染色体综合征（fragile X syndrome，FXS）是智力障碍最常见的遗传原因（Sundaram et al.，2005；Valdovinos，2007），且通常发生在当一个 DNA 序列复制太多份自身副本并“关掉”X 染色体上的一个基因时。当该基因被关掉时，细胞就不能合成人体必需的一种蛋白质，没有这种蛋白质，脆性 X 染色体综合征就出现了。具有脆性 X 染色体综合征的孩子除了智力障碍，还会出现以下行为障碍，例如多动、脾气暴躁、易怒、无眼神接触、自我刺激及自我伤害行为（Crawford et al.，2002；Valdovinos，2007）。也许因为女孩有两条 X 染色体（她们有一条“备用”X 染色体），因此她们患脆性 X 染色体综合征的概率仅是男孩的一半（4 000 个男人中有一个患有这种病，8 000 个女人中有 1 个患此病）。

其他也可能会导致智力障碍的遗传性疾病，包括结节性硬化症（tuberous sclerosis complex，TSC）和莱施尼汉综合征（Lesch-Nyhan syndrome）。TSC 是至少两个不同基因变异的结果（Sundaram yet et al.，2005），在美国，每 3 万人中会有 1 人患此症。TSC 中，良性肿瘤影响身体所有的器官，包括大脑，导致发育延迟、癫痫以及学习障碍。约 50% 的 TSC 患者具有智力障碍（Leung & Robson，2007）。莱施尼汉综合征是罕见的遗传性疾病，在 X 染色体上传递。因为它具有隐性遗传特征，因此仅在男孩中发生。女孩有两个 X 染色体，能避免这种障碍。像苯丙酮尿症一样，这种障碍缺少一种酶，当遗传缺陷存在时，过多的尿酸就会在体内堆积。莱施尼汉综合征会导致许多行为问题，包括认知功能失调、智力障碍以及攻击和冲动行为。导致的智力障碍通常是中度的，但也有的是极重度到轻度的（Olson & Houlihan，

2000）。几乎所有这种障碍的孩子都有长期严重的自我损害行为，有时会留下永久性的身体伤害。

2. 环境因素

智力障碍的病因除了基因，还有产前、产后的环境。出生前与智力障碍有关的影响包括子宫内的毒素（产妇喝酒、感染）、早产、组织缺氧（大脑供氧不足，通常是分娩时）或胎儿营养不良。产后因素包括营养不良、细菌或病毒感染、铅暴露，社会因素包括贫穷、少的环境刺激、母亲的教育水平（Walker & Johnson，2006）。然而我们需要知道，与唐氏综合征这样的遗传疾病不同的是，环境因素并非自动导致智力障碍。例如，很多孩子在贫困的环境中长大，然而他们却拥有平均智商或高智商。

最为人所熟知的智力障碍的可预防环境因素是孕期饮酒，这通常会导致**胎儿酒精综合征**（fetal alcohol syndrome）（FAS；West & Blake，2005）。根据疾病控制中心的资料，胎儿酒精综合征的患病率是不同的。在美国不同地区，它在新生儿中的比率为 0.2‰ ~ 1.5‰。在怀孕时喝酒会影响胎儿的身体发育，包括脑部发育。除了智力障碍，胎儿酒精综合征还与出生缺陷、异常的面部特征、成长问题、中枢神经系统异常、记忆问题、学业成就受损、视觉或听觉损害以及行为问题等有关（见图 12-1）。

另一个智力障碍的可预防环境因素是铅暴露。铅能以不同形式进入孩子们的身体。许多老房子里有铅基油漆，它们会掉皮而被小孩子吃掉，这些孩子习惯在嘴里塞各种东西。当涂料变旧变破时会破碎成微小颗粒并与灰尘混合，会被人体吸入、摄取，然后在体内堆积（Brown et al.，2006）。即使低水平的铅暴露也会导致儿童智力水平降低。高水平的铅暴露会导致实质性的低 IQ 分数（Needleman & Gatsonis，1990）。甚至多年之后，在童年期遭受铅暴露的成年人也会有学业困难和行为问题（Needleman et al.，1990）。更多的关于室内铅暴露的资料参见第 15 章。

许多轻度智力障碍案例的具体原因尚不明确。文化家族性迟滞（cultural-familial retardation）被定义为“由心理社会劣势造成的迟滞”（Weisz，1990）。虽然重度智力障碍在所有社会经济地位的人中都存在，但轻度智力障碍在低社会经济地位的孩子中更常见，包括生活在市中心贫穷的居民、贫穷的农村地区居民、移民工人（Stromme & Magnus，2000）。

在社会经济最底层，轻度智力障碍患者在美国学龄人群中的发生率是 10% ~ 30%（Popper et al.，2004）。然而社会文化迟滞不仅限于美国，同样的因素在欧洲国家也同样存在（Gillerot et al.，1989）。

低的社会经济地位与轻度智力障碍之间的关系原因不明，生物因素和环境因素可能都起了作用。在生命早期，大脑仍在发育。环境因素例如营养不良、缺乏早期教育（例如，学前教育、益智玩具）或医疗保健的缺乏会对大脑发育产生不利影响，导致 IQ 分数低下。

治疗

到目前为止，很多智力障碍患者居住在收容机构里，他们能利用的社区资源很少。家长们被鼓励把孩子送到可以提供周全保护的收容机构。即使离开收容机构不是远期目标，他们也希望恰当的护理环境可以改善孩

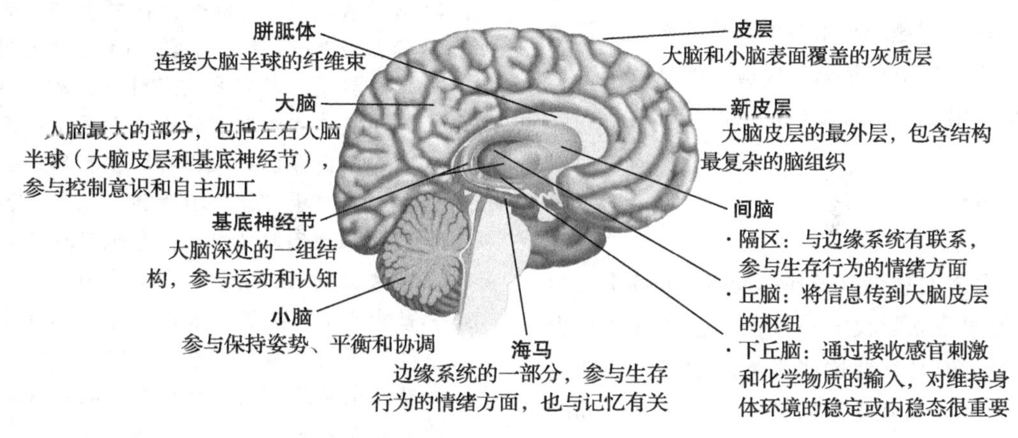

图 12-1　孕妇饮酒可以影响的大脑部分

如果孕妇饮酒，那么胎儿大脑的许多部分都会受到损害。

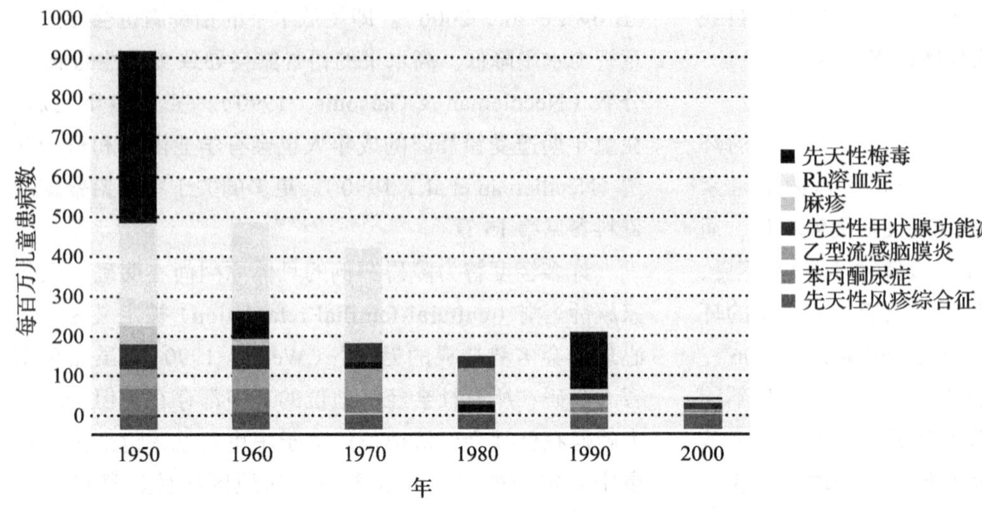

在过去50年里，医学科技的进步降低了智力障碍的患病率。

资料来源：Data from Brosco et al., (2006) *Archives of Pediatrics & Adolescent Medicine, 160*, 302-309.

图 12-2 智力障碍特定原因患病率随时间的变化

子的状况（Brosco et al.，2006）。实际上，大部分进入收容机构的人终其一生都会待在那里。现在，约 90% 的智力障碍患者与家人住在一起或住在像集体家庭那样的社区。智力障碍是不可逆转的，但是很多孩子也可以学到基本的生活技能和适应技能。心理治疗集中于教会他们适应社区的技能，例如自我照料、独立生活和维持工作。行为治疗如塑造（奖赏那些接近期望的行为）和链锁（教一些小的、不连续的动作然后将它们合为整体）疗法，帮智力障碍的孩子学一些如穿裤子之类的简单任务或更复杂的事如去银行取现。

减少造成智力障碍的疾病的医学治疗，也降低了智力障碍的发生率。由于麻疹疫苗和百日咳疫苗的成功接种，智力障碍儿童的患者数在减少（Brosco et al.，2006）（见图 12-2，见文前彩图）。虽然药物治疗不能治疗智力障碍的核心症状，但往往可用于治疗与智力障碍同时存在的心理障碍如注意问题或攻击行为。总的来说，智力障碍患者和其他人一样对药物做出反应，但是效果很小而且也更常有副作用（Handen & Gilchrist，2006）。

特定学习障碍

教育的根本任务是教会孩子基本技能，如读书、写字和算数。在美国公立学校的一些孩子已经具备至少平均水平的智力，但是掌握这些基本的学习任务却有困难（APA，2013）。**特定学习障碍**（Specific Learning Disorder；见“DSM-5：特定学习障碍”）被定义为在学习和使用学业技能（阅读、写作、算术或数学推理）上有困难（APA，2013）。经标准化成就测量和临床评估，学业技能低于实际年龄的预期并影响日常功能。特定学习障碍两性均有，会导致道德败坏、低自尊以及比一般人群高的辍学率。

特定学习障碍 DSM-5

A. 学习和学业技能运用困难，尽管对这些困难进行了干预，仍存在至少一项下列症状，持续至少 6 个月：
   1. 不准确或缓慢而费力地读字（例如，读单字时不准确地大声或缓慢和犹豫，频繁地猜测，字词发声困难）。
   2. 对所读内容理解困难（例如，可以准确地阅读文本但不理解顺序、关系、推论或更深层的含义）。
   3. 拼写困难（例如，可能添加、省略或替代元音或辅音）。
   4. 书面表达困难（例如，在句子中出现多重语法或标点错误；段落组织差；书面表达的观点不清晰）。
   5. 掌握数感、数字事实或计算困难（例如，理解数字差，不理解数字的大小和关系；用手指加个位数而不是像同龄人那样回忆数字；迷失在算式运算之中，也可能转换步骤）。
   6. 数学推理困难（例如，在运用数学概念、事实和解决数量问题的步骤上极度困难）。

B. 受影响的学业技能显著地、可量化地低于个体实际年龄的预期，对个体学业、职业表现或日常生活的活动产生显著影响，且被个体的标准化成就测量和综合临床评估所确认。17 岁以上个体，标准化评估可替代其学习困难损害的病史。

C. 学习困难始于学龄期，但直到受影响的学业技能超出个体的有限能力之前不会表现出来（例如，在计时测验里，在时间紧迫的情况下阅读或书写冗长复杂的报告，过重的学业负担）。

D. 学习困难不能用智力障碍、未矫正的视力或听力、其他精神障碍或神经病性障碍、心理社会逆境、对学业指导的语言不精通，或教育指导不足来更好地解释。

注：对以上四项诊断标准的符合是基于个人史（发育、医疗、家庭、教育）的临床综合、学校报告和心理教育评估。

资料来源：Reprinted with permission from the *Diagnostic and Statistical Manual of Mental Disorders*, Fifth Edition, (Copyright 2013). American Psychiatric Association.

当医生做出特定学习障碍的诊断时，会包括以下一项（或多项）说明：阅读受损，书面表达受损或数学受损。阅读受损（impairment in reading），也叫失读症（dyslexia）。阅读受损包括在认字、读速或流畅性、阅读理解上的问题。有阅读受损的孩子可能会出现口头阅读错误，如曲解、替换、遗漏字词。还有默读障碍（silent reading disabilities），包括读得非常慢和理解错误。这些孩子有时也会有拼写困难。早期理论强调视觉和视知觉困难，如反写字母。然而，最近的神经生物学和神经心理学研究显示：阅读障碍更多的是由于对组成单词的字母的识别和发音（音素）的能力减弱造成的（Shaywitz et al.，2007）。阅读指导是基于字母拼读法，即通过将一个单词的视觉表征转换成恰当的声音然后把它读出来。识别和清晰发音上的困难会导致一连串的坏结果。“读出”单词缓慢而费劲，这样就使阅读不流畅。对于难词的识别和发音需要更多的注意，使得阅读理解上的注意减少，会导致精神疲倦和行为上的逃避（Kronenberger & Dunn，2003）。随着对阅读问题的研究的持续，可以更加清楚地看到阅读障碍不是一个单一的障碍——至少有 17 种不同类型的阅读障碍存在（Zoccolotti & Friedmann，2010）。

孩子们还可能存在数学受损（impairments in mathematics），也叫计算障碍（dyscalculia）。数学受损是数学术语理解、运算、概念理解、识别数字符号或算术符号以及正确抄写数字或符号的能力减弱。心算困难会让孩子依赖外部手段，例如用手指头算数。他们也常有字词逻辑困难。

第三个特定学习障碍说明是书写表达受损（impairment in written expression），也叫失写症（dysgraphia），并非只是指书写潦草。这种受损包括造语法正确的句子困难，频繁出现语法错误、标点错误、拼写错误，以及组织连贯书写段落的能力减弱。有效地书写需要各种认知、视觉和运动技巧，包括词汇语法知识、手眼协调、手部运动和记忆（Pratt & Patel，2007）。在以上任何一方面的不足都会导致功能损害。有书写障碍的孩子口头展示材料没有问题，但是换成书面语言就有困难了，他们书写的句子很短很难理解，有很多拼写漏洞和语法错误。

5% ~ 10% 的在校生，也就是大约 400 万孩子可能被特定学习障碍所困扰。最普遍的是阅读问题（Kronenberger & Dunn，2003；Pratt & Patel，2007；Shaywitz et al.，2007），这可能会影响 2% ~ 8% 的孩子。符合特定学习障碍诊断的阅读问题在男孩中更多见，但原因不明。一个假设是（这种情况可能不一定常见，但却是普遍确认的）：因为出现阅读问题所伴随的行为障碍如注意缺陷多动障碍，个体会被转介到专业的心理卫生机构，在那里的评估期间，阅读受损被确认。发声和阅读方面的困难可能使特定学习障碍在学龄前就被确认。而书面表达问题则往往要到三四年级，即需要孩子们用书写表达观点的时候，才慢慢显露出来。

功能损害

特定学习障碍儿童更可能辍学，这将限制他们的就业机会（APA，2013）。他们常常由于能力低下而意消沉并报告有低自尊。特定学习障碍的儿童也可能有其他儿童期情绪和行为问题，如注意力缺陷多动障碍、品行障碍、抑郁和焦虑障碍。

有轻微症状的儿童可能很难被发现，他们的父母和老师可能把他们描述为脏乱的、不集中注意力的或没有条理的（Pratt & Patel，2007）。童年时有轻微症状的个体在成年后能够通过在工作领域有效地运用工作词汇来弥补其不足。然而，他们对不熟悉的字词仍然有困难。他们的阅读可能是准确的，但并不流利（Shaywitz et al.，2007）。

病原学

特定学习障碍的病因不明。我们在识别许多不同类型的阅读和书写困难时，我们必须认识到，这些障碍可能不是单一的神经受损造成的，而可能是来自不同的神经认知受损（Zoccolotti & Friedman，2010）或是几个大脑区域无法一起协调工作造成的。

人们对阅读困难病因的知识要比其他学习障碍的病因多一些。结构性和功能性的磁共振扫描研究和正电子发射断层扫描（PET）的研究已经明确了对阅读很重要的几个大脑区域（Shaywitz et al.，2007）（见图 12-3）。然而，为什么孩子的脑功能有异常尚不完全清楚，遗传似乎发挥了重要作用。同卵双生子阅读受损的同病率是 71%，异卵双生子阅读受损的同病率是 49%（Castles et al.，1999）。虽然存在一些变异，但双亲中一位患有阅读受损，那么孩子也患阅读障碍的比率为 23% ~ 65%（Scarborough，1990）。有关阅读困难的生物学基础还有很多尚未了解，但可以明确的是，这种疾病不会仅由单一基因遗传，它很可能是由一些基因共同导致的。

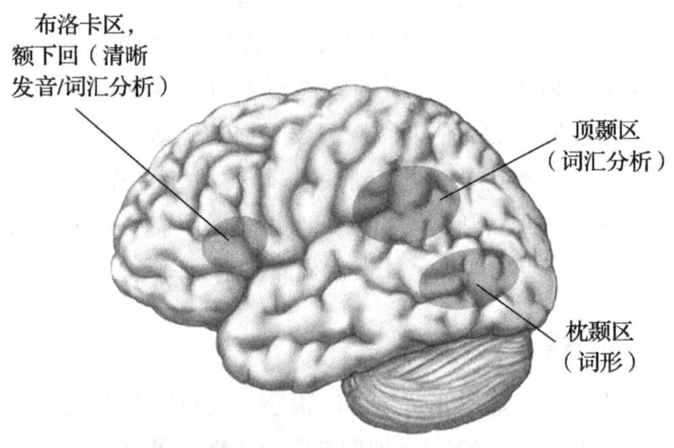

图 12-3　与阅读障碍有关的大脑区域

阅读是一个复杂的过程，涉及大脑的很多区域。

资料来源：Shaywitz, S. , *Overcoming Dyslexia: a new and complete science-based program for reading problems at any level.* New York: Alfred A. Knopf, 2003, p. 34 , Copyright ©2003 Sally shaywitz. Reprinted by pemission of the publisher.

治疗

特定学习障碍的治疗，通常发生在教育场合。对阅读困难的干预开始较早并侧重于发展语音处理和流利阅读所必需的技能，后期强调阅读理解能力（Kronenberger & Dunn，2003）。图 12-4 说明了优秀阅读者与阅读受损者的阅读分数轨迹。如图 12-4 所示，阅读受损者在阅读技能方面取得了明显的进步，但他们从未达到同龄的优秀阅读者的水平。随着孩子的成熟以及所获技能的稳固，干预转为适应性调整（Pratt & Patel，2007），比如更多的时间用电脑、磁带录音机或者已经录好的书进行阅读和测试，以帮他们在学习和职业环境中进行有效的工作。

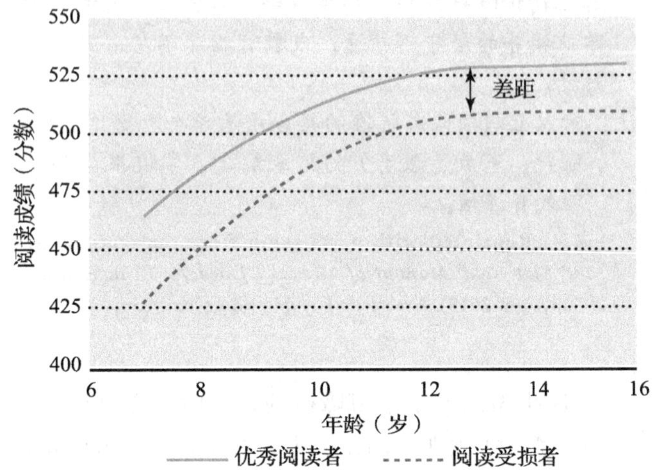

图 12-4　优秀阅读者与阅读受损者的阅读技能对比

随着时间的推移，优秀的阅读者和阅读受损者的阅读技能差距保持不变。这显示有阅读受损的儿童不只是在获取技能方面慢，他们还有特定的阅读缺陷。

资料来源：Shaywitz , S. , *Overcoming Dyslexia: a new and complete science-based program for reading problems at any level.* New York:Alfred A. Knopf, 2003, P. 34, Copyright ©2003 Sally Shaywitz. Reprinted by permission of the publisher.

数学受损的治疗方法包括算术练习和记忆。因为书写受损被认为是由于书面表达想法困难造成的，儿童首先被要求从事简单的写作任务，如记日记。随着他们基本写作技巧的提高，他们会被安排更有挑战性的写作任务。

伦理与责任

对特定学习障碍伴阅读受损的有效传统治疗的缺乏使一些家长转而用医疗来补充或替代（Bull, 2009）。在一项对 148 名伴阅读受损儿童的研究里，55.4% 的父母报告说他们使用了非传统的方法如节食和营养补充品（42.6%）、顺势疗法（19.6%）和脊骨按摩疗法（19.6%）。这些父母采用的其他方法有香薰、针灸、推拿和反射疗法。虽然科学家必须开放地面对解决问题的新观点和新方法，但以上对这种障碍的干预均未经科学验证有效。心理健康专家有责任对家长和患儿做出解释，这些方法可能不会对人体有害，但也尚未被证实有效。

孤独症谱系障碍

在本章的开头，我们看到杰米的情况，一些童年期行为异常在生命早期是很明显的。大多数孩子 1 岁之前会自发地叫“妈妈”或“爸爸”，但杰米直到 3 岁接受语言治疗前还不会说话。杰米也有不同寻常的社交行为，他拒绝眼神交流，说话太大声，问不适当的问题，说不适宜的话或发出噪声。除了抱着他的玩具车并一遍一遍地转动车轮，杰米还有其他刻板行为（这些重复行为没有能观察到的社交功能，如拍手、旋转和仪式性的踱步）。这是**孤独症谱系障碍**（autism spectrum disorder）的行为特征，该障碍包括社会交往和社会互动的缺陷，同时存在受限的和重复的行为模式（APA，2013）（见“DSM-5：孤独症谱系障碍”）。

孤独症谱系障碍　DSM-5

A. 在多种场合下持续的社会交往和社会互动的缺陷，当前或曾经表现为如下情况（以下举例是示范性的，并非详尽情况；详见正文）：

1. 社交情感互惠性的缺陷，缺陷范围如从异常的社会接触和无法正常往复对话到对兴趣、情感或情绪分享的减少，到无法发起社交互动或无法对社交互动做出回应。
2. 用于社会互动的非言语行为的缺陷，缺陷范围如从言语和非言语交流的整合差到眼神交流和肢体语言异常，或在理解和使用手势方面的缺陷，到面部表情和非言语交流的彻底缺失。
3. 在发展、维持和理解人际关系方面的缺陷，缺陷范围如从调整自己的行为以适应不同社交场合的困难到难以分享想象游戏或交友的困难，到对同伴兴趣的缺失。

标注目前的严重程度：

严重程度是基于社会交往的损害和受限的、重复的行为模式。

B. 受限的、重复的行为、兴趣或活动模式，当前或曾经表现为以下至少两种情况（以下举例是示范性的，并非详尽情况；详见正文）：

1. 刻板的或重复的躯体运动、使用对象或者言语（例如，简单的刻板动作，给玩具排队或翻转物体，模仿言语，特殊短语）。
2. 对相同事物的坚持，缺乏弹性地坚守常规，或者仪式化的言语或非言语的行为模式（例如，对微小变化感到极端痛苦，难以转变，僵化的思维模式，仪式化问候，每天都需要走相同的路线或食用相同的食物）。
3. 高度受限的固定的兴趣，在强度或专注度上是异常的（例如，对不寻常对象的强烈依恋和先占观念，过度的局限或持续的兴趣）。
4. 对感觉输入的过分反应或反应不足，或在环境的感觉方面有不寻常的兴趣（例如，对疼痛 / 温度感觉麻木，对特定声音和质地的不良反应，对事物过分地嗅或触摸，对光线和运动的凝视）。

标注目前的严重程度：

严重程度是基于社会交往的损害和受限的、重复的行为模式。

C. 症状必须在发育早期即表现出来（但是直到社会需求超过其有限的能力时才会完全表现出来，或者会被后天习得的策略所掩盖）。

D. 症状导致有临床意义的社交、职业或当前其他重要功能方面的显著损害。

E. 本障碍不能用智力障碍（智力发育障碍）或总体发育延迟来更好地解释。智力障碍和孤独症谱系障碍经常共同出现，做出孤独症谱系障碍和智力障碍的共病诊断时，其社会交往水平应低于预期的总体发展水平。

注：若个体已确定有 DSM- Ⅳ 中的孤独症、阿斯伯格氏障碍或未在他处注明的广泛性发育障碍的诊断时，应给予孤独症谱系障碍的诊断。若个体在社会交往方面有明显缺陷，但是其症状不符合孤独症谱系障碍的其他诊断标准，应对其进行社会（实际的）交流障碍的评估。

资料来源：Reprinted with permission from the *Diagnostic and Statistical Manual of Mental Disorders*, Fifth Edition, (Copyright 2013). American Psychiatric Association.

1943 年，精神病学家雷奥·肯纳（Leo Kanner）描述了情感接触的孤独症（autistic disturbances of affective contact）儿童，强调了这种障碍的核心行为在出生后前 30 个月内就已明显（Rutter，1978）。孤独症谱系障碍的关键特征是在多种场合下的社会交往和社会互动缺陷（Klin，2006），包括获得说话能力延迟，无法进行眼神交流、无法识别面部表情以及缺乏社会互动的兴趣。其他缺陷包括无法发起或保持谈话，刻板或不寻常的言语，如模仿言语，重复所听到的最后一个词、声音或短语。

孤独症谱系障碍的第二个特征是受限的和重复的行为、兴趣或活动模式，包括专注于独特的兴趣。

> 艾迪对管道和涡轮机着迷，当他遇到这些的时候，他会停下来凝视不肯离开。他的父母经常在地下室找到正在盯着火炉的他。他知道一切有关大型机械的力学，并不停谈论不同系统的利弊、管道的类型，等等。

重复和刻板的行为模式也包括对常规的固守（如，吃饭或睡前仪式）和自残行为（例如，抠眼睛、撞头、咬手）。目前还不清楚为什么儿童有这些行为，但有些医生推测这些行为可以阻止孩子厌恶的环境刺激，如拥抱（Matson et al.，1996）。对于沟通能力有限的儿童，自残行为可能是他们表达诸如愤怒和疼痛等情感的方式（Volkmar & Wiesner，2009）。孤独症谱系障碍的诊断标准包括确定个体所需要的支持服务级别的能力。这些级别是“需要支持”“需要大量支持”和“需要极大量的支持”。

罹患孤独症的婴儿常常被形容为“太乖了”且从来不哭。他们缺乏社交兴趣，不玩互动性游戏或模仿游戏（如藏猫猫），对触摸和声音极其敏感，睡眠模式异常经常在深夜连续数小时清醒。他们有刻板的进食行为，会因为气味、质地或味道的原因而拒绝吃某些食物。

60% ~ 75% 的孤独症谱系障碍的孩子智商低于 70（Barbaresi，2006；Bethea & Sikich，2007）。这些孩子的行为问题如多动、冲动、社交焦虑、普遍焦虑、易怒和攻击是普遍的（Bethea & Sikich，2007），此外还有抑郁和恐惧症（Matson & Neloel-Schwalm，2007）。

功能损害

孤独症谱系障碍的损害是终身的并会影响整个家庭，仅有约 1/3 的本障碍患者能独立生活（Klin，2006）。然而其核心缺陷会随着年龄增长而有所改善，而且在黑暗的路途中总会有光明的例外存在（见“真实病例：天宝·葛兰汀博士”）。

天宝·葛兰汀博士

天宝·葛兰汀（Temple Grandin）博士是美国科罗拉多州立大学动物科学教授。她在富兰克林皮尔斯学院获得学士学位，在亚利桑那州立大学获动物学硕士，在伊利诺伊斯大学获动物学博士。她写了 300 多篇文章和几本书。其中一本《动物心语》（*Animals in Translation*）是《纽约时报》的畅销书。她写的有关动物放牧行为的著作有助于减少动物的压力，在北美畜牧场中大约有一半的牲口饲养系统是由她设计的。

天宝·葛兰汀博士患有孤独症谱系障碍。她直到三岁半还不会说话，只能通过尖叫、嘀咕和哼哼与人沟通。1950 年，她被诊断为“孤独症”，专家建议她到社会福利机构。她后来写了一本自传体的书《星星的孩子》（*Emergence: Labeled Autistic*）震惊了世界。直到现在，大多数人还认为这种障碍的患者无法取得成就。在谈到这种障碍时她说：“我阅读了很多资料，了解到仍有许多父母，是的，还有专业人士相信‘一旦患有孤独症，就终身伴随’。这个断言意味着许多如我一样在早年被诊断为孤独症的患者在悲伤和遗憾中生活。对于这些人，他们难以理解孤独症的症状可以被调整和控制。但是，我强烈地认为我就是最好的证明。”

患儿通常是社交孤立的，他们也希望社会交往，但总是以不适当的方式去寻求，如打断别人的对话、对喜欢的话题独自滔滔不绝、说话太快和声音太大。一些孤独症谱系障碍的患儿需要特殊的教室配置，另一些则可以在常规教学环境中学习。但是因为社交困难，这些孩子经常被同学恐吓、嘲笑和忽视，造成在学校里的社交孤立。

孤独症谱系障碍的患病率在近几年显著增长（见

“证据检验：疫苗不会导致孤独症谱系障碍”）。在 1994 年以前的患病率中数为 0.05%（Fombonne，2005）。最近的估计是平均每 152 个孩子中就有 1 个是孤独症谱系障碍（约占总人口的 0.6%）（Centers for Disease Control and Prevention [CDC]，2007）。然而，孤独症谱系障碍的患病率（有障碍的人在总人口中的比例）增加不能归咎于发病率（某给定时间间隔里新增障碍的数量）的上升。它可能是由于诊断标准的变化、诊断实践、特殊教育政策以及诊断服务的可用性等方面造成的（Fombonne，2005；Klin，2006）。

疫苗不会导致孤独症谱系障碍

事实 1

40 年前，每 10 000 个孩子中有 4 个被诊断患有孤独症谱系障碍。现在是 152 个孩子中有 1 个（http://www.cdc.gov/mmwr/preview/mmwrhtml/ss5810a1.htm. Retrieved March 21，2013）。

事实 2

儿童接种疫苗的时间是在 12 ～ 18 个月时（麻疹 - 腮腺炎 - 风疹联合疫苗或叫 MMR 疫苗）。

事实 3

一些患有孤独症谱系障碍的儿童直到两岁左右发育退化出现之前都看上去发育正常。

可能的结论呢?

因为在 MMR 疫苗普及的同时孤独症谱系障碍的发病率增加，所以得出接种疫苗引起孤独症谱系障碍发病率增加的结论（Wakefield，1999）。让我们检验一下证据。

检验证据

Wakefield（1999）描述了疫苗和孤独症谱系障碍之间的相关关系，但它被错误地解释为因果关系。其他研究确认了这一平行上升趋势。不过，研究并未对感兴趣的变量（MMR 疫苗）进行控制，而这对因果关系的结论来说非常必要。研究人员在一个防疫项目开始之前和终止之后检查了孤独症谱系障碍诊断的变化（Honda et al.，2005），发现当疫苗普遍使用时，孤独症患者发病率上升了，可是，当疫苗被终止使用后，患病率依然上升。如果孤独症谱系障碍真与 MMR 疫苗有关，那么一旦防疫项目被终止后该障碍的发病率应该下降，但事实并非如此。

下面哪一个原因最能解释孤独症谱系障碍发病率的增加呢？

1. 诊断实践的变化。直到最近，即使存在孤独症谱系障碍，一个智力障碍的孩子也不会被做出孤独症谱系障碍的二次诊断。现在，患者可以被给出两种诊断，这会导致获得孤独症谱系障碍诊断的总人数上升。

2. 诊断标准的变化。40 年前，孤独症这一术语仅限于诊断谱系尾端表现出极度功能受损的孩子。而现在有同样行为的孩子，哪怕是在严重程度上较轻的都被认为属于孤独症谱系障碍（Rutter，2005），这导致了获得该诊断儿童的总数上升。

结论

环境或生物学因素对孤独症的影响不能不考虑，但目前的数据并不支持 MMR 疫苗接种对孤独症的因果作用（Rutter，2005；Taylor，2006）。在检验了所有证据之后，著名医学杂志《英国医学杂志》（*BMJ*）的编辑发布结论说：报道 MMT 疫苗和孤独症谱系障碍之间关系的文章是欺诈性的（Godlee & Marcovitch，2011）。疫苗并不会导致孤独症谱系障碍。 «««

总体来说，孤独症谱系障碍在男孩中比在女孩中更常见，男女患病比例是 3.5 ：1 ～ 4 ：1（Bethea & Sikich，2007；Nicholas et al.，2008）。目前，没有数据表明，孤独症谱系障碍的患病率在种族、民族或社会阶层方面具有差异（Fombonne，2005；Klin，2006）。

孤独症谱系障碍发病通常在 3 岁之前，通常到两岁或三岁时核心特征就已很明显（Lord et al.，2006；Maenner et al.，2013）。有时，家长在很早的时候如孩子 12 ～ 18 个月时就能意识到孩子哪里不对劲。然而，随着孩子的成长，他们的症状在婴儿期到儿童早期可能会有很大变化（Charman et al.，2005；Lord et al.，2006）。尽管孤独症谱系障碍在 18 ～ 24 个月时就能被可靠探查到（Lord et al.，2006），但直到 3 岁时，症状才变得稳定以允许更准确的诊断。

孤独症谱系障碍的长期结果是多变的。在一项对照纵向研究中（Eaves & Ho，2008），被诊断为孤独症谱系障碍的儿童，46% 的人到成年时的情况很糟，32% 的人情况一般，21% 的人会有好的或非常好的结果。从童年到成年智商保持稳定。样本中 62% 的人存在情绪问题，强迫症或其他焦虑障碍最常见。只有 27% 的人就业，平均每周有 5 个小时工作而且大多是在庇护工厂工作。一半以上的成人患者住在家里（56%），35% 的人住在集体家庭或被寄养。尽管有这些数字，一些患有孤独症谱系障碍的成年人如天宝·葛兰汀博士，确实获得了成功。

病原学

孤独症谱系障碍是一种神经发育性障碍，与所存在的各种遗传综合征和染色体异常有关（Barbaresi et al.，2006）。虽然其特定的遗传学机制尚不清楚，但据估计其遗传力大于 90%（Gupta & State，2007）。神经科学和遗传学研究证据显示，超过 60 个遗传和代谢疾病与孤独症有关。这意味着，孤独症谱系障碍患者更可能表现出程度不同的严重性和功能损害（Eichler & Zimmerman，2008）。当前的遗传研究表明，分子中基因组的大量自发缺失和区域复制导致了孤独症谱系障碍（Weiss et al.，2008）。

有趣的是，高龄产妇与唐氏综合征和智力障碍有关，而高龄父亲可能与孤独症谱系障碍的患病率增加有关（Reichenberg et al.，2006）。然而，就像我们不知道为什么高龄产妇与唐氏综合征有关一样，我们也不清楚为什么父亲高龄可能会导致该障碍。

孤独症谱系障碍神经发育基础的一个迹象是在生命最初几年快速发育的头部和大脑。后来被诊断为孤独症谱系障碍的儿童在出生时，头围在所有新生儿中处于第 25 百分位。在 6 ~ 14 个月的时候，头围与脑的大小达到第 84 百分位，远远超过了一般发育儿童的增长率（Bethea Sikich，2007；Courchesne & Pierce，2005）。

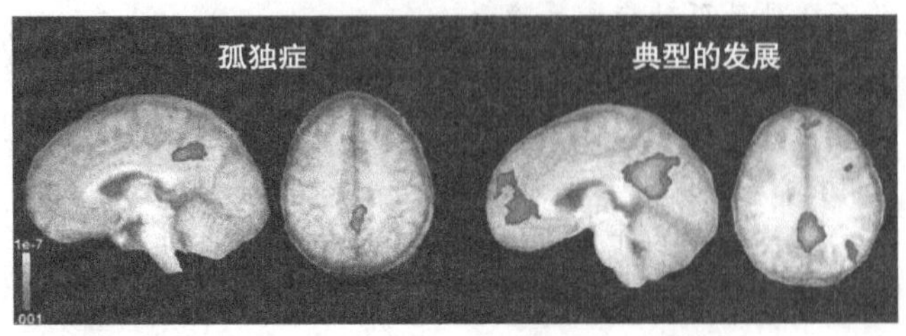

在观看熟悉人与陌生人的面孔时，孤独症谱系障碍患者与未患该病者的大脑都会产生活动。然而，将两组数据进行对比会发现，未患该病者有更强的脑活动并且活动的脑区域更多。

除了增长率异常，诊断成像（MRI、fMRI 和 PET 扫描）提供的数据表明至少有一些孤独症谱系障碍儿童的大脑中有微妙的结构性和组织性异常。特别受影响的是前扣带皮层，这个区域将言语信息和情感性语调及对重要他人面孔的观察信息整合。当被展示熟悉和重要的面孔图片时，显示没有孤独症谱系障碍的儿童前扣带皮层激活，而孤独症谱系障碍儿童前扣带皮层没有激活（Pierce et al.，2004）。这表明当孤独症谱系障碍儿童看到熟悉的面孔时不像正常孩子那样具有相同的神经化学反应。

孤独症谱系障碍儿童大脑活跃性差的另一区域是梭状回（Pierce et al.，2001）。这个区域对面部表情的识别很重要。该区域的严重不活跃与社交功能严重受损有关（Schultz et al.，2001）。这暗示了社交受损可能有生物学基础。如果负责识别面部表情的大脑区域不能很好地发挥功能，孩子将错失别人进行愉快社会交往时“自动”使用的社交线索。目前还不清楚治疗可否改变这种生物学缺陷。

目前在研究孤独症谱系障碍神经学基础方面有许多令人兴奋的新途径，但在它的起因上仍存在很多医疗误解。一种理论是，孤独症谱系障碍是由麻疹 - 腮腺炎 - 风疹联合疫苗（MMR）造成的（见“证据检验：疫苗不会导致孤独症谱系障碍”）。另一种没有实证支持的理论是孤独症谱系障碍由硫柳汞（疫苗中含汞的防腐剂）引起。为什么在没有证据支持的情况下这种理论仍能发展？原因之一是家长在不顾一切地搜索孤独症谱系障碍成因的解释时，往往会误解或过度解读研究数据。尽管目前证据不足，一些家长拒绝让自己的孩子接种预防儿童医学疾病的疫苗，他们认为这样做可能会导致自己的孩子身体残疾，如失明、智力障碍甚至死亡。

伦理与责任

纵观历史，也存在孤独症谱系障碍病因的心理学误解。20 世纪五六十年代，心理学理论提出“冰箱母亲”（父母对他们的婴儿没有情感反应）会导致该病（Klin，2006）。20 世纪 70 年代，当人们认识到孤独症的根源在于神经生物学方面时，这种理论被否定。父母在对该病的早期发现和治疗中起到了关键作用（见治疗部分），但他们不是导致孤独症谱系障碍的原因。目前，科学家们提出了很多关于孤独症谱系障碍的病因以及近 20 年发病率上升原因的理论。研究人员目前关注改变诊断标准、诊断替换、可做诊断年龄的降低（Leonard et al.，2010）。不幸的是，许多人不接受当下的科学理论，反而坚持一些已被否定的病因论，例如疫苗和饮食中的麸质（Mulloy et al.，2010，2011）。被非心理健康专家考虑到的其他作为解释孤独症谱系障碍的有效潜在理论的环境因素包括：①医疗技术，如超声波扫描和剖宫产；②用药和接触有毒物质；③生活方式的变动，如职场母亲、应激和室内空气质量；④科技的影响，如接触一氧化碳、核电站和手机信号塔（Russell et al.，2009）。研究人员必须要确保尊重别人的想法，不能完全否定任何一个理论，而要力图以可靠科学的有效假设来教育公众。科学家们强调这些理论的失败和以尊重科学的方式强调伪理论会导致儿童得不到所需的医疗服务或遭受除虚假承诺外再无他物的干预。

治疗

早期集中的行为治疗可促进孤独症谱系障碍儿童的长期疗效（Barbaresi et al.，2006）。行为干预通常针对问题行为的五部分：异常行为、社交技能、语言、日常生活技能和学习技能（Matson et al.，1996；Williams White，2007）。除了异常行为以外所有部分的治疗都通过正强化和塑造，这可以教会他们新的和需要的行为，比如说一个词、穿衣服、完成家庭作业。医生教家长在这些技能上训练他们的孩子。应用行为分析（applied behavior analysis，ABA）是一种行为干预，运用塑造和正强化来改善社交、沟通和行为技能，这种干预是通过对特定行为的集中训练（塑造）和奖励（强化）实现的。这种干预技术由 O. Ivar Lovaas（1987）提出，应用行为分析（在两年多的时间里每周进行 40 个小时）在 19 个孤独症谱系障碍患儿里改善了 9 个患儿的行为（47%），使他们与正常儿童没有区别。虽然后续研究没有复制这种高成功率，但实证数据表明 ABA 是有效的，尤其是在 4 岁前就开始个体化治疗，并且每周至少 20 个小时（Barbaresi，2006）。

在异常行为中，自我伤害是临床症状最不幸的部分，必须赶快治疗，否则会遗留严重的永久性伤害甚至可能导致死亡。温和的厌恶程序（例如，对着脸喷温水）可以快速无痛地打断这些自残行为。当这种治疗方法与行为转变的积极方法相结合时，自我伤害行为可以减少或消除（Matson et al.，1996）。厌恶程序须用于：①非常特殊的情况；②当孩子的健康或福利存在危险时；③在一个有资质的专业人士监护下。此外，如用温水喷雾或将柠檬汁喷在舌头上都是相当有效的。轻微的电击在过去使用，现在很少用。即使用，也只有当温和厌恶程序没有效果并且可能有严重人身伤害时使用（如多次撞头造成脑损伤）。厌恶程序的使用决定不应该由一个人做，只有与其他专业人士或伦理委员会协商后才可以。

对孤独症谱系障碍儿童的社交及沟通缺陷没有药物是有效的（Barbaresi et al.，2006）。非典型抗精神病药物（见第 10 章）可用于治疗如发脾气、攻击和自残行为（McCracken et al.，2002）并改善受限的、重复的、刻板的行为、兴趣和活动的模式（McDougle et al.，2005）。兴奋剂可以减少多动，但不如用在注意缺陷多动障碍儿童身上那样有效（Research Units on Pediatric Psychopharmacology，2005）。选择性 5- 羟色胺再摄取抑制剂（SSRIs）是安全的，但它们是否真正有效尚不清楚。它们可能会减少重复行为（Hollander et al.，2005），但会增加有狂躁倾向的人的狂躁行为（Kolevzon，2006）。

注意缺陷多动障碍

无论是休息时玩游戏，还是参与一项有组织的体育运动，抑或仅是与兄弟姐妹摔跤，活跃都是童年时代的一部分。这是一个重要的发育过程，用以发展控制身体活动的能力，并且把它引导到实现自己认定目标的方向上来。大多数孩子实现了这个发育目标。还有一些孩子，他们的行为不是目标导向，而是过度活跃，结果导致一些如破坏家具、学习成绩不良、社会关系很差这样的消极后果，这些孩子可能患有注意缺陷多动障碍，一种现在我们要介绍的常见行为障碍。

罗尼（见下面对比个案研究）有一个情境性问题，这个问题被合适的学校环境和富有挑战性的课程给解决了。杰森有**注意缺陷多动障碍**（attention-deficit/hyperactivity disorder，ADHD）（见“DSM-5：注意缺陷多动障碍”），这是一种常见的发病早的儿童障碍，这种障碍影响很多方面的功能。ADHD 的症状可以分成两类。首先是注意力不集中（inattentiveness），比如白日梦、注意力分散、无法集中注意力或完成某项任务。其次是多动（hyperactivity），表现为精力过剩、不知疲倦、话多及不能静坐（Biederman，2005），还有冲动（impulsivity），包括脱口说出答案、打断别人的谈话并且无法静等轮换。一些儿童主导症状是注意力不集中（只表现出了注意力不集中症状），而另一些孩子的

主导症状则是多动 / 冲动（只表现出多动 / 冲动症状）。还有些儿童是联合型的，他们的症状有以上所有三种成分。

注意缺陷多动障碍 DSM-5

A. 影响了功能或发育的持久的注意力不集中和 / 或多动 – 冲动模式，以下列（1）和 / 或（2）为特征：

（1）注意力不集中：以下症状中的六项（或更多）持续至少 6 个月，达到了与发育水平不一致的程度，并对社交和学业 / 职业活动有直接的负面影响：

注：这些症状不只是对立行为、违抗、敌意的表现，或因为不能理解任务或指令。对于年龄较大（17 岁以上）的青少年和成人，至少需要存在下列症状中的五项。

a. 经常难以密切关注细节或者在学业、工作或其他活动中犯粗心的错误（例如，忽视或遗漏细节，工作不精确）。

b. 在任务或游戏活动中经常难以保持注意（例如，在听课、对话或者长时间阅读中难以保持注意力集中）。

c. 当面临直接对话的时候常常显得没有在听（例如，即使没有任何明显干扰，心思也好像在别处）。

d. 经常不能遵循指令，不能完成作业、家务或工作任务（例如，开始任务后很快就失去焦点，并且容易分心）。

e. 经常难以组织任务和活动（例如，难以有序地安排任务；难以保持材料和物品的整齐；杂乱，工作没头绪；时间管理差；难以在截止日期前完成任务）。

f. 经常逃避、不喜欢或者不愿意从事需要持续脑力劳动的任务（例如，学校作业或家庭作业；对于年龄较大的青少年和成人，则为准备报告，填写表格，检查冗长的论文）。

g. 经常丢失任务或活动所必需的材料（例如，学校的资料、铅笔、书、工具、钱包、钥匙、文件、眼镜、手机）。

h. 经常容易因外部刺激而分心（对于年龄较大的青少年和成人，可能包括不相关的想法）。

i. 经常在日常活动中健忘（例如，做家务，被差遣办事；对于年龄较大的青少年和成人，则为回电话、付账单、遵守约定）。

（2）多动和冲动：以下症状中的 6 项（或更多）持续至少 6 个月，达到了与发育水平不一致的程度，并对社交和学业 / 职业活动有直接的负面影响：

注：这些症状不只是对立行为、违抗、敌意的表现，或因为不能理解任务或指令。对于年龄较大（17 岁以上）的青少年和成人，至少需要存在下列症状中的五项。

a. 在座位上经常摆弄物件、抖动手脚或扭动。

b. 经常在被期望留在座位上的情境下离开座位（例如，在教室、办公室、其他工作场合或其他要求待在自己位置上的情境下离开自己的位置）。

c. 经常在不适合的情境下乱跑或乱爬（对于青少年或者成人，可能仅限于感到坐立不安）。

d. 经常不能安静地玩耍或从事休闲活动。

e. 经常忙个不停，行动好像“被马达驱动着”（例如，在餐厅、会议室中无法长时间保持不动或感觉不舒服；他人可能认为他坐立不安或者难以跟上进度）。

f. 经常讲话过多。

g. 经常在提问没结束之前就将答案脱口而出（例如，接他人的话；不能等待对话的顺序）。

h. 经常难以等到轮到他（例如，在排队等候时）。

i. 经常在他人说话时打断他人或插嘴（例如，插入对话、游戏或活动中；在没有询问或得到允许时就使用他人的东西；对于年龄较大的青少年和成人，可能插手或者接管他人正在做的事情）。

B. 一些注意力不集中或者多动 – 冲动的症状，在 12 岁之前就已存在。

C. 一些注意力不集中或者多动 – 冲动的症状存在于两个或两个以上的场合中（例如，在家、学校或者工作中；与朋友或亲戚在一起的时候；在其他的活动中）。

D. 有明确的证据表明，这些症状影响或者降低了社交、学业或职业功能的质量。

E. 这些症状不能仅仅出现在精神分裂症或其他精神病性障碍的病程中，也不能用其他精神障碍（例如，心境障碍、焦虑障碍、解离障碍、人格障碍、物质中毒或戒断）来更好解释。

资料来源：Reprinted with permission from the *Diagnostic and Statistical Manual of Mental Disorders*, Fifth Edition, (Copyright 2013). American Psychiatric Association.

ADHD 儿童是冲动的：他们不能抑制其反应，不能等到制订出一个计划之后再行动。因为他们是不专心的，不能集中注意去储存信息。最后，他们没有能力集中注意专注于一个观念或活动以制定行为计划或行为方式。ADHD 还与在执行功能方面（executive functioning）有缺陷有关。执行功能被定义为制订目标、计划一系列活动以实现目标以及在记忆中保持计划以使其执行的认知能力（Lesaca，2001；Sergeant et al.，2002；Willcutt et al.，2005）。杰森是 ADHD 联合型儿童的例子，其他儿童，如艾莉，患有 ADHD 但是没有多动性，只表现出注意问题。

> 艾莉 12 岁了。她在 2 年级的时候出现了注意问题，现在无论是在家还是在学校，她都有该问题。她经常在遵守指令和避免疏忽上有困难，因此影响了学业。艾莉的作业是不完整的，她的分数很低，而她的老师只是认为她不用心。在家里，她妈妈对于她长时间地做作业感到很挫败。虽然她在遵守指令、组织事务上有困难，还丢东西，但无论在家还是在学校，安静待在座位上对她来说都没有困难。在会谈中，艾莉会抖脚和玩铅笔。

ADHD 最可能在小学早期即被诊断。过早诊断（即学龄前）是困难的，因为许多 ADHD 症状（注意狭窄、静坐困难、高的活动水平）对学龄前儿童而言是正常的发育现象（Blackman，1999）。当 ADHD 在学龄前被诊断时，联合型是最常见的（Lahey et al.，1998；Wilens et al.，2002）。当在这么小的年龄被诊断后，儿童在整个小学阶段依然会有 ADHD 症状（Lahey et al.，2004）。

直到 20 年前，人们一直认为 ADHD 会在青春期或者青春期过后不久就会消失（Smith et al.，2000）。现在非常明确的是青少年和成年人也会患有 ADHD（Biederman，2005）。一些成年人是在童年时期就被诊断的，但是大量的成年人是在成年时期被首次诊断出来的。在成年时期确诊 ADHD 是具有挑战性并且富有争议的。一些诊断标准（不能在课堂上长时间坐着，难以安静玩耍）很明显对成年人来说是无效的。同样，确定一个成年人是否在 7 岁之前具有这些症状也是很困难的，因为它常常仅建立在回顾性自我报告的基础上（McGough & Barkley，2004）。在 DSM-5 中，ADHD 的诊断标准对成人和儿童同样有效，在一个可靠的诊断中，患者需要满足五个症状而不是六个（APA，2013）。

患有 ADHD 的儿童和成人经常也会伴有其他障碍，包括品行问题（Wilens et al.，2002）、心境障碍、焦虑障碍和学习障碍（Biederman，2005）。同样地，在患有 ADHD 的成人当中，焦虑障碍是最常见的，其次是心境障碍、物质滥用和反社会型人格障碍。

对比个案研究

行为维度：从正常到异常

正常行为个案研究　孩子气的活跃

罗尼今年 6 岁，他有个哥哥并且两人喜欢玩“混战”游戏。他已经打破了几件家庭器物，但并不比他的哥哥们打破的更多。他不喜欢长时间安静地坐着，阅读一向不是他最喜爱的活动。然而，在 90% 的时间里他能完成他已经开始的活动。他渴望上 1 年级。他成绩很好，只有一次由于上课说话，他曾被送到校长那里。作为一名 1 年级学生，对他而言长时间坐着仍然是困难的——他说学校很无聊。心理测试显示他智商很高，当他开始在学校运用和发展自己的天赋和才华时，在座位上坐不住的行为消失了，他发现学校不再无聊。

异常行为个案研究　注意缺陷多动障碍

杰森今年 7 岁，他在学校的学习上经常遇到麻烦并抱怨说他讨厌学校。他没有朋友并且经常遭受同学们的捉弄。他想和他们交往，但最终总以打架告终。他真的很困惑，为什么别的小朋友都不喜欢他。杰森是冲动的——他打断别人的谈话、插队并破坏游戏规则。他不能安静地坐着，在课堂上不能集中注意力，在家也不能遵守家里的规则。他妈妈说他从 3 岁开始就成了“野孩子”。在诊所会谈期间，杰森并没有坐在椅子上。他一会躺在地板上，一会儿站到窗台上。

功能损害

患有ADHD的孩子会更易发生意外和伤害（可能是运动协调能力较差的结果），更易有较差的同伴关系、较低的学习成绩、睡眠问题和家庭压力（Biederman，2005；Daley，2006）。在青少年中，在学校里行为不良、不能高中毕业、吸烟和物质滥用是常见的（Biederman & Faraone，2005；Smith et al.，2000）。也许因为注意力不集中和冲动，患有ADHD的青少年与同龄人相比更容易受伤，也更有可能发生交通事故和被卷入犯罪行为（Smith et al.，2000）。

ADHD的病程多变。那些在童年的时候就患有ADHD的青春期中期男孩中，大约有20%有很差的学习成绩、很低的社交和情绪功能（Biederman et al.，1998）。然而，有20%基本功能却很好。另外的60%有中等的表现（在某些方面做得不好而在其他方面做得不错）。

跨文化研究认为有3% ~ 5%的儿童患有ADHD（Biederman，2005；Canino et al.，2004；Costello et al.，2003；Graetz et al.2001；Rohde et al.，2005；Wolraich et al.，1998）。患有ADHD的男孩是女孩的4 ~ 5倍（Costello et al.，2003）。患有ADHD的男孩可能比女孩有更严重的症状或者更重的功能损害，这使得他们的父母更可能为他们寻求治疗。与男孩相比，患有ADHD的女孩的功能损害不同。她们更可能会有注意力不集中亚型，她们不大可能有学习能力不足的问题，不大可能在学校或空闲时间发生问题，不大可能有抑郁、对立违抗障碍或品行障碍的共病（Biederman et al.，2002；Spencer et al.，2007）。教师评价患有ADHD的男孩要比ADHD女孩有更多的注意力不集中和多动/冲动行为（Greene et al.，2001；Hartung et al. 2002）。

ADHD的症状会以不同的速度改善。注意力不集中的症状会随着儿童的成长慢慢下降，而多动/冲动症状会表现出快速的减少，特别是从小学到青春中期这段时间内（Spencer et a1.，2007）。大约50%被诊断出患有ADHD的儿童在青春期仍然会有这种障碍（Smith et al.，2000）。对于成年人来说前景会更好一些。大多数在孩提时代患有ADHD的成年人在30 ~ 40岁的时候就不会再有这些障碍了，但大约50%的人仍然会有某些功能损害（Biederman & Faraone，2005）。

病原学

ADHD被认为是由于遗传、生物学和环境因素引起的神经发育障碍。像许多其他障碍一样，ADHD有家族性，患有ADHD的个体的家庭成员同样有症状的比率为20% ~ 25%。双生子研究也支持了它的遗传性，平均遗传力大约为77%（Biederman，2005），这暗示了遗传的影响很大。到目前为止，基因研究已经确定了至少7个不同基因可能会与ADHD有关系，而且显示不同的基因可能和注意力不集中和多动的程度有关系（Nikolas & Burt，2010）。这些基因异常如何起作用现在还未知，但是它们可能会影响对于ADHD的注意力不集中、冲动和多动症状很重要的神经递质系统的水平或功能（Biederman）。比如，基因或其他产前因素可能会影响胎儿或新生儿的脑部发育。结构性脑成像（如MRI）研究表明，患有ADHD的儿童与没有这种疾病的儿童相比，他们的额叶、小脑和皮层下部异常（Castellanos et al.，2002）。这些结构异常是稳定的、非进行性的甚至是药物不可改变的。

可能由于ADHD患儿的注意力不集中，故而他们更容易发生意外，例如骑自行车时摔倒。

其他潜在致病因素包括铅污染、母亲在怀孕期间吸烟和/或饮酒、难孕难产（Biederman，2005；Biederman & Faraone，2005），还有诸如夫妻关系不和、社会经济地位低下、大家族、养育环境问题、父亲犯罪、母亲患有心理问题等心理因素（Rutter et al.，1976）。显然 ADHD 的病因很复杂而且很可能受很多因素影响，每个因素都独立地起着小的作用（Faraone et al.，2005）。

治疗

治疗 ADHD 必须考虑孩子的年龄（不应该期望 3 岁的孩子跟 10 岁的孩子乖乖坐着的时间一样长）以及在家里、学校和别的活动中功能损害的水平。治疗应该以把孩子的行为恢复到他那年龄段应有的水平为目标（Chronis et al.，2006）。

对 ADHD 的治疗，药物和行为的干预很有效。兴奋剂药物如利他林（Ritalin），已经有 40 年有效治疗 ADHD 核心症状的历史了（Biederman & Faraone，2005）。这种药物通过加强对多巴胺和去甲肾上腺素的神经传递而起作用（Spencer et al.，2004），能够允许这些化学物质在突触里存在更长一段时间以增加它们对神经传递的效用。兴奋剂是一种短时间作用的药物并且可能需要一天服用好几次，有的时候会造成用药依从性问题。这些药物能减轻 ADHD 的核心症状，但它们是否影响诸如学习成就等其他方面的功能，目前还不确定（Hechtman & Greenfield，2003；Wells et al.，2000）。

用兴奋剂治疗 ADHD 是有争议的。首先，多达 30% 的儿童可能会对兴奋剂治疗没有反应（Chronis et al.，2006）。其次，副作用包括情绪问题、睡眠障碍、食欲减弱和易怒。这些症状在学前儿童里很常见（Daley et al.，2009）。兴奋剂药物可能影响身高。服用兴奋剂药物的儿童成长得比其他儿童慢，最近的处方实践表明儿童现在的用药剂量偏高，在夏天和学年里用药量偏高，而且用药年数也远超以往。用药的增加引起了人们对药物如何影响身高的关注（Lerner & Wigal，2008）。在用药的第一年，患儿身高增长速度比正常身高增长率低的程度最大，这种低的程度在第二年继续，第三年后消失。当考虑到兴奋剂是治疗 ADHD 的一部分时，家长和心理健康专家必须考虑该药减轻症状的优点和潜在导致身材矮小之间的平衡。

对于学前儿童，养育计划被推荐为 ADHD 儿童的第一治疗方案。只有在父母的训练没有效果时才应该使用药物（Daley et al.，2009）。对学龄期的 ADHD 儿童，附加的社会心理治疗包括行为的家长训练、课堂行为管理（每日报告卡）、社交技能训练以及集中的门诊患者 / 夏季治疗项目（Chronis et al.，2006；Smith et al.，2000）。行为的家长训练（behavioral parent training）教会父母怎么去奖励积极的行为减少消极的行为。除了可以改善 ADHD 的核心症状和课堂表现外（Chronis et al.，2006；Pelham et al.，1998），行为的家长训练还改善了父母的行为，并且在某些情况下可以减轻父母的压力（Chronis et al.，2004）。每日报告卡（Daily Report Card）是一个课堂行为管理项目，以完成诸如家庭作业或待在座位上这些与课堂有关的事项为目标（Chronis et al.，2006；Smith et al.，2000）。老师把教室里的表现记录在一张报告卡片上，然后父母用一种奖励体系去强化积极的学校表现。第三种行为治疗——社交技能训练（social skills training）是教 ADHD 儿童适当地和别人交往（轮流行动、允许别人决定玩哪一种游戏）。当社交技能训练和行为的家长训练结合起来的时候显得特别有效（e.g.，Pfiffner & McBurnett，1997）。

由于他们行为问题的范围和严重性，患有 ADHD 的儿童可能需要集中及综合的治疗项目。夏季治疗项目（Pelham et al.，2000）是一个长达 8 周、全天候的项目，包括一个评分系统、每日报告卡片、社交技能训练、学习技能训练、问题解决技能训练和运动训练，这些训练在一个日间夏令营氛围内进行。还有一周的家长管理训练。夏季治疗项目对于 ADHD 儿童而言是一个有效的干预，可以减轻症状并且增加相关的行为功能（e.g.，Pelham et al.，2000，2004）。

对 ADHD 儿童的合作多模式治疗（Collaborative Multimodal Treatment，MTA）研究是最大的对照临床试验，这个实验对比了行为治疗（用上面描述的方法）、药物治疗（主要指兴奋剂药物）、行为治疗和药物治疗的结合、对患有 ADHD 的青春前期儿童进行的标准社区关爱治疗这四种治疗方法的效果。在治疗项目结束的时候，四种治疗都改善了儿童的症状，但是药物治疗和混合治疗组要显然比只接受行为治疗或社区关爱的儿童有更多的改善（MTA Cooperative Group，1999）。这种结果是否意味着对于治疗 ADHD 而言，行为治疗无效或至少不会增进药物治疗的效果？当换一种分析数据的方法时，接受行为和药物双重治疗的儿童比单独接受药物治疗儿童的治疗效果要好，这和先前的结果是矛盾的（Conners et al.，2001）。因此，即使这是美国国立卫生研究院资助的规模最大的儿童治疗研究，它的结果也是不明朗的并且受制于各种各样的解释。

品行障碍和对立违抗障碍

本章前面所讨论的所有障碍都属于神经发育障碍（neurodevelopmental disorders）这一广泛的诊断类别。儿童常见的另外两种障碍是品行障碍和对立违抗障碍。这两种障碍被包括在一个叫作破坏性、冲动控制及品行障碍（disruptive，impulse control，and conduct disorders）的诊断类别里。有很多障碍都被包括在这个诊断类别里，在这里我们只关注这两个最常见的也是研究最多的障碍。尽管被认为是不同的障碍，品行障碍和对立违抗障碍都具有不正常的甚至有时是违法的行为特点。它们是最难治疗的障碍之一，是儿童被带到心理健康诊所最常见的原因（Loeber et al.，2000），也是经常导致他们被监禁在少年司法系统中的最常见原因。

品行障碍（conduct disorder，CD）（见“DSM-5：品行障碍”）是相较前面的障碍而言很严重的障碍，是一种反复持久的侵犯他人基本权利或违反与年龄匹配的主要社会规范或规则的行为模式（APA，2013）。行为表现分为4类：攻击人或动物、破坏财产、欺诈或盗窃和严重违反规则。

品行障碍　　DSM-5

A. 一种反复持久的侵犯他人基本权利或违反与年龄匹配的主要社会规范或规则的行为模式，在过去12个月内，表现为以下15项标准中的至少三项，并在过去6个月中至少存在一项：

攻击人或动物

1. 经常欺负、威胁或恐吓他人。
2. 经常挑起斗殴。
3. 曾使用可能会对他人造成严重人身伤害的武器（例如，棍棒、砖块、碎玻璃瓶、刀、枪）。
4. 曾残忍伤害过他人。
5. 曾残忍伤害过动物。
6. 曾当着受害人的面偷窃（例如，抢劫、抢包、敲诈勒索或持械抢劫）。
7. 曾强迫他人发生性行为。

破坏财产

8. 曾故意纵火试图造成严重损坏。
9. 曾蓄意破坏他人财产（以除纵火之外的形式）。

欺诈或盗窃

10. 曾闯入他人的房屋、建筑或汽车。
11. 经常以获取物品、好处或逃避责任为目的而撒谎（即，哄骗他人）。
12. 曾盗取价值非凡的物品，但没有当着受害者的面（例如，入店行窃但没有破门而入；伪造）。

严重违反规则

13. 经常无视父母管教的夜不归宿，在13岁之前开始。
14. 居住在父母或父母的代理人家里时，至少2次离家在外过夜，或曾1次长时间不回家。
15. 经常逃学，在13岁之前开始。

B. 本行为障碍导致有临床意义的社交、学业或职业功能的损害。

C. 对18岁以上的个体，须不符合反社会人格障碍的诊断标准。

资料来源：Reprinted with permission from the *Diagnostic and Statistical Manual of Mental Disorders*, Fifth Edition, (Copyright 2013). American Psychiatric Association.

第一类，攻击人或动物，包括广为人知的欺凌行为——直接恐吓或威胁别人，诸如打架、偷盗或者强迫进行性行为。这样的孩子对别人和动物都很残忍。第二类是破坏财产，诸如破坏公物或纵火。需要强调的是这是一种行为模式——并非像兄弟姐妹打架那样只出现一次的孤立财产破坏事件。第三类是欺诈或偷窃，包括如闯入别人家里或车里、撒谎、非当面的偷窃——装作顾客行窃或伪装行窃。第四类是严重违反规则，例如违背父母制定的外出时刻表，整晚不回家和逃学。

塞西莉今年8岁。她妈妈说她有“行为问题”。具体而言，塞西莉经常失控发脾气，特别当不让她按自己的意愿做事的时候。当父母要求她做一些事情时，她不会有身体攻击但会与父母争吵，并且基本不会服从他们的命令。除非父母给她10美元，否则她拒绝打扫自己的房间。她故意戏弄弟弟，当弟弟哭时，她在一旁笑。妈妈说她心怀恶意。她姐姐在工艺模型比赛中获奖，把奖杯拿回家的第二天，发现它被摔成两半并且工艺模型也被损坏了。当妈妈质问塞西莉时，她推卸责任到她只有1岁的弟弟身上。

塞西莉的行为是**对立违抗障碍**（oppositional defiant disorder，ODD）的特点，ODD 是另一种破坏性行为障碍（见“DSM-5：对立违抗性障碍”）。ODD 是一种愤怒 / 易激惹的心境、争辩 / 违抗的行为或报复的模式（APA，2013）。理解以下情况是重要的：这种障碍是一种行为的一贯模式，这种行为发生在除兄弟姐妹外至少一个人身上。相对于品行障碍中的行为（纵火、持械抢劫、残忍对待他人或动物）对任何年龄来说都是不恰当的而言，ODD 中的一些行为必须要在发育背景下考虑。例如，两岁的小孩发脾气是很常见的。但塞西莉不是一个两岁的孩子，并且她发脾气不像小孩子遇到挫折那样简单。

对立违抗障碍　DSM-5

A. 一种愤怒 / 易激惹的心境、争辩 / 违抗的行为或报复的模式，持续至少 6 个月且有以下任一类别中至少 4 种症状，并表现在与至少 1 个非同胞个体的互动中。

愤怒 / 易激惹的心境

1. 经常发脾气。
2. 经常是敏感的或易惹恼的。
3. 经常是愤怒的和怨恨的。

争辩 / 违抗的行为

4. 经常与权威人物争论。对于儿童、青少年则表现为与成人争论。
5. 经常主动对抗权威人物或拒绝遵守规则的要求。
6. 经常故意惹恼他人。
7. 经常为自己的错误或不当行为指责他人。

报复

8. 在过去 6 个月中至少出现过 2 次报复或怀恨。

注：这些行为的持续性及频率应该被用来将正常行为和症状性行为区分开。除非另有说明（标准 A8），对于 5 岁以下儿童，这些行为应出现在过去 6 个月里大多数的时间中。除非另有说明（标准 A8），对于 5 岁及更大年龄的个体，这些行为应在过去 6 个月里每周至少出现一次。这些频率的标准提供了定义症状的最低频率的指南，其他因素也应被考虑，如此行为的频率和强度是否超出了个体的发育水平、性别和文化的正常范围。

B. 本行为障碍与个体或他人在他当前的社会背景下（例如，家庭、同伴、同事）的痛苦有关，或对社交、教育、职业或其他重要功能方面产生了消极影响。

C. 这些行为不仅仅出现在精神病性障碍、物质使用、抑郁或双相障碍的病程中。并且也不符合破坏性心境失调障碍的诊断标准。

ODD 的第一类症状始发于学前期（APA，2013），它总是在青春早期以前就出现。不像 ADHD 和品行障碍中的破坏行为那样发生在很多场合，ODD 患儿只在家里行为消极。因为这些障碍的核心都是具有对抗人类和社会的消极行为模式，所以在本节剩余部分里，我们将把它们放在一起加以审视。

功能损害

这些障碍尤其是品行障碍，和学业失败、物质滥用、危险性行为及犯罪活动有关。对每个被诊断为 ODD 或 CD 的孩子，其极端行为的社会成本为 170 万 ~ 230 万美元（Petitclerc & Tremblay，2009）。很多患有 ODD 和 CD 的儿童还患有其他障碍，这种联合对结果产生了负面影响。在男孩中同时患有 ADHD 很常见的（Hinshaw，1994）。在女孩中常同时患有的障碍包括焦虑障碍和心境障碍，患有品行障碍和抑郁障碍的女孩有更大的自杀风险（Keenan et al.，1999）。物质滥用是患有品行障碍的儿童很常见的问题（Keenan et al.，1999；Loeber et al.，2000）。对于女孩来讲，其品行障碍也和早孕相关（Keenan et al.，1999）。一些 ODD 或者 CD 的儿童成年后会有反社会人格障碍。

在社区样本中，品行障碍的患病率范围为男孩 2 ~ 16%，女孩 1 ~ 10%（Loeber et al.，2009）。而 ODD 的患病率范围是 3% ~ 16%（Loeber et al.）。品行障碍和 ODD 的患病率在较低社会经济地位的阶级要高，在最差市中心附近的儿童当中也更高一些（Loeber et al.，2000）。男孩比女孩更可能被诊断为 ODD（13.4% 对 9.1%，16 岁时；Costello et al.，2003）。最初，女孩的品行障碍很少被研究，因为极少有女孩参与到打架的行为中。然而，现在已清楚女孩会参与关系性攻击（relational aggression），包括疏远同伴、排斥他人、操纵社交网络、传播诽谤性谣言和人格诽谤（Ehrenssaft，2005；Keenan et al.，1999）。当身体

很少像男生那样进行身体攻击，有品行障碍的女生通常会进行关系性攻击，诸如嘲笑、孤立其他女生。

攻击行为发生的时候，男孩以陌生人为目标而女孩以家人或亲密伙伴为目标（Ehrensaft，2005）。品行障碍是随时间而稳定的，这意味着被诊断为品行障碍的儿童不会再因长大而改变了。一些ODD儿童会发展出品行障碍，但其他最初被诊断为ODD的儿童可能发展出抑郁障碍或焦虑障碍（Loeber et al.；Rowe et al.，2010）。

从发展的角度来看，一些心理健康医生质疑学龄前儿童是否能被诊断为ODD或品行障碍。对于学龄前儿童，有一些症状在发育上是不可能的（强迫性行为，逃学），有一些症状是不大可能出现的（纵火、偷窃和对抗），有一些症状在发育上是不确切的（经常发脾气；Wakschlag et al.，2010）。品行障碍的核心特征有四个要素：脾气失控、攻击、违反和对他人漠不关心。从发展的角度看，一个幼童的脾气失控可能表现为哭闹和躺到地上，而在青春期，它可能涉及对他人的身体攻击。学龄前儿童并不能接触到刀具或枪具，但是他们可以用棍子或者石头作为武器（Keenan & Wakschlag，2002）。同样，大一些的儿童可能会偷车，而学龄前儿童可能会偷糖果。ODD和品行障碍的部分行为在青少年过渡到成年的时候可能会再一次发生变化，这时对其下的诊断就会是反社会人格障碍（见第11章）。显然，破坏行为障碍存在于每个年龄段，尽管在不同的发展阶段中其表现也会各不相同。

病原学

关于ODD的产生原因我们知之甚少，因为事实上所有遗传学、神经解剖学和神经化学研究都集中在品行障碍上。有一些证据表明品行障碍和成年后的反社会人格障碍之间存在一定的家族性关系，但是迄今为止遗传学研究并没有提供具体的线索（Burke et al，2002）。潜在的环境因素包括产前因素如胎儿期母亲吸烟或物质滥用、难孕难产，产后环境毒素如铅暴露。父母心理障碍、养育行为恶劣、虐待孩子、社会经济地位等因素也可能是原因之一。所有这些因素都可能与品行障碍或ODD有关系，但是将其中任何一种因素确定为破坏性障碍的重要患病因素都是不可能的（Burke et al.，2002）。

治疗

大多数心理健康医生都同意社会心理干预应该是治疗的首要选择。药物，尤其是当单独使用时，在治疗品行障碍和ODD的核心症状时都很不成功（Bassarath，2003）（见“研究热点：儿童中精神科药物的使用”）。对于患有品行障碍和ODD的儿童几乎没有对照治疗实验研究，对未患有其他障碍的儿童样本研究则更少。然而，尽管有这些限制，非典型抗精神病药物如利培酮减少了品行障碍和ODD儿童的攻击症状（Bassarath，2003；Pandina et al.，2006）。

对于品行障碍和ODD儿童的一种有效行为治疗是父母管理训练（Patterson & Gullion，1968），这种方法在上述ADHD治疗那一部分描述过（行为的家长训练）。对于品行障碍和ODD，父母管理训练比常规治疗或不治疗更有效（Brestan & Eyberg 1998；Farmer et al.，2002；van den Wiel et al.，2002；Webster-Stratton et al.，1988）。特别是对青春前期儿童更加有效，与常规治疗或不治疗相比它更能减少犯罪行为、减少在收容机构的时间、减少品行不端的自我报告（Woolfenden et al.，2002）。

研究热点 儿童中精神科药物的使用

精神科药物是制药公司产量最大的药品之一。大多数药品都经过了严格的开发阶段，并且数据都是在有对照组的试验条件下收集的，本书中描述的那些药品就是这样。有些研究检验人们能承受的药量以决定最有效的剂量。之后，药物还要与安慰剂做药效对比。在很多情况下，药物试验用成年样本。如果被食品和药品管理局（FDA）批准的话，即使没有在儿童身上做过试验，药物也可以给儿童服用。

在过去的 20 年里，越来越多的具有行为或情绪障碍的儿童被开了药物处方。在 1987 ~ 1996 年，用于年轻人的精神科药物用药总量增加了两三倍。到 1996 年，这些药物出现在儿童处方的情况与成人一样（Magno-Zito et al.，2003）。尽管来自儿童研究的临床数据很少，这种情况依然在显著增长。更麻烦的是，在 1991 ~ 1995 年，给学龄前儿童开药物处方的情况也在急剧增加（Magno-Zito et al.，2000）。而这些药物很少或几乎没有做学龄前儿童样本的临床试验。一些儿童服用两种或更多的药物，药物治疗的实证数据几乎都是来自个案报告或小的、非盲试验（Safer et al.，2003）。因此这些药效很强的药物在没有任何实验数据或即使有也非常少的数据证明它们的有效性时，就给儿童服用了。

1997 年 FDA 提出，假如一个制药公司能提供关于儿科的药物数据，就会给这个公司延长 6 个月的专利期。最近，《儿科研究公平法》（2003）授权 FDA 开展关于儿童的制药研究（Magno-Zito et al.，2004）。希望这部法律能够鼓励制药厂和独立的研究者进行关于儿童的研究，这项研究将能够为临床医生提供重要的和非常必要的有关药物安全性和有效性的临床数据。 «««

有一个以社区为基础的针对品行障碍和 ODD 的干预，被称为多系统疗法（multisystemic therapy，MST），是一种集中的个案管理治疗方法（Henggeler et al.，1998）。MST 包括诊所、家庭、学校干预——任何需要的地方都能进行这种干预治疗。治疗的选择是灵活的——个体治疗、家庭治疗及增进家庭功能的社会工作干预，并且治疗师在需要提供服务的时候是“随叫随到”的。MST 主要提供给青少年，它是一种有效的干预方法，不仅能减少品行障碍的症状，也能减少青少年在医院和少年司法部门的监禁（Henggleler et al.，1999）。

排泄障碍

身体发育的一个很重要的方面是控制膀胱和肠的功能，这通常发生在学龄前那几年。如果过了这个年龄还缺乏控制的话可能就患上了遗尿症或遗粪症（见“DSM-5：排泄障碍”）。遗尿症（enuresis）就是反复在衣服和床上排尿。它可能在白天发生（日间遗尿症），或晚上发生（夜间遗尿症），或者白天晚上都发生（日间和夜间遗尿症）。原发性遗尿症指的是儿童从没有成功克制（排尿完全受儿童控制）自己排尿的情形，继发性遗尿症是指孩子曾经能克制住排尿但随后丧失了这种控制力。原发性夜间遗尿症或尿床是这种疾病的最常见形式。

排泄障碍 DSM-5

遗尿症

A. 无论是否自愿或故意，反复地在床上或衣服上排尿。

B. 该行为有临床意义，表现为至少连续 3 个月每周 2 次的频率，或引起有临床意义的痛苦，或导致社交、学业（职业）或其他重要功能方面的损害。

C. 实际年龄至少 5 岁（或同等发育水平）。

D. 该行为不能归因于某种物质（例如，利尿剂、抗精神病性药物）的生理效应或其他躯体疾病（例如，糖尿病、脊柱裂、癫痫）。

遗粪症

A. 无论是否自愿或故意，反复在不适当的地方排粪（例如，衣服上、地板上）。

B. 至少 3 个月内，每月至少发生 1 次这样的事件。

C. 实际年龄至少 4 岁（或同等发育水平）。

D. 该行为不能归因于某种物质（例如，泻药）的生理效应或除涉及便秘的调节机制之外的其他躯体疾病。

每年大约有 15% 的遗尿症儿童不接受治疗就能康复（Forsythe & Redmond，1974；Jalkult et al.，2001）。尽管遗尿症会让孩子和家长痛苦，但关于什么样的儿童会不经治疗而康复的研究却很少。遗尿症在世界范围内都会发生，患病率因年龄不同大概为 3.1% ~ 7.3%(Costello et al.，1996；Jalkut et al.，2001；Wille，1994；Yeung et al.，2006)。在白人儿童中，被诊断为遗尿症的男孩比女孩多 3 倍（Costello et al.，1997）。

尽管经过多年的研究，但是患有遗尿症的孩子的膀胱是否比其他孩子的更虚弱尚不确定（Jalkut et al.，2001；Wille，1994）。遗尿症确实有家族性。30% ~ 40% 的遗尿症孩子有患有原发性夜间遗尿症的父母（Jalkut et al.，2001），同卵双生子都患有遗尿症的可能性是异卵双生子的两倍。多代家庭研究表明，有 4 条不同染色体上的一些区域可能含有导致遗尿症的基因（Mikkelsen，2001）。然而心理和环境因素不容忽视（von Gontard et al.，2001）。

儿童健康问题

应付尿床

儿科医生强调，尿床不是因为懒惰或是怨恨，孩子们必须由此成熟和成长。

尿床的可能性

该问题常常具有家族性，孩子会在父母不再尿床的大约年龄停止尿床。

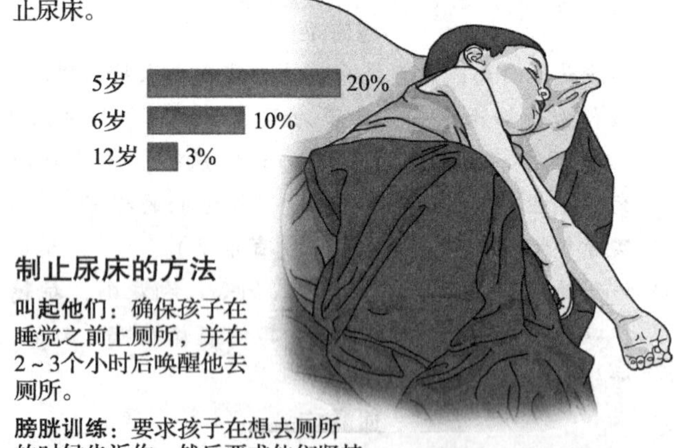

制止尿床的方法

叫起他们：确保孩子在睡觉之前上厕所，并在 2 ~ 3个小时后唤醒他去厕所。

膀胱训练：要求孩子在想去厕所的时候告诉你，然后要求他们坚持几分钟（45分钟起效），以帮助他们控制膀胱。

小便床铃：传感器控测湿度，闹铃将叫醒孩子去厕所，长期使用有效。

医疗指南：在短暂性地野营、晚会中使用没有永久性效果。

小便床铃

© 2008 MCT

警报装置常被用于遗尿症的治疗。湿度传感器贴附在孩子的内衣上以检测湿度，当检测到湿度时会触发警报，叫醒孩子起床并去上厕所。

资料来源：Web MD Graphic: Angela Minth, Garrick Gibson

环境和心理因素可能会对继发性遗尿症有影响，这些因素包括行为障碍、应激性生活事件和获得初始膀胱控制能力晚（Eidlitz-Markus et al.，2000；Fergusson et al.，1990；Jalkut et al.，2001），这表明了遗传和环境双重因素可能是理解遗尿症发展的最恰当模式。

对于遗尿症而言，最受实证支持的治疗方式是遗尿警报（enuresis alarm）（Mikkelsen，2001），1902 年最初提出时被称作警铃 - 尿垫法（bell-and-pad）（Pander，1902，Cited in Jalkut et al.，2001）。这套系统由电池驱动的警报器或振动器和一根贴附在儿童内衣、睡衣或寝具上的细电线组成。当排尿开始的时候，警报器就会叫醒儿童，然后他就会上厕所。渐渐地，小孩就会对膀胱充盈非常敏感，并在排尿前就能醒来。遗尿警报的平均成功（连续 14 个晚上床单是干的）率是 65%（Butler & Glasson，2005），但是平均复发率是 42%。当治疗时间很短的时候（少于 7 周），复发率很高。

现在治疗遗尿症最普遍的药物是醋酸去氨加压素（desmopressin acetate，DDAVP），它能减少夜间尿的生成和排尿次数。然而，DDAVP 对遗尿次数的减少程度变化也很大，并且一旦停止用药只有很少的人能继续“保持干燥”。

> 杰克今年 7 岁。他与父母及 3 岁的弟弟生活在一起。他每天都会将大便排到内裤里一两次，通常是在白天。他拒绝坐马桶，还表现出了其他对立行为。他和同伴融洽相处，是个好学生。杰克的遗粪已经有 4 年多了。他从来没有接受充分的排便训练，并说排便非常痛苦。除非有人告诉他，否则他从不换他弄脏的内裤。他的遗粪没有行为后果。事实上，他的妈妈为他放了一堆干净的内裤在浴室，他的爸爸则尝试强迫他到厕所排便。

遗粪症（encopresis）是指超过 4 岁的儿童，无论是否自愿或故意，反复在不适当的地方排粪（见“DSM-5：排泄障碍”）。遗粪症可能是故意的或偶发的，并且如遗尿症一样可能会有原发和继发两种情况。

患有遗粪症的儿童经常会感觉到丢脸并避免社会交往。他们可能会被同伴排斥，也可能会成为包括家人在内的他人生气、惩罚和拒绝的对象（APA，2013）。和不患这种疾病的孩子相比，患有遗粪症的孩子会被家长和老师评估有更高的焦虑、抑郁和行为问题，但是只有 20% 的人会有严重的功能损害或实质性痛苦（Cox et al.，2002）。大约 1% 的 5 岁儿童患有遗粪症（APA），但他们占小儿科挂号数量的 3%，占小儿肠胃科挂号数量的 25%（Brooks et al.，2000）。在白人儿童中，被诊断为患有遗粪症的男孩是女孩的 4 倍（Costello et al.，1997）。

遗粪症的病原学研究很少。大约 80% 患有遗粪症的儿童患有慢性便秘，而 90% 患有慢性便秘的孩子中都没有明显的医学或功能性原因（Issenman et al.，1999；van Dijk et al.，2007）。遗粪症经常是克制粪便的结果，可能是因为先前痛苦的排便经历或粪便特别硬的结果。这就造成了慢性便秘，之后由于粪便的影响导致不自主排便（van Dijk et al.，2007）。

用药物治疗遗粪症包括用灌肠剂去清理肠道和用泻药去治疗便秘。但是，这种干预疗法通常被看作治疗的第一步，随后还需要通过行为治疗去“促成适当的如厕行为”（每天都坐在马桶上并进行正强化）。药物 – 行为干预要优于单独使用药物治疗（Brooks et al.，2000），改善率高达 65% ~ 78%（Borowtiz et al.，2002；Cox et al.，1998）。

丹尼——对社交焦虑障碍和孤独症谱系障碍的治疗

患者

丹尼 12 岁，和两个哥哥与父母一起生活。从出生起，他的母亲就将他描述为“与众不同”。他不会搂抱妈妈。如果有人试图抱他，他会弓背转身。他很聪明并且在学校做得很好。但他没有朋友，经常很沮丧。尽管他说他想独自一个人，但他在说这些的时候眼含泪水。课间，他远离大家站着但却注视着他们。

问题

丹尼有一个复杂的发育史。他看上去很焦虑，在集中注意上有一些困难，不善社交。他在 8 岁时被诊断为 ADHD 和严重抑郁，并接受相应药物治疗。针对抑郁的药物治疗似乎是有效的，但是针对 ADHD 的药物治疗则没有效果。他在写作上有困难，有时会对危险情境缺乏意识，对周围人表现出难以置信的焦虑。当丹尼上 1 年级的时候，她妈妈就开始担心他是否异常。当他到 3 年级的时候，妈妈确信他有问题。在他 12 岁的时候，妈妈带他去诊所做了全面评估并听取医生的治疗建议。

丹尼同意妈妈对他行为的报告，他补充说他真的很想交朋友，但没有人愿意跟他做朋友。在一份社交焦虑自评测量上，丹尼的分数到了“确定社交焦虑障碍”的范围。他说，当别人跟他说话时或他要跟别人说话时，他都感到焦虑。访谈者报告说在访谈时他很少有眼神交流且音调单一。评估时，他没有抑郁，也没有表现出和 ADHD 诊断一致的症状。

治疗进展

丹尼被诊断为孤独症谱系障碍和社交焦虑障碍。

丹尼参加了一个由 4 个男孩组成的社交技能训练小组，他们所有人都被诊断为孤独症谱系障碍。在 12 周内，这个小组每周见一次面。每次的主题包括发起、维持和结束对话，融入团体的技能，给予和接受赞美，拒绝不合理的要求，要求别人改变他们的行为和使用电话。除了学习这些言语技能，小组的治疗师还教丹尼做眼神接触，并教他变化语调。每次小组会结束后，这 4 个男孩会见到 4 个同意参与活动并愿意合作的同龄助手（友好和开放的男孩）。所有的男孩都会去参加一项活动（小型高尔夫球、保龄球、比萨店），丹尼会被鼓励和同伴一起练习学到的日常社交技能。他每周还有家庭作业来演练小组活动的内容。例如，如果在小组里练习了向别人介绍自己，丹尼的作业会是每天向一个新人介绍自己。在 12 周干预结束的时候，丹尼的社交技能被再次评定，他学到了许多交朋友的必要技能。他妈妈报告说虽然和大多数男孩相比他还是没有那么多朋友，但是自从他加入小组后，他交上了两个新的朋友。他在社交焦虑自评测量中的得分也有所下降，从确定社交焦虑障碍的范围降为可能社交焦虑障碍范围。丹尼告诉访谈者，他学到了一些技能，但是他太紧张了以至于都不能够尝试使用这些技能。

治疗

医生在实施结构化诊断访谈时透露了下列内容。丹尼的问题开始于大约 2 岁时。他在各年龄关键期都完成了自己的发育任务（走路、说话、对膀胱和肠的控制）。他的困难表现在社交领域。他不愿意做眼神交流，很少对人微笑，对玩笑和讽刺的理解力低，没有朋友，并且需要不断地提醒要“有礼貌”。他还发展出强迫于特定活动——科学和太阳能系统、蒸汽管道、视频游戏。他不喜欢被人碰触即使是父母，还对声音极其敏感，因为他还在焦虑和逃避社会交往，治疗师决定对他采用暴露疗法以治疗他的社交焦虑。治疗师、丹尼和他的母亲确定了3个引起焦虑的场景：问别人问题、打电话以及和同龄人交谈。为了让丹尼练习问问题，他接到了很多调查任务。在治疗师的陪同下，他被带到了一个拥挤的环境，被要求去接近人并让他们填写一份简短的调查（主题由当时的环境决定）。在打电话方面，丹尼首先学的是储存和查询信息，随后他给家人和同学打电话问问题并进行对话（最后一级）。因为暴露疗法被设计用来消除焦虑，因此丹尼要一直在这些情境中执行任务直到他做这些任务时没有任何痛苦。此外，在做上一级任务不感到任何痛苦之前，不让他进行下一步的任务。

治疗效果

经过10次治疗之后，丹尼的妈妈报告她发现丹尼能够在课间玩耍，在公交车站可以与他人发起对话。另外，他现在可以和爷爷奶奶保持对话，并能去串亲戚。他被邀请到一个朋友家并在他家完成了人生中第一次留宿。妈妈还说，丹尼第一次抱了她和朋友的妈妈。丹尼报告说他不再害羞了，这点也得到了他在社交焦虑自评测量上得分的支持，现在处在了“无社交焦虑障碍”范围。

需要大家注意的是本次治疗是加强丹尼的社交互动，方法是增加他的社交技能和减少他的焦虑。丹尼在其他行为上仍然满足孤独症谱系障碍的诊断标准，他仍然迷恋不寻常的活动和主题，在写作上仍有很大的困难，难以理解幽默与讽刺，也并不享受与他人的身体碰触。 «««

本章小结

1. 描述在童年和青春期时的基本身体、认知和情绪的发展如何影响心理障碍的表现。

   在儿童和青春期，身体、认知和情绪的成长会影响心理障碍的发展和表现。在正常发育背景下理解行为而不是立刻假定它是异常的是很重要的。随着孩子的成熟而达到他们标志性的发育时，曾经被认为是适当的行为可能就变成了症状性行为或情绪障碍。

2. 识别在童年和青春期首先发病的心理障碍。

   一些行为和情绪障碍在婴儿和儿童期就出现了，并且在儿童和青少年中要比在成年人当中更常见。这些障碍包括智力障碍、特定学习障碍、孤独症谱系障碍、注意缺陷多动障碍、对立违抗障碍、品行障碍和排泄障碍。

3. 理解导致童年和青春期心理障碍发展的病原学因素。

   生物和环境因素都会影响这些障碍。大量的生物障碍和状况会对智力障碍的发展起作用。同样，一些基因变异与孤独症谱系障碍的产生有关。对于其他障碍，生物的、心理的和/或环境的因素都是同等重要的。而且，这些因素以一种复杂的模式在起作用。并不是所有患某种特定障碍的儿童都有相同的症状类型，在大多数情况下，不同的儿童会表现出不同的症状。因此，同一障碍可能是多重及多种因素造成的。

4. 识别药物治疗的利弊。

   药物治疗似乎对ADHD的核心症状最有效。对于其他障碍，药物可能会控制一些相关特征（如攻击），但是对疾病的核心症状无效，且在治疗中单独使用并不被认为会有效。

5. 识别童年和青春期心理障碍的心理社会治疗。

   对于很多障碍来说（如ADHD、CD和ODD），主要的心理干预手段本质上都是行为的，相比患儿而言更多针对父母。尽管行为理论没有必然指出异常的亲子互动是造成心理痛苦的原因，但这种互动可能是症状维持的因素，因此在一个全面治疗项目中必须被作为一个治疗目标。另外，即使当孩子是治疗的焦点时，父母在帮助孩子执行治疗程序的时候也起了很重要的作用。

6. 描述父母在儿童和青春期心理障碍治疗中的特有作用。

   教会家长必要的有效管理孩子的基本技能是非常高效的治疗方式，也是本章提到的很多障碍的治疗选择。在CD或ADHD治疗中，如夏季治疗项目或多系统疗法这样的全面心理社会干预是大有希望的，不仅是在减少核心症状方面而且在提高整体功能方面都很有效。

第 13 章

老年期与神经认知障碍

学习目标

阅读本章后，你应该可以做到：

1. 认识老年心理学是心理学研究和实践的新兴领域。
2. 理解衰老可能影响老年人心理症状与障碍的表达和治疗。
3. 认识老年人独特的症状和可能影响对其双相障碍、抑郁障碍、焦虑障碍、物质相关障碍和精神病的诊断和治疗的独特问题。
4. 区分老年人常见的两种认知障碍——神经认知障碍和谵妄。
5. 理解老年人心理和认知障碍的致病因素。
6. 识别针对老年人心理和认知障碍的有实证支持的治疗。

伯恩哈特生于 1933 年，在他 8 岁的时候父亲去世了。伯恩哈特和母亲的生活由此开始变得艰难。为了养家作为裁缝的母亲不得不努力工作，而年轻的伯恩哈特也不得不开始在附近打零工来补贴家用。他在大多数时间里感觉沮丧和孤独，但是不想让妈妈知道，因为她工作很辛苦，他不想再为妈妈添加新的负担。伯恩哈特想了很多关于父亲的事，他不能理解上帝为什么要把父亲从家里带走，这讲不通。

随着年龄的增长，伯恩哈特从来没有真正丢掉过他的失落和悲伤。但他注意到在努力学习和工作时，他就不再那么悲伤了。于是他比以前更努力地工作并获得了大学奖学金。在大学，他成绩优异并决定读医学院。在实习时，他遇见了可爱的女人克莱尔，并和她结了婚。伯恩哈特和克莱尔想要个孩子，但是过了好久克莱尔才怀孕。当她怀孕的时候，伯恩哈特想或许他可以再次感觉到幸福了。然而，婴儿胎死腹中，克莱尔的再次怀孕则以流产告终。他们决定不再尝试，因为这太痛苦了。伯恩哈特开始全身心地投入他的工作。他在整形外科工作 12 个小时，让病人、阅读和教学来填充他的时间。在闲暇时间他和妻子会做一些愉快的事。他们关系很好，但他就是觉得不开心。当伯恩哈特快 65 岁的时候，他知道他快要退休了。他害怕没有工作的生活，但这就要开始了。

伯恩哈特退休后不久就开始感到失落。他没有什么爱好，也不曾在工作之外花费时间交朋友因为那看起来没有意义。克莱尔则忙于她的志愿活动和教会活动，但伯恩哈特不相信有个上帝存在，所以也从没参与过她在教会的事。他遇到了太多的坏事，世上有那么多痛苦。如果真有上帝存在，他怎么会允许这样的事情发生？日子一天天地过去，伯恩哈特试图找点事情做以打发时间，但啥事都没意思。他开始睡不好觉，一直胃疼，没有食欲而且开始掉体重。他大多数时间里蜗居在家，看电视并反复想过去的事和这世上的各种痛苦。克莱尔尝试带他出门，但他太消沉了。他的注意力不足以维持一场对话，而且不能记住谈话的细节。他甚至记不得别人的名字，也没有精力去认识新的人。生活是悲惨的。

尽管许多人不这样认为，但感到伤心可不是衰老的正常部分。许多成人都因为年龄渐长而体验过心理症状和认知能力下降，但随着老龄化，由于身体、认知和社交的变化，老年人可能体验和表达出部分与年轻成年人不同的心理症状。理解衰老所特有的问题有助于医生识别和治疗与老年人有关的心理问题。

老年期症状和障碍

作为独特领域的老年心理学

美国老年人的数量增长迅速（见图 13-1）。由于婴儿潮一代（1945 ~ 1964 年出生的人）接近退休加剧了这种老龄化趋势。2012 年，美国 65 岁以上的成年人超过 4 170 万人，占到总人口的 13.3%（http://quickfacts.census.gov/qfd/states/00000.html/ Retrieved June 1, 2013）。到 2030 年，据估计美国人口的 20% 将在这个年龄组。社会上有这么多的老年人，我们需要更好地理解老年人面临的问题。随着年龄的增长，我们的身体机能（更多躯体疾病、感官能力下降）、社会功能（退休、因朋友和家人面临健康挑战而缩减的社交网络）、认知能力（注意力、学习能力和记忆力的改变）都会发生变化。所有这些重要因素形成了一个独特的社会文化背景，我们必须通过这些背景来了解老年人的异常行为。

老年心理学（geropsychology）是心理学的一个分支，专门研究衰老问题，特别关注老年人（通常指 65 岁或以上）特有的正常发展模式、个体差异和心理问题。长期以来，人们一直认为童年是一个特别有挑战性的发展阶段，儿童用其独特的方式体验和表达心理症状。老年心理学扩展了这一发展方法，包括进了老年人所面临的挑战和心理症状，如生理变化、生活方式转变和角色转变。

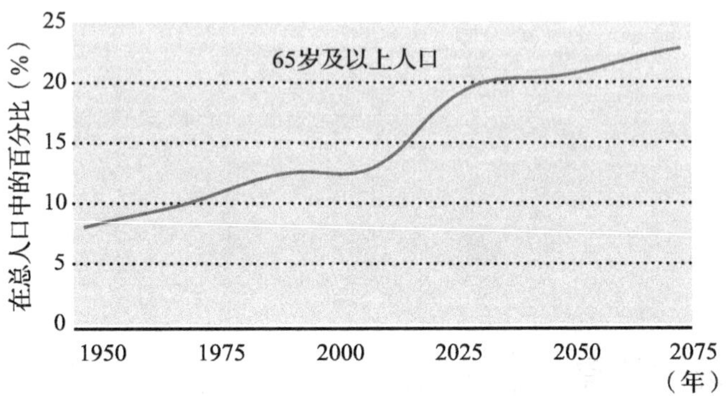

图 13-1 美国的老年人口

美国老年人口增长迅速。2015 年的急剧上升反映了婴儿潮一代的老龄化。

老年人口增长迅速，但专门用于老年保健的专业健康服务远远跟不上。

老年心理学研究领域正在迅速扩大，越来越多的专业组织和培训方案（Qualls et al.，2005）专注于提供服务以满足老年人的需求。越来越多的研究工作促使我们努力去理解老人晚年生活发展和所经历的独特问题，以及制定相应策略以改善他们的生活质量。尽管如此，我们在老人心理症状及障碍方面的知识和我们对此的识别和治疗手段之间还有很大差距。此外，研究人员、教育者和受过老年医学专业培训的护理人员的数量不足以满足这一日益增长的老年群体的需求。本书以持续发展的视角，希望能找出应对心理问题的独特方式，以影响人们的晚年生活。

伦理与责任

许多提供临床服务的心理学家会见到老年患者，但许多培训项目在老年心理学上并没有提供足够的教育和经验。2003 年，美国心理学协会出版了一套指南来帮助心理学家评估他们对老年患者提供帮助的能力（American Psychological Association，2003）。该指南建议，心理学家在其能力范围内开展工作，必要的时候可以寻求会诊或额外的培训。与老年人打交道的心理学家被鼓励要了解老化过程中的知识，老年人认知和心理问题的本质，以及专用于老年人的评估工具和治疗方法。与其他学科（如医学、社会工作）对接的重要性也作为提供全面护理的一种手段被强调。和老年患者一起工作，需要有足够的道德实践的知识和训练。

成功晚年

伦纳德是成功晚年的一个缩影。他 89 岁，独自住在近 40 年一直生活的房子里。他定期驱车到 80 英里（约 128 千米）外的地方看儿子。伦纳德很多年前就退休了，但他每天都花费时间在他的家庭办公室中：上网了解当下热门事件，与朋友和大学同学保持邮件往来，并固定给学校的杂志写专栏文章。伦纳德也积极参加一些公民组织，每天都午睡并在晚饭前享受一杯鸡尾酒。当他妻子于两年前去世时，伦纳德很悲伤，但他开始花更多的时间与朋友和邻居相处并要求他们到自己家做客。随着时间的推移，他家逐渐成为邻里社区活动的核心。这些邻居很爱听伦纳德讲述他在第二次世界大战时的经历，也都很欣赏他幽默而积极的生活态度。伦纳德坚持傍晚时分的散步，尽管他腿疼无法走很远，也一直以微笑的表情去面对任何一个散步时经过他身边的邻居。伦纳德这种积极的生活态度深具感染力，邻居说伦纳德甚至比那些 50 岁的人的精力更充沛饱满和积极向上。伦纳德对很好适应老龄生活有他自己的一套规则，其中包括：①每天用脑；②保持活力；③与年轻人交往并接纳年轻人的想法。

虽然伦纳德不是一个心理学家，但他的生活哲学和生活风格反映了被称为成功晚年（successful aging）的内容。约 1/3 的老年人被认为是晚年成功的（Depp & Jeste，2006），但目前还没有对该词的一致定义。事实上，Depp 和 Jeste 在 28 项研究中发现了对成功晚年有 29 种不同的定义！这些定义的共同主题包括身体健康和积极的生活方式、持续的独立行为能力、无残疾、无

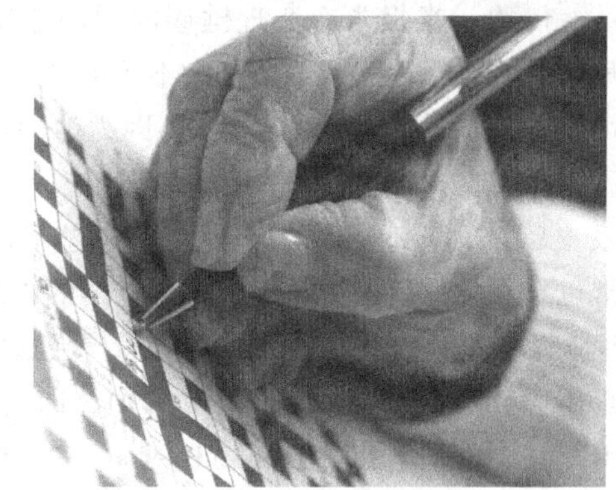

约 1/3 的老年人在晚年保持良好健康和积极的生活。成功晚年来自积极的社交关系和持续的精神活动。

认知功能障碍（这可能受高等教育和活跃的心理活动的影响）和积极的社会关系（Blazer，2006；Phelan & Larson，2002）。积极晚年的理论强调选择性优化和补偿理论模型（Baltes & Baltes，1990；Grove et al.，2009），即当人们调整目标和选择以使其个人特点得到充分发挥时，他们将拥有更加成功的晚年。这些调整往往需要对与年龄有关的限制做出补偿，这些限制减少个体达到以前有价值目标的能力。

马科斯是个上了年纪的渔夫，他以前每周末都开渔船外出。马科斯现在已经不能再打鱼了，但他将时间用来搜集有关渔业的信息，如看相关杂志、收看渔业类的电视节目。他和朋友也经常在当地咖啡馆闲聊时互相交换一些与渔业有关的故事。

伦纳德也尽自己所能选择从事有益的活动并优化自己的社会、心理和生理功能。

老年期心理症状和障碍

在美国，至少有 20% 居住在社区的老年人有心理障碍（American Association of Geriatric Psychiatry，2006；Jeste et al.，1999；Lyness et al.，1999）。还有更多人有严重的问题，这些问题虽达不到心理障碍的诊断标准，但仍造成了不必要的痛苦，降低了行为能力，导致生活质量变差。心理症状和障碍的患病率在治疗机构如医院、养老院、家庭保健中心（Hybels et al.，2009）和患有慢性内科疾病的病人（Kunik et al.，2005）中甚至更高，老年人心理症状的相关个人和社会成本高，而且也没有足够的训练有素的专业人员来提供帮助（Bartels & Smyer，2002；Jeste et al.，1999）。

仅约一半报告有心理健康问题的老年人接受了治疗。许多有心理症状的老年人不寻求治疗，因为他们害怕别人认为他们是“疯子”，还因为他们缺乏足够的资源（以金钱、能力找到一个治疗师）或者是因为行动受限（无法开车到医生的办公室）。那些寻求帮助的人通常也是去找全科医生，而不是到专门的心理健康诊所就诊。不幸的是，许多心理症状和障碍在这样的医疗场合是不被认识的（Jeste et al.，1999）。即使发现了问题，治疗往往也是不够的（Roundy et al.，2005）。原因之一是医生花在诊所就诊的患者身上的时间有限，导致没有足够的时间评估和治疗其心理健康问题。还有，**老年歧视**（ageism）也是一个同样严重的问题。许多老年人和他们的医生认为心理痛苦是衰老的正常一部分（Gallo et al.，1999），因此不必治疗。像下面的反应是经常会见到的：

- 你当然会情绪低落了，因为你最近被诊断出有严重的心脏问题。对你来说不像以前那样感觉精力充沛了，这种情况是很正常的。
- 当我被迫退休而且没有足够的经济保障去供养家庭时，我也一样会感到焦虑。在这种情况下，谁会不焦虑呢?
- 是的，我理解你对自己记忆的担忧——我也经常忘事!

这些意见忽略了一个事实，即心理症状和障碍不是正常衰老的一部分。许多老年人所经历的情绪障碍是可以治疗的，即使与衰老有关的神经生物学疾病（如阿尔茨海默病、帕金森综合征）是不能逆转的，但生活质量是可以改善的。

人们普遍认为一种障碍的症状在成年人和儿童身上的表现是不同的。现在临床医生和研究人员才开始认识到，衰老也会影响人们对心理症状的体验和表达。老年人经常比年轻人报告较少的负性情绪和痛苦（Goldberg et al.，2003；Lawton et al.，1993），目前尚不完全清楚这些差异是反映了二者不同的体验还是仅反映了二者在情绪描述或表达上的差异。例如，在第 4 章中你能学到男孩和女孩在害怕的表达上有差别，而在害怕的体验上则差别不大。同样，老年人往往更多地关注身体症状胜过心理痛苦症状，这也可能是他们在寻求治疗时去找保健医生而不是心理健康医师的另一个原因。

埃洛伊丝否认感觉焦虑，但却说她的背部和颈部的肌肉常感觉很紧并伴随长时间的疼痛。她不再能够长时间地舒适地坐着了，当应激性事件发生时，她的胃也常出毛病。她想寻求帮助以减轻肌肉酸疼、胃酸消化不良和偶尔腹泻这类问题对她的困扰。

只关注身体症状使得发现老年人心理障碍变得更加困难，特别是对在这方面没有经验的初级保健医生来说。而随着人们年纪增大而不断出现的医疗问题也使得诊断心理障碍更加困难。许多疾病和相应的治疗会产生很像心理障碍的症状。例如，糖尿病的症状包括体重减轻、嗜睡，这也是抑郁的症状。即使是像减充血剂这样看似无害的东西，也可导致精神紧张、失眠、血压或心率升高，这也是焦虑的症状。当老年人有身体和心理两方面的问题时，识别其心理问题是一个巨大的挑战。

虽然老年人的心理问题常被认为主要是认知方面的问题（例如，痴呆[⊖]），许多老年人面临的心理障碍同样也影响着年轻人，如抑郁、焦虑、物质相关障碍（Gurland，2004；Lyness et al.，1999）。在理解老年人面临的各类障碍时，考虑与衰老相关的正常身体、社会和认知功能的变化可以为我们评估这些障碍提供一个发展的背景。同其他年龄组一样，共病（同时患多种障碍）在老年人身上也会发生。

老年期抑郁和焦虑

衰老常与各种丧失（例如，爱的人去世、工作或财务状况的变化、身体能力退化）和对未来的不确定性（例如，保持独立的能力、未来健康状况的变化、死亡）相联系。因此，抑郁和焦虑障碍作为老年人面临的常见心理问题就不奇怪了。然而，抑郁和焦虑不是衰老的自然结果。直到最近才有研究开始揭示这些老年人问题的性质、病因和治疗，这些研究沿用了一些来自对年轻成人的理论和策略，并设计了一些新的专门针对老年人的理论和策略。

双相障碍和重度抑郁障碍

珍将自己的时间投入在相夫教子上，她养育了 5 个子女并支持丈夫的事业。当丈夫汤姆 3 年前退休的时候，她希望生命余下的时间能和丈夫一起旅游和看望子女及外孙 / 外孙女。然而，汤姆在退休后 6 个月的时候突然死于心脏病。珍的感觉糟透了，她内心的想法不知道该说给谁听，她很少和那些丈夫仍健在的朋友电话联系。当她和这些朋友一起出去，她总觉得自己是一个多余的人。她独自一人去看望子女，可却感觉不开心，她感到自己对生活缺乏兴趣，但她不知道这其中的原因是什么。自从丈夫死后，她自己也出现了一些生理问题需要靠药物来缓解，如心脏负担重、吃得少却感觉饱胀、总感觉很累、半夜醒来的次数变多、想各种各样的事情。她的家人认为她应该多做一些教堂方面的事，但珍自己却觉得提不起精神。她的女儿认为她有抑郁倾向，但她自己不觉得有问题。她说自己只是年龄大了并在适应过一个人的日子而已。

对多数老年人和年轻人来说，对其双相障碍和抑郁障碍的诊断是使用相同标准的。然而，珍的案例说明，老年人往往不愿意承认心理症状，不希望被认为是“疯了”。他们所报告的症状经常与年轻人不一样，并且因为抑郁症状与躯体疾病症状互相重叠，目前的诊断方式未必适合老年人。事实上，老年抑郁通常包括认知困难，如在注意力、信息加工的速度上的困难以及**执行功能障碍**（executive dysfunction）（在做计划、抽象思考、启动和抑制行动等方面有困难）。即使在不发生神经认知障碍的情况下，这些症状也可能会是抑郁的一部分（Kindermann et al.，2000；Lockwood et al.，2000）。事实上，老年抑郁患者有时也会出现重度的神经认知障碍，但在对其抑郁进行适当治疗后得到解决。

躯体疾病也可以使老年人产生特有的抑郁。例如，**血管性抑郁**（vascular depression）现在被称作由于其他躯体疾病造成的抑郁障碍（depressive disorder due to another medical condition），是一种在患脑血管疾病（给大脑供血的动脉疾病）时发生的心境障碍。血管性抑郁的症状包括比其他形式的抑郁更严重的语言（例如，流利讲话、说出物品名称等）困难、更冷漠、动作更迟缓以及更少的激动和内疚（Alexopoulos，2004）。对于那些因患阿尔茨海默病而具有严重神经认知障碍的患者，在这些症状出现至少两周后才能被确诊为重度抑郁障碍（Olin et al.，2002）。

重度抑郁障碍带来的自杀可能性对老年人来说是个突出问题。美国 65 岁以上老人的自杀率是年轻人的两倍（McIntosh et al.，1994）。自杀率随着年龄的增长发生了戏剧性的增长（见图 13-2）。虽然女性更频繁地尝试自杀，但白人老年男子完成自杀的风险最高

⊖ 由于 DSM 诊断标签的变化，作者已将本章第 1 版中出现的“痴呆”（dementia）大多替换为“重度神经认知障碍”（major neurocognitive disorder），但并不完全，一些地方比如此处依然保留“痴呆”字样。翻译时在此种情况下大部分保留“痴呆”翻译不变，但也有几处根据上下文明显应统一规范的地方就改做了“重度神经认知障碍”。——译者注

（Alexopoulos，2004）。这种模式与年轻人的数据相一致。大多数自杀的老年人在自杀前1个月看过医生（Luoma et al.，2002），这表明很多自杀是可以预防的。老年人和年轻人自杀的危险因素重叠，包括抑郁和焦虑、孤独、财政问题、糟糕的医疗健康状况和社会支持减少（Alexopoulos，2004；Bartels et al.，2002）。

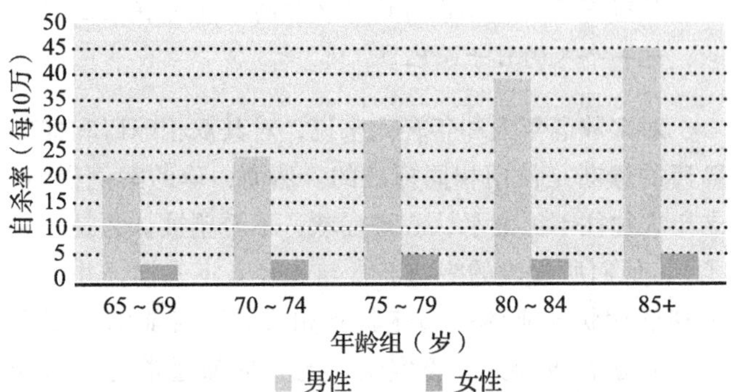

图 13-2 美国老年人的自杀率

自杀在老年男性中比在老年女性中常见，自杀率会随年龄的增长而增长。

很少有人65岁后患躁狂症或双相障碍。许多有双相障碍初步迹象的老年人都曾有重度抑郁的历史。同样，有躁狂症状的老年人在以前都曾有过这种障碍的某些症状（Keck et al.，2001）。如果老年患上双相障碍，与年轻患者相比其躁狂和抑郁变化的间隔时间较短，发作的持续时间则较长（Keck et al.）。65岁后，躯体疾病特别是中风和其他医疗原因如药物治疗，更可能与双相障碍的发病有关，而对年轻成人来说其双相障碍的病因更多与遗传有关（Van Gerpen et al.，1999）。

1. 患病率和影响

在总人口中重度抑郁障碍和持续性抑郁障碍（恶劣心境）分别影响约1%和4%的老年人（Byers et al.，2010；Woodward et al.，2012）。这一比例低于年轻人的患病比例，虽然有高达25%的老年人有并未达到确诊标准的抑郁症状，但仍为其带来了很大的痛苦和损害（Hybels et al.，2009）。在以下情境中抑郁障碍及其症状更常见：医疗机构的调查中（Kunik et al.，2005；Lyness et al.，1999）、闲居老人（Bruce et al.，2002）或有认知功能障碍的老年人中（Alexopoulos，2004）。在这些人中，重度抑郁障碍的患病率高达14%，高达一半的患者有临床显著的抑郁症状。

双相和抑郁障碍及其症状可影响老年人的日常生活甚至生存，这与在年轻人中的影响是一样的。假设两位老人具有相同的躯体疾病，其中一人有重度抑郁障碍而另一个没有，有抑郁和躯体疾病的患者死亡风险更大，而这不仅是因为其自杀的可能性增加。抑郁显著影响躯体疾病的治疗效果。有重度抑郁障碍的躯体疾病患者恢复较差，需要更多的医疗保健服务，医疗保健体系在他们身上需要花更大的成本（Prina et al.，2012）。老年抑郁也影响生活质量（Unutzer et al.，2000），增加身体残疾的可能，并降低患者照顾自己的能力（Bruce et al.，1994；Steffens et al.，1999）。

如前所述，老年人很少患有双相障碍，患病率低于1.0%（Beyer，2009；Byers et al.，2010）。老年双相障碍的死亡率较高，甚至比患重度抑郁障碍的老年人的死亡率更高（Beyer），该比率较高的原因尚不清楚。

2. 性别、种族和民族

和年轻人的状况一样，较之男性，老年抑郁障碍更易发生在女性身上（Woodward et al.，2012）。但与年轻人相反，抑郁障碍及抑郁症状在西班牙裔老年人中较常见，尤其是那些没有受美国文化同化的人（Gonzalez et al.，2001）。最新的全国调查数据显示，在美国，非裔老年人的抑郁障碍患病率要低于一般群体（Ford et al.，2007；Woodward et al.，2012）。在许多研究中，当排除了人口学因素（性别、婚姻状况、生活状况、健康状况）和经济因素影响时种族和民族差异会发生变化（Dunlop et al.，2003）。如果不考虑患病率，则西班牙裔和非裔美国老年人相比白人老年人更加不愿意寻求心理卫生保健（Alvidrez et al.，2005；Blazer et al.，2000）。老年人口自杀率最高的是白人男性，其次分别是非白人男性、白人女性和非白人女性（Mclntosh et al.，1994）。非洲裔和西班牙裔成年人的自杀率比白人低。亚裔成年人自杀率（日裔、华裔和韩裔美国人）随着年龄的增长与白人相当（Sakauye，2004）。亚裔美国人和白人老年人的自杀观念较美国黑人老年人相对要高（Bartels et al.，2002）。

3. 老年抑郁的病原学

晚年出现的抑郁障碍与年轻时抑郁障碍的原因很相似。在许多情况下，老年抑郁只是反映了一个早年情形的持续或复发。然而，重要的是要找出抑郁障碍的原发病年龄（早与晚），因为它可能对如何治疗有借鉴意义（McMahon，2004）。患早发性抑郁（early-onset depression，通常被定义为35岁或45岁前发病）的老年人往往有抑郁家族史，这可能反映了在第6章讨论的抑郁的遗传学因素（Alexopoulos，2004）。相比之下，迟发性抑郁（late-onset depression）患者更容易有并发的认知损害和脑异常的迹象，这表明存在大脑退化的情况（Alexopoulos，2004）。他们还往往有痴呆的家族病史（van Ojen et al.，1995）。迟发性抑郁似乎更容易在患有血管、神经或其他遗传有关的疾病如帕金森综合征、脑血管疾病、阿尔茨海默病的情况下发病。对于那些迟发性抑郁患者，其抑郁障碍症状的诊断有时要比其躯体疾病的诊断早几个月或几年（McMahon 2004）。

研究人员正在研究晚年抑郁的出现与特定遗传因素间的关系。一些研究表明，载脂蛋白 E4 等位基因［apolipoprotein（APOE）e4 allele］与晚年抑郁有关（Zubenko et al.，1996），虽然这一发现并不能总是被重复验证。我们还需要记住，这种基因与抑郁之间的相关性可能只是反映了 APOE4 与重度神经认知障碍之间较强的关联（Plassman & Steffens，2004）。也就是说，该基因可能与重度神经认知障碍的发病有关，抑郁障碍可能是由认知功能受损引起的，而不是基因作用的结果。

衰老总与来自个人和环境的挑战有关，独特的环境应激源可能会影响老年抑郁的发病。例如，经常伴随退休和 / 或所爱的人过世的一系列应激源。这些继发影响包括丧失感加剧、社会地位下降、收入减少。体力活动对轻度至中等水平的抑郁是有利的，但老年人可能面临体力活动受限的问题。尽管如此，老年人更加成熟和拥有更丰富的生活经验，这使他们可以更好地处理生活中具有挑战性的事件。

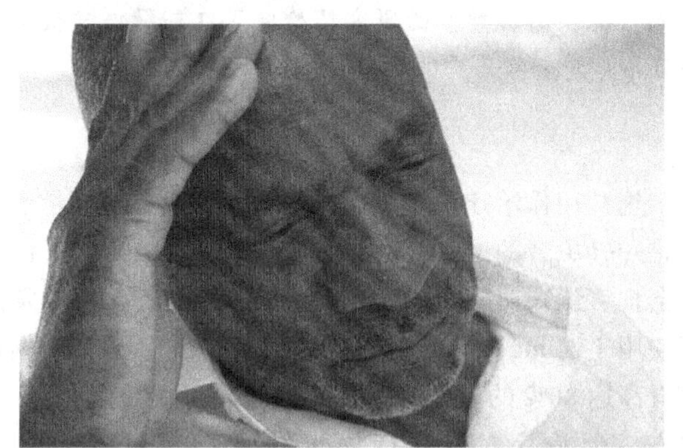

老年人随年龄增长而增加的挑战如朋友过世、孩子搬到外地居住可能会为其营造出一个孤独和抑郁的环境。

生物和环境因素可能相互作用从而引起老年抑郁的发病。**毕生发展素质 – 应激模型**（life-span developmental diathesis-stress model）会考虑三方面因素对抑郁的作用：生物学素质（可引起抑郁风险增加的生物学变量，如遗传基因、疾病等）、应激性生活事件（尤其是老年人特有的那些）以及可减少生物学和环境风险因素造成的潜在负面影响的个人保护性因素（例如，成熟度和以往的生活经验）（Gatz，2000）。在这种模型里，生物学因素和个人保护性因素的影响会随年龄增加而增加，而应激性事件的影响则保持不变（见图 13-3）。

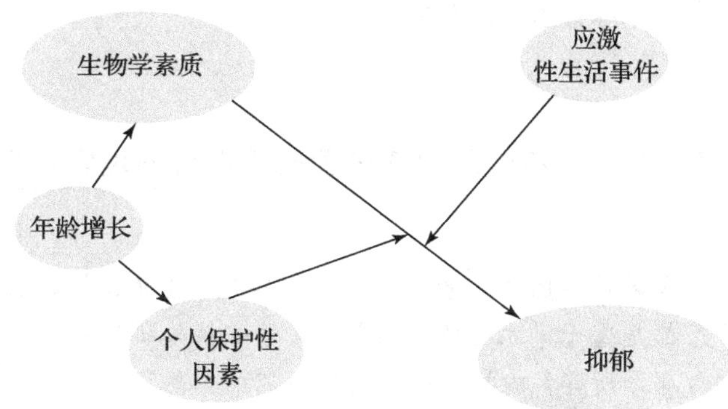

图 13-3 毕生发展素质 – 应激模型

该模型认为年龄增长增加了生物学变量（如遗传基因、疾病）和个人保护性因素（如成熟度和生活经验）对应激的影响，而应激性生活事件对个体的影响则终身保持不变。

4. 心理学理论

抑郁病原学的心理学理论也适用于老年人。还记得那位老渔夫虽不能再去乘船捕鱼但却找到了其他方式来享受他的爱好吗？如果没有这样的替代品，丧失了愉快的活动及环境强化可能会导致与抑郁有关的回避和退缩行为。老年人还会体验到习得性无助，他们常感到自己失去了对环境的控制，并为那些在抑郁中常见的错误想法而痛苦。请找一下造成沃尔特抑郁的致病因素：

> 沃尔特（87 岁）和妻子（85 岁）刚搬入养老院。整理屋子的家务活儿对他们来说变得很繁重，打扫卫生、修剪草坪、修理家电等不再是容易做的小事。沃尔特患有眼疾，因视力受限出门办事也不再容易了。尽管他和妻子不愿搬离已居住 50 年之久的地方，可孩子们劝他们说：搬到这个稍小但能提供日常照顾的地方住对他们是好的。搬家之后，沃尔特看上去不像以前那么有精力了，他总感觉到累，在社交方面的精力和兴趣也减小了。他偶尔会和其他老人打牌，当女儿来看望他时也会外出就餐。但他想念以前的老邻居和教会朋友。现在，沃尔特偶尔参加教堂服务，即使有人邀请他，他

也不像以前那样乐在其中了。他感觉自己年龄大了，不像以前那么有用了。当他的外孙过来看他时，他的精神才振作起来，但他们通常都待不久，而且他们说话速度太快，沃尔特跟不上。因为体重开始下降而且很多时候似乎不感到饥饿，这使他的妻子很担心他。除非借助安眠药，沃尔特的睡眠也不像以前那么好了。他常觉得自己就是在等死。

5. 老年抑郁的治疗

老年人因为双相和抑郁障碍寻求治疗的可能性（37%）比因为焦虑障碍（19%）寻求治疗的可能性大（Mackenzie et al.，2011）。因为抑郁障碍伴随着很多的躯体疾病，治疗过程首先必须进行身体评估，以排除任何躯体原因，如甲状腺异常、贫血、糖尿病。一旦确诊为重度抑郁障碍，治疗选择包括药物和心理干预（见“研究热点：将老年心理学的研究应用于现实世界”）。

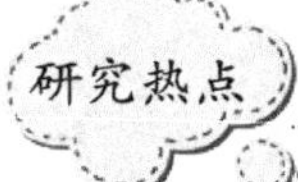

将老年心理学的研究应用于现实世界

多数目前已知对老年人抑郁和其他心理健康问题的治疗都是基于学术性临床机构（医学院精神科诊所、大学心理诊所等）的临床试验对照研究的。然而，参与这些研究的患者，往往不是“真实世界”中的老年人代表。他们往往更健康、受过更好的教育，大多是白人，这就带来了怎么将这些研究结果应用到各种不同老年群体中去的问题。此外，许多老年人从未到精神病学、心理学或其他心理健康的专门机构寻求过心理健康服务。更多的时候，他们接受的是自己的初级保健医生的治疗，在那里抑郁、焦虑或其他心理问题往往无法被识别。其他一些老年人因太虚弱、健康较差甚至无法去看病，他们要么得不到医疗服务，要么得到的也是社区医疗代理机构的家庭护理，这时其心理问题同样被忽视。即使抑郁或其他心理健康问题在这些非传统心理健康机构能被发现，其护理也是不够的或与标准治疗相比是低标准的。因此，当前联邦科研基金的优先发放是针对那些基于更真实场合（如初级保健、以社区为基础的家庭卫生保健）的循证实践以增强在其他医疗背景下心理健康服务的便利性。

最近一些大型临床试验就是基于这一思想。有两项研究特别值得注意，改善心情：促进协同治疗的便利性（IMPACT）项目和鼓励老年人进行积极有意义的生活计划（PEARLS）项目，表明循证干预在社区实践机构中是有效的（Ciechanowski et al.，2004；Unutzer et al.，2002）。在IMPACT项目中，针对抑郁的问题－解决疗法和药物治疗由训练有素的专业人员提供，在初级保健机构中对老年人是有效的，非裔美国人和拉丁裔老年人的治疗结果间没有差异（Arean et al.，2005）。Pearls项目证实了以家庭为基础的问题－解决疗法治疗恶劣心境和轻度抑郁的有效性，所有这些也都是由训练有素的专业人员提供的。类似的研究已检验了在初级保健机构中循证治疗对老年焦虑的效用（Stanley et al.，2009）。«««

治疗年轻成人重度抑郁障碍所使用的药物（见第6章）对老年患者同样有效（Alexopoulos，2004；Shanmugham et al.，2005）。药物治疗对约60%患抑郁障碍的老年人有效，这远高出对安慰剂有反应的30%的比例（Schneider，1996）。与年龄有关的身体新陈代谢的变化使老年人对药物反应的敏感性也增加了，这不仅包括药物的积极作用还包括药物的副作用。因此，对老年人加药通常很缓慢，他们起效所需的剂量也较年轻人低（Blazer et al.，2009）。电休克治疗（ECT）很少使用，但该疗法对那些症状严重以致等不及药物见效或别的疗法无效时的患者很有用。

锂被用作治疗双相障碍，但对老年患者的剂量通常只是年轻患者的1/2 ~ 2/3（Alexopoulos，2004）。由于锂会损害认知功能并造成谵妄（详见后文），因此必须谨慎使用（Young，2005）。ECT对躁狂也非常有效，据报道有高达80%的显著疗效（Alexopoulos，2004）。

心理治疗对老年抑郁也有效（Mackin & Arean，2005）。大量实证研究支持了行为和认知－行为治疗（CBT）。CBT的效果一直优于对照组（等待组和安慰剂组），并有一些证据表明它对老年人比其他心理方法更有效。一种叫作问题－解决疗法（problem-solving therapy）的CBT变式对老年人常见的持续性抑郁障碍或轻度抑郁的治疗有效（Mackin & Arean，2005），甚至是对正遭受执行功能障碍困扰的老年人也有效（（Areán et al.，2010）。其他对老年抑郁有效的心理治疗包括人际治疗和简短心理动力疗法（见第 6 章）。怀旧疗法（reminiscence therapy）是对老年人使用的独特方法，重点是让患者回忆过去的重大事件以及他们如何管理痛苦。怀旧疗法可以减轻老年抑郁，但效果不如 CBT，我们也不知道这种疗法的作用原理是什么（Gum & Arean，2004）。

焦虑

同抑郁一样，焦虑障碍的诊断标准在不同年龄阶段也是一致的（见第 4 章），但老年人的焦虑和担忧在本质上与其他年龄层有着重大区别。这些差异包括发展性/生命周期的问题、对心理健康问题的态度、群组差异（因为出生于不同代之间的人群差异），以及老年疾病也会使诊断变得复杂。

从毕生发展的角度，老年人报告的忧虑反映了在晚年生活阶段中出现的问题。例如，老年人相对年轻人和中年人来说，往往更多担心健康问题而更少担心工作问题。老年人经常担心应激性生活转变（如退休、丧偶）、日益增加的照顾家人的责任（配偶或父母需要大量的照顾）以及与收入减少、卫生保健成本增加、临终计划相关的经济和法律问题（American Psychological Association，2003）。其他潜在的应激性事件包括身体健康、视力、听力、睡眠、禁欲、精力水平、记忆方面的变化，以及逐渐增多的各种能力受限（Brenes et al.，2005；Lenze et al.，2001），这些身体变化可引起焦虑，而焦虑又可能使身体症状恶化进而引起身体健康变差、睡眠问题和记忆问题。

老年人较少使用心理术语来描述焦虑（例如，羞耻、内疚）（Kogan et al.，2000；Lawton et al.，1993），更喜欢用诸如“烦”（fret）或“关切”（concern）这样的词来形容自己的忧虑或焦虑（Stanley & Novy，2000），这可能是因为他们对有心理学导向的名词不舒服。老年人也强调身体症状（Lenze et al.，2005），这使得在有躯体疾病的情况下识别焦虑障碍变得特别困难。许多疾病有和焦虑相同的躯体症状（如，气短、胸痛、肌肉疼痛或僵硬、肠胃不适）。许多药物也会产生与焦虑相关的副作用，例如，一些降压药会造成心率异常，治疗呼吸问题的支气管扩张剂等药物会引起神经质、颤抖、心率增加。

焦虑与抑郁在所有年龄的人中都有明显同时出现的现象，但这种同时出现在老年人中更常见（Beekman et al.，2000；Lenze et al.，2000；van Balkom et al.，2000）。在大多数同时出现的情况下，焦虑症状出现在抑郁症状之前（Lenze et al.，2000；Schoevers et al.，2005；Wetherell et al.，2001），表明至少在某些情况下对焦虑的早期治疗可以预防抑郁。

与抑郁障碍一样，焦虑和担忧是那些可能有健康问题、能力受限、有照料义务、收入减少或有其他担忧问题的老年人的常见心理症状。

1. 患病率和影响

焦虑障碍虽不如抑郁那样受关注，但也是影响老年人最常见和最严重的心理健康问题之一。多达 11.6% 的老年人遭受着某种焦虑障碍（Byers et al.，2010）。虽然焦虑障碍的患病率在老年人中相较于年轻人低（Wolitzky-Taylor et al.，2010），但它在老年人中比重度抑郁障碍更常见（Byers et al.，2010；Kessler et al.，2005a）。相较于其他环境，焦虑和抑郁在医疗机构里的老年患者身上更常见（Kunik et al.，2005；Tolin et al.，2005），并且在有认知损害的老年人中患病率高（Seignourel et al.，2008）。

虽然创伤后应激障碍在有战争创伤史、自然灾害经历或遭受袭击经历的老年人中较多存在（Averill & Beck，2000），在焦虑障碍中，特定恐惧症和广泛性焦虑障碍在老年人中最常见（Wolitzky-Taylor et al.，2010）。大多数研究都集中在广泛性焦虑障碍，患这种障碍的人约占总人口的 7%（Wolitzky-Taylor et al.，2010）和医疗诊所患者的 11%（Tolin et al.，2005）。临床显著焦虑但达不到焦虑障碍诊断标准的患者更多

（20% ~ 40%）(Brenes et al.，2005；Kunik et al.，2003；Mehta et al.，2003；Wittchen et al.，2002）。可用数字可能低估了它真正的患病率，因为焦虑很难识别，特别是在医疗场合（Stanley et al.，2001）。广泛性焦虑障碍可能是最难被诊断的焦虑障碍，因为其身体症状（睡眠困扰、疲劳、运动性不安、注意力难以集中）与老年人常见的正常衰老、疾病症状和药物反应很相似。

老年人的焦虑常与身体活动减少、身体功能差、对健康产生更多负面看法、生活满意度下降、孤独感增多有关（Cully et al.，2006；De Beurs et al.，1999；Kim et al.，2000）。焦虑的老年人较之不焦虑的老年人有更多的身体残疾（Brenes et al.，2005；Lenze et al.，2001）和较差的生活质量（Porensky et al.，2009；Wetherell，2004），他们需要更多的医疗保健服务（De Beurs et al.，1999；Stanley et al.，2001）并在功能上更加依赖他人（Naik et al.，2004）。焦虑的老年人有更大的死亡风险（Brenes et al.，2007；van Hout et al.，2004）。与其他年龄组一样，老年焦虑障碍患者也伴有明显的痛苦和功能损害。

2. 性别、种族和民族

与年轻成人一样，焦虑障碍在老年女性中较常见（Wolitzky-Taylor et al.，2010），尽管女性有较长的寿命，一些研究在确定患病率时并没有考虑这个因素。此外，并非所有社区数据都表明，性别是引起老年人焦虑的重要风险因素（Ford et al.，2007）。因此，目前还不清楚焦虑障碍患病率的性别差异是否准确，或者仅仅反映了老年妇女所占的老年人口数量更大。

虽然许多这方面的研究没有包括足够数量的少数民族患者以得出坚实的结论，老年焦虑障碍的患病率在不同种族和民族中是不一样的。然而现有数据表明，广泛性焦虑障碍在老年人群中的患病率如下：非裔美国妇女（3.7%）、非非裔妇女（2.7%）、非非裔男性（0.7%）和非裔美国男性（0.3%）（Blazer et al.，1991）。广泛性焦虑障碍还常见于老年波多黎各医疗患者中（11%；Tolin et al.，2005），在该人群中焦虑障碍通常伴随着更多的抑郁、较高的自杀、较差的健康自我知觉（如，认为自己是"病秧子"）和需要更多的医疗服务（Diefenbach et al.，2004）。患有广泛性焦虑障碍的人中，非裔美国人比白人报告有更多的身体症状（Kraus et al.，2005）。创伤后应激障碍在非裔美国人中可能是最常见的焦虑障碍（Ford et al.，2007）。

葛罗瑞亚是个58岁的波多黎各妇女，她加入了一个由西班牙裔美国妇女组成的支持团体。在一次聚会中，她分享了女儿带给她的巨大痛苦，她女儿正沉迷于疯狂约会且行为已偏离了家庭价值观。这件事让葛罗瑞亚很沮丧。当小组转变讨论话题后，她倒在地板上并开始剧烈地颤抖。然而，她的脸色没有发青，也没有出现肠胃和膀胱功能失控，也没有咬自己的舌头。小组领导者做了一些努力但不能使葛罗瑞亚的症状减轻，于是叫来了救护车将其送到急诊室。

文化相关综合征（见第4章）也发生在老年人中。这种病在老年人中更常见可能是由于这些人教育程度较低、被主流文化同化少、更多是在外国出生（Sakauye，2004）。在一项研究中，初级保健中26%的波多黎各老年患者有葛罗瑞亚所经历的精神崩溃（ataque de nervios）。在这个研究中崩溃（ataques）与焦虑障碍和抑郁障碍相关，尤其是广泛性焦虑障碍和重度抑郁障碍，特点是愤怒、焦虑、解离、喊叫或尖叫、失去控制、寻求医疗关注（Tolin et al.，2007）。

3. 老年焦虑的病原学

大部分的焦虑障碍都发病于童年期或成年早期（见第4章），极少数的案例是在晚年才发病的（Kessler et al.，2005a）。然而，广泛性焦虑障碍可以或在早年或在晚年发病（Beck & Averill，2004；Stanley，2003）。许多老年人报告有长期或终身的焦虑症状，而另一些人则表示最近才发病。在后者的情况下，应激性生活事件（经济压力、日趋严重的身体残疾、丧失社会支持等）可能起到了独特的影响作用（Ganzini et al.，1990）。一些研究表明，临床症状与起病年龄无关（Beck et al.，1996），但其他数据显示早期发病的患者症状更严重，晚期发病的患者则因为躯体疾病的原因有更严重的功能损害（Le Roux et al.，2005）。创伤后应激也可以继创伤性经历（如自然灾害，受侵犯等）后于晚年发病（Wolitzky-Taylor et al.，2010）。

在第4章讨论过的生物学和心理学理论当然也适用，特别是对那些从年轻时就有焦虑的老年人。虽然很少有专门针对老年人焦虑病因的研究，最近一项大型的双生子研究表明造成老年人（55 ~ 74岁）广泛性焦虑障碍的原因中有25%的责任归于遗传因素（Mackintosh et al.，2006）。针对老年抑郁提出的素质 – 应激假说因同样的原因也适用于老年焦虑，生物遗传脆弱性因素和应激性生活经历可能交互作用引起这些疾病。

因为焦虑症状与各种疾病的症状相重叠，迟发性焦虑障碍的生物学因素需要认真考虑。焦虑可能是对躯体疾病的一种心理反应（Flint，2004）、医疗过程的一部分或是单独的一种心理综合征。例如慢性阻塞性肺疾病（chronic obstructive pulmonary disease，COPD）是晚年生活中常见的肺部疾病，症状包括气短和关于身体症状的灾难性悲观想法。这些相同的症状也是惊恐障碍的特征。对于这些过分担心躯体症状和相关困难的慢性病患者，慢性阻塞性肺疾病相关症状可能促成了其焦虑综合征。

柯蒂斯患有严重的慢性阻塞性肺疾病，需要全天 24 小时的吸氧治疗。当他和家人外出时，柯蒂斯就担心自己目前的这种状况，外出短时间的轻微呼吸都能引起柯蒂斯的恐慌，认为自己可能会因不能呼吸而死掉。他越紧张，呼吸问题就越严重，有时会出现头晕、出汗和颤抖的症状。医生告诉他和他的家人，不是所有的症状都是源于慢性阻塞性肺疾病，但柯蒂斯仍担心医生是否忽略了一些情况。当他们一起外出时，柯蒂斯会担心自己拖累了家庭成员，于是他经常选择独自一人待在家中。这样导致的结果，就是柯蒂斯对外出感到抑郁和更严重的焦虑。

4. 老年焦虑的治疗

与抑郁一样，首先排除可能产生类似焦虑症状的躯体疾病是必要的。如果老年人存在焦虑障碍，所采用的治疗方法与对年轻人所使用的方法类似，大多数研究检验了药物治疗和心理社会治疗（主要是认知 – 行为治疗）。

因为老年人往往在医疗诊所中寻求心理健康问题的帮助，所以多数焦虑障碍的治疗是使用药物。在老年人中，苯二氮䓬类药物是最频繁开出的药方，有多达 43% 的有持久焦虑的患者使用（Schuurmans et al.，2005）。虽然一些数据表明，这些药物均优于安慰剂（Frattola et al.，1992），但苯二氮䓬类药物对老年人可能产生严重的副作用，如记忆问题和运动行为减缓等。这些影响可能导致负面后果，如安全驾驶能力下降、跌倒后髋部骨折风险增加及显著的记忆问题。因此，应首选替代药物。

抗抑郁药，如选择性 5- 羟色胺再摄取抑制剂（SSRIs），对老年人的焦虑障碍是有效的（Katz et al.，2002；Lenze et al.，2009；Schuurmans et al.，2006）。这些药物比苯二氮䓬类药物的副作用小，建议作为首选治疗药物。即便抗抑郁药有副作用，但老年患者在面临药物和心理社会治疗时仍会选择药物治疗（Gum et al.，2006；van Hout et al.，2004；Wetherell et al.，2004）。

多数关于心理治疗的研究探讨的是认知 – 行为治疗，该疗法被认为是适合老年患者的，因为它有时限、直接并有协同性（Zeiss & Steffens，1996）。认知 – 行为治疗对广泛性焦虑障碍患者是有效的（Nordhus & Pallesen，2003；Stanley et al.，2009），但相对于年轻患者来说对认知 – 行为治疗有积极反应的老年人要少（Wetherell et al.，2005）。针对老年患者改进治疗方法是必要的（放缓步伐、采用不同的学习策略传授技能等），在一项预调查中显示认知 – 行为治疗与抗抑郁剂联合治疗能产生更好的效果（Wetherell et al.，2011）。认知 – 行为治疗对其他焦虑障碍也是有效的（惊恐障碍、社交恐惧症）（Barrowclough et al.，2001；Schuurmans et al.，2006；Thorp et al.，2009）。

对于老年心境障碍或焦虑障碍患者，认知 – 行为团体治疗是有效的。

老年期物质相关障碍和精神病

大多数人在想到老年人的心理问题时，可能不会想到酗酒晚归一头栽到床上的老头或有偏执性妄想的老太太。然而，老年人与年轻人一样有物质相关障碍问题和精神病性障碍。相比抑郁和焦虑障碍，物质相关障碍和精神病在老年人中的比例比年轻人少。然而，这些疾病的症状会影响老年人的生活质量和自理能力。一些研究已经开始着力于了解这些问题的独特性质、原因以及治疗方法。

物质相关障碍

哈诺德是个热衷于社交事务的72岁离婚男人。他吸烟喝酒的量都很少，与朋友相处得很愉快，早晨醒来的感觉也很好。甚至在他老了以后，依然能在聚会中理性控制自己的言行举止。一天晚上，在他结束聚会驾车回家的路上，当转弯躲避车时，由于距离边线太近，车子翻到了路边，车有一些损害，他也伤到了自己的背和脖子。医生给他开了一些止痛药，同时他还在服用另一个医生给他开的有利神经的小剂量镇静药。他认为每天增加一个药片没有什么大问题，当他因疼痛而使睡眠变差时，哈诺德决定再增加一片，有时还会再喝杯啤酒，这使他更容易放松下来。不久后，没有镇静药和双倍剂量的止痛药与啤酒他就开始睡不着觉了。

酒精和其他物质相关障碍对老年人来说是一个被低估的问题，患有物质相关障碍的50岁及以上的成年人数量预计将从2002 ~ 2006年的280万人翻倍变成2020年的570万人（Wu & Blazer，2011）。过度饮酒、滥用处方药（如苯二氮草类药物、镇静剂、麻醉止痛药）、抽烟是最常见的问题（Atkinson，2004；Lin et al.，2010）。虽然与年轻人的诊断标准一样（见第9章），但其症状表现并非总是一致。老年人酒精滥用比年轻人更少地与反社会行为、司法问题、失业及社会经济地位差相联系。相反，老年人的物质相关问题只有在他们越来越依赖别人（被依赖的人有更多的机会来观察其使用模式）时和/或当物质相关障碍影响到他们的躯体疾病及其治疗或患者安全（车祸、摔伤等）时才被确认（Blazer，2004）。

美国国家酒精滥用和酗酒研究所（National Institute on Alcohol Abuse and Alcoholism，NIAAA）建议65岁及以上的成年人每天饮酒不超过1次，或每周不超过7次（Oslin，2004），其中任何一次都不超过2杯（Oslin & Mavandadi，2009）。同年轻人一样，老年人的酒精使用障碍定义不只是指饮酒的数量，还包括其造成的不良后果（医疗、社会或心理）以及对其各项功能的负面影响。确定不良后果可能是具有挑战性的，因为老年人可能有更少的家庭以外的责任并且和社会接触较少。

比尔报告说每晚都要喝5杯红酒，但他只在家喝也不开车，他也不用早起上班。比尔否认自己有与使用酒精有关的问题。

比尔是酒精使用障碍吗？

同样，滥用处方药可能会逐渐发展并且难以识别。

酒精、处方药和烟草是最常被老年人滥用的物质。

患者可能会被多个医生开出处方药，这些开药的医生不知道患者可能在服用的其他药物。许多老年人倾向于吃少于处方剂量的药。然而，有更多悲观和抱怨的患者可能不会咨询药物的潜在相互作用问题而同时服用多种药物（Blazer，2004）。非处方药可能使药物的相互作用变得更加复杂。在许多情况下，老年人处方药滥用只有在发生中毒或戒断症状时才会被注意到。

1. 患病率和影响

老年人最常滥用的物质是烟草，即便其烟草依赖的患病率低于年轻人（Blazer & Wu，2012）。然而，超过 1 710 万名 50 岁以上的成年人报告说在上个月有吸烟经历（National Survey on Drug Use and Health，2006）。吸烟对健康的严重负面后果众所周知（癌症、心脏病、慢性阻塞性肺疾病、骨质疏松等），老年人烟草使用障碍造成更多的能力受限和死亡率，这比其他物质使用障碍造成的总和还要多（Atkinson，2004）。

在美国，据估计老年男性酒精相关障碍（DSM-Ⅳ为酒精滥用和依赖）患病率为 1.9% ~ 4.6%，老年女性为 0.1% ~ 0.7%（Atkinson，2004；Myers et al.，1984；Grant et al.，2004）。这些数字是低于年轻人的，虽然许多情况下老年人的患病是无法识别的。随着婴儿潮一代的衰老，老年人的患病率似乎在上升（Patterson & Jeste，1999）。当代老年人是在高度重视节制的时代里长大的（Blazer，2004）。50% ~ 70% 的老年人报告说他们不喝酒（Oslin & Mavandadi，2009）。一些情况下，戒酒是终身的；其他人的戒酒则是随着病情的发作。如果有酒精相关障碍病史的老年人打算戒酒，那他们在未来压力期间会有问题性饮酒的风险。

危险性饮酒（过量酒精使用但达不到物质相关障碍的诊断标准）比酒精相关障碍更频繁发生，可能影响多达 15% 的男性和 12% 的妇女（Blazer，2004）。大约 1/3 患酒精相关障碍的老年人是到了晚年才患病的，这些人中多数在早年有危险饮酒历史。当该障碍是晚年起病时，症状通常是温和的、更有节制并较少有家族遗传史的。晚发情况更多见于老年妇女（Atkinson，2004）。

老年人很少承认自己有物质相关障碍，其患病率估计接近 0（Atkinson，2004；Oslin & Mavandadi，2009）。然而，在 65 岁以上的老年人中，物质滥用治疗机构对阿片类或海洛因成瘾的接诊率（1995 ~ 2005 年）从 6.6% 变为 10.5%（SAMHSA，2007）。类似的增长率在对可卡因（从 2.1% 到 4.4%）和镇静剂成瘾（从 0.5% 到 1.3%）的接诊率中也可以发现。老年人的药物消费在美国占总量的 25%（Blazer，2004），尤其会被开苯二氮䓬类药物处方。高达 15% 的老年人随时会被开出这样的处方（Atkinson，2004）。虽然很少有滥用，但长期使用（4 ~ 12 个月）可能会导致身体和心理对该药物的依赖。当这些药物被用于慢性失眠，耐药性是其独特问题，虽然大部分物质相关障碍的调查不考虑这种类型的依赖。

尽管滥用率较低，酒精和其他药物可能造成重大的不利影响。特别值得关注的是与年龄有关的生理变化（去脂体重和与总脂肪有关的身体总水量下降，中枢神经系统的敏感度增加等）会减少身体代谢（分解）药物的能力。这种与年龄有关的代谢能力下降增加了酒精和其他药物潜在的副作用和毒性。例如，相同量的酒精对于老年人会产生较年轻人更高的血液酒精含量和更多的能力受损（Atkinson，2004；Oslin & Mavandadi，2009）。因此，随着一个人的年龄增加，继续喝相同量的酒精可导致日益严重的滥用问题。过量饮酒可导致跌倒和其他意外、降低性兴趣和阳痿、医疗问题，并增加谵妄、痴呆、脱水及步态问题的风险（Oslin，2004）。此外，滥用增加了药物相互作用的风险（Oslin），并影响慢性病的治疗，如高血压、糖尿病。

2. 性别、种族和民族

使用酒精的老年男性两倍于女性，老年男性成为问题饮酒者的可能性是女性的 7 倍。这些差异在不同民族和种族群体间是一致的（Atkinson，2004）。然而女性在酒精所产生的不良后果上风险较高，因为她们对酒精的代谢不如男性快，很少的酒精就可以让她们喝醉。非法使用毒品在老年男性中较常见，老年女性则更多会因非医疗原因使用处方药（National Survey on Drug Use and Health，2006）。

一些研究报告显示白人比非裔（Ruchlin，1997）或西班牙裔美国人（National Survey on Drug Use and Health，2006）有更高的物质相关障碍患病率。社区非裔美国人的酒精和药物使用障碍的患病率低（低于 1%；Ford et al.，2007）。华裔美国老年人较少饮酒（Kirchner et al.，2007）。非西班牙裔非裔美国人（23%）比非西班牙裔白人和西班牙裔吸烟更多（National Survey on Drug Use and Health，2006）。

3. 病原学

关于年轻人酒精和物质相关障碍发展的理论对老年

患者也适用，尤其适用于在生命早期就发病的患者。整个生命中，有些人有一个稳定的使用模式，而另一些人使用酒精和物质则是进行性的或变化性的。当滥用在晚年发病时，很少有证据表明遗传因素在起作用，但往往有个人习惯使用和/或危险饮酒的历史（Atkinson，2004；Blazer，2004）。医疗薄弱和对多种药物的需求会使药物滥用的可能性增加。同样，当患者有酒精相关障碍史时苯二氮䓬类药物的过度使用会随之增加。

4. 物质相关障碍的治疗

大多数对老年人物质相关障碍治疗的研究重点放在问题性或危险性饮酒上（Oslin，2004；Oslin & Mavandadi，2009）。治疗目标是预防和早期干预。短期酒精咨询（brief alcohol counseling，BAC）可能会减少高风险饮酒和防止出现更广泛的酒精问题（U.S. Preventive Services Task Force，2004）。BAC 通常提供家庭支持和教育，包括对问题饮酒的直接反馈和提供减少使用酒精的具体意见。有时也使用行为自我控制程序（behavioral selfcontrol procedures）（例如，坚持写饮酒日记、行为契约）。在初级保健机构里，BAC（会使用一个或四个简短的患者契约）对于老年人高风险饮酒有积极的治疗效果（Fleming et al.，1999；Moore et al.，2011；Oslin，2005）。

对于确诊了酒精或物质相关障碍而不是危险性饮酒的老年人，当老年人和年轻人一起治疗时，横跨各年龄组的治疗结果是可比较的（Atkinson & Msra，2002）。老年患者往往更加遵循治疗建议（Oslin et al.，2002），在针对年龄的专门治疗中有更好的疗效（Kashner et al.，1992）。年龄专门治疗可以促进更好的同伴关系和更长时间的治疗从而提高治疗效果（Atkinson，2004）。

环丙甲羟二羟吗啡酮（见第 9 章）等药物对晚年酗酒的治疗是安全有效的（Oslin et al.，1997）。另一种药物，戒酒硫［disulfiram（Antabuse）］通常用于防止年轻人饮酒。如果老年人在喝酒的同时服用戒酒硫会很危险（Atkinson，2004）。如果酒精相关障碍患者伴有抑郁，抗抑郁药可以用来减少饮酒。

苯二氮䓬类药物依赖通常需要通过逐渐停止用药的方法来进行治疗。然而若药物已经用了很长时间的话治疗效果并不理想。如果治疗是成功的，则认知功能就会得到改善，焦虑、抑郁、失眠等症状会减少。有一些症状可能会持续，老年人有更高的重新使用药物的风险（Atkinson，2004）。最后，对年轻人有效的戒烟治疗（如在初级保健机构的短期干预、透皮尼古丁贴片治疗）对老年患者也是有效的（Atkinson，2004）。

精神病

老年人像年轻人一样可能会有严重的心理障碍，即精神病。在许多情况下，用来描述这些疾病的诊断类别对老年人和年轻人是一样的（见第 10 章）。在这里，我们重点关注老年患者精神分裂症的不同类型和重度认知障碍中出现的精神病症状。

80% 患有精神分裂症的老年人，是在年轻时发病并持续到晚年的（Jeste et al.，2004a）。这中间 60% 的成年人在一生中症状稳定。另有 20% 的人经历了症状的不断恶化过程，还有 20% 的人在晚年表现出症状的缓解以及改善。一般来说，老年人和年轻人的症状是相同的，只有一个例外，即随着成年精神分裂症患者的衰老，其认知能力会下降，但下降的幅度与没有精神分裂症的成人的下降幅度没有差异（Eyler Zorrilla et al.，2000）。

老年精神分裂症通常是年轻时生病并持续到老年的，在年老时发病通常不常见但不是没有可能。

如果起病于晚年，相关症状会有一个独特的模式（Howard et al.，2000）。**晚发性精神分裂症**（late-onset schizophrenia）首次起病于 40 岁以后。许多特征性风险因素（家族史、遗传风险和童年期适应不良）与早期发病相似（Jeste et al.，2009；Pearman & Batra，2012），但晚年精神分裂症患者会有更多的偏执型和幻听。他们也较少出现阴性症状和认知能力（如学习、抽象能力和思维灵活性）受损。当晚年起病时，患者报告有较好的病前功能、更成功的职业和婚姻史（Jeste，2004）。

甚晚发性精神分裂症样精神病（very-late-onset schizophrenia-like psychosis）是一个异构类别，起病于65岁以后。在甚迟发群体中，其精神病性症状是中风、肿瘤或其他神经退行性变化的结果。因为这些症状发生在正常的神经生物发育期之后，甚晚发性精神分裂症不同于所有其他被认为是神经发育性的（如 Jeste，2004b，见第10章）精神分裂症。甚晚发性精神分裂症样精神病与遗传易感性关联较弱，较少证据表明有童年适应不良并且有更少的阴性症状（Jeste，2004）。

阿尔茨海默病患者中，有30% ~ 50%发展出精神病性症状（Jeste & Finkel，2000），通常出现于确诊为阿尔茨海默病后的三四年内。这些精神病性症状与老年精神分裂症有很大的不同（Jeste & Finkel，2000）。患有阿尔茨海默病的精神病患者经常有简单和具体的妄想。

> 贝蒂反复告诉她女儿有个男人穿过门厅偷她的东西。贝蒂很确定这个男的是在她睡觉的时候进她屋里偷东西的。

认错照料者是很常见的。

> 格蕾丝常这么提起和她住在一起的女儿：“那个住在这里同时负责打扫屋子的女人。”

幻听很罕见，但幻视很常见。

> 海柔尔常在午夜醒来看着窗外，并说看到起火了孩子们死于火灾，但没有任何人施救。

痴呆期间出现精神病性症状的患者过去很少有精神病史，这些症状往往在后期会缓解。与没有精神病的痴呆患者相比，有痴呆和精神病的患者表现出更多的攻击行为、漫游、情绪激动、家庭问题和缺乏自理能力（Jeste et al.，2004b）。

1. 患病率和影响

有0.6%年龄在45 ~ 64岁的人患精神分裂症，65岁以上的人中患病率为0.1% ~ 0.5%（Jeste et al.，2004）。高达29%的精神分裂症患者报告其在40岁以后发病，12%的人在60岁以后发病（Jeste et al.，2004a）。精神病性症状在住院患者或养老院患者中更常见。精神分裂症患者的晚年生活是极其衰弱的，这对其功能、生活质量、卫生保健的使用和成本以及死亡率都会产生重大影响（Van Critters et al.，2005）。较差的功能与糟糕的认知表现、较少的教育和更严重的阴性症状有关（Evans et al.，2003）。

2. 性别、种族和民族

晚发性精神分裂症在女性中较常见，但在男性中发病较早（Jeste et al.，2004，2009）。女性神经内分泌的变化以及较男性更长寿和不同的心理社会应激源可被用来解释这些性别差异。例如，雌激素可以作为一种内源性抗精神病药物（一种自然产生的物质，与抗精神病药物药理功能相同）。在这种情况下，直至绝经，雌激素可以预防有精神分裂症风险的妇女出现精神病症状（Seeman，1996）。

正如第10章中提到的，尽管非裔美国人精神分裂症发病率较高是有据可查的，但精神病和精神分裂症的症状在不同种族和民族群体年轻人中都是常见的。同样，精神病和不准确诊断的精神分裂症在非裔老年人中是较常见的（Faison & Armstrong，2003）。导致这一状况的因素包括医生偏见、缺乏基于文化的适当的评估工具和对精神病症状的误解。

灵性和巫术经常被用来解释非裔美国人、西班牙裔和本土美国人的这些不同寻常的症状（Sakauye，2004）。有宗教内容的幻觉实际上可能代表某些文化的正常宗教经验（Faison & Armstrong，2003），一些患者的想法被归类为偏执，实际上可能代表他们对与歧视有关的创伤或移民经验的“健康”或“正常”的反应。最后需要指出的是，当在一些文化中所用的草药与抗抑郁药或抗精神病药物结合使用时可导致精神病症状。

3. 病原学

晚发性精神分裂症与早年发病的精神分裂症有许多共同的可能致病因素。与早期发病的患者一样会出现大脑异常，包括脑室扩大、多巴胺受体的密度增加、颞上回的体积减小（见第10章）。晚发性精神分裂症患者比那些早发的人有更好的病前社会功能，但他们的社会适应能力较差，并且有更多的反常行为（Jeste et al.，2004）。

一些致病因素，如激素变化和心理社会应激源的假设性差异，可能会导致女性的晚发。此外，晚发性精神分裂症与听力和视力的缺陷相关。虽然目前尚不清楚这种关系的确切性质，症状可能会在对这些缺陷纠正不足时出现，如没有佩戴合适的眼镜（Jeste et al.，2004b）。

如前所述，甚晚发性精神分裂症样精神病与神经损害相关，如中风或肿瘤。在这些案例中，没有直接的遗传作用影响的证据，尽管遗传和环境因素都可能导致患病，如中风，然后产生精神病性症状。当阿尔茨海默病患者发生精神病时，会呈现更严重的认知损害（见“痴呆”）。同时患阿尔茨海默病和精神病的患者有更严重的大脑退化、去甲肾上腺素水平升高、5- 羟色胺水平低，还有其他问题如像在帕金森综合征患者身上常见的震颤、肌强直、运动缓慢（Jeste，2004）。

4. 精神病的治疗

与年轻人一样，老年人精神分裂症的主要治疗方法包括典型和非典型抗精神病药物治疗。然而，对治疗的反应可能会因不同年龄而有所不同。认知和社会功能的生理和情感差异、与年龄有关的新陈代谢变化和神经递质受体的敏感性、医疗疾病、其他药物的使用都可能影响抗精神病药物的反应。很少有研究探讨抗精神病药物的疗效，特别是对老年人。但已知数据表明这些药物对症状有适度改善的效果（Van Citters et al.，2005）。非典型抗精神病药物比典型抗精神病药物能产生更好的效果且副作用较少。由于老年人有较高的药物敏感性和较高的运动相关副作用（例如，迟发性运动障碍，见第 10 章），给老年人的药物剂量通常要比年轻人低 25% ~ 50%（Jeste et al.，2004）。

当精神病发生在重度神经认知障碍患者身上时，抗精神病药物可产生适度效果，其中非典型抗精神病药效果最好（Schneider et al.，2006；Weintraub & Katz，2005）。用药剂量随年龄的增长而减少。由于精神病症状经常在痴呆的后期阶段得到缓解，因此长期用药往往是没有必要的（Jeste et al.，2004a）。重度神经认知障碍患者对药物的副作用特别敏感，即便是非典型抗精神病药物也可产生镇静、血压波动甚至增加死亡风险的副作用（Schneide et al.，2005）。

只有少数研究检查了对老年精神分裂症的心理治疗的效用，但技能训练和 CBT 的不同组合方式有积极的效果（如 Granholm et al.，2005；Jeste et al.，2009）。这些干预措施，帮助患者挑战自己的妄想信念并改变不配合医疗的行为以及进行卫生保健管理。患者也开始学习社交、沟通技能和生活技能（例如，组织和规划、财务管理），旨在提高其整体功能。对于精神病和痴呆患者，家人的支持和教育是很重要的，还包括照料者对问题行为（如患者对照料者的攻击）的应对技能训练以及行为管理。

神经认知障碍

神经认知障碍（思维障碍）比在本章所讨论的其他障碍更多地影响老年人。随着老年人寿命更长，人口数量不断增加，越来越多的人将患上这些认知功能障碍的疾病。一些认知水平的下降（例如，记忆力、注意力、信息加工的速度）与正常衰老有关。然而，谵妄和重度神经认知障碍是认知能力缺陷的代表，它们严重影响着老年人。

谵妄

伊丽莎白是个 86 岁的被诊断为重度神经认知障碍的寡妇，当她开始对日常活动失去兴趣时，她的子女开始担心起来。她的警觉和注意力都比平时降低了，经常哭泣，没有食欲，也睡不好觉，她的子女担心伊丽莎白患上了抑郁。伊丽莎白还有高血压、胸口疼、充血性心力衰竭、关节炎、白内障、“癫痫发作”（期间她面无表情、言语含糊）这些疾病，她的子女都认为谨遵医嘱的话这些疾病都能得到很好的控制。当精神科医生给伊丽莎白做检查时，她乐于配合，但她偶尔会哭，即便在没提到什么伤心事的时候。她反应迟钝，声音含糊拖沓，有时语言显得乱七八糟。她女儿说这些症状常常发作并在夜晚显得严重。医生得知伊丽莎白同时服用着 8 种不同的药物。在考察了这些药物的药理之后，医生对其做出了一个暂时性的药源性谵妄的诊断。在接下来的两个月的时间里，有 6 种药物不再继续服用，她的许多症状也改善了。

谵妄（delirium）（见“DSM-5：谵妄”）的主要特征是一种注意或意识障碍，通常发生在躯体疾病的情况下或摄入某物质（如药物）后。意识状态的转变范围包括从清醒度下降和木僵（少活动型）到严重失眠和过度唤醒（多活动型）。谵妄发病突然，通常在几小时或几天内，但在老年人中它发病进程缓慢且是进行性的（Raskind et al.，2004）。老年患者的谵妄症状可以持续数月（Levkoff et al.，1992），与之相比年轻人通常只持续很短的时间。

谵妄　DSM-5

A. 注意（即指向、集中、保持和转移注意的能力减弱）和意识（对环境的定向力减弱）障碍。

B. 障碍在短时间内发生（通常为数小时到数天），表现为与基线注意和基线意识相比的变化，以及在一天的病程中严重程度的波动。

C. 额外的认知障碍（例如，记忆缺陷，定向力障碍，语言、视觉空间能力或知觉方面的障碍）。

D. 标准 A 和标准 C 中的障碍不能用其他业已存在的、已确立的或正在进行的神经认知障碍来更好地解释，也不是出现在觉醒水平严重降低的背景下，如昏迷。

E. 病史、躯体检查或实验室发现的证据表明，该障碍是其他躯体疾病、物质中毒或戒断（即由于滥用的毒品或药物）、接触毒素，或多种病因造成的直接生理结果。

1. 患病率和影响

谵妄在医院住院的老年人里的患病率为 14% ~ 56% 不等，在急诊室的老年病人中也是常见疾病（30%），在外科中它的患病率为 15% ~ 53%（Fearing & Inouye，2009）。在过去的 10 年里对谵妄患病率的估值有所增加，这也许是因为较短的住院时间无法使患者有足够长的时间从手术中完全恢复过来（Liptzin，2004）。重度神经认知障碍患者在患病过程中有明显更高的谵妄发作风险（（McCusker et al.，2011 ；Fearing & Inouye，2009）。谵妄通常与患者长时间的住院医疗（Ely et al.，2001 ；Thomason et al.，2005）、卫生保健成本增加（Franco et al.，2001）、手术后并发症多、出院后较差的身体机能和机构配置风险增加等因素有关（Liptzin，2004）。

2. 性别、种族和民族

男性比女性有更大的谵妄风险（Fearing & Inouye，2009 ；Liptzin，2004）。然而，不准确诊断的妇女更常获得重度抑郁障碍的诊断，不准确诊断的男性则常不被给出诊断（Armstrong et al.，1997）。

3. 病原学

谵妄与一系列生物和环境因素相关（Liptzin，2004；Raskind et al.，2004），但它经常是由严重系统性疾病引起的，如 AIDS、充血性心力衰竭、感染或药物中毒，就像伊丽莎白的情况那样。老年人更容易发生药物中毒，因为他们需代谢不同的药物，经常服用的多种药物可能会相互作用产生药物不良反应。产生谵妄的其他生理原因包括代谢性疾病（如甲状腺功能减退或低血糖）、神经系统疾病（如头部外伤、中风、癫痫、脑膜炎）、营养不良或严重脱水以及酒精或药物中毒或戒断。谵妄的风险会随着年龄的增长和认知损害而增加。在某些情况下，谵妄发作可能是潜在重度神经认知障碍的首发症状（Raskind，2004）。

增加谵妄风险的住院期间的环境因素包括：使用身体约束、服用三种以上药物和使用导尿管（Weber et al.，2004）。导致脱水、营养不良、睡眠剥夺的风险因素也会增加得病风险。这些因素如何相互作用目前尚不完全清楚。但谵妄与前额叶皮质、丘脑、基底神经节的功能失调有关。此外，一些神经递质（如多巴胺、5- 羟色胺、GABA、乙酰胆碱）可能参与其中（Liptzin；2004 ；Trzepacz et al.，2002）。总之，谵妄发作是复杂的，但确定其病因对于一些老年人是必要的，因为恰当的干预（补液、停止服药）可能扭转其症状。急症护理部的老年住院患者中，每日少剂量的褪黑激素可以保护患者免于谵妄发作（Al-Aama et al.，2010）。虽然原因尚不明确，但褪黑激素可以调节睡眠 – 觉醒周期。睡眠剥夺可能是造成谵妄的一个重要的风险因素。

4. 治疗

谵妄往往无法被确认或得不到足够治疗（Weber et al.，2004）。作为第一步，筛选已知的危险因素（如重度神经认知障碍、物质使用）是必要的。谵妄的预防措施包括监测药物、确保适当的营养和饮水，以及对患者睡眠 – 觉醒周期的管理（Liptzin，2004 ；Weber，2004）。即便有这些预防措施，但还是会有谵妄发生，这时早期发现对于减少发病时间和发病影响就很重要了。

对谵妄的治疗开始于对环境的操控（Fearing & Inouye，2009）。有益的环境操作包括减少感官刺激（如安静的房间、低亮度的灯光），通过视觉线索（如家庭照片及钟表）提供定向，鼓励家庭成员的出现，最小化地使用身体约束，通过开关窗帘保持有规律的昼夜作息、限制白天睡眠、减少因生命体征或其他医疗程序造成的夜间觉醒（Fearing & Inouye；Liptzin，2004）。如果需要药物，低剂量的抗精神病药物可以保证患者的安全和减轻症状。如谵妄是因酒精或其他镇静剂的戒断造成的，短效的苯二氮䓬类药物可用于治疗（Liptzin，2004）。教育和支持性护理提供有关症状病程的信息，可以使家庭成员与患者保持在一起的状态。

神经认知障碍

神经认知障碍是一种破坏性疾病：它使患者逐渐丧失独立活动的能力，也给患者和家属造成明显的情绪问题，后者陪患者长时间遭受不断加剧的功能障碍的痛苦。尽管有可用治疗可以减缓疾病的进展、改善生活质量，但痴呆仍是晚年最常见的退行性疾病之一。

1. 神经认知障碍的类型

神经认知障碍（neurocognitive disorders）这个术语描述了不同类型的综合征，特征为在认知领域（如注意力、执行功能、学习和记忆、语言、知觉动作，或社会认知）的上一个水平的认知减退。神经认知障碍和谵妄不同。神经认知障碍的认知困难并不伴随意识或警觉性的变化。神经认知障碍的核心特征是认知损害（例如，理解困难或使用文字困难、无法执行运动活动、不能认知物品或命名物体或者执行能力缺陷）。

对比个案研究

行为维度：从正常到异常

正常行为个案研究　偶然的忘事

安东尼亚是一位72岁的西班牙裔女性，在她65岁退休之前已经在一所小学当行政助理35年了。在学校，同事和孩子们都很爱她，但她更希望花时间陪她的孙辈们，并且希望通过教会做多种志愿助人活动。事实上，安东尼亚觉得自己退休后的生活很有意义。她依旧和也是朋友的同事接触，很喜欢有更多时间陪伴丈夫。安东尼亚也注意到，日子比她曾经想的过得快。她也开始难以记起别人的名字，尤其对方是已认识多年的人时会很尴尬。安东尼亚还经常把东西放错地方，但她的朋友说也有相似的经历，而且她也总能最终找到她以为丢失的东西。她的认知症状没有影响到她的功能，她也将这些变化归因于正常的衰老。她继续享受着自己的退休时光，去教堂做志愿者，带孙子去公园，填字谜，遛狗。

异常行为个案研究　重度神经认知障碍

欧内斯特是一位73岁的非裔美国男性，他在一个农村的小教堂当了30年牧师，10年前他退休了。欧内斯特第一次结婚是在25岁，并有三个孩子。然而，当三个孩子分别为7岁、5岁、4岁的时候，他的妻子离开了他们。欧内斯特在住在附近的姐姐的帮助下把3个孩子抚养成人。在他60岁即将退休的时候，与一个比他小10岁的女人结婚了。他和新妻子过着欢快的退休生活，他们旅游、探亲访友、打桥牌。

大约在4年前，欧内斯特开始有记忆问题。他经常丢失他的钥匙和眼镜，他的日常琐事开始更多地依赖记表单处理。随着时间的推移，他变得更加糊涂，他无法有组织地列出清单。他无法找到合适的词来表达自己的想法，妻子发现他经常每天重复告诉她同样的事情。欧内斯特过去一直长于数字和计算，但他开始无法集中精力于核算自己的户头。他有计算错误，不记得在哪里记录了财务信息。在他与妻子和朋友玩桥牌的过程中他的糊涂也越来越厉害。欧内斯特产生了严重的认知局限，他开始对此感到焦虑和沮丧。他曾经是一个开朗而充满生机的人，但这几年，他开始退出在教会的活动和各种应酬，因为他担心别人会注意到他的问题。他自己也觉得对过去经常参加的活动不太感兴趣了。妻子很担心他，也担心如果欧内斯特越来越糊涂，自己该如何继续照顾他。

神经认知障碍可以分为重度和轻度。在认知表现上有显著的衰退就被诊断为重度神经认知障碍（major neurocognitive disorder），而认知表现较先前有轻微的衰退则为轻度神经认知障碍（mild neurocognitive disorder）（见“DSM-5：阿尔茨海默病所致重度或轻度神经认知障碍”）。只有在经过广泛深入的访谈和从患者、亲属或朋友那里了解了患者病史、认知测试与观察、全面的医学评估以及通常在神经成像测试（如 CT 或 MRI；Lyketsos，2009）之后，才可以对本病做出诊断——虽然神经成像的成本效益受到质疑（Raskind et al., 2004）。诊断神经认知障碍时，认知困难要和先前的功能水平进行比较。了解潜在的病因是很重要的，虽然不常发生（9%），但可治愈的病因包括维生素缺乏（特别是 B-12）、甲状腺功能异常、药物中毒、正常压力脑积水（脑腔或脑室内脑脊液异常增加）（Clarfield，2003）。然而，在大多数情况下，神经认知障碍的认知障碍和功能损害是进行性加重的模式。

阿尔茨海默病所致重度或轻度神经认知障碍　DSM-5

重度神经认知障碍

A. 在一个或多个认知领域（复杂注意、执行功能、学习和记忆、语言、知觉 - 运动或社会认知）内，与先前表现的水平相比存在显著的认知衰退，其证据基于：
   1. 个体、知情人或医生对其认知功能显著衰退的担心。
   2. 认知功能显著损害，最好能被标准化的神经心理测验证实，或者当其缺乏时，能被另一个量化的临床评估证实。

B. 认知缺陷干扰了日常活动的独立性（即，最低限度而言，日常生活中复杂的工具性活动需要帮助，如支付账单或管理药物）。

C. 认知缺陷不仅仅发生在谵妄的背景下。

D. 认知缺陷不能用其他精神障碍来更好地解释（例如，重度抑郁障碍、精神分裂症）。

轻度神经认知障碍

A. 在一个或多个认知领域（复杂注意、执行功能、学习和记忆、语言、知觉 - 运动或社会认知）内，与先前表现的水平相比存在轻度的认知衰退，其证据基于：
   1. 个体、知情人或医生对其认知功能轻度衰退的担心。
   2. 认知功能轻度损害，最好能被标准化的神经心理测验证实，或者当其缺乏时，能被另一个量化的临床评估证实。

B. 认知缺陷不干扰日常活动的独立性（即日常生活中复杂的工具性活动仍能进行，如支付账单或管理药物，但可能需要更大的努力、代偿性策略或调节）。

C. 认知缺陷不仅仅发生在谵妄的背景下。

D. 认知缺陷不能用其他精神障碍来更好地解释（例如，重度抑郁障碍、精神分裂症）。

资料来源：Reprinted with permission from the *Diagnostic and Statistical Manual of Mental Disorders*, Fifth Edition, (Copyright 2013). American Psychiatric Association.

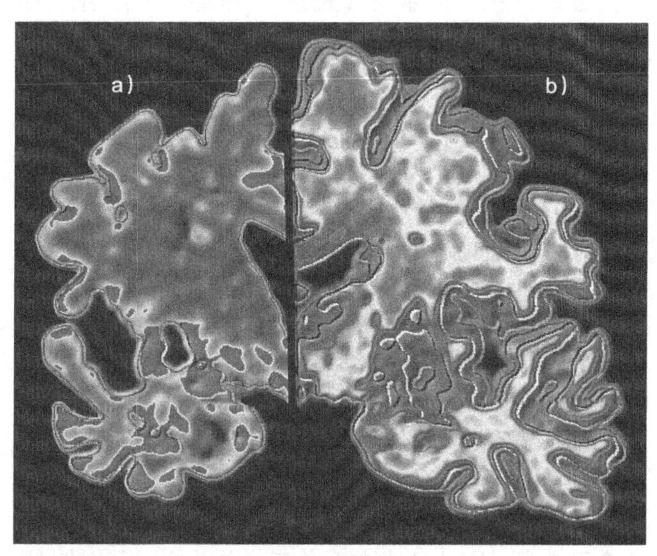

左侧是阿尔茨海默病造成的重度神经认知障碍患者的脑切片，右侧是没这种病的人的脑切片。左侧有脑萎缩，这是神经细胞的死亡造成的。

重度和轻度的神经认知障碍有很多类型。阿尔茨海默病所致**重度或轻度神经认知障碍**（Major or Mild Neurocognitive Disorder due to Alzheimer's Disease）（通常被称为阿尔茨海默病）为逐渐发病和持续的认知功能衰退。重度或轻度血管性神经认知障碍是指脑血管疾病如中风可能是其认知受损的原因。物质 / 药物所致重度或轻度神经认知障碍的认知受损与物质使用（药物滥用或药物治疗）有关。重度或轻度神经认知障碍也可由躯体疾病造成，如 HIV、头部创伤、帕金森综合征及亨廷顿病性痴呆或其他躯体疾病。很多时候，该病似乎是多种病因的结果（Lyketsos，2009）。

阿尔茨海默病所致重度神经认知障碍是目前最常见的神经认知障碍亚型，占所有该病患者的75%(Chapman et al.，2006)。它的认知功能衰退是一个缓慢而进行性的病程。早期的症状可能是细微的，和正常的衰老症状并没有太大区别（Backman et al.，2005）。最初的明显症状包括忘记最近的事情或名字、重复陈述问题、在熟悉的地方开车迷路以及计算出现问题（Chapman et al.，2006；Raskind et al.，2004）。被诊断为阿尔茨海默病在早期并不意味着有认知能力问题，许多阿尔茨海默病患者在诊断后数年依旧能够保持一个良好的生活质量（参见“治疗”部分；Morris,2005b）。在接下来的5～15年，阿尔茨海默病会造成更严重的损害，如在语言使用能力、做出决定及自理能力方面（见“真实病例：帕特·萨米特：减少阿尔茨海默病的污名”）。也会出现行为问题，包括睡眠中断、漫游、易激惹和攻击。疾病加重时认知能力及功能的进行性恶化的速度会增加（Morris，2005）。

帕特·萨米特：减少阿尔茨海默病的污名

“今年早一些时候，我被梅奥诊所的医生诊断为早发性痴呆——阿尔茨海默型。”帕特·萨米特（Pat Summitt）2011年8月23日在田纳西州布朗特县的居所里发表此声明。

尽管阿尔茨海默病一般出现在65岁以上的人群中，当它发生在较年轻的成人身上时（叫作早发性阿尔茨海默病）可以产生毁灭性的影响。帕特·萨米特是田纳西大学“女志愿者”（Lady Vols）的女子篮球队教练，她在2011年的夏天收到了这份诊断，当时她59岁。萨米特最初就诊是在2011年篮球季结束时，因为当时感觉好像回顾整个赛季有困难。她原本以为这种症状是由于她服用治疗关节炎的药物造成的，但梅奥诊所的评估表明是早发性痴呆阿尔茨海默氏型。她的祖母也患有此病。

帕特·萨米特被认为是女篮的“圣像”。她带领“女志愿者”取得8个全国冠军和1 071场职业赛事的成功。这个记录在NCAA上超越了任何一位教练，无论男女。萨米特的职业生涯还包括在1976年美国奥运代表队做球员时的一枚银牌和1984年作为教练时的一枚金牌。

在公开声明和与队员的谈话中，萨米特说，她并不打算在诊断之后退役，但她会更多地依靠助理教练。她会通过服用药物和保持身心活跃来治疗她的症状。

萨米特的同事提醒公众，萨米特不仅仅是一位教练，还是一位母亲、女儿和朋友。前方的道路是困难的，但她公布诊断的勇气有助于提高公众意识，减少阿尔茨海默病的污名。

资料来源：http://sportsillustrated.cnn.com/2011/basketball/ncaa/08/23/Pat.Summitt.dementia/index.html?hpt=hp_c2 Retrieved May 4, 2013.http://espn.go.com/womens-college-basketball/story/_/id/6888321/tennessee-lady-vols-pat-summitt-early-onset-dementia Retrieved May 4, 2013.

维吉尼亚的问题在刚开始时是很微小不易察觉的。事实上，只是她丈夫和最好的朋友似乎注意到了这一点。她会用开玩笑说自己年龄大了或用自设的记忆策略（如，写便条提醒自己，保持常规）的方式将其记忆和语言困难隐藏起来。然而随着时间的推移，这些策略不起作用了，人们开始注意到她的问题是多么严重。维吉尼亚的丈夫注意到她几乎每周都丧失一些功能。

如维吉尼亚这样长期逐步恶化是该病的典型表现，这对患者的家人和朋友的影响会是灾难性的。如护患支持者诺玛·怀利在她的书中所引用的：“阿尔茨海默病可被称作漫长的道别。从你发现你爱的人逐渐丧失记忆和言语功能以及人格改变时，你就开始悲伤了，因为它们是无法治愈的。你爱的人在你的面前慢慢改变。你许多次地说再见，直到临终时最后的道别。”（Norma Wylie，Sharing the Final Journey: Walking with the Dying，1996）。

现在，我们知道阿尔茨海默病患者存在海马、大

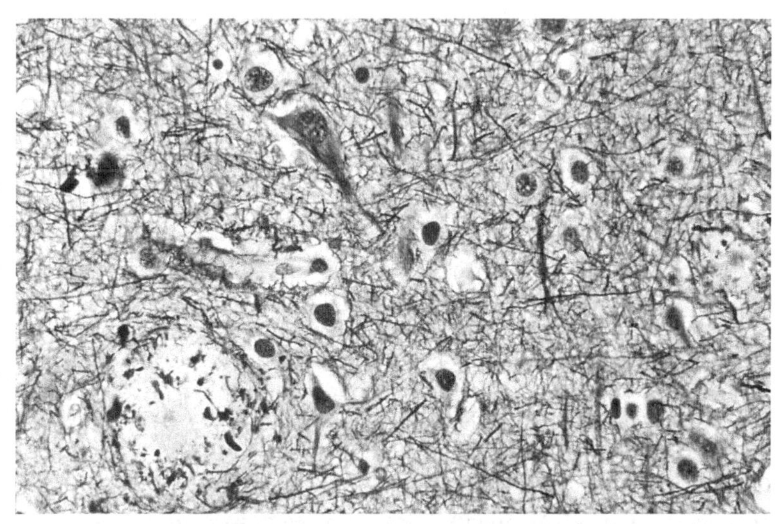
一个对阿尔茨海默病患者脑组织的显微检查揭示了与该病有关的神经原纤维缠结（左侧深色三角形状）和脑老年斑（淀粉状、右侧深色圆形状）。

脑皮层和其他脑区域的**神经原纤维缠结**（neurofibrillary tangles，NFT；神经元内蛋白质纤维缠结）和**脑老年斑**（cerebral senile plaques，SP；神经元细胞间 β- 淀粉样蛋白沉积）（Chapman et al.，2006；Morris，2006a）。正常衰老都会伴随 NFT 和 SP 的增加，但阿尔茨海默病患者数量更多。尸检显示当前对该病诊断的临床程序准确率为 90%（Morris，2005b）。阿尔茨海默病的患者在开始的几年或甚至在症状还不明显的数十年里脑部变化既已开始。患者体验到的症状类型更多地与 NFT 和 SP 的位置和受影响的神经递质系统有关（Lyketsos，2009）。

当患者的病史、实验室测试和 / 或脑影像学研究表明患者的认知损害是由于脑血管疾病如中风、短暂性脑缺血发作（TIA 或小中风）、冠状动脉疾病或未治疗的高血压造成的，就可以被诊断为**重度或轻度血管性神经认知障碍**（major or mild vascular neurocognitive disorder）。在这种情况下，血管堵塞造成大脑中的组织死亡或梗死。损害的可能是单个的、主要的或是一些较小的血管（Morris，2005b）。血管性神经认知障碍有不同于阿尔茨海默病的临床特征，包括更急发病、多病灶认知缺陷和更多阶段进行性认知困难（Chapman et al.，2006）。血管性神经认知障碍很少单独发生，最好认为它是多样化类别的（Lyketsos，2009）。在许多情况下，也会存在阿尔茨海默病的症状和病理（Lyketsos，2009；Morris，2005b）。即便血管性神经认知障碍的一些原因是可逆的（如，未经治疗的高血压），但血管组织的死亡可能会降低阿尔茨海默病的标准。

物质使用特别是酒精相关障碍可导致和阿尔茨海默病很难区分的痴呆。然而，在物质 / 药物所致重度或轻度神经认知障碍（substance/medication-induced major or mild neurocognitive disorder）中，戒酒可能会停止甚至逆转认知功能衰退和皮质损害（Atkinson，2004）。物质使用也可能会增加罹患其他形式痴呆的脆弱性，增加其他致病因素的风险，如头部创伤、感染性疾病和维生素缺乏症。

一些躯体疾病也与神经认知障碍有关。这些综合征起因于主要发生在大脑皮质的内层的损害，并经常发生在 HIV 晚期以及帕金森综合征和亨廷顿病性痴呆中。

2. 患病率和影响

重度和轻度神经认知障碍在 65 岁以上成年人中的患病率为 5% ~ 10%（Chapman et al.，2006；Gurland，2004）。虽然数字有所不同，但是所有研究数据表明，该病的患病率随着年龄的增长急剧增加（见图 13-4）。如前所述，阿尔茨海默病是最常见的类型，被诊断的病例高达 75%。除去这些高发病率的数字，许多神经认知障碍患者一直未被诊断和治疗（Morris，2005a）。

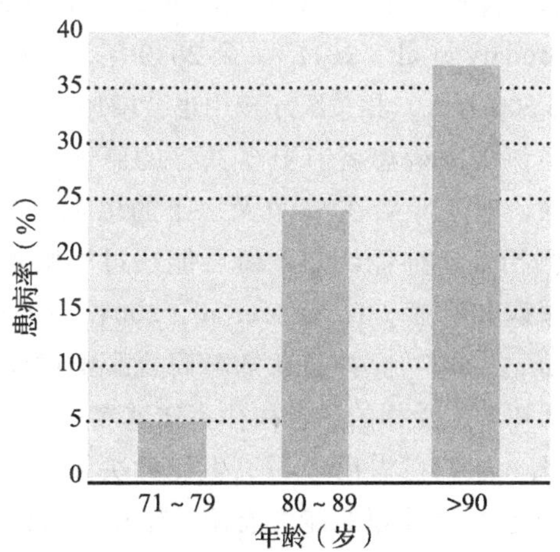

图 13-4　神经认知障碍的患病率随年龄增加

尽管每项研究报告了不同的患病率的估计，但所有研究都显示神经认知障碍的患病率随年龄在增加。

神经认知障碍对患者及其家庭、卫生保健系统的影响是巨大的。

吉恩最终不得不搬来和女儿萨拉一家住在一起，因为他已经不能够再独立生活了。尽管萨拉知道这是自己做的一件正确的事情，但对家里的每个人来说，有相同的想法却很难。得有人不得不终日和吉恩在一起，让每个人都去照看吉恩这件事做起来很难。吉恩曾是个有很多兴趣爱好并且充满活力的人，病情逐渐恶化后，他甚至连大家的名字都不记得了。

由于认知能力和功能的退化，患者会出现负性情绪及不良的社会和行为后果（Kunik et al.，2003；Lyketsos，2009）。在早期阶段，社会和情感的退缩是常见的。还记得欧内斯特如何开始由于恐惧人们会发现他的记忆问题而退出在教会的活动吗？大约20%的阿尔茨海默病患者也有抑郁症状（Gurland，1980；Hochang & Lyketsos，2003），多达70%的患者有焦虑症状（Seignourel et al.，2008）。当这些经历明显痛苦的患者听到他们有这种恶化、衰弱的状态时，以上数字就不奇怪了。伴随阿尔茨海默病的焦虑和抑郁也导致了更多的行为问题，更加限制了患者的日常生活（Seignourel et al.；Starkstein et al.，2008）。这种症状组合也增加了社交受限、降低了患者的独立性（Porter et al.，2003；Schultz et al.，2004）、增加了疗养院设置的需要（Gibbons et al.，2002）。2005年，估计有2 930万人患有神经认知障碍，用在医疗保健上的成本高达3 154亿美元（Brodaty et al.，2011）。到2030年，患病人数预计达到6 500万人，相关医疗费用也会增加。

神经认知障碍患者有更多共存的躯体疾病，会减少其寿命。对于年龄在65岁及以上的患者，作为死亡率的预测指标，神经认知障碍可能超过心脏疾病、中风、糖尿病和癌症（Tschanz et al.，2004；Alzheimer's Association，2009）。神经认知障碍也影响躯体疾病的治疗。认知功能受损的患者往往不知道症状和治疗所需要的变化，他们在做出参与卫生保健决策、自我护理或其他卫生保健计划的能力有限（Boise et al.，2004；Brauner et al.，2000）。

由于吉恩的记忆和表达能力下降，萨拉不得不陪着他约见医生并协调他的所有医疗保健安排。

神经认知障碍也影响患者的家庭照料者。妻子、女儿、儿媳有重大照料责任，包括营养和锻炼、帮助记忆、日常生活活动以及做管理情绪和行为问题的行为计划（Chapman et al.，2006）。照料者得抑郁和焦虑的风险增加（Cooper et al.，2007；Schoenmakers et al.，2010）。

对萨拉来说，照顾父亲变成了全职工作。让她没有足够多的时间照看自己的孩子，这让萨拉感到内疚和悲伤。当她不得不重复回答同样的提问时，保持耐心变得越来越难。

神经认知障碍患者被安置在养老院最常见的原因就是家庭照料者的压力（Wright et al.，1993）。相比于同样慢性而非神经认知障碍患者，神经认知障碍患者在卫生服务和健康照顾方面的花费更多（Bynum et al.，2004；Hill et al.，2002）。事实上，神经认知障碍增加了整个卫生护理的成本，超过了每年20 000美元或者是非神经认知障碍患者就医成本的三倍（Alzheimer's Association，2009）。

3. 性别、种族和民族

阿尔茨海默病女性较男性多见（Reisberg et al.，2003）。有时但并不总是发现在非裔和西班牙裔群体中患病率高（Gurland，2004；Sakauye，2004；Sink et al.，2004）。这些结果的不同可能是因为测试、诊断程序或样本不足造成的，也有可能是忽视了某些因素，如教育、语言或读写能力、心理或生理共病、测量认知功能时的文化偏见。发病率（确诊的新发病例数）各种族相同，但不同的存活率可能影响患病率（给定时间内的病例总数）（Jarvik & Mintzer，2000）。此外，遗传因素可能由于不同种族而不同，相对于非裔美国人或西班牙裔群体，存在一个特定基因的等位基因（APOE）与白人和日本患者联系更紧密（Farrer et al.，1997）。在韩国人、日本人和中国人中，阿尔茨海默病和血管性神经认知障碍的患病率在过去25年中有所增加，最有可能的因素是与西化相关的环境或饮食的变化（Sakauye，2004）。

4. 神经认知障碍的病原学

与所有复杂的情况一样，神经认知障碍更可能和多个遗传和环境因素有关。早发性阿尔茨海默病（55岁以前发病）占所有阿尔茨海默病病例的1%，和三种不同的基因突变中的至少一种有关（Morris，2005b）。在大多数情况下，55岁以后该病的征兆和症状会增加。年龄增长本身就是神经认知障碍的一个最强的预测指标，70岁后，患病风险每年增加0.5% ~ 1%（Tsuang & Bird，2004）。迟发的阿尔茨海默病与多种基因有关，但特定的APOE基因突变（e4）大大增加了患病风险，可能是通过影响认知障碍的发病年龄实现的（Lyketsos，2009；Morris，2005b；Tsuang & Bird，2004）。拥有被称作轻度认知损害（mild cognitive impairment）状况的人也有APOE基因突变的风险，其患神经认知障碍的风险会增加[见“证据检验：轻度认知损害是重度神经认知障碍前兆还是一种独立综合征”]。然而，这种突变并非患病的充要条件，只有50%患阿尔茨海默病的人有这种基因变异。此外，有这种基因变异的许多人不具有任何认知损害。因此，基因形式和阿尔茨海默病之间没有一对一的关系。

轻度认知损害是重度神经认知障碍前兆还是一种独立综合征

事实

轻度认知损害（Mild Cognitive Impairment，MCI）这一术语是被用来描述大于预期的正常老化但却不符合重度神经认知障碍诊断标准的认知困难，其特征如下（Chapman et al.，2006；Petersen et al.，2001）：

1. 主观上有认知主诉（通常是记忆，但并不总是），最好由对患者有足够了解的人提供的关于患者的有意义信息来验证。
2. 有由神经心理学测验测出的认知困难的客观证据。
3. 执行日常生活活动的足够能力（即在社交或工作功能上没有明显损害）。
4. 不符合重度神经认知障碍的诊断标准。

年龄超过65岁的人，MCI发生的概率高达18%。

遗忘型MCI（amnestic MCI）是MCI的亚型，其认知主诉集中于记忆困难（Petersen et al.，2001）。最近对MCI概念产生的极大兴趣在于：它是不是阿尔茨海默病或其他形式的神经认知障碍的前兆？或者它只是正常衰老的一个变形？虽然对一个了解很少的状况提出诊断的概念会产生伦理问题，但确定MCI的性质和预测价值对建立预防策略或早期治疗很重要（Petersen et al.，2001）。年龄小于75岁的人，MCI发生的概率是19%，年龄超过85岁的人发生的概率是29%（Lopez et al.，2003）。

MCI作为重度神经认知障碍前兆的支持证据

1. 大多数有MCI的人随着发展会被诊断为重度神经认知障碍（Lyketsos，2009）。
2. 有MCI和APOE4等位基因的人有增加的患重度神经认知障碍风险（Petersen et al.，1995）。
3. 神经影像学和神经病理学研究表明，有MCI的人和患阿尔茨海默病的人有共同特征，包括海马萎缩和神经原纤维缠结（Petersen et al.，2001）。

MCI是重度神经认知障碍前兆的反驳证据

1. 大约1/3的有MCI的人会发展下去，其他有MCI的人永远不会经历认知功能的显著恶化（Lyketsos，2009；Petersen et al.，2001）。
2. 转换率（有MCI的人被诊断为重度神经认知障碍的比率）因研究不同有很大变化，这可能是由于对MCI的诊断困难造成的。评估认知困难干扰日常功能的程度往往很困难。
3. MCI可能由许多不同原因造成，包括重度抑郁障碍、物质相关障碍、药物副作用等（Morris，2005）。

结论

正如重度神经认知障碍那样，MCI可能也有很多形式。全面评估所有可能导致认知衰退的医学和心理原因是很必要的。遗忘型MCI可能是罹患阿尔茨海默病的重大风险因素（Morris，2005；Petersen et al.，2001；Tabert et al.，2006），MCI患者的任何症状恶化都应得到定期监测。

«««

环境和其他非遗传性因素和遗传因素相互作用，共同影响了神经认知障碍的发病。例如，遗传因素在85岁以后已不那么重要（Silverman et al.，2003）。此外，某些保护性因素可能减少了认知衰退的风险（见表13-1）。高等教育可以降低神经认知障碍的风险（Gurland，2004），受过高等教育的人可以通过建立认知储存如增强应对能力来降低认知功能衰退的影响。高等教育也可能增加神经元连接以抵消由于NFT和SP发展产生的显著变化（Bourgeois et al.，2003）。此外，受过高等教育的老年人可能更多地使用他们的额叶，这意味着可用的神经生物学储备有利于应对认知功能衰退（Springer et al.，2005）。其他潜在的保护性因素包括饮食因素（例如，增加ω-3多不饱和脂肪酸的摄入量、减少脂肪和胆固醇的摄入量、维生素C，D和E）、适量饮酒、使用非甾体抗炎药（NSAIDs）并增加参与心理活动（例如，玩游戏、拼图和演奏乐器）(Almeida et al.，2012；Chapman et al.，2006；Lyketsos，2009；Morris，2005b)。预防策略是重要的，因为即使神经认知障碍的发病只是推迟了一年，到 2050 年全球将减少 1 200 万个病例，这样的减少会降低医疗负担（Brodaty et al.，2011）。

表 13-1　神经认知障碍的风险和保护性因素

风险因素	保护性因素
年龄增长（70 岁之后患病风险迅速增长）	饮食因素（增加 ω-3 多不饱和脂肪酸的摄入量、减少脂肪和胆固醇的摄入量、维生素 C、D 和 E）
神经认知障碍的家族史	适度饮酒（尤其是红酒）
APOE 基因 e4 变异的存在	心理活动（游戏，填字谜）
	使用非甾体抗炎药（NSAIDs）
	高等教育
	使用双语

5. 神经认知障碍及相关困难的治疗

在大多数情况下神经认知障碍都无法恢复或被治愈。治疗的目标只是延缓疾病发展、延长独立功能、提高生活质量、管理相关情绪和行为症状和给照料者提供支持和援助（American Association of Geriatric Psychiatry，2006）。治疗方法包括药物的和非药物的。对轻度至中度阿尔茨海默病的患者，胆碱酯酶抑制剂（cholinesterase inhibitors，CEIs；例如安理申）可减缓轻度到中度阿尔茨海默病患者的认知能力恶化和改善整体功能（相对于安慰剂）(Chapman et al.，2006；Morris，2005b)。阿尔茨海默病和释放神经递质乙酰胆碱的神经元破坏有关。因为这些释放乙酰胆碱的神经元不能再生，CEIs 阻断分解这种神经递质的酶。这个过程增加了乙酰胆碱在大脑中的保留水平。CEIs 不会逆转对神经元的损害，它们只是允许留下的神经递质能更有效地运作。在大量神经生物学受损之前，这些药物的改善作用在阿尔茨海默病的早期阶段是很大的。虽然药物对患者照料成本减少多少仍不清楚（Morris，2005a），但使用 CEIs 可能推迟去养老院的计划（Geldmacher et al.，2003）。

随着阿尔茨海默病严重程度的增加，可以加上另一种药物（美金刚或盐酸美金刚）阻断在学习和记忆中发挥作用的神经递质谷氨酸的生产过剩（Reisberg et al.，2003；Tariot et al.，2004）。服用高剂量的维生素 E，也可以减缓中度至重度神经认知障碍的症状发展，但服用非常高剂量的维生素 E 可能会增加死亡率（Miller et al.，2005）。药物还可以控制非认知症状，包括情绪困扰、攻击、情绪激动、精神病性症状和睡眠困扰。抗抑郁药对于治疗抑郁和其他情绪症状是有用的（Weintraub & Katz，2005）。抗精神病药物可以减少妄想、幻觉、情绪激动和攻击。因为这些药物有非常严重的副作用（癫痫发作风险增加、迟发性运动障碍、心血管不良反应、死亡率上升），故应谨慎使用（Katz et al.，2002；Schneider et al.，2005；Weintraub & Katz，2005）。

非药物干预不会直接影响疾病的进展，但可以减少其影响。这些干预策略包括改变环境以确保患者的安全（如拄拐杖以防止跌倒、限制或停止驾驶）、组织日常作息并促进适当的营养、锻炼和社交活动。护理人员在帮助患者做出这些变化时发挥了重要作用。认知功能也受到认知训练策略的影响，这些训练以增进甚至是严重的神经认知障碍患者的理解、学习和记忆为目的（Bayles & Kim，2003；Bourgeois et al.，2003；Brush & Camp，1998；Sitzer et al.，2006）。行为干预可减少情绪激动（Teri et al.，2000）、焦虑（Kraus et al.，2008）、抑郁（Teri et al.，1997，2003）和行为问题（Burgio et al.，2001，2002）。照料者可能也需要接受认知－行为干预以管理自己的压力、提高应对技能和减少抑郁（Cooper et al.，2007；Gallagher-Thompson & Coon，2007）。通过互联网为照料者提供这些干预手段是经济有效、不太麻烦的一种方法（Blom et al.，2013）。

夏洛特——老年焦虑障碍患者的心理病理学和治疗

患者

夏洛特是位 78 岁的寡妇，是个总在担心并且有完美主义倾向的人。小时候，她的父母很爱她，但当她的学习成绩或其他行为不太好的时候对她很严厉。夏洛特早年很成功。在结婚和生孩子之前她拿到大学学位并做了 8 年银行柜员。在生下第一个孩子之后她就不工作了，但在抚养 3 个孩子期间她还忙于自己的志愿者工作。尽管在外面很成功，她一生都在担忧事情做得不够好。她担心孩子在学校做得不够好、自己做妈妈做得不够好、她的家不够整洁有序以及自己和丈夫可能不够钱养老。

问题

尽管这些担忧持续了很多年，夏洛特在他的妻子、母亲和志愿者角色上都做得很好。然而，5 年前丈夫去世了，她才意识到自己以前是多么依赖他。没有丈夫在身边提醒自己做得很好以及孩子们很听话，她很难缓解自己的担忧。她开始每天用很多时间担心各种事：人们是否喜欢她、孙儿们在学校做得好不好、自己在帮助教会工作上做得够不够以及如果得了大病她怎么养活自己。

夏洛特还开始有明显的睡眠困难。她入睡很容易但常在半夜醒来，有时是因为去洗手间，但更多的时候是满脑子忧虑。她的关节炎似乎更厉害了，这可能是因为肌肉总是紧张，而且她还新加了严重的背痛和脖子痛。夏洛特还发现自己对孩子们更易发怒和发脾气，并注意到自己的记忆和专注有困难。她常放错东西并花很多时间找她的钥匙、手提袋和日历。她坐下来阅读时难以集中注意力，她的儿女发现她总是爱生气和心事重重。

诊断

夏洛特最初是因想为自己的记忆做评估来诊所的。她担心自己是不是患了阿尔茨海默病。作为对她初始评估的一部分，也对她做了所有可能的精神障碍的评估。认知评估显示她的记忆和思维没有什么过分缺陷，但她的症状符合广泛性焦虑障碍的诊断。她还有抑郁症状但不符合重度抑郁障碍的诊断。

治疗

初始治疗策略包括教给夏洛特如何识别焦虑的各种症状。比如身体紧张、与担忧有关的想法和逃避行为。做了一个可在空白处记录各种症状的简单自我监控表。随着夏洛特越来越熟悉自己的焦虑症状，她发现自己的担心原来那么频繁。她还学会了如何识别焦虑的身体症状（如肌肉紧张），这在以前她都没注意到。

然后，夏洛特开始学习减轻自己焦虑的技能。这一阶段的治疗目标是给她一个技能“工具箱”以便在焦虑时选择使用。她学到的第一个技能就是深呼吸。当感到自己的身体紧张起来时，夏洛特就用深呼吸来降低自己的焦虑。她还学习如何识别和战胜她的与担忧有关的想法（如“我是个糟糕的奶奶，孙儿们觉得我不好”），就是将之替代成更现实的想法（如，“我的孙儿们都爱我。我们在一起时一直很好。有时候他们更愿意和别人在一起也没关系”）。她还学习如何解决问题而不仅是担忧问题，她学着如何直面她的忧虑（如虽然怕说“错”话，但仍在教堂领大家祷告）。

治疗结果

经过 3 个月的治疗，夏洛特学到了很多技能，她的担忧减少了，并感觉自己的生活更充实了。 «««

本章小结

1. 认识老年心理学是心理学研究和实践的新兴领域。

   老年心理学是心理学的一个分支，专门研究衰老问题，特别是老年人的正常发展模式、个体差异和特有的心理问题。

2. 理解衰老可能影响老年人心理症状与障碍的表达和治疗。

   20% ~ 30% 的老年人有心理障碍。老年人的心理症状往往被忽视，很多人从来没有因此接受过治疗。有心理障碍的老年人往往因与年轻人对症状的描述不同而造成识别困难。重叠的身体疾病也使对老年患者情绪问题的诊断变得困难，特别是在老年人最常去求助的医疗机构中。

3. 认识老年人独特的症状和可能影响对其双相障碍、抑郁障碍、焦虑障碍、物质相关障碍和精神病的诊断和治疗的独特问题。

   患有抑郁和焦虑的老年人往往注重自己的身体症状而不是心理症状。抑郁和焦虑症状常与认知损害和躯体疾病重叠。严重的躯体疾病和认知损害使老年人患焦虑和抑郁的风险增加。过度饮酒、滥用处方药和滥用烟草是老年人最常见的物质相关问题。对于大多数老年人，其精神分裂症起病于年轻时。迟发性精神分裂症与较少的阴性症状和较少的认知技能损害有关，但有较高的偏执和幻听。甚迟发性精神分裂症样精神病通常会发生在中风、肿瘤或其他神经退行性变化后。

4. 区分老年人常见的两种认知障碍——神经认知障碍和谵妄。

   神经认知障碍和谵妄是影响老年人的两个主要认知障碍。虽然都有思维困难，谵妄与意识或警觉水平的变化有关，而神经认知障碍则不然。谵妄通常是由于严重的疾病、药物或多种药物的中毒反应而引起的。阿尔茨海默病是最常见的神经认知障碍类型，有一个缓慢和进行性的病程，包括记忆、语言和决策的困难，直至最终生活不能自理。

5. 理解老年人心理和认知障碍的致病因素。

生物学和心理学因素在老年人情绪和认知功能障碍的发展中交互起作用。大多数情况下研究数据均指向素质－应激模型的解释，该模型认为生物脆弱性（如遗传素质）和环境应激源（例如，所爱的人死亡、职业或社会地位的变化）综合影响了疾病产生。晚年发病的心理障碍与该病的家族史相关较少。

6. 识别针对老年人心理和认知障碍的有实证支持的治疗。

大部分用来治疗年轻成年人的焦虑、抑郁、物质相关障碍和精神病的干预措施对老年人也有效。对老年人的干预需要调整药物剂量，并需要调整进行心理干预时的方式。在实证支持方面，药物治疗和认知－行为治疗最被各项研究所支持。药物治疗可以减缓神经认知障碍的发展，心理治疗可以提高其生活质量，但神经元的损害则无法逆转。

第 14 章

健康心理学

学习目标

阅读本章后，你应该可以做到：

1. 界定健康心理学和健康心理学家的作用。
2. 描述心身二元论及其对健康心理学的意义。
3. 界定应激的概念并描述如何测量应激。
4. 描述应激对健康和免疫系统的影响。
5. 认识影响健康的一系列行为，以及健康心理学家如何帮助人们通过改变行为来维持健康。
6. 识别影响适应慢性疾病的因素以及促进这种适应和提高慢性疾病患者生活质量的策略。

莎伦是一位在银行业工作的 35 岁女士。她在得到工商管理硕士学位后找到一份很棒的工作并晋升得很快。她的工作充满压力[⊖]，但她喜欢这份工作。在工作中她可以与有趣的人交流、常常旅行而且解决挑战性的问题使得工作好玩而刺激。作为工作的一部分，尤其是到外地出差时，她可以在许多有趣的餐厅用餐，与客户共进晚餐时她通常会喝一两杯红酒。晚餐时常很晚进行，有时旅途中莎伦会吸几支烟放松。她对尼古丁并没有瘾（她很少在家吸烟）但吸烟可以帮她在旅途中放松。对莎伦来说离家是特别有压力的，因为酒店的床并非总是很舒服，她也很少有时间去锻炼身体。出差时为了缓解她的肌肉疼痛，她经常会一天吃几次布洛芬。有时与客户大餐后，莎伦会感觉有一些胃疼。如果餐后不久便回房间躺下，她的这些症状会更加严重，但她认为胃疼是可控的，不是多大的事。实际上，莎伦并没真将这些多当回事。一天晚上，在与一位客户美食一顿后，莎伦感到剧烈的胸痛并蔓延到她的嗓子。她感觉胸部被挤压，呼吸困难。她担心自己的状况很差，便请求她的晚餐同伴开车载她去急救中心。医疗人员对她进行了一次彻底的心脏检查，发现她的心脏没有问题。于是建议莎伦做胃食管反流病（gastroesophageal

⊖ 本章出现的“压力”和“应激”二词均译自 stress，文中视中文习惯分别做了相应翻译。——译者注

reflux disease，GERD）的评估。莎伦听说过这种病，但她不知道此病的症状还包括胸痛，她也不知道压力会使胃肠道症状加重。在医生全面评估后，莎伦被诊断患有GERD，并被告知需要改变她的饮食习惯以及学习如何管理压力以控制这些症状。

也许你可能还不到35岁，但你很可能在一些方面和莎伦的生活相似——各种压力、糟糕的饮食习惯、经常喝很多酒。压力似乎成了许多美国人的生活方式。为了应付这个浮躁的社会，那些实际上能帮我们应对应激的健康行为（如锻炼、放松、给自己时间、吃得“正确”），往往成为我们首先从日常生活去除的行为。也许并非谁遇到压力都会产生像GERD这样的病，但环境因素对身心健康的影响是心理学家研究的一个重要领域。本章关注的焦点就是健康心理学，一种专门研究身心健康与功能失调之间复杂关系的学问。

健康心理学：界定

保持良好的身体健康至少部分地与态度和行为有关，这使得健康心理学成为心理学的一个重要分支。**健康心理学**（health psychology）运用心理学的原理和方法来理解态度和行为如何影响健康和疾病。健康心理学家研究人们如何形成积极或消极的健康习惯（如锻炼、饮食、吸烟）、应激与健康间的关系如何以及哪些心理因素影响躯体疾病的发病和治疗。今天的健康概念是1948年由世界卫生组织定义的，即健康不仅是没有疾病，而且是一种心理上、社会上和身体上的完好状态。除了健康心理学，相关研究领域还包括：**行为医学**（behavioral medicine），一门跨专业学科（不只是心理学），研究行为和生物医学的关系；**医学心理学**（medical psychology），指与健康、疾病和医学治疗相关的心理学研究和实践。健康心理学的核心是**生物心理社会模式**（biopsychosocial model），该模式认为健康由生物、心理和社会因素间的复杂相互作用决定。这一模式与**生物医学模式**（biomedical model）不同，生物医学模式单纯用生物过程解释疾病。然而多年以来，多门不同学科的努力仍未很好地揭示心理和身体之间的关系。

心身关系

尽管在人类历史的早期阶段偶尔会有人认同心理和身体间有深刻关联（见第1章），但直到最近我们的思想一直被**心身二元论**（mind-body dualism）所主导。这一概念由法国哲学家勒内·笛卡儿（René Descartes）（1596—1650）提出，他认为尽管心理和身体之间可能有相互作用，但二者在功能上彼此独立。心身二元论的哲学思想已存在几个世纪，表现为人们为识别精神疾病的生物原因做出了巨大努力，但相对而言却忽视了影响身体健康的心理原因。直到最近心理学在识别和治疗躯体疾病时才开始起一些作用。现在，心理学家提供与身体健康问题相关的预防、治疗或控制等方面的服务已成常规（比如帮助有呼吸系统问题的患者和心脏病患者的戒烟治疗，或者帮助糖尿病患儿减少注射恐惧的放松训练）。

20世纪上半叶，心身二元论的思想开始受到挑战。弗洛伊德把心理和身体联系起来解释歇斯底里症（现在被称为转换障碍），他相信是无意识心理冲突引起了无法解释的身体主诉，如身体虚弱和瘫痪（见第1章中安娜·欧的案例）。20世纪三四十年代，精神病学家弗兰德斯·邓巴（Flanders Dunbar）和弗朗茨·亚历山大（Franz Alexander）提出了人格模式和特定躯体疾病间有关联（如溃疡倾向人格）。这一时期，出现了认为心理冲突和与自主神经系统关联的躯体疾病之间关系密切的新观点。该观点认为，心理冲突导致焦虑，进而使神经系统产生器质问题（如溃疡）（Taylor，2006）。这些观点促进了躯体疾病的生物心理社会模式的发展，该模式认为身体、心理和社会环境因素都对疾病的形成起作用（见图14-1）。

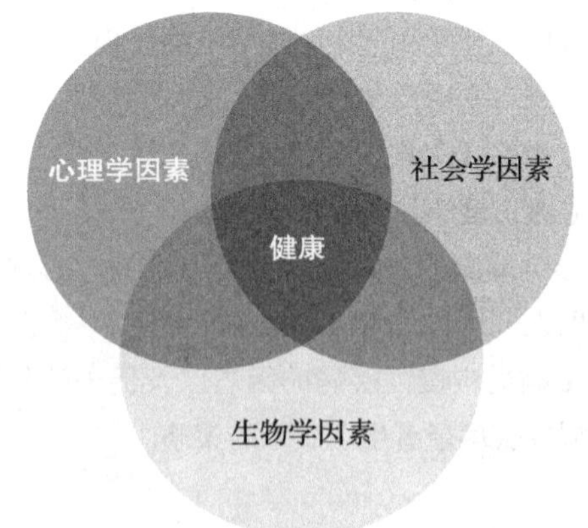

图14-1　健康或疾病的生物心理社会模式

心理、身体和社会环境都对健康或疾病的形成起作用。

对健康的心理学影响

现在人们普遍接受心理学因素（如健康习惯、态度和人格特点）和社会因素（如应激和社会支持）影响身体健康的观点。同样，躯体疾病会影响心理健康和社会功能。例如，焦虑和抑郁在躯体疾病患者中比在健康对照组中更为常见（对老年人中这个问题的讨论，参见第 13 章）。当躯体疾病和心理问题同时存在时，它们对社会功能的影响会更大。躯体疾病的治疗，特别是慢性躯体疾病（如糖尿病和高血压，形成缓慢并且常会伴随终身）的治疗也会受心理和社会因素的影响。这些因素包括医患关系、对疗效的预期和心理应对与适应。本章将主要集中在三个问题上：应激对身心健康的影响、心理和行为对躯体疾病及其治疗的影响，以及心理治疗对健康相关状况的影响及其性质。

应激对身心健康的影响

马雷克没想到作为大学新生面临的压力会这么大。他曾渴望到外面看一看，并对人生新篇章的开始充满期待，但对于离开父母和女友（在另外一个州上大学）会面临多少困难，他并没有做好充分准备。课程量多得让他吃惊：大量的阅读，每周不同课程的作业，覆盖面极广的测验。马雷克在认识新朋友方面也存在困难。他来自一个小城镇，那里的人们彼此熟识。但在这里，仅仅行走在校园里就让他觉得自己是在一个大都市里：他不知道去哪儿和如何认识别人。他的饮食情况也不好，因为准点到达餐厅很难，所以他总在课间凑合吃点快餐。马雷克不再像以前那样有时间去锻炼身体，而且在吵闹的宿舍里他睡得也不好。因为太累，且脑子里“要做”的事情太多，使得他在课堂上越来越难集中注意。他开始怀疑自己能不能坚持下去。他已经去过两次医务室，一次是因为长期不愈的重感冒，另一次是因为复发性头痛。

应激的定义

每个人都会经历应激，那是生活的一部分。然而，引起应激的原因和应激的症状在人们之间差异很大。**应激**（stress）是指为了尝试改变或适应应激源而伴随着生化、生理、认知和行为反应的任何负性情绪体验（Baum，1990）。**应激源**（stressor）是指能产生紧张或诸如恐惧这样的负性情绪（DiMatteo & Martin，2002）以及令机体做出战斗或逃跑反应（fight-or-flight response）的任何事件（见第 4 章）。应激源可能是生理的（躯体疾病或身体伤害）、环境的（自然灾害、高度噪声、生活环境改变）、人际 – 社交的（人际关系破裂、与家庭成员争吵）或者心理上的（突然意识到期末考试是明天而不是后天）。事件的特征影响其产生应激的可能性。若一件事情有消极结果，则更可能使人感知到应激，但积极结果也可能会产生应激。积极的生活事件或经历能产生应激的观点看似矛盾，但你或许也能回忆起生活中引起应激的某一积极事件（例如，计划一次大出行或大出行当中；开始一段新关系）。

当事件被认为是不可控、不可预测或者模糊不清时（在这种情况下，人们不清楚该如何行动），或者当它对生活中某个重要方面产生影响时（如生育、人际关系或成就），应激更可能产生（Taylor，2006）。因为人们可能对同一事件有不同的反应，只有在考虑到事件和个体间关系时才能完全理解应激源。例如，有些人精力充沛，就能在截止日期临近时更好地将精力集中在任务上；而另一些人因感受到压力，就不能够集中精力完成任务。还记得马雷克吗？他自从离家上大学以来就总感觉压力巨大，而其他大学新生却能应付发生在这一阶段的各种变化。

应激性事件过后，会有一个交互性的**评价过程**（appraisal process）出现，即个体对于自己是否有资源

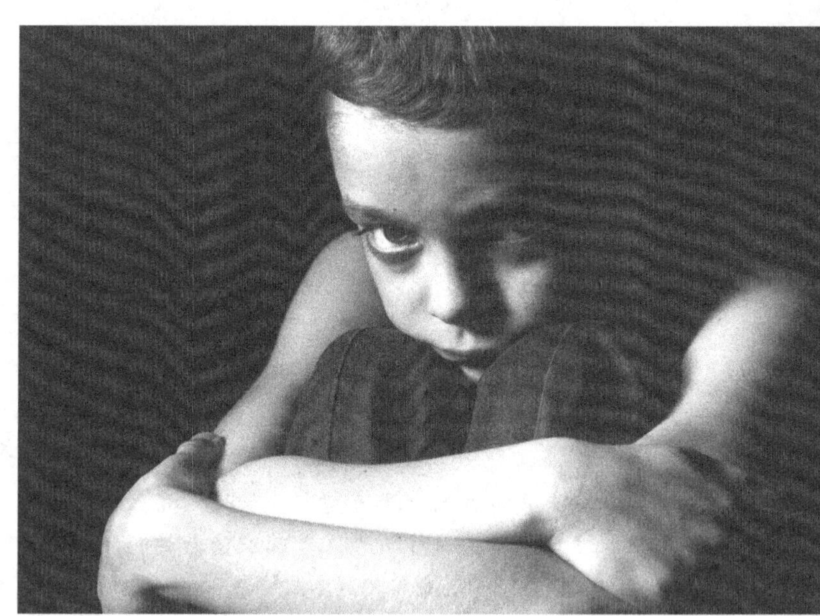

每个人都经历着应激，即使是小学生。然而，对应激的理解是个人化的，因为对这个人意味着应激的事件对另一个人则可能不是。

或应对技巧来处理该事件的评价（Lazarus & Folkman，1984）（见图 14-2）。首先，当事人会评定潜在的伤害或威胁（初级评价）。对威胁的知觉受到许多心理和社会因素的影响，如给事件及其预期结果赋予意义的个体信仰和价值观（Lazarus，1999；Thompson & VanLoon，2002）。例如，与一个通过兼职赚外快的大学生相比，失业对一个需要养育四口之家的中年男子来说是一个更大的威胁。其次，当事人会判断自身的可用技能是否能应对或克服可能出现的消极结果（次级评价）。应对策略分为两大类：以问题为中心的应对策略和以情绪为中心的应对策略（Thompson & VanLoon）。以问题为中心的应对策略（problem-focused coping）包括采取行动来面对产生应激的问题。这种类型的应对可能包括收集信息、比较可选的行动方案、决策和解决冲突。以情绪为中心的应对策略（emotion-focused coping）则是专注于处理压力源带来的痛苦情绪，而不是去改变引起应激的情境。积极的以情绪为中心的应对策略可能包括通过改变想法来减少痛苦（例如多想应激情境的好处）或从事让人感觉更好的行为（例如，与朋友一起，散步）。其他以情绪为中心的策略可能不一定有效（例如，喝酒、逃避困难情境）。以问题为中心通常被认为是更有效的管理应激的策略。然而，在许多情况下，人们常使用以问题为中心和以情绪为中心两种策略的结合。

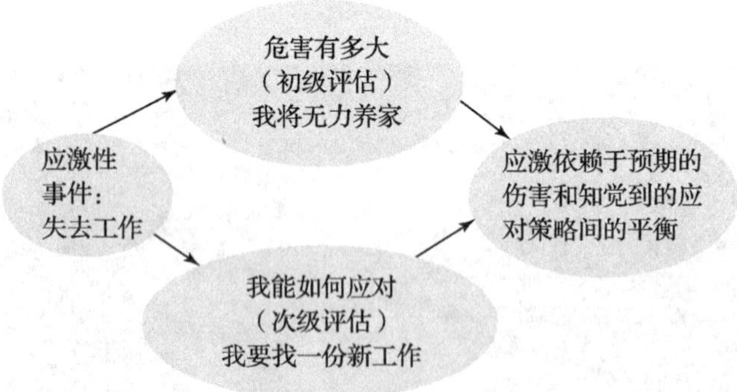

图 14-2 应激性事件后的评价过程

应激性事件发生后，当事人评估潜在的伤害和威胁以及自己的应对能力。当人们感觉自己无力应对可能存在的威胁时，应激就产生了。

当南希被诊断出患有哮喘后，她问了医生很多问题并且读了大量关于哮喘治疗的论文。她很快意识到她将不得不改变许多生活方式（以问题为中心的应对策略）。对她来说这是令人沮丧的，因为她爱那些户外活动。然而，当她与丈夫及骑自行车的朋友们分享她的感受（以情绪为中心的应对策略）时，她意识到这并不像她以为的那样是生活的终结。她只是需要将她一向喜欢的做事方式做些简单的调整而已。

应激的形式多种多样。当潜在威胁性事件及对其反应的时间很短暂时，会产生急性应激（acute stress），例如遭遇夜盗。当诸如慢性疾病、过多的工作要求或长期贫穷这样的威胁性事件持续存在时，和/或当一个人始终觉得不足以处理正在发生的消极后果时就会形成慢性应激（chronic stress）（DiMatteo et al.，2002）。日常困扰（daily hassles），即每天发生的不愉快小事件（早上咖啡壶破了、小狗在地毯上大便了以及会面超时使得上课迟到等）会积累而形成应激。最后，重大生活事件（major life events）会影响人的生活方式，比如上大学、结婚、离婚、换工作、搬家或被诊断出重病都会造成应激。在这些情况下，感觉自己无力应对或确实无力应对都会导致应激反应（stress reaction），并伴随战斗或逃跑反应症状（例如，血压升高、心跳呼吸加快和出汗）。适应性反应使人们面临潜在威胁事件时，能够迅速和积极地反应（如帮助一个噎住的孩子）。有害的反应会破坏人的功能（如对于课程项目的担忧导致睡眠不好和缺课）。有害的反应还会造成较差的身体状况（Taylor，2006）。

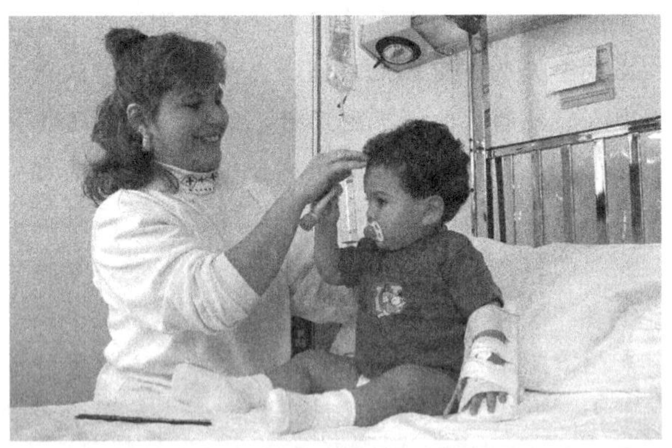

诸如事故或健康问题这样的生活事件，可导致应激反应。

对应激的测量

可用多种程序来评估急性应激、重大生活事件和日常困扰。急性应激常常通过使用**急性应激范式**（acute stress paradigm）来测量，指在实验室制造短时应激并测量其对个体生理、神经内分泌和心理反应影响的程序。应激可以通过不同方式形成，如要求被试解答一个数学难题、发表一个即兴演讲或接受轻微电击（Martin & Brantley，2004；Taylor，2006）。这种方法使研究者能仔细检验生理反应（心率、血压、血液化学物质），并可同时通过访谈及问卷测量心理学变量（慢性应激水平、人格类型）。当在实验室测量急性应激时，研究人员需慎重考虑在研究中将被试置于应激情境时所涉及的伦理问题（如被试是否会受到任何伤害）。此外，实验室应激源（如轻微电击）通常与日常生活中经历的应激不同，这就限制了该程序所收集到的数据的用途。

测量生活事件的影响在应激研究中很常见。1967年，应激研究人员编制的社会再适应评定量表（Social Readjustment Rating Scale，SRRS）（Holmes & Rahe，1967）到今天依然在用（见表 14-1）。SRRS 列出了 43 项潜在应激性生活事件，其中每一项都有一个数值评分来评估与该项事件相关的生活“再适应”的程度。列表中包括积极和消极事件，二者都会引起应激反应并影响健康。

当人们感受到应激时可能会变得不关心自己。他们可能会睡不着，增加吸烟或饮酒量，饮食不规律或吃不健康的食物。

表 14-1　SRRS 部分项目及应激评定分数

应激事件	评分
配偶死亡	100
离婚	73
一个亲密家庭成员死亡	63
结婚	50
性交困难	39
使用按揭或贷款进行大笔购买	31
正式学校生活的开始或停止	26
生活状况剧变	25
工作时间或状况剧变	20
睡眠习惯剧变	16
休假	13

SRRS 是一种评定生活事件与健康间关系的简单方法，因人们评定的是自己的真实经历，该量表能被很好地推广到现实生活中。然而，由于它依赖于人们对事件的回忆而可能会导致记忆偏差。另外，使用 SRRS 测量生活事件的影响时，既没有考虑个体差异（生活事件如何用不同的方式影响着不同的人），也没有考虑积极和消极生活事件影响的区别。

小困扰量表（Hassles Scale）（Kanner et al.，1981）测量日常应激源的频率和严重程度，振作量表（Uplifts Scale）（Kanner et al.）则评估能抵消应激负面效应的日常事件。这两个量表评定人们日常小困扰的频率，这些困扰事件包括放错东西、丢东西或被打断等。它们也评定振作事件，比如完成了一项任务、被夸奖或听到一个笑话等。除频率外，也要对小困扰和振作的严重程度作评定并计算分值。然而，就如 SRRS 一样，这些量表都依赖于人们的回忆，且那些易于感到压力和焦虑的人对日常小困扰严重程度的评估可能与其他人不同，这就会为应激源和健康间关系的研究带来问题。

应激对健康的影响

通过这些测量，我们可以知道应激会直接或间接地影响健康。当人们感到应激时，他们常常不关心自己，还养成了一些不良的健康习惯。就像马雷克一样，处于应激下的人们睡眠减少、运动减少、饮食习惯变得不健康（例如，快餐吃得多、饮食变得不规律），饮酒量也更多。这些与应激间接相关的不良习惯会对健康产生负面影响（DiMatteo et al.，2002）。应激和健康间的其他间接关系还包括伤害，在处于应激状态下的人群中更为常见（例如，在工作中、体育活动中或者开车时），甚至当人们感觉自己无力应对时，会采用“生病”策略来回避责任和局面。然而，应激还可以对生理功能和健康有更为直接的影响，它会引起神经和内分泌系统的变化，并影响免疫系统。

1. 应激的生理学

20 世纪 30 年代，沃尔特·坎农（Walter Cannon）描述了人体在应激条件下产生的众所周知的战斗或逃跑反应（Cannon，1932）(见第 4 章)。这一反应是指当一个潜在的危险刺激或事件发生时，机体的所有器官都为是逃跑还是进入战斗做准备。生理反应包括交感神经系统活动加强：血压增高、心跳和呼吸加快、血糖水平升高、手心出汗和肌肉紧张。坎农提出持续或慢性的生理应激反应会破坏人的抗病能力。20 世纪 50 年代，汉斯·塞里（Hans Selye）提出了**一般适应性综合征**（General Adaptation Syndrome，GAS）理论（Selye，1956），认为应激包括三个阶段：①警觉（alarm）阶段，动员机体应对威胁（交感神经活动增加）；②抵抗（resistance）阶段，机体试图应对或抵抗威胁；③衰竭（exhaustion）阶段，持续的防御力量消耗了自身生理资源。在第三阶段中，人体变得越来越容易生病。在本章剩余部分中你将看到，我们现在已经知道了一些严重躯体疾病患病率的增加与慢性应激有关，比如高血压、冠心病、糖尿病和关节炎（DiMatteo et al.，2002；Taylor，2006）。

尽管战斗或逃跑理论以及 GAS 理论都提出了应激如何影响生理和健康的相类似过程，但它们都没有强调影响前述评价过程的心理和社会因素。例如，离婚对于大多数人来说是应激，但对于那些处于冲突和虐待婚姻关系中的人们来说，比起维持婚姻，离婚可能实际上更能减少应激。

当应激产生时，应激反应影响两个主要系统：**交感－肾上腺髓质系统**（Sympathetic-adrenomedullary system，SAM）和**下丘脑－垂体－肾上腺皮质轴**［Hypothalamic-pituitary-adrenocortical（HPA）axis］。这两个系统功能不同。“兴奋”的感觉是 SAM 的反应——增强对肾上腺的刺激会引起肾上腺素和去甲肾上腺素分泌。持续的和长期的 SAM 活动会抑制免疫功能（参见“应激和免疫系统”），并引起静脉血压、心率和心脏节律的变化。其次是有下丘脑参与的 HPA 反应。应激时，下丘脑会增加促肾上腺皮质激素释放素（CRF）的分泌，从而引起促肾上腺素皮质激素（ACTH）和皮质醇分泌量的增加。皮质醇量的增加有助于机体储存碳水化合物、减轻炎症和使机体在应激反应后恢复稳定状态（Taylor，2006）。HPA 重复刺激能改变日常皮质醇模式，会危及免疫功能、损害记忆力和注意力。

2. 应激和免疫系统

克拉拉在高中时就是“明星音乐家”了。她梦想着自己能进入茱莉亚音乐学院，并把音乐会小提琴手作为职业。所以当第一次申请被拒时，她非常失望。然而，在其他地方上了两年学后，她再次提交了申请，并获得了一次试镜机会。克拉拉感到极度兴奋，但对面试她很忐忑。她紧张地准备着，甚至在出发前的几天里都无法思考其他事情了。更糟糕的是，试镜前正好有一个重要的课题要截止，而试镜后又正好赶上期末考试。一时间有太多事情要处理，但这次试镜又是她生命中最重要的一次。出发那天的早晨，克拉拉醒来时感冒了，伴随着严重的咽痛和发烧。都感冒了，她还怎么可能在面试中发挥好呢？她真是不该在这个人生的关键时刻生病。

为了解试镜那天早上克拉拉的应激如何令她产生生理症状，我们需要知道免疫系统如何工作以及应激如何改变它的功能。免疫系统通过特异性和非特异性免疫两种方式保护机体，以对抗细菌、病毒和致癌物（DiMatteo et al.，2002；Martin et al.，2004；Taylor，2006）。**特异性免疫系统**（specific immune system）保护我们对抗特定的感染和疾病，比如水痘和肺结核。这些反应可以通过自然或人工两种方式获得。自然免疫可通过母乳或因患过特定疾病而获得（一旦你患过水痘，就不会再感染了）。人工免疫则是通过接种疫苗或预防注射获得。

非特异性免疫系统（nonspecific immune system）反应通过四种方式为机体对抗感染和疾病提供基本保护。第一，解剖学屏障（anatomical barriers），比如皮肤以及鼻腔和口腔中的黏膜，防止细菌进入体内。第二，吞噬（phagocytosis）过程会促进生成更多白细胞以抵抗侵入物。某些被称为 T- 淋巴细胞（T-cells）的白细胞，能分泌化学物质以攻击和杀死入侵的病毒，因此对免疫十分重要。一些 T- 细胞是杀伤细胞（TK[㊀]），另一些是辅助细胞（TH）。免疫过程中还有其他活跃细胞，称为自然杀伤细胞（NK）。第三，其他称为 B- 淋巴细胞（B-lymphocytes）的白细胞，其分泌的抗体和毒素进入血液，能杀死入侵的细菌和病毒。第四，在感染部位的炎症（inflammation）会产生肿胀和血流量增加，能使机体产生更多的白细胞以攻击病原体。

㊀ 原文是 TC，实际应为 TK。——译者注

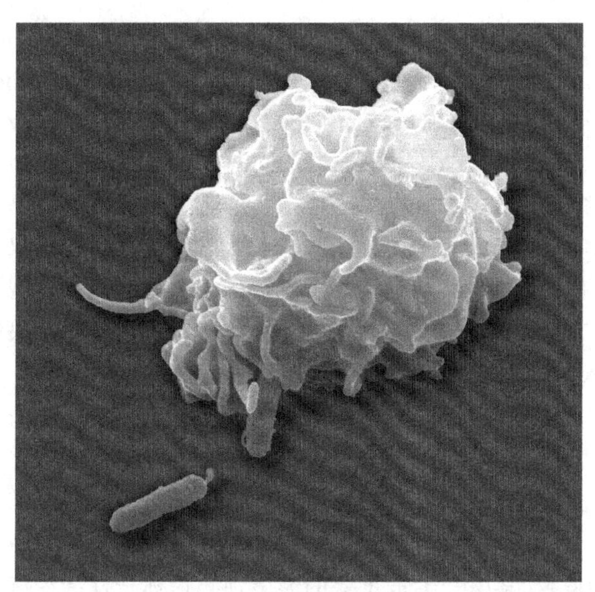
一个被多倍放大的白细胞正在吞噬病原体。应激会影响免疫系统的功能，这就意味着压力过大的人更容易得病。

心理和社会因素可能会使免疫系统的功能变得更加复杂。**心理神经免疫学**（psychoneuroimmunology）研究的是社会、心理和生理反应间的关系。我们现在知道处在严重或慢性应激反应中的人们（像克拉拉）更容易感冒、患上呼吸道感染疾病和流感（Ironson et al.，2002；Pedersen & Fiske，2010）。应激会抑制免疫系统充分发挥作用，增加人们对病毒和疾病的易感性。当人们处在应激中时，伤口愈合变得更慢（Gouin & Kiecolt-Glaser，2011；Walbum et al.，2009），慢性疾病发展得更快，接种的疫苗效果也较差（Ironson et al.；Martin & Brantley，2004）。

应激促使肾上腺素和皮质醇分泌量增加（即上文提到的 SAM 和 HPA 反应），而这会降低辅助 T 细胞和淋巴细胞的活动性，不利于杀死细菌和其他毒素。医学院学生考试期间的学习压力会使 T 细胞活性降低，NK 细胞数量下降和活性降低（Glaser et al.，1985；Workman & LaVia，1987）。应激中的人或者动物在应对流感、肝炎和破伤风的免疫接种中只能产出相对较少的抗体（Ironson et al.，2002），意味着疫苗的效用可能降低了。然而，应激反应和细胞活性间的关系并不简单。许多因素都对这一关系有影响，包括应激源持续的时间、人们认为自己能在多大程度上控制应激源、个体的年龄和应激每天出现的次数（Delahanty et al.，2000；Miller et al.，2007；Peters et al.，1998）。人际关系也会影响细胞活性和免疫功能。例如，配偶之间的敌对会抑制（降低）免疫功能（Kiecolt-Glaser et al.，1998）。孤独或者是受社会孤立也会导致产生许多较低的免疫功能指标（Hawkley & Cacioppo，2003），而积极的社会支持会有益于免疫功能（kiecolt glaser et al.，2010；Uchino et al.，1996）。

3. 应激的心理影响

应激和较差的免疫功能及负性情绪增加有关，包括抑郁、焦虑、敌意和愤怒。抑郁的人免疫反应被破坏，增加感染炎症的可能性、NK 细胞活性降低、淋巴细胞反应减少、白细胞数量增加（表明机体正在努力抵抗感染）(Herbert & Cohen，1993；Leonard & Myint，2009)。这种关联在老年人和住院患者中表现更为明显。其他负性情绪，包括愤怒、敌意和焦虑都会降低 NK 细胞活性和抑制免疫系统功能（DiMatteo & Martin，2002）。另一方面，积极情绪则会降低应激，增加了机体的抗感染能力，减少炎症的发生（Dockray & Steptoe，2010；Steptoe et al.，2009）。

很多心理障碍会导致生理上的应激反应。抑郁、酗酒和进食障碍都会增加 HPA 轴的活动（Ehlert et al.，2001）。童年时受过虐待的女性也表现出较高的 HPA 轴活动，尤其当出现抑郁或焦虑症状时这种活动就会更加强烈（Heim et al.，2000）。当然，最极端的心理反应是创伤后应激障碍（PTSD，见第 4 章），症状表现为鲜明和闯入性的创伤回忆、回避与创伤有关的人或事、有明显的生理唤醒和情感麻木。患有 PTSD 的人 NK 细胞活性较低以及有较低的 T 细胞数量（Pace & Heim，2011）并有更多的身体健康问题，心血管、胃肠道和肌肉骨骼疾病特别常见，他们会比未患 PTSD 的人更频繁地去医院看病（Jankowsi，2006）。

4. 应激的中介因素

影响应激体验以及应激对健康和其他方面功能影响方式的因素被称为**应激中介因素**（stress moderators）。在应激和健康间做中介的有内部因素和外部因素。

我们已经提到过人格对健康问题的可能影响。行为、思维和情绪的特征性模式能增加或降低应激对健康的作用。其中一种著名的人格类型是 **A 型行为模式**（Type A behavior pattern），有这种行为模式的人患冠心病（CHD）的风险更高。A 型行为模式（Friedman & Rosenman，1974）表现为追求成就感、没耐心、时间紧迫感和对他人的攻击性。

埃米利奥是一位中年父亲，有两个儿子，分别为12岁和14岁，在一家石油公司上班。工作对他很重要，他管理着一大群工程人员。工作很辛苦，他很早就去上班，并总能在截止日期前完成项目，且总是准时参加会议。然而，埃米利奥的同事并不像他那样及时、高效。他们每次错过截止日期或要求延期都会使埃米利奥很生气。埃米利奥还会因为孩子们表现得不够好而大发脾气——有时候他们只是看上去有点“游手好闲”，他就觉得他们怎么这么不思进取。他也无法忍受行驶在一个慢吞吞的司机后面。当被堵在高速公路上，而走在前面的那个人却像在“乡村公路”上一样无所谓时，他甚至能感觉到自己的血压在上升。事实上，近来他似乎总是在生气，与妻子吵架越来越频繁，常常对孩子发脾气，工作也总是陷入分歧。

埃米利奥的人格使他面临出现健康问题的风险。像埃米利奥一样具有A型行为模式的人，趋向长期处于情绪唤醒状态（总是紧张），难以放松。其他A型行为模式的维度包括时间紧迫感和好竞争。然而，A型人格中的愤怒和敌意对于预测冠心病和心脏病发作的风险增加更为重要（Gallacher et al.，2003；Moller et al.，1999）。此外，那些怀有敌意和愤怒性格的人，即使不完全是A型人格，也会增加患心血管疾病的风险（Chida & Steptoe，2009；Taylor，2006）。男人比女人有更高的愤怒和敌意水平，这可能部分解释了男人更易患冠心病的原因（Chida & Steptoe，2009；Low et al.，2010）。

其他人格特点（内部中介因素）比如负性情绪（经历诸如焦虑、抑郁和敌意等负性情绪的倾向）、悲观的解释风格（倾向于把负性结果归咎于自身稳定的个人特点），如“我没有升职是因为自己能力不行，”乐观主义（倾向于期待积极结果）都可能对应激对健康的影响起作用。与负性情绪和/或悲观风格相关联的有：较差的免疫功能（van Eck et al.，1996）、较差的手术效果（Duits et al.，1997），且当实际症状不严重时也有更多的躯体主诉（Cohen et al.，2003），以及长期身体健康较差（Maruta et al.，2002）。另一方面，乐观主义者很少生病（Cohen et al.，2003）、血压较低且不易患冠心病（Kubzansky et al.，2001；Raikkonen et al.，1999）。他们还能更好地面对疼痛（Brenes et al.，2002），并且在许多领域可提高免疫功能，包括心血管健康、死亡率和癌症方面，以及拥有更好的健康状况（Rasmussen et al.，2009）。乐观主义者有较好的身体健康状况，是因为他们更善于解决问题、寻求社会支持和强调情境的积极方面。

外部中介因素，如所拥有的资源和社会支持，也会影响应激的作用。人们有更多的外部资源时，比如更多时间和金钱、更高的教育水平、更好的工作和更高水平的生活，面对应激时也能更好地应对（Taylor，2006）。其中一个最重要的健康预测指标是社会经济地位（socioeconomic status，SES），而这会受很多因素影响，比如教育、收入和职业。社会经济地位较高的人有良好的免疫功能（Dowd & Aiello，2009），医学和心理疾病较少，寿命也会较长（Adler et al.，1993）。来自家庭、重要他人、朋友和社区中其他人的强大社会支持，也会降低应激的负面影响。可获得较多社会支持的人会感受到较少痛苦，能减少患病或死亡的风险，也能更好地适应慢性疾病（Martin et al.，2004；Taylor，2006）。即使是来自动物，特别是小狗的社会支持，也能降低心

当人们面临挑战时（如自然灾害），社会支持能减少应激对人的影响。

率、血压（Allen et al.，2002）和降低应激相关的激素水平（Odendaal & Meintjes，2003）。

至少有三种类型的社会支持：切实的支持（tangible support），如经济援助、商品（食物）和服务（孩子照料、交通）能减少应激性事件的影响；信息支持（informational support），比如与人分享可减少应激的信息，有助于问题解决和控制应激局面；情绪支持（emotional support），如进行关怀，能在高度应激期间提供慰藉。社会支持可直接（如通过提供可用的应对资源）或间接（如使潜在应激情境的威胁降低）地减少应激的影响。社会支持对应激和健康间关系的调节方式还有待进一步研究。

性别、种族和发展问题

与成年人相比，人们对孩子的应激反应了解得很少。临床上，我们知道许多孩子通过身体主诉（如头痛和胃痛）来表达痛苦。复发性腹痛是最常见的儿童主诉。在发病儿童中大约占 10% 的复发性腹痛（recurrent abdominal pain，RAP）指的是至少有过三次严重阻碍孩子日常功能的疼痛发作（Ramchandani et al.，2005）。在 RAP 案例中，仅有 10% ~ 15% 能确认身体原因。在 RAP 患儿中，具焦虑气质和焦虑障碍的占多数。因为病痛反反复复，应激性事件也被认为与病痛周期相关，只是还没有人对此课题进行系统研究。

尽管男性和女性对应激的基本生理反应相似，但男人在皮质醇和免疫系统上可能比女人有更大的应激反应（Kirschbaum et al.，1999；Rohleder et al.，2001）。近期研究也揭示了两性间的不同应对风格。男性更可能使用以问题为中心的应对策略，即做一些事情来改变应激状况。而女人却经常使用以情绪为中心的应对策略以减少抑郁情绪，即通过表达情感和寻求社会支持来应对应激（Martin & Brantley，2004）。女人更可能使用“照料与结盟（tend and befriend）”策略，而不是“战斗或逃跑”反应（Taylor et al.，2000）。应激的早期研究主要评估男性被试，这样在研究中就不需要控制女性的周期性激素反应（月经周期）的变化。然而，近期的动物和人类研究显示，女性在应激期间倾向于关心他人或与他人结盟（即照料和结盟）（Taylor et al.）。这一差异可能反映了进化对不同的双亲角色的影响。例如，母亲需要保护后代，带他们转移并让他们平静下来，使他们避免伤害，而不是去攻击捕食者，将幼崽扔在一旁（Taylor et al.，2000）。这些不同反应可能反映了男女激素的不同。

当面对应激时，女性更愿意使用“照料与结盟”策略，而不是“战斗或逃跑”反应。这种不同反应可能受进化影响——母亲更多地选择保护后代，而不是直接对抗捕食者。

很少有研究去检测不同种族和民族团体间的应激反应有何不同。在现存的少数研究中，社会经济地位或者性别等因素都未得到很好的控制。如前面所提到的，较低的社会经济地位与高水平的应激和疾病有关，但这也可能是由歧视或应对方式和社会支持的差异所致（Gallo & Matthews，2003）。尽管如此，种族和民族依然可能对应激和健康间的关联起着作用。例如，长期暴露于种族或其他类型的歧视中可能与大量非裔美国女性患冠状动脉硬化有关（Lewis et al.，2006），增加的慢性应激对西班牙裔和非西班牙裔妇女的白天皮质醇分泌造成不同的改变（Gallagher-Thompson et al.，2006）。种族或民族背景也可能调节社会支持和其他潜在重要因素（如宗教和精神力量）的影响（见“研究热点：宗教、应激和健康”）。例如，亚洲人和亚裔美国人似乎更受益于含蓄的社会支持，这种社会支持不需要暴露个人信息；而欧美人士则更受益于外显的社会支持，如接受来自他人的建议和情感支持（Taylor et al.，2007）。某些种族或者民族团体也可能在更大程度上依赖于宗教和精神力量来减少应激的影响。

研究热点 宗教、应激和健康

近年来，关于宗教和精神力量在身心健康中作用的研究明显增多。大多数美国人相信宗教是很重要的。他们信奉上帝、祈祷和去教堂（Powell et al.，2003；Taylor，2006）。因此，研究宗教信仰和行为对健康的影响就有了重要意义。尽管有研究表明人们面临精神难题时其心理健康症状可能增加（McConnell et al.，2006），其他研究则显示，被定义为经常参加教堂活动的宗教有助于降低健康人群的死亡率（Powell et al.），宗教和精神力量能提高人们应对应激的能力（Graham et al.，2001；Koenig et al.，1988）、减少抑郁（Braam et al.，2004）、降低青少年性行为的发生（Rotosky et al.，2004），以及提高老年人的认知功能（Hill et al.，2006）。尽管特定结果不同，但不同研究均显示高水平的宗教和精神力量会更有助于降低血压和减少高血压病（Krause et al.，2002；Steffen et al.，2001）、减少应激造成的皮质醇反应（Tartaro et al.，2005）以及可减缓癌症发展进程（Kinney et al.，2003）。宗教会有益于健康也许可归因于以下因素：与宗教活动相伴随的社会支持、各种宗教所倡导的健康行为（如减少吸烟、饮酒等）以及帮助人们应对困境的信仰（Taylor，2006）。

这类研究大部分是相关研究，难以得出较多宗教参与和健康改善间的因果关系结论。此外，并不是每一个研究都能证明对宗教/精神力量的参与越多，人就会越健康。例如，一些研究认为宗教和精神力量并不能减缓癌症发展进程、降低癌症死亡率，或者在综合考虑其他重要因素（例如，病前健康状况或其他健康行为等）的前提下也并不能加快急性疾病的康复（Powell et al.，2003）。有时，研究结果也会随种族和性别不同而不同。很多研究需要更仔细的研究设计。例如，宗教和精神力量的定义在不同研究中并不一致。有些研究将宗教定义为去教堂礼拜，而另外一些研究，将与宗教有关的信仰或自我报告的宗教身份作为对宗教的定义。可用于评估对宗教或精神力量参与程度的标准化问卷很少。许多研究因为不能包括足够多的多样性样本而不能得出可广泛应用的研究结果。未来的研究特别需要多变量的参与。«««

躯体疾病中的心理和行为

45岁的莎伦，已婚，在当地的一家医务室做业务经理。尽管她的丈夫经常锻炼身体，她却常常久坐，不运动，因此在过去10年中她胖了不少。过去一年里，她感觉自己总爱疲劳、睡眠困难。她抽时间去看了她的内科医生（已经好几年没看过医生了），被诊断为Ⅱ型糖尿病。医生要求莎伦开始一项锻炼计划、减肥、调节饮食、管理压力，这些都是治疗的一部分。哎！多么艰巨的任务呀，真是说到容易做到难！不过，她开始每周步行三次，改变饮食习惯，计算碳水化合物摄入量和限制甜食。几个月后，她发现自己的血糖水平下降了，身体的其他方面也开始好转。然而，随着时间推移，她注意到只要工作很紧张，那一周，她的血糖水平就会变得很不稳定。而每当这个时候，她就很难继续维持健康的行为习惯。控制糖尿病和坚持健康的饮食和锻炼似乎要成为一项终身任务。

行为与健康

维持健康的饮食和体重、充足的睡眠、有规律的锻炼、限制饮酒和吸烟、使用防晒霜和系好安全带等，都是预防疾病和事故的方法。这些健康行为（有时也称作健康习惯）大多是在生命早期建立的，那时，人们还不需要担心自己的健康。然而，研究已清楚表明了健康行为与健康状况（如疾病、残疾）甚至死亡率之间的联系。健康的行为习惯在减少心血管疾病、糖尿病、癌症、肥胖和骨质疏松症等疾病的患病风险方面有重要作用，因此健康的饮食、规律的锻炼和不吸烟是健康行为的三个重要成分。

1. 健康饮食

饮食习惯在冠心病、高血压和某些类型癌症的形成上发挥着极其重要的作用。然而，只有不到33%的美国人能保证每天摄入所推荐的水果和蔬菜量［Centers for Disease Control and Prevention（CDC），2007］。许多生物学、人口学、心理和社会文化因素都会影响饮食行为。例如，遗传、文化和社会因素对口味偏好和食物选择有重要影响。人们选择食物不仅基于先天因素，也与以下因素有关：习得的口味喜好、日常容易得到的食物（如在农村与城市、在少数民族与多数民族家庭、在富裕家庭与贫困家庭中的差异），以及人们的态度、知识和信仰（West et al.，2004）。紧张、焦虑和抑郁也会导致较差的健康饮食模式（Kiecolt-Glaser，2010；Taylor，2006）。面临应激时，人们会难以监控自己的食物摄取量及其产生的后果（Ward & Mann，2000），应激也可能会引起饮食量的增加或减少。人们焦虑或沮丧时，也会难以坚持特定的食谱，如用来减少胆固醇的食物（Stilley et al.，2004）。一般说来，为了更健康的饮食而推荐的饮食上的改变是非常有效的，但由于种种原因人们往往难于真正实现，如开销大、需要额外时间去购买或准备食物，等等。

2. 锻炼和体育运动

锻炼的好处众所周知。较大强度的体育运动能降低静息心率和血压、提高睡眠质量、减少肥胖率和心血管疾病、延长寿命（Taylor，2006）。经常锻炼和活动也能促进心境和幸福（Hansen et al.，2001）、降低抑郁水平（Lindwall et al.，2007）、降低人们对疼痛的感受（Hoffman & Hoffman，2007）。然而，很多人的运动量对于维持健康是不够的。缺乏体育运动与社会学、人口学和心理学因素有关。缺乏运动的人收入和教育程度较低，社会支持也较少（Dubbert et al.，2004）。体育锻炼少也与年龄增长和少数民族地位有关。例如，老年人比年轻人锻炼更少，非裔和西班牙裔美国人比白种人锻炼更少（Lee & King，2003）。女性比男性有更少的体育锻炼。同样在青少年中，女孩比男孩运动更少，少数民族年轻人也比非西班牙裔白人青少年更缺乏运动。然而，这些情况也可以解释为民族团体间社会经济地位的差异（Dubbert et al.，2004）。

大约有 50% 的人开始一项锻炼计划时都能坚持 6 个月。心理因素如自我效能感（个体关于自己能够定期锻炼的信念）会影响人们坚持锻炼计划的能力。很多时候，人们说应激和缺少时间是放弃锻炼的两个主要原因（Taylor，2006）。参加体育锻炼的人能更好地应对应激（Brown & Siegel，1988）。后文我们会看到，体育锻炼是应激管理治疗的一个重要组成部分。

有规律的锻炼是对抗应激和疾病的重要因素。

3. 吸烟

导致健康状况较差的另一个可逆性风险因素是吸烟，它大大增加了肺癌、心血管疾病、肺气肿及其他呼吸道疾病的患病率和死亡率。吸烟还会增加工作中各类意外和伤病风险，为吸烟者家庭成员和同事带来健康风险（Taylor，2006）。虽然美国的总体吸烟率降低了（CDC，2003），但有相当多的美国人还在继续吸烟。是什么样的心理和社会因素导致人们吸烟呢？首先，吸烟在穷人中以及教育程度较低的人群中更为普遍。以前，男性的吸烟率比女性高，而现在成年男性和女性以及青春期男孩和女孩的吸烟率差不多（Fisher et al.，2004）。大部分人在 18 岁以前就开始吸烟了，且开始吸烟往往与高应激、焦虑、较多与吸烟同伴来往以及父母榜样有关（Fisher et al.）。其次，关于吸烟对健康影响的态度和知识也很重要。尤其是青少年，他们很少担心吸烟的潜在健康风险，容易产生吸烟行为（Chassin et al.，2001）。针对青少年的广告和营销活动，对吸烟行为的开始与持续有着重要影响。

4. 睡眠

你一定还记得自己睡眠不足的时候——大考前或在生

活中面临压力时。在这个问题上你并不孤单。高达30%的人报告自己有睡眠问题（National Institutes of Health，2005）。而在医疗诊所的患者中，这一数据上升到50%（Pegram et al.，2004）。睡眠困难可以是急性而短暂的，如当一次重要的考试结束后情况有所好转；也可以是慢性的，被定义为持续30天到6个月的睡眠问题。

在儿童中，偶尔的睡行（sleepwalking，在床上坐起来，起床并在睡眠状态下游走）、夜惊（sleep terrors，突然惊醒、惊声尖叫、强烈恐惧和自主唤醒）、梦魇（nightmares，延长的、极度烦躁的和能详细记忆的梦，内容多与努力脱险以求生或求平安有关）是常见的（APA，2013）。当这些行为反复发生，孩子可能患有**非快速眼动睡眠唤醒障碍（睡行型或夜惊型）**[non-rapid eye movement sleep arousal disorders（sleepwalking type or sleep terror type）]或梦魇障碍（nightmare disorder）。这些情况在跨文化和两性儿童中是常见的（Agargun et al.，2004；Goodwin et al.，2004；Laberge et al.，2000），通常在青春期消失（Laberge et al.，2000；Thiedke，2001）。

发作性睡病（narcolepsy）通常在青少年晚期/年轻成人中发病，这种睡眠障碍被定义为不可抗拒地需要睡眠，陷入睡眠或打盹（APA，2013）。其患病率约为1/2 000（Jennum et al.，2012）。发作性睡病患者在夜间入睡困难，但在白天却能很快入睡，即使他们正在从事某项活动如吃饭、谈话或开车。发作性睡病还可导致猝倒（cataplexy），这是一种清醒时突然失去肌张力的状况，个体可能突然掉落手中物体或从椅子上掉下来。猝倒发作可由大笑或开玩笑引发，肌张力丧失可能持续数秒或数分钟。当睡眠突袭时，患者会立即开始做梦，有时会有朦胧的或半梦半醒的幻觉（见第4章）和睡眠麻痹。

睡眠问题很常见，即便是在年轻人当中。缺少睡眠会对包括学业成就在内的日常功能产生重大影响。

非裔美国人比白人更常出现的一种睡眠状况是睡眠麻痹（sleep paralysis），在入睡之前或醒来后会经历短暂的麻痹状态（Paradis &Friedman，2005）。患者眼睛睁开并能意识到周围环境，但不能移动身体（Cheyne，2005）。睡眠麻痹常常与如贫困或失业这样的环境应激源的存在有关。

最常见的睡眠困难类型是**失眠**（insomnia）（见“DSM-5：失眠”），指与日常功能受损有关的持续睡眠困难（Nau et al.，2005；Pegram et al.，2004）。睡眠困难包括难以入睡或维持睡眠，早醒和醒后感觉疲劳[通常是无复原睡眠（nonrestorative sleep）的结果]（APA，2013）。失眠会导致白天嗜睡；影响工作业绩或学习成绩；注意困难、专注困难和记忆困难；患躯体疾病的风险增加；免疫功能下降；交通事故风险增加（Taylor，2006）。

失眠 DSM-5

A. 主诉对睡眠的数量和质量不满意，与以下至少一项症状有关：
   1. 入睡困难。（儿童可表现为在没有照料者干预下入睡困难。）
   2. 难以维持睡眠，特征表现为频繁觉醒或醒后难以入睡。（儿童可表现为在没有照料者干预下再入睡困难。）
   3. 早醒且无法再入睡。

B. 睡眠障碍引起有临床意义的痛苦，或导致社交、职业、教育、学业、行为或其他重要功能方面的损害。

C. 每周至少有3个晚上出现睡眠困难。

D. 睡眠困难持续至少3个月。

E. 尽管有充足的睡眠机会，仍出现睡眠困难。

F. 失眠不能用其他睡眠–觉醒障碍来更好地解释，也不仅仅出现在其他睡眠–觉醒障碍的病程中。此处的其他睡眠–觉醒障碍有发作性睡病、与呼吸相关的睡眠障碍、昼夜节律睡眠–觉醒障碍、异常睡眠。

G. 失眠不能归因于某种物质（例如，滥用的毒品、药物）的生理效应。

H. 共存的精神障碍和躯体疾病不能充分解释失眠的主诉。

女性比男性有更严重的睡眠问题（Morin et al.，2006；Nau et al.，2005），这种差异在女性月经初潮后就已出现（Johnson et al.，2006b）。尽管睡眠与年龄间的关系会随种族不同而不同，但老年人比中年人有更多的睡眠困难（Nau et al.，2005）。总体上非裔美国成人总体上比白人睡眠质量差并更易失眠，但对于非裔美国人来说，睡眠困难的患病率高峰在中年而非老年（Durrence & Lichstein，2006）。民族间的睡眠差异可能反映了社会经济地位的差异（Roberts et al.，2006）。在发展图谱的另一端，在经历日益增加的社会压力和学业需求时，青少年会产生睡眠困难（Pegram et al.，2004）。因此，与年龄有关的正常睡眠变化会终身发生（Pegram et al.）。

应激、焦虑或抑郁都会导致失眠。事实上，睡眠困难是抑郁障碍和广泛性焦虑障碍诊断标准之一。躯体疾病如疼痛、胃肠反流和睡眠呼吸暂停（指睡眠中呼吸道被堵住而中断睡眠的情况）等也可能导致睡眠问题。不良的睡眠习惯，如临睡前喝含咖啡因的饮品或距睡眠太近的运动都可能会影响睡眠。其他不良睡眠习惯包括睡眠时间不规律和过度打盹。当夜间行为模式不能促进放松和睡眠时就会产生这些行为。对于孩子，当睡前最后一项活动是和爸爸打闹玩耍，入睡则变得困难。以及，当孩子们入睡均在“被协助”的状态下时，他们自己入睡将会产生困难。

若没有妈妈在睡前按摩，雅各布无法入睡或会在半夜醒来。

理解人们怎样形成不良睡眠习惯会有助于我们通过行为干预来改善睡眠。例如，通过教会父母如何改变睡眠周期和如何处理孩子夜间醒来，都能帮助孩子学会自我安抚和自己睡觉。对于成年人来说，行为治疗包括教授新的睡眠习惯，例如床只用来睡眠和进行性行为（如睡不着先从床上起来，安静地读会儿书，直到累了再睡），制定不多于 30 分钟变化的有规律作息时间，即使周末也如此执行；限制打盹；限制酒精和尼古丁的摄入量（Morin & Espie，2003；见表 14-2）。放松训练和认知疗法（改变关于睡眠的信念）也会有助于改善睡眠（Irwin et al.，2006；Morin et al.，2009；Rybarczyk et al.，2005）。

表 14-2 良好的睡眠习惯

S = Set 设定规律的睡觉和起床时间 ● 每天在同一时间上床入睡和同一时间起床。
L = Limit 限定卧室用途 ● 将卧室 / 床的用途限定为睡觉或做爱。
E = Exit 如果 15 ～ 20 分钟睡不着就先离开卧室 ● 当你按时上床睡觉，但 15 ～ 20 分钟后还没睡着时，你应该起来到其他房间，直到觉得困了再回去睡。 ● 本条一整晚都适用——如果你午夜醒来且在 15 ～ 20 分钟后睡不着，就先去其他地方，直到困了再回去睡。
E = Eliminate 消除打盹儿 ● 打盹儿会扰乱夜间睡眠。如果你白天不可避免地要睡一会儿，就将其限制在 1 个小时以内，且不要在下午 3 点以后睡。
P = Put 每天早晨在同一时间把双脚放在地上 ● 每天早晨在同一时间醒来很重要，误差可在 30 分钟以内。设一个闹钟会有助于形成这种模式。

心理因素与躯体疾病

现在我们考查心理、行为和社会因素对躯体疾病的影响，如 HIV/AIDS、癌症、慢性疼痛、失眠和慢性疲劳。当然，心理因素也会影响许多其他身体状况，但在这里我们将重点关注以上几种疾病。

1. HIV/AIDS

人类免疫缺陷病毒（human immunodeficiency virus，HIV）能损坏人体抵抗感染和某些癌症的能力。艾滋病病毒感染的早期症状包括发烧、头痛和疲劳。然而，这些症状通常在一段时间后消失，并在今后多达 10 年的时间内也许都不会再出现慢性的或严重的症状（DiMatteo & Martin，2002）。然而，病毒会在体内继续生长。当艾滋病病毒感染者的 T 细胞数量特别少或者当 26 个临床状况中有一个是因机会性感染（通常不会在健康人中引起疾病的感染）而出现时，就会被诊断为获得性免疫综合征（acquired immunodeficiency syndrome，AIDS）。1981 年，美国诊断出第一例艾滋病。目前，美国有超过 100 万病例报道，而全世界有超过 3 300 万人是艾滋病病毒携带者或艾滋病患者（http://www.niaid.nih.gov/topics/HIVAIDS/Understanding/Pages/quickFacts.aspx，retrieved March 9，2013）。

HIV 传播的途径有：无保护措施的性行为、接触受感染的血液、共用受污染的针头或注射器以及母婴传播。有其他性传播疾病的人更容易感染 HIV，且 HIV 在少数民族和女性中的比率增长得很快。尽管非裔美国人仅占美国人口的 12% 左右，但他们占艾滋病感染者 /

艾滋病患者人数的比例最高（http://www.niaid.nih.gov/topics/HIVAIDS/Understanding /Pages/quickFacts.aspx，retrieved March 9，2013）。非裔美国人比其他美国人从HIV感染到艾滋病发病的进程更快、死亡率更高、存活时间更短。事实上，HIV/AIDS现在是非裔美国人死亡的一个主要原因。2004年，新增艾滋病感染者/艾滋病患者中有18%是西班牙裔，报告中女性患者的增长率在增加，尤其是非裔美国女性和西班牙裔美国女性。在新诊断报告中，女性超过25%，其中80%是非裔美国女性或西班牙裔美国女性。

使人们易感染和传播HIV的高危行为受许多社会和心理因素影响，包括知识、态度、社会支持以及改变危险行为的自我效能感（感知到的能力）水平（Taylor，2006）。即使在当前的信息技术时代，仍然有很多人不了解HIV和AIDS。受心境、文化价值观、社会压力和榜样作用的影响，高危行为依然随处可见。患艾滋病的羞愧感和潜在的负性情绪反应直接影响了人们接受疾病检测的意愿，进而影响了早期诊断和治疗（Herek et al.，2003）。关于该病及其传播方式、危险/安全行为的性健康教育可以帮助改变那些增加艾滋病毒传播风险的行为，虽然实际的传播率并不总是受影响（Ross，2010）。

艾滋病携带者面临很多挑战，包括逐渐恶化的健康和认知能力、潜在的失业、对他人依赖的增加、患病带来的耻辱感、恐惧和偏见等。抑郁、焦虑和物质滥用很常见（Pence et al.，2006），且往往在缺乏社会支持或症状严重的患者中更易发生（Heckman et al.，2004）。然而，就像魔术师约翰逊积极对抗污名并促进相关研究那样，当人们看到疾病带来的一些益处时，也能减少躯体症状对负性情绪的影响（Siegel & Schrimshaw，2007）（见“真实病例：魔术师约翰逊——与HIV在一起”）。社会支持在帮助患者适应疾病和接受适当治疗方面有重要作用。

魔术师约翰逊——与HIV一起

1991年11月7日，魔术师约翰逊宣称自己是HIV阳性并退出了自己一度精彩的篮球生涯，这一消息令全世界震惊。他在一次例行体检中检测出HIV阳性，突然间要面对这一危及生命的疾病，他还十分担心当时已怀孕的妻子，幸好她的检测结果是阴性的。约翰逊最初感到非常难以适应。他想念着篮球，同时承受着药物副作用、压力和情绪波动的折磨。然而，约翰逊活了很长时间并且活得很好（20年以上），这可能是由于他的身体状况很棒以及他日常服用“多种药物合成的鸡尾酒”之故。魔术师约翰逊利用自己的名人身份和资金优势来减少艾滋病的污名（AIDS不仅仅是一个“同性恋疾病”），同时向公众宣传艾滋病的风险（特别关注患病率高的黑人男女）并支持AIDS研究。

资料来源：http://www.thedailybeast.com/ articles/2011/05/16/magic-johnson-20-years-of-living-with-hiv.html, retrieved March 9, 2013.

«««

抑郁、应激和社会支持也会影响病程和适应（Cruess et al.，2004；Leserman，2008）。关于自己、将来和病程的消极信念会降低T细胞数量，并加快从HIV携带者到AIDS患者的进程（Taylor，2006）。尽管社会支持会降低应激的影响（Cruess et al.，2000），但高压力水平还是会降低对感染的免疫力，加快从HIV携带者到AIDS患者的发展速度（Leserman et al.，2000）。抑郁也会加快男女患者的病程，增加死亡率（Ickovics et al.，2001；Mayne et al.，1996）。与丧失亲友相关的抑郁是一个重要问题。HIV携带者或AIDS患者常常生活在患病风险较高的群体中，失去重要亲友的情况也会经常发生。

如今有些药物可用于减缓HIV携带者病程，降低AIDS患者的死亡率。但这些药物昂贵，还有明显的副作用，包括红细胞或白细胞减少、引发胰腺炎症、损坏神经和引起胃肠道症状等。HIV和AIDS是一种慢性疾病（如许多人像魔术师约翰逊一样长时间受疾病困扰），长期控制疾病需要复杂的药物治疗。坚持这种药物治疗是很困难的，特别是当其他应激源同时存在的时候。抑郁、药物滥用和社会支持减少与 HIV 阳性患者的较差治疗依从性相关联（Gonzalez et al.，2004；Malta et al.，2008），而教育、应激管理和社会支持可能会增加治疗依存性和促进健康状况。

人口学因素也会影响治疗，比如少数民族患者（非裔和西班牙裔美国人）不太可能像白人患者那样能较快地得到较新医疗，而社会地位较高的人更容易进入治疗项目（Taylor，2006）。一般而言，治疗项目应该力求在信仰、风险自我知觉和共同行为方面符合不同人口学和文化群体的特殊需求（Taylor）。

2. 癌症

癌症是美国人继心脏病之后的第二大死亡原因。近年来癌症发病率有所下降，可能是减少吸烟和改善治疗的结果。然而，每年仍有超过 100 万人被诊断为癌症，有超过 50 万人死于癌症（见表 14-3）（National Cancer Institute，seer.cancer.gov/statfacts/html/all.html）。癌症的影响不仅是对病人，患者的家人和朋友也会受该病的影响，以及和病人一起经受能累垮人的治疗过程。

表 14-3 癌症诊断发病率的种族 / 民族差别（2005 ~ 2009 年）

种族 / 民族	种族中的发病率	
	男性	女性
全部种族和民族	每 10 万人中 541.8 人	每 10 万人中 412.3 人
白种人	每 10 万人中 542.7 人	每 10 万人中 423.1 人
黑种人	每 10 万人中 627.1 人	每 10 万人中 398.3 人
亚裔 / 太平洋岛裔	每 10 万人中 342.6 人	每 10 万人中 299.4 人
美国印第安人 / 阿拉斯加本地人	每 10 万人中 352.7 人	每 10 万人中 313.8 人
西班牙裔人	每 10 万人中 402.0 人	每 10 万人中 324.1 人

资料来源：National Cancer Institute, seer.cancer.gov/statfacts/html/all.html, retrieved January 1, 2013.

尽管遗传因素在许多种癌症中起着重要作用，但一些行为和生活方式因素也很重要。例如，社会经济地位在癌症患病率中有重要作用（Downing et al.，2007），经济因素会影响癌症筛检工具（如乳房造影）的使用（McAlearney et al.，2007）。不健康的行为（如不施加防晒措施的曝晒、吸烟、饮酒、吃高脂肪食品而水果蔬菜摄入不足）也会使患癌症的风险增加（DiMatteo & Martin，2002；Taylor，2006）。通过自我检查或医学测试尽早发现病情也可以提高治疗效果和降低死亡率。如前所述，这些行为会受许多心理和社会因素的影响，如知识与信仰、同伴压力和应激（Henderson & Baum，2004）。尽管实验结果会有出入，但有证据表明抑郁可能会通过改变皮质醇、去甲肾上腺素和免疫系统而增加癌症患病风险（Carney et al.，2003；Henderson & Baum）。虽然已经有很多研究表明癌症和人格类型之间有潜在关系（McKenna et al.，1999），许多研究表明，这样的关系是小样本和没有前瞻性的（随着时间推移对人进行的评估）。最近的一项研究，评估超过 50 000 人在 25 年内没有发现性格特征（外倾性，神经质）和患癌症的风险和患癌症后死亡风险之间有联系（Nakaya et al.，2010）。

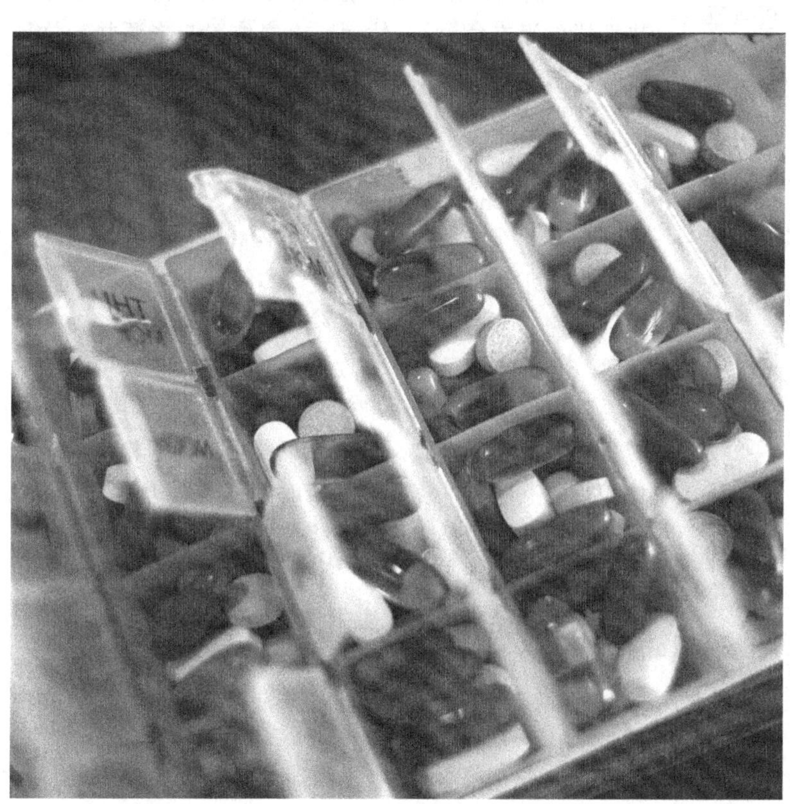

每一列是治疗 HIV 的一天药量。

与癌症发作相关的许多因素还影响癌症的发展演变，也会影响患者对疾病的适应。抑郁、悲观、消极预期和逃避型应对风格（一个人无法面对疾病和 / 或无法表达负性情绪）会使疾病加速发展（Allison et al.，2003；Brown et al.，2003）。同样地，应激增加和社会支持减少也会使生理退化速度加快，导致复发率增加（Henderson et al.，2004；Kerr et al.，2001）。尽管这种影响在不同类型的癌症间有差别，但应激和社会支持降低会影响自然杀伤细胞活性，进而降低机体对抗病毒和抑制癌细胞生长的能力。

由于许多患者被诊断为癌症后仍能存活多年，因此把癌症看作一个慢性疾病来适应也是一个重要问题。即使一个人的癌症治愈了，但对未来复发的不确定性可以继续影响其对生活的适应（Lee et al.，2009）。患者需要面临许多严峻的挑战，包括疲劳、躯体活动受限和疼痛、免疫力降低和受其他感染的可能性增加、手术切除器官、身体印象困难以及修复手术。而相应的情绪反应，如抑郁、焦虑、绝望以及人际关系改变也普遍存在。例如，接受乳腺癌和前列腺癌治疗后，婚姻和性关系可能会发生变化。儿童期癌症幸存者和他们的父母有时会因为诊断和治疗形成创伤后应激障碍（PTSD）（Norberg et al.，2011；Stuber et al.，2010），男性和患乳腺癌的女性一起生活，患抑郁症的风险增加（Nakaya et al.，2010）。当父母生病时，孩子会特别恐惧，且家庭角色和互动模式的改变都是十分应激性的事件（例如，当父母有一个生病时，家里面年长的孩子会承担更多的责任，与父母相处的时间也减少了）。孩子对父母癌症的适应在某种程度上受家庭沟通以及母亲的抑郁和适应水平的影响（Osborn，2007）。

预测癌症适应的因素与影响癌症发作和病程的因素相一致。人际支持，特别是来自配偶或伴侣的支持很重要。良好的婚姻状况能减少诊断带来的痛苦（Banthia et al.，2003），同伴之间关于疾病和问题解决的积极对话就相当有效（Hagedoorn et al.，2000）。乐观、积极应对、控制感以及寻找其中的意义也会促进人们对疾病的适应，在某些情况下还会提高免疫功能和促进身体健康（Barez et al.，2007；Toylor，2006）。有证据表明心理社会治疗，包括认知－行为治疗、支持性治疗和运动课程能提高患者及其同伴的适应和应对能力（Badger et al.，2007；Mutrie et al.，2007），但通常不能影响其存活期（Coyne et al.，2007）。

3. 慢性疼痛

霍华德醒来时就立刻意识到背部又将疼痛2～3周。前天，他早晨整理完院子后打了会儿高尔夫球，一定是当时用力过猛拉伤了。霍华德只有50岁，但他在30岁时就因为踢足球受伤而落下了慢性背部疼痛的毛病。他还在3年前做过一次椎间盘破裂手术，现在经常有非常剧烈的疼痛发作。每次他想在床上翻个身都要考虑一下后果。他已经有好几个星期无法打高尔夫球了，而且还需要每日增加消炎药的剂量。他也无法在办公桌前久坐，不能够跟孩子们玩捉迷藏。对他来说，睡觉也是件难事，每当夜里疼痛加重时他就得起来，在地上走一走。理疗师曾建议霍华德锻炼身体，他知道这是自己需要的。当他进行有规律的锻炼时，背部疼痛确实好多了，但他最近真是太忙了。他真的厌倦了处理接二连三的问题，这些事使他疲劳、脾气暴躁，甚至还有点抑郁。

疼痛障碍是指患者在没有足够的医学解释时，主诉患有持续性疼痛。在霍华德的案例中，他的持续性背部疼痛有合理的医学解释，并不符合DSM诊断。不过，他的症状产生了持续烦恼和功能失调。像霍华德这样的背部疼痛，是导致美国人不适的最常见的原因之一。多达85%的人有某种程度的背部疼痛，每年有数百万人受关节痛和慢性头痛影响（Taylor，2006）。疼痛的好处是会向人们提供身体不良变化的反馈，以使我们维持健康和安全（例如，去改变姿势、去运动或者离开一个像酷热那样的潜在危险）。然而，疼痛位置与来源并不总是直接相关，这就使得诊断和控制变得很复杂。疼痛在美国有至少10%的门诊量，而由此引发的医疗保障需求增加和生产力降低，使每年花费的相关社会成本超过700亿美元（Gatchel & Maddrey，2004）。疼痛问题非常普遍，如今它在医疗评估中已被看作除脉搏、血压、体温和呼吸之外的“第五重要体征”。

疼痛一般分为急性（持续时间少于6个月）和慢性（持续6个月或更长）。急性疼痛常常是由受伤引起，最后会随身体痊愈而消失。慢性疼痛则是持续性的，如患有慢性背部疼痛，或是周期性反复发作的急性疼痛，如偏头痛。一些慢性疼痛会随着时间逐渐恶化，如类风湿关节炎。从生物学角度看，疼痛通过神经将信息从损害部位经脊髓传到大脑皮层。接着，又有信息返回损害部位和为了阻断疼痛而产生生理变化的其他身体部位（如肌肉收缩、呼吸变化）(Taylor，2006）。

疼痛感并不总是与严重的疾病或其他生物过程直接有关，许多环境、心理和社会文化因素都与疼痛有关。例如，疼痛发作的情境影响了疼痛的意义和解释，这些意义和解释又反过来影响疼痛引起的烦恼和干扰的感觉程度。心理变量也很重要。抑郁和焦虑通常伴随有疼痛感和病情恶化（Dickens et al.，2003；Vowles et al.，2004）。人们在疼痛发作时会感觉自己无法去做本来喜欢做的事情，控制感降低，并担心疼痛持续恶化会发生什么事情。

疼痛普遍存在于抑郁症患者中，并往往预示着较差的治疗反应（Bair et al.，2004）。负性想法（如，"我永远不会变得更好""事情只会变得更糟"）和不参加令人愉悦的活动（如，"我最好还是别去看篮球赛，露天看台上的椅子对我的背来说还是太硬""我就是无法与人交往，因为当我总是感觉疼痛时很难集中精力听别人在说什么"）都会恶化抑郁症并使疗效受限（Bishop & Warr，2003；Severeijns et al.，2004）。疼痛的体验和表达有时会受到人或事件的强化。人们通过语言或行为表达疼痛，有时能得到更多的关注、免除责任或得到经济补偿。这些外在的环境强化可能会有力地激发疼痛的持续体验和/或表达。

疼痛症患者在求医频率和疼痛治疗反应上也有个别差异（Turk & Monarch，2002）。这些差异并不总是由实际身体状况引起，还会受生物因素、学习经历和社会文化因素影响。例如，与男性相比，通常女性对疼痛更敏感（Gatchel & Maddrey，2004），也更多地在疼痛发作时求医（Kaur et al.，2007）。疼痛患病率和疼痛体验也有种族和民族差异。例如，非裔和拉丁裔美国患者比非拉丁裔白人表现出更多的疼痛敏感性和更低的疼痛容忍度，不过这些差异也受其他因素影响，如教育、收入和种族/民族认同，（Cano et al.，2006；Deyo et al.，2006；Rahim-Williams et al.，2007）。种族和民族地位也会影响疼痛的治疗。与白人相比，非裔和拉丁裔美国人不太可能接受足够的疼痛治疗（Cintron & Morrison，2006），而这种差异或多或少受经济差异影响。例如，与同一种族/民族群体中没有医保的女性相比，有私人医疗保险的拉丁裔和非拉丁裔美国白人女性更可能接受对抗分娩疼痛的药物（Glance et al.，2007）。然而，即使忽略医疗保险状况的差异，黑人女性疼痛医疗的使用率还是低于其他民族群体中的女性。

疼痛治疗的目标可以消除、减轻疼痛或者提高对疼痛的面对。疼痛治疗方法包括医学方法（药物、外科手术等）和非医学方法（针灸、心理治疗等），医学方法是最常用的方法。每年，有相当多的钱支付在非处方药的和处方药的疼痛治疗上。最普遍的处方药是吗啡，但吗啡和其他阿片类镇痛药物（analgesic medications）[如可待因、氢可酮（维柯丁）、羟考酮（奥斯康定）]会引起药物依赖（见第 9 章），其使用也引起了重大争议（见"证据检验：阿片类药物治疗疼痛——有效，还是危险？"）。消炎药和抗抑郁药物也可以减轻疼痛。抗抑郁药物可以减少焦虑和抑郁，也作用于传递疼痛信息的神经通路。消炎药能减少疼痛，但对情绪没有影响。非医学治疗疼痛的方法包括放松训练、生物反馈和催眠。**生物反馈**（biofeedback）使患者学会调节生理反应，如心率、呼吸和体温。**催眠**（hypnosis）则引导患者放松使其进入恍惚状态，然后用催眠暗示使患者减轻疼痛感并改变与疼痛有关的念头。尽管生物反馈与单纯放松相比效果是否更好的相关研究还不够成熟，但所有这些干预都对疼痛有积极影响（Taylor，2006）。认知 - 行为治疗也很有效，包括放松、意象（想象一个能产生放松的积极画面，或把癌症想成一个要消灭的敌人）、认知疗法（改变关于疼痛的观念）和行为矫正（使人们更积极地管理自己的疼痛，致力于积极行为而不去在意疼痛）。一般来说，医学和非医学治疗策略可以整合为一个疼痛管理项目，经过个性化处理来满足不同患者的需求（Gatchel & Maddrey，2004）。

阿片类药物治疗疼痛——有效，还是危险？

事实

鸦片来自罂粟花的果实，在几千年前就被用于治疗疼痛和其他疾病。尽管在 20 世纪 40 年代，人们开始担心误用和过度使用会导致失控而严重超出合法范围，但在 19 世纪，鸦片衍生药物（阿片类药物）的使用十分普遍（Ballantyne & Mao，2003）。法律规定要严厉处罚不正当使用阿片类药物的行为，就连医生也不愿意开这类药。医生在疼痛治疗中限制阿片类药物的使用是否正确？慎重用药会不会导致许多疼痛患者的治疗用药量不足？这些药物能否在不成瘾的前提下恰当使用以控制疼痛？

有何证据表明使用阿片类药物风险太大

阿片类药物是最常被滥用的处方药。1994～2000年，阿片类药物的滥用比率显著增加（Atluri et al.，2003）。

人类和动物研究都表明，长期使用这类药物会增加疼痛敏感性（Ballantyne & Mao，2003）。

阿片类药物的使用有时会伴随一些可疑或非法行为，包括在未经医生建议时增加剂量、向不同医生索求多个处方药和未经医生处理而要求再次给药（Webster & Webster，2005）。

快速增加剂量会产生危及生命的呼吸衰竭（尽管很少出现这种情况）。

有何证据支持阿片类药物对疼痛治疗的价值

研究表明阿片类药物在短期和长期（达32周）治疗中能有效减轻疼痛（Ballantyne & Mao，2003），但对这些药物是如何改善功能方面的研究结论则不统一。

大约有15%的癌症患者和80%慢性疼痛的非癌症患者无法得到足够的疼痛治疗（Chapman & Gavrin，1999）。

用于治疗疼痛的阿片类药物很少引起药物成瘾（Atluri et al.，2003；Taylor，2006）。

鉴于所有类型的阿片类药物并非都作用于同样的疼痛受体，若一种药物不能控制疼痛，换另一种药物可能会有效（而非增加当前药物剂量）（Ballantyne & Mao，2003）。

结论

许多专家都一致认为：若遵守推荐的药物、剂量和疗程指南，阿片类药物可以恰当地用于控制疼痛。通常，在开出最初处方前要进行一个全面的医疗检查，仔细审查阿片类药物使用的优势和风险（如，若患者有个人或家族药物成瘾史以及/或曾被诊断为心理障碍，那么过度用药的风险就会增加）。适合服用阿片类药物的患者是那些使用代替疗法不能改善症状的患者，以及那些滥用药物风险性低的患者。然而，当疼痛症状十分严重必须进行治疗时，即使存在药物滥用风险因素，也可能会开出阿片类药物处方。此时需要单独为接受阿片类药物处方的患者配备医生和药品，并仔细追踪和监督患者有无过度使用或滥用的迹象（例如，提前要求再次给药、未经医生处理就要求再次给药，等等）。 «««««

健康相关状况的心理治疗

心理学家和心理干预在各种健康问题的整个治疗计划中发挥促进作用。治疗可以在以下场所进行：私人诊所、医疗机构如有门诊患者的诊所或医院，或提供卫生和保健项目的办公室或学校这样的组织。

健康心理学家的作用

健康心理学家通常有临床、咨询、社会、认知或生理学领域的心理学博士学位（哲学博士或心理学博士），并接受过医学/健康方面的专门培训，完成了博士期间的培训（如健康心理学方向）和/或博士后培训。大部分健康心理学家是按照科学家－实践者模式来培养的，并结合临床保健与科研的专门知识。在临床环境中，健康心理学家通过与患者或医疗团队合作来使其改变行为、态度或信念，以促进健康和改善患者对疾病的适应。他们可能与患者个人合作，也可能组成团队，有时候还会为家庭成员提供援助。以科研为职业的健康心理学家通常在大学或医学院工作，他们在那里研究心理和生理因素间的关系或检测为改善健康和生活质量而实施的干预措施的有效性。

伦理与责任

健康心理学家面临着独特的伦理问题。他们通常与多学科综合治疗小组合作，该小组有各临床分支的代表，他们每个人都有自己的职业道德标准。在有着不同的专业指导方针下（如，关于保密），心理学家需要继续坚持由美国心理学协会提出的实践标准（2002；见第15章）。在医疗团队中，健康心理学家经常有责任确定病人在特定的医疗过程中其心理层面是否合适，如器官移植、减肥手术，或是否可植入疼痛装置（如脊髓刺激器、疼痛泵）。某些情况下，尽管某医疗程序看似是合理的，但心理学家可能因为心理问题（如抑郁、药物滥用）或其他行为问题（如无法遵守后续护理）而决定该患者并不适合进行相关操作。由此，医疗团队可能决定不推荐进行该操作或推荐一个包括了心理健康或其他行为干预措施的更全面的治疗计划。

健康心理学的干预

健康心理学家除了有帮助患者管理疼痛和改善睡眠的一些策略，还有帮助人们增加健康行为、管理应激和适应慢性疾病的干预。

1. 增加健康行为

盘点一下你自己的健康行为清单可能会很有意思。你会：

- 均衡饮食和有规律地锻炼吗？
- 每晚至少睡 7 个小时吗？
- 吸烟吗？会喝很多酒吗？
- 总是系安全带吗？使用防晒霜吗？

如果你曾试图在这些方面改变自己的行为，你就知道做到这些并不容易了。当然，预防不良健康行为要比改变它们简单。在没有疾病的人们中培养健康行为称为**初级预防**（primary prevention）（DiMatteo et al.，2002）。制订计划来防止青少年吸烟就是这种方法的一个例子。

次级预防（secondary prevention）是为健康问题风险较高的人提供的健康促进项目，如有中风或心脏病家族史的人。某些人的父母年轻时死于心脏病，为他们启动一个低胆固醇饮食和锻炼计划就是一个二级预防策略的例子。目标是帮助人们建立或改变某些行为以促进健康。

促进健康行为的第一步是教育和觉察，公众教育运动就可以增进健康行为。例如，20 世纪 60 年代中期，有大规模媒体宣传活动来告诉公众吸烟的危害。这一活动对公众吸烟的态度和信念有着巨大影响（Taylor，2006）。当医生向患者解释某些健康相关行为的重要性时，教育也会是针对个体的（如，儿科医生建议父母为其孩子安排一个平衡饮食和健康锻炼项目）。教育有时与自我监控或者保持健康相关行为的日常记录相结合。例如，调整一个人的饮食可能需首先记录他的日常食物摄入量。尽管其他策略常常也是需要的，但有时简单的监控行为本身就会带来积极的变化。

其他干预措施基于经典条件反射和操作性条件反射。**刺激控制**（stimulus control）是一种基于经典条件反射的行为改变策略，它通过改变引起行为的刺激来调整行为。例如，如果把甜饼和薯条这类能引起更多吃零食行为（是需要改变的不健康行为）的不健康"刺激"从家里清除的话，改变一个人的饮食将变得非常简单。学会只在餐桌前吃东西（而不是在看电视时或站在冰箱前吃）是另一种控制与饮食相关刺激的方法。**后效契约**（contingency contracting）是依靠设立强化项目来鼓励更健康行为的策略。例如，一个家庭可能通过提供一些能交换特殊要求的代币（非食物）来为饮食习惯不良的孩子制订一个计划，如果孩子做到了约定行为，就可以去动物园游玩一次。

增进健康行为有时需要人们改变态度，如自我效能感（一个人有多么确信自己能做到某事）。我们知道，自我效能感会影响一个人坚持锻炼计划的能力。因此，改变包括有关能力的信念在内的健康行为计划对促进健康有重要作用。

2. 应激管理

还记得应激和健康间的重要关系吗？如果应激对健康有负面影响，那么帮助人们管理应激的项目就能使人们保持健康。应激管理的技巧，比如生物反馈、放松和冥想，可以通过工作场所、学校或者其他社区站点传授给个人、团体或者课堂群体。应激管理能成功地降低高血压患者的血压（Linden et al.，2001）、改善 HIV 携带者的焦虑、抑郁症状和提高其生活质量（Scott-Sheldon et al.，2008）、提高关节炎患者的健康状况（Somers et al.，2009），以及减少冠心病患者的患病风险因素（Daubenmier et al.，2007）。

跟促进健康行为的步骤一样，应激管理的第一步也是教育和觉察。人们要学会识别个人的应激情境以及他们对这些情境是如何反应的。自我监控是提高觉察的好策略。保持日常记录有助于患者理解自己的应激源，以及了解自己的思想、情感、行为和应对模式都是应激反应的一部分。还记得马雷克吗？他不能够适应新的大学生活带来的应激，比如远离家乡、很重的学业负担和结交新朋友。他的典型应对模式是吃快餐以节省时间和减少锻炼时间。他还经常通过熬夜来跟上阅读和学习进度。

> 马雷克第三次去医务室时，护士建议他参加一个减轻压力的训练课程。他决定试一试。当他开始花更多精力来关注自己时，才发现自己的身体在许多情况下都很紧张，且每当应激产生时他往往对自己抱有消极想法（"我就是不够聪明才失败的。""我一定是这里唯一一个想家的人，我真懦弱。"）马雷克还发现自己实际上并不擅长管理学习时间。以前，学习对他来说一直是件容易的事，所以他从来不用花太多时间来计划学习。而现在情况不同了。

一旦人们察觉到应激带来的情境和反应，下一步就要学习新的应对技能，比如改善饮食和增加锻炼。研究表明运动训练能增加应激抵抗能力（Salmon，2001）。其他应对技能有放松训练、学习时间管理技巧和改变思维方式等。

对马雷克来说，学会在应激情境中让自己静下来、深呼吸，十分有效。

良好结构化的策略，如渐进式深度肌肉放松训练也会如目标设定和改变思维那样有助于减轻压力（见第4章）。

马雷克还学习了如何提前做计划、每天设定特定的学习目标。这些事都让他获益良多，也让他不再苦于不断加重的学业负担了。他还学会了从不同角度思考自己。每当应激发生时，他不再为难自己，而是学着想开点："大学本来就很难，但我做得还不赖。""只要我尽了最大努力，成绩不一定要像高中那样好。"

瑜伽和冥想是有效的应激管理技术。

3. 适应慢性疾病

正如我们所见，患有艾滋病、癌症、慢性疼痛、糖尿病和冠心病等慢性疾病的患者会经历许多变故，包括身体能力降低、与家人和朋友间关系的改变、经济压力以及焦虑和抑郁的高发生率。健康心理学家该如何帮助患者应对这些变化呢？首先，我们知道良好的社会支持能改善疾病结果。我们还知道应激和对疾病、自己及未来的负性信念都预示着不好的结果。因此，适应慢性疾病应该包括持续的社会互动、应激管理和信念调整。鼓励患者寻求社会支持以及为其家人提供教育和支持会提高每个人的适应能力。有些患者和家庭还会受益于正规的支持团体，这些团体为他们提供了情感支持以及关于其他人如何成功应对疾病的信息。

应对躯体疾病和应对其他应激经验在许多方面相似，这表明了应激管理的有效性。了解疾病（例如，在治疗进展方面有什么期望，可选择什么样的治疗）和识别潜在应激源（例如，去看医生，更换药物）是应激管理非常重要的第一步。放松和锻炼也会提高适应能力，且慢性疾病患者常常需要学习新技能以有效地将医疗保健持续地融入他们的生活。例如，他们可能需要学会改变饮食习惯和不良作息时间以便为复杂的医学治疗腾出时间（例如，糖尿病患者要在每餐之前注射胰岛素；化疗会在数天或数周内影响人们的正常功能）。健康心理学家帮助患者维持自己作为父母、配偶、同事和朋友的身份，从而把长期的医疗保健融入他们的生活（DiMatteo & Martin，2002）。

健康心理学家在帮助慢性或致命疾病患者感到有力量方面扮演着重要的角色。

激发人们产生对疾病的控制感的行为和想法也很有用。自我效能感和信心会影响健康行为。增加自我效能感和控制感会使患者更好地适应慢性疾病，比如慢性阻塞性肺疾病（Kohler et al.，2002）、镰状细胞病（Edwards et al.，2001）和慢性疼痛（Turner et al.，2007）。因此，能提高人们信心和控制感的治疗措施会有助于人们适应慢性疾病。魔术师约翰逊的例子就说明了从患病经验中发现益处和意义的重要性。健康心理学家可以帮助患者识别他们所患疾病的积极结果和使用自己的经验去帮助别人的积极方法。

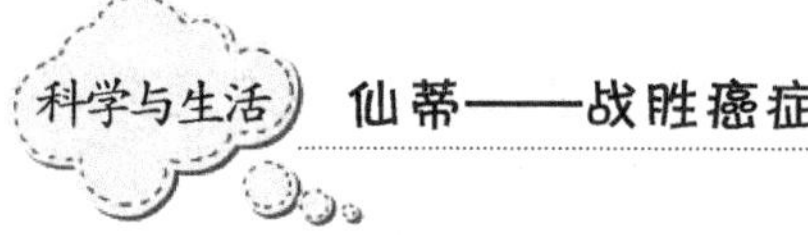

仙蒂——战胜癌症

患者

仙蒂 37 岁，有称心的工作和满意的家庭。她每周锻炼三次。因为她的体重在正常范围内，所以她对自己的饮食并不在意。人们常常跟仙蒂开玩笑说她是一位“没有敌意的 A 型性格者”。

问题

仙蒂 16 岁的时候，她 37 岁的妈妈被诊断为乳腺癌。尽管进行了治疗，她妈妈还是在 10 年后过世了。由于有她母亲的病史在前，仙蒂的医生坚持让她很早就开始做乳房造影检查。仙蒂将这当成例行公事——她坚信妈妈的病不可能发生在她身上。然而现在，37 岁的仙蒂的乳房造影显示有一个可疑的点，之后的活组织切片检查证实——她患了乳腺癌。仙蒂完全不相信这是真的，她感觉自己绝对健康。她怎么会得这种致命的疾病？仙蒂哭了两天，然后，她决定为自己的病做点什么。经朋友帮忙，她找到了最近的一家乳腺癌治疗中心，找到了那里的外科医生并做了肿瘤切除手术。

治疗

手术后，仙蒂有很多选择：放疗、化疗和激素疗法。所有事情发生得都那么快，那么势不可挡。仙蒂不确定该怎么做好，她觉得自己的生活失控了。她的家人虽然给了她情感上的支持，但却不能帮她做决定或制订治疗计划。乳腺癌治疗中心的综合治疗团队中有一位成员是健康心理学家，仙蒂被邀请与她会面。她与仙蒂一起讨论仙蒂的关注和恐惧，并寻找应付这场大病的出路。

这位健康心理学家提了一些建议。首先很清楚的一点是，仙蒂面对困难一直采用的是问题中心的应对策略。因此健康心理学家决定利用这种力量帮仙蒂找到应对她目前应激的更有效的方法。健康心理学家指出，遇到这种事伤心大哭是完全正常的，但对疾病改善却没有多少帮助。她安排仙蒂做一些能增强她应对风格的作业。比如，去调查治疗乳腺癌的各种方法。其次，因为仙蒂是个那么有活力的人，在咨询了她的外科医生之后，健康心理学家建议仙蒂重新开始她的体育锻炼。这不但能降低她的应激水平，还能帮助她储存能量并加速她的术后复原。最后，为了应对仙蒂的失控感，健康心理学家鼓励她恢复工作，先以兼职为主然后再全职。健康心理学家建议仙蒂参加一个乳腺癌支持小组，她参加了一次就不再去了。这个团体虽然很好，但女士们只是用大量的时间谈论乳腺癌，但似乎对做点什么来改善自己的病不太感兴趣。仙蒂选择加入了更“积极的”支持团体，科曼基金会的“防治乳腺癌慈善竞跑”和“坚强活着”基金会。这些组织的理念与她的应对风格很一致。

治疗结果

仙蒂开始认识到即便自己可能无法完全控制自己身体里的癌症，但她依然可以控制自己生活的其他方面。最后，健康心理学家帮助仙蒂将她未来的治疗过程分解成一个个的小步骤。通过专注于这些短期目标，仙蒂感觉对未来的长期治疗更有把握了。仙蒂的家人给了她重要的情感支持，他们鼓励她克服每一个困难并保持癌症不复发。

本章小结

1. 界定健康心理学和健康心理学家的作用。

   健康心理学使用心理学的原理和方法来理解态度和行为对健康和疾病的影响。健康心理学家研究人们怎样形成积极和消极的健康习惯（如锻炼、饮食、吸烟等），应激和健康有何关系，哪些心理因素会影响疾病的发生和治疗。

2. 描述心身二元论及其对健康心理学的意义。

   心身二元论认为心理和身体在功能上彼此独立。但当前的实证研究并不支持这一观点，而是证明了心理和社会因素对健康和身体功能有重要影响。

3. 界定应激的概念并描述如何测量应激。

   应激由人和事件之间的相互作用决定，分为急性

(短期)应激和慢性(长期)应激,可由日常小困扰或重大生活事件引起。应激可在实验室测量,以评估其对生理、神经内分泌和心理反应的影响;或使用问卷调查法,通过询问人们经历的重大事件和日常小困扰来测量。

4. 描述应激对健康和免疫系统的影响。

应激与一些日益增长的不健康行为有关:更高的事故率、更频繁的焦虑和抑郁以及较差的免疫功能(如疾病抵抗力降低)。影响应激对健康作用的因素包括人格类型(如A型行为模式)、经济资源和社会支持。

5. 认识影响健康的一系列行为,以及健康心理学家如何帮助人们通过改变行为来维持健康。

对健康有重要影响的行为包括饮食、睡眠、运动、饮酒、吸烟、太阳照射水平和高危性行为。受教育程度低和收入较低的人,以及那些患有抑郁和焦虑的人,都有着较差的健康习惯。健康心理学家会帮助人们养成健康的饮食和运动模式,以及减少像吸烟那样的有害行为。

6. 识别影响适应慢性疾病的因素以及促进这种适应和提高慢性疾病患者生活质量的策略。

患如HIV/AIDS和癌症这样严重疾病的患者常会伴随有焦虑和抑郁。负性信念、缺乏社会支持和应激增加等因素会加速病症的发展。许多心理、环境和文化因素也会影响人们对疼痛的感知。健康心理学家的工作就是帮助人们改变行为、态度或者信念,以促进身体健康和人们对疾病的适应。减少应激和应对慢性疾病的策略包括放松、改变行为和改变思维方式等方法。

第15章

变态心理学：法律和伦理问题

学习目标

阅读本章后，你应该可以做到：

1. 理解与心理学实践有关的法律、伦理和职业问题。
2. 讨论去机构化的利弊。
3. 理解刑事委托和民事委托的区别。
4. 识别精神科服务中非自愿委托的原因。
5. 描述对研究参与者权利发展至关重要的文件。
6. 给出为何某些文化群体不愿参与研究的原因。

2000年4月，一个小女孩死于"重生"疗法过程，科罗拉多州的治疗师朱莉·庞德（Julie Ponder）和科尼尔·怀特金斯（Connell Watkins）被判虐待儿童罪，刑期16年。在此项"重生"治疗过程中，10岁的坎黛丝·纽马克（Candace Newmaker）被一条毯子紧紧裹住，并被枕头挤压，试图重新体验出生的过程。怀特金斯并没有关于治疗的登记注册和许可执照，便在自己家中进行了此次治疗。在法庭上，陪审团从录像上看到并听到坎黛丝在棉布"子宫"里求救。《丹佛落基山新闻》发表了录像对话的节选，提供了坎黛丝生命最后的第一手资料。在70分钟的录像上，坎黛丝祈求治疗师们放开她，让她呼吸。坎黛丝曾一度哭着请求放了她，这时4个成年人则对这小女孩压得更紧，他们把自己的全部重量压在了一个70磅（32千克）的4年级学生身上。以下是录像对话节选：

坎黛丝·纽马克：我受不了了。（尖叫）我会死的。

朱莉·庞德：你想重生还是想待在那儿死掉？

坎黛丝·纽马克：求你们不要再压我了……我现在就要死了。

朱莉·庞德：你想死吗？

坎黛丝·纽马克：不，但是快了……求求你们了。我不能呼吸了……

坎黛丝·纽马克：你们能让我呼吸吗？你们的意思是要我真的死？

朱莉·庞德：啊哈。

坎黛丝·纽马克：现在就死上天堂吗？

朱莉·庞德：继续，现在就死。真正的，真正的。

坎黛丝·纽马克：放开。我不行了。放开。我应该从哪里出来？哪里？我怎样才能到那里？

科尼尔·怀特金斯：只要死去就行，这很容易……出生需要很多勇气。

坎黛丝·纽马克：你是说你会给我氧气。

科尼尔·怀特金斯：你得自己争取（坎黛丝呕吐和排便）

科尼尔·怀特金斯：在你的大便和呕吐物里待着。

坎黛丝·纽马克：救命！我不能呼吸了。我不能呼吸了。好热。我不能呼吸了……

科尼尔·怀特金斯：把那里弄紧。

朱莉·庞德：是的……空气越来越少。

朱莉·庞德：她被自己吐的和拉的困住了。

科尼尔·怀特金斯：啊哈。这是她的命。她是个退出者。

坎黛丝·纽马克：不要……（这是坎黛丝最后一句话。）

这女人的律师尝试使陪审团相信坎黛丝是有严重问题的女孩，她说不能呼吸是撒谎。怀特金斯在给她的支持者的一条信息里说“说不清这个10岁女孩怎么就停止了呼吸”。裁决一天后，科罗拉多成为裁定重生疗法非法的第一个州。这个法庭判例并未强调在科罗拉多进行心理治疗实践不需要执照的问题。

资料来源：Radford, B. [managing editor]. *Skeptical Inquirer*. Copyright © 2001 by the Committee for the Scientific Investigation of Claims of the Paranormal.

坎黛丝·纽马克的悲剧为我们展示了未经训练（或训练不足）的治疗师应用不科学的治疗方式所产生的后果。当然，这是一个非常戏剧性的例子，但是每天都有治疗师在使用未经检验或未确定效果的治疗方法。为什么这些治疗师会用这么危险的程序？他们应用这些危险的和未经测试的治疗方式有很多原因。这些原因包括：缺乏临床经验、不能恰当评估支持性研究以及基于相关性而不是因果性结论的疗效认识错误（Doust & Del Mar，2004）。一些治疗专家不同意单凭实证数据就确定一种疗法是否有效，他们宣称“临床经验”（clinical expertise）同样重要（American Psychological Association Task Force on Evidence-Based Practice，2005）。然而，从我们这本书使用的科学家－实践者的观点来说，临床经验是不能代替从对照良好、内外部效度均良好的实证研究获得的数据的。

在本章我们将考察和理解异常行为及其治疗有关的法律、伦理和职业问题。为什么我们要把这些问题放在这本变态心理学书里呢？非常简单，在提供临床服务或进行研究时，心理学家对患者、被试以及社会是负有义务的。对于寻求治疗的人，心理学家有责任在他们的专业领域执业；使用不会对人有害的治疗方法（最好要有强有力的科学依据）；不会做任何损害患者健康和安全的事情。而且，患者有权选择是否参与治疗，选择治疗的类型（药物的、心理的）以及他们参与的治疗将被保密。在一项研究中，参与者有权知道所有的研究要求，并有权拒绝参加。他们参与的项目必须是明确涉及他们更多的利益而不是更多的风险，他们的权利和尊严必须得到尊重。

在社会中，我们有时会做出保护公众不受潜在伤害的决定，这种保护要比治疗中的个体权利或研究者的科研需要更重要。为了保护公众，如果一个患者威胁他人的人身安全，心理学家有告知相应第三方的责任。有时法院判决强迫因犯罪而被捕的患有精神疾病的罪犯必须针对其状况接受药物治疗。在这些情况下，个人的基本权利如保密权和拒绝治疗的权利为了保护社会公众就不得不做出妥协。在下一节中，我们将考察社会法律和心理学家提供临床服务时的伦理义务。

法律、伦理和治疗问题

许多法律规范了日常活动，如驾驶汽车、购物、酒精消费、投票和结婚。其他法律则严格禁止某些行为，如醉酒驾驶、闯入民宅和袭击。还有一些法律规范各行各业的实践，如心理学，会保护弱势人群免受不合格从业人员的伤害。

和法律相比，**伦理**（ethics）是被大众接受的价值观，它为人们做出合理道德判断作指导（Bersoff，2003）。包括家庭、宗教、院校和专业组织等在内的群体均推出各自伦理以指导其成员的行为。在心理学上，美国心理学协会的伦理规范引导大多数心理学家的行为。该伦理规范包括5个核心价值：善行和无伤害、忠诚和责任、正直、正义、尊重人的权利与尊严（American Psychological Association，2002；见表15-1）。

表 15-1　与心理学科学与实践相关的五个理想目标

理想目标	定义
善行和无伤害	心理学家的工作要有利于他们的患者并保持谨慎不做伤害他们的事
忠诚和责任	心理学家要寻求建立信任关系并意识到他们对患者、同事和社会的责任
正直	心理学家在他们的科研、教学和实践中要发扬诚实和真诚的品质
正义	心理学家要公平和平等地对待所有人。每个人有获得心理学家贡献和服务的平等机会
尊重人的权利与尊严	心理学家承认每个人的价值并维护每个人的隐私、保密和自我决断的权利

资料来源：copyright © 2002 American Psychological Association. http://www.apa.org/ethics/code2002.html#general, retrieved May 26, 2011.

当心理学家加入一个专业组织，如美国心理学协会或者心理科学协会，他们就需同意在与该协会的伦理规范相一致的情况下来行事，如果不这样做就会被协会开除。阅读下文，并找出史密斯违背了哪些伦理原则。

> 史密斯博士在进行一项心理疗法的研究。他招募自己的学生参加该研究项目，并承诺给这些学生加学分。他向学生保证他们在研究中的任何信息都是保密的。看完研究录像带之后他认为学生们的反应是“典型”反应，于是他决定将录像带用在下个月他做的一个专业工作坊上。

史密斯博士违反了正直这一理想目标（在如何使用录像带上他是不诚实的）。他也违反了理想目标中的尊重人的权利与尊严这一项，因为在没有这些学生许可的情况下在工作坊展示录像带，这侵犯了学生们的保密权利。

其他对专业实践的指导来自各州的法律。每个州都有一个执照委员会设置心理学从业标准。当心理学家申请执照时，他们必须同意遵守该州的伦理规范（和许多专业团体一样）以及该州的法律和法规。如果他们不这样做，各州可以吊销其执照，导致他们无法执业。执照相关法律和伦理规范都倡导积极的行为，绝大多数心理学家都能遵守这两套标准。

即使当这些伦理标准均被小心遵守的时候，心理学家和社会依然难以给心理障碍患者提供最优化的治疗。纵观历史，受人青睐的治疗方法有过许多次变化。最引人注目的变化之一是对于患者机构化需要的观点变化。目前，我们处在一个去机构化的阶段。

去机构化

从希波克拉底时代开始，医生都主张把患者从社会隔离，让他们住进一个提供给他们人性化处置的环境里（见第 1 章）。这个观点启发了 19 世纪的“人性化运动”，主张把精神疾病患者从社区搬到类似医院或居住性设施的地方，在那里他们可以得到适当和充分的照顾。然而许多这样的医院或住所后来被证明是不够的甚至是有害的，20 世纪兴起一个运动认为应让患者离开这些机构回归社区。在那个时候，这种观点认为患者所需的照顾应在更小和更像家的环境里提供，在那里患者可受到更少的束缚。

将患者约束在医院里是很常见的做法，因为直到 20 世纪 60 年代有效控制攻击行为的治疗都还很少，这使得机构化成为保护公众最简单的方法。将精神分裂症患者和心境障碍患者机构化也很常见，因为当时尚未发现对严重心理疾病的有效药物。在美国，州立医院从 19 世纪初开始接待越来越多的心理障碍患者，患者数量在 1955 年达到高峰。当时，医院的精神治疗机构有 559 000 个床位，机构化（institutionalization）是心理治疗的最常见的形式（Talbott，1979/2004）。然而，到 20 世纪中叶，这些机构设置被认为不人道。医院人手严重不足，治疗主要依靠药物——如果有的话也很少，而且患者很少出院。可用的心理社会治疗很少，大部分患者通过躺在床上或看电视度日。让这些机构的患者出院使他们能够在社区获得更好的照顾被认为是更人性的选择。

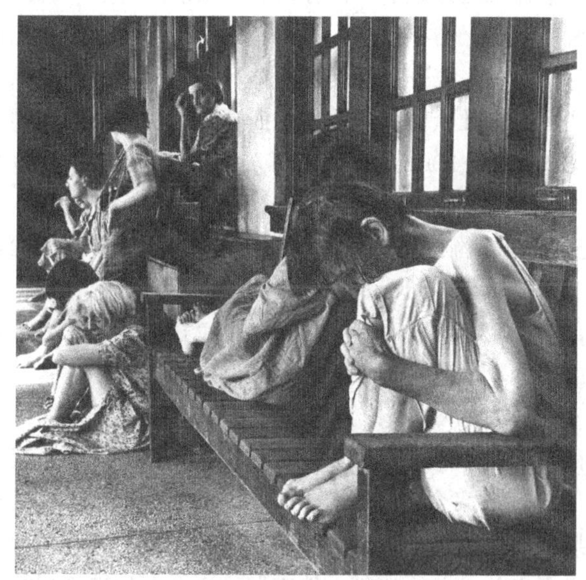

直到 20 世纪 60 年代末，患心理障碍的人都住在有约束设施的医院里，很多人只是被关起来而没有得到治疗。那时候有效的心理治疗或药物治疗很少。

在教养院，心理障碍患者可以生活在一个较少约束的环境里并可以学习在社区生活所必需的技能。

从20世纪60年代开始，有效的治疗药物开始面世，可选的治疗手段也显著增多。许多精神卫生专业人员和其他业外人士相信，随着药物治疗的进步，如果有适当的药物治疗和社区支持，那些严重的心理障碍患者能够在这些机构设置之外生活。所以**去机构化**（deinstitutionalization）的过程开始了，即将住院患者从医院转移到社区治疗环境。去机构化的支持者认为，社区照顾比机构化照顾更好、更便宜，尤其是当药物治疗成为治疗不可或缺的一部分之后。虽然药物并非总是能有效“治愈”精神疾病，但它们可以控制严重的紊乱行为，使一些人离开上锁的病房并可以贡献社会。如果只从住院患者数量总体减少这方面看，去机构化的运动是非常成功的。2000年，美国州立精神病医院可用床位只有59 403个（Lamb & Weinberger，2005），在过去的30年里减少了约90%。在2001年的另一个同样去机构化的努力是迫使各州为智障人士提供可供选择的社区，因为他们在精神病院和州立学校的持续机构化被视为不正义的，是一种歧视（Lakin et al.，2004）。

回首过去50年，去机构化减少了州立精神病医院里的非自愿住院患者的人数，但是，早在1979年就有社区护理方案会失败的征兆（Talbott，1979/2004）。在此期间，因精神疾病而住院的总人数下降了，但精神疾病患者在州和联邦监狱、地方监狱以及其他看守机构的人数却显著增加了（Lamb & Weinberger，2005）。这些数据显示去机构化运动并未达到其最初目标，即让那些心理障碍者重回社区。

去机构化运动为什么会失败？也许最重要的原因是，许多患者出院后，没有得到他们所需的门诊服务和指导。许多门诊服务是各州资助的，人手不足，无法提供严重和慢性患者所需的治疗。此外，现有的工作人员所受的处理严重心理障碍患者的训练常常是不够的。例如，精神分裂症患者如果没有保持和诊所的约定并停止服药，他们的精神病症状会再度出现。如果没有继续治疗，他们的精神状态会恶化，许多患者就成了自己和社会的危害，要再次被迫离开社区，有时是去监狱。

对去机构化患者缺乏适当的后续护理说明了去机构化过程的基本缺陷，它涉及的远不止打开医院大门让患者离开这么简单。出院的病人在社区中必须有适当的住所、获得心理学的支持并容易获取精神卫生方面的服务。此外，大多数患者已经失业多年，所以他们需要职业咨询和职业康复服务来帮助他们重返职场。许多心理障碍患者从医院出来后很快就成为无家可归的人。这些去机构化产生的额外消极后果在许多城市成了重大的社会问题。

当心理障碍患者从机构中出来后如果不给予恰当的社会支持，他们可能很难适应日常生活的需求。很多人最终无家可归。

伦理与责任

去机构化的最大负面影响之一是许多有心理障碍的人最后住在城市的街道上。尽管心理障碍患者相比犯罪者更容易成为暴力的受害者（Brekke et al.，2001），但他们不整洁的外观和活跃的精神病性症状会造成了社区居民的担心甚至有时是恐惧（Talbott，1979/2004）。针对这一特殊群体的研究发现，32.7% ~ 73% 的无家可归者有心理障碍（Cougnard et al.，2006；Langle et al.，2005；Mojtabai，2005），这一比率高于总人口的比率（15.7%；Cougnard et al.，2006）。

精神分裂症患者无家可归的风险特别高。一旦离开机构化环境，精神分裂症患者经常停止服药，他们的症状将复发（见第 10 章）。在患有严重精神疾病的患者接受治疗的大型公共精神卫生系统中，15% 的人无家可归，包括 20% 的精神分裂症患者，17% 的双相障碍及 9% 的抑郁症（Folsom et al.，2005）。高风险无家可归的人包括年轻的、男性、白人或非裔美籍人。无家可归的人也更可能患上物质使用障碍。

严重精神疾病患者的无家可归是一个国际化问题。在某些国家的农村，有 7.8% 的精神分裂症患者在 10 年里的某个时候无家可归（Ran et al.，2006）。最有可能成为无家可归的人住破烂的或不结实的房屋、有精神分裂症的家族史、无收入以及未婚。在法国精神分裂症患者中，那些最可能无家可归的大多是男性、单身、滥用药物并有更频繁的住院史（Cougnard et al.，2006）。无论哪种文化，社会支持贫乏和物质使用增加了精神疾病患者无家可归的可能性。

如果我们把去机构化视为一个过程而不是一个单一事件，那么似乎有心理障碍的无家可归者并不是去机构化本身的问题，而是该进程的实现方式。成功的去机构化并不仅仅需要后续的门诊护理，还需要考虑到患者独立生存所需的技能和资源（Lamb & Bachrrach，2001）。当做不到这些时，刚出院的病人可能还是需要暂时回到封闭机构或结构化的机构（含监狱）和 / 或再次入院治疗（Lamb & Weinberger，2005）。尽管有完备的社区治疗计划，患者的适应也是困难的。在一个抽样调查中，只有 33% 的新出院患者在社区生活稳定而不需要再次入院（Lamb & Weinberger）。显然，那些为严重精神疾病患者服务的医生须有能力识别哪些患者需要哪些资源以使他们能成功地从医院过渡到社区。当这些心理障碍患者不能够在社区照顾自己时或者对自己或他人可能造成危险时，他们可能被迫地被机构化，这个过程被叫作民事委托。

民事委托

> 米格尔被救护车送到了精神科急诊。他的房东报的警，因为有烟从米格尔的公寓门内冒了出来。当警察最终破门而入时，他们发现米格尔在焚烧家具。他解释说大约一个月前，他对自己的同事产生了怀疑，害怕他们能看穿自己的心思，于是他辞了工作。由于没有任何收入来源，他无法支付电力公司的账单，于是电力公司停止对米格尔供热。为了取暖，他在壁炉里焚烧家具，由此对楼里住的每个人都造成了重大的火灾危险。

米格尔的行为（在壁炉中点燃家具）对自己和其他居住在大楼里的人构成了危险。**民事委托**（civil commitment）是州启动的程序，它强迫治疗那些被判定为有精神疾病的，并对本人（包括无法照顾自己）或他人构成危险的（Appelbaum，2006），同时又拒绝接受自愿治疗的患者。20 世纪初，民事委托通常意味着住院治疗，现在它有时仍然如此。然而，随着去机构化运动的进行，现在已经转变为门诊委托。**门诊委托**（outpatient commitment）定义为“来自法庭的命令以指示严重心理疾病患者配合对其进行的专门个体化的门诊治疗计划。该计划的设计是为了防止其病情复发和恶化。适用于这种干预的人是那些不能或不愿进行不间断的及自愿的门诊护理但又需要这样做的病情严重患者”（Lamb & Weinberger，2005，p.530）。门诊委托比自愿治疗更有强制性，但小于住院治疗的强制性（Swartz & Monahan，2001），因为接受门诊委托的人生活在社区中，并仍然可以继续获得社会支持。

在某些情况下，门诊委托是患者出院的条件。门诊委托也是对于那些目前在社区但病情恶化的患者除住院之外的替代选择。门诊委托可用于预防最可能心理恶化并需要住院的患者情况（Monahan et al.，2001）。关于门诊委托是否产生了积极的治疗效果目前仍存在争议（Steadman et al.，2001；Swartz et al.，2001；Zanni & Stavis，2007），但当治疗是持续（委托持续 6 个月以上）和加强（约一个月 7 次门诊治疗）的情况下，患者病情会有很大改善。随着门诊委托的启动，住院数减少了（Swartz et al.，1999；Zanni & Stavis，2007）。

然而，门诊委托是一个很有争议的问题（Monahan et al.，2001；Petrila et al.2003）。美国精神病学协会认为门诊委托是“加强旨在促进严重慢性心理疾病患者配合治疗、减少其再住院率、减少其暴力行为的门诊服务的全面规划的有效工具”（Gerbasi et al.，2000）。然而，一些公众、精神卫生法的倡导者和临床医生反对任何类型的强制治疗，认为这是侵犯公民的自由，是社会控制的延伸，是精神疾病治疗的异化（Swartz & Monahan，2001）。在某些情况下，只有他们同意参与治疗，患者才可能享受社会权利（福利和住房补贴）。在其他情况下，患者必须同意门诊委托，以避免更严厉的限制（监狱、住院治疗）。正如我们已经指出的，强迫别人参与治疗引起了许多的伦理问题（Monahan et al.，2001）。然而，在诸如米格尔那样的情况下，他拒绝治疗的权利使他的行动（在他的壁炉燃烧家具）给公众（在楼里的其他人）带来了危险。

米格尔入院就医已有一周时间了，这段时间他否认自己存在幻觉或妄想。他出院后进入一家教养院，而教养院的工作人员能够监督他是否遵从药物治疗的要求。为了确保他继续配合治疗的各方面，米格尔是受门诊民事委托的约束的。

刑事委托

民事委托是针对那些对自己或他人构成危险的行为，而**刑事委托**（criminal commitment）是针对构成犯罪的心理障碍患者的行为。在法庭内，那些触犯刑法的人可能被判因精神错乱而无罪、有罪但患有精神疾病，或无受审能力。这种法庭判例往往为大众所熟知，如詹姆斯·伊甘·霍尔姆斯和安德瑞亚·耶茨案件。尽管有很多媒体报道，但人们对精神错乱辩护（insanity defense）还是有很多误解。

1. 精神疾病与精神错乱

约翰·欣克利在1981年的3月30日试图暗杀里根总统，欣克利迷上了女演员朱迪·福斯特并对其进行了几次盯梢，他使用大量方法企图赢得该演员的注意，包括试图暗杀总统。欣克利宣称自己多次看过电影《出租车司机》，在该影片里一个心理失常的男性策划暗杀总统候选人。欣克利枪击并重伤了里根总统、他的新闻秘书詹姆斯·布兰迪、一名警察和一名特勤局特工。陪审团判决欣克利因精神错乱而无罪。在过去的30年里，欣克利因抑郁和精神病而在华盛顿的圣伊丽莎白医院被限制治疗。自2009年以来，他已能在每次看望父母时住上几日。

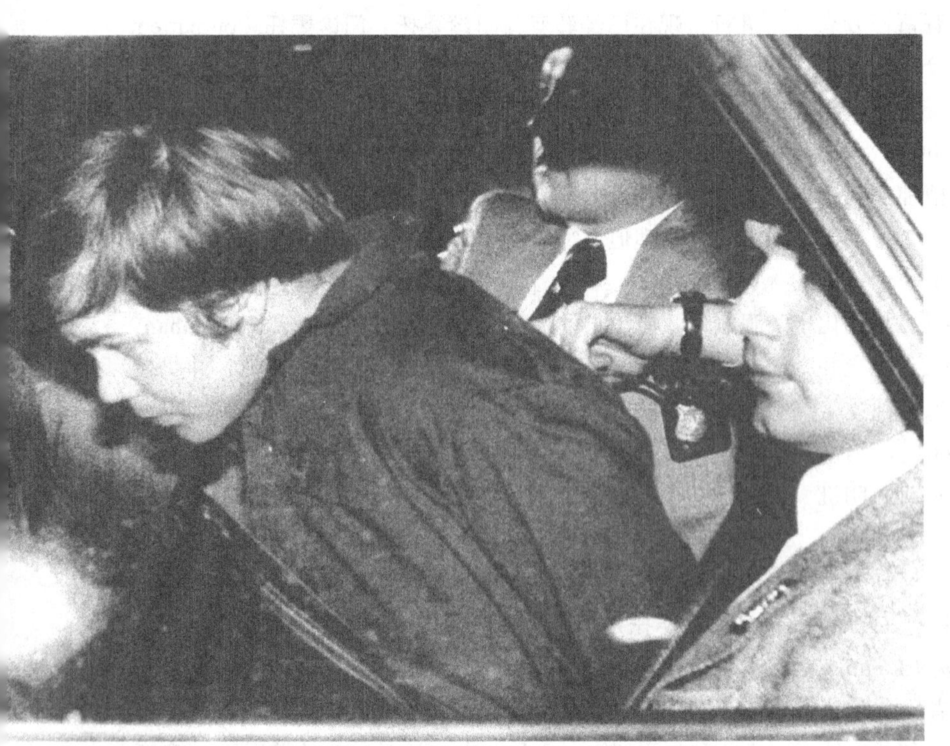

约翰·欣克利曾尝试刺杀里根总统，被判因精神错乱而无罪。他现在仍被收容在精神病医院。

对于被发现犯了罪的人，国家必须证明被告人有非法行为和犯罪意图（Borum & Fulero，1999）。**因精神错乱而无罪**（not guilty by reason of insanity，NGRI）是指犯罪者由于其心理障碍而无法理解其行为的严重性和非法性而被判无罪的法律判断。因此，他们被认为不存在犯罪意图。比如，安德瑞亚·耶茨最初被判谋杀了她的5个孩子，但在第二次审判中，她被判NGRI。陪审团发现因为她的心理疾病使她无法理解自己的行为。不是每个州都允许NGRI辩护。从历史上看，医疗专业人员对心理障碍的犯罪者是否应承担责任早已存在分歧。

> 查尔斯·古提奥在 1881 年开枪射击总统詹姆斯·加菲尔德。加菲尔德直到 80 天以后才死于感染而非枪击。古提奥表现出妄想症状，尽管有一些医疗专业人士的抗议，他还是被判有罪并执行死刑。对他的解剖学检查显示他患有慢性脑炎，其他症状与神经性梅毒诊断一致，这是一种神经心理障碍（Paulson，2006）。

明白“精神错乱”是一个法律术语而不是一种心理障碍是很重要的。由于法律诉讼，需要决定一个人是不是精神错乱的。各州对如何做出该决定是不一样的。但在大多数情况下，它是基于两个精神错乱的条例之一（Borum & Fulero，1999）。首先是**麦纳顿规则**（M’Naghten Rule），制定于 1843 年的英格兰。

> 丹尼尔·麦克·纳顿，可能是由于偏执型精神分裂症的原因，一直认为英国保守党在迫害他，他计划杀掉英国首相，但却杀死了首相的秘书。

他犯了罪，但法院裁定他不为自己的行为负责任，如果①他不知道他在做什么，或②他不知道他的行为是错误的。

当初制定的麦纳顿规则的标准在如今已经有了一些变化。1929 年，哥伦比亚特区增加了“不可抗拒的冲动”测试，允许考虑被告是否处于“有病的精神状态”，该状态不允许其抵抗不可抗拒的冲动，承认关于意志（自由选择或控制行为的能力）的看法。在 1954 年该标准又一次发生改变，美国联邦上诉法院的一个法官制订了《达赫姆条例》（*Durham Rule*），它认为如果被告的非法行为是其精神疾病的结果，其非法行为不负刑事责任（Lehman & Phelps，2004）。因为这个条例，法院判决决定于专家证人的证词，如果专家证人说被告有精神疾病，法院没有别的选择只好裁定被告不负刑事责任。因此，《达赫姆条例》被抛弃了，取而代之的是由美国法学会（American Law Institute，ALI）《模范刑法典》的定义（American Law Institute，1962）。它认为如果一个人的心理障碍致使其无法鉴别自己的不法行为，或者此人不能使其行为符合法律要求（即无法控制他的行为），此人将不负刑事责任。

最后，1984 年的《精神错乱辩护改革法》（*Insanity Defense Reform Act*）认为由于精神疾病，被告没有鉴别行为本质或行为不法性的能力。相比于仅仅建立在认知的标准上（此人是否理解他或她的行动并知道它们是错的？）的麦克·纳顿测试，新的标准考虑到了人的认知或意志因素（Borum & Fulero，1999）。

非法行为和犯罪是不同的。要判定为犯罪，一个人必须具备犯意（mens rea），这是拉丁语犯罪心理或犯罪意图的意思。被视为犯罪，犯罪者必须实施了非法行为并有犯罪意图。在许多情况下，有心理障碍的人缺乏他们被指控的犯罪意图。

> 艾瑞克·克拉克多年来一直行为古怪，认为美国亚利桑那州的 Flagstaff 这个地方密集居住着充满敌意的外星人，他睡觉时被渔线做成的防贼盗铃和风琴所包围以提醒自己保持警觉。他认为警察也是外星人，当驱车经过社区停下来时，他射杀了一名当地的警官（Appelbaum，2006）。

克拉克的律师辩称他没有犯意，因为他的妄想干扰了他认识受害者是一名警察而不是敌对的外星人的能力。不幸的是，亚利桑那州不允许陪审团考虑犯罪意图时把精神疾病考虑进来。由于不能因为心理障碍而免除刑责，克拉克被定罪并判处 25 年徒刑。

克拉克无法使用精神错乱为其辩护，是比大多数人认为的还要更常见的情况。在许多关于 NGRI 辩护请求的错误理解中，最常见的是过度使用（Borurn & Fulero，1999）。事实上，只有不到 1% 的重罪案件使用过 NGRI，而使用 NGRI 时的成功率仅有 15% ~ 25%。这意味着很少有人能成功地使用精神错乱来进行辩护（见“真实病例：肯尼斯·比安奇、帕蒂·赫斯特和马丁·奥恩博士”）。

另一种常见的误解是那些作为 NGRI 无罪释放的人重获了自由。事实上，大多数作为 NGRI 无罪释放的人会长时间住院，有时甚至比其若被判有罪时所判刑期更长，如约翰·欣克利案。最后，NGRI 辩护不仅限于谋杀案件，尽管舆论不这样认为，但相比那些已经被定罪的重犯，因 NGRI 辩护无罪释放的人重新被捕的情况并不多（Pasewark et al.，1982；Steadman & Braff，1983）。

真实病例 肯尼斯·比安奇、帕蒂·赫斯特和马丁·奥恩博士

在1977年10月和1978年2月，发现10名妇女经受折磨后被勒死并被丢弃在洛杉矶周围的山坡上，从而使罪犯得到了“山坡扼杀者”的名号。警方最终逮捕了表兄弟肯尼思·比安奇和安吉洛·邦龙，他们共同犯下了此罪行。被捕后，比安奇声称他有多重人格（multiple personality disorder，MPD，现在更名为DID，解离性身份障碍；见第5章）并且精神错乱。两位该障碍专家检查了比安奇，得出了他存在第二个人格史蒂夫的结论。两位专家一致同意比安奇精神错乱，即使有多重人格的人通常至少有三个不同的人格而比安奇没有。

马丁·奥恩（Martin Orne）博士是一位杰出的科学家（1927—2000），他指导了心理学许多不同领域的研究，包括催眠、记忆力和测谎。正因为他是记忆力和测谎基础研究的专家，奥恩博士已制定程序以确定人们是否伪造诊断或假装被催眠。

控方要求奥恩博士对比安奇进行额外检查。奥恩博士首先与他讨论了多重人格障碍，比安奇告诉奥恩博士关于史蒂夫的情况。奥恩博士告诉比安奇，有MPD的人大多数至少有三个人格，很少有只有两个人格的人。然后奥恩博士催眠比安奇，比安奇突然出现了一个叫比尔的第三个人格。法庭上作证时，奥恩博士首先声明他并不比其他医生高明，但他指出因为催眠前暗示，比安奇伪造了第三个人格。奥恩博士还指出了比安奇伪造MPD的另一条线索。奥恩博士在对比安奇先生进行初步检查时，要求他在催眠状态下想象他的律师坐在房间里——比安奇真的站了起来，在整个房间里走来走去，与想象中的律师握手，并坚持奥恩也看到了律师。奥恩博士作证，除非催眠师告诉被催眠者，否则深度催眠状态下的人是不会走出自己的座位，并试图摇某人的手的，而奥恩博士并没有让比安奇这样做。此外，深度催眠的人不强求别人也看到相同的景象。后来警方发现在比安奇的家里有许多书籍，包括心理学、诊断测试、催眠和刑法等方面，这表明他可能学习了如何使自己表现得像“精神错乱”那样。

比安奇

奥恩

奥恩博士并不总是控方证人。在1976年，帕特里夏·赫斯特（被美国激进组织共生解放军绑架的女继承人）被控参与抢劫银行而逮捕受审。赫斯特的律师说，她遭受的绑架和折磨导致了她的异常行为，而控方认为从赫斯特在抢劫时的表现看（她随随便便拿着枪），表明她在自由支配自己的意志。虽然最初她被认为是伪装的，奥恩博士进行了无数次的试验给她很多机会去夸大或编造故事。但是与比安奇相比，赫斯特女士从未利用任何线索。根据奥恩博士的说法是“确实，她就是没撒谎”（Woo，2000）。总之，奥恩博士是一位科学家－实践者，他在实验室环境中开发了科学的方法，然后应用于临床和法律环境。他的工作体现了心理学的科学家－实践者模式。

重要的是要记住NGRI是积极抗辩。如果成功了，犯罪的人不是受刑事指控，而是进入有关人身限制的民事诉讼程序（Borum & Fulero，1999）。这意味着这类人可以不去监狱但需要去具有相应设施的医院接受治疗。相反，当一个人被发现是**有罪但患有精神疾病**（guilty but mentally ill，GBMI）或“有病非罪”（guilty except insane），这个人被视为刑事有罪并受到刑事处罚，如被监禁在监狱中。“但患有精神疾病”承认了犯罪时心理障碍的存在，但不改变其刑事责任。虽然GBMI的支持者希望这将解除一些市民有关NGRI的忧虑，但事实并非如此。具体来说，GBMI没有减少因NGRI而无罪释放的人数（也许是因为这个数字本身就不大）。精神卫生专业人士更关心的是，GBMI不能保证被告人在监狱里得到应有治疗（Borum & Fulero）。

2. 看守所和监狱里的心理健康问题

如前所述，去结构化的不幸后果之一是许多心理障碍患者往往最终的结果是在看守所或监狱里。监禁他们的原因有很多，但可能包括能力减弱、判断力差以及物

质使用障碍导致支持其成瘾行为的犯罪活动，对他们的指控通常是流浪或非法入侵。在看守所和监狱中的心理障碍患者很多，其人数因年龄、性别和种族而有所变化（见表 15-2）。

表 15-2　有心理健康问题的看守所和监狱囚犯

特征	占囚犯百分比（%）		
	州立监狱	联邦监狱	当地看守所
所有囚犯	56.2	44.8	64.2
性别			
男	55.0	43.6	62.8
女	73.1	61.2	75.4
种族			
白人，非西班牙裔	62.2	49.6	71.2
黑人，非西班牙裔	54.7	45.9	63.4
西班牙裔	46.3	36.8	50.7
其他	61.9	50.3	69.5
年龄			
24 岁及以下	62.6	57.8	70.3
25 ~ 34 岁	57.9	48.2	64.8
35 ~ 44 岁	55.9	40.1	62.0
45 ~ 54 岁	51.3	41.6	52.5
55 岁及以上	39.6	36.1	52.4

资料来源：James, D. J., & Glaze, L. E. (2006). Mental health problems of prison and jail inmates. *Bureau of Justice Statistics Special Report*. Washington, DC: Office of Justice Programs, U.S. Department of Justice.

尽管大量的犯人正在罹患心理障碍，但他们可能得不到他们所需要的治疗。在其他情况下，心理障碍患者甚至因没有能力帮自己辩护而深受伤害。这被认为是无受审能力，我们下面就来介绍它。

3. 无受审能力

2002 年 6 月 5 日，14 岁的伊丽莎白在自己的卧室被绑架。9 个月后在离家不远的地方被活着找到。这段时间她与两个成年无家可归者待在一起，米切尔和万达。据说他们拐走伊丽莎白是为了让伊丽莎白做米切尔的第二任妻子。在米切尔被捕后，一项心理能力评估显示其患有妄想性障碍。尽管他理解对他的指控，可他因存在能力受损问题而无法：①向律师揭示相关事实、事件和心理状态，对法律策略与选项做理性选择；②表现恰当的出庭行为；③得要领地作证。出庭期间，米切尔一出现就开始唱歌，后来不得不被强制退出法庭。他的异常行为妨碍了他与律师的关系，也妨碍了他参与对其审判的过程。2005 年 7 月 26 日，法庭认为他无受审能力，并委托犹他州人道服务部的执行官监管对他的治疗，以帮助他恢复能力。

法庭最初判定米切尔对伊丽莎白的绑架和非法监禁无受审能力，后来的法官裁决他是装病并判他有罪。

2010 年 3 月，一位联邦法官裁定米切尔是伪装的精神疾病，并于 2010 年 11 月 1 日开始审理他的案件。然而，因为米切尔出庭时唱赞美诗的行为扰乱了法庭审理程序，他只能在拘留室里在视频中观看对他的审讯。2010 年 12 月，法庭认定米切尔绑架伊丽莎白罪名成立。当判决宣布时，米切尔大声唱道："他死了，伟大的救世主死了。"

当被告人的功能损害致使他不能为自己辩护时，该被告人被认为无受审能力（incompetent to stand trial）。在美国的司法体制下，为了使被告人得到公正的审判，被控人需对司法程序有理性真实的认识，以及能够咨询他的律师并配合辩护是非常必要的。对无受审能力的测定是受过专门训练的心理卫生专业人士对该人能否配合辩护进行评估的结果。虽然只有很少的实证数据，在一项研究被评估的人中有 77.5% 被确定为无受审能力（Stafford &

Wygant，2005）。确定为无能力受审的人比有能力受审的人更有可能得到一个精神病的诊断。精神科治疗使47%最初被确定为没有能力受审的人得到了恢复，使他们在以后可以有受审的能力。然而，药物治疗只是让他们的非法行为能受到审判，而行为时他们可能没有犯罪意图，这引发了很严重的伦理问题。

4. 拒绝药物/治疗的权利

当面对严重的、致残的或绝症的时候，人们通常会选择接受治疗。有时，由于治疗产生的严重副作用或者治疗不能改善他们的生活质量，患者则拒绝治疗。美国的法律承认拒绝治疗的权利，并尊重有能力个体的意愿。预先医疗指示（advance medical directive，一份预先记录了患者愿意接受哪种治疗及不愿接受哪种治疗的文件）的应用允许家庭成员或其他人按照患者的意愿行事。在一些州，预先医疗指示也应用于精神疾病患者的治疗。但是，这个权利也适用于那些犯了罪却无能力受审的心理障碍者吗？

赛尔博士被指控犯有医疗补助计划诈骗罪和邮件欺诈，他在保险索赔中提交伪造证明。赛尔20年之久的行为异常是从他认为某党污染了他用来镶牙的金子这件事开始的。多年来，他承受着各种不同的精神病性症状。他偶尔被抗精神病药物治疗但他私自停药。他一直有幻觉和妄想，他曾告诉警察："上帝告诉我，我每杀一个FBI特工就有一个灵魂被拯救"（Appelbaum，2003）。1999年，赛尔做了检查并被判精神上无受审能力。他被安排入院治疗以判定他是否能恢复能力。两个月后，医疗人员劝他服用抗精神病类药物被他拒绝了，医疗人员申请法庭允许对他进行非自愿用药（Annas，2004）。2005年，赛尔对于涉嫌欺诈和阴谋要杀联邦特工的指控没有申诉。他在联邦监狱度过了8年没有审判的日子。美国地区法官判他服刑，6个月再重返社会教习所，3年后可假释。

精神病医院的患者如果危害到工作人员或其他患者时，常被强制用药。这并不是赛尔博士的情况，他不是医院工作人员的潜在威胁，所以强行服药是为了恢复他的受审能力。美国最高法院裁定，仅以恢复其受审能力为目的，只有在以下情况下可以强制用药：①重大政府利益受到威胁（例如，一个公平的但迅速的审判）；②强迫服药可使被告"最大可能地恢复能力"和"用药最大不可能影响审判的公平"；③没有可用的更少侵入的手段；④所用药物是"医学恰当的"（Annas，2004）。那么这一裁定对赛尔博士意味着什么呢？这些问题得到解决之前他不能被强制用药，他的法律地位尚不清楚。如果患者的行为对自己或他人不构成危害可以强迫他接受治疗吗？当心理学家参与这些诉讼的时候，他们必须平衡善行和无伤害这些美国心理学协会伦理规范与对他人权利和尊严的尊重这些社会权利间的关系。

变态心理学中的隐私、保密和特权

菲奥娜患有强迫症。她的很多想法都干扰了正常的生活，尤其是她害怕使用尖锐的刀具。她怕自己失去控制刺伤儿子以至于给对方带来严重的伤害，或者甚至直接拿刀杀了儿子。菲奥娜是个很好的母亲，很爱自己的孩子。她害怕自己的这些想法，更不愿意去实施它们。然而，她是如此害怕失控以至于将屋子里所有的刀具都收拾起来（包括黄油刀）。她也把剪刀放了起来。她愿意接受心理治疗，但她仍很担忧，如果心理咨询师认为她是疯子呢？

正如我们在本书中提到的，心理障碍患者伴有明显的情绪痛苦。这些痛苦部分地与患者害怕自己"疯了"或别人会认为他们"疯了"有关。为了使患者感觉到舒适，精神卫生专业人员都认同在治疗过程中讨论的问题将不会透露给他人。像隐私、保密和特权这些术语都描述了提供保护患者信息免受非自愿暴露的环境。但是，某些情况下治疗师必须违反这些保护，我们将在后面"告知义务"部分讨论这些例外。

在美国，隐私（privacy）的概念有着悠久的历史，是许多法律的基础。隐私权限制了对别人身体、头脑的窥探，包括一个人的思想、信仰和幻想（Smith-Bell & Winslade，1994）。

菲奥娜没有将这些侵入性的想法告诉任何人，在这个时候，她的想法是有隐私性的。

隐私权是个人权利，只有当事人自己可以放弃。当一个人愿意向他人表露他的思想、行为或者感受时，隐私就没有了。在治疗情境里，与治疗师共享的私人信息被认为是保密的。保密（confidentiality）是双方（在这种情况下，是治疗师和患者）同意治疗过程中所涉私人信息不与他人讨论。

尽管这让她感觉很不舒服，但菲奥娜还是将这些想法告诉了自己的治疗师琼斯博士，因为她与治疗师已经建立了治疗关系。她的这些想法的内容现在被认为是需要保密的，琼斯博士是不可以将其公开的。

心理学家同意保密患者透露的信息。即使是患者想要讨论这些信息，心理学家仍要遵守保密原则。

第三个概念是**特权**（privilege），是防止治疗师在司法程序中泄露保密信息的一个法律术语。你可能听说过特权沟通（privileged communication）这个术语，经常被用来描述律师和客户之间的对话。有时，医生和心理学家也持有此特权，这意味着他们在司法程序上拒绝公开保密信息是受到合法保护的。如果谈话内容被授予特权，法庭（或任何其他司法环境）不能强制心理学家透露该信息。特权沟通并不是治疗师和患者的自动权力。保密权被认为是一种伦理承诺，特权则是建立在各州法律之上的。对于心理健康医生，这种特权授权于那些需在特定状态下进行治疗的治疗师。

琼斯博士是有执照的心理学家。因此，即使菲奥娜被法院传讯，琼斯博士也不需要证明菲奥娜的精神与治疗情况，因为这是私密信息。

保密虽然通常被认为是绝对的，但也有一些情况不应用保密。心理学家可在治疗开始的时候和患者讨论这个话题。例如，正在培训的临床心理学研究生必须受到一位资深心理学家的督导。在督导期间，实习者分享患者信息给督导以保证其对患者的治疗是合适的。这种情况下，督导作为治疗师对这些信息同样需遵守保密准则。

其他保密例外的情况包括：患者利用他们的心理健康作为诉讼或刑事辩护的策略（如精神错乱的请求或医疗事故的诉讼）。在这些情况下，由于不知道当时的情况案件就不能裁定，所以无论保密权还是特权都不适用。保密例外也适于当保险公司要支付心理健康治疗费用时需提供关于诊断和治疗方面的信息（会面次数、会面频率）。

心理学家必须遵守保密原则。即使在法庭上，他们也不能被迫讲出病人在治疗过程中说的话。

当由于个体存在对自己（比如想自杀）或他人（对意图伤害他人的深思熟虑表达）的危险而必须被强制治疗时，在民事委托过程中公开保密信息也是有必要的。

菲奥娜否认存在任何伤害自己的想法，她强烈否认自己想伤害儿子。事实上她也采取措施确保这种事情不会发生（从房间拿走刀具和剪刀）。

因此，她不需要强制治疗，心理学家也没必要违反保密原则。最后，当成年人承认他们在身体上虐待或者性侵犯儿童或长者时，在这种情况下就要打破保密原则，治疗师必须到相应的国家机关报告。

当患者是儿童或青少年时，就涉及其他保密例外的情况。同样治疗师需在治疗开始时与未成年人的父母或监护人讨论这些问题，使他们做出是否参与治疗的知情决策。对于儿童和青少年，各州法律规定所有心理健康医生包括心理学家要向相应国家机关报告关于他们受到的身体虐待、性侵犯或情感虐待，这也是保密例外。州法律规定父母有对他们孩子的一些其他行为（如物质滥用）的治疗知情权。每个州都有自己的准则，并在某些情况下，在同一州的不同诊所可能有不同的指导方针（Gustafson & McNamara，1987）。保密例外情况也包括儿童或青少年正积极考虑自杀或者他杀，这种情况也适用于成年人。这时心理学家可以违反保密权以保护患者和他人人身安全。在某些情况下，打破保密是医疗或法

当治疗对象是孩子时，相比成人保密问题会变得更复杂。尽管有一些信息仍会被保密，但有些信息必须分享给其父母。

律所必需的。不幸的是，在其他情况下它可能是粗心大意的结果。为了帮助维护患者的保密权，联邦政府最近制定了下面我们将要讨论的法律。

《健康保险携带和责任法案》

当去看医生，尤其是如果你是一个新患者，你需要签署各种同意书，其中包括 HIPAA，它是《**健康保险携带和责任法案**》（*Health Insurance Portability and Accountability Act*，HIPAA）的缩写。虽然 HIPAA 的最初目的是保护那些因换工作而失去健康保险之前就生病的美国人，HIPAA 还提供了一个医疗保健索赔表递交的统一标准，从而使医疗保健系统流程化。立法者在其中包含了对患者健康信息的保密措施。HIPAA 是一个复杂的法律和法规体系，但它的两个组成部分——安全和隐私与心理治疗有关，因为心理治疗涉及受保护的健康信息。

HIPAA 的安全条例试图从安全行政的、物理的和技术的办公程序保证患者的保密权。心理学家和医生确保这些保密信息只对那些享有权利的人开放。安全条例还需要保护来自传真机、电话留言簿甚至签到表上的信息不给未经授权的人看，未经授权的人通常指不在办公室工作的人。

受保护的健康信息（Protected Health Information，PHI）是关于个人的健康或医疗保健信息，是记在医疗记录上的或转达给另一个人的信息。HIPAA 隐私条例要求心理学家在使用任何 PHI 进行治疗、医疗操作或为支付而提交信息前必须征得患者同意。换句话说，当你签署了 HIPAA 同意书，即意味着同意你的医生将你的健康信息分享给：①其他可能参与你治疗的专业人士；②负责你保险或支付你医疗服务的公司；③负责安排医疗服务和医疗设施的审计或法律审查的公司。它还包括一些其他与商业相关的功能，但这些和心理学不是很有关系。HIPAA 的同意书不包括与雇主或学校分享记录的权限。同样，心理学家的患者笔记（称为心理治疗记录或过程记录）不被视为一般 HIPAA 同意书所涉信息的一部分。

因此，尽管许多人认为在治疗中说的一切都是保密的，但事实并不总是如此。当患者对他人表现出伤害的威胁或者愿望时，治疗关系的保密原则就不得不让位于向可能有危险的第三方的告知义务。

告知义务

1969 年，加利福尼亚大学学生波达寻求大学生健康中心的心理学家的治疗，因为一位名叫塔拉索芙的年轻女孩唾弃他的情感。心理学家认为波达有可能会危害别人，因为他对塔拉索芙有一种病态的依恋，以及他告诉心理学家他已决定要购买一支枪。治疗师口头和书面通知了警方。他没有提醒塔拉索芙女士，因为这会违反患者和心理学家的保密原则。警察质询波达后，发现他是理性的。警察使他答应远离塔拉索芙。然而，两个月后，1969 年 10 月 27 日，波达杀害了塔拉索芙。加利福尼亚州最高法院裁定，被告（加利福尼亚州大学董事会）有向塔拉索芙女士或她的家人对该危险的**告知义务**（duty to warn）。在第二次裁决中，法庭指控治疗师有义务使用合理的谨慎措施，以防止患者给第三方带来危险。简言之，法院认为当患者的行动可能使公众处于危险时是没有保密权的。虽然塔拉索芙案件的判决只适用于加利福尼亚州，但从那时起，即使各州具体的法律有所不同，其他州都已经采用了告知义务的做法。

30 多年后，塔拉索芙案的判决（众所周知）对心理健康专业仍然有广泛的影响。其一是社会对保密权并不持有像治疗师和患者那样高的尊重。社会有时要求维护公众的福利比保密更重要，尤其在有潜在杀人威胁时。但告知义务有滑坡效应。如果潜在的威胁不是彻底死亡（如在塔拉索芙案件中），而是身体感染呢？

> 33 岁的迈克尔已经结婚 8 年并育有两个孩子。他在几年前与邻居发生婚外情，他妻子不知道此事。迈克尔刚发现那名邻居死于艾滋病，他去做了个 HIV 测试，结果显示呈阳性。迈克尔告诉他的治疗师他不打算将测试结果告知自己的妻子（Chenneville，2000）。

如果迈克尔是你的患者，你会建议他怎样做？对于这种情况法律规定是不明确的。根据迈克尔所在的具体州，治疗师可获准对卫生部门或迈克尔的配偶公开这些信息，申请向健康部门或迈克尔的配偶公开这些信息，或要求不惜一切代价对信息保密。

对危险性的预测

心理学家的告知义务是基于心理健康医生被认为是有能力来预测人类行为的。民事委托中常需要心理学家和精神病医生确定某人出现暴力的可能性有多大（Skeem et al.，2006）。在过去，心理健康专业人员预测患者危险性的比率不比机会概率更高（Steadman，1983）。在某些情况下，临床直觉可能有助于预测危险性。在急诊室，令医生担心的男性患者（根据诊断评估但没有真正的实证数据）更可能随后犯下暴力行为和参与严重暴力（Lidz et al.，1993）。

过去的 10 年间，心理健康医生通过精算（定量）预测手段使得预测患者危险性的能力有了显著提高，特别是这种手段是基于特定心理症状（如愤怒或悲伤）而不是心理障碍（严重抑郁、精神分裂症；Skeem et al.，2006）时更是如此。具体而言，愤怒 / 敌意在短期（1 周）和长期（6 个月）随访中都显示是暴力的一个预测指标（Gardner et al.，1996；Skeem et al.，2006）。其他症状如焦虑、抑郁或妄想观念至少在短期内并不能预测暴力行为（Skeem et al.，2006）。

许可、治疗失当和处方权限问题

向心理健康专业人员发放许可以允许他们提供各种心理学服务，他们必须接受最低标准的培训和教育以保护公众免受拙劣或危险的心理健康服务或服务提供者的伤害。保险公司也认识到执业许可的重要性，除非所接受的是有执业许可的心理学服务否则他们不会支付咨询费。

许可

心理学家必须取得授权才可以对所工作州的患者提供心理治疗。不提供心理治疗的心理学家就不需要获得授权（如认知心理学家、生理心理学家或是社会心理学家）。州法律规定谁可以被称为“心理学家”，谁可以提供特定心理学服务，以及进行心理学实践的人需要经过哪些培训。有关许可的法律因州而异，没有资格的人从事被一些人认为是治疗形式的实践有很多途径。在有些州，不是心理学家而想提供治疗的人是可以的，但不能使用“心理学”（psychology）和“心理学家”（psychologist）这样的词，须代之以“心理治疗”（psychotherapy）才可以。

州法通过制定从事心理学实践的培训和经验的最低可接受标准来保护公众利益。大部分州都有相似的规定，包括要求有心理学博士学位和两年的博士后经验（或是一年的博士前实习经验和一年的博士后经验）。除此之外，还要通过国家和州的考试。一经许可，心理学家必须要遵守法律的规定和伦理规范，否则，将被吊销执照或被宣布治疗失当。此外，心理学家必须参加继续教育，如参加工作坊、阅读文献以及参加其他专业活动来完善、提高其专业知识和技能以确保其许可长期有效。

治疗失当

心理学家和其他职业一样，在照料他们的患者时都要按照一定标准来工作，司法定义为“一个应在相同或类似情境中接受训练的理性人所提供的照料程度”（Black，1990，p.1405）。例如，尽管法律并没有限定所有心理学家都必须使用统一的治疗形式，但是其治疗必须要达到公认的职业标准（Bacrgcr，2001）。如果心理学家的治疗与标准不一致，他们会被判**治疗失当**（malpractice）：失职或不合理的缺乏应有技能（Black，1990，p.959）。尽管，相比医生来讲心理学家发生治疗失当的概率要小得多，但是，近些年来有关他们治疗失当的诉讼案渐渐多了起来。

有关心理健康医生（精神病学家或心理学家）治疗失当犯罪的资料几乎没有，但在一项匿名调查中，有 3.5% 的医生与患者有不恰当关系，大部分为男性医生与前女性患者建立的关系（Lamb et al.，2003）。美国心理学协会规定医生和患者在治疗结束两年后并在满足其他条件的情况下，才能建立私人关系。对心理学家的治疗失当的常见控诉是疏忽或误诊。治疗失当的指控倾向于涉及儿童监护权的评估，旨在评估如何最好地满足孩子的心理需求。心理学家会评估父母能力、儿童需求和父母与子女的契合度（American Psychological Association，1994）。对于一个心理学家来说，儿童监护权的评估风险很高。心理学家必须在一些如离婚这样的紧张形势下保持中立。共同监护权是当下最为常见的监护权裁定（Bow & Quinnell，2001），其次是母亲拥有监护权而父亲有探视的权利。如果父母不同意监护权的裁定，他们可以向州伦理委员会投诉和/或提交一份治疗失当的诉讼申请。在从事监护权评估的心理医生中，35%的人遭到过伦理投诉，10%因治疗失当被起诉（Bow & Quinnell）。

除了儿童的监护权案件，治疗失当的申诉包括，没有获得患者知情同意而进行治疗、粗心治疗、过失释放或危险行为。例如，尽管预判这种行为的发生是非常有难度的，但那些极度悲伤的患者家属通常会责备心理健康人员没有阻止患者自杀（过失释放或危险行为）。在一项对那些参与了治疗失当保险的心理学家的调查中，这些投诉是第六常见的治疗失当投诉（Bongar et al.，cited in Baerger，2001）。

总之，心理学家必须遵循伦理规范，也要遵守州法律法规。执业许可保证执业满足最低教育和培训标准，但不能保证治疗师一直符合伦理规范。当出现非伦理行为时，心理学家可能会遭到治疗失当的起诉。

心理学家被控告治疗失当的最常见原因是监护权评估的结果。常常是，没有取得监护权的父母一方认为心理学家应该为儿童的负面结果负责。

处方权限

心理学家和精神病学家的区别是什么？简单的回答常是这样："精神病学家可以开处方，心理学家是不能开处方的博士水平的卫生保健的提供者。"这个区别现在已不再这样清晰了。在过去的20年间，一些心理学家争取并获得了向心理障碍者开处方的合法权利。处方权（prescription privileges）作为开药的合法权利，仍是心理学界争论的话题（Heiby，2002）。

药物治疗是治疗许多心理障碍的重要部分，在一些情况下比如精神分裂症，药物治疗也是主要的治疗手段。尽管精神病学家可以选择使用心理和药物治疗，但心理学家只能提供心理治疗。当患者需要进行药物治疗时，大多数心理学家会安排医生来进行。有些心理学家会认为这种分裂式治疗对患者不利，不同的人会提供不同的甚至相冲突的治疗意见。一些能够开处方的心理学家认为他们可以和精神科医生一样提供全面的治疗。

支持心理学家取得处方权的理由如下：首先，许多心理学家已经获得医院许可治疗与生理健康问题相关的情绪部分，如由癌症、严重残疾或心脏病所产生的应激。这些心理学家认为开具处方是对他们实践的自然扩展（Norfleet，2002；Welsh，2003）。其次，临床专业的研究生课程已经开设了心理生理学和心理药理学，学习这些课程对于开具处方很有必要，但并不充分。因此，心理学家已经有了一些有关开处方的必要培训。再次，鉴于药物治疗是一些障碍（例如，精神分裂症）的主要治疗方法，处方权可允许心理学家治疗那些如果没有处方权可能就无法对其进行治疗的患者。许多人没有去找精神病医生，他们只能从心理障碍知识比心理学家少得多的全科医师那里开药。对异常行为有专门知识的心理学家如果有了开药方的权利就可以保证治疗。

有些心理学家（Albee，2002）认为，开处方会破坏心理学对行为理解的独特贡献，如学习的作用和环境的重要性。这样一来，如果他们获得了开处方的权利，他们不仅不会重视心理学的贡献，而且还会忽视心理治疗的高强疗效。

心理学家还需参加额外的培训以确保开药的安全，以及需要完成如医学预科之类的本科教育（Sechrest &

Coan，2002）。在研究生阶段进行适当的生物学训练会把培训的时间延长（Wagner，2002），而已有教育的平均时间就在 6 年左右。在过去的几年中，新墨西哥州、路易斯安那州和关岛的一些心理学家已经获得开处方的资格（Stambor，2006），还有那些训练有素的在国防部、印度医疗服务、美国公共卫生服务机构任职的心理学家。如果处方权变成心理学家医疗策略的一部分，医药供应商将面临一个有关药物治疗的市场和资金的争议问题。精神科药物被认为是一项蓬勃发展的业务，它们是美国最畅销的药物。2009 年，在美国精神科药物销售了 146 亿美元，而整个处方药销售总额为 3000 亿美元（http://www.ngpharma.com/article/psychiatric-drugs-a-booming-business，retrieved March 11，2013）。它们是这个行业最赚钱的药物。它们在成人和儿童中的使用与日俱增，最近所谓的**复方用药**（polypharmacy）也已经增加，即对同一疾病使用一种以上的药物（见图 15-1）。制药工业的潜在影响力远远超过了大众媒体广告。尽管有制药公司的资助并不能保证药物的积极疗效，但一项调查显示 60% 已发表的精神科药物试验获得了制药公司的资金支持（Perlis et al.，2005）。直到最近，制药公司向那些即将可以开处方的医学院学生提供实物奖励（包括钢笔、鼠标垫等）。尽管赠品的行为已经被禁止，但是医疗工作必须时刻警惕市场因素对治疗方式的不良影响。

研究与临床试验

本书展现了从科学家 - 实践者模式的角度对异常行为进行的研究，并突出强调了如何进行对异常行为的病原学和治疗方法的研究设计、实施和理解。那些缺乏科学支撑的治疗方式很可能会导致有害的后果。使用不科学的理论和未经证实的治疗会导致时间、金钱的浪费和公众对治疗的不信任。但是，科学研究本身会面临其相关伦理问题。本节我们主要讨论 4 个重要方面：研究参与者的权利、儿童及青少年的特殊权利和问题、安慰剂对照的使用以及进行反映美国人口多样性研究的重要性。

研究参与者的权利

1946 年 12 月 9 日，美国军方以战争罪和其他反人类罪起诉 23 名德国医生和行政人员。第二次世界大战期间，一些德国医生进行安乐死计划，按照计划系统杀害那些他们认为无用的人。在另一个项目中，他们在未经同意的情况下对成千上万的集中营囚犯（犹太人、波兰人、俄罗斯人和吉普赛人）进行伪科学的医疗实验（http://www.ushmm.org/research/doctors/，retrieved May 10，2013）。这种不人道的实验造成大部分参与者的死亡或者终身残疾。16 名参与实验的医生被认定有罪，其中 7 名医生被判处极刑。

这些可怕且愚蠢的“实验”促进了《纽伦堡法典》的提出。**《纽伦堡法典》**（*Nuremberg Code*）（1947）对以人类为实验对象的研究提出指导，该法典提出被试者必须自愿同意参与临床研究。而且，参与者应了解研究的本质、周期、目的、方法手段和参与研究可能造成的所有不良后果及危害以便参与者可以预期合理的结果。实验必须由有资格的人员实施，必须允许参与者可以随时退出研究（Trials of War Criminals before the Nuremberg Military Tribunals，1949）。

针对纳粹的暴行而确立的第二个文件是**《赫尔辛基宣言》**（*Declaration of Helsinki*），这个宣言首次在 1964 年的世界医学大会上提出，并在之后的会议上再次被确认（http://history.nih.gov/research/downloads/helsinki.

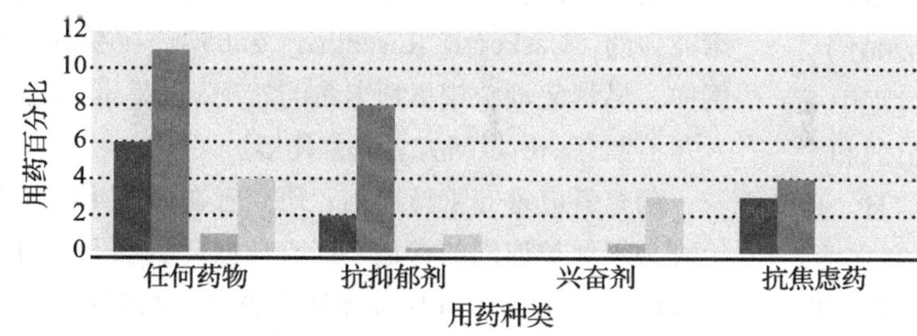

精神活性药物的使用在随时间显著增长。在美国，成人使用任何精神活性药物治疗的比率以及使用抗抑郁剂的比率在显著增加，抗焦虑药物的使用小幅增加。

图 15-1 美国精神活性药物治疗使用率的变化

pdf，retrieved May 10，2013）。它规定了进行科学研究的基本行为准则，包括必须有条理清晰的实验程序、对利害关系的细致评估以及向参与者提供有关实验目的、方式、利害和自由退出的足够信息。《赫尔辛基宣言》没有特别说明如何操作这些原则，而是交由联邦政府、州政府、地方政府和职业组织来界定。

在美国第三个有关科学研究的文件是《**贝尔蒙报告**》（*Belmont Report*）。1979 年，该报告促成了国家委员会来保护生物医学和行为研究中的人类被试。该报告确立了在行为和生物医药研究中有关人类被试的三条基本原则。第一条原则是尊重个人（respect for persons），包括①人应被视为独立自主的个体，拥有独立思考和决策的能力；②那些独立自主能力受限或是缺失的人（如囚犯或认知能力受限的人）有权受到特别保护，并不应强迫或不正当地影响他们参加研究活动。

第二条原则是善行（beneficence），研究者①不能伤害参与者（就像在希波克拉底誓言里讲的那样）；②应使参与者的潜在利益最大化及所受可能伤害最小化。简言之，不管对于个人还是对于社会而言，研究的潜在利益都要大于风险（Striefel，2001）。

第三条原则是公正（justice），即研究的福利和负担都要被同等处理。例如，所有有关心脏疾病的研究（多数为联邦政府资助）都使用男性参与者，因此男性是研究结果的主要受益者。直到最近有关女性的心脏疾病和治疗的研究才展开。这个事例说明了研究的福利并没有被平等地分配，只有一个性别从科学家的研究中受益。塔斯基吉实验违反了公正的原则，巴尔的摩含铅涂料实验也可能违反了该原则（见“文化认知方面的研究”）。总而言之，研究参与者的招募必须考虑选择特定阶层参与者（福利救济者、特定人种或少数民族、在机构中关押的人）是否仅是因为他们更容易被招募或更容易被操纵。简言之，任何一个群体都不能因其易招募、弱势或可能更易受操纵而被选为研究参与者（Striefel，2001）。

知情同意书（informed consent）也是研究过程中一个重要的环节。潜在的参与者必须理解研究的目的和方法，他们会被要求做什么，他们需要提供何种信息。他们还应该知道参与研究的风险和好处。开始研究之前，心理学家或是其他打算将人作为研究对象的研究者须把研究计划提交至**伦理审查委员会**（Institutional Review Board，IRB），该委员会由研究者机构管理，应用前文所述的指导方针审查和批准科学研究。用外行也能看懂的话列出了研究方方面面的知情同意书也包含在呈递材料中。如果你在心理学导论课程上参与了某项研究，你也可能签署过知情同意书。

知情同意书基于这样的设想，即提供足够的信息以便使认知能力健全的人们了解研究的过程，好让他们自愿且理性地决定要不要参加这项研究。但这种设想并不一定现实。在一项有关治疗效果的研究中，由于缺乏相关知识，有 62% 的已经看过并签署同意书的人们并没有真正了解这项治疗是标准化方式而并非针对他们的病情，或是由于不完全懂该研究的方法而高估了这项研究对他们病情的帮助（例如，安慰剂对照组得到的治疗好处可能很少或没有；Appelbaum et al.，2004）。

说到对潜在风险的理解，有 25% 的人不记得知情同意书中所提到的风险是什么，有 45.8% 的人把实验设计的风险理解成了实验治疗的风险（Lidz，2006），如有可能被分配到安慰剂对照组。因此，尽管专业人员努力确保研究参与者对研究充分知情，大部分参与者对可能遇到的风险和好处都是一知半解。

对儿童和青少年的考量

> 14 岁的奥斯卡在社交情境下表现得极度焦虑。他父母带他来诊所参加一项治疗社交恐惧症的研究，并在知情同意书上签了字。当奥斯卡拒绝签署同意书时，他父亲让工作人员离开房间，并保证他儿子会在“10 分钟内”签字。

尽管儿童或青少年参与研究需要得到父母或是监护人的同意，但是，按照伦理指南的要求，只要儿童或青少年有能力做，还是允许他们对自己的参与与否自己做主的。尽管每个孩子是否有做出“同意”与否的能力不同，但是，14 岁的青少年是可以拥有与成年人相当的决策能力的（Caskey & Rosenthal，2005）。在奥斯卡的案例中，尽管父母希望奥斯卡参与这项研究，但显然他本人并不愿意，所以研究者只好作罢。

调查者应遵守善行原则，研究者在调查儿童和青少年时必须保护他们的权益。当有证据证明孩子受到性或身体虐待时，研究者如临床医生就不能再继续保密了。在某些情况下，当孩子涉及酒精或物质滥用时，研究者必须向孩子的父母汇报（Caskey & Rosenthal，2005）。最后，公正原则体现在青少年有权参加与他们切身利益相关的研究并从中获益。一些成人认为询问青少年是否有过自杀念头会将自杀的想法和动机植入那些之前没有过这种想法的人的头脑里，心理学家指出事实并非如此，但许多学校仍排斥开展含有自杀问题的研究。这种做法剥夺了那些极度抑郁且有自杀念头的青少年接受治疗的机会。在这种情况下，公正原则就得不到体现，因为青少年被拒绝参加对其可能重要且有益的研究机会。

与对儿童是否有能力同意参与研究的考量一样，一些有认知困难的老年人和因失去人身自由而感觉自己是被迫参与研究的囚犯也面临相同的问题。当研究需要少数种族和民族群体参与时，研究者还应考虑到以下几个因素：①所做的评估是对其文化有效的；②群体差异可能不是由于种族和民族差异造成的，也有可能是一些人口学变量造成的，如社会经济地位或受教育水平；③白种人的行为和发展模式并不是衡量心理健康与否的“标准”；④研究不能带有胁迫性质；⑤研究小组中应包含对所涉文化有深入了解的成员（Fisher et al.，2002）。

伦理与责任

最严谨的科学研究设计类型包括使用对照组（见第2章）。对照组有很多种，如等待组或无治疗对照组、片剂安慰剂或心理安慰剂组或是其他积极治疗组。安慰剂对照组是用来帮助了解时间效果（某些情况下，就像感冒通过时间解决）和/或临床关注或教育的效果（例如，当让人们知道其对创伤性事件的反应是正常的而不是一个病理现象之后其问题会减轻；见第4章）。然而，如何、何时使用对照组存在伦理问题（见“研究热点：临床研究中的安慰剂使用”）。

临床研究中的安慰剂使用

安慰剂对照组实验被认为是判断新疗法疗效的严格测验手段。例如，研究显示深部脑刺激（deep brain stimulation，DBS）对治疗那些对药物治疗没反应的抑郁患者初步有效。该程序涉及在与情绪有关的大脑区域植入电极，传递电脉冲并刺激大脑中调节情绪的那部分脑细胞。尽管人们用这种方法来治疗抑郁症，但美国食品与药品管理局还没有批准DBS的此项用途，而且DBS的效果还没有与安慰剂的效果进行过比较。试想一下，若实验者打算进行一项随机对照试验，其中一组接受DBS，另一组接受脑部手术但植入的电极却不连接刺激器。这样使用安慰剂符合伦理吗？

手术安慰剂的支持方证据

《赫尔辛基宣言》第二条第三款提出：“任何医学研究中，包括对照组（如果有的话）在内的每位患者，都应被确保提供经良好验证的诊断方法和治疗方法。这并不排除使用未经验证的诊断方法和治疗方法的无效安慰剂。”研究者的研究为了使用DBS可能提供了一些附加支持，尤其是对那些对标准医疗方法没反应的患者。然而，研究者必须考虑该手术无益时可能存在的伤害后果。

手术安慰剂的反对方证据

DBS的手术安慰剂涉及真正的神经外科手术，这是一种侵入性手段。除了手术本身潜在的复杂性，安慰剂手术植入的后果还包括麻醉反应和术后感染（La Vaclue & Rossiter，2001）。对于药物治疗无效的抑郁患者的潜在症状缓解要比对于手术安慰剂组的潜在伤害更重要吗？

结论

在没有已知标准时，直到新干预技术的有效性被告知并应用于大众之前，使用安慰剂作为一种对照条件来测试新的治疗方法是适当的。对于DBS或是其他侵入性医疗程序，神经外科手术的风险在设备操作与否上是一样的。事实上，那些并非因为治疗而接受脑部手术的安慰剂组存在的重大医疗风险是他们得不到好处。当然，如果安慰剂组患者在研究后被允许激活植入体内的刺激器，那么，这些不适合传统治疗方法的抑郁患者也会因此受益。

有些情况下，使用安慰剂对照组不被临床接受。当治疗可用时，对自杀患者不施加治疗的可能性就违反了公正原则。在儿童身上使用安慰剂的伦理问题也变得越加复杂。科学上我们知道儿童的安慰剂效果比成人的更明显；具体而言就是儿童比成人对安慰剂治疗有更大的积极治疗性反应（Fisher & Fisher，1996；Malone &

Simpson，1998）。导致这种差异的原因之一可能是，儿童并不理解什么是安慰剂治疗（即那是一种无效治疗）。儿童通常从医生那里接受身体疾病的药物治疗，可能相信安慰剂药片也一样会让他们的病得到治愈。当他们用服药来治疗细菌感染时，血液化验结果就会显示感染被治愈。然而大多数心理学研究的疗效是基于患者对其情绪改变的报告，而没有“心理学血液化验”来独立判断症状的改善。因此，儿童的报告可能是有偏差的，因为他们相信吃了药片就应感觉好一点。成人的报告也可能因为吃了药片而产生偏差，但是成人的认知能力更加成熟因而增加了对安慰剂概念理解的可能性。为了控制这种“吃了药会感觉好一点儿”的猜想（任何年龄段），安慰剂对照的必要性不言而喻，尤其是对儿童（March et al.，2004）。总而言之，安慰剂对照对于有效的科学研究是必要的。但是，当科学家－实践者把兴趣投入对儿童提供有效的治疗上时，伦理问题依然是个挑战。

文化认知方面的研究

关于世界心理健康数据库的一个有趣但并不为多数人所知的事实是，在美国，绝大多数研究的研究对象都是在校的白人大学生（Sue，1999），这些人代表了不到5%的全世界总人口。美国国立卫生研究院认识到了这一不足并要求由联邦基金赞助的研究中所征集的样本必须能反映美国的人口情况。然而，当研究者特别是白人

在塔斯基吉梅毒实验中，故意对这些致命疾病患者不使用治疗手段以使该病能被研究。这项对人类违反伦理的实验是导致成立机构性研究伦理审查委员会的原因之一。

研究者在征集多样性研究样本时，他们会发现一些历史事件导致了一个文化性的不信任氛围。为人所熟知的声名狼藉的**塔斯基吉梅毒实验**（Tuskegee Experiment）使人们担心自己被虐待及权利被忽视。在那个实验中，科学研究的三个核心价值观（对人的尊重、善行和公正）都被违反了。

1932年，美国公共卫生署与塔斯基吉研究所合作进行梅毒长期效果的研究。近400名来自亚拉巴马州麦肯县（Macon County）携带梅毒的贫困美国黑人应征作为研究对象。他们没有被告知患有梅毒，也没有被治疗。据疾病防控中心称，这些人被告知要治疗他们的“坏血”（bad blood），这是当地方言，指的是多种疾病，包括梅毒、贫血以及过度疲劳。作为参加研究的报酬，他们将会得到免费的体检、免费的食物并免费参加丧葬保险。研究初期，并没有对其梅毒进行可证实的治疗。但是，尽管青霉素在1947年就已成为标准用药，这些人仍没有得到医治。塔斯基吉科学家依旧想探究病毒如何在人体扩散。当然，一些情况下，这种疾病会令患者死亡。这个实验进行了40年，直到1972年公共卫生工作者将此事泄露给媒体这个项目才停止。这时已有很多人死亡，还有很多人的妻子和儿女被感染了。1973年，全国有色人种协进会提出了一项集体诉讼案，900万美元的安置费分发到了实验参与者手中。那些幸存者以及感染病毒的家属（妻子、寡妇和孩子）也得到了免费的医疗救治。

直到1997年美国政府才对这一违反伦理的研究正式致歉。克林顿总统致道歉词，说政府所为是极大的道德错误。“我想告诉那些幸存者，以及你们的妻子和家人，子女和孙辈们，没有人能挽回那些逝去的生命和你们多年遭受的痛苦与内心的挣扎。时光不能倒回。但是我们可以结束沉默。我们不能再视而不见。我们能对着你们的眼睛并代表全美国人民说：政府的所作所为是可耻的，对不起。”

在研究者开始研究之前，为防范对研究参与者的潜在虐待，伦理审查委员会（IRB）会审查其研究计划。例如，华生的小艾伯特实验在今天是不可能实施的。然而，即使今天有这么多对研究活动的规章制度存在，仍有一些研究存在争议，特别是那些针对儿童的研究。在1993～1995年，位于马里兰州巴尔的摩市的肯尼迪·克里格研究所（Kennedy Krieger Institute，KKI）进行了一项测试老房子中铅含量的短期和长期效应的比

较研究。铅是一种存在于环境中的天然元素，但人体血液中的铅含量却很低。在美国，铅含量超标的原因通常有两个：其一是汽油中的铅；其二是含铅涂料脱落后产生的碎片和粉尘。减少汽油和涂料中的铅有助于减少儿童血铅含量，但是那些旧房子中的含铅涂料仍是一个源头。血铅含量超标会导致认知损害（智力低下）、注意力不集中、多动、攻击甚至违法行为（Committee on Environmental Health，American Academy of Pediatrics，2005）。

在巴尔的摩，降低涂料中的铅含量能消除 80% 的含铅粉尘。肯尼迪·克里格研究所同意进行一项研究来检测三种不同的消铅程序（一些程序只是部分减少）的效果。除了三个实验组，还有两个对照组，其中一个没有进行消铅处理，另一个房间翻新后假定无铅。

在实验初期，一些房子被征用。其他情况下，“那些住在巴尔的摩市中心没有其他选择而只能租住在没有消铅的房子里的人”被招募过来住进用来做研究的房子里（Lead Based Paint Study Fact Sheet，cited in Nelson，2002）。这样一来就会有两组儿童，一组是已经生活在研究所用的房子中的，另一组是应募才住进房子中的。搬进这些房子住的参与者被诱以可领取 T 恤、食品券以及 5 ~ 10 美元的报酬。这些房子中的大多数儿童的血铅含量都因为消铅措施而得到减少。然而，这项研究也出现了一些负面效果，一些孩子的血铅含量在消铅后增加了。有些家长在 9 个月后才得到通知。两个参与孩子的母亲随后起诉，她们说并没有被完整告知这个研究的目的，她们孩子的血铅含量如此之高时也没被立即通报。如果早知如此，她们是不会同意参加这项研究的。

这项研究引发了很多伦理和道德问题（见“证据检验：儿童与非治疗性研究”）。其中一个就是在《贝尔蒙报告》中提到的公正问题。如果这些家庭的唯一选择就是住在那些没有进行过消铅处理的房间里，研究不符合伦理吗？社会剥削是进行“自然实验”的原因吗？还是实验者利用了实验对象的社会窘境（Spriggs，2006）？换而言之，因为其他选择更糟而劝诱那些低收入家庭的孩子住进部分消铅的房子里可否被接受？

儿童与非治疗性研究

在得到批准之前，必须审查研究计划以确保该研究为其参与者提供利益以及不会对参与者有不当危险或伤害。在 KKI 的含铅涂料研究中，并没有为那些儿童参与者提供足够利益并将他们暴露于不当危险之中。家长有权让他们的孩子参与“非治疗性”的研究中吗？

检验证据

参与研究的孩子是否直接受益？

该研究提供血铅水平监测并在血铅水平超过特定标准时通知家长。但检验并非是治疗，该研究并不为那些因生活在这些房子里而使铅含量超标的孩子提供治疗（Nelson，2002）。

回想一下这两组孩子：一组是早已生活在这样的房子里，另一组是应募住进这样的房子里。诱使人们住进这样一个含铅的房间里，对他们来说很难有什么好处可言。对那些已经生活在这样的房子里的孩子来说，这个研究提供铅减少的好处。因此，这项研究只对那些已经生活在含铅房子里的参与者有好处（Spriggs，2006）。

研究程序会给被试带来比最低风险更多的风险吗？

每月验血以确定血铅暴露的水平只是最低风险。然而，住在消铅后的房子涉及大于最低风险的风险，因为消铅时血铅水平可能会增加。家长并未被告知三种不同方法的好处可能不等。有意让那些应募家庭住进对铅暴露解决方法可能无效的房子中真的只是最低风险吗？家长是否有权被告知不同程序带来的利益并不确定这一事实？如果研究者告诉你这是那些孩子的最佳可用选择，你的回答是否会不同呢？

知情同意书是否能让家长做出完全知情的判断？

知情同意书并未告知家长①研究的主要目的（检测三种不同消铅方法的效果）；②所用的不同方法；③血液监测的重要性以及血铅水平高对孩子发育的影响；④消铅不足的风险（Nelson，2002）。如果不知道这些信息，家长有机会给出完全知情的同意吗？

结论

法庭指出伦理审查委员会对研究参与者可能面临的风险考虑不充分。你同意法庭的判断吗？因为去除房子里的铅是个重要社会目标，你会如何改变研究设计以避免上述问题？

«««

无论是在塔斯吉基实验还是巴尔的摩的含铅涂料研究中，那些被限制或是被剥夺了自主能力的人们都被置于危险中。像这些设计糟糕的研究导致一些少数族群对科学研究产生了严重的信任危机。而这种文化性的不信任，并非是那些试图进行敏感的跨文化研究的研究者面临的唯一挑战。一些少数族群的人们并不熟悉实验过程中的方方面面，比如针对心理障碍进行的电话访谈（Okazaki & Sue，1995）。有关焦虑和抑郁的个人信息之类的令人不适的电话采访可能会影响有效数据的收集。调查工具由英语翻译为其他语言时也会遇到诸多问题。例如，英语中的文化表达如“摆脱忧郁”（shake off the blues）没有西班牙语的字面翻译，使得该短语对西班牙裔人群没有意义。如果没有文化敏感性，所收集到的数据将没有意义（Rogler，1999）。

文化多样性的争议影响着研究过程中的每个环节，从研究的初步确立到参与者的招募，到研究设计和评估方法的选择，再到数据的采集和解释。这些都可能导致科研数据的偏差，使其不适用于大多数世界人群（Turner & Beidel，2003）。也许人类行为的许多方面在不同种族和民族间是没有差异的。然而，在科学家对文化问题有足够重视之前，我们对异常行为（实际上是对所有人类行为）的理解都将是有限的。

乔治·墨菲——精神病学与法律

2000年4月19日，8岁的凯文在北弗吉尼亚州他太奶奶的房前与别的小孩玩耍的时候，无缘无故被一个陌生人刺了18下。嫌犯乔治·墨菲刚被假释12天，此前他曾因无故袭击入狱。墨菲在宾馆里的一个便条上写着“杀光那些白种小孩”。这个杀手接近凯文的时候嘴里喊着憎恨白人之类的话。凯文是白种人，墨菲是非裔美国人。

首先确认墨菲的行为是否符合异常行为的标准是很重要的。在他被捕后很快进行的一次庭审中，墨菲言语粗鲁并说法官是种族主义者。在紧接着的庭审中，他袭击了他的律师使其失去知觉。当时至少有5名法警上去才制服了他。新的辩护律师提出判断墨菲是否有受审能力的申请。如果无受审能力，墨菲会被强制服药以恢复心智，之后他会被判谋杀。根据美国最高法院1992年的一项法规，州法院须保证服药是较小侵入性的选择并且这些药物在医学上适合于他及他人的安全，或这种治疗对于裁定墨菲有罪或清白是必要的。

法庭不得不判断墨菲是否有能力受审。2000年12月，能力评估判断墨菲有精神病，有偏执和妄想。他的辩护团队认为这些症状源于脑器质障碍。为了确认或排除他的不可预测及攻击行为的器质原因，需要对他做脑电图（EEG）检查。

一个重要的问题是异常脑电图是否可以作为器质性原因的证据。EEG需要在个体头上放置电极以记录其脑活动。讽刺的是墨菲的妄想包括他5岁时就与一个机器绑定的信念，这个机器影响他很多年了，他得安排“司法援助”以摆脱该机器的控制。墨菲允许在他的头皮上放置电极，但拒绝开机记录。他被转到州精神病院。

凯文的父母诉讼弗吉尼亚州及假释官犯有过失杀人罪，因为文献显示州政府官员曾警告说墨菲“有未来危险的高度成分”。该诉讼指责州政府对墨菲进行民事委托是错误的因为“监狱官员知道或应该知道”他曾患有精神疾病。该诉讼还指控墨菲假释后的状况，他需要与父母待在一起并被电子监控。但安装电子监控的要求被延误。而且，这一监控系统无法告诉人们墨菲在哪儿，只是知道他离开了家。当政府律师阐明电子监控是不需要的之后，凯文的父母最终撤销了他们的诉讼。

墨菲的辩护团队了解到他以前在监狱时曾检测到过梅毒阳性，但没有关于他接受治疗的记录。关于被告缺乏治疗背后是否有文化或种族因素的考虑很重要。如果墨菲患过神经性梅毒就可以解释他之后的精神病性行为。为确定这一诊断需进行脊髓穿刺。但墨菲5岁时就可能有的妄想会使他的异常行为是源自未经治疗的梅毒的想法大打折扣。而且，墨菲拒绝脊髓穿刺。

起诉律师申请法庭强制墨菲服药，不仅是为了他及他人的安全，还为了治他的病以及恢复他的受审能力。辩护团队抗辩说因为被告可能还有神经性梅毒，因此抗生素治疗可能比抗精神病药物治疗更合适。但法庭裁决抗精神病药物治疗是合适的。

几个月后，一位法医精神病学家证实为了排除墨菲的神经性梅毒不必进行脊髓穿刺，因为在过去的几个月墨菲的状况并未像进行性器质性疾病那样恶化。辩护团队认为抗精神病药物可能有危险的和长期的副作用，因此在器质性疾病的可能性被排除之前不应使用。但法官并未撤销这一命令。

后来，脊髓穿刺确认墨菲并未感染梅毒。墨菲继续接受抗精神病药物治疗，他的攻击行为减少了。他曾一度请求法官如果自己面临死刑谋杀指控的话请安排约翰尼·科克伦[1]做自己的辩护律师。这一请求在某种程度上是墨菲在接触现实的一种确认，因为他知道这一著名辩护律师的名字。但，他被发现依然没有受审能力。

自这次谋杀后，6个月来一直对墨菲进行受审能力评估，但发现他依然无能力受审。尽管心理学家发现他的精神病性症状得到很大缓解，评估显示墨菲智力低下并总是简单处理事情。墨菲依然被羁押并在出庭之前不会被释放。

资料来源：Information on this case was drawn from articles in the *Washington Post* filed by reporters Patricia Davis, Josh White, Brooke A.Masters, and Tom Jackman.

本章小结

1. 理解与心理学实践有关的法律、伦理和职业问题。

   心理学家的工作由联邦和州政府的很多机构管理，并需遵守职业组织制定的伦理规范。这些规范由专业协会制定，规定成员从业时如何行为。管理对心理障碍者治疗行为的最重要概念包括善行、忠诚、正直、正义、尊重人的权利与尊严。

2. 讨论去机构化的利弊。

   去机构化的目的在于为心理障碍者创造一个最少限制的治疗环境。虽然去机构化让很多心理障碍者生活在社区，但他们中的绝大部分人无法融入社区，结果是无家可归或回到其他州机构如监狱。

3. 理解刑事委托和民事委托的区别。

   民事委托是授权对那些可能对自己或他人有危险的人进行治疗的法律过程。患者可能被委托住院治疗，但通常是门诊治疗。当某人被陪审团判定NGRI或GBMI时会对其进行刑事委托。刑事委托涉及与社会的隔离，患者被委托于惩戒性机构内的精神病院。

4. 识别精神科服务中非自愿委托的原因。

   当个体对自己或他人有危险时强制委托治疗被认为是合适的。因此，当某人威胁自杀或威胁伤害他人时可违反其意愿将其委托于精神科医疗机构。同样，当某人生活无法自理（无法进食或从事其他日常活动）时也可能被委托。

5. 描述对研究参与者权利发展至关重要的文件。

   是否参与研究应由参与者决定。研究者不能强迫或误导参与者。《纽伦堡法典》《赫尔辛基宣言》和《贝尔蒙报告》是这方面的重要文献，任何研究项目均须遵守这些标准（参与者权利、善行和公正）。

6. 给出为何某些文化群体不愿参与研究的原因。

   对这些标准的忽视反映在对研究参与者的粗暴对待上，这类案例有塔斯基吉实验和巴尔的摩含铅涂料研究等。结果是这样的实验以及对文化缺乏敏感导致许多少数种族和民族群体对研究的不信任，也不愿意参与研究。

---

[1] 辛普森案辩护律师，辛普森最终被判无罪。——译者注

培生经典教材系列

心理学入门：日常生活中的心理学（原书第2版）
[美]桑德拉·切卡莱丽　诺兰·怀特　著
ISBN：978-7-111-53175-3

生物心理学（原书第9版）
[美]约翰·比奈尔　著
ISBN：978-7-111-55903-0

变态心理学（原书第3版）
[美]德博拉 C. 贝德尔 辛西娅 M. 布利克
梅琳达 A. 斯坦利　著
ISBN：978-7-111-54968-0

社会心理学：阿伦森眼中的社会性动物（原书第8版）
[美]埃略特·阿伦森　提摩太 D. 威尔逊
罗宾 M. 埃克特　著
ISBN：978-7-111-47106-6